中国消防协会学术工作委员会
消防科技论文集（2023）

中国消防协会学术工作委员会
中国人民警察大学防火工程学院 编

中国石化出版社

图书在版编目(CIP)数据

中国消防协会学术工作委员会消防科技论文集.2023/中国消防协会学术工作委员会,中国人民警察大学防火工程学院编.—北京:中国石化出版社,2023.9

ISBN 978-7-5114-7250-2

Ⅰ.①中… Ⅱ.①中…②中… Ⅲ.①消防—学术会议—文集
Ⅳ.①TU998.1-53

中国国家版本馆 CIP 数据核字(2023)第 177415 号

中国石化出版社出版发行

地址:北京市东城区安定门外大街 58 号

邮编:100011 电话:(010)57512500

发行部电话:(010)57512575

http://www.sinopec-press.com

E-mail:press@sinopec.com

北京建宏印刷有限公司印刷

全国各地新华书店经销

*

880×1230 毫米 16 开本 34 印张 1648 千字

2023 年 9 月第 1 版 2023 年 9 月第 1 次印刷

定价:200.00 元

《中国消防协会学术工作委员会消防科技论文集（2023）》

编辑委员会

前 言

为活跃消防学术氛围、加强消防学术交流、提高消防科研水平、促进消防科技发展，由中国消防协会学术工作委员会和中国人民警察大学防火工程学院联合发布了“中国消防协会学术工作委员会消防科技论文集（2023）”征稿通知。

经前期征稿、专家评审，本次会议论文集共收录论文182篇，这些论文涵盖了火灾基础爆炸理论、建筑火灾防治技术、火灾风险评估技术、智慧消防、消防监督管理、火灾调查技术和其他等七个领域。这些论文，有些是消防工作者对实际消防问题及解决方法的真知灼见，有些是消防教学与科研单位潜心研究取得的高水平研究成果。汇编的论文理论联系实际、内容翔实、观点鲜明，具有很高的学术水平和参考价值。希望该论文集的出版发行能为促进消防科技发展和服务消防队伍建设发挥一定的积极作用。

论文集的出版得到了消防各界同仁的大力支持，在此深表感谢。

中国消防协会学术工作委员会
中国人民警察大学防火工程学院
2023 年 8 月

目　录

CONTENTS

火灾基础爆炸理论

建筑火灾防治技术

火灾风险评估技术

智慧消防

消防监督管理

火灾调查技术

其他

火灾基础爆炸理论

天津市静海区 2003～2019 年火灾空间分布特征规律研究

祝海洋

（天津市消防救援总队静海支队，天津）

摘　要　天津市静海区是天津主动对接和支持雄安新区的战略支点，产业升级调整对消防安全提出了更高要求。基于静海区 2003～2019 年城市火灾数据，分析了该地区火点质心的变化趋势。研究表明，静海区火源在空间上主要聚集在静海镇人口密集区及周边，火点质心的空间分布在整体上并不具有聚集特征，火点质心在经度随年际有震荡中向西移动的趋势；此期间火点质心随纬度的变化存在近似周期性，转折年份与厄尔尼诺现象的发生有较好的耦合关系。本研究可为静海区后期的火灾抢险救灾部署和火灾预防减灾提供决策参考。

关键词　火灾统计　空间分布规律　火点质心　静海区

城市火灾是威胁城镇居民生命财产安全最为显著的灾害之一，具有频率高危害性强的特点[1-3]，掌握城市区域内火灾事件的分布规律对于公共安全至关重要。

天津市静海区与雄安新区地理区位相邻，是天津主动对接、支持、服务雄安新区的战略支点，随着非首都功能的调整、疏解、承接，给产业发展带来转型升级的同时，必将给消防安全带来新情况、新问题，消防安全管理的有效性亟待提高。本文通过 ArcGIS 系统对静海区 2003～2019 年的历史火灾数据进行可视化计算，利用谱分析方法解析了城市火灾在空间维度的波动性，从火灾发生、分布的自然性（气候变化）和社会性两方面解释产生这种规律的原因。研究结果可为静海区后续火灾防治规划提供决策依据。

1　研究区概况

静海区位于天津西南部（图 1a），总面积 1475.68km^2，下辖 2 个街道、16 个镇和 2 个乡，常驻人口近百万。主要地貌类型为平原地貌，地势低平，南高北低，大部分地区海拔高度在 5m 以下（图 1b）。属暖温带大陆性季风气候，年平均气温 11.9℃，春季（3~5 月）干燥、多风、光照足；夏季（6~8 月）炎热、多雨、阴天多；秋季（9~11 月）昼暖、夜寒、温差大；冬季（12 月~次年 2 月）寡照、寒冷、雪稀少。

静海区是天津主动对接和支持雄安新区的战略支点，随着非首都功能的调整、疏解和承接，静海区加快推进产业升级调整，城镇化建设持续推进，新型经营业态不断出现，高层地下、石油化工、大跨度大空间建筑等新情况、新问题对火灾救援能力提出了更高要求，而静海区消防部队目前约有 250 人，力量比约为 1∶2400，火灾防控压力大。根据“十二五”期间静海区火灾起数统计（图 1c），其火灾总量大，且年增长率越来越快，从 11 年的 5%，14 年的 10%，到 15 年约为 23%左右。

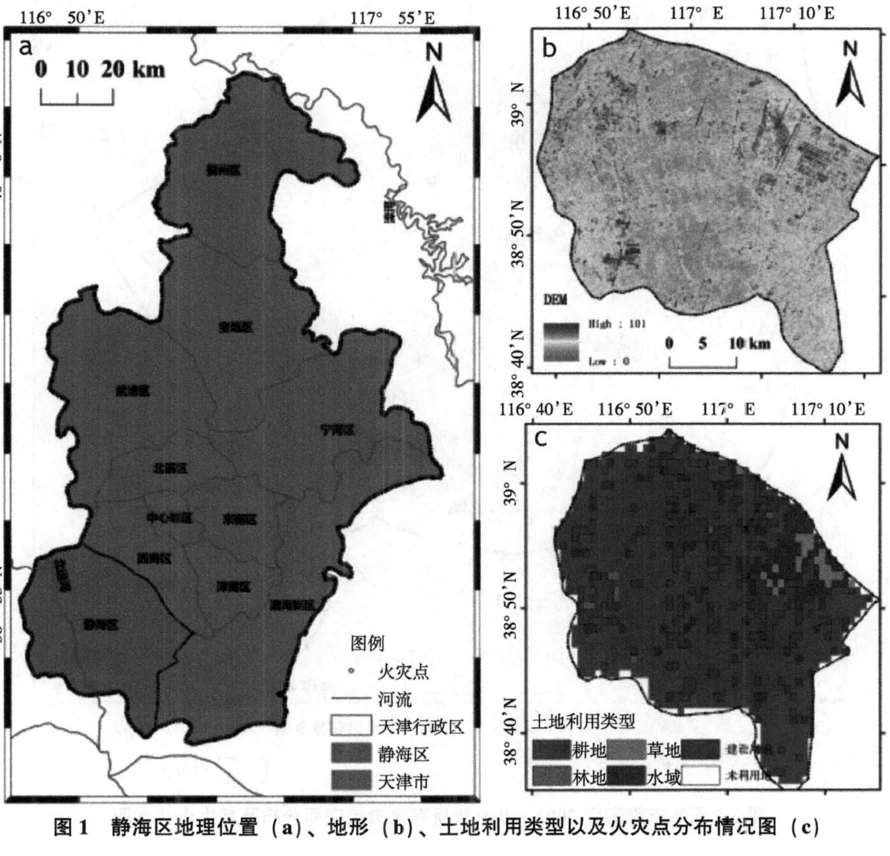

图 1　静海区地理位置（a）、地形（b）、土地利用类型以及火灾点分布情况图（c）

静海区 2003～2019 年农村民房火灾发生数目最多，多达 485 起，约占 24.8%；其次为厂房火灾发生 419 起约占 21.4%；商业建筑和居民小区发生较少各有 27 起和 15 起，见表 1。

表 1 静海区主要火灾类型及起数统计表

火灾类型	农作物火灾	交通工具	农村民房	露天堆垛	商业建筑	居民小区	厂房	其他
火灾次数	333	123	485	76	27	15	419	479

2 数据来源、处理与研究方法

2.1 数据来源及处理

本文以静海区 2003～2019 年期间火灾统计数据为样本，数据来自于公安部消防局应用的全国火灾统计管理系统。

利用 Microsoft Office Excel 2013 软件和 SPSS 25.0 分别对天津市静海区城市火灾数据进行统计和相关分析，具体分为以下 2 个方面：

（1）制作静海区行政区划图、地理位置图、火灾点空间分布图。运用 ArcGIS 软件平台对静海区 2003～2019 年火灾发生地点进行空间地理定位，导入火灾点的经纬度坐标。将标准数据文件导入，加载静海区电子地图，通过 ArcGIS 软件平台生成静海区火灾地理位置分布图。

（2）计算静海区火点质心坐标。利用火点质心计算公式和 ArcGIS 计算机程序进行相关数据的计算与提取，最终统计出火点质心坐标表。

2.2 研究方法

质心是描述空间目标分布中很有用的单一量算变量，火点的质心是火点的平均位置，也是火点空间分布的平衡点[4]。

本文根据静海区 2003～2019 年的历史火灾数据，分别计算了每年所有火点的质心。通过对历年火点质心的计算，可以有效地简化复杂的火点分布格局，将城市火灾在时空维度的波动综合表现出来，进而可以利用谱分析方法对这种波动性进行研究与分析[5-7]。

本文中静海区每年火点质心采用如下的方程式[8]进行计算：

$$X_c = \frac{\sum W_i X_i}{\sum_i W_i}$$

$$Y_c = \frac{\sum W_i Y_i}{\sum_i W_i}$$

其中，i 为离散的火点位置，W_i 是火点的权重，X_i，Y_i 分别为火点的经度与纬度对应的横坐标与纵坐标[8]。

3 火点空间分布特征

3.1 火点分布范围

静海区火点空间分布通过 ArcMap10.2 地理信息系统软件进行可视化表达，见图 2。

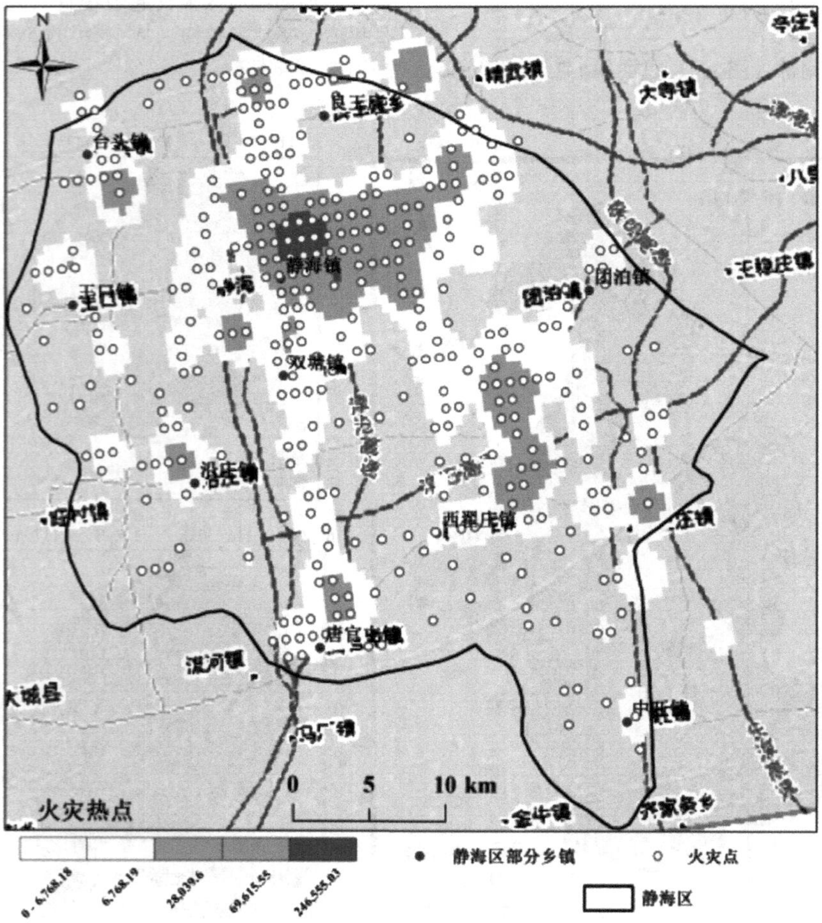

图 2 天津市静海区 2003～2019 年所有火灾点空间分布及其火点热点图

火灾热点分布是由点密度计算得到的值，值越大，火点密度越大，聚集程度越高。由图 2 可知，静海区城市火灾的热点分布集中于静海镇及周边。

3.2 火点质心变化特征

质心是描述空间目标分布中很有用的单一量算变量，火点的质心是火点的平均位置，也是火点空间分布的平衡点[4]。通过对历年火点质心的计算，可以有效简化复杂的火点分布格局，将城市火险在城市变化背景下在时间空间维中的波动综合地表现出来。

静海区 2003~2019 年火点数据包括了火灾序号、时间、地点、经纬度、起火场所、火灾原因、单位代码、受灾户数、直接财产损失、受伤人数、死亡人数以及火灾类型等字段，共 1957 条数据记录。利用 ArcGIS 10.2 软件的空间数据处理功能对火点坐标按 WGS 1984 地理坐标系的墨卡托投影分度带投影坐标系（WGS_1984_UTM_Zone_48N）进行重置，可视化结果如图 3 所示，投影后的火点质心的经纬度坐标见表 2。

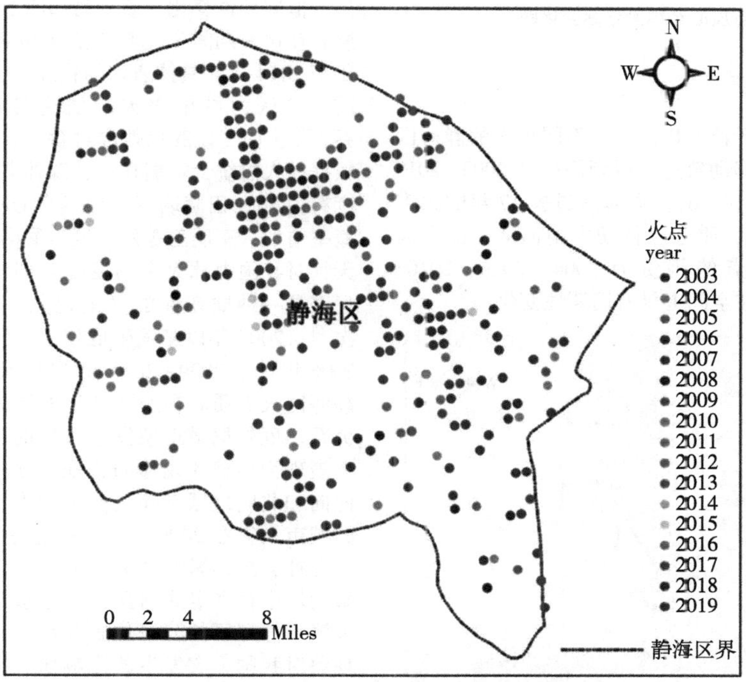

图 3 静海区 2003~2019 年火点分布图

表 2 经投影变换后的火点质心经纬度坐标

年份	火点质心经度/（°）	火电质心纬度/（°）
2003	116.98620	38.85520
2004	116.99772	38.86965
2005	116.99778	38.87903
2006	116.96727	38.88856
2007	116.99772	38.89071
2008	116.98355	38.86065
2009	116.97772	38.88679
2010	116.95118	38.87108
2011	116.97655	38.85206
2012	116.96725	38.85058
2013	116.95116	38.88961
2014	116.95959	38.86700
2015	116.95717	38.85859
2016	116.95952	38.83952
2017	116.95066	38.86591
2018	116.95385	38.85315
2019	116.95058	38.89185

从图 4 可以看出火点质心南北波动范围是北纬 38.82°至 38.9°，东西波动范围是东经 116.95°至 117.0°，火点质心空间分布是以直线 $y=0.019x+37$ 在中心呈离散状分布。整体显示静海区的城市火灾 2003~2019 年的空间波动是离散状态，表明这一期间静海区的城市火灾在整体空间上没有聚集的特征。

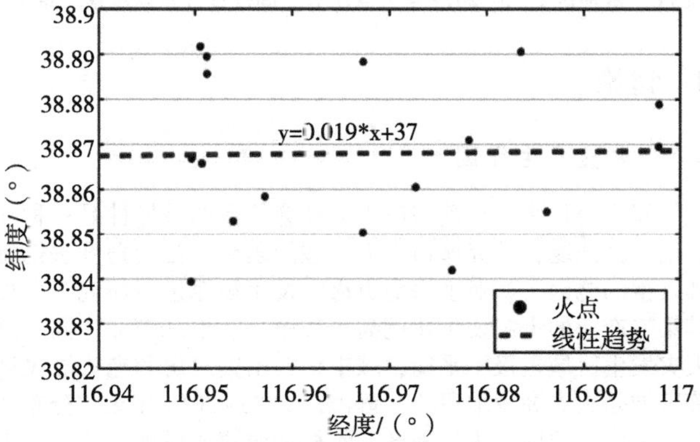

图 4 静海区火点质心空间统计图

从火点质心在经度、纬度上的年际变化图（图 5）中明显地看出，静海区 2000~2016 年期间的火点质心随经度变化没有呈现周期性变化，但在这一期间火心质点具有在震荡中西移的趋势，最终火点质心经度稳定在东经 116.95°~116.96°之间，在这一经度范围附近有较多火灾的发生。

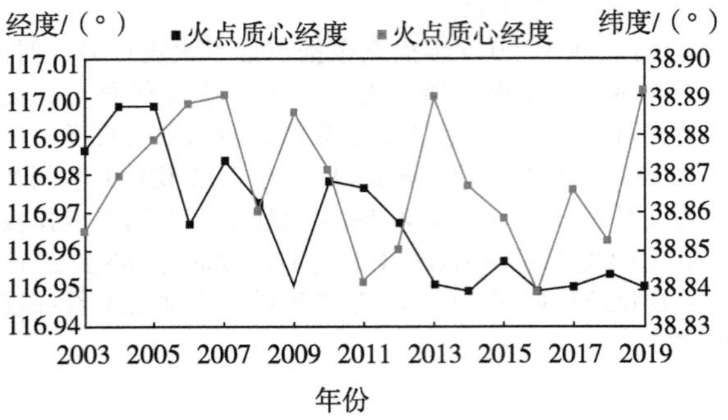

图5 静海区火点质心经纬度年际变化图

3.3 火源空间分布特征

根据火点质心坐标进行符号化，显示不同年份的静海区火灾点中心位置，并勾画移动轨迹，得到静海区2003~2019年的火灾质心的移动路径（图6）。静海区过去17年的火灾点空间分布聚集在区中心，质心点移动由南向北，由西向东，其中出现明显转折点的年份为2004、2006、2010、2014，导致火点质心移动在空间上具有周期性变化。

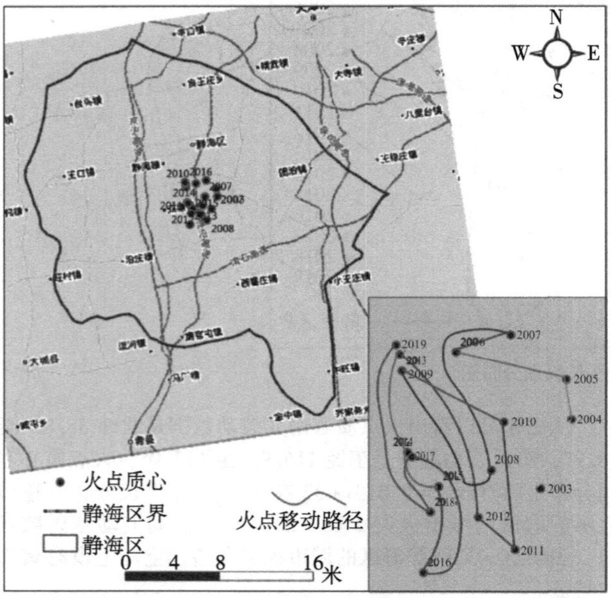

图6 静海区2003~2019年火点质心空间位置分布以及移动路径

4 讨论

4.1 火灾发生原因

崔小璐认为，当前城市火灾社会特征的差异性是一种社会结构性问题，研究城市火灾治理问题要从社会角度去挖掘其发生的诱因，如对上海历史火灾发生规律进行研究，发现其第三产业的火灾发生比例高于其第一、第二产业，同时其火灾发生区域也极不平衡，城中村、闲置厂房和老式居民区等区域是火灾高发地段[9]。静海区2003~2019年火灾分布较广，区中心地区、工厂地区、农村和城镇居民地区均有火灾的发生，但次数主要集中在区中心地区、农村民房、厂房地区，面积则相对集中在农村民房、厂房地区，热点分布集中于静海镇及周边。火点质心离散的空间波动特征表明城市火灾起火点在空间上没有显著的聚集的特征，结合天津市静海区地理区位特征（低平原、河流和公园分布较多）和城市发展现状，本文认为这一特征是静海区依据平原地形进行城市发展过程中形成散布的城中村和老式居民区所导致的，由于城市发展早期建造的城市建筑密集、人员聚集程度高、消防意识淡薄，最终其导致成为城市火灾的易发区。这对后期的火灾救灾的部署与消防站的选址都有一定的指示意义，此外，加强特定人群的消防安全教育也是降低火灾发生可能性的有效途径。

4.2 火灾空间变化影响因素

城市区域火灾发生概率受诸多因素影响，如人口密度、自然因素、交通通达性等，区域的功能性也会影响火灾发生概率[3]。静海区2003~2019年期间的火点质心随纬度变化而呈近似周期性变化，表现为纬向上具有重复性。静海区火点质心在这一期间变化转折点年份在2004年、2006年、2010年和2014年，具体表现为在经度上的西移和纬度上的北移。前人多认为城市火灾的发生与经济发展呈现正相关关系[9,10]，而气候变化则常对森林、草原火灾造成较大影响。根据前人的统计数据显示，森林火灾的发生与天气的干旱程度有关[11]，田晓瑞等[12]认为气候变暖使得发生森林火灾的概率增加，王明玉等发现厄尔尼诺现象所引发的干旱和高温天气对我国森林火灾的发生起到了很重要的影响[13]。厄尔尼诺是一种周期性的气候现象，大约每隔2~7年发生一次[6]，2000年以来发生厄尔尼诺现象的年份为2002年[14]，2006年[15]，2009~2010年[16]以及2014~2016年[17]，这与静海区火点质心在经纬度上的周期性变化具有较好的耦合关系。厄尔尼诺现象发生作用时，静海区火点质心在空间上表现为西移和北移的特征，表明这一时期静海区在区内西向和北向地域空间上的火灾发生次数在增加。而静海区的城市火灾在2000~2016年呈现为较分散的特征，火灾分布受社会结构影响较大，静海区城市发展的过程中遗留下来的城中村和老式居民区等地段成为火灾高发地段。结合天津市静海区的滨海位置及前人对厄尔尼诺、气候变暖等现象对我国火灾发生的影响研究，本文推断天津市静海区2000~2016年期间火点质心在经度和纬度上的变化，尤其是纬度上的周期性变化，很大程度是厄尔尼诺现象所带来的气候变化所导致的。

5 结论与建议

（1）静海区内火灾分布较广，其中的区中心地区、工厂地区、农村和城镇居民地区均有火灾的发生，但火源在空间上有聚集模式，主要聚集在静海镇周边。后期的火灾救灾部署与消防站的选址优化可围绕静海镇周边展开。

（2）火点质心随纬度变化显示出近似周期性，转折点年份在2004年、2006年、2010年和2014年，具体表现为在经度上的西移和纬度上的北移，显示出与厄尔尼诺现象的发生具有较好的时间耦合关系。

（3）天津市静海区在未来的火灾预测、预防过程中，需格外注意厄尔尼诺现象的发生，提前做好消防宣传，提高防灾演练工作力度，同时需尽早对城中村和老旧小区等地段进行消防隐患排查，将危险消除于萌芽阶段。

参考文献

[1] 徐波，何宁，官鹏，等．中国火灾的时空演变特征——基于GIS的统计分析［J］．自然灾害学报，2012，21（1）：198-203．

[2] 陈振南，吴立志，夏登友，等．基于城市火灾风险的消防站分级覆盖选址模型——以济南市区为例［J］．中国安全生产科学技术，2020，17（7）：18-24．

[3] 马砺，黄霄，高建勋，等．城市区域火灾事件分布规律及概率密度预测［J］．西安科技大学学报，2022，42

(2): 260-267.

[4] 伊伯乐，杨逸安，李婧，等．呼伦贝尔地区草原火灾的时空分布特征规律研究［J］．西南林业大学学报（自然科学），2022，42（6）：1-9.

[5] 周俊．城市火灾消防规划支持方法研究［D］．武汉：武汉大学，2011.

[6] 王明玉，舒立福，田晓瑞，等．林火在空间上的波动性及其对全球变化的响应（Ⅰ）［J］．火灾科学，2003，12（3）：165-170.

[7] 王明玉，孙龙，舒立福，等．林火在空间上的波动性及其区域化行为［J］．林业科学，2006，42（5）：98-103.

[8] 胡海清．李楠．孙龙．等．伊春地区森林火灾时空分布格局［J］．东北林业大学学报，2011，39（10）：67-70.

[9] 崔小璐．特大城市火灾的社会特征及治理研究——以上海为例［J］．武汉大学学报（哲学社会科学版），2016，69（1）：32-45.

[10] 陈帅，安翠．火灾指标与社会经济因素的相关性分析［J］．科技信息，2009，33：931-932.

[11] 李丽琴，牛树奎．中国气候变化与森林火灾发生的关系［J］．安徽农业科学 2010，38（22）：11993-11994，12015.

[12] 田晓瑞，王明玉，舒立福．全球变化背景下的我国森林火灾发生趋势及预防对策［J］．森林防火，2003，3：32-34.

[13] 张惠莲．厄尔尼诺现象对我国东北地区森林火灾的影响［J］．森林防火，2012，2：35-38.

[14] 李晓燕．2002 年全球重大气候事件概述［J］．气象，2002，29（4）：28-31.

[15] 李威，朱艳峰．2006 年全球重大天气气候事件概述［J］．气象，2007，33（4）：108-111.

[16] 李威，蔡锦辉，郭艳君，等．2009 年全球重大天气气候事件概述［J］．气象．2010，36（4）：106-110.

[17] 张晓玉，田晓瑞．厄尔尼诺/拉尼娜事件对中国火险天气和森林火灾的影响［J］．森林防火，2019，3：24-30，45.

基于 FDS 的地铁车辆基地火灾模拟研究

段　磊

（郑州市消防救援支队，河南　郑州）

摘　要　随着城市化进程的不断加速，地铁系统已经成为现代城市中不可或缺的公共交通方式之一，而地铁基地作为线网不可或缺的组成部分，在以加大纵深为主的设计方式下，具有较大的火灾危险性。本文基于 FDS 软件对火灾发生在某基地内及通道处位置时火灾烟气的蔓延路径、成分及火势蔓延速度等进行研究，为基地的消防安全、火灾防控及人员疏散提供科学依据。

关键词　地铁基地　FDS 模拟　火灾烟气　火灾防控

1　引言

随着城市化进程的不断加速，地铁系统已经成为现代城市中不可或缺的公共交通方式之一，同时在推动城市交通事业发展、城市经济建设等方面扮演着重要角色[1]。地铁中的车辆基地作为线网不可或缺的组成部分，通常需占用较多的土地资源[2]，因此多采用加大地下纵深的方式进行设计。但由于车辆基地中存放大量的易燃、易爆物品，以及因地铁建筑为深埋地下的密闭空间，设有各种电气线路，建筑结构复杂、疏散困难、人员集中、通风照明条件差[3]等因素，地铁基地发生火灾的情况下极易发生蔓延，造成人员伤亡及财产损失。因此，对地铁车辆基地火灾的研究具有重要的理论和实践意义。近年来，随着计算机技术的不断发展，基于火灾动力学的火灾模拟成为了研究火灾问题的重要手段。陈娜、沈祥辉等人[4]通过 FDS 火灾模拟软件对郑州紫荆山地铁站进行火灾数值模拟，开展了火灾能见度对地铁发生火灾时人员疏散速度影响的研究；王凯、胡经纬等人[5]运用 FDS 软件建立常规地铁站与换乘地铁站的模型，模拟了站台中部火灾下，排烟风机、挡烟垂壁局部和全部开启时关键部位的烟流控制效果；董永锋[6]运用 FDS 研究了某地铁站发生火灾时的烟气控制情况和烟气蔓延过程。

本文基于 FDS 软件对地铁车辆基地火灾进行模拟研究，旨在探究地铁车辆基地火灾的发展规律和火势特点，为地铁车辆基地的火灾防控提供科学依据。

2　模型设置

2.1　火灾模型构建

本文选取某地铁车辆综合基地运用库，该运用库建筑面积约为 40087m²，结构层高为 8.5m。建筑东侧咽喉区与外界无外墙分隔，西侧、南侧和北侧消防通道与库区之间用实体墙分隔，车辆综合基地的具体建筑设计如图 1 所示。

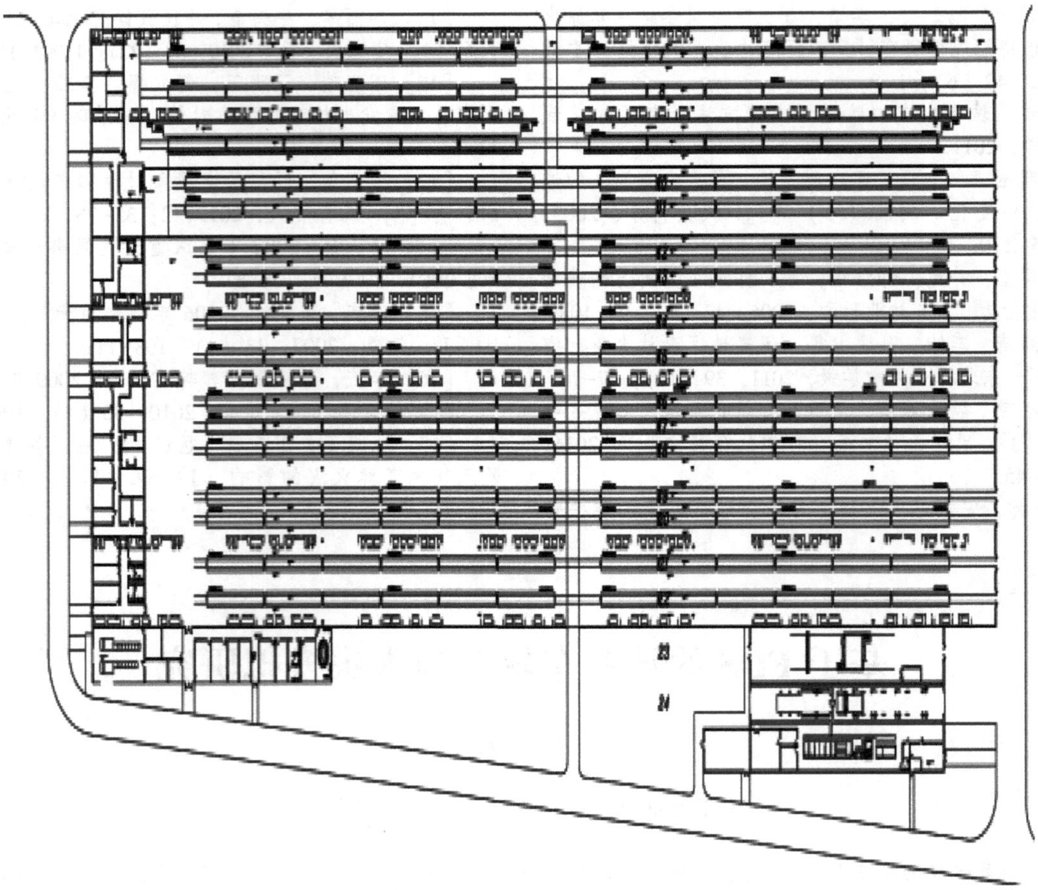

图 1　地铁车辆基地平面图

地铁车辆综合基地运用库模型的建立主要依据设计图纸进行处理，其所建立的 FDS 火灾模型如图 2 所示。车辆综合基地模型采用机械排烟。防火隔墙与挡烟垂壁将运用库划分为四个防烟分区，将火源设置为 t^2 火。起始条件为假定流场处于静止状态，并且在模拟区域内，温度与室外环境温度均为 27℃，压力为标准大气压。边界条件为绝热边界条件，也就是认为混凝土结构的围墙将两个区域隔开，墙面没有热交换。模拟时间为 1200s。

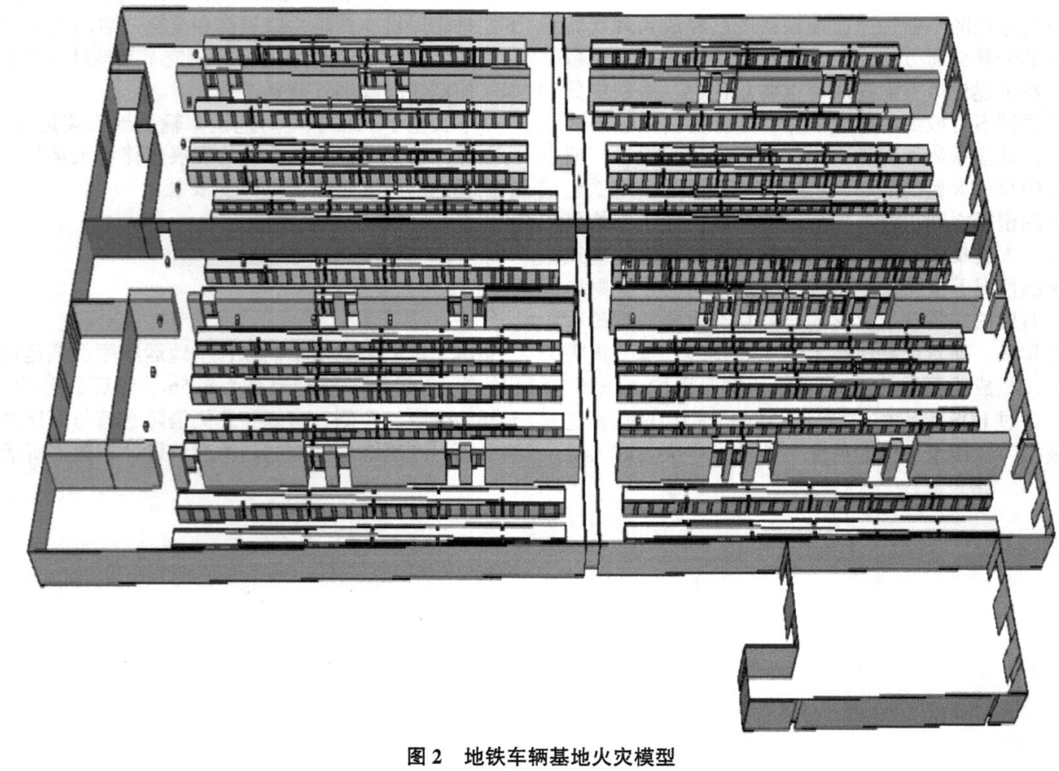

图 2　地铁车辆基地火灾模型

2.2 火灾场景的设计

火灾场景被定义为引燃阶段、火势增长阶段、完全发展阶段和衰退阶段，同时考虑到各种消防措施和环境条件对火灾发展过程的影响。因此，在选择火灾场景时，需要充分考虑建筑物的用途、空间特性、可燃物种类和分布、人员使用情况以及建筑内采用的消防设施等因素。在地铁车辆基地中，通道火灾和列车火灾是主要的火灾类型，火灾规模的确定过程如下。

通道火灾：当库通道发生火灾时，可以参考其他地铁车辆段的管理模式。由于库内保持干净整洁，且人员数量较少，主要为工作人员和清洁人员，因此库内不存在大量可燃物质，导致引发火灾的可能性较小。因此，在本报告中，我们选择了只有少量堆积物品的火灾进行模拟计算。根据火灾实验的结果，垃圾箱火灾不太可能超过400kW，而单个小件物品的火灾规模更小，约为200~300kW。综合考虑火灾试验结果和工作人员控制火灾规模的能力，我们决定将通道火灾的最大热释放速率确定为2MW。

列车火灾：为确保地铁车辆的防火安全性，现有地铁车辆严格按照英国BS6853：1999《载客列车设计与构造防火通用规范》进行防火设计。车体材料采用轻型不锈钢材料，车体承载结构材料全部采用钢材，客室内装饰采用阻燃性好的大型玻璃钢成型板材嵌装结构。所有电线和电缆都采用难燃、阻燃型。地板采用非木结构型式，即在波纹钢板上面铺设陶粒砂和粘贴地板布，地板布具有良好的抗拉强度、耐磨性、阻燃性和防化学腐蚀。车厢内设置适量的灭火器，火灾荷载被点燃及扩展的可能性极低。车厢内有较多的乘客，火灾会在早期被发现和被扑灭，因此列车内发生严重火灾的可能性是非常低的。发生火灾的可能性较大的是乘客的行李燃烧，进而引起车厢内材料的局部燃烧。如果列车在出站后不久就发生火灾，当列车到站2~3min后，假设火灾的发展速度为快速火。列车到站后的火灾规模约为1MW。考虑到2~3min站台工作人员准备灭火的时间，此时火灾的发展规模约为5MW，但由于火灾可被控制，因此火灾规模不会再继续扩大。在火灾规模达到5MW峰值后，火灾规模将保持不变。由于车厢内有大量座位且车站火灾具有便于扑灭的条件，考虑到综合测试数据资料，火灾烟气分析将采用7.5MW的火灾规模进行计算。火灾场景设计见表1所示。

表1 火灾场景设计

火灾场景编号	场景描述	火灾规模/MW	火灾类型	排烟及补风方案
C1	列车火灾（北侧防烟分区）	7.5	快速火	机械排烟 自然补风
C2	列车火灾（南侧防烟分区）	7.5	快速火	机械排烟 自然补风
C3	通道火灾	2	快速火	机械排烟 自然补风

三个场景中火源具体位置如图3所示。

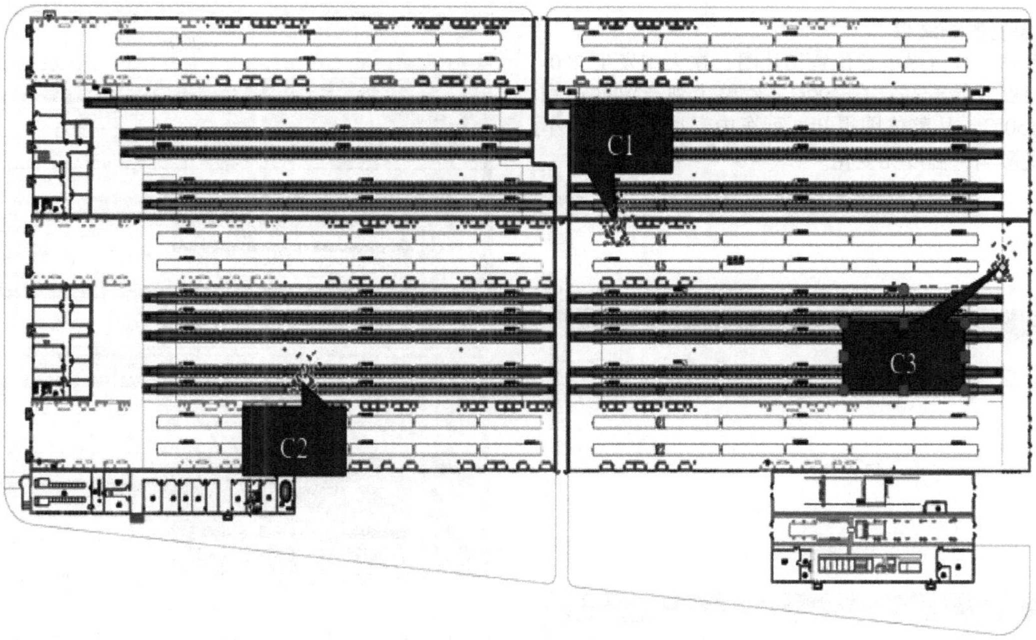

图3 火源位置图

3 结果分析

3.1 火灾场景C1模拟结果

3.1.1 烟气蔓延状态

由图4可知，火灾发生200s时，烟气充满了整个列车，此时烟气还未向列车外蔓延；在400s时，烟气逐渐向列车外蔓延；而在800s时，此时火源功率逐渐增大，产生的烟气量增加，整个防烟分区烟气浓度迅速增大；在1200s时，烟气浓度达到峰值，能见度极低，此时火灾危险性较大。

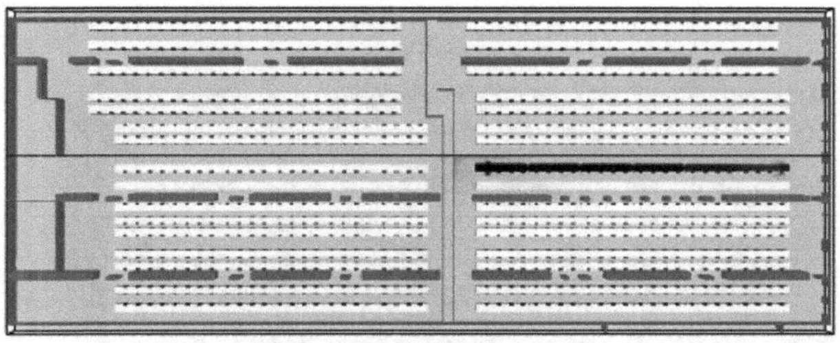

t=200s

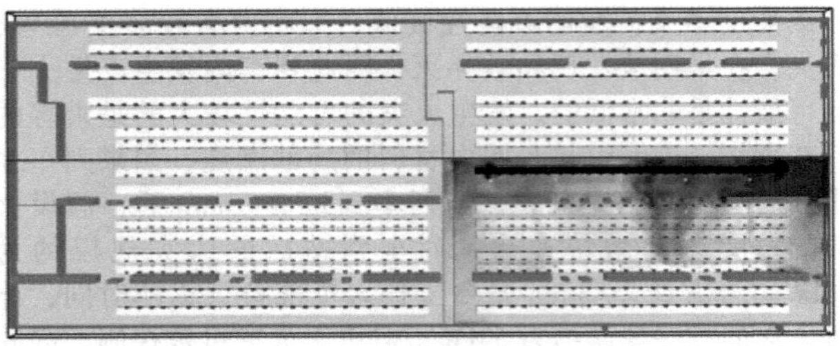

t=400s

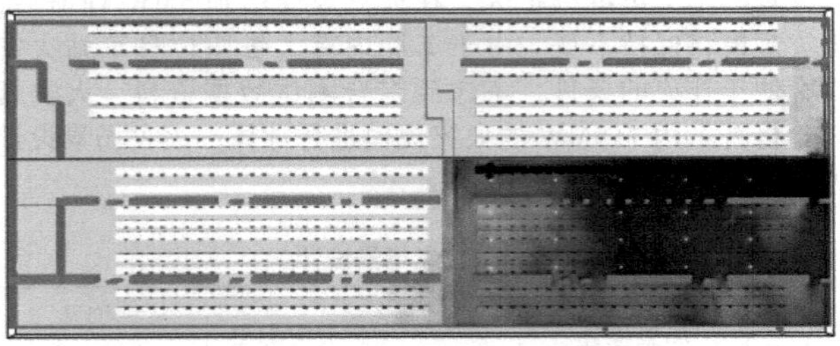

t=800s

t=1200s

图 4　烟气蔓延状态

3.1.2　温度影响结果

由图 5 可知，分析纵火源位置切片图，在火灾发生 200s 时，列车内温度开始升高；在 400s 之后整个列车温度达到峰值，超过 150℃。从整体图得知，列车内温度升高，列车外的位置不受影响，温度无变化。

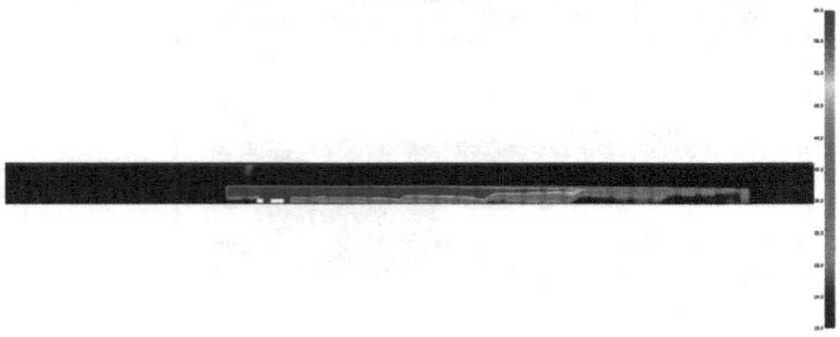

t=200s

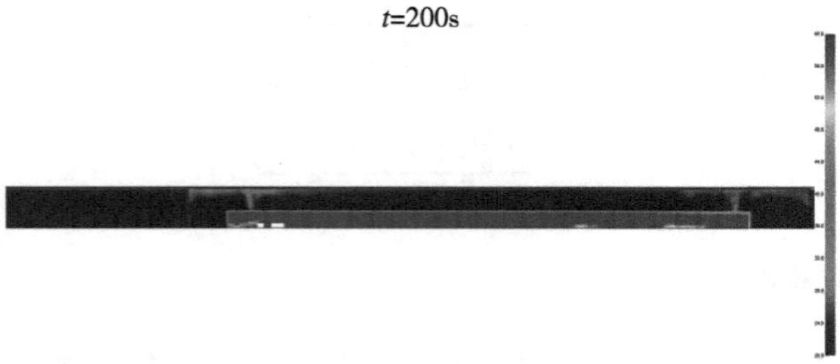

t=400s

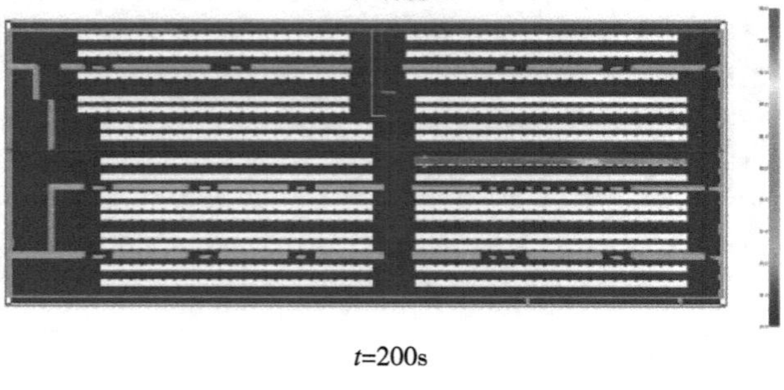

t=200s

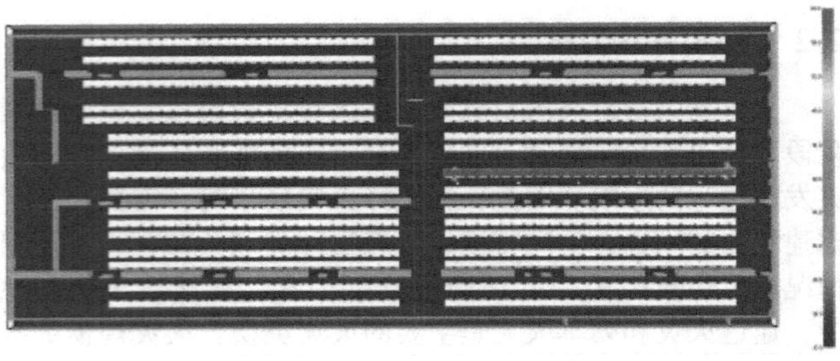

t=400s

图 5　温度分布状态

3.2　火灾场景 C2 模拟结果

3.2.1　烟气蔓延状态

由图 6 可知，火灾发生 200s 时，列车内充满了大量高温烟气，此时烟气未向列车外蔓延；在 400s 时，烟气逐渐向列车外蔓延；而在 800s 时，随着火源功率逐渐增大，产生的烟气量增加，整个防烟分区烟气浓度迅速增大；在 1200s 时，烟气浓度达到峰值，能见度极低，此时火灾危险性较大。

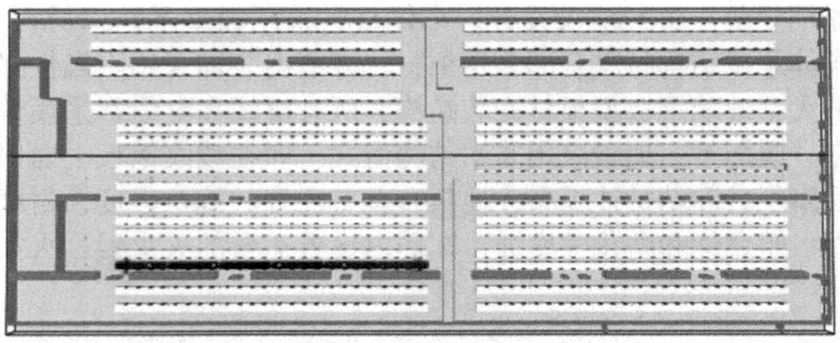

t=200s

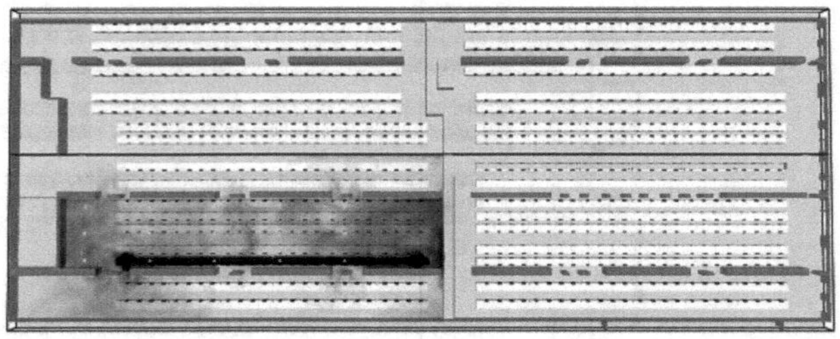

t=400s

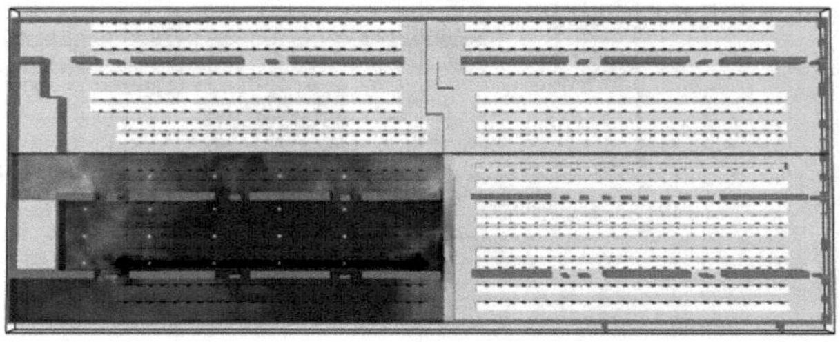

t=800s

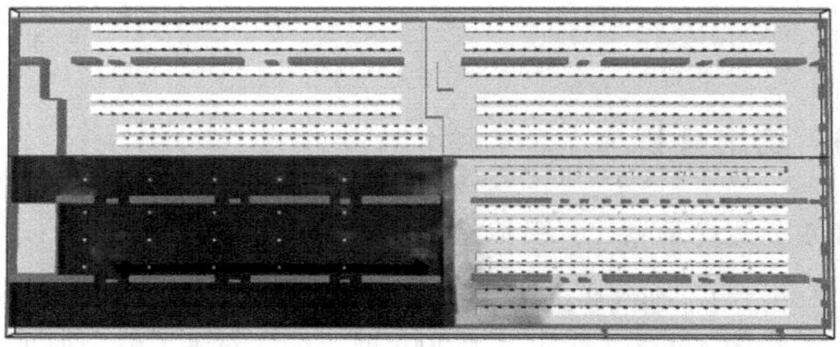

t=1200s

图 6　烟气蔓延状态

3.2.2　温度影响结果

由图 7 可知，分析纵火源位置切片图，在火灾发生 200s

时，列车内温度开始升高；在 400s 之后整个列车温度达到峰值，超过 150℃。从整体图得知，列车内温度升高，列车外的位置不受影响，温度无变化。

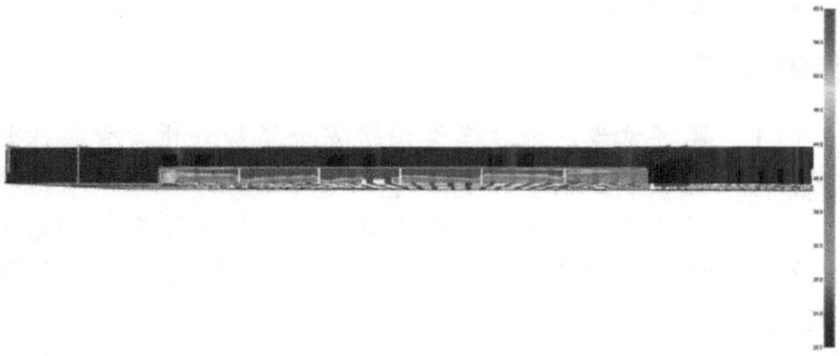

t=200s

t=400s

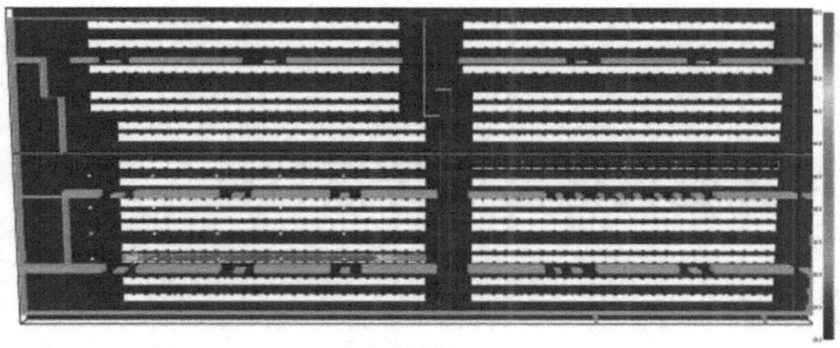

t=200s

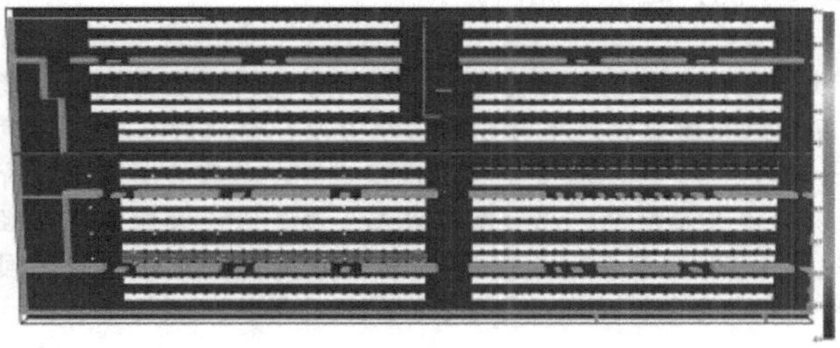

t=400s

图 7　温度分布状态

3. 3　火灾场景 C3 模拟结果

3. 3. 1　烟气蔓延状态

由图 8 可知，火灾发生 200s 时，烟气在通道中开始蔓延，此时烟气浓度较低；在 400s 时，烟气逐渐在防烟分区内蔓延；而在 800s 时，随着火源功率逐渐增大，产生的烟气量增加，整个防烟分区烟气浓度迅速增大；在 1200s 时，烟气浓度达到峰值，能见度较低，此时火灾危险性较大。

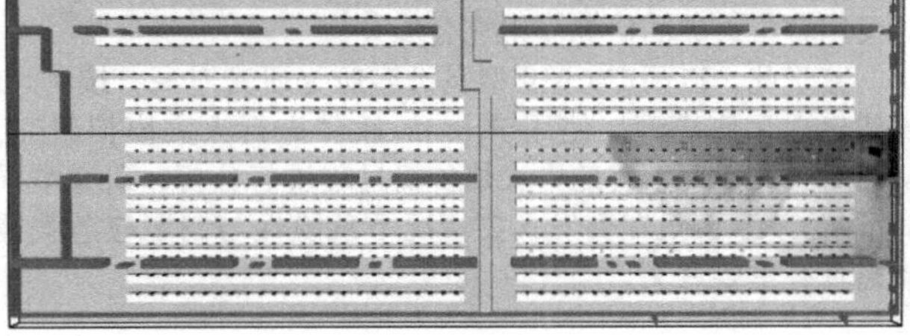

t=200s

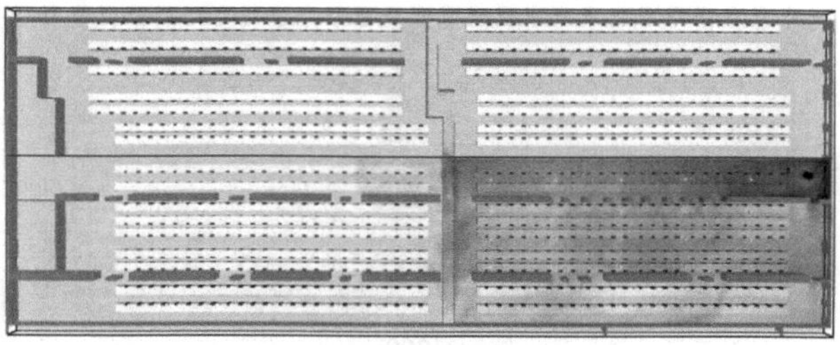

t=400s

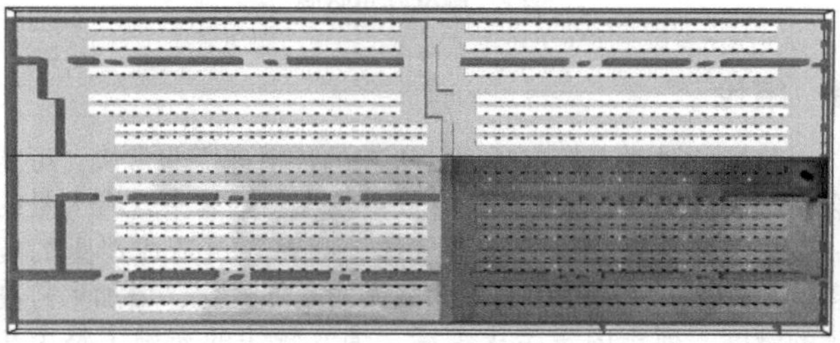

t=800s

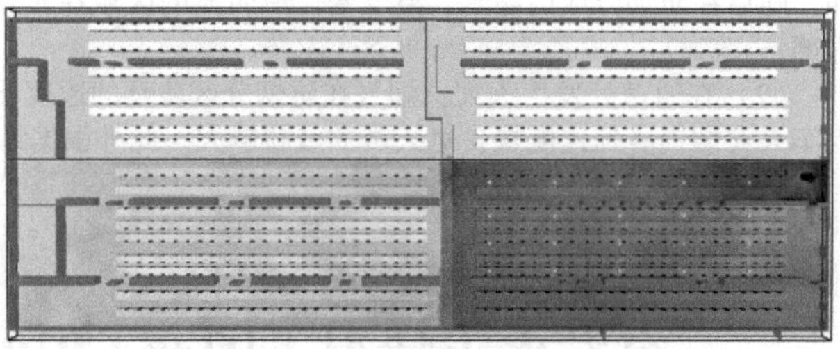

t=1200s

图 8　烟气蔓延状态

3. 3. 2　温度影响结果

由图 9 可知，在此火源功率下，由于整个防烟分区面积较大，导致温度变化较小。在时间 1200s 以内，温度对人员的影响较小。烟气向上蔓延，高温区域主要集中在顶部。

t=200s

t=1200s

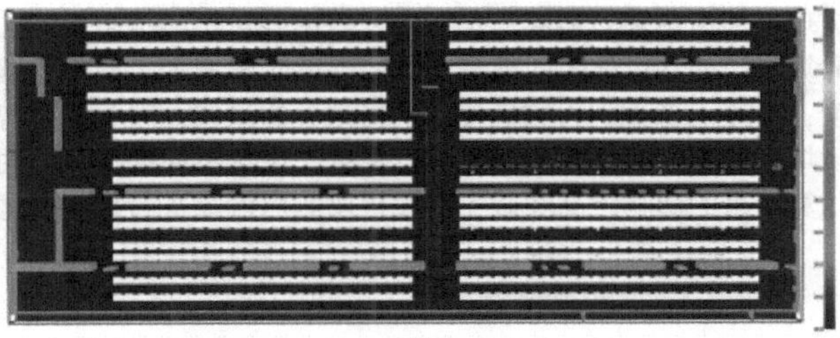

t=200s

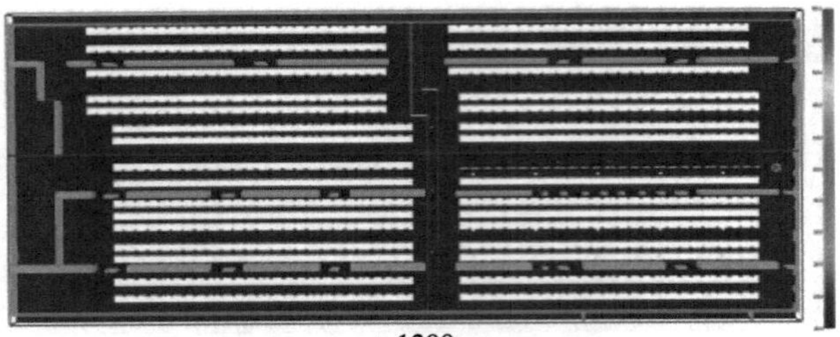

t=1200s

图9 温度分布状态

4 结论

（1）在地铁车辆基地内，火灾的传播速度非常快，可能会引起火势扩大。火灾烟气排放量较大，烟雾中含有大量的一氧化碳和二氧化碳等有毒气体，会对人员造成严重的危害。此外，火灾还会引起局部气流的剧烈变化，增加火势蔓延的难度。列车内发生火灾后，烟气较快的充满了整个车厢，随后在防烟分区内蔓延，温度变化最明显的区域在车厢内部。

（2）在通道处发生火灾，烟气在防烟分区蔓延的速度比列车火灾烟气蔓延速度快，对人员的威胁越大。此外根据结果可对地铁车辆基地提出火灾的防范措施，如安装自动喷水灭火系统、提高建筑材料的耐火性、加强建筑物通风等，通过模拟实验，发现这些措施能够有效地减少火灾的影响，降低火灾造成的损失。

参考文献

[1] 赐利龙步．地铁车站消防安全风险分析与管控探讨［J］．今日消防，2023，8（03）：100-102.

[2] 张鸿才，张俊瑄，于德涌等．地铁地下车辆基地消防设计创新与关键点研究［J］．现代城市轨道交通，2020（12）：111-117.

[3] 李兵．关于地铁火灾事故建筑固定消防设施建设的思考［J］．中国设备工程，2023，No.520（06）：10-12.

[4] 陈娜，沈祥辉，赵军．火灾能见度对地铁人员疏散速度影响的仿真研究［J］．消防科学与技术，2022，41（05）：639-644.

[5] 王凯，胡经纬，杨涛等．地铁站火灾烟流特性及协同集控系统［J］．中国安全科学学报，2022，32（12）：133-140.

[6] 董永锋．基于数值模拟的地铁站消防设计评价［J］．武警学院学报，2021，37（08）：10-13+19.

突发火灾情况下国产 C919 飞机客舱火焰温度传播特性*

刘天奇　贾瑞衡

（沈阳航空航天大学　安全工程学院，辽宁　沈阳）

摘　要　以 C919 客机 158 座客舱为研究对象，使用 Pyrosim 软件分析客舱火灾传播过程，针对客舱内发生火灾时温度变化规律进行研究。结果表明：通过温度云图分析可知火源上方温度探测器变化速率可分为五个阶段，分别为 0~15s 温度缓慢上升阶段、15~26s 温度加速上升阶段、26~29s 温度快速上升阶段、30~40s 温度平稳阶段以及 40s 之后的温度下降阶段。40s 后客舱整体烟气浓度都趋近于 100%，此时氧气浓度不足以持续火焰燃烧，此后客舱火焰逐渐熄灭，客舱温度在经过短暂蓄热后转为下降趋势，温度在 1.2m 高度处上升最快，其次是 1.5m 高度处，最后是 0.5m 高度处。处于 0~20s 时间段内客舱温度上升相对较慢，火源上方最高温度低于 650℃，此时是采取灭火措施与人员疏散的最佳时间段。

关键词　国产 C919　客舱火灾　火焰温度　传播特性

1 引言

随着民航业日益发展，飞机成为人们远程出行的重要交通工具。飞机在为人们带来便利的同时，空难灾害也时有发生。众多航空灾害中，航空火灾是导致空难的主要因素。由于舱内结构狭长，烟气容易聚集，一旦发生火灾，会造成大量经济损失和人员伤亡。经统计，发生火灾时高温热辐射及有毒气体是导致人员伤亡的主要原因[1]。因此，航空火灾事故传播特性研究成为国内外航空安全领域的热点。

目前，在飞机火灾特性方面，张积洪[2]以波音客机为研究对象，得到燃油泄漏池火各个过程的火势传播情况以及火灾现场周边热辐射强度；张青松[3]使用旋转矩形拟合圆形边界算法，使尽可能多的模拟实物的外形轮廓增加了模拟精确度；邓玲[4]考虑到火灾模拟中网格划分的误差，对相同计算区域内的不同网格划分情况进行模拟，比较不同网格尺寸对计算结果的影响；高经诚[5]对民机座舱内流场进行模拟，通过改变回风和新风温度、巡航高度以及回风比例，得到不同工况下舱内二氧化碳浓度、温度场以及速度场分布；王智愚[6]以空客飞机为研究对象，探究低压环境对飞机客舱火灾烟气规律；Jiang Fan[7]利用故障树分析法对虚拟模型进行安全性评估；陈驰[8]将虚拟现实技术应用于火灾模拟，在交互式虚拟环境中实现了火灾场景模拟；乐增[9]运用 FDS 对建筑火灾进行分析，给出 FDS 应用中的建模、模拟计算、数据分析方法；笔者前期研究中探讨了客舱材料在火灾条件下的燃烧特性[10]和产烟毒性[11,12]，针对火灾逃生时乘客年龄结构对疏散速率的影响进行了讨论[13]。可见，目前国内外学者对民用客机火灾的研究尚未充分展开。

鉴于此，以国产 C919 型飞机客舱为研究对象，按 1：1 比例建立几何模型，使用 Pyrosim 软件进行火灾模拟研究，从而对火灾情况下客舱内火焰传播过程进行分析，研究结果对了解 C919 客机在突发火灾情况下危险性与制定应急救援措施具有重要意义。

* 基金项目：国家自然科学基金（12102271）；辽宁省自然科学基金（2020-BS-175）；辽宁省教育厅科研项目（JYT19038）。

2 C919 客舱几何模型建立与参数设置

2.1 C919 客舱几何模型建立

C919 是我国按国际民航规章自行研制、具有自主知识产权的大型喷气式民用飞机，目前已完成立项论证、可行性论证，转入工程发展阶段。C919 客舱火灾模拟使用的软件为 Pyrosim，该软件最大特点是提供了三维可视化图形处理功能，使软件模拟拥有更直观的结果展现。C919 客舱火灾模拟主要包括几何模型建立、运行求解和分析处理等，模拟流程见图 1，其中，客舱几何模型构建是火灾模拟的基础。

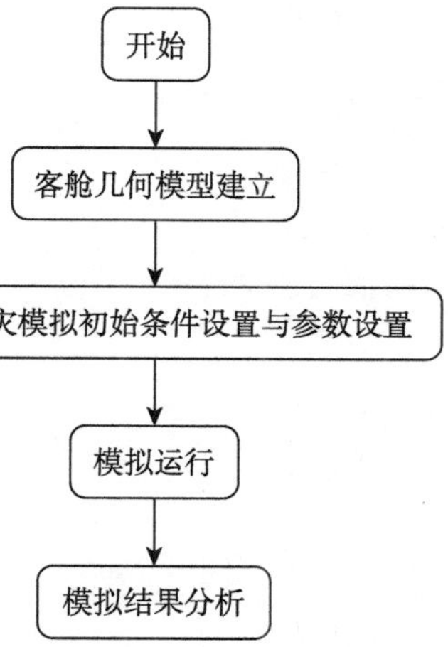

图 1 C919 客舱火灾模拟流程

C919 客机是中短途商用机，属于同时备有经济舱和商务舱的混合级飞机，基本型布局为 158 座。客舱长 33.46m，宽 3.96m，高 2.03m，客舱头部舱门 2 个，客舱尾部舱门 2 个，客舱中部应急舱门 4 个。客舱内商务舱有 12 座，经济舱有 146 座。C919 客舱内部座位基本排布如表 1，客舱几何模型见图 2，为便于描述 C919 客舱的空间位置，建立 *X*、*Y*、*Z* 三维空间坐标轴，客舱整体布局见图 3。

表 1 客舱座位排布

客舱参数	公务舱	经济舱	乘务座
座位数/个	12	144	2
排数/排	3	24	1
座位间距/m	0.91	0.81	0.81
座位宽度/m	0.62	0.45	0.45

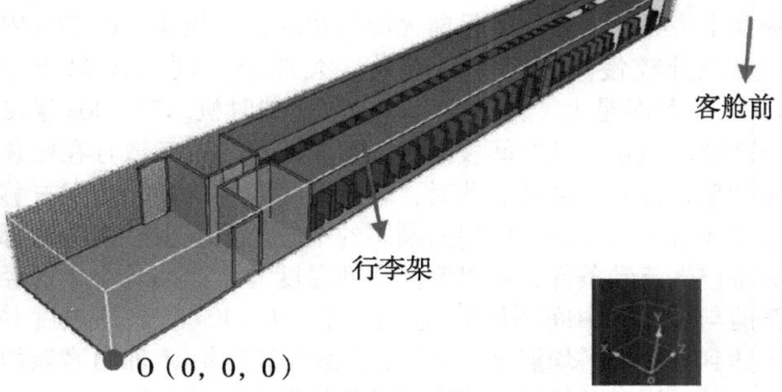

图 2 C919 客舱几何模型

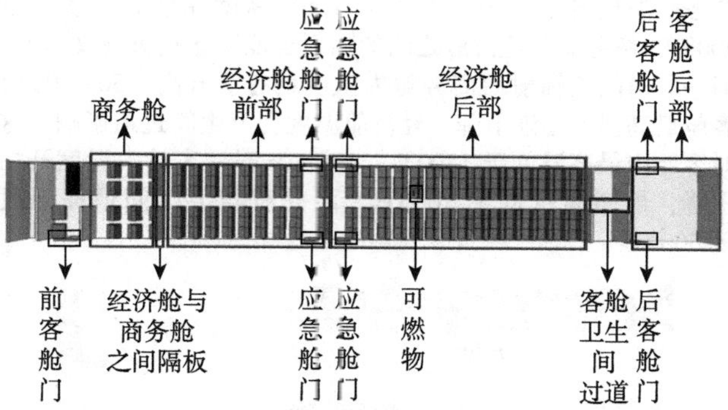

图 3 C919 客舱布局

2.2 C919 客舱火灾模拟参数设置

在构建 C919 客舱几何模型基础上进行网格划分，设置网格大小为 0.1m×0.1m×0.1m，网格总数为 232360 个。为描述舱内物质起火引发的火灾，考虑到火灾时期应急舱门位置温度传播的复杂性，并且为明确在各个舱门开启的情况下温度变化的特殊性，火源设置在左侧第 17 排 C 号座位上方（按实际客舱座位排布标准），火源大小为 0.3m×0.1m×0.1m。设置可燃物热释放速率为 2000kW/m^2，质量损失率为 1kg/（m^2·s），客舱温度为 20℃。火源位于客舱第 17 排 C 号座上方，距离地面高 0.6m，见图 4。

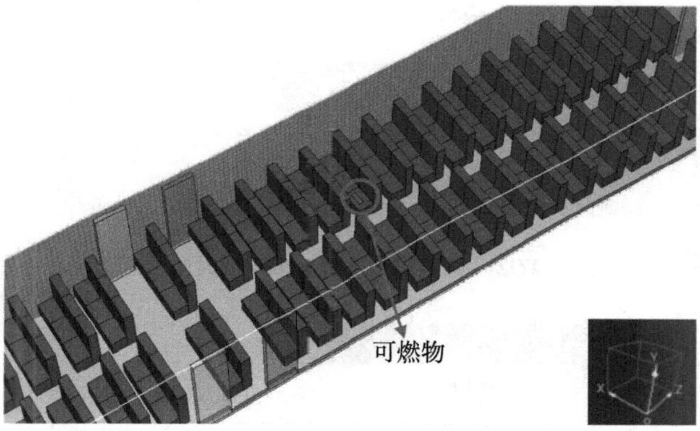

图 4 可燃物位置

为得到在客舱火灾时期内部空间的温度变化，在行李架处 1.6m 高的位置布置温度探测器，具体布置方案为，在高度 1.6m 的 *XOZ* 平面每隔 3m 布置一个温度探测器，在急逃舱门上方单独设置温度探测器。此外，将客舱探测器分为设置在客舱头部、中上部、中下部及客舱底部。

3 C919 客舱突发火灾情况下火焰温度传播特性

3.1 客舱火灾温度在 *XOZ* 方向变化特性分析

模拟得到客舱火灾时期温度在不同高度沿 *XOZ* 方向变化情况，见图 5、图 6、图 7，图中温度单位为℃，*t* 为火灾发生后时间，单位为 s。分析可知：火灾后 0～20s 温度向火源侧聚集，这是由于座位布局限制了温度扩散；20～30s 时在火源侧 0.5m 处温度达 800℃并向过道大幅扩散；30～40s 时客舱舱头温度扩散速度明显大于舱尾，但温度扩散至商务舱与经济舱之间隔板时，温度扩散速度减慢，又因为前客舱门的风流使经济舱过道前半段温度下降，因此商务舱温度始终小于 210℃，同时经济舱后部温度也在加速上升，客舱底部也有明显温升过程；40～50s 时受过道影响，经济舱前半段温度趋于下降，客舱最高温从经济舱上半部分移至经济舱下半部分。虽然该时间段内经济舱上半部分温度下降，但是商务舱温度却在上升，商务舱 1.6m 高度除最高温度超过 400℃，商务舱与经济舱之间的隔板虽能防止火灾温度骤升，但一段时间热辐射后商务舱内温度仍有所升高；50～70s 时客舱最高温度逐渐下降，经济舱温度受卫生间过道影响，这时客舱内最高温低于 1300℃；70～80s 时，客舱内温度开始下降，最高温度低于 1000℃，商务舱与卫生间最高温度仅 500℃。

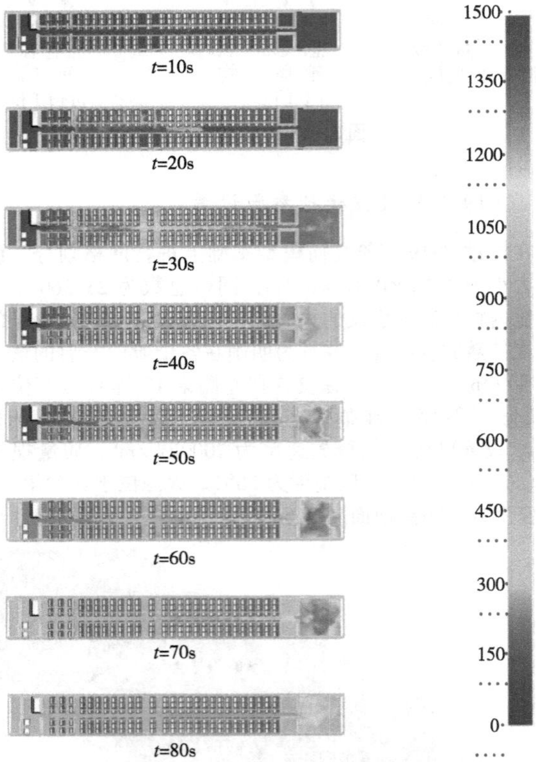

图 5　*XOZ* 平面的高度 0.5 m 处不同时刻的温度

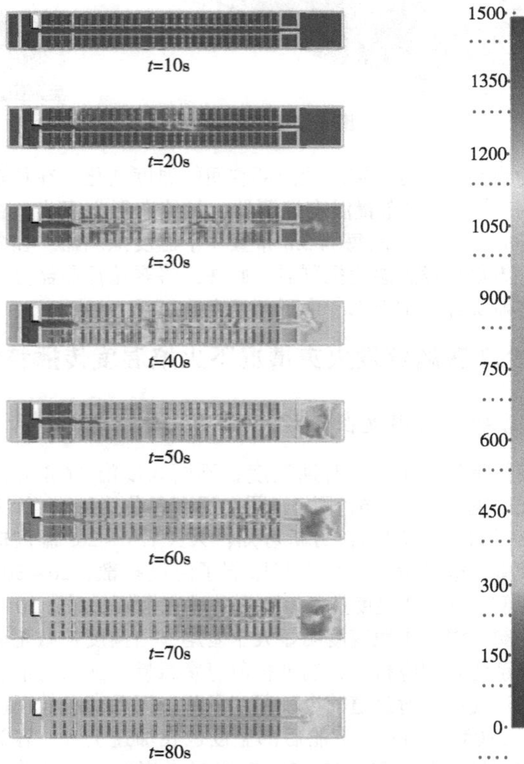

图 6　*XOZ* 平面的高度 1.2m 处不同时刻的温度云图

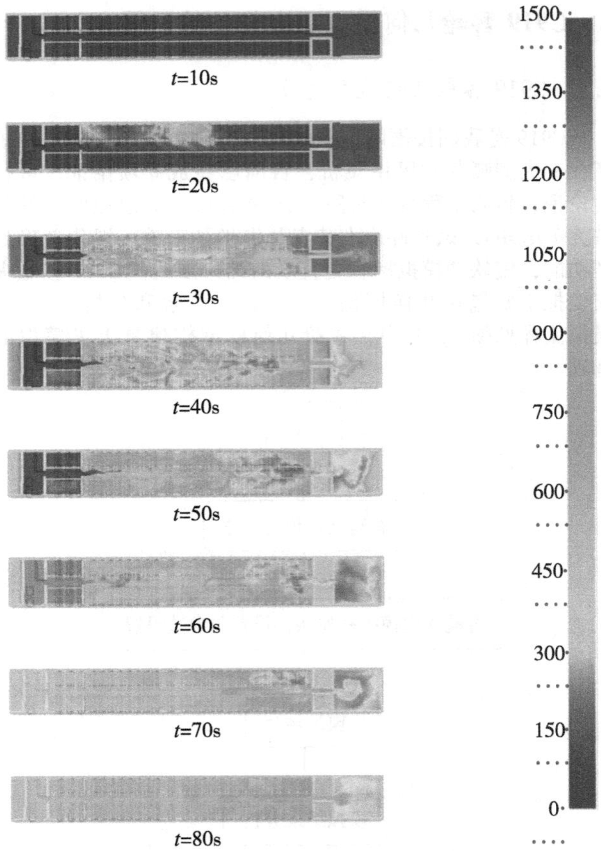

图 7　*XOZ* 平面的高度 1.6 m 处不同时刻的温度云图

整体上看，客舱出口对客舱升温有较明显抑制效果，客舱内最高温度未达到 1500℃，这是由于客舱属于狭长结构空间，当舱门开启后外界空气与舱内空气有热对流与换热现象，经过换热后舱内温度的增长收到抑制，但客舱外风流并未进入舱内，所以在一段时间换热后温度升高速率大于换热速率，所以舱内仍处于温升状态。由图 5～图 7 看出，客舱内高度越高温度也越高，温度先是在火源侧向中上部分快速增大，蔓延到火源另一侧直到经济舱上半部分时升温较快，随后再向客舱底部蔓延，最后商务舱温度缓慢上升。火灾发生 0～40s 内，由于经济舱与商务舱中间存在一块隔板，使两侧温度相差较大，阻碍了温度在客舱的热传递，一定时间内经济舱与商务舱之间隔板能有效阻止温度蔓延。

3.2　客舱火灾温度在 *XOY* 方向变化特性分析

通过模拟 C919 客机客舱火灾在 *XOY* 方向温度变化，可进一步了解客舱火灾温度变化趋势，在客舱沿 Z 方向每隔 5m 提取一个温度切片，结果见图 8。分析得知：由于 1.2m 高度以上存在行李架，温度在行李架下端聚集，温度在 1.2m 处温度最高。客舱 1.6m 高度处温度最低，温度优先从火源上方处快速升温，且向火源侧边缘快速聚集，0～20s 内温度上升较慢，除火源上方外，大部分空间温度都小于 150℃，此时是火灾救援及人员疏散最佳时机。20～30s 温度升高速率最快，该时间段内，温度向四周快速扩散且在舱顶及货架顶部温度最高。此时，客舱最高温度从燃烧物上方移动至经济舱与商务舱中建的隔层的中心位置，由于座位底部具备空气流动条件，所以座位底部温度升温速率最小，而经济舱与商务舱中间隔层处温度最高。30～40s 时舱顶温度并未达到该区域平均温度，40s 以后最高温度沿 *Z* 轴向客舱两头移动，同时在舱门作用下客舱整体温度开始下降。

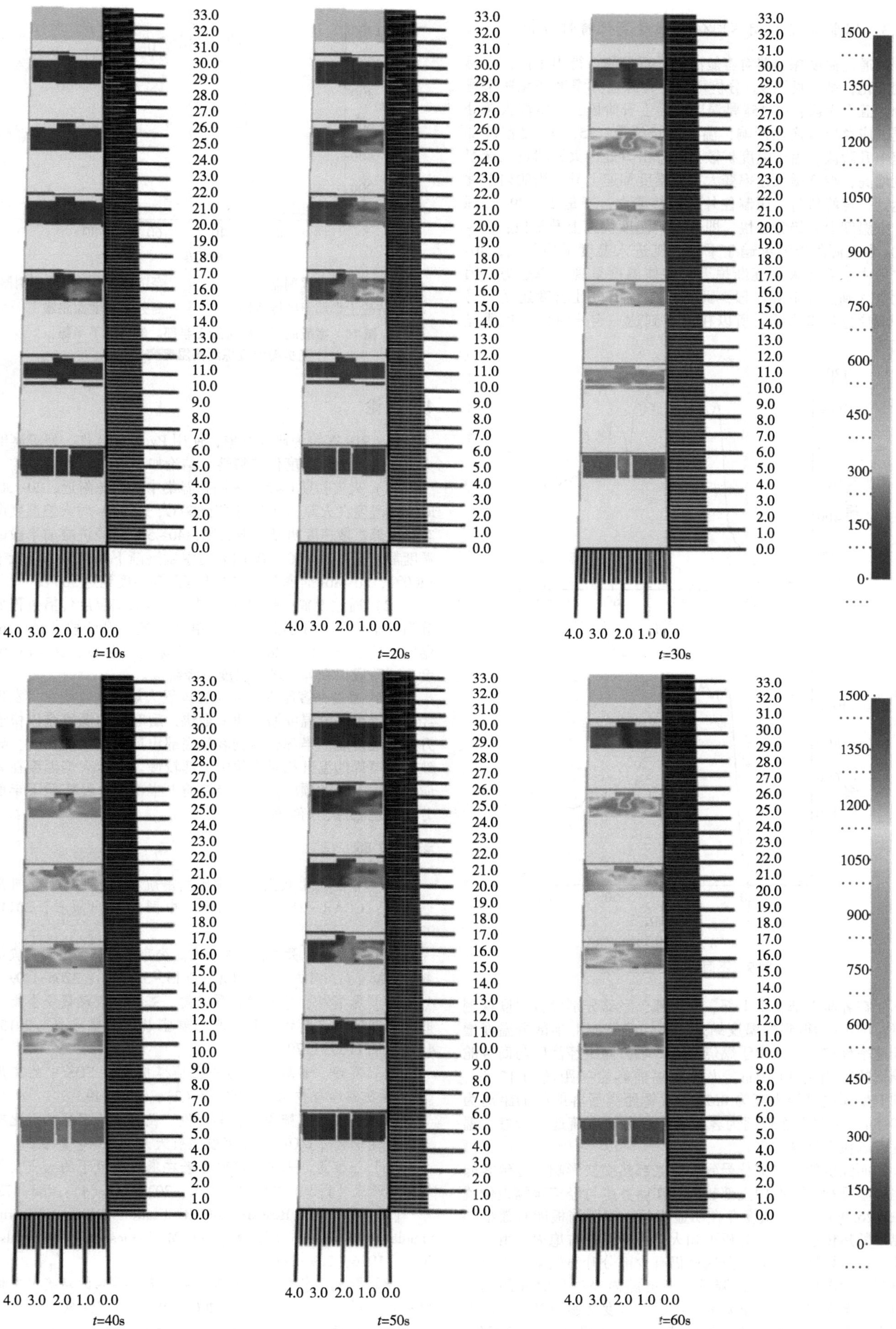

图 8　*XOY* 平面不同位置温度云图

3.3 客舱火灾时期不同位置温度变化特性分析

通过温度探测器对客舱温度进行探测，得出不同位置温度变化，结果见图9。分析可知：火源上方温度变化速率可分为五个阶段：0~15s是温度缓慢上升阶段，该阶段火源处受到应急出口换热影响，温度增长缓慢；15~26s是温度加速上升阶段，由于温度扩散至紧急出口处，火源附近区域温度增高，温度增长速率变大，使温度加速上升；当舱内温度达到一定峰值时，压制住外部换热能力，于是26~29s火源上方温度上升趋势很快，即进入到温度快速上升阶段；29~40s当火源附近温度趋于平稳，则进入温度平稳阶段；40s之后由于客舱火焰逐渐熄灭，整体温度呈现下降趋势，因此进入到温度下降阶段。此外，应急出口处温度还受到另一侧应急出口影响，所以在温度到达一定值时便出现明显波动。

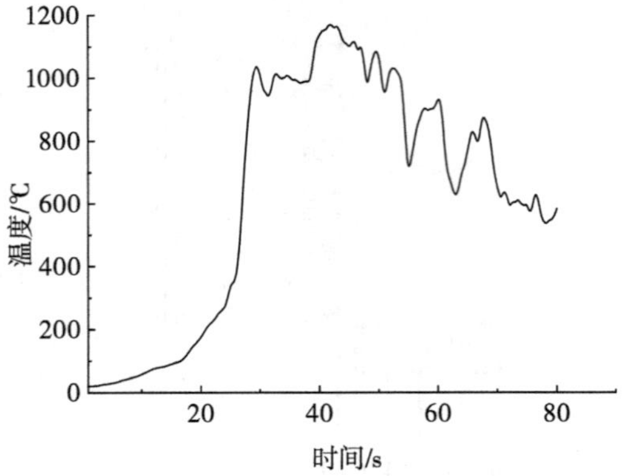

（a）火源上方温度

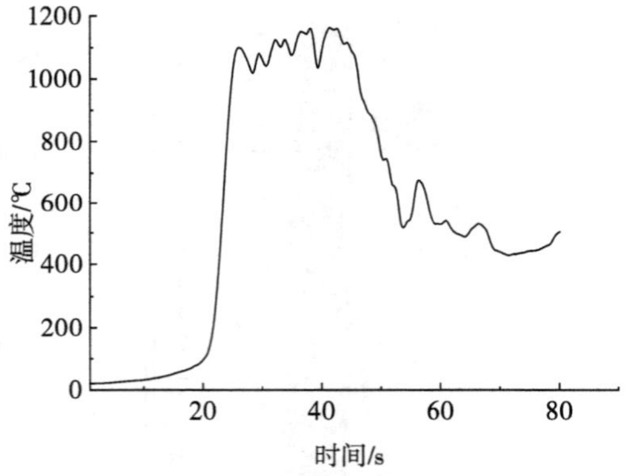

（b）应急出口处温度

图9 不同位置温度变化图

在客舱上部、中上部、中下部、底部分别设置温度探测器，图10为得到的温度结果，可知经济舱上半部分温度增长速率最快，这是由于燃烧物沿Z轴方向距经济舱与商务舱隔板的距离为14.05m，火源距离前客舱门距离为17.5m，到卫生间过道处距离为8.2m，火源距离后客舱门的距离为10.5m，并且后客舱门为客舱后半部分空气流通性较好，温度难以快速升高。

而经济舱下半部分受到客舱底部热交换影响，导致客舱尾部温升相对客舱中上部较慢。在商务舱与经济舱隔板位置（x=26.9m）处，温度存在明显降幅，说明挡板能有效抵挡温度的热传递效率。分析可知火焰在40s左右熄灭，由于火焰仍持续燃烧，因此部分区域仍有少部分升温效果，经过一段时间后温度呈波动性降低。商务舱内经过长时间的热辐射，在客舱温度整体下降的55s后，温度又逐渐升高。综上可得温度在客舱内加速上升的依次顺序为经济舱上半部分、经济舱下半部分、客舱底部和商务舱。

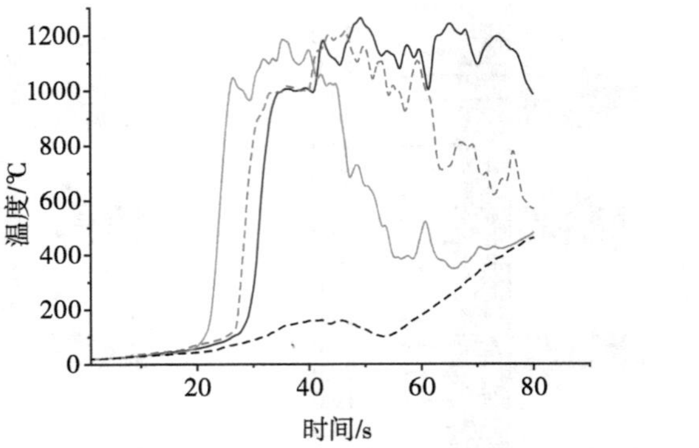

图10 客舱底部、经济舱上半部、经济舱下半部、商务舱温度探测器温度变化图

4 结论

以C919客舱为研究对象，使用Pyrosim软件，研究客舱火灾条件下火焰温度传播特性，结论如下：

（1）火灾初期0~20s火焰高温集中在火源附近，20~30s时火焰温度在火源侧0.5m达到800℃，30~40s时火焰温度向客舱头部扩散速度明显大于舱尾，40~50s时经济舱前半段的温度都趋于下降，50~70s时客舱温度逐渐下降且最高温低于1300℃，70~80s时商务舱与卫生间最高温度到达500℃。

（2）通过设置火焰温度监测点，将火焰温度传播过程划分为五个阶段，分别为0~15s温度缓慢上升阶段、15~26s温度加速上升阶段、26~29s温度快速上升阶段、29~40s温度平稳阶段以及40s之后温度下降阶段。

（3）通过在客舱内不同位置设置火焰温度监测点，发现经济舱上半部分温度增长速率最快，后客舱门温度难以快速升高。经济舱下半部分受到客舱底部出口热交换的影响，导致客舱尾部的温升相对客舱中上部较慢。客舱火焰温度在客舱内加速上升的顺序依次为经济舱上半部分、经济舱下半部分、客舱底部、商务舱。

参考文献

［1］中国民用航空局．中国民用航空规章运输类飞机适航标准：CCAR-25［S］．北京：中国民航出版社，2011：93-96.

［2］张积洪，聂成楠，张金龙．失事客机燃油泄漏火灾的数值模拟［J］．消防科学与技术，2013，32（11）：1206-1209.

［3］张青松，戚瀚鹏，罗星娜．基于火灾疏散安全指数的飞机客舱防火设计［J］．北京航空航天大学学报，2015，41（7）：1165-1170.

［4］邓玲．非均匀网格法在场模拟软件FDS中的应用［J］．消防科学与技术，2007，8（2）：146-149.

［5］高经诚，陈维建，胡万俊．民用飞机客舱二氧化碳分布特性分析［J/OL］．北京航空航天大学学报：1-9.

［6］王智愚，朱杰．A320客舱在低压环境下的火灾及烟气规律研究［J］．消防科学与技术，2022，41（4）：468-472.

［7］Jiang Fan. Research and Realization of Airport Security Simulation System［J］. Applied Mechanics and Materials, 2012，1976：209-211.

［8］陈驰，任爱珠，张新．基于虚拟现实的建筑火灾模拟系统［J］．自然灾害学报，2007，9（1）：55-60.

［9］乐增，金润国，毛龙．基于FDS的高校宿舍火灾数值模拟［J］．安全与环境工程，2009，16（5）：85-88.

[10] 刘天奇，王宁．飞机隔热隔音超细玻璃纤维棉燃烧火焰蔓延特性［J］．工程科学学报，2020，42（12）：1647-1652.

[11] 刘天奇，蔡之馨，王宁．客机隔热隔声棉点火特性与产烟毒性研究［J］．航空动力学报，2021，36（2）：377-383.

[12] 刘天奇，王宁，蔡之馨．铁氟龙 AFT250 航空电线燃烧毒害气体产物生成特性［J］．材料导报，2022，36（1）：201-205.

[13] 刘天奇．紧急迫降条件下空中客车 A320 客舱乘客疏散数值模拟［C］．第十八届沈阳科学学术年会论文集．沈阳：沈阳市科学技术协会，2021：597-601.

独立式火灾探测器供电可靠性研究

田　颍

（天津市东丽区消防救援支队，天津）

摘　要　随着无线消防报警系统的不断发展，独立式火灾探测器日渐智能化、多元化，普及率不断上升，在实际应用中供电不稳定的问题日益突出，阻碍了探测器的进一步发展。本文通过分析独立式火灾探测器的供电方式、电池基本性质、工作原理、信息传播方式及特点，对影响其供电稳定性的因素进行归纳整理。分析了独立式感烟火灾探测器的探测原理、信息传递技术、相关规范要求以及发展前景，并以联网型独立式感烟火灾探测器为例，设计了两组实验，探究巡检周期长度对探测器电池使用寿命的影响，近似绘制了相同外部环境下电池使用寿命与巡检周期长度之间的函数图像。结合试验数据，为实际应用中电池寿命的估计提供理论基础，并探究各种烟尘环境影响下的不同误报率对探测器使用寿命的削减系数，提出增强探测器供电稳定性的优化方案。

关键词　独立式火灾探测器　供电可靠性　电池寿命　巡检周期

1　引言

近年来，随着移动互联网技术、人工智能、消防云计算、智慧消防的发展，接入城市物联网消防远程监控系统的无线消防模式得到了普及。作为无线消防报警控制系统的重要组成部分，独立式火灾探测器是指无需与消防联动控制系统的线路进行连接，单独为一个小型系统的火灾探测装置，按信息传递方式分为联网式与单点式[1]。如今，高层建筑、出租屋、养老院、儿童活动场所、旧建筑由于历史因素、场所特色等诸多原因，日益成为消防管理工作的重点和难点。各级政府和部门下达了多个文件，如《关于积极推动发挥独立式感烟火灾探测报警器火灾防控作用的指导意见》（公消〔2015〕289 号）[2]、《消防安全责任制实施办法》等，推动独立式火灾报警探测器在此类场所的应用。

独立式火灾报警探测器由于其电池供电的不稳定、工作状态时较高的误报率、后期电池更换方面的问题，其普及遇到了一定的阻力，本文着重于研究独立式火灾探测器的电池供电稳定性问题。对于联网型的独立式火灾探测器，由于自身电池电量的限制、巡检过程的高耗电以及总机在区分故障报警和低电压报警上的功能缺陷，其供电可靠性的问题严重阻碍了探测器的普及应用[3]。

2　独立式火灾探测器供电稳定性分析

2.1　供电要求

本文探讨以电池供电方式供电的独立式火灾探测器。采用碳性或是碱性 9V 叠层电池供电。对于此类供电方式，相关规范规定，对于内部电池提供电的警报器和外部电池提供电的警报器，电池的容量可以保证警报器正常运转 1 年以上。电池在警报器进入警报状态之前，发出的显示声音故障的报警应与正常工作时检测到的火灾警报信号明显区别。在一周内，声音故障的信号提示音至少为每分钟一次。此后，独立式火灾探测器应发出超过四分钟的火灾报警提示音[4]。探测器常用的电池分为碳性 9V 叠层电池和碱性 9V 叠层电池两种，这两种电池在使用方面各有利弊。在探测器使用电流的匹配方面，碳性电池的电流较小，碱性电池适用于大电流的用电器，因此在电流大小方面碳性电池更加适合探测器。在探测器使用时间上来看，碱性电池的使用寿命更长，并且更适合于长期持续保持工作状态的用电器。在电池内部反应方面，由于探测器工作时电流具有较大的波动性，二者的电池内部自放电现象均十分显著，均大大减损了电池使用寿命。在其他方面，碳性电池的漏液现象比较常见，容易造成探测器内部的损坏，碱性电池比碳性电池更加环保[5]。

2.2　供电影响因素

2.2.1　外部环境的影响

电池供电的独立式火灾探测器采用的电池大多是碱性、碳性叠层 9V 电池，对于单点型独立式火灾探测器，电池供电相对稳定，但也受到温度、湿度、外界震动等影响，碳性或是碱性 9V 叠层电池在超出一般室温（20℃左右）大约 20℃时电池耗电量会有明显提升，电池使用寿命会缩短。探测器周围环境湿度的大幅度提升也会缩减电池使用寿命，但效果不如温度提升造成的效果明显。在独立式火灾探测器说明书标注的使用温度上下波动不超过 10℃时，温度对电池耗电量的影响可以忽略不计。

2.2.2　自身巡检周期的影响

对于联网型独立式火灾探测器，其电池使用寿命不仅仅受环境影响，并且受自身巡检周期的影响。在一个巡检周期中，电池自身内部电流在有收发信号和无收发信号两种状态相互转换时会有较大波动，这种电流波动促使电池自放电现象十分明显。巡检周期中探测节点或是主机给予探测器一个信号，探测器向探测节点或是主机发出反馈信号，完成探测节点与主机之间的信息交换，实现主机对火灾情况与探测器低电压状况的实时监测[6]。在实际应用中，过长的巡检周期会导致火灾信号向报警主机的传递速度过慢，主机获取信息滞后，导致火警信息延迟，而过短的巡检周期会加大电池耗电速度，致使电池使用寿命大大缩短。

2.2.3 其他因素影响

此外，探测器在准工作状态中处于微电流低耗电模式，而报警状态时耗电量较大，因此针对感烟型独立式火灾探测器，环境中粉尘率的提升引发的误报，也成为影响探测器供电稳定性的重要因素之一[7]。电池内部的自放电现象以及碳性电池常见的漏电现象，在一定程度上限制了独立式火灾探测器的电池使用寿命。

3 试验设计

3.1 试验目的

探究联网型独立式感烟火灾报警探测器在不同巡检周期下、不同探测环境下的电能损耗情况，根据试验数据，分析相同探测环境下不同巡检周期的探测器电池供电能力，以及不同探测环境、相同巡检周期下探测器电池的供电能力，确定在不同环境下探测器电池寿命的衰减规律，用试验数据对实际应用中的探测器电池使用寿命进行估算，优化独立式火灾探测器的供电方案，提高无线火灾报警系统的稳定性。

3.2 试验装置

（1）联网型独立式感烟火灾报警探测器；
（2）电动加烟试验器；
（3）无线火灾报警系统主机；
（4）自动断电器；
（5）9V 叠层碱性电池。

3.3 试验依据

3.3.1 试验原理

根据规范要求，火灾探测器系统的反应时间应小于 10s，回路的最多探测点数目是 200 个，10/200=0.05s，设定最长巡检周期为 0.05s。设定 4 个巡检周期分别为：0.01s、0.005s、0.003s、0.001s，信号的接收与发出时间忽略不计。

探测器在一个巡检周期的耗电分为两种，一是与节点（或是主机）无收发信号时的微电流超低耗电状态，在一个巡检周期中的时长近似于巡检周期本身时长，二是与节点（主机）收发信号产生的较高耗电模式，其时长近似于无穷小，但耗电量大。因此，在实际应用中不同巡检周期的独立式火灾探测器，在相同使用时长中超低耗电量状态的耗电相同（忽略电池自放电现象、烟尘环境等因素的影响），而收发信号的耗电量随着巡检周期的缩短而增加，如图 1 所示。

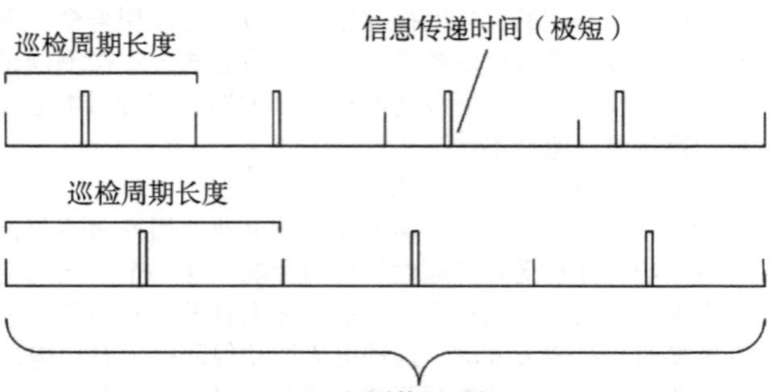

图 1 不同巡检周期的独立式火灾探测器工作示意图

在巡检周期为 0.01s、0.005s、0、003s、0.001s 下测得电池耗电耗尽的时间为 t_1、t_2、t_3、t_4。

$$\mathrm{WhE}=t_1\times a+n_1\times b \tag{3.1}$$

$$\mathrm{WhE}=t_2\times a+n_2\times b \tag{3.2}$$

$$\mathrm{WhE}=t_3\times a+n_3\times b \tag{3.3}$$

$$\mathrm{WhE}=t_4\times a+n_4\times b \tag{3.4}$$

$$n_i=t_i/T_i \tag{3.5}$$

式中 a——巡检周期未收发信号单位时间探测器的耗电量；

b——为巡检周期内收发一次信号的耗电量；

n_i——为一个电池周期探测器收发信号的次数；

T_i——为巡检周期的长度。

附注：试验操作中 n_i 数值过大、b 的数值过小的问题，结合试验中 t_i 的具体时间长度单位进行单位调整，列如将 n_i 改为平均每小时巡检次数，将 b 改为每小时巡检的耗电量（不含平时非巡检耗电量）。

结合式（3.1）和式（3.2），求出 a_1、b_2 的值

得到分段函数

$$\mathrm{WhE}=t\times a_1+t/T\times b_1 \tag{3.6}$$

$$t=\frac{\mathrm{WhE}}{b_1}\frac{1}{\frac{a_1}{b_1}+\frac{1}{T}}\frac{1}{T}\in[100,\ 200] \tag{3.7}$$

重复上述步骤，结合式（3.2）与式（3.3）、式（3.3）与式（3.4）算出

$$t=\frac{\mathrm{WhE}}{b_2}\frac{1}{\frac{a_2}{b_2}+\frac{1}{T}}\frac{1}{T}\in\left[200,\ \frac{1000}{3}\right] \tag{3.8}$$

$$t=\frac{\mathrm{WhE}}{b_3}\frac{1}{\frac{a_3}{b_3}+\frac{1}{T}}\frac{1}{T}\in\left[\frac{1000}{3},\ 1000\right] \tag{3.9}$$

附注：理论上 a_1 与 a_2 与 a_3、b_1 与 b_2 与 b_3 数值相同，但由于环境温度、电池自放电等因素的影响，会有些微差异。

根据推导，近似得出

$$t=\frac{\mathrm{WhE}}{b_1}\frac{1}{\frac{a_1}{b_1}+\frac{1}{T}}\frac{1}{T}\in[0,\ 100] \tag{3.10}$$

$$t=\frac{\mathrm{WhE}}{b_3}\frac{1}{\frac{a_3}{b_3}+\frac{1}{T}}\frac{1}{T}\in[1000,\ +\infty] \tag{3.11}$$

画出函数图像见图 2。

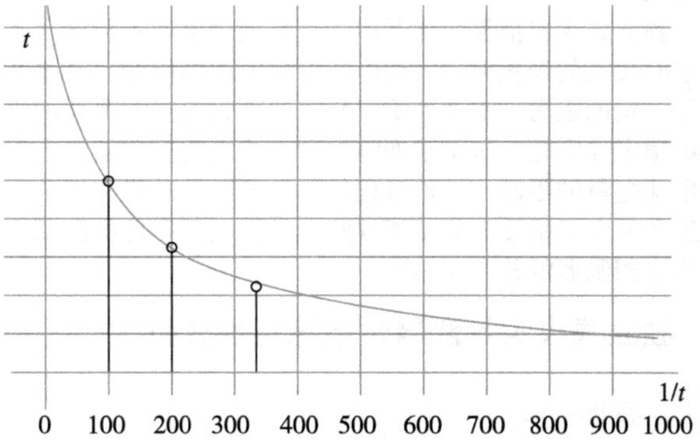

图 3-2 巡检周期与电池使用寿命的函数图像

根据函数图像，代入实际应用中的巡检周期 T，可近似估算出电池使用时间。

试验一模拟出的探测器电池使用寿命，是假定无误报报警、无火灾报警的情况下探测器的持续使用时间。但在实际应用中，由于烟尘环境等外部因素，感烟探测器在烟尘环境下的误报率一般为 3%～4%，因此采用试验二对此进行误报

模拟，修正试验一的电池使用寿命。

将探测周期为 0.003s 的探测器分为 4 组，设定不同探测环境为：

（1）无烟感试验器加烟环境；

（2）烟感试验器 12h 加一次烟；

（3）烟感试验器 6h 加一次烟；

（4）烟感试验器 3h 加一次烟。

设定自动断电器，使电动的烟感试验器在规定的时间间隔里加烟 120s，然后断电，使加烟器停止加烟。独立式火灾报警探测器会发出报警信号，并将报警信息传递给报警主机，烟感试验器停止产烟之后，探测器会自动复位，报警主机上会记录相关信息。

3.3.2　试验工况

对于测定不同巡检周期下独立式火灾探测器的电池使用寿命的试验一。

默认参数：无电磁干扰、使用 9V 叠层碳性电池、标准室温、无烟尘环境。具体试验工况见表 1。

表 1　巡检周期对探测器电池使用寿命的工况设计

工况	巡检周期/s
1	0.01
2	0.005
3	0.003
4	0.001

对于测定不同烟尘环境下同一巡检周期的独立式火灾探测器的电池使用寿命的试验二。

默认参数：巡检周期为 0.003s、无电磁干扰、使用 9V 叠层碳性电池、标准室温。具体试验工况见表 2。

表 2　烟尘环境对探测器电池使用寿命的工况设计

工况	加烟时间间隔/h	通电时间	断电时间
1	╲	╲	╲
2	12	12：00~24：00	12：02~24：02
3	6	6：00~12：00 18：00~24：00	6：02~12：02 18：02~24：02
4	3	3：00~6：00 9：00~12：00 15：00~18：00 21：00~24：00	3：02~6：02 9：02~12：02 15：02~18：02 21：02~24：02

3.4　试验步骤

3.4.1　试验一

用万用表测量初始的 9V 叠层碳性电池的电量，并记录数据。取巡检周期为 0.01s、0.005s、0.003s、0.001s 的独立式感烟火灾报警探测器，安装初始电池，隔一段时间后查看主机上的低电压报警信息、断电探测器的断电时间。

记录时间 t_1、t_2、t_3、t_4，代入上文的式（3.1）~式（3.5）公式进行运算，并根据运算所得数据画出分段函数图像。

通过探测器巡检周期的倒数$\frac{1}{T}$，可近似估算出电池使用寿命 t。

3.4.2　试验二

对自动断电器进行设定。

（1）打开锁定状态的键盘，按住“时钟键”同时按住“取消/恢复键”几秒，直至屏幕上锁定图示消失。当需要将键盘锁定时，同样重复以上操作。

（2）调节时间设置。调节时间显示状态，在按住“时钟”的同时按照试验二的工况对小时、分钟进行设定。

（3）设定通断电时间。依次按下“设定键”、“星期键”，对于此次试验，应设定为每日重复。设定每日通电的时间间隔，分为每日通电时间和每日断电时间。设定烟感器通电时间，按“设定”键，在开关设定中分别设定开、关的时间。

（4）对断电器的上述试验设定进行检查，按“设定”键，可以看到已经输入的通电时间和断电时间。

将设置好的四个自动断电器与四个烟感试验器相连接，将四个烟感试验器对准四个巡检周期均为 0.003s 的独立式感烟火灾探测器，进行试验。

一段时间后，查看主机上的低电压报警信息、断电探测器的断电时间。

在报警主机上查看时间 t_1、t_2、t_3、t_4，算出 t_2、t_3、t_4 与 t_1 的比值，近似模拟不同烟尘环境造成的误报下独立式探测器的使用寿命衰减系数。

3.5　数据处理

3.5.1　数据记录

对于测定不同巡检周期下独立式火灾探测器的电池使用寿命的试验。其数据记录表格见表 3。

表 3　巡检周期对探测器电池使用寿命的数据记录

工况	电池使用寿命/h
1	
2	
3	
4	

对于测定不同烟尘环境下相同巡检周期的独立式火灾探测器的电池使用寿命的试验。其数据记录表格见表 4。

表 4　烟尘环境对探测器电池使用寿命的数据记录

工况	电池使用寿命/h
1	
2	
3	
4	

3.5.2　数值计算

分析环境下独立式探测器的使用寿命衰减系数的规律，根据实际应用中烟尘环境的误报率估算独立式火灾探测器的寿命衰减系数，结合试验一中得到的巡检周期与使用寿命的函数，估算出实际应用中探测器电池使用寿命，设置合理的电池更换周期方案。

在$\frac{1}{T}\in$［0，100］时函数近似于 $t=\frac{\mathrm{WhE}}{b_1}\frac{1}{\frac{a_1}{b_1}+\frac{1}{T}}$

在$\frac{1}{T}\in$［1000，+∞］时函数近似于 $t=\frac{\mathrm{WhE}}{b_3}\frac{1}{\frac{a_3}{b_3}+\frac{1}{T}}$

4 结论

在确立了相同外部环境下定期单发型独立式感烟火灾探测器的巡检周期与电池供电之间的基本函数以后，结合外部烟尘环境、环境温度、通风对流条件进行综合分析，在实际应用中进行动态把握。目前对于独立式感烟火灾报警的优化方案大致分为以下三种。

一是对单片机本身的耗电的优化。使用超低耗电性能的单片机进行微控制，延长正常工作时的电池使用时间。对于拥有数字控制振荡器的独立式火灾探测器，在日常工作时处于低耗能模式，而从微电流的待机状态至运行唤醒模式的时间非常短。其超低的功耗源于其在工作时芯片的低电压以及在运行时钟方面的合理逻辑编排。单片机中具有内部 DCO 振荡器、外部高速、低速晶体振荡器，这些系统时钟模块通过合理的逻辑程序对这些时钟源的启闭进行合理控制，从而达到降低单片机工作能耗的目的。

二是改进其信息传递方式。具体实现方案为在控制器上安装定时脉冲发生器，在独立式火灾探测器上安装接收器和同步脉冲校正器。探测器发射同步信号，校正探测器的时钟信号，探测器定期向控制器发射关于欠压、电路故障的巡检信号，当探测到火灾发生的信号时，探测器不受定期巡检周期的控制，直接立即向主机或是节点发射报警信号。这种改进型的信息传递方式，兼顾了双发型的信息稳定性和单发型的低耗电性。

三是改进信息传递技术，目前常用的 Zigbee 通信技术速率较低，适用于短距离、数据量小、覆盖范围小的无线火灾控制系统。对于 Nr-f24101 无线通信模块无线火灾报警系统，Nr-f24101 无线模块正常工作时其工作稳定性易被各种无线电器、手机等的信号干扰。如今理论上有提出利用 LoRa 技术优化无线消防系统的信息传递网络，LoRa 有低功耗、稳定性强、传输距离远的特点，利用了线性调频技术和循环纠错码编码，具有超强信噪容限，接收灵敏度高，具有较高的普及应用价值。

参考文献

［1］GB 50116—2013，火灾自动报警系统设计规范［S］.

［2］关于积极推动发挥独立式感烟火灾探测报警器火灾防控作用的指导意见：〔2015〕289 号［z］. 2015

［3］孔令成，火灾报警控制系统的干扰来源及其对策［J］. 消防技术与产品信息，1997（07）：17-19.

［4］肖广兵，陈有超，孙宁，陈勇．基于 JN5139 的无线火灾监测系统设计［J］. 软件导刊，2019，18（12）：138-141.

［5］李龙，方涛，胡亚楠，刘涛．NB-IoT 在无线消防监测终端中的应用研究［J］. 单片机与嵌入式系统应用，2019，19（09）：50-54.

［6］Bo Li. Design of Intelligent Fire Real-time Sensing and Monitoring System Based on Wireless Sensor Network［C］. Institute of Management Science and Industrial Engineering. Proceedings of 2019 2nd International Conference on Intelligent Systems Research and Mechatronics Engineering（ISRME 2019）. Institute of Management Science and Industrial Engineering：计算机科学与电子技术国际学会（Computer Science and Electronic Technology International Society），2019：78-84.

［7］Bo Li. Design of Intelligent Fire Real-time Sensing and Monitoring System Based on Wireless Sensor Network［C］. Institute of Management Science and Industrial Engineering. Proceedings of 2019 2nd International Conference on Intelligent Systems Research and Mechatronics Engineering（ISRME 2019）. Institute of Management Science and Industrial Engineering：计算机科学与电子技术国际学会（Computer Science and Electronic Technology International Society），2019：78-84.

［8］Jui-Sheng Chou，Min-Yuan Cheng，Yo-Min Hsieh，I-Tung Yang，Hsin-Ting Hsu. Optimal path planning in real time for dynamic building fire rescue operations using wireless sensors and visual guidance［J］. Elsevier B. V.，2019，99.

氮气对预混甲烷/空气初期爆炸特性的影响研究

纪宏伟[1]　李世梁[2]

（1. 天津市消防救援总队，天津；2. 河南理工大学煤炭安全生产河南省协同创新中心，河南　焦作）

摘　要　为研究氮气对预混甲烷/空气初期爆炸特性的影响，本文采用定容燃烧弹结合高速纹影系统，分析了氮气对 9.5%甲烷/空气初期爆炸球形火焰传播影响，并依据爆炸超压曲线获得了超压上升速率峰值及来临时间，分析了爆炸超压变化特性。最后，使用 CHEMKIN 18.2 软件结合 GRI-Mech 3.0 机理对 H、O 和 OH 自由基浓度进行了模拟计算，分析了氮气对甲烷爆炸的抑爆机理。研究发现：随氮气浓度的增加，球形火焰传播速度明显降低，胞状火焰的胞格数目有所减少，同时胞状火焰出现时间大幅推迟；超压峰值及超压上升速率峰值随氮气浓度的增加而降低，而超压峰值来临时间及超压上升速率峰值来临时间则明显增加。模拟研究发现氮气可以明显减小 H、O 和 OH 自由基浓度从而达到抑爆效果。

关键词　氮气　甲烷　爆炸超压　球形火焰　自由基

煤和天然气是生活中常见的两种能源，也是支撑我国经济可持续发展的主要能源。然而，瓦斯是煤炭开采过程中常见的致灾气体，近年来，煤矿开采深度日益增加，煤层富含的瓦斯含量也随开采深度的增加而增大[1-3]。此外，天然气作为一种清洁无污染能源，对化解能源危机和减缓全球变暖具有重要意义。然而，瓦斯和天然气的主要成分是甲烷，其在常压下的爆炸极限为 4.95%~15.51%[4]，如若发生爆炸会造成严重的人员伤亡和财产损失。因此，研究可燃气体爆炸抑制技术具有重要意义。

惰性气体是常见的可燃气体爆炸抑制剂，已被学者进行了大量的研究。在爆炸和燃烧极限方面，Qiao 等[5]实验和模拟研究了惰性气体（氮气，氦气，氩气和二氧化碳）对预混甲烷/空气火焰燃烧极限的影响。钱海林等[6]用球形爆炸容器研究了氮气/二氧化碳混合气体对甲烷爆炸极限的影响，发现爆炸极限随惰性混合气体线性变化。王华等[7]和 Halter 等[8]对比研究了氮气和二氧化碳对瓦斯浓度爆炸极限的影响，结果表明二氧化碳和氮气对瓦斯爆炸具有一定的抑制作用，且二氧化碳的抑制作用优于氮气。在火焰传播方面，Pei 等[9-11]用透明管道实验研究了氮气和细水雾两相介质对瓦斯爆炸的影响，结果发现气液两项介质能够协同抑制瓦斯爆炸。Mitu 等[12]利用在球形容器中获得的压力-时间变化曲线，研究了甲烷-空气和甲烷-空气-惰性气体（氦气、氩气、氮气和二氧化碳）混合物中的火焰传播特性，研究结果发现惰性气体稀释量的增加将导致甲烷/空气混合物层流燃烧速度和最大火焰温度下降。在数值模拟研究方面，李芸卓等[13]用 COMSOL 软件数值模拟研究了注氮对采空区瓦斯爆炸危险区的影响，发现瓦斯爆炸危险区的宽度及面积与注氮流量呈负相关关系。贾宝山等[14-15]用 CHEMKIN 软件研究了惰性气体（氮气，二氧化碳和水）对瓦斯爆炸反应动力学的影响，分析了致灾性气体的变化规律，结果表明惰性气体的加入能够降低爆炸后致灾性气体的浓度。Liang 等[16]用 CHEMKIN 软件模拟研究了加水对瓦斯爆炸的影响规律，发现加水能够减少瓦斯爆炸过程中 O、H 和 OH 自由基的数量，这削弱了瓦斯爆炸强度。

综上所述，国内外学者主要从管道中火焰传播特性、爆炸极限、层流燃烧速度及反应动力学等方面研究了惰性气体对甲烷爆炸的影响。当可燃气体在密闭燃烧室中爆炸时，火焰是以球形状态向外发展，具体可以分为以下几个阶段[17]：稳定的层流燃烧阶段，火焰表面光滑；火焰表面出现裂纹和褶皱阶段；火焰表面出现胞状结构阶段；湍流化阶段。当胞状结构出现时火焰速度会迅速增加[17]，本文将可燃气体从点火到球形火焰表面出现胞状结构的这一时期称为爆炸初期。Wei 等[18]指出爆炸初期火焰对整个爆炸过程都有重要影响，且爆炸的最佳抑制时期也为爆炸初期。因此，研究惰性气体对甲烷爆炸初期的影响具有重要意义。韦双明[19]详细研究了二氧化碳-超细水雾对甲烷爆炸初期的抑制规律，但是氮气对甲烷爆炸初期的影响规律还不得而知。本文利用定容燃烧弹和 CHEMKIN 18.2 模拟软件研究不同体积分数氮气对 9.5%甲烷/空气初期爆炸特性的影响，分析了氮气体积分数对瓦斯爆炸火焰传播特性、爆炸超压特性的影响，最后对抑制机理进行了详细讨论。研究结果可为氮气抑爆装置的开发和设计提供理论依据。

1 实验系统及实验方法

1.1 实验系统

本文所用的实验系统如图 1 所示，实验系统主要包括定容燃烧弹、高速纹影摄像系统、点火系统、数据采集系统和配气系统。定容燃烧弹是由不锈钢制成的密闭圆柱形容器，耐压可达 2MPa，体积为 24.1L。在定容弹的端部和侧壁分别安装直径为 110mm，厚度 50mm 的光学石英玻璃，可以为高速纹影系统提供光学通道。定容燃烧弹上安装有 MD-HF 型高频压力传感器用以记录爆炸产生的压力，其量程为-0.1~1.0MPa，光电传感器对准点火电极的中心以记录点火时刻。高速纹影系统包括纹影仪和高速相机，纹影仪和高速相机型号分别为 CQW300 和 High Speed Star 4G，高速相机拍摄频率设为 2000fps，像素为 1280×800。点火系统由点火电极和 HEI19 型点火器组成，点火电极间距为 3mm，点火器的点火电压设定为 6kV。数据采集系统由 USB-1608FS Plus 型数据采集卡和电脑组成，数据卡的采集频率为 15kHz。配气系统由高压气瓶和高精度数字压力表组成，用以真空法配气。

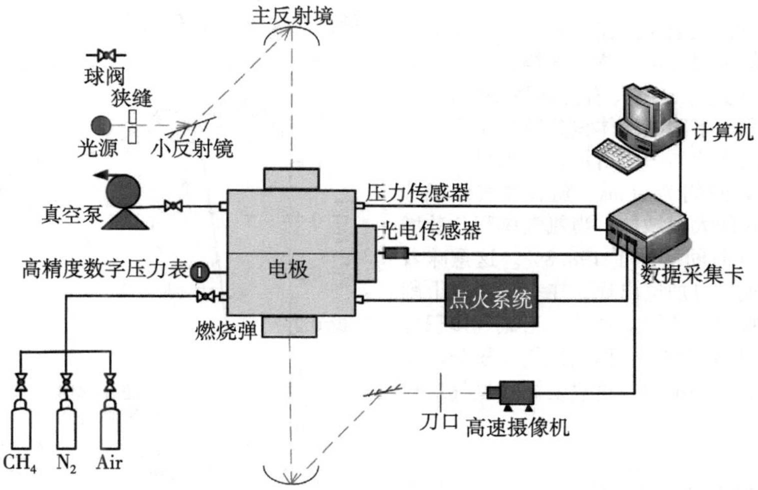

图 1 实验系统图

1.2 实验方法

在实验前首先要测量定容燃烧弹的气密性，保证气密性良好。然后，用真空泵将定容燃烧弹抽真空，在定容燃烧弹内的压力稳定后依次通入甲烷、氮气和空气。通气完毕后等待 30s 再点火以保证气体混合均匀，点火信号同时触发高速相机采集火焰图片。数据采集卡记录爆炸过程压力，光电传感器记录点火时刻，用以确定压力采集时间。每个工况至少要重复 5 次实验，以保证实验的重复性和准确性。

本文将氮气体积分数记为 X_{N2}，其定义如下式所示：

$$X_{N2} = \frac{V_{N2}}{V_{CH4} + V_{N2} + V_{Air}} \times 100\% \quad (1)$$

其中，V_{CH4}、V_{N2} 和 V_{Air} 分别是甲烷、氮气和空气所占的体积。共设置 5 个氮气体积分数，分别为 0%、6%、10%、14%、18%。实验工况如表 1 所示。

表 1 实验工况列表

X_{N2}/%	V_{N2}/L	V_{CH4}/L	V_{Air}/L
0%	0.000	2.290	21.811
6%	1.446	2.152	20.502
10%	2.410	2.061	19.629
14%	3.374	1.969	18.757

续表

X_{N2}/%	V_{N2}/L	V_{CH4}/L	V_{Air}/L
18%	4.338	1.877	17.885

2 模拟方案

本文采用 CHEMKIN 18.2 气相化学反应动力学模拟软件研究了不同氮气体积分数对自由基浓度（H、O、OH）的影响，以期解释氮气抑制甲烷爆炸机理。本文采用 CHEMKIN 中的一维层流火焰速度模型，结合 GRI-Mech 3.0 甲烷燃烧详细反应机理进行模拟计算[20]。GRI-Mech 3.0 详细反应机理共包含 53 种组分和 325 个基元反应，机理准确性得到了学者们的广泛认可。模拟中，初始温度和初始压力与实验条件一致，假定空气是由氮气和氧气组成，其体积比为 79：21。

3 结果分析

3.1 火焰传播特性分析

不同体积分数氮气对 9.5%甲烷/空气爆炸球形火焰传播过程的影响如图 2 所示。选取 0ms（点火时刻）、6ms、12ms、18ms 和 24ms 时刻的球形火焰进行火焰传播特性分析。由图可知，在不同氮气体积分数作用下，点火后的球形火焰逐渐变大，火焰表面非常光滑，没有出现褶皱或者胞状结构，这时的火焰均以层流状态向外传播。此外，在一些球形火焰表面会出现少许裂纹，但是这些裂纹没有随着球形火焰的发展进一步延伸，这是点火电极对球形火焰造成的影响[17]。最后，在点火后的同一时刻，随着氮气体积分数的增加球形火焰半径明显变小，这意味着氮气的加入可以明显降低球形火焰传播速度。

球形火焰持续向外传播，火焰表面在不稳定性作用下会布满胞状结构。胞状火焰的出现会增加球形火焰面积，增强燃烧速率从而造成火焰自加速，加速火焰会增强爆炸威力，最终导致爆炸危害效应加剧。不同氮气体积分数作用下的胞状火焰出现时间和胞状结构图片如图 3 所示。由图可知，当不加氮气时，胞状火焰出现时间为 86ms，随着氮气体积分数的增加，胞状火焰出现时间大幅增加，当氮气体积分数增加到 18%时，胞状火焰出现时间增加了 198.8%。这意味着氮气的添加能够明显推迟火焰自加速出现，在一定程度上削弱爆炸强度。此外，从胞状火焰结构上来看，当氮气体积分数为 14%时，火焰胞格数目略有减少，而当氮气体积分数增加到 18%时，火焰胞格数目大幅减少。这表明添加氮气对火焰结构具有重要影响。

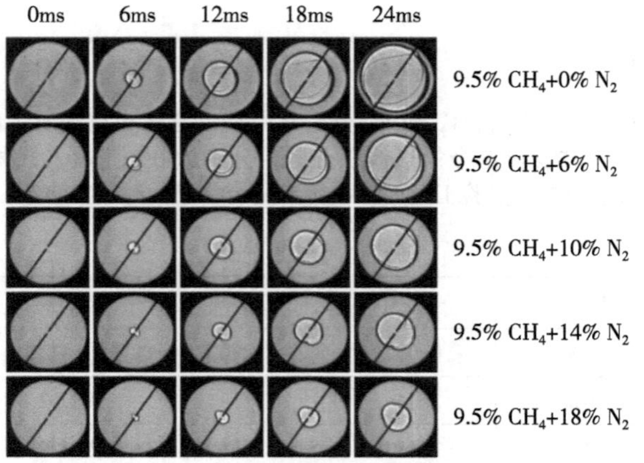

图 2 氮气对 9.5%甲烷/空气爆炸球形火焰传播过程的影响

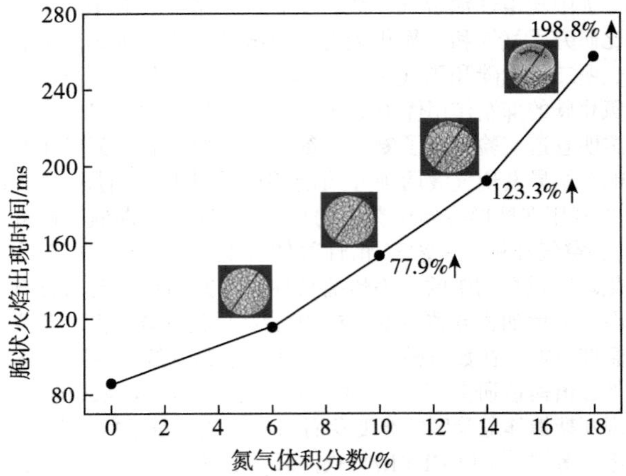

图 3 氮气对胞状火焰出现时间的影响

3.2 爆炸超压特性分析

不同氮气体积分数下 9.5%甲烷/空气的爆炸超压曲线如图 4 所示。由图可知，不同氮气体积分数作用下的爆炸超压曲线具有相似的变化趋势。首先，在甲烷刚被点燃的一段时间，定容燃烧弹内的爆炸超压几乎不变，由图 2 可知此时的爆炸火焰是以球形层流状态向外传播。裴蓓等对甲烷爆炸初期的爆炸特性进行了研究，发现当甲烷球形火焰处于层流状态时其火焰传播速度较小且几乎不变[21]，并没有产生加速现象，因此，这个阶段内的爆炸超压恒定不变。然而，随着球形火焰继续向外传播，爆炸超压大幅增加，在这段时间内层流火焰表面在不稳定性作用下出现褶皱和胞状结构，如图 3 所示，从而产生自加速作用，形成了爆炸冲击波，造成爆炸超压急剧增加。最后，甲烷燃料逐渐耗尽，燃烧速率降低，导致爆炸超压下降。

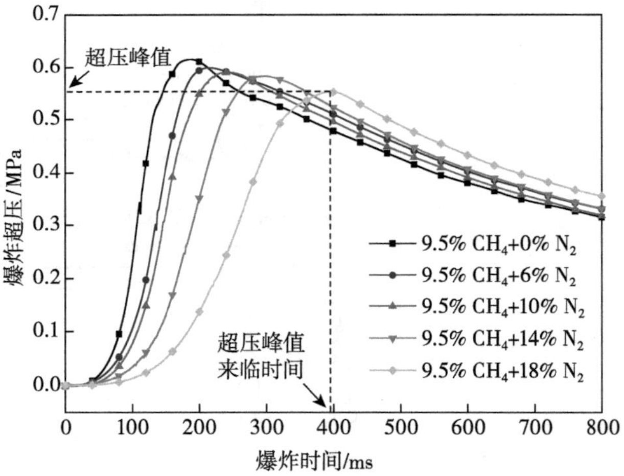

图 4 氮气对爆炸超压的影响曲线

超压峰值是爆炸超压所能达到的最大值，是衡量爆炸强度的重要参数，超压峰值越大说明爆炸强度越高。超压峰值及来临时间随氮气体积分数的变化趋势如图 5 所示。由图可知，超压峰值及超压峰值来临时间具有相反的变化趋势，随着氮气体积分数的增加，超压峰值单调递减而超压峰值来临时间单调递增。当不加氮气时，超压峰值及超压峰值来临时间分别是 0.6158MPa 和 187.3ms；当加入 18%氮气后，超压峰值及超压峰值来临时间分别减少和增加了 10.4%和 113.4%。这表明氮气能对超压峰值起到抑制作用，同时会延迟超压峰值的来临时间。

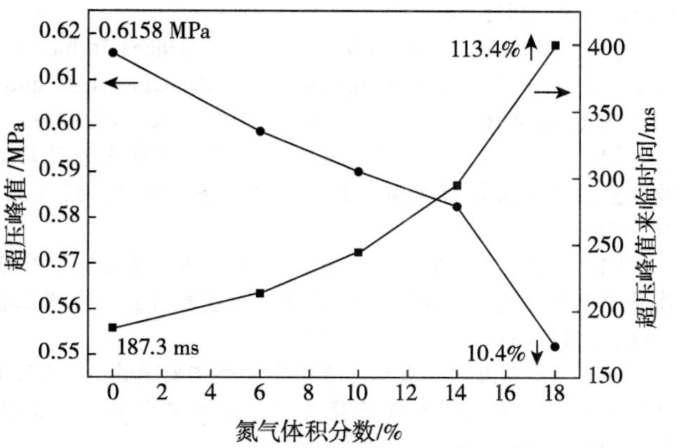

图 5　氮气对超压峰值及来临时间的影响

超压上升速率是衡量爆炸超压上升快慢的参数，定义为爆炸超压随时间的变化量，当超压上升速率为正时，表明爆炸超压随时间递增，而当超压上升速率为负时，则表明爆炸超压随时间递减。超压上升速率峰值是超压上升速率的最大值，本文用超压上升速率峰值来分析氮气对爆炸超压上升快慢的抑制作用。氮气体积分数对超压上升速率峰值及来临时间的影响如图 6 所示，可以看出随着氮气体积分数的增加超压上升速率峰值明显降低，而超压上升速率峰值来临时间大幅增加。比如，相比于不加氮气，当加入 18%氮气后，超压上升速率峰值降低了 74.8%，超压上升速率峰值来临时间增加了 96%。这表明氮气可以明显减缓甲烷爆炸超压的增加。

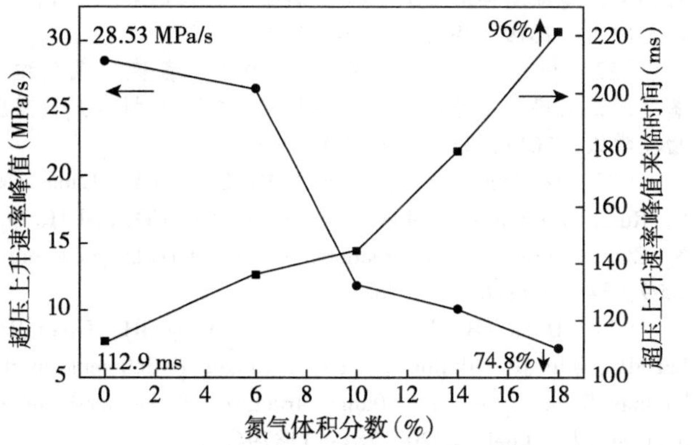

图 6　氮气对超压上升速率峰值及来临时间的影响

3.3　氮气抑制甲烷爆炸机理分析

氮气对甲烷爆炸的抑制机理主要有两方面，分别是增大爆炸体系比热容和影响基元反应[22,23]。一方面，添加氮气可以增加爆炸体系的比热容，能更多吸收爆炸产生的热量，降低爆炸温度，根据阿累尼乌斯定律，温度降低会导致化学反应速率降低，这会削弱爆炸强度，从而达到抑爆效果。另一方面，氮气会作为第三体增强爆炸反应体系中的三体反应，达到抑爆效果[22]。众多学者指出 H、O 和 OH 自由基对爆炸反应中起着关键作用[24,25]，因此本文对在不同氮气浓度下的 H、O 和 OH 自由基的变化趋势进行了研究。

不同氮气体积分数作用下 H、O 和 OH 自由基浓度的变化曲线如图 7 所示。由图可知，H、O 和 OH 自由基的最大浓度都随氮气体积分数的增加而减小，这表明氮气能够影响基元反应对爆炸起到抑制作用。链式反应理论认为，化学反应不是一步完成的，而是由一系列化学反应自由基或自由原子相互碰撞完成的。甲烷爆炸过程存在着一些三体反应，比如：$H\cdot+OH\cdot+M=H_2O+M$、$2O\cdot+M=O_2+M$。爆炸体系中的氮气相当于第三体 M，氮气能带走爆炸产生的能量，大大降低自由基浓度，生成稳定或相对稳定的物质，从而在一定程度上阻断反应的进行，抑制甲烷爆炸的发生。

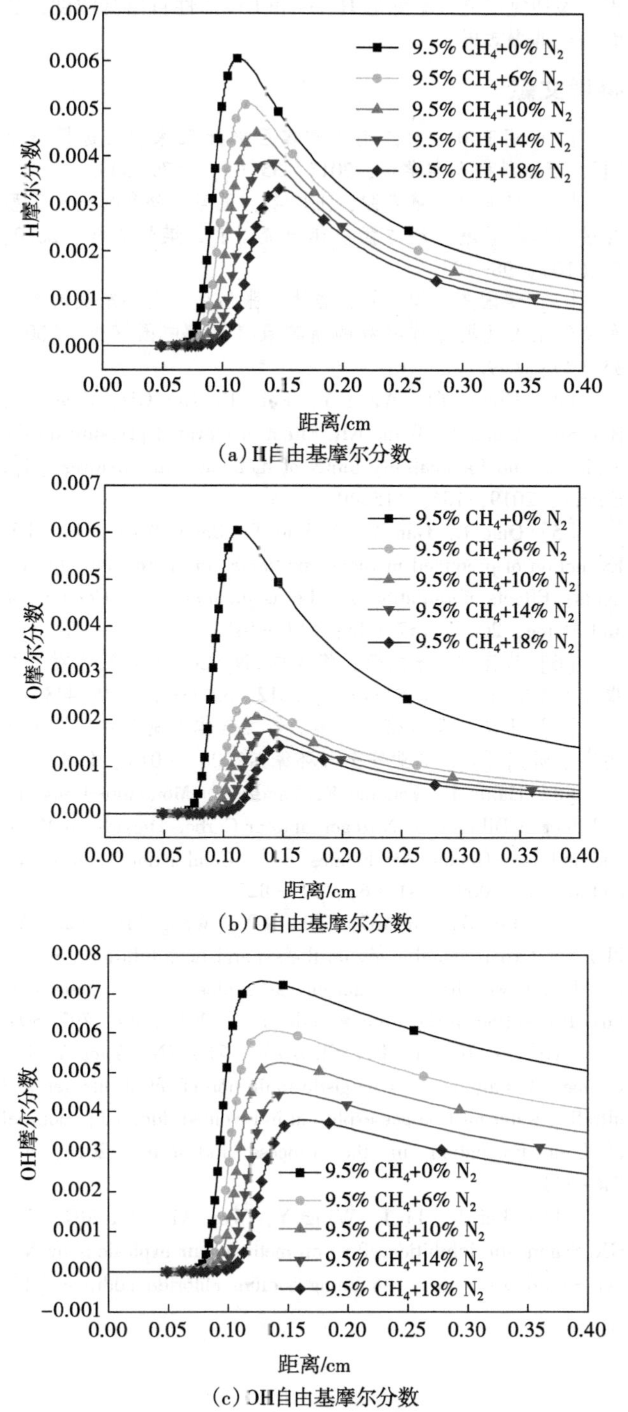

(a) H自由基摩尔分数

(b) O自由基摩尔分数

(c) OH自由基摩尔分数

图 7　H、O 和 OH 自由基浓度变化曲线

4　结论

本文利用定容燃烧弹实验研究了氮气对甲烷初期爆炸特性的影响，并结合 CHEMKIN 18.2 模拟软件对抑制机理进行了分析。主要结论如下：

（1）甲烷爆炸初期是以球形层流火焰向外传播，发展的球形火焰表面在火焰不稳定性作用下会出现褶皱和胞状结构。加入氮气后，火焰传播速度减小，胞格数目减少，同时胞状火焰出现时间大幅增加。

（2）氮气能明显降低甲烷爆炸初期的超压峰值和超压上升速率峰值，同时，超压峰值来临时间和超压上升速率峰值来临时间得到明显延迟。

（3）氮气可以通过三体反应来影响甲烷爆炸的反应进程，添加氮气能大幅降低 H、O 和 OH 活性自由基浓度，从而达到抑爆效果。

参考文献

［1］胡正田．对江南煤矿煤层群开采保护层选择分析［J］．西安科技大学学报，2015，35（5）：579-583.

［2］解北京，董春阳，王广宇，王亮．分岔处点火 T 型管道内瓦斯爆燃火焰传播规律研究［J］．煤炭工程，2020，52（10）：98-103.

［3］谭国庆，周心权，曹涛，张岱岳．近年来我国重大和特别重大瓦斯爆炸事故的新特点［J］．中国煤炭，2009，35（4）：7-9.

［4］Huang LJ，Wang Y，Pei SF，Cui GD，Zhang L，Ren SR，Zhang Z，Wang NR. Effect of elevated pressure on the explosion and flammability limits of methane-air mixtures［J］. Energy，2019，186：115840.

［5］Qiao L，Gan Y，Nishiie T，Dahm WJA，Oran ES. Extinction of premixed methane/air flames in microgravity by diluents：Effects of radiation and Lewis number［J］. Combustion and Flame，2010，157（8）：1446-1455.

［6］钱海林，王志荣，将军成．N_2/CO_2 混合气体对甲烷爆炸的影响［J］．爆炸与冲击，2012，32（04）：445-448.

［7］王华，葛岭梅，邓军．惰性气体抑制矿井瓦斯爆炸的实验研究［J］．矿业安全与环保，2008，（01）：4-8.

［8］Halter F，Foucher F，Landry L，Mounaïm-Rousselle C. Effect of Dilution by Nitrogen and/or Carbon Dioxide on Methane and Iso-Octane Air Flames［J］. Combustion science and technology，2009，181（6）：813-827.

［9］Pei B，Yu MG，Chen LW，Wang FH，Yang Y，Zhu XN. Experimental study on the synergistic inhibition effect of gas-liquid two phase medium on gas explosion［J］. Journal of Loss Prevention in the Process Industries，2017，49：797-804.

［10］Pei B，Yu MG，Chen LW，Zhu XN，Yang Y. Experimental study on the synergistic inhibition effect of nitrogen and ultrafine water mist on gas explosion in a vented duct［J］. Journal of Loss Prevention in the Process Industries，2016，40：546-553.

［11］Pei B，Li J，Wang Y，Wen XP，Yu MG，Jing GX. Synergistic inhibition effect on methane/air explosions by N_2-twin-fluid water mist containing sodium chloride additive［J］. Fuel，2019，253：361-368.

［12］Mitu M，Giurcan V，Razus D，Oancea D. Inert gas influence on the laminar burning velocity of methane-air mixtures［J］. Journal of Hazardous Materials，2017，321：440-448.

［13］李芸卓，苏贺涛，季淮君．采空区注氮对瓦斯爆炸危险区的影响数值模拟［J］．煤矿安全，2021，52（3）：211-216.

［14］贾宝山，李艳红，曾文，梁运涛，温海燕．定容体系中氮气影响瓦斯爆炸反应的动力学模拟［J］．过程工程学报，2011，11（05）：812-817.

［15］贾宝山，温海燕，李宗翔．煤矿巷道内 N_2 及 H_2O 抑制瓦斯爆炸的机理特性研究［J］．自然灾害学报，2013，22（05）：269-276.

［16］L YT，Z W. Numerical study of the effect of water addition on gas explosion［J］. Journal of Hazardous Materials，2010，174（1-3）：386-392.

［17］暴秀超，刘福水，孙作宇．预混火焰胞状不稳定性研究．西华大学学报（自然科学版），2014，33：79-83.

［18］Wei SM，Yu MG，Pei B，Zhu ZY，Zhang ZY. Suppression of CO_2 and H_2O on the cellular instability of premixed methane/air flame［J］. Fuel，2020，264：116862.

［19］韦双明．气液两相介质影响瓦斯爆炸球形火焰自加速特性研究［D］．河南理工大学，2019.

［20］http：//www. me. berkeley. edu/gri mech/.

［21］裴蓓，韦双明，陈立伟，潘荣锟，王燕，余明高．CO_2-超细水雾对 CH_4-Air 初期爆炸特性的影响［J］．爆炸与冲击，2019，39（2）：169-178.

［22］杨春丽，刘艳，胡玢，李祥春，董艳．氮气和水蒸气对瓦斯爆炸基元反应的影响及抑爆机理分析［J］．高压物理学报，2017，31（03）：301-308.

［23］Di Benedetto A，Di Sarli V，Salzano E，Cammarota F，Russo G. Explosion behavior of $CH_4/O_2/N_2/CO_2$ and $H_2/O_2/N_2/CO_2$ mixtures［J］. International Journal of Hydrogen Energy，2009，34（16）：6970-6978.

［24］Duan XB，Li YY，Liu YQ，Zhang SH，Guan JH，Lai MC，Liu JP. Dilution gas and hydrogen enrichment on the laminar flame speed and flame structure of the methane/air mixture［J］. Fuel，2020，281：118794.

［25］Zhang QS，Chen GY，Deng HX，Wen XP，Wang FH，Zhang AC，S W. Experimental and numerical study of the effects of oxygen-enriched air on the laminar burning characteristics of biomass-derived syngas［J］. Fuel，2021，285：119183.

排烟口尺寸对地铁隧道火灾烟气蔓延影响研究

刘克文

（上海市杨浦区消防救援支队，上海　杨浦）

摘　要　当前，随着交通运输行业快速发展，地铁隧道作为超大城市重要的交通出行网络，相比于铁路、公路等隧道工程，地铁隧道的人员密集程度和大客流运输频次更高。在人们享受地铁隧道所带来的经济以及生活便利的同时，地铁火灾所带来的严重后果同样令人担忧。所以，必须提高对城市地铁隧道火灾事故的预防，分析地铁火灾危险性及其特点，加强排烟口尺寸对地铁隧道火灾烟气蔓延影响研究意义重大，排烟口的设计显得十分重要。本文利用 FDS 建立地铁隧道火灾模型进行数值模拟，通过改变排烟口尺寸研究其对排烟效果的影响。

关键词　地铁隧道火灾　排烟口尺寸　烟气蔓延　FDS 模型

随着城市建设的不断加快以及人口的大量涌入，为缓解城市地上交通压力，降低污染排放，地铁已成为当前重要的公共交通设施，但由于地铁自身处于地下且密闭性强，一旦发生火灾，导致地铁灭火救援十分困难，对人们的生命安全造成严重威胁。其中热烟气的危害最大[1]，如何有效排烟仍然是消防工作领域的研究重点。常见的排烟方式是机械排烟[2]，主要研究排烟速率[3]、排烟口截面积[4]、流量[5]等因素的影响。然而，即便排烟速率、排烟口截面积、流量等因素都相同，排烟口的尺寸也可以是不同的，而这一因素对排烟效果的影响研究较少。为了进一步提高排烟效果，保障地铁隧道火灾发生后的应急救援行动，有必要研究排烟口尺寸对地铁隧道火灾烟气蔓延的影响规律。

1 地铁火灾危险性及其特点

1.1 人员密度大、灭火救援行动难

地铁隧道距离长、空间狭小、人流量大，火灾发生的时间和地点具有不确定性，而且在火灾发生初期极具隐蔽性，起火点不容易发觉，消防救援人员难以第一时间接近着火点。再加上地铁隧道建筑结构对消防通讯设备的干扰，一线作战指战员与地面灭火救援指挥部信息联络困难，极大影响了灭火救援行动。

1.2 用电设施设备多、火灾蔓延迅速

地铁内有车辆、安检设备、售检票、供电、通讯、给排水、空调通风等设施和设备系统以及便利超市，各种强弱电气设备种类、数量多而且布局复杂，供配电线路、信息数据布线和控制线路等错综复杂，一旦出现电气线路绝缘不良或短路等现象，极易引发电气火灾，并沿着线路迅速扩大蔓延。

1.3 热量与烟气积聚、排烟排热效果差

由于乘客携带行李可燃物品种类较多，现在很多地铁站与周边大型商业综合体相互联通，内部设有小型便利店、商铺等，一旦发生火灾很容易蔓延扩大，产生大量有毒有害气体，加上地铁本身空间密闭狭小，大量有毒有害烟气集聚在车厢内部，短时间内会迅速蔓延扩散至整个地下空间，容易造成车厢内人员大量吸入有毒有害烟气。因此烟气的及时控制及有效排除对减少人员的伤亡极为重要。

2 模拟方案

2.1 火灾场景设计

将地铁隧道进行简化，尺寸设计为长200m、宽6m、高5m，地铁隧道两端为“打开”状态，环境温度为20℃。火源位于地铁隧道中部，火源功率选择20MW，尺寸为5m（长）×2m（宽）×0.5m（高）。排烟口位于火源两侧，共四个，两两相距45m。排烟口流量固定为60m³/s，流速为5m/s，面积为12m²，形状尺寸如表1所示。假定火灾发生时排烟口立即动作。探测点位于距地面4.5m处，两两相距5m。模拟工况见表1。

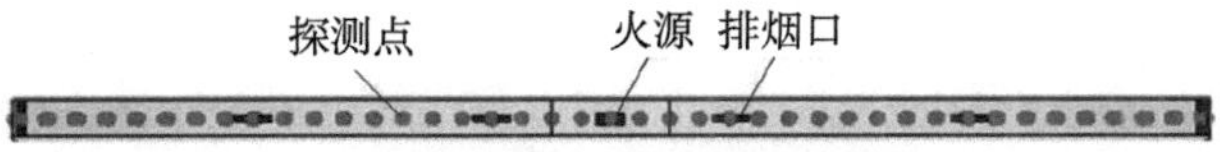

图1 地铁隧道排烟模型示意图

表1 模拟工况

工况编号	排烟口尺寸/m	排烟口迎烟边与地铁隧道宽之比
W	无	无
A	1×6	0.17
B	1.5×4	0.25
C	2×3	0.33
D	3×2	0.5
E	4×1.5	0.67
F	6×1	1

2.2 网格划分

为了得到精确的结果，需要网格尽量小；然而，网格越小计算量越大，耗时越长。因此，根据FDS软件说明书中所建议的网格大小选取的计算公式如下：

$$D^* = \left(\frac{Q}{\rho c T\sqrt{g}}\right)^{\frac{2}{5}} \tag{1}$$

其中D^*为火焰特征尺寸，m；Q为总热释放率，kW；ρ为环境密度，kg/m³；c为环境比热容，kJ/（kg·K）；T为环境温度，取293K；g为重力加速度，取9.8m/s²。

经公式（1）计算得到$D^*=3$。FDS软件说明书中认为当$D^*/\delta x \in$（4，16），模拟计算效果较好，因此所需网格尺寸0.2~0.75m。综合考虑对火源附近进行加密，选用网格大小为0.25m，其他位置选用网格大小为0.5m。

2.3 模拟结果

图2给出了模拟时间为300s的地铁隧道内烟气分布情况。可以看出，在没有排烟口的条件下，烟气完全遵从火羽流的蔓延规律。而当加入排烟后，烟气能够有效从排烟口排出，并被控制在一定范围内。随着排烟口尺寸的变化，排烟效果具有一定的差别。对于ABCD四种工况来说，烟气都越过了第二个排烟口一段距离，但是工况D中越过第二个排烟口的烟气层更薄，排烟效果更好。而工况E中烟气基本上很难越过第二个排烟口，工况F中烟气则完全达不到第二个排烟口，排烟效果达到最佳。由以上现象可以推断，排烟口的迎烟边越长，其排烟效果越好。

图2 模拟时间300s时地铁隧道中烟气分布情况

图3给出了排烟口前后烟气层温度随时间变化的情况，其中（a）（b）（c）分别是第一个排烟口前、中、后三个位置的烟气层温度，（d）（e）（f）分别是第二个排烟口前、中、后三个位置的烟气层温度。由图可以看出，在无排烟的情况下，烟气沿着顶棚蔓延，到达第一个排烟口前方时，温度可达320℃，到达第二个排烟口后方，温度降到167℃。而加入排烟之后，烟气在第一个排烟口前方的温度仍然是320℃左右，并没有受到排烟的影响。然而在通过第一个排

烟口后，烟气层温度发生明显变化。由于烟气的大量排出，烟气层温度大幅下降，最低可以达到86℃。随着排烟口迎烟边的增加，烟气层温度出现了先减小后增加的现象，其中工况BCD的温度基本相同，表明这三种工况排烟效果类似。而工况EF的温度明显升高，原因是这两种工况排烟效果更佳，导致大量烟气在第一可排烟口滞留积聚。通过第一个排烟口后烟气温度从275℃下降到118℃。此外，工况F的烟气层温度直到260s后才开始上升，说明烟气一直被有效控制在第一个排烟口，这也解释了排烟口温度升高的原因（图1b）。随着烟气蔓延到达第二个排烟口前方，可以看到烟气的温升时间在推后，无排烟工况时间为102s，ABC工况类似为215s，DE工况相近在247s附近，F工况最晚为320s，这也说明随着排烟口迎烟边的增加，排烟效果越来越好。此外，烟气层温度也从180℃下降到了75℃。当烟气到达第二个排烟口后，随着烟气大量排出，烟气层温度进一步下降，从169℃下降到环境温度20℃。尤其是对于工况F来说，温度降到环境温度说明烟气已经完全被排出，排烟效果达到最大。对比第二个排烟口后的烟气层温度，可以看出工况ABC的排烟效果类似，而工况DEF已经将烟气完全排出。

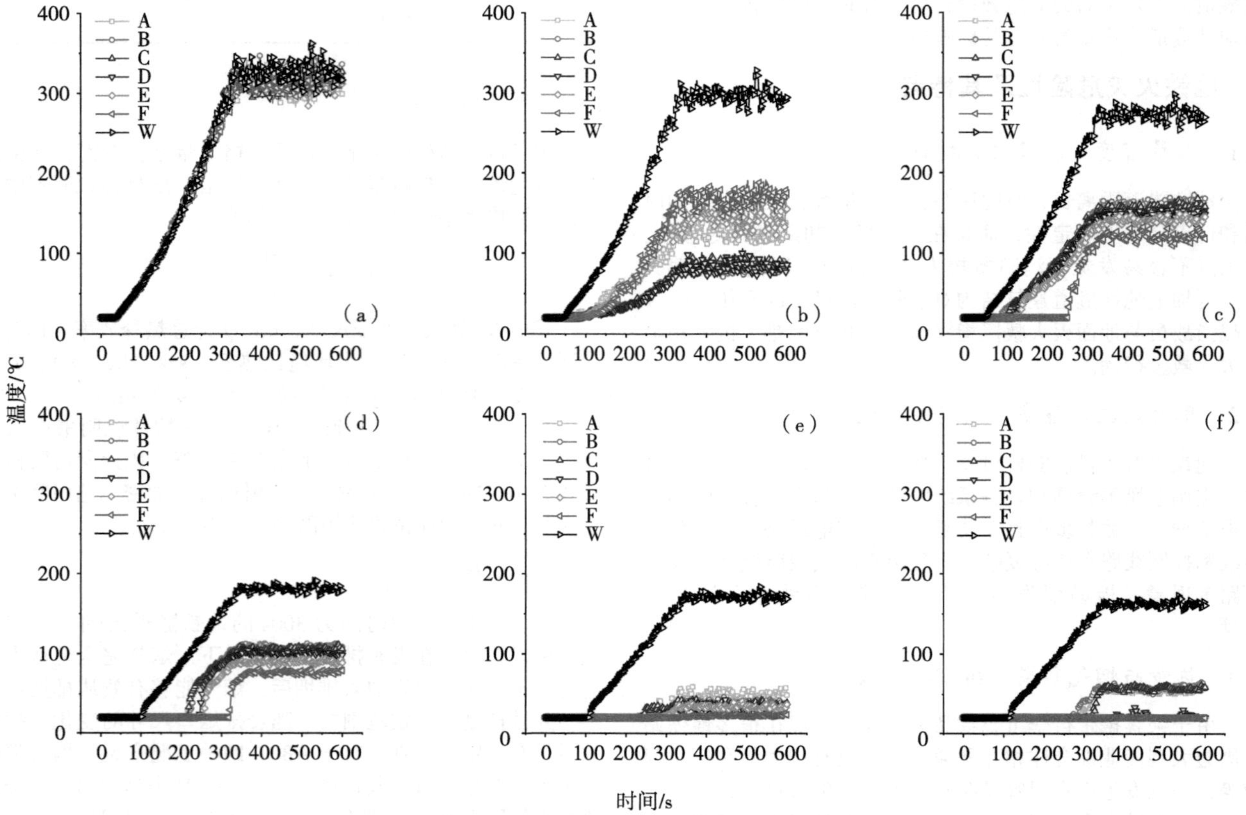

图3 排烟口前后烟气层温度随时间的变化情况

图4给出了排烟口前后CO浓度随着时间的变化情况。与温度的变化情况类似，在到达第一个排烟口之前，无论有无排烟，CO浓度在（6-9）$\times10^{-5}$kg/kg范围内变化。但是当烟气到达第一个排烟口后，CO浓度大幅下降，从7.7×10^{-5}kg/kg下降到1.2×10^{-5}kg/kg。然而对于工况EF来说，其CO浓度较高，在（2~4）$\times10^{-5}$kg/kg范围内变化，同样是由于其排烟效果更好导致大量烟气滞留引起CO浓度上升。在烟气通过第一个排烟口后，CO浓度从7.2×10^{-5}kg/kg下降到2.5×10^{-5}kg/kg，工况F中CO浓度同样从260s之后才开始上升。随着烟气蔓延到达第二个排烟口之前，CO浓度的增长时间在推后，无排烟工况时间为102s，ABC工况类似为215s，DE工况相近在247s附近，F工况最晚为320s，与温度情况一致。CO浓度从5.7×10^{-5}kg/kg下降到2.1×10^{-5}kg/kg。通过第二个排烟口时，CO浓度大幅下降，在工况F情况下达到0，说明烟气已被完全排出。而在第二个排烟口后，工况DEF中CO浓度均下降到0，这同样与温度情况类似。因此，从烟气温度和CO浓度的变化，都可以推断，随着迎烟边的增加排烟口的排烟效果越来越好。为了达到较好的排烟效果，排烟口的迎烟边长度最好超过地铁隧道宽度的50%。

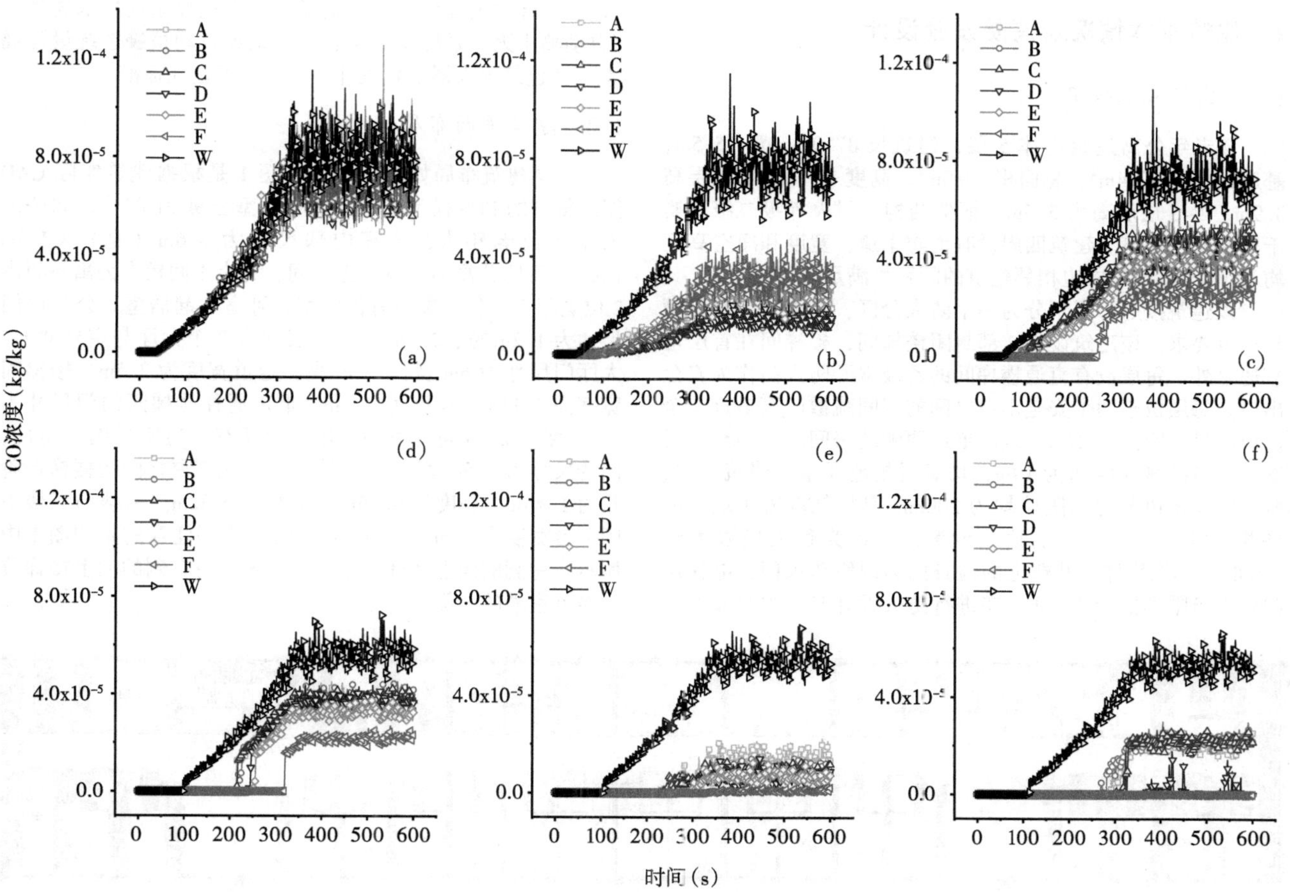

图4 排烟口前后CO浓度随时间的变化情况

3 结论

利用FDS模拟软件对地铁隧道火灾排烟过程进行模拟，固定排烟口面积和流速，通过改变排烟口尺寸研究其对排烟效果的影响，得到如下结论：

（1）通过排烟能够大幅度降低地铁隧道内烟气层温度和CO浓度，且随着排烟口迎烟边长度的增加，排烟效果越来越好。

（2）研究发现在面积和流速相同的条件下，增加排烟口迎烟边的长度能有效提高排烟量。烟气温度和CO浓度随排烟口迎烟边长度增加而降低。当排烟口迎烟边长度超过地铁隧道宽度的50%后，排烟效果显著加强。

参考文献

［1］游淳，洪航，陈志伟．地铁火灾的特点及灭火救援对策［J］．低碳世界．2018，11：291.

［2］仇培云，史聪灵，汪良旗，等．地铁长大区间地铁隧道火灾排烟模式有效性研究［J］．安全．2020，6：47-52.

［3］杨黎，杨莹莹，韦良文，等．公路地铁隧道机械排烟效果影响因素研究综述［J］．武汉理工大学学报（信息与管理工程版）．2019，5：479-484.

［4］江荷，朱常琳，李胜涛，等．排烟口对地铁地铁隧道火灾机械排烟效果影响研究［J］．建筑热能通风空调．2020，3：73-77.

［5］李保军，陶亮亮，王浩然，等．单侧集中排烟地铁隧道烟气控制数值研究［J］．地下空间与工程学报．2020，S2：912-917.

某老年公寓FDS与Pathfinder物理模型的构建

张 辉

（菏泽市消防救援支队，山东 菏泽）

摘 要 为了解老年公寓火灾蔓延规律以及人员疏散情况，应用火灾模拟软件FDS（Fire Dynamics Simulator）建立全尺寸火灾数值模拟模型，合理划分计算网格、设置测点，对火灾场景进行设计。利用人员疏散模拟软件Pathfinder建立老年公寓全尺寸疏散物理模型，结合文献调研设置人员疏散参数。为下一步，针对不同火灾场景开展数值模拟计算，并基于得到的模拟结果，并结合人员疏散结果，对场所安全进行有效评估。

关键词 老年公寓 人员疏散 FDS Pathfinder

1 建筑基本情况及消防设施设计

1.1 建筑基本情况

该老年公寓建筑主体5层，建筑长87.9m，宽15.5m，基底面积1362.4m²，总面积7980m²。高度17.9m，1层层高3.9m，2~5层层高为3.5m。框架结构，耐火等级二级，属于多层民用建筑。建筑四周设有消防车道，宽度和净空高度均不小于4m；与周边相邻建筑的间距均满足规范要求。

该建筑按照每层划分为一个防火分区，防火分区面积满足规范要求。该建筑设有2部封闭楼梯间，楼梯间在首层均直通室外，每层设有直通楼梯间的乙级常开防火门作为安全出口。每层位于两个安全出口之间的房间疏散门至最近安全出口的最大距离为22m，袋形走道两侧的房间疏散门至最近安全出口的最大距离为19m，均满足规范要求。建筑外墙、楼梯间、走道及房间隔墙均为200mm厚加气混凝土块；电梯井、电井、管井分别独立设置，墙壁为耐火极限大于1.00h的不燃烧体，井壁上的检查门为丙级防火门，电梯层门耐火极限不低于1.00h。在进行防火设计时，主要参考了《建筑设计防火规范》、《消防给水及消火栓系统技术规范》、《自动喷水灭火系统设计规范》、《火灾自动报警系统设计规范》、《建筑灭火器配置设计规范》等规范和标准。

1.2 建筑平面布局

一层建筑布局如图1所示。图1是根据建筑实际CAD图纸得到的FDS模型。一层共有小型公寓21间，每间公寓入住2位老年人，公寓内部尺寸为3.6m（宽）×7.3m（长），每间公寓内配备有卫生间，另有1间较大公寓每间供2位老年人入住，配备有保健室、卧室和起居室。公寓房门尺寸为1.2m宽，2.1m高。一层共有2个大厅与室外联通。大厅门尺寸为6m宽，2.7m高。走道宽度为2.5m，楼梯间宽度为2.11m，长度为3.1m。走道通往楼梯间的门尺寸为1.5m宽，2.1m高。另外，楼梯间还有直通室外的一扇门，门的尺寸为1.5m宽，2.1m高。一层至二层之间的楼梯台阶长为1.44m，高度为0.15m，宽度为0.32m。一楼与二楼中间平台宽度为1.6m，长度为3.1m。需要注意的是如图1中所示，左侧的向上楼梯位于走道一侧，而右侧的向上楼梯位于靠近室外的一侧。

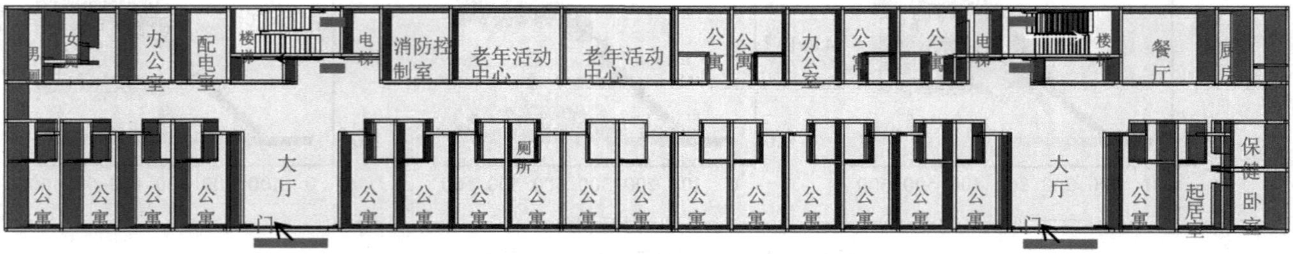

图1 一层布局图

二至五层具有相同的建筑布局，如图2所示。图2同样是根据建筑实际CAD图纸得到的FDS模型。每层共有小型公寓19间，每间公寓入住2位老年人，公寓内部尺寸为3.6m（宽）×7.3m（长），每间公寓内配备有卫生间，另有5间较大公寓每间供2位老年人入住，配备有保健室、卧室和起居室。公寓房门尺寸为1.2m宽，2.1m高。走道宽度为2.5m，楼梯间宽度为2.11m，长度为3.1m。走道通往楼梯间的门尺寸为1.5m宽，2.1m高。每层之间的楼梯台阶长为1.44m，高度为0.135m，宽度为0.32m。每层中间平台宽度为1.6m，长度为3.1m。

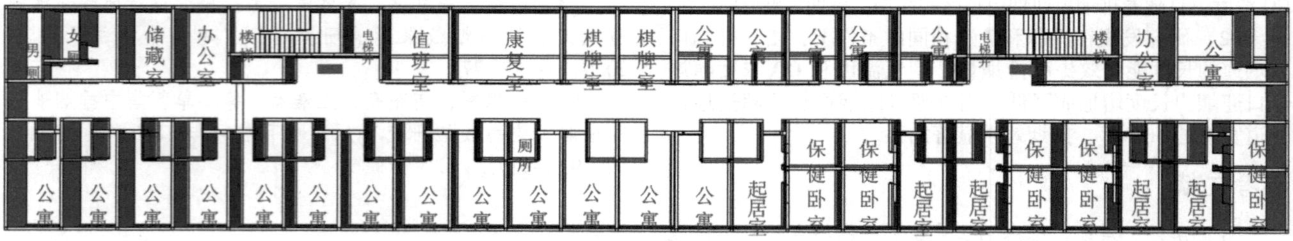

图2 二层至五层布局图

1.3 消防设施设计

按照规范，本建筑设计有消火栓系统、自动喷水灭火系统、防排烟设施和火灾自动报警系统等消防设施。

本工程为多层公共建筑，设计室内消火栓用水量为15L/s，室外消防水量为30L/s，火灾延续时间2.00h，采用临时高压给水，建筑五层屋顶设有有效容积为18m³的高位水箱和稳压泵组，设计室内消火栓入口压力不低于0.55MPa，室外设置2套室内消火栓用水泵接合器。自喷水系统采用湿式系统，火灾危险性级别为中危险Ⅰ级，喷水强度设计值为6L/min×m²，作用面积为160m²，设计流量为16L/s，火灾延续时间1.00h，系统平时管网压力由高位水箱维持，火灾时，喷头动作，水流指示器动作向消防中心显示着火区域位置，此时湿式报警阀处的压力开关动作自动启动喷水泵，并向消防中心报警；室外设置2套自动喷水灭火系统用水泵接合器。室内外消防用水及自喷系统用水均由消防水池和水泵房供给，消防水池和水泵房设置于院内，消防水池有效容积满足火灾延续时间内各系统用水量之和。此外，楼内设有磷酸铵盐干粉灭火器，灭火器型号为MF/ABC4。

本工程封闭楼梯间及内走道均采用自然防、排烟方式。封闭楼梯间每5层开窗面积之和大于2m²；内走道长度87.9m，走道两端及中间位置设有自然排烟窗，最不利点距最近自然排烟窗的距离小于30m，自然排烟窗有效开窗面积大于走道面积的2%，均满足规范要求。

本工程火灾自动报警系统为集中报警系统，消防控制室设置在建筑物一层。所有场所均设置感烟探测器，在主要出入口、楼梯口等场所设置手动报警按钮及对讲电话插孔，在消防控制室、配电室、电梯机房等主要值班场所设置消防直通电话。消防控制室内设火灾报警控制器、手动控制盘、火灾事故广播设备、消防对讲电话总机等设备。消防控制室主要对感烟探测器的火警、故障信号以及手动报警按钮进行监视，强行接通消防通道上的应急照明，显示消防水池、消防水箱水位。火灾发生时，保证能够迫使电梯降至一层，湿式报警阀动作，由报警阀直接启动喷淋泵。同时消防应急广播的联动控制信号由消防联动控制器发出，能够保证确认火灾后向全楼进行广播。

2 FDS 模型构建

2.1 老年公寓物理模型

利用 Pyrosim 可以可视化构建 FDS 数值模拟所需要的建筑物物理模型。图 3 是通过 Pyrosim 建立的将三至五层正面墙壁隐藏之后的该老年公寓物理模型。按照该老年公寓 CAD 工程图纸，整栋楼的外部墙体厚度设置为 0.2m，楼梯内部除了公共卫生间等，大部分墙壁的厚度也设置为 0.2m。对于一层两个大厅安全出口的尺寸按照工程图设置为 6m 宽，2.7m 高，与楼梯间相连通的出口尺寸设置为 1.5m 宽，2.1m 高。走道到楼梯间的门设置为 1.5m 宽，2.1m 高。每间公寓的门设置为 1.2m 宽和 2.1m 高。走道最大宽度为 2.5m。每层的布局详见 1.2 节。

2.2 模型网格划分

利用 FDS 对模型进行计算，需要针对模型建立计算网格。网格划分的越细，即网格尺寸越小，计算的精度越高，但是同时需要的计算时间也越长。如果网格划分的越稀疏，即网格尺寸越大，虽然计算时间会降低，但是计算精度也会降低，计算的结果不够准确。如果网格太大，甚至会得到完全错误的结果。这就要求我们综合考虑各方面因素，对网格划分采取最优化的方案。

图 3 老年公寓模型

计算网格尺寸可以根据火源特征直径 D^*（式（2.1））来确定。通常 D^* 与网格尺寸 δ 的比例为 4~16。根据火源设计，对于 6MW 工况，$D^*=2$，δ 应为 0.50~0.125m。相关研究表明[6]，火源区对于计算网格的密度较为敏感，而烟气羽流区对于网格密度的敏感程度最低，同时对火源区网格加密能够在控制计算时间的同时提高计算精度。为此在模拟过程中火源所在房间的网格尺寸划分为 0.25m×0.25m×0.25m。在其他区域网格尺寸则参照参考文献中［3，7］的值设置为 0.5m×0.5m×0.5m。

$$D^* = \left(\frac{\dot{Q}}{\rho_\infty c_p T_\infty \sqrt{g}}\right) \tag{2.1}$$

式（2.1）中，$\dot{Q}$ 为火源功率，ρ_∞ 为环境空气密度，c_p 为空气比热容，g 为重力加速度。

2.3 测点布置

火场中，CO 浓度、烟气层温度和能见度是影响人员疏散的关键参数[2,4,5]。为此借助 Pyrosim 中的 Gas-phase Device（Carbon Monoxide）、Thermocouple 和 Gas-phase Device（Visibility）功能对上述参数进行了设置。在后面的数据分析中重点观察 2m 高度处烟气特征参数值[3,7]。上述测量设备的设置位置如图 4 和图 5 所示。

对于一层（图 4），由于存在大厅，因此在大厅中央位置，即左侧标号为 30 的测点［坐标为（19.0，3.5，2.0）］，右侧标号为 36 的测点［坐标为（72.5，3.5，2.0）］设置了上述火灾参数探测点，同时由于大厅出口宽度较大，在每个大厅出口不同位置共设置了 5~6 个探测点，如图 4 所示。对于左侧大厅出口，5 个测点的间距为 1m，最左侧测点（标号 31）距离门洞左侧边缘 0.9m。对于右侧大厅出口，6 个测点的间距为 1m，最左侧测点（标号 37）距离门洞左侧边缘 0.4m。在走道中间隔 3m 设置一个探测点，来测量走道不同位置处火灾烟气特征参数，最左侧测点（标号 1）距离左侧墙壁 0.8m。同时在楼道通往楼梯间的入口［标号 43（22，12，2），标号 46（70，12，2）］、楼梯间中央位置［标号 44（22，14，2），标号 47（70，14，2）］以及楼梯间与外界联通的门口［标号 45（22，15.5，2），标号 48（70，15.5，2）］分别设置了相应探测设备。在后续的分析中，可以根据需要选择必要位置的探测数据进行分析。

对于二至五层，由于建筑布局相同，故测点布置位置也相同，探测点位置与一层不相同的地方是不存在大厅以及楼梯间通往室外的出口，如图 5 所示。

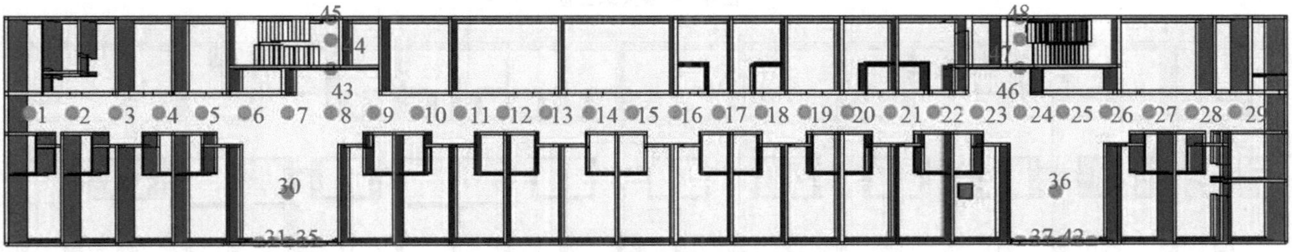

图 4 一层探测点位置

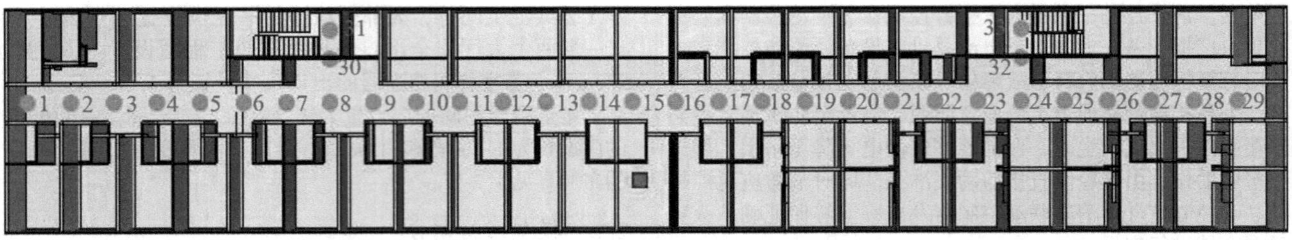

图5　二至五层探测点位置

2.4　火灾场景设计

进行火灾场景设计，应当遵循客观真实性、普遍性和灵活性。其中涉及危险源辨识、设定火灾燃烧特性和选定火源位置。考虑到老年公寓的主要可燃物为桌椅、床、衣柜、报纸书籍和服装等，为此在模拟中可燃物设置为木材[1]。

对于老年公寓这种多层多室的建筑，人员比较密集，火灾发生时造成的危害后果大，因此在确定火源功率时可以考虑危害较大的情况，为火灾发生时建筑物的安全性能留有余地。虽然该老年公寓室内配备了自动喷淋设备，但是本文假定危害性最大的情况，即室内喷淋设备失效情况。参考《建筑防排烟系统技术规范》中的相关规定如表1所示，本文选取的最大热释放速率为：无喷淋的客房为6MW。

表1　各场所最大热释放速率

场所	最大热释放速率/kW
有喷淋的商场	5000
有喷淋的办公室、客房	1500
有喷淋的公共场所	2500
有喷淋的汽车库	1500
设有喷淋的超市、仓库	4000
设有喷淋的中庭	1000
无喷淋的办公室、客房	6000
无喷淋的公共场所	8000
无喷淋的汽车库	3000
无喷淋的超市、仓库	20000
无喷淋的中庭	4000

同时，我们还需要考虑火灾增长速率。在实际的火灾过程中，火源功率并不是直接增加到最大值的。在火灾模拟过程中，可以采用 t^2 模型[3,8]，如式2.2所示。

$$\dot{Q} = at^2 \tag{2.2}$$

式（2.2）中 $\dot{Q}$ 为热释放速率，单位为kW，a 为增长系数，单位为 kW/s^2，t 为时间。对于增长系数，取值可以参考表2[3,8]，因此这里 a 取为0.04689，即火源功率增长到最大值6000kW所需要的时间为357.71s。数值模拟时从FDS数据库中选取燃烧物为Wood，CO Yield = 0.004，Soot Yield = 0.015。

表2　火灾增长系数

火灾类别	典型可燃材料	火灾增长系数 a
慢速	硬木	0.0029
中速	棉质、聚酯垫子	0.0117
快速	纸箱、木垛、泡沫塑料	0.0469
超快速	池火、轻质窗帘等家纺	0.1876

对于起火房间的选择，考虑到一层和顶层的特殊性以及二至四层由于其建筑布局一致，当二层发生火灾时危害性更大，因此起火房间分别设置在一层、二层和五层。对于一层，这里考虑临近右侧出口大厅的房间起火（火灾场景一），这样烟气能够比较快的蔓延到出口大厅，阻碍人员的疏散，使得更多的人不得不选择较远的左侧大厅作为逃生出口，同时烟气能够通过楼梯间快速的向二层至五层蔓延，造成的危害性最大。而对于二层（火灾场景二）以及五层（火灾场景三），火源位置均设置在位于中间位置的公寓。数值模拟过程中，考虑最严重情况，所有房间的窗户是关着的，所有公寓的房间门开着。火源位置如图6~图8所示。

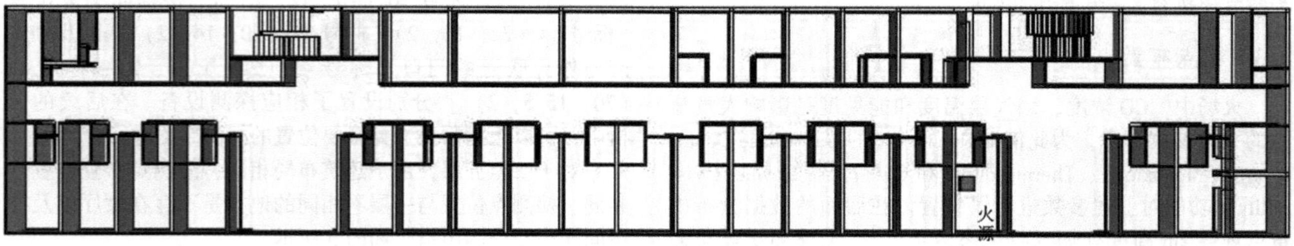

图6　一层火源位置

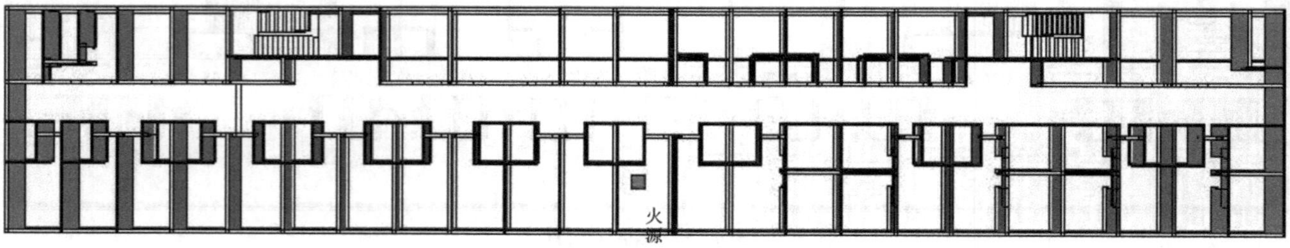

图7　二层火源位置

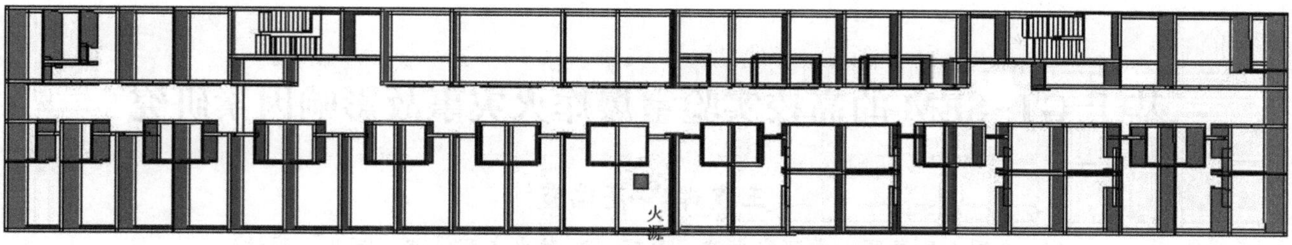

图 8　五层火源位置

3　Pathfinder 模型构建

3.1　公寓疏散物理模型

构建的 Pathfinder 物理模型如图 9 所示。所有房间以及出口等的尺寸与 CAD 图纸一致，室内的卫生间等设置为障碍物，人无法通过，公共卫生间则假定门都是打开的，不作为障碍物处理。在模型中依据建筑原有的设计共设置 4 个疏散出口（Exit），如图 9 所示，分别是左侧楼梯口处、左侧大厅出口、右侧楼梯口处以及右侧大厅出口。根据《养老设施建筑设计规范》（GB 50867—2013），老年养护院和养老院的卧室使用面积不应小于 $6m^2$/床，双人间卧室使用面积不宜小于 $16m^2$。基于每层的建筑布局，考虑最不利情况，假定所有的公寓都有人入住，加上工作人员，为此一层的人员数量取为 48 人，二层至五层的人员数量取为 54 人，人员为随机分布。

图 9　Pathfinder 物理模型

3.2　疏散人员参数

根据相关研究[9]，我国男性老年人的平均身高为 1.659m，平均肩宽为 0.377m。而女性老年人的平均身高为 1.531m，平均肩宽为 0.328m，这里取男性与女性老年人的平均值作为疏散人员人体特征参数，即身高取为 1.6m，肩宽取为 0.353m。相关文献[7,10]给出了不同人员疏散速度，如表 3 所示，因此在模拟过程中老年人的疏散速度取为 0.8m/s。

表 3　人员步行速度

人员类型	步行速度/（m/s）	偏差量/（m/s）
男人	1.35	0.2
女人	1.15	0.2
儿童	0.9	0.1
老人	0.8	0.1

4　本文小结

本章主要介绍了老年公寓的基本情况、建筑布局和消防设施设计，并基于 CAD 图纸构建了 FDS 数值模拟物理模型和 Pathfinder 数值模拟物理模型。对于 FDS 模型，划分了合理的计算网格，并在关键部位布置了测点，确定了模拟火源功率，对火灾场景进行了设计。对于 Pathfinder 模型，则对人员参数进行了设定，包括老年人的身体特征参数以及疏散速度。

参考文献

[1] 赵忠洋．老年公寓楼人员安全疏散可靠性评估[J]．武警学院学报，2011，27（4）：34-37.

[2] 朱杰，霍然，付永胜．超高层建筑火灾防排烟研究[J]．消防科学与技术，2007，26（1）：54-57.

[3] 刘建民，岳合生．高层建筑火灾烟气蔓延的 FDS 模拟[J]．消防技术与产品信息，2008（1）：20-24.

[4] 徐晓楠，吴迪，施照成．基于 FDS 的居民楼火灾烟气远距离传播过程研究[J]．安全与环境学报，2012，12（3）：154-157.

[5] 李昌厚，李思成，陈汪海涛．热浮力及室外风压耦合驱动下高层建筑疏散走廊烟气运动网络模拟分析[J]．安全与环境学报，2015，15（4）：122-126.

[6] 祝实，霍然，胡隆华，阳东．网格划分及开口处计算区域延展对 FDS 模拟结果的影响[J]．安全与环境学报．2008，8（4）：131-135.

[7] 张志魁．基于 Pyrosim 和 Pathfinder 的建筑火灾数值模拟和安全疏散研究[D]．天津：天津理工大学，2015.

[8] 耿敬娟．某学生公寓火灾烟气蔓延及人员疏散研究[D]．淮南：安徽理工大学，2016.

[9] 胡海滔．老年人的人体测量[D]．北京：清华大学，2005.

[10] 袁婧．地下商业街火灾数值模拟与安全疏散研究[D]．天津：天津理工大学，2016.

基于 GT-SEM 的高校实验室爆炸火灾事故影响因素研究

王鑫辉[1]　高瑞霞[2]

（1. 中国人民警察大学研究生院，北京；2. 防火工程学院，河北　廊坊）

摘　要　为预防高校实验室火灾爆炸事故发生，维护师生生命健康和高校重大财产安全。运用扎根理论（GT），对近10年发生的42起高校实验室火灾爆炸事故进行分析、多层次编码，最终确定5个核心范畴、17个主范畴和36个基本范畴。依据安全学理论从人、机、环、管和消防五个方面归纳总结主范畴和基本范畴，形成实验室火灾事故爆炸探索模型。根据基本范畴内容设计量表，运用 AMOS 分析软件验证实验室火灾事故模型的适配性及各个影响因素的权重，得出实验室管理、实验人员行为、实验室设备三者权重较大，对事故发生贡献值最多的结论，为高校实验室火灾爆炸事故预防提供理论参考。

关键词　高校实验室　火灾爆炸事故　扎根理论　结构方程　因素分析

为贯彻党中央、国务院“建设世界一流大学和一流学科”重大战略部署，加强高素质科研队伍建设，提升广大师生的自主创新能力，各高校加快推进教学科研实验室建设。但近年来，高校实验室事故频频发生，引起政府部门高度重视，2023年2月8日，教育部印发了《高等学校实验室安全规范》，明确了高校实验室安全管理的主体责任和管理制度。实验室安全事故以火灾、爆炸事故尤为突出，严重危害广大师生的人身、财产安全，造成高校重大财产损失，影响师生的科研进程，防范问题亟待解决。

国内学者对高校实验室火灾爆炸事故研究主要集中在事故原因分析和对策建议。付净[1]等以107起高校实验室事故案例为样本，采用统计分析的方法，把事故主分为火灾、爆炸、中毒三种类型，得出事故发生的能量主要来源于易燃易爆物品、热能和化学能，触发条件是人的违规操作行为和仪器设备故障缺陷，预防事故的重点应放在控制触发条件上的结论。阳富强[2]等运用德尔菲访谈法对100起实验室典型事故进行分析，得出高校实验室爆炸事故原因清单，并结合相似安全系统学原理，重点从实验室安全系统化管理、安全精准化管理、隐患排查和风险防控方面入手，制定防控措施。卢红奇[3]等采用 DEMATEL-ISM 分析方法，对近10年发生的高校实验室火灾爆炸事故进行分析，从人为因素、设备因素、环境因素、管理因素四个方面得到11个事故影响因素，并将这些因素分为直接、中间和深层次因素3个层次进行分析研究。王蕾[4]等通过分析近10年高校发生火灾爆炸事故数据信息，利用蝴蝶结模型识别事故原因，并通过相关软件转化为贝叶斯网络模型进行准确性验证。认为人员不安全行为、设施陈旧、线路老化是高校实验室火灾爆炸事故高发的主要影响因素。

综上所述，以往的研究以基本趋近完备并取得一定的成果，但更多是基于影响因素分析，并将其影响因素独立进行研究。本文通过运用扎根理论，对影响因素进行提取并构建结构方程模型验证假设的合理性，最终得出高校实验室火灾爆炸事故致因模型，为高校实验室事故预防提供理论指导。

1　相关概念

扎根理论（Grounded Theory，GT）由 Glaser&Strauss 于1967年提出，它是一种作质的方式，是自下而上建立实质理论的方法，主要是在经验资料的基础上建立理论[5]。结构方程模型（structural equation modeling，SEM）是为难以测量的潜变量提供间接观测的一种统计分析方法，同时可用于处理多变量间的复杂关系[6]。它为研究高校实验室火灾爆炸事故影响因素提供良好的理论框架。鉴于运用扎根理论和结构方程模型成熟的研究成果，本文基于以往研究基础，采用扎根理论，通过对以往文献资料和近10年高校实验室发生的42起火灾爆炸事故原因进行分析编码，从基本范畴到主范畴再到核心范畴。并结合结构方程模型，对实验室火灾爆炸事故影响因素进行研究分析并得出结论。

2　基于扎根理论的实验室火灾爆炸事故影响因素识别

2.1　研究方法

本文所采用的扎根的方法是在深入分析实验室火灾爆炸事故影响因素研究相关文献，并结合国内高校实验室火灾爆炸事故，进行扎根三步编码，将文献和案例中的零散行为概念化，概括为基本范畴，将基本范畴归纳总结、同类合并，浓缩提炼，初步形成实验室火灾爆炸事故影响因素体系。研究的路径如图1所示。

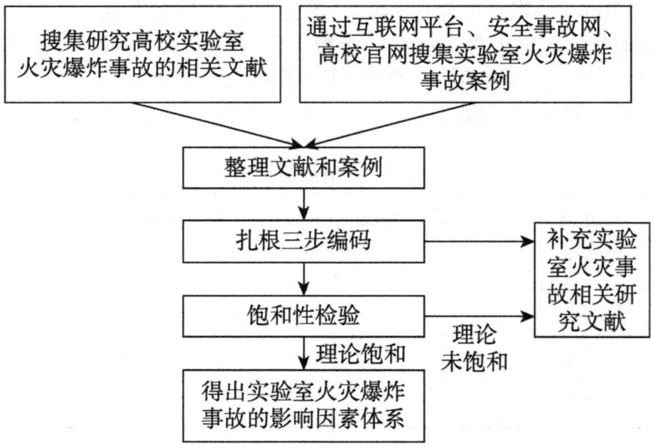

图1　基于扎根方法的高校实验室火灾爆炸事故影响因素识别路径

2.2　开放式编码

按照扎根理论的程序，开放式编码是对所搜集的材料逐句分析，提炼与因素相关信息。本文挑选了10篇近5年关于实验室安全管理、实验室火灾爆炸事故分析的相关文献资料，随机选取已搜集42起案例中的36起高校实验室火灾爆炸事故案例，进行开放式编码，确定了36个基本范畴。现将部分编码列表见表1。

表 1 开放式编码示例

1	成都某高校实验人员操作不当导致氢气瓶爆炸引发火灾	不正确操作	人员违规操作
2	广东某高校因电线短路引燃化学品酿成火灾	电线短路	电线老化
3	中科院化学研究所反应釜高温高压爆炸	压力设备漏气	设备故障
4	危险化学试剂随意放置，没有专门储存场所	危化品乱放	危化品管理
5	实验设备长时间运行释放大量热量，引燃周围可燃物	实验室空间小	空间布局
6	学生不了解材料属性	实验前培训	安全教育欠缺
7	安全管理者多为兼职，没有专门人员看管	缺乏专职安全人员	专业人员欠缺
8	私自将办公室改建为实验室，没有报告	私改实验环境	私改实验环境
9	火灾快速蔓延主要是建筑材料耐火等级不够	材料耐火等级不够	防火不达标
10	在处置之前的实验废料时发生爆炸	废料处置混乱	危废物处理
11	不慎打翻乙醚引起火灾	缺乏安全意识	疏忽大意
12	试验台上各种属性实验材料混乱放置	置放混乱	材料区域划分
13	学生实验过程中普遍存在不遵守安全规程的行为	安全环境	安全文化氛围
14	实验室内易燃物品堆积	易燃物品	可燃物堆积
15	学院内部检查，走过场	内部监督	管理体系
16	遇到学校检查，临时整改，检查过后依然照旧	应付检查	检查机制
17	在旧的实验室基础上增加高功率设备	线路空间负载加重	超负荷
18	学生实验完毕后不能按照要求清理实验室	实验习惯	良好实验习惯
19	在进行危险性实验过程中，没有配备必要的防护装备，或虽有配备但不能发挥效用	违反实验规定	防护装备缺失或无效
20	对一些加热剧烈反应实验，过度加热，操作慢	操作动作慢	操作熟练度
21	大部分学生没有参加过实验室火灾事故逃生演练	未进行过逃生演练	应急预案制定
22	实验的整个过程要时刻注意反应变化，保持专注	长时间保持专注	注意力集中
23	实验材料大批量采购，造成材料堆积	采购方式待改进	按需合理采购
24	发生火灾后没有处置能力	火灾处置	灭火能力建设
25	爆炸、火灾发生了，实验室的预警、报警装置未启动	预警设施	报警失灵
26	学校重视科研、轻视安全，对实验室安全管理重视不够	重视程度不够	重视程度
27	实验室建设缺乏统一规划	规划不足	建设规划
28	进行一定等级的安全教育是进入相应实验室的条件	安全准入等级	准入制度
29	实验室缺乏必要的消防工具	缺乏消防设施	消防设施
30	政府部门对危化品存在多头管理和相互推诿	监管职责不清	政府监管
31	某些高校实验室接连发生事故，不吸取教训	事后总结不足	事故反思
32	学校未对科研项目的危险性进行评估	危险评估	危险性评估
33	实验室安全逃生、救援通道被杂物堵塞，数量少	逃生通道堵塞、少	逃生通道设置
34	长时间私自在实验室存放大量易燃易爆材料	私自存易燃易爆物	检查漏洞
35	设备、衣物摩擦产生火花或静电	严防火花、静电	静电、火花

2.3 主轴编码和选择性编码

主轴编码是将 36 个基本范畴按照一定的逻辑关系进行分类，其中逻辑关系可以分为因果关系、现象、脉络、干扰条件、行动和结果[7]，如表 2 所示，共划分为共 17 个主范畴。

选择性编码是在主轴编码的基础上进一步整合出核心范畴。通过回顾研究的问题，联系文献和案例，分析各影响因素相互间的关系并将其串联，在串联过程中对主范畴整合，可从多个主范畴中提炼新的核心范畴，也可以找出原有的主范畴成为核心范畴，共划分为 5 个核心范畴，见表 2。

表 2 主轴编码和选择性编码

核心范畴	主范畴	基本范畴	逻辑关系
实验人员行为（R1）	安全培训（R11） 安全意识（R12） 心理素质（R13） 操作技能（R14）	注意力不集中 过度紧张 疏忽大意 缺乏安全意识 良好实验习惯 事故反思 人员违规操作 操作熟练度 灭火能力建设	因果关系 干扰条件 因果关系 现象 现象 干扰条件 行动和结果 因果关系 脉络

续表

核心范畴	主范畴	基本范畴	逻辑关系
实验设备 （S1）	仪器设备（S11） 防护装备（S12） 电气线路（S13）	设备故障 超负荷 防护装备不全或失效 电线老化	现象 干扰条件 因果关系 现象
实验室 管理 （G1）	风险评估（G11） 危化品管理 制度（G12） 监督检查（G13） 准入制度（G14）	实验危险性评估 危化器管理混乱 危废物处理不当 专业管理人员欠缺 按需合理采购危化品 政府外部监管 建立检查长效机制 检查漏洞 实验室准入资格	脉络 现象 行动和结果 现象 现象 干扰条件 脉络 现象 现象
实验室 环境 （H1）	安全文化 氛围（H11） 空间布局（H12） 通风条件（H13）	安全文化氛围 通风条件差 私改实验环境 严防静电、火花环境 可燃物堆积 材料区域划分不清 防火不达标	脉络 因果关系 行动和结果 干扰条件 干扰条件 现象 干扰条件
消防设施 （X1）	消防建筑规划 （X11） 应急疏散通道 （X12） 消防器材（X13）	建设规划 预警、报警系统 应急预案制定 逃生通道设置 消防器材配备	现象 干扰条件 现象 脉络 现象

2.4 理论饱和性检验

饱和性检验是理论分析的最后一步，也是关键一步，需要新的案例和文献资料，并通过之前的路径进行扎根分析，直到不再出现新的范畴为止。通过对搜集的剩余 6 个实验室火灾爆炸事故案例和新选取的 5 篇实验室安全管理相关文献，采用以上方式进行理论饱和性检验，发现没有新的范畴出现。因此，通过扎根理论对高校实验室火灾爆炸事故影响因素的获取是较为完善的。

3 基于 SEM 的高校实验室火灾爆炸事故影响因素实证分析

3.1 高校实验室火灾爆炸事故结构方程模型构建

基于上文分析，高校实验室火灾爆炸事故包含 5 个影响维度，分别是实验人员行为、实验设备、实验室管理、实验室环境和消防设施。5 个影响维度又可通过安全意识等 17 个影响因素来表达。基于此，结合表 2，提出 R1、S1、H1、G1、X1 五个潜在变量均对实验室火灾爆炸事故发生产生影响的假设。运用 Amos 21.0 软件，以构建高校实验室火灾爆炸事故结构模型，见图 2。

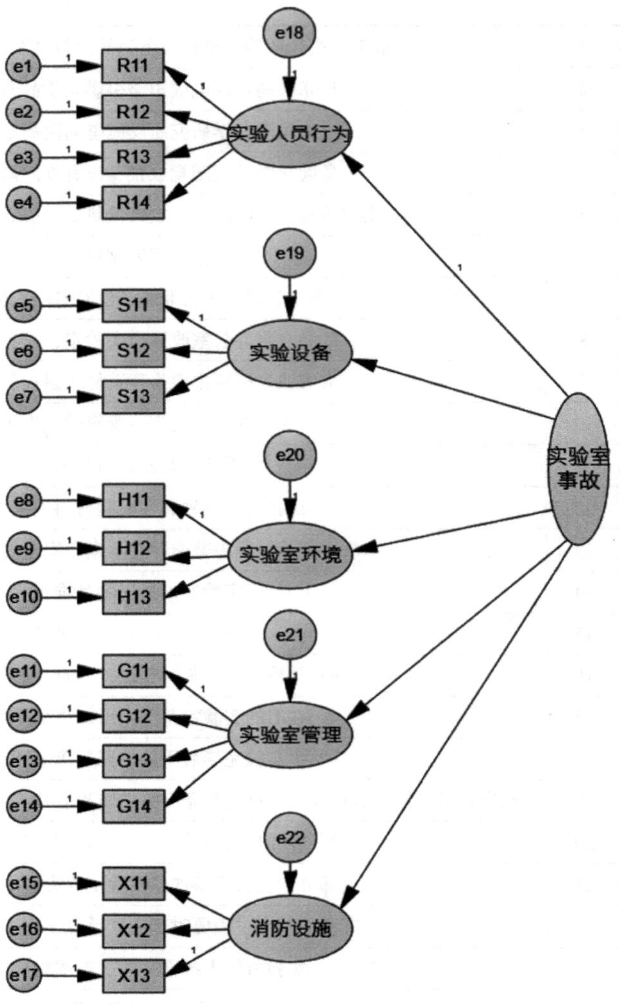

图 2 高校实验室火灾爆炸事故结构方程模型

3.2 变量说明和数据来源

本模型中潜在变量和观测变量是运用扎根理论对以往文献资料和近 20 年高校实验室发生的 42 起火灾爆炸事故原因进行分析编码而来，具体情况如表 2 所示。根据已知变量制作问卷，问卷主体分为两部分，第一部分是被调查者的背景信息，共 4 题，分别是性别、年龄、角色、学历。第二部分是调查的基本问题，共 17 题。问卷采用李克特 5 点式评量尺度，从 5（非常重要）到 1（非常不重要）。以河南省某双一流高校安排有实验课程的高校师生为调查对象，采取线上问卷的方式，共发放问卷 400 份，收回问卷 352 份，漏填、相同等无效问卷 28 份，有效问卷 324 份，问卷有效率 92.6%，符合社会调查要求。

3.3 数据的信度和效度分析

3.3.1 信度分析

信度检验是确保所获取数据的可靠性和稳定性[8]。在对问卷量表进行整理后，运用 SPSS26.0 对 324 份数据进行分析。数据的信度一般采用克朗巴哈系数（Cronbach's α）来评价。Cronbach's α 的取值与问卷信度的关系如表 3 所示。

表 3　Cronbach's α 与信度的关系

Cronbach's α 范围	信度
0.9≤α≤1	信度非常高
0.7≤α<0.9	信度可靠
0.35≤α<0.7	信度有问题

运用 SPSS 软件对 17 个观测变量进行数据分析，结果如表 4 所示。

表 4　高校实验室火灾爆炸事故 Cronbach's α

潜在变量	观测变量	Cronbach's α 值
实验人员行为	R11~R14	0.812
实验室设备	S11~S13	0.766
实验室环境	H11~H13	0.763
实验室管理	G11~G14	0.756
消防设施	X11~X13	0.722

从表 4 中可以看出，影响实验室火灾爆炸事故发生的 5 个潜在变量 Cronbach's α 值在 0.722~0.812 之间，可认为所获取的数据具有良好的可靠性和稳定性。

3.3.2　效度分析

效度检验是具体考察每一题项的能效性，即每一题项对量表而言是否发挥了重要作用[6]。效度分析指标一般通过 KMO 值和巴特勒利特球形检验指标来反映。本文运用 SPSS26.0 软件对 17 条测量条目进行进行 KMO 和巴特勒利特球形检验，结果如表 5 所示。KMO 值为 0.831，数值大于 0.7，说明该数据很适合做因子分析。巴特利球形检验近似卡方值为 1301.164，自由度为 114，P 值为 0.000，小于 0.01，通过了显著性水平为 1% 的显著性检验[10]。因此可知，高校实验室火灾爆炸事故调查量表很适合进行因子分析。采用主成分抽取方法抽取特征值大于 1 的主成分，输出的 5 个因子解释 17 个观测变量的总百分比是 75.081%，符合高校实验室火灾爆炸事故 5 个影响维度的假设。

表 5　KMO 和巴特利特检验

KMO 取样适切性量数		0.831
巴特利特球形度检验	近似卡方	1301.164
	自由度	114
	显著性	0.000

3.4　结构模型拟合度与分析

对上文中的高校实验室火灾爆炸事故 5 个影响维度和 17 个影响因素，根据图 2 假设的影响维度（潜在变量）与 17 个影响因素（观测变量）之前的影响关系，运行数据。

3.4.1　模型拟合指标

拟合度是检验预测模型与实际发生情况的吻合程度，是检测模型的重要指标。一般情况下，采用 λ^2/df、RMR、GFI、AGFI、SRMR、RSMEA、CFI 等指标来评价预测模型[11]。卡方自由度比（λ^2/df）越小，模型拟合度越好。但是如果卡方自由度小于 1 时，可认为模型过度适配，大于 3 又可认为模型适配度不佳，其值介于 1 与 3 之间表示适配度良好[12]。标准和结果见表 6。另外从表 2、图 2 中可以看出，实验人员行为、实验设备、实验室环境、实验室管理和消防设施之间的相关系数均远大于 0.5，说明各因子能从不同角度共同测量高校实验室火灾爆炸事故致因。二阶模型中，不存在负方差，标准化系数均不超过 0.95，认为可满足“违反估计”条件，说明各个因素均符合标准要求，模型拟合较好[13]。

表 6　模型拟合指标结果及标准

指标	λ^2/df	GFI	SRMR	AGFI	RSMEA	CFI
参考值	1~3	>0.9	<0.05	>0.9	<0.08	>0.9
结果	2.846	0.933	0.0472	0.903	0.076	0.922

3.4.2　影响因素权重结果

本研究欲通过 5 个维度及 17 个影响因素的权重来分析其对高校实验室火灾爆炸事故的影响程度大小。方法为相关性权重法，主要是通过样本数据进行变量相关关系的计算，相关系数就是结构方程模型中的标准化因子载荷。因子载荷系数见图 3、图 4。因此，指标权重可通过载荷系数计算得来。

公式：$p_{ij}=\lambda_{ij}/\sum_{j=1}^{n}\lambda_{ij}$，其中 p_{ij} 为一阶因子 i 的第 j 个指标的相应权重。二阶因子权重以同一公式计算[14]。影响权重结果见表 7。

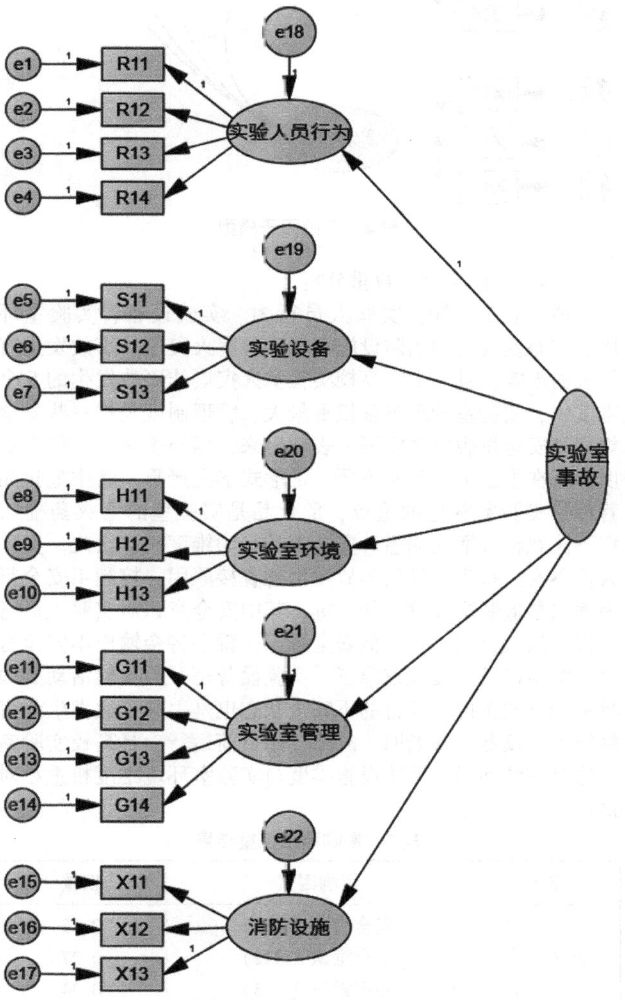

图 3　一阶因子模型

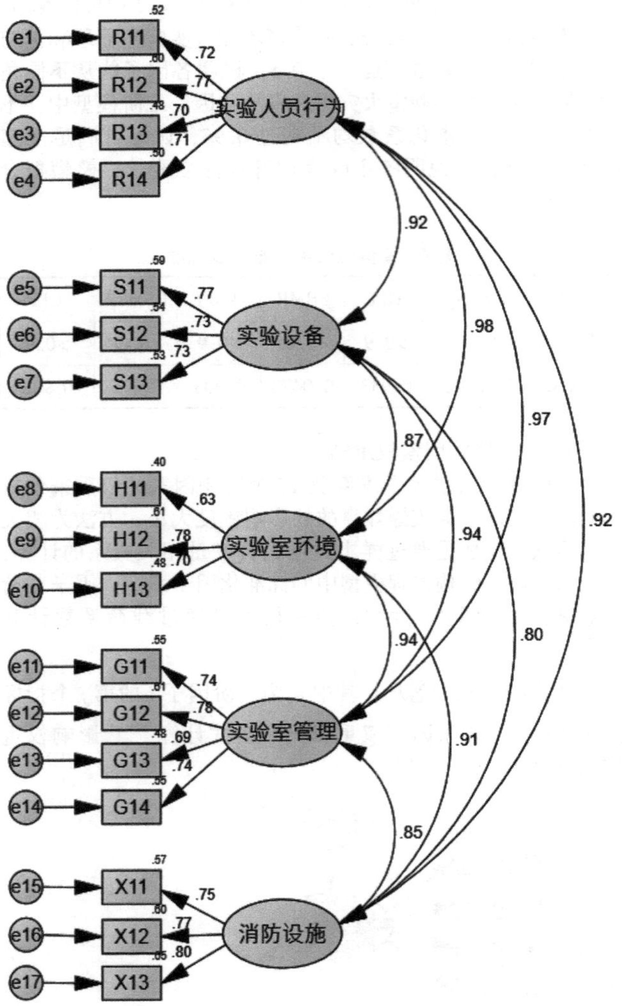

图 4　二阶因子模型

3. 4. 3　影响因子权重分析

通过表 7 可知，实验人员行为、实验设备、实验室环境、实验室管理和消防设施都对实验室火灾爆炸事故发生有积极的影响，且在影响高校实验室火灾爆炸事故发生的 5 个维度中，实验室管理维度权重最大。管理制度是把一些安全规程和安全思想以文字形式表现出来，相当多高校仅仅把制度体现在书面上，落实不严、走形式情况严重。其中危化品管理是实验室管理的重点，危化品是实验室的“火药桶”，稍不注意将会酿成祸患。实验人员行为维度权重次之。实验人员不安全行为是导致事故发生的直接原因，控制不安全行为输出是遏制事故发生的关键。其中安全意识对实验人员行为影响最大，人一旦降低安全意识，就必将会输出不安全行为。实验设备维度权重第三，实验设备是开展实验活动必须具备的物质条件，设备的不安全状态也是引起事故发生的直接原因。仪器设备老旧、故障、超负荷运行，是高校实验室普遍存在的问题。消防设施维度与实验室环境维度权重相对最小。

表 7　影响因子权重结果

维度	影响因素	权重
实验人员行为（0. 22）	安全培训（R11）	0. 25
	安全意识（R12）	0. 27
	心理素质（R13）	0. 24
	操作技能（R14）	0. 24
实验室管理（0. 23）	风险评估（G11）	0. 25
	危化品管理制度（G12）	0. 26
	监督检查（G13）	0. 24
	准入制度（G14）	0. 25
实验室环境（0. 18）	安全文化氛围（H11）	0. 30
	空间布局（H12）	0. 37
	通风条件（H13）	0. 33
实验设备（0. 19）	仪器设备（S11）	0. 35
	防护装备（S12）	0. 32
	电气线路（S13）	0. 33
消防设施（0. 18）	消防建筑规划（X11）	0. 32
	应急疏散通道（X12）	0. 33
	消防器材（X13）	0. 35

4　结论

本文首先通过扎根理论，分析典型案例，将高校实验室火灾事故发生分为实验人员行为、实验室设备、实验室环境、实验室管理、消防设施 5 个核心范畴，17 个基本范畴；然后，以河南省某双一流大学师生为调查对象，设计问卷调查进行实证研究，在获取的数据信度与效度良好的基础上，利用结构方程模型进行验证性分析；最后，依据模型运行结果得出结论。

（1）坚决贯彻落实，让管理制度落地生花。实验室管理是实验室安全的制度保障，主要包含安全培训制度、安全管理制度、监督检查制度、危化品管理制度，实验室管理不善是事故发生的间接原因。抓好实验室管理工作，一是建立学校、院系两级安全责任体系，明确责任。二是结合学科专业特点，有针对性的进行安全培训教育与实验室准入考核。三是对危险化学品完整生命周期管理，合理采购+计划审批、专门空间储存+专人保管、使用登记+废料回收，形成采购-储存-使用-处置完整管理链条。

（2）强化教育培训，让安全意识入脑入心。实验人员行为主要是实验人员不安全行为，主要包括实验室人员注意力不集中、疏忽大意、违规操作、操作熟练度低、过度紧张等一系列行为。它是高校实验室火灾爆炸事故的直接原因。根据海因里希事故致因理论，88%的事故是由人的不安全行为引发。因此，预防事故发生的首要任务是控制人的不安全行为输出。采取安全教育培训+实操培训+过程监管措施，严格规范实验人员操作规程，通过教育增强实验人员安全意识。

（3）精心维保检查，让实验设备正常运行。实验室设备维度主要是指设备的不安全状态，主要包含仪器设备老旧、电器线路老化、防护装置失效、设备超负荷运转等。校方应加强资金保障，定期设备维保，检查电气线路，了解设备性能，避免超负荷运行设备。

参考文献

[1] 付净，刘虹，刘文博．高校实验室火灾爆炸事故原因分析及管理对策［J］．吉林化工学院学报，2018，35（05）：87-92.

[2] 阳富强，邱东阳．基于相似安全系统学的高校实验室爆炸事故分析及防控［J］．安全与环境工程，2020，27（02）：92-97+103.

[3] 卢红奇，邵士哲，刘彦伟等．基于DEMATEL-ISM的高校实验室火灾爆炸事故影响因素分析［J］．安全，2023，44（01）：23-31.

[4] 王蕾，代养勇．基于蝴蝶结贝叶斯网络的高校实验室火灾爆炸事故的风险评估［J］．实验室研究与探索，2021，40（04）：304-308.

[5] 陈向明．扎根理论的思路和方法［J］．教育研究与实验，1999（04）：58-63+73.

[6] 林嵩，姜彦福．结构方程模型理论及其在管理研究中的应用［J］．科学学与科学技术管理，2006（02）：38-41.

[7] 吴林海，侯博，高申荣．基于结构方程模型的分散农户农药残留认知与主要影响因素分析［J］．中国农村经济，2011（03）：35-48.

[8] 莫俊文，崔利兵．偏执心理和敌对心理对建筑工人不安全行为的影响研究［J］．工程管理学报，2023，37（01）：135-140.

[9] 赵诏．大学生社会主义核心价值观认同结构的实证研究——基于结构方程模型的分析［J/OL］．中国人民大学教育学刊.

[10] 孙连荣．结构方程模型（SEM）的原理及操作［J］．宁波大学学报（教育科学版），2005（02）：31-34+43.

[11] 温忠麟，侯杰泰，马什赫伯特．结构方程模型检验：拟合指数与卡方准则［J］．心理学报，2004（02）：186-194.

[12] 李媛．新时代大学生媒介素养培育研究［D］．北京科技大学，2022.

[13] 杨杰，曾春花，郑育潞．基于验证性因子分析的小微企业生态竞争力影响因素识别［J］．铜仁学院学报，2020，22（04）：119-128.

[14] 程开明．结构方程模型的特点及应用［J］．统计与决策，2006（10）：22-25.

氢能源动力轻轨氢气泄漏扩散特性数值模拟*

张　新　倪天晓　彭锦志　冉启兵　金　鑫　甘　芳

（中联科锐消防科技有限公司，湖南　长沙）

摘　要　为了探究氢能源有轨电车高压储氢罐在停车库内的泄漏扩散特性，利用FLUENT软件的物质传输与反应模块，建立氢能源有轨电车高压储氢罐泄漏扩散的模型。考虑了泄漏点数量和环境风速的影响，得到了不同泄漏点数量和6个泄漏点时不同环境风速条件下的氢气扩散云图及氢气扩散体积。结果表明：无环境风条件下，当泄漏点超过3个时，氢气泄漏量较大，在空气中形成的可燃混合爆炸气体云团沿着停车列检棚顶部向四周蔓延，遇到点火源就有可能发生爆炸事故。在环境风的影响下，氢气扩散运动整体向环境风下游偏移。当风速不小于1m/s时，在停车列检库中形成不了体积分数>4%的可燃氢气云团，氢气只能随着环境风向呈长条状运动，不易发生爆炸事故。当环境风速达到3m/s以上时，氢气扩散速率不足以克服环境风速，氢气运动方向与环境风速保持一致，不会在停车列检库内滞留扩散。

关键词　氢能源动力轻轨　泄漏　扩散　爆炸下限　数值模拟

1　引言

氢能源动力轻轨投建运维低成本、建设周期短、节能环保，将为“双碳”目标的实现发挥一定的作用。然而，氢能源产业大力发展的一个不容忽视的前提是消防安全问题。近年来国内外相关氢气事故不仅造成了人员伤亡和财产损失，也对公众心理造成了不良影响，使得一部分人“谈氢色变”，安全问题已然成为了氢能推广的重要瓶颈之一[1]。氢气相对密度小、扩算速度快、点火能量低、爆炸浓度范围大、爆炸下限低，一旦发生泄漏扩散，倘若得不到妥善处理极易发生火灾，甚至爆炸事故[2]，后果不堪设想。

国内外学者对于加氢站的火灾危险性以及扩散特性等方面做了一定的研究。路世昌等人[3]对汽车临时加氢站的火灾爆炸危险性进行了分析，计算得到了临时加氢站发生蒸气云爆炸和喷射火事故的死亡半径、重伤半径和轻伤半径。姜博耀[4]采用风险评估方法，对中国首次推出氢能源调车机车XQG45-600P在防止氢气爆炸的能力上是否足够安全进行了分析研究。Yang Liang等人[5]采用FLACS软件对再生氢燃料站储氢系统的泄漏和爆炸进行了模拟分析，分析了风速、漏风方向和风向对事故后果的影响，计算了不同事故情景下爆炸事故的危害面积、致死面积、最远危害距离和最长致死距离。Wei Liu和David M. Christopher[6]对氢能源汽车氢泄漏的扩散行为进行了数值模拟研究，预测了不同情况下车辆周围的氢浓度分布。邵翔宇等人[7]针对液氢生产、储存、运输过程中发生瞬时大流量泄漏的问题，对美国国家航空航天局进行的液氢泄放实验进行了数值模拟。

Hye-Ri Gye等人[8]介绍了一个城市人口多、仪器设备间拥挤程度高的汽车高压加氢站的定量风险评估方法，结果表明，管道拖车和分配器泄漏以及管道拖车的潜在爆炸是主要风险；为了加油站操作员、客户和周围人员的安全，必须在压缩机和加气机上增加进一步的安全措施。Artur Bauer等人[9]对液态或气态储存氢气的汽车加氢站能量进行了评估，建立了一个考虑真实气体行为的动态模拟模型，从能量角度评价两种类型加油站。Kiyotaka Tsunemi等人[10]对有机氢化物加氢站事故后果及危害进行了分析研究，对氢气泄漏后的爆炸波压力和热辐射以及液体甲基环己烷和甲苯泄漏后蒸发的气体扩散进行了数值模拟研究，结果表明，虽然爆炸和化学泄漏影响加油站周围的区域，但在所有的事故场景中伤害影响都很小；相比之下，虽然热效应的范围仅限于加油站内部，但燃烧损伤较大，需要进行定量风险评估。Yimiao Huang和Guowei Ma[11]主要针对汽车加氢站可能发生的火灾、爆炸等重大事故进行了风险分析，提出了一种基于网格

* 基金项目：湖南省自然科学基金（2020JJ7037）、长沙市雨花区科技计划项目（YHKJ-2020-CZ-17）。

的风险映射方法，使大面积复杂环境下的风险筛选更为有效和细致。T. Kuroki 等人[12]以两种氢-汽油混合加油站为研究对象，对每一个混合加油站发生火灾时的贮氢气瓶因热辐射而产生的温升进行了研究。此外，T. Kuroki 等人[13]还对燃料电池汽车油箱最佳加氢方法进行了动态仿真研究，提出了一种最佳的加氢方法，该方法模拟了实际加氢过程，预测了加氢设备各部分的瞬态温度、压力和质量流量。Erfika M. Edelia 等人[14]利用计算流体力学模拟软件 FLACS 对氢气泄漏的后果进行了模拟分析，以确定爆炸的可能性；此外，还分析了能促进氢蒸气云爆炸的参数，如初始压力、时间、点火和泄漏高度位置等。Euginia Diana Mukhim 等人[15]分析比较了用于计算氢蒸气云爆炸产生的超压方法，指出了现有方法的不足，并提出了一种新的用于计算无限制氢气泄漏产生的爆炸超压的方法。Javad Mousavi 等人[16]对氢气的扩散进行了研究，考虑了环境温度、湿度、风速、表面粗糙度、容器温度和压力、泄漏直径和泄漏点高度等因素的影响。Mehmet Ayvaz 等人[17]对氢气储罐在火灾下的安全性进行了分析研究，考虑了 6061 T6 铝和 SS 316L 不锈钢合金两种材料作为氢气储罐材料，在不同温度和内部压力条件下进行了研究。P. Hooker 等人[18]对室内氢气喷射火灾进行了理论分析、数值模拟和试验研究。V. Molkov 等人[19]提出了一种用于计算高压储气罐在火灾中破裂产生的冲击波范围的模型，该模型可用于四种典型的氢存储容器，包括车载储氢罐和独立的加油站储氢罐。

综上，目前国内外学者对氢能源的研究主要集中在氢能源汽车、储氢与运氢、汽车加氢站等方面，而对于氢能源动力轻轨的安全性鲜有研究。因此，有必要对氢能源动力轻轨的防火防爆进行研究，提高氢能源动力轻轨运营可靠性和安全性。

本文基于 FLUENT 软件的物质传输与反应模块，建立氢能源有轨电车高压储氢罐泄漏扩散的模型，对氢能源有轨电车高压储氢罐的泄漏扩散进行数值模拟分析。

2 数值模拟

2.1 建立模型

2.1.1 物理模型

以某有轨电车车辆基地为工程背景，对氢能源有轨电车氢气泄漏扩散进行数值模拟分析。假设车辆基地停车列检库内的氢能源有轨电车发生氢气泄漏，该停车列检库长 57.6m、宽 19.6m、高 9.5m，停车列检库前后敞开、左右封闭，属于半敞开厂房，物理模型如图 1 所示。

图 1 停车列检库简化几何模型

2.1.2 边界条件

每列氢能源车辆共带 6 个氢气罐，每个氢气罐额定充装体积为 140L，整列车带氢气最大储氢质量为 20.2kg，该停车列检库最多停放 2 列氢能源车辆。氢能源车辆储氢系统额定工作压力为 35MPa，高压储氢气瓶储氢时间长、储氢容量大、储氢压力高，瓶组仪表管道破损最常见，易引发泄漏事故。针对高压储氢气瓶管道损坏后的泄漏扩散进行模拟研究。在环境温度范围内，氢气密度的变化较小，泄漏量受温度的影响较小，假设瓶内气体温度和环境温度相等，均为常温 23℃。

2.1.3 网格划分

采用三角形面网格，面网格数量为 641250；多面体体网格，体网格数量为 1634152。

2.2 测点布置

在氢能源车辆顶部的空间区域内设置 20 个监控点，监控点距离车辆顶部为 2.5m，用以监控氢泄漏浓度变化，如图 2 所示。

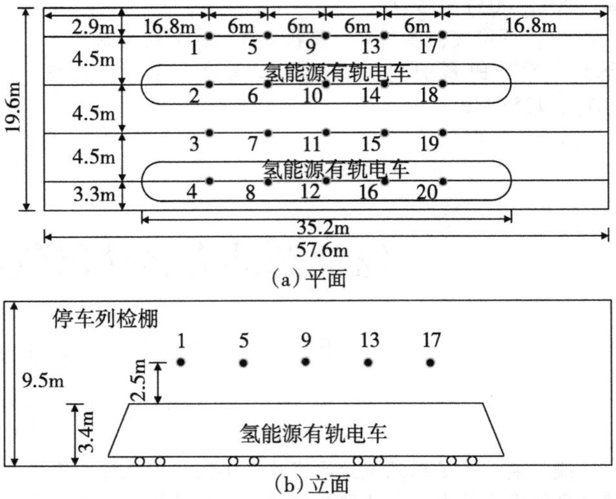

图 2 测点布置示意图

2.3 工况设置

为了研究停车列检库内氢能源车辆氢气泄漏扩散规律，分别考虑了泄漏点数量以及环境风速的影响，共设置了 11 个工况，如表 1 所示。

表 1 数值模拟工况表

编号	泄漏点数量/个	环境风速/(m/s)	编号	泄漏点数量/个	环境风速/(m/s)
A01	1	0	B01	6	1
A02	2	0	B02	6	2
A03	3	0	B03	6	3
A04	4	0	B04	6	4
A05	5	0	B05	6	5
A06	6	0			

3 结果分析

3.1 泄漏点数量对氢气扩散的影响

图 3 为 1 个泄漏点和 6 个泄漏点的氢气扩散云图。从图中可以看出，由于氢气密度较空气小，氢能源有轨电车上储氢罐泄漏一开始就向上运动，到达停车列检库顶部后向顶部四周扩散。当只有 1 个泄漏点时，由于氢气泄漏量较少，大部分氢气均在停车列检库顶部扩散运动；当有 6 个泄漏点时，氢气泄漏量较多，顶部氢气不断与空气卷吸混合，在 60s 时氢气就已经从停车列检库顶部往底部扩散。

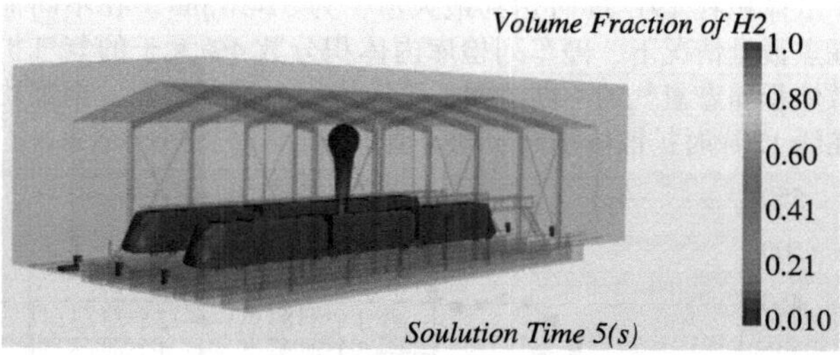

（a）1个泄漏点，5s

（b）1个泄漏点，300s

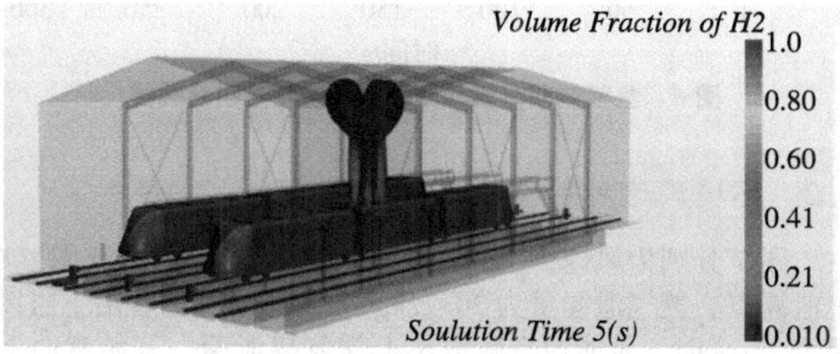

（c）6个泄漏点，5s

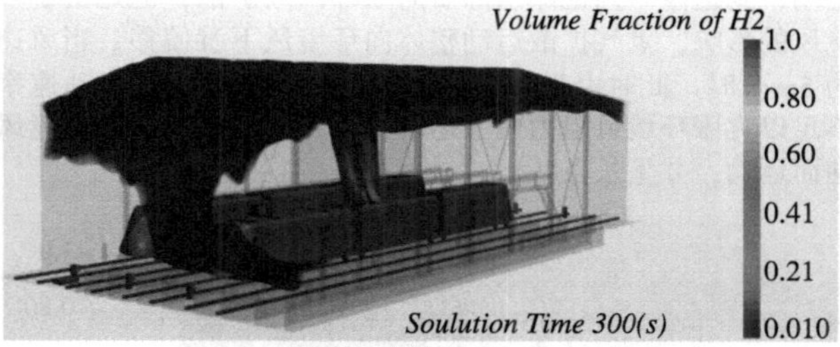

（b）6个泄漏点，300s

图 3　无风条件下氢气扩散云图

图 4 为不同泄漏点数量体积分数>4%的氢气在 300s 时的氢气扩散云图。从中可以看出，当泄漏点不超过 2 个时，由于氢气泄漏量少，在空气中难以形成可燃混合爆炸气体云团，此时发生爆炸的可能性较小；当泄漏点超过 3 个时，由于氢气泄漏量较大，在空气中形成的可燃混合爆炸气体云团沿着停车列检棚顶部向四周蔓延，此时一旦遇到点火源就有可能发生爆炸事故。

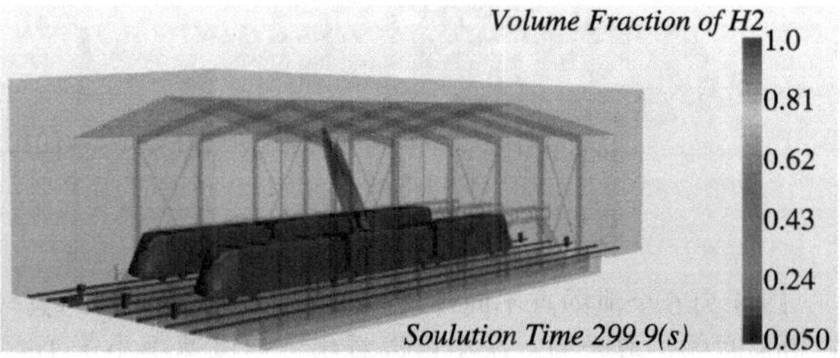

（a）2个泄漏点

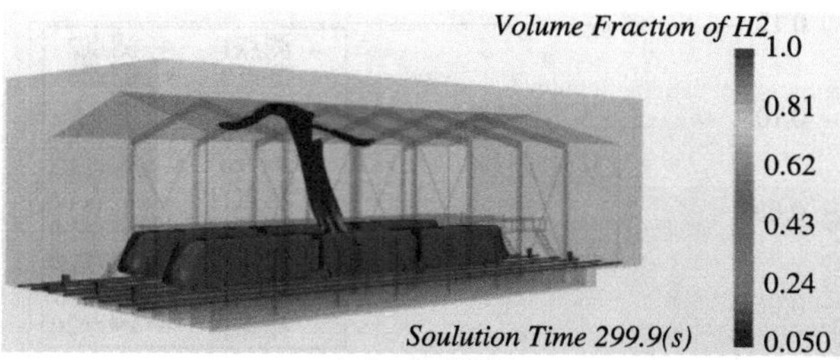

（b）3个泄漏点

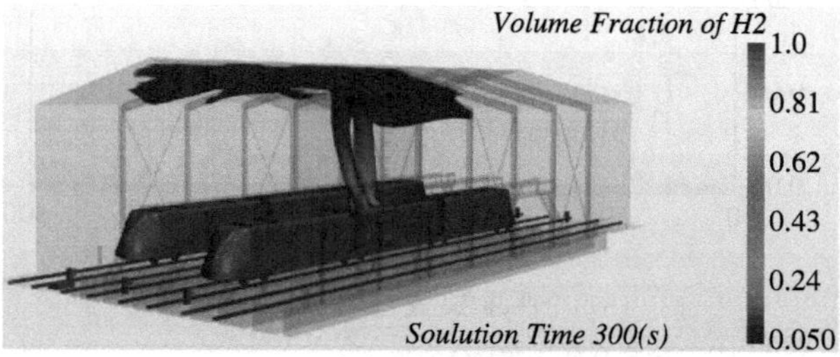

（c）6个泄漏点

图 4　体积分数>4%的氢气在 300s 时的氢气扩散云图

图 5 为不同的氢气泄漏量对氢气扩散的曲线图。从图中可以看出，泄漏点越多即氢气泄漏量越多，扩散到空气中的氢气体积越大。当只有 1 个泄漏点泄漏时，此时停车列检库空气中氢气体积分数大于 1%的体积在 153.1s 时达到最大值，为 291.2759m^3。当有 6 个泄漏点同时泄漏时，此时停车列检库空气中氢气体积分数大于 1%的体积在 260.8s 时达到最大值，为 1901.482m3。通过比较各个测点氢气体积分数随时间的变化可知，只有泄漏点正上方的测点氢气体积分数值较大，当泄漏点分别为 1 个和 6 个时，氢气体积分数值最大值分别为 11.378%和 31.092%。

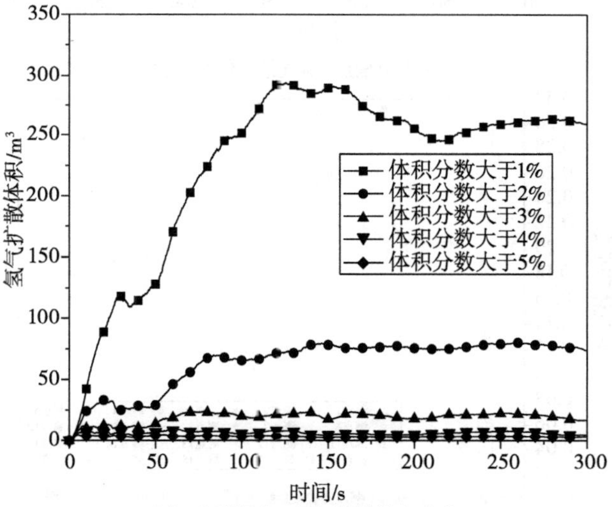

(a) 1个泄漏点，氢气扩散体积变化

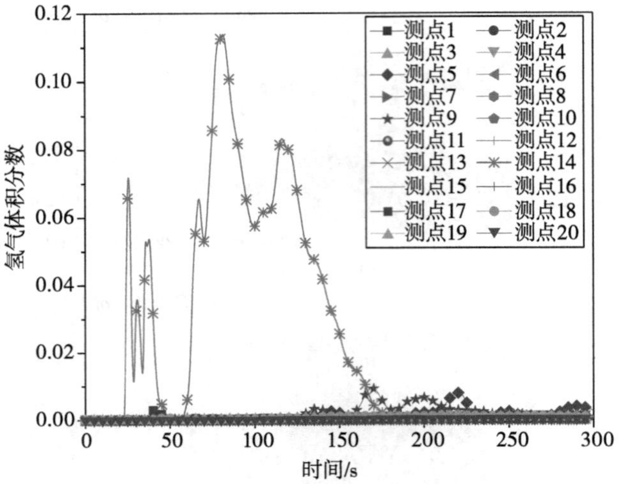

（b）1个泄漏点，氢气体积分数变化

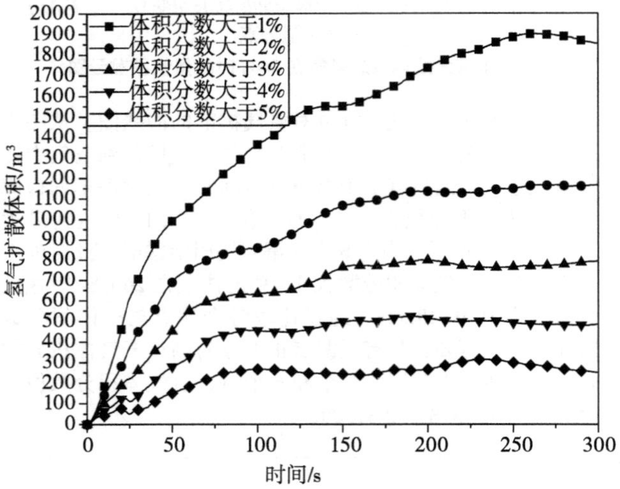

（c）6个泄漏点，氢气扩散体积变化

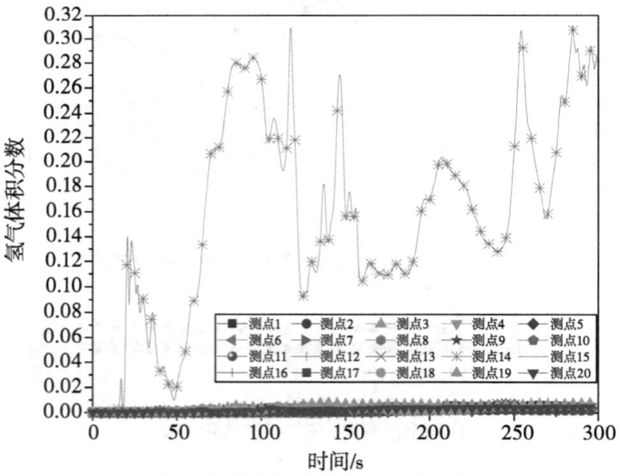

（d）6个泄漏点，氢气体积分数变化

图5 无风条件下氢气扩散曲线图

图6为不同泄漏点数量情况下，停车列检库空气中氢气体积分数大于4%的扩散体积变化图。从图中可以看出，随着泄漏点数量的增多即氢气泄漏量的增加，体积分数大于4%的氢气扩散到空气中的体积不断变大。当只有1个泄漏点时，停车列检库内氢气的体积分数几乎达不到4%，即此时停车列检库内氢气尚未达到其爆炸下限，不会发生爆炸。当有6个泄漏点时，停车列检库内体积分数4%大于的氢气扩散体积在191.7s时达到最大值，为524.13m³。在不同泄漏点数量情况下，停车列检库内体积分数4%大于的氢气扩散体积随着氢气的不断泄漏，扩散体积在不断增大，但都均在约120s时扩散体积趋于稳定值。

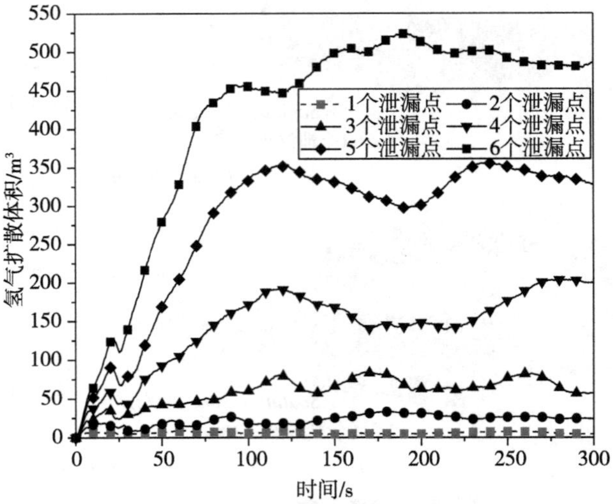

图6 氢气体积分数大于4%的扩散体积曲线图

3.2 环境风速对氢气扩散的影响

图7分别为风速为1m/s和5m/s时的氢气扩散云图（6个泄漏点、氢气泄漏量为20.22kg）。从图中可以看出，当风速为1m/s时，氢能源有轨电车上储氢罐泄漏一开始就向上运动，到达停车列检库顶部后向顶部四周扩散，但是由于环境风的影响，氢气扩散运动整体向环境风下游偏移。当风速为5m/s时，此时由于环境风速较大，氢气的扩散运动速率不足以克服环境风阻力向上运动，因此氢气只能随着环境风向而运动，并呈长条状。

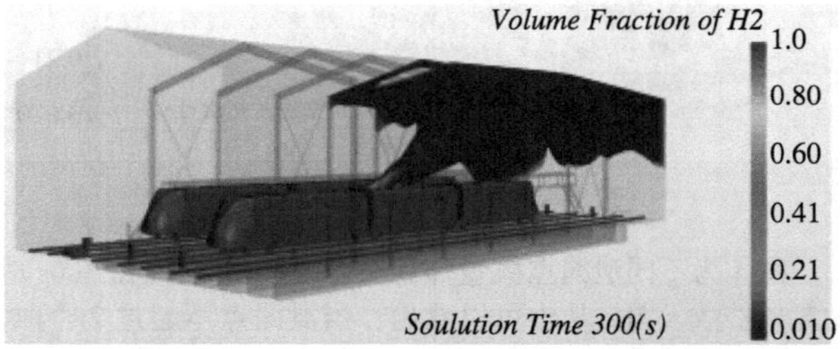

（a）1m/s

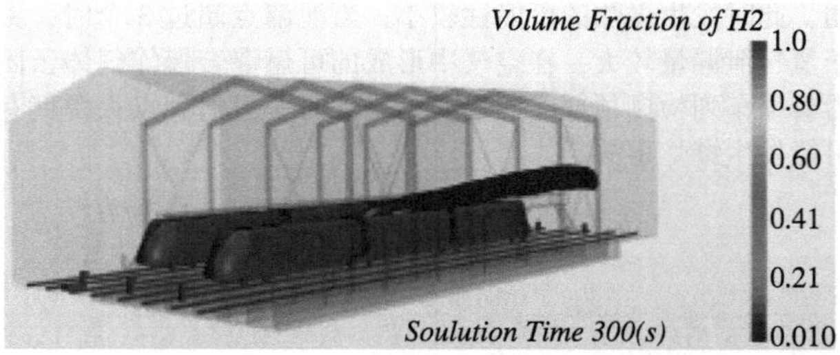

（b）5m/s

图7 有风条件下氢气扩散云图

图8为6个泄漏点不同环境风速下体积分数>4%的氢气在300s时的扩散云图。从中可以看出，当风速不小于1m/s时，由于环境风的影响，氢气扩散运动整体向环境风下游偏移，在停车列检库中形成不了体积分数>4%的可燃氢气云团，氢气只能随着环境风向而运动，并呈长条状，不易发生爆炸事故。

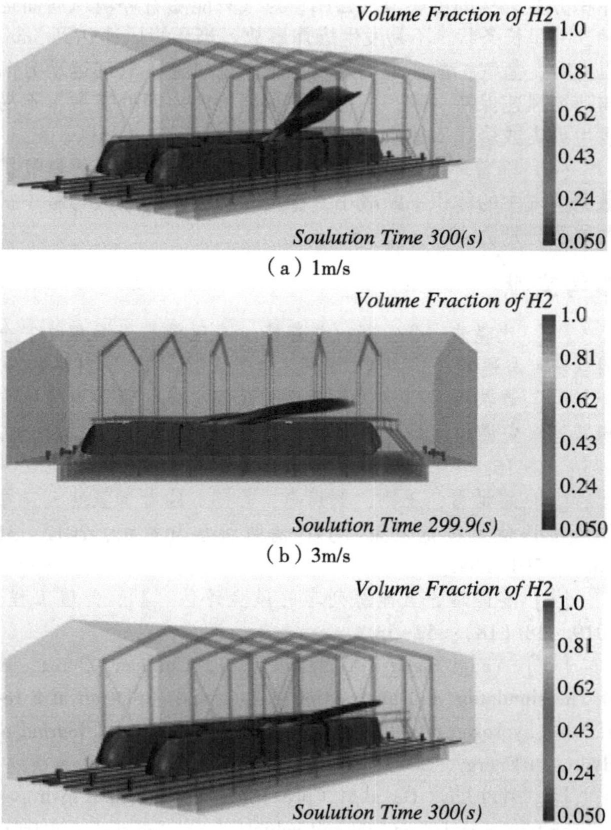

（a）1m/s

（b）3m/s

（c）5m/s

图 8　不同环境风速下体积分数>4%的氢气在 300s 时的扩散云图

图 9 为不同风速下，6 个泄漏点同时泄漏情况下氢气扩散曲线图。从图中可以看出，随着风速的不断增大，停车列检库内氢气随风向往室外扩散，导致室内的氢气量不断下降。当环境风速为 1m/s 时，此时停车列检库空气中氢气体积分数大于 1%的体积在 76.8s 时达到最大值，为 1417.412m³，之后氢气扩散体积一直在最高点附近波动。当环境风速在 2m/s 以上时，停车列检库内氢气扩散体积在约 20s 后就达到稳定值，几乎没有波动，这是因为此时的外界风速大于氢气的自由扩散的速率，使得泄漏点的氢气均朝着风向运动，氢气不会出现无规则扩散运动。

从各测点的氢气体积分数变化可以看出，当环境风速为 1m/s 时，泄漏后的氢气运动路径经过测点 6 和 10，此两个测点氢气体积分数较其他测点高；当环境风速为 2m/s 时，由于风速进一步增大，使得氢气运动路径更偏向车顶面，此时只有测点 6 的氢气体积分数较高；当环境风速为 3m/s 和 4m/s 时，泄漏后的氢气运动路径经过测点 6 和 2；当环境风速为 5m/s 时，泄漏后的氢气运动路径只经过测点 2，此时停车列检库内稳定时间段内的氢气体积分数为 1.45%，没有达到爆炸下限。

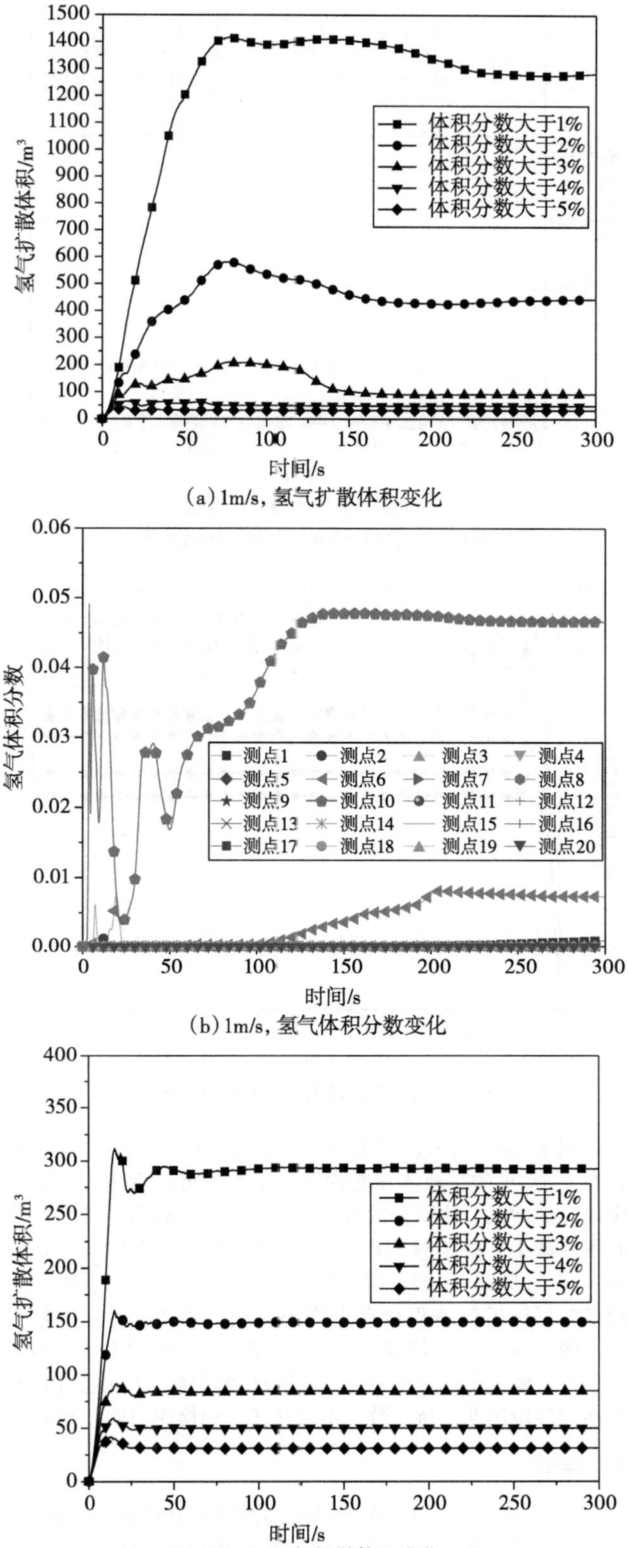

(a) 1m/s，氢气扩散体积变化

(b) 1m/s，氢气体积分数变化

(c) 2m/s，氢气扩散体积变化

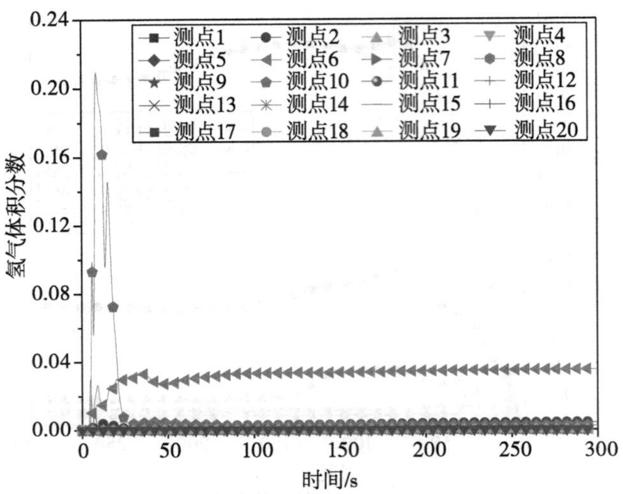

(d) 2m/s，氢气体积分数变化

图 9　不同环境风速下氢气扩散曲线图

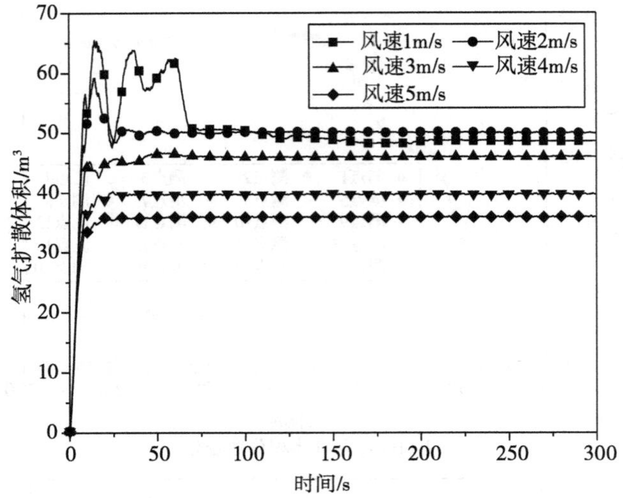

图 10　不同环境风速时氢气扩散体积曲线图

图 10 为不同风速情况下，停车列检库空气中氢气体积分数大于 4%的扩散体积变化图。从图中可以看出，随着环境风速的增大，体积分数大于 4%的氢气扩散到空气中的体积不断减小，稳定时间段内的最大与最小扩散体积分别为 49.9m³、35.9m³。当环境风速未达到 2m/s 以上时，刚开始泄漏时氢气扩散体积会有少许的波动，约 70s 后趋于稳定值，约为 50m³。当风速达到 3m/s 以上时，此时由于环境风速较大，氢气扩散速率不足以克服环境风速，因此氢气运动方向与环境风速保持一致，不会在停车列检库内四处扩散。

4　结论

（1）氢能源有轨电车上储氢罐泄漏一开始就向上运动，到达停车列检库顶部后向顶部四周扩散。无环境风条件下，当泄漏点超过 3 个时，由于氢气泄漏量较大，在空气中形成的可燃混合爆炸气体云团沿着停车列检棚顶部向四周蔓延，此时一旦遇到点火源就有可能发生爆炸事故。

（2）无环境风条件下，随着泄漏点数量的增多即氢气泄漏量的增加，体积分数大于 4%的氢气扩散到空气中的体积不断变大，但都均在约 120s 时扩散体积趋于稳定值。当有 6 个泄漏点时，停车列检库内体积分数 4%大于的氢气扩散体积在 191.7s 时达到最大值，为 524.13m³。

（3）在环境风的影响下，氢气扩散运动整体向环境风下游偏移。当风速不小于 1m/s 时，在停车列检库中形成不了体积分数>4%的可燃氢气云团，氢气只能随着环境风向而运动，并呈长条状，不易发生爆炸事故。当环境风速达到 3m/s 以上时，氢气扩散速率不足以克服环境风速，氢气运动方向与环境风速保持一致，不会在停车列检库内四处扩散，不易发生火灾或爆炸事故。

（4）随着环境风速的增大，体积分数大于 4%的氢气扩散到空气中的体积不断减小，稳定时间段内的最大与最小扩散体积分别为 49.9m³、35.9m³。

参考文献

［1］沈晓波，章雪凝，刘海峰．高压氢气泄漏相关安全问题研究与进展［J］．化工学报，2021，72（3）：1217-1229.

［2］李庆升，贾运亮，詹文田，等．氢能源动力轻轨车辆基地火灾爆炸风险评价［J］．工业安全与环保，2021，47（8）：13-16.

［3］路世昌，王刚，彭锦志，郭伟．临时加氢站火灾爆炸风险评估及防范对策［J］．消防科学与技术，2012，31（02）：201-204.

［4］姜博耀．氢能源列车的风险评估［J］．价值工程，2019，38（18）：52-53.

［5］Yang Liang，Xiangmin Pan，Cunman Zhang，et al. The simulation and analysis of leakage and explosion at a renewable hydrogen refuelling station［J］．International Journal of Hydrogen Energy，2019，44（40）：22608-22619.

［6］Wei Liu，David M. Christopher. Dispersion of hydrogen leaking from a hydrogen fuel cell vehicle［J］．International Journal of Hydrogen Energy，2015，40（46）：16673-16682.

［7］邵翔宇，蒲亮，雷刚，等．液氢泄漏事故中氢气可燃云团的扩散规律研究［J］．西安交通大学学报，2018，52（09）：102-108.

［8］Hye-Ri Gye，Seung-Kwon Seo，Quang-Vu Bach，et al. Quantitative risk assessment of an urban hydrogen refueling station［J］．International Journal of Hydrogen Energy，2019，44（2）：1288-1298.

［9］Artur Bauer，Thomas Mayer，Malte Semmel，et al. Energetic evaluation of hydrogen refueling stations with liquid or gaseous stored hydrogen［J］．International Journal of Hydrogen Energy，2019，44（8）：6795-6812.

［10］Kiyotaka Tsunemi，Kikuo Yoshida，Madoka Yoshida，et al. Estimation of consequence and damage caused by an organic hydride hydrogen refueling station［J］．International Journal of Hydrogen Energy，2017，42（41）：26175-26182.

［11］Yimiao Huang，Guowei Ma. A grid-based risk screening method for fire and explosion events of hydrogen refuelling stations［J］．International Journal of Hydrogen Energy，2018，43（1）：442-454.

［12］T. Kuroki，N. Sakoda，K. Shinzato，et al. Temperature rise of hydrogen storage cylinders by thermal radiation from fire at hydrogen-gasoline hybrid refueling stations［J］．International Journal of Hydrogen Energy，2018，43（5）：2531-2539.

［13］T. Kuroki，N. Sakoda，K. Shinzato，et al. Dynamic simulation for optimal hydrogen refueling method to Fuel Cell Vehicle tanks［J］．International Journal of Hydrogen Energy，2018，43（11）：5714-5721.

［14］Erfika M. Edelia，Roy Winkler，Debalina Sengupta，et al. A computational fluid dynamics evaluation of unconfined hydrogen explosions in high pressure applications［J］．International Journal of Hydrogen Energy，2018，43（33）：16411-16420.

[15] Euginia Diana Mukhim, Tasneem Abbasi, S. M. Tauseef, et al. A method for the estimation of overpressure generated by open air hydrogen explosions [J]. Journal of Loss Prevention in the Process Industries, 2018, 52: 99-107.

[16] Javad Mousavi, Mehdi Parvini. Analyzing effective factors on leakage-induced hydrogen fires [J]. Journal of Loss Prevention in the Process Industries, 2016, 40: 29-42.

[17] Mehmet Ayvaz, Safiye ipek Ayvaz, ibrahim Aydin. A novel method for determining effects of fire damage on the safety of the Type I pressure hydrogen storage tanks [J]. International Journal of Hydrogen Energy, 2018, 43 (44): 20271-20283.

[18] P. Hooker, J. Hall, J. R. Hoyes, et al. Hydrogen jet fires in a passively ventilated enclosure [J]. International Journal of Hydrogen Energy, 2017, 42 (11): 7577-7588.

[19] V. Molkov, S. Kashkarov. Blast wave from a high-pressure gas tank rupture in a fire: Stand-alone and under-vehicle hydrogen tanks [J]. International Journal of Hydrogen Energy, 2015, 40 (36): 12581-12603.

高层建筑的火灾事故统计及致灾原因分析

侯 旭

(内蒙古锡林郭勒盟消防救援支队，内蒙古 锡林郭勒)

摘 要 本文主要通过对近年来我国高层火灾的数据进行统计，结合25起典型的高层火灾案例，对火灾六项指标、火灾原因等多方面进行分析，并采用事故树分析法，对高层火灾的致灾因素进行探究，研究表明：我国高层火灾整体上呈上升趋势，个别年份有波动；电气和生活用火不慎造成高层建筑火灾发生的最多原因；灭火器失效、消防栓失效、自动灭火装置失效三个基本事件对于高层建筑火灾事故来说最为重要。

关键词 高层建筑火灾 数据统计 致灾因素 防控

近年来，我国高层火灾事故频发，其火灾次数、死伤数量、财产损失等指标都位于世界前列。因此，对近年的高层火灾规律及特点进行探讨，并剖析典型案例，分析其致灾因素，具有重要的现实意义。目前，我国关于对高层火灾的研究主要集中在根据已有的火灾特点进行分析，而对高层火灾的数据收集及探讨方面的研究相对较少[1]。本文拟对我国2007—2016年的高层火灾数据进行统计，探讨我国高层火灾统计数据的特点，并采用事故树，分析其致灾因素。

1 我国高层火灾总体情况

1.1 我国高层建筑火灾的现状

我国高层建筑分布集中、规模较大，其数量已为全球之最，多达34.7万幢，而超高层建筑有6000多幢。目前，我国建筑中高度最高的是建于2016年的上海中心大厦，建筑主体118层，高度632m[2]。

我国建筑火灾与日俱增，占据城市火灾的60%。而高层火灾作为建筑火灾的一大类，其上升趋势更为明显。根据消防局2017年统计，近十年全国共发生高层建筑火灾3.1万起，死亡474人，直接财产损失15.6亿元。特别是2017年上半年，全国共接报高层火灾2517起、死亡61人、受伤61人、直接财产损失4082万元，与去年同期相比，起数虽下降7.6%，但亡人、伤人和财产损失分别上升56.4%、90.6%和7%[3]。

1.2 火灾统计

1.2.1 火灾基本情况

由表1可知，2007-2016年，国内总计发生高层火灾30913起、共造成414人死亡、375人受伤、经济损失高达139389万元，建筑损失1016168m^2、10981户受到影响。较大火灾23起、死亡83人、受伤73人、直接损失达109亿人民币。其中重大4起，31人死亡，受伤3人、直接经济损失1.9918亿人民币、特别重大2起、6人死亡、受伤6人、直接损失达4.50722亿人民币。

表1 2007-2016年火灾概况[4-13]

年份	起数	死人	伤人	直接损失/万元	烧毁建筑/m^2	受灾户数
2007	598	28	8	1826.3	36151	330
2008	393	10	4	30712.9	301828	1472
2009	1049	12	13	16619.6	43944	446
2010	2555	33	28	15350.9	95433	1403
2011	2553	33	31	20452.2	93328	880
2012	2499	27	25	11634.1	84920	863
2013	4989	65	100	13831.8	98620	1614
2014	5571	65	42	9565.9	82267	1458
2015	5317	70	67	9573.8	99601	1075
2016	5389	71	57	9821.5	80076	1440
合计	30913	414	375	139389	1016168	10981

1.2.2 火灾基本数据分析

为便于分析，将2007-2016年高层建筑火灾起数、死亡人数、受伤人数、烧毁建筑、受灾户数等基本数据的变化趋势制成折线图，见图1~图5。

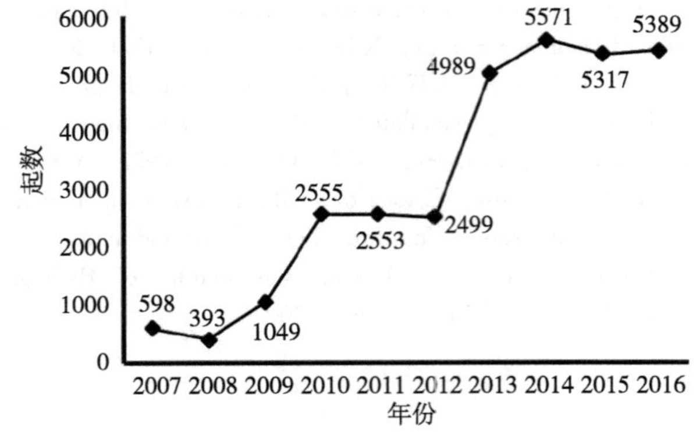

图 1　火灾起数变化趋势

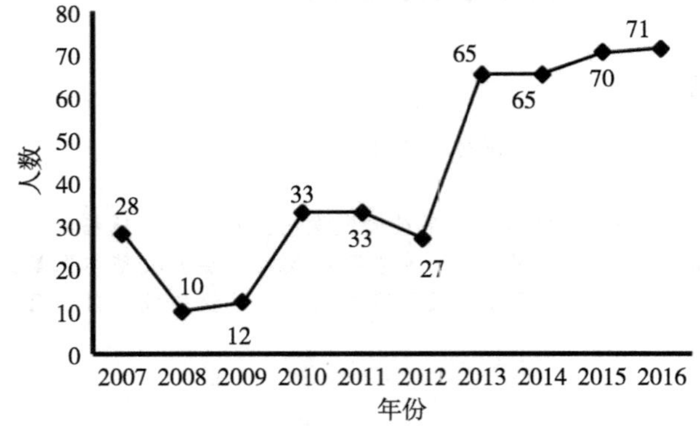

图 2　死亡人数变化趋势

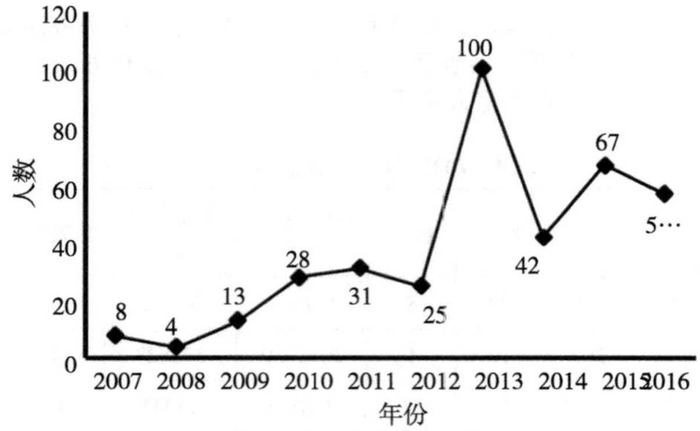

图 3　受伤人数变化趋势

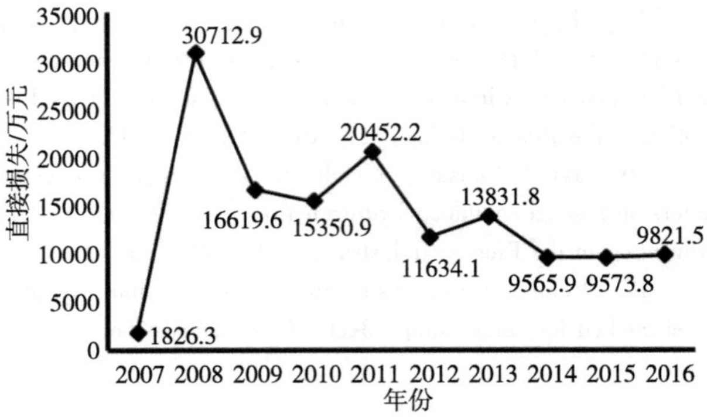

图 4　直接损失变化趋势

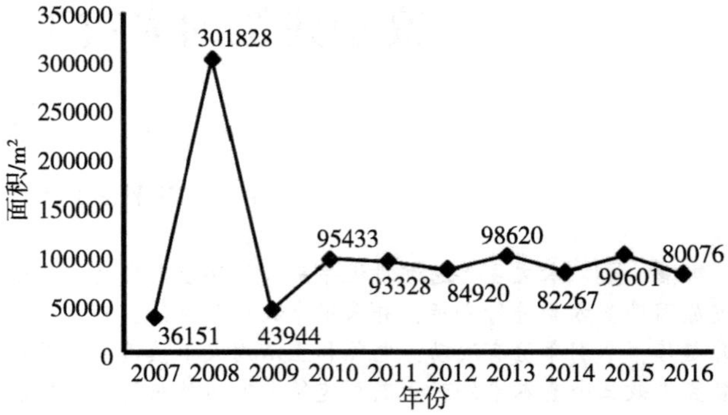

图 5　烧毁建筑变化趋势

（1）2007-2016 年，国内高层火灾起数总体上出现增长走势，2008 年次数最少，为 393 起，2014 年达到最大值 5571 起，2015 年后趋于平稳。

（2）死亡人数除 2008 年和 2012 年有小幅度下降外，整体呈上升趋势，2013 年后基本趋于平稳，2016 年达到最大值 71 人。

（3）受伤人数总体呈上升趋势，其中 2013 年上升幅度最大，达 100 人，比上一年增长 75 人，增长率达 300%。

（4）烧毁建筑数量变化整体于稳定，但 2008 年上升幅度很大，从上一年的 $36151m^2$ 增长到 $301828m^2$，增长率达 750%。

（5）受灾户数整体呈上升趋势，但曲线上下波动较大，2007 年仅有 330 户，2013 年达到最大 1614 户。

1.2.3　火灾原因分析

我国 2007 年至 2016 年的高层建筑火灾原因统计情况见表 2、图 7~图 9。

表 2　2007-2016 年高层火灾原因

年份	放火	电气	生产作业	用火不慎	吸烟	玩火	自燃	雷击	静电	不明	其他
2007	9	212	88	130	35	58	2	1	2	22	39
2008	5	134	66	82	24	34	2	–	–	12	34
2009	16	339	136	260	47	49	12	1	1	21	167
2010	44	890	232	547	117	199	11	3	9	92	411
2011	52	1001	227	460	120	205	14	2	5	62	405
2012	58	1056	175	487	110	92	19	1	1	69	428
2013	96	1933	273	1073	278	250	28	–	1	138	919
2014	115	2010	244	1297	326	292	35	1	1	162	1088
2015	119	1970	194	1137	298	232	39	1	1	165	1161
2016	118	2311	177	1220	347	212	30	2	5	152	815
合计	632	11856	1812	6693	1702	1623	192	12	26	895	5467

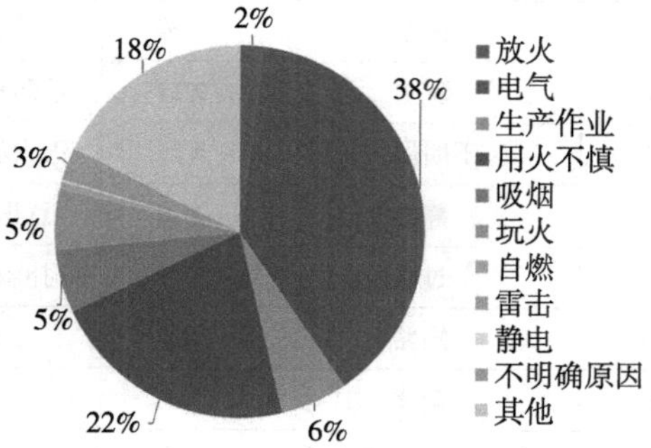

图 7　2007-2016 年高层火灾原因比例

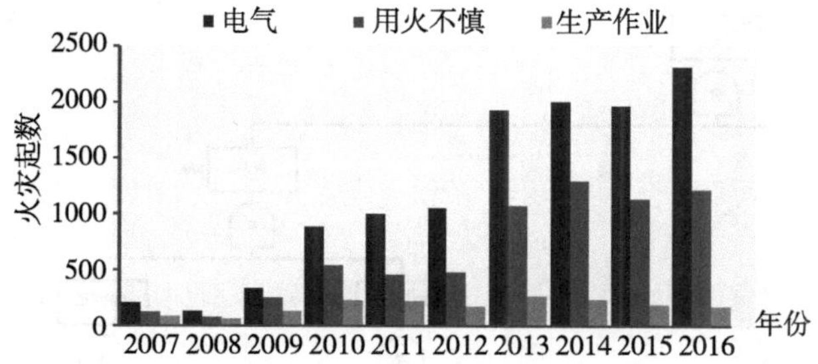

图 8　2007-2016 年高层火灾原因前三项

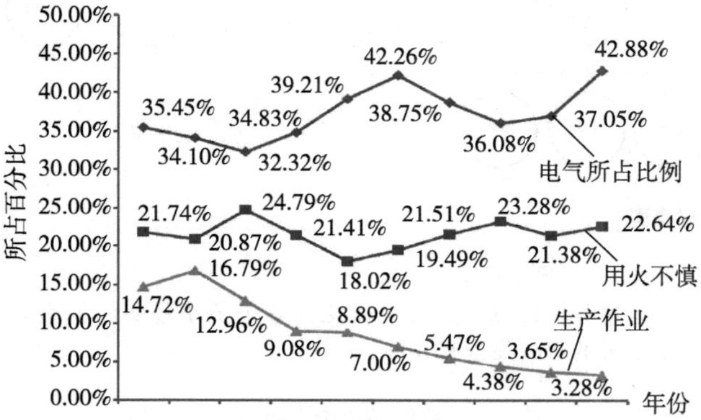

图 9　2007-2016 年高层火灾原因前三项所占比例变化趋势

（1）近十年来，电气和生活用火不慎是高层火灾发生并造成较多人员死亡的主要原因（分别占 38%、22%）。

（2）其中电气因素在每年的高层火灾比例中始终位居第一，且十年来总体呈上升趋势，2007-2009 年以及 2012-2014 年分别有小幅度的下降，2016 年达到最高值 42.88%，即使在 2009 年最低时也达到 32.32%。

（3）生活用火不慎因素所占比例始终位居第二，总体变化趋势平稳，2009 年达到最高值 24.79%，2011 年减少到最低值 12.08%，近年来所占比例逐步回升，2009 年增长到了 21.38%。

（4）生产作业因素所占比例整体上呈降低趋势，2007-2016 年由 14.72%下降到 3.28%。

1.3　25 起高层火灾案例

25 起高层火灾案例见表 3。

表 3　典型的高层火灾案例[14]

时间	火灾名称	直接原因
1985 年 4 月 19 日	哈尔滨天鹅饭店火灾	旅客吸烟
1996 年 6 月 16 日	珠海前山纺织城火灾	违章作业导致电线短路引燃棉堆
1996 年 7 月 17 日	深圳端溪酒店发生特大火灾	电风扇电线过热引燃周围可燃物
1997 年 1 月 29 日	湖南长沙燕山酒家特大火灾	保安违章使用酒精炉
2003 年 2 月 2 日	哈尔滨市天坛大酒店特大火灾	煤油炉取暖用火不慎
2003 年 11 月 3 日	衡阳市衡州大厦特大火灾	用火不慎
2003 年 11 月 24 日	祁东县中心市场特大火灾	生产作业
2007 年 8 月 15 日	上海环球金融中心大厦火灾	焊割作业掉落的高温焊渣引起
2007 年 12 月 12 日	温州温富大厦火灾	照明线路短路
2008 年 1 月 2 日	新疆德汇广场火灾	外来火源意外引发
2008 年 10 月 9 日	哈尔滨经纬大厦火灾	违章电焊引燃天棚上的装修材料
2009 年 2 月 10 日	北京中央电视台文化中心火灾	违规燃放烟花爆竹
2009 年 3 月 26 日	广州海珠区金海湾大厦火灾	灯管电线短路
2009 年 4 月 19 日	南京中环国际广场大楼火灾	焊割作业掉落的高温焊渣引起
2009 年 8 月 10 日	香港旺角嘉禾大厦火灾	KTV 内部起火
2010 年 4 月 24 日	重庆石桥铺赛博数码广场火灾	焊割作业掉落的高温焊渣引起
2010 年 8 月 9 日	重庆渝中区居民楼火灾	焊割作业掉落的高温焊渣引起
2010 年 9 月 9 日	长春在建楼盘高层火灾	违章电焊引燃聚氨酯泡沫
2010 年 11 月 15 日	上海静安胶州路公寓大楼火灾	工人违规电焊引燃保温材料碎块引发
2011 年 2 月 3 日	沈阳皇朝万鑫国际大厦火灾	燃放烟花不慎引起楼体外部燃烧所致
2013 年 12 月 15 日	广州建业大厦火灾	电工违规作业致电线短路
2015 年 1 月 2 日	哈尔滨北方南勋陶瓷大市场火灾	库房纸张和塑料等易燃物品起火
2015 年 7 月 11 日	武汉紫荆家园住宅楼火灾	线路老化发生自燃
2017 年 6 月 22 日	杭州蓝色钱江公寓火灾	放火
2017 年 12 月 1 日	天津城市大厦火灾	电梯间内的杂物和废弃装修材料起火

2　高层建筑火灾致灾因素分析

2.1　模型的建立

依据统计的高层火灾数据，结合 25 起高层火灾案例，该事故树共探究了 20 个基本事件，有关代号见表 4、图 10[15]。

表 4 事故树基本事件

代号	因素	代号	因素	代号	因素	代号	因素
T	高层建筑火灾	M7	电气	X7	玩火	X14	消防栓失效
M1	着火	X1	建筑材料	X8	不明原因	X15	灭火器失效
M2	灭火	X2	生活杂物	X9	静电	X16	意识不够
M3	自身火源	X3	放火	X10	过载	X17	扑救失败
M4	外来火源	X4	违反安全规定	X11	短路		
M5	物的原因	X5	吸烟	X12	老化		
M6	人的原因	X6	生活用火不慎	X13	自动灭火装置失效		

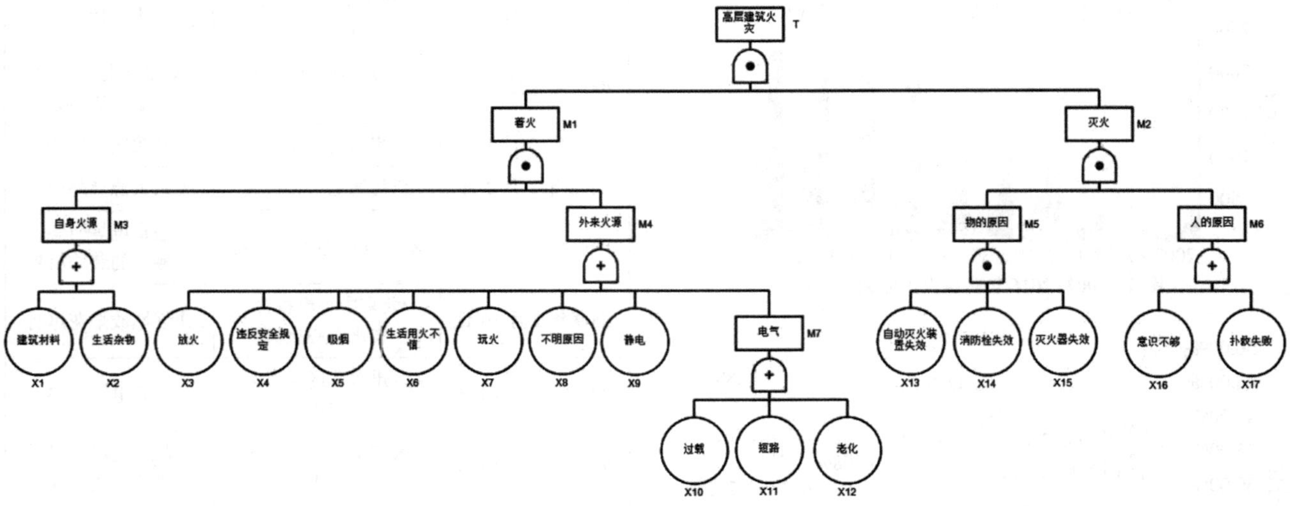

图 10 事故树模型

2.2 事故树定性分析

2.2.1 最小割集

经过分析计算，此事故树总计 40 个最小割集，如见表 5。能够得出，“高层建筑火灾事故”的最小割集有 40 个，表明能够有 40 种路径能够导致高层建筑火灾。

表 5 最小割集表

基本事件	最小割集
K1	{X1、X10、X13、X14、X15、X16}
K2	{X1、X10、X13、X14、X15、X17}
K3	{X1、X11、X13、X14、X15、X16}
K4	{X1、X11、X13、X14、X15、X17}
K5	{X1、X12、X13、X14、X15、X16}
⋮	⋮
K20	{X1、X9、X13、X14、X15、X16}
K21	{X2、X10、X13、X14、X15、X16}
K22	{X2、X10、X13、X14、X15、X17}
K23	{X2、X11、X13、X14、X15、X16}
K24	{X2、X11、X13、X14、X15、X17}
K25	{X2、X12、X13、X14、X15、X16}
⋮	⋮
K40	{X2、X9、X13、X14、X15、X17}

2.2.2 最小径集

经过分析计算，此事故树总计 6 个最小径集，见表 6，即不出现的事故集合有 6 种。

表 6 最小径集表

基本事件	最小径集
G1	{X1、X2}
G2	{X3、X4、X5、X6、X7、X8、X9、X10、X11、X12}
G3	{X13}
G4	{X14}
G5	{X15}
G6	{X16、X17}

2.2.3 基本事件结构重要度分析

经过分析计算，该事故树各基本事件结构重要度从大到小为：I（X15）＝I（X14）＝I（X13）＞I（X17）＝I（X16）＝I（X2）＝I（X1）＞I（X12）＝I（X11）＝I（X10）＝I（X9）＝I（X8）＝I（X7）＝I（X6）＝I（X5）＝I（X4）＝I（X3）。

运用近似计算公式对结构重要度进行计算，近似计算公式为：$I_{\varphi(i)}=1-\prod_{x_i\in c_j}\left(1-\frac{1}{2^{nj-1}}\right)$

式中：$I_{\varphi(i)}$ 为第 i 个基本事件的结构重要度系数；n_j 为第 i 个基本事件所在 C_j 的基本事件总数。

由上述结果可知，基本事件 X15（灭火器失效）、X14（消防栓失效）、X13（自动灭火装置失效）对于高层建筑火灾事故来说最为重要，均属于消防设备因素；其次是 X16（意识不够）、X17（扑救失败）、X1（建筑材料）及 X2（生活杂物）；其他因素：如：X3（放火）、和 X5（违法安全规定）等，对高层建筑火灾影响程度较小。

2.2.4 预防事故模式

由以上剖析知道：最小径集有六个，所以避免事故模式拥有六种。最小径集基本事件中 G3、G4、G5 最少，要保证 G=0，则为最优的避免事故形式。G3=0 的条件是 X13 为 0，G4=0 的条件是 X14 为 0，G5=0 的条件是 X15 为 0，即基本事件 X13，X14，X15 都不发生。对 G1、G2、G6 中的基本事件进行比较，则若想避免事件，可采用的方法相对较多。经过分析这些基本事件可分为四类：第一类为相关设施不合格基本事件有：X1、X10、X11、X12；第二类为管理不到位基本事件有：X2、X6；第三类为相关人员违规基本事件有：X3、X7、X8、X10；G1=0、G2=0 或 G6=0 这三种避免事故形式相较来说，G1=0 比较简单实现，即只要确保建筑材料符合相关要求、生活用品杂物不乱堆放，而 G2=0 的要求则比较多[16]。

3 结论

通过对近年来我国高层火灾数据的统计分析，结合典型案例，并采用事故树分析高层火灾的致灾因素，得出以下结论：

（1）我国高层火灾起数、死亡人数、受伤人数大体上呈增长走势，烧毁建筑数量变化整体于稳定，受灾户数整体呈上升趋势，但年与年之间波动较大。

（2）影响高层建筑火灾的最重要因素排序依次为：电气、生活用火不慎、其他、生产作业、吸烟、玩火、不明原因、防火、自燃、雷击、静电。

（3）电气因素在每年的高层火灾比例中始终位居第一，且十年来总体呈上升趋势，生活用火不慎所占比例始终位居第二，总体变化趋势平稳。

（4）由事故树分析可得，灭火器失效、消防栓失效、自动灭火装置失效三个基本事件对于高层建筑火灾事故来说最为重要，均可归结为设备因素。

参考文献

[1] 傅智敏．我国火灾统计数据分析［J］．安全与环境学报，2014，14（6）：341-345.

[2] 公安部消防局．中国高层建筑火灾数据分析［EB/OL］．［2017-06］．http：//www.sohu.com/a/164914461_660808.

[3] 公安部．关于吸取英国伦敦“6·14”火灾教训强化高层建筑火灾防控工作的通知［EB/OL］．［2017-06］．https：//mp.weixin.qq.com/s/FYzhR8T70jpcKAMY5hW2nw.

[4] 公安部消防局．中国消防年鉴［M］．北京：中国人事出版社，2008.10.

[5] 公安部消防局．中国消防年鉴［M］．北京：中国人事出版社，2009.10.

[6] 公安部消防局．中国消防年鉴［M］．北京：国际文化出版公司，2010.10.

[7] 公安部消防局．中国消防年鉴［M］．北京：国际文化出版公司，2011.10.

[8] 公安部消防局．中国消防年鉴［M］．北京：中国人事出版社，2012.10.

[9] 公安部消防局．中国消防年鉴［M］．北京：中国人事出版社，2013.10.

[10] 公安部消防局．中国消防年鉴［M］．北京：中国人事出版社，2014.10.

[11] 公安部消防局．中国消防年鉴［M］．北京：中国人事出版社，2015.10.

[12] 公安部消防局．中国消防年鉴［M］．云南：云南人民出版社，2016.10.

[13] 公安部消防局．中国消防年鉴［M］．云南：云南人民出版社，2017.10.

[14] 佚名.2017 重点火灾事故全记录［J］．消防界（电子版），2018（1）：6-17.

[15] 傅智敏．工业企业防火［M］．北京：中国人民公安大学出版社，2014.08.

[16] 冯诗涵，霍海娥．高层建筑火灾多种安全评价方法的比较与分析［J］．东莞理工学院学报，2018，25（01）：99-107.

剩余电流发生机理及电气火灾监控探测器的应用研究

郭兰军

（天津市武清区下朱庄街道消防救援支队，天津）

摘 要 使用电气火灾隐患模拟实验台采用阻性分离的方法对剩余电流发生机理进行试验研究，发现传统剩余电流火灾监控技术易发生误报警。试验中使用新型剩余电流式火灾监控探测器 RDT-650 监测阻性分量的漏电电流，避免泄漏电流的影响，并分析其减少误报警的作用原理。同时通过试验研究，发现电气布线种类、长度与负载大小都会导致容性分量泄漏电流不同程度的增大。

关键词 剩余电流 泄漏电流 漏电电流 电气火灾监控探测器

1 引言

电气火灾的原因分为电线短路、火花、线路接触不良、绝缘老化、电流过大等，其中漏电电流也是火灾原因之一。国内也有相关规范，如 GB/T 13955—2017《剩余电流动作保护装置安装和运行》中规范了相关设备的安装标准与使用[1]。但是目前剩余电流检测设备却广泛存在误报警的问题，为防止保护器误动作导致设备无法正常运行，报警的额定电流值被人为主动调高，失去了预防电气火灾的作用。

本文在理论分析剩余电流、泄漏电流、漏电电流的基础上，通过试验确定容性电流和阻性电流与剩余电流的关系，阐明剩余电流的发生机理，并分析传统剩余电流检测技术的不足，对剩余电流检测设备误报警的问题提出有效的建议，解决现存火灾隐患。

2 剩余电流发生机理理论概括

2.1 剩余电流发生机理

低压配电线路中，当电气设备、线路发生了接地电气事故，电流通过带电体或设备接地，导致经过相线电流和中性线电流的大小不等。此时各相的矢量和不为零，这个不为零的有效值被称为剩余电流，这个现象被叫作“漏电”。

剩余电流这一名词因专业性稍强，经常会被“漏电”替代，因为剩余电流的产生是因为非中性线的三相中某一相发生了接地漏电。但是实际上更应该将剩余电流称为漏电电流，它是瞬时矢量和的有效值，而“漏电”描述的是一种现象。

理想状态下，低压配电系统中三相交流电流处于三相平衡状态时，三相电流矢量和始终为零。三相处于不平衡状态时，矢量和将不为零。但是实际情况下，即使相线并没有发生漏电，剩余电流检测装置仍然有可能检测到剩余电流。因为非理想状况下三相绕组无法绝对对称，包括电力变压器以及电力设备可能会产生谐波电流，这些因素均会导致少量的剩余电流产生[2]。

2.2 剩余电流与泄漏电流的关系

泄漏电流指的是正常运行的电气设备中，经过周围介质或绝缘表面所形成的微小电流。泄漏电流正常存在于两个相互绝缘的金属物体之间，也存在于带电体与接地零件之间。泄漏电流是在无绝缘故障情况下，流经绝缘部分的电流，泄漏电流也被称为接触电流。

剩余电流是包含中性线在内各相矢量和差产生的电流，泄漏电流是火线和中性线之间产生的微小电流。所以当剩余电流为零时，不代表泄漏电流为零[3]。实际情况下因为材料绝缘性能限制，在电场作用下，绝缘材料正常都会产生泄漏电流。剩余电流和泄漏电流不同，不应长期存在。泄漏电流是一种固有属性，无论是否发生了接地故障，泄漏电流始终存在。泄漏电流是可变化的，并非集中在一个点。泄漏电流不会单独使线路某处发热，不会导致电气火灾的发生[4]。

同时，在正常运行的 TN-S 和 TN-C 系统中剩余电流在数值计算上等于单相接地故障电流加上正常泄漏电流的矢量和，但是二者没有必然的联系。所以剩余电流和泄漏电流的概念完全不同，应加以区分。

2.3 剩余电流与接地故障的关系

剩余电流可以分为正常和非正常两种。正常剩余电流出现在正常运行的不对称三相线路中，或者出现在非线性负载情况下谐波电流产生的情况之中[5]。这类正常剩余电流值很小，通常是几到十几毫安。在工程设计和安装中未按照规范标准进行也会导致这种剩余电流的产生。正常剩余电流与接地故障无关。当配电线路中发生了绝缘劣化等，最终造成接地故障。接地故障直接导致剩余电流数值叠加增大，产生非正常剩余电流[6]。

接地故障的后果有两种，漏电和短路。当绝缘层被破坏，形成电流回路，发生漏电，产生非正常剩余电流。漏电会导致故障点进一步产生电弧并发热，绝缘层受温度影响进一步被破坏，最终发生短路[7]。短路指的是 L 线对于 N 线或者是 L 线对地的之间，相接触造成电流激增的现象，所以漏电和短路虽然概念不同，但二者相互联系。所以低压配电系统中，接地故障的出现，导致剩余电流叠加增大，剩余电流的增大将间接引起事故的发生。

3 剩余电流发生机理试验方案设计

通过对剩余电流发生机理的理论研究得出，剩余电流并非代表只是发生了简单的漏电，包括对于剩余电流数值的计算仍然有较多影响因素。根据理论分析得到的结果，该试验采用阻性分离的方法，将剩余电流数值简单的分解成阻性分量的漏电电流和容性分量的泄漏电流[8]。

3.1 试验仪器设备的使用

试验通过阻性分离，调节阻性漏电电流和容性泄漏电流的数值，模拟剩余电流的发生机理，并分析二者在不同数值下造成监控设备报警的必要条件。

其中信号发生器用来调节阻性漏电电流 I_{0r} 和容性泄漏电流 I_{0c} 的数值，以模拟剩余电流的发生。组合式监控探测器监控对象是剩余电流 I_0。由于实验台线路设备负载的影响，显示数值将会比二者矢量和的理论计算数值稍大。剩余电流式电气火灾监控探测器将会只监控代表绝缘性能阻性分量漏电电流 I_{0r}，同样也会因为实验台线路设备负载影响，显示数值 I_r 将会比模拟发生的阻性漏电电流值 I_{0r} 稍大。

组合式电气火灾监控探测器的预设报警阈值在 200mA~300mA，剩余电流式电气火灾监控探测器 RDT-650 的预设报警阈值为 100mA。因实验台接入了其他电气设备，通过电气火灾监控探测器的电流大概仅有 90mA 左右。

3.2 阻性分离的试验原理

实验台接线图如图 1 所示。

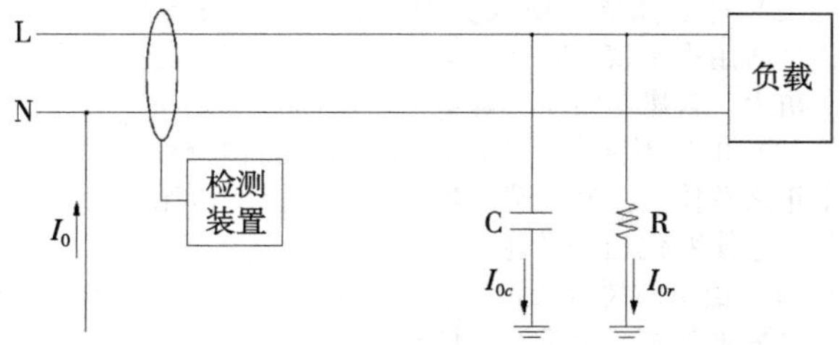

图 1 接线原理图

配电线路绝缘劣化对地形成漏电电阻 R，配电线路及负载设备自然存在对地静电容量成分 C，即分布电容。漏电电阻 R 产生的电流为阻性漏电电流 I_{0r}，分布电容 C 产生的电流为正常容性泄漏电流 I_{0c}。组合式探测器检测剩余电流数值 I_0，理论上剩余电流 I_0 与二者应符合公式 1[9]：

$$I_0 = \sqrt{I_{0r}^2 + I_{0c}^2} \tag{1}$$

RDT-650 直接安装于低压配电线路中，监测线路的绝缘状态。无论是三相四线制，还是单相两线制，安装使用如图 2 所示。其中图中圆形部分为剩余电流互感器 ZT。

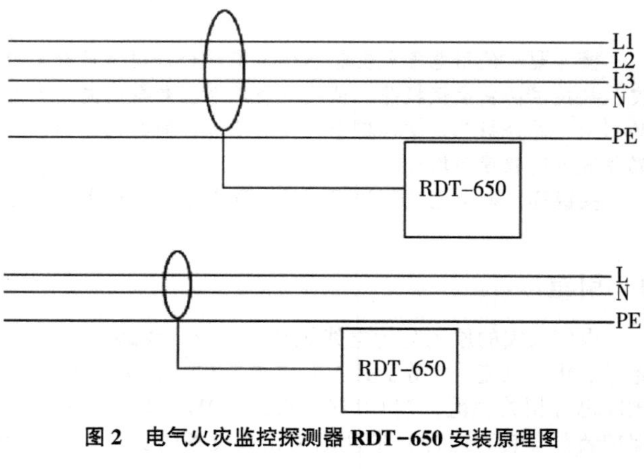

图 2 电气火灾监控探测器 RDT-650 安装原理图

3.3 试验方案的设计

电气火灾监控探测器信号发生器，提供的阻性漏电电流 I_{0r} 可通过旋钮调节至5.4~15.0mA。容性泄漏电流使用1挡时，提供的泄漏电流 I_{0c1} 数值为2.8~2.9mA，使用2挡时，提供的泄漏电流 I_{0c2} 数值为9.6~9.7mA，同时使用1挡和2挡时，提供的泄漏电流 I_{0c3} 数值为15.4~15.5mA。当泄漏电流为 I_{0c3} 时，电气火灾监控探测器RDT-650在到达报警阈值前会立即被断路器切断电源。

试验方案如下：

(1) 将容性泄漏电流 I_{0c} 分别调至1挡、2挡、1+2挡，阻性漏电电流 I_{0r} 调至0挡，记录组合式电气火灾监控探测器现实的剩余电流数值 I_0。

(2) 将阻性漏电电流 I_{0r} 调至1挡，容性泄漏电流 I_{Cc} 调至0挡，使用调节旋钮分别提供6.0mA、7.0mA、8.0mA、9.0mA、10.0mA的阻性漏电电流 I_{0r}，直至电气火灾监控探测器RDT-650发生报警。记录剩余电流显示数值 I_0 和报警电流值 I_r。

(3) 将阻性漏电电流 I_{0r} 调至1挡，容性泄漏电流 I_{0c} 调至1挡，使用调节旋钮分别提供6.0mA、7.0mA、8.0mA、9.0mA、10.0mA的阻性漏电电流 I_{0r}，直至电气火灾监控探测器RDT-650发生报警。记录剩余电流显示数值 I_0 和报警电流值 I_r。

(4) 将阻性漏电电流 I_{0r} 调至1挡，容性泄漏电流 I_{0c} 调至2挡，使用调节旋钮分别提供6.0mA、7.0mA、8.0mA、9.0mA、10.0mA的阻性漏电电流 I_{0r}，直至电气火灾监控探测器RDT-650发生报警。记录剩余电流显示数值 I_0 和报警电流值 I_r。

(5) 重复步骤2~4进行3次重复试验。将3次试验结果进行综合取平均值。分析报警时剩余电流与阻性漏电电流和容性泄漏电流的关系。

4 剩余电流发生机理试验数据分析及应用研究

4.1 阻性分离试验数据分析

通过对测试试验数据进行分析，三组试验结果相差不大。为确保试验数据采集的准确性与精简性，将三次试验数据采集结果综合成一组试验并汇总，见表1。

表1 列举数据表

试验次数	工况	阻性漏电电流值/mA	容性泄漏电流值/mA	剩余电流值/mA	报警电流值/mA
1	9	10.3	0	10.8	10.81
2	8	9.6	0	10.2	10.11
3	8	9.4	0	10.1	10.07

4.2 阻性分离试验数据可靠性验证

应用电气火灾隐患模拟实验台进行阻性分离试验，得到阻性漏电电流、容性泄漏电流和剩余电流，见表2。

表2 数据采集表

续表

工况	阻性漏电电流值/mA	容性泄漏电流值/mA	剩余电流值/mA	报警电流值/mA
1	0	2.9	5.1	/
2	0	9.6	11.0	/
3	0	15.4	16.1	/
4	6.0	0	7.2	/
5	7.0	0	8.0	/
6	8.0	0	8.9	/
7	9.0	0	9.7	/
8	9.6	0	10.2	10.11
9	6.0	2.8	8.8	/
10	7.0	2.9	9.5	/
11	8.0	2.9	10.2	/
12	9.0	2.9	11.0	/
13	9.5	2.9	11.4	10.09
14	6.0	9.6	13.1	/
15	7.0	9.7	13.6	/
16	8.0	9.7	14.2	/
17	9.0	9.7	14.6	/
18	9.5	9.6	14.9	10.15

组合式电气火灾监控探测器为目前常用的剩余电流监控设备，直接显示剩余电流的大小。根据工况1-3可以看出，回路中有剩余电流的读数，但是实际上并没有阻性漏电电流，所以说明剩余电流不能看作是漏电电流，有剩余电流不代表配电线路一定发生了漏电。此时造成剩余电流有读数的原因正是回路中持续存在的固有泄漏电流。

根据剩余电流数值理论计算公式（1），结合表2阻性分离试验数据，对配电线路中理论的剩余电流值进行计算，得到剩余电流理论计算值，见表3。

表3 剩余电流理论计算值与试验值的误差分析表

阻性漏电电流值/mA	容性泄漏电流值/mA	理论剩余电流值/mA	实际值/mA	差值/mA
6.0	2.8	6.6	8.8	2.2
7.0	2.9	7.6	9.5	1.9
8.0	2.9	8.5	10.2	1.7
9.0	2.9	9.5	11.0	1.5
9.5	2.9	9.9	11.4	1.5
6.0	9.6	11.3	13.1	1.8
7.0	9.7	12.0	13.6	1.6
8.0	9.7	12.6	14.2	1.6
9.0	9.7	13.2	14.6	1.4
9.5	9.6	13.6	14.9	1.3

由表3可以得知，当阻性漏电电流为6mA时，理论剩余电流值和试验值的差值为2.2mA，随着阻性漏电电流的增大，理论值和试验值的差值变小，当阻性漏电电流为9.5mA时，理论剩余电流值和试验值的差值仅为1.3mA。总体看来，理论值和试验值相差不大，其允许误差范围在1mA左右。因实验台接入其他设备，剩余电流显示大小比理论计算

值稍大，所以剩余电流数值是可以简化为阻性漏电电流和容性泄漏电流的矢量和。

4.3 剩余电流式电气火灾监控探测器报警电流值差值分析

应用电气火灾隐患模拟实验台，采集剩余电流式电气火灾监控探测器 RDT-650 发生报警情况的剩余电流值和报警电流值，将三次试验数据取平均值，处理后的试验数据见表 4。

表 4 RDT-650 发生报警时情况汇总表

工况	阻性漏电电流值/mA	容性泄漏电流值/mA	剩余电流值/mA	报警电流值/mA
8	9.6	0	10.2	10.11
13	9.5	2.9	11.4	10.09
18	9.5	9.6	14.9	10.15

因组合式监控探测器没有滤除容性分量，导致其显示数值与电气火灾监控探测器 RDT-650 的显示数值有一定差异。根据公式（1），剩余电流为阻性电流和容性电流的矢量和。电气火灾监控探测器 RDT-650 测量数值为 I_r，因为其监测特性可以得到 $I_r = I_{0r}$，所以两种探测器差值应满足公式（2）。

$$\Delta I = I_0 - I_r = \sqrt{I_{0r}^2 + I_{0c}^2} - I_{0r} \tag{2}$$

根据公式（4.3），结合表 4.3 的试验数据，计算得到剩余电流值和报警电流值的理论差值，见表 5。

表 5 理论差值与实际差值比较表

阻性漏电电流值/mA	容性泄漏电流值/mA	剩余电流值/mA	报警电流值/mA	实际差值/mA	理论差值/mA
9.6	0	10.2	10.11	0.09	0
9.5	2.9	11.4	10.09	1.31	0.43
9.5	9.6	14.9	10.15	4.75	4.01

由表 5 可以看出，剩余电流值和报警电流值的理论差值与实际试验差值误差不超过 1mA，因此通过电气火灾隐患监控实验台进行阻性分离试验得到的剩余电流值和报警电流值是可靠的。

而且，容性泄漏电流的数值越大，两种电气火灾监控探测器监控的剩余电流值的差值也就越大。因为漏电电流无法直接监控，所以才用剩余电流来间接测量。但是实际上，直接监控配电线路中各相的矢量和的有效值，实际测出来的数据是剩余电流值，是漏电电流分量和泄漏电流分量两种成分。应该监控的只是剩余电流中的阻性分量，因为容性分量并不会对电气火灾产生威胁。容性分量泄漏电流越大，测量结果的误差也就越大。

4.4 电气火灾监控系统在安装与使用过程存在问题及相应对策

电气火灾监控系统中，安装剩余电流监控设备已经较为广泛。但因国内目前大部分剩余电流监控探测器和试验中使用的组合式电气火灾探测器相同，直接会受到容性分量的泄漏电流影响，从而无法准确监测到漏电电流的真实大小。同时因为漏电电流本身很小，剩余电流监控探测器的报警阈值不能设置过低，但受容性泄漏电流影响，直接造成了较多误报警事件的发生[10]。

随着剩余电流监控设备的普及，国内有些场所利用只报警不动作的特性，在设计时随意选择安装剩余电流式火灾监控探测器，直接导致了报警与动作不相联系的错误使用方法的出现。图 3 所示为剩余电流监控系统原理框架图，直接切断与驱动电器的保护器的联系，埋下了电气火灾隐患[11]。

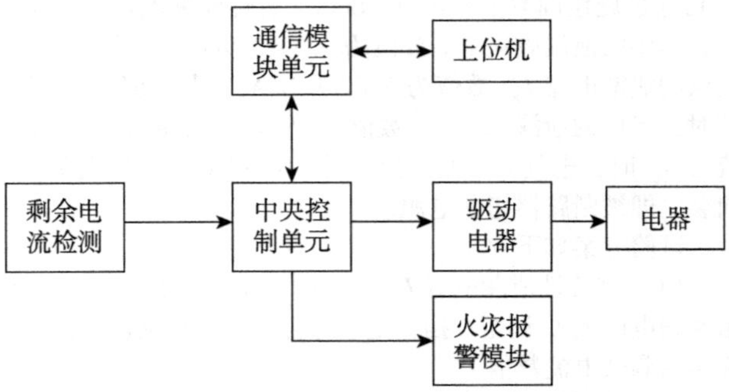

图 3 剩余电流监控系统原理框架图

所以为了解决误报警、误动作问题，应该从最开始的剩余电流检测来解决。其中可行对策之一便是采用只监控阻性漏电电流的方法，滤除泄漏电流对监测结果的影响，让剩余电流监控设备的报警真实有效。

5 结论

在对剩余电流发生机理进行理论分析的基础上，通过使用阻性分离的方法对剩余电流试验分析，研究表明：剩余电流数值等于容性分量的泄漏电流和阻性分量的漏电电流的矢量和。当二者的报警阈值相同，传统的监测技术在达到危险值之前就已发生了误报警，同时为了避免容性泄漏电流的影响，采用只监测阻性漏电电流的方法是应对误报警问题的有效对策之一。

参考文献

[1] GB/T 13955—2017，剩余电流动作保护装置安装和运行 [S].

[2] 李斌．浅谈低压配电系统常见故障与解决措施 [J]．中国电业（技术版），2015（11）：12-13.

[3] 徐琦，徐文兴．浅议剩余电流保护装置的动作电流值 [J]．武汉勘察设计，2015（01）：55-57.

[4] 曾广达，罗陶．论剩余电流和泄漏电流 [J]．电工技术学报，1989（04）：61-64+54.

[5] 张学楷．低压线路漏电火灾的预防 [J]．消防科技，1998（01）：28-30.

[6] 牛宇青．探讨低压配电故障原因及预防措施 [J]．机电工程技术，2019，48（03）：155-156.

[7] 臧桂丛．电气火灾监控系统对接地故障电弧性短路引起火灾的预防 [J]．消防技术与产品信息，2011（12）：18-20.

[8] 吴志强，王德坤，伍林，赵海龙．关于电气火灾的成因及防范技术分析 [J]．中国消防，2020（07）：63-66.

[9] 吴龙标，卢结成，陆法同，丁晓兵．电气火灾产生的机理及其对策 [J]．中国安全科学学报，1998（03）：3-5.

[10] 艾精文，谢智敏，赵宇明，陈思磊．剩余电流动作保护器研究综述 [J]．电器与能效管理技术，2019（24）：1-5+21.

[11] 徐欧珺，吕钦，陈靓，王晟．剩余电流保护器的应用与分析 [J]．通信电源技术，2020，37（02）：101-102+105.

[12] Yoo Sang Ok，Kim Doo Hyun，Kim Sung Chul. Analysis of Resistive and Capacitive Leakage Current according to Wiring Type and Length at Cattle Barn. 2014，29（6）：34-39.

基于 FDS 的核电厂主控室火灾引起的堆芯损坏频率影响研究

史 强 廉旭姣

（生态环境部核与辐射安全中心，北京）

摘 要 2011 年福岛核事故后，外部事件的概率安全研究得到了广泛关注。核电厂主控室火灾是核安全消防领域最为重要的研究内容之一。主控室一旦发生火灾，不仅会影响操纵员的生命安全，更有可能产生核电厂运行和安全停堆的风险，引起堆芯损坏。本文率先在核技术领域应用火灾动力学软件，建立一套近于核电厂主控室的火灾模型，阐述主控室火灾对核电厂堆芯损坏频率的影响。通过假定不同边界条件，分析主控室火灾场景中关键参数随时间的变化规律，限定操纵员在主控室火灾下的撤离要求，确定主控室操纵员的可居留时间，讨论主控室火灾对于核电厂堆芯损坏频率的影响，表明 FDS 在核电厂火灾应用领域的前景。

关键词 主控室火灾 FDS 操纵员撤离 可居留时间 堆芯损坏频率

1 引言

早在 1975 年，火灾 PSA 的研究就已经开展并被作为 WASH1400 的补充加以实施。另一项早期火灾 PSA 研究在 1979 年进行，作为 PSA 研究的一部分应用在高温气冷堆的设计中，其主要分析集中于电气间中的火灾的风险贡献，该研究表明火灾导致的堆芯损坏频率为 10^{-5}/堆年，占核电厂堆芯损坏频率的 25%。2011 年福岛核事故后，国内外逐渐开始重视核电厂外部事件的研究，而作为外部灾害中极为重要的火灾危害，是核电厂最主要的风险之一。近年来，世界范围内因发生核电厂火灾所导致的直接经济损失已达到 45 亿美元，火灾爆炸事故呈上升趋势。

主控室作为核电厂的控制中心，起着生产运营及事故应急的重要作用，一旦发生火灾，可能导致主控室部分或全部安全功能丧失，危及操纵员的生命健康，甚至影响核安全。因此，核电厂主控室火灾导致的堆芯损坏频率研究是核安全消防领域的重要课题之一[1]。

随着流体力学软件的不断发展，火灾动力学模型在 AP1000 和 EPR 等机型上已逐步开始应用。本文应用 FDS 建立核电厂主控室典型火灾场景模型，通过系统的定性定量研究，分析主控室火灾场景中关键参数随时间的变化规律，限定操纵员在主控室火灾下的撤离要求，确定主控室操纵员的可居留时间，讨论主控室火灾对于核电厂堆芯损坏频率的影响。

2 数学模型

2.1 严重性因子

严重性因子（SF）是用来描述火灾严重程度的参数，代表火灾热释放速率能够达到使目标物损坏的水平的可能性大小。热释放速率主要通过实验测得，热释放速率并非定值，而是服从一定的概率分布，图 1 即为热释放速率的概率密度曲线的示意图。

目标物能承受的温度或入射热流密度最大值称为该目标物的损坏条件。目标物表面的温度和热流密度的升高是由火源热释放速率造成，热释放速率越大，目标物的表面温度和入射热流密度就越大。故可以根据目标物的损坏条件利用火灾数值模拟等方法计算得到造成目标物损坏所需的最小热释放速率 Q_{dam}。数学上，概率密度曲线与横轴之间的面积表示概率值。因此，火源热释放速率的概率密度曲线中大于 Q_{dam} 部分的面积就是该起火源会造成目标物损坏的概率，即严重性因子，如图 1 所示，阴影部分的面积就是严重性因子的大小。

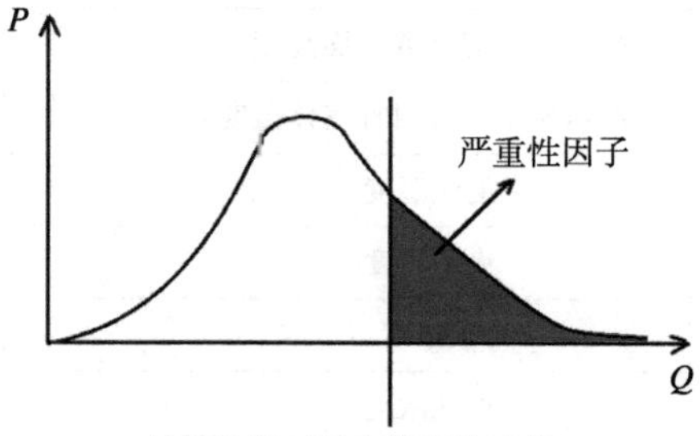

图 1 严重性因子示意图

2.2 未能灭火概率

在火灾造成目标物损坏前探测到火灾并顺利灭火，就不会造成目标物损坏。NUREG/CR-6850 给出一系列火灾持续时间和未能灭火概率对应值，如图 2 所示，通过计算火灾持续时间得到火灾未能灭火概率（NSP）。

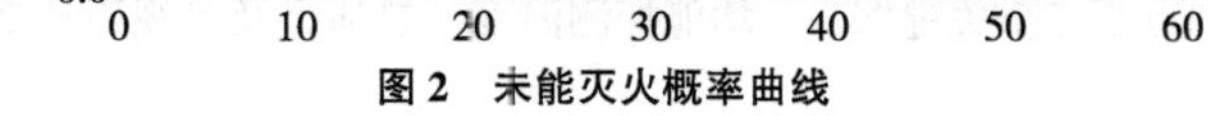

图 2 未能灭火概率曲线

2.3 起火频率

起火源的起火频率的计算如公式（1）所示：

$$\lambda_{IS} = \lambda_{IS,J} \cdot W_L \cdot W_{IS} \tag{1}$$

其中，$\lambda_{IS,J}$ 为其火源 IS 的全厂级别的起火频率；W_L 为地点权重因子；W_{IS} 为起火源类型权重因子。

2.4 条件堆芯损坏频率

火灾条件堆芯损坏频率（CCDP）指火灾场景中受火灾影响的目标物失效基本事件设定为发生时的堆芯损坏频率。由于 CCDP 的确定较为复杂，一般研究根据已有经验确定数值。本研究假定主控室的 CCDP 为 1.0E-01[2]。

2.5 堆芯损坏频率

火灾导致的堆芯损坏频率（CDF）指火灾场景导致反应堆堆芯损坏频率的总和，计算方法如公式（2）所示：

$$CDF = SF \cdot NSP \cdot \lambda_{IS} \cdot CCDP \quad (2)$$

3 数值模拟

3.1 计算软件

FDS（Fire Dynamic Simulator）是美国国家标准研究所（NIST）建筑与火灾研究实验室（BFRL）开发的火灾动力学软件[3]。

该软件在燃烧理论方面采用了混合分率模式（Mixture Fraction Model），解出计算区域中的各个物理量的变化，并可以预测多种火灾发生的场景、建筑物的排烟系统、喷淋系统、火灾探测器以及其他非压缩流体之间的对流传热现象[4-5]。美国核管会（NRC）对 FDS 在核电厂火灾应用的功能做了详细的介绍，并将该软件与 MAGIC 等其他火灾动态模拟软件做了对比，如表 1 所示。从图中可以看出，FDS 在热气层温度、热气层高度、顶棚射流温度和空间压力等参数的描述具有明显的优势。

表 1 FDS 火灾动力学软件的优势对比图

参数		火灾模式				
		FDT	Five-Rev1	CFAST	MAGIC	FDS
热气层温度（高层温度）	发生间	适用	适用	非常适应	非常适应	非常适用
	连接室	不涉及	不涉及	适用	适用	非常适应
热气层高度（界层面高度）		不涉及	不涉及	非常适应	非常适应	非常适应
顶棚射流温度（目标气体温度）		不涉及	适用	适用	非常适应	非常适应
羽流温度		适用	适用	不涉及	非常适应	适用
火焰高度		非常适应	非常适应	非常适应	非常适应	适应
氧浓度		不涉及	不涉及	非常适应	适应	非常适应
烟气浓度		不涉及	不涉及	适应	适应	适应
室内压力		不涉及	不涉及	非常适应	适应	非常适应
目标温度		不涉及	不涉及	适应	适应	适应
辐射热通量		适应	适应	适应	适应	适应
总热通量		不涉及	不涉及	适应	适应	适应
墙壁温度		不涉及	不涉及	适应	适应	适应

3.2 主控室结构及火源设置

本文应用 FDS 建立了一套 CAP1400 主控室火灾数值模型，针对主控室封闭和通风的状态对关键点参数进行了数据计算。核电厂主控室计算区域为 13.0m×13.0m×6.0m 的空间，建筑物结构均为钢筋混凝土材料，墙壁的厚度均为 0.6m，环境初始温度为 20℃。火灾发生时，送风系统保持开启，当环境温度达到 70℃时，排风系统将自动关闭。模型距地面在 1.8m 高度沿主控室对角线方向分别布置点 1、点 2 和点 3 三个关键探头，均能探测温度、热通量及可视距离随时间的变化情况。主控室内部陈列有主专用安全盘、次专用安全盘、多样化驱动及资料柜。通过网格敏感性分析，最终选取网格大小为 0.2m×0.2m×0.2m 的均匀网格划分形式模拟主控室火灾，在保证计算精度的同时提高运算效率。主控室结构布置如图 3 所示。美国核管会（NRC）通过大量的火灾试验统计，确定火源热释放速率符合 t2 模型，并给出了火灾上升期、平稳期及衰减期的持续时间。根据 NRC 的试验研究成果，得出主控室火源的火势上升期约为 684s，此时热释放速率达到峰值并持续较久，在 2250s 时火源热释放速率降至 0kW，火焰熄灭。

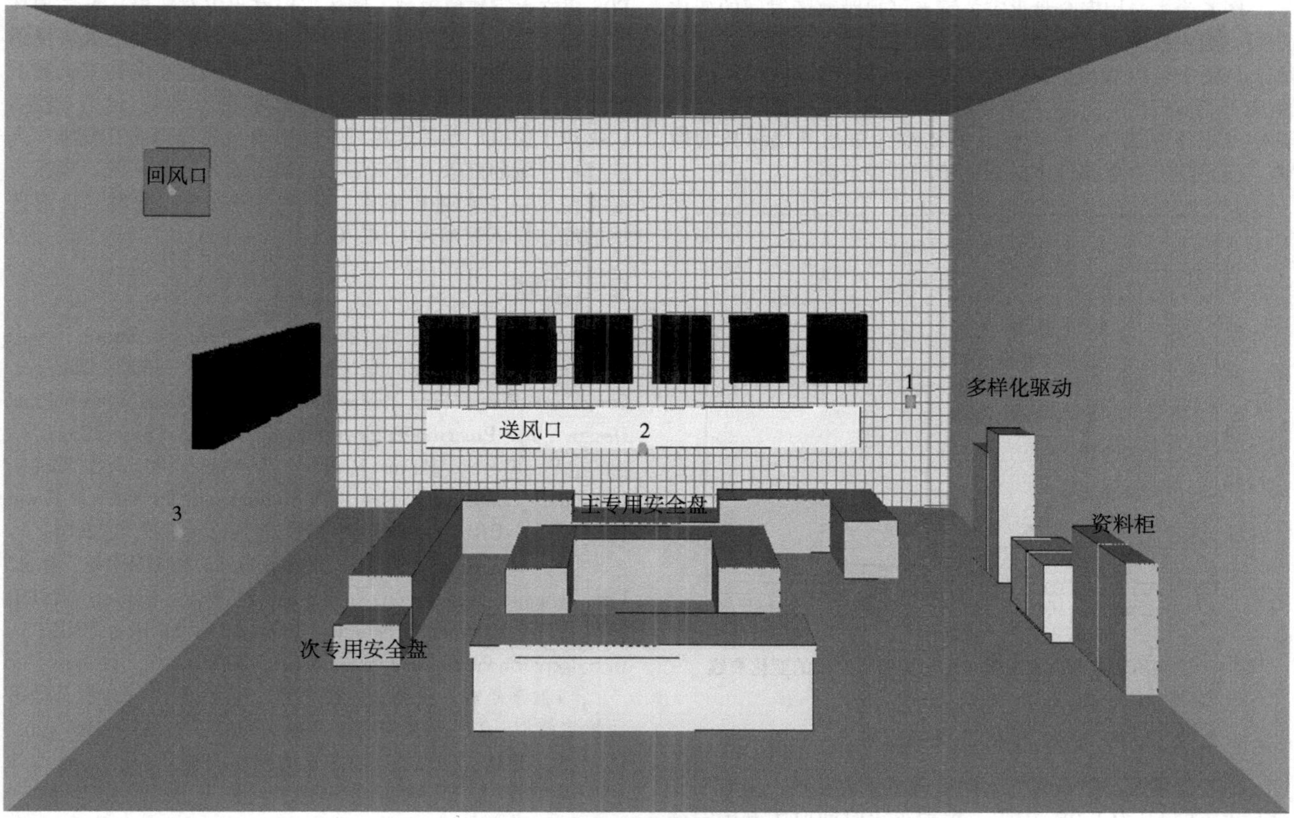

图 3　主控室结构布置图

3.3　操纵员撤离要求

核电厂主控室发生火灾时，操纵员需使用灭火器等消防工具及时灭火，一旦消防手段无效，操纵员需在一定的时间内撤离主控室，避免人员伤亡。将对距离地面 1.8m 的位置作为操纵员的最高身位，此位置最高温度大于 95℃时，会对人员皮肤造成严重伤害。同时，热通量也必须控制在 $1kW/m^2$。在操纵员的撤离过程中，也要考虑烟气导致的可视距离降低，所选位置的可视距离为 1m，否则会影响到人员撤离时的视线[6]。

4　计算结果

4.1　主控室火灾导致的操纵员撤离时间

本研究通过 FDS 的建模计算，得到关键点温度、热通量和可视距离的随时间变化的值，分析操纵员撤离火场的最佳时间。

图 4 为主专用安全盘火灾关键点温度随时间的变化曲线，当温度达到 95℃时，操纵员必须撤离主控室。从图可以看出，主专用安全盘发生火灾时主控室最高温度约为 180℃，远大于 NUREG/CR-6850 对操纵员撤离的温度限制，如不投入消防系统，操纵员必须在 876s 之前进行撤离，确保人身安全。

图 5 为主专用安全盘火灾关键点热通量随时间的变化曲线，当热通量达到 $1kW/m^2$ 时，操纵员必须撤离主控室。从图中可以看出，主专用安全盘发生火灾时主控室热通量最大值约为 $1.5kW/m^2$，超过 NUREG/CR-6850 规定的热通量限值，如无消防系统干预，操纵员需在 984s 前进行撤离。

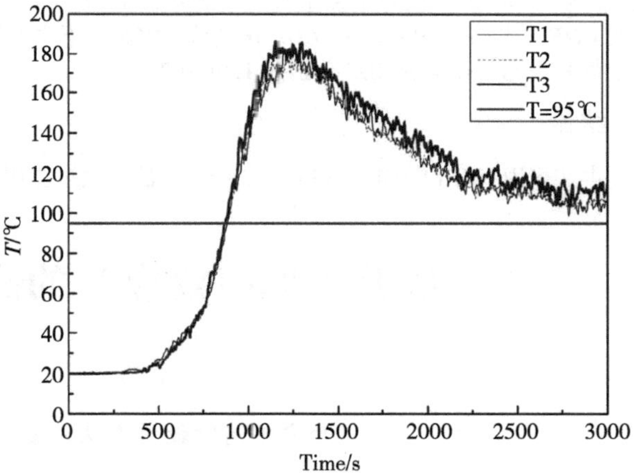

图 4　主专用安全盘火灾关键点温度随时间的变化曲线

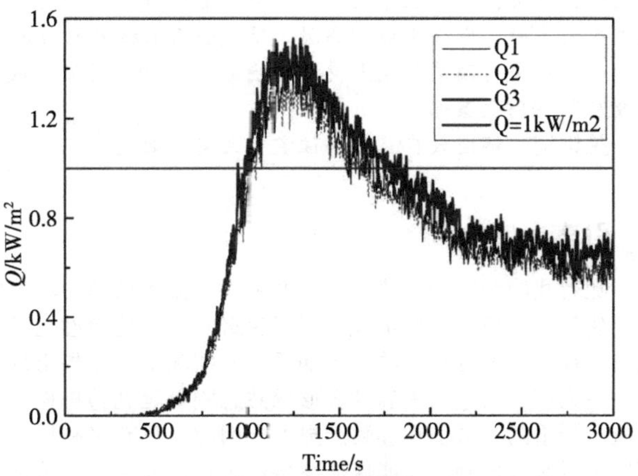

图 5　主专用安全盘火灾关键点热通量随时间的变化曲线

图6为主专用安全盘火灾关键点可视距离随时间的变化曲线，当主控室的可视距离低于1m时，操纵员需撤离主控室。从图中可以看出，此时可视距离未低于1m，因此可视距离不能体现出NUREG/CR-6850判定的准则。然而，烟气随空气不停地流动，尽管从计算结果无法指导操纵员的撤离，但是烟气中毒害气体的影响依然不能忽略。

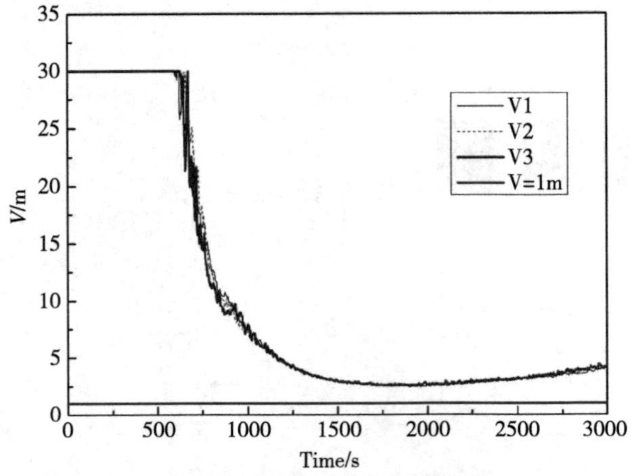

图6 主专用安全盘火灾关键点可视距离随时间的变化曲线

4.2 主控室火灾导致的堆芯损坏频率

由于温度是操纵员撤离主控室最重要的参数，主专用安全盘火灾的SF为1.0E-01[7]，根据灭火时间取主专用安全盘的NSP分别为4.0E-02，NUREG/CR-6850规定主控室火灾λ_{IS}为2.5E-03，假定主控室火灾CCDP为1.0E-01，由公式$CDF = SF \cdot NSP \cdot \lambda_{IS} \cdot CCDP$得到该火灾场景下主专用安全盘和次专用安全盘CDF分别为1.0E-07。

5 结论

本文采用NUREG/CR-6850火灾PSA方法，通过应用FDS建立火灾数值模型，阐述主控室火灾对核电厂堆芯损坏频率的影响。通过假定不同边界条件，分析主控室火灾场景中关键参数随时间的变化规律，限定操纵员在主控室火灾下的撤离要求，确定主控室操纵员的可居留时间，讨论主控室火灾对于核电厂堆芯损坏频率的影响，表明FDS在核电厂火灾应用领域的前景。研究表明，如不投入消防系统，操纵员必须在876s之前进行撤离，确保人身安全，此时，火灾造成的堆芯损坏频率为1.0E-07。

参考文献

[1] Zuo Jiaxu, Shi Qiang, Li Juan, Fu Zhiwei, Song Wei, Chen Jiayun, Zhang Chunming, Chai Jianshe. The performance-Based Fire Protection in the Nuclear Power Plant Design [J]. Procedia Engineering, 2012, 43, 318-323.

[2] Electric Power Research Institute and U.S. Nuclear Regulatory Commission. Fire PRA Methodology for Nuclear Power Facilities, NUREG/CR-6850 [R]. USA: [S.N.]. 2005.

[3] MCGRATTAN K B, BAUM H R, REHM R G, et al, Fire dynamics simulation: technical reference guide, NISTIR 6467 [R]. National Technical Information Service (NIST), U.S. Department of Commerce, USA, 2000.

[4] 李思成，王浩波，霍然等．喷淋与火羽流相互作用的数值模拟 [J]．环境与安全学报，2007，7 (3)：116-120.

[5] 薛伟，张光俊．FDS火灾模拟与应用 [J]．吉林林业科技，2006，35 (6)：18-20.

[6] 曹彬，张礼敬，张树峰，王益敏．比较FDS和FLUENT在池火灾模拟中的应用 [J]．中国安全生产科学技术，2011，7 (9)：45-49.

[7] Dandini, NUREG/CR - 6834, Circuit Analysis - Failure Mode and Likelihood Analysi [R]. U.S. NRC, 2003.

基于“烟囱效应”的高层住宅火灾烟气流动分析

刘智恒

（西安市消防救援支队浐灞生态区消防救援大队，西安 陕西）

摘 要 高层住宅在火灾发生后，面临着火势迅速蔓延、扑救难度高、人员疏散慢等多方考验，经常造成楼内居民伤亡及财产损失，高层住宅火灾严重威胁着城市公共安全。高层住宅火灾事故，被普遍认为是全球性的火灾难题。当高层住宅发生火灾时，燃烧生成的高温热烟气会沿着楼内的疏散通道，楼梯间等竖向空间向上迅速传播，造成楼内人员窒息伤亡。基于此，论文对高层住宅火灾“烟囱效应”的烟气流动成因进行分析，并结合具体火灾案例进行分析，提出高层住宅“烟囱效应”的防火策略。

关键词 烟囱效应 高层住宅 火灾 烟气

1 引言

随着我国经济的高速发展，大量人口流入城镇，城市中高层建筑的规模不断在扩大，高层建筑的火灾危险性也日显突出，在没有设置有效的防排烟系统的情况下，如果出现高层住宅火灾，大量的高温烟雾形成并急剧蔓延到整栋楼，将会造成严重的人员伤亡和财产损失，因此，只有对高层火灾烟气进行有效控制，才能保证高层建筑物内人员安全疏散以及消防人员及时到达并展开有效扑救[1]。

据不完全统计，2017年国内有超过24m的8层以上高层建筑34.7万幢，其中百米以上超高层建筑物6000多幢，规模均居世界第一[2]。2022年12月1日中午，位于陕西省西安市未央区凤鸣华府小区六号高层住宅楼发生火灾，该居民楼共有27层。火灾发生位置在6号楼一楼，居民在楼内的大厅、过道、楼梯间储存的杂物着火，火灾现场浓烟较大并顺着竖向楼梯间蔓延至楼上，火灾共造成5人死亡、另外3人因抢救生命体征平稳。论文以陕西省西安市高层住宅楼火灾为背景，分析高层住宅火灾中“烟囱效应”引起的烟气流动，通过计算分析火灾过程中烟气流动情况，为现实中高层住宅的人员疏散、火灾救援和火灾控制提供参考依据。

2 高层住宅“烟囱效应”成因

烟囱效应属于燃烧引起的浮力运动，是高层建筑内外热交换形式的一种表现，指在垂直的维护物中，热烟气沿着垂直空间向上升或下降，从而导致建筑内部空气加强对流的过程[3]。在有共享中庭、竖向通风风道、楼梯间等有类似烟囱特征——即从底层到顶层存在流动空气的建筑物、构筑物中，空气（包括热烟气）靠压力差的作用，沿着上升通道迅速扩散或流出建筑物的过程，即为烟囱效应，如图1所示。

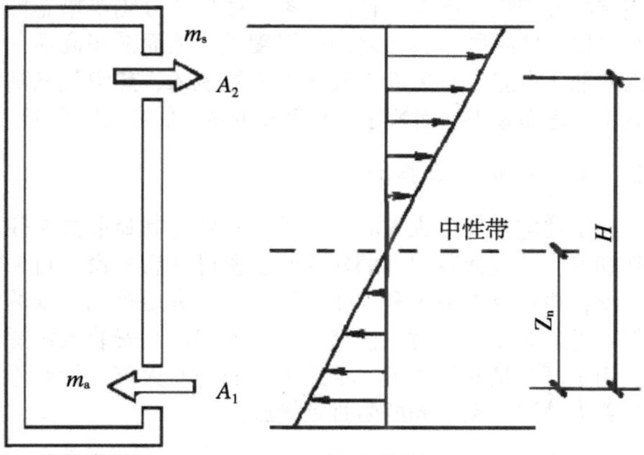

图1 烟囱效应

影响烟囱效应的因素主要有建筑物的内外温度差和建筑高度差，在火灾出现在较低层时，烟囱效应对竖井和较高层建筑热烟气影响明显。建筑越高、温差越大、围护结构气密性能越差，烟囱效应越强。在取暖季节，室内外温差很大，从而导致的“烟囱效应”强度远大于夏季“逆烟囱效应”。

火灾发生时，高层住宅楼下部开口 A_1，流入空气质量 m_a，室外空气密度内 ρ_w，室外温度 T_w；上部开口 A_2，流出烟气质量 m_s，烟气密度 ρ_n，烟气温度 t_n。建筑高度，即从地面到楼顶的垂直距离为 H，现以地面为基准面，分析沿高度方向的室内外压力分布情况。

室内地面上的静压力为 P_{1n}，室外地面上的静压力为 P_{1w}，则在距离地面高度为 h 处室内与室外的平均静压场强为：

室内：$P_{hn} = P_{1n} - \rho_n gh$ (1)

室外：$P_{hw} = P_{1w} - \rho_w gh$ (2)

地面上，室内外的平均压强差：$\Delta P_1 = P_{1n} - P_{1w}$ (3)

在高层建筑中，距离地面某一高度上，会发生室内外起压力差为零的现象，在此高度的水平面上，内外压力相同，即出现了一个中性压力面。若该建筑中性面距离地面的高度为 Z_n，则：$\Delta P_{Zn} = \Delta P_1 + (\rho_w - \rho_n) g Z_n = 0$

发生火灾时，$t_n > t_w$，所以 $\rho_n < \rho_w$，$\rho_w - \rho_n > 0$，那么

在中性面以下，即 $h < Z_n$ 时，$\Delta P_h = \Delta P_1 + (\rho_w - \rho_n) gh < \Delta P_1 + (\rho_w - \rho_n) g Z_n$，$\Delta P_h < 0$

在中性面以上，即 $h > Z_n$ 时，$\Delta P_h = \Delta P_1 + (\rho_w - \rho_n) gh > \Delta P_1 + (\rho_w - \rho_n) g Z_n$，$\Delta P_h > 0$

因此，在高层建筑中性面以下，室外环境的压力高于着火建筑内气体的压力，空气将从室外流入室内；而在高层建筑中性面以上，着火建筑内的气体的压力高于室外环境的压力，热烟气将从室内排至室外。

对于单体高层建筑，理论认为该高层建筑的一半高度位置为中性面，中性面以下房间从户外流入空气，而中性面以上房间从室内流出空气。并且，若建筑上部开（A_2）比下部开口（A_1）大时，中性面就会向上移动；上部开口比下部开口小时，中性面就会向下移动。所以，当下部开口较大时，即使压差很小，也会出现大量的烟气流[4]。

大多数情况下，高层建筑内的温度通常要大于温度，因为存在烟囱效应，所以高层建筑的烟气总的流动方向是自下而上。如果起火部位位于该高层建筑的下部，并且火风压大于进风口处压力时，大量的热烟气将窜出窗口向上蔓延，如图3所示。

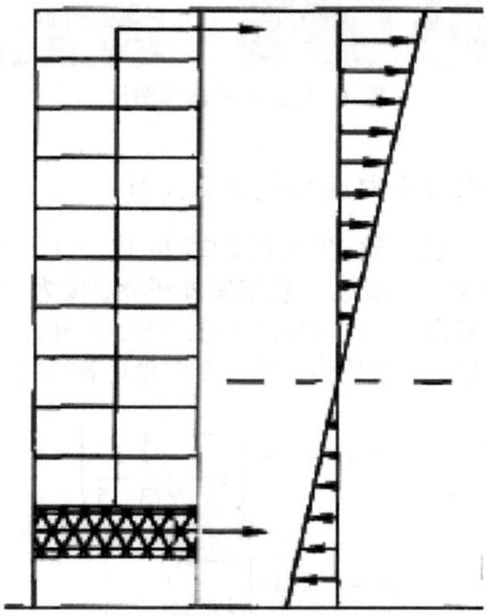

图3 建筑下部起火对烟气流动的影响

以上则为高层建筑“烟囱效应”的形成过程。

由于住宅楼下部开口 A_1 进风 $\Delta P_1 < 0$；上部开口 A_2 排风，$\Delta P_2 > 0$。

则：$\Delta P = \Delta P_2 + (-\Delta P_1) = \Delta P_2 + |\Delta P_1| = (\rho_w - \rho_n) gh$ (4)

由上式可以看出，进风口和排风口两侧压差的绝对值之和，与其高度差和室内外空气的密度差有关，我们把称为建筑“烟囱效应”的效应强度。

3 火灾案例分析

3.1 西安未央区高层住宅楼火灾介绍

本文以西安市未央区凤鸣华府小区6号高层住宅楼为背景，该高层住宅楼2012年建成，每层3梯9户，高27层。火灾发生位置在6号楼一楼，居民在楼内的大厅、过道、楼梯间储存的杂物着火，火灾可能的发生顺序是：

（1）一层大厅、过道杂物着火；

（2）火势较大并蔓延至楼梯间；

（3）烟气顺着楼梯间竖向蔓延至楼顶。

图4是西安未央区凤鸣华府小区6号高层住宅楼着火部分图片。在图4中，可以看出火灾首先从居民楼底层燃起，然后火势越来越大，事发大楼从中部以上的很多窗口冒出黑烟，并迅速向上蔓延，浓烟很快弥漫整个楼顶，滚滚黑烟足有上百米高，很多居民试图逃脱，可是楼梯间已经弥漫浓烟，他只好退回房间，关闭门窗，等待救援。

图 4　过火中的部分图片

3.2　烟囱效应引起的烟气流动分析

该高层住宅楼火灾发生在 2022 年 12 月 1 日中午，根据西安市 12 月份天气走势，设定室外环境温度为 4℃，该高层住宅楼内温度为 14℃，建筑 27 层，高度为 80m。

该高层建筑空气压强差的数学定量计算公式可得：

$$\rho_w = 1.293 \times \left(\frac{1}{1 + \frac{t_w}{273.15}}\right)$$

$$\rho_n = 1.293 \times \left(\frac{1}{1 + \frac{t_n}{273.15}}\right)$$

两式相减，得：

$$\rho_w - \rho_n = 1.293 \times \left(\frac{1}{1 + \frac{t_w}{273.15}} - \frac{1}{1 + \frac{t_n}{273.15}}\right) \approx$$

$$\frac{1.293}{273.15} \times (t_n - t_w) = (t_n - t_w) \times 4.73 \times 10^{-3} \qquad (5)$$

以上推导具有一定的相似性，使用条件为的绝对值均远小于 273.15℃，对于建筑领域而言，这一点是通常能够满足的。

将以上运算结构带入压力差公式（5）中得到：

$$\Delta P = (\rho_w - \rho_n)gh = gh(t_n - t_w) \times 4.73 \times 10^{-3}$$

取 $g = 9.81m/s^2$，得

$$\Delta P = 9.81 \times h(t_n - t_w) \times 4.73 \times 10^{-3} =$$

$$4.64 \times h(t_n - t_w) \times 10^{-2}$$

结合中和面的定义，则：

$$\Delta P = 9.81 \times (h - h_{NPL}) \times (t_n - t_w) \times 4.73 \times 10^{-3} \quad (6)$$

上式即为高层住宅“烟囱效应”的效应强度计算公式，该公式定量描述由于室内外空气温度的不同而引起空气压强差的大小。

其中，假设建筑内部空间的空气流动阻力忽略不计，假设中性面位于建筑物中部，及 h 取值 40m。将以上数据带入公式（6），可计算得

$$\Delta P = 4.64 \times h(t_n - t_w) \times 10^{-2} =$$

$$4.64 \times (80 - 40)(14 - 4) \times 10^{-2} = 18.56\text{Pa}$$

运算结果为建筑“烟囱效应”作用下可能出现的最大压强差，此时“烟囱效应”对高层建筑发生火灾时的危害特别大。火灾时楼梯通道、电梯井如不采取防火措施，就会起到烟囱的作用。因此，在进行高层建筑的防烟设计时，必须先很好地体会烟囱效应及由此而产生的压力分布，才有可能做好防烟设计，确保人员的生命安全。

4　高层住宅楼“烟囱效应”防火策略

4.1　加强维护高层住宅楼结构密闭性

为了避免高层建筑火灾事件发生，参考 GB 50016—2014《建筑设计防火规范》、GB/T 51410—2020《建筑防火封堵应用技术规程》，要针对建筑中可能产生的裂缝、孔洞以及电缆井缝隙、穿墙孔等使用不燃烧体进行封堵，尽可能地保障高层建筑后期稳定运行[5]。通过电梯厅加强密闭性，加强高层住宅首层气密性，增加电梯门封条，楼梯井分隔等措施能减小高层住宅楼高层与底层之间的温度差，从而减小高层住宅楼内外部压力差，避免冷空气从低楼层流入，热空气从高楼层流出，进而减小烟囱效应，避免发生高层住宅火灾失控。

4.2　烟气控制改进措施

高层住宅楼发生火灾时，为了更有效控制疏散高层住宅内部烟气，建议建筑内部的楼梯间设置可开启外窗和机械排烟系统，机械排烟系统和加压送风系统在满足排烟要求的情况下可考虑合用，同时在楼梯间、走道和房间安装火灾探测器，用于区分楼梯间火灾、走道火灾和房间火灾，针对不同场所着火情况采取不同的防排烟措施。

4.3　加强消防安全管理

高层住宅消防安全管理人员应建立健全消防安全规章制度，严格履行消防安全管理责任，负责整栋高层住宅的消防安全管理工作；落实日、月巡检，报告；及时消除火灾隐患，积极开展人员疏散、灭火逃生等应急演练；物业部门要做好楼内防火门、灭火设备等相关设施的维护工作，若由于高层建筑烟囱效应而导致楼内防火门出现无法正常关闭的现象，物业员工要进行人工干预，着力提高管理人员消防设施操作水平和快速处置突发火灾事故的能力。

5　小结

本文分析了高层建筑“烟囱效应”的作用过程，其效应强度，主要取决于建筑高度和室内外空气的温度差。以西安未央区高层住宅楼火灾为背景，推导并计算了“烟囱效应”作用下的空气压强差。楼梯间火灾时烟气对人体危害较大，因此应明令禁止在走道、楼梯间等疏散通道中堆放杂物或停放电动自行车。当高层住宅楼梯间着火时，为保证人员安全，建议紧闭楼梯间防火门、前室防火门和房间门，打开走道外窗和房间外窗，人员待在室内房间拨打报警电话，寻求救援，待火势得到有效控制后，再通过楼梯逃生。

参考文献

[1] 褚冠全，汪金辉．建筑火灾人员疏散风险评估［M］．北京：科学出版社．

[2] 李德成．高层住宅建筑竖井内火灾烟气蔓延规律研究［D］．安徽理工大学，2018．

[3] 钟炜，李志勇，马晋超．基于 BIM 技术的高层火灾应急疏散研究［J］．消防科学与技术，2020，39（6）：790-793．

[4] 靖成银，何嘉鹏等．高层建筑火灾烟气控制模式的数值分析［J］．建筑科学，2009，25（7）：18-23．

[5] 陈胜朋，梁栋，莫善军．楼梯间电动车火灾数值模拟研究［J］．火灾科学，2018，27（02）：100-105．

[6] 张玉涛，车博，张玉杰．烟囱效应作用下火灾烟气蔓延规律模拟研究［J/OL］．安全与环境学报，2022，30（03）：1-10．

[7] 李曼. 高层建筑多因素作用下火灾发展机理和烟气控制研究 [D]. 中国科学技术大学, 2018.

电动汽车镍钴锰三元锂电池火灾与爆炸防控探讨

王译阁

(黑龙江省消防救援总队绥化支队, 黑龙江 绥化)

摘 要 电动汽车引发火灾和爆炸的事件频发。该文通过文献搜集与实地调研的方法, 主要阐述广泛应用于电动汽车的镍钴锰三元锂电池发生火灾、爆炸的原因, 并从防止热失控、电失控及外部防控三方面总结镍钴锰三元锂电池防火防爆措施的研究现状。结合现有事故案例及调研所得, 该文探讨了电动汽车火灾扑救程序及处置要点并对今后的研究方向提出展望。

关键词 镍钴锰三元锂电池 热失控 防火防爆 灭火技术

1 引言

在石油资源过度消耗及自然环境日趋恶化的双重压力下, 聚焦科技发展现状, 电动汽车逐渐成为燃油汽车的首选替代品。[1]随着电动汽车需求的日益增长, 作为核心动力源的充电电池得到蓬勃发展, 综合考虑电动汽车的安全性、经济性、动力和续航能力等因素, 充电电池需要具备能量高、能量转换率强、循环寿命长、稳定性强、性价比高、环保等特点。新能源新业态迅猛发展带来的风险隐患不断释放, 相关的火灾与爆炸防控问题有待精准辨识和解决。据消防救援局统计, 2021 年全年新能源汽车火灾共发生约 3000 余起, 全国新能源汽车的保有量按照 678 万辆计算, 新能源汽车的平均火灾发生率为 0.44‰, 比传统燃油汽车高出 1.52 倍。2021 年 8 月, 某品牌电动汽车发生交通事故后起火爆炸, 造成驾驶员死亡。电池若仅发生燃烧, 人员在意识清醒的情况下尚有时间逃离, 一旦发生爆炸, 由于反应速度快、放热量大, 人员可用疏散时间 (ASET) 极短, 大大增加了事故中人员伤亡的可能性。2020 年 10 月, 某品牌电动汽车发生三起自燃爆炸事故, 事故原因为动力电池电解液中混入杂质, 异常析锂引发动力电池热失控, 从而引起爆炸。2022 年 1 月 21 日 15 时, 韩国忠清北道一汽车电池工厂发生火灾, 消防部门出动 105 名消防人员和 33 辆消防车进行火灾扑救, 火灾造成 1 名被困人员死亡。因此, 保证汽车电池的安全生产与使用迫在眉睫。

目前电动汽车市场中主要应用以镍钴锰三元锂电池和磷酸铁锂电池为主的充电电池, 二者的正极材料分别为钴酸锂、镍钴锰酸锂等锂的化合物和磷酸铁锂, 负极一般为石墨或其他碳材料附着在铜箔上, 电解液由锂盐和高纯度的有机溶剂组成, 隔膜材料为微孔高分子薄膜。除此之外, 还包括绝缘片、盖板、泄压阀及其他辅助材料等。电池的充放电进程由正负极间往复运动的锂离子的嵌入和脱嵌来实现。[2]截至 2020 年底, 三元锂电池与磷酸铁锂电池在我国锂电池产量中占比分别为 58.1% 和 41.4%。殷志刚等[3]对比了镍钴锰三元锂电池与磷酸铁锂电池的性能, 得出结论: 镍钴锰三元锂电池的电压范围及功率性能优于磷酸铁锂电池, 但在相同的电压及功率下, 温度变化幅度大于磷酸铁锂电池, 即镍钴锰三元锂电池具备更高的能量密度和电压, 但稳定性及安全性能低于磷酸铁锂电池。不同电池体积能量密度比较图如图 1 所示。经调研, 目前电动汽车市场上采用的电池多为镍钴锰三元锂电池, 三元锂电池在续航里程上具有更大的优势。因此讨论镍钴锰三元锂电池的防火防爆技术, 提高其安全性能, 对于充电电池及电动汽车的发展具有重要意义。

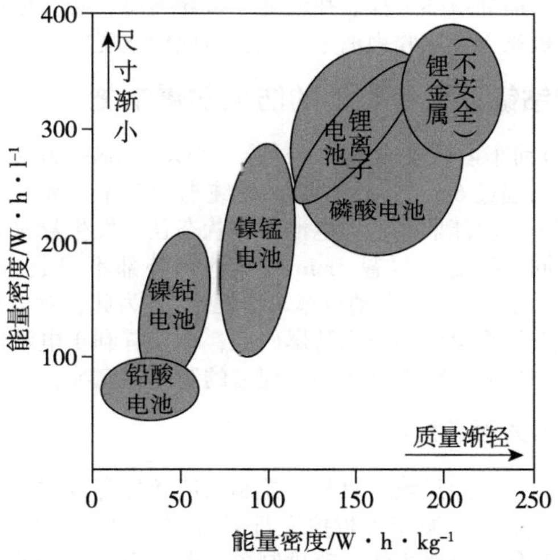

图 1 不同电池体积能量密度比较图[4]

2 镍钴锰三元锂电池的爆炸机理分析

反应失控是指由于反应容器内的温度和压力超出正常范围而引起的异常上升, 使反应速度呈指数增大而出现的反应过激现象。[5]锂电池在发生反应失控后常会产生爆炸事故。本文主要从两方面分析镍钴锰三元锂电池的爆炸原因: 热失控和电失控。

2.1 热失控

热失控是指电池内部发生不可控的放热化学反应, 导致内部温度持续升高失去控制, 压力增大, 从而产生爆炸, 喷射有机电解液及分解产物的过程[6], 一般由电池内部短路引起。由于锂是已知元素中金属活动性最强的元素, 在一定条件下, 部分锂离子还原成锂金属, 先沉积下来的锂金属形成带电尖端, 从而产生更强的电场促使剩余锂离子加速沉积, 形成大量尖锐的锂枝晶。正、负极间的微孔高分子薄膜易被锂枝晶等尖锐体刺穿。刺穿隔膜后, 电池内部发生短路, 短路电流产生大量热量, 使有机溶剂电解液分解, 产生失控反应, 放出大量的热和气体, 最终导致电池自燃、爆炸, 过程如图 2 所示。

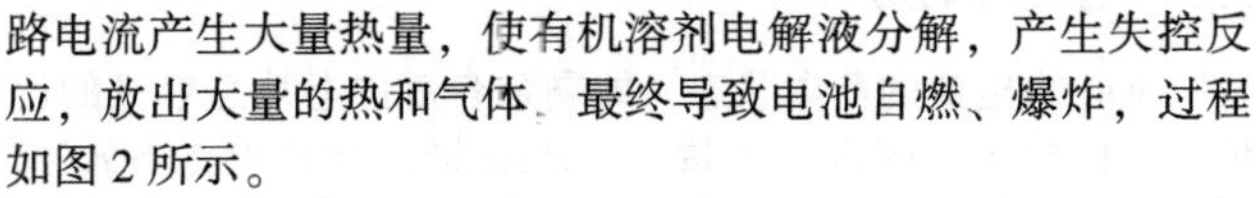

图 2 电池的热失控过程

电池结构或材料的缺陷也可能造成析锂现象，从而导致热失控。例如：正、负极片制作粗糙，形成锋利的突起；电解液中存在杂质造成析锂等现象，都会划伤隔膜造成热失控。电动汽车受到撞击后，由于物理因素划伤电池隔膜也会造成类似热失控的反应。这也是目前电动汽车发生自燃、爆炸事故的主要原因之一。

环境温度升高也会增加锂电池的起火概率，导致热失控的发生。从消防救援局的统计数据来看，2021 年二、三季度的新能源汽车火灾发生率是一、四季度的 1.52 倍。

2.2 电失控

电失控即由电池充电造成的反应失控。一种情况，在充电状态下，若正极已经没有锂离子可以向负极移动，电解液将在电极上分解产生大量气体，造成电池表面不规则扩张，从而产生爆炸现象。

另一种情况，电池在完全充电的状态下，如果电路控制系统没有结束充电过程，正极的锂离子会持续向负极移动，而负极已经没有多余的容量，锂离子便会沉积在负极外造成析锂，从而导致热失控。在电池即将充满时，若充电速度过快，负极来不及接收锂离子，也会出现析锂现象。

3 镍钴锰三元锂电池的防火防爆措施

《机动车运行安全技术条件》（GB 7258—2017）中规定：车长超过 6m（包括本身）的纯电动客车、插电式混合动力客车，应能监测动力电池工作状态且在发生异常状况时报警，同时规定在报警 5min 内电池箱外部不得起火爆炸。但对车长小于 6m 的电动汽车未作规定。[7] 为此，对电动汽车镍钴锰三元锂电池的防火防爆研究，不仅有利于电动汽车安全性能的提升，也有利于相关规范的制定和完善。

3.1 热失控的防控

研究人员通过改善材料、控制反应条件等方式，对镍钴锰三元锂电池热失控的防控进行了研究。倪闯将等[8] 提出：可以通过优化合成方法、改进制备工艺、引人掺杂元素、进行表面修饰及控制浓度梯度等方式，改良镍钴锰三元锂电池正极材料，达到提高其电化学性能从而提高安全性能的目标。

阮一钊等[9] 的研究表明：镍钴锰三元锂电池在温度超过 45℃后会出现老化过程，导致正极材料破裂、金属元素镍、钴、锰等析出，穿过隔膜到达负极；负极石墨表层的晶体缺陷增加，隔膜上的部分小孔被负极脱落的石墨堵塞，增加了锂离子的镶嵌难度。这些反应会影响电池的稳定性，增加热失控的风险。因此，将镍钴锰三元锂电池的环境温度控制在 45℃以下对热失控的防控具有重要作用。

吴艳华[10] 从电池制备的角度分析得出：镍钴锰三元锂电池正极在生产过程中要严格控制金属杂质、水分、残余碱含量和磁性杂质。

李小曼[11] 提出：碳酸二甲酯是镍钴锰三元锂电池电解液的重要成分之一，氟己酮可以对碳酸二甲酯的火焰产生抑制作用。适量加入氟己酮可以抑制火焰传播，降低热失控几率，从而达到防爆的目的。

3.2 电失控的防控

SOC 为电池的荷电状态，即剩余容量占电池总容量的比值。国内外学者进行了大量关于镍钴锰三元锂电池 SOC 的研究，用以防范电池的电失控。杨笑等[12] 研究了由于过度充电导致锂离子电池爆炸的情况，分析了代表其爆炸状态的参数和爆炸参数的阈值。若充电截止电压为 V_1，则充电电压阈值下限定为 V_1，上限定为 $1.5V_1$；充电温度上限应在电池 SOC 为 0.8 时的温度。

周萍等[13] 通过锂离子电池单体性能测试实验得出：镍钴锰三元锂电池在过放电状态下存在一个电压临界值，出现在 SOC 为-25%至-30%之间，超过该值后电池不会出现明显的短路自修复现象，从而导致安全隐患。

罗弼[14] 通过球磨和高温煅烧法发现钨表面改性可以减少 NMC 材料表面与电池电解液的直接接触，减少二者表面的副反应，提高锂离子电池的循环稳定性，从而降低电失控的可能性。采用氟化碳对镍钴锰三元层状材料进行了表面改性研究，发现其反应产物氟化锂和碳层能减少电池的正极材料与电解液发生的界面反应，提高正极材料的界面稳定性。

3.3 电池外部防控

包覆是指通过不同工艺在材料表面形成一层保护膜，使材料免受侵蚀。[15] Long Wei 等[16] 的研究表明，采用二氧化硅对镍钴锰三元锂电池进行包覆，可以提高电池的容量保持率、截止电压及稳定性。

武京斌[17] 从锂电池的防火涂料选择、涂层性能、施工工艺等方面研究了防火涂料喷涂方案，从隔离的角度提出锂电池的保护措施。

4 研究建议与展望

（1）锂电池的机械冲击试验方法距今已 27 年，所采用的分类标准及试验方法较为陈旧，且当时的锂电池未被应用于电动汽车内部，对于电动汽车内部的锂电池研究针对性不强。可以研究出台更具针对性的试验标准。

（2）消防员扑救电动汽车火灾的 15 米安全距离过远，对火灾控制十分有限。可以通过其他技术手段，缩短前期灭火作战距离对火势进行控制。且目前国内未出台针对电动汽车灭火救援的相关标准，可以针对国内电动汽车的实际情况，制定相关标准。

（3）已有研究表明掺杂化学元素可以改善锂电池的循环稳定性及电化学性等性能。[18-21] 今后的研究可以通过掺杂其他元素来改善镍钴锰三元锂电池的热稳定性，减轻其火灾、爆炸危险性。

（4）目前的镍钴锰三元锂电池为层状结构，这种结构存在锂镍混排、表面残锂等问题，[22] 今后的研究可以从高电压化、高镍低钴化、单晶化[23] 等角度提升镍钴锰三元锂电池的安全性能。

参考文献

［1］刘应．新能源汽车电池组一致性的影响因素研究［J］．电子世界，2021（13）：28-29.

［2］崔永福．船用二次电池镍钴锰三元正极材料组织与性能调控策略研究［D］．大连海事大学，2020.

［3］殷志刚，王静，曹敏花．镍钴锰三元电池与磷酸铁锂电池性能对比［J］．电池工业，2021，25（03）：136-142.

［4］Tarascon J M，Armand M. Issues and challenges facing rechargeable lithium batteries.［J］. Nature，2001，414（6861）.

［5］胡双启．燃烧与爆炸［M］．北京：北京理工大学出版社，2015.

［6］王爽，杜志明，张泽林，韩志跃．锂离子电池安全性研究进展［J］．工程科学学报．2018，40（08）：901-909.

［7］陈文博，颜健，孟凌杰，张小芹，张雪峰．电动汽车动力锂电池火灾危险性的研究进展［J］．电源技术，2021，45（02）：270-273.

［8］倪闯将，刘亚飞，陈彦彬，张学全．镍钴锰三元材

料的结构及改性研究进展 [J]. 电源技术，2021，45 (01)：123-126.

[9] 阮一钊，田艳红，李守涛，耿萌萌．$LiNi_{(0.5)}Co_{(0.2)}Mn_{(0.3)}O_2$/石墨电池高温失效的机理 [J]. 电池，2020，50 (03)：220-223.

[10] 吴艳华．锂离子电池三元正极材料现状及发展趋势 [J]. 世界有色金属，2020 (08)：1-3.

[11] 李小曼．碳酸二甲酯层流燃烧特性及其火焰抑制研究 [D]. 中国科学技术大学，2021.

[12] 杨笑，季毓婷，伍琪，王新．锂离子电池过度充电热失效过程及其特征参数分析 [J]. 时代汽车，2020 (12)：52-54.

[13] 周萍，孙林，郑岳久，欧阳明高，周龙．车用镍钴锰三元锂离子电池过放电后的性能实验研究 [J]. 汽车安全与节能学报，2017，8 (01)：72-78.

[14] 罗弼．锂离子电池镍钴锰三元正极材料的改性研究 [D]. 华北电力大学 (北京)，2019.

[15] 胡贻僧．三元锂电正极材料研究进展 [J]. 山东化工，2021，50 (05)：128+138.

[16] Longwei Liang，Guorong Hu，Feng Jiang，Yanbing Cao. Electrochemical behaviours of SiO_2 - coated $LiNi_{0.8}Co_{0.1}Mn_{0.1}O_2$ cathode materials by a novel modification method [J]. Journal of Alloys and Compounds，2016，657：

[17] 武京斌．新能源汽车电池包防火涂料应用研究 [J]. 涂料工业，2021，51 (04)：12-16.

[18] 包诣正．汽车锂电池燃烧爆炸抑制技术研究 [D]. 西安建筑科技大学，2021.

[19] Yang Yang，Xiang Zhou，Faqing Pan，Zuju Ma，Rongjian Sa，Jun Zheng，Qimin Wang. Effect of rare - earth doping on adsorption of carbon atom on ferrum surface and in ferrum subsurface：A first-principles study [J]. Journal of Rare Earths，2021，39 (09)：1144-1150.

[20] 王北平，薛同，邹忠利，马海明．La 掺杂对 523 型镍钴锰酸锂正极材料电化学性能的影响 [J]. 可再生能源，2018，36 (12)：1849-1853.

[21] 秦波，乜雅婧，张加美，孙实．纳米磷酸铁锂包覆镍钴锰三元正极材料的金属掺杂改性及电化学性能 [J]. 世界有色金属，2020 (17)：204-205.

[22] 王丁．三元镍钴锰正极材料存在的问题与挑战 [J]. 世界有色金属，2018 (17)：245+247.

[23] 刘亚飞，陈彦彬．商用锂离子电池层状正极材料制造工艺发展趋势 [J]. 新材料产业，2019 (09)：26-31.

考虑踩踏风险基于 SPH 的人员疏散模型

冷志凌

(中国人民警察大学，河北 廊坊)

摘 要 简要描述踩踏事件近况和人员疏散仿真模型及 SPH 人员疏散模型现状。在基于 SPH 的人员疏散模型的基础上建立了考虑踩踏风险基于 SPH 的人员疏散模型，在某办公室一层的建筑模型上进行了仿真模拟疏散。通过与商用软件 Pathfinder 进行对比验证，同时研究了人员模拟疏散过程，在不同人员密度与不同人员类型组成下对其疏散时间和踩踏及死亡人数的影响。

关键词 SPH 方法 人员疏散 数值模拟 踩踏风险

1 引言

近年来，随着经济的发展和人口的聚集，公共场所的人群密度也在不断提升。踩踏事件作为意外突发事件不仅对人们的生命安全造成巨大威胁，也会造成重大的经济损失，其通常发生在人群密度极高的公共场所。全球范围内都发生过严重的踩踏事故，2015 年 9 月 24 日麦加米纳发生朝觐者踩踏事故，造成 1399 人死亡，另有超过 2000 人受伤[4]。2014 年 12 月 31 日，上海外滩发生踩踏事故，造成 36 人死亡，47 人受伤[5]。2022 年 10 月 29 日，韩国首尔龙山区梨泰院发生踩踏事故，造成 158 人死亡，196 人受伤[6]。由此可见，踩踏事故的危害性是巨大的，如何在避免或减少踩踏的事故发生已经成为了一个紧急的问题。

踩踏事故一般发生在人员疏散的过程中，由于拥挤踩踏事件具有随机性、危害性等特征，且组织人员拥挤踩踏实验在现实中很难实现，因此使用仿真模拟来研究人员拥挤踩踏的规律和特性，在很多方面有优势。目前常见的人员疏散模型有微观模型和宏观模型的区别[7]。宏观模型主要包括流体动力学模型和排队论模型，微观模型主要包括社会力模型和元胞自动机模型。Henderson 首次提出使用气体动力学模型来描述人员疏散的过程[8]，通过把人员和流体中质点的运动进行比较，使用流体动力学模型来模拟人员的运动。Helbing[9,10] 提出了一种行人社会力模型。相比之前的模型，该社会力模型更加强调人员之间复杂的力关系，并探讨了人员在拥挤和惊慌状态下可能出现的现象。

苗志宏[1,2,3] 等人通过利用光滑粒子流体动力学 SPH (Smoothed Particle Hydrodynamics) 方法，结合宏观模型和社会力模型研究出一种新的人员疏散混合模型。这种模型不仅能够克服宏观模型无法考虑人员个性差异的缺陷，还能避免制定复杂的离散模型运动规则。

理论上，通过 SPH 方法粒子化的模型比直接使用社会力模型计算效率要高，同时因不需要进行网格化处理，粒子可以向任何方向移动，且粒子之间的距离可因密度过大而压缩，所以在更易表现人员拥挤的现象。对于基于 SPH 的人员疏散模型来说，因为把所有的粒子都属性化成相似的粒子，只是自身附带的属性值不同，在宏观层面上更加利于实现踩踏情形。因此，在踩踏风险判定模型的建立过程中即可舍弃复杂的力学考虑，把人看宏观的粒子，只需计算粒子在此刻由压强转换来的挤压力即可判定粒子是否有跌倒的风险，然后引出踩踏事件的计算。

2 考虑踩踏行为基于 SPH 的人员疏散模型

2.1 模型假设

踩踏一般发生在人群密度大极其拥挤的情况下，会造成大量的人员伤亡。本文采用 SPH 人员疏散模型尽可能接近实际情况对可能发生踩踏的情形进行深入研究，但是由于踩踏过程发生的复杂性，所以提前在模型基础上进行几点假设：

（1）踩踏事件只发生在拥挤条件下。

（2）行人跌倒风险的原因只考虑粒子间的挤压力与人员密度。

（3）有跌倒风险的行人会有概率进入倒地状态，该状态下行人允许其他行人从身体上经过但也有避让的情形，在倒地状态下只有三种结果，一是经过一段时间判定不致死重新站立，二是继续维持跌倒状态，三是被因踩踏有致死风险。

（4）不考虑其他外部因素，且行人移动速度按老年、青年、中年、儿童的设置速度进行。

（5）老年、青年、中年、儿童倒地后的致死条件不一致。

（6）疏散过程中人员处于因紧急状况而紧张或恐慌的状态。

2.2 模型描述

在苗志宏[1,2,3]等人提出的基于 SPH 的人员疏散模型中用 SPH 方法将人员疏散过程视为一种特殊的流体运动过程，在这个运动过程中每一个质点即代表一个人员：

$$\rho\frac{\mathrm{d}v(t)}{\mathrm{d}t}=\rho\frac{v^0e^0(t)-v(t)}{\tau}+F^R+F^B+F^v$$

公式中 e^0 是一确定运动方向，v^0 是质点运动期望速度，ρ 是密度，v 是运动速度，x 表示质点某时刻的位置。其中 $FR=-\nabla P_s$ 中的 P_s 表示受因周边人群的心理压力而表现出的人员之间的压强，该项是为了模拟了疏散人员之间的排斥力。$F^B=-\nabla P_b$ 中的 P_b 表示人员之间由于物理上的触碰而产生的压强，该项模拟了人员之间挤压力。$F^V=\mu\nabla^2v\ (t)$ 是流体的黏性力，模拟人员之间相互接触而产生的切向滑动摩擦力，其中 μ 表示黏性系数。其中 P_s，P_b 的经验公式：

$$P_s=\begin{cases}\dfrac{R_0}{1+\exp(-\lambda\rho^2)} & \rho<\rho_0\\ 0 & \rho\geq\rho_0\end{cases}$$

$$P_b=\begin{cases}B_0\left(\dfrac{\rho}{\rho_0}-1\right) & \rho\geq\rho_0\\ 0 & \rho<\rho_0\end{cases}$$

这里 ρ_0 表示个体之间刚刚达到物理接触时的临界密度；λ，R_0 与 B_0 是>0 的常数（这里常数 R_0 与 B_0 的选择主要来决定粒子之间在一般密度下的排斥距离和活动粒子规避或穿透障碍物的能力）。

2.3 踩踏风险等级划分

在拥挤状态下，人群两侧的扶手和护栏可能会被压弯或断裂，这是因为身体倾斜产生的力会积聚在一起。研究人员进行的多项实验和现场调查都证实了这一点。踩踏事故中，挤压力需要作用一段时间，才会引起呼吸困难、感官失灵、骨折等症状。通过王振学者的研究得出人体承受压力阈值与持续时间关系如表 1 所示[17]。

表 1 人体承受压力阈值与持续时间

作用力	持续时间	效果
600~1000N	40min	产生窒息
1000~1500N	15min	窒息死亡
4000N	3~5min	窒息死亡
6000N	15s	窒息死亡

当人群面临超过 4000N 的压力时，拥挤就极其危险，可能随时发生事故。为预警人群密度的风险，需提前预留充分时间准备疏散和救援。当压力超过 1000N 时，伤亡风险在短时间内会逐渐增加，由于力的作用会累积，时间持续会导致风险不断增加。因此，为了确保风险判定模型的有效性，风险等级应该根据力持续时间的变化及时进行调整。根据上表以及人群受力研究制定出踩踏风险等级表，划分为四个等级，如表 2 所示。

表 2 踩踏风险等级划分

等级	人员受力	人员风险
1	0~418N	无风险
2	418~1500N	人员有低跌倒风险，概率计算行人是否跌倒
3	1500~4000N	人员有高跌倒风险，概率计算行人是否跌倒
4	>4000N	人员有死亡风险，概率计算人员是否死亡

2.4 人员类型设置

根据现有的研究，老年人、中年人、青年人和儿童在疏散逃生中的行为和反应存在显著的差异。这些差异主要包括以下几个方面，生理和心理差异、行为差异和意识差异。老年人和儿童的身体机能和认知能力较弱，青年人和中年人相对较强。因此需要对不同的人员设置不同的模拟数值，以更加贴近真实情况。具体设置如表 3 所示。

表 3 人员类型设置

人员类型	体重/kg	粒子半径/m	高风险等级下跌倒难易程度	高风险等级下死亡难易程度
老年人	70	0.25	高	高
中年人	80	0.3	中	中
青年人	75	0.25	低	低
儿童	50	0.2	高	高

2.5 人员运动更新规则

由于本研究所涉及的场景是在人数和边界位置固定的情况下进行人员疏散问题的研究，因此采用了固定值边界来进行仿真。以下是人员位置更新步骤。

（1）初始化疏散模型。

设置疏散模型初始状态，包括疏散场地空间大小、疏散行人数量、行人布局、各项统计指标与仿真记录时间初始化为 0。

（2）开始计算行人、障碍物之间的挤压力。

根据行人空间位置，搜寻周围粒子进行计算，只搜寻粒子半径内会对粒子产生影响的粒子，计算得出粒子的挤压力，转换为压强，再转换为加速度。

（3）触发踩踏风险判定机制。

根据行人所受挤压力与当前的人群密度，判定人员当前所受挤压力是否大于阈值，若人员大于阈值，人员有一定概率跌倒，反之继续行走。

（4）更新各项指数。

更新疏散模型仿真过程中所有需要检视的数值，例如疏散人数 N，安全疏散人数 N_1，跌倒人数 N_2，死亡人数 N_3，以及各个粒子产生的压强等各项数值。

（5）行人位置更新。

根据行人初速度以及计算得到的加速度，得到行人下一时间步所在位置，对行人位置进行更新，得出下一时间步行人初始空间分布状态。

模型的建立首先需要在已有的 SPH 模型上增设踩踏事件相关的属性：跌倒状态属性，描述粒子当前是否处于跌倒状态；跌倒时间属性，记录人员跌倒的时间用于后续起身或死亡的计算；生命值属性，判定人员是否因踩踏致死。

行人跌倒后的状态有两种情况，一是跌倒的行人会有可能会被踩踏致死，二是行人会在五个时间步以后重新恢复体力，再次站立起来成为正常行人，如图 1 所示。

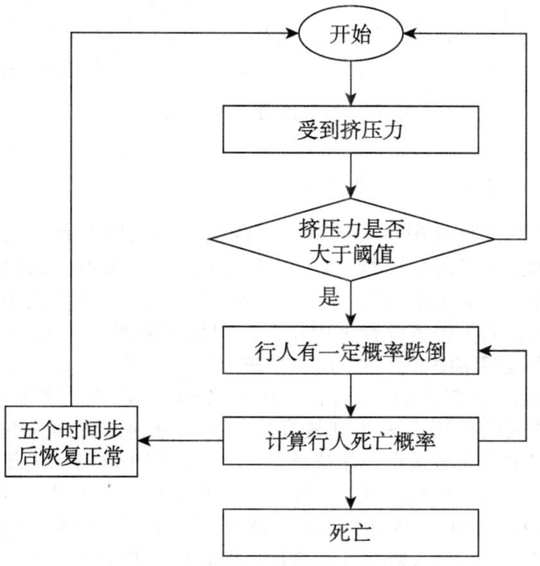

图 1　行人跌倒后状态流程图

3　仿真结果及分析

3.1　SPH 与 Pathfinder 的对比实验

在使用考虑踩踏行为基于 SPH 的人员模型做模拟对比前，先行对 SPH 与 Pathfinder 做模拟对比实验，验证考虑踩踏行为基于 SPH 的人员模型的适用性。采用某写字楼办公室一层为建筑模型如图 2 所示，由 10 个 4m×6m 的办公室以及 2 个 8m×6m 的办公室组成，办公室门宽 0.8m，走廊宽 2m，Pathfinder 右侧绿色区域为出口，SPH 右侧缺口为出口，宽度 1.6m。人员设置统一为中年人，期望速度 1m/s，共 215 人，SPH 人员分布图如图 3 所示，Pathfinder 人员分布图如图 4 所示。

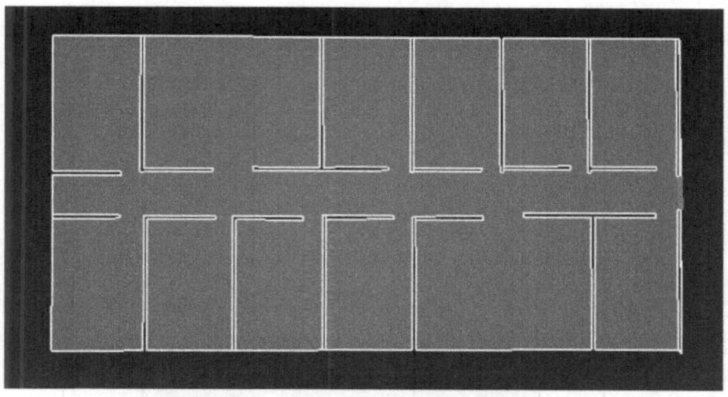

图 2　某写字楼办公室一层

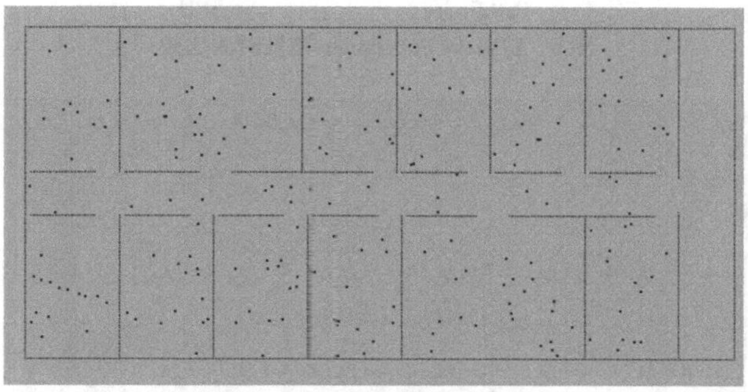

图 3　SPH 人员分布图

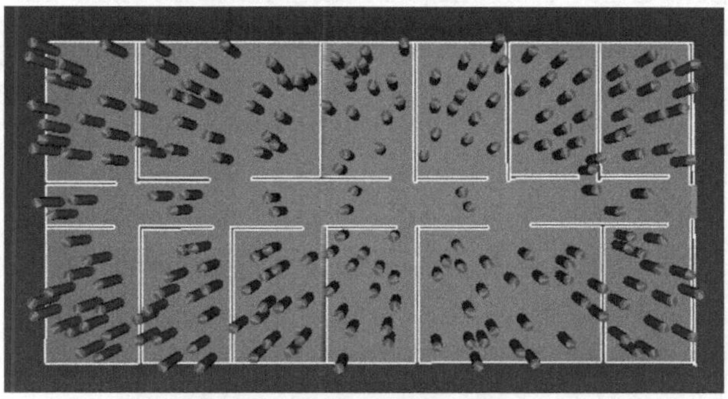

图 4　Pathfinder 人员分布图

通过在 SPH 和 Pathfinder 中设置相同的模拟环境并进行疏散模拟，取得的疏散对比时间见图 5，疏散过程拥挤区域对比如图 6～图 11 所示。在相同的模拟环境下，SPH 与 Pathfinder 模拟得到的疏散时间相近，差距在 5%以内，在同一时间人员疏散的拥挤区域相似。通过观察对比，在 Pathfinder 的运行机制下，人员在行走时如果遇到前方拥堵的情况，会选择绕路行走，在多次绕路的情况下，人员的行走距离延长，行走轨迹更显杂乱；而在 SPH 中，人员如果遇到前方拥堵，则会选择先减速，然后保持与他人相似的速度跟队行走或排队等待，人员的行走距离较短，行走轨迹更为规整。且在 Pathfinder 模拟疏散中，人员在拥挤区域中进行疏散时会让道旁边房间出来的人员，而在 SPH 模拟疏散中人员则会因主疏散出口人员密度过大无法挤进主疏散通道，人员行动逻辑更符合现实。

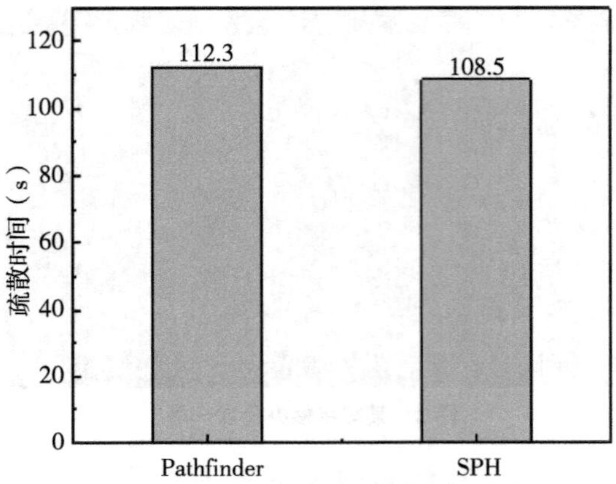

图 5　SPH 与 Pathfinder 疏散时间比较

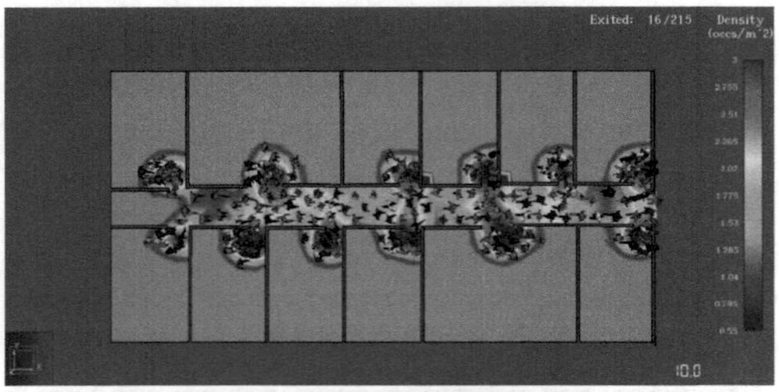

图 6　Pathfinder10s 时拥挤区域

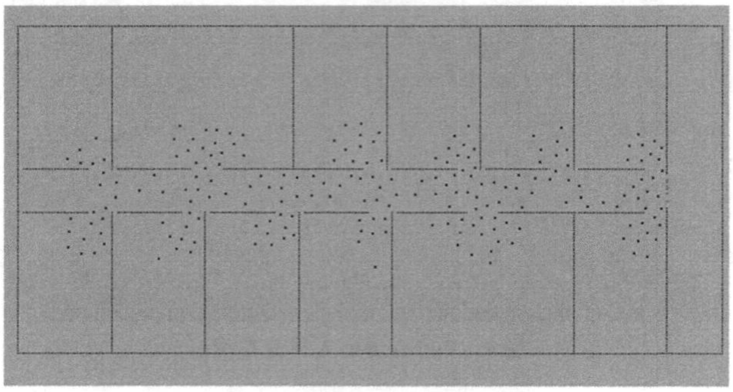
图 7　SPH10s 时拥挤区域

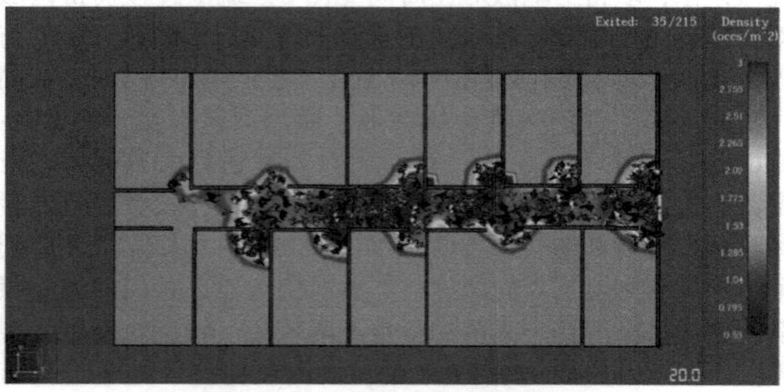

图 8　Pathfinder20s 时拥挤区域

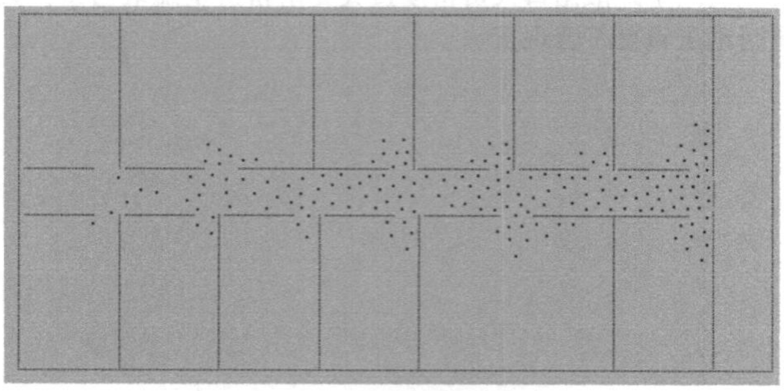
图 9　SPH20s 时拥挤区域

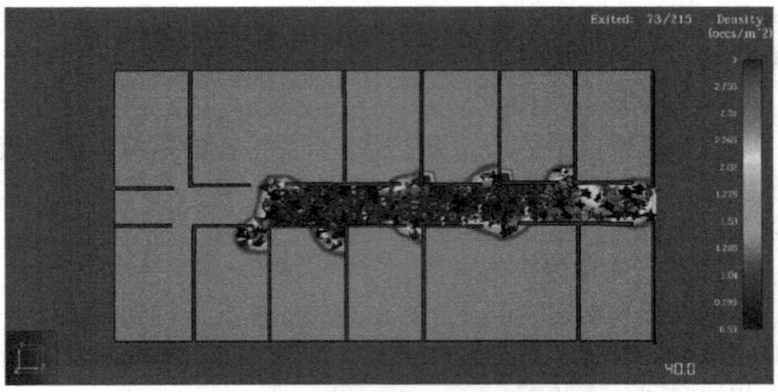

图 10　Pathfinder40s 时拥挤区域

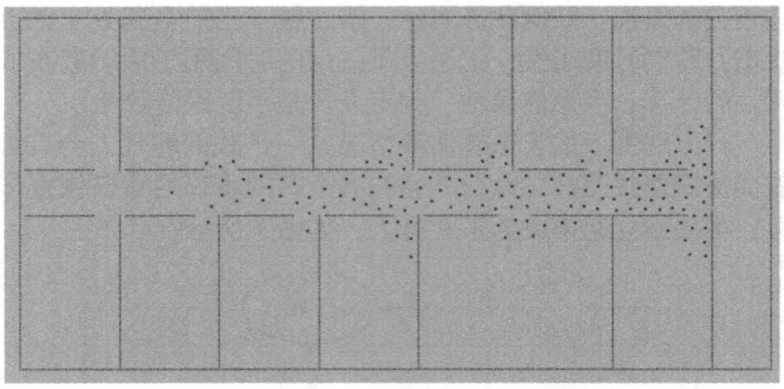
图 11　SPH40s 时拥挤区域

3.2　人员密度对疏散的影响

在踩踏事故中，人员密度对踩踏风险的影响是最重要的，因此对考虑踩踏行为的 SPH 人员疏散模型总人数设置为 100，125，150，175，200，225，250，275，300 九个不同的值，人员类型设置为中年人，初始期望速度为 1m/s 来研究在某写字楼办公室一层人员疏散过程中踩踏风险。如图 12 所示，当疏散人员总数在 100 和 125 时，因人员密度小，人员之间的挤压力未达到较高的值，只有一人或两人跌倒过，但未有人员死亡。在疏散人员总数达到 150 时因人员密度增加开始出现死亡风险，导致一人有死亡。在疏散人员总数在 175，200，225 的区间时，跌倒人次随着人员密度的增加而增加，死亡人数也逐渐增加，但整体趋势趋于平滑，没有出现跌倒人次大增或死亡人员大增的情况。在疏散人员总数在 250，275，300 时，因为场地的限制，出口宽度的限制，人员密度逐渐增大，导致跌倒人次进一步增加，死亡风险也随着跌倒风险的提升而提升，其跌倒人员和死亡人员主要聚集在出口区域和主要疏散过道中。

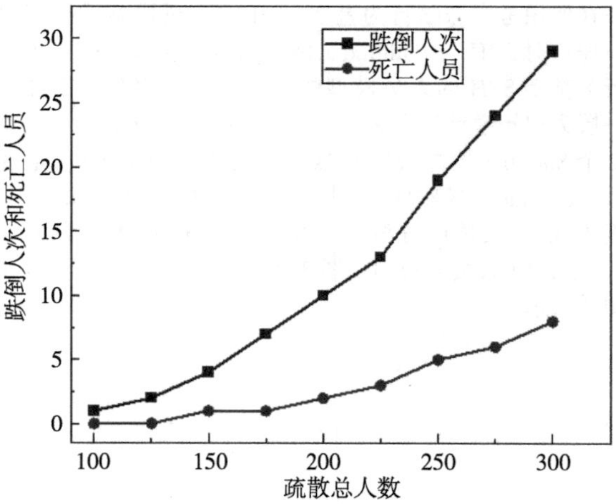

图 12　跌倒人次与死亡人员和疏散总人数变化图

3.3 不同人员类型设置对疏散的影响

目前，通过国内外学者对人员类型和人群组成的研究，得出在意外事故的条件下，人员的年龄和性别会影响他们对火灾的认知速度、自我行动准则以及人员身体素质等方面。一般来说，青年人或中年人在遇到意外状态时时疏散时间要比儿童和老年人快，对火灾的反应时间也要短。而儿童和老年人相比较于青年人或中年人则是在人员疏散过程中容易伤亡的群体。在剧院疏散过程具体可以把人群大体分为老人、青年、中年、儿童四种类型，每种人群的初始速度与自身条件会有所不同，更真实的模拟了疏散时的具体情况。在本文会使用不同的人员类型组成来研究不同人员类型组成对模拟疏散会产生的结果。将人员设置为场景一见表4，场景二见表5。

表4 场景一

人员类型	总人数占比	初始期望移速
老年人	10%	0.5m/s
中年人	50%	1m/s
青年人	30%	2m/s
儿童	10%	0.5m/s

表5 场景二

人员类型	总人数占比	初始期望移速
老年人	30%	0.5m/s
中年人	30%	1m/s
青年人	20%	2m/s
儿童	20%	0.5m/s

在不同场景下安全人员疏散对比曲线如图13所示，跌倒人员对比曲线如图14所示，死亡人员对比曲线如图15所示。从安全人员疏散对比曲线可以看出在老年人和儿童占比提升的基础上，因老年人和儿童移速较慢，所以疏散较慢。从跌倒人员对比曲线可以看出，因老年人和儿童身体素质较差，较比中年人和青年人来说更容易跌倒，所以曲线峰值较高，同一时间跌倒人员较多。从死亡人员对比曲线可以看出，场景一的死亡人员先出现，这是因为在老年人和儿童在中年人和青年人的拥挤情况下更易承受更大的挤压力，场景二因老年人和儿童较多所以死亡人员最后人数要多。

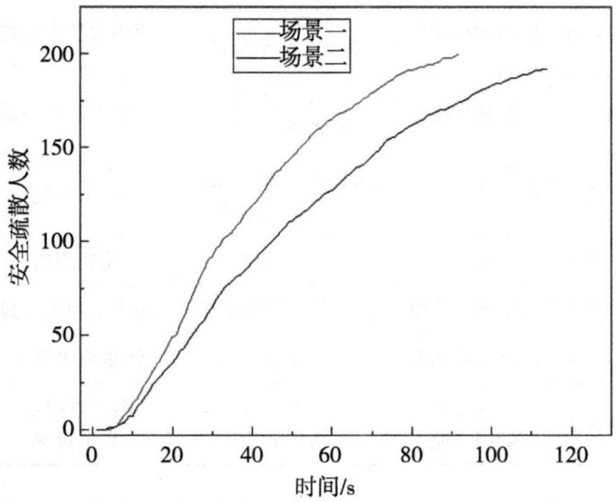

图13 安全人员疏散对比曲线

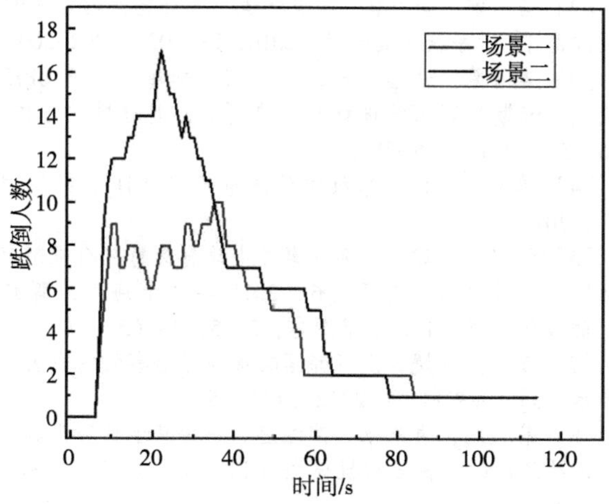

图14 跌倒人员对比曲线

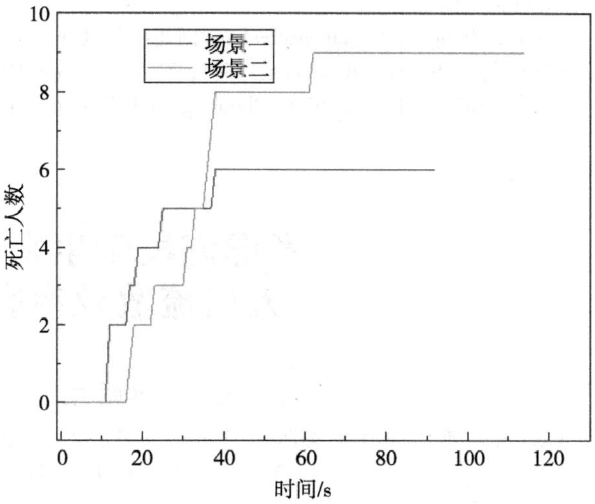

图15 死亡人员对比曲线

4 结论

本文在基于SPH的人员疏散模型上建立了一种新的基于SPH的踩踏风险判定模型，利用该模型能有效的模拟人员疏散中行人跌倒风险、踩踏风险的情况。模型在SPH人员疏散模型挤压力的基础上增添对跌倒风险的判定，确定了在SPH人员疏散模型的条件下，对于不同类型的人员跌倒和死亡需受挤压力的阈值。文章研究了在相同条件下SPH和Pathfinder模拟结果分析、人员密度对于疏散结果的影响、不同人员组成对疏散结果的影响。最后得出以下结论：

（1）SPH和Pathfinder的模拟结果相似。取得的模拟结果显示SPH的疏散时间和Pathfinder的疏散时间相近，二者差距在5%以内，且通过观察对比SPH和Pathfinder的拥挤区域相似。

（2）人员密度越大，因挤压力越大跌倒和死亡的人员越多，且随着人员密度的增加挤压力越大，跌倒后死亡的概率越大。

（3）老年人和儿童越多，因老年人和儿童期望移速较慢所以人员疏散总时间越慢，且因老年人和儿童身体素质较差跌倒人员和死亡人员越多。

参考文献

［1］苗志宏，李智慧．一种基于SPH方法的人员疏散混合模型及模拟［J］．自动化学报，2014，40（05）：935-941.

［2］苗志宏，李智慧．火灾环境下人员疏散耦合 SPH 模型及仿真［J］．系统仿真学报，2016，28（02）：292-300.

［3］李智慧，达娃平措，苗志宏，郑斌．基于 SPH 的建筑人员疏散仿真系统设计与实现［J］．消防科学与技术，2016，35（03）：386-389.

［4］单家迪．踩踏事故法治防范研究［D］．武汉理工大学，2018.

［5］张宇，王建成．突发事件中政府信息发布机制存在的问题及对策研究—基于［6］2015 年"上海外滩踩踏事件"的案例研究［J］．情报杂志，2015，34（5）：8.

［7］庞萍，袁媛．浅析韩国梨泰院踩踏事故的成因及相关启示［J］．公安教育，2022（12）：5.

［8］翁文国，袁宏永，范维澄．一种基于移动机器人行为的人员疏散的元胞自动机模型［J］．科学通报，2006，51（23）：5.

［9］HENDERSON，L. F. The Statistics of Crowd Fluids［J］. Nature，1971.

［10］Helbing D. A mathematical model for the behavior of pedestrians［J］. Behavioral science，1991，36（4）：298-310.

［11］Fruin J J. Pedestrian Planning and Design［J］. metropolitan association of urban designers & environmental planners，1971.

［12］Polus A，Schofer J L，Ushpiz A. Pedestrian flow and level of service［J］. Journal of transportation engineering，1983，109（1）：46-56.

［13］Daamen W，Hoogendoorn S P. Free speed distributions—Based on empirical data in different traffic conditions［C］//Pedestrian and evacuation dynamics 2005. Springer Berlin Heidelberg，2007：13-25.

［14］Muraleetharan T，Hagiwara T. Overall level of service of urban walking environment and its influence on pedestrian route choice behavior：analysis of pedestrian travel in Sapporo，Japan［J］. Transportation Research Record，2007，2002（1）：7-17.

［15］Henderson L F. The statistics of crowd fluids［J］. nature，1971，229（5284）：381-383.

［16］Henderson L F，Lyons D J. Sexual differences in human crowd motion［J］. Nature，1972，240（5380）：353-355.

［17］王振．城市公共场所人群聚集风险理论及应用研究［D］［D］．天津：南开大学，2007.

考虑高校学生宿舍楼安全出口布置对人员疏散效率影响的仿真模拟研究

龚　斌[1]　廖明煜[2]　邓上宏[1]　江林华[2]　王　莹[3]

（1. 茂名市消防救援支队，广东　茂名；2. 广东省建设工程质量安全检测总站有限公司，广东　广州；3. 广州广检建设工程检测中心有限公司，广东　广州）

摘　要　为有效的提升高校学生宿舍楼的安全性能，提高人员在紧急情况下的疏散效率，本文开展了对高校学生宿舍楼安全出口布置的方式对人员疏散效率的影响研究，运用的是目前使用率较高的 Pathfinder 疏散模拟软件进行研究。研究结果表明，安全出口的合理布置，能够有效的避免袋形走道的形成，降低人员在疏散通道内发生拥堵的风险，进而提高人员疏散的效率。

关键词　宿舍楼　安全出口　疏散效率　Pathfinder　仿真模拟

随着我国社会经济的不断发展，人们的生活水平得到了极大的提升，生活质量也随之不断提高。如今高校的学生宿舍配置得到了极大的改善，学生宿舍内堆积的物品也越来越多，越来越复杂，如个人衣物、书本、床上用品，还有手机、电脑等电子产品，更过分有电磁炉、电冰箱、电热水壶等大功率电器。这些看似不起眼的物品，却像一枚枚定时炸弹一样藏在学生宿舍里，随之带来的是乱拉乱接电线、违规使用大功率电器、长期不拔电源接头等火灾危险。近几年，我国高校学生宿舍火灾事故频发（如表 1 所示），造成了恶劣的社会影响，并引起了全民对学生宿舍安全的极大社会关注。从众多高校宿舍火灾事故案例可以研究得出，其存在火灾荷载大、空间小、人员密集、疏散出口窄、疏散难度大等特点。

表 1　高校学生宿舍火灾事故案例

时间	地点	人员伤亡情况或财产损失	火灾成因
2013.6	广东工业大学	过火面积 15m²	电线短路
2013.9	西安理工大学	宿舍全部烧毁	宿舍一层出口旁的一间仓库起火引燃
2014.6	郑州大学	宿舍所有物品烧毁	蚊香引燃可燃物
2014.10	广西师范学院	宿舍烧毁，千余名学生疏散	使用大功率电器
2014.12	榆林学院	1 间宿舍烧毁，千名学生疏散	手机充电器短路
2015.3	武汉纺织大学	宿舍内物品全部烧毁，几百名学生疏散	线路老化
2015.6	中南大学	着火面积 25m²	违规用电
2015.8	山东建筑大学	宿舍部分物件烧毁	违规使用电吹风
2016.4	南京师范大学	宿舍基本烧毁	饮水机水烧干
2016.5	江西传媒影视学院	宿舍所有物品烧毁	笔记本电池充电过热

目前，已有许多专家学者投入到了对高校学生宿舍的疏

散问题研究，也得到了许多宝贵的研究成果。徐海博等[1]以某高校的高层学生宿舍进行了 Pathfinder 模拟，得出了人员疏散效率、人员拥堵时长与安全出口的数量、利用率之间存在的关系，并依据研究结果给出了相应的对策。邹馨捷[2]等运用 Pyrosim 和 Pathfinder 软件对某高校宿舍楼进行火灾疏散模拟，研究宿舍楼的消防设施是否完整好用与着火房间的窗户是否打开对人员疏散效率的影响。毛星雨等[3]研究分析了高校学生宿舍发生火灾的原因，并模拟了发生火灾时人员疏散的情况，选择最优的模拟结果，有针对性的为高校学生宿舍的人员疏散提出建议。周文科等[4]运用 AnyLogic 软件模拟人员疏散和 FDS 软件模拟烟气运动，以某高校学生宿舍楼搭建模型进行模拟，得出最优疏散路线并分析疏散策略。唐巍等[5]运用 buildingEXODUS 疏散模拟软件对某高校公寓进行了疏散模拟，研究公寓安全出口对人员疏散效率的影响，并依据模拟结果为高校公寓的安全疏散提出参考意见。

通过大量的文献调研，发现专家学者研究高校学生宿舍的人员疏散切入点和研究方法均有不同，有研究安全出口数量、消防设施完整度、火灾烟气运动等，有运用 Pathfinder、AnyLogic、buildingEXODUS 等疏散软件的。本文基于现有研究结果的基础，博采众家之长，运用目前相对成熟的 Pathfinder 人员疏散模拟软件，开展对高校学生宿舍楼安全出口布置对人员疏散效率影响的仿真模拟研究，以为目前严峻的高校学生宿舍火灾防控和提升人员疏散效率提供有效的指导意见和建议。

1 建立模型

本文以某高校学生宿舍楼 1 层的平面布局为基础搭建模型，该模型的总长度为 46m，总宽度为 15m，共有 16 间宿舍和 1 个活动室，每间宿舍的长度为 6m，宽度为 4m，活动室长度为 15m，宽度为 6m，2 部楼梯，2 个宽度为 2m 的安全出口，疏散走道宽度为 3m。

本文设置为研究高校学生宿舍楼安全出口布置对人员疏散效率的影响，设置了 4 种不同的工况，如图 1 所示。工况 1 为在宿舍 1 层平面中部位置设置正对的 2 个安全出口；工况 2 为在宿舍 1 层平面南侧设置方向相同的 2 个安全出口；工况 3 为在宿舍 1 层平面南侧两端尽头设置方向相同的 2 个安全出口；工况 4 为在宿舍 1 层平面中部和靠近活动室一端设置方向相同的 2 个安全出口。

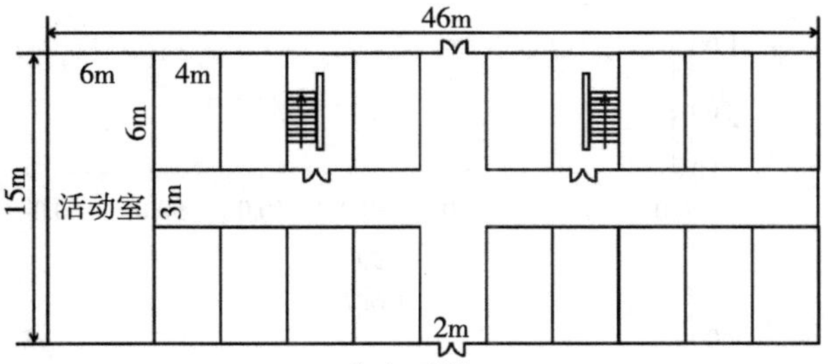

（a）工况1

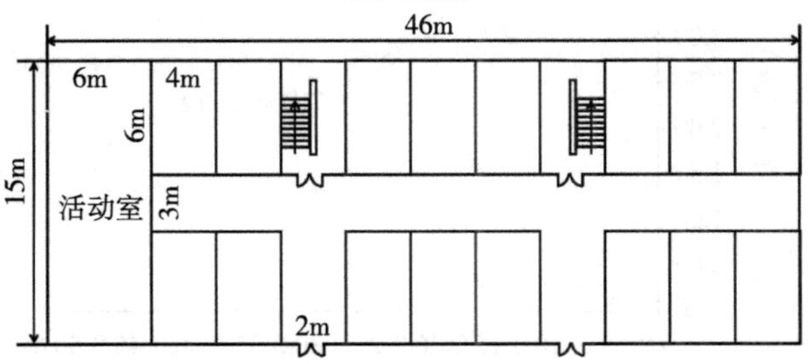

（b）工况2

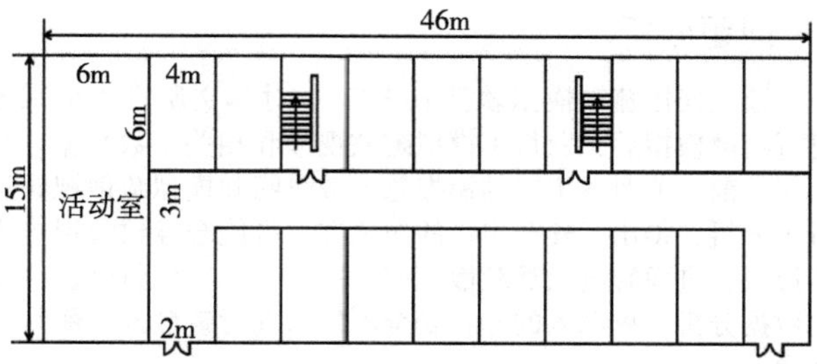

（c）工况3

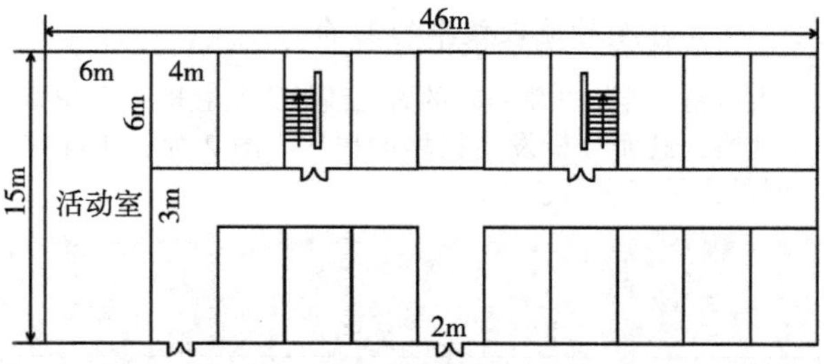

（d）工况4

图 1 各工况安全出口布置示意图

本文所研究的唯一变量为安全出口的布置位置，各工况的其余参数均不变。疏散模拟实验中所设置的人员特征参数均为 Pathfinder 软件中已设定好的基本人员属性。疏散模拟试验的总疏散人数为 200 人，且所有待疏散人员均随机分布于宿舍、活动室、疏散走道和大厅等区域内。每间宿舍及活动室开向疏散走道的疏散门宽度均为 1m。

2 模拟结果

完成模型搭建后，对每种工况进行疏散模拟，得到的模拟疏散时间结果如表 2 所示。疏散模拟结束后，整理疏散模拟的相关视频及数据，并对所得到的数据进行深入分析。

表 2 各工况的模拟总疏散时间

工况	模拟总疏散时间
1	48. 0s
2	45. 8s
3	43. 0s
4	47. 8s

由表 2 各工况模拟总疏散时间可以看出，总疏散时间最长为工况 1 的 48. 0s，其次为工况 4 的 47. 8s 和工况 2 的 45. 8s，总疏散时间最快的为工况 3 的 43. 0s。仅从总疏散时间看可以得出，工况 3 的学生宿舍楼安全出口布置更加合理，工况 1 的安全出口布置更加不合理。另外，工况 1 和工况 4 的模拟总疏散时间相近，与工况 2 和工况 3 的总疏散时间相差较大，故工况 1 和工况 4 的安全出口布置方式可能存在相同的问题，导致人员疏散效率低。

我们通过对各工况的疏散模拟的视频进行了详细的研究，分析发现工况 1 和工况 4 有一个共同的特点，就是工况 1、工况 2 和工况 4 的安全出口布置方式均导致学生宿舍平面布置出现较长的袋形走道，工况 1 两端有长度为 16m 和 20m 的袋形走道，工况 2 两端有长度为 8m 和 12m 的袋形走道，工况 4 一端有长度为 20m 的袋形走道，而总疏散时间最短的工况 3 的安全出口布置正好破除了学生宿舍平面布置两端的袋形走道形成。由此可得出，安全出口的布置方式不同，对人员疏散效率的影响较大。

3 问题分析

通过使用疏散模拟软件 pathfinder 对本文所设 4 个工况进行疏散模拟后，获得了模拟疏散视频和相关参数数据。我们仅从前一节对各工况的模拟总疏散时间和模拟疏散视频进行了分析，得出了安全出口的布置方式可能会导致袋形走道的形成，进而影响人员疏散效率。这一节，我们将做进一步的数据分析，更深入的分析安全出口布置对疏散效率的影响问题。

3.1 人员密度对疏散效率的影响

人员密度能够非常直观的看出疏散人员在哪一个位置发生了拥堵，进而分析发生拥堵的原因。图 2 为各工况在第 20s 时的人员密度示意图。

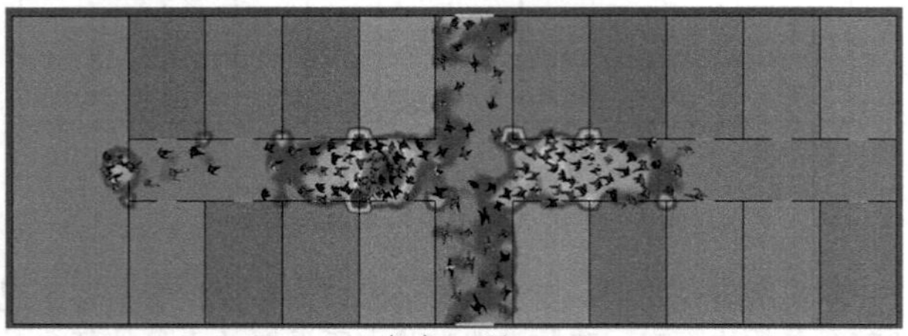

（a）工况1

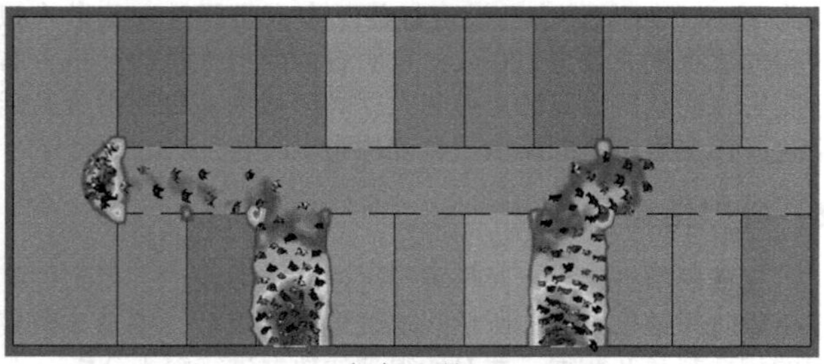

（b）工况2

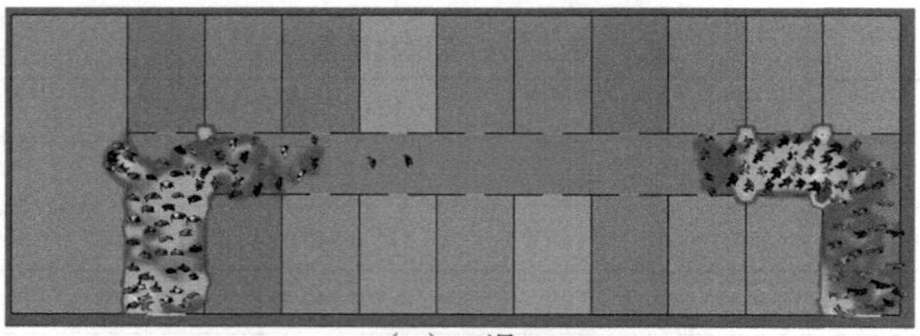

（c）工况3

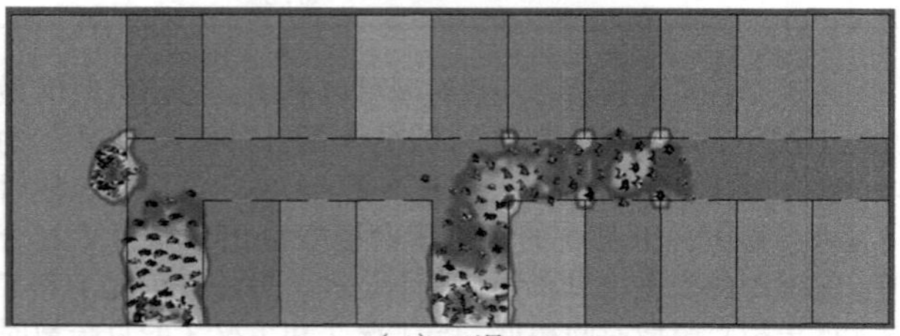

（d）工况4

图 2 各工况第 20s 时人员密度示意图

由上各工况第 20s 时人员密度图可以清晰的看出，疏散时间最长的工况 1 在第 20s 时，人员密度最大的地方在接近出口的横向走道处，此处发生了严重的人员拥堵现象。工况 2 和工况 4 在疏散第 20s 时，人员密度最大的地方在两个安全出口处，疏散人员在安全出口处发生拥堵，等待通过。疏散时间最短的工况 3 在第 20s 时，人员基本有序的通过两端的安全出口，人员密度较低，并未发生严重的拥堵现象。

工况 1 在第 20s 时人员密度较高的位置在接近出口的横向走道处，那正是因为 2 个安全出口均布置在了学生宿舍楼 1 楼中部位置，导致两端形成较长的袋形走道。横向疏散走道两侧的人员在疏散时，会短时间、集中、大量的涌入到疏散走道中，又因为离安全出口的疏散距离较远，故导致疏散走道内的人员密度急剧上升，发生严重的人员拥堵，可能会导致人员推搡、拥挤、踩踏事故的发生。

工况 2 和工况 4 的安全出口布置虽也形成了袋形走道，在疏散初期，疏散走道内的人员密度也会在短时间内迅速上升，但因其袋形走道的长度较短，人员能够快速的疏散至安全出口，故我们看到在第 20s 时，工况 2 和工况 4 的人员密度较高的位置主要是集中在安全出口处，疏散人员在安全出口处排队、等待通过。

工况 3 在第 20s 时，人员基本疏散完成，在疏散走道和安全出口处并未出现人员密度很高的现象。这是因为工况 3 的安全出口布置在了学生宿舍的两端尽头处，有效的避免了袋形走道的形成，也能相对平均的分配了人员疏散的压力，有效的提升了人员的疏散效率。另外，这样的安全出口布置，也能够一定程度的安排了人员有序的疏散，避免了大量的疏散人员短时间发生交汇，进而形成拥堵，降低人员疏散效率。

3.2 安全出口流量对疏散效率的影响

分析完人员密度对疏散效率的影响，我们再从安全出口流量对疏散效率的影响做进一步研究。图 3 为各工况中 2 个安全出口流量变化示意图。

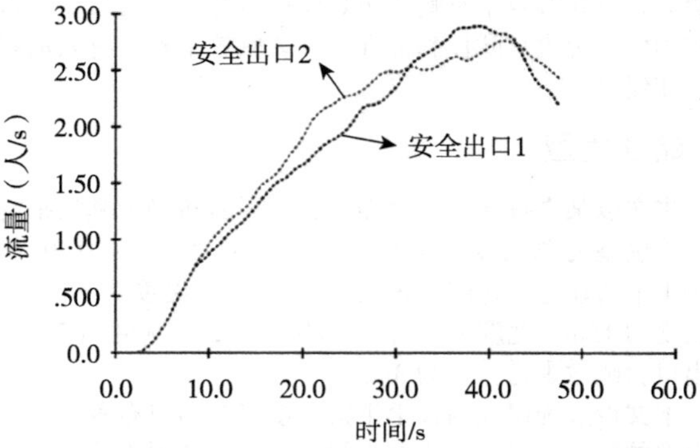

（a）工况1

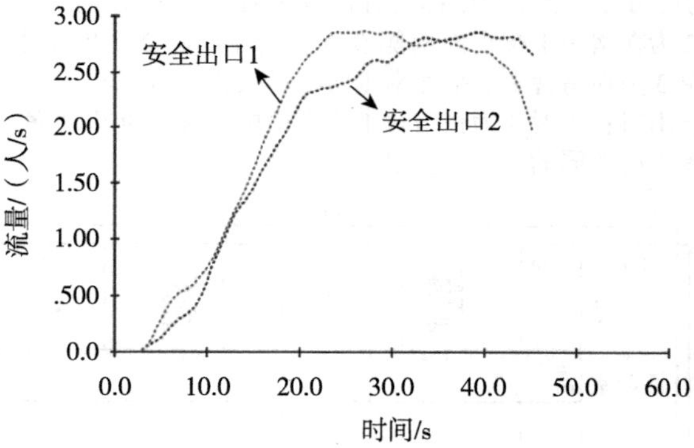

（b）工况2

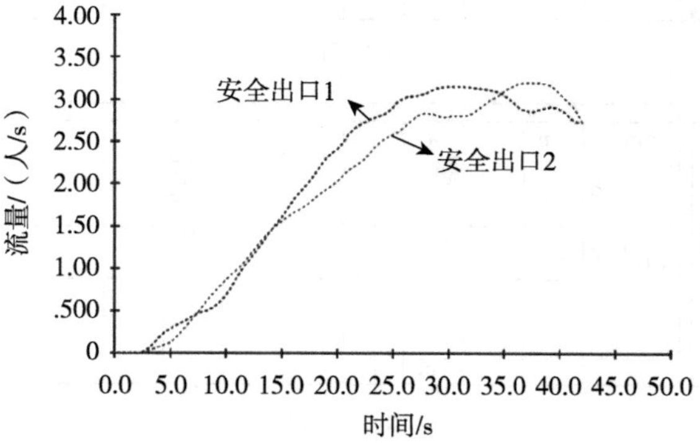

（c）工况3

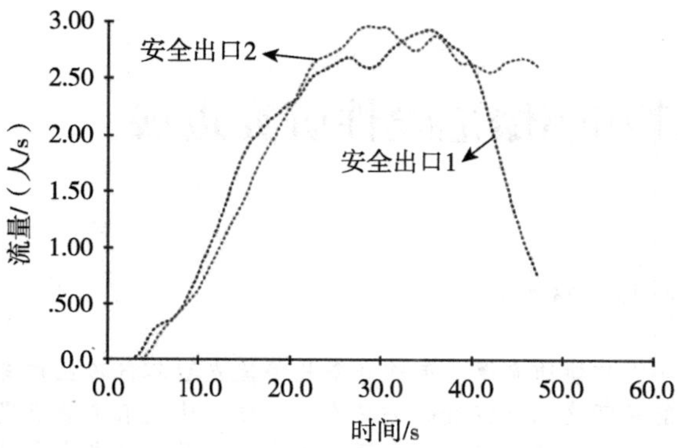

（d）工况4

图3　各工况中2个安全出口流量变化示意图

由图3各工况中2个安全出口流量变化示意图我们可以分析得出，疏散时间最短的工况3的2个安全出口流量都超过了3人/s，而工况1、工况2和工况4的2个安全出口流量都没有超过了3人/s，这表明工况3的安全出口布置方式能够更大程度的提高安全出口流量，更加充分的利用安全出口。

我们还可以对比疏散时间最长的工况1和疏散时间最短的工况3的安全出口流量曲线图，可以发现，工况1在38s左右时安全出口的流量才达到峰值3人/s，而工况3在25s左右时安全出口流量就已达到3人/s，在32s左右时就达到峰值3.3人/s。古聪这里我们也可以分析出，工况1的安全出口布置方式使得待疏散人员需要花费更长的时间疏散至安全出口。

另外，我们分析工况2和工况4的安全出口流量曲线图可以得出，这两个工况在28s左右的时间安全出口流量就已经达到峰值，并在峰值范围上下波动，这说明大部分疏散人员长时间集中在安全出口处等待疏散，人员在安全出口处发生拥堵，也会造成人员压力过大，安全出口流量受限。

4　结论

本文针对高校学生宿舍楼安全出口布置对人员疏散效率的影响展开了研究。本文以某高校1楼平面搭建模型，设置了4种安全出口布置方式不同的工况，运用Pathfinder疏散模拟软件对4种工况进行模拟，得到了一下模拟结果：工况1为在宿舍1层平面中部位置设置正对的2个安全出口，其模拟总疏散时间最长，为48.0s；工况3为在宿舍1层平面南侧两端尽头设置方向相同的2个安全出口，其模拟总疏散时间最短，为43.0s。

收集整理模拟视频和数据，从模拟总疏散时间、人员密度和安全出口流量进行分析。分析得出，(1)安全出口的不合理布置导致袋形走道的形成，会大大降低人员的疏散效率，增加人员疏散时间；(2)袋形走道会造成人员在疏散过程中，短时间在疏散走道内造成大量人员汇集，人员密度过大，发生拥堵现象；(3)合理的安全出口布置方式不仅会避免袋形走道的形成，还会有效的增加安全出口流量，降低疏散人员在安全出口处拥堵的时间，提高疏散效率。

通过本文的研究，可以得到安全出口是否合理有效的布置，对高校学生宿舍的疏散效率有显著的影响。希望通过本文的研究，能够为高校学生宿舍的安全出口布置方式提供有力的理论支撑和指导意见。

参考文献

[1] 徐海博，任国友，黄川，王昕，李若昕．基于Pathfinder的高校高层类宿舍楼应急疏散仿真分析［J］．中国应急管理科学，2021（12）：72-84.

[2] 邹馨捷，萨木哈尔·波拉提，郝明，庞奇志．基于Pyrosim和Pathfinder的高校学生宿舍火灾人员疏散安全性模拟分析［J］．安全与环境工程，2020，27（04）：195-200. DOI：10.13578/j.cnki.issn.1671-1556.2020.04.026.

[3] 毛星雨，李莉，谢梅．大学生宿舍火灾发生时人群疏散的研究［J］．经贸实践，2018（07）：193.

[4] 周文科，赵欢，周慧娟．基于AnyLogic仿真的高校宿舍火灾疏散研究［J］．消防科学与技术，2014，33（12）：1383-1386.

[5] 唐巍，常帅男，杨谱，彭思伟．基于buildingEXODUS模拟评估高校宿舍疏散安全［J］．安全，2011，32（01）：8-11.

[6] 王志涛，李轶杰．基于Pathfinder模拟的教学楼出入口与楼梯优化研究［J］．安全，2020，41（04）：15-21. DOI：10.19737/j.cnki.issn1002-3631.2020.04.003.

[7] 李昱洁．高校公寓应急疏散规律及消防对策研究［D］．中国地质大学（北京），2019. DOI：10.27493/d.cnki.gzdzy.2019.000783.

[8] 蒋云．基于SuperMap的高层学生公寓火灾风险评估与应急救援指挥系统研究［D］．安徽理工大学，2017.

[9] 王锟，盛武，段若男．基于Pathfinder的高校教学楼出口人员疏散仿真研究［J］．中国安全生产科学技术，2016，12（07）：180-186.

[10] 王锟，盛武．高校教学楼楼梯出口应急疏散模型研究［J］．消防科学与技术，2016，35（03）：332-335.

[11] 何怡婧，曾坚，王子寒，付明达，张旭州．高层学生宿舍火灾疏散模拟与逃生行为研究［J］．消防科学与技术，2013，32（01）：15-18.

[12] 史波波，李金珀，何聪．高校学生宿舍火灾及人员的安全疏散研究［J］．消防技术与产品信息，2010（06）：43-46.

[13] 刘康明．考虑教学楼教室布局对疏散效率的仿真模拟研究［J］．今日消防，2021，6（06）：10-12.

三元锂离子电池热失控产气特性和燃爆危险性研究进展

郭鑫尧

（中国人民警察大学，河北 廊坊）

摘 要 锂离子电池由于其能量密度高、维修成本低、自放电小、可快速充电、循环寿命长等优点被各行各业广泛应用。镍钴锰（NCM）酸锂三元正极材料较其他阴极材料具有较高的能量密度以及较好的循环寿命，被认为是未来最有发展前景的正极材料。然而其热稳定性差造成的三元锂电池热失控危险性高，依然是当前尚未解决的安全问题。本文主要总结近年来关于三元锂离子电池热失控时的产气机理及其燃爆危险性的研究情况，以期提高人们对电池燃爆危险性的认识，加强应对措施，避免因此产生的人员伤亡。

关键词 三元锂离子电池 热失控 产气 燃爆 安全

1 引言

在现代社会中，各类电子设备提高了人们的生活质量。自1991年锂离子电池商业化[1]以来，电脑、手机、电动汽车的广泛应用刺激了锂离子电池行业的快速发展。锂离子电池具有能量密度大、体积小、电压高、输出功率好、记忆效应小、寿命长等特点，已成为当前储能电源的首选[2]。

锂离子电池是对温度和电压十分敏感的产品[45]，许多研究人员已经对锂离子电池进行了综述[3-6]。前人不仅解释了锂离子电池的构造原理，并总结了锂离子电池的热失控机理。锂离子电池由正极材料、电解质、隔膜以及负极材料等成分构成。热失控是影响锂离子电池安全的关键问题。基于绝热量热仪（Accelerating Rate Calorimeter，ARC），国内外学者对锂离子单体电池及模组展开了大量的热失控机理理论和试验研究[29-32]。在锂离子电池发生热失控过程中，总结一些主要文献[7-11]得到的电池组份材料在不同温度下发生的反应及相对放热量，从低温到高温排序，锂离子电池将依次发生：50℃时锂离子电池容量开始衰减；69℃时固体电解质介面膜（SEI）开始分解；当温度超过120℃时，负极材料与电解液发生反应；隔膜在130℃时开始收缩，造成锂离子电池的内短路；当电池内部温度达到210℃时，其正极材料和电解质溶液开始分解。这一过程中几乎每一步都会产生可燃气体[12-17]，在电池安全阀打开后喷出，如图1所示。

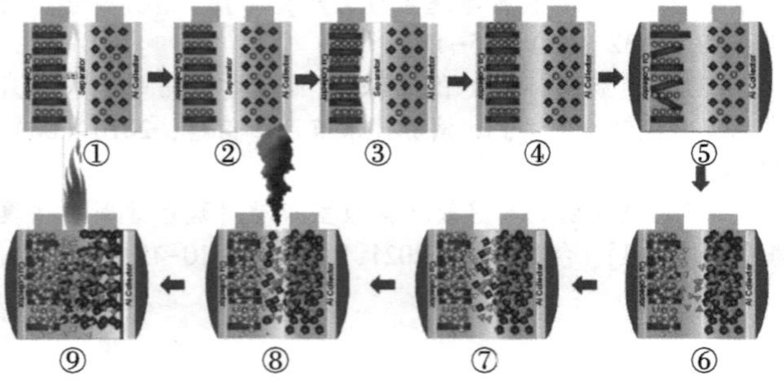

图1 锂离子电池热失控过程[15]

当下，三元锂离子电池（$LiNi_xCo_yMn_zO_2$，NCM）被认为是最具有前途的，因为其比其他材料具有更高的能量密度与成本效益[18]，如特斯拉电动汽车Model S中所使用的圆柱形18650型NCM锂离子电池，每一节的容量可达到3.4Ah，一次充电完成可使汽车行驶380km以上的驾驶里程[19]。然而NCM电池的正极材料热稳定性较差，在高温下容易分解释放氧气参与热失控反应放出大量的热，具有较高的热失控危险性。热失控的危险性由多方面构成，如高温、火焰、有毒气体等，其中最危险的情况之一就是可燃气体燃爆。燃爆不仅会迅速提升环境温度增加热失控蔓延的速度，甚至会直接造成人员伤亡。因此，三元锂离子电池热失控产气特性和燃爆危险性是目前人们研究的热点话题。

2 三元电池热失控研究

2.1 三元电池热失控原因研究

锂离子电池热失控时一般都伴随内短路现象，广义而言，内短路是由于电池隔膜失效，导致电池内部正负极活性材料接触，从而引起电化学电势差产生的放电并产热现象[1]。通常情况下，当锂离子电池内部放热反应所产生的热量高于其向环境中损失的热量时，锂离子电池的热失控情况发生。锂离子电池热失控的原因可以分为三类：机械滥用、热滥用以及电滥用[2]，如图1所示。其中机械滥用一般是指通过机械外力的作用，使隔膜穿刺或断裂，从而引起锂离子电池内部短路；电滥用是锂离子电池经过过充或过放电过程，锂离子析出为锂金属，刺破隔膜，从而发生内短路；热滥用指的是锂离子电池温度过高，导致隔膜收缩或破裂，引发电池内短路[20]。冯旭宁等人[44]通过建立锂离子电池三维热失控模型分析，得出以下四种方法抑制锂离子电池热失控：①提高锂离子电池热失控触发温度；②降低锂离子电池热失控过程中释放的总能量；③提高锂离子电池散热能力；④在相邻电池间增加隔热层。此模型成功阻止了锂离子电池热失控，并得到了实验验证，为锂离子电池安全提供了坚实的理论支撑。

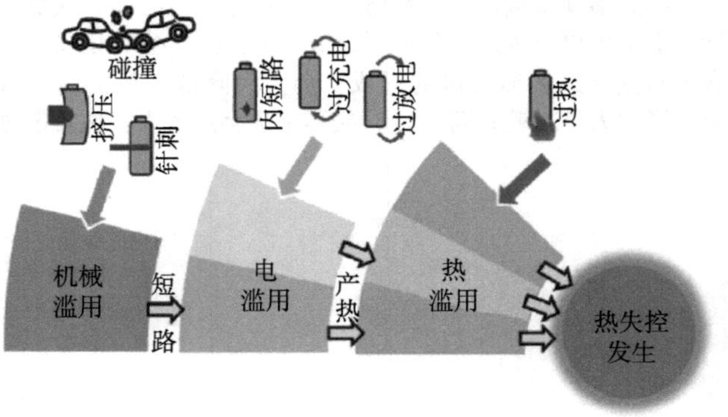

图2 锂离子电池热失控原因总结[2]

本课题组王淮斌等人[20]使用ARC对42安时NCM111锂离子电池进行了热失控测试，如图3～图5所示。结果得到锂离子电池发生热失控时，电池内部最高温度可达920℃，在保持均匀受热时，热失控时的内外温差仍可达403℃；锂离子电池热失控喷发颗粒包含金属氧化物、碳酸化合物、氟化物、金属单质、石墨单质，且LiF和石墨单质是喷发颗粒的主要组成部分，质量分数约占80%，失控后电池残骸中$LiCO_3$和石墨质量分数占比较高，占80%以上，且热失控释放的能量10%足够触发临近电池发生热失控；电池内部的热失控持续时间约为8~10s，泄压口破裂早于前表面热失控，也早于电池内部热失控，模组级热失控过程中，其质量损失呈现出逐渐递减的趋势，且模组凸起变形方向与热失控蔓延方向相反。

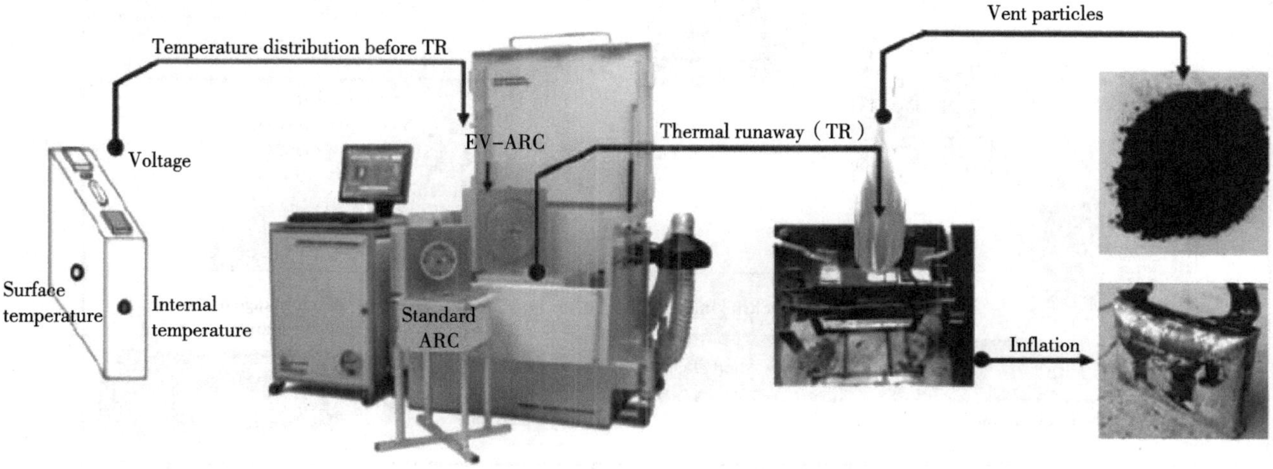

图3 大容量绝热量热仪电池单体热失控测试[20]

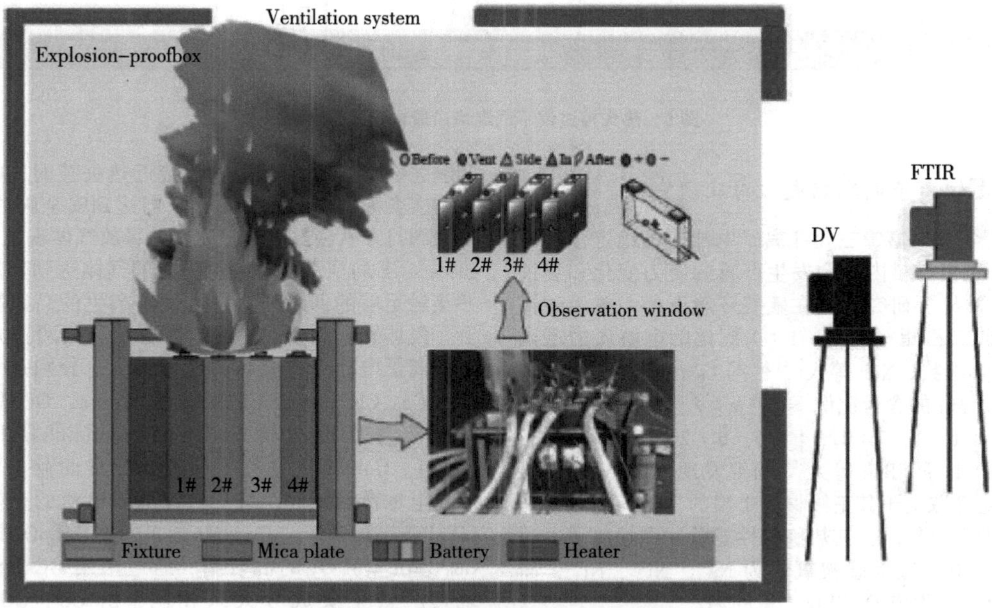

图4 NCM111电池模组热失控蔓延实验设计[20]

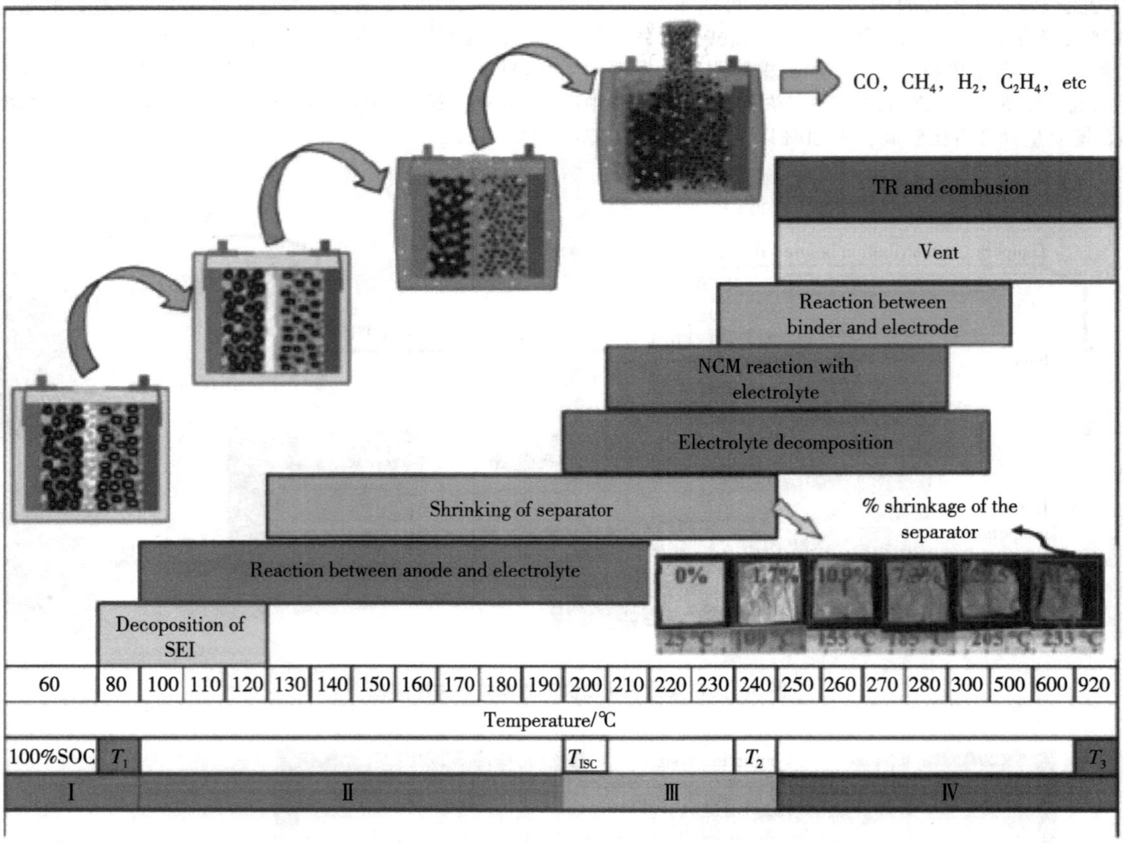

图 5 热失控过程不同温度阶段内部反应[20]

2.2 不同三元锂离子电池热失控对比研究

Liang 等人[26]在对富镍三元锂离子电池热不稳定性的研究后发现 NCM 正极材料内部会发生严重的应力变化和裂纹的产生。Gong 等人[22]研究得到在氩气环境下的六氟磷酸锂（$LiPF_6$）与碳酸二乙酯（DEC）1∶1 配比的电解质中不同 NCM 材料的产热参数。Noh 等人[24]根据 Li（$Ni_xCo_yMn_z$）O_2 材料中 Ni、Co、Mn 的含量比例不同，$x∶y∶z$ 可以为 8.5∶0.75∶0.75、8∶1∶1、7∶1.5∶1.5、6∶2∶2、5∶2∶3、4∶3∶3、1∶1∶1 等。Bak 等人[23]研究发现 NCM 三元锂离子电池的热稳定性取决于其正极材料中镍的含量。在三元锂离子电池中镍的含量越高，其热稳定性越差。在锂离子电池热失控过程中，镍由低价态被氧化为 Ni^{2+}、Ni^{3+}、Ni^{4+}，而 Ni^{4+} 与电解液反应可生成 O_2 以及大量的热。

本课题组王淮斌等[28]研究了 21700 型号 NCM811 高镍锂离子电池由正极局部过热所引发的电池热失控行为，分析得到同等环境下其电池表面温度显著高于 NCM622、NCM532 以及 NCM111。我们还研究了在不同镍含量下三元锂离子电池单体与模组的热失控行为[18]，研究发现 NCM622、NCM532 以及 NCM111 三者热失控最高温度均超过了 950℃，NCM622 更是超过了 1000℃，且其升温速率最快，这使其热管理会更加困难。Cheng 等人[25]将双草酸硼酸锂（LiBOB）与多巴胺融入 NCM811 电解质溶液中，使其正极表面形成更稳定的正极-电解液界面膜（CEI），是用于改善高容量正极表面的有效途径。

3 三元电池热失控产气特性及燃爆危险性研究

锂离子电池的产气问题是电池安全以及使用寿命的关键问题之一[33]。当锂离子电池接近热失控时，电池内部气体的增多会导致内部压力上升，当达到安全阀的释放压力时，安全阀打开就会发生电池喷发并释放气体现象（cell eruption gases，CEG）[15,34-36]。一旦释放的气体达到其爆炸极限范围并接触足够的助燃剂，在热失控产生的高温物质引燃作用下，气体燃爆就会发生。当前通常利用两种方法[40-42]以确定锂离子电池热失控释放气体组成，分别是气相色谱质谱法（Gas Chromatograph/Mass Spectrum，GC/MS）、傅里叶变换红外光谱法（Fourier transform infrared spectrometry，FTIR）。Golubkov 等人[49]研究了三种商业 18650 型号的锂离子电池产气特性，这三种锂离子电池的正极材料分别是 $LiFePO_4$、Li（$Ni_{0.45}Co_{0.1}Mn_{0.45}$）$O_2$、$LiCoO_2$ 以及 Li（$Ni_{0.5}Co_{0.25}Mn_{0.25}$）$O_2$ 的混合物，通过采用 GC/MS 样品分析发现其产气主要成分大致相同，由 CO、CO_2、H_2、CH_4、C_2H_4 等气体组成，且 CO、CO_2、H_2 占比 70%以上，如图 6 所示。

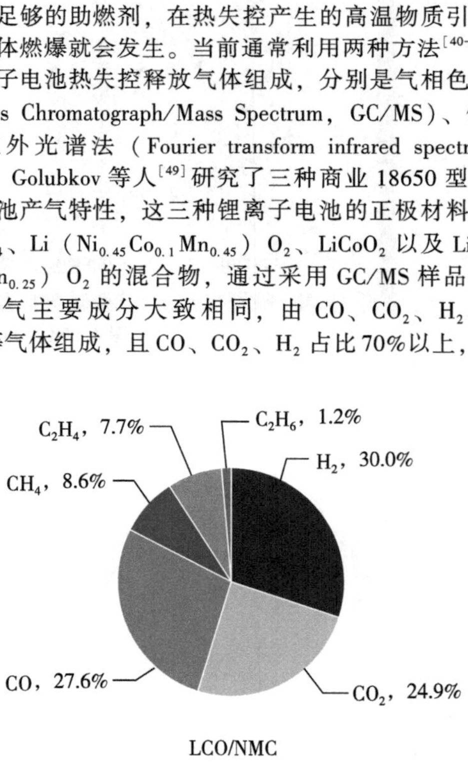

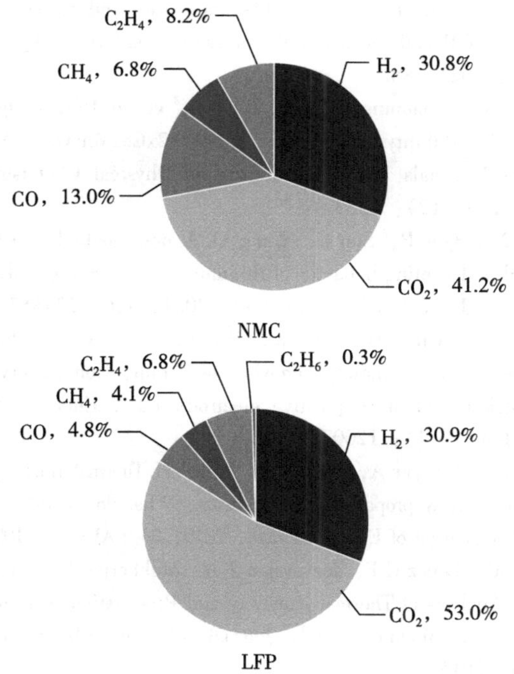

图 6　Golubkov 等人在 100%SOC 下测量 18650 型号电池得到的燃爆气体成分[49]

Yu 等人[48]使用 TG-FTIR-GC/MS 联用仪研究了锂离子电池的正极材料热解行为，其中 FTIR 分析显示 CO_2 的释放量在 195℃到 928℃范围内随温度升高而增加，而当温度上升至 599℃以上时，H_2O 与氟衍生物的释放量呈下降趋势。Qin 等人[27]对 NCM811 锂离子电池在 100%SOC 下进行了产气测试，得到了两个重要结论：①当电池温度接近不可控时，其升温速率与产气速率并不是线性关系；②电池内安全阀的开启取决于内部产生气体的压强。

通过对锂离子电池热失控气体释放量的实时监测可以发现，电解质溶液是热失控前从电池中喷出的气体主要成分[43]。电解液在锂离子电池中占据相当大部分，电解液中不稳定性来源于溶剂以及锂盐，几乎锂离子电池中发生的所有的化学反应都与电解质溶液有关[45]。现在商业电池基本都在使用六氟磷酸锂（$LiPF_6$）盐溶液，因为其具有良好的导电性能，但它在高温下很容易分解出有毒和腐蚀性气体[47]。Kerr 等人[46]测试出 $LiPF_6$的初始分解温度约为 80℃，一旦发生分解，会释放出 HF 等有毒气体以及 CO、CH_2、C_2H_4 等可燃气体，同时发生的各类化学反应会放出大量的热，引起锂离子电池胀气和泄露。

Guo 等人[38]基于现有的研究结果[37]，计算出 CEG 的可燃性范围，并发现随着荷电状态的增加，锂离子电池可燃性范围也会增大。Baird 等人[39]对 NCM 锂离子电池的爆炸下限进行了量化工作，随着荷电状态的改变，其爆炸下限范围在 7.6~9.0%。

本课题组王淮斌等人[51]对不同正极材料的电池热失控所产生的气体的燃烧和爆炸特性包括最高温度，最高超压，爆炸指数，爆炸下限/上限，层流燃烧速度和最小灭火浓度进行了定性和定量分析。主要结论如下：①热失控危险性为 NCM811 > NCM622 > NCM523 > NCM11 > LiFePO4 （LFP），NCM811 是这些锂离子电池中最危险。②锂离子电池热失控过程中释放出的气体混合物主要由 CH_4、H_2、C_2H_4、CO、CO_2、C_2H_6等组成。LFP 电池释放的气体中含有最多的 H_2 和 C_2H_4（高达 51%），而 NCM 电池的二氧化碳和二氧化碳含量高达 60%。③气体爆炸很可能造成严重的破坏和伤害。目前的学术文献表明 NCM 电池比 LFP 电池更危险，但我们的实验表明 LFP 排出的气体电池具有较低的爆炸极限、较大的爆炸超压和较高的爆炸指数。④LFP 电池排出气体层流火焰速度高于 NCM 电池和纯 CH_4。在 NCM 电池中，NCM523 和 NCM111 排出气体的层流燃烧速度最高。根据机理分析，气体混合物中的 C_2H_4 和 H_2 是影响爆炸和燃烧危险性程度的决定因素。本研究未考虑电解液蒸气对燃烧和爆炸的影响排气参数，这是本研究的主要局限性之一。

以上的研究揭示了锂离子电池热失控产气的机理和燃爆危险性，为电池设计、安全防护等提供了理论撑。

4　总结与展望

当下，安全问题仍是锂离子电池大规模应用的主要障碍。燃爆作为热失控时最危险的现象之一，引发了人们对三元锂离子电池安全性能的担忧。因此增强锂离子电池的热稳定性、降低燃爆风险问题成为众多研究学者共同的目标。本文对三元锂离子电池热失控产气特性及燃爆危险性进行了综述。

综述前人以及本课题组的研究表明：①锂离子电池热失控排放的物质，不论是气体、液体还是固体颗粒有很高的燃烧和爆炸风险。对比不同类型电池的产气量为高镍电池大于低镍电池大于 LFP 电池，气体燃爆风险为 LFP 电池大于低镍电池大于高镍电池。②为了提高电池气体燃爆的安全性，降低混合气体中的 H_2 和 C_2H_4 的含量是有效降低其燃爆危险性的方法。以上工作可为提高锂离子电池的安全性提供指导。

今后的研究重点是通过调节排气量来抑制锂离子电池热失控引起的燃烧和爆炸。燃烧和爆炸在不同通风条件下的耦合效应也需要研究。

参考文献

[1] Wang Q, Mao B, Stoliarov S I, et al. A review of lithium ion battery failure mechanisms and fire prevention strategies [J]. Progress in Energy and Combustion Science, 2019, 73 (JUL.): 95-131.

[2] 冯旭宁. 车用锂离子动力电池热失控诱发与扩展机理、建模与防控 [D]. 清华大学, 2016.

[3] Spotnitz R, Franklin J. Abuse behavior of high-power, lithium-ion cells [J]. Journal of Power Sources, 2003, 113 (1): 81-100.

[4] Srinivas, Garimella, Todd, et al. A Critical Review of Thermal Issues in Lithium-Ion Batteries [J]. Journal of the Electrochemical Society, 2011, 158 (3).

[5] Lisbona D, Snee T. A review of hazards associated with primary lithium and lithium-ion batteries [J]. Process Safety & Environmental Protection, 2011, 89 (6): 434-442.

[6] Wen J, Yu Y, Chen C. A Review on Lithium-Ion Batteries Safety Issues: Existing Problems and Possible Solutions [J]. Materials Express, 2012, 2 (3): 197-212.

[7] Doughty D H. Vehicle Battery Safety Roadmap Guidance [J]. hybrid vehicles, 2012.

[8] Biensan P, Simon B, Peres J P, et al. On safety of lithium-ion cells [J]. Journal of Power Sources, 1999, s81-82: 906-912.

[9] Roth E P, Doughty D H. Thermal abuse performance of high-power 18650 Li-ion cells [J]. Journal of power sources, 2004, 128 (2): p. 308-318.

[10] Zaghib K, Dube J, Dallaire A, et al. Enhanced thermal safety and high power performance of carbon-coated

LiFePO4 olivine cathode for Li－ion batteries ［J］. Journal of Power Sources, 2012, 219 (DEC. 1): 36-44.

［11］ Eshetu G G, Grugeon S, Laruelle, Stéphane, et al. In-depth safety-focused analysis of solvents used in electrolytes for large scale lithium ion batteries ［J］. Physical Chemistry Chemical Physics Pccp, 2013, 15 (23): 9145-9155.

［12］ Richard M N, Dahn J R. Accelerating rate calorimetry study on the thermal stability of lithium intercalated graphite in electrolyte I. experimental ［J］. Journal of the Electrochemical Society, 1999.

［13］ Venugopal G. Characterization of thermal cut－off mechanisms in prismatic lithium－ion batteries ［J］. Journal of Power Sources, 2001, 101 (2): 231-237.

［14］ 王海燕，唐爱东，黄可龙. Oxygen Evolution in Overcharged LixNi1/3Co1/3Mn1/3O2 Electrode and Its Thermal Analysis Kinetics ［J］. 中国化学：英文版，2011，29（8）：1583-1588.

［15］ Y Zhang, Wang H, Li W, et al. Quantitative identification of emissions from abused prismatic Ni－rich lithium－ion batteries ［J］. eTransportation, 2019, 2: 100031.

［16］ Larsson F, Bertilsson S, Furlani M, et al. Gas explosions and thermal runaways during external heating abuse of commercial lithium－ion graphite－LiCoO2 cells at different levels of ageing ［J］. Journal of Power Sources, 2018, 373 (JAN. 1): 220-231.

［17］ Peng Y, Yang L, Ju X, et al. A comprehensive investigation on the thermal and toxic hazards of large format lithium-ion batteries with LiFePO_4 cathode ［J］. Journal of Hazardous Materials, 2020, 381 (Jan. 5): 120916. 1-120916. 11.

［18］ Wang H, Du Z, Rui X, et al. A comparative analysis on thermal runaway behavior of Li (Ni Co Mn) O2 battery with different Nickel contents at cell and module level ［J］. Journal of Hazardous Materials, 2020, 393: 122361.

［19］ Sun P, Bisschop R, Niu H C, et al. A Review of Battery Fires in Electric Vehicles ［J］. Fire Technology, 2020: 1-50.

［20］ 王淮斌，李阳，王钦正，等. 三元锂离子动力电池热失控及蔓延特性实验研究［J］. 工程科学学报，2021，43（5）：13.

［21］ Mitigating Thermal Runaway of Lithium-Ion Batteries ［J］. Joule, 2020, 4 (4): 743 － 770. DOI: 10.1016/j.joule.2020.02.010.

［22］ Gong J, Wang Q, Sun J. Thermal analysis of nickel cobalt lithium manganese with varying nickel content used for lithium ion batteries ［J］. Thermochimica Acta, 2017, 655.

［23］ Bak S M, Sung-Jin C, Yoon C K, et al. Structural Changes and Thermal Stability of Charged LiNixMnyCozO2 Cathode Materials Studied by Combined In Situ Time－Resolved XRD and Mass Spectroscopy ［J］. ACS Applied Materials & Interfaces, 2014, 6 (24): 22594-22601.

［24］ Noh H J, Youn S, Yoon C S, et al. Comparison of the structural and electrochemical properties of layered Li ［NixCoyMnz］ O2 (x=1/3, 0.5, 0.6, 0.7, 0.8 and 0.85) cathode material for lithium－ion batteries ［J］. JOURNAL OF POWER SOURCES, 2013.

［25］ Cheng Fangyuan, Zhang Xiaoyu, Qiu Yuegang, Zhang Jinxu, Liu Yi, Wei Peng, Ou Mingyang, Sun Shixiong, Xu Yue, Li Qing, Fang Chun, Han Jiantao, Huang Yunhui. Tailoring electrolyte to enable high－rate and super－stable Ni-rich NCM cathode materials for Li-ion batteries ［J］. Nano Energy, 2021, 88.

［26］ Chaoping, Liang, Fantai, et al. Unraveling the Origin of Instability in Ni－Rich LiNi1－2xCoxMnxO2 (NCM) Cathode Materials ［J］. The Journal of Physical Chemistry C, 2016, 120 (12): 6383-6393.

［27］ Qin P, Sun J, Wang Q. A new method to explore thermal and venting behavior of lithium-ion battery thermal runaway ［J］. Journal of Power Sources, 2021, 486: 229357.

［28］ Wang H, Shi W, Hu F, et al. Over－heating triggered thermal runaway behavior for lithium－ion battery with high nickel content in positive electrode ［J］. Energy, 2021, 224 (Issue 3-4): 120072.

［29］ Boerger A, Mertens J, Wenzl H. Thermal runaway and thermal runaway propagation in batteries: What do we talk about? ［J］. The Journal of Energy Storage, 2019, 24 (AUG.): 100649.

［30］ Lopez C F, Jeevarajan J A, Mukherjee P P. Experimental Analysis of Thermal Runaway and Propagation in Lithium-Ion Battery Modules ［J］. Journal of The Electrochemical Society, 2015.

［31］ S Gao, L Lu, M Ouyang, 等. Experimental Study on Module－to－Module Thermal Runaway－Propagation in a Battery Pack ［J］. Journal of The Electrochemical Society, 2019, 166 (10): A2065-A2073.

［32］ Jiang Z Y, Qu Z G, Zhang J F, et al. Rapid prediction method for thermal runaway propagation in battery pack based on lumped thermal resistance network and electric circuit analogy ［J］. Applied Energy, 2020, 268: 115007.

［33］ In Situ Analysis of Gas Generation in Lithium－Ion Batteries with Different Carbonate－Based Electrolytes ［J］. Acs Appl Mater Interfaces, 2015, 7 (41): 22751-22755.

［34］ Finegan D P, Scheel M, Robinson J B, et al. In－operando high－speed tomography of lithium－ion batteries during thermal runaway ［J］. Nature Communications, 2015, 6: 6924.

［35］ Wang H, Zhang Y, Cheng L I, et al. Venting process of lithium－ion power battery during thermal runaway under medium state of charge ［J］. Energy Storage Science and Technology, 2019.

［36］ Li W, Rao S, Xiao Y, et al. Theoretical analysis of the fire boundaries of lithium－ion cell eruption gases caused by thermal runaway according to the thermal ignition theory ［J］. iScience, 2021, 24 (5): 102401.

［37］ Somandepalli Vijay, Marr Kevin, Horn Quinn. Quantification of Combustion Hazards of Thermal Runaway Failures in Lithium-Ion Batteries ［J］. SAE International Journal of Alternative Powertrains, 2014, 3 (1).

［38］ Guo C, Zhang Q. Determination on explosion limit of pyrolysis gas released by lithium-ion battery and its risk analysis ［J］. Journal of Safety Science and Technology, 2016.

［39］ Baird A R, Archibald E J, Marr K C, et al. Explosion hazards from lithium-ion battery vent gas ［J］. Journal of Power Sources, 2020, 446: 227257.

［40］ Hui Y, Zhuang G V, Jr P. Thermal Stability of LiPF6 Salt and Li－ion Battery Electrolytes Containing LiPF6 ［J］. Journal of Power Sources, 2006, 161 (1): 573-579.

［41］ Grégory G, Perrine R, David M, et al. Gas Chromatography/Mass Spectrometry As a Suitable Tool for the Li-Ion

Battery Electrolyte Degradation Mechanisms Study [J]. 2010.

[42] Gachot G, Grugeon S, Eshetu G G, et al. Thermal behaviour of the lithiated-graphite/electrolyte interface through GC/MS analysis [J]. Electrochimica Acta, 2012, 83 (none).

[43] Larsson F, Bertilsson S, Furlani M, et al. Gas explosions and thermal runaways during external heating abuse of commercial lithium-ion graphite-LiCoO2 cells at different levels of ageing [J]. Journal of Power Sources, 2018, 373 (JAN.1): 220-231.

[44] Feng Xuning, Languang, et al. A 3D thermal runaway propagation model for a large format lithium ion battery module. [J]. Energy, 2016.

[45] Duan J, Tang X, Dai H, et al. Building Safe Lithium-Ion Batteries for Electric Vehicles: A Review [J]. Electrochemical Energy Reviews, 2020, 3 (1): 1-42.

[46] Sloop S E, Kerr J B, Kinoshita K. The role of Li-ion battery electrolyte reactivity in performance decline and self-discharge [J]. Journal of Power Sources, 2003, s 119-121 (03): 330-337.

[47] Kalhoff J, Eshetu G G, Bresser D, et al. Safer Electrolytes for Lithium-Ion Batteries: State of the Art and Perspectives [J]. Chemsuschem, 2015, 8 (17).

[48] Yu S, Xiong J, Wu D, et al. Pyrolysis characteristics of cathode from spent lithium-ion batteries using advanced TG-FT-IR-GC/MS analysis [J]. Environmental Science and Pollution Research, 2020, 27 (1).

[49] Andrey W. Golubkov, David Fuchs, Julian Wagner, Helmar Wiltsche, Christoph Stangl, Gisela Fauler, Gernot Voitic, Alexander Thaler, Viktor Hacker. Thermal-runaway experiments on consumer Li-ion batteries with metal-oxide and olivin-type cathodes [J]. RSC Advances, 2014.

[50] Zhu J, Zhang X, Luo H, et al. Investigation of the deformation mechanisms of lithium-ion battery components using in-situ micro tests [J]. Applied Energy, 2018, 224: 251-266.

[51] Wang H, Xu H, Zhang Z, et al. Fire and explosion characteristics of vent gas from lithium-ion batteries after thermal runaway: A comparative study [J] eTransportation, 2022, 13: 100190.

导线弯曲状态对过电流诱发短路故障位置及引燃距离影响研究

金　运

(中国人民警察大学，河北　廊坊)

摘　要　为深入研究护套线弯折角度对过电流诱发短路故障的影响，搭建模拟不同角度不同过电流条件下的过电流诱发短路故障电路实验台，利用高速摄像机记录短路发生过程，改变护套线布设弯折角度，通不同倍率过电流，分析短路发生过程、起火位置、燃烧距离与铺设角度α、电流值的关系。结果表明：护套线首次诱发短路故障的位置主要受导线弯折角度影响，在所有角度测试中，发现首次诱发短路位置出现在区域152~304mm的概率高达88%。起火点位置主要集中分布在弯折角度处，以及靠近电流输出端；短路拉弧次数均随电流值增大而递增，右侧拉弧次数拉弧次数增速大于左侧；随着电流值升高，导线不同弯折角度诱发短路故障导线绝缘燃烧时间随电流值增加整体呈上升趋势；研究结果为电气火灾调查提供数据支撑。

关键词　电气火灾　故障转化　弯折角度　短路位置　燃烧距离

1　引言

导线过电流故障是引发火灾的常见原因之一[1]，聚乙烯绝缘护套线具有较强的引燃能力。在实际生活中导线受到墙体、家电、家具等障碍物阻挡，多会为绕过障碍物，采取带有弯折角度的方式布线。导线弯折角度处会出现应力变化，弯折角度会导致内部零线与相线间距缩小，当其发热时在应力处是否更易发生短路故障，目前此方面的研究鲜有报到。

设备电源线使用的护套线，通常为双芯或三芯线缆，相线和零线同时发热，绝缘受损逐渐失效，易引发短路故障，故障时线路电流会激增为额定电流值的3~7倍[2]并产生电弧，残留下短路熔痕，掩盖前期发生的过电流故障，由于与火灾中短路熔痕形成环境相似，常被误认为是火灾中形成的短路熔痕，易造成错误的调查认定结论[3]。从已掌握的资料看，在中国220V AC或欧美日120/110V AC的真实场景下，模拟双芯护套线过电流诱发短路故障，对配电系统的要求高且冲击大。Fujita[4-8]等实验重点研究了通过在正常重力条件下改变施加在电线上的交流电压和频率，研究发现在低频范围内，火焰蔓延速率随着频率和电压的增加而降低。而在高频状态下，它最初随电压下降，然后上升；Babrauskas等[10]明确表示了过电流故障会增加引发火灾的可能性，分别阐述了四种可能造成过电流故障情况及机理；张金专[11]等改变不同倍数的过负荷电流值，探究温升规律及羊毛织物着火时的主要性能。研究结果发现随过负荷电流值增大点燃时间缩短；李阳等[12]研究PVC护套线过电流诱发短路过程及绝缘燃烧速率，发现护套线诱发过电流故障产生的电弧会引起绝缘层的明火燃烧，燃烧持续时间与火焰蔓延速率均随电流值的增大呈指数递增；舒中俊等[13]在过电流条件下对PVC材料绝缘导线和阻燃PVC材料绝缘导线进行老化实验，建立了绝缘失效和击穿时间与过电流值之间的函数关系；Iwashita等[14-15]首次提出了非金属护套电源线受到热辐射作用后，直接短接和电弧短接产生不同的短路熔痕；王博等[16]模拟聚氯乙烯绝缘阻燃单芯铜导线在不同电流值下的过电流故障，研究了导线发热过程及熔断痕迹形成过程。林庆文等[17]利用高速影像及视频分析技术研究过电流导线线芯发热、熔断、电弧引燃及绝缘燃烧随电流值的变化规律；同年，孙烨[18]等借助高速影像，分析护套线过电流诱发短路故障的转化过程，统计短路发生概率，获取短路发生的时间和次数，并对护套线起火燃烧过程进行研究。

综上所述，目前国内外研究学者均未考虑角度对首次诱发短路概率及燃烧状态的影响。因此本课题选用生活中常用于设备电源线的 RVVB 护套线，固定电压值 220V，通过改变流经护套线的电流值以及护套线布线的弯折角度，模拟真实火灾现场中的设备电源线绕墙角、家用电器等弯折角度处布线发生过电流故障过程，通过对首次诱发短路位置及燃烧行为分析，找到典型特征和规律。为精准电气火灾调查及物证鉴定提供理论依据。

2 试验

2.1 试验材料

RVVB 导线：选用正泰电器公司生产的 RVVB 2×1.0mm^2 铜芯软线（绝缘层材料为 PVC）；绝缘层厚度为 0.8mm；截面积为 15.5mm^2 的扁形电源线。

1.0mm^2 的 RVVB 导线的每股主线芯由 20 支直径为 0.25mm 的细线芯绞合而成，分别由不同颜色 PVC 绝缘层包裹，RVVB 导线截面如图 1 所示。

图 1 RVVB 护套线横截面

2.2 实验方法与设备

首先根据预实验筛选五个过电流值（I = 39，42，45，48，51A），然后确定导线弯折的角度，取两空开接口处的直线距离为 x 轴，弯折角度到 x 轴的垂直距离为 y 轴，建立坐标系。固定 x 为 19cm，通过改变 y 轴的垂直距离控制角度变化，故弯折角度计算如公式（1）。在 19cm 处以 2cm 为间隔，上下浮动 2 个位置，量化弯折角度。

$$\alpha = \arctan \frac{y}{x} \tag{1}$$

其中，α 为导线弯折角度，y 为空开中垂线从垂足向上延伸的距离，x 为空气开关中点至空气开关的距离。

根据需求截取的 RVVB 护套线若干段，在两端各剥去 30mm 绝缘层后，经由 DELIXI（DZ47S-3PC63 型）额定电流 63A 断路器连接至电气火灾故障模拟及痕迹制备装置（220VAC）和可调式电阻器（国人民警察大学自主设计）最大输出电流为 66A，并选取适当位置架设普通相机（Canon 5DMark4）和高速摄像机（Phantom 640）捕捉导线发热形变过程及导线熔断、燃烧瞬间状态，实验装置示意如图 2 所示。

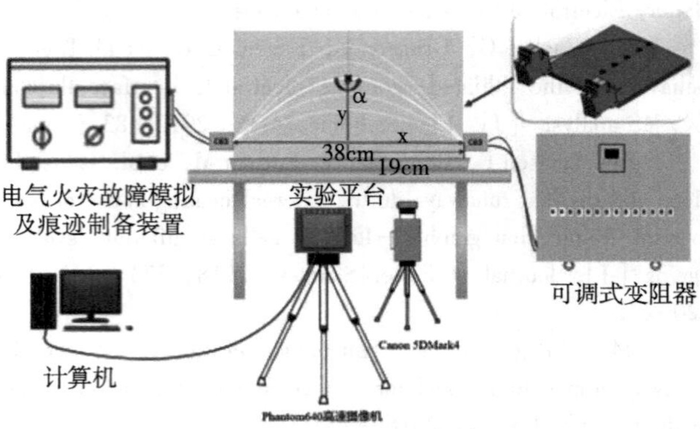

图 2 实验装置示意图

3 结果与分析

3.1 弯折角度对首次诱发短路位置影响分析

取两侧空气开关导线接线处的为端点，连接两端取一条与实验台平行的虚线，并取 6 条垂线，垂直连接线并将两侧空气开关之间距离均分为 5 个等距区域。由电流输出端向电流输入端将 5 个等距区域依次记为 A、B、C、D、E，如图 3 所示。便于统计首次诱发短路的具体位置。

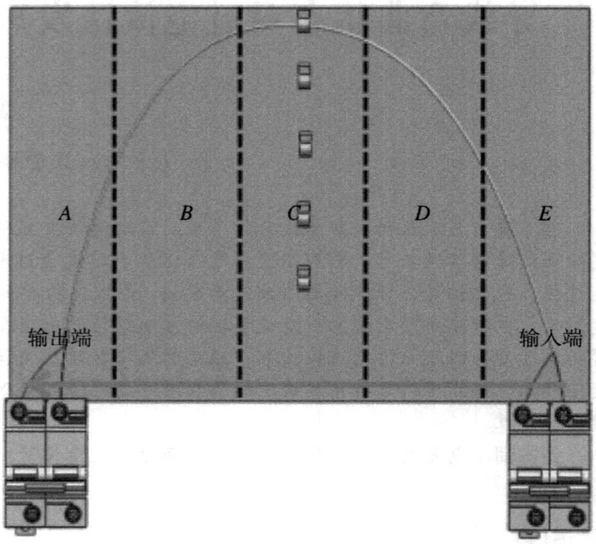

图 3 短路故障点分布区域示意图

以不同弯折角为基础度，分别对 I = 39A、42A、45A、48A、51A 的五次平行实验首次诱发短路区域进行统计，统计结果见图 4。分析数据可知：在多组实验中首次出现在区域 B（228～304mm）处的短路故障高达 67 次；区域 D（76～152mm）仅累计出现 6 次故障；区域 C（152～228mm）出现的首次诱发短路有 37 次仅次于区域 A（304～380mm）短路次数；然而区域 E（0～76mm）处的护套线仅发生一次明显的短路故障，绝大部分只是出现线芯发热、绝缘皮起泡冒烟、绝缘炭化等物理现象。

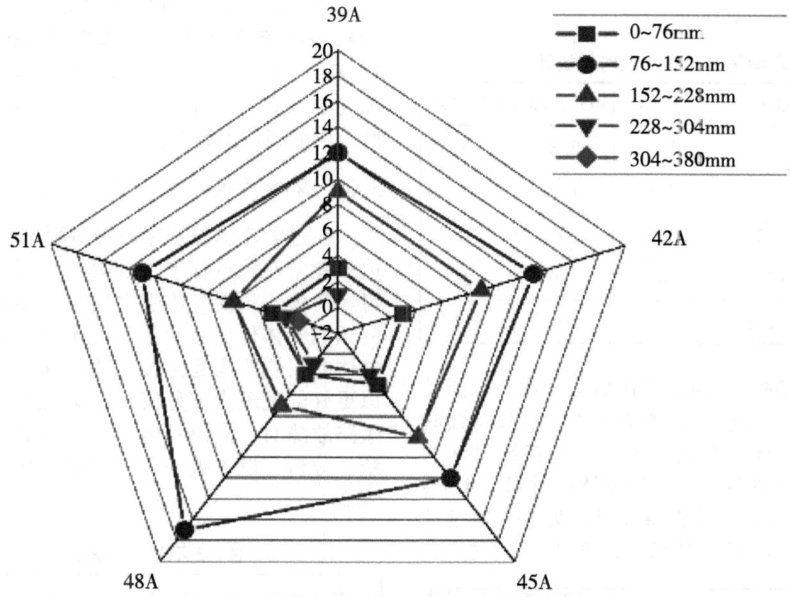

图 4　不同电流值诱发首次诱发短路区域次数统计

导线首次诱发短路区域受导线弯折角度、热解炭化速率的影响，故障的区域 B 处于护套线弯曲的中心左侧位置，且靠近输入端，根据焦耳电定律线芯逐渐发热且两护套线之间热量相互耦合，加快绝缘皮热解速度，增大 B 区域电弧短接的概率。相反情况下区域 E 由于线芯所产生的热量和外界空气形成良好的热传递，热量的损失降低了此区域短接的次数。不同电流值下统计首次诱发短路区域的分布概率，如图 5 所示，分析图中数据可知：①护套线在弯折布线对首次诱发短路区域的影响极为明显，首次诱发短路的位置出现在区域 152~304mm 的概率高达 88%。②在 5 组过电流值的实验数据对比下，出现区域 304~380mm 内的首次诱发短路概率基本稳定在 12%。

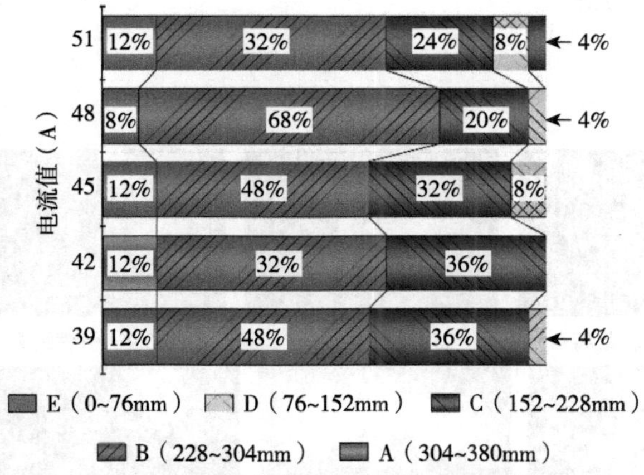

图 5　不同电流值首次诱发短路区域分布概率

3.2　弯折角度对拉弧持续时间的影响

对过电流值为 39A、42A、45A、48A、51A 的 5 个弯折角度条件下，拉弧起始于右侧实验的过电流诱发的短路过程持续时间进行统计，统计结果见表 1。

表 1　弯折角度左侧拉弧持续时间统计

电流值/A	76.6°/s	83.6°/s	90°/s	95.7°/s	100.9°/s
39	2	2.2	1.7	2.8	0
42	1	0	2.1	1.9	0
45	0	2	3.6	0	2.8
48	0	2.2	0	1.9	0
51	0	2.3	1.6	0	3.1

通过表 1 可知，39A 时，短路故障次数为 19 次，拉弧持续时间为 31.8s；42A 时，短路故障次数为 22 次，拉弧持续时间为 41.7s；45A 时，短路故障次数为 20 次，拉弧持续时间为 38.7s；48A 时，短路故障次数为 23 次，拉弧持续时间为 45.2；51A 时，短路故障次数为 22 次，拉弧持续时间为 46.2s。对统计数进行绘制拉弧持续时间与过电流值的误差棒图，见图 6。

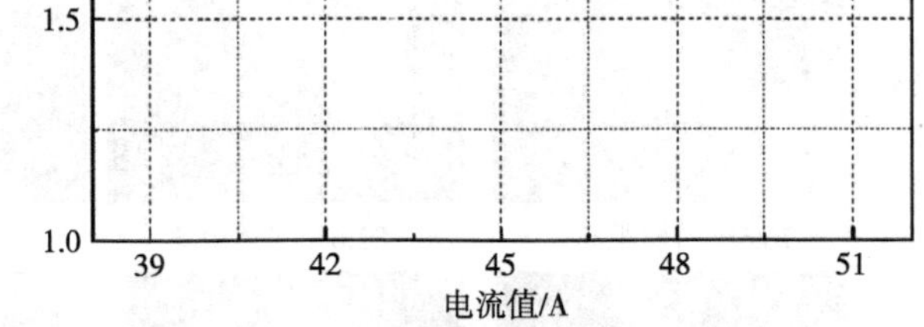

图 6　弯折角度左侧单次短路拉弧持续时间

由图 6 可知，弯折角度右侧过电流诱发短路故障 39A、42A、45A、48A、51A 条件下单次短路拉弧持续时间均值为 1.67s/次、1.89/次、1.93/次、1.97/次、2.1/次。整体呈上升趋势，短路拉弧时间均值随过电流值增大而增大。

从首次短路开始计算，到最后一次短路结束，两时间点间隔的时间段为短路过程持续时间，我们对过电流值为 39A、42A、45A、48A、51A 的 5 个弯折角度条件下，拉弧起始于右侧实验的过电流诱发的短路过程持续时间进行统计，统计结果见表 2。

表 2 弯折角度右侧短路过程持续时间统计

电流值/A	76.6°/s	83.6°/s	90°/s	95.7°/s	100.9°/s
39	2	2.2	1.7	2.8	0
42	1	0	2.1	1.9	0
45	0	2	3.6	0	2.8
48	0	2.2	0	1.9	0
51	0	2.3	1.6	0	3.1

通过表 2 可知，39A 时，短路故障次数为 6 次，拉弧持续时间为 8.7s；42A 时，短路故障次数为 3 次，拉弧持续时间为 5s；45A 时，短路故障次数为 5 次，拉弧持续时间为 8.4s；48A 时，短路故障次数为 2 次，拉弧持续时间为 4.1s；51A 时，短路故障次数为 3 次，拉弧持续时间为 7s。对统计数进行绘制拉弧持续时间与过电流值的误差棒图，见图 7。

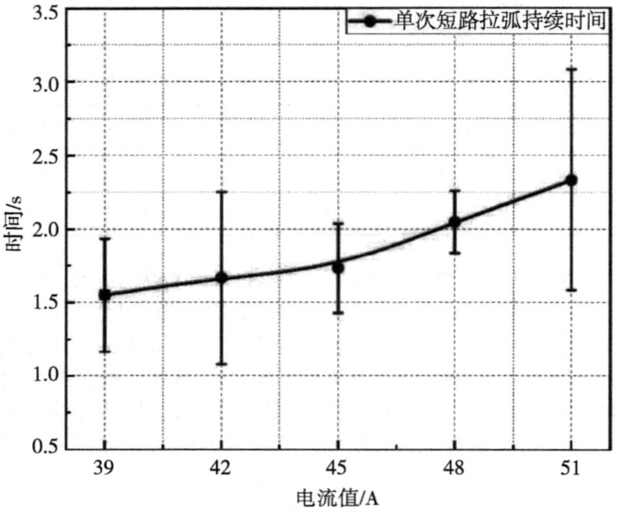

图 7 弯折角度右侧单次短路拉弧持续时间

弯折角度右侧过电流诱发短路故障 39A、42A、45A、48A、51A 条件下单次拉弧持续时间均值为 1.55s、1.66s、1.73s、2.05s、2.33s。整体呈上升趋势，短路拉弧时间均值随过电流值增大而增大。其中过电流值越大时，拉弧持续时间范围分布范围越大。

3.3 弯折角度对电弧能量与引燃距离的影响

在过电流诱发短路故障过程中，会产生反复拉弧现象，电弧能量在此过程中快速释放，引燃短路故障点周围预混可燃气体。预混气体引燃后释放出热量并向周围未被引燃的预混气体传递，导致温度上身。电弧能量的强弱对预混气体的引燃距离起重要作用。探究电弧能量和引燃距离可以更好的发现火灾危害性。为此对弯折角度下过电流诱发短路故障时，流值和电压值，计算得出击穿电弧能量进行统计分析，取 5 组平行实验最大电弧能量绘制统计表，见表 3。

表 3 不同弯折角度下电弧能量统计表

弯折角度	39A/kJ	42A/kJ	45A/kJ	48A/kJ	51A/kJ
76.6°	25.16	40.74	19.67	25.16	37.8
83.6°	22.69	34.63	22.07	22.69	36.2
90°	31.02	28.76	35.47	18.64	42.4
95.7°	28.94	31.97	20.34	42.83	34.9
100.9°	29.96	28.76	21.04	38.64	33.1

运用高速影像分析以及 Photoshop，将过电流诱发短路故障中电弧能量引燃预混气体的明火最大距离进行像素换算距离记为引燃距离，并对不同弯折角度下引燃距离进行统计，见图 8。

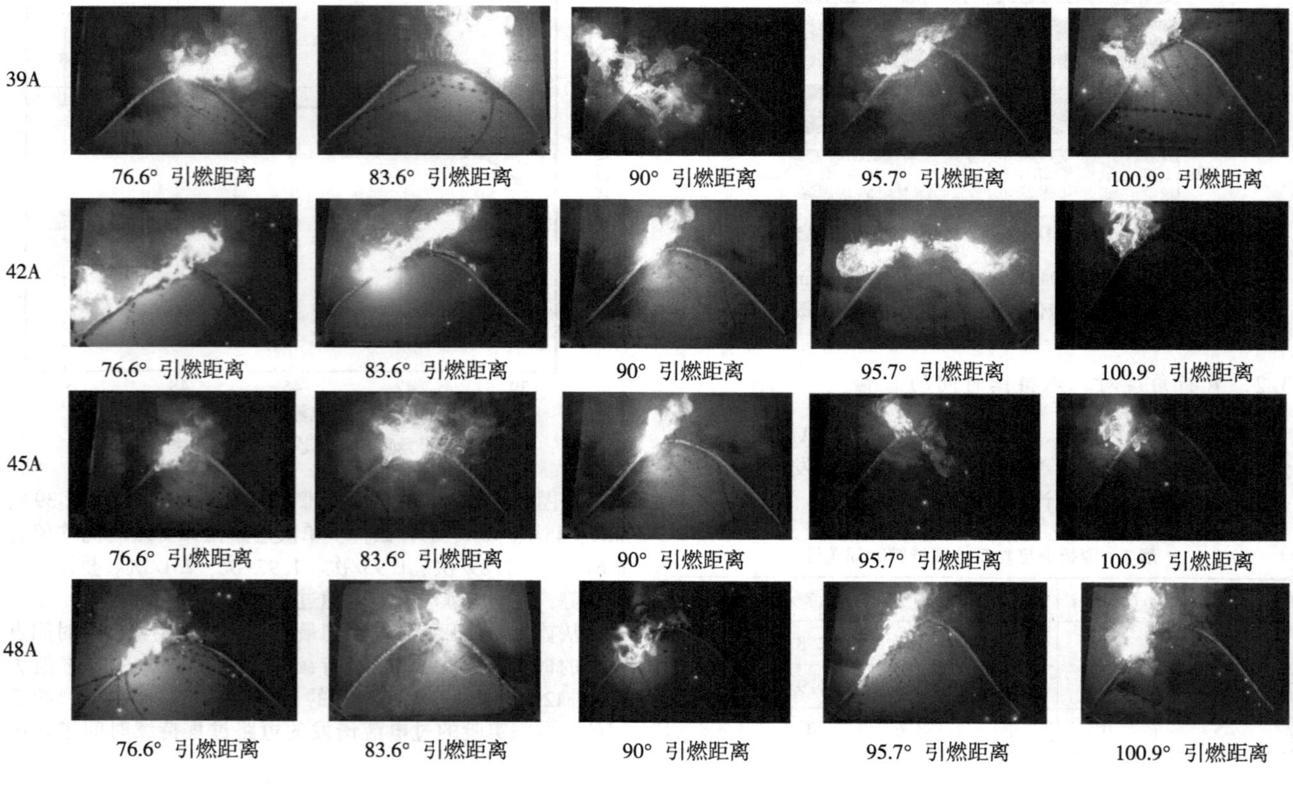

51A

76.6° 引燃距离　83.6° 引燃距离　90° 引燃距离　95.7° 引燃距离　100.9° 引燃距离

图 8　不同弯折角度导线电弧引燃最大距离

由图 8 与表 3 可知电弧能量受到弯折角度与过电流值变化的影响，分布范围相对较为分散，最大电弧能总体分布在 19. 67kJ 至 42. 83kJ。电弧引燃最大距离分布在 7. 8cm 至 21. 5cm 之间。分析比对不同弯折角度下过电流诱发短路故障电弧能量和引燃最大距离。可知电弧引燃明火最大距离与电弧能量的强弱有关。整体趋势为电弧引燃明火最大距离与电弧能量为正相关。

3　结论

本文通过使用高速摄像机和电流电压值分析等技术，对弯折角度下 RVVB 护套线过电流诱发短路故障概率及起燃烧行为行分析研究。具体研究结论如下：

（1）护套线弯曲状态发生过电流故障时，其故障的位置主要受导线弯折角度的影响。在所有角度测试中，发现首次诱发短路位置出现在区域 152~304mm 的概率高达 88%。

（2）随电流值增大，弯折角度右侧诱发短路相较于左侧，拉弧次数更长，拉弧频次更高。

（3）弯折角度越小时对其周围可燃物具有更强引燃能力。随着电流值升高，导线不同弯折角度诱发短路故障导线绝缘燃烧时间随电流值增加整体呈上升趋势。起火点位置主要集中分布在弯折角度处，以及靠近电流输出端。最大电弧能总体分布在 19. 67kJ 至 42. 83kJ。电弧引燃最大距离分布在 7. 8cm 至 21. 5cm，整体变化趋势为电弧引燃明火最大距离与电弧能量为正相关。

参考文献

[1] Association N Nfpa 921: Guide for Fire and Explosion Investigations 2011

[2] Babrauskas, V. Book Review: SFPE Handbook of Fire Protection Engineering [J]. Journal of Fire Sciences, 2016, 34 (2): 164-167.

[3] GB/T 16840. 6-2012，电气火灾痕迹物证技术鉴定方法 第 6 部分：SEM 微观形貌分析法 [S].

[4] Kikuchi M, Fujita O, Ito K. Flame Spread over Polymeric Wire Insulation in Microgravity [J]. Space Forum, 2000, 6 (1/4): p. 245-251.

[5] Fujita O, Kyono T, Kido Y, et al. Ignition of electrical wire insulation with short-term excess electric current in microgravity [J]. Proceedings of the Combustion Institute, 2011, 33 (2): 2617-2623.

[6] Kim M K, Chung S H, Fujita O. Effect of AC electric fields on flame spread over electrical wire [J]. Proceedings of the Combustion Institute, 2011, 33 (1): 1145-1151. .

[7] Nakamura Y, Yoshimura N, Matsumura T, et al. Opposed-wind Effect on Flame Spread of Electric Wire in Subatmospheric Pressure [J]. Journal of Thermal Science & Technology, 2008, 3 (3): 430-441.

[8] Osamu, Fujita, and, et al. Effect of low external flow on flame spread over polyethylene-insulated wire in microgravity [J]. Proceedings of the Combustion Institute, 2002.

[9] Ivanov I, Alexander G, Hosier R, et al. FIRE PERFORMANCE CABLES UNDER CURRENT OVERLOAD CONDITION [C] //Jicable '11-8th International Conference on Insulated Power Cables. 2011.

[10] Babrauskas V. Arc Mapping: A Critical Review [J]. Fire Technology, 2018, 54 (3): 1-32.

[11] Li L-Z, Zhang J-Z. Study on Ignition Capability of Overloaded Wire to the Wool Fabric [J]. Procedia Engineering, 2016, 135 (5): 221-227.

[12] 李阳，金南江，孙烨，姜文宇，张瑾 . PVC 护套线过电流诱发短路过程及绝缘燃烧速率研究 [J/OL]. 安全与环境学报：1-7 [2022-03-19]

[13] 舒中俊，钟小璇，李冬梅，等 . 过电流对电线绝缘材料结构、组成及热稳定性的影响 [J]. 消防科学与技术，2011，30 (10)：5.

[14] Iwashita T, Hagimoto Y, Sugawa O. Characterization of arc beads on energized conductors exposed to radiant heat [J]. Fire & Materials, 2017.

[15] Iwashita T, Keller M R, Hagimoto Y, et al. Leakage currents precede short circuits in PVC - insulated cable when exposed to external radiant heat [J]. Fire and Materials, 2016.

[16] 王博，李阳，司永轩，等 . ZR-BV 单芯铜线过电流故障电弧熔痕特征研究 [J]. 中国安全生产科学技术，2019，15 (12)：7.

[17] 林庆文，王鑫玉，李阳，等 . 过电流铜包铝导线线芯发热及绝缘燃烧规律研究 [J]. 消防科学与技术，2021，40 (2)：4.

[18] 孙烨，李阳，王朴真，等 . RVVB 护套线过电流诱发短路故障发生概率与起火燃烧过程分析 [J]. 中国安全生产科学技术，2021.

基于雾状水驱烟效果的研究

胡伟雄　章朝豪　贾方瑞

（温州消防救援支队文成大队，浙江　温州）

摘　要　消防救援人员在参与灭火救援时会遇到各种火灾类型，在火灾现场，烟气是燃烧的产物之一，高温烟气不仅影响灭火救援行动，更是火势蔓延的“帮凶”，因此火场排烟和控火同样重要，由于排烟机体型较大不易携带，那么通过雾状水驱散烟气在行业内的使用十分常见，但具体排烟效果如何，怎么使用雾状水能达到更大的排烟效果，都需要系统深入的讨论研究。

关键词　消防救援人员　火势蔓延　排烟　雾状水

1　引言

火灾的出现，往往都会造成巨大的经济损失，除此之外，火灾中的烟气也会对人产生很大的危害，包括高温热损伤、引起中毒和窒息（CO、HCL、HCN、NOx）、降低可见度、引起新的火点、使人产生恐惧感等等，而对于消防救援人员而言，烟气不利于其精准的找到火点从而快速控火，另一方面排烟机在基层灭火救援战斗中使用率并不高，本单位车载的 Scorpe700-380 和 GC160 排烟机都不适用于单人携带，存在局限性。

2　火场烟气

2.1　烟气的危害

烟气是由燃烧或热解作用而产生的，散发于空气中能被人们看到的燃烧产物叫烟雾，实际上烟雾是由浮游在空气中的微小固体颗粒、微小液滴及气体和蒸气组成，颗粒的大小在 0.01~10μm。火场烟气见图 1。烟气对人体的危害主要体现在燃烧产生的有毒气体所引起的窒息和对人体器官的刺激以及高温作用等方面。

大部分可燃物质都属于有机物，它们主要由碳、氢、氧、硫、氮、磷等元素构成，燃烧时会产生大量有毒气体，如一氧化碳、氢化氰、二氧化硫、二氧化碳、二氧化氮、氨气等。这些气体达到一定浓度时，对人体均有不同程度的危害。例如氰化氢（HCH）是一种迅速致死、窒息性的毒物；二氧化氮（NO_2）对肺刺激性强，能引起即刻死亡以及滞后性伤害；氨气（NH_3）有刺激性，有难以忍受的气味，对眼、鼻有强烈刺激作用；氯化氢（HCl）是呼吸道刺激剂，吸附于颗粒上的 HCl 的潜在威胁性较之等量的 HCl 气体要大。

图 1　火场烟气图

2.2　烟气对灭火救援的影响

消防救援人员在进行灭火救援时，同样要受到烟气的威胁。弥漫的烟雾不仅影响视线，严重妨碍消防救援人员的行动，使其很难找到起火点以及辨别火势发展的方向，导致延误初战控火时机。烟气中某些燃烧产物容易制造新的火源和促使火势的发展，其次烟气中的不完全燃烧物可能继续燃烧，有的还能与空气形成爆炸性混合物，导致不稳定因素增多。

3　火场排烟

3.1　排烟方式

3.1.1　自然排烟

利用火灾产生的烟雾气流的浮力和外部气象条件等作用，通过建（构）筑物的对外开口把烟气排至室外，或利用建（构）筑物本身的排烟竖井、排烟道或普通电梯间，从顶部排烟口或窗口将热气流和烟雾排除的排烟方式。

3.1.2　人工排烟

通过消防人员的人为排烟行动将室内的烟气经过空气对流和热压作用排到室外的排烟方法。

3.1.3　机械排烟

利用建筑内安装的固定排烟设备，或移动排烟装备（如，移动排烟机、排烟消防车等），把着火建筑内的烟气通过排烟口排到室外的排烟方式，是通过机械力强制排烟与送风来排除火灾烟气的方式。

排烟可以分为以上三个类型，其中消防救援人员普遍使用的是打开、破拆建筑上部背风处的门窗或墙体进行排烟、正压式排烟机排烟和雾状水射流排烟（水枪开花状态依次推进），但是当烟气较大时，盲目内攻存在风险，而正压式排烟机有以下几点不足：①将排风机放置于建筑物的入口，会阻塞消防救援人员的进入，降低救援速度。②消防站普遍配备的正压式排烟机局限在建筑主入口使用，用于抽吸空气正压驱逐烟气，不能将排烟机用于建筑内部抽取烟气。③携带搬运不便，现场发动机噪声大，阻碍了消防救援人员之间的交流。因此对于雾状水射流排烟研究的意义日益显现。

3.2　雾状水射流排烟

射水时会将水流两旁的空气带入（图 2），水流也会将前方的空气推挤带动气流，带入的气流量也将作用在火场烟气当中。如果消防救援人员想要利用射水带动的气流量保护自己（例如将身边的火与热流驱赶开），或用射水制造的气流帮助排烟，那么，可以使用雾状水射流模式。但是，被推挤的烟气如果不能向外流动，会导致高温烟气向室内流窜，造成火势蔓延或扩大，形成射水赶火现象，消防救援人员要合理利用雾状水射流排烟技术，但本文只讨论雾状水射流的驱烟效果，对射水赶火问题不做研究。

图 2　水枪射水造成气流的流动

4　雾状水和排烟机对比实验

4.1　驱烟效果量化

在一定程度上，排烟效果可以定义为单位空间内烟气密度下降的百分比，但是驱烟并不等同于排烟，本次实验以驱烟效果为最终讨论对象，用气体流量的大小去衡量驱烟的能力。

如图 3 所示，P 为 2.4m×2.4m 的实验面，垂直，投于地面，位于距离起点 1m 处，取其中一个作用点为对象，蓝色箭头为风向，其切线为速度矢量 $\vec{V}$ 影在 X 轴为 $\vec{V_x}$，同理有 $\vec{V_y}$ 和 $\vec{V_z}$，其中除了 $\vec{V_x}$ 外，Y 轴和 Z 轴的速度分量不具备驱烟的效果，因此在计算时只需要计算 X 轴的速度分量，而测风仪测量的数值已经是 $\vec{V_x}$，因此无需换算。

图 3　矢量分析图

由于面上各个点的速度矢量不同，那么本文计算气体流量运用的方法如下：取尽可能多的作用点测量，将作用点沿 X 轴延伸测量数值的长度，将延伸的所有点连接成曲面，并计算曲面与平面 P 组成的体积 K，即可近似为气体流量的大小。

取平面 P 上的一个小正方形，那么作用于这个小正方形的气体流量 Q 近似为高为流速小长方体的体积，将平面 P 微分成足够多的相同面积的平面，公式（1）即可证明气体流量 Q 可用体积 K 表示。

$$\begin{aligned} Q &= PV = P_1V_1 + P_2V_2 + \cdots + P_\infty V_\infty \\ &= K_1 + K_2 + \cdots + K_\infty = K \end{aligned} \tag{1}$$

4.2　实验设置

实验所用的水枪型号为 QLD6.0/8，排烟机型号为 Scorpe700-380 排烟机与 GC160 排烟机，实验采取的烟饼和实验场地如图 4 所示。

图 4　实验场地和实验人员

如何在一个垂直于空间的平面上准确的找到各个点，而又不影响实验数值，本次实验采用了激光笔定位（图 5）的方法，在起点线往后较近的位置，找到平行平面上相同部位的坐标，用激光笔照射，当光点落于测量仪器的中心点时，即可读取测量数值。

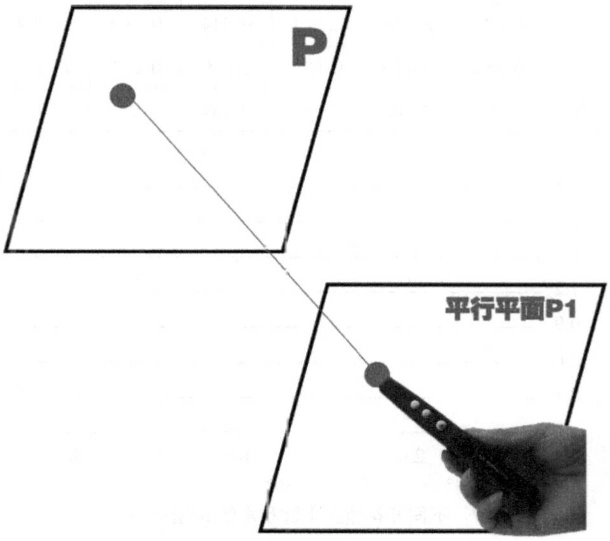

图 5　原理图

4.3　实验数据及结论

在跑道起点线设置实验对象，依次对雾状水、Scorpe700-380 排烟机和 GC160 排烟机进行风力测试，测试面设置在 1m、2m、3m、4m、5m、8m 处，截面取 2.4m×2.4m，测试仪器为风力测试仪，为减小误差，各测试面取 25 个点（使用激光笔定位）综合评估数据后并计算气流量。见表 1、表 2，图 6、图 7。

表 1　不同距离下 *K* 值统计表
（Scorpe700-380 排烟机、GC160 排烟机）

K 值（m^3/s）	Scorpe700-380 排烟机	GC160 排烟机
1m	5.275	2.201
2m	4.358	1.618
3m	4.243	1.488
4m	1.605	1.035
5m	0.917	0.323
8m	0.688	0.065

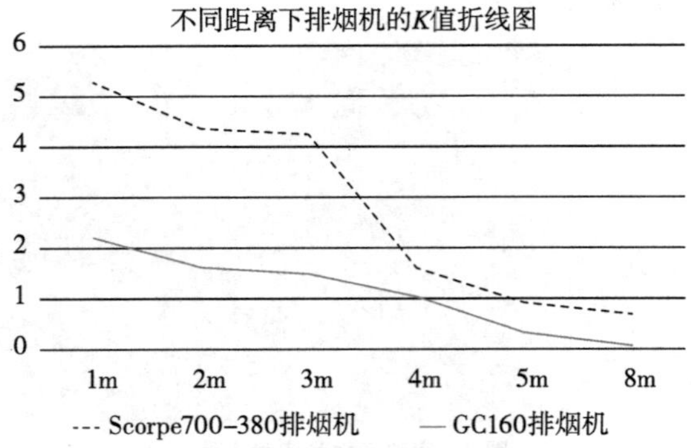

图 6　不同距离下排烟机的 *K* 值折线图

表 2　不同开花角度下雾状水的 *K* 值统计表

角度	1m	2m	3m	4m	5m	8m
0°	0.004	0.005	0.006	0.007	0.009	0.009
15°	0.581	1.265	1.709	1.914	1.777	0.253
30°	0.633	0.819	0.281	0.014	0.009	0.002
45°	0.461	0.129	0.029	0.009	0.003	0.001
60°	0.104	0.002	0.002	0.001	0	0

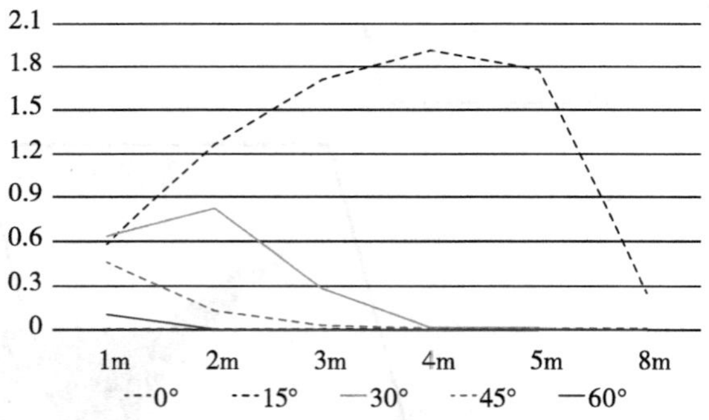

图 7　不同开花角度下雾状水的 *K* 值折线图

4.4　误差分析

本文中提到“测风仪测量的数值已经是 $\vec{V_x}$”，下面对此结论进行误差计算。

用鼓风机用恒风距离测风仪 0.5m，经测量为 31.6m/s，调整测风仪为水平夹角 30°，经测量为 16.3m/s，误差为 3.16%，误差相对理想。

另外有几个影响实验结果的因素：一是虽然选取的天气是无风天气，但是现场仍有微小的气流，并且不同时间气压、温度均影响实验值；二是利用激光笔找坐标仍有误差；三是实验中途更换了一次水枪（同型号、同压力），存在装备上的误差；不同角度雾状水改变了空气的密度影响结果存在误差。

5　小结

综上所述，在灭火救援现场，在 2.4m×2.4m 的垂直空间中，使用雾状水（开花）确实能起到驱散烟气的效果，使用“OTZN”射水、使开花角度在 15°、距离烟气 4m 左右能得到更大的气流量，驱散烟气效果更佳，具体使用需要根据现场环境评估后制定排烟方案，已达到排烟效果，推动灭火救援向着安全性、高效性、专业性不断前行。

参考文献

[1] 陈旭，邓大鹏，祖利朝．火场烟气和排烟系统对火灾救援的影响［J］．河北建筑工程学院学报，2018，36（01）：94-96.

[2] 郭亚希．破拆排烟技术在火场中的应用研究［J］．消防界（电子版），2022，8（18）：66-68.

[3] 顾静怡．灭火救援过程中消防员安全措施对策［J］．中国科技信息，2022（05）［2］.

[4] 李旭会．在灭火战斗中火场排烟方法分析［J］．科技创新与应用，2015（21）.

接触不良电气火灾的研究现状与展望

徐 涛[1] 赵艳红[2] 曹宇航[1]

(1. 中国人民警察大学研究生院，河北 廊坊；2. 中国人民警察大学侦查学院，河北 廊坊)

摘 要 火灾是最常见的事故类型，其中电气火灾在火灾中占的比例最高，往往会造成严重的人员伤亡和财产损失，究其原因主要是电气设备发生短路、接触不良、过电流等等。在中国，所有电气火灾类型中，接触不良电气火灾占比较大。由接触不良产生的高温甚至电弧是主要引火源，可以轻易点燃周围可燃物。因此，认识接触不良发生发展的机理对预防此类火灾显得尤为重要。本文将从该角度出发，对国内外关于此类问题的相关研究进展进行梳理，总结现有的实验方法及理论建模过程，最后对该火灾发生过程的未来研究方向进行展望。

关键词 电气火灾 接触不良 研究现状 实验方法 理论建模

1 引言

在许多国家，由电气故障引发的火灾占火灾总数的绝大份额。根据中国消防救援部门统计，近10年来，电气火灾发生比例上升了42.7%，且还在呈上升趋势。造成电气火灾的主要原因

包括短路、接触不良、电气设备老及过电流等，其中接触不良电气故障是导致电气火灾的主要原因之一。相关部门统计，从2011年到2019年，由接触不良故障引发的火灾在电气火灾原因中占比第二。

接触不良故障具有温度高、隐蔽性强、普遍产生于电气线路中等特点，如果周围存在可燃物，1000℃以上的接触不良故障可以轻松点燃可燃物从而造成火灾，因此接触不良故障是诱发电气火灾的重要引燃热源之一。接触不良引发的火灾近年来频发，危害性极大，给人民的生命财产安全造成了巨大的威胁。近些年，国内外学者根据实际对接触不良电气火灾研究已经达到系统化、理论化。接触不良故障是造成电气火灾的主要原因，相关学者对故障发生点检测方法、特征组成成分、常见干扰因素等方面进行了深入研究，均取得阶段性成果。本文将从电气接触不良发生原因及发热机理、接触不良的实验研究、接触不良的模拟研究、接触不良故障中的发光连接研究四个方面进行综述，并提出未来发展方向。以期为新形势下开展接触不良电气火灾研究提供新视角。

2 接触不良故障发生原因及发热机理

接触不良是指在线路的连接处因为灰尘等异物或者金属产生的氧化物而导致线路连接处完全断开，或电阻异常增大，从而使电器或者电路不能正常工作。电路中电势不同的两点直接碰接或被阻抗形成短路，此时电流很大，可能会损伤电器甚至引发火灾。接触不良故障发热的过程：接触压力不足和表面粗糙会导致实际接触面积减小和接触电阻增加。高接触电阻会产生大量的热量。热量增加，这将影响导线温度和周围环境温度分布。同时，高温会加速铜的氧化，又导致金属电阻的增加和金属硬度下降，从而改变接触面积的循环过程。

引发接触不良的主要原因包括以下四点，第一：电气连接金属部分的氧化和连接金属部分的变形；第二：由于环境温度变化或电流波动引起的连接金属件的热胀冷缩；第三：导线振动的存在（它们会导致连接界面处的细微接触区域闭合和断开，可能导致连接材料发生不可恢复的形变）；第四：周围存在水分或腐蚀性气体（例如，在PVC电绝缘中，过热可能导致氯化氢气体从塑料中释放出来，并与大气中的水分结合形成盐酸，如果其持续实际足够长，就会腐蚀连接的金属部分）。

3 接触不良的实验研究

3.1 研究进展

接触不良实验研究主要是利用实验装置，通过制定实验方案制造出接触不良故障，并设置不同参数来观察接触不良故障的发热过程，探索其热危害。Matthew E.[1]等研究了绝缘材料，螺钉松动程度和负载电流对温度的影响；发现接触不良部位温度范围为100~700℃。Nedzad[13][9]等人测量了接触电阻，电阻值范围从3mΩ~2.5Ω，发现最高温度可以达到900℃；此外他搭建实验平台，如图1所示。研究了接触面积、不同电极材料对接触不良热危害的影响。实验表明，铜电极与铜电极相连接安全性最高，不会出现火花或者电弧；铜电极与黄铜电极相连接先是出现了热点，然后再出现了电弧；铜电极与不锈钢电极最危险，即使在接触面积为100%的情况下，其产生的温度也大大高于PVC绝缘层的融化温度。Ferrino[12]等人研究了接触面积、螺钉扭矩和导线与接线端子振动的影响，表明最高温升为60~70℃。Volker Behrens[4]等人测试了接触材料、电弧、环境温度和接触压力如何影响MCCB塑壳中的过热；稳定温度范围为50~250℃。目前，人们对接触不良进行了大量实验，并了解了温度升高的特征。他们的研究表明，峰值温升范围为40~900℃。由于外部条件不同，这个范围很广。不同的学者关注不同的冲击因素，包括接触压力、表面氧化、负载电流、接触面积以及电极材料等。

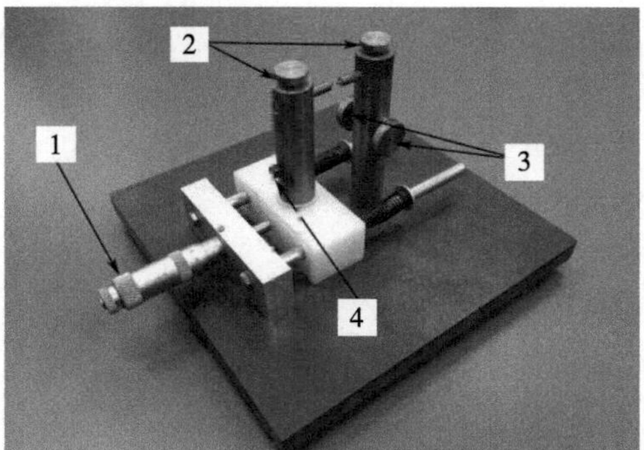

1.使电极稳定位置的夹具；2.实现电极之间紧密接触的深度千分尺；3.用于调整重叠区域的夹具；4.用于将设备连接到电源的夹具之一

图1 提供电极重叠面积调整的装置（取自文献[13]）

3.2 小结

学者们制造接触不良故障主要从接触面积、扭矩、表面氧化程度、接触压力、电流大小和接触材料等方面入手。经研究发现，接触不良所产生的热危害与表面氧化程度、电流等成正比；与接触面积、接触压力、扭矩成反比，对于接触材料而言，铁基材料比铜基材料更容易引起接触不良，也更容易产生火花或电弧。然而，目前探讨接触表面粗糙度和散热条件对接触不良热危害的影响是较少的。但根据 Holm 电接触理论，接触电阻由接触压力和表面粗糙度共同决定，因此还应考虑表面粗糙度。热量的积蓄又受到散热条件的影响，因此散热条件也应当被考虑。

4 接触不良的模拟研究

4.1 研究进展

尽管通过实验进行分析是可靠的，但很难同时使用各种变量组合进行大量实验。作为补充，模拟研究方法更方便、准确、成本更低，适合探索不同环境下温度上升的规律。模拟研究旨在利用有限元方法建立电接触模型并获得接触点的温度分布。Cai[6] 等利用 Fluent 和 Ansoft 建立了短路、过载和不良接触模型，并测试了电流的影响。刘雪扬[8] 等利用 COMSOL 建立了铜母线连接模型，与实验结果相比，稳态条件下温度达到 365K，相对误差可以控制在 2%以内，基于此得出在一定范围内可以使用仿真的手段研究接触电阻的影响因素。金扬爱[7] 等对架空输电线路导线与线夹之间的接触不良进行了模拟，根据等距螺旋温度分布特性，得出了输电线路与卡钳接触不良是导致导线熔断故障的主要原因。张晶[3] 等利用 COMSOL 建立了插头叶片与插座簧片的连接模型，如图 2 所示。通过此模型对比了空气温升与辐射热两类因素来划分电气火灾风险等级的合理性，得出以空气温升为根据来划分电气火灾风险等级更合理的结论。

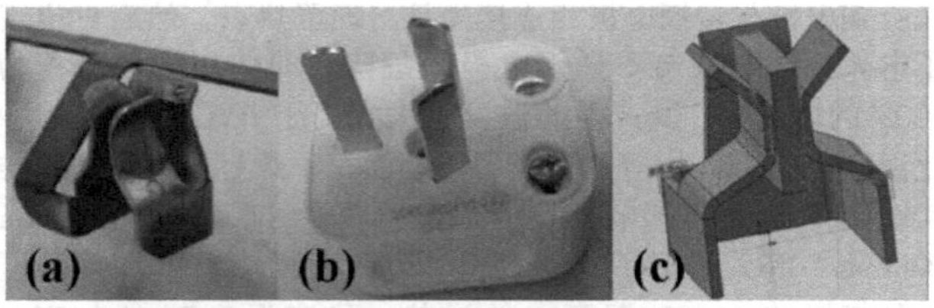

图 2 原始物体（a）（b）与几何模型（c）（取自文献[3]）

4.2 小结

仿真软件所做的模拟研究作为实验研究的一种补充，可以很好模拟接触不良实际实验中难以观察到的温度变化或温度分布情况，而且与实际实验相比，模拟实验与实际实验的误差很微小（通常误差不超过 5%）即模拟实验也是一种合理的研究方法。模型的建立是采用多物理场的相互耦合以及接触不良的关键参数之间相互作用的结果，其中主要涉及到传热学、接触力学、电学以及氧化反应理论。模拟出接触不良故障引发的温升过程及温度分布情况可以使我们快速确定最先发生故障的部位，确定火灾中火源最原始的位置，并且有针对地对易发生接触不良故障的部位提前预防。

5 接触不良中发光连接的研究

5.1 研究进展

接触不良会引发发光连接，有学者将其称为 glowing connection、glowing contact 或者 hot zone，如图 3 所示。发光连接是接触不良过热积聚一定量的焦耳热时，在电气连接出发生的发光放热现象。发光连接产生于电气连接处，发生地点较隐蔽，不易被电气检测系统所监测，温度可达到 1000℃以上，是一种典型的电气火灾引燃热源。Joe[10] 等人使用由电动振动器 ET-132、正弦发生器 SG135 和功率放大器 PA-119 组成的振动系统，用一根金属杠连接振动系统与开关内的弹簧，振动频率为 60Hz，通电后使金属杠杠与开关弹簧不会碰撞断开，最后在开关弹簧上制造出来发光连接，并且发现不同的。John[11] 等人研究不同导电材料中发光连接的特性，材料主要是铜、黄铜、磷青铜、钢和不锈钢。研究发现，与铁基材料相比，使用铜基材料制造发光连接要困难得多，需要更多的通断次数循环。张晶[2,3] 等人考虑了电流和线径的影响，见图 3。使用 SEM-EDS、金相显微镜和拉曼光谱仪研究了发光连接氧化物桥的表面形貌、截面金相组织和化学组成成分。总结了发光触点的六种典型微观结构特性和三种成分分布特征。基于铜氧化理论和凝固理论，他们还解释了发光连接微观结构特征和氧化产物的形成机制王伟峰[14] 等人研究了功率对接触不良电弧引燃能力影响，当系统功率低于 320W 时，滤纸除了变色、冒烟现象外，并未被引燃；当系统功率大于 370W 时，滤纸出现明火现象，这意味着被点燃；当功率大于 480W 时滤纸全部能过被引燃。

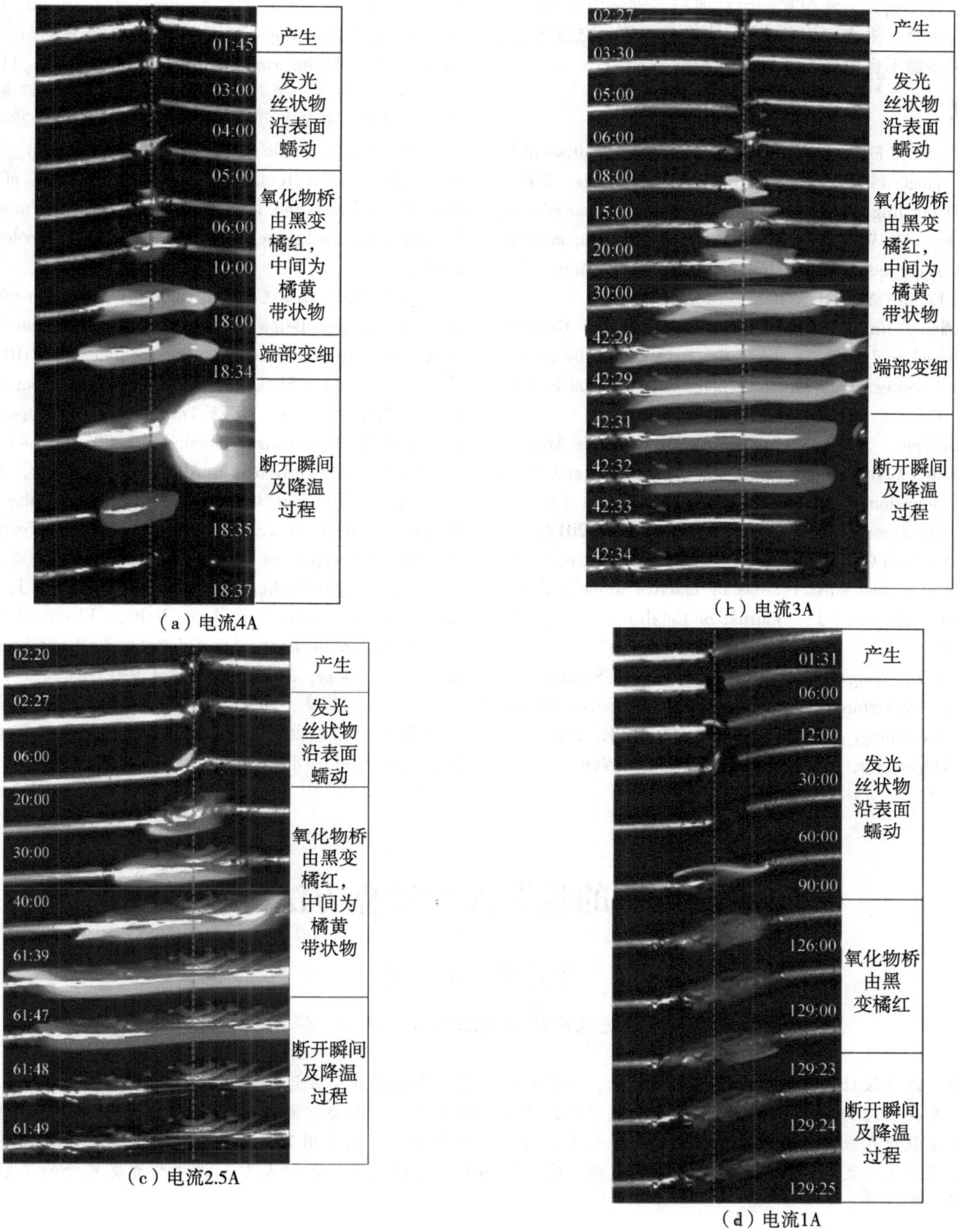

（a）电流4A　（b）电流3A　（c）电流2.5A　（d）电流1A

图3　不同电流下发光连接的动态变化过程（取自文献[2,3]）

5.2　小结

学者们根据 UL 1699B《光伏直流电弧故障保护电器》标准，搭建发光连接电气故障实验装置，观察其电压、故障点热量变化等，结合固体导电、传热学等基本原理，制造出了接触不良故障中的发光连接。并且依据已知金属材料以及其氧化产物的电热性质，解释了发光连接产生高温的原因及其火灾危害。这些实验结果表明：随着时间的增长，发生接触不良时导线端头的氧化物与电阻变大；温度不会无限度增高，稳态温度保持在 1400~1600℃；电流与铜氧化物生长速率呈正相关；随着氧化物生长时间变长，电阻增大速率先快后慢。接触不良引发发光连接是氧化程度加深、铜氧化物电阻率随电流改变、铜氧化物热容随温度变化等共同作用的结果。

6　总结与展望

近年来，许多高建筑中发生的接触不良电气火灾伤亡率巨大。为了从源头上遏制此类火灾，需要对接触不良故障发生发展的机理与过程进行研究。国外学者对此问题的研究开展较早，并从多种角度出发对接触不良故障进行分析。我国近年通过在实验装置上不断创新，也取得一定成果。在研究方法上，研究者们多采用实验研究和模拟研究相结合。在实验研究方面，已经得到直接影响接触不良故障发生的主要因素，但需要对实验参数进行改进以贴近真实事故中接触不良故障火灾。在模拟研究方面，研究者们根据多物理场的相互耦合以及接触不良的关键参数，对接触不良故障物理建模，改进了实验研究中对温升过程与温度分布观察不直观的缺陷。接触不良故障中的发光连接作为一种隐蔽且高温的火源，其热危害性极大，掌握其产生机理与关键参数对预防此类火灾尤为重要，未来可以探究不同导线直径、交直流电、电源电压对接触不良电弧引燃能力的影响。

参考文献

［1］ Benfer M E，Gottuk D T. Development and Analysis of Electrical Receptacle Fires［J］. Bureau of Justice Statistics，2013.

［2］ Zhang Jing，Chen Tao，Su Guofeng，Li Changzheng，Zhao Fusheng，Mi Wenzhong. Microstructure and component analysis of glowing contacts in electrical fire investigation［J］. Engineering Failure Analysis，2022，140.

［3］ Zhang Jing，Huang Lida，Chen Tao，Su Guofeng. Simulation based analysis of electrical fire risks caused by poor electric contact between plug and receptacle［J］. Fire Safety Journal，2021，126.

［4］ Behrens，Siegle，Schreiber，et al. Effect of Ambient Temperature and Contact Force on Contact Resistance and Overtemperature Behaviour for Power Engineering Contacts［C］// IEEE Holm Conference on Electrical Contacts. IEEE，2012.

［5］ Chinchen G C，Hay C M，Vandervell H D，et al. The measurement of copper surface areas by reactive frontal chromatography-ScienceDirect［J］. Journal of Catalysis，1987，103（1）：79-86.

［6］ Cai Z，Meng J，Ma S，et al. Numerical Simulation of Contact Point Temperature Distribution and Fire Mechanism Analysis［C］//Power & Energy Engineering Conference. IEEE，2010.

［7］ Yingai Jin，Mingyu Quan，Shijuan Yan，Yuying Yan，Ming Cui，Yan Liu. Analysis of overhead transmission lines fusing failure due to poor contact between conductors and clamps［J］. Engineering Failure Analysis，2020，118.

［8］ 刘雪扬，李奇．基于 COMSOL 的铜-铜电连接的仿真分析［J］．东北电力技术，2019，40（04）：28-30.

［9］ Hadziefendic Nedzad，Trifunovic Jovan，Kostic Miomir. Effects of a Reduced Torque on Heating of Electrical Contacts in Plugs and Receptacles［J］. IEEE Transactions on Components，Packaging and Manufacturing Technology，2018，8（11）.

［10］ Joe Urbas. Glowing Connection Experiments with Alternating Currents Below 1A［J］. IEEE Transactions on Components Packaging and Manufacturing Technology，2010，33（4）.

［11］ John J. Shea，Xin Zhou. Material Effect on Glowing Contact Properties［J］. IEEE Transactions on Components Packaging and Manufacturing Technology，2009，32（4）.

［12］ J. L. Ferrino - McAllister，R. J. Roby，J. A. Milke. Heating at Electrical Contacts：Characterizing the Effects of Torque，Contact Area，and Movement on the Temperature of Residential Receptacles［J］. Fire technology，2006，42（1）.

［13］ Hadziefendic N，Kostic N，Trifunovic J，et al. Detection of Poor Contacts in Low - Voltage Electrical Installations［J］. IEEE Transactions on Components，Packaging and Manufacturing Technology，2019，9（1）：129-137.

［14］ 王伟峰，刘强，张方智，纪晓涵．低压电路接触不良断路电弧引燃能力实验研究［J］．消防科学与技术，2022，41（06）：860-864.

建筑场所的疏散人数计算方法浅议

于彦霄　李　阔

（保定市建筑设计院有限公司，河北　保定）

摘　要　防火设计的关键是人员的安全疏散，如何确定使用场所的人员，防火规范仅对歌舞娱乐场所、展览厅、商店、建材商店、家具和灯饰及有固定座位的建筑表述了计算方法，诸如医院、办公、酒店、游泳馆等建筑没有明确规定，如何合理合规确定疏散人数，关系到消防疏散的安全性与合理性，计算方法可以采用多种方法分析比较，得出合理数据，从而满足消防规范要求。尤其是医院的人群和流线复杂，需要对病人、陪护人员、医护人员、就诊人员有充分的了解，消防疏散才能顺畅安全设计。

1　引言

建筑的疏散设计应依据防火规范或其他规范的相关规定计算疏散楼梯间、疏散走道和疏散出口的宽度和数量。对于有明确标定人数的建筑（诸如固定座位的剧场、体育场馆、教室等），可依据标定的实际人数进行计算，对于无标定人数的建筑应按相关设计规范、标准或经过调查分析，确定合理的人员密度或使用人数，并以此为基数，计算疏散楼梯、疏散走道、疏散出口的设计需要宽度和数量，无标定人数的房间疏散人数可按房间的人员密度值进行折算，对于人员密度值防火规范 5.5.21.6~7 条对歌舞娱乐场所、展览厅、商业、家具和灯饰展示建筑有明确规定，办公、餐饮、中小学校、图书馆、医院等其他建筑没有规定，在实际工作中如何应用这些数据与同行做一些探讨。

2　人员疏散计算方法及原则

建筑消防及功能设计过程中，疏散人数是建筑防火疏散的重要参数，如果无法准确建筑内的合理疏散人数，就无法合理确定建筑的疏散楼梯、疏散门、安全出口的有效疏散宽度，更无法确定建筑的疏散设施能否满足建筑的不同功能区人员安全疏散需要。通过查阅相关资料，疏散人数的计算方法主要有：面积分摊法、固定座位统计法、床位统计法和人员核定法。

2.1　面积分摊法（如：歌舞娱乐放映场所、展览、商店、办公、文化等建筑）

不同功能场所，有不同的人均使用面积要求，按建筑面积或使用面积，根据每人占用面积的下限值，可确定疏散人数，单位通常为（人/m^2）或（m^2/人）。《建筑设计防火规范》5.5.21 明确了通用场所的人数要求，比如：

建规 5.5.21.4 条的歌舞娱乐放映游艺场所中录像厅的疏散人数是根据录像厅的建筑面积按不小于 1.0 人/m^2 计算；其他歌舞娱乐放映游艺场所中其他用途房间的疏散人数是根据不小于房间的建筑面积 0.5 人/m^2 计算。

建规 5.5.21.6 条的展览建筑人员密度不宜小于 0.75 人/m^2，疏散人数依据据展览厅的建筑面积和人员密度进行计算。

建规 5.5.21.7 条的商店疏散人数按照各层营业厅的建筑面积乘以下列表格中的人员密度。对于建材商店、家具和灯饰展示建筑，其人员密度可按表 1 规定值 30% 确定。

表 1

楼层	地下二层	地下一层	地上一、二层	地上三层	地上四层及以上各层
人员密度	0.56	0.60	0.43~0.60	0.39~0.54	0.30~0.42

《办公建筑设计标准》第 5.0.3 条的办公建筑疏散总净宽度应按总人数计算，当无法额定总人数时，可按其建筑面积 9m^2/人计算。

在《全国民用建筑工程设计技术措施（规划。建筑。景观）》第 2.5 章节《房间合理使用人数及无标定人数的房间疏散人数的确定》对于各功能房间人均最小使用面积有明确注明，但是注 2 中注明不作为疏散人数计算依据，可按工程中实际使用人数，结合表 2 确定。

表 2　各功能房间人均最小使用面积

<table>
<tr><th>序号</th><th colspan="3">房间功能</th><th colspan="2">人均最小使用面积/（m^2/人）</th></tr>
<tr><td rowspan="6">1</td><td rowspan="6">办公楼</td><td colspan="2">普通办公室</td><td colspan="2">4</td></tr>
<tr><td colspan="2">研究工作室</td><td colspan="2">5</td></tr>
<tr><td colspan="2">设计绘图室</td><td colspan="2">6</td></tr>
<tr><td colspan="2">单间办公室</td><td colspan="2">10</td></tr>
<tr><td rowspan="2">中小会议室</td><td>有会议桌</td><td colspan="2">1.8</td></tr>
<tr><td>无会议桌、报告厅</td><td colspan="2">0.8</td></tr>
<tr><td rowspan="5">2</td><td rowspan="5">中小学校</td><td rowspan="3">普通教室（m^2/座）</td><td>小学</td><td colspan="2">1.36</td></tr>
<tr><td>中学</td><td colspan="2">1.39</td></tr>
<tr><td>幼儿及中等师范</td><td colspan="2">1.37</td></tr>
<tr><td colspan="2">合班教室（m^2/每座）</td><td>小学 0.89</td><td>中学 0.90</td></tr>
<tr><td colspan="2">教师办公室（m^2/每座）</td><td colspan="2">5.00</td></tr>
<tr><td rowspan="3">3</td><td rowspan="3">剧场</td><td rowspan="3">观众厅</td><td>甲等</td><td colspan="2">0.8</td></tr>
<tr><td>乙等</td><td colspan="2">0.7</td></tr>
<tr><td>丙等</td><td colspan="2">0.6</td></tr>
<tr><td rowspan="4">4</td><td rowspan="4">电影院</td><td rowspan="4">观众厅</td><td>特级</td><td colspan="2" rowspan="3">1.0</td></tr>
<tr><td>甲级</td></tr>
<tr><td>乙级</td></tr>
<tr><td>丙级</td><td colspan="2">0.6</td></tr>
<tr><td rowspan="2">5</td><td rowspan="2">商场</td><td colspan="2">营业厅、自选营业厅</td><td colspan="2">1.35</td></tr>
<tr><td colspan="2">用小车选购的自选营业梯</td><td colspan="2">1.7</td></tr>
<tr><td rowspan="4">6</td><td rowspan="4">餐饮</td><td rowspan="2">餐馆餐厅</td><td>一级</td><td colspan="2">1.30</td></tr>
<tr><td>二级</td><td colspan="2">1.1</td></tr>
<tr><td rowspan="2">食堂餐厅</td><td>一级</td><td colspan="2">1.1</td></tr>
<tr><td>二级</td><td colspan="2">0.85</td></tr>
<tr><td rowspan="3">7</td><td rowspan="3">图书馆</td><td rowspan="3">阅览室</td><td>普通及报刊阅览室</td><td colspan="2">1.8~2.3</td></tr>
<tr><td>专业阅览室</td><td colspan="2">3.5</td></tr>
<tr><td>儿童阅览室</td><td colspan="2">1.8</td></tr>
</table>

注 2：本表为建筑正常使用情况下房间的合理使用人数，不是消防疏散计算的最不利人数。

功能场所不同，建筑面积的涵盖范围也不同，应予甄别，比如："歌舞娱乐放映游艺场所"可以不计算该场所内卫生间、疏散走道等辅助用房建筑面积，只计算该场所内具有娱乐功能的各厅、室的建筑面积。

营业厅的建筑面积计算范围包含营业厅购物及活动的场所，也包含营业厅内的公共卫生间、疏散楼梯间、自动扶梯、经过营业厅疏散的设备用房等的建筑面积。对于那些疏散时不需要通过营业厅内的储藏间、设备用房、库房、办公用房等，并对这些用房进行了严格的防火分隔，可以不计入营业厅的建筑面积。

在确定某功能场所的人均使用面积时，不同规范的计算方式有别，可能存在同一功能场所不同规范疏散人数不一致的情形，宜以较高要求为准。

实例：建规 5.5.21 规定的展览厅的疏散人数可根据建筑面积和人员密度计算，规范规定展览厅的人员密度不宜小于 0.75 人/m^2。本规定与《展览建筑设计规范》的计算方式有别，宜按较高要求《建规》执行。

2.2 固定座位统计法

建规 5.5.21 规定有固定座位的场所，设计疏散人数按图纸标定的座位数的 1.1 倍计算，实际应用中，存在以下情况：

（1）体育馆、礼堂、电影院、剧场等的观众厅，可按实际座位数量和核定的服务人员数量确定，不需要增加 10%的座位数量。

（2）在一些没有固定座位的场所，可按每座占用的使用面积推导出座位数，疏散人数可按座位数的 1.1 倍计算。

实例 1：《图书馆建筑设计规范》B.0.1：图书馆少年儿童阅览室每座使用面积设计计算指标为 1.8m^2/座，由此可算出阅览室的座位数，疏散人数可按座位数的 1.1 倍计算。

实例 2：《中小学建筑设计规范》7.1.1 规定：小学、中学普通教室的使用面积指标为 1.36、1.39m^2/座。可依此推算座位数，疏散人数可按座位数的 1.1 倍计算。

实例 3：《餐饮建筑设计规范》4.1.2 规定：餐馆用餐区域每座最小使用面积宜为 1.3m^2/座，快餐店用餐区域每座最小使用面积分别为 1.0m^2/座。可依此推算座位数，疏散人数可按座位数的 1.1 倍计算。

以上实例中，可能存在实际设计座位数与规定要求座位数不一致的情形，以较高值为准。根据专业规范推算出部分功能场所的座位数，当推算数值与实际设计数量不一致时，考虑日后布局调整的可能性，宜以较高值为准。

2.3 床位统计法

对于宿舍、旅馆、老年人照料设施和医院病房等，可考虑依据床位确定疏散人数，比如，《宿舍建筑设计规范》5.2.3：宿舍建筑内疏散人员的数量应按设计最大床位数量及工作管理人员数量之和计算。床位统计法存在争议比较大，在宿舍区域，可能存在实际人数较多于床位数的情形，在医院病房等区域，如果考虑陪护人员和医护人员数量，尤其是探视时段的人员数量时，计算的差距较大。

2.4 人员核定法

对于一些不方便按座位数和面积比例推算疏散人数的场所，可考虑采用核定法，根据工艺和功能需求核定疏散人数，比如：在一些工业厂房中，可根据工位和工艺要求核定疏散人数。

3 医院建筑设计的人员疏散计算

医院建筑根据不同功能分区确定不同的人员密度。综合医院的功能包含门诊部、急诊部、医技科室、住院部、保障系统、行政办公和院内生活等七大部分；功能分区和人员流线复杂，各功能区人员的分布存在很大差异。目前我国医院建筑的人员密度的规范及研究还处于空白状态。医疗建筑的疏散人数计算方式在相关规范中并未明确，仅在办公及商店建筑设计规范中明确了不同功能区的人员密度计算方式。查阅医疗建筑人员密度的相关论文及网站资料，医疗建筑的人员密度计算可参考下列几种方法：方法一：参照国外医疗建筑人员密度的计算方法（表 3），由于欧美医疗设施相对成熟，国外和我国医疗卫生资源分配机制不同，只能参考国外的医疗建筑人员密度标准，可以参考，不能照抄。

表 3 国内国外关于医疗建筑人员密度参考

规范名称	具体规定
美国 NFPA《生命安全规范》	医疗保健建筑 任何一层的使用荷载应是该层的最大容纳人数 住院区：11.1m^2/人 住院病人治疗区：22.3m^2/人
美国《国际建筑规范》	公共医疗场所： 住院病人治疗区：22.3m^2/人 门诊病人区：9.3m^2/人 住院区：11.1m^2/人
《澳大利亚建筑规范》	病人看护场所：10m^2/人
《加拿大国家建筑规范》	治疗和住院场所：10m^2/人
《新加坡建筑规范》	接待区：3.0m^2/人，等候区：3.0m^2/人 门诊等候区：1.5m^2/人，行政办公：10.0m^2/人 医务室：10.0m^2/人，护士站：10.0m^2/人 员工休息：3.0m^2/人，会诊/治疗：5.0m^2/人 理疗中心：10.0m^2/人，手术室：7.5m^2/人 外科观察：3.0m^2/人，重症护理：20.0m^2/人
《日本避难安全检证法》	挂号区的人员密度参照管理办公室的人员密度，取 9.3m^2/人； 中风康复中心和门诊收费取药的人员密度参照普通办公室人员密度，取 3m^2/人； 休闲街的人员按照有效建筑面积除以人员密度计算，人员密度参照《商店建筑设计规范》中的一层人员密度，3m^2/人； 其余部分人员按医院提供的病人日人流量的二分之一作为病人数，加上病人数的二分之一作为陪护人员数，再加上工作人员数得出该层人员分布。
中国台湾地区	候诊室：3.0m^2/人

方法二：参考办公和商店建筑设计规范的人员密度计算方法；例如网上发布的某大型医院人员疏散计算模拟论文中对人员的荷载的分配如下：

医院内不同区域有不同的人员密度。挂号、中风康复中心及门诊收费取药三个区域内的人员数量按建筑面积除以人员密度计算。参照《日本避难安全检证法》，挂号区的人员密度参照管理办公室的人员密度，取 9.3m^2/人；中风康复中心和门诊收费取药的人员密度参照普通办公室人员密度，取 3m^2/人。休闲街的人员按照有效建筑面积以人员密度计算，人员密度参照《商店建筑设计规范》中的一层人员密度，取 0.85 人/m^2，即 1.2m^2/人。其余部门人员按医院方面提供的病人日人流量的二分之一作为病人数，加上病人数的二分之一作为陪护人员数，再加上工作人员数得出该层人员分布，如表 2 所示。该层计算人员总数为 4.604 人。

方法三：结合《综合医院组织编制原则试行草案》和《综合医院建设标准》对应相近规模的医疗建筑经过人员分布分析加权平均。

表 4 为 1000 床综合医院的人员分布测算表（从论文中摘取，具体计算过程太长）。

表 4

位置	工作人员				患者	陪同人员	探视人员	人员数量
	行政管理	医生	护理	其他				
急诊部	—	107	214	50	1188	1959	—	3518
门诊部	—							
医技科室	—	442	113	—	753	1242	—	2550
住院部	—	335	632	—	1390	1112	695	4164
保障系统	—	—	—	40	—	—	—	40
行政管理	271	—	—	—	—	—	—	271
院内生活	—	—	—	40	—	—	—	40
合计	—	—	—	—	—	—	—10543	

医疗建筑的人员活动高峰期集中在上午时间 8~10 点，本时段人员密度最大，人员流动最频繁，具体数据可参照上面表格。经过大致分析可以得出门诊、急诊区域人员密度约为 5.8m²/人，医技区约为 9.6m²/人，住院区约为 10.6m²/人。医院的设计可以参照此数值，也可以按不同医院的实际使用测算获得高峰期人数。

4 结束语

近些年火灾及其他突发紧急事件很多，合理快速的疏散通道设置是关键，人员的安全疏散是保证生命安全的重要途径。近些年来建筑事业发展，人们越来越重视人员的安全疏散问题，相关法规也愈来严格。严格按照消防法规及相关规范设计，同时考虑规范没有规定情况下的合理疏散人数，上述建筑分类计算疏散人数可以起到很重要的参考作用。采取合理措施，具体问题具体分析，这样就能做到人员疏散的要求，从而确保人员生命健康和财产不受到损害。

参考文献

[1] 全国民用建筑工程设计技术措施 规划·建筑·景观 2009.
[2] GB 50016—2014，建筑设计防火规范（2018 年版）[S].
[3] GB 50837—2022，建筑防火通用规范 [S].
[4] JGJ 48—2014，商店建筑设计规范 [S].
[5] JGJ/T 67—2019，办公建筑设计标准 [S].

浅析火灾报警探测器的选择及布置

霍华菊
（河北世元工程咨询有限公司，河北 保定）

摘 要 近几年，飞速的城镇化进程及建筑行业的猛速发展，全国建筑内火灾发生次数成逐年上升趋势。由于建筑功能及建筑体量多种多少样，当火灾发生时，消防救援工作的难度变的更加艰巨。对于初期火灾，为能有效发现并预警火灾发生，建筑内设置火灾自动报警及联动控制系统。火灾探测器通过采集可燃物产生的烟雾、热量等信息，将其变成电信号，传至消防控制室内的火灾自动报警系统控制器，火灾自动报警系统控制器获取到报警信号后，连锁启动消防广播、声光警报系统及连锁联动消防设施。提醒人员进行疏散和撤离，减少被困的可能，提高火灾发生后的人员逃生的安全性和时效性，最大限度减少火灾对生命和财产造成的伤害。

关键词 点型感烟火灾探测器 点型感温火灾探测器 线型光束感烟火灾探测器 探测器保护半径 探测器保护面积

1 引言

在进行火灾自动报警系统设计时，火灾报警探测器的选择便成为整个系统的重点部分之一。结合我国设计安装火灾自动报警系统的实际情况和经验教训，以及从初期火灾形成和发展的过程产生的物理化学现象进行统一考虑。

感烟火灾探测器适用于火灾初期有阴燃阶段，产生大量的烟和少量的热或没有火焰辐射的场所；对于发展迅速火灾，生成大量的热、烟及火焰辐射的场所应选择感烟火灾探测器、感温火灾探测器、火焰探测器等；对于发展迅速的火灾，火焰辐射强烈、生成少量烟和热的场应选择火焰探测器；对于有阴燃阶段火灾初期，需要较早探测的场所，建议增设一氧化碳火灾探测器；可燃气体探测器适用于使用、生产可燃气体或可燃蒸汽的场所。

1.1 点型感烟探测器、点型感温探测器的选择

由于不同场所的建筑功能、构造、气流、可燃物类型等情况有所差别，结合现场实际情况分析早期火灾的特征参数以便于我们更好的选择火灾报警探测器。点型感烟、感温火灾探测器是最常见的火灾探测器，它们的应用场所结合表 1、表 2、表 3 进行综合考虑。

表 1 点型火灾探测器在不同房间高度内的应用

房间高度 h/m	点型感烟火灾报警探测器	点型感温火灾报警探测器			火焰探测器
		A1、A2	B	C、D、E、F、G	
$12<h\leq 20$	不适合	不适合	不适合	不适合	适合
$8<h\leq 12$	适合	不适合	不适合	不适合	适合
$6<h\leq 8$	适合	适合	不适合	不适合	适合
$4<h\leq 6$	适合	适合	适合	不适合	适合
$h\leq 4$	适合	适合	适合	适合	适合

注：A1、A2、B、C、D、E、F、G 为点型感温火灾探测器的不同类型。

表 2 点型感温火灾报警探测器分类

探测器类别	典型应用温度℃	最高应用温度℃	动作温度下限值℃	动作温度上限值℃
A1	25	50	54	65
A2	25	50	54	70
B	40	65	69	85
C	55	80	84	100
D	70	95	99	115
E	85	110	114	130
F	100	125	129	145
G	115	140	144	160

表 3 点型感烟火灾报警探测器及 A1、A2、B 型感温火灾报警探测器的保护半径和保护面积

火灾探测器的种类	地面面积 S/m^2	房间高度 h/m	一只探测器的保护面积 A 和保护半径 R					
			屋顶坡度 θ					
			$\theta\leq 15°$		$15°<\theta\leq 30°$		$\theta>30°$	
			A/m^2	R/m	A/m^2	R/m	A/m^2	R/m
感烟火灾探测器	$S\leq 80$	$h\leq 12$	80	6.7	80	7.2	80	8.0
	$S>80$	$6<h\leq 12$	80	6.7	100	8.0	120	9.9
		$h\leq 6$	60	5.8	80	7.2	100	9.0
感温火灾探测器	$S\leq 30$	$h\leq 8$	30	4.4	30	4.9	30	5.5
	$S>30$	$h\leq 8$	20	3.6	30	4.9	40	6.3

1.2 线型光束感烟火灾探测器的选择

线型光束感烟火灾报警探测器多应用在高度大于 12m 的无遮挡的大空间及有特殊要求的场所。线型光束感烟火灾报警探测器，由红外线发射装置及接收装置组成。其利用烟雾的扩散性，探测红外线周围一定范围内的火灾情况。红外光束感烟探测器不适用于有大量粉尘、水雾滞留、有可能生成蒸汽、油雾、正常情况下有烟滞留、固定探测器的建筑结构由于振动等原因会产生较大位移的场所。

在建筑顶部设置线型光束感烟火灾报警探测器。探测器通常采用分层组网的形式进行安装。对于建筑高度不大于 16m 时，增设一层探测器位置通常是在 6~7m 处；建筑高度大于 16m 但不超 26m 时，需要在 6~7m 和 11~12m 处各增设一层探测器。

2 布置实例

2.1 点型感烟探测器、点型感温探测器

某办公楼建筑项目，总建筑面积 95000m^2（其地上建筑面积 65000m^2，地下建筑面积 30000m^2，包含 2 座建筑，分别为 A 座公寓办公及其商业裙房，B 座酒店及办公。A 座总建筑面积 42000m^2。主楼地上 24 层，功能为公寓式办公；裙房地上 4 层，功能为商业。B 座总建筑面积 23000m^2。主楼地上 13 层，首层南侧为酒店大堂，北侧为办公。二层为银行办公，三层为厨房及餐厅。四层为酒店员工宿舍及休息区等。五层~十二层为酒店旅馆功能。裙房办公地上五层，局部三层，首层为餐厅、对内办公，二~五层为办公。

（1）在 B 座裙房四层设有一间长 20m，宽 8m 的办公室，吊顶采用的是封闭的平吊顶、在吊顶内没有可燃物，吊顶的下面空间净高为 4.0 米。在办公室采用点型感烟火灾报警探测器进行保护，探测器具体布置见图 1。

第一步：确定点型感烟火灾探测器的保护半径及保护面积。由表 3 得知，点型感烟火灾报警探测器的保护半径 R=5.8m，保护面积 A=60m^2；

第二步：采用公式 $N=S/(K*A)$ 初步测算探测器个数。K 为修正系数取 1，感烟火灾探测器的个数 $N=(20*8)/(1*60)=2.7$ 只，取 3 只。

第三步：确定探测器的安装距离 a 和 b。按安装间距 a=

3.5m，$b=4.0m$ 进行布置。

第四步：校核保护半径。按安装间距 $a=3.5m$，$b=4m$ 进行布置后，感烟火灾探测器到最远点水平距离 $R'=\sqrt{3.52+42}=5.315m$，$R'=5.315m<5.8m$，满足规范要求。

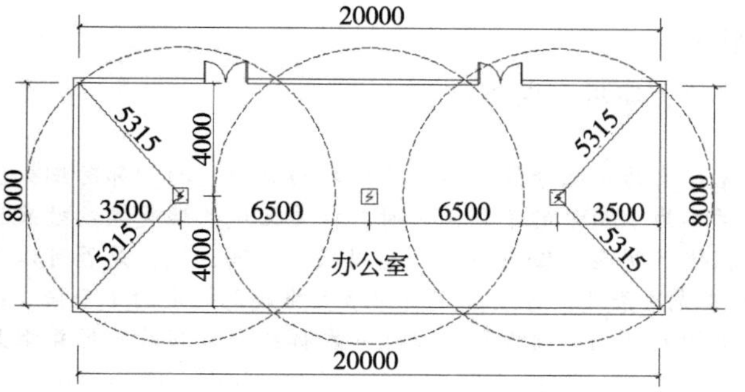

图 1

（2）在 B 座裙房三层设有一间长 15m，宽 8m 的厨房，无吊顶，顶下空间高 5.0m。在该厨房内采用点型感温火灾报警探测器进行保护，探测器具体布置如见 2。

第一步：确定点型感烟火灾探测器的保护半径及保护面积。由表 3 得知，感温火灾探测器的保护面积 $A=20m^2$，保护半径 $R=3.6m$；

第二步：采用公式 $N=S/(K*A)$ 初步测算探测器个数。K 为修正系数取 1，感温火灾探测器的个数 $N=(15*8)/(1*20)=6$ 只。

第三步：确定探测器的安装距离 a 和 b。按安装间距 $a=2.5m$，$b=2.0m$ 进行布置。

第四步：校核保护半径。按安装间距 $a=4m$，$b=7m$ 进行布置后，感温火灾探测器到最远点水平距离 $R'=\sqrt{2.52+22}=3.2m$，$R'=3.2m<3.6m$，满足规范要求。

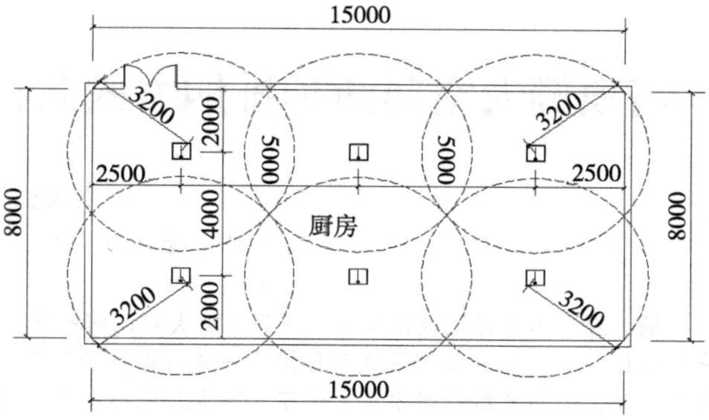

图 2

2.2 线型光束感烟火灾探测器

某厂房建设项目，丙类单层厂房，厂房室内高度为 13m，长 150m，宽为 50m。本项目除采用图像感烟火灾探报警测器以外，另采用线型光束感烟火灾报警探测器进行保护。线型光束感烟火灾报警探测器对数及布置见图 3。

第一步：确定线型光束感烟火灾探测器设置的层数。房间高度大于 12m，小于 16 米可以判断需要设置两层探测器。

第二步：确定单层线型光束感烟火灾探测器对数。按照"房间长、宽均小于 100m 时，N=宽度/14；房间长、宽均大于 100m 时，N=2（宽度/14）；房间长大于 100m、宽小于等于 100m 时，N=长度/14。"的原则进行线型光束感烟火灾探测器对数计算。其中房间长度数值均大于宽度数值。本厂房长 150m，宽为 50m，则 $N=150/14=10.7$ 对，取 11 对。

第三步：多层布置时线型光束感烟火灾探测器对数。层数为两层是，$N_{总}=11\times2=22$ 对。

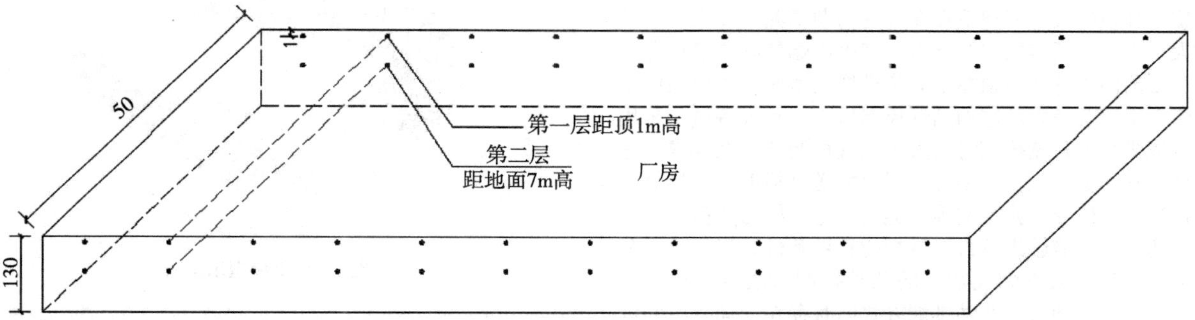

图 3

3 小结

对于各类大中型住宅类建筑、办公类建筑、商业类建筑、工业类建筑来讲，火灾自动报警及联动控制系统作为重要的消防系统的一部分，其发挥着巨大的作用，较早的探测到火灾事故的发生。火灾发生时，室内烟雾和热量的变化均能够被火灾报警探测器自动探测到，探测到的报警信号传至消防控制室发出报警，通知值守人员有火情发生。及时发现火情，避免造成火势蔓延扩大，造成人员、经济的重大损失。当火灾自动报警系统检测到火灾发生之后会通过火灾警报装置的声或光来提醒建筑内人员，从而快速通往就近的消防疏散通道直至地面安全出口，到达安全区域。

参考文献

[1] GB 4715，点型感烟火灾探测器技术要求及试验方法 [S].

[2] GB 4716，点型感温火灾探测器技术要求及试验方法 [S].

[3] GB 50116—2013，火灾自动报警系统设计规范 [S].

高顶棚大空间两种排烟方式共存条件下排烟效果的数值模拟研究*

黄晓露　谢元一

（应急管理部四川消防研究所，四川　成都）

摘　要　本文通过数值模拟，对高顶棚大空间同一防火分区靠外墙的防烟分区采用自然排烟而靠内侧的相邻防烟分区采用机械排烟（同一空间区域两种排烟方式共存）条件下，火灾功率为10MW的不利情况时，相关区域的烟气控制效果进行了研究。虽然自然排烟方式系统可靠性高且可兼用于日常通风，优势明显，但高顶棚大空间同一空间区域，是否可以在相邻防烟分区分别采用自然和机械排烟方式（组合排烟方式），存在先决条件：自然排烟面积增大为规范规定的1.5倍，组合排烟效能方优于单纯采用机械排烟；采用组合排烟时，应尽可能加大补风门洞设置，以充分发挥组合排烟的火场排烟效能优势。

关键词　高顶棚大空间　组合排烟　自然排烟　机械排烟　数值模拟

1　引言

随着经济社会地发展，当代建筑越发地呈现出大型、复杂、多样的设计特点。空间高度高达十几米甚至几十米、建筑面积达到几千平米的空间类型，越来越多地出现在城市综合体、展览馆、厂房等建筑当中，如大卖场、展厅、大型生产车间等。由于建筑面积大，靠外墙区域有条件设置自然排烟，内侧区域则需采用机械排烟。《建筑防烟排烟系统技术标准》[1]（GB 51251—2017）（以下简称“规范”）第4.1.1条中提出，“建筑排烟系统的设计应根据建筑的使用性质、平面布局等因素，优先采用自然排烟系统。”自然排烟系统因为可靠性高并可兼顾日常通风而被规定应优先采用。因此，此类高顶棚大空间存在两种排烟方式同时存在于同一防火分区的相邻防烟分区的情况。

鉴于高顶棚大空间建筑存在火灾初期探测难度大、连通空间大、火灾蔓延范围广等特点，其火灾烟气防控显得尤为关键。目前国内针对高顶棚空间防排烟技术研究主要集中于在中庭、中庭及环廊区域的烟气控制研究，且大多讨论采用单一机械排烟或自然排烟时的火灾烟气控制特点及要求。陈星星等[2]在中庭缩尺模型中开展了机械送风辅助自然排烟的烟气控制模式研究。张见文等[3]运用理论分析与数值模拟得到了超瘦高中庭能够进行自然排烟的临界条件。王方舜[4]分析了大空间建筑火灾烟气常见的几种控制方法及其适应条件。而对于机械和自然两种排烟方式同时存在于同一空间区域的研究，则比较罕见。

本文为探究同一防火分区内，靠外墙的防烟分区采用自然排烟而靠内侧的防烟分区采用机械排烟（简称“组合排烟”）的情况下，该区域的排烟效果，选取火灾危险性较大的高顶棚空间作为研究对象，采用数值模拟的手段，着重分析自然排烟分区起火时，相关区域的烟气控制效果，以及起火自然排烟分区的排烟、补风设置要求。

2　计算模型

本文运用FDS（Fire Dynamics Simulator）开展数值模拟计算[5]。如图1所示，计算模型中计算区域面积为60m×32m，高度为12m，虚拟划分为面积相等的两个防烟分区。单个分区面积为30m×32m。模型近端模拟位于建筑外侧采用自然排烟模式的防烟分区（简称“外区”），远端模拟位于建筑内侧采用机械排烟模式的防烟分区（简称“内区”）。内区按照相关规范要求设置9个机械排烟口，2个机械补风口。外区设置了自然排烟窗和用于自然补风的门洞。根据《火灾自动报警系统设计规范》（GB 50116—2013）[6]的规定，内区和外区各设置烟感16个，两个防烟分区系统独立控制，各区至少2个烟感动作后相应的排烟、补风系统启动。网格尺寸为0.4m×0.4m×0.4m，局部加密为0.2m×0.2m×0.2m，网格总数为183万，模拟时长为600s。

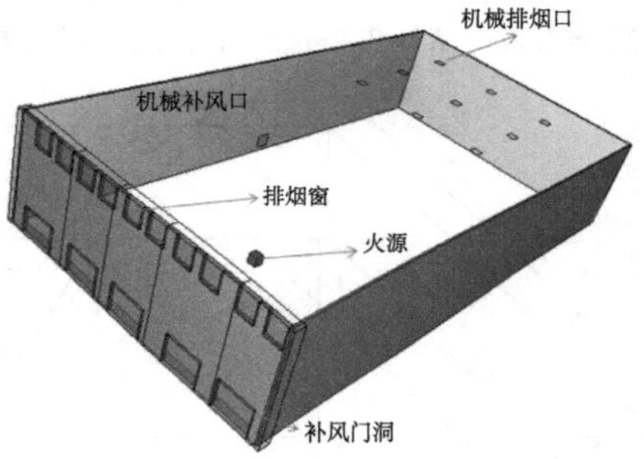

图1　计算模型示意图

3　模拟工况

考虑到火源功率越大，火灾危险性越高，更考验相关区域的排烟效果。本文模拟高顶棚空间喷淋失效场景，将火源设置为功率10MW的超快速型火，火灾增长系数为0.1878，231s时到达火源峰值并保持不变。模拟工况见表1。所有工况火源设置一致，并均位于外区。组合排烟工况外区采用自然排烟，内区采用机械排烟。所有工况机械排烟分区设置一致，机械排烟量均为122400m^3/h，机械补风量均为61200m^3/h。对比工况Zh内区和外区均采用机械排烟。

表1　模拟工况

编号设置	E1	E1-0	E1-1	E1-2	E2	E2-0	E2-1	E2-2	E3
外区自然排烟面积/m^2	44（规范要求设计）				66				88
外区自然补风面积/m^2	60	7	24	36	60	7	24	36	60

* 基金项目：应急管理部四川消防研究所基本科研业务费专项　不同排烟方式共存条件下的排烟效果研究（20208806Z）。

4 重要输出参数设置

针对所有工况，在内区和外区分别设置如图 2 所示热电偶树，外区 20 棵，内区 16 棵。内区和外区热电偶树分布方式相同。热电偶树按照横向 6.0m、纵向 6.4m 的间距布置。每棵树上热电偶树点位设置方式一致，高度方向间隔 0.4m 设置一支热电偶，共设置 29 个点位。

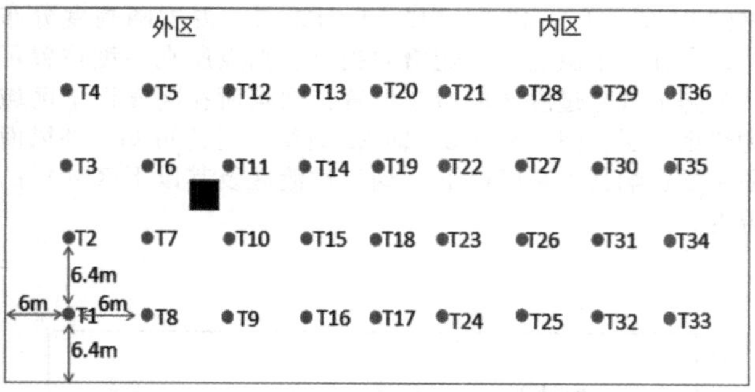

图 2 热电偶树分布示意图
（蓝色圆点为热电偶树，红色方块为火源）

5 计算结果分析

火场温度对比分析采用稳态阶段的热电偶数据。内区外区共 36 棵热电偶树，外区 20 棵，内区 16 棵。每一时刻每一棵热电偶树上的温度数据均采用 Matlab 三次样条插值函数进行一维插值，得到 240 个温度和高度对应点位，用于拟合不同空间高度上的温度变化情况。每一工况，每个高度上，外区所有热电偶树上相应高度的温度求平均，得到外区各高度处平均温度随高度变化曲线，见图 3。每一工况内区的温度数据处理同外区，得到内区各高度处平均温度随高度变化曲线，见图 4。曲线中标识坐标处为不同工况间温度差距最大的高度位置。

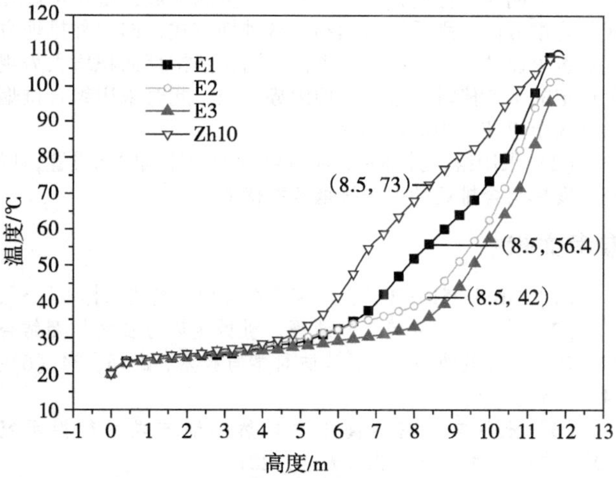

图 3 外区各高度处平均温度随高度变化曲线

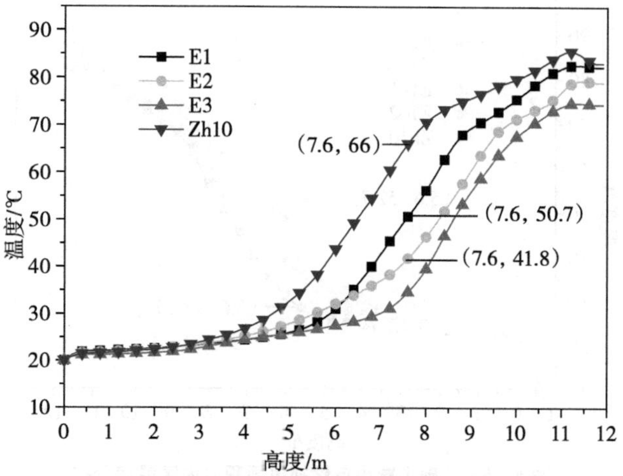

图 4 内区各高度处平均温度随高度变化曲线

由图 3 和图 4 可知，在火源功率为 10MW，且补风充足的情况下，无论是内区还是外区，采用组合排烟的工况火场温度均低于单纯采用机械排烟的工况 Zh10。这说明，此时组合排烟工况的排烟效能优于单纯采用机械排烟的工况。由于高顶棚大空间 10MW 火源功率下，烟羽流卷吸量大，烟气量大，到达排烟窗口后火灾烟气温度显著下降，高顶棚空间排烟面积大小对排烟效果的影响较大。通过比较空间中上层温度分布情况可知，排烟窗面积为 $66m^2$ 和 $88m^2$ 的工况排烟效果相对接近，均优于 $44m^2$ 的工况。可见，排烟窗口面积越大，排烟效果越好，烟气分层越明显。

图 5 和图 6 考察排烟窗面积按照规范要求设计的情况下，不同的补风设置对排烟效能的影响。从图中可以看出，由于高顶棚空间未设置挡烟垂壁，外区和内区温度随高度分布规律相似。整体而言，比时组合排烟工况组效能与纯机械工况 Zh10 相差不大。补风面积在 $36m^2$ 以上的工况 E1-2 和 E1 排烟效能略优于 Zh10，补风面积不足 $36m^2$ 的工况 E1-0 和 E1-1 排烟效能略低于单纯采用机械排烟工况。

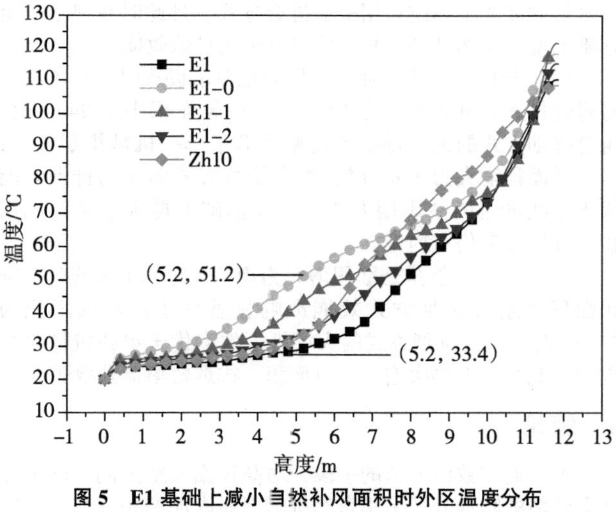

图 5 E1 基础上减小自然补风面积时外区温度分布

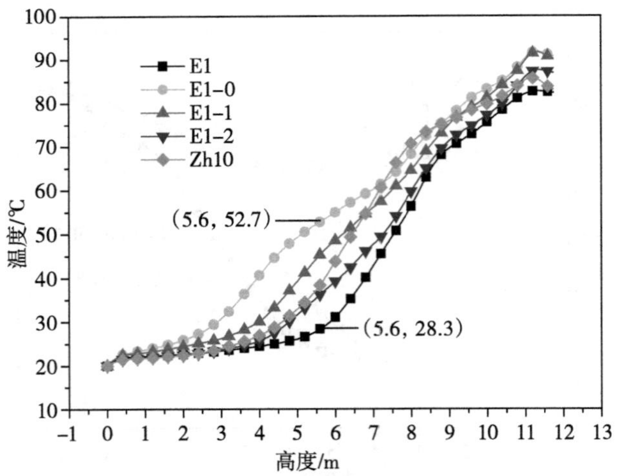

图 6　E1 基础上减小自然补风面积时内区温度分布

图 7 和图 8 中 E2 组工况自然排烟面积增大为规范规定的 1.5 倍。从图中可以看出，E2 组所有工况排烟效果均优于单纯采用机械排烟工况，尤其是空间上层，火场温度显著降低。E2-0、E2-1 火场温度虽然在 6m 高度以下高于纯机械排烟，但由于该空间高度范围空间整体温度都在 40℃以内，影响很小。因此，可以认为，自然排烟面积为规范规定的 1.5 倍时，组合排烟工况排烟效能优于单纯采用机械排烟的工况。且从图 7 和图 8 中不难看出，排烟效果较好的 E2 组（E2，E2-1，E2-1，E2-2）温度随高度分布曲线存在一个温度梯度陡增的拐点。拐点所在高度位置可认为是烟气层过渡区域所在位置，拐点所在高度以上区域为热烟气层。图 7 和图 8，即 E2 组组内对比可知，补风面积主要影响拐点高度以下（烟气过渡区及其以下区域）的温度。

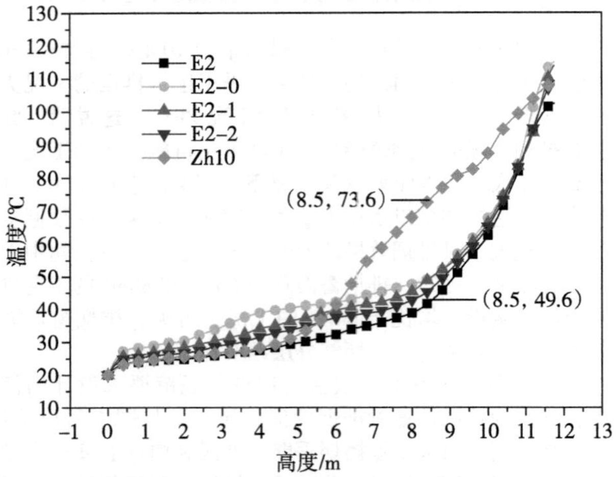

图 7　E2 基础上减小自然补风面积时外区温度分布

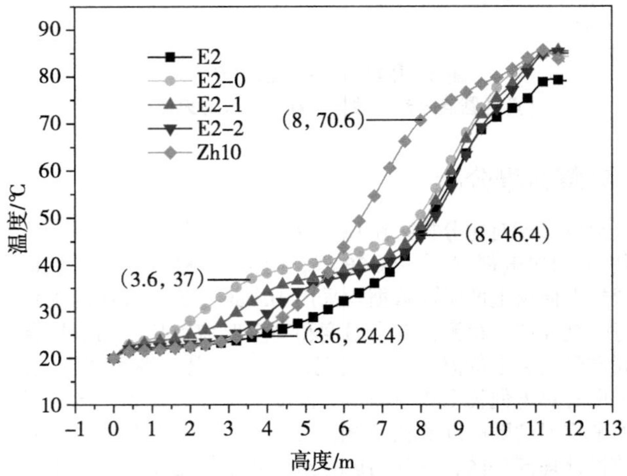

图 8　E2 基础上减小自然补风面积时内区温度分布

总结上述分析可得：

（1）在外区自然补风充足的情况下，组合排烟方式的火场排烟效能优于单纯采用机械排烟方式，且此时在规范规定基础上增加自然排烟面积，可提升火场排烟效能；

（2）外区自然排烟面积按照规范要求设置时，补风面积对组合排烟方式的效能影响较大：补风面积小于 24m² 时，组合排烟方式的火场排烟效能略微低于单一机械排烟方式；当补风面积增大为 36m² 时，组合排烟方式的火场排烟效能优于单纯采用机械排烟方式；在此基础上再次增大补风面积，排烟效率仍有提升；

（3）外区自然排烟面积增大为规范规定的 1.5 倍时，补风面积对组合排烟方式效能影响显著变小：补风面积为 7.1m² 时，组合排烟方式的火场排烟效率优于单纯机械排烟方式；此基础上再次增大补风面积，排烟效率提升微弱。

6　结论

本文通过数值模拟的手段，对高顶棚大空间同一防火分区靠外墙的防烟分区采用自然排烟而靠内侧的相邻防烟分区采用机械排烟，即同一空间区域两种排烟方式共存条件下，火灾功率为 10MW 的不利情况时，相关区域的烟气控制效果进行了研究，得出：

（1）虽然自然排烟方式系统可靠性高且可兼用于日常通风，优势明显，但高顶棚大空间同一空间区域，是否可以在相邻防烟分区分别采用自然和机械排烟方式，即两种排烟方式是否可以共存，存在先决条件：当自然排烟面积增大为规范规定的 1.5 倍时，组合排烟优势显现，此时采用组合排烟效能优于单纯采用机械排烟；

（2）采用组合排烟时，应尽可能加大补风门洞设置，以充分发挥组合排烟的火场排烟效能优势。

参考文献

[1] GB 51251—2017，建筑防烟排烟系统技术标准［S］.

[2] 陈星星，童艳，郑浩等．机械送风与自然排烟结合的中庭火灾烟气控制［J］．消防科学与技术，2015，34（6）：743-746.

[3] 张见文．超瘦高中庭自然排烟方式可行性研究［D］．沈阳：沈阳航空航天大学，2017.

[4] 王方舜．大空间建筑火灾烟气的蔓延及控制研究进展［J］．武汉工程大学学报，2017，39（4）：337-346.

[5] Mcgrattan K，Forney G，Floyd J，et al. Fire dynamics simulator—user's guide［M］. 6th ed. Gaithersburg：National Institute of Standards and Technology，2021：44-45.

[6] GB 50116—2013，火灾自动报警系统设计规范［S］.

基于 FDS 与 Pathfinder 的气承式膜结构体育馆人员安全疏散评估

段　磊

（郑州市消防救援支队，河南　郑州）

摘　要　气承式膜结构体育馆近些年来发展迅速，全国各地均有此类新型建筑的出现，但相关规范的缺失造成气承式膜结构建筑的防火设计需进行一对一式的消防安全评估，本文提出一种基于火灾模拟软件 FDS 与人员疏散模拟软件 Pathfinder 的评估方法，用于评估火灾发生后人员能否进行安全疏散。首先根据项目工程概况、国内外相关规范给出安全性判定准则及判据并设计出火灾场景及人员疏散场景，其次建立相应的火灾及人员疏散模型，最后根据模拟的结果并结合安全判定准则，综合确定火灾发生后人员的疏散安全。该分析流程及方法可以为类似工程实践提供依据。

关键词　人员疏散模拟　烟气蔓延模拟　消防安全评估　气承式膜结构体育馆

1　引言

气承式膜结构建筑[1-2]主体采用 PVC、PVDF 等膜材，内部无需任何梁、柱、支撑，利用大功率风机向室内送风使膜内达到设计内压，并维持膜内气压，室内外气压差使膜面形成一定应力，从而保持建筑形态并抵抗外部风、雪、雨等荷载。正常情况下，室内外的气压差约为 100Pa～450Pa。该类型建筑因空间利用率高、建设周期短、维护运营简单、安全环保节能、空气质量可控、移动重复利用等优点近些年得到快速发展[3]。虽目前气承式膜结构已得到广泛应用，但我国目前尚未形成完善的防火标准和规范，在消防方面依然存在安全隐患：膜材虽然是一种难燃材料，但在实验室条件下，膜材会形成与接触火焰面积相当的穿孔[4-6]，膜材本身的高卤素聚合物材料性质，在火源直接作用下将产生大量毒性烟气[7]，对人员的生命安全也会造成不利影响，此外按照《建筑防火设计规范》GB 50016—2014（2018 版）[8]中规定对于一、二级耐火等级建筑的屋面板应采用不燃材料，而绝大多数膜材燃烧性能为 B1 级；气承式膜结构为了保持内部压力，结构的封闭性较强，膜面仅设置较小洞口用于保障内部气压平衡，自然排烟受极大限制，由于无法在膜面铺设排烟管道，机械排烟系统也较难设置，大多依靠通风系统进行事故后排烟，而根据《体育建筑设计规范》JGJ 31—2003[9]相关条文规定体育馆建筑没有直接对外开口时，应设机械排烟系统，气膜建筑由于需保持内部气压，并不设置直接对外开口；常见该类建筑一般为大空间结构，内部空间无梁柱，利用挡烟垂壁划分防烟分区的方式并不再适用，火灾条件下，烟气容易快速蔓延。综上所述对于多数气承式膜结构体育馆而言需进行消防安全评估。

2　安全判定准则及场景设计

2.1　工程简介

本文研究对象为某残疾人用体育馆，总建筑面积为 5525.50m²。建筑总长度为 85m，总宽度为 65m，场馆为单层气膜式建筑，建筑最高点为 20.5m，气膜最低点距地面高度为 4.5m，建筑平、剖面见图 1。

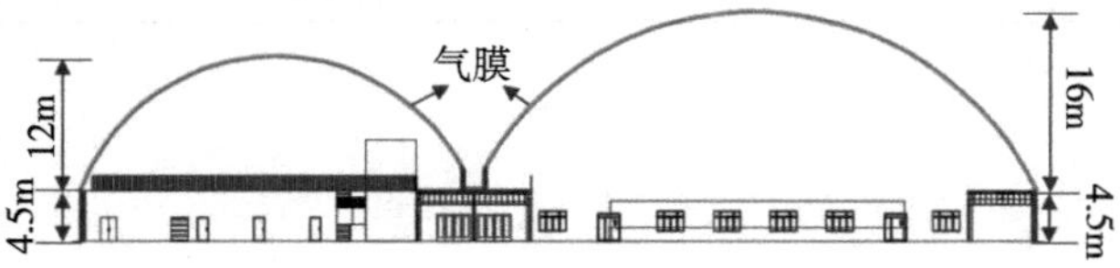

（a）剖面图

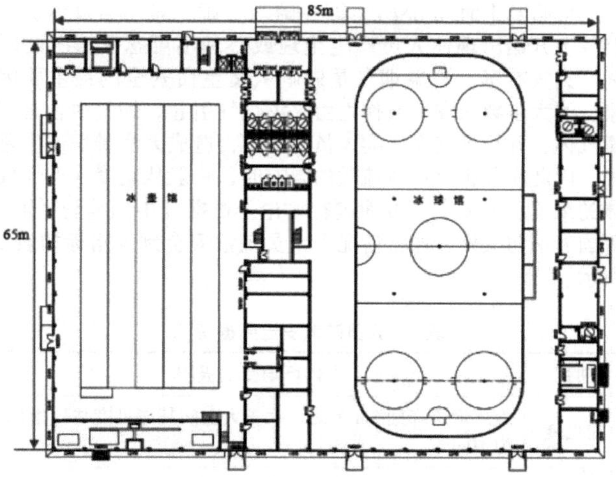

（b）平面图

图 1　建筑平剖面图

该工程建筑耐火等级为二级，训练馆主要由冰壶馆和冰球馆两部分组成，分别采用了气膜封闭结构，两个训练馆之间有实体墙分隔，气膜结构不连通。其中冰壶馆气膜长边约为 65m，短边宽度约为 34.1m，气膜高度为 12m。北侧和西侧服务用房有裁判休息室、教练休息室、消防控制室及其他服务用房，南侧为制冰机房。冰壶馆、冰球馆功能分布如图 2 所示。

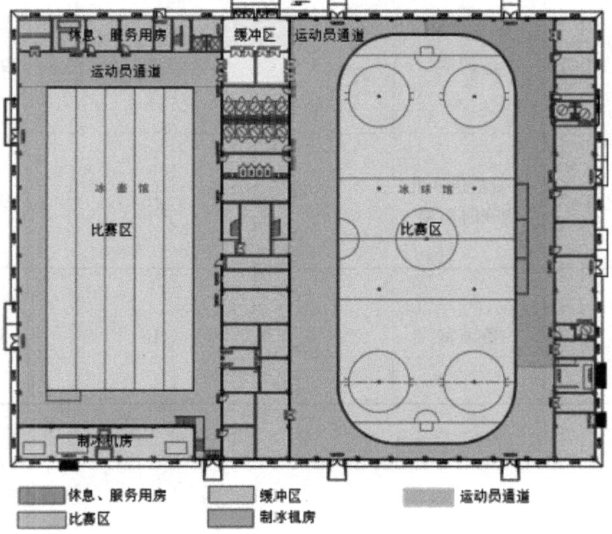

图 2　功能分布图

2.2 安全性判定准则及判据

人员疏散至安全空间的时间（*RSET*）小于火势发展到超出人体耐受极限的时间（*ASET*），即说明可以满足人员安全疏散的需求。保证人员安全疏散的依据为：

$$REST+T_S<AEST$$

其中：*REST*，人员全部疏散所需要的时间；*AEST*：开始出现使人员达到处于危险境地的时间；T_S：安全富余量。根据相关规范及工程经验，本文疏散开始时间设置如表1所示。

表1 人员疏散开始时间设置 s

	火灾探测时间	火灾报警时间	人员识别时间	人员反应时间	疏散开始时间
体育馆	60	30	60	30	180

危险到来时间 *ASET*，即在疏散走廊、安全出口等疏散路径上开始出现使人员产生生理或心理不可忍受情况的时间。火灾有毒、高温烟气是影响人员生命安全的最主要因素，绝大多数火灾人员伤亡由火灾烟气引起。烟气中含有有毒气体，并且烟气会影响人员的视野，造成无法辨识逃生路线，因此在分析火灾对疏散的影响时，一般从温度、毒性气体的浓度、能见度三方面进行讨论。根据《中国消防手册》等国外消防文件，通常情况下人员疏散安全判据指标如表2所示。

表2 人员疏散安全判据指标

项目	人体可耐受的极限
能见度	当热烟层降到2m下时，对于大空间其能见度临界指标为10m
温度	2m以上空间内的烟气平均温度不大于180℃；当热烟层降到2.0m下时，持续30min的临界温度为60℃
烟气的毒性	一般认为在可接受的能见度的范围内，毒性都很低，不会对人员疏散造成影响（一般CO判定指标为2500ppm，保守分析时可以取值500ppm）。

2.3 火灾及疏散场景设计

2.3.1 危险源辨识及火灾危险性分析

经过对相关类型建筑的调研、统计，本文各个公共区域的危险源辨识及火灾危险性分析见表3。

表3 各区域危险源辨识及火灾危险性分析

位置		火灾危险性分析
冰壶馆	教练休息室	衣物、办公桌椅
	备训室	衣物、办公桌椅
	通信、电力配线间	通信机柜，配电柜
	冰壶器材间	衣物，宣传标语
	医务室	衣物、办公桌椅

2.3.2 火灾热释放速率设置

实际火灾中的热释放速率随时间的推移不断增长，大多数常见可燃物着火时，热释放速率增长遵循时间的平方规律即：

$$Q=at^2$$

式中：Q——热释放速率，kW；a——时间常数；t——时间，s。

按热释放速率增长的快慢，平方火可分为超快、快速、中速和慢速火。本项目中座椅区火灾类型为中速火，备训室和休息室火灾为快速火。

参考《SFPE Handbook of Fire Protection Engineering》提出的一些衣物及固定座椅的实际实验数据，同时借鉴国家标准《建筑防排烟系统技术标准》（GB 51251—2017）给出的各类场所的火灾规模，综合以上分析，考虑到不利情况，本项目冰壶馆备训室参考《建筑防排烟系统技术标准》无喷淋下办公室火灾，确定火灾规模为6MW；冰壶馆座椅休息区参考《SFPE Handbook of Fire Protection Engineering》，确定火灾规模为2.25MW。根据上文对火灾危险性及火灾各因素分析，本文设置了如表4所示火灾场景，火灾场景位置见图3。

表4 火灾场景设置一览表

编号	火源位置	热释放速率/MW	室内温度/℃	室外温度/℃	设置目的	对应疏散场景
L1-1	备训室	6	24	29.7	夏季条件下，备训室发生火灾后溢出至冰壶馆大空间，分析大空间储烟能力及人员疏散安全	ss-2 整体疏疏散，封堵到达危险来临时间的冰壶馆西北侧出口。
L1-2	冰壶赛道3北侧临时座椅	2.25	16	-3.6	冬季条件下，冰壶赛道北侧发生火灾，烟气直接蔓延至冰壶馆大空间，分析大空间储烟能力及人员疏散安全	ss-1 整体疏疏散，冰壶馆所有安全出口未达到危险时间，不封堵出口。
L1-3	备训室	6	16	-3.6	冬季发生火灾，主风机、备用风机全部打开，分析应急补风系统对烟气流动影响	ss-2 整体疏疏散，封堵到达危险来临时间的冰壶馆西北侧出口。

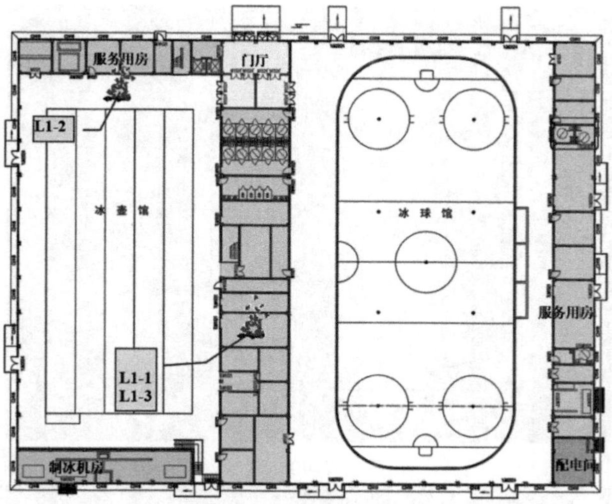

图 3　火灾场景示意图

2.3.3　疏散场景设置

冰壶训练馆，运动员使用轮椅比赛。发生火灾时，通过轮椅滑行到应急门，直接疏散至室外。疏散模拟考虑冰壶运动员使用手动轮椅疏散的行动速度，参考《建筑火灾中人员疏散问题的研究》取 0.69m/s。本项目疏散人数根据调研确定，总人数为 150 人，其中残疾人运动员 54 人，裁判、教练及其他人员 96 人，场景 ss-2 封堵出口示意图如图 4 所示。疏散效果如图 5 所示。疏散场景设置如表 5 所示。

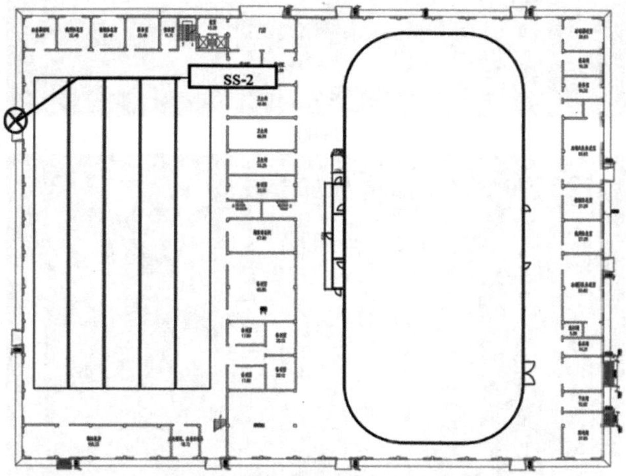

图 4　封堵安全出口示意图

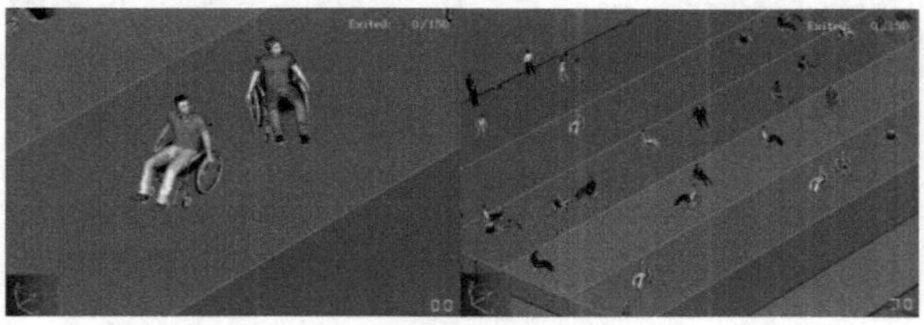

图 5　冰壶馆模拟效果图

表 5　疏散场景

编号	疏散位置	人数（人）	对应火灾场景
SS-1	整体疏散，不封堵出口	150	L1-2
SS-2	整体疏散封堵冰壶馆左侧出口	150	L1-1、L1-3

3　结果分析

3.1　疏散模拟结果

3.1.1　疏散场景 ss-1

本疏散场景为冰壶馆人员整体疏散，疏散路径不受烟气影响，人员同时疏散至室外的情况。模拟分析结果显示，冰壶馆人员疏散至室外区域的行动时间为 72s，疏散时间为 180s+72s×1.5=288s。疏散模拟过程如图 6 所示，疏散模拟结果如表 6 所示。

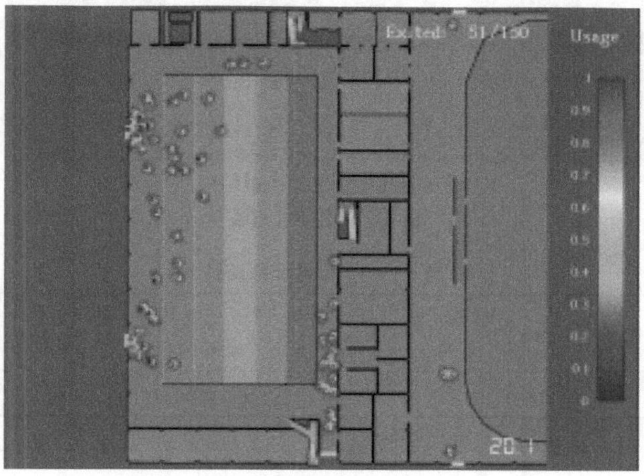

T=20s

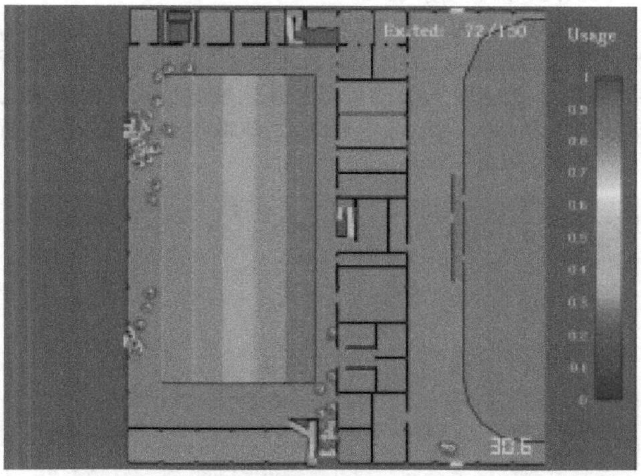

T=30s

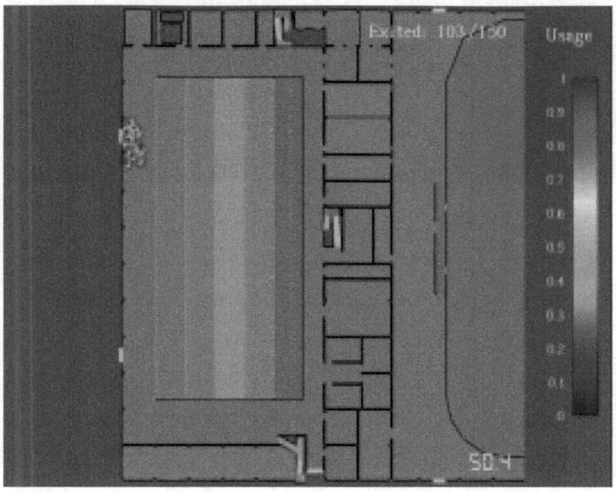

T=50s

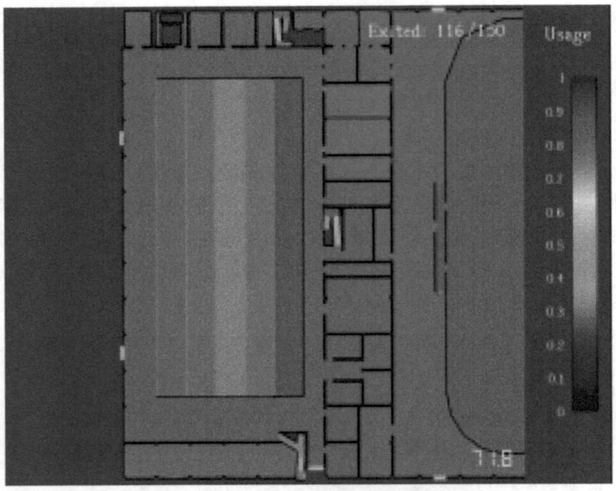

T=72s冰壶训练馆疏散结束

图 6　疏散模拟过程

表 6　ss-1 疏散模拟结果

场景	区域	疏散开始时间/s	疏散行动时间/s	1.5 倍疏散行动时间/s	疏散时间/s
ss-1	冰壶馆	180	72	108	288

注：采用 1.5 倍安全系数。

3.1.2　疏散场景 ss-2

本疏散场景为冰壶馆人员整体疏散。封堵受烟气影响的冰壶球西北侧出口，人员同时疏散至室外的情况。模拟分析结果显示，冰壶馆人员疏散至室外区域的行动时间为 85s，疏散时间为 180s+85s×1.5=308s。疏散模拟过程如图 7 所示，疏散模拟结果如表 7 所示。

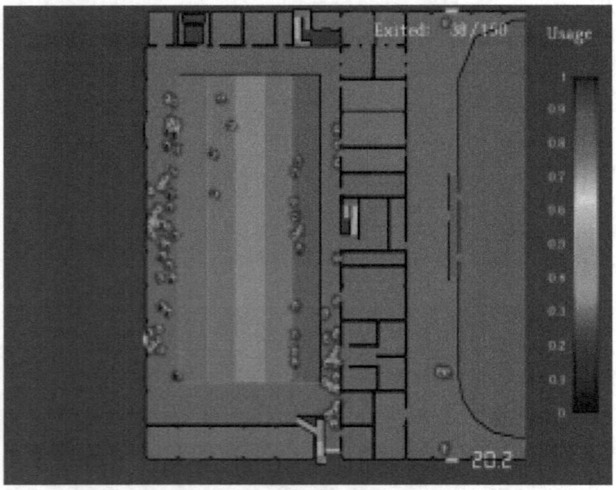

T=20s

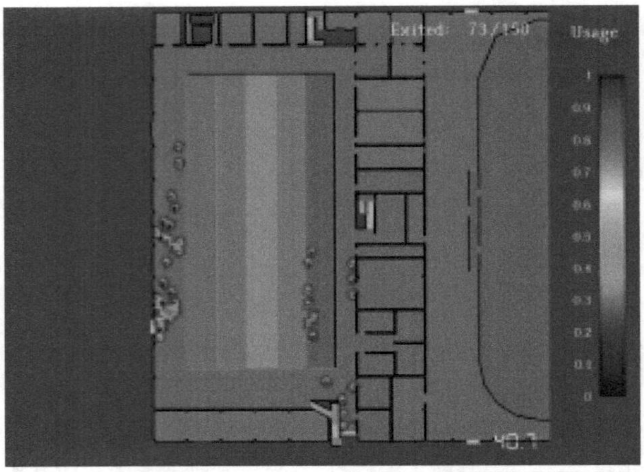

T=40s

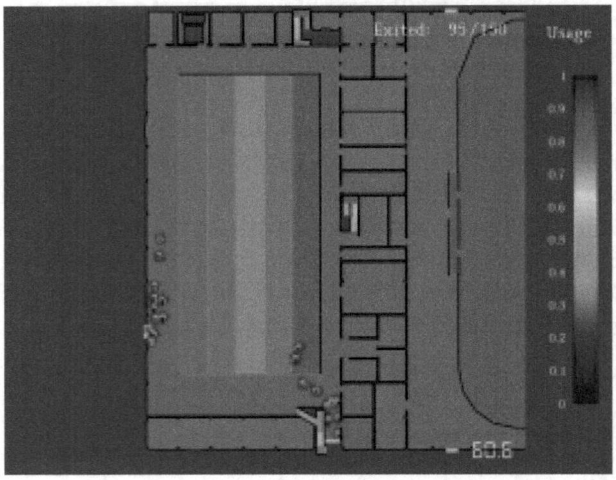

T=60s

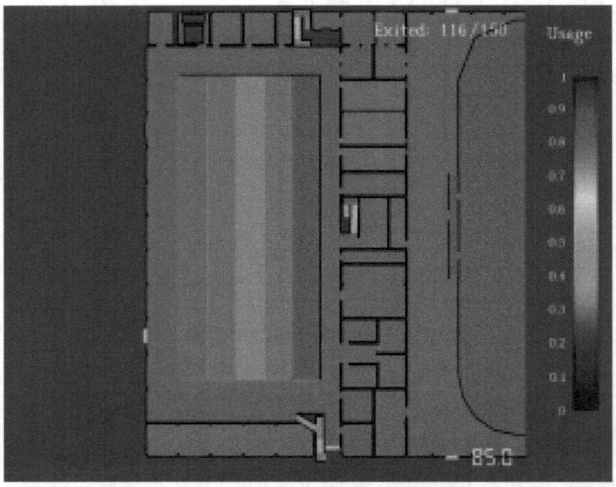

T=85s冰壶训练馆疏散结束

图 7　疏散模拟过程

表 7 ss-2 疏散模拟结果

场景	区域	疏散开始时间/s	疏散行动时间/s	1.5 倍疏散行动时间/s	疏散时间/s
ss-2	冰壶馆	180	85	128	308

3.2 烟气模拟结果

3.2.1 烟气场景 L1-1

FDS 火灾场景基本参数设置如表 8 所示。夏季条件下，备训室发生 6MW 火灾，不设置排烟设施和自动喷水灭火系统，备训室开向冰壶馆的门失效。火灾发生后，烟气从备训室溢出至冰壶馆大空间，在热浮力作用下，烟气上升至冰壶馆顶部并开始积聚，随着火灾不断发展，烟气层开始出现沉降。烟气模拟过程如图 8 所示。模拟结果显示 $t=1140$s，冰壶馆西侧应急门附近能见度低于 10m，超出安全疏散判定值；模拟至 1800s 结束时，除火源附近外，其他区域距地面 2m 高度处温度及 CO 浓度均小于 60℃、500ppm，人员可安全疏散。

表 8 烟气场景 L1-1 参数

参数类别	参数			
场景设置	场景编号	L1-1	火灾位置	冰壶馆备训室
火源设置	火灾规模/MW	6.0	火灾增长方式	中速 t^2 火
	soot 生成量	0.01	火灾增长速率/（kW/s^2）	0.011
排烟系统	排烟方式	不设置排烟		
计算参数	环境温度/℃	29.7	模拟时段/s	1800
	湍流模型	大涡模型	环境湿度	60%
网格参数	网格数量/个	1296000	网格尺寸（m×m×m）	加密区 0.5×0.5×0.5
计算软件	FDS			

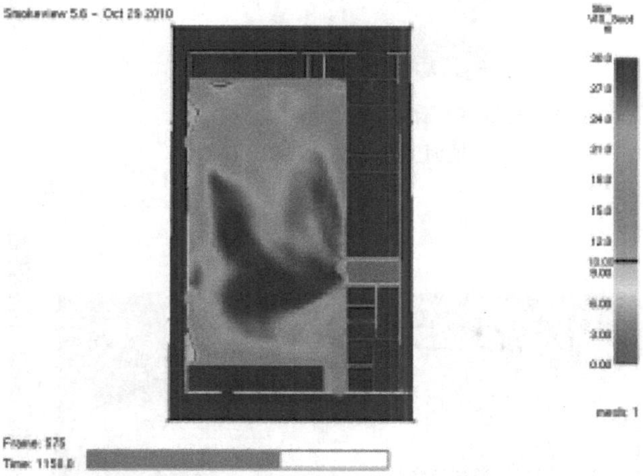

地面上方2m高度1150s能见度

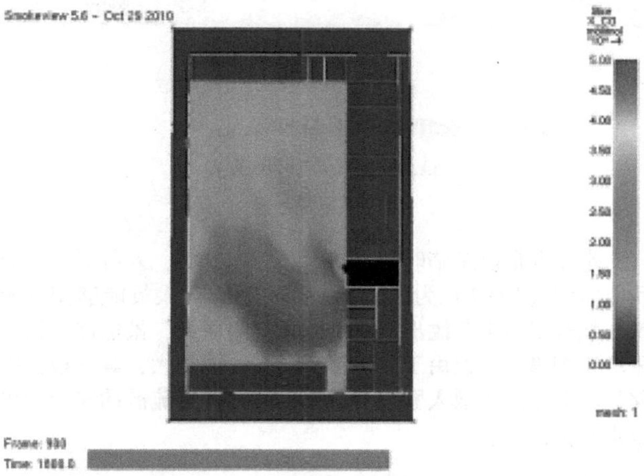

地面上方2m高度1800sCO浓度

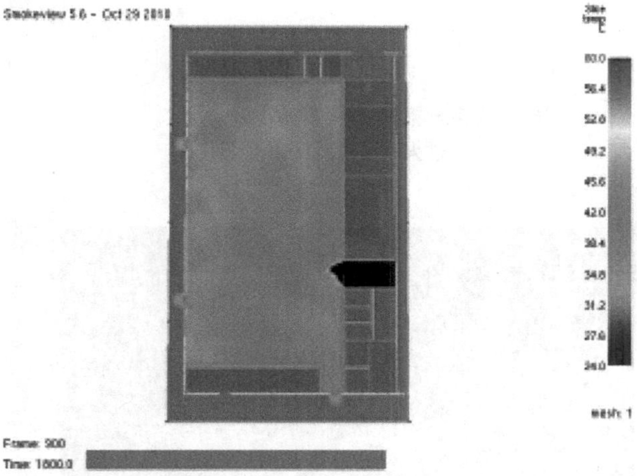

地面上方2m高度1800s温度

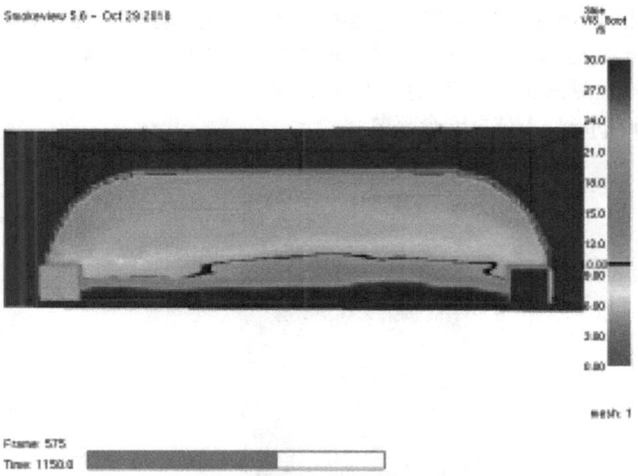

过火源横切面1150s能见度

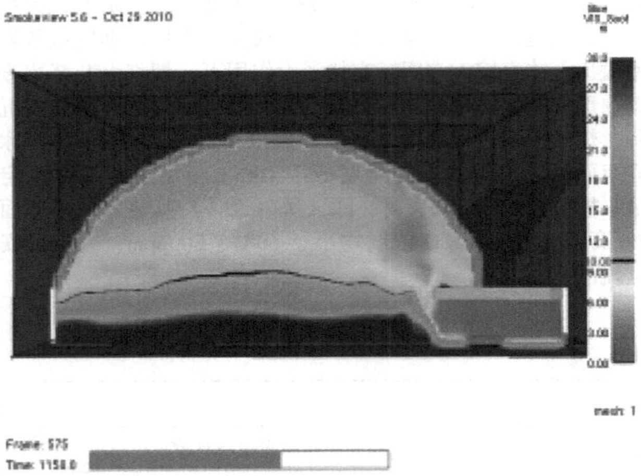

过火源纵切面1140s能见度

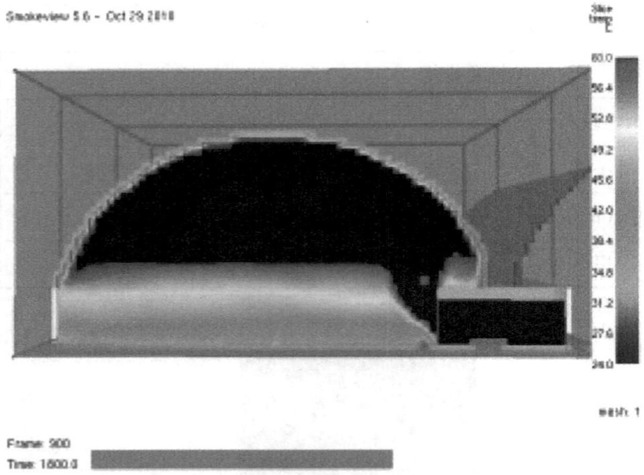

过火源纵切面1800s温度

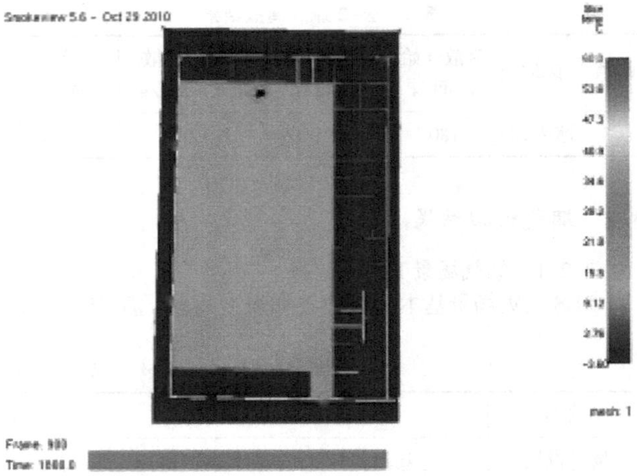

地面上方2m高度1800s温度

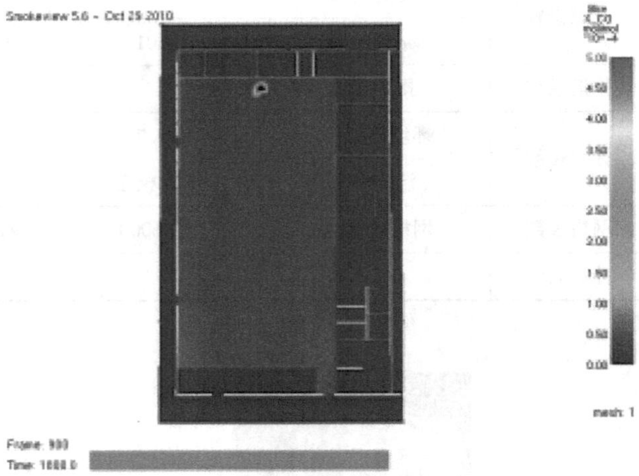

地面上方2m高度1800sCO浓度

图8 计算结果

本工况危险来临时间（*ASET*）为1140s，人员安全疏散所需时间（*RSET*）为308s，*ASET*>*RSET*，人员能够安全疏散。烟气经备训室溢出至冰壶馆大空间顶部，虽然冰壶馆未采取排烟措施，但由于冰壶馆空间高、体量大，具有很强的储烟功能，且疏散人数较少，故火灾时人员疏散的安全性可以得到保证。

3.2.2 烟气场景L1-2

冬季条件下，冰壶馆临时座椅休息区发生2.25MW火灾，不设置排烟设施和自动喷水灭火系统，分析轴对称烟羽流在大空间蔓延规律。烟气模拟结果如图9所示。至1800s，除火源房间外，其他区域距地面2m处CO浓度均小于500ppm，人员可安全疏散。

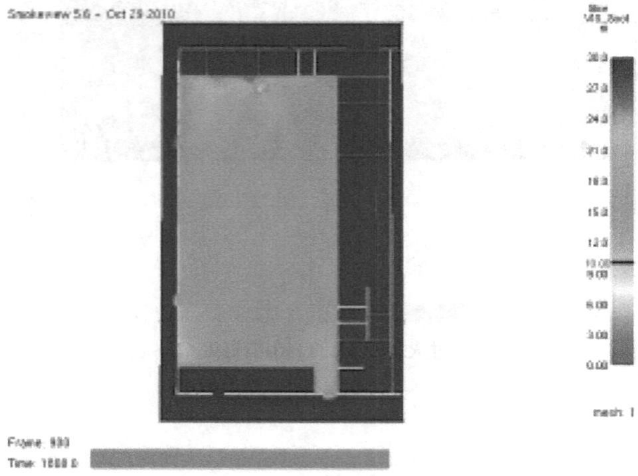

地面上方2m高度1800s能见度

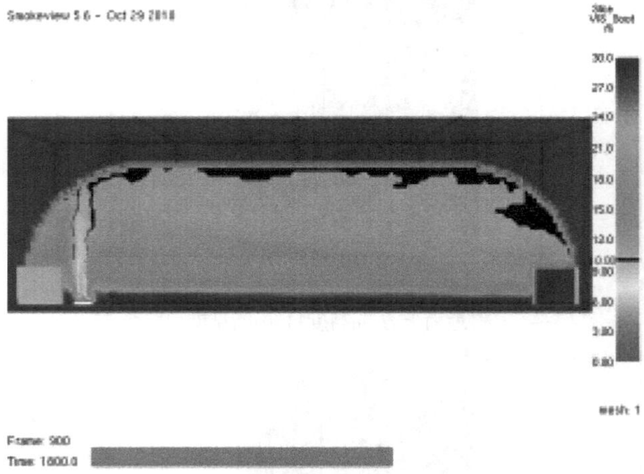

过火源横切面1800s能见度

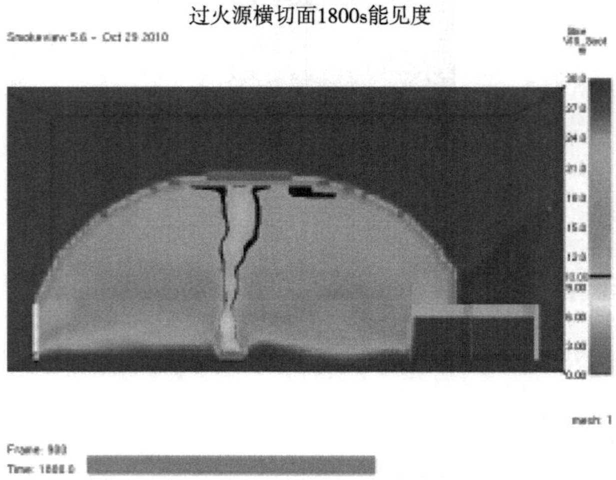

过火源纵切面1800s能见度

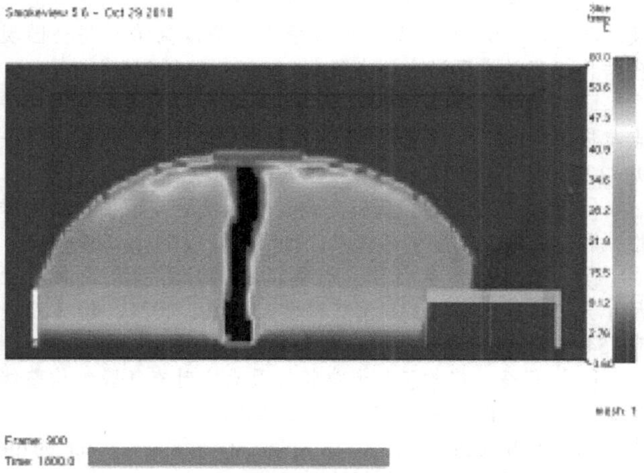

过火源纵切面1800s温度

图9 计算结果

本工况危险来临时间（*ASET*）大于1800s，人员安全疏散所需时间（*RSET*）为288s，*ASET*>*RSET*，人员能够安全疏散。

3.2.3 烟气场景 L1-3

冬季条件下，备训室发生6MW火灾，主风机和备用风机全部打开，分析应急补风系统对烟气流动规律影响，进而判断人员疏散安全性。烟气模拟结果如图10所示。至1319s，冰壶馆西侧应急门附近能见度低于10m，疏散安全条件被破坏；至1800s，除火源房间外，其他区域距地面2m处CO浓度均小于500ppm，人员可安全疏散。

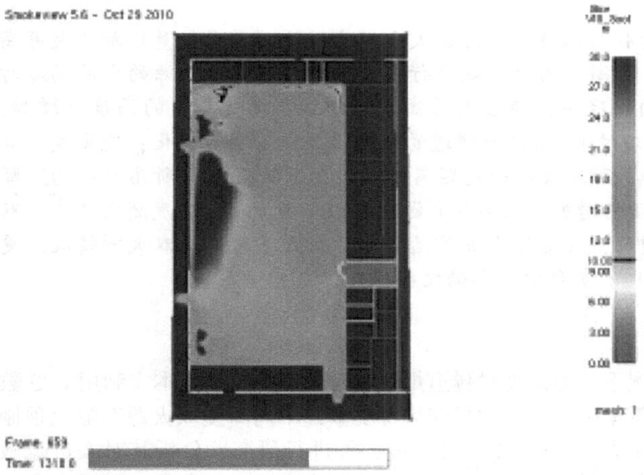

地面上方2m高度1318s能见度

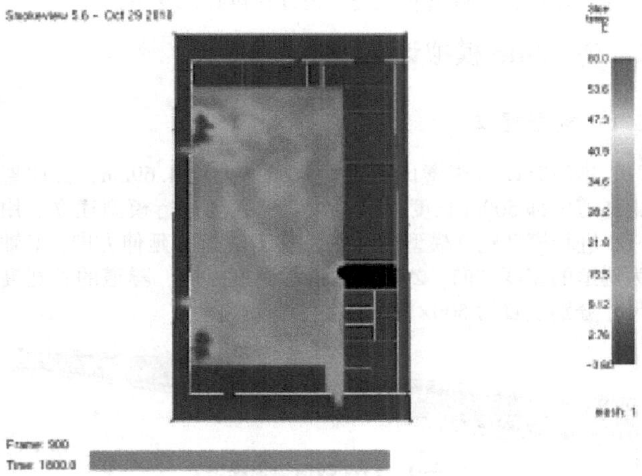

地面上方2m高度1800s温度

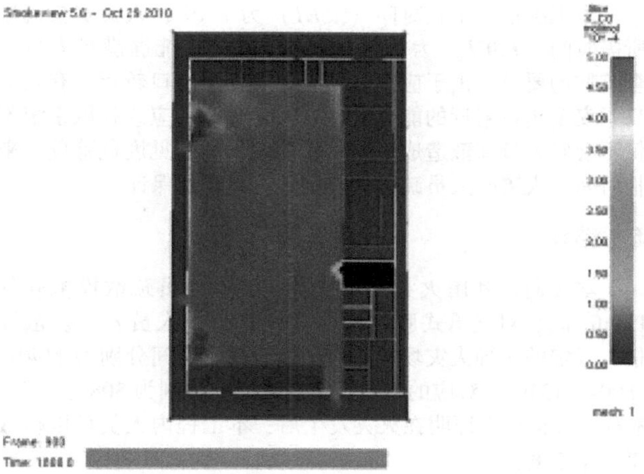

地面上方2m高度1800sCO浓度

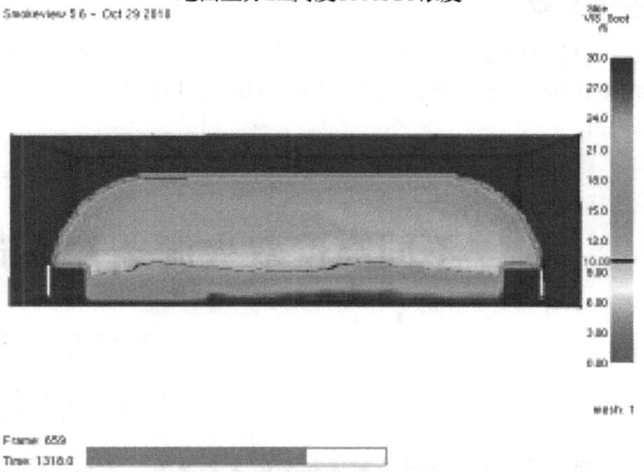

过火源横切面1318s能见度

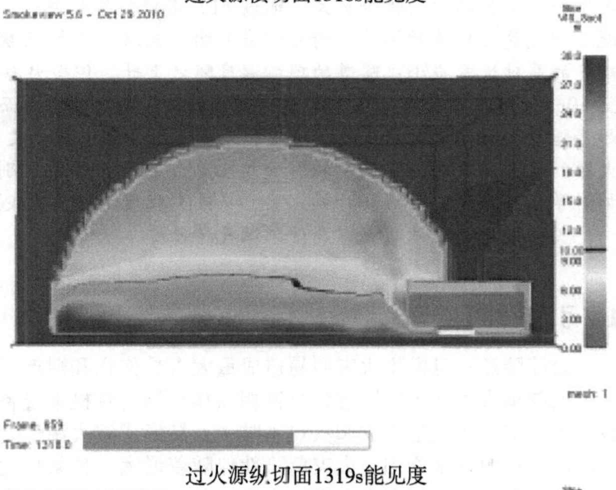

过火源纵切面1319s能见度

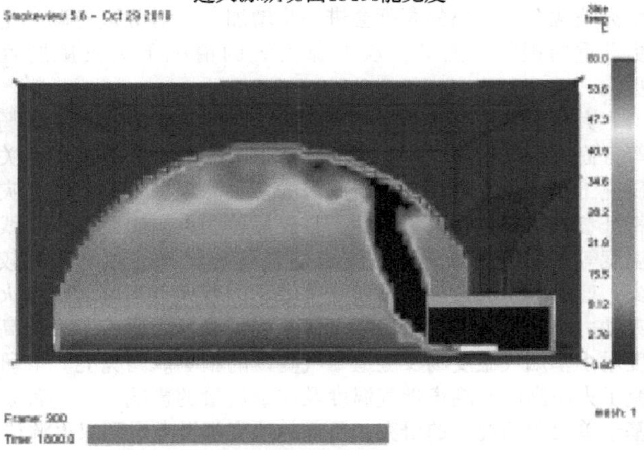

过火源纵切面1800s温度

图10 计算结果

本工况危险来临时间（*ASET*）为1319s，人员安全疏散所需时间（*RSET*）为308s，*ASET*>*RSET*，能够满足人员安全疏散的要求。由于应急补风口距离安全出口较近，有效提高了安全出口附近的能见度，故火灾时开启应急补风系统不仅不会对人员疏散造成影响，反而延长了能见度危险危险来临时间，火灾时人员疏散的安全性可以得到保证。

4 结论

本文通过利用火灾模拟软件FDS、人员疏散模拟软件Pathfinder，对气承式膜结构体育馆进行了人员安全疏散评估，设定的3种火灾场景对应的危险来临时间分别为1140s、1800s、1319s，对应的人员安全疏散时间分别为308s、288s、308s，模拟结果证明在火灾发生后，本工程内人员可以疏散至安全空间。

参考文献

［1］赵大鹏，陈务军，张丽梅．大型充气膜结构及膜材的发展概述［J］．建筑施工，2008（02）：135-139.

［2］李中立，宋小兵，龚景海．充气式膜结构历史回顾及现状［C］//. 庆祝刘锡良教授八十华诞暨第八届全国现代结构工程学术研讨会论文集．，2008：638-646.

［3］周洋，孙卓尔，钱铖．建筑膜材及气膜结构性能特点与应用现状［J］．新型建筑材料，2016，43（08）：96-99+127.

［4］张媛媛，朱国庆，韩如适．气承膜建筑材料燃烧特性试验［J］．消防科学与技术，2013，32（04）：360-363.

［5］颜明强，李利君，张泽江．ETFE薄膜屋面材料大尺寸火灾试验研究［J］．消防科学与技术，2021，40（01）：51-54.

［6］郭峰．织物膜材燃烧特性及火灾时充气膜结构整体稳定性分析［D］．中国矿业大学，2016.

［7］Full scale fire tests on composite membranes for textile structures［R］．Boras：Swedish National Testing Institute，1998.

［8］GB 50016—2014，建筑设计防火规范［S］北京：中国计划出版社，2018.

［9］JGJ 31—2003，体育建筑设计规范［S］.

不同高度双火源条件下隧道火灾烟气蔓延规律研究

刘桢渝　王　雪　冉浩男

（中国人民警察大学，河北　廊坊）

摘　要　车辆碰撞为隧道起火的主要原因，多车辆连环碰撞引起燃烧导致隧道火灾发生，此时火源数量增加，火源高度不一，火灾的危险性会更大。通过FDS数值模拟软件对不同火源高度的双火源进行模拟分析，研究双火源的火源高度对隧道烟气蔓延规律的影响。研究结果表明：在双火源间距确定的情况下，随着火源高度的增加，烟气蔓延的高度也增加，烟气的蔓延速率减小；隧道的顶棚温度随之上升，但当火源高度超过1.5m之后隧道的顶棚温度没有明显变化；能见度下降至10m所用时间在双火源正上方时，随着火源高度的增加而增加，距双火源一定距离时能见度下降至10m所用时间的下降趋势随着火源高度的增加有所减缓；对于CO方面，随着火源高度的增加，距离双火源左右50m处的CO浓度随之减少。双火源的火源高度对隧道烟气的影响相比单火源存在较大区别。因此，在隧道火灾防治方面，需更多地考虑双火源情况，更加科学地制定火灾预防和扑救方案，从最大程度上减少火灾发生时人员伤亡、车辆设备损失。

关键词　双火源　火源高度　烟气特性

1 引言

公路隧道一旦发生火灾便易造成重大人员伤亡和财产损失，而隧道火灾起火原因常为车辆相撞和车辆自身机电设备故障[1]，导致了隧道火灾起火点不唯一，易形成双火源燃烧的情况。火源数量增加，火灾危险性伴随着增大，如果再发生火焰融合，火焰的高度会进一步增加[2]，对隧道衬砌产生更严重的损坏。因此，双火源火灾的情况下火灾威胁性更大。

大量学者从单火源火灾的临界风速、CO浓度、温度场等方面进行大量研究[3]。目前，隧道双火源火灾方面的相关研究工作主要集中在自由空间内的多火源现象，关注的火灾特征参数主要包括火源特性、临界风速、火源间距和中心线温度等[4]。但火源高度对隧道烟气蔓延规律的影响研究较少：曹旭等[5]通过模型试验研究了不同着火点高度对隧道火灾动力学参数的影响。田承飞等[6]、汤渊等[7]研究了火源高度对小室烟气温度场及隧道烟气蔓延的影响。陶亮亮[8]等研究了火源高度对隧道烟气温度及质量流量的影响。上述都是基于单火源情况下的研究，目前的研究都没考虑到双火源情况下火源高度对隧道烟气蔓延的影响。因此本文利用FDS数值模拟软件，对相同火源功率，不同高度双火源对隧道顶棚温度、CO浓度、可见度、等进行研究，分析其对人员疏散及烟气控制等作用，获得不同高度双火源条件下隧道火灾烟气蔓延规律，为隧道防火安全设计提供技术支撑。

2 PyroSim模拟计算

2.1 模型建立

本研究以重庆璧山隧道为背景，全长4.69km，截取璧山隧道中部500m长度，以单线矩形区间进行模型建立。用FDS进行模型建立模型时，以*X*轴为隧道的延伸方向，*Y*轴为隧道的宽度方向，*Z*轴为隧道的高度方向，隧道的长宽高尺寸分别设置为500×10×5m，见图1。

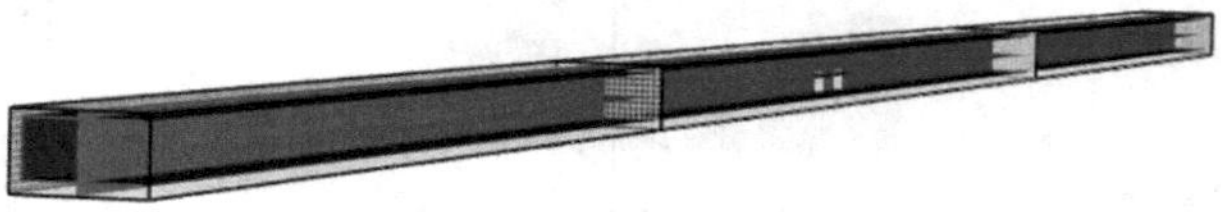

图1　FDS数值模拟模型

2.2　网格设置

大量研究表明，设定的网格尺寸对模拟计算结果有很大的影响。FDS软件中，设定的网格尺寸越小，得到的计算结果就越精确，越接近实际。但当网格过小时，计算量就会变大，计算时间较长。所以在选取网格尺寸时，应考虑计算机性能等因素，准确划分网格尺寸。

本文选取火源功率10MW为参考，根据上式2.4计算得到火源特征直径 D^* 为2.41m，近似取2.5m。为了找寻合适的网格尺寸，根据网格尺寸与火源特征直径的关系，设置4种不同精度的网格尺寸：0.32、0.25、0.2、0.18，并开展网格独立性分析，综合考虑，数值模拟计算的网格精度选火源特征直径的1/10，所以最为合适的网格尺寸为0.25m×0.25m×0.25m。

2.3　模拟条件设定

隧道四周墙壁设为混凝土材料，隧道内初始温度设定为20℃，初始压力为大气压101325Pa，隧道内无烟气，模拟时间设为600s，网格边界条件为OPEN。热电偶布置在火源上方及两侧4.8m高度处，CO和可见度探测器布置在火源两侧2m高度处，均每隔10米设置一个，用于隧道火灾温度、CO浓度、能见度、烟气层厚度等参数的测定。

2.4　火灾场景设定

本次模拟设定的火源燃料为庚烷，两个火源设置在隧道中部，火源功率均为5MW，尺寸均为4×1.5m的矩形。由于双火源间的相互作用，两火焰容易发生合并。如果距离过近会使得双火源在燃烧过程中逐渐融合，从而呈现单火源燃烧的态势。所以为了保证模拟过程中双火源的独立燃烧状态，参考相关文献[9]双火源间距均设定为6m，并根据相关文献进行验证[10]，单火源等效模型如下：

$D\leqslant 10$cm 时：

$$Q_t=\begin{cases}\left(-0.25\dfrac{S}{D}+19.8D\right)Q_1, & 0.5\leqslant\dfrac{S}{D}\leqslant 2\\[2ex](-15.5D+2.89)Q_1, & 2<\dfrac{S}{D}\leqslant 3.5\end{cases}\tag{2.1}$$

$D>10$cm 时：

$$Q_t=\begin{cases}0.7Q_1, & 0.5\leqslant\dfrac{S}{D}\leqslant 2\\[2ex](0.16S/D+3.5)Q_1, & 2<\dfrac{S}{D}\leqslant 3.5\end{cases}\tag{2.2}$$

式中 Q_t——等效单火源热释放速率，kW；

Q_1——双火源燃烧火源1的热释放速率，kW；

S——火源间距，cm；

D——火源尺寸，cm。

代入本文选取的火源功率 Q_1 为5MW，其火源尺寸 D 为4m，S/D 为1.5，代入式2.2计算得到 Q_t 为3.5MW，基本合理，所以双火源间距设定为6m。

本文根据不同类型的车辆假设三种不同的火源高度：1.5m代表小汽车、2m代表小客车、2.5m代表货车，并设置火源位于隧道地面的情况作为对照组，如表1所示。

表1　工况表

工况	火源功率/MW	火源高度/m	火源数量/个	火源间距/m
1	5	0	2	6
2		1.5		
3		2		
4		2.5		

3　模拟结果分析

3.1　烟气蔓延分析

对比火源位于隧道地面和火源具有高度的燃烧情况，由图2可以看出：不同高度下的双火源燃烧产生的烟气都向隧道两侧呈对称形式蔓延；考虑火源高度后，在325s时烟气蔓延的长度比火源位于隧道地面时都短，且随着火源高度的增加，烟气到达隧道进出口的速度变慢。这是由于火羽流在浮力驱动撞击顶棚之前会不断卷吸新鲜空气而产生烟气，火源高度越高火羽流卷吸路径越短。因此，火源高度越高，烟气蔓延速率越慢。

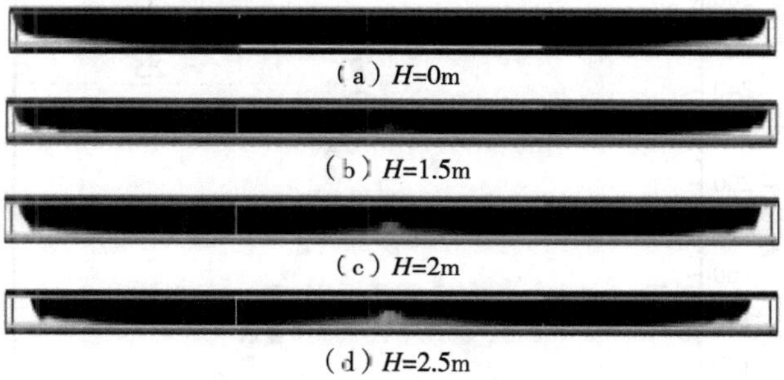

图2　不同高度双火源条件下在325s时的烟气分布图

3.2　隧道顶棚温度分析

结合纵向中心切面温度云图和顶棚高度处切面温度（图3、图4）可以看出：不同高度的双火源隧道火灾，隧道顶棚最高温度均在双火源正上方；并且隧道温度升高的部位随火源高度的变化有明显的上升，热量更为明显地堆积于顶棚，且双火源正上方的顶棚最高温度区域逐渐缩小，表现为自双火源中心向左右两端的高温区域长度缩短，火源高度1.5m、2m时，顶棚平均温度为145℃的长度为40m左右，火源高度为2.5m时，缩短到30m左右。正因如此，考虑火源高度后的安全冗余比火源位于隧道地面大的多，所以考虑火源高度后对人员逃生环境温度的贡献较大。

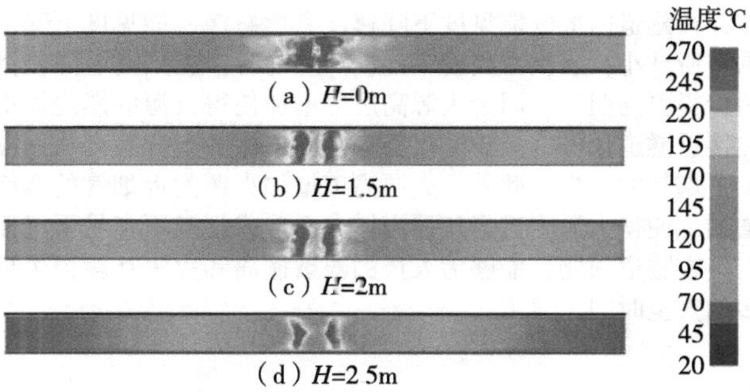

图3　火源高度0m的双火源在不同时刻隧道纵向中心切面温度云图

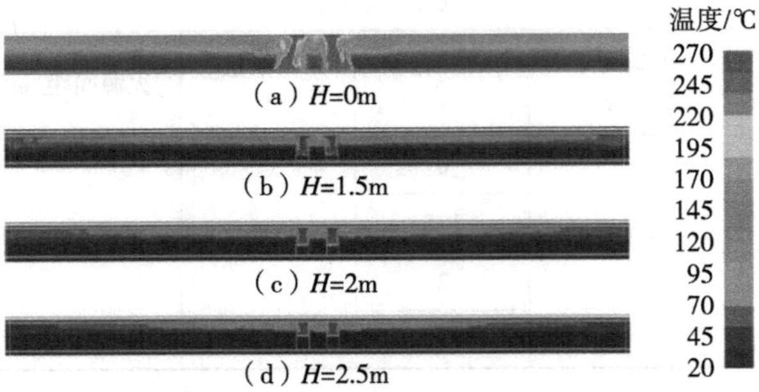

图4　不同高度的双火源在325s时隧道纵向中心切面温度云图

为进一步了解到隧道内不同位置处的顶棚温度情况，可以从隧道内设置的热电偶得到详细数据进行分析。图5为不同高度双火源在不同位置的温度值，证明云图描述的现象：不同高度双火源的顶棚最高温度均在两火源正上方，且随着火源高度的增加，最高温度值也在增加；随着距双火源距离的增加，火源两侧的顶棚温度急剧下降，这是由于火灾产生的高温烟气会先聚集于隧道顶棚。当离火源40m左右时，温度的衰减逐渐平缓；在远离双火源的位置，不同火源高度的温度衰减趋势基本相同。

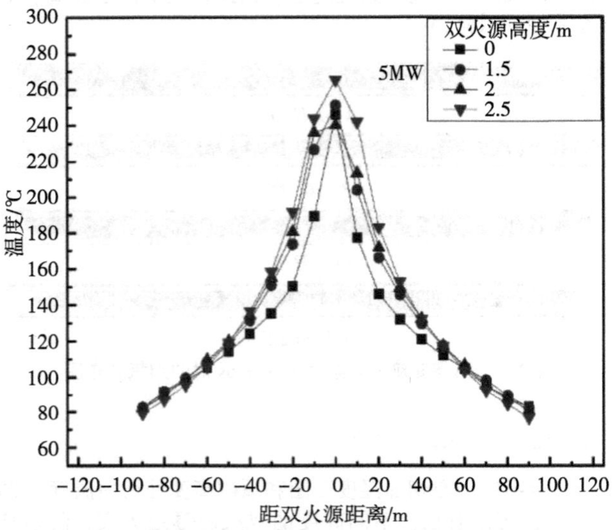

图5　不同高度双火源在不同位置的顶棚温度曲线图

3.3　能见度分析

火灾发生场所的能见度是影响人员疏散和救援的重要指标，因此研究隧道火灾的能见度尤为重要。对不同高度的双火源在325s时的能见度进行分析，如图6、图7所示。可以看出：当双火源位于隧道地面时，整个隧道能见度下降得最快，此时对隧道内部人员的危害最大。但随着火源高度的增加，在隧道内部的能见度下降速度有所减缓，能见度下降范围有所减小；当火源高度为2m、2.5m时，能见度下降范围减少得更为明显。因为火源高度的增加使得火源的燃烧面更加接近隧道顶棚，减少了火羽流撞击顶棚的上升距离从而减少了烟气的产生。此外，火源高度增加火源附近烟气的温度增加，使得火源附近烟气浮力增大，造成烟气不容易下沉而聚集在隧道顶棚，能够为人员的疏散撤离和火灾扑救提供更多的安全时间。

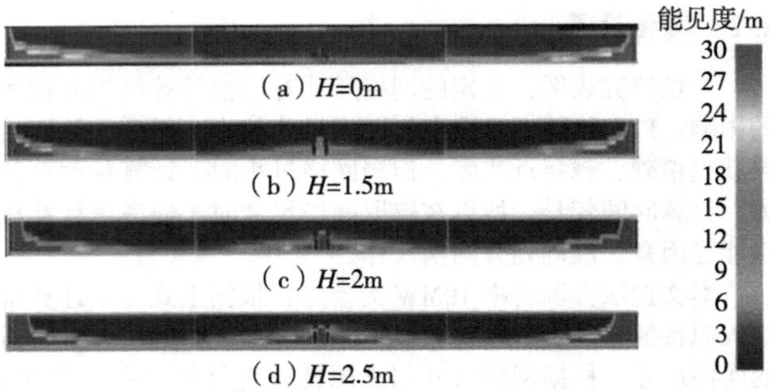

图6　不同火源高度的双火源在325s时能见度情况

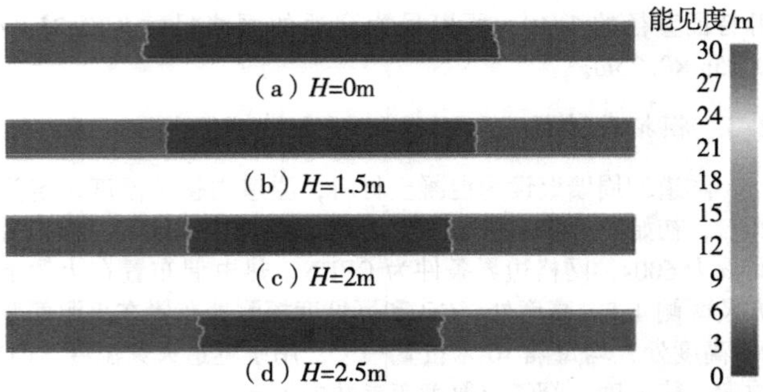

图7　不同高度双火源100s时隧道顶棚高度处切面能见度云图

为了进一步了解隧道内不同位置处的能见度情况，可以对隧道内设置在2m处的探测器得到不同高度双火源在不同位置处能见度下降至10m所用时间的数据进行分析，如图8所示。

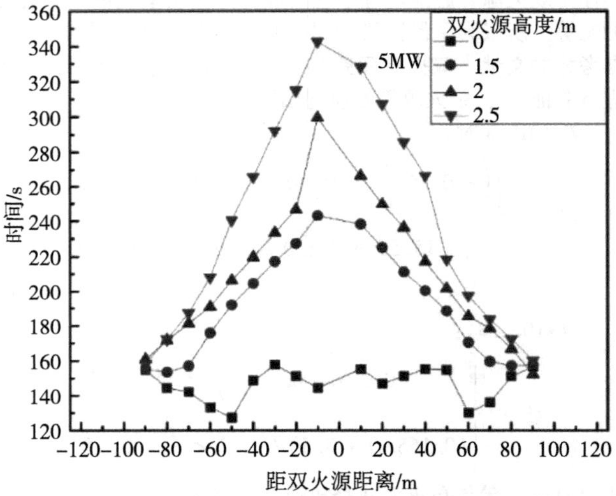

图8　不同高度双火源条件下能见度下降至10m所用时间图

不同高度的双火源均在火源正上方时能见度下降至10m用时最长；且时间变化在双火源两侧呈对称分布；随着火源高度增加，能见度下降至10m所用时间也增加；距双火源距离到一定时，能见度下降至10m所用时间反而变少，出现此现象是由于烟气在隧道蔓延过程中，烟气温度会不断降低，导致浮力减小使得烟气逐渐下沉，所以导致能见度下降到10m所用时间减少。

3.4　一氧化碳浓度分析

隧道中发生火灾会产生较高浓度的CO。为不同高度的双火源在325s时的CO浓度分布情况。由图9可以看出：当双火源位于隧道地面燃烧时，CO分布至整个隧道且浓度较高，双火源附近的浓度高达1000ppm，离双火源最远端的浓度也有600ppm左右。在考虑火源高度后，相同时刻下，隧道内部 CO 的整体浓度会随着火源高度的增加而降低，扩散范围也缩小，例如在火源高度 1.5m 时双火源上方附近的 CO 浓度在 500ppm 左右。这是由于火源高度的增加造成火焰燃烧产生的热浮力托动烟气积聚于隧道顶棚，而 CO 的产生主要来源于烟气，所以 CO 浓度变化出现此现象。

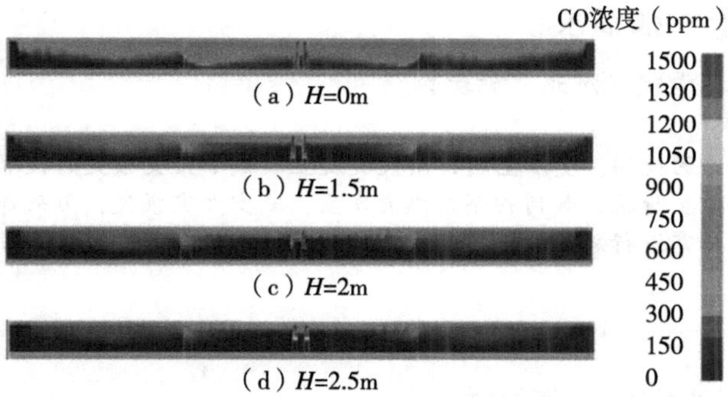

图 9 不同高度的双火源在 325s 时的 CO 纵向浓度切片分布图

为了进一步得到 CO 的精确浓度，在隧道中每隔 10m 安装一个 CO 探测装置。图 10 为不同高度双火源在距双火源左右 50m 位置的 CO 浓度分布曲线图。

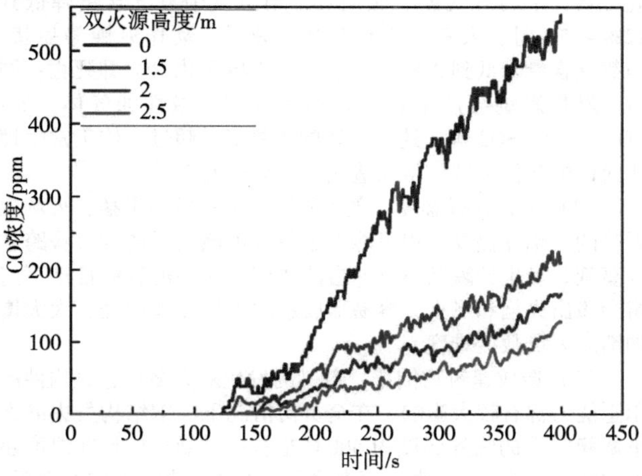

（a）距双火源左50m处CO浓度值

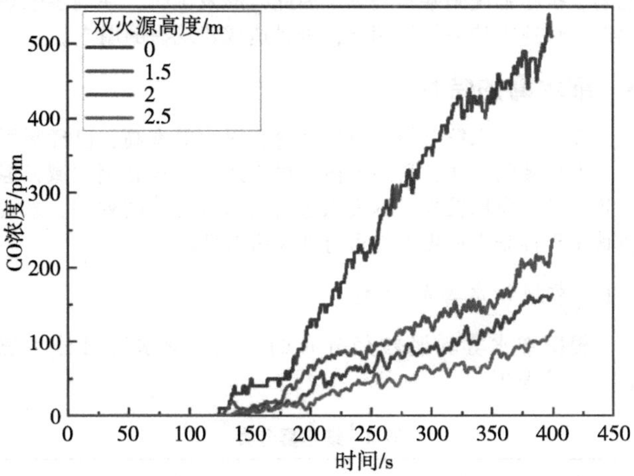

（b）距双火源右50m处CO浓度值

图 10 不同高度下距双火源左右 50m 处 CO 浓度分布曲线

由图 10 可以看出，在距双火源左右 50m 位置的纵向高度 2m 处，火源在隧道地面时 CO 浓度最高，达到 550ppm，此浓度会对人体造成严重损伤甚至死亡。在考虑火源高度后，CO 浓度随着火源高度的增加而减少，此时距双火源左右 50m 位置纵向高度 2m 处，火源高度 1.5m 时 CO 的浓度为 220ppm 左右，2.5m 时 CO 浓度最低，在 120ppm 左右，以上浓度下对人体影响不大，可以从此处安全疏散。综上可知，隧道内双火源高度越高，通行车辆和火源间的被困人员就会有更多安全逃生时间。

4 小结

对相同火源功率、不司火源高度的双火源隧道火灾烟气蔓延规律分析表明：火源的高度会对隧道烟气产生影响：

（1）随着火源高度的增加，烟气蔓延的高度也增加，表现为聚集于隧道顶棚；烟气的蔓延速率也随着火源高度的增加而减小，表现为火源高度越高，烟气到达隧道进出口的时间越长。

（2）隧道的顶棚温度随着火源高度的增加而上升，但当火源高度超过 1.5m 之后隧道的顶棚温度没有明显变化。

（3）在双火源正上方时，能见度下降至 10m 所用时间随着火源高度的增加而增加，并且距双火源一定距离时能见度下降至 10m 所用时间的下降趋势随着火源高度的增加有所减缓。

（4）随着火源高度的增加，距离双火源左右 50m 处的 CO 浓度随之减少。

参考文献

［1］刘琼，郑烽．双火源隧道火灾的临界风速变化规律研究［J］．防灾减灾工程学报，2018，38（01）：137-143+152.

［2］何坤．隧道多火源火灾特性及竖井自然排烟研究［D］．合肥：中国科学技术大学，2021.

［3］周一博．矩形断面公路隧道火灾烟气控制研究［D］．重庆：重庆交通大学，2021.

［4］Yoshihiro FuKuda，Daisuke Kamikawa，Yuji Hasemi，et al. Flame characteristics of group fires［J］．Fire Science and Technology，2004，23：164-169.

［5］曹旭，周怡帆，杜江明，等．火源高度不同时隧道顶棚射流温度特性的实验［J］．煤矿安全，2013，44（6）：18-21.

［6］田承飞，朱国庆，于志超．火源高度对小室烟气温度场的影响研究［J］.

［7］汤渊．着火车辆高度对公路隧道火灾烟气蔓延特性影响分析［J］.

［8］陶亮亮，周小涵，王浩然，曾艳华．火源高度对隧道烟气温度及质量流量影响研究［J］．地下空间与工程学报，2020，16（02）：629-636.

［9］徐肖飞．公路隧道双火源火灾烟气扩散机理研究与分析［D］．西安：长安大学，2020.

［10］徐浩祯．基于双火源相互作用隧道火灾燃烧特性的实验与数值模拟研究［D］．苏州：苏州大学，2020.

超声波细水雾抑制受限空间轰燃的研究进展

行鹏宇　彭咏蕾　张福东

（中国人民警察大学救援指挥学院，河北　廊坊）

摘　要　伴随着科学技术的发展和人民群众消防安全意识水平的提高，受限空间抑制火灾发生或减小火灾损失的技术也面临着越来越高的要求。轰燃是受限空间火灾迅速发展的一个重要阶段，如何抑制轰燃的发生，减少火灾损失，历来都受到相关学者的关注。本文通过查阅大量相关资料，对以往相关研究进行总结，分析其方法的共同点与优势，并进行思考与研究，提出对超声波细水雾抑制受限空间轰然技术的改进设想。

关键词　消防　轰燃　受限空间　超声波细水雾

1　引言

火灾是威胁人类生命和财产安全的一个重要因素。轰燃是建筑火灾中经常发生的现象，其可以加速火势蔓延，导致建筑物倒塌，对人员逃生危害大，更增加了火灾扑救的难度。因此寻求有效的方法抑制轰燃发生，已经受到越来越多学者的关注。结合目前细水雾在消防领域的相关应用，发现通过施加细水雾性能对抑制受限空间轰燃现象的发生可行、有效。

2　轰燃的特点

2.1　轰燃的判据

轰燃是是火灾由初起阶段向猛烈燃烧阶段转变的标志，是室内火灾发生的典型过程，目前对于轰燃，通用的定义有三种：一是室内火灾由局部向全面爆发的转变，室内绝大部分可燃物表面都开始燃烧；二是室内燃烧由可燃物控制向风量控制的转变；三是因室内顶棚上方聚集的未燃气体突然着火而造成的火势迅速蔓延[1]。

判断火灾是否进入轰燃阶段，迄今为止，主要有以下三种广为人们接受的判据[2]，见表1。

表1　轰燃的判据

分类	判别方式	优缺点
判据一	顶棚附近气体温度超过特定值（约600℃）	测量方便，但在不同大小的受限空间中判别值有所区别
判据二	地面辐射热通量超过特定值（约20kW/m^2）	对于试验所用的不同可燃物，值有所不同
判据三	室内火焰充满整个顶棚，并从通风口喷出	在普通建筑物中发生轰燃时地面处的临界辐射通量在15～35kW/m^{2}变化，对于火焰从通风口喷出并不能说明火灾达到全面发展阶段

在界定轰燃时，每种判据都有一定的片面性。然而在本文所要说明的有关抑制受限空间轰燃的实验研究中，依据判据一，即根据温度来判断，相对来说更准确，更便捷。

2.2　轰燃的成因

建筑火灾发生时，可燃物燃烧生成的热烟气上升到顶层，热烟气不断向四周扩散，在热传导作用下使顶棚和周围墙壁受热，火场温度升高又以热辐射的形式进一步加大着火范围。当室内火源的热释放速率达到轰燃发生时的临界热释放速率时，轰燃就会发生[1]。

2.3　轰燃的危害

轰燃的危害主要表现在以下三方面：

（1）对现场人员的危害：轰燃发生时，可燃物大量燃烧，空气中的氧气被大量消耗，当空气中氧气含量降低到12%～15%时，人就会出现头痛，眩晕，动作迟钝等症状，当氧气含量降低到2%～3%时，人在45秒内会立即死亡；同时可燃物燃烧会产生含有多种毒性和刺激性的气体，如：CO，HCN，SO2等，这些气体的含量极易超过人体正常生理所允许的最低浓度，从而造成窒息甚至死亡[3]。

（2）增大救援难度：轰燃阶段，火势发展迅猛，火场辐射热的大幅度提高，很可能引燃临近可燃物，造成火势跨越式蔓延。发生的瞬间还有冲击波作用，在冲击波的推动下门窗会喷出火焰和飞火，容易形成新的火焰传播途径，大大增加消防人员救援难度[3]。

（3）造成建筑物倒塌：轰燃的发生对大多数建筑构件的承重能力都有较大影响，在全负荷情况下，钢结构失去静态平衡稳定性的临界温度为500℃左右；混凝土材料在温度超过300℃以后，抗压强度逐渐降低，当温度超过600℃以后，混凝土抗拉强度则基本丧失。因此轰燃发生时，在高温强热辐射，快速火传播的作用下，极易造成建筑物倒塌[4]。

3　细水雾的特性

细水雾技术符合绿色发展理念，灭火效率高，已经吸引了广大学者的关注，目前已被大量应用于灭火救援领域，但在防火领域应用较少。本文通过对细水雾特点的列举，来说明其用于抑制火灾轰燃的可行性及有效性。

3.1　常规细水雾的分类

根据细水雾雾滴粒径分布的范围，细水雾可分为三级[5]，见表2。

表2　细水雾分类

分级	粒径分布	特点
1级细水雾	100μm到200μm	粒径小，动量相对来说小
2级细水雾	200μm到400μm	由于粒径偏大，相对于第1级细水雾，第2级细水雾更容易产生较大的流量
3级细水雾	大于400μm；小于1000μm	这种细水雾主要由中压、小孔喷淋头、各种冲击式喷嘴等产生

3.2 判断细水雾用量的指标

3.2.1 雾通量

细水雾的雾通量又称体积通量，是指单位时间内单位面积上通过的细水雾液滴的总体积。该参数决定了细水雾能够吸收的热量以及气化的多少，对细水雾与火焰的相互作用过程中有着重要的影响[6]。

3.2.2 雾动量

细水雾液滴的动量大小决定了其运动距离以及对火焰的穿透能力，该参数对细水雾灭火性能影响较大。当细水雾雾滴喷出速度相同时，雾滴液滴直径越大，穿透深度也越大[6]。

3.2.3 液滴直径分布

细水雾的液滴直径分布可以用平均液滴直径或累积体积百分数来表征，其在很大程度上决定了细水雾的气相冷却能力，也影响着液滴在火焰中的穿越距离[6]。

3.3 常见雾化办法

对水进行雾化有各种各样的方法，具有代表性的有撞击式雾化、压力雾化、双流体雾化、超声波雾化四类，为说明更适合用于抑制受限空间轰燃的细水雾雾化方法，本文将四种常见雾化方法列表对比，见表3。

表3 常见雾化方法

雾化方法	原理	特点	优缺点分析
撞击式雾化	两股流体相互冲击，或使流体冲击金属板，流体受力碎裂而产生细水雾	依靠惯性动量的传递将液体雾化	产生的细水雾粒径不够均匀
压力雾化	将液体加压，以较快的速度在喷嘴出口处与空气撞击产生细水雾	选择合适的喷嘴，在5~6个大气压下，就能产生90~100μm的细水雾	容易实现，但产生的细水雾相对来说粒径较大
双流体雾化	受压气体在双流喷嘴内高速运动使液体雾化	依靠高速流动的气动力将液体雾化，但能产生30μm左右的细水雾	双流体式喷头结构复杂，需要两套管线，且耗气量大
超声波雾化	借助于声波、超声波的作用，使液体振动而分裂为细小液滴	在超声波的机械效应、热效应、声空化效应的共同作用下，水分子间作用力遭到破坏，促使水分散开来，实现水的雾化	得到的水雾效果好，耗能小，无污染

3.4 细水雾用于抑制受限空间轰燃的优势

细水雾相比于别的灭火剂，具有以下突出的优势：

（1）冷却效果：细水雾雾在高温时容易汽化，吸收大部分热量，达到降低受限空间温度的目的；同时一部分细水雾穿过火焰区，到达可燃物表面，能够降低可燃物表面温度，抑制其燃烧，从而达到抑制轰然的效果。

（2）降低热辐射：细水雾被汽化后产生大量的水蒸气，隔绝了受限空间内部的热交换，从而有效降低了热辐射。

（3）窒息作用：通过施加细水雾，有效稀释了可燃物附近的氧气浓度，使得可燃物不容易燃烧，达到抑制轰燃的效果。

由此可以看出，将细水雾应用于抑制受限空间轰燃具有很大的优势。

4 国内外有关细水雾抑制受限空间轰燃的研究

4.1 国外研究现状

（1）1999年美国海军的Mawhinney等人，开展了大量利用细水雾抑制船舶舱室火灾的研究，结果表明细水雾能有效降低壁面及烟气层温度，抑制轰燃的发生[7]。

（2）2001年V. Novozhilov利用区域模型法，建立了细水雾与受限空间上层烟气相互作用的模型，以轰燃的非线性动力学为基础，得到了细水雾抑制轰燃的临界条件[8]。

（3）2008年爱丁堡大学的BRG火灾研究中心的Abecassis等人在长宽高分别为4.75m×3.50m×2.45m房间内进行轰燃试验，通过对比试验，发现施加喷淋能有效抑制腔室火灾的发生[9]。

4.2 国内研究现状

（1）在2009年的自主创新与持续增长第十一届中国科协年会中，倪明介绍了其对于低压细水雾抑制受限空间轰燃的实验研究，研究发现，细水雾抑制受限空间轰燃的有效性与施加压力密切相关，压力过低时，细水雾的流率过小，从而无法抑制轰燃发生[10]。

（2）2009年中国科学技术大学的陈吕义等学者，通过严谨的实验过程来探究细水雾抑制受限空间的有效性，通过设计具有一定通风效果的轰燃试验台，其外部尺寸为1.2m×1.2m×1.2m，参考常见房间的开口方式，在实验装置两侧面开口，分别代表受限空间的门和窗，实验发现超细水雾施加后会被火羽流卷吸至顶部烟气层，并能够有效降低烟气层的温度，使之始终低于轰燃临界温度600℃，避免了轰燃的发生，成功论证了细水雾抑制轰燃的有效性[11]。

（3）2017年武警学院陈爱平与王超针对不同流速（q_w）的12种火灾场景，探讨了细水雾对喷出火焰、热烟气层温度及轰燃延迟时间的影响，得到了细水雾抑制轰燃所需临界流速。在此基础上，提出了判定细水雾抑制轰燃效果的指标——轰燃抑制度（$IF \cdot C$），找到了$IF \cdot C$和q_w之间的关系，相关研究结果在大规模室内火灾试验中得到了验证[12]。

（4）2019年东北大学的唐兴搭建了主体尺寸长×宽×高为3.6m×1.5m×0.6m的受限空间实验模型，以可燃物橡胶为研究对象，工业酒精为主火源，通过改变细水雾压力和喷头流量系数来改变细水雾的特征参数，通过对火场不同参数的监测，验证细水雾抑制受限空间轰燃的有效性和机理[13]。

5 超声雾化技术抑制受限空间轰燃研究的可行性

经研究总结发现超声雾化技术得到的细水雾比常规细水雾具有更好的抑制轰燃的性能。如前文所述，2009年陈吕义等学者在进行细水雾抑制受限空间轰燃的有效性探究时，所用雾化技术为超声波雾化。在河南理工大学安全科学与工程学院余明高教授撰写的《超细水雾抑制受限空间木材燃烧的实验研究》中，也将超声雾化技术应用于抑制受限空间木材轰燃进行了实验研究，取得了较好的效果[14]。

从理论上进行总结分析，利用超声波细水雾开展抑制轰燃的实验研究具有一定优势。通过对不同细水雾发生装置的原理进行比较，发现压力雾化主要依靠高压使液体经特殊喷头喷出得到细水雾，此方法需要复杂的管路设计，管路材料的要求较高，且喷头损耗量大；而超声雾化，仅仅需要超声雾化发生装置得到雾化水，不需要复杂的处理过程。因此，超声雾化技术可能能够取代压力雾化而达到更好的抑制受限空间轰燃的目的。

从实践角度进行总结分析发现，迄今为止用于研究将超声波雾化技术产生的细水雾用于对受限空间轰燃抑制效果的实验装置组成大致如下：

（1）超声雾化产生装置。超声雾化产生装置由三大部分组成：电控设备和管线，动力源设备及雾化组件。

（2）热电偶测温系统。在受限空间中自上而下布置热电偶，以测量在施加水雾前后空间内不同部分的温度的变化过程，并进行记录，能够较为直观的看出不同工况下，细水雾对抑制受限空间轰燃的有效性。

（3）受限空间模型。实验大都采用小尺度空间，制作时采用铁制结构，最内层使用保温材料，上盖封密，以保证一定的隔热效果和密封性。一般在模型侧面设计开口，来模拟一般受限空间的通风情况。图 1 所示为 2009 年中国科学技术大学火灾科学国家重点实验室的陈吕义等学者所做有关细水雾抑制受限空间轰燃的实验台示意图[11]，其中所用的细水雾发生装置为超声波雾化装置。此项研究证明，这种小尺寸受限空间模型能较好的满足实验需求，对研究超声波细水雾抑制受限空间轰燃具有指导意义。

此外，实验装置还包括数据采集系统、摄像机、点火装置等。

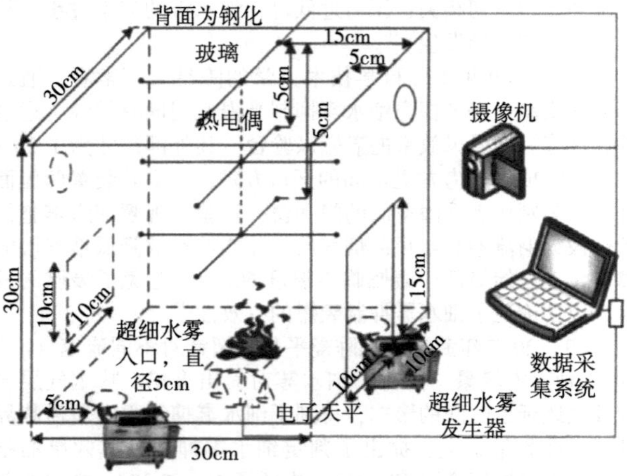

图 1　某研究种细水雾抑制受限空间轰燃的实验台示意图

5.1　改进超声波细水雾抑制轰然效果的思路

5.1.1　超声波细水雾的缺点分析

经过对已有实验的比较分析，发现现有的超细水雾产生方法大都为超声波雾化方法，但研究发现，超声雾化装置产生的细水雾雾滴由于缺乏驱动力，往往导致速度不够，动量太小，运动到火焰区域所需时间长，易被蒸发，导致有效雾通量变小[15]，因此，如果我们能通过其他手段来提高细水雾的动量，将可以提高其灭火效能与抑制轰燃的能力。

5.1.2　改进思路

针对超声波细水雾的缺点，可以在今后的实验研究中，通过在水雾发生装置出口处加装送风装置，通过强制送风，增加超声波细水雾的雾动量与有效雾通量。然而因考虑到通风对火势的影响，需要通过大量实验，来选择合适的驱动气体种类和送风方式。此外尝试通过调节送风速度、送风量与产生水雾量，验证其对受限空间轰燃现象的抑制效果，最终得到送风装置与超声波细水雾产生装置的最佳匹配工作状态。

6　结论

本文通过总结轰燃的危害和特性，与现有细水雾抑制轰燃的实验研究，分析发现，超声波雾化装置产生的细水雾，在完善的实验装置中，通过冷却降温作用，可有效抑制受限空间内轰然现象的发生，且较其他细水雾产生方式具有一定的优势。但通过对已有实验的分析，超声雾化技术存在着产生的细水雾动量太小的缺点，因此若能采取措施提高驱动力，如设置强制吹风装置增加雾滴动量，那么其抑制轰燃的性能将大幅提升。

参考文献

［1］赵学涛．室内火灾轰然时间的实验分析及对策研究［J］．中国应急救援，2016（01）：16-20.

［2］刘滨，郑自武．室内轰燃判据的研究［J］．科学技术与工程，2009，9（10）：2804-2807.

［3］聂耸．室内火灾轰燃的危害及应对措施［J］．群文天地，2012（19）：295-296.

［4］黄道灿，彭骏．轰燃预测与灭火战术要点［J］．消防技术与产品信息，2007（08）：51-54.

［5］丛北华，廖光煊，刘江虹．细水雾抑制熄灭室内火灾的有效性模拟实验研究［J］．火灾科学，2002（03）：152-156.

［6］李勇．细水雾灭火机理及应用探讨［J］．化工安全与环境，2022，35（18）：13-16.

［7］Mawhinney J R，DiNenno P J，Williams F W. Using water mist for flashover suppression on navy ships：Proceedings of halon alternatives technical working conference，Albuquerque，NM［C］. 1999.

［8］Novozhilov V. Flashover control under fire suppression conditions［J］. Fire Safety Journal，2001，36（7）：641-660.

［9］Abecassis-Empis C，Reszka P，Steinhaus T，et al. Characterisation of Dalmarnock fire test one［J］. Experimental Thermal and Fluid Science，2008，32（7）：1334-1343.

［10］倪明．低压细水雾抑制受限空间轰燃的实验研究：自主创新与持续增长第十一届中国科协年会［C］．中国重庆，2009.

［11］陈吕义．细水雾抑制受限空间轰燃的实验与理论研究［D］．中国科学技术大学，2009.

［12］陈爱平，王超．细水雾抑制室内轰燃的试验研究［J］．武警学院学报，2017，33（08）：5-9.

［13］唐兴．细水雾抑制受限空间轰燃的实验研究［D］．东北大学，2015.

［14］余明高，杨克，贾海林，潘荣锟等．超细水雾抑制受限空间木材燃烧的实验研究［J］．热科学与技术，2009，8（2）：156-157.

［15］Grant G，Brenton J，Drysdale D. Fire suppression by water sprays［J］. Progress in energy and combustion science，2000，26（2）：79-130.

导线长度对过电流聚氯乙烯铜导线火蔓延行为的影响

施　阳

（沈阳市沈河区消防救援大队，辽宁　沈阳）

摘　要　为研究导线长度对过电流聚氯乙烯铜导线火蔓延行为的影响，本文通过使用电气火灾故障模拟及痕迹制备装置，模拟 80cm 至 280cm 长度条件下的聚氯乙烯铜导线发生 150A 至 200A 时的过电流故障。通过视频堆栈技术测量并分析导线起火燃烧过程、火蔓延最大距离。结果表明：在同一过电流值条件下，随着导线的延长，铜导线起火燃烧开始时间整体呈下降趋势，火蔓延最大距离呈先增大再减小趋势；当导线长度为 240cm 时，火蔓延最大距离最长，其中当电流值为 200A 时，火蔓延至整根导线。因此，本文的研究将会对火灾防治和火灾调查提供数据支撑与理论参考。

关键词　过电流故障　聚氯乙烯铜导线　导线长度　火蔓延最大距离

1　引言

根据应急管理部消防救援局的统计数据，在 2021 年，我国共发生火灾 74.8 万起，造成 1987 人死亡，67.5 亿元的财产损失。其中，电气火灾占到总数的 28.4%，且以电气线路故障居多，占电气火灾总数的近八成[1]。电气线路故障起火的主要原因为金属线芯产生的过度焦耳热引燃聚合物绝缘层，美国火灾和爆炸调查指南（NFPA 921-2021）中称之为过电流故障[2]。当电气线路保护装置故障或未设置保护装置，如果此时发生短路、中心线浮动以及电容击穿等原发性故障时，将导致过电流故障的发生。过电流故障发生时，会有超过导线安全电流值数倍乃至数十倍的电流通过，当导线承载过高的电流时，金属线芯会在焦耳热作用下熔断，产生高温电弧。通过电阻发热理论[24]可知，过电流故障发生时，导线的延长会加剧电阻的发热，对绝缘释放热解气体的过程产生影响，最终可能影响过电流导线火蔓延行为。在此之前，金属线芯的高温会使绝缘层热解，产生的大量可燃性气体漂浮在导线周围，容易被高温电弧引燃，如果处于聚氯乙烯[30]绝缘常用的学校、医院以及危险的化工场所，可能会导致火灾和爆炸事故。

过电流导线的火灾危险性主要体现在起火燃烧和火蔓延行为等方面。Rodak 等人[3]提出，当导线内部的金属芯被电流加热时，可能引燃绝缘层。随后，北海道大学、香港理工大学、中国科学技术大学等学校及研究机构开展了电场、微重力、压力等对过电流导线的起火和火蔓延行为影响的研究；Kim 等人[4-6]研究了直流电、交流电压、导线间距等对火蔓延速率、火焰形貌、绝缘质量损失的影响，发现火焰蔓延速率随着电流频率和电压的增加而降低；2011 年，Fujita 等人[7]研究了微重力和正常重力条件下通电导线的点火行为，发现通电导线在微重力条件下更容易被点燃；2014 年，汪凯等人[8]研究了微重力条件下过电流导线绝缘层的温度变化规律，并理论分析了金属线芯在电流作用下的升温、传热过程；随着近几年电气智能化程度的不断提高，越来越多的电气设备接入电气线路中，电气线路中过电流故障的发生愈加频繁，由此导致的火灾时常被报导。王晓伟和何豪等人[9-12]研究了小电流（0~15A）对聚氯乙烯铜导线的起火、火蔓延行为以及滴落过程的影响。2019 年，张英等人[13,14]研究了大电流（~50A）条件下聚乙烯铜导线的火焰蔓延行为，分析了火焰高度、宽度以及蔓延速率随电流值的变化，发现随着电流的增加，火焰高度先上升后稳定，而当电流超过 40A 时，火焰高度急剧下降，火焰宽度随电流的增大而减小。2020 年，王志等人[15,16]研究了压力、电流对聚乙烯铜导线火焰蔓延行为的影响，发现电流值的增加会使火焰蔓延速率增快。李阳[17-23]等人研究了过电流条件下铜导线的起火燃烧和火焰蔓延行为，得到了过电流值与火焰蔓延速率之间的关系。

综上所述，之前学者的研究多集中于过电流导线的起火机理、火焰蔓延等行为，关于导线长度对过电流导线火蔓延行为的研究较少。但在实际建筑、工业场所中，导线的布线方式、长度各不相同。因此，本文主要研究导线长度对过电流铜导线火蔓延行为中起火燃烧、火蔓延最大距离以及火蔓延速率的影响。

2　实验材料与方法

2.1　实验材料

本文选取建筑中常用的多芯聚氯乙烯铜导线作为实验样品，由中国正泰电缆有限公司生产，符合中国国家标准（GB/T 1966—2019）[25]，如图 1 所示，具体规格如表 1 所示。何豪等人证明了聚氯乙烯铜导线在发生过电流故障时，聚氯乙烯绝缘层在金属芯的电阻热作用下会热解释放大量的气态氯化氢以及烃类化合物[10]，这些物质极容易被引燃，具有很大的火灾危险性。

图 1　多芯聚氯乙烯铜导线

表 1　多芯聚氯乙烯铜导线参数

	聚氯乙烯铜导线
型号	ZR-BVR
金属芯数量	19
内部直径	3.3mm
外部直径	4.1mm
横截面积	2.5mm^2
安全电流值	16A

2.2　实验方法

图 2 为实验装置的示意图，由电气火灾故障模拟装置、自行设计的导线承载平台以及数码摄像机组成。电气火灾故

障模拟装置由中国人民警察大学自主研发，用于模拟过电流、过电压、短路等各种电气故障的发生，可以稳定输出0~300A 直流电，精度为 0.1A，用其为铜导线提供过电流。自行设计的导线承载平台用来承载不同长度的铜导线。选取石英瓷砖（80cm×80cm）作为承载平台，通过增加瓷砖数量可以改变承载平台的长度。导线和承载平台的长度为 80~280cm，增量为 40cm，在两端放置电焊把，连接至电气火灾故障模拟装置为其通电，通过预实验发现过电流值 $I\geqslant150$A 时，铜导线会稳定出现起火燃烧现象，因此过电流值选取为150~200A，增量为 10A；佳能数码摄像机被用来记录过电流铜导线的起火燃烧过程和火蔓延行为，数码摄像机放置在距离导线 2m 处，调整镜头角度使其可以完整记录过电流铜导线的火蔓延行为。

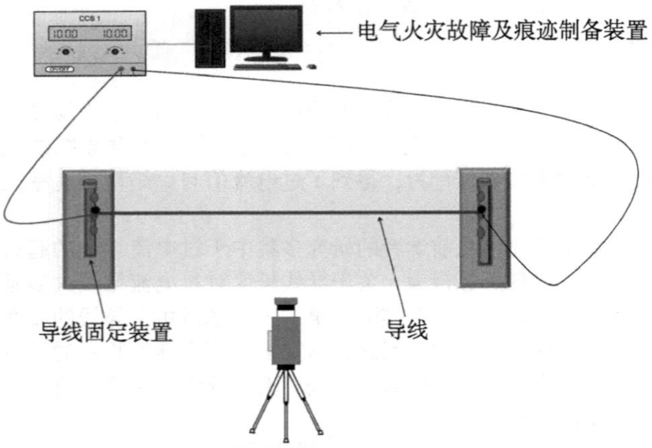

图 2　实验装置示意图

利用截帧处理技术处理视频影像，得到过电流铜导线起火燃烧时间、火蔓延最大距离等信息，并根据公式（1）计算火蔓延速率：

$$V_f = \frac{L_f}{s_f} \tag{1}$$

式中 V_f 为火蔓延速率，m/s；L_f 为火蔓延距离，m；s_f 为火蔓延时间，s。温度、风速、氧浓度都会对导线的火焰蔓延产生影响，为了确保实验的统一性，所有实验在密闭、24℃常温下的室内进行，每组实验进行三次平行实验。

3　结果与讨论

3.1　起火燃烧过程

图 3 显示了过电流铜导线在不同长度下的起火燃烧开始时间，可以发现，当过电流铜导线长度不变时，电流值的增加会降低过电流铜导线的起火燃烧开始时间；当电流值不变时，导线的延长会使过电流铜导线的起火燃烧开始时间整体呈现下降趋势。

铜导线发生过电流故障时，金属芯在电阻的作用下产生过度的欧姆热，一部分热量通过热传导作用于绝缘层，继而消散在空气中，在这个过程中，聚氯乙烯绝缘层会热降解产生大量可燃性气体；另一部分热量用于提高金属芯的自身温度，金属芯在高温作用下塑性会被破坏，由固态向熔融态转变。根据电弧的产生原理，熔融态的金属芯会与空气发生电离、击穿，然后断裂，金属芯断裂的瞬间会产生温度在6500K 以上的断路电弧[26]，断路电弧可能引燃漂浮在导线上方的绝缘热解气体。根据欧姆定律，在过电流铜导线熔断前，随着电流值的升高，金属芯单位时间内产生的热量升高，温度的升高会加快绝缘层热解释放气体、金属芯由固态向熔融态转变的速率，因此，电流值的升高会缩短过电流铜导线的起火燃烧开始时间。当电流值不变，随着导线的延长，金属芯在热应力的作用下变形增大，致使其塑性下降，会提高金属芯由固态向熔融态转变的速率，因此，导线的延长也会缩短过电流铜导线的起火燃烧时间。

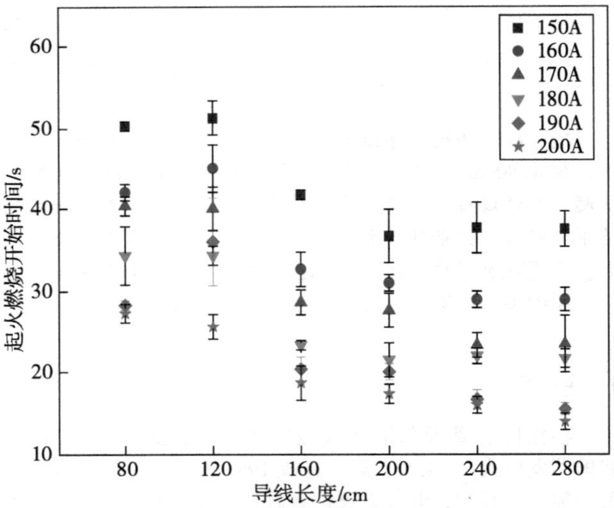

图 3　过电流铜导线起火燃烧开始时间

图 4 显示了过电流铜导线起火燃烧后的火蔓延过程。可以发现，火焰在蔓延过程中，火焰前锋持续点燃绝缘热解气体，在火焰的前锋形成团状火焰，随着蔓延距离的增加，前锋的团状火焰在不断缩小，这可能是因为绝缘热降解产生的 HCl 和形成的膨胀炭层作为热和氧的屏障，影响预混火焰蔓延强度[27]。图 5 显示了预混火焰在导线上蔓延的热力学过程示意图。预混火焰由燃烧区和预热区两个区域构成，预混火焰在蔓延过程中，未燃区的绝缘热解气体是支持火蔓延的主要因素，而绝缘复杂的组成、多步热解和不可避免的碳化以及气相的热扩散不稳定性会造成火焰蔓延过程不稳定。绝缘热解气体在预热区内，在金属芯热传导的作用下温度升高，达到引燃条件。此时，发生化学反应，转化为化学反应热，温度呈线性升高。热焓平衡可以表征为式（2）和（3）：

$$q_{preheat} = q_{conduction} \tag{2}$$

$$\dot{m}c_p(T_i - T_u) = \lambda A\frac{T_b - T_i}{\delta} \tag{3}$$

其中 $\dot{m}$ 为质量损失速率，kg/min；c_p 为比热容，J/（kg·K）；λ 为热导率，W/（m·K）；A 为表面面积，m²；δ 为火焰厚度，m；T_i 为混合气体引燃时温度，K；T_u 为预混气体温升前温度，K；T_b 为预混气体燃烧时的温度，K。

通过界定质量燃烧速率，从公式中将面积抵消，预混火焰蔓延速率导出为：

$$\dot{m} = \rho_u S_L A \tag{4}$$

$$c_p\rho_u S_L(T_i - T_u) = \lambda\frac{T_b - T_i}{\delta} \tag{5}$$

$$S_L = \frac{\frac{\lambda}{c_p}}{\rho_u\delta}\left(\frac{T_b - T_i}{T_i - T_u}\right) \tag{6}$$

其中 ρ_u 为预混气体浓度，mg/m³；S_L 为火蔓延速率，m/s。由此可知，影响预混火焰蔓延速度的主要因素包括：①绝缘热解气体类型与空气的配比；②绝缘热解气体在预热区的温度。Sibulkin 等人[28]证明了火焰蔓延速率取决于固体持续不断的热解产生可燃性气体浓度、温度以及预混火焰在固体表面上持续点燃可燃性气体的能力，这与本文分析的结果一致。当未燃区的可燃性气体浓度、温度下降至无法被预混火焰引燃时，此时火蔓延行为将停止，形成稳定燃烧的扩散火焰。

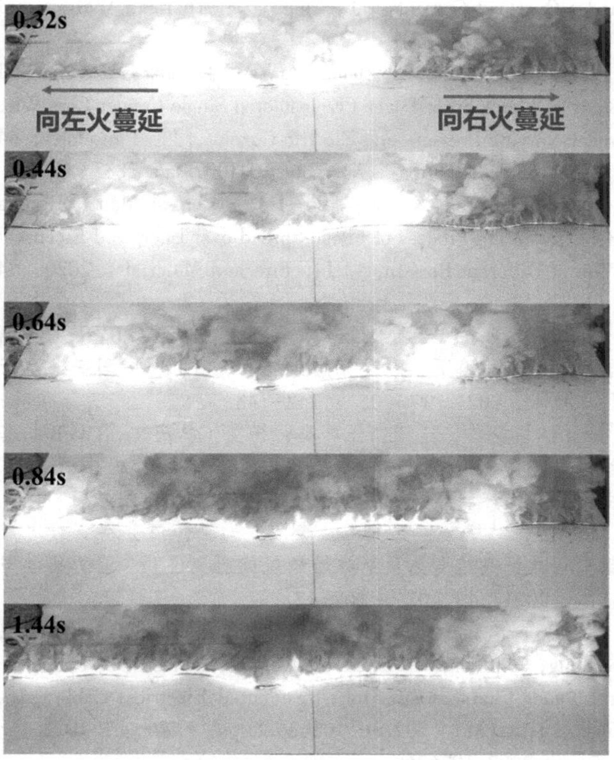

图 4　过电流铜导线火蔓延过程（240cm，200A）

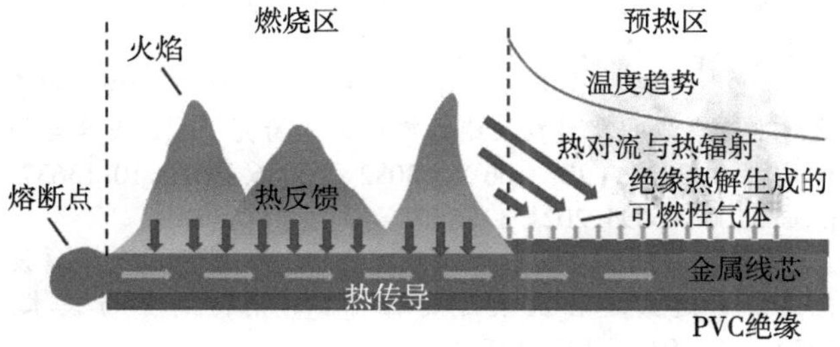

图 5　火蔓延的热力学过程示意图

3.2　火蔓延最大距离

预混火焰蔓延至最大距离后会形成稳定燃烧的扩散火焰。根据李阳等人[19]研究建筑中各种常见导线发生过电流故障后的起火和火蔓延行为，发现过电流导线起火时需要金属芯熔断产生的断路电弧引燃绝缘热解释放可燃性气体，并且导线起火后线路中无电流通过。火焰的持续蔓延依靠预混火焰持续引燃绝缘热解气体，未燃区绝缘层在火焰的热反馈作用下持续热解产生热解气体，当远离熔断点的热解气体浓度下降至难以被预混火焰引燃时，火蔓延行为终止这一理论。图 6 显示了不同导线长度下过电流铜导线的火焰蔓延最大距离。可以发现，火蔓延的最大距离呈现较大的波动，导线长度不变时，随着过电流值的升高，火蔓延最大距离越长；当过电流值不变时，随着导线的延长，火蔓延最大距离整体呈现先升高再降低的趋势，火蔓延最大值在电流值为 200A，且导线长度为 240cm 时，火焰蔓延至整根导线。

当导线长度不变时，根据欧姆定律，P 为金属芯发热功率，W；I 为电流值，A；R 为电阻，Ω；

$$P = I^2R \tag{7}$$

随着电流值的升高，金属芯的发热功率升高，单位时间内金属芯的发热量越高，通过热传导作用于绝缘层的热量越高，因此绝缘受热分解产生的可燃性气体浓度越高，当铜导线熔断后，线路中无电流通过，预混火焰在蔓延过程中持续引燃可燃性气体，当预热区的绝缘热解气体浓度下降至难以被预混火焰引燃，此时火蔓延达到最大距离。当过电流值不变时，金属芯的发热功率可由公式 8 表示，ρ_0 为金属芯电阻率，Ω · m；α 为电阻率温度系数；θ 为金属芯升高的温度，K；S 为导线横截面积，m^2；L 为导线长度，m。

$$P = I^2\rho_0(1 + \alpha\theta)\frac{L}{S} \tag{8}$$

可以发现，在铜导线熔断前，当过电流值不变时，随着导线的延长，金属芯的发热功率升高，单位时间内通过热传导作用于绝缘层的热量越多，绝缘热解产生可燃性气体的浓度升高。同时，金属芯产生的热量还会用于提高自身温度，过高的温度会使金属芯塑性被破坏，金属芯会由固态向熔融态转变，在这个过程中导线的形变增加，横截面积缩短，进一步提高了金属芯的发热功率，因此作用于绝缘的热量并不是呈现单一的增长趋势。Takano[29]等人证明了电流值越高，绝缘热解释放可燃性气体的浓度越高，这是因为电流值的增加会使金属芯的发热功率增加。因此可以推断，随着导线长度的增加，过电流铜导线绝缘热解产生的可燃性气体浓度越高，所以，火蔓延距离在理论上会随着导线的延长而延长，但是当导线长度大于 240cm 时，火蔓延距离有下降的趋势。通过 3.1 中的分析可知，可燃性气体浓度、温度过高会抑制火蔓延过程，因此，当导线长度大于 240cm 时，绝缘热解产生的可燃性气体浓度、温度可能过高，会抑制火蔓延过程。因此当导线长度为 240cm 时，过电流铜导线的火灾危险性最大。

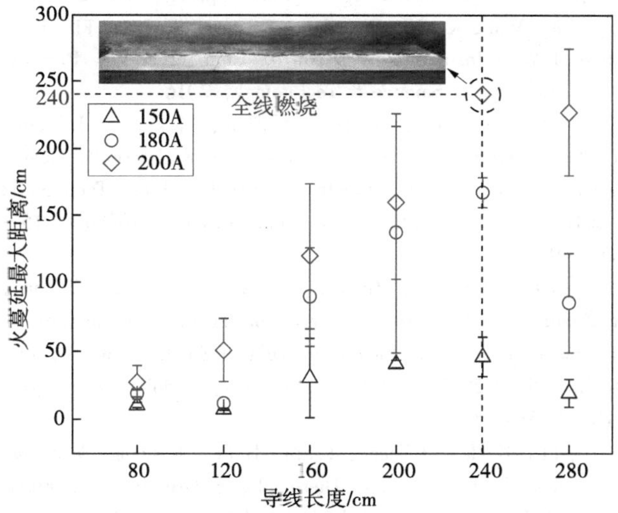

图 6　过电流铜导线在不同导线长度下的火蔓延最大距离

4　结论

本文研究了导线长度对过电流铜导线起火燃烧过程、火蔓延最大距离以及火蔓延速率进行了研究，主要有以下结论：

（1）过电流值不变时，导线长度的延长会降低过电流铜导线的起火燃烧开始时间。通过起火燃烧过程的理论分析可知，绝缘热解释放的可燃性气体的浓度和温度是影响火蔓延行为的主要因素。

（2）当过电流值不变，随着导线的延长，火蔓延最大距离整体呈现先升高再降低的趋势。当过电流值为 200A，导线长度为 240cm 时，火焰会蔓延至整根导线。

在今后的工作中，我们应该考虑导线规格、绝缘材料等对过电流导线火蔓延行为的影响，并且更多的参数（包括金属芯、绝缘层和火焰的温度以及绝缘热释放速率等）应该被测量，进一步量化过电流导线的火蔓延行为。

参考文献

[1] 2021年全国消防扑救火灾74.5万起，电气引发的占28.4%-火灾统计（ncfcsa.cn）

[2] National Fire Protection Association. NFPA 921: Guide for Fire and Explosion Investigations 2021Edition [S]. National Fire Protection Association, 921.

[3] D. R. Petersen, E. M. Rodak, R. J. Taylor, D. B. Hirsch, L. J. Linley, Effects of Sample and Test Variables on Electrical Wire Insulation Flammability [J]. Test Eval. 22 (1994) 447. https://doi.org/10.1520/JTE12662J.

[4] Lim S J, Kim M, Park J, et al. Flame Spread over Electrical Wire with AC Electric Fields: Internal Circulation, Fuel Vapor-jet, Spread Rate Acceleration, and Molten Insulator Dripping [J]. Combustionand Flame, 2015, 162 (4): 1167-1175.

[5] Lim S J, Park S H, Park J, et al. Flame Spread over Inclined Electrical Wires with AC Electric Fields [J]. Combustionand Flame, 2017, 185 (nov.): 82-92.

[6] Sun H P, Min S K, Min S C, et al. Flame Spread over Twin Electrical Wires with Applied DC Electric Fields [J]. Combustion and Flame, 2019, 210: 350-359.

[7] O. Fujita, T. Kyono, Y. Kido, H. Ito, Y. Nakamura, Ignition of Electrical Wire Insulation with Short-term Excess Electric Current in Microgravity [P]. Combust. Inst. 33 (2011) 2617-2623. https://doi.org/10.1016/j.proci.2010.06.123.

[8] Wang K, Xia W, Wang B, et al. Study on Fire Initiation of Wire Insulation by a Narrow Channel at Low Pressure [J]. Microgravity Science & Technology, 2016.

[9] X. Wang, H. He, L. Zhao, J. Fang, J. Wang, Y. Zhang, Ignition and Flame Propagation of Externally Heated Electrical Wires with Electric Currents, Fire Technol. 52 (2016) 533-546. https://doi.org/10.1007/s10694-015-0515-9.

[10] H. He, Q. Zhang, X. Wang, F. Wang, L. Zhao, Y. Zhang, The Influence of Currents on the Ignition and Correlative Smoke Productions for PVC-Insulated Electrical Wires, Fire Technol. 53 (2017) 1275-1289. https://doi.org/10.1007/s10694-016-0634-y.

[11] H. He, Q. Zhang, L. Shi, H. Li, D. Huang, Y. Zhang, Experimental Study on the Thermoplastic Dripping and Flame Spread Behaviors of Energized Electrical Wire under Reduced Atmospheric Pressure, Polymers 13 (2021) 346. https://doi.org/10.3390/polym13030346.

[12] He H, Zhang Q, Tu R, et al. Molten Thermoplastic Dripping Behavior Induced by Flame Spread over Wire Insulation under Overload Currents [J]. Journal of Hazardous Materials, 2016, 320 (dec. 15): 628-634.

[13] Y. Zhang, W. Zhang, K. Li, K. Tang, Z. Liu, Dripping Behavior Effects on Flame Propagation along Electrical Wires under High Currents, Fire Safety [J]. 123 (2021) 103368. https://doi.org/10.1016/j.firesaf.2021.103368.

[14] Zhang Y, Tang K, Liu Z, et al. Experimental Study on Thermal and Fire Behaviors of Energized PE-insulated Wires under Overload Currents [J]. Journal of Thermal Analysis and Calorimetry, 2020: 1-7.

[15] Z. Wang, T. Zhou, R. Wei, J. Wang, Experimental Study of Flame Spread over PE-insulated Single Copper Core Wire under Varying Pressure and Electric Current [J]. Fire Mater, 44 (2020) 835-843. https://doi.org/10.1002/fam.2882.

[16] Wang Z, Wei R, He J, et al. Melt Dripping Behavior in the Process of Flame Spread over Energized Electrical Wire at Different Pressures [J]. Fire and Materials, 2020, 44 (1107).

[17] 杨硕，李阳，王勇，吴凡，林庆文. BVR多芯铜导线过电流故障下燃烧及火焰传播研究 [J]. 中国安全生产科学技术，2021，17（05）：142-148.

[18] 孙烨，李阳，王朴真，杨雯，林庆文. RVVB护套线过电流诱发短路故障发生概率与起火燃烧过程分析 [J]. 中国安全生产科学技术，2021，17（03）：137-142.

[19] 林庆文，王鑫玉，李阳，冯骁，何芬芬. 过电流铜包铝导线线芯发热及绝缘燃烧规律研究 [J]. 消防科学与技术，2021，40（02）：168-171.

[20] Y. Li, Y. Sun, Y. Gao, J. Sun, H. -F. Lyu, T. Yu, S. Yang, Y. Wang, Analysis of Overload induced Arc Formation and Beads Characteristics in a Residential Electrical Cable [J]. Fire Safety. 131 (2022) 103626. https://doi.org/10.1016/j.firesaf.2022.103626.

[21] 王博，李阳，司永轩，徐学岩，荣彦超. ZR-BV单芯铜线过电流故障电弧熔痕特征研究 [J]. 中国安全生产科学技术，2019，15（12）：41-47.

[22] 李阳，金南江，孙烨，姜文宇，张瑾. PVC护套线过电流诱发短路过程及绝缘燃烧速率研究 [J]. 安全与环境学报，2022，22（06）：3082-3086. DOI：10.13637/j.issn.1009-6094.2021.1188.

[23] 余韬，刘义祥，李阳，高阳. 护套线过电流诱发短路故障起火过程及痕迹特征 [J]. 消防科学与技术，2022，41（01）：142-145.

[24] 杨春森. 电流大小对电线电阻测量误差影响的理论分析 [J]. 电线电缆，1987（03）：44-46.

[25] GB/T 19666—2019，阻燃和耐火电线电缆或光缆通则 [S].

[26] V. Babrauskas, Electrical Fires and Explosions, Fire Science Publishers, New York, 2021.

[27] Wang Z, Wang J. A Comprehensive Study on the Flame Propagation of the Horizontal Laboratory Wires and Flame-retardant Cables at Different Thermal Circumstances [J]. Process Safety and Environmental Protection, 2020.

[28] Sibulkin M, Kim JVC Jr. TheDependence of Flame Propagation on Surface Heat Transfer [I]. Downward burning. Combust SciTechnol. 1977; 14 (1-3): 43-56.

[29] Y. Takano, O. Fujita, N. Shigeta, Y. Nakamura, H. Ito, Ignition Limits of Short-term Overloaded Electric Wires in Microgravity [P]. Combust. Inst. 34 (2013) 2665-2673. https://doi.org/10.1016/j.proci.2012.06.064.

[30] GB/T 15592—2021，聚氯乙烯糊用树脂 [S].

电气火灾的原因分析及预防关键技术研究*

李奕旻　雷　蕾*

（中国人民警察大学，河北　廊坊）

摘　要　随着电气设备的广泛使用，由电气引发的火灾事故频发。短路、过负荷以及接触电阻过大等都容易引起电气火灾事故的发生。电气火灾监控系统则可以实现在火灾发生前及早发现火灾隐患达到提前预判减少损失的目标，但目前还存在误报漏报问题。本文对电气火灾数据进行了统计和分析，介绍了电气火灾监控系统的组成和工作原理，并详细分析了造成误报漏报率高的常见原因和解决方法，探究电气火灾监控系统领域的研究热点与演进。

关键词　电气火灾　误报漏报　剩余电流　热点研究

1　引言

随着我国经济的高速发展，电气设备的使用率逐年增加，近年来电气火灾事故的发生比例一直占各类火灾之首。为减少电气火灾的发生，不仅要在电气火灾发生时立即采取适合的灭火措施，更重要的是在火灾发生前快速、准确地监测预报火灾，实现早期报警、早期防火、减少损失，这将直接影响到人民群众的生命安全和生产生活。近年来，电气火灾监控系统由于可以高效、可靠地探测早期电气故障，实现早期监测和预判，众多学者对它的研究正在不断发展，新技术日趋成熟。

电气火灾监控系统的技术标准已颁布实施，但由于短路、过负荷、接触不良、故障电弧等原因形成的电气故障机理复杂，且建筑受环境条件、电气负载、供配电条件等因素影响，电气故障火灾监控误报率和漏报率还较高。

2　电气火灾数据统计分析

2.1　电气火灾趋势统计

根据应急管理部消防救援局发布的全国火灾形势报告中显示，电气火灾高居起火原因的榜首。图 1 为 2011-2022 年间全国火灾总数和电气火灾总数的情况统计，以及全国电气火灾数量在火灾总数的占比情况。随着电气设备的使用率越来越高，从图中可以直观清楚地看到，虽然火灾总起数和电气火灾总数并不是严格按照年份增加，但是通过折线图不难看出，电气原因引发的火灾数量占比平均超过 30%，并且呈逐年增长的线性趋势。

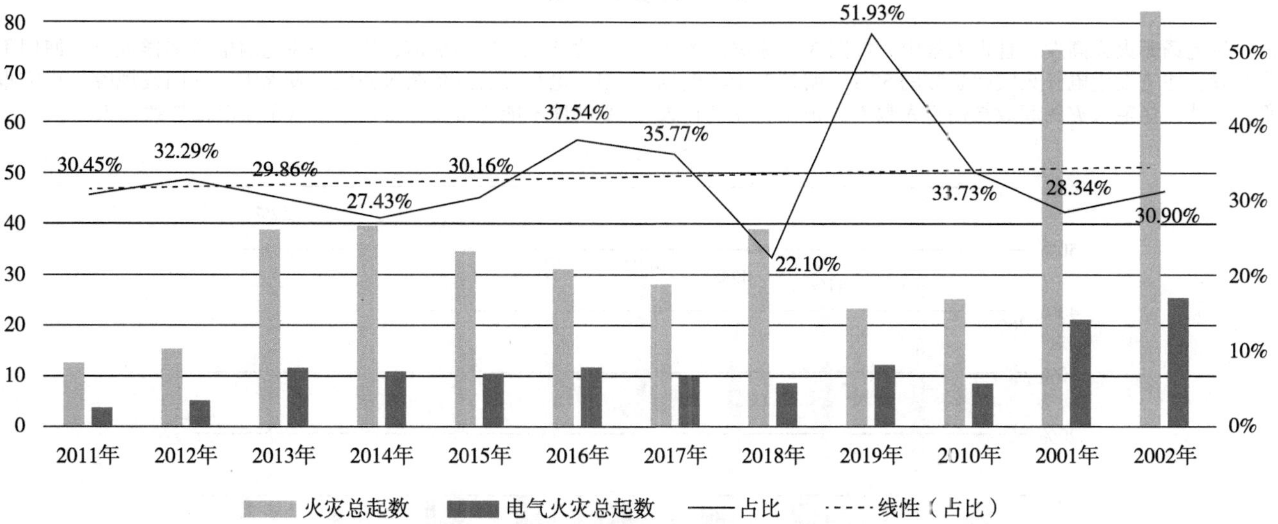

图 1　2011-2022 年全国火灾和电气火灾数量的占比统计

2.2　电气火灾死伤人数和财产损失

通过统计得知，电气不仅是引发火灾的首要原因，而且因电气原因引发的火灾更易造成伤亡事故和经济损失，见表 1。在历年的火灾统计中，电气火灾造成的死伤人数占比接近 40%，尤其是在人员密集的生产生活和工作区域，电气火灾更容易造成大量人员伤亡情况。从引发火灾的直接原因看，因电气引发的火灾占比虽然有所波动，但特大及重特大的火灾有超过三分之一是电气原因引起的，给人民和国家造成了严重的经济损失。因此，各有关部门对电气火灾的研究和预防越来越重视。

* 国家重点研发计划“大型明清古建筑（群）多干扰条件下火灾探测器设置方法与适用性提升研究”（2021YFC1523504）。

表 1　电气火灾死伤人数与财产损失

年度	火灾			电气火灾		
	死亡/人	受伤/人	直接财产损失/亿元	死亡/人	受伤/人	直接财产损失/亿元
2011 年	1108	571	20.6	409	186	8.47
2012 年	1028	575	21.8	377	170	9.87
2013 年	2113	1637	48.5	745	538	19.4
2014 年	1815	1513	47	547	450	18.82
2015 年	1899	1213	43.6	646	404	18.29
2016 年	1582	1065	37.2	577	335	19.07
2017 年	1390	881	36	525	334	15.87
2018 年	2113	1637	48.5	586	357	18.17
2019 年	1335	837	36.12	461	380	17.45

2.3　电气火灾发生区域和场所分析

从发生区域来看，见图 2，由于城市中使用用电设备种类较多，城市市区一直是电气火灾的高发区，平均占各区域电气火灾总数的 30%；然而农村发生电气火灾事故呈现逐年快速增长的趋势，因为农村存在私拉电线、违反电气安装使用规定等情况。安装电气设备时，应根据电路使用的电压电流及功率正确配备，导线应安装牢固，防止脱落。

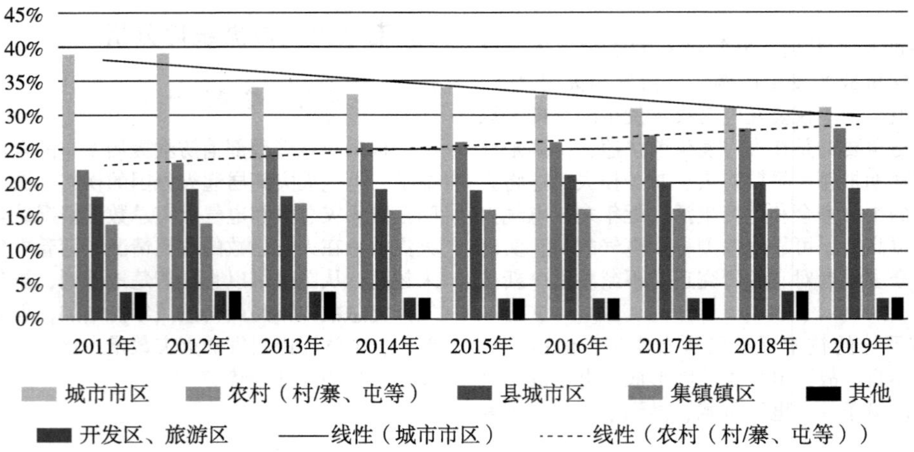

图 2　电气火灾发生区域统计

住宅场所火灾高发，且亡人集中。如图 3 从火灾的场所分布看，住宅发生电气火灾超总数的 50%，明显多于其他场所。此外，住宅火灾的起数与伤亡人数不成正比，住宅亡人数比其他场所高数倍，原因是住宅内电器多样复杂、使用不当、电气设备过负荷等原因引发火灾，并因发现晚、火灾报警功能不能正常使用及逃生自救不及时而导致亡人。

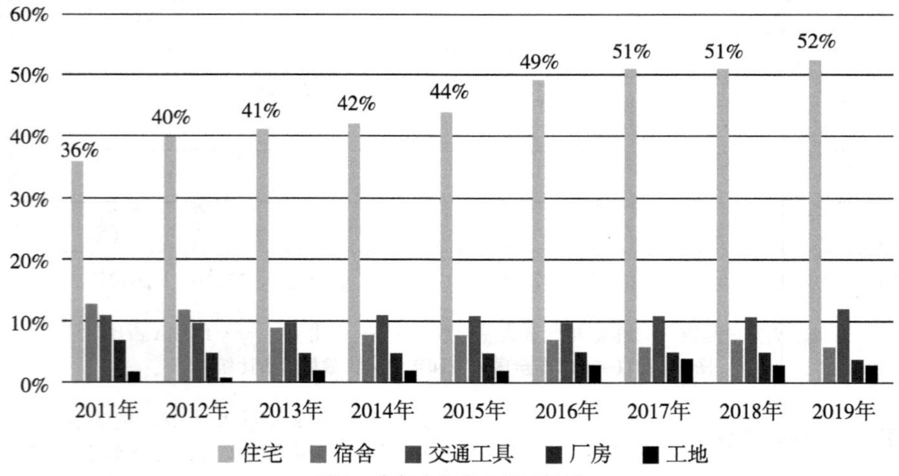

图 3　电气火灾发生场所统计

2.4　电气火灾起火原因及发生部位分析

根据统计，电气火灾的起火原因所占比例如图 5 所示，引发电气火灾的原因有短路、过负荷、接触不良、断路、漏电、配电盘故障和其他原因，这些原因大部分是通过温度升高导致绝缘层破坏或直接引燃周围的可燃物造成火灾。短路原因是引发电气火灾起火的首要因素，占比高达 59.7%，短路往往是导电部分相互短接造成电流过大，温度升高或产生电弧或电火花进而引发火灾；其次是接触不良原因，占比 8.4%，通常是导线与电气设备之间的连接处存在接触不良，接点处会产生局部高温且缓慢上升，不易被发现直至点燃附近的可燃物；第三是过负荷原因，占比

7.3%，如果电气线路中用电设备过多，造成传输的功率或电流超过额定值，电路温度升高可能破坏绝缘材料引起短路或直接引发火灾。综上，通过多种方法预防电气设备的短路、接触不良和过负荷，可以大大减少电气火灾的发生。

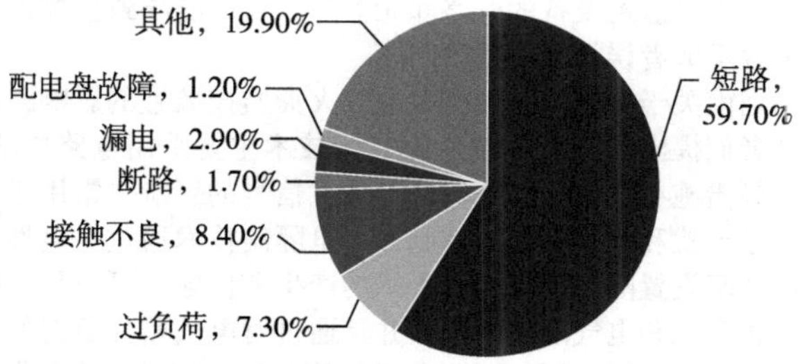

图 4　电气火灾起火原因分析

电气火灾起火部位占比分析如图 5 所示。电气火灾可能发生在配电系统的电气线路、电气设备、电加热器具及其他部位。电气线路使用年限过长或长期暴露在高温、湿润或腐蚀性的环境中，导致绝缘能力降低，容易引起电气线路故障，电气线路起火在电器火灾起火部位中占 61.4%；电器设备导致的电气火灾所占比例次之。由图 5 可知，防护电气火灾应定时检查电气线路的安全和绝缘能力以及排除电器设备故障，可以避免大部分的电气原因起火。

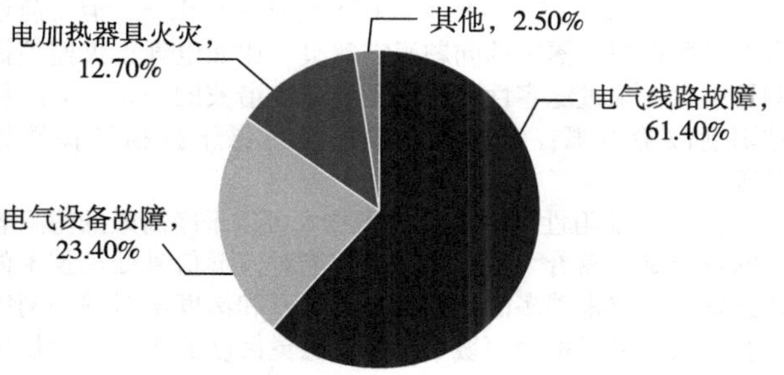

图 5　电气火灾发生部位分析

3　电气火灾监控系统的组成及工作原理

电气火灾监控系统是一种预警系统，在火灾发生之前检测到供配电系统的故障信息并反馈给相关人员，可以更高效地实现预防甚至避免火灾发生的作用。所以，配备电气火灾监控系统非常重要。

电气火灾监控系统通常由三部分组成。第一，监测装置是电气火灾监控系统的核心部件，其主要作用是监测电气设备的温度、电流等参数信息。当电气设备出现异常时，监测装置将发出警报，提醒管理人员及时采取措施；其中电气火灾监控设备靠多种探测器实现监控。目前，电气火灾监控探测器的类型主要有：测温式电气火灾监控探测器、剩余电流式电气火灾监控探测器、故障电弧式电气火灾监控探测器以及测量热解粒子式电气火灾监控探测器[1]。

第二，控制中心是电气火灾监控系统的重要组成部分，其主要功能是接收监测装置反馈的数据信息，并根据数据信息进行分析、处理，并通过人机界面展示、存储和传输数据。同时，控制中心也负责对监测装置进行远程控制和管理，实现对电气设备的远程监控和防护。第三，警报系统是电气火灾监控系统中的一个重要组成部分，其主要是接收监测装置和控制中心发出的警报信号，并及时向管理人员发送警报信息。通过声光信号等方式提示管理员及时采取应急措施，降低火灾可能发生的危险性。电气火灾监控系统的工作原理如图 6 所示。

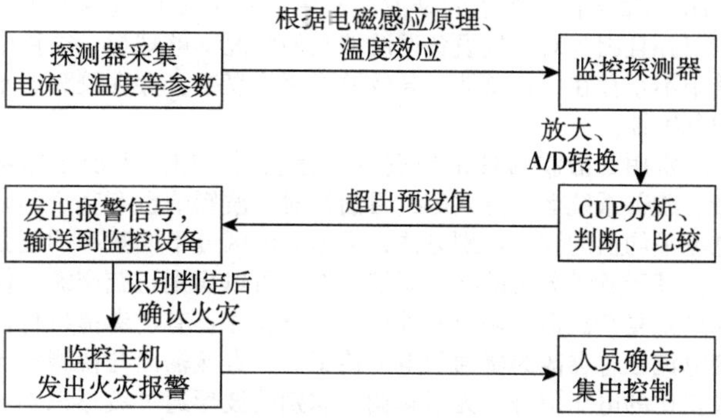

图 6　电气火灾监控系统的工作原理

4　电气火灾监控系统当前的问题和解决方案

4.1　剩余电流火灾监控未过滤容性分量

剩余电流是由配电系统中的各种阻抗引起的，其中通过由电线电缆等金属物体对地产生的分布电容的电流称为容性分量泄露电流 I_{oc}，正常的电路由于电力线路设备分布或多或少都存在这类剩余电流；而通过由电缆中绝缘材料破坏产生漏电电阻的电流称为阻性分量电流 I_{or}。因绝缘破坏而产生接地故障导致的故障剩余电流对线路可能产生严重影响，所以需要检测阻性分量而滤除容性分量，否则测得的漏电电流 I_o 会和实际偏差很大，如图 7（a）所示。

现已提出阻性漏电电流检测技术，通过同时检测漏电电流 I_o 和电压 V 的大小和相位，因为电压 V 与阻性漏电电流 I_{or} 同相位，可以计算得出真正有威胁的漏电电流。在 220V 配电系统中，阻性电流分量 I_{or} 与电压同相位，电路中由电容分量引起的容性分量 I_{oc} 的相位与 I_{or} 相比超前 90°[2]，所以测出 $\dot{I}o$ 和 $\dot{V}$ 再通过计算可以得到真正的漏电电流 I_{or} 的值；在 380V 配电系统，三相阻性电流分量 I_{or} 分别和各自相线的电压同相位。所以测出总的剩余电流 $\dot{I}_o$ 和 $\dot{V}_{oa}$、$\dot{V}_{ob}$、$\dot{V}_{oc}$，根据 I_o 与三相电压的相位关系计算出 I_{or1}、I_{or2}、I_{or3}，就能得到 I_{or} 的值。

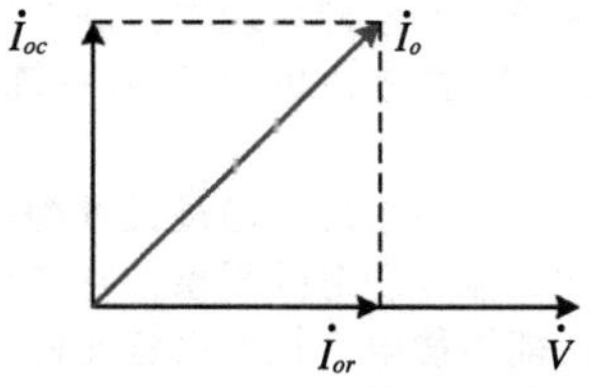

（a）220V配电系统电压电流相量

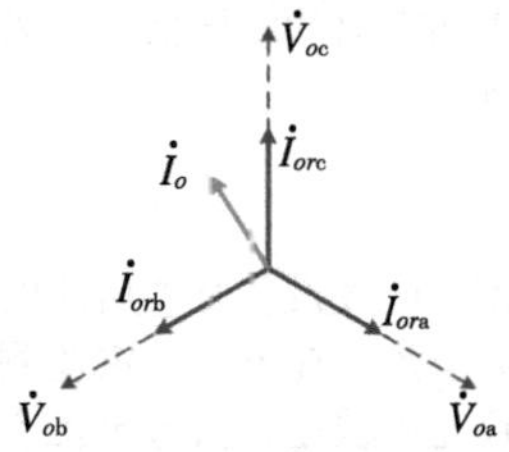

（b）380V配电系统电压电流相量

图 7　电压与电流的矢量关系图

4.2　谐波干扰造成漏报、误报问题严重

传统的剩余电流互感器通过电流互感器的线圈感应出与漏电电流成正比的矢量和，通常只能检测正弦交流和脉动直流的剩余电流。但配电回路中往往有变压器、计算机、开关电源等非线性负荷或谐波源的存在，且谐波的频率是工频

50Hz 的整数倍，产生的谐波会对剩余电流测量造成严重影响。并且因为对电气设备谐波抑制的状况不够理想，往往电路中不止存在一种谐波，导致波形更为复杂，存在较为严重的危害性。

常用的谐波治理措施有设置滤波器、加大系统短路容量、改善系统运行方式等；目前针对谐波影响也有基于剩余电流平均值的波形识别方法，但是无法区分不同频率的正弦波；基于频谱分析的波形识别方法，可以识别正弦交流，但如果是复杂波形还需要额外运行一套程序；有学者提出将传统电流互感器改为磁通门电流传感器，直接输出与待测电流成正比的电压信号，无需解调。识别的波形通过波形识别算法滤除谐波的干扰。

4.3 故障电弧检测技术尚未成熟

电气线路中一旦产生电弧，往往通过温度升高引燃周围可燃物造成火灾，所以检测故障电弧是预防电气火灾发生的重要手段。目前因负载的多样性、实用性，缺少可供研究的复杂波形源和故障电弧样本数据；电气特征向量可以通过人工提取和分析，例如基于电弧的电学特性，如光、热、电流变化率和小波频段等。但在存在多种负载类型的情况下，判别难度增加。由于受限于线路负载问题，故障电流较小，导致现有系统无法实现对串联电弧故障的保护，存在潜在的电气安全隐患[3]。由于故障电弧的电流变化幅值较小，传统的电气故障保护装置难以识别，无法有效预防故障电弧的发生，可能引发严重的电气火灾事故。

随着大数据和人工智能对波形信号处理技术的快速发展，越来越多的研究将机器学习和深度学习神经网络结合到故障电弧检测领域中，应用智能算法对电弧波形信号处理可以较为准确的预判故障电弧，基于神经网络训练的模型可以实现多个复杂特征量的故障电弧判断[4]，有效提高故障电弧检测的准确率。

4.4 静电干扰系统灵敏度

静电产生的电场会在电气设备表面形成电荷，这些电荷会累积并达到极高的电势差，电荷释放时会产生电火花，引发电气火灾。在火灾检测监控系统中，例如烟雾探测器和温度探测器等表面积累静电，也会干扰系统的灵敏度和准确性。

目前在电气火灾监控系统中通过设置静电接地装置，将静电荷释放至地面，减少静电的积累；并选择防静电材料设计和制造，对于可能被静电干扰的设备元件，可以采用封装设计来限制外部静电场的影响；在电气设备中加入较大的反向电压保护二极管表面发出的电压信号，来预防静电对电气火灾监控系统的影响。

4.5 浪涌影响

雷电等自然灾害和电气设备开关启停时产生的过电压会引起浪涌电流，浪涌电流会在电气火灾监测器和其他设备中产生瞬态电压，导致监测误差、信号干扰[5]，从而影响监控系统的稳定性和准确性，无法及时发现电气火灾。浪涌电流甚至有可能造成电气设备损毁或直接引发电气火灾。

为预防浪涌影响学者们研究了瞬态电磁场测试技术；结合软件仿真技术开发更高效的电气防护装置，提高抗浪涌性能[6]；一些研究人员开发了可调压力发射二极管的电气防护装置，这种二极管设备可以根据不同的电流工作条件进行调整，以提高应对浪涌电流的能力，从而增强电气防护装置的稳定性。总之，预防浪涌对电气防护装置的影响需要结合多种手段进行科学研究和技术创新。

4.6 电磁干扰

由于电气设备使用种类日趋复杂，来自于电气设备、通信设备、无线电设备等的电磁干扰不可避免。而电磁干扰的强度和频率也会因环境和设备的差异而不同。电磁干扰会破坏电气火灾监控设备的电路和元器件，有可能导致监控设备发生故障或者误报、漏报等问题。

当前关于抵御电磁干扰对电气火灾监控装置的影响，研究学者们提出了抗干扰技术[7]，该技术主要采用电路屏蔽、滤波等措施有效消除或减弱外界干扰信号的影响，常用于进行高频干扰和电磁辐射的控制；光电隔离技术通过在电性和光性之间设置隔离层来控制干扰的产生和传输，可以用于控制高频干扰和电气隔离问题；并且通过对电气监控装置的电路进行仿真模拟，可以预测和评估其在各种环境下的工作性能，指导电气防护装置的设计和生产，从而保证电气防护装置长期稳定的运行。

5 结论

（1）电气原因引发的火灾数量占全国火灾总数的比例呈逐年增长趋势，且危险性大损失严重，已严重影响了经济社会的发展。所以，我们需要对电气火灾进行深度研究，建立完善的早发现早预防的电气火灾监控系统，降低火灾发生的概率减少人员伤亡和经济损失。

（2）电气火灾监控技术正在不断发展和成熟，但目前还存在一些误报、漏报的问题亟需解决。比如电气火灾监控探测器中存在未过滤容性阻抗、受到高次谐波的干扰；无法精准识别故障电弧；电路存在浪涌及电磁干扰损坏探测设备等。

（3）目前阻性漏电电流检测技术可以干净高效的滤除容性漏电分量；随着大数据和人工智能对波形信号处理技术的快速发展，越来越多的研究将机器学习和深度学习神经网络结合到故障电弧检测领域中；对电磁灵敏度的干扰通常使用仿真模拟开发新的防护装置。总之，研究设计稳定可靠的电气火灾监控系统必然会成为未来技术研究和发展的趋势。

参考文献

［1］路宗雷．电气火灾监控系统助力智慧消防建设［J］．智能建筑，2018（05）：20-23.

［2］王德坤．新型低压配电系统阻性漏电电流检测技术［J］．建筑电气，2018，37（02）：62-64.

［3］吴志强，王德坤，伍林，赵海龙．关于电气火灾的成因及防范技术分析［J］．中国消防，2020（07）：63-66.

［4］Y. Wang，L. Hou，K. C. Paul，Y. Ban，C. Chen and T. Zhao，"ArcNet：Series AC Arc Fault Detection Based on Raw Current and Convolutional Neural Network，" in IEEE Transactions on Industrial Informatics，vol. 18，no. 1，pp. 77-86，Jan. 2022，doi：10. 1109/TII. 2021. 3069849.

［5］陈希艳，杨兴超，张占营等．电磁兼容试验和测量浪涌（冲击）抗扰度试验标准的差异分析［J］．集成电路应用，2020，37（04）：35-37. DOI：10. 19339/j. issn. 1674-2583. 2020. 04. 011.

［6］于聪梅，曾勇．非平衡状态下电路启动阶段的瞬态浪涌电流抑制方法［J］．科技通报，2018，34（12）：88-91+100. DOI：10. 13774/j. cnki. kjtb. 2018. 12. 018.

［7］江师齐，刘艺涛，银杉，彭建春．基于噪声源阻抗提取的单相逆变器电磁干扰滤波器的设计［J］．电工技术学报，2019，34（17）：3552-3562. DOI：10. 19595/j. cnki. 1000-6753. tces. 181105.

建筑火灾防治技术

建筑消防设施在灭火救援中应用对策

于 涛

（山东消防救援总队聊城支队，山东 聊城）

摘 要 建筑消防设施在建筑火灾的处置过程中能够发挥重要作用，充分了解各类建筑消防设施的运行原理，并熟练掌握启动和操作办法对灭火救援具有重要意义，本文汇总了建筑消防设施的分类、功能，并介绍了对火灾现场可以利用的消防设施，可以指导火灾现场处置。

关键词 建筑消防设施 灭火救援 对策

1 引言

随着消防法律法规、各类规范的不断健全完善，建筑内外设置的消防设施种类越来越多，在火灾现场处置的过程中，特别是针对高层建筑、大型城市综合体等火灾现场，消防员如何正确合理的使用建筑内外设置的消防设施对灭火救援工作的开展具有及其重要的意义。

2 建筑消防设施的主要种类和用途

建筑消防设施是指按照相关法律法规、规范等在建筑内设置的用于防范和扑救建筑物火灾的设备设施的总称。常用的消防设施如表1所示，是保障建筑本身和人员安全的重要设施，也是现代建筑的重要组成部分。

表1 建筑消防设施的主要组成

建筑消防设施类别	主要功能
火灾自动报警系统	在火灾发生初期利用火灾探测器进行报警
自动喷水灭火系统	在火灾发展到一定规模后自动响应喷火灭火，控制初期火灾
室内、外消火栓系统	为室内、外消防装备提供消防给水
泡沫灭火系统	为甲乙丙储罐、石油化工类火灾特殊建筑火灾供给泡沫
防火分隔系统	利用防火门、防火卷帘等划分防火分区
水喷雾系统	在火灾发展到一定规模自动喷水灭火，控制初期火灾
水幕系统	对开口部位进行防火分隔
火灾应急照明系统	为火灾现场疏散的人员提供照明
应急广播系统	通知火灾现场的人员进行疏散
防排烟系统	排烟推迟火灾蔓延，防烟辅助人员疏散
消防电梯	运输装备、人员，快速达到起火楼层附近

3 建筑消防设施的主要优点

3.1 提供有效的火场侦察方法

火灾发展到一定的规模，消防员开展内部侦察风险极高，易引发指战员伤亡。利用建筑消防设施相关启动信息可便捷安全的确定火灾发生的位置、蔓延情况，不仅能够减少火灾对消防员人身安全的威胁，同时也能更快的对战斗力量部署展开提供决策信息。

3.2 增加火场供水高度

火灾现场的消防给水一般是依靠垂直铺设或者沿楼梯铺设水带开展，但是消防水带本身有压力损失，同时各类水带耐压程度都不同，移动装备供水的高度有较大的限制。一般的消防车在供水高度达到五十米以上时就会对会相对困难。利用建筑消防设施内部管网供水是较为可靠的。开启消防水泵直接对管网进行供水或者用消防车、水泵接合器将水送至室内消防给水管网，可以大大提高消防供水的可靠性。

3.3 缩短灭火救援战斗展开时间

灭火战斗时消防员身着防护装备，同时携带灭火器材装备到达起火楼层，战斗展开慢又会大量地消耗体力，影响灭火救援行动的整体作战。消防电梯等不仅能够快速有效的实施火场救援和器材装备的运输，同时也可以为被困群众实施自救提供更加有利的条件。

3.4 极大限度的保障人员自救条件

受城市经济条件所限，各中小城市的消防站的队站布防满足不了保护需求，极易错过控制火势蔓延的最佳时机。设置火灾自动报警，自动灭火设施，防排烟，防火分隔，火灾应急广播等建筑消防设施，可以最大限度的保护建筑和人员的安全。

4 建筑消防设施在灭火救援中的应用对策

4.1 利用消防控制室进行火情侦察

消防控制室是一个相对独立而且比较安全的空间。一般设在建筑物的首层或地下一层，具备能够直通室外的安全出口，方便进入。通过消防控制室侦察可以提高行动效率，赢得指挥决策指挥的主动权。消防员实施外部侦察时，必须要同时占据消防控制室的有力位置。主要应当了解报警情况、防火分隔设施的工作情况，自喷、防排烟、空调和通风系统运行情况，切断非消防用电等情况。通过了解到的相关信息综合分析起火部位、火情发展的趋势，人员受烟火威胁情况，并根据灭火救援需要，指导消防控制室值班人员发出有关指令。

4.2 利用建筑消防供水设施保障消防供水

4.2.1 启动消防水泵向室内消防管网供水

消防水泵设置在建筑的地下一层或地下二层，主要包括消火栓泵和喷淋泵。正常情况下，消防水泵控制柜设置在自动状态，火灾发生时，在满足设计启动条件时，消防水泵无需人为操作即可自动启泵。主要启动方式有三种：一是使用水泵控制柜上的启停按钮手动启停消防泵。二是使用控制室的火灾报警控制器多线盘直接手动启动消防泵。多线盘是将水泵控制柜上的启动按键用线直连至控制器，实现远程手动启动。三是使用水泵控制柜上的强制启停按钮。特别的，自动、手动启动无效时，消防水泵控制柜上还设有独立的机械应急启动装置，在消防水泵供电正常情况下，即使控制线路、继电器等设备均损坏，机械应急装置也能保证启泵。

4.2.2 利用水泵接合器向消防管网供水

水泵接合器设置在建筑室外，一般都便于消防车使用，分为地上式、地下式和墙壁式三种。水泵接合器是室内消防管网与室外消火栓、消防车的连通设备，当室内消防给水满足不了给水要求时，消防车可以通过水泵接合器将室外用水输入到室内消防给水管网用于灭火设施使用。火灾的扑救过程中利用水泵接合器向消防管网供水是可靠的，也是最容易忽视的室内供水方式。

4.3 启动防火分隔设施

防火分隔主要包括防火墙、防火卷帘、防火门、防火水幕等划分防火分区的设施。到达火灾现场后，第一时间消防员要认真查看防火门、防火卷帘等分隔设施的启用状态。防火分隔设施可以将火势控制在某一个防火分区内，防止火势蔓延扩大导致火灾损失扩大，也能为疏散救人提供有利条件。防火分隔处也可以设置水枪阵地，堵截火势向其他防火分区蔓延。

4.4 启动防排烟设施

火灾处置中消防员优先要使用建筑内的排烟设施排烟第一时间开展排烟降毒，其特点是操作方便、可靠性强。建筑防排烟设施一般与火灾报警系统联动控制。当火灾报警信号确认后，防排烟风机可以联锁启动，发生火灾的防烟分区内的防火阀自动打开，通过排烟口、排烟竖井等向室外排烟降毒，日常需要将控制室或风机的电源控制箱设在自动状态。消防员在火情侦察中如果没有发现风机的启动信号，应立即在控制室手动操作控制装置强制启动排烟风机。各类地下建筑、高层建筑楼顶，风机机房内一般也设有直接开启排烟风机和正压送风风机的控制装置。在疏散救人灭火过程中，为确保防排烟设施能够发挥作用，要保持封闭楼梯和防烟楼梯间的防火门处于关闭状态。

4.5 使用消防电梯运输人员器材

消防电梯是在建筑物发生火灾时供消防员进行灭火与救援使用且具有一定功能的电梯。消防员到达火场后，应确定消防电梯的位置和数量，根据火灾蔓延方向，充分利用消防电梯运输消防器材和人员，依托消防电梯前室布置水枪阵地。

4.6 利用灭火救援窗展开灭火救援战斗

灭火救援窗是消防员进入建筑内部开展灭火救援行动的重要途径。灭火救援窗窗口净高净宽均不小于1米，下沿距室内地面不大于1.2米，间距不大于20米，且每个防火分区不应少于2个。灭火救援窗玻璃易碎、易从外部识别，消防队到场后要在登高操作场地处，寻找建筑外立面的设置的灭火救援窗开辟火灾扑救进攻通道。

4.7 开启火灾应急广播

设有控制中心报警系统的建筑应设置火灾应急广播。火灾应急广播系统启动后，可循环播放提前设置好的录音，也可实时开展通知对话，分层、分区组织人员开展有序疏散。消防员到场后应急广播如未启动，应设法到消防控制中心手动开启应急广播系统，稳定被困人员的情绪，引导人员合理疏散，防止惊慌、拥挤和跳楼等意外事件发生。

5 结语

建筑消防设施在灭火救援中发挥的作用是不可或缺的，提高消防救援人员在灭火救援战斗中使用建筑消防设施的意识，切实贯彻“以固为主，固移结合”的建筑灭火战术，是扑救高层地下建筑、大型商业综合体火灾，保护人民群众生命财产安全的重要手段，是每名指战员应该掌握的必备技能。基层消防救援站要注重主动加强“防消结合”，切实开展建筑消防设施使用的训练和技战术研究，才能充分适应灭大火、救大灾的任务需求。

参考文献

[1] GB 50016—2014，建筑设计防火规范［S］.
[2] GB 50974—2014，消防给水及消火栓系统技术规范［S］.
[3] GB 51251—2017，建筑防烟排烟系统技术标准［S］.

高层建筑外保温系统火灾防治对策探讨

王昆仑　王龙鑫
（石家庄市消防救援支队，河北　石家庄）

摘　要　本文通过对近年发生的两起高层建筑外墙保温（装饰）系统火灾进行对比，研究外墙保温（装饰）系统火灾特点，分析消防救援队伍在灭火处置中遇到的问题，探讨灭火救援行动的措施办法以及对类似建筑防、灭火工作的建议。

关键词　高层建筑　外保温系统　火灾防治

1 引言

建筑的外墙保温是实现节能的有效途径，2009年发布的《民用建筑外保温系统及外墙装饰防火暂行规定》明确了外墙外保温及外墙装饰等防火要求，但在此之前建造且投入使用的建筑仍大量存在。2009年央视北配楼火灾、2010年上海教室公寓火灾之后类似火灾罕有耳闻，但近两年又接连发生影响较大的外墙保温（装饰）系统火灾，引起了广泛热议。

2 两起典型高层建筑外墙保温（装饰）系统火灾对比

2021年和2022年发生的两起较为典型的外保温（装饰）系统火灾，两起火灾的基本情况对比如表1所示。

表1

对比项		火灾案例 A	火灾案例 B
建筑基本情况	建造及投入使用时间	2003 年建造/2010 年投入使用	2000 年建成并投入使用
	建筑高度	99.9m	195.7m
	建筑面积	4.57 万 m^2	9.6 万 m^2
	外墙保温及装饰形式	挤塑聚苯保温板外挂铝塑复合板	铝塑复合板加广告牌
气象条件	气温	5~15℃	23~34℃
	风向	东南风 2 级	东南风 2 级
过火情况	起火点	南侧裙房 4 层屋顶平台	北侧 7 层室外平台
	外立面过火分布	整个东南斜面全部过火；南侧、东侧部分起火	北侧外立面全部过火
	过火房间数	298 间	34 间
	建筑周边起火情况	建筑周围设备房间；临近居民楼屋顶	建筑周围停靠车辆
	蔓延至屋顶时间	15min	12min

3 高层建筑外保温系统火灾特点及处置难点

高层建筑一般都是一个城市或者一个区域的标志性建筑，市区内人员密集，一旦发生火灾，迅速在社会面引起热议，如果该类火灾发生在重大节日、重要节点有可能成为过度炒作的导火索，引起全社会极大关注甚至恐慌。通过对两起火灾的建筑基本情况、气象条件和过火情况进行对比分析，总结高层建筑外保温（装饰）系统火灾存在以下特点及处置难点。

3.1 起火位置隐蔽，固定消防设施作用发挥有限

当建筑外立面起火后建筑内部的物业、微型站人员发现困难，只有处在建筑外侧或在室外的人告知才能清楚起火位置和起火情况。同时固定消防设施的设计理念主要针对室内火灾，外立面火灾烟火突破外墙后引发自动消防设施动作才能发挥作用。针对案例 A，起火位置在 4 层屋顶平台，起火后触发 5 层的火灾探测系统，但是单位物业人员在 5 层核查只闻到了烟味，没能第一时间发现起火点。等到外部观察到起火情况，物业人员前往处置时火势已经扩大，错过了扑救初起火灾的时机。

3.2 火灾蔓延速度极快

两起火灾自起火至火势蔓延至楼顶时间都在 20min 以内，原因一：2009 年及以前建设的项目，未限定外墙保温及装饰材料的燃烧性能，较多采用可燃材料，该材料燃点低，其燃烧速度极快[1]。原因二：高层建筑发生火灾后烟囱效应极强，由于外墙保温（装饰）系统贴临外墙，在案例 A 中外墙保温材料与装饰材料之间存在空腔，导致火灾在垂直面蔓延速度极快。采用案例 A 相同材料相同结构实地开展缩小比例实验，保温材料被点燃后 2min 火焰冲出顶部，3min30s 后铝塑板被烧穿程全面燃烧状态。虽然铝塑复合板双面为铝制不燃材料，中间夹心采用聚乙烯属易燃材料，建筑外立面全面燃烧后被点燃的铝塑板随风飘落，形成飞火引燃周边可燃物。外保温系统火灾缩小实验如图 1 所示。

02分00秒　　04分00秒　　05分30秒

图 1 外保温系统火灾缩小实验

火势蔓延快带来的处置难点在于迅速发展为室内外复合型火灾，建筑物局部位置过火温度可以达到瞬时1200℃，对建筑内部的人员疏散带了很大困难[2]。幸运的是案例A和案例B均在短时间内全部疏散人员，都未造成人员伤亡。

3.3 受风影响严重

分析两起案例的过火房间数量和外立面过火分布发现，此类火灾受风向及风速影响严重。案例A、案例B当日的风向都是东南风2级，但案例A起火点位于南侧屋顶裙房，处于迎风面，导致过火房间数量及外立面过火分布较案例B均严重。原因一：火借风势向建筑内部蔓延；原因二：案例A建筑外立面附着保温材料和装饰材料较案例B仅有装饰材料火灾荷载大，有足够的燃烧时间向室内蔓延。同时外立面被点燃的材料随风飘落，下风方向的车辆、设施容易被引燃。

3.4 救援场地受限，阻止火势蔓延困难

高层建筑的登高操作场地要求至少沿一个长边或周边长度的1/4且不小于一个长边长度的地面连续布置[3]。但是由于建筑的裙房和主体结构的形状，加上起火位置的不确定，目前现有的救援场地无法达到处置外立面火灾的需求。案例A和案例B中，大部分的举高车辆都停靠在市政道路上展开灭火作业，市政道路受道路宽度、中间护栏、架空电线等原因举升作业受到影响，同时由于现有的消防举高车辆举升高度不足以应对超高层外立面火灾，阻止火势蔓延效果不明显。

4 火灾处置对策探讨及对防火的工作建议

针对高层、超高层建筑外墙火灾，很多因素决定了起火后处置作用有限，但是消防队经历的真实火灾状态和遇到的问题能够在火灾预防和的类似火灾处置上具有一定的借鉴指导意义，通过分析两起火灾对类似火灾处置进行探讨并提出如下建议。

4.1 加强消防宣传，普及逃生常识

火灾处置中是否有人员伤亡是判定成功与否的重要标准。火灾发生后由于电梯停止使用，人们只能通过疏散楼梯进行疏散，外立面火灾一旦突破外墙，烟热向内部蔓延至走道和楼梯间极易造成人员被困甚至伤亡。虽然火灾蔓延速度快，但案例A、案例B两起火灾扑救中都在短时间内疏散了全部人员。这其中有建筑内部未满负荷运转和人员结构普遍年轻的原因，但是在辖区消防站第一到场的视频中发现仍有少数人在低头玩手机，慢悠悠的往远处走，不时的回头举起手机拍一下现场的紧急场面，可见加强社会单位的疏散演练，增强人们的火灾逃生意识在火灾来临时能起到至关重要的作用。

4.2 加强防消联勤，发挥固定设施作用

防火监督干部对重点单位的安全管理、消防设施、人员疏散相对更加熟悉了解，辖区消防站对消防车道、进攻路线、消防水源更加熟悉，在火灾扑救中防火干部、消防设施维保单位随消防站力量同时到场参与处置才能切实发挥好固定消防设施灭火作用。

4.2.1 室内消火栓、自动喷水灭火系统

固定消防设施在阻隔外立面火灾向建筑内部蔓延中能发挥一定作用，但是具体分析室内消火栓和自动喷水灭火系统作用过程中发现，如果操作不当灭火效果发挥不明显同时还会造成水源浪费。对于室内消火栓系统，在火灾扑救中发现很多使用过的消火栓未及时关闭，启动消火栓泵后造成压力和流量损失，导致其他楼层出枪数量不足。对于自动喷水灭火系统当大面积喷淋头动作后喷淋泵流量与扬程不能满足控火需求，起不到应有的作用。所以在消防站日常训练中要着重强调室内栓使用结束后应及时关闭。喷淋系统如大面积动作应关闭该层喷淋支管或停止喷淋系统运转节省水源。

4.2.2 水泵接合器

水泵接合器是通过水罐消防车向室内消防设施供水的设备，在案例A中由于保温和装饰材料的大量坠落导致地下式水泵接合器被淹没，无法正常使用，如图2所示。建议类似有外保温或外墙装饰的建筑，可将水泵接合器与建筑拉开一定距离，或设计为地上式并配有明显的标示标志。

图2 火灾发生后水泵接合器被坠落物遮挡

4.3 丰富现场侦察手段，高效利用作业场地

建筑周围有哪些可以利用的建筑和场地可以用来抬高射水高度和支开举高车辆是指挥员应该考虑的第一问题，如何更快更便利的发现最佳位置应该第一时间使用无人机，利用空中视角寻找可以利用的场地和空间，高效利用各类救援场地阻止外立面火灾蔓延。外立面火灾蔓延迅速，扑救的最大难度在于火势在外墙蔓延无法利用固定设施有效的阻隔。目前最有效的办法有登顶灌注法，即从建筑顶部将水灌入保温层空腔内扑救火势，但是这种方式需要有可以展开作业的场地和空间，一般外保温系统火灾20min即可从起火点蔓延至顶层，消防救援队伍没有足够的时间登顶实施灭火。此外举高车辆或车载水炮也可以在一定程度上阻隔火势的迅速蔓延。目前最高的举高车辆为芬兰的博浪涛101m登高平台消防车，其举升条件十分苛刻。一般的车载炮的射程无法满足扑救需求。因此在火灾现场根据实地情况尽量抬高射水高度，最大限度的阻止火势蔓延是消防队到场后的开展场地侦

查的重要目标。

5 小结

当前涉及外保温系统的建筑仍在社会面中大量存在，原本使用的防火材料随着时间逐渐老化，如果不加以重视，类似的火灾仍将继续出现。无论是在社会单位的监管层面还是在防火措施的技术层面都应该加强类似建筑的管理和改造。在火灾处置方面要总结经验，发挥现有救援场地作用，充分考虑举高消防车辆的展开时间和火灾蔓延速度，充分占据临近建筑平台，第一时间合理部署阵地阻止火势蔓延。同时要重视风向、风速对火势发展的影响，特别注意飞火引燃建筑下风方向的建筑设施，第一时间进行处置。

参考文献

[1] 陈力．建筑外保温材料火灾灭火技战术探讨 [J]．消防科学与技术，2014 (33)：201-203.

[2] 赵永峰．在建高层建筑外保温材料立体燃烧的火灾蔓延规律 [J]．消防科学与技术，2013 (32)：1319-1323.

[3] GB 50016—2014，建筑设计防火规范（2018 年版）[S].

防排烟系统耐火管道的做法分析及问题解决方向

李瑞林[1]　张　健[2]

（1. 青海省海东市消防救援支队，青海　海东；2. 北京市建设工程安全质量监督总站，北京）

摘　要　目前，现行规范对建筑内防排烟系统管道的耐火极限提出了明确要求，但对于不同做法的耐火管道所能达到的耐火极限值并未明确，这对建筑企业使用何种方法制作耐火管道以满足相关技术标准造成了困惑。本文对不同做法的耐火管道所能达到的耐火极限和安全可靠性进行了具体分析，可以进一步指导防排烟系统的部分分项工程的施工、验收和监督检查。同时，指出了现阶段存在的问题和解决问题的方向。

关键词　防排烟系统　耐火管道　做法分析　解决方向

1 耐火管道的发展历程和功能作用

1.1 发展历程

我国最早使用通风管道始于 20 世纪 40 年代，在纺织行业里，为提高纺纱织布的质量，要使车间保持设定的温度和湿度，输送特定温度和湿度空气的管道当时称为风管。早期使用木板制作，后改用铁皮。到 20 世纪 80 年代，出现了玻璃纤维增强聚酯风管。玻璃纤维增强聚酯风管为有机材料，具有耐腐蚀、不生锈等特点，有效解决了铁皮风管易生锈，使用寿命不长的缺点。但由于玻璃纤维增强聚酯风管是可燃材料，一旦着火会造成火灾蔓延，这引起了社会的广泛的重视。所以，在《高层民用建筑设计防火规范》（GB 50045—95）中规定“通风、空气调节系统的管道等，应采用不燃烧材料制作”和“通风、空气调节系统应采取防火、防烟措施”。2006 年实施的《建筑设计防火规范》（GB 50016—2006）中规定“通风、空气调节系统的风管应采用不燃材料”和“防烟与排烟系统中的管道、风口及阀门等必须采用不燃材料制作。”从此，通风和防排烟系统管道除了强度要求外，还增加了防火性能要求。直至现在，为确保风管的安全可靠性，对防排烟系统管道提出了明确的耐火极限要求。

1.2 功能作用

在火灾情况下，以耐火管道为载体，通过机械加压方式排出烟气或输送室外新鲜空气的功能。

（1）由防烟系统（正压送风）通过从外界送入空气，防止火灾烟气侵入楼梯间、前室、避难层等空间导致逃生疏散人群窒息；

（2）由排烟系统（负压排烟）将烟气排至建筑物外；

（3）补风系统是对防烟分区内排烟系统排风量的风量补充。

2 现行规范对防排烟系统管道的耐火极限要求

（1）竖向设置的送风管道应独立设置在管道井内，当确有困难时，未设置在管道井内或与其他管道合用管道井的送风管道，其耐火极限不应低于 1.00h。

（2）水平设置的送风管道，当设置在吊顶内时，其耐火极限不应低于 0.50h；当未设置在吊顶内时，其耐火极限不应低于 1.00h。

（3）竖向设置的排烟管道应设置在独立的管道井内，排烟管道的耐火极限不应低于 0.50h。

（4）水平设置的排烟管道应设置在吊顶内，其耐火极限不应低于 0.50h；当确有困难时，可直接设置在室内，但管道的耐火极限不应小于 1.00h。

（5）设置在走道部位吊顶内的排烟管道，以及穿越防火分区的排烟管道，其管道的耐火极限不应小于 1.00h，但设备用房和汽车库的排烟管道耐火极限可不低于 0.50h。

（6）补风管道耐火极限不应低于 0.50h，当补风管道跨越防火分区时，管道的耐火极限不应小于 1.50h。

（7）地铁设计防火标准要求穿越楼梯间、前室的防排烟管道耐火极限不应低于 2.0h。

综上可知，当防、排烟系统风管设置在人员疏散的路径上时，风管耐火极限要求最高。设置在穿越防火分区时，风管耐火极限要求次之。设置在其他部位时，风管耐火极限最低。

3 常见防排烟系统耐火管道的做法及优缺点及施工注意事项

防排烟系统耐火管道一般分为三种形式：一是产品形式的耐火管道，二是型钢结构外敷防火板的耐火管道，三是金属风管外包裹不燃绝热材料的耐火管道。在吊顶中施工的以第三类为多，在施工质量控制中以风管的严密性能和防火绝热材料的施工质量为主。

3.1 产品形式的耐火管道

产品形式的耐火管道，也称成品复合耐火管道。具有保温、绝热性能优良、洁净、环保，制作简捷，摒弃了传统的风管施工工艺，无需现场施工，大大减少了施工工期和人工，从而节约成本。较适用于建筑空间有限、综合管线排布密集等场所，尤其适用于地铁建筑地下车站的设备区。此做法，虽产品成本略高，但安装简便，施工工期短，更节省人工成本。

3.2 型钢结构外敷防火板的耐火管道

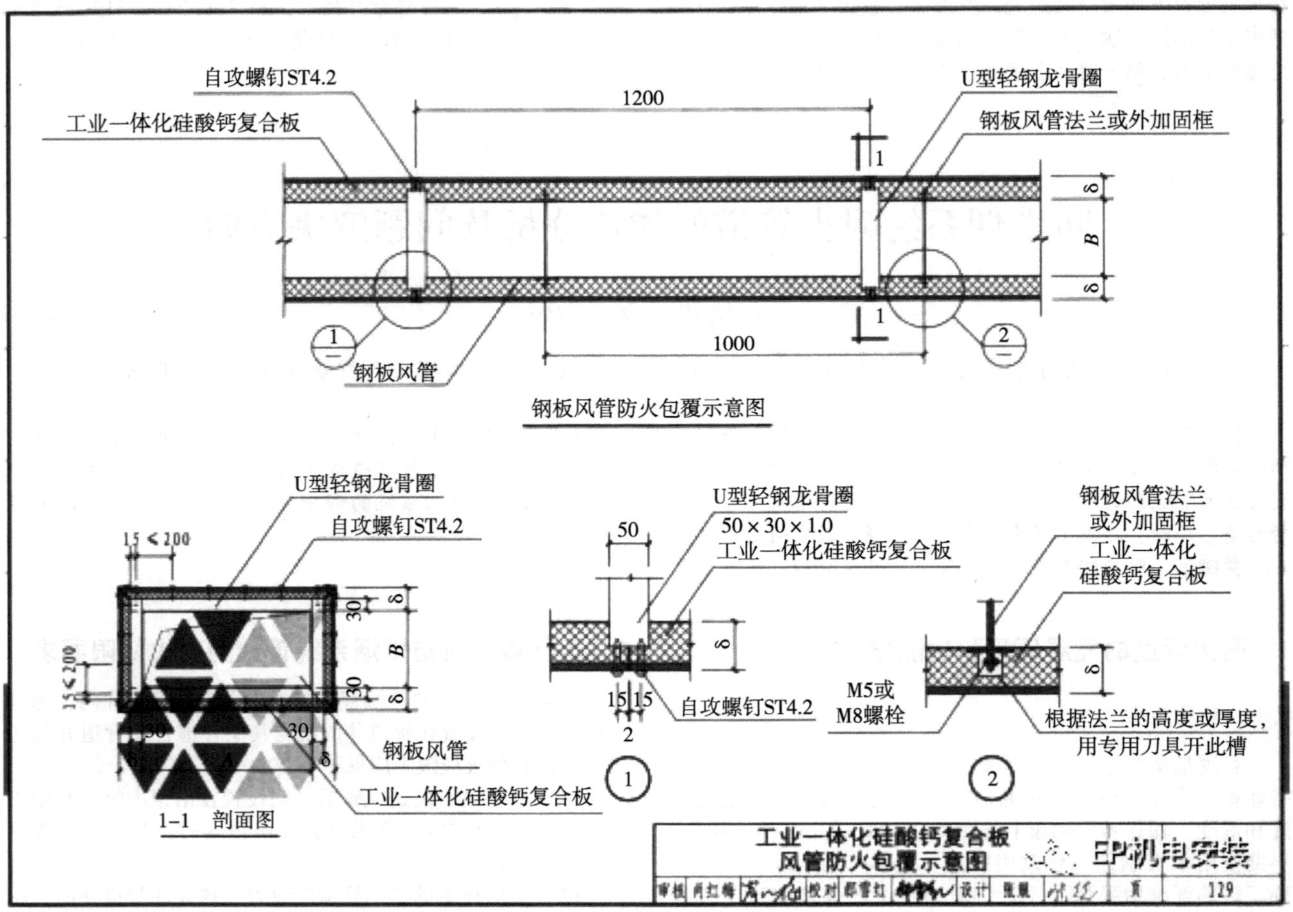

图 1 型钢结构外敷防火板的耐火管道

型钢结构外敷防火板的耐火管道如图 1 所示，具体做法分为以下几种：

（1）自撑式防火板风管。此做法形成的耐火管道与防火板厚度有关，应根据不同耐火极限的要求选取适宜的防火板材。受制于防火板材料性能及制作安装工艺所限，本做法制作的耐火管道抗震性能较差。同时，应注意风管拼接处盖板板条的安装。

（2）镀锌钢板风管外包防火板。根据《防火建筑构造（一）》07J905-1 中镀锌钢板风管防火包覆构造要求：钢板外敷的防火板需设置轻钢龙骨，并设置独立的吊杆。钢板与防火板之间应采用岩棉填实，防火板与防火板拼接处应采用防火胶进行密封，钢板与防火板之间应采用岩棉填实，防火板与防火板拼接处应采用防火胶进行密封。为解决钢板风管顶部及侧面防火板包覆困难的问题，图集 07J905-1 给出了四种防火板包覆做法。

以上做法工序较为复杂，均必须合理的组织施工工序，否则可能无法进行防火板包覆，或者达不到预期的耐火性能要求。对于空间狭小的区域，实施难度较大。同时，防火板、龙骨、自攻螺丝等安装后造成耐火管道重量增加，管道支架承载能力也需增加。

3.3 金属风管外包裹不燃绝热材料的耐火管道

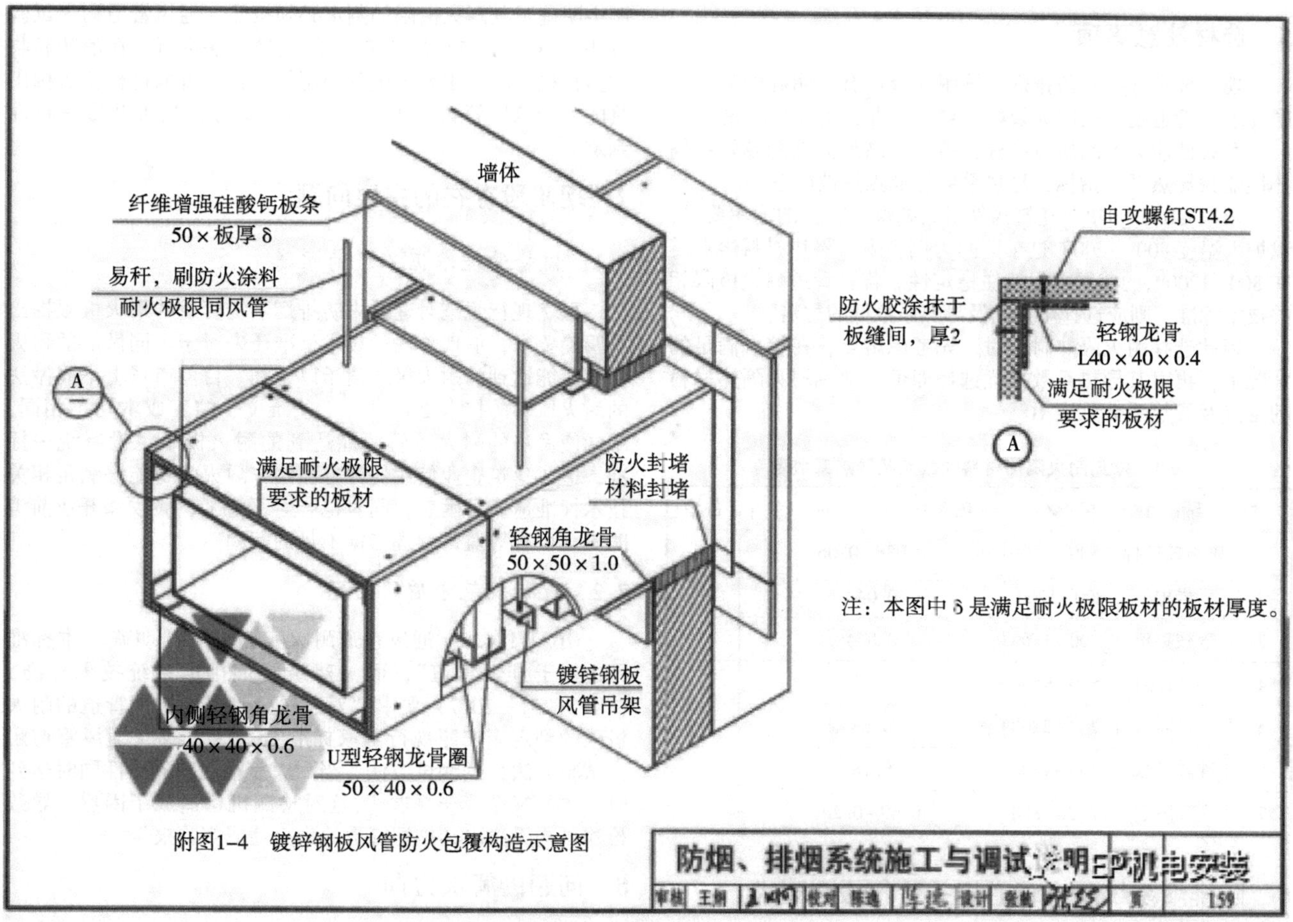

图 2　金属风管外包裹不燃绝热材料的耐火管道

金属风管外包裹不燃绝热材料的耐火管道如图 2 所示，具体做法为以下几种：

（1）钢板风管+离心玻璃棉。管道用离心玻璃棉采用焊钉固定在风管上。

（2）钢板风管+铝镁质复合材料。材料在施工过程中，材料与风管间，材料相互之间采用“无空腔”粘接，接缝采用膏状保温材料连接，使保温层形成一个密封整体，消除材料与设备间，材料相互间以及接缝处的空隙，达到整体密封、整体保护的效果。但采用本材料包覆后，管道重量明显增加，需进一步核算支吊架载荷，支吊架的初期投资也有较大增幅。

以上做法主要采用钢板制作风管，钢板厚度按照根据《通风与空调工程施工质量验收规范》表 4.2.3-1 相关要求执行。耐火隔热材料多为离心玻璃棉、岩棉、硅酸铝棉、铝镁质复合材料等。此做法可现场加工，工序较为简单。但应选取憎水性较强的隔热材料，以增加使用寿命。

3.4 其他做法

管道喷涂防火涂料。此方法制作的管道耐火极限取决于防火涂料本身性能。此方法施工工艺简单，但不利于成品保护。防火涂料受热膨胀后会挥发有毒气体，同时会影响到相邻管线以及妨碍管道防火阀执行机构的动作。

4 不同做法的耐火管道的性能分析

4.1 产品形式的耐火管道

产品形式的耐火管道的耐火极限取决于管道本身的耐火极限性能。《建筑防烟排烟系统技术标准》图示 15k606 给出了 IMX 系列模压镁板风管相关技术资料，资料显示，风管不反卤、泛霜，具有强度高、不燃、不变形、耐潮防水、安装便捷、使用寿命长等优点。且管道耐火极限从 60min～180min 不等。

4.2 型钢结构外敷防火板的耐火管道

（1）自撑式防火板风管。采用自撑式防火板风管可达到耐火隔热的要求，管道耐火极限可达到 1～3h 不等，与防火板厚度有关。

（2）镀锌钢板风管外包防火板。此做法吊杆需刷防火涂料，且吊杆的耐火极限应与风管耐火极限相同。钢板与防火板之间应采用岩棉填实，防火板与防火板拼接处应采用防火胶进行密封。管道耐火极限取决于填充的岩棉的厚度和容重以及防火板厚度。

4.3 金属风管外包裹不燃绝热材料的耐火管道

此做法耐火管道的耐火极限可达到 0.5h-2.0h 不等，应以专业权威机构的耐火性能检测报告的检验结论为准。

（1）钢板风管+离心玻璃棉。经查阅相关检测报告，当管道采用 1.2mm 铁皮风管+50mm 或 60mm 离心玻璃棉板，离心玻璃棉采用焊钉固定在风管上。经检验，管道耐火极限为 48min 或 70min。此方法除局部区域需做特殊处理外，可满足绝大部分区域防排烟管道耐火极限要求。

（2）钢板风管+铝镁质复合材料。此做法采用钢板风管+铝镁质复合材料（外敷）的方式，铝镁质毡材密度在

40~60kg/m³，铝镁质膏体密度≤260kg/m³，燃烧性能为A级不燃，材料导热系数介于0.035~0.045之间。

5 选材注意事项

现行技术标准对防排烟系统耐火管道有了明确的耐火极限要求。管道耐火极限涉及两个概念，即：耐火与隔热。

耐火性能为产品熔点指标，熔点越高耐火性能越好；隔热性能为导热系数指标，导热系数越低隔热性能越好。

根据GB/T 9978《建筑构件耐火试验方法》的通用要求，以炉火温度800~1200℃这个区间为例，耐火隔热材料熔点需在800~1200℃的范围内保持住稳定性。若要管道耐火极限相关技术标准，则应选择熔点高及导热系数低的材料。

因此选择耐火隔热材料时，先考虑熔点，在熔点满足的情况下，再对其导热系数择优选择即可。常见耐火隔热材料的熔点及导热系数见表10。

表1 常见耐火隔热材料的熔点及导热系数表

序号	产品名称	熔点/℃	导热系数/［w/（m·k）］	备注
1	离心玻璃棉	500~750	0.038~0.06	
2	岩棉	800~1200	0.044	
3	硅酸铝棉	1000~1300	0.044	
4	水泥纤维板	800~950	0.53	
5	玻镁板	1700~2800	0.64	
6	硅酸钙板	1200~1400	0.18	
7	镁晶板	1700~2800	0.09~0.22	

6 防排烟系统耐火管道相关验收检查要求

防排烟系统的施工、调试及验收应执行GB 51251《建筑防烟排烟系统技术规范》、GB 50738《通风与空调工程施工规范》、GB 50243《通风与空调工程施工施工质量验收规范》以及JGJ/T 14《通风管道技术规程》等国家现行标准规范的规定。

（1）产品形式的耐火管道应取得具备检测资格的检测机构出具的型式检验报告，不同部位风管的不同耐火性能要求应符合规范及设计要求。产品进场时，施工、监理单位应核实该产品与出厂证明文件的一致性。

（2）金属风管外敷防火隔热材料所形成的复合体。

①采用现场加工方式，需严格控制其施工质量。应提供各类主材、特殊辅材（如“耐火隔热层”、“高温胶”）等材料的品牌、成分、耐高温度、厚度、涂刷方式及部位的详细说明以及安装工艺流程。经由监理单位确认，施工单位严格按工艺施工。

②金属风管外敷防火隔热材料所形成的复合体，视为一体化构件，其质量及产品一致性应符合所对应的型式检验报告要求，由生产厂家书面确认。监理单位应核对该产品与型式检验报告的一致性。

GB 51251《建筑防烟排烟系统技术标准》在相关条文说明中明确了其耐火极限的判定必须按照《通风管道耐火试验方法》（GB/T 17428—2009）的测试方法进行，在消防验收和监督检查时应主要核查其使用的风管是否取得检验机构出具的关于该风管耐火极限性能的型式检验报告及做一致性判定。

7 现阶段存在的主要问题

7.1 监督管理依据不足的问题

虽然现行规范对建筑内防排烟系统管道的耐火极限提出了明确要求，但现阶段的技术标准还未对于不同做法的耐火管道所能达到的耐火极限值予以明确。目前市场上不同做法的耐火风管的技术复杂度、工艺难度、施工成本均不相同，不同使做法的耐火风管所能达到的耐火极限也没有统一标准，造成建筑企业使用何种方法制作耐火管道能够满足相关技术标准造成了困惑，同时也产生了施工、验收和开业前消防安全检查等监督管理依据不足的问题。

7.2 现行规范矛盾的问题

GB/T 17428《通风管道耐火实验方法》明确“本标准不适用于排烟管道”，而《建筑防烟排烟系统技术标准》（GB 51251—2017）要求“对于送风管道、排烟管道的耐火极限的判定应按照现行国家标准GB/T 17428《通风管道耐火试验方法》的测试方法，当耐火完整性和隔热性同时达到时，方能视作符合要求。”这对检测机构造成了困惑，导致检测机构无法出具排烟管道的耐火性能实验报告。

8 问题的解决方向

解决以上问题主要有三个方向：一是统一标准。结合新的技术标准要求和不同类型的耐火管道，出台统一标准，明确不同做法的耐火风管所能达到的耐火极限值，为施工验收提供依据。二是明确实验方法。启动对GB/T 17428《通风管道耐火实验方法》和GB 51251《建筑防烟排烟系统技术标准》的修订工作，使其协调统一，同时明确防排烟管道耐火极限的实验方法。三是出台企业标准。在相关国家和地方标准未出台前，产品生产企业和建筑企业应结合产品特性和施工情况出具企业标准，为施工验收和监督检查提供相应参考依据。

参考文献

［1］GB 51251—2017，建筑防排烟系统技术标准［S］.

［2］GB 50243—2016，通风与空调工程施工质量验收规范［S］.

［3］GB/T 17428，通风管道耐火实验方法［S］.

［4］朱湘旭，刘阳，王强．地铁防排烟系统管道耐火极限做法分析.

疏散指示系统技术研究

周业源

（天津市东丽区消防救援支队，天津市　东丽区）

摘　要　为解决传统室内人员定位技术在灾害中时效性差，且过度依赖终端设备的问题，本文先简要分析了传统室内人员定位技术在灾害条件下的应用，提出了基于疏散指示系统的被困人员定位解决方案研究。明确了红外线定位技术和图像定位技术由于不依赖终端，可以被应用于被困人员室内定位。针对建筑内广泛存在的疏散指示标识，发现并解决了该方案的难点问题，即人员的位置判断和是否被困判断。最后阐释了基于散指示系统的室内人员定位技术解决方案。

关键词　室内定位　疏散指示系统　红外感应技术

1　引言

当前，国内大型的公共室内场所日益增加，人们对室内场所的安全保障需求也在加大。由于室内火灾中，救援人员难以快速定位被困人员位置，会耽误宝贵的救援时间。对此，国内外专家提出了很多室内定位技术，但在灾害救援中的时效性较差，对终端设备的要求较高[1]，没有一套完整的被困人员定位解决方案。

本文拟将人员定位系统与疏散指示系统有机结合，提出了基于疏散指示系统的被困人员定位解决方案研究。论文研究的主要内容包含了对传统室内人员定位技术及其算法进行分析，讨论其在灾害条件下的优缺点。人员位置研判，即利用灾害条件下较为稳定的图像定位技术，或红外线定位技术制作“人员定位探测器”并讨论其工作原理和设置要求。人员性质研判，即利用计时电路判定区域内人员是否为被困人员。同时基于疏散指示系统的室内人员定位解决方案提出了完整的被困人员定位解决方案。

2　传统室内人员定位技术的应用分析

传统室内定位技术较为成熟。总体有以下三种：利用终端设备的无线电射频定位技术、声光定位技术和图像视觉定位技术[2]。

2.1　利用终端设备的无线电射频定位技术

基于 IEEE 802.11 无线网络的室内定位系统是由微软公司于 1998 年提出并命名为 RADAR 系统[3]，其真正突破 WLAN 移动设备定位的顽疾，能够借助场景分析辅以三边测量的方式，进一步达成室内定位的目的，具备操作更具便捷性，所需基站数量相对更低等等优势。其缺陷在于监控范围不够广泛，往往仅能够达到 2-3m，但灾害条件下室内人员定位只需确定人员大致位置，如 1 楼西侧某房间即可。

基于 IEEE 802.11 无线网络的室内定位技术应用的算法主要有两种[4]，一是场景分析法，二是三边测量法。场景分析法的流程主要包括离线模块以及在线模块两类。其中离线模块关键作用在于获取指纹情况，在此之后借助移动设备获取 RSS，最终实现无线信号地图的具体构设。二是在线模块，移动设备采集 RSS 过程中具备即时性，通过离线阶段无线信号地图展开对应定位。概率法则是选择化繁为简，即将宏观定位场景进一步细分，形成各类离散区域，经由对应训练，获取不同区域 RSS 分布信息实际情况。

2000 年，围绕 UWB 技术进一步展开的室内定位系统-PAL（Precision Asset Location）[5]正式面世，其研发者为美国海军。其特色在于能够精准有效的对于体积较大的物品进行良好定位，基于 UWB 的室内定位技术有如下优点系统功耗低、成本低、速率传输高、安全性高、多径分辨能力强。然而对于体积较小的物品或人员进行定位时却是乏善可陈，且过于依赖终端设备。由于 UWB 具有很强的时间分辨率，基于 TOA/TDOA 的测距技术是目前的主流。

RFID 的室内定位技术的工作原理并不复杂。第一步是由定位检测器从已获取的的位置坐标的参考标签处接收到一组无线射频定位信号，或将一组无线射频定位信号发送给该参考标签，第二步是进行定位计算，定位检测器须将无线射频定位信号再易于定位计算的格式[6]。例如：将无线射频定位信号到达参考标签或定位检测器的时间、角度、接受强度以及参考标签的位置信息组成定位矩阵。第三步是采用某种定位算法进行处理。例如采用神经网络算法、概率计算算法、邻近算法、基于场景或基于位置的算法处理该定位矩阵，最后确定该目标的位置信息。第四步是利用显示装置把这些位置信息用终端用户看得懂的形式传递给用户。

WIFI 定位的出现，堪称网络时代的必然产物。智能手机与 WIFI 持续普及，甚至几乎做到了人手一机。这些都使得基于 WIFI 展开的室内定位适用性以及便利性极其突出，同时成本价值亦是控制在良好区间，这些优势条件作为基础，使得 WIFI 定位已然当前首屈一指的主流技术[7]。传统范畴中的 WIFI 定位产品其应往往集中于专业性较强的行业，诸如矿井、监狱、医院、石油石化等。伴随当前室内定位价值逐步提升，Google 地图开始加入 WIFI 室内定位，同时各类以 WIFI 定位为主打产品的新兴企业亦是蓬勃发展。由于 WIFI 之外的室内定位技术，往往都需要构设特殊的信号发射器，甚至部分技术必须以新的前端设置全新的信号接收设备，前期成本投入相对较高，这些都导致商业推广受到极大拖累，其他技术的劣势，为 WIFI 定位技术的快速发展夯实根基。

2.2　声光定位技术

基于红外感应的室内定位系统-Active Badge 系统。1993 年，AT&T 自主研发并对外公布了一款具有创新性与先进性的红外感应的室内定位系统，将其命名为 Active Badge。其是当前世界范围内开发最早、应用最久的室内定位系统之一[8]。其具体原理为：在定位区域范围内，设置数量较多的红外传感器节点，随后将其连接为网络。此时持有红外发送器的相关人员来到网络范围，红外接收器能够迅速接受发射器信号，同时对其展开相应测算，从而获取待测人员所处大致方向。其优势性在于借助时下先进的红外感应，可以确保设备体积最小化，同时在功耗节省方面亦是表现出众。因而利用红外感应的定位技术较为适用于灾害条件下的室内定位。

1999年，英国Cambridge研究所率先推出基于超声波的室内定位系统-Active Bat系统，其借助超声波信号的TOA进一步达成定位目标[9]。Active Bat系统其定位原理与Active Badge较为类同，不过其在精准度方面有着极大提升，最高精准度甚至高达0.03m。但其实际缺陷在于，必须大量预设节点作为基础，进而致使定位成本过于高昂。再者，超声波信号往往在视距传播方面不够理想，必须确保不会遭受障碍物限制，因此其很难应用于相对复杂的现实环境。超声波定位主流方法为反射式测距法。其系统核心在于主测距器，同时配备诸多相对应的电子标签，其中主测距器位置往往置于移动机器人本体，其余电子标签则是大多置于室内固定区域。

2.3 图像视觉定位技术

视觉室内定位主要分为两类，其一，围绕地标展开具体定位，其机理在于借助标识信息的方式解算相机矩阵，从而对于相机具体所处位置情况加以估算。其缺陷在于过分依赖于具有鲜明特征以及显著识别性的特定标识[10]。其二，依据数据库储存相机信息进行定位，即借助图像指纹进行位置估算。首先对于图片进行查询，其次找到特征点，并将其与数据库图片加以对比，找到最具类同性的图片，从而获取图片位置，达成定位目的。后者相对而言更受大众认可，受众亦是相对更多。

该方面关键点在于图像匹配精准程度以及匹配速率，其与定位精准程度以及具体速率有着严格要求。同时更具繁冗性与多元性的外界环境，往往致使图像受到干扰，影响图像具体表达，这些问题最终都成为室内定位系统推广的病症所在。

基于上述研究，可以总结出室内定位技术分析对照表，如表1所示：

表1 灾害条件下室内定位技术的分析对照表

技术	精度	定位方法	优点	缺点
IEEE 802.11	2~3m	场景分析法、三边测量法	功耗小，成本较为低廉	缺乏稳定性，过于依赖终端设备
UWB	0.06~0.1m	三边定位	穿透效果明显，精准程度理想	过于依赖终端设备。
RFID	0.05m~5m	邻近信息	成本相对更低，精确程度理想	过于依赖终端芯片。
WiFi	2~50m	邻近信息、三边定位、场景分析	安装较为方便，系统精准度较为理想	指纹收集过于繁琐，抗干扰能力较差
蓝牙	2~10m	邻近信息、三边定位	功率消耗低，便于集成	距离相对较短，稳定性不够理想，容易遭受噪声干预
红外	5~10m	邻近信息	具备良好的精度	受到障碍制约，难以适应火灾环境，成本高，功耗高。
超声波	1~10m	三边定位	精度水平良好，整体架构简洁	衰减程度显著，受到温度干预明显，成本高昂。
视觉	0.01m~1m	场景分析	适用范围广	成本高昂，稳定性不够理想

（1）不能采用依赖终端设备的定位技术：IEEE 802.11、RFID、UWB。

（2）不能采用受火灾影响较大的超声波定位技术。

（3）须采用不依赖终端设备、且灾害条件下较为稳定的图像定位技术，或红外线定位技术。

3 基于疏散指示系统的室内人员定位方案研究

基于疏散指示系统的室内人员定位技术方案有两个难点，一是对人员位置的分析研判，二是对人员是否被困分析研判。

3.1 人员位置研判

基于前文研究，须采用不依赖终端设备，且灾害条件下较为稳定的图像定位技术，或红外线定位技术制作“人员定位探测器”。

人员定位探测器利用红外线定位技术或图像定位技术实时探测周边是否存在人员。探测器不能做到真正的定位，只需确定有人即可。以红外线定位技术为例：人员定位探测器主要分为两部分，即红外线光源发射器以及红外线接收器，其中发射器主要作用在于发射调制编码后的脉冲式红外光束，接收器则是对于解码脉冲式红外光束进行接收。二者具体位置分别配置于监控检测区两侧区域，此时当人体通过检测区，红外光束将会由于让人体进而阻断，红外接收器则会随之无法正常接收红外信号情况，从而检测到附近存在人员。

人员定位探测器的设置要求：

（1）人员定位探测器接受人员定位区域控制器的消息并能向其储存单元发送消息；

（2）人员定位探测器可以向人员定位区域控制器发送电源状态信息、人员定位报警信息、故障信息；

（3）人员定位探测器设置于疏散指示标识附近，独立供电；

（4）人员定位探测器附近1m处不得有遮挡物。

3.2 人员性质研判

（1）人员定位探测器确定附近有人即向报警分区控制器输入信号1。

（2）同一报警分区人员定位探测器为“与”逻辑，接入联动控制器。即每个报警分区内只要有一个疏散指示标识输入位置信息，报警分区控制器信号即由0转为1。

（3）报警分区控制器信号转为1时，即接入计时电路，其计时流程见图1。

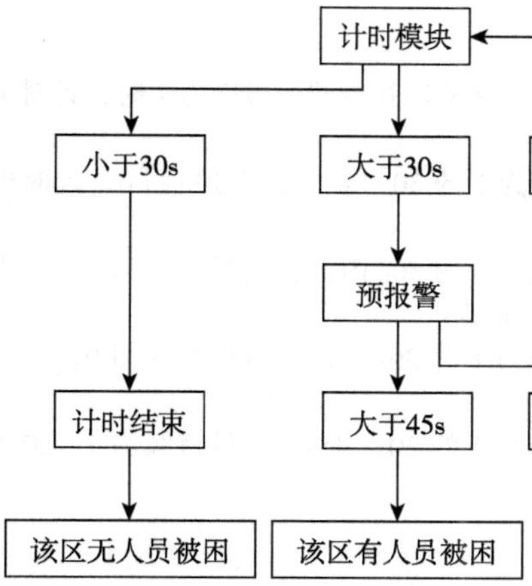

图 1　计时电路流程图

（4）当某报警分区联动控制器信号变为 1 时，计时电路启动。

（5）在信号变为 1 的 30s 内，若信号变回 0，计时电路关闭。

在信号变为 1 的 30s 内，若信号持续为 1，进入预报警阶段（即 30s~45s）。

（6）在信号变为 1 的 30s~45s，若信号变回 0，计时电路重启。

（7）在信号变为 1 的 30s~45s，信号持续为 1，进入强报警阶段。

（8）计时电路结束，将 45s 仍停留在该报警分区的人员确定为被困人员，开始报警。

4　基于疏散指示系统的室内人员定位实施方案

基于上述方案研究，本文提出整套指示系统的室内人员定位实施方案，方案联动情况见图 2。

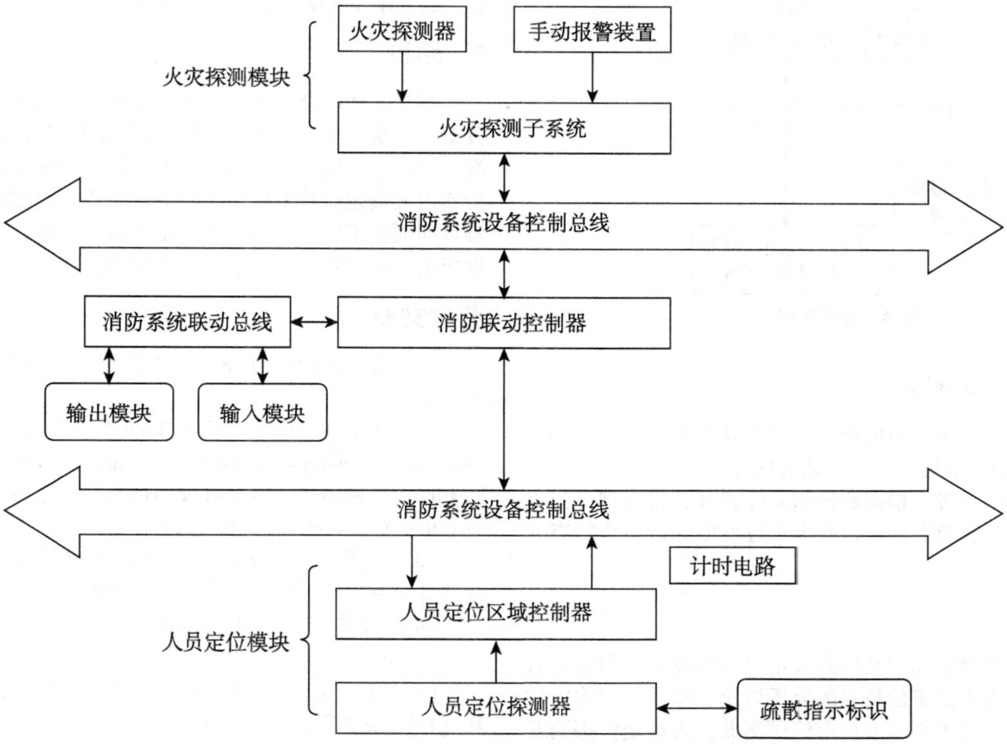

图 2　被困人员定位系统与中控室联动控制器联动情况图

该方案以位于疏散指示标识处的人员定位探测器为起点。在灾难条件下，系统自动启动开始采集样本。为保证灾难条件下救援人员能迅速定位被困人员，根据国家标准和地方标准，对疏散指示标识的设置进行规范。该方案指出必须将疏散指示标识更具科学性与直观性的展示在日常活动区域之中，同时确保其不会受到其他物体遮挡。以疏散指示标识为核心展开的人员探测定位器和人员定位区域控制器应存在自检功能，保证连续和稳定性。与此同时，环境具有差异性时，同样对于标识间距有着差异性需求，应当尽可能保障其分布兼具集中性与均衡性，保障其真正达到预期效果。

方案分为在线阶段和离线阶段。方案流程见图 3。

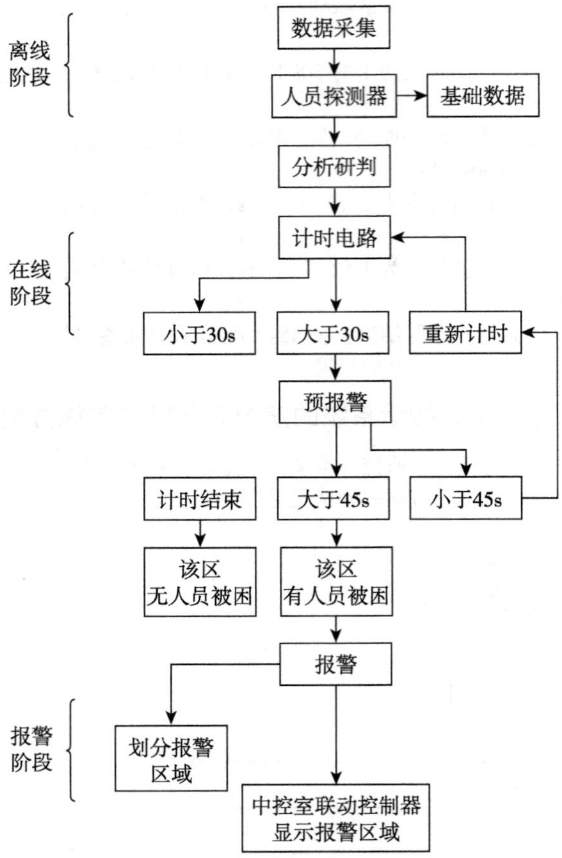

图3 方案流程图

4.1 报警分区的划分

报警分区，2~3个疏散指示标识及其围成的空间为一个“报警分区”记为2楼A区、5楼Z区等。

报警分区的设置，根据建筑物实际特征，将其细分为水平疏散区域、垂直疏散区域以及火灾过程中保持工作状态的工作区域。

4.2 数据采集

由单个疏散指示标识利用人员定位探测器确定附近有人员，基于对室内人员定位技术的分析讨论，拟采用图像定位技术或红外定位技术制作人员定位探测器。人员定位探测器利用红外线定位技术或图像定位技术实时探测周边是否存在人员。探测器不能做到真正的定位，只需确定有人即可。

人员定位探测器采集被定位人员临近信息。人员定位探测器向人员定位区域控制器发送位置信号。例如发送数字信号“1”。

4.3 通讯联动和研判逻辑

每个报警分区设联动控制器一个，输入信号接人员定位探测器，输出信号通过计时电路接中控室。

同一报警分区疏散指示标识之间为“与”逻辑，接入联动控制器。即每个报警分区内只要有一个疏散指示标识输入位置信息，联动控制器即由0转为1。

4.4 计时电路

（1）当某报警分区联动控制器信号变为1时，计时电路启动；

（2）在信号变为1的30s内，若信号变回0，计时电路关闭；

（3）在信号变为1的30s内，若信号持续为1，进入预报警阶段（即30s~45s）；

（4）在信号变为1的30s~45s，若信号变回0，计时电路重启；

（5）在信号变为1的30s~45s，信号持续为1，进入强报警阶段。

4.5 报警

某报警分区计时电路结束，人员定位区域控制器输出信号为1接入中控室联动控制器。联动控制器得到信号，通过人员定位区域控制器的位置信息确定被困人员位置信息。在中控室的工作人员或消防救援人员得知，某楼某区存在被困人员。

5 结论

基于上述研究方向，本文对传统室内人员定位技术进行分析。明确红外线定位技术和图像定位技术由于不依赖终端，可以被应用于被困人员室内定位。对基于疏散指示系统的室内人员定位技术的可行性进行分析，发现解决该方案的难点问题在于对人员的位置和是否被困判断，最后提出基于散指示系统的室内人员定位技术解决方案。

参考文献

［1］GB 51309—2018，消防应急照明和疏散指示系统技术标准［S］.

［2］Amy Richter，Kelvin Tsun Wai Ng，Nima Karimi. A data driven technique applying GIS，and remote sensing to rank locations for waste disposal site expansion［J］. Resources，Conservation & Recycling，2019，149.

［3］张是．基于ZigBee的室内定位算法与辅助火灾救援决策平台实现［D］．东华大学，2014.

［4］杨更．浅析IEEE802.11标准［J］．品牌 2015（02）：199.

［5］汪义庭．基于UWB的无线室内定位系统设计与实现［D］．安徽理工大学，2019.

［6］李魏峰．基于RFID的室内定位技术研究［D］．上海交通大学，2010.

［7］Salvatore Cavalieri. WLAN-based Outdoor Localisation Using Pattern Matching Algorithm［J］. International Journal of Wireless Information Networks，2007，14（4）17-20.

［8］付小宁．红外单站被动定位技术研究［D］．西安电子科技大学，2005.

［9］刘洪伟，刘智慧，朱慧．陆涛大数据环境下跨组织间协同优化决策的隐私保护算法［J］广东工业大学学报，2014：21-26.

［10］李经纬，贾春福，刘哲理，李进，李敏．可搜索加密技术研究综述［J］．软件学报，2015，26（1）：109-128.

建筑消防设施应用问题及对策

刘占伟

（静海区消防救援支队，天津　静海）

摘　要　随着国家消防技术标准的修订和消防工作社会化程度的提高，建筑消防设施在消防安全中发挥着越来越重要的作用。文章指出了建筑消防设施在实践中存在的突出问题，即消防设施设置先天不足、消防设施故障问题频出、消防设施应用环境破坏，结合四类人员，即消防安全责任人（消防安全管理人）、消防控制室人员、消防技术服务机构维保人员、行政管理人员，深入分析出现问题的原因，从建设智慧消防、实施信用监管、建立会商机制三个方面，提出了加强消防设施应用的对策。

关键词　消防设施　消防安全　维护保养　物联网　信用

为保障建筑物的正常使用，通常情况下，一栋建筑物内需要设置水、暖、电、气等各种设施设备，消防设施就是其中一种重要的设施，用于保障建筑的消防安全。建筑消防设施按照国家消防技术标准强制设置，或者使用单位（产权单位）为加强自身消防安全自主设置，主要包括火灾自动报警系统、自动灭火系统、消火栓系统、防烟排烟系统以及应急广播和应急照明、安全疏散设施等。消防设施一般用于火灾预防、火灾扑救、火场疏散，在保障人民群众生命财产安全中发挥着重要作用。

1　消防设施应用现状

随着国家消防技术标准的修订和消防工作社会化程度的提高，相比《中华人民共和国消防法》1998 年施行以前，建筑消防设施的应用管理水平大幅度提升，特别是高层公共建筑、大型商业综合体等结构和功能复杂的建筑物配置了各种消防设施，但是在实践应用中，建筑消防设施还存在一些突出问题，从我国近年来发生的火灾事故看，建筑消防设施的可靠性不高，人民群众缺少消防安全感，不能充分满足人民群众的消防安全需求。

1.1　消防设施设置先天不足

按照国家消防技术标准，建筑物根据其建筑高度、建筑面积、层数、楼层建筑面积、使用功能，设置相应的消防设施。在实践中，大量建筑物“未审先建”“未验先用”，导致消防设施应设而未设，此种现象在区县、乡镇一级尤为突出，或者虽然建筑物设置了消防设施，但是不符合国家消防技术标准，甚至建筑物经过消防验收合格，仍然不符合国家消防技术标准，形成了先天性火灾隐患。在督促整改过程中，使用单位因产权、资金问题，不能及时整改消防设施问题，或者使用单位以住房和城乡建设部门已出具消防验收合格审批手续为由拒绝整改，最终导致火灾隐患久拖不改，建筑物的火灾风险增大[1]。

1.2　消防设施故障问题频出

消防设施是一套完整的系统，功能复杂，包括自动监测、联动反应、信号反馈等功能，从硬件安装到软件设置，具有较强的技术性，而且包含很多隐蔽工程，任何一个环节或一个器件出现问题，都会影响到整个系统的应用。消防设施包含很多种类电子产品，因生产厂家工艺技术的差别，存在不兼容问题。消防设施涉及水路系统和电路系统，经过长时间使用后，容易出现管路滴漏锈蚀、线路老化虚接、器件故障失灵等情况，需要做好经常性的维护保养，但是在实践中，因巡查检查不到位，维护保养不及时，维护保养质量不过关，导致消防设施整体瘫痪或局部功能失效，此种情况在老旧建筑物中比较普遍，这也是老旧建筑发生火灾的主要原因[2]。

1.3　消防设施应用环境破坏

建筑消防设施应用不仅要求系统自身完好有效，而且要保证其完整的应用环境，在实践中，人为因素导致消防设施应用环境被破坏而不能有效发挥作用。例如，电气控制箱（柜）处于手动状态，消防设施不能自动启动；在防火卷帘正下方放置物品，影响防火卷帘降落到位；放置物品拦挡常开式防火门，影响防火门自动关闭；火灾探测器未拆除防尘罩，影响探测器自动探测。应用环境是消防设施正常运行不可或缺的基本条件，应用环境的创设，离不开社会单位规范的消防管理，正是因为消防管理的缺位，导致消防设施不能正常运行[3]。

2　分析消防设施存在问题的原因

建筑消防设施从设计验收到监督检查，从日常管理到维护保养，均离不开人的因素，结合实践中消防设施存在的上述问题，分析问题原因，主要涉及四类人员：消防安全责任人（消防安全管理人）、消防控制室人员、消防技术服务机构维保人员、行政管理人员。

2.1　消防安全责任人（消防安全管理人）消防意识薄弱

社会单位主要负责人是本单位的消防安全责任人，负责单位日常消防安全管理工作的人是本单位的消防安全管理人。单位消防安全责任人、消防安全管理人消防意识不强，忽视消防安全工作，是建筑消防设施出现问题的根本原因。从初期设计、施工建设、维护管理等方面打折扣、搞变通，减少人力和资金投入，未明确专门消防管理人员开展消防设施巡查检查，即使开展巡查检查，也未明确巡查检查部位、巡查检查频次；未聘任持证的消防控制室人员值班，随意安排其他岗位人员顶替；未签订《消防设施维保合同》，或者签订《消防设施维保合同》后，将责任全部推给消防技术服务机构，不再过问，导致消防设施设置不符合国家消防技术标准。

2.2　消防控制室人员专业水平低劣

消防控制室是建筑消防设施的控制管理中心，监控状态、发出指令、收集信息等功能均在消防控制室完成，是消防设施运行的“大脑中枢”。按照相关法律规定，消防控制室需要至少 2 人 24h 值班，且持有职业资格证书上岗，要求具有过硬的专业技术和应急能力。在实践中，消防控制室人员大部分由门卫人员、保安人员、物业人员兼任，年龄较大，流动频繁，未经过专门培训，业务素质差，不能定期检查、测试消防设施，不能及时发现和处理消防设施在应用中出现的问题，导致消防设施“带病”运行。

2.3 消防技术服务机构维保质量虚假

为确保建筑消防设施时刻处于完好状态，需要对消防设施定期进行维护保养，但是使用单位（产权单位）没有专业的维护和保养能力，这就要求使用单位（产权单位）与消防技术服务机构签订《消防设施维保合同》，实践证明，消防设施经过专业维保后，消防设施的故障率明显降低。然而，在实践中，部分使用单位（产权单位）消防意识不强或者资金不足，压低消防设施维保费用，消防技术服务机构为追求低成本高收益，降低消防技术标准和服务质量，不按照技术流程、维保频次进行维保，随意删减维保项目[4]；部分消防技术服务机构无资质而选择挂靠，维保人员无资格，专业素质参差不齐，态度不端，不认真履行维护保养义务，维保走过场，应付了事，甚至弄虚作假，出具失实消防技术服务报告，导致消防设施缺少必要的维护保养而频频出现故障[5]。

2.4 行政管理部门依法监管缺失

在建设工程消防设计审查、验收方面，消防设施在设计、施工过程中可能存在固有缺陷，住房和城乡建设部门在图纸审查和现场验收中，因建设工程量大未发现问题而直接审批合格，在查处建筑物“未验先用”情形上，因制度不健全、人员编制不足等原因，查处力度弱，甚至推诿扯皮，造成社会单位擅自降低消防设施设置标准；在消防监督检查方面，建筑体量大，消防设施种类多且设置分散，消防救援机构因检查不细致而未发现问题，造成消防设施不符合消防技术标准[6]。同时，住房和城乡建设部门和消防救援机构在监管职责边界上存在模糊问题，甚至冲突，对国家消防技术标准有不同的理解和解读，加之缺乏有效的沟通和衔接，导致出现现实中执行不一致的现象，社会单位处于尴尬境地，也严重损害了政府和部门的公信力。

3 加强消防设施应用的对策

3.1 建设智慧消防

以物联网为标志的智慧消防技术研究，成为了提高建筑消防设施应用的趋势和潮流。物联网又称传感网，主要依托互联网扩展和延伸客户端，使其扩展至各个物品间，实现彼此的信息交换和通信交互[7]。部分地方开发建设了消防物联网系统，但是缺少统一的规划，条块分离，实用性不强，使用效率低。若真正实现消防大数据，通过网络技术，与社会单位消防控制室联网，建立统一的系统平台—消防物联网远程监控系统平台，采用传感技术和模块化结构对火灾自动报警系统、自动灭火系统、消火栓系统、防烟排烟系统等消防设施运行和消防控制室人员值班等情况进行实时监测，具有火灾报警、故障报警、维保提示、信息存储、数据分析等功能。消防救援机构、消防技术服务机构和社会单位相关人员按照各自的权限，通过系统平台或手机终端在线获取和处理火灾隐患预警信息、消防设施运行状态信息、人员值班信息等，极大的提高了建筑消防设施的管理效率，降低了投入成本，同时与政府相关部门进行资源信息高效共享，实现了消防设施管理动态化、智能化、高效化，为火灾风险科学评估、火灾事故有效预防、灭火救援精准指挥提供必要的技术支撑[8]。

3.2 实施信用监管

国家在加快推进社会信用体系建设，以此为契机，构建以信用为基础的新型消防安全领域监管体制，倒逼企业诚信经营，个人规范执业。将社会单位消防设施存在火灾隐患或消防安全违法行为经消防救援机构通知后，逾期仍不整改的信息；社会单位对消防设施状况承诺失信的信息；消防技术服务机构及相关从业人员违规执业，伪造消防技术服务文件或者出具失实文件的信息；消防控制室人员存在严重违法违规执业行为或消防安全违法行为的信息等列为消防安全领域失信行为信息。对纳入消防安全领域失信行为的社会单位和消防技术服务机构及人员，相关部门可以作为信用评价、项目核准、用地审批、金融扶持、财政奖补等方面的参考依据，并对其进行信用提醒、提示约谈、警示约谈和行业通报。

3.3 建立会商机制

住房和城乡建设部门和消防救援机构应按照消防法律法规和国家消防技术标准，认真履行各自职责，同时将建设工程和消防技术服务机构列为“双随机、一公开”监管对象，加大惩处力度，提高违法违规成本，确保消防设施符合国家消防技术标准。在严格监管基础上，住房和城乡建设部门和消防救援机构在当地政府的统一领导下，建立定期会商机制。共享消防审批项目，消防救援机构为住房和城乡建设部门调阅既有建筑消防审批档案提供支持，住房和城乡建设部门与消防救援机构共享消防审批信息及相关档案。建筑物经过消防验收合格后，发现遗留火灾隐患，或者在监管中出现意见分歧，积极沟通，协商解决，报请政府审批。同时，加强执法协作，住房和城乡建设部门发现“公众聚集场所未经消防救援机构许可，擅自投入使用、营业”等违法线索，及时移交消防救援机构；消防救援机构发现建筑物“未审先建”“未验先用”等违法线索，及时移交住房和城乡建设部门，互补工作漏洞。

4 结论

消防设施旨在降低建筑物火灾风险，保护人民群众生命财产安全。随着经济的快速发展和工业化、城镇化进程的加深，消防设施应用将呈现扩大趋势，人民群众对建筑消防设施可靠性提出了更好的要求。在行政管理部门依法监管的基础上，充分运用消防物联网，实现建筑消防设施科学管理和高效运行，同时对单位和个人实施信用监管，提高社会单位和消防技术服务机构及相关人员违法违规成本，压实消防安全责任，为建筑消防设施的广泛应用提供坚实的保障。

参考文献

[1] 许禄权．建筑消防设施管理状况及其改进措施［J］．中国住宅设施，2022（5）：77-79.

[2] 杨灿剑．刍议建筑消防监督及消防设施的配置措施［J］．中国设备工程，2022（20）：244-246.

[3] 杜玉龙，马军海，王桂立．建筑消防设施可靠性管理研究现状与思考［J］．安全与环境学报，2019，19（1）：126-133.

[4] 卫海兵．建筑消防设施监督检查探讨［J］．今日消防，2020，5（12）：20-21.

[5] 唐媛媛．如何发挥消防设施维保单位在建筑消防设施管理中的作用探讨［J］．中国设备工程，2021（3）：12-13.

[6] 董建彬．建筑防火监督及消防设施配置的对策分析［J］．今日消防，2022（7）：85-87.

[7] 翁文斌．分析物联网技术在建筑消防设施巡检系统中的应用［J］．居业，2022（4）：142-144.

[8] 胡君健．大数据在消防设施管理中的应用探讨［J］．消防科学与技术，2018，37（2）：267-269.

浅谈高层建筑火灾的成灾特点、扑救难点与处置重点

王丽丹

（天津市河东区消防救援支队　天津）

摘　要　高层建筑火灾结构复杂化易形成立体火灾，电器集中化易加快过火态势，材料易燃化易产生有毒烟气，外墙附着化易出现坠落倒塌，人员密集化易造成群死群伤，对人民群众的生命财产安全构成严重威胁。着眼“安全员疏散人群难、驾驶员举高作业难、供水员持续保障难、战斗员体能保持难”等扑救难点，从“八强八保”协调发力、久久为功，力求对提升高层建筑火灾扑救能力有所裨益。

关键词　高层建筑　成灾特点　扑救难点　处置重点

按照现行《建筑设计防火规范》（GB 50016—2014）规定，建筑高度24m以上的非单层公共建筑和建筑高度超过27m的住宅建筑均为高层建筑，建筑高度大于100m的民用建筑为超高层建筑[1]。随着经济社会的快速发展和城市化进程的纵深推进，为缓解用地紧张、便利群众生活，高层建筑的数量和规模不断增多，由此带来的火灾事故隐患急剧增多，救援难度逐步加大。加快研究高层建筑火灾扑救的成灾特点、扑救难点和处置要点，是提升消防救援能力、保障城乡消防安全环境，构建中国式现代化消防场景的必然要求和题中之义。

1　高层建筑火灾的“五化五易”成灾特点

1.1　结构复杂化易形成立体火灾

高层建筑因为占地面积、功能设计、投产比例等方面的考虑，内部建筑结构更加复杂。从垂直方向来看，设置了大量的楼梯间、管道井、电梯井、排风通道等通路，从水平方向来看，装载了很多的排烟管道、电线管道、空调风管等设备，这些空间设置极易形成“烟囱效应”。另外，高层建筑窗口多，火情容易从窗口沿着外墙向上方向卷曲升腾，特别是当火势较大时，极大可能发生跃迁，造成火势向上一层蔓延，救援和控制难度进一步加大，如果再有外部风力的助推作用，还极有可能引燃临近的建筑物，极其危险。

1.2　电器集中化易加快过火态势

高层建筑建设过程中，因为考虑生活、娱乐、饮食、工作等综合类活动，电器化配备程度高、种类多、数量大，但由于功率过高、使用过频、安装过密等因素，因为漏电短路、空烧干锅等因素带来的失火情况也在增多，更有居民违规将电动车或电动车电池带到家中充电，由此引发的充电燃烧爆炸悲剧逐年增多。由于高层建筑表层大量的矿棉、苯板等保温材料，此类保温材料的燃点较低，极易被引燃发生火灾[2]，造成电器火花燃烧，迅速形成猛烈燃烧态势。

1.3　材料易燃化易产生有毒烟气

高层建筑装修面积大、建材用料多，很多单位为了节约成本或缺乏防火常识，常常使用价格低廉、耐火性能差的材料用来装修，其材料的环保质量特别是防火效果很难得到保障。而一旦发生火灾，这些材料被引燃的话会迅速产生大量的有毒烟气，迅速分散蔓延到整栋建筑，人在吸进有毒烟气后会中毒昏倒，严重时造成死亡。2017年6月14日英国伦敦北肯辛顿区发生一起火灾，一座24层公寓大楼着火，起火部位位于二至四层，但因为大量电器短路加重过火态势，引燃外墙保温材料，导致短短的十五分钟内大火已覆盖整个建筑[3]。

1.4　外墙附着化易出现坠落倒塌

高层建筑形成立体火灾后，由于钢混结构失重、热力风漩作用等影响，导致建筑局部或整体倒塌的现象，其外墙附着的保温材料、广告牌、空调外机等重物会伴随燃烧、爆炸造成坠落，特别是商超、写字楼等高层建筑的外表层，大多采用大面积玻璃幕墙，极其容易在火焰直接烘烤或高温作用下发生破裂、爆炸，形成坠落，给地面人员和车辆安全带来极大的隐患。

1.5　人员密集化易造成群死群伤

高层建筑人员相对密集，常态的入住率、每天的人流量巨大，特别是在发生火灾时，楼道、通道、楼梯等通途很容易会被烟火封堵，由于恐惧害怕等因素，造成疏散过程中的瞬间慌乱与拥挤无序，给火场救人带来极大困难，极易造成群死群伤。

2　高层建筑火灾的“四员四难”扑救难点

2.1　安全员疏散人群难

高层建筑火灾扑救，人员安全疏散是重中之重，更是难点问题。一是高层建筑火灾发生以后，极易产生大量烟雾，浓度大、能见度低、流动扩散快，一幢100m高的建筑物，30秒左右烟雾即可窜到顶部，大范围充烟给人员疏散、逃生带来了极大困难[4]。二是高层建筑内普遍存在孔洞多、传统无扶手式楼梯、物品乱堆乱放堵塞出口、安全出口指示标识损坏、电梯井口无护栏等情况，增加了人员疏散、逃生难度。三是高层建筑楼层较多，一旦发生火灾后，较高楼层的被困人员一般很难迅速离开，加上火灾发生时人们受慌乱、惊恐等情绪的影响，在拥挤的情况下很容易发生踩踏事件。四是高层建筑火灾中，人员疏散通道主要是封闭楼梯间、防烟楼梯间，这些同样是消防员进入建筑内部实施灭火和救人的进攻通道，群众疏散逃生与消防员逆行进攻的方向截然相反，在狭窄通道内极易造成拥堵，一定程度上即影响疏散效率又贻误作战时机。

2.2　驾驶员举高作业难

登高车、云梯车等举高类消防车是高层建筑火灾的“扑救神器”，但由于多种原因存在着作业难度。一方面，举高消防车升到一定高度后，举高臂会由于受到风力作用产生摇摆，对救援工作产生一定影响，特别是目前城市消防站只有极少数队站配备的举高消防车能到达一百米左右的高度，一

旦起火楼层超过举高类消防车展开极限高度，则无法借助举高车从外部进行灭火和救人。另一方面，高层建筑周围裙房、车流、人流等情况复杂，部分物业、企业和租户由于法律意识不强、安全责任不落实、管理措施不到位等因素，导致消防车通道被占用、堵塞的情况时有发生，导致消防车不能及时到达火灾现场[5]，部分老旧小区更是没有展开作业的条件，造成举高消防车难以接近事故建筑、难以快速展开作战。2010 年 11 月 15 日上海胶州路公寓大楼发生火灾，就是因为火势蔓延到楼层高处，超出了最高喷射里程而无法实施灭火，另外周围较大的人流量和车流量也阻碍了救援进度。

2.3 供水员持续保障难

高层建筑火灾扑救需要极大的用水量，当前供水主要是“以固为主，固移结合”的原则，而高层建筑的固定消防设施往往因为欠缺维护保养故障率较高，或因为建筑内本身的出水能力而造成供水系统难以满足火灾扑救需求。另外，消防通过其他途径向建筑内供水时，因为消防车供水高度有限，太高的地方水供不上去，特别是高层建筑楼层越高，水带铺设越高，伴随产生的水压也就越大，下层水带极易发生爆裂，一旦发生这类情况，会极大影响作战效率和队伍形象。

2.4 战斗员体能保持难

一方面，由于消防电梯的数量和承载能力有限，特别是一旦遇到消防电梯无法使用的特殊情况，消防员只能通过疏散楼梯向楼内进攻，会极大消耗体能，造成心率和呼吸加快，特别是大型火灾的长时间作战，对空气呼吸器、食物、饮用水等物资的消耗量、补给量也是极大考验，直接影响到后续战斗。另一方面，消防员登高救人与灭火救援需要携带相应的防护、破拆、救援、照明等各类装备器材，多时会重达几十公斤，并且受到的高温、浓烟、爆炸、黑暗等作战环境的影响，会产生恐惧、迷茫、焦虑、狂躁等极端心理，影响作战判断、指挥与执行。

3 高层建筑火灾的“八强八保”处置重点

围绕高层建筑火灾的成灾特点和扑救难点，聚焦作战的八个关键因地制宜准确应用战术，做到“打快、打早、打小”，尽最大努力降低人民群众的生命财产损失。

3.1 强第一出动保打早

高层建筑火灾蔓延速度快，加强第一出动显得极为重要。以国家消防救援局“一短三快”（接警时间短、出动快、到场快、处置快）初战机制改革为抓手，按照“一点报警、多点调度、多线出击”的原则，一次性调集足够的人员、车辆、装备等到场作战，特别是举高消防车、大功率大吨位水罐消防车以及抢险救援、照明、排烟等特种车辆要足量调集，确保力量调动与灾情对称、与任务相符、与态势均衡，形成绝对处置优势，坚决避免贻误战机，最大限度满足现场需要。

3.2 强现场指挥保秩序

高层建筑火灾社会关注度较高，参与处置的单位、部门、力量非常多，现场会有许多围观、拍照、录像等情况发生，就消防一家单位来说，务必要加强现场的消防作战指挥统一调度，通过无线电台等多种通讯方式加强请示汇报，各级参战力量严格按照职责分工参与战斗、密切配合，确保现场秩序稳定、处置程序科学，最大限度提高救援效率，不免不必要的社会舆情产生。

3.3 强安全疏散保救人

疏散救人是高层建筑灭火战斗行动的首要任务，消防救援力量到场后要迅速与相关负责人、知情人、保卫人和先期疏散出人员了解内部具体情况，查清被困的人数、位置、情况，通过消防广播或其他通讯方式向被困人员喊话，稳定情绪、保持秩序，争取自救，同时迅速开辟救生通道，利用建筑内的楼梯、消防电梯等设施，借助登高车、直升机等工具展开救援。

3.4 强装备配备保安全

紧密结合本辖区实际，加强针对性、适用性、攻坚性器材装备配备，在主战消防车配齐车辆迁移、破拆清障等专用装备，确保快速打通灭火救援进攻通道。同时，强化高层定位系统、消防通信头盔、不锈钢救生软梯、破玻枪、吸盘玻璃刀、防坠落网兜、防坠落消防腰带等高层建筑火灾扑救专用装备。另外，加强水带铺设机器、无人机、抛投干粉器等高精尖装备在高层火灾扑救中的应用，特别是注重发挥消防无人机侦察、运输、指挥、救援等独特优势[6]，在人装最佳结合中确保指战员作战安全。

3.5 强火势堵截保蔓延

高层建筑火灾到场后要迅速组织力量，采取各种手段切断火势蔓延路线，尤其要注意内置天井式布局的建筑，烟囱效应强烈，火势蔓延极为迅速，扑救难度、危险系数都很大，要审慎采取行动。一是外部控制，合理设置水枪、水炮阵地，以强大的射流扫射窗口翻卷的火苗。二是内部堵截，全面评估现场火势后，在着火层上部合理部署兵力，抢占楼层制高点，通过喷雾水枪驱散烟雾、抵御高温、浇湿可燃物等防御性措施、组织力量强行深入内部，在内楼梯、管道井电梯口等关键部位设置水枪，封堵火势。三是在着火层下层的内部通道部署力量防止向下蔓延，一般来说火势向下延的速度慢、可能性小，但火场情况千变万化，同样不能大意。

3.6 强立体排烟保作战

高层建筑火灾烟雾向上蔓延的速度极快，必须第一时间采取有效措施排烟，降低烟气危害和作战影响。发生火灾后，指挥员要第一时间通知消防控制室值班人员立即开启防排烟系统，充分利用高层建筑内部的防烟楼梯间、封闭楼梯间、排烟系统与正压送风等系统，避免敞开封闭防烟楼梯间或封闭楼梯间防火门，造成排风机丧失正常使用功能。利用机械排烟时，辅助人工排烟方法，如开启外窗等，提高火场排烟气的速度。

3.7 强固移结合保供水

在扑救高层建筑火灾中，应贯彻“以固为主、移动为辅、固移结合”的战术原则，充分发挥固定消防设施的作用[7]，掌握消防泵开启运转和水喷淋、室内消火栓系统的供水能力，最大限度通过水泵接合器进行供水，选择流量较大压力较大的水泵，让水的喷射距离更远，扑救范围更广。另外，要加强联勤联动，必要时沟通相关部门调动市政洒水车、供水车进行供水保障。

3.8 强物资补给保体能

高层建筑火灾扑救作战时间长、轮换间隔久、体能消耗大，战勤保障力量要充分做好物资补给保障工作，结合天气情况，有针对性做好饮食保障，炎热天气确保饮用水特别是功能性饮料供应，确保及时吃上热饭，喝上热汤，有效恢复体能。

4 结论

高层建筑火灾扑救社会关注度高，极易造成重大的人员伤亡和财产损失，因此要特别加强高层建筑灭火救援能力建设，有针对性地开展组建、培训、演练、配装、考评等工作，重点开展疏散、内攻、排烟等关键环节的研究训练，高标准落实好典型火灾研讨、安全措施保护、心理危机干预等机制，最大限度降低人民群众生命财产损失。

参考文献

［1］金风顺．高层建筑火灾特点及防控措施浅析［J］．建筑防火，2022（13）：90-92.

［2］孟雷．高层建筑办公区域消防安全标准化建设思考［J］．消防界（电子版），2020，6（10）：57+59.

［3］李娜．浅析现代社会高层建筑火灾特点及处置对策［J］．智能城市，2018（06）：15-16.

［4］苏心伟．高层建筑火灾特点及安全扑救对策［J］．经营与管理，2022（3）：318-320.

［5］赵欣，李媛．探究消防工作中的防火监督体制创新［J］．中国高新区，2017（24）：225.

［6］陈波．消防无人机在高层建筑火灾救援中的应用研究［J］．2022（20）：45-47.

［7］马宝磊，施祖军．高层建筑火场供水问题研究［J］．消防技术与产品信息，2010（01）：21-24.

从消防验收谈中小学建筑消防设计

栗艺元

（河北世元工程咨询有限公司，河北　保定）

摘　要　本文以实际工程案例-保定市长城学校某分校为例，从人为管理和技术设计两方面出发，罗列中小学建筑在消防验收中存在的建筑消防问题，分析此类问题产生的主要原因，并提出中小学建筑在消防设计中容易忽视的消防设计要点及规避措施，使设计人避免因设计疏漏与缺陷导致的重大消防问题。

关键词　消防验收　消防设计　中小学建筑　建筑设计

1　引言

中小学校是培育祖国花朵的地方，也是人员高度聚集、火灾防范的重点场所。任何一场火灾都可能造成灾难性后果，带来无可挽回的财产损失和人身伤害。

（1）1994 年 12 月，吉林某中学发生火灾，失火建筑为校内一教学楼，失火面积 955m²，火灾烧毁 19 间教室、1 间阶梯教室、1 间语音室。起因为学生在室内抽烟，将未完全熄灭的火柴顺手扔至教室的木地板上，并滚落至地板的小洞内，引燃地板内的可燃物造成火灾。

（2）2002 年 6 月，云南省昆明市三元庄村小学发生火灾，失火建筑为校内一学生宿舍。火灾过火面积约 330m²，造成该宿舍的 8 名学生失去生命。起因为宿舍大门无法从内而外开启，导致学生未及时逃出。该场火灾成为近年来校园内发生的一起重大火灾事故。

诸如此类校园火灾案例仍有很多，追其原因，学校的管理固然重要，但学校建筑设计本身是否存在消防安全隐患仍有待考证。在建筑投入使用之前，消防设计、消防审查、消防验收这三个环节尤为重要。其中，消防验收作为最后一个环节，由消防专家、建设方、施工方、建筑设计人员等各方全程参与，是检验建筑是否存在消防问题的必要过程，也是保障建筑消防安全的最后一道关卡。设计师全程参与此环节，有责任有义务认真对待，严格审视，保障建筑的消防安全也是一个建筑师的终身使命。

2　消防验收存在的建筑防火人为管理问题

建筑工程的消防质量中，往往会受一定的人为因素影响，从原因分析，主要有以下几个因素。

2.1　施工质量无法保证

建筑工程的施工质量受人为因素影响较大，施工工人往往意识不到消防重点部位的施工质量问题，有时也会受施工企业建设成本的影响，使得某些特殊部位经常会缩减工序，粗制滥造，严重影响建筑的消防质量。

如该工程消防验收时，1#～3#宿舍各层管道井、电井未层层封堵，或仅用水泥砂浆勉强涂塞，此处未执行《建筑设计防火规范》（GB 50016—2014）6.2.9，建筑内的电缆井、管道井应在每层楼板处采用不低于楼板耐火极限的不燃材料或防火封堵材料封堵；建筑内的电缆井、管道井与房间、走道等相连通的孔隙应采用防火封堵材料封堵的规范要求。

因此建筑施工图应在设计说明中明确注明建筑消防的相关构造措施，对具体图纸表达不到的部位进行补充说明，以此避免最终消防设计追责的问题。

2.2　消防施工管理不到位

由于建设单位对施工方疏于管理，纵使施工方未严格按照设计单位施工图的要求进行实际操作，涉及到相关二次设计的内容未与设计单位沟通便私自施工，从而导致消防质量问题。

如该工程在消防验收时，存在教学综合楼-教学区、食堂及风雨操场区的吊顶与建筑施工图中的吊顶设计不符的问题，施工图中的吊顶设计为封闭型吊顶，而现场的吊顶形式为镂空格栅吊顶（见图 1）。因该工程实际操作过程中，建设方委托第三方进行室内精装修设计，而设计中更改了吊顶的材质与形式，且此部分更改未与施工图设计单位沟通确认便擅自实施，从而导致了建筑在防排烟问题上存有隐患。

图 1

吊顶的封闭与开放形式直接关系到建筑的排烟问题。根据《建筑防烟排烟系统技术标准》（GB 51251—2017）的规范要求，采用自然排烟的房间，应计算其清晰高度，设置位于储烟仓高度且满足排烟面积的排烟窗，以达到建筑的排烟要求。《建筑防烟排烟系统技术标准》（GB 51251—2017）4.6.9 走道、室内空间净高不大于 3m 的区域，其最小清晰高度不宜小于其净高的 1/2，其他区域的最小清晰高度应按下式计算：$H_q=1.6+0.1 \cdot H'$（H'为单层空间的净高度）[1]。对于教学区和食堂及风雨操场区，单层空间净高大于 3m，当采用镂空吊顶时，H'增大，H_q 增大，储烟仓高度（$=H'-H_q$）减小，从而使可开启外窗的自然排烟面积减小，在建筑均已竣工，外立面门窗开启扇大小及角度均已确定的情况下，这种变化有可能会导致某些房间自然排烟面积不足。

此类问题出现的原因与建设方的施工管理不利有直接关系，但凡影响到建筑消防的二次设计，如室内精装设计、建筑外门窗设计等，二次设计厂家都应与建筑设计人员沟通并获得同意方可施工。因此，建筑施工图纸中应有此类问题的明确提示与补充说明，如"另行委托的装修设计不应擅自改变防火分区或防火分隔、防烟分区及其分隔，不应改变与建筑防排烟相关的装修设计。"

2.3 设计单位自我审核不严格

设计单位受制于建设单位，建设单位的某些要求可能违反消防设计规范，或企图在规范条文中钻空子，使图纸表达模糊牵强。此类问题如在消防审查中未能发现及时则最终会导致消防验收的不合格。因此，设计人在进行图纸设计时，要头脑清醒，图纸中明确表达或注示规范条例要求，保证图纸设计的合规合法。

3 消防验收存在的建筑防火技术设计问题

设计人往往认为经图审机构审批合格的项目，就不存在消防问题。实际并非如此，在建筑的消防验收中发现的审查疏漏问题，同样会作为判定项目消防不合格的依据。防火设计经常容易疏漏的问题主要有以下几个方面：

3.1 建筑总平面图的消防设计

建筑总平面的消防设计是消防设计的重要部分，也是建筑消防验收中的重点验收项目。其中，独立建造的消防控制室、消防水泵房、变电所等设备用房的设置情况以及室外水源、消防车取水口位置的设置情况往往是总图中经常疏于表达的要点。

建筑总平面图中，应标注场地出入口位置，停车场（库）的布置、出入口的位置、停车数量及停车场（库）与建筑物的距离；应标注场地内建筑物名称、建筑属性、建筑层数、建筑高度、外轮廓尺寸、出入口位置以及建筑物之间的防火间距；应注明消防车道，并标注其净宽、净高、转弯半径、坡度以及与建筑物的距离，消防车道尽端回车场尺寸[2]；应注明高层建筑的消防登高操作场地区域范围、名称，并标注其尺寸、坡向坡度、间隔布置时的间距以及与建筑物的距离；另外应明确表示消防相关设备用房的位置，如：消防控制室、消防水泵房、消防水池、变电所、室外消防取水口等。消防验收会核对总图上这些与消防相关的设计及设施在图中是否表达清楚，同时对现场进行查验。

3.2 建筑平面布局中的消防设计

建筑的平面设计是建筑设计中的基础综合性设计，设计人需综合考虑建筑的使用功能、防火分区、防火分隔、安全疏散等各方面要求，其中涉及各种各样的消防问题。例如，校园食堂内的厨房采用燃气，但未设外窗，不符合燃气设计规范中采用燃气的厨房应为通风良好房间的规定；同时，食堂内的厨房上方如果有其他房间，厨房外墙开口上方未设置宽度不小于 1m 的防火挑檐，也违反了相应的消防规范。地下防火分区按设备用房划分，此部分空间若包含其他非设备功能房间，则防火分区划分的面积数便不能参考地下设备用房标准。在汽车库的平面设计中，如含有非汽车库的功能区域，却按汽车库标准来划分防火分区，则消防无法过关。以上均是平面设计中常见却又经常忽视的消防问题，严谨的平面消防设计至关重要。

3.3 安全疏散问题

中小学建筑通常为教学综合楼、食堂风雨操场、学生宿舍相组合的大型公共建筑，此类建筑功能分区多，人流交通复杂，易出现消防中的安全疏散问题。比如：

《中小学设计规范》8.8.1 每间教学用房的疏散门均不应少于 2 个，疏散门的宽度应通过计算；同时，每樘疏散门的通行净宽度不应小于 0.9m[3]。此处建筑经常设为门洞 1.0m 宽疏散门，而实际施工后现场净宽往往不足 0.9m。（见图 2）为疏散净宽留有余量很有必要。

图 2 教室疏散门净宽现场实测 0.85m

（2）食堂及风雨操场通常作为一个建筑单元，设有室外疏散楼梯以解决人流疏散问题，作为疏散楼梯使用的室外楼梯在 2m 范围内不应设置其他门、窗、洞口，此处因公建的造型要求，建筑立面多设有外窗，因此设计人此处应注意避免踩雷。

（3）疏散楼梯的休息平台处，消防疏散净宽虽然在图纸上满足相应的净宽要求，但实际线路中设有暖气片等障碍物，使实际疏散宽度减小（见图3）。安全疏散楼梯及通道处，建筑设计人员应注意与其他专业配合并提醒其他专业的设备设施不影响疏散净宽。

图 3

3.4 建筑构造问题

此类问题在消防验收中最为普遍，根本原因是施工单位对此问题重视程度不够。虽然造成此类问题的大部分原因是施工方未按图纸的设计要求进行施工所致，但也并不排除某些是由于设计图纸的设计缺陷而导致。比如：

（1）消防控制室设计遗漏防水淹措施，防水淹措施按消防图示所示应包括挡水门槛和门内排水沟。

（2）作为自然排烟用的排烟窗设置在不便于开启的高度上时，未在1.3~1.5m高度范围内设置手动开启装置。此问题在建筑图纸中应有明确表达，如设计说明或门窗详图，若遗漏此条规范内容，会造成巨大的整改工作量。

（3）防火隔墙的耐火极限要求。《建筑设计防火规范》要求，疏散走道两侧的隔墙的耐火极限（一、二级耐火等级）为1.0h，房间隔墙一级耐火等级是0.75h，二级耐火等级是0.5h。中小学建筑中，经常采用玻璃隔断作为公共房间（如图书阅览室、教师开敞办公室等）的隔墙，则需特殊标注玻璃的耐火极限。此处如在设计阶段疏漏设计，则后期整改难度较大。

3.5 室内装饰设计不合理

建筑的设计说明与工程做法设计应同时遵守相关消防规范，明确规定装修材料的燃烧性能等级，并兼顾考虑室内装修的空间体量，使之不影响安全疏散。

（1）装修材料的燃烧性能等级不满足规范要求。

建筑中使用的装修装饰材料的耐火性能若达不到规范要求，会在火灾发生时加速火势蔓延。在中小学建筑设计中，经常会有报告厅、多功能厅等大空间功能房间，该类房间楼地面经常设计为地毯楼地面或木地板楼地面，在建筑工程做法图集中这两种通常做法的燃烧等级均为B2级，但在《建筑内部装修设计防火规范》（GB 50222—2017）的规范中，该功能空间的地面不应低于B1级，因此，建筑工程做法中应增加该类做法表面另作防火处理的注示，使之达到B1级。

另外《建筑内部装修设计防火规范》（GB 50222—2017）4.0.4地上建筑的水平疏散走道以及安全出口处的门厅，其顶棚应采用A级装修材料，其他部位应采用不低于B1级的装修材料；地下民用建筑的疏散走道和安全出口的门厅，其顶棚、墙面和地面均应采用A级装修材料[4]。因此，中小学建筑中的楼梯间，疏散走道为顶棚、墙面及墙裙均应采用A级装修材料，如无机涂料顶棚、A级防火板墙裙、无机涂料墙面等。

（2）装修空间影响消防疏散。

在设计建筑的安全疏散空间时，设计师经常忽略因建筑内装修导致的疏散空间面积和宽度不足的问题。例如，用于疏散的公共空间内墙采用干挂石材做法，由于该做法的面层厚度较大，而占用部分室内空间所导致局部疏散走道的净宽不满足消防设计的净宽要求，或者导致防烟楼梯前室或合用前室的净面积不满足最小消防面积的要求等情况。

4 结语

以上仅以实际工程项目为例将中小学建筑消防验收中发现的个别问题做引申分析，并未面面俱到，但均为设计人员易于疏漏之处。

消防验收作为建筑工程验收的重要环节，也是检验建筑设计是否合格落实的必要保障，《消防法》条文明确规定：需进行消防设计的建设工程竣工后，必须经过消防验收并且合格后才能投入使用。消防验收的所有资料因其会在消防机构内存档，所以具有可追溯性，因此消防验收的所有资料也将为建筑消防质量事故提供事后追责的判定资料。该环节也是落实建筑师终身责任制的重要环节。

消防验收过程中所发现的消防质量问题，需付出巨大的时间和经济成本进行整改。严谨合规的消防设计是避免项目后期服务设计单位与建设方出现经济纠纷的重要保障。

因此，作为建筑设计人员，应在建筑施工图设计中重视建筑的消防设计，保证施工图纸符合消防规范的设计要求，消防验收中配合消防专家一起对建筑的消防问题进行严格核验，及时发现施工中疏漏的消防问题，并提出合理的解决办法，切实提升建筑消防质量。

参考文献

［1］GB 51251—2017，建筑防烟排烟系统技术标准［S］.

［2］李中南．建筑施工图消防设计及竣工验收的问题与对策分析［J］．河南建材，2017（05）：133-135

［3］GB 50099—2011，中小学设计规范［S］.

［4］GB 50222—2017，建筑内部装修设计防火规范［S］.

高层建筑裙房部分安全疏散距离分析

——以顺平县医院新院区门急诊、医技、住院综合楼为例

周锁涛　张丽琴

（河北世元工程咨询有限公司，河北　保定）

摘　要　在我国经济社会高速发展的大背景下，城市化进程也逐步加快，城市土地的价值也越来越高，在寸土寸金的大形势下，高层建筑层出不穷，而高层建筑底部的配套功能用房在平面上常会大于高层建筑的标准层轮廓，这种底部的大空间往往承载了多种功能，由此带来的消防问题也日益突出，本文试图通过对《建筑设计防火规范》GB 50016—2014（2018年版）（以下简称建规）相关条文的分析，结合顺平县医院新院区门急诊、医技、住院综合楼，谈一谈高层建筑裙房部分安全疏散距离的看法。

关键词　高层　裙房　防火安全　疏散距离

1　引言

在高层建筑主体的投影轮廓以外，与建筑主体相连，并且建筑高度不大于24m的附属建筑，我们常常称之为裙房。裙房作为高层建筑的底盘，因空间大，结构布置灵活，可以承载多种多样的功能，越来越成为高层建筑的“标配”，而关于裙房的消防疏散问题，防火规范考虑到裙房与单、多层建筑的相似性，确实也做了一些“让步”，比如建规5.3.1条这样描述到：“裙房与其依附的高层建筑主体之间设置防火墙的时候，裙房的防火分区是可以按单、多层建筑的要求确定的”。又比如建规5.5.12条提到，“当裙房与其依附的高层建筑主体之间设置防火墙的时候，裙房的疏散楼梯也是可以按单、多层建筑的要求确定的”。高层与裙房分隔示意见图1。

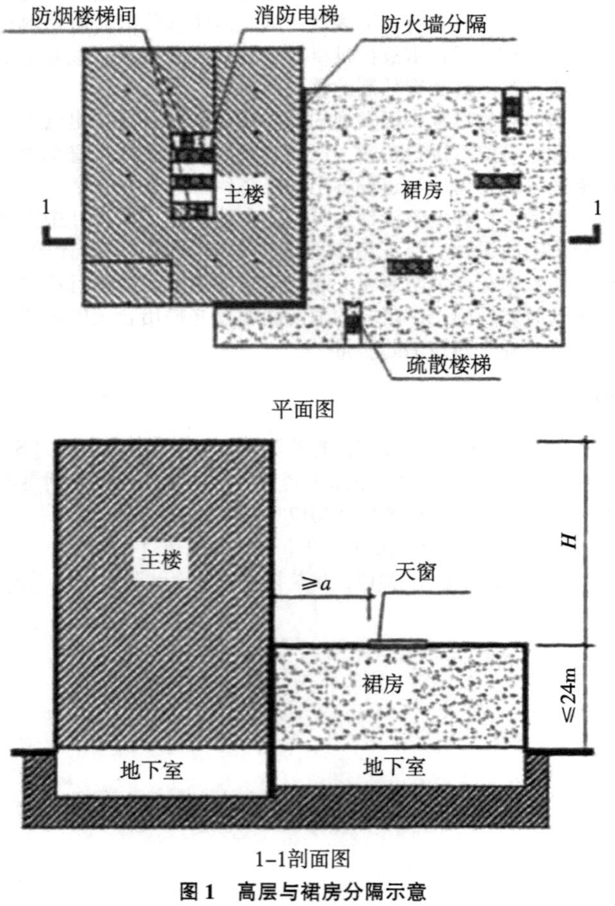

图1　高层与裙房分隔示意

这些规定在我们进行大体量裙房设计时，确实提供了一些便利，但是消防设计不仅仅只有防火分区、疏散楼梯这些强制性指标，安全疏散距离作为其中一项强制性指标又该何去何从，值得我们认真思考，顺平县医院新院区门急诊、医技、住院综合楼作为综合性的高层医疗建筑，也同样面临这样的问题。

2　工程概况

顺平县医院新院区位于保定市顺平县，县域范围成熟区域以北，东至规划仙洲路、南至郝家庄村、西至郝家庄耕地、北至苏家疃、西南蒲村耕地。主要包括门急诊、医技、住院综合楼，发热门诊楼，后勤办公、科研教学楼以及高压氧仓、直线加速器机房、附属用房、垃圾处理站等配套用房。其中门急诊、医技、住院综合楼为项目内最大规模建筑，总建筑面积共9.26万平方米，建筑整体地下一层，门急诊、医技部分地上四层，建筑高度21.8m（室外设计地面至屋面面层），住院楼部分地上十层，建筑高度45.8m。门急诊、医技部分和住院部分通过连廊和部分医疗功能相连，构成一个整体，整体定性为一类高层建筑，耐火等级一级。总图见图2，整体效果见图3。

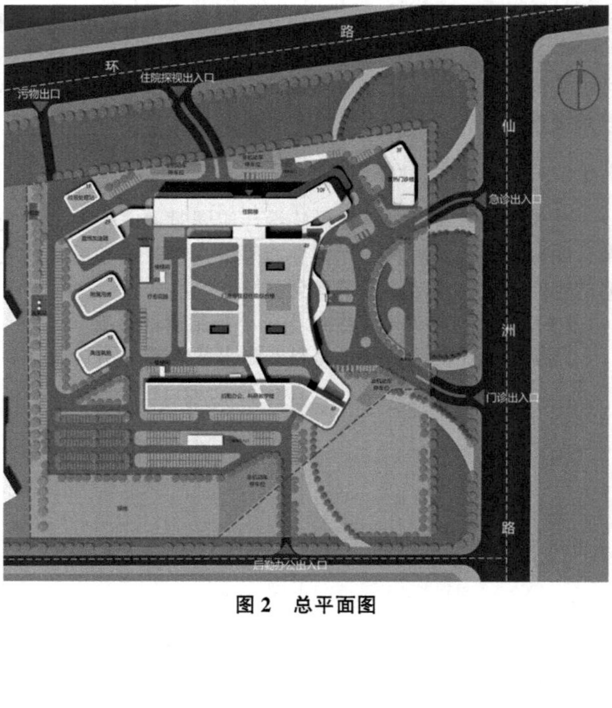

图2　总平面图

图 3　总体效果图

3　安全疏散距离

关于裙房的安全疏散距离，在其他的工程项目设计中，我们常见到两种考虑形式，一种是按高层建筑的安全疏散距离考虑，一种是按单、多层建筑的安全疏散距离考虑，孰对孰错，各执一词，很难判定。根据建规 5.5.17 的要求，针对顺平县医院新院区门急诊、医技、住院综合楼，作为裙房的门急诊、医技部分的安全疏散距离按高层建筑还是单、多层建筑的差别还是很大的，详见表 1。

表 1　　m

名称			位于两个安全出口之间的疏散门		位于袋形走道两侧或尽端的疏散门	
			一级	一级（设置自动喷水灭火系统后增加 25%）	一级	一级（设置自动喷水灭火系统后增加 25%）
医疗建筑	单多层		35	43.75	20	25
	高层	病房部分	24	30	12	15
		其他部分	30	37.5	15	18.75

通过表 1 可以看出，门急诊、医技部分的安全疏散距离按不同标准时，位于两个安全出口之间的疏散门及位于袋形走道两侧或尽端的疏散门，这两组数据到最近安全出口的距离均相差 6.25m（项目已按规范要求设置自动喷水灭火系统，疏散距离增加 25%）。因此安全疏散距离的确定对建筑安全出口、楼梯间的数量及位置都有重要影响。

笔者认为，既然建规 5.5.3 及 5.5.12 条都提到裙房与其依附的高层建筑主体之间设置防火墙的时候，防火分区及疏散楼梯可按单、多层建筑确定，那么安全疏散距离也同样可以按单、多层建筑确定。在《建筑设计防火规范 GB 50016—2014（2018 年版）实施指南》一书中，作者在疑点 5.3.1-7 释义中指出，当高层建筑的高层部分采用防火墙与裙房部分进行分隔后，裙房的防火分区规定的百人疏散宽度指标、最大允许建筑面积、疏散楼梯形式、疏散距离、消防设施的设置，均可按相应单、多层民用建筑的要求确定，但疏散系统和消防设施这两部分应与高层主体保持各自独立，火灾报警与联动控制需要集中管理，在高层部分与裙房部分之间的分隔用防火墙上除了可以开设甲级防火门或窗外，允许局部采用防火隔间、防火玻璃墙等，但不允许采用防火分隔水幕、防火卷帘等分隔措施。这也印证了在满足一定条件的前提下，裙房的安全疏散距离是可以按单、多层建筑确定的。

顺平县医院新院区门急诊、医技、住院综合楼在方案设计时，为了保证医院街在空间上的贯通，裙房部分和高层部分之间是采用防火卷帘进行分隔的，如图 3 所示。在后期深化阶段，就被提出裙房部分的安全疏散距离应按高层建筑确定，这就导致裙房内部分房间的疏散门超出 37.5m 及 18.75m 的要求。

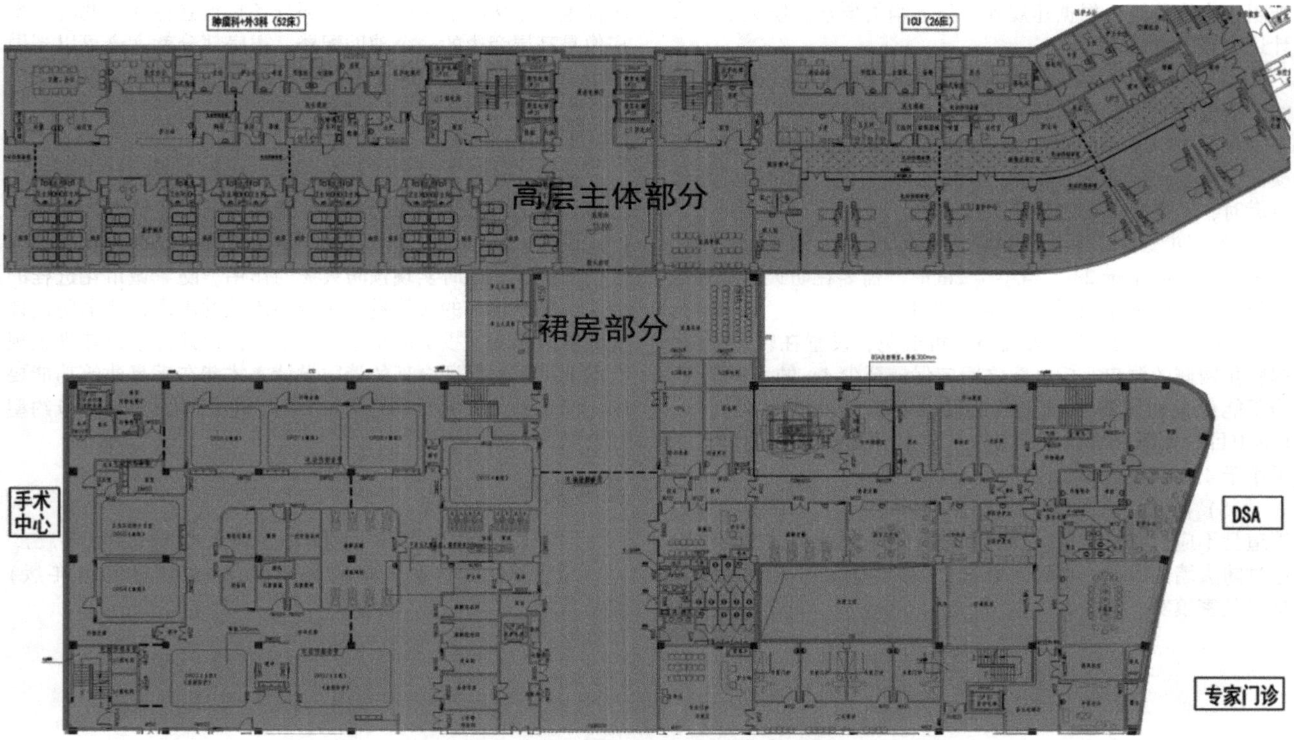

图 4　高层主体与裙房之间防火墙上设置防火卷帘

这样设计的问题出自建规 6.1.5 条的规定，本条要求防火墙上不得开设门窗洞口，无法避免确需开设时，在防火墙上应设置不可开启或火灾的时候能自动关闭的甲级防火门、窗”。因此，在施工图设计时，此部分调整为如图 4 所示，将防火卷帘改成了火灾时能自动关闭的甲级防火门，防火门虽然不如防火卷帘更能保证医院街空间上的通透，但是基于本项目中，医院街在此位置已经属于末端，高层主体这部分的医院街也可以认定为水平与竖向流线交汇的公共大厅，设置防火门合情合理，这样也保证了防火墙的安全性能，裙房的安全疏散距离这时再按按单、多层建筑的要求确定就没有问题了。

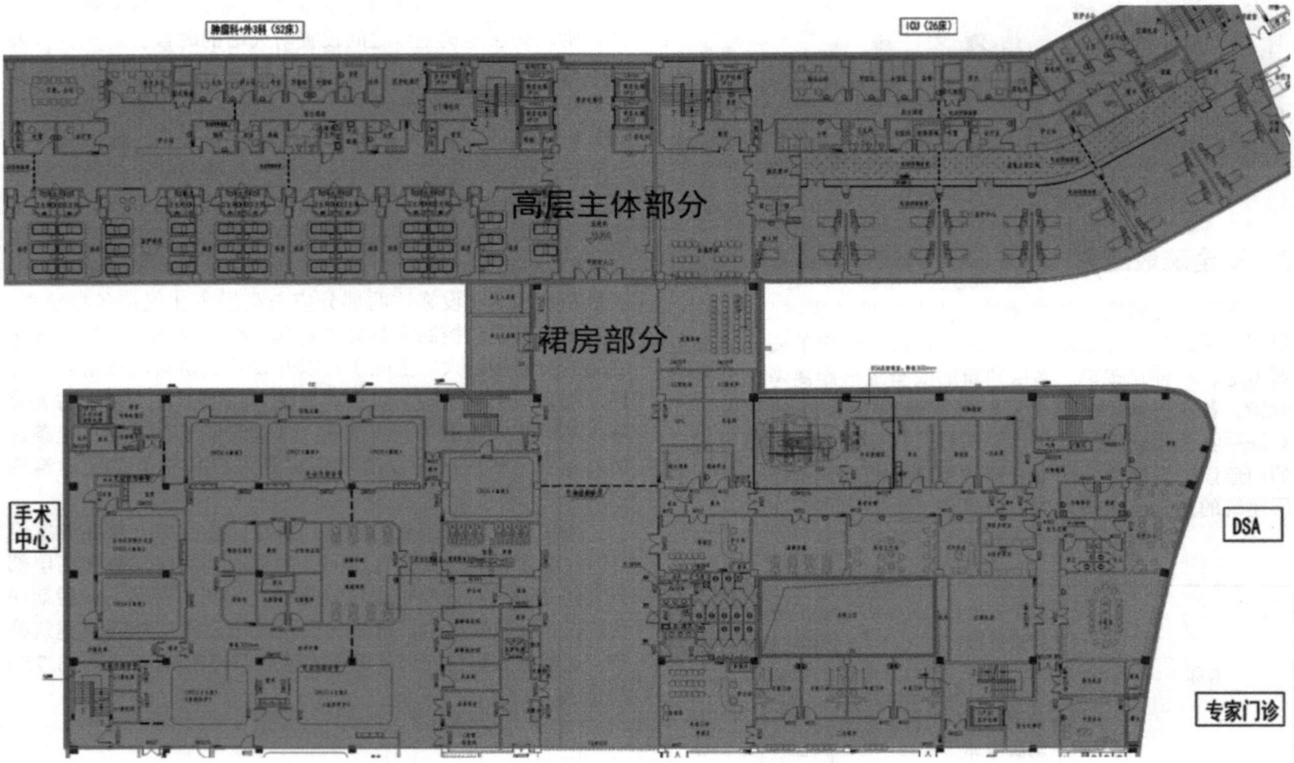

图 5　高层主体与裙房之间防火墙上设置甲级防火门

通过上面案例我们可以了解到安全疏散距离的确定，和防火墙是否成立有很大关系，防火墙设立的目的是阻止火灾蔓延，这就要求从建筑基础到建筑屋面，均应采取可靠的措施阻止火灾蔓延，根据建规 6.1 防火墙的要求，防火墙的设计还应该注意以下几点：

（1）防火墙所在的框架、梁等承重结构构件，这些构件的耐火极限不得低于承托的防火墙的耐火极限。

（2）防火墙任一侧屋面上的天窗，其最近端距离防火墙横截面中心线的距离，应大于等于 4m，当天窗的端面墙体可燃时，需要采取措施防止火灾蔓延。

（3）防火墙相邻两侧外墙上的洞口、门、窗最近边缘的水平距离不应小于 2m，当小于 2m 时，需要在防火墙相邻两侧设置乙级防火窗减缓火灾蔓延时间。

（4）建筑内部的防火墙当不可避免，设置在转角处时，内转角两侧的洞口、门、窗之间应保证至少 4m 的水平距离，当不能保证时，需要设置乙级防火窗减缓火灾蔓延时间。（本项目为保证立面效果的统一，在转角处的外窗内侧设置不小于 4.0m 的防火墙。）

（5）防火墙上严禁穿过可燃气体和甲、乙、丙类液体的管道且不应设置排气道。当有其他管道不能避免，需要必须穿过防火墙的时候，在墙与管道之间的空隙中，用防火封堵材料紧密填实。

（6）应保证防火墙任意一侧的楼板、屋架、梁等构件在受到火灾的影响发生破坏的时候，防火墙不能倒塌。

在保证以上措施的前提下，防火墙是成立的。再加上消防设施和裙房疏散系统与高层部分各自独立存在，此时的裙房像是高层旁边的一个辅助配楼，裙房部分就完全可以当做一个单、多层建筑来考虑消防设计。

4　结语

消防设计是在建筑设计的时候，依靠必要的技术措施和合理合规的方法来预防和减少建筑火灾的发生，最大限度保护人民的人身财产安全。合理的消防设计可以保证在节约成本的前提下，同时实现预防火灾的作用。随着城市化进程的加快，越来越多的大体量、综合性建筑的出现，让消防设计变的复杂多变，投资成本也相应增加，设计师应该在满足规范的前提下，保证合理的消防设计，才能在满足建筑功能要求，满足预防火灾要求的同时节约建造成本，为创造节约型社会做出贡献。

参考文献

［1］GB 50016—2014，建筑设计防火规范（2018 年版）.

［2］建筑设计防火规范 GB 50016—2014（2018 年版）实施指南.

储烟仓厚度对大空间场所排烟效果的影响研究

王　雪　刘桢渝　冉浩男

（中国人民警察大学研究生院，河北　廊坊）

摘　要　为了研究储烟仓厚度对大空间场所排烟效果的影响，采用理论分析与数值模拟相结合的方法，分别在不同储烟仓厚度条件下，对某一大空间厂房自然排烟和机械排烟时的排烟效果进行了分析。结果表明：在自然排烟情况下，储烟仓厚度1.6~3.2m（建筑高度的20%~40%）范围内，储烟仓厚度为2.8m（建筑高度的35%）的排烟效果最好；在机械排烟情况下，储烟仓厚度0.8~3.2m（建筑高度的10%~40%）范围内，储烟仓厚度为2.8m（建筑高度的35%）的排烟效果最好，其次是2.4m（建筑高度的30%）时的储烟仓厚度的排烟效果也比较理想。

关键词　大空间场所　自然排烟　机械排烟　储烟仓厚度

1　引言

随着社会经济的快速发展，现代建筑越来越多地采用了大空间的建筑形式[1]，例如影剧院、大会堂、音乐厅、教堂、候车厅、大型厂房、大型仓库等。大空间场所由于其建筑面积大、建筑高度高、空间分隔少，一旦发生火灾，产生的烟气的流动情况就会非常复杂，难以控制[2]。

近年来，专家学者对大空间场所火灾烟气展开了研究。Morgan[3]研究了较大的空间内烟气的横向流动，并随后得到了一个控制烟气的方法；谢添研究了风、温度、湿度等因素对大空间建筑火灾烟气的运动规律[4]；杨萌对大空间建筑防排烟系统设计方法以及容易产生的问题进行了研究；候立萌等利用FDS软件模拟了仓库在不同排烟方式下，火灾烟气的蔓延规律。徐熙春、师建强等利用FDS软件分析了挡烟垂壁对大空间建筑火灾烟气流动的影响[5]。本文意在对此类大空间场所的储烟仓厚度设计进行探讨，有效地抑制烟气的扩散和蔓延。

2　大空间场所火灾模拟模型的建立

2.1　大空间场所模型的基本概况

本文选取某一大空间厂房作为研究对象，研究模型长、宽、高尺寸为50m×80m×8m。《建筑防烟排烟系统技术标准》（GB 51251—2017）规定建筑高度大于6m时，单个防烟分区的最大允许面积不超过2000m²，且其长边最大允许长度不超过60m，故将建筑内部划分成2个防烟分区。火源功率设置为2.5MW，火源类型设定为快速火，火灾增长系数设定为0.047，火源位置设置在防火分区一的中心位置[6]。根据$4<D^*/\delta_x<16$求出其对应的网格尺寸范围为$0.20m<\delta_x<0.77m$。本文采用组合网格的设置形式，设定火源区域网格尺寸为0.25m，其他区域为0.5m。为了避免烟气流动不均匀对烟气流动规律研究的影响[7]，建筑两个长边分别对应设置6个排烟窗，单个排烟窗长5m，高1m。图1为FDS建立的厂房模型的正视图与侧视图。

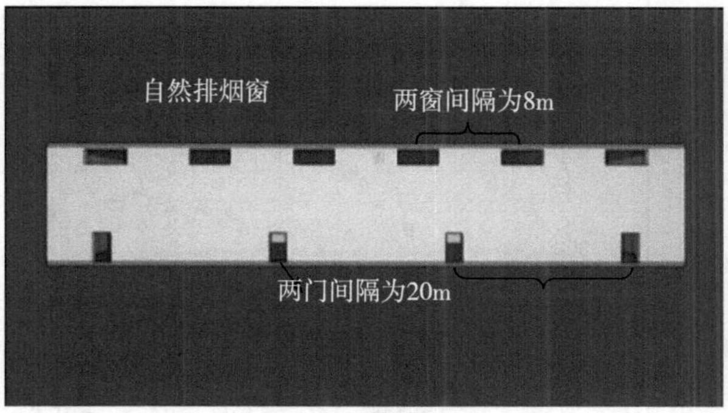

（a）正视图

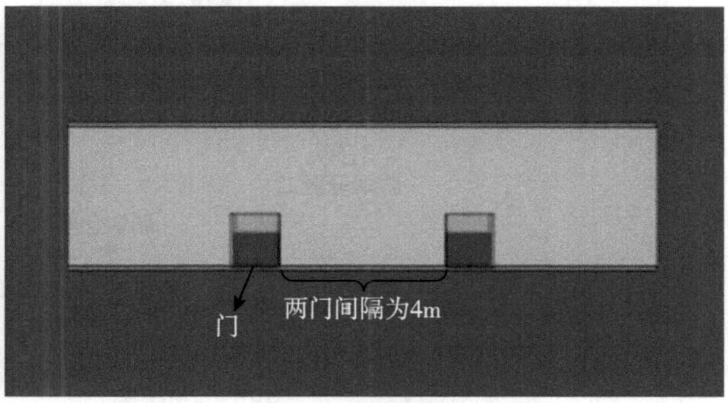

（b）侧视图

图1　厂房模型正视图与侧视图

2.3　模拟工况设定

我国对于大空间场所储烟仓厚度的问题还没有明确的规定，根据《建筑防烟排烟系统技术标准》（GB 51251—2017）中规定，当采用自然排烟方式时，储烟仓的厚度不应小于空间净高的20%，且不应小于500mm；当采用机械排烟方式时，不应小于空间净高的10%，且不应小于500mm。同时储烟仓底部距地面的高度应大于安全疏散所需的最小清晰高度。由此本文设置了以下几种工况，见表2。

表2　工况的设定情况

	储烟仓厚度/m						
自然排烟	1.6	2.0	2.4	2.8	3.2		
机械排烟	0.8	1.2	1.6	2.0	2.4	2.8	3.2

注：储烟仓厚度以《建筑防烟排烟系统技术标准》（GB 51251—2017）的规范为基础，以建筑高度的5%为增量逐渐增加。

3 大空间场所模拟数据分析

3.1 自然排烟情况下的数据对比与分析

图 2 为自烟情况下，4m、5m 高度处测点数据的变化曲线。

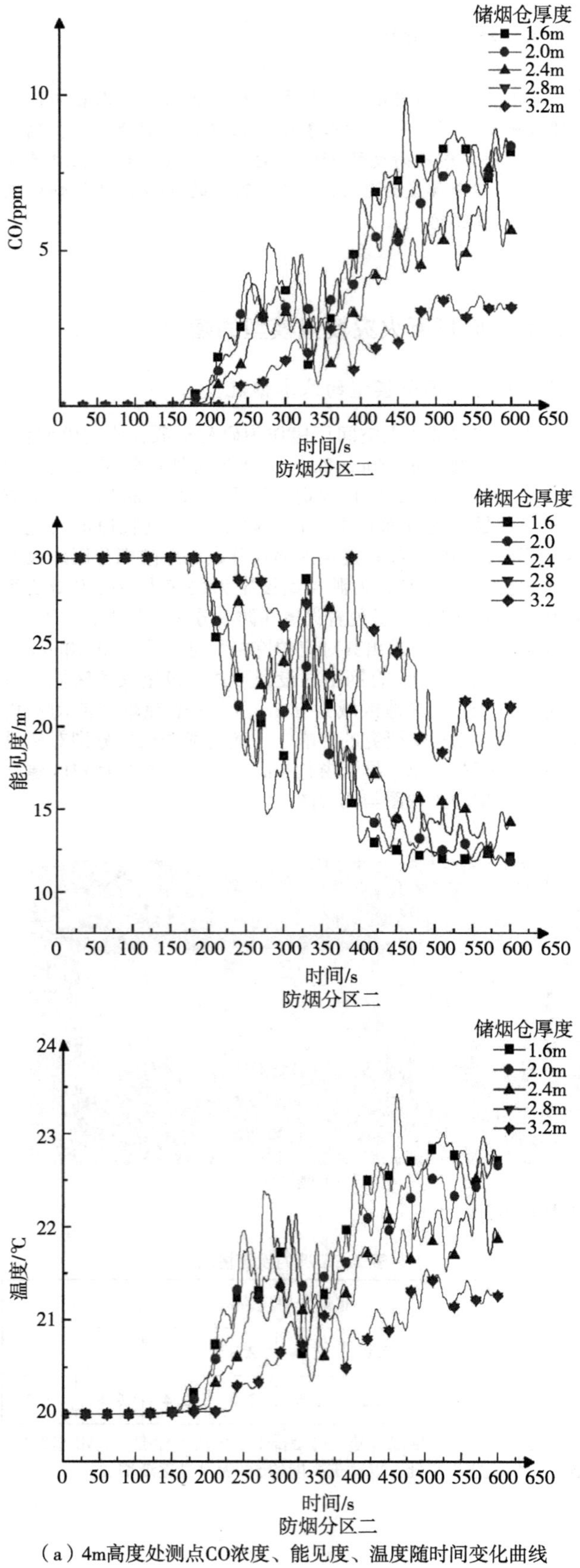

（a）4m高度处测点CO浓度、能见度、温度随时间变化曲线

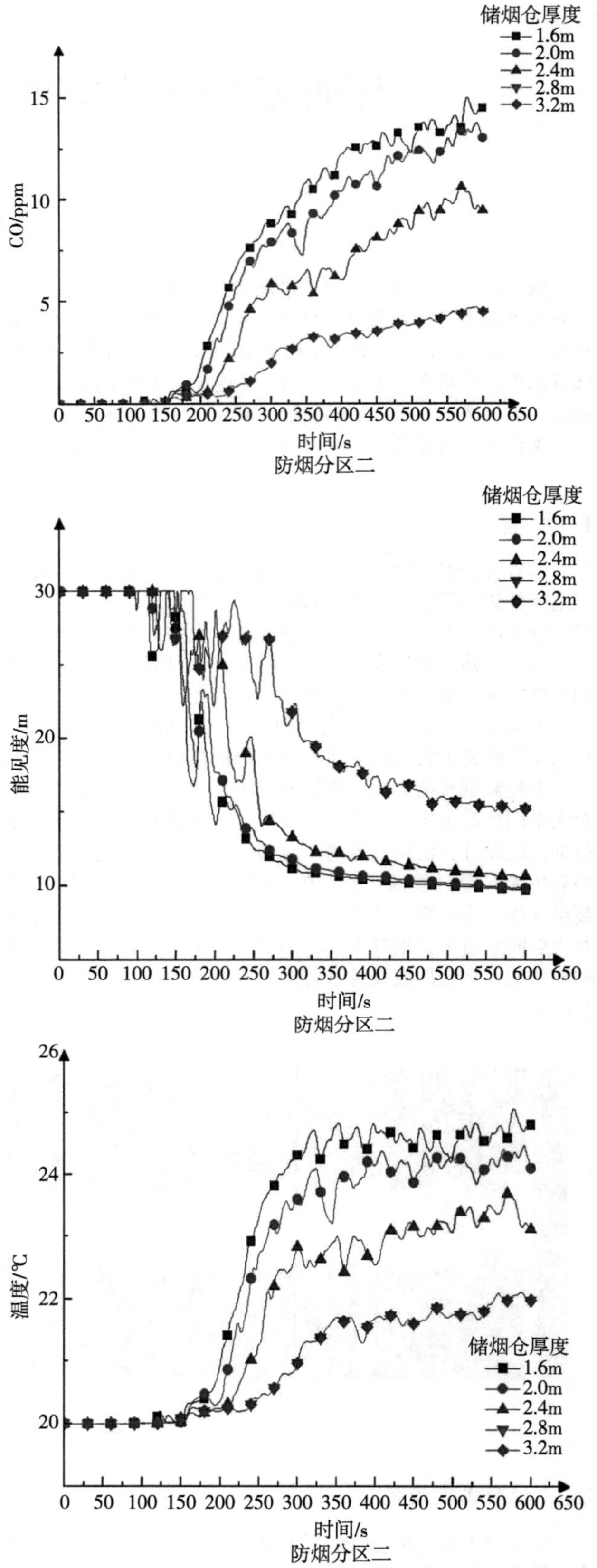

（b）5m高度处测点CO浓度、能见度、温度随时间变化曲线

图 2 自然排烟情况下 4m、5m 高度处测点数据的对比曲线

根据图 2 可以发现，在火灾发生后的 600s 时间段内，以防烟分区二为研究对象，储烟仓厚度为 2.8m（建筑高度的 35%）与储烟仓厚度为 3.2m（建筑高度的 40%）时，三个指标随时间变化的曲线均重合；储烟仓厚度为 1.6m（建筑高度的 20%）与储烟仓厚度为 2.0m（建筑高度的 25%）

时，三个指标随时间的变化的曲线相对接近；储烟仓厚度为2.4m（建筑高度的30%）与储烟仓厚度为2.8m（建筑高度的35%）时，三个指标随时间的变化的曲线相差较大。对比可得，储烟仓厚度为2.8m时可达到与3.2m相同的排烟效果，其次是2.4m的排烟效果也较为理想。为实际工程提供了理论支撑和不必要的材料浪费。

图3为火灾发600s时，位于防烟分区二正中间，与挡烟垂壁平行的竖向切片。如图3所示，从上至下分别为储烟仓厚度1.6m、2.0m、2.4m、2.8m、3.2m的CO浓度切片、能见度切片和温度切片。随着储烟仓厚度的增加，烟气由着火的空间单元向其他防烟分区蔓延的烟气的质量变少，蔓延到其他防火分区的速度变慢，但随着挡烟垂壁等防烟分隔物高度的增加，烟气在挡烟垂壁的阻挡下，蔓延方向由水平变为竖直，烟气向下蔓延。由图可以看出，储烟仓厚度为1.6m、2.0m、2.4m时，烟气蓄积效果较好，当储烟仓厚度上升至2.8m、3.2m时，导致烟气向下沉降的现象明显。

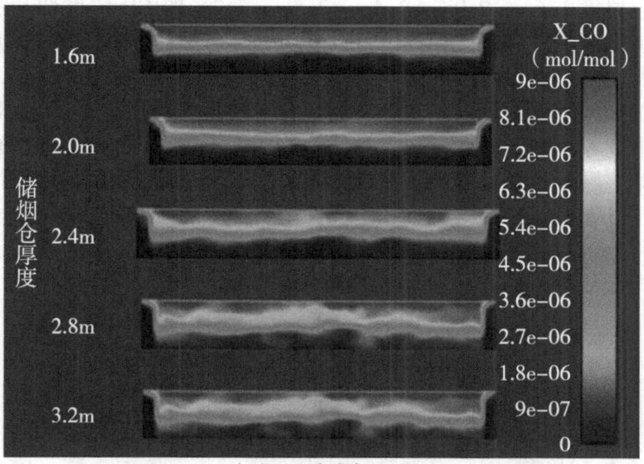

（a）CO浓度场云图

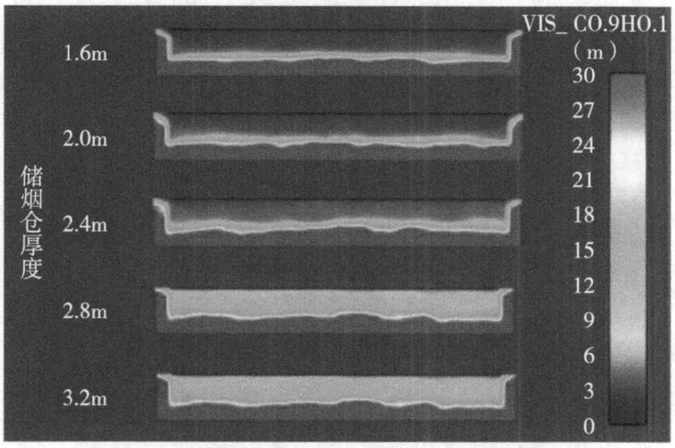

（b）能见度场云图

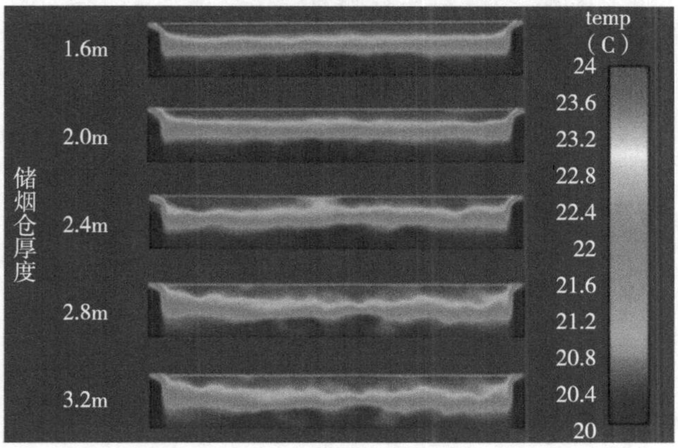

（c）温度场云图

图3　自然排烟情况下三个指标的切片对比图

3.2　机械排烟情况下的数据对比与分析

图4为机械排烟情况下的测点数据的变化曲线。

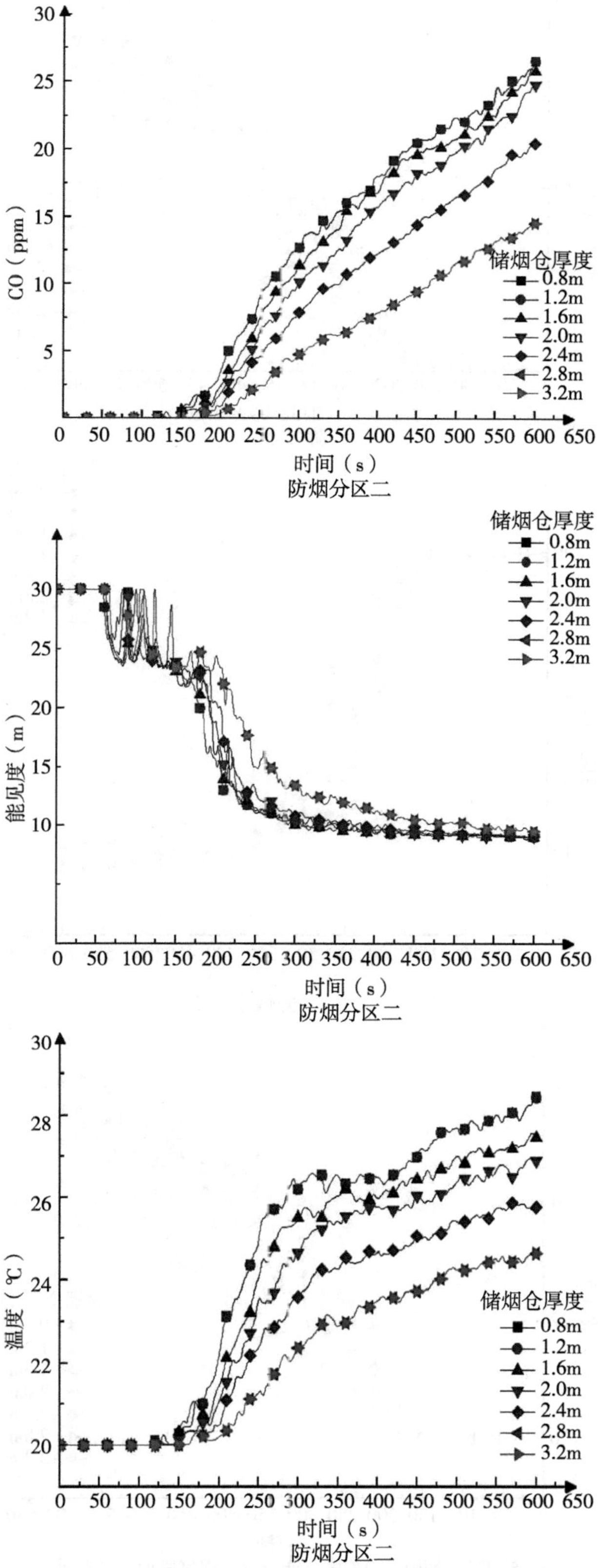

（a）4m高度处测点CO浓度、能见度、温度随时间变化曲线

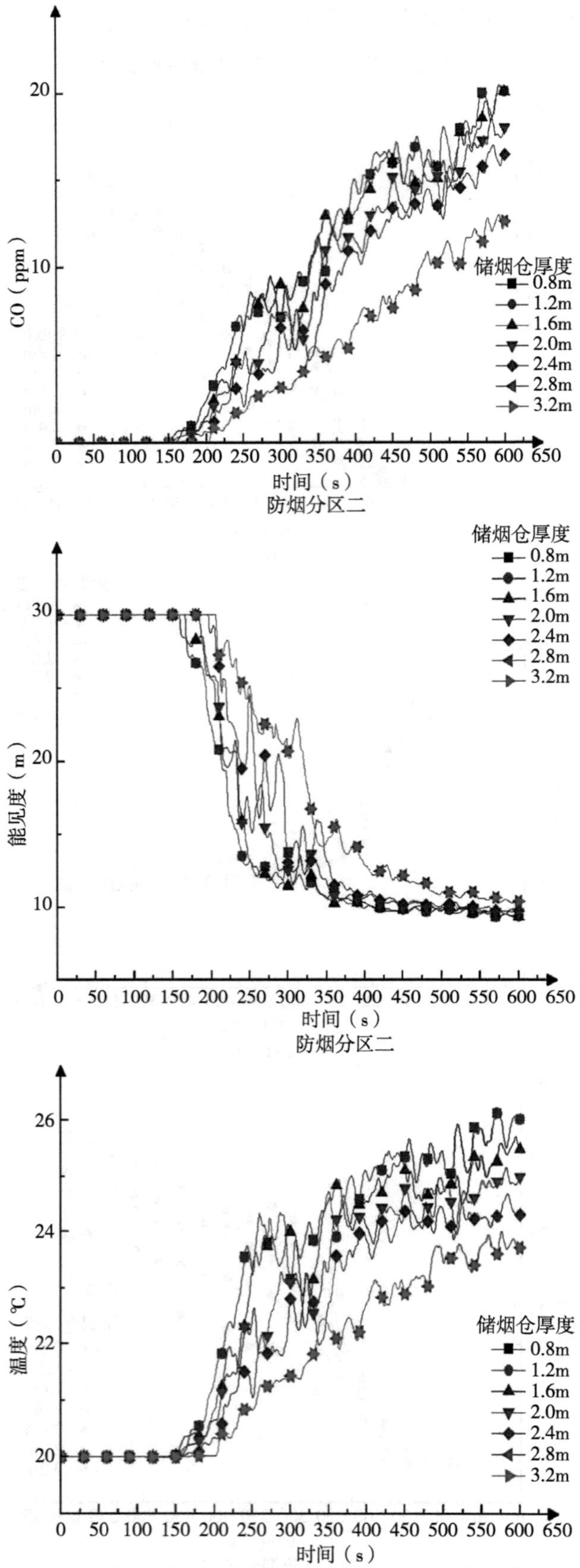

（b）5m高度处测点CO浓度、能见度、温度随时间变化曲线

图4　机械排烟情况下4m、5m高度处测点数据的对比曲线

根据图4可以发现，在火灾发生后的600s时间段内，以防烟分区二为研究对象，储烟仓厚度为2.8m（建筑高度的35%）与储烟仓厚度为3.2m（建筑高度的40%）时，三个指标随时间变化的曲线均重合；储烟仓厚度为0.8m（建筑高度的10%）与储烟仓厚度为1.2m（建筑高度的15%）时，三个指标随时间变化的曲线均重合。储烟仓厚度为1.6m（建筑高度的20%）与储烟仓厚度为2.0m（建筑高度的25%）时，三个指标随时间的变化的曲线相对接近；储烟仓厚度为2.4m（建筑高度的30%）与储烟仓厚度为2.8m（建筑高度的35%）时，三个指标随时间的变化的曲线相差较大。对比可得，储烟仓厚度为0.8m时可达到与1.2m相同的排烟效果，2.8m时可达到与3.2m相同的排烟效果，其次是2.4m的排烟效果也较为理想。为实际工程提供了理论支撑和不必要的材料浪费。

图5为火灾发600s时，位于防烟分区二正中间，与挡烟垂壁平行的竖向切片。如图5所示，从上至下分别为储烟仓厚度1.6m、2.0m、2.4m、2.8m、3.2m的CO浓度切片、能见度切片和温度切片。可以看出，与自然排烟状况不同的是，随着储烟仓厚度的增加，大量烟气积聚到烟气层顶部，机械排烟设施可以高效地将储烟仓内的烟气排出，不会因储烟仓厚度的升高而导致大量截留的烟气不能及时排出，进而烟气顺着挡烟垂壁向下蔓延，导致烟气层下降。由图可以看出，在机械排烟与储烟仓协同作用下，火灾烟气可以很好地将烟气控制并且排出建筑外，并且随着储烟仓高度的增加，排烟效果越好。

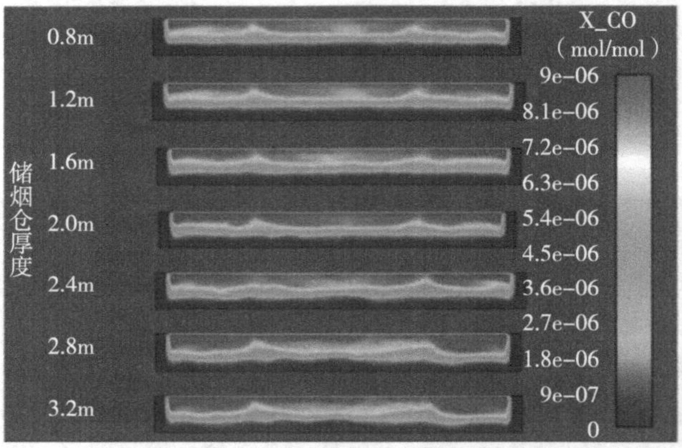

（a）CO浓度场云图

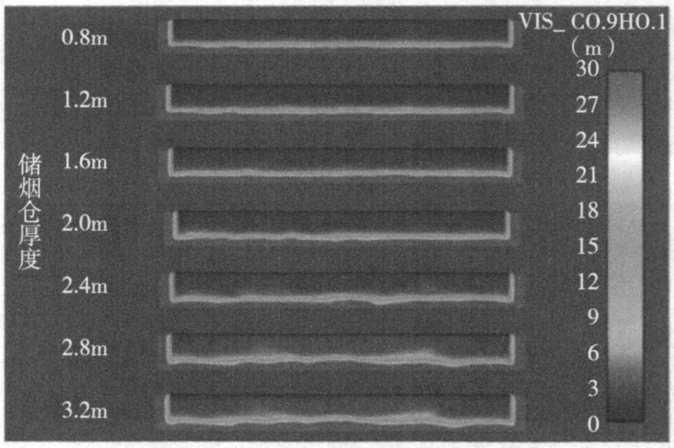

（b）能见度场云图

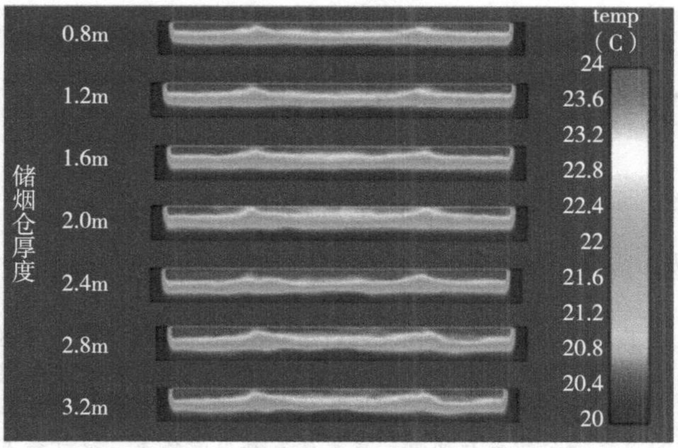

（c）温度场云图

图 5　机械排烟情况下三个指标的切片对比图

4　结论

本文在总结分析国内外对大空间建筑火灾烟气蔓延与控制的研究基础上，以某一建筑高度为 8m，建筑面积为 $4000m^2$ 且有喷淋的厂房为研究对象，运用 FDS 火灾动力学模拟软件建立模型，模拟分析在自然排烟与机械排烟两种情况下不同的储烟仓厚度下烟气的蔓延情况，对比温度、CO 浓度和能见度三个指标的变化情况，最终确定储烟仓厚度对该大空间场所的排烟效果影响，得出主要结论如下：

（1）当建筑的排烟方式为自然排烟时，在不同工况的模拟结果下分析得出，储烟仓厚度 1.6～3.2m（建筑高度的 20%～40%）范围内，储烟仓厚度为 2.8m（建筑高度的 35%）的排烟效果最好。当火灾烟气较大时，烟气上升至顶棚处，截留在储烟仓内。但自然排烟效率低，不能快速地将烟气从建筑内排出。于是烟气向四周水平扩散，在顶棚及周围墙壁的冷却作用下，烟气温度逐渐下降，烟气开始沿墙壁以及挡烟垂壁、挡烟梁等防烟分隔构件向下流动，以至于烟气又向下蔓延到低处。烟层底部的高度降低，排烟效果降低。

（2）当建筑的排烟方式为机械排烟的情况下，在不同工况的模拟结果下分析得出，储烟仓厚度在 0.8～3.2m（建筑高度的 10%～40%）范围内，储烟仓厚度为 2.8m（建筑高度的 35%）的排烟效果较好，其次是 2.4m（建筑高度的 30%）的储烟仓厚度效果也比较理想。与自然排烟状况不同的是，随着储烟仓厚度的增加，大量烟气积聚到烟气层顶部，机械排烟设施可以高效地将储烟仓内的烟气排出。不会出现因储烟仓厚度增加，大量截留的烟气不能及时排出，进而烟气顺着挡烟垂壁向下蔓延，反而导致烟气层最低点下降的现象，呈现反作用。

（3）基于结论（1）、（2）储烟仓厚度对大空间场所排烟效果的影响分析可得，随着储烟仓厚度的增加，着火房间烟气蔓延到其他防烟分区的速度会减慢，其他防烟分区受到烟气的毒性、减光性以及热损伤性的影响会变小，对于自然排烟和机械排烟工况都存在最佳的储烟仓厚度。在实际工程中还应综合考虑排烟效果、建筑美观和经济效益等问题，最终确定大空间场所最优的储烟仓厚度。

参考文献

［1］袁铁柱．大跨度网壳结构火灾升温过程及结构性能分析［D］．天津大学，2009．

［2］陈鑫宏，毕海普，邢志祥，邵辉．火灾烟气危害评价 HTV 模型的应用与验证［J］．中国安全科报，2013，23（09）：20-25．

［3］Baalisampang Til，Saliba Elie，Salehi Fatemeh，Garaniya Vikram，Chen Longfei. Optimisation of sm oke extraction system in fire scenarios using CFD modelling［J］．Process Safety and Environmen tal Protection，2021，149：508-517．

［4］郭世昌．大型商场火灾中人员可用疏散时间 TASET 的研究［D］．西安建筑科技大学，2016．

［5］王方舜．大空间建筑火灾烟气的蔓延及控制研究进展［J］．武汉工程大学学报，2017，（4）：337-347．

［6］张南燕，唐婕．火源位置对大空间建筑火灾烟气蔓延影响研究［J］．武警学院学报，2016，32（06）：16-19．

［7］耿伟超．高铁站候车厅火灾烟气自然排烟特性研究［D］．西安科技大学，2020．

［8］姜学鹏，吴锦东．城市浅埋隧道自然排烟口间距优化［J］．消防科学与技术，2019，38（01）：26-30．

［9］段鹏举．大跨度仓库火灾烟气蔓延规律模拟研究［D］．西安科技大学，2020．

［10］Building Simulation；Findings from University of Jaen Provides New Data on Building Simul ation（Experimental and Computational Study of Smoke DynamicsFrom Multiple Fire Sources Insi de a Large-volume Building）［J］．Journal of Technology & Science，2020，14（4）：1-15．

［11］王会刚，张为明．大空间建筑火灾 FDS 数值模拟网格尺寸影响［J］．中国公共安全（学术版），2013（03）：56-60．

［12］袁威，梁栋，褚燕燕，王伟．环境风对高层建筑楼梯井内火灾烟气运动特性的影响［J］．安全与环境工程，2022，29（01）：33-38．

［13］赵玉鹏．地下商业街火灾危险性评估及疏散研究［D］．湖南科技大学，2017．

［14］National Fire Protection Association. Guide for smoke management systems in malls，atria and large areas：NFPA 92B［S］．Quincy，MA，USA：NFPA，2000．

［15］刘博，王春雨，耿伟超，邓军，刘长春．大空间设置上、下悬窗自然排烟效果对比研究［J］．中国安全生产科学技术，2022，18（01）：87-94．

密室逃脱类场所的消防安全现状及对策分析

张 颖

（晋中市消防救援支队，山西 榆次）

摘 要 在社会需求驱动、人们娱乐生活方式愈加多元的情况下，以密室逃脱为代表的新型娱乐场所不断涌现，此类娱乐场所综合性、趣味性较强，可以激发年轻人的兴趣、吸引年轻人的关注且满足年轻人的个性化需求。但密室逃脱类娱乐场所一般位于商业综合体及地下室内，其特殊的位置、布局以及不完善的消防安全防范体系使得其消防安全现状不容乐观。文章简要论述密室逃脱类场所的特点，分析密室逃脱类场所的消防安全隐患与问题，重点从完善监管体系、提升密室逃脱类场所设计建造规范性、加强用电管理、注重宣传教育、制定应急预案五大方面探究密室逃脱类场所的消防安全对策。

关键词 密室逃脱类场所 消防安全现状 宣传教育 监督管理

密室逃脱类场所是以固定时空为基础，在其中组织开展真人逃脱、剧本杀、情景剧等活动的场所，当下是年轻人主要的休闲娱乐方式，在年轻人群体中深受青睐，参与密室逃脱活动的人数也与日俱增。数据显示，截至 2019 年密室逃脱类场所个人消费者数量达到 196 万人次。密室逃脱类场所空间较为狭窄，且大部分经营者为打造“沉浸式”氛围会以塑料、帷幔等易燃性物质装饰空间，大量使用音响、灯光等电器电子设备，以隔断打造封闭式的空间，其中隐藏着诸多消防安全风险，一旦发生火灾，因场地有限、逃生渠道受阻或消防设施不完善便会引发严重的后果，危害人们的财产乃至生命安全。因此需要结合密室逃脱类场所的特点、潜在的消防安全隐患等对其实行针对性、有效性的消防安全监管，改善其消防安全状况并推进其规范、安全发展。

1 密室逃脱类场所的特点

密室逃脱类场所在区域分布上较为广泛，城区及城市郊区都有不同类型与规模大小的密室逃脱类场所，可见其受欢迎程度，但分布零散也给消防安全管理与监督增加了难度。同时，密室逃脱类场所一般位于商业综合体中，通过对写字间、商住楼等进行改造、隔断与布置等形成密室逃脱系列活动的空间，也有部分密室逃脱类场所位于地下室内，场所的封闭性较强，当发生消防安全事故时逃生与救援的难度较大。此外，密室逃脱类场所的面积一般较小，面积在 500m² 以下的密实逃生场所居多，具体如图 1 所示。

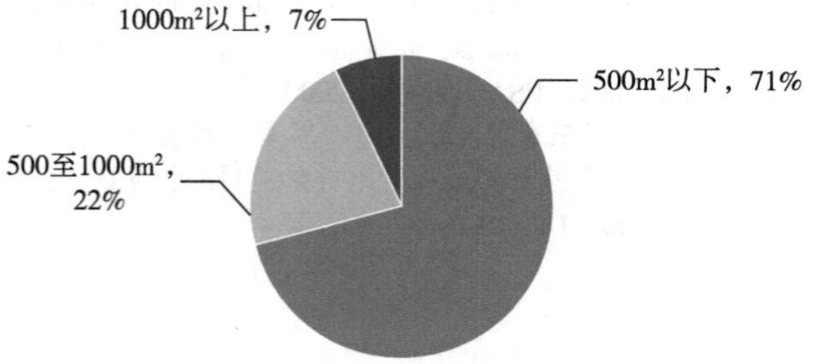

图 1 密室逃脱类场所面积规模

大部分密室逃脱类场所的经营者为了营造出悬疑、紧张、刺激的氛围，通常会使用隔断打造封闭与狭小的空间，使用大量易燃装饰物布置空间环境，并且使用音响、灯光等电器电子设备以烘托氛围，存在着较大的消防安全隐患。

此外，密室逃脱类场所的玩家以年轻人为主，一场游戏的参与者高达十余人，在如此狭小的空间内人员密度较大，在发生安全事故时难以快速逃生。不仅如此，年轻人的消防安全意识较低，对消防安全隐患的认识不到位，也会增加密室逃脱类场所消防安全监管的难度[1]。

2 密室逃脱类场所的消防安全现状与问题

2021 年应急管理部消防救援局印发《密室逃脱类场所火灾风险指南及检查指引的通知》，各地消防救援机构也结合密室逃脱类场所的安全防范工作需求开展专项检查，可见对密室逃脱类场所消防安全监督与管理予以高度重视。但因密室逃脱类场所的特殊性、经营主体的逐利行为、经营主体及场所参与者消防意识淡薄，使得密室逃脱类场所消防安全现状不容乐观，存在以下较为突出的消防安全隐患及问题。

2.1 行政许可程序不完善

我国相关法律规定，以密室逃脱为代表的娱乐场所的设立由文化部门管理，营业执照的领取由工商部门负责，经营与监督由公安部门及文化主管部门负责，改扩建、内部抓国内秀工程由住建部门负责。此外，密室逃脱类娱乐场所还需要受到消防部门、环保部门的监管，以此规范密室逃脱类场所的经营行为，维护消费者的合法权益。但从实际的建设情况来看，部分密室逃脱类场所办理的营业执照与其实际经营内容不符，未将真人密室逃脱等活动纳入到经营范围之内。除此之外，依据《中华人民共和国消防法》，密室逃脱类娱乐场所在经营前需要办理公众聚集场所投入使用前的消防安全检查，取得消防安全检查合格证后才能够进行营业。部分密室逃脱类场所经营者按照法律规定办理相关的投入使用许可证、消防检查合格证，但当经营内容、建筑设计布局改变后并没有第一时间重新申报与申领，使得密室逃脱类场所的消防监管存在“空白区”；部分密室逃脱类场所经营者的法律意识较低，因各种原因未能申报消防检查，使得消防安全监管工作的开展难度较大，无法获取密室逃脱类场所真实、可靠与全面的消防安全信息[2]。

2.2 消防设计建造不严格

密室逃脱类场所消防设计建造不严格主要体现在四大方面：其一，安全疏散逃生有缺陷。密室逃脱类场所内部空间大多由多个空间串联而成，每一个密室主题包含 3 至 5 个串联空间，面积一般在 100m² 以下，大部分密室主题的空间都符合《建筑设计防火规范》的总体要求，但因迷失逃脱场所的特殊性，其安全疏散逃生存在较大的消防安全隐患，如部分疏散通道内堆放游戏装置、在疏散门上设置有电子门禁、部分密室主题内空间存在暗道等，都加大了人员疏散风险；其二，消防设施器材不健全，虽然大部分密室逃脱类场所设置消防喷头及感烟探测器，但经营者因担心消防设施破坏整体氛围，使得密室逃脱类场所内消火栓、灭火器、疏散指示标识、应急照明等不符合标准；其三，用电规范性不到位。因场景剧情需要，密室逃脱类场所中会使用大量的电器电子设备，部分电气线路敷设不符合要求、电气设备超负荷运行或接触不良、使用不符合安全性标准的电气设备等，都会加大密室逃脱类场所的起火风险；其四，装修道具材质不合规，部分密室逃脱类场所的装修材料为橡胶、塑料、泡沫等，有着较强的可燃性与易燃性，会加大起火风险。

2.3 消防安全意识不到位

密室逃脱类场所的安全防范不仅要依赖完善的监管体系，还需要依靠经营者及场所参与者的自觉性、主动性以及高水平的消防安全意识、逃生技能。就密室逃脱类场所经营者、设计者而言，其大多以逐利思想为驱动，为吸引消费者的关注、激发消费者的购买意愿、适应各种密室主题的场景剧情需要，在经营、设计建造、布局、装饰等方面会优先考虑游戏体验感及场景效果，未能将消防安全摆在首位，使得密室逃脱类场所消防安全防范体系不完善，存在诸多消防安全隐患；就游戏的参与者而言，往往以年轻群体为主，在消防安全隐患认知、消防安全意识上明显不足，所掌握的消防安全知识与技能欠缺，在游戏中因忽视消防安全可能会出现违规吸烟、违规使用明火、违规燃放冷烟花等明火源的危险行为，且在面对消防安全问题时持有随意、忽视的态度，未能向消防救援机构举报、反馈。

3 密室逃脱类场所的消防安全对策

密室逃脱类场所空间狭小、布局复杂、易燃物较多，一旦发生火灾很容易导致人员疏散困难、火灾迅速蔓延。因此需要把握好密室逃脱类场所的特点，找准密室逃脱类场所潜在的消防安全隐患，在此基础上确立问题导向、有的放矢，通过多措并举对检查发现的消防违法行为责令改正，确保密室逃脱类场所的安全性。

3.1 完善密室逃脱类场所监管体系

做好密室逃脱类场所经营前的消防安全审批是促进密室逃脱类场所合法合规、安全经营的先决条件。现阶段密室逃脱类场所存在行政许可程序不完善的问题，主要原因在于密室逃脱类场所内机关、密道、游戏装置等的消防安全性技术鉴定难度较大，存在无规可依的局限，且制定与密室逃脱类场所多样性、复杂性特点相契合的消防安全规范也存在较大的难度。为此，建议在密室逃脱类场所消防技术规范出台前，严格遵循《建筑设计防火规范》对密室逃脱类场所的消防安全进行全面、细致检查，重点关注密室逃脱类场所的安全疏散逃生、消防安全设施、建筑布局等的规范性。同时，由专业评估机构、第三方检测机构等以新技术、新方法鉴定密室逃脱类场所内游戏装置、暗道、机关等消防安全性，在密室逃脱类场所建设及经营前严格把好消防安全关，在实践及经验积累中不断完善针对密室逃脱类场所的消防安全技术规范体系，以此切实做到源头管理、防患于未然[3]。同时要规范顾客群体，未成年人不具备独立行为能力，且遇到危险后容易反应不及时、反应过激，极易造成不必要的危险，因此监管部门应禁止未成年人进入此类场所娱乐。

3.2 提升密室逃脱类场所设计建造的规范性

密室逃脱类场所设计建造不严格是其存在消防安全隐患的主要原因。首先，在对密室逃脱类场所进行全面消防安全检查后发现其在平面结构布局上的问题，指导其严格按照《建筑设计防火规范》设计好安全疏散距离、疏散门及安全出口的净宽度，严禁在疏散通道处堆放游戏装置或杂物，要求其以明晰的标志进行安全疏散引导，同时严格核算、严禁超员运营，以此降低人员疏散风险。其次，经营者要配齐相应的消防设施与器材，并加强对消防设施的日常巡查检查和维护保养，及时发现并整改影响消防设施正常发挥作用的行为，确保消防设施处于完好有效的状态。最后，指导密室逃脱类场所经营者、工作人员及设计者在制作道具、装饰空间时选择燃烧性能等级符合规定的材料，尤其是在道具及隔断填充时要选择不燃、难燃材料，以此降低密室逃脱类场所的起火风险。

3.3 加强密室逃脱类场所用电管理

为提高密室逃脱类场所用电规范性，建议加强日常巡查电气线路敷设情况，检查其导线是否具备充足的载流余量与机械强度，是否安装阻燃管、智能化的电路保护装置等，电气线路的规范敷设可以避免线路超负荷运行，提升密室逃脱类场所用电的安全性。同时，要求密室逃脱类场所在电气线路敷设、电气设备安装中聘请具备职业资质的电工，确保电气设备安装稳定、线路连接紧密、电气设备接地系统完善，以此有效避免因电气设备安装不稳定、电气设备线路接触不良等诱发较为严重的电气火灾事故。此外，指导密室逃脱类场所经营者制定电气线路及电气设备的检查、维护与维修制度，确保场所内线路的配置和电气保护装置应与用电设备功率相匹配，使装置切实起到对电气线路的保护作用。在营业结束后断掉非必要电源，定期开展电气防火检测等，都可以降低密室逃脱类场所的安全事故发生几率[4]。

3.4 注重消防安全宣传与教育

密室逃脱类场所经营者、工作人员以及参与游戏的玩家的消防安全意识、消防安全知识与技能水平在很大程度上影响密室逃脱类场所的消防安全监管效果。因此需要加大对其的消防安全宣传与教育。一方面，在完善密室逃脱类场所消防行政许可程序的前提下，对经营者进行消防培训，要求其制定与经营范围、经营内容、建筑设计及布局等相契合的内部消防培训体系，要求相关工作人员将消费者的安全摆在首位，及时发现并反馈不同密室主题空间内的消防问题，以此将消防安全目标、责任落实到个人；另一方面，在游戏开始前，工作人员对参与游戏的玩家进行消防安全宣传，讲解安全疏散通道、疏散门、消防设施器材的位置，遭遇火灾时的紧急应对情况等，以此提升高玩家的消防安全意识、安全防范水平，并且为消防救援提供便利。

3.5 制定密室逃脱类场所安全事故应急预案

密室逃脱类场所有着起火风险、人员疏散风险及火灾蔓延扩大风险，一旦发生火灾便会加大救援、逃生难度，威胁人们的财产及生命安全，且密室逃脱类场所的复杂性与多样性也会导致消防安全隐患无处不在。因此需要综合、深入且细致地分析密室逃脱类场所的不同特点、把握好其潜在与表象的消防安全隐患，真正做到熟悉密室逃脱类场所，明确密室逃脱类场所的消防安全监管要点。在此基础上制定密室逃脱类场所应急预案，组织工作人员及游戏玩家进行应急演练，及时发现应急演练中存在的问题，通过总结经验以进一步提升应急预案的科学性、可行性与规范性，并且结合实际情况进一步完善密室逃脱类场所消防安全监管体系。

4 结论

密室逃脱类场所有着分布零散、面积规模较小、参与人数众多且年轻群体消防安全意识普遍较为薄弱，对场所消防安全隐患认识不到位的特点。现阶段消防救援局及各地消防救援机构对密室逃脱类场所的消防安全管理予以高度重视，但受到多种因素的影响，密室逃脱类场所依然存在行政许可程序不规范、消防设计建造不严格、消防安全意识不到位的消防安全隐患与问题。为此，需要进一步完善密室逃脱类场所的消防安全监管体系，提升密室逃脱类场所设计建造的规范性，加强密室逃脱类场所用电管理，注重消防安全宣传与教育，制定密室逃脱类场所安全事故应急预案，以此遏制密室逃脱类场所消防安全事故的发生，保护人们的生命及财产安全，促进密室逃脱行业健康、稳定、规范化发展。

参考文献

[1] 蒋建，李勇．火灾高危场所消防安全管理分析[J]．中国应急管理，2022（03）：62-63.

[2] 张峰．密室逃脱类场所的消防安全现状及对策[J]．消防界（电子版），2021，7（21）：34+36.

[3] 肖方．消防救援局：对密室逃脱类场所进行严查严管[J]．中国消防，2021（10）：6.

[4] 刘升赟，高文敏．“密室逃脱”类场所消防安全管理探讨[J]．今日消防，2020，5（08）：104-106.

空气幕距挡烟垂壁不同距离的防烟效果研究

赵嘉伟　张紫琪

（中国人民警察大学防火工程学院，河北　廊坊）

摘　要　空气幕作为一项阻挡烟气蔓延的有效手段，对于提升站厅楼梯口在火灾情景下的安全有重要意义。因此，本文以某地铁站为研究对象，建立了该地铁站站厅楼梯口的模型，用火灾模拟软件 FDS 研究了在火源功率为 20MW 的前提下，射流角度为 30°，初始速度为 10m/s，射流厚度为 0.2m 的空气幕与高度为 0.5m 的挡烟垂壁间最优的间距。模拟得到不同间距下的烟气蔓延情况、CO 浓度变化、温度变化以及速度场分布，分析得到二者最优间距为 1m，并分析了不同间距下防烟效果产生差异的原因。希望能为为防烟空气幕应用于地铁火灾防烟系统提供一定的工程建议。

关键词　消防　防烟　空气幕　挡烟垂壁　数值模拟

1　引言

地铁是城市中重要的公共交通工具之一，对于缓解地面交通压力、方便人民群众出行有重要的意义。但由于地铁自身的特殊性质，一旦发生火灾，可能造成较大的生命财产损失，因此地铁的消防安全是一个十分重要的问题。

目前在地铁火灾烟气控制领域，主要通过站厅送风和机械排烟两项技术实现火灾烟气控制，避免火灾烟气蔓延至站厅。根据《地铁设计规范》（GB 50157—2013）：“当车站站台发生火灾时，应保证站厅到站台的楼梯和扶梯口处具有能够有效阻止烟气向上蔓延的气流，且向下气流速度不应小于 1.5m/s”[1]。但由于站厅体量较大，规范中的要求往往无法达到，空气幕则为这一问题提供了可行的解决方案。

空气幕是利用风幕机，喷射出一定温度和速度的幕状气流，对某一区域实现封闭，借助射流产生的动量改变外界入侵气流或粉尘的运动方向，实现维持室内环境的稳定。相比较于挡烟垂壁、防火卷帘等防烟设施，具有不影响人员出入的优势。在前人对空气幕的研究中，发现空气幕可以实现较好的挡烟效果，有广阔的应用前景。何嘉鹏等人[2]提出了防烟空气幕二维数学模型，为防烟空气幕的设计提供了参考；Wang 等人[3]研究了空气幕保护下的门洞渗漏模型；Yu 等人[4]提出了“挡烟动量比”用于衡量防烟空气幕的有效性；黄冬梅[5-6]研究了用于前室挡烟的空气幕的最优射流角度和速度；KRAJEWSK 等人[7]给出了高度为 2.00m 的走廊和高度为 4.6m 的隧道的防烟空气幕设置的一般要求；张晓涛[8]以实际走廊为研究对象探究了传统防排烟设施对空气幕防烟效果的影响。本文通过数值模拟的方法探究了某地铁站站厅楼梯口空气幕与挡烟垂壁的最优间距，希望能为为防烟空气幕应用于地铁火灾防烟系统提供一定的工程建议。

2　模型建立

2.1　物理模型

以某地铁站站台楼梯口为研究对象，如图 1 所示，计算区域为 21m ×12m ×6m 的空间，四周设置为开放空间，站台到站厅的高度为 4.6m，挡烟垂壁高度为 0.5m。考虑到最不利因素，将火源设置在楼梯口位置，功率为 20MW。

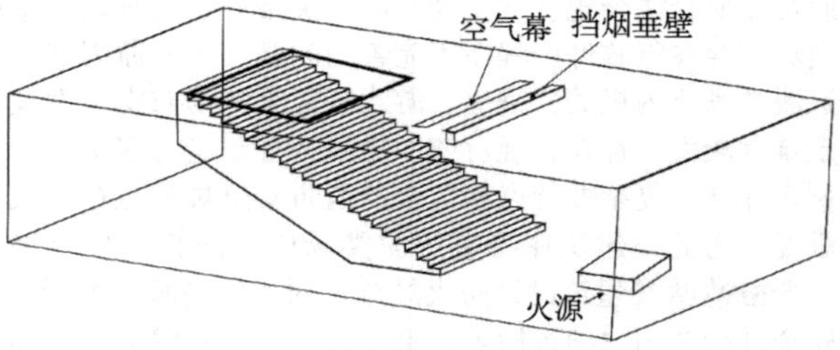

图 1　物理模型

2.2　火源设置

火源热释放速率是衡量火灾危险性的一个重要指标，其增长规律符合 t^2 特征：

$$Q = at^2 \tag{1}$$

其中，Q 为火源热释放速率，单位为 kW；α为火源增长速率，单位为 kW/s^2；t 为时间，单位为 s。不同增长类型火灾的增长系数不同，其增长系数的取值如表 1 所示。

表 1　不同火灾增长类型

增长类型	增长系数/（kW/s^2）
超快速火	0.1876

续表

增长类型	增长系数/（kW/s²）
快速	0.0496
中速	0.01172
慢速	0.00293

由于本文选取最不利情况，选择超快速火作为火灾增长类型，230s左右达到最大热释放速率。

2.3 空气幕参数选择

决定空气幕防烟性能的参数有三个，分别为：射流初始速度（u_0）、射流角度（α）、射流厚度（e）。在文中情景下，其工作原理如图2所示。一般而言，射流速度越高，其对抗烟气流动的能力越强；由于需要保证足够的动量对抗烟气的横向运动，空气幕的射流需要向烟气来流烟气倾斜一定角度，在对前人研究的总结中发现，射流角度在15°~45°之间时能够取得较好的防烟效果；尽管射流厚度越大，空气幕防烟性能越好，但对于较大的射流厚度令其保持一定速度存在一定困难，所以，综合防烟性能、成本、美观等因素射流厚度在15cm~30cm之间时较为适宜。综上，本文选择射流角度为30°，射流初始速度为10m/s，气幕厚度为0.2m的空气幕，位于挡烟垂壁后侧。根据《建筑防烟排烟系统技术标准》（GB 51251—2017）[9]："当防火分区内火灾确认后，应能在15s内联动开启常闭加压送风口和加压送风机"，同时考虑到风机启动所需时间，本文设计在17s后启动空气幕风幕机。

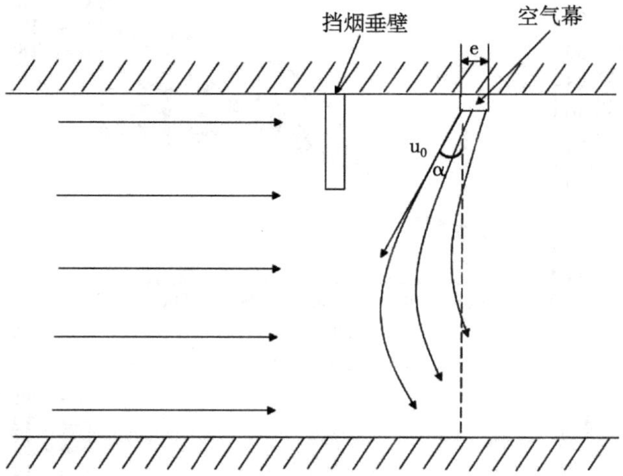

图2 空气幕工作原理

2.4 网格独立性验证

一般而言，网格越精细，计算准确度越高，但对计算资源的消耗以及需要花费的时间也越长，因此，在进行模拟前需要进行网格独立性测试，使得精度满足需要的前提下，尽可能缩短模拟所需时间以提高效率。本文设计了如下网格划分方案，见表2。

表2 网格划分方案

方案	网格尺寸	网格数
1	0.1×0.1×0.1	1512000
2	0.15×0.15×0.15	448000
3	0.2×0.2×0.2	189000
4	0.3×0.3×0.3	56000

在火源功率为20MW的情况下，在不同网格划分方案下火源上方4.1m处的温度随时间的变化见图3。

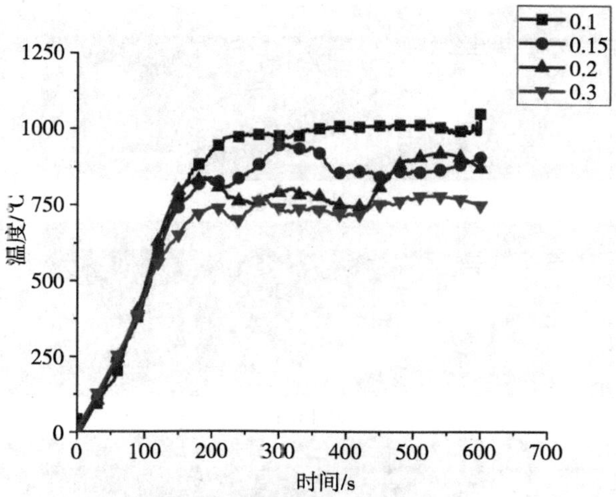

图3 不同网格密度下的温度变化

可以看出，方案2、方案3的相差较小，综合计算精度与运行时间，因此选择方案3作为网格划分方案。

2.5 工况及测点布置

如图4所示，本文主要研究在空气幕与挡烟垂壁间距d分别为0.5m、1m、1.5m、2m、2.5m以及无空气幕时烟气在站台楼梯间的扩散情况，并在距空气幕内侧0.4m和距挡烟垂壁外侧0.5m的位置从上到下布置了8个温度测点和8个CO浓度测点。

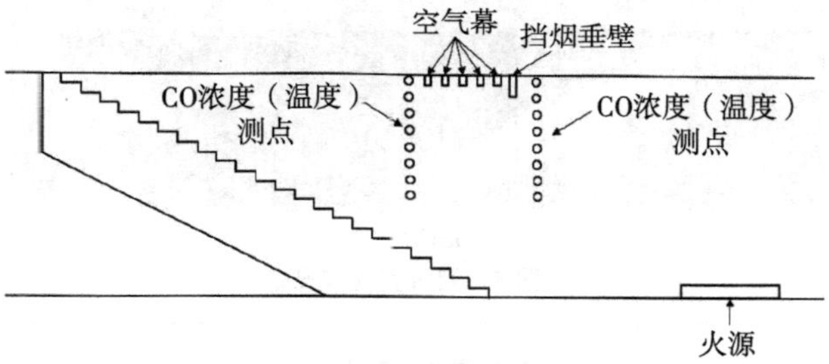

图4 测点布置情况

工况设置如表3所示。

表3 工况设置

工况	火源功率/MW	间距/m
1	20	0.5
2		1
3		1.5
4		2
5		2.5

3 计算结果分析

3.1 烟气蔓延情况

图5中选取了第400s时的烟气蔓延情况，可以看出，空气幕与挡烟垂壁的间距为0.5m时，有较多的烟气进入楼梯间，间距在1.0~2.5m时不同间距下的烟气蔓延状况差异不大，但都优于间距为0.5m时的防烟效果。由于空气幕射

流在撞击地面后气流较为紊乱，卷吸了部分烟气，因此能观察到仍然有烟气进入楼梯口。

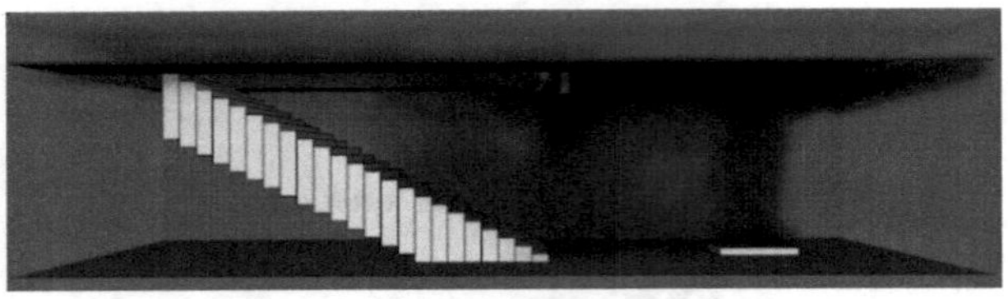

d=0.5m

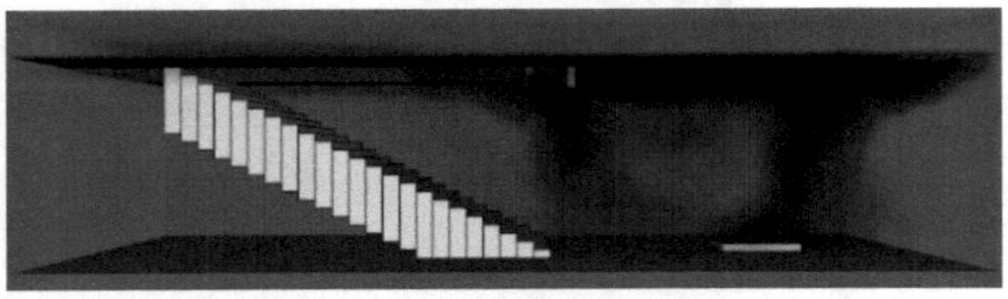

d=1.0m

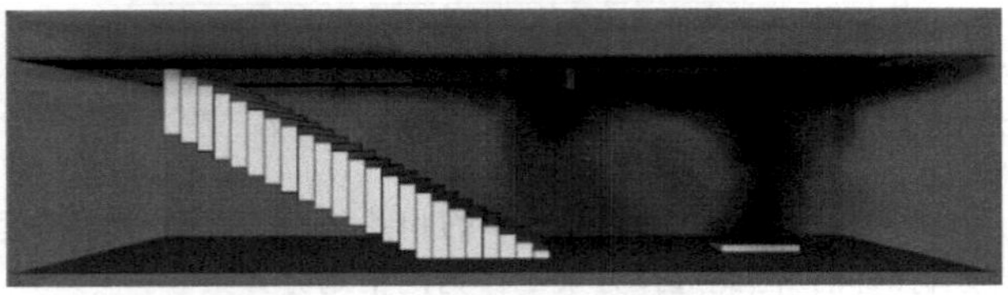

d=1.5m

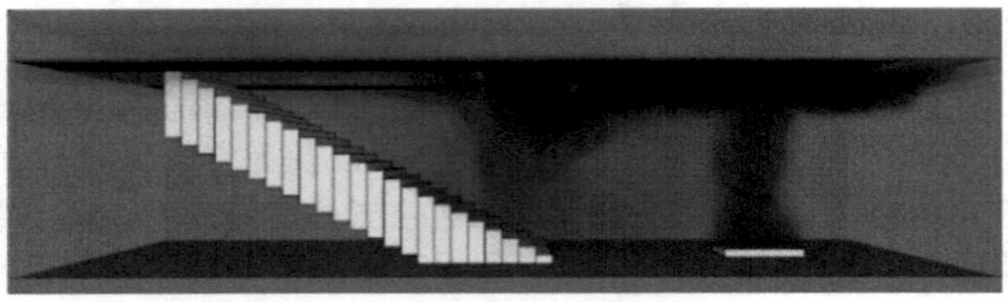

d=2.0m

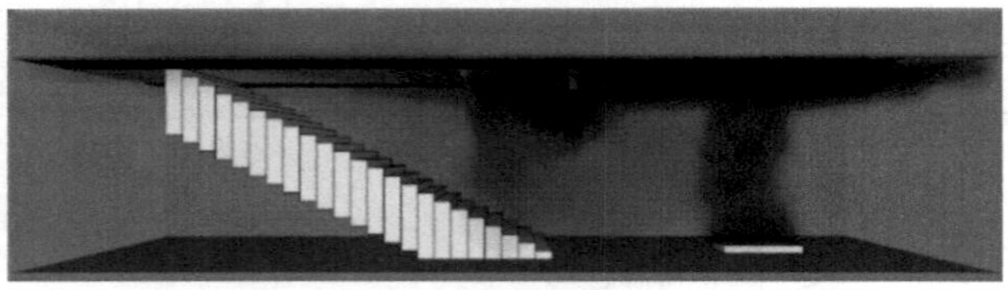

d=2.5m

图 5　烟气蔓延情况

3.2　CO 浓度以及温度变化规律

3.2.1　CO 浓度变化分析

火灾烟气中会夹杂 SO_2、CO、NO 等会对人体产生危害的气体，这些有害气体会对人员疏散产生较大的威胁。图 6 中展示了不同间距下，距地面 1.6m 高处 CO 浓度变化。在 230s 之前不同间距下的 CO 浓度差异不大，其原因在于，在 230s 之前火源的热释放速率较低，烟气运动的动量较低，无法突破空气幕的防护；230s 之后，在 $d=0.5$m 的情况下，由于挡烟垂壁阻挡了射流在水平方向上的运动，导致射流对抗烟气水平运动的能力不足，导致烟气突破了空气幕的防护，使得 CO 浓度出现了较为明显的变化，

在 $d=1$m、1.5m、2m、2.5m 时的 CO 浓度差异不大，说明在这几种情况下，空气幕起到了阻隔的作用，但 CO 浓度仍然在上升，其原因一方面在于楼梯间两侧没有封堵，导致 CO 扩散至楼梯间，另一方面，空气幕射流在撞击地面后将部分烟气卷吸至楼梯间，使得 CO 浓度升高。

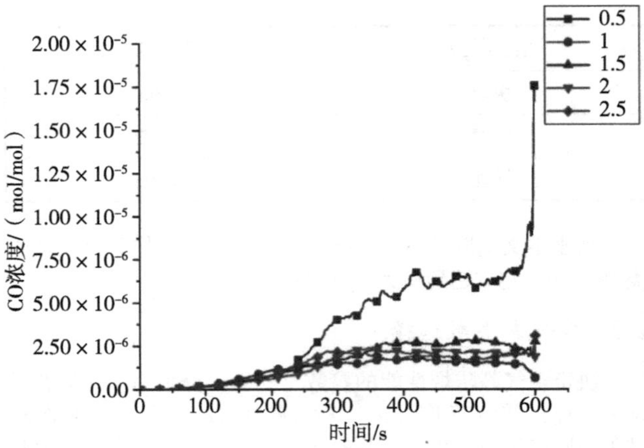

图 6　CO 浓度变化

3.2.2　温度变化分析

火灾产生的高温烟气会对人的呼吸道造成伤害，因此温度的变化也是衡量防烟效果的一个重要参量。通过对图 7 中不同间距下空气幕后侧的温度变化可以发现，由于在 $d=0.5$m 的情况下空气幕失去了密封性，其温升在 30℃左右，其他情况下温升均小于 20℃，且在 300s 左右时趋于稳定，可以看出空气幕能够很好地阻隔热量的传播。

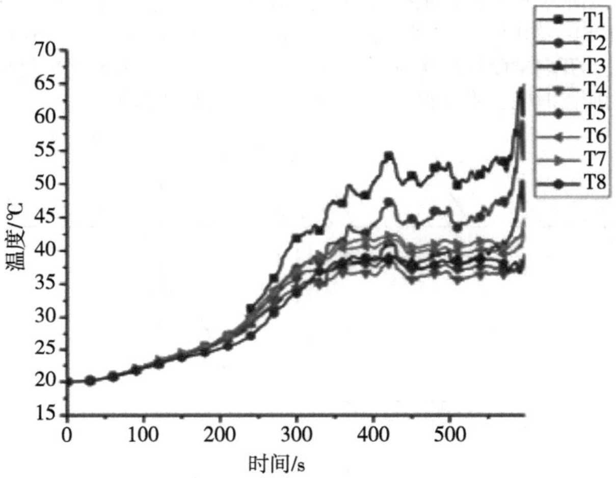

（a）*d*=0.5m

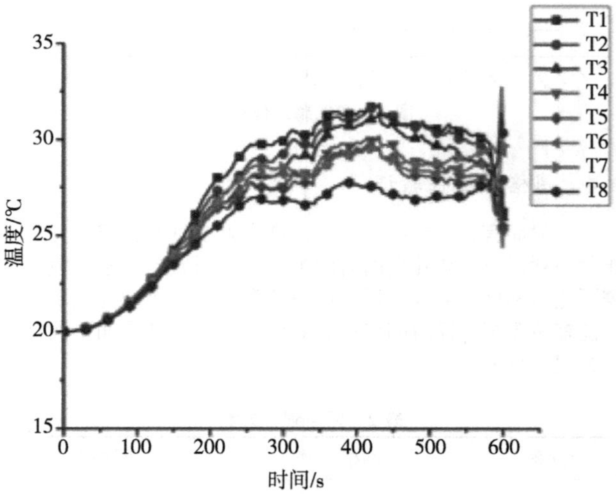

（b）*d*=1.0m

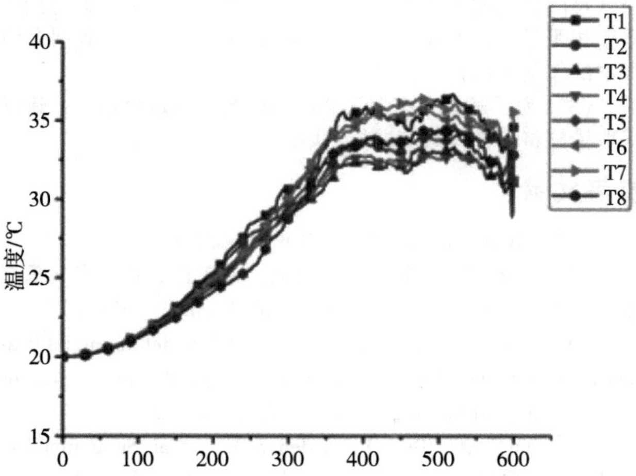

（c）d=1.5m

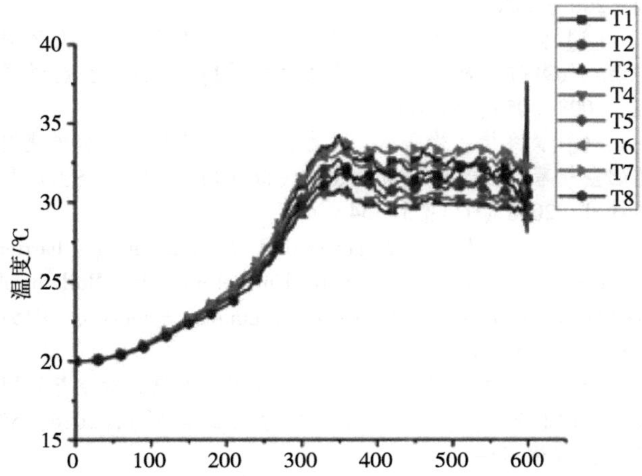

（d）d=2.0m

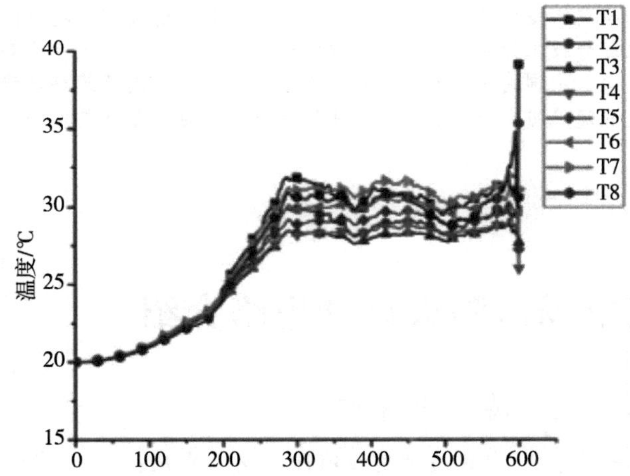

（e）d=2.5m

图7　温度变化

3.3　速度场分析

图8为600s时空气幕附近的速度场矢量图，可以看到，当d=0.5m时，空气幕的射流在烟气的作用下完全失去了密封性，其原因在于，挡烟垂壁阻挡了射流在水平方向上的运动，导致射流对抗烟气水平运动的能力不足，使空气幕的密封性较差；在d=1.5m、2.0m时，空气幕尽管保持了密封性，但射流的偏折较为严重，其原因是在挡烟垂壁的沉降作用下，烟气侵入的位置更加靠下，同时由于空气幕射流越向下速度越低，射流的挡烟能力变差。另外，通过对（c）、（d）两图的观察可以发现空气幕与挡烟垂壁之间形成了一个涡旋区，这使得烟气可以更快速地到达风幕机喷口处，并跟随空气幕射流到达地面。

在d=1.0m时，空气幕既保持了密封性，其射流也没有发生明显的形变，在文中条件下，可以认为是最优的间距。火灾烟气在挡烟垂壁的作用下发生了偏转，烟气的水平动量减小，同时空气幕射流在水平方向上一方面没有挡烟垂壁的阻挡，另一方面由于距离较近速度衰减较小，射流有足够的动量对抗烟气的运动，达到了较好的效果。

在d=2.5m时的速度场的观察中发现，烟气在通过挡烟垂壁后重新上升至顶部，空气幕与挡烟垂壁不再形成相互配合的关系，空气幕与挡烟垂壁近似为相互独立两个防烟设施。

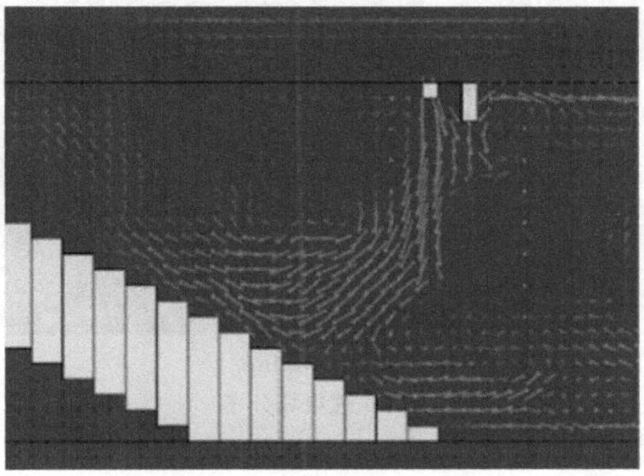
（a）d=0.5m

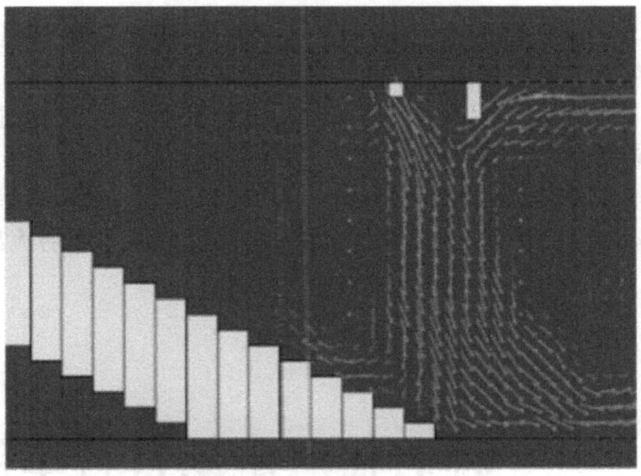
（b）d=1.0m

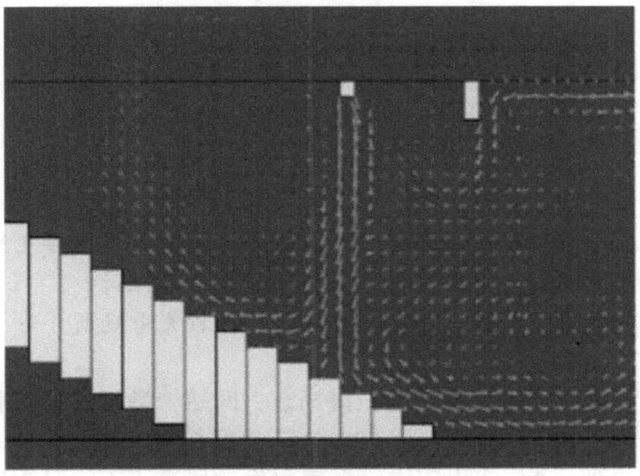
（c）d=1.5m

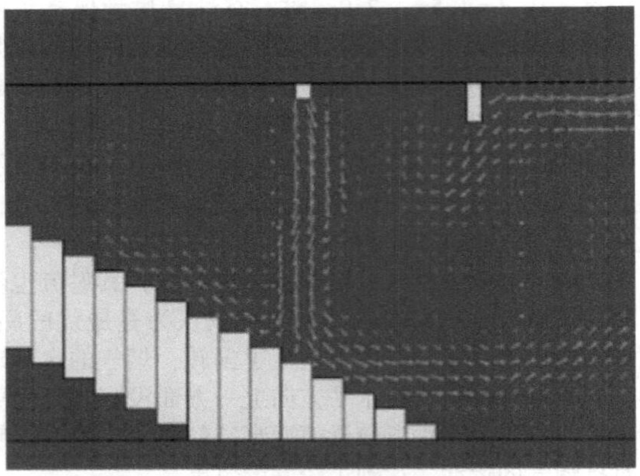

（d）d=2.0m

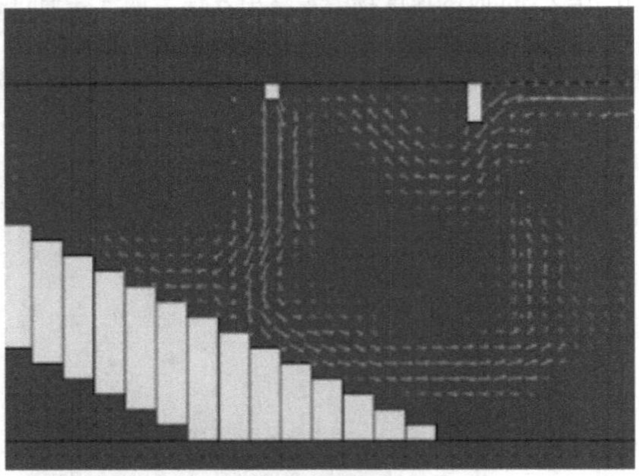

（e）d=2.5m

图 8　速度场分布

4　结论

（1）空气幕配合挡烟垂进行现站台楼梯口防烟是可行的，在文中所给条件下，二者间距在 1.0m 时最佳。

（2）研究表明空气幕与挡烟垂壁的间不宜过小或过大，但不同间距下导致防烟性能的下降的机制不同：当 $d \leqslant 1.0$m 时空气幕受挡烟垂壁的阻挡，其性能无法充分发挥；当 1.0m<$d \leqslant 2.5$m 时，由于烟气侵入的位置更加远离射流出口，空气幕的挡烟能力变弱；当 $d \geqslant 2.5$m 时，由于空气幕与挡烟垂壁相距过远，沉降后的烟气重新上升至顶部，二者间在防烟中的作用更加相互独立。

（3）为了避免火灾烟气从楼梯口侧边蔓延至站厅，建议采取措施将楼梯口两侧进行封堵。

参考文献

［1］GB 50157—2013，地铁设计规范［S］.

［2］何嘉鹏，王东方，韩丽艳，姜正良．防烟空气幕二维数学模型［J］．土木工程学报，2003（02）：104-107.

［3］Wang L L，Zhong Z. An approach to determine infiltration characteristics of building entrance equipped with air curtains［J］. Energy and buildings，2014，75：312-320.

［4］Yu L X，Beji T，Zadeh S E，et al. Simulations of smoke flow fields in a wind tunnel under the effect of an air curtain for smoke confinement［J］. Fire Technology，2016，52：2007-2026.

［5］黄冬梅，梅秀娟，兰彬，朱杰，王珍．出口角度对防烟空气幕防烟效果影响的数值模拟［J］．中国安全科学学报，2008（05）：55-60.

［6］黄冬梅，梅秀娟，兰彬，朱杰，王珍．出口风速对防烟空气幕防烟效果影响的数值模拟［J］．中国安全生产科学技术，2008（02）：31-34.

［7］Krajewski G，Węgrzyński W. Air curtain as a barrier for smoke in case of fire：Numerical modelling［J］. Bulletin of the Polish Academy of Sciences：Technical Sciences，2015：145-153-145-153.

［8］张晓涛，谭翀，陆愈实．传统控烟设施对空气幕阻烟性能的影响［J］．浙江大学学报（工学版），2016，50（09）：1738-1745.

［9］GB 51251—2017，建筑防烟排烟系统技术标准［S］.

［10］钱舒畅，陆宇，樊莉等．基于 PyroSim 的村寨木结构建筑室内消防改造的探讨［C］//中国建筑学会建筑防火综合技术分会，中国工程建设标准化协会建筑防火专业委员会，中国消防协会建筑防火专业委员会，中国建筑科学研究院建筑防火研究所．第一届建筑防火大会优秀论文集.

一种居住区电动自行车停放充电场所防火设计思路介绍

崔景立[1]　唐　飞[2]　杨进春[3]　付　涛[1]　周军榕[1]

（1. 机械工业第六设计研究院有限公司，河南　郑州；2. 中建隧道建设有限公司，重庆；3. 中国建筑标准设计研究院有限公司，北京）

摘　要　针对居住区电动自行车停放充电场所存在的问题，提出了一种居住区电动自行车停放充电场所防火设计方案，介绍了有关设计思路，并就有关问题进行了探讨。

关键词　居住区　电动自行车　停放充电场所　防火设计

根据应急管理部消防救援局官方网站“数据统计”栏目提供的资料，统计文件《2019 年全国接报火灾 23.3 万件起》提到：“住宅火灾中，电气引发的居高不下，已查明原因的火灾中有 52%系电气原因引起，尤其是各类家用电器、电动车、电气线路等引发的火灾越来越突出，仅电动自行车引发的较大火灾就有 7 起。据统计，全国城乡电动自行车的保有量已达 2.5 亿辆，新能源车保有量达到 381 万辆，由此引发火灾的概率还将增大。”统计文件《2020 年全国火灾及接处警情况》提到：“电动自行车引发的火灾不容忽视，特别是 36 起电气引发的较大火灾中，有 11 起已查明系电动自行车引起，占总数的 30.6%。”居住区，特别是既有居住区，电动自行车充电方式，从早期的“飞线充电”开始，经过持续整治，逐步改为现在的集中停放充电。然而，有关其充电引发火灾的报道，仍不时见诸报端。

居住区（既有）电动自行车停放充电带来的火灾隐患，该怎么破解？业内一直在思考。

1 居住区电动自行车停放充电场所的演变

破解居住区电动自行车充电带来的火灾隐患，有必要从电动自行车停放与充电方式的演变入手，对有关问题进行分析，从中寻找破解问题的方法。

早期的多层住宅，甚至是一些高层住宅的下部，由于缺乏必需的公共充电设施，“飞线充电”的情况屡见不鲜。一种比较极端的情况，早些年有的多层住宅，从顶层到首层，户户沿外墙向下扯出充电线。可以想象，一旦发生充电火灾，后果不堪设想。

由于电动自行车“飞线充电”造成火灾事故频发，不少地方开始重视并加大“飞线充电”的查处力度。为了规避“飞线充电”，有的居民将电动自行车移至楼道内，或停放在家中进行充电，也有的将电池拆下来搬到家中进行充电。为了杜绝上述行为，应急管理部于 2020 年 12 月 28 日审议通过了《高层民用建筑消防安全管理规定》，自 2021 年 8 月 1 日起施行，在第三十七条规定：“禁止在高层民用建筑公共门厅、疏散走道、楼梯间、安全出口停放电动自行车或者为电动自行车充电。”

不论是“飞线充电”，还是家里（楼道）充电，频发的电动自行车充电火灾事故，教训不可谓不惨痛。为了破解电动自行车充电难的问题，不少地方开始在居民区内集中建设充电棚，也有的单位在建筑地下室设置集中的电动自行车停放与充电区。

另外，一些地方尝试建设了少量的供公共有偿使用的“电动自行车充电柜。”根据有关资料介绍，电动自行车充电柜具备充满自动断电、充电异常自动断电、电池故障自动断电、过载保护、短路保护、剩余电流保护、充电故障报警、功率监测、高温报警等功能并应符合现行有关电动自行车集中充电设施设备技术的要求。

2 有关电动自行车停放充电场所的规范性文件

为了加强电动自行车停放充电场所的消防安全管理，预防电动车充电引发火灾，保护人身财产安全，维护公共安全，公安部于 2017 年 12 月 29 日发布了《关于规范电动车停放充电加强火灾防范的通告》，明确提出：“对于有物业服务企业或者主管单位的住宅小区、楼院，物业服务企业、主管单位应当依据《物业管理条例》等有关规定，对管理区域内电动车停放、充电实施消防安全管理；对于没有物业服务企业或者主管单位的，辖区乡镇人民政府、街道办事处应当按照《中华人民共和国消防法》和国务院办公厅印发的《消防安全责任制实施办法》等规范性文件，指导帮助村民委员会、居民委员会确定电动车停放、充电消防安全管理人员，落实管理责任。有条件的住宅小区、楼院，应当结合实际设置电动车集中停放及充电场所。公民应当将电动车停放在安全地点，充电时应当确保安全。严禁在建筑内的共用走道、楼梯间、安全出口处等公共区域停放电动车或者为电动车充电。公民应尽量不在个人住房内停放电动车或为电动车充电；确需停放和充电的，应当落实隔离、监护等防范措施，防止发生火灾。”

为了规范电动自行车的停放及充电，2021 年 5 月 1 日起施行的《上海市非机动车安全管理条例》，在第二十六条和第二十九条，也对电动自行车的停放与充电提出了明确要求。

另外，为了从工程技术的角度对电动自行车停放充电场所进行规范，一些省、直辖市或行业学（协）会先后颁布了本地区的技术标准。有关电动自行车停放充电场所防火地方（团体）标准见表 1。

表 1　电动自行车停放充电场所防火地方（团体）标准

序号	地方（团体）标准	标准号	施行日期
1	广西壮族自治区地方标准《电动自行车停放充电场所消防安全规范》	DB 45/T 1553—2017	2017. 7. 25
2	河北省地方标准《电动自行车停放充电场所消防安全管理规范》	DB 13/T 2939—2019	2019. 4. 25
3	江西省地方标准《电动自行车停放充电场所消防安全规范》	DB 36/T 1085—2018	2019. 6. 1
4	北京市地方标准《电动自行车停放场所防火设计标准》	DB11/T 1624—2019	2019. 10. 1
5	江苏省地方标准《电动自行车停放充电场所消防技术规范》	DB 32/T 3904—2020	2020. 12. 6
6	天津市地方标准《电动自行车消防安全管理规范》	DB12/T 1000—2020	2021. 1. 15
7	甘肃省地方标准《消防安全规范　第 2 部分：电动自行车停放充电场所》	DB62/T 4278. 2—2020	2021. 2. 1
8	海南省地方标准《电动自行车停放充电场所消防安全要求》	DB 46/T 526—2021	2021. 5. 1
9	深圳市电动自行车行业协会团体标准《电动自行车用智能充电柜技术要求及检测规范》	T/SEIA 002—2019	2019. 8. 1

综合有关地方技术标准的规定来看，大多沿用建筑防火的思路，围绕总平面图布置、平面布置、防火分隔与疏散、消防设施配置、配电等方面进行规定。比如说根据单建式或附建式，采取不同的消防措施。根据《建筑设计防火规范》的有关规定，设置消防软管卷盘（轻便消防水龙）、室内消火栓等；根据《建筑灭火器配置设计规范》设置建筑灭火器等；根据《自动喷水灭火系统设计规范》设计自动喷水灭火系统或简易喷淋系统等。如此等等，不一而足，不一一详述。

现有地上电动车充电棚的结构形式，较多采用轻钢结构，也有的采用张拉膜结构，大多无围护结构。以张拉膜结构的电动车充电棚为例，如果增设固定的自动水消防设施（喷淋系统或简易喷淋系统），几乎是不可能的。即便是轻钢结构的电动车充电棚，对于北方大部分地区，出于消防供水管网的防冻需要，是不是还需要做围护结构呢？如果做了围护结构，是不是还要根据规模做机械排烟等设施呢？另外，如果采用预作用系统，是不是还需要做火灾自动报警系统呢？如果做了火灾自动报警系统，自然也需要做围护结构。如此下来，地上电动车充电棚，就变成地上电动车停放充电库了。

3 一种居住区电动自行车停放充电场所防火设计思路介绍

根据有关测试，某电动自行车火灾实验，随着消防员点燃引火物，电动自行车车座下方开燃烧，并逐渐冒起黑烟，大约 20s，车身的高分子材料已经开始融化。一分钟后，车身的后半部分已经开始猛烈燃烧，大量有毒浓烟冒出，车身露出钢架。猛烈燃烧一直持续，1 分 30 秒以后，锂电池被引燃，随后火势开始出现小规模爆燃的现象，一些燃烧物甚至飞溅到了 20m 开外。随后，消防员将余火扑灭。

电动自行车，除了车架与轮毂等部分金属材料外，其余多为海绵与塑料等可燃物。电动自行车的充电火灾，有关火灾案例显示，大多从电池开始，快速引燃海绵与塑料等。以相对比较常见的小区充电车棚为例，一方面，电动自行车停放密集；一方面，电动自行车火灾蔓延速度极快、温度急速上升、燃烧产生毒气、容易火烧连营等。针对上述情况，在条件允许的前提下，建议电动自行车停放充电区尽可能设置在地上，按照《建筑设计防火规范》GB 50016—2014（2018 年版）[1]的规定，与地上建筑物保持一定的安全距离。同时，在充电区内采取“电、车分离”措施，具体思路如下：在电动自行车停放与充电场所（电动车棚），设置专门的电池充电区和电动自行车停放区，停车时将着火点（电池）与可燃物（车身）分离，从源头消除电动自行车充电火灾隐患。基于上述思考，笔者设计了一种“居住区电动自行车停放充电场所设计方案”见图 1，供业内探讨。

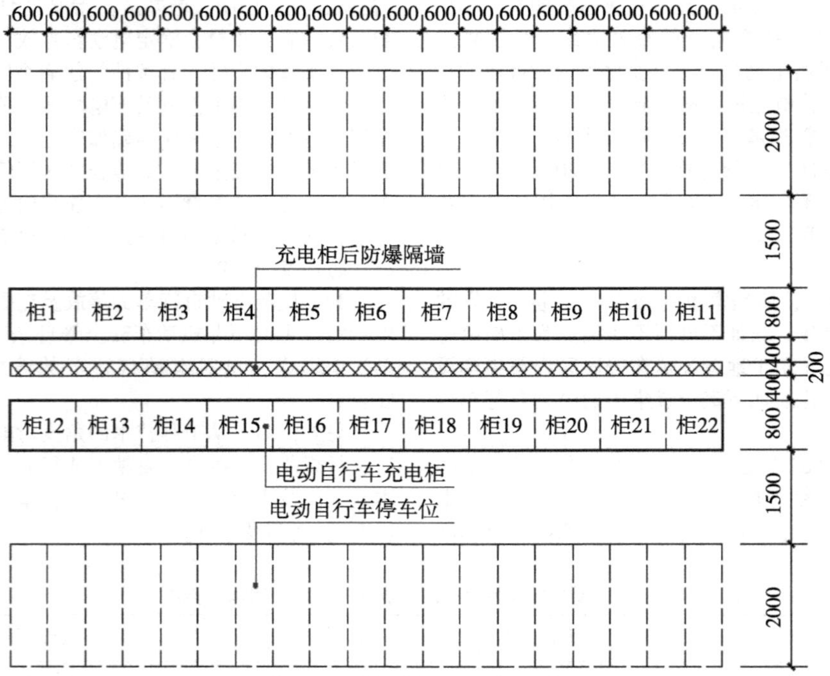

图 1 居住区电动自行车停放充电场所设计方案

（1）如图 1 所示，按照“电、车分离”的思路，在居住小区电动自行车停放与充电场所（电动车棚），分别设置“电动自行车充电柜”和“电动自行车停车位”。停车位与通道的设计，按照现行行业标准《车库建筑设计规范》JGJ 100—2015[2]的有关规定执行。

（2）“电动自行车充电柜”由多个独立的“充电室”组成，集中设置，竖向可根据需要设置 2～3 层（不宜过高，原则上应该方便存取电池）。每个独立的“充电室”的门上有二维码，可单独计费。停车时，手机扫码自动检测空的“充电室”并自动打开柜门，从电动自行车上取下电池（电瓶），放入充电室内进行充电。电池充满后自动断电（参照超市入口储物柜的做法）。根据需要，也可设定充电时间。上述这些，都是很成熟的技术了，组合一下拿过来应用即可，技术方面应该没什么难度。

（3）“电动自行车充电柜”整体为型钢（角钢）支架。每个“充电室”由一定厚度的钢板围护而成。型钢（角钢）支架之间可采用焊接，也可采用螺栓连接。型钢（角钢）支架与围护钢板之间可通过铆钉或螺栓连接。围护钢板外表面可根据需要采取相应的表面处理工艺，提高耐腐蚀性能，延长使用寿命。

（4）即使某个电动自行车的电池因为过充电出现问题，鉴于单个电池破坏力有限，可对市面上各类电动自行车电池做过充电的破坏性试验，以确定“充电室”围护钢板的厚度，确保单个充电室内的电池出现问题时，不会对相邻充电室造成破坏。

（5）每个“充电室”正面（朝向停车通道）为可扫码开启的柜门。为满足充电散热与泄爆需要，背面可采用固定的钢格栅，有利于散热，无需采用钢板封闭。

（6）图 1 为两排“电动自行车充电柜”背靠背设置，中间设实体隔墙（隔墙与充电柜等高），避免某个电池出现问题而影响到相邻的充电柜。

（7）按照该思路进行设计，电动自行车停放与充电场所（电动车棚）实现“电、车分离”，即使某个电池出现问题，破坏力有限，不至于发生火烧连营的情况。因此，在电动自行车停放与充电场所配置必要的建筑灭火器即可，无需设置自动喷水灭火系统（简易喷淋）、室内消火栓系统或消防软管卷盘等固定灭火设施。事实上，在一些既有的多层建筑小区，并不具备增设上述灭火设施的条件。即使在一些设有室内消防给水系统的高层建筑小区，增设上述灭火设施并不是一件容易的事。

（8）如果小区建有微型消防站，也可配置移动式细水雾灭火装置（背负式或推车式）。有关电动自行车停放与充电场所（电动车棚）火灾扑救案例显示，移动式细水雾灭火装置（背负式或推车式），在扑救电动自行车火灾方面，效率还是比较高的。

4 结语

在居住小区电动自行车停放与充电场所（电动车棚），采取“电、车分离”的思路，将电动自行车和电池（电瓶）分开设置，在满足居民电动自行车停放与充电的前提下，从源头消除电动自行车充电火灾隐患，对于减少乃至消除电动自行车停放与充电场所因电池过充电引发的火灾，有一定的现实意义。

参考文献

[1] GB 50016—2014，建筑设计防火规范（2018 年版）[S].

[2] JGJ 100—2015，车库建筑设计规范 [S].

Ⅰ类汽车库采用闭式泡沫-水喷淋系统有关问题分析

崔景立[1] 杨进春[2] 唐 飞[3] 李树凯[1] 郭 庆[1]

（1. 机械工业第六设计研究院有限公司，河南 郑州；2. 中国建筑标准设计研究院有限公司，北京；3. 中建隧道建设有限公司，重庆）

摘 要 对比《汽车库、修车库、停车场设计防火规范》（GB 50067—2014）、《泡沫灭火系统技术规范》（GB 50151—2021）和《自动喷水灭火系统设计规范》（GB 50084—2017）等现行有关国家标准的规定，对Ⅰ类汽车库采用闭式泡沫-水喷淋系统存在的问题进行分析，并就有关问题提出了看法。

关键词 Ⅰ类汽车库 作用面积 自动喷水 泡沫 火灾延续时间 喷水强度

关于“闭式自动喷水—泡沫联用系统”（或称“泡沫—水喷淋系统”），从时间顺序来看，《自动喷水灭火系统设计规范》（GB 50084—2001，以下简称“喷规 2001”）提出“闭式自动喷水-泡沫联用系统”的概念，《自动喷水灭火系统设计规范》[GB 50084—2001（2005 年版），以下简称“喷规 2005”] 沿用了“喷规 2001”的规定。《泡沫灭火系统设计规范》（GB 50151—2010，以下简称“泡沫规 2010”）提出了“泡沫-水喷淋系统”，《自动喷水灭火系统设计规范》（GB 50084—2017，以下简称“喷规 2017”）删除了“闭式自动喷水-泡沫联用系统”的有关规定；《泡沫灭火系统技术标准》（GB 50151—2021，以下简称“泡沫标 2021”）沿用了“泡沫规 2010”的有关规定，并做了部分修改。

对于Ⅰ类汽车库（尤其是地下或半地下的Ⅰ类汽车库），主要依据《汽车库、修车库、停车场设计防火规范》GB 50067—2014（以下简称“车库规 2014”）进行设计，国内多数地区执行自动喷水灭火系统，个别地区执行“泡沫-水喷淋系统”。

1 现行国家标准对Ⅰ类汽车库采用闭式泡沫-水喷淋系统的相关规定汇总

当Ⅰ类汽车库采用闭式泡沫-水喷淋系统时，通常会涉及到“车库规 2014”、“喷规 2017”和“泡沫标 2021”等的有关规定。将这三部标准对同一个问题的规定，归纳汇总在同一个表格里面，有利于对“Ⅰ类汽车库采用闭式泡沫-水喷淋系统”这个问题做进一步的对比、阐述和分析。有关国家标准对Ⅰ类汽车库采用闭式泡沫-水喷淋系统的主要规定汇总见表 1。

表 1 有关国家标准对Ⅰ类汽车库采用闭式泡沫-水喷淋系统的规定汇总

标准（规范）	条文编号	规定	备注
“车库规” 2014	3.0.1	Ⅰ类汽车库：停车数量>300 辆，或总建筑面积 $S \geqslant 10000m^2$。	本条规定“自动喷水灭火系统可按 1.00h 计算”、“泡沫灭火系统可按 0.50h 计算”。但是，条文及其说明，均未提及“泡沫-水喷淋系统”的火灾延续时间（持续喷水时间）。
	7.1.16	火灾延续时间应按 2.00h 计算，但自动喷水灭火系统可按 1.00h 计算，泡沫灭火系统可按 0.50h 计算。当室外给水管网能确保连续补水时，消防水池的有效容量可减去火灾延续时间内连续补充的水量。	
	7.2.3	下列汽车库、修车库宜采用泡沫-水喷淋系统，泡沫-水喷淋系统的设计应符合现行国家标准《泡沫灭火系统设计规范》GB 50151 的有关规定： Ⅰ类地下、半地下汽车库；Ⅰ类修车库；停车数大于 100 辆的室内无车道且无人员停留的机械式汽车库。	

续表

标准（规范）	条文编号	规定	备注
“泡沫标”2021	3.2.2	保护非水溶性液体的泡沫-水喷淋系统、泡沫枪系统、泡沫炮系统泡沫液的选择应符合下列规定： 1. 当采用吸气型泡沫产生装置时，可选用3%型氟蛋白、水成膜泡沫液； 2. 当采用非吸气型喷射装置时，应选用3%型水成膜泡沫液。	1. 燃油机动车辆使用的汽油，属于非水溶性液体。 2. 泡沫-水喷淋系统，不采用吸气式喷头（一种专用的泡沫喷头，其额定工作压力较高），而是采用传统的洒水喷头，故属于非吸气型（非吸气式喷头可采用现有的开式洒水喷头或水雾喷头代替）。 3. 泡沫-水喷淋系统，属于低倍数泡沫灭火系统。 4. 泡沫-水喷淋系统主要由消防水泵、泡沫比例混合装置、喷头、水流指示器、湿式报警阀、雨淋阀及其他阀门、管道等组成。
	3.2.4	当保护场所同时存储水溶性液体和非水溶性液体时，泡沫液的选择应符合下列规定： 2. 当保护场所采用泡沫-水喷淋系统时，应选用抗溶水成膜、抗溶氟蛋白泡沫液。	
	6.1.3	泡沫-水喷淋系统泡沫混合液与水的连续供给时间应符合下列规定： 1. 泡沫混合液连续供给时间不应小于10min； 2. 泡沫混合液与水的连续供给时间之和不应小于60min。	
	6.3.4	闭式泡沫-水喷淋系统的作用面积应符合下列规定： 1. 系统的作用面积应为465m²； 2. 当防护区面积小于465m²时，可按防护区实际面积确定； 3. 当试验值不同于本条第1款、第2款规定时，可采用试验值。	
	6.3.5	闭式泡沫-水喷淋系统的供给强度不应小于6.5L/（min·m²）。	
	6.3.7	喷头的选用应符合下列规定： 1. 应选用闭式洒水喷头； 2. 当喷头设置在屋顶时，其公称动作温度应为121℃~149℃； 3. 当喷头设置在保护场所的中间层面时，其公称动作温度应为57℃~79℃；当保护场所的环境温度较高时，其公称动作温度宜高于环境最高温度30℃。	
“喷规”2017	5.0.1	最大净空高度h≤8m中危险II级场所，喷水强度为不小于8［L/（min·m²）］，作用面积为160m²。	本规范删除了《自动喷水灭火系统设计规范》GB 50084—2001（2005年版）中关于闭式自动喷水—泡沫联用系统的规定。
	附录A	汽车停车场（库）火灾危险性等级为中危险II级。	
	5.0.16	除本规范另有规定外，自动喷水灭火系统的持续喷水时间应按火灾延续时间不小于1h确定。	
喷规2005（已作废）	4.2.7	存在较多易燃液体的场所，宜按下列方式之一采用自动喷水—泡沫联用系统： 1. 采用泡沫灭火剂强化闭式系统性能； 2. 雨淋系统前期喷水控火，后期喷泡沫强化灭火效能； 3. 雨淋系统前期喷泡沫灭火，后期喷水冷却防止复燃。	前期喷水后期喷泡沫的系统，用于喷水控火效果好，而灭火时间长的火灾。前期喷水的目的，是依靠喷水控火，后期喷洒泡沫混合液，是为了强化系统的灭火能力，缩短灭火时间。前期喷泡沫后期喷水的系统，分别发挥泡沫灭火和水冷却的优势，既可有效灭火，又可防止火灾复燃。既可节省泡沫混合液，又可保证可靠性。
	5.0.8	闭式自动喷水—泡沫联用系统的设计基本参数，除执行本规范表5.0.1的规定外，尚应符合下列规定： 1. 湿式系统自喷水至喷泡沫的转换时间，按4L/s流量计算，不应大于3min； 2. 泡沫比例混合器应在流量等于和大于4L/s时符合水与泡沫灭火剂的混合比规定； 3. 持续喷泡沫的时间不应小于10min。	

2 I类汽车库采用闭式泡沫-水喷淋系统存在的问题分析

从灭火机理的角度分析，泡沫灭火系统，通过短时间内向被保护对象大量喷射泡沫液，覆盖可燃物，隔绝助燃剂（空气），从而实现窒息灭火。自动喷水灭火系统，通过短时间内向被保护对象喷射大量的水，降低火源温度，实现控火灭火。当泡沫灭火系统和自动喷水灭火系统联用时，直观理解，针对“火灾三要素”（可燃物、助燃剂和火源）中的两个要素（助燃剂和火源）同时进行作用，理应更加高效。

（1）自动喷水灭火系统的重要设计参数，包括喷水强度、作用面积，和持续喷水时间。对于设置在地下或半地下的I类汽车库，首先要满足“车库规2014”的有关规定。综合“车库规2014”第7.1.16条和第7.2.3条的规定，可以采用自动喷水灭火系统，也可以（宜）采用泡沫-水喷淋系统。其中，自动喷水灭火系统的火灾延续时间可按1.00h计算，泡沫灭火系统的火灾延续时间可按0.50h计算。但没有提及泡沫-水喷淋系统的火灾延续时间。

（2）如“泡沫规2021”所规定的，闭式泡沫-水喷淋系统的作用面积应为465m²，泡沫混合液连续供给时间不应小于10min，泡沫混合液与水的连续供给时间之和不应小于60min。综合“泡沫规2021”和“喷规2017”的有关规定，消防贮水量，是按照465m²、8L/（min·m²）、1.0h进行计算？还是前10min按照465m²、6.5L/（min·m²）进行计算，后50min按照160m²、8L/（min·m²）进行计算？毕竟，两者的计算水量存在不小的差别，进而影响到消防水池的容量。

（3）关于闭式泡沫-水喷淋系统初期10min的喷水强度，查阅“泡沫规2010”、“泡沫标2021”有关款的条文说明：

“油品等液体火灾，不但热释放速率大，而且会产生大量高温烟气，高温烟气扩散至距火源较远处时还可能启动喷头。因此，开放的喷头数量可能较多，开启喷头的总覆盖面积比着火面积要大，甚至大很多。1999年，天津消防研究所曾做过泡沫喷淋系统灭油盘火试验，试验条件为：在14m×14m的实验室，安装16只国产68℃的普通玻璃泡喷头，喷头间距3.6m，设计喷洒强度6.5L/（min·m^2），油盘大小为2120mm×1000mm，置于实验室中心，油盘距喷头4m，试验时排烟风机启动。试验发现点火后45s，16只喷头几乎同时开放。开放喷头的覆盖面积为200m^2，而着火区域面积仅为2.12m^2。因此，对于闭式泡沫-水喷淋系统，需要将其作用面积设计大一些，才能保证发生火灾时能够满足设计喷洒强度。另外，液体火灾的蔓延速度很快，短时间内可能会形成较大面积的火灾，这也需要系统具有较大的作用面积，以覆盖着火区域。”

显然，上述试验，属于典型的针对B类火灾“油盘火”的灭火试验。

而I类汽车库，无论是地上式的，还是地下式的，或者是半地下式的，尽管汽车油箱内会有一定的燃油，其火灾类型仍属于典型的A类火灾。如“喷规2005”第4.2.7条所言，“存在较多易燃液体的场所，宜按下列方式之一采用自动喷水—泡沫联用系统”。诚然，该系统同样明显针对典型的B类火灾场所。再者，大量的火灾扑救案例显示，设有自动喷水灭火系统的地下车库，传统的喷淋系统，完全可以有效实现有效的控火灭火。从这个角度来看，在地下或半地下I类汽车库设置闭式泡沫-水喷淋系统，并无太大的必要。

逆向分析，如果说需要设置泡沫-水喷淋系统，是不是也就意味着传统的自动喷水灭火系统不能满足汽车库的防火需要呢？

（4）关于泡沫灭火剂的使用寿命，查阅国家标准《泡沫灭火剂》（GB 15308—2006）第7.3条的规定：“泡沫灭火剂应储存在通风、阴凉处，储存温度应低于45℃，高于其最低使用温度。按本标准的储存条件或生产厂提出的储存条件要求储存，泡沫液的储存期为：AFFF 8年；S、中、高倍泡沫液3年；P、P/AR、FP、FP/AR、AFFF/AR、S/AR、FFFP、FFFP/AR、灭火器用灭火剂2年。储存期内，产品的性能应符合本标准的要求。超过储存期的产品，每年应进行灭火性能检验，以确定产品是否有效。”显然，对于设置在民用建筑内的I类地下（半地下）车库，如果采用闭式泡沫-水喷淋系统，定期更换或检验泡沫灭火剂，恐怕是比较困难的，也是不太现实的。

3 结语

对于设置在民用建筑内的I类地下（半地下）车库，鉴于自动喷水灭火系统在相关火灾扑救方面的表现，完全能够胜任此类场所的消防保护。是否需要设置闭式泡沫-水喷淋系统，建议有关标准在修订时做进一步研讨。

工程项目中消防应急广播系统设计

李 丙

（河北世元工程咨询有限公司，河北 保定）

摘 要 在消防指挥以及火灾疏散当中，消防应急指挥系统是十分关键的设施，在消防管理当中，也占据较为重要的地位。目前我国在消防设计与管理方面相对滞后，尤其是在消防应急广播的智能化、自动化程度方面，与西方发达国家相比仍然存在一定的差距，无法有效保证在紧急状况下的引导性作用。因此在工程项目中，设计合理的消防应急广播系统框架，选择适配的广播功率放大器、扬声器等系统设备，并将设备布置合理，至关重要。

关键词 消防应急广播 广播功率放大器 扬声器 工程项目

1 引言

随着社会的发展，高层建筑逐渐成为城市建设的主流，在高层建筑、大型民用建筑等人员密集的建筑当中，火灾问题成为较为严重的威胁，加强建筑物火灾情况下的人员疏导也越来越重要。通过相关的理论研究与实践可以得知，在火灾发生的情况下，通过应急广播疏散信息，可以有效的指导相关人员的有序撤离。为了最大限度的提升高层或者是复杂建筑当中的火灾疏散能力，进一步减少伤亡，需要更为科学的设计消防应急广播系统。本文从创新性的角度出发，分析了消防应急广播的基本构成，结合国家标准规范，以实际工程案例为对象，阐述具体的应用与实践。

2 消防应急广播系统构成

消防应急火灾系统主要包括音源设备以及广播分配盘、消防联动控制器等。在发生火灾的情况下，可以通过音源设备发出疏散信号，借助于放大器放大，从编码输入控制切换到指定扬声器，来实现应急广播。系统构成主要包括：广播分配盘、广播功率放大器、音源设备、扬声器监视模块、扬声器构成，见图1。

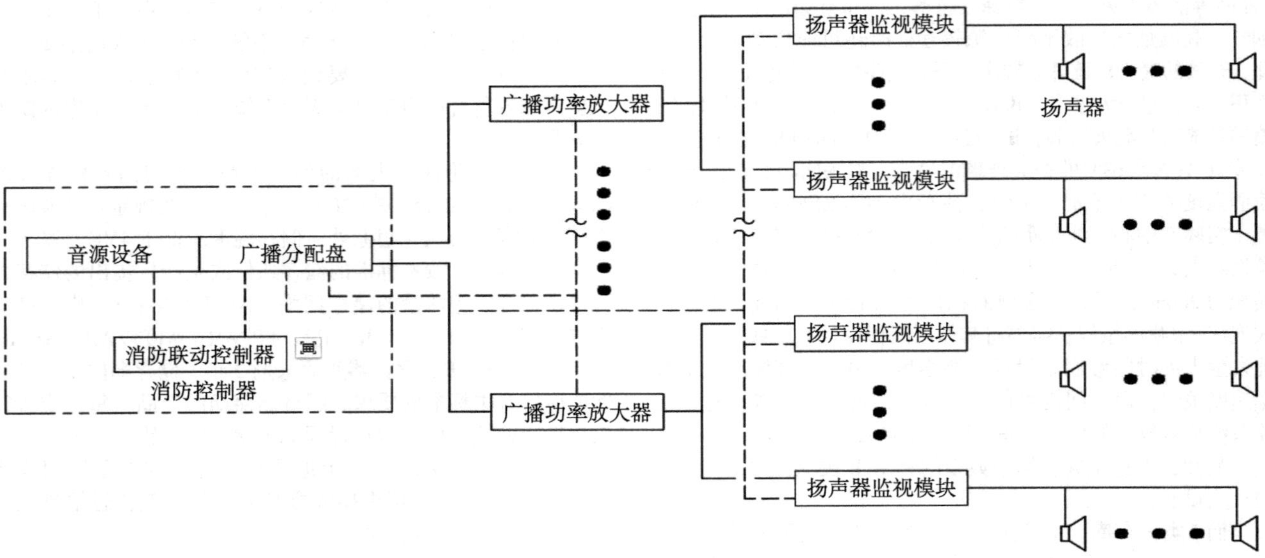

图1　消防应急广播系统框图

2.1　广播分配盘

应急广播系统的数据处理中心，一般与消防控制器进行连接，连接方式为RS485串行总线，在连接完成后，共同完成消防联动控制，可以实现有效的信号输出。同时，能够对扬声器线路和故障问题进行检测，发出警告。

2.2　广播功率放大器

对音频信号进行电压、电流综合放大，实现功率放大。功率放大器一般位于扬声器系统前面，它的输出直接送到扬声器系统，用于驱动扬声器系统。常用广播功率放大器的功率分别为500W、300W和150W。通常广播功率放大器的工作电压为交流220V，输出为定压120V。

2.3　音源设备

提供广播所需的各种节目的来源，常用广播传声器、寻呼器、调谐器、警报信号发生器、语声文件录放器、激光唱机、信号录放接口计算机或者是其他录放装置等。

2.4　扬声器监视模块

扬声器当中的监视模块，主要是实现正常广播与应急广播之间的有效切换，在总线制灭火应急广播系统当中，应用较为广泛，也是重要的部件。切换模块可以实现自动回答，并且将信号传递到报警控制器当中。接入正常广播时，每只模块最多可配接50个功率为3W的扬声器；不接入正常广播时，每只模块最多可配接60个功率为3W的扬声器。扬声器监视模块接线见图2。

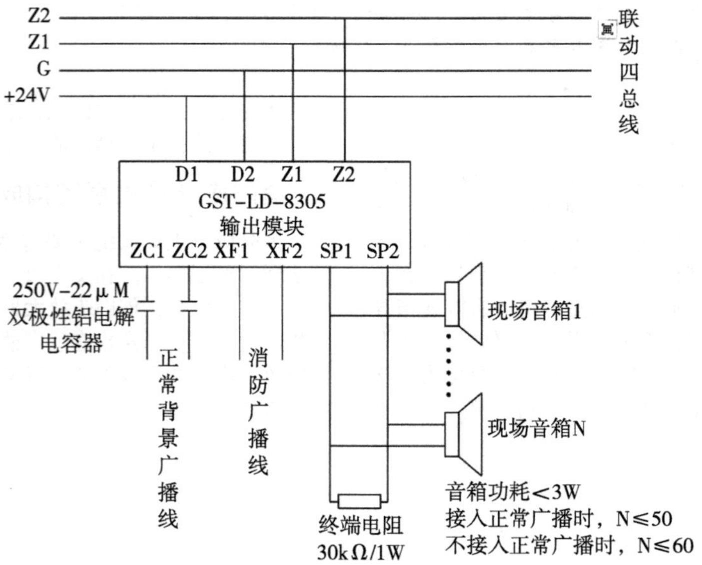

图2　扬声器监视模块接线示意

2.5　扬声器

用于消防应急广播系统中实现广播功能，通常消防应急广播系统中的扬声器有室内扬声器和室外扬声器，一般情况下室内扬声器采用吸顶式安装方式，室外扬声器采用壁挂式安装方式。通常扬声器的工作电压为120V，额定功率为3W。

3 规范标准设计要求

3.1 消防应急广播系统控制要求

在建筑物当中，如果设置有控制中心报警系统或者是集中报警系统，相应需设置消防应急广播。为了保证火灾应急广播系统的安全运行，必须由专用火灾控制器实现联动控制。一旦确认起火，就应该向整栋大楼广播。为保证能够及时、有效的传导相关的信息，建议将语音播放时间设定在10~30s之间，并且应该与火灾声警报器进行分时交替工作，以实现循环播放，即1次火灾声警报器播放，1次或2次消防应急播报。

消防控制室应能手动或按照预先设定的控制逻辑控制联动选择播放分区，启动或停止应急广播系统，并能监控消防应急广播。当通过扬声器进行紧急广播时，广播的内容应该被自动记录下来。消防控制室应当能够显示火灾应急广播的广播状态。消防应急广播与通用广播或背景音乐广播相结合时，应具有强制进入消防应急广播的功能。消防应急广播系统应分为疏散楼层或报警区域配电线路，每个输出分支应配备输出信号和保护、控制装置，当任何分支发生故障时，不应影响其他分支的广播。

3.2 扬声器布置原则

（1）在扬声器的设置当中，每个扬声器的功率额定值，需要在3W以内，而其数量须确保从通道内的任何部分至最接近的扬声器之间的直线距离不超过25m，而行人通道末端与最接近的扬声器之间的距离不得大于12.5m。在环境噪音大于60分贝的地方，扬声器范围内，需要保证其最远处的声压级高于背景噪音，高出数值需要大于15分贝。壁挂式扬声器的底部边缘应高于离地面2.2m。

（2）需要根据空间净高、扬声器的指向性以及声场均匀程度，进行扬声器的中心距离设置。在进行安装的过程中，需要按照如下公式进行：

第一是休息厅、电梯厅以及门厅等公共区域的扬声器，其间距如下：$L=(2\sim2.5)H$，上述公式中：L=扬声器安装间距（m）；H=扬声器安装高度（m）。第二是会议厅、餐厅以及多功能厅等公共区域的扬声器设置，相关的公式为：$L=2(H-1.3)\tan\theta/2$，式中：θ——扬声器的辐射角，宜大于或等于90°。第三是走道内，相关的公式为$L=(3\sim3.5)H$。

3.3 广播功率放大器选择

3.3.1 广播功率放大器选择

在驱动无源端放大器的选择当中，应当使用恒压功率放大器，保证广播线路额定传输电压与输出电压相同或者相似。在应急广播当中，则需要保证输出功率小于驱动扬声器总额定功率，小于1.5倍以上。所有扬声器必须可以能够进行应急广播的分播，广播功放设备必须增加备用机，备用功放机功率按照整个园区最大同时广播总负载的30%配置预留。

3.3.2 广播功率放大器容量计算

在应急广播系统当中，具体的功放设备的容量可以采用如下公式进行计算：

$P=K_1K_2\sum P_0 \qquad P_0=K_iP_i$

式中：P——设备输出总功率，W；

P_0——每分路同时广播时最大电功率，W；

P_i——第i支路的用户设备额定容量，W；

K_i——第i支路的同时需要系数；

K_1——线路衰耗补偿系数（线路衰耗1dB时应为1.26，线路衰耗2dB时应为1.58，线路衰耗3dB时应为2）；

K_2——老化系数，宜为1.2~1.4。

3.4 消防应急广播线缆选择及敷设

在进行消防应急广播的线路选择过程中，需要选择其耐压程度高于交流300V/500V的多股阻燃铜芯电线电缆，要求线缆具有较强的燃烧性能，燃烧等级不低于B_2级别，符合国家规范GB 31247的规定。此外，在线路明敷的过程中，需要采用金属导管或者是金属封闭线槽进行有效保护，在线路暗敷的过程中，管线外保护层的厚度需要大于30mm，且在不燃烧结构体内进行敷设。

4 工程案例

4.1 工程概况

某综合办公楼，总建筑面积44208.21m²，建筑高度78.05m，为一类公共建筑。建筑物地下二层，地上十八层。地下室均为汽车库，一层为大堂、办公室、活动室，层高为5.0m；一~十八层为办公室、活动室，层高为4.0m。建筑物首层设置消防控制室，在各层公共区域设置消防应急广播。以下应急广播系统只针对地上系统设计进行分析。

4.2 消防应急广播系统设计

本工程选用功率为3W扬声器（带阻燃后罩）吸顶安装，按照安装间距公式要求，建筑物层高4.0m，走廊扬声器间距按照12.0m进行布置，一层~十八层每层布置扬声器数量14只，整体布置扬声器数量252只。

本工程中应急广播系统独立设置，不兼平时广播功能时，每个扬声器监视模块最多可配接60个扬声器，本工程在每三层电井内集中设置一个扬声器监视模块，用于同时控制三层消防应急广播，每个扬声器监视后配接扬声器数量为42个。

应急广播线路选用WDZN-RYS-2×1.5mm²电缆穿JDG16金属管楼板内暗敷设，相应的平面布置详见图3。

本工程线路衰耗1dB（线路衰耗与线缆截面积、传输距离、线路电压、扬声器总功率的关系可参考图集12D13第12、13页），K_1取值1.26，老化系数K_2取值1.3。整个楼设置三台广播功率放大器，一台安装于3层电井内，为1~6层扬声器提供功率；一台安装于9层电井内，为7~12层扬声器提供功率；一台安装于15层电井内，为13~18层扬声器提供功率。按公式计算，每6层扬声器需要广播功率放大器的输出功率413W，计算公式如下：84×3×1.26×1.3（W）=413W，选择500W广播功率放大器。

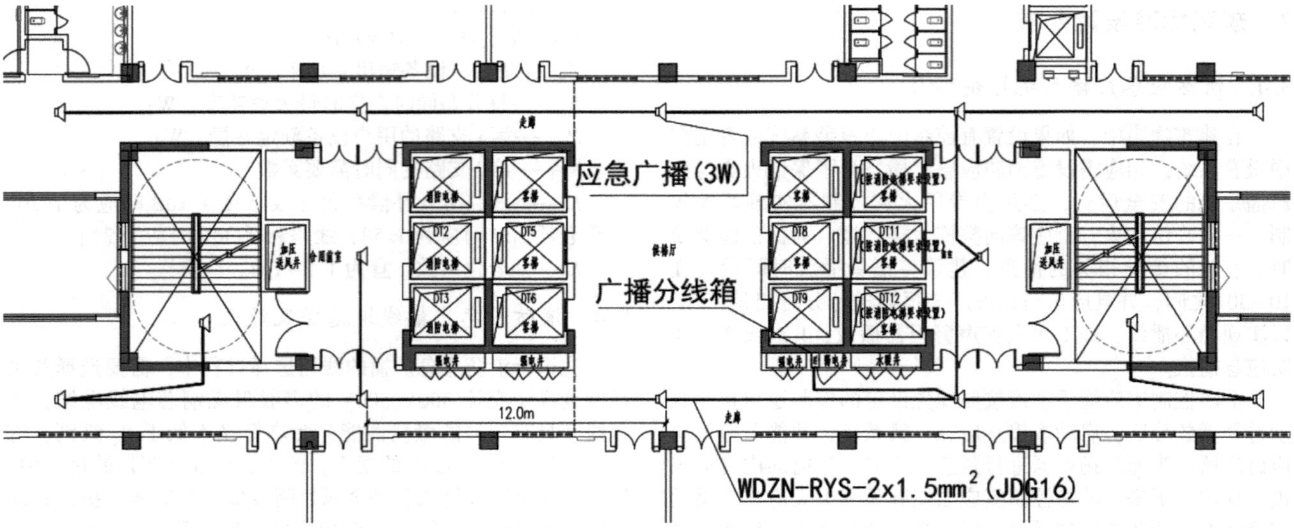

图3 标准层应急广播平面图

5 结束语

本文重点对《民用建筑电气设计标准》（GB 51348—2019）、《火灾自动报警系统设计规范》（GB 50116—2013）以及相关图集中有关消防应急广播系统的内容进行分析，并结合实际工程项目，从消防应急广播系统框架到设计原则与读者探讨。事实上，建筑物中消防应急广播系统要发挥其重要作用，从前期系统的设计，到中期施工、安装调试，再到后期交付业主后的运维，各个环节都不容忽视，本文仅从前期系统的设计进行研究。

参考文献

[1] 河北省工程建设标准设计，12系列建筑标准设计图集《火灾报警与控制》12D11.

[2] GB 50016—2013，火灾自动报警系统设计规范［S］.

[3] GB 51348—2019，民用建筑电气设计标准［S］.

[4] GB 50166—2019，火灾自动报警系统施工及验收标准［S］.

[5]《火灾自动报警及消防联动控制系统应用设计说明书》海湾公司.

综合医院建筑消防设计探讨

赵　磊

（河北世元工程咨询有限公司，河北　保定）

摘　要　本文以实际项目中的某二级甲等综合医院为例，结合现行的《建筑设计防火规范（2018版）》（GB 50016—2014，以下简称《建规（2018版）》）、《综合医院建筑设计规范》（GB 51039—2014）以及《医院洁净手术部建筑技术规范》（GB 50333—2013）等规范，对综合医院建筑的消防设计进行分析归纳，从建筑的总平面图布局、防火分区划分、安全疏散设计等进行梳理总结，以便消防设计能更好的满足当下现代综合医院建筑布局特色要求。

关键词　综合医院建筑　建筑设计防火　防火分区　安全疏散

1 引言

随着我国经济水平的不断发展，医疗体系的逐步完善，人民对综合医院的需求已不仅仅是满足基本医疗的功能，对其内部空间、就医体验已经提出的更高的要求。当下的综合医院建筑不仅有体量大、功能复杂、流线多、人员密集等特点，同时为了改善就医环境，大多进行了“去医院化”设计，通过灵活、通透的空间布局消除医院冰冷的感受。本文将就这些新特点对综合医院消防设计提出的新的要求进行重点探讨。

2 项目工程概况

2.1 项目指标

本工程为河北省保定市某二级综合性医院，地块总用地面积为76261.64m²（约114亩），分多期建设，总床位数约为1000床，总建筑面积为181735.56m²，地上总建筑面积为119393.44m²，地下总建筑面积为62342.12m²。包含一、二期门诊医技住院楼、行政科研教学楼、传染病楼以及液氧站、污水站、垃圾站、门卫、公共卫生间等辅助用房。地下为机动车停车库、厨房、医患餐厅、核医学和设备用房，停车位总数为1567辆。

2.2 功能布局

本项目门诊医技住院楼地上12层、地下2层，建筑消防高度为55m，消防定性为一类高层医疗建筑。

门诊医技住院楼地下二层主要功能为机动车停车库、水电专用机房、核医学。地下一层主要功能为机动车停车库、水电专用机房、厨房、医患餐厅和病理科。首层为门诊大厅、急诊、门诊诊区、放射科、药房、高压氧舱；二层为门诊单元、功能检查/超声、检验科、输血科、静脉配液；三层为门诊单元、牙科、碎石科、内镜中心、中心供应、病理科、门诊手术、日间病房；四层为门诊单元、DSA、洁净手术部、ICU；住院楼除首层为住院大厅外，其余楼层均为普通护理单元。本项目为改善就医环境，在建筑空间布局中采用通透性较高的医疗主街以及为医患服务的茶吧、咖啡等休闲空间。

3　综合医院建筑的消防设计

3.1　总平面图消防设计

本项目总平面图中包含一、二期门诊医技住院楼（一类高层+裙房）、行政科研教学楼（二类高层建筑）、传染病楼（二类高层建筑）等主要三个单体，各个单体消防间距满足高层之间不小于 13m，高层与裙房之间不小于 9m 的要求，每个单体均设置环形消防车道，高层住院楼北侧均设置消防救援场地，满足《建规（2018 版）》要求。大型综合医院总平面往往存在门诊医技住院综合楼规模较大，一般为“大底盘”设计，地下汽车库疏散坡道、人员疏散楼梯很容易在综合楼建筑周边出地面，在这种情况下，很容易忽略地下室出地面楼梯、坡道与综合楼的消防间距要求，出地面坡道、楼梯间成为综合楼与消防车道之间的障碍物。本项目在总平面消防设计时关注综合楼周边出地面的地下汽车库疏散坡道、人员疏散楼梯间，保证与综合楼裙房间距不小于 6m，与高层住院楼间距不小于 9m。在综合楼与周边坡道、楼梯间之间设置消防车道，保证消防车道与建筑之间无阻碍消防车操作的障碍物，如图 1 所示。

消防分析

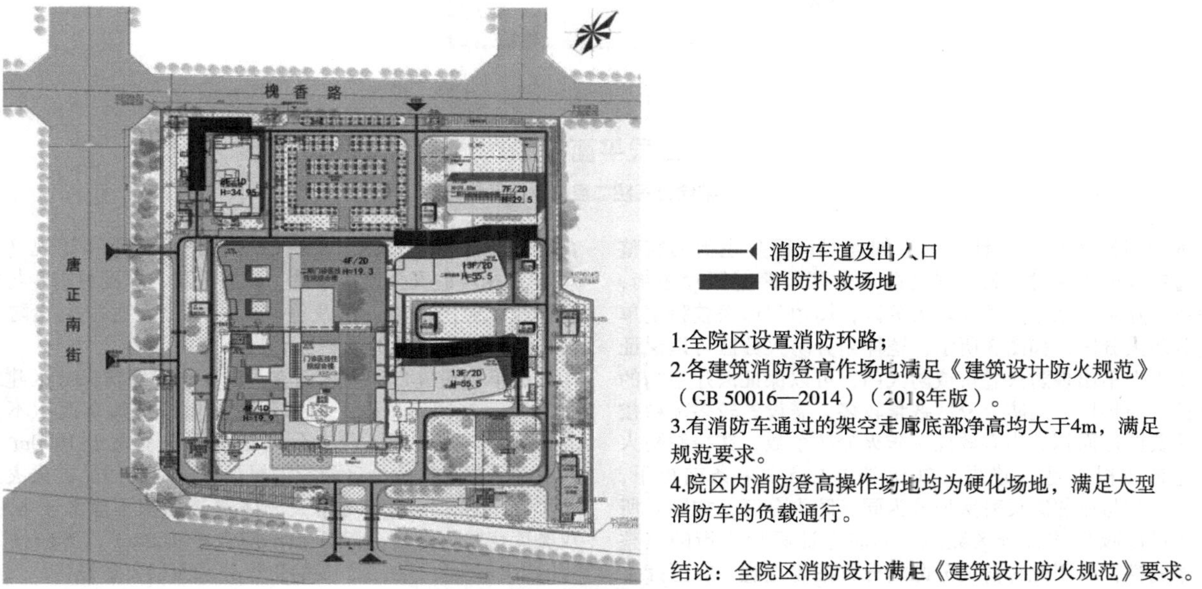

图 1　某综合医院总平面消防设计

3.2　防火分区划分

大型综合医院常规布局均为高层住院楼和门诊医技裙房组合建造的高层建筑，按照《建规（2018 版）》5.3.1 条规范内容，高层病房楼每层防火分区的最大允许建筑面积为 1500m²，设置自动灭火系统时，可按此条规范面积增加 1.0 倍，最大为 3000m²。综合医院门诊医技建筑各个医技科室规模较大，往往各层建筑面积较大，按 3000m² 每防火考虑，需要划分多个防火分区，对综合医院的功能布局、流线设计均产生较大的影响。

本项目在地上防火分区设计时，将高层住院楼与门诊医技裙房之间设置防火墙，防火墙上的洞口采用火灾时自动关闭的甲级防火门，且相互间的疏散和灭火设施均相对独立。依照《建规（2018 版）》5.3.1 条，注 2 要求，裙房部分的防火分区面积可以按单、多层设计。同时按《综合医院建筑设计规范》（GB 51039—2014），5.24.2-4 条的规定，医疗建筑内的手术部，如设有火灾自动报警灭火系统，同时室内采用不燃烧或难燃材料时，地上防火分区的允许最大面积应为 4000m²。所以本项目在建筑防火分区设计时（设置火灾自动报警系统），高层住院楼（塔楼）每防火分区面积均不大于 3000m²，门诊医技部分（裙房）除洁净手术区外其余区域防火分区均不大于 5000m²，洁净手术部设置独立防火分区，面积不大于 4000 平方米，并按照《医院洁净手术部建筑技术规范》（GB 50333—2013）12.0.3 要求，当洁净手术部内每层或一个防火分区的建筑面积大于 2000m² 时，宜采用耐火极限不低于 2.00h 的防火隔墙分隔成不同的单元，相邻单元连通处应采用常开甲级防火门，不得采用卷帘。本项目手术部分别为 3 个独立的面积均不大于 2000m² 防火单元。

综合医院防火分区布置时，医疗主街的防火分区布置也是很主要的设计内容。医疗主街具备减少各诊区间的通行时间，改善医疗建筑就医环境的特点，成为医疗建筑的常用设计手段。医疗主街作为医疗建筑重要的水平交通枢纽，常常具有宽度大、长度长、空间通透性好的要求。常规综合医院划分防火分区时往往将医疗主街与其他功能空间整体划分防火分区，由于医疗主街基本贯穿整个综合医院，常常会在医疗主街中出现两个防火分区边界，需要在此防火墙上采用特级防火卷帘或甲级防火门来联通医疗主街，如图 2 所示。设置防火卷帘时需按照《建规（2018 版）》6.5.3 条规定的防火卷帘长度设置。如相邻防火分区存在利用通向相邻防火分区的甲级防火门作为安全出口的情况，此处医疗主街只能采用甲级防火门联通，影响医疗主街通透性、美观性要求。

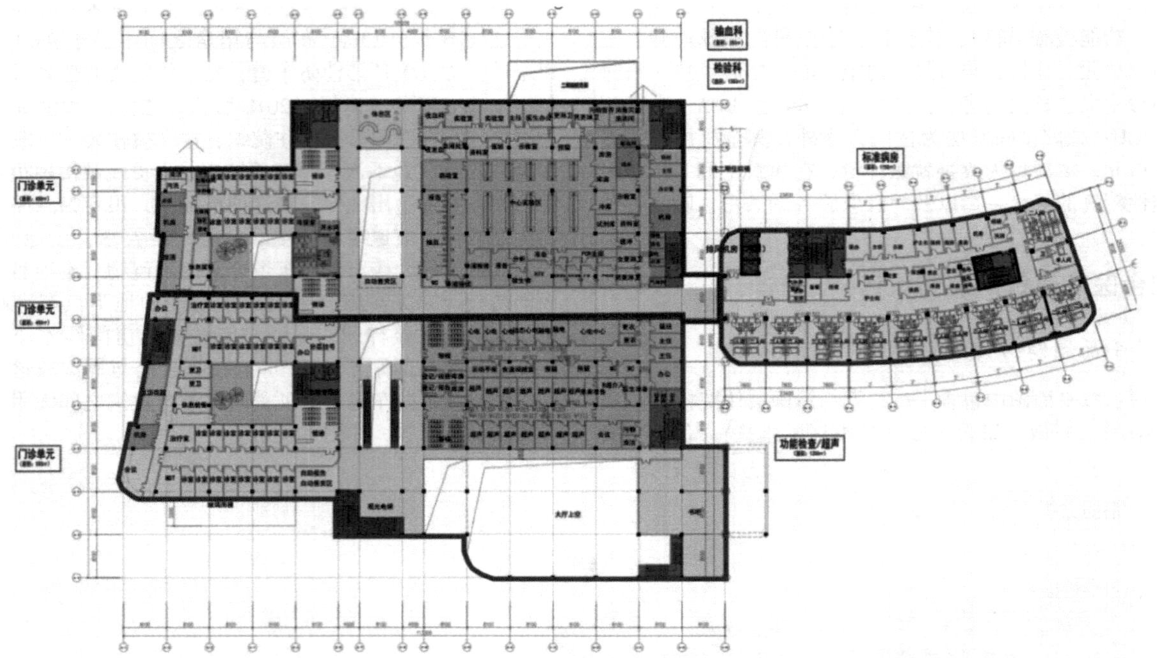

二层平面

图 2　某综合医院二层防火分区划分图

本项目防火分区设计在考虑如何保证医疗主街的完整性、通畅性做了探讨，为了保证防火分区不跨越医疗主街，考虑将医疗主街划分为独立防火分区，周边门诊医技科室单独划分防火分区，如图 3 所示，这样划分防火分区可以保证医疗主街上不出现防火卷帘或防火门，可以保证医疗主街的完整性、通畅性，但防火分区数量较多，需设置较多疏散楼梯，浪费医疗面积。为有效控制防火分区个数，在控制防火分区建筑面积满足《建规（2018 版）》5.3.1 条前提下，将医疗主街与相邻医技科室划分为同一防火分区，如图 4 所示。既可以减少防火分区数量，同时保证医疗主街的完整性、通畅性，采用此种防火分区划分方案需注意，在医疗主街防火分区需设置独立的疏散楼梯，并满足《建规（2018 版）》相应的安全出口数量、疏散距离、宽度要求。与医疗主街相联通的门诊、以及等候区可划分至医疗主街防火分区，保证等候区域的通透性。

地下室设置自动灭火设施，机械车库每防火分区建筑面积不大于 2600m²，设备用房区每防火分区建筑面积不大于 2000m²，其他功能区防火分区建筑面积不大于 1000m²，需注意地下库房防火分区面积需根据库房存放物品的火灾危险性类别确定，丙类库房防火分区建筑面积不应大于 600m²，戊类库房防火分区建筑面积不应大于 1000m²，不应按《建规（2018 版）》3.3.2 条的防火分区面积要求设计。

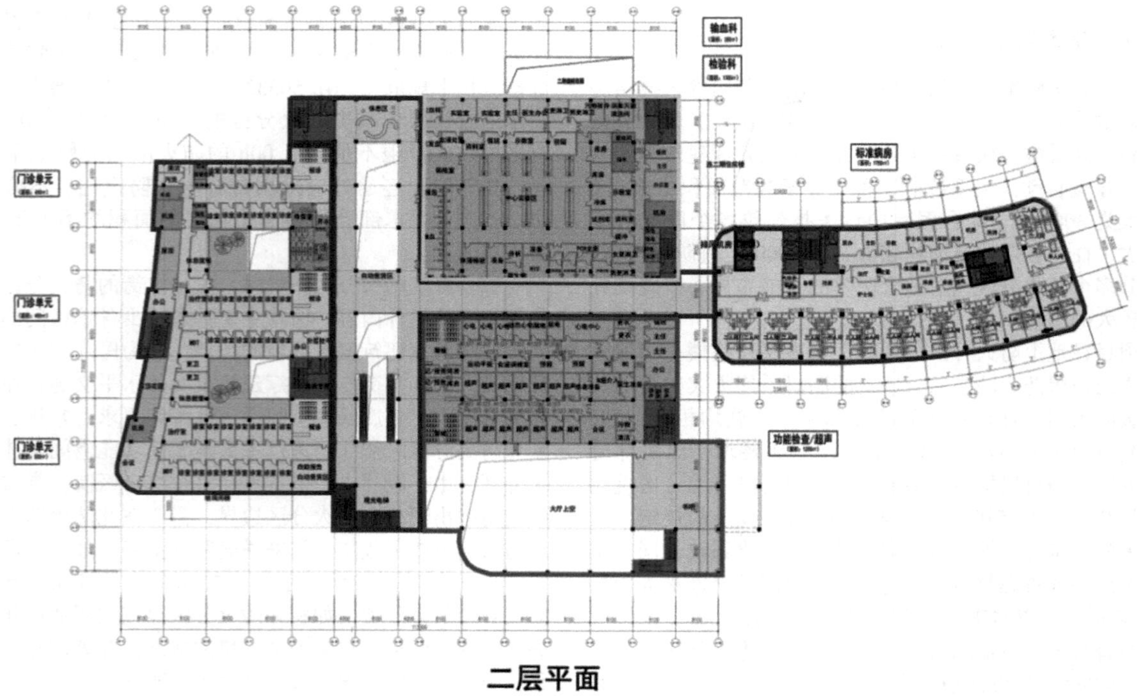

二层平面

图 3　某综合医院二层医疗主街独立划分防火分区示意图

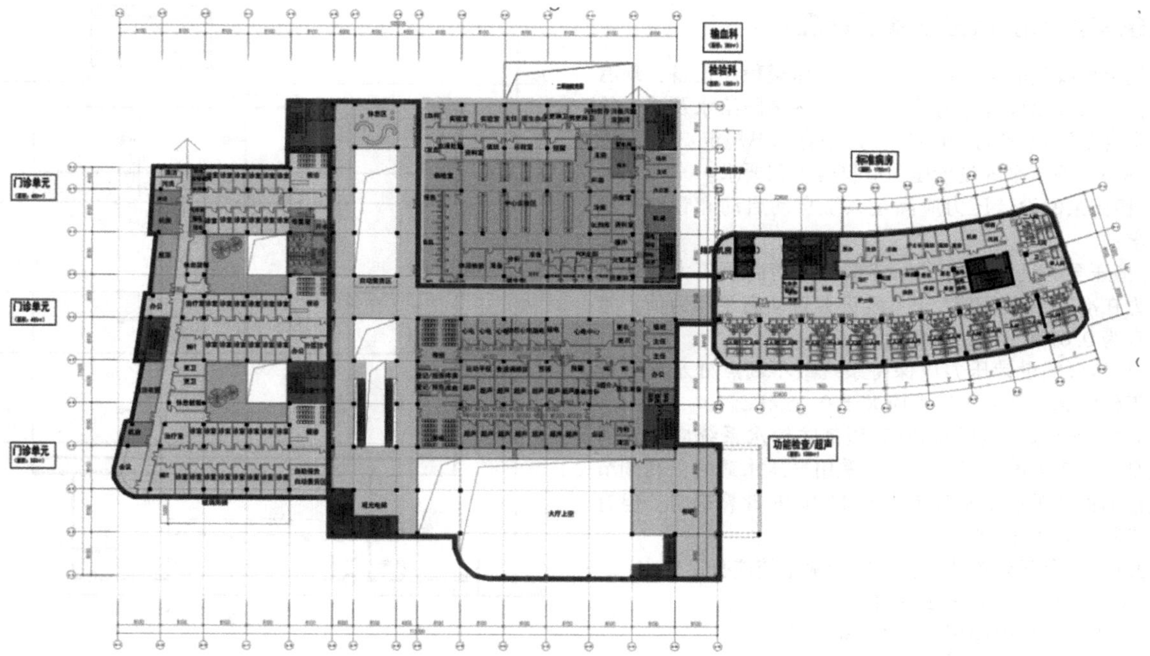

二层平面

图 4　某综合医院二层医疗主街与医技科室整体划分防火分区示意图

3.3　安全疏散设计

综合医院安全疏散设计根据《建规（2018 版）》5.5.17 条规定，高层病房部分位于两个安全出口之间的疏散门至最近安全出口的直线距离不大于 24m×1.25=30m，位于袋形走道两侧的疏散门至最近安全出口的直线距离不大于 12m×1.25=15m。需注意在综合楼内的门诊医技（裙房）部分安全疏散距离应按《建规（2018 版）》5.5.17 中要求的高层医疗建筑中的其他部分来执行，应满足位于两个安全出口之间的疏散门至最近安全出口的直线距离不大于 30m×1.25=37.5m，位于袋形走道两侧的疏散门至最近安全出口的直线距离不大于 15m×1.25=18.75m，不应按照单、多层建筑疏散距离执行。房间内任一点至房间直通疏散走道的疏散门的直线距离，不应大于《建规（2018 版）》5.5.17 规定的袋形走道疏散门至最近安全出口的直线距离。但医疗建筑医技科室具有房间面积较大、内部分隔较多，依据高层医疗建筑其他部分位于袋形走道两侧的疏散门至最近安全出口的直线距离不大于 15m×1.25=18.75m 的要求，部分科室很难满足疏散要求。对于中心供应、检验科检验区、病理科、静脉配液等科室均为封闭使用房间，房间内的人员均为医护人员，病员无法通达，我认为综合医院中的此类科室，可参照将要执行的《建筑防火通用规范》（GB 55037—2022）要求，将其定义为医疗建筑中非病患使用场所（办公场所），其房间内任一点至房间直通疏散走道的疏散门的直线距离可按《建规（2018 版）》5.5.17 中其他高层建筑来设计。

6　结语

随着综合医院建筑的发展，医疗建筑规模及建筑空间在不断的升级，通过对综合医院建筑消防设计进行科学、严谨的消防设计，提升综合医院消防安全的可靠性，降低火灾危险性，为医患提供更安全、舒适、愉悦的环境。

参考文献

[1] 高黎锋．谈大型综合医疗建筑医疗街的防火设计[J]．山西建筑，2016.

[2] 李涛．大型医院建筑消防设计探讨[J]．消防科学与技术，2018.

[3] GB 50016—2014，建筑设计防火规范（2018 版）[S].

[4] GB 51039—2014，综合医院建筑设计规范[S].

[5] GB 50333—2013，医院洁净手术部建筑技术规范[S].

高层建筑室内消防设计的稳压设备探讨

张凤娇　刘　伟　田　丹

（河北世元工程咨询有限公司，河北　保定）

摘　要　气压罐工作原理：当外界有压力的水进入气压罐罐内时，密封在罐内隔膜另外一侧的空气被压缩，根据波义耳气体定律，气体受到压缩后体积变小压力升高，直到气压罐内气体压力与水的压力达到一致时停止进水。当水流失后压力降低时气压罐内气体压力大于水的压力，此时空气体积膨胀将隔膜另一侧的水挤出气压罐补到系统中，直到空气气体压力与水的压力再次达到一致时停止排水。

关键词　建筑给排水　消防设计　气压罐　稳压设备

1 建筑室内消防稳压设备设计现状

市场上可找到的常见稳压设备为气压罐稳压设备，现有规范中推荐的成熟设备也为同一类。在《消防给水及消火栓系统技术规范》（GB 50974—2014）中有如下规定：

“5.3.3 稳压泵的设计压力应符合下列要求：

1 稳压泵的设计压力应满足系统自动启动和管网充满水的要求；

2 稳压泵的设计压力应保持系统自动启泵压力设置点处的压力在准工作状态时大于系统设置自动启泵压力值，且增加值宜为 0.07MPa~0.10MPa；

3 稳压泵的设计压力应保持系统最不利点处水灭火设施在准工作状态时的静水压力应大于 0.15MPa。

5.3.4 设置稳压泵的临时高压消防给水系统应设置防止稳压泵频繁启停的技术措施，当采用气压水罐时，其调节容积应根据稳压泵启泵次数不大于 15 次/h 计算确定，但有效储水容积不宜小于 150L。

6.2.1 符合下列条件时，消防给水系统应分区供水：

1 系统工作压力大于 2.40MPa；

2 消火栓栓口处静压大于 1.0MPa。”

2 室内消防设计稳压设备安装位置确定存在的问题

稳压设备的设置位置一般分为屋顶消防水箱间内设置或，消防泵房内设置。

在一般住宅或居住类建筑中顶层设置有卧室等居住类房间，屋顶设置消防水箱间时很难完全避开，且稳压泵的不定时启动对顶层住户影响较大，设于屋面设备维护保养不方便；但若稳压设备设置在地下，又会影响消防系统的分区。

如图 1 稳压设备设置于屋顶，图 2 稳压设备设置在地下。稳压泵工作原理见图 3。

其中：P_1——稳压泵启泵压力

P_2——稳压泵停泵压力

P——消防泵启泵压力

P_0——最低位消火栓拴口静压

H——最不利点消火栓距消防泵压力开关的高度差

H_1——最不利点消火栓距稳压泵的高度差

H_2——高位消防水箱最高有效水位距稳压的高度差

H_3——最低位消火栓距消防泵压力开关的高度差

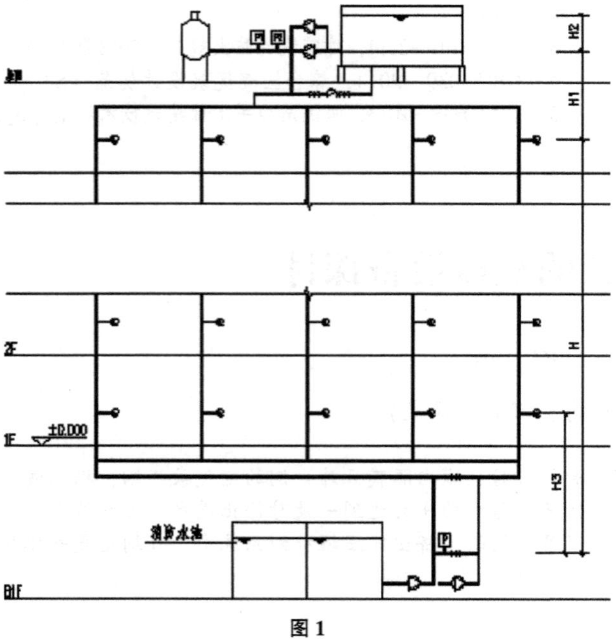

图 1

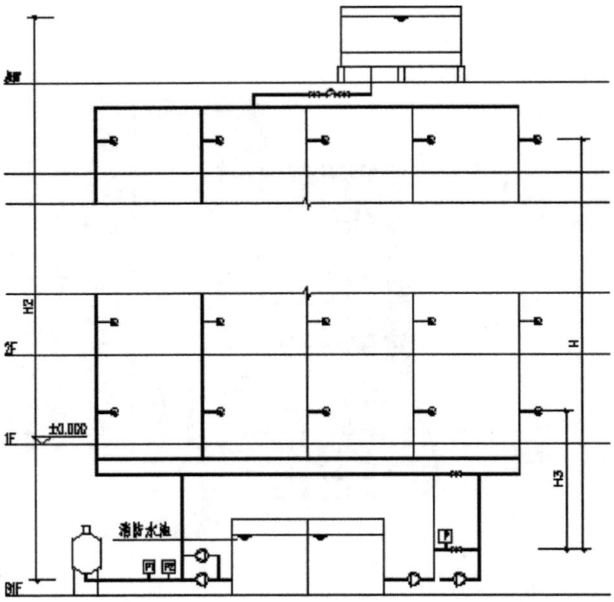

图 2

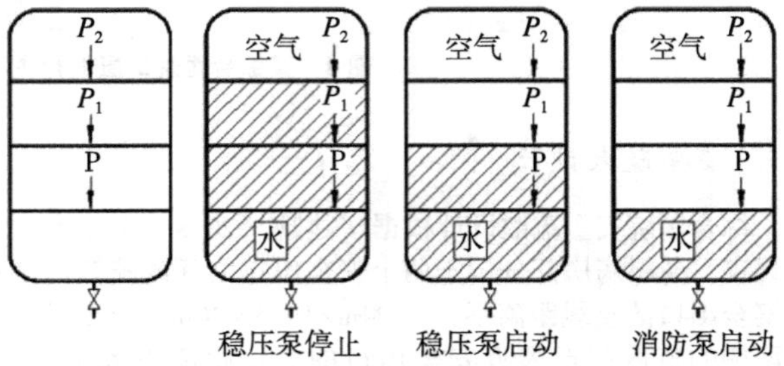

图 3 稳压罐工作原理图

稳压设备设置于屋顶，

$P_1 \geqslant 15-H_1$，且 $\geqslant H_2+7$

$P_2=P_1/0.85$

$P=P_1+H_1+H-7$

$P_0=P_2+H_1+H-H_3$

稳压设备设置于地下

$P_1 \geqslant H+15$，且 $\geqslant H_2+10$

$P_2=P_1/0.85$

$P=P_1-7$

$P_0=P_2-H_3$

表 1 假设地上层高均为 3m，地下层高 5m，高位消防水箱最低有效水位距屋面 1.5m，有效水位高度 1.5m，计算了建筑高度从 51~84m 各层最低位消火栓栓口静压 P_0。

表 1

m

	建筑高度	H	H_1	H_2	H_3	P_1	P_2	P	P_0
稳压设备设置于屋顶	51	54.2	3.3	1.5	5.1	11.70	13.76	62.20	66.16
	54	57.2	3.3	1.5	5.1	11.70	13.76	65.20	69.16
	57	60.2	3.3	1.5	5.1	11.70	13.76	68.20	72.16
	60	63.2	3.3	1.5	5.1	11.70	13.76	71.20	75.16
	63	66.2	3.3	1.5	5.1	11.70	13.76	74.20	78.16
	66	69.2	3.3	1.5	5.1	11.70	13.76	77.20	81.16
	69	72.2	3.3	1.5	5.1	11.70	13.76	80.20	84.16
	72	75.2	3.3	1.5	5.1	11.70	13.76	83.20	87.16
	75	78.2	3.3	1.5	5.1	11.70	13.76	86.20	90.16
	78	81.2	3.3	1.5	5.1	11.70	13.76	89.20	93.16
	81	84.2	3.3	1.5	5.1	11.70	13.76	92.20	96.16
	84	87.2	3.3	1.5	5.1	11.70	13.76	95.20	99.16
	87	90.2	3.3	1.5	5.1	11.70	13.76	98.20	102.16
稳压设备设置于地下	51	54.2	–	58.2	5.1	69.20	81.41	62.20	76.31
	54	57.2	–	61.2	5.1	72.20	84.94	65.20	79.84
	57	60.2	–	64.2	5.1	75.20	88.47	68.20	83.37
	60	63.2	–	67.2	5.1	78.20	92.00	71.20	86.90
	63	66.2	–	70.2	5.1	81.20	95.53	74.20	90.43
	66	69.2	–	73.2	5.1	84.20	99.06	77.20	93.96
	69	72.2	–	76.2	5.1	87.20	102.59	80.20	97.49
	72	75.2	–	79.2	5.1	90.20	106.12	83.20	101.02
	75	78.2	–	82.2	5.1	93.20	109.65	86.20	104.55
	78	81.2	–	85.2	5.1	96.20	113.18	89.20	108.08
	81	84.2	–	88.2	5.1	99.20	116.71	92.20	111.61
	84	87.2	–	91.2	5.1	102.20	120.24	95.20	115.14
	87	89.2	–	92.2	5.1	105.20	123.59	98.20	118.49

由表 1 可知：稳压设备设置于屋顶分区高度可达 80m 左右（受稳压罐充气压力不小于 0.15MPa 制约）。稳压设备设置于地下仅可达 70m 左右。

3 室内消防设计稳压罐工作压力与调节容积的关系

气压罐工作原理：当外界有压力的水进入气压罐罐内时，密封在罐内隔膜另外一侧的空气被压缩，根据波义耳气体定律，气体受到压缩后体积变小压力升高，直到气压罐内气体压力与水的压力达到一致时停止进水。当水流失后压力降低时气压罐内气体压力大于水的压力，此时空气体积膨胀将隔膜另一侧的水挤出气压罐补到系统中，直到空气气体压力与水的压力再次达到一致时停止排水。

波义耳气体定律：在定量定温下，理想气体的体积与气体的压强成反比。

即 $P_2/P_1=V_1/V_2$

式中，P_1——稳压泵启泵压力；

P_2——稳压泵停泵压力；

V_1——稳压泵启泵压力下气压罐内气体体积；

V_2——稳压泵停泵压力下气压罐内气体体积。

气压罐调节容积为 $V=V_1-V_2\geqslant 150\text{L}$

$$V=V_1-(P_1V_1/P_2)=(1-P_1/P_2)V_1$$

在气压罐总容积不变情况下，V_1 不变，P_2 越接近 P_1，气压罐调节容积为 V 越小；所以在气压罐调节容积固定情况下，P_1 越大，P_2 与 P_1 的差值越小，气压罐总体积越大，这显然是不符合经济性的需求的。

因此在实际应用中，$\alpha_b=P_1/P_2\leqslant 0.85$；现有气压罐稳压模式严重制约了消火栓系统的分区。

4 室内消防设计稳压设备安装在低位时提高分区高度的设想

因为稳压设备设位置，改变一个分区保护高度的问题，很大程度上制约了稳压设备安装在低位的可能性。但居住性建筑屋面经常很难有适合稳压设备的安装位置，总会不同程度的影响顶层用户的居住体验，那么能不能有一种设备，既能安装在低位，又不影响消防系统的分区高度呢？

由此提出以下设想：

（1）能否加大气罐容积、增设高压储气罐，来改变 P_2

与 P_1 的差值，再上述举例中，稳压泵设置在屋顶建筑高度 81m，$P_1=15.00$m（稳压罐充气压力不小于 0.15MPa），$P_2=17.65$m；$V=150\text{L}=(1-P_1/P_2)\ V_1$，$V_1=1000\text{L}=1\text{m}^3$

稳压泵设置在屋顶建筑高度 84m，$P_1=99.20$m，$P_2=116.71$m，$V_1=150\text{L}=(1-P_1/P_2)\ V$，$V=1000\text{L}=1\text{m}^3$。那么两组稳压罐压差一致，$P_2$ 应为 99.2+17.65−15=101.85m，$V=150\text{L}=(1-P_1/P_2)\ V_1$，$V_1=5765\text{L}=5.77\text{m}^3$。

稳压泵体积增大 5~6 倍。

（2）取消稳压罐、利用变频泵实现小流量稳压。在实际工程中变频泵压力控制精度有限，且《消防给水及消火栓系统技术规范》（GB 50974—2014）中规定：“5.3.4 设置稳压泵的临时高压消防给水系统应设置防止稳压泵频繁启停的技术措施，当采用气压水罐时，其调节容积应根据稳压泵启泵次数不大于 15 次/h 计算确定，但有效储水容积不宜小于 150L。”取消稳压管与此条规范不符。

（3）在气压罐气室上设置排气阀和气泵，以调节气压罐内气体容量，增大气压罐调节容积，减小气压罐调节时升压，即减小稳压泵 P_1 与 P_2 差值。

现我们需要 3 个新增压力点：

P_3——气泵启动压力，当气压罐出水压力将到此值时气泵启动；

P_4——气泵停泵压力，当气压罐出水压力将到此值时气泵停止；

P_5——排气阀开启压力。

其中 $P_1<P_3<P_4<P_5<P_2$

稳压罐工作原理见图 4。

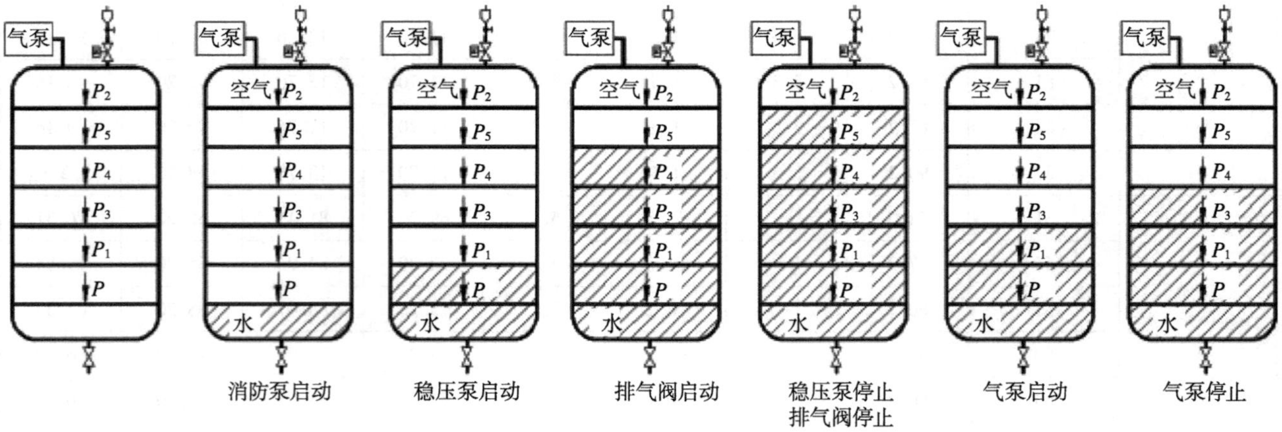

图 4　稳压罐工作原理图

注：图中阴影仅表示压力变化，比表示水量及空气量少。

排气阀只与稳压泵同时动作，气泵不与稳压泵和排气阀同时动作；

稳压泵启泵联动气泵停泵，稳压泵停泵联运排气阀关闭。

运行控制：稳压设备出水管上压力表降至 P_1 时，稳压泵启动，气压罐生压，当压力生至 P_5 时，排气阀启动（排气阀排气量通过调节与稳压泵进水量基本保持平衡，但略低于稳压泵进水量），气压罐内气体减少，排气阀排气量减少，压力表压力升至 P_2，稳压泵停泵，同时排气阀关闭。经过管网漏损，压力表压力下降至 P_3，气泵启动，若漏损量低，压力表压力上升至 P_4，气泵停止，以免引起排气阀启动；当气压罐内水量大量减少，气泵即便在启动状态，稳压设备出水管上压力表值由于没有足够水量补充依然会下降，当下降至 P_1 时，稳压泵启动，同时气泵关闭。即排气阀只与稳压泵同时动作，气泵不与稳压泵和排气阀同时动作。稳压泵启泵联动气泵停泵，稳压泵停泵联动排气阀关闭。见表 2。

表 2

	建筑高度	H	H_2	H_3	P_1	P_2	P	P_0	P_3	P_4	P_5
稳压设备设置于地下	70	73.2	77.2	5.1	88.20	95.10	81.20	90.00	90	92	94
	72	75.2	79.2	5.1	90.20	97.10	83.20	92.00	92	94	96
	74	77.2	81.2	5.1	92.20	99.10	85.20	94.00	94	96	98
	76	79.2	83.2	5.1	94.20	101.10	87.20	96.00	96	98	100
	78	81.2	85.2	5.1	96.20	103.10	89.20	98.00	98	100	102
	80	83.2	87.2	5.1	98.20	105.10	91.20	100.00	100	102	104

5　小结

在一般住宅或居住类建筑中普通稳压设备设置于地下会减小消防系统的分区的保护高度。通过以上方法中的一种，在生产厂家的配合下，能够有新的产品做到在符合消防规定的情况下，稳压设备设置在地下消防泵房内，消防系统的分区高度不变。改变现有很多建筑稳压设备只能设置在屋顶的现状。

6　设想中存在的问题

（1）增大稳压罐的方式在实际工程中是否符合经济性的需求，是否有足够的位置安装稳压设备。

（2）取消稳压罐的方式能否得到国家认可，变频泵的扬程控制及性能能否符合消火栓安全性的需求。

（3）气泵、稳压泵、气压罐联动的稳压设备是否符合消防安全性的需求，能否得到认可；在不足2m的压差下压力表能否精确测压，联动稳压泵，气泵，排气阀动作；这种控制方式下，气泵的寿命有多少，是否符合经济性的需求。

参考文献

[1] 王增长．建筑给水排水工程（第七版）．中国建筑工业出版社，2016：45-58.

[2] 岳秀萍．建筑给水排水工程（第三版）．北京：中国建筑工业出版社，2018：39-49.

关于厂房自动灭火系统设计探讨

周 浩 王 环

（河北世元工程咨询有限公司，河北 保定）

摘 要 设置自动灭火设施的厂房类建筑一般具有火灾危险性大、因火灾事故可能造成的经济损失大、社会影响大或人员伤亡大等特点。但国内对此类场所自动灭火设施的设置各有不同。自动灭火系统基本设计参数、系统形式的合理选取是自动灭火设施能正常运行、发挥功能的关键因素，只有正确选取基本设计参数、设置与场所相适应的灭火系统形式才能够实现对这些场所和保护对象初起火灾的有效防控，以达到相应的控火和抑火目标。

关键词 厂房 自动灭火系统 基本设计参数 系统形式

1 引言

随着我国经济的迅速发展，厂房建筑尤其是高大空间厂房建筑或场所逐渐兴起，而国内对于此类场所自动灭火设施的设置不尽相同。自动喷水灭火系统作为自动灭火装置，在火灾初期可有效扑救和控制起火，对于减少财产损失、保障生命安全等方面具有非常重要的作用，是当今世界上公认的最为有效的自动灭火设施之一，因此在各类建筑内广泛应用。自动跟踪定位射流灭火系统作为一种新型自动灭火系统，是由我国自主研发的，对于厂房高大空间场所具有一定优势。自动灭火系统的系统选择、喷水强度、覆盖范围和火灾持续喷水时间等是系统在设计和使用过程中的关键参数。合理的系统选型是系统发挥灭火、控火的基础，喷水强度、作用面积、火灾持续喷水时间等是系统实现上述防护目标的关键指标。这些参数的确定应充分考虑防护对象的火灾特性、火灾危险等级、室内净高、储物高度、室内环境等因素对系统正常运行和正常发挥功能的影响。只有在符合适用范围的情况下，自动灭火系统才能够实现对这些场所和保护对象初起火灾的有效防控。本文主要从设计基本参数选取及系统形式两方面对厂房建筑自动灭火系统设计进行了探讨。

2 系统设计参数选取

厂房建筑由于其生产工艺不同，所需生产原材料、产品及副产品也不尽相同，生产环境条件各异，所以其火灾危险性往往会受多重因素的影响。《建筑设计防火规范》（GB 50016—2014）第8.3.1条对需要设置自动喷水灭火系统的厂房或生产部位做了相应的规定。这些建筑或场所往往一旦发生火灾将造成重大的财产损失或人员伤亡，同时社会影响十分严重。

自动喷水灭火系统的基本设计参数大多是通过建立不同类型场所的火灾试验模型，开展自动喷水灭火系统作用下的全尺寸灭火试验及数值模拟试验得出的数据。这些数据是建立在国内外的许许多多成功的经验和失败的教训基础上的。自动喷水系统设计的基本参数的选取是整个系统能够正常运行和起到有效防火、控火的关键性指标，主要包括：建筑或场所的火灾危险等级、最大净空高度、喷水强度、作用面积、火灾延续时间等设计参数。

GB 50016《建筑设计防火规范》分别给出了净高 $h≤8$m 时或 8m<$h≤12$m 时厂房采用湿式系统的基本设计参数，见表1。

（1）对于厂房最大净空高度 h 小于等于8m时，有冻结危险的场所，系统可采用干式系统、雨淋系统或预作用系统。

①由于干式系统的配水管道中的平时气压会导致系统在启动时会有一定的延迟，这会使得消防工作变得更加困难，并且会降低消防设备的防护效果。因此，根据标准要求，通过扩大作用面积1.3倍（相对于湿式系统）的办法来补偿延迟喷水对系统灭火能力的削弱。

②对于雨淋系统，其系统形式为开式系统，由雨淋阀直接控制其连接的所有开式喷头同时喷水，无需考虑喷头的爆破时间，其喷水量大，从而更好地抑制火势的水平扩散，其喷水强度和作用面积按湿式系统基本参数设计。

③采用由火灾自动报警系统和压力开关联动控制的预作用系统时，由于其管道平时充气，不能保证在闭式喷头动作前转换为管道充满水的预作用过程，系统形式与干式系统类似，其覆盖面积、充水时间等可按干式系统确定。

④对于仅由火灾自动报警系统直接控制的预作用系统，报警阀可采用雨淋阀，平时管道不充气，其喷水强度和作用面积可按湿式系统基本参数设计。

表1 民用建筑和厂房采用湿式系统的设计基本参数

火灾危险等级		最大净空高度 h/m	喷水强度/[L/(min·m^2)]	作用面积/m^2
轻危险级		$h≤8$	4	160
中危险级	Ⅰ级		6	
	Ⅱ级		8	
严重危险级	Ⅰ级		12	260
	Ⅱ级		16	

（2）对于净空高度 8～12m 厂房高大空间场所，由于空间较高，当现场火灾荷载较小时，存在喷头爆破时间滞后火灾蔓延时间的风险，规范采取提高喷水强度和减小作用面积内喷头间距增加喷头数量的措施。当厂房采用湿式自喷系统时，应按《自动喷水灭火系统设计规范》表 5.0.2 给出的湿式系统设计基本参数设计，见表 2。在超出湿式自喷系统设计条件的情况下，由于目前缺乏有效的参数，因此不建议采用预作用系统或干式系统，如果必须使用，则应该根据实际情况，通过测试和专家论证，确定喷水强度、作用面积和系统充水时间等基本设计参数。

表 2　民用建筑和厂房高大空间场所采用湿式系统的设计基本参数

适用场所		最大净空高度 h/m	喷水强度/［L/（min · m²）］	作用面积/m²	喷头间距 S/m
民用建筑	中庭、体育馆、航站楼等	$8<h\leq12$	12	160	$1.8<S\leq3.0$
		$12<h\leq18$	15		
	影剧院、音乐厅、会展中心等	$8<h\leq12$	15		
		$12<h\leq18$	20		
厂房	制衣制鞋、玩具、木器、电子生产车间等	$8<h\leq12$	15		
	棉纺厂、麻纺厂、泡沫塑料生产车间等		20		

（3）对于厂房内高大空间场所，当其净空高度大于 12m 时，可按《自动跟踪定位射流灭火系统技术标准》，结合设置场所的火灾种类、火灾危险等级、设计环境、空间净高、保护范围特点等因素来确定。《自动跟踪定位射流灭火系统技术标准》分别给出了不同自动跟踪定位射流灭火系统形式对应的射流流量、喷水强度、覆盖范围、开启射流装置台数及系统工作压力等设计参数。

3　系统形式的选取

由于厂房生产工艺各异，其设置自动喷水系统也存在差异。其系统的设置应结合各自动喷水灭火系统的特点以及其适用的范围、使用场所、系统形式、环境温度等相关要求，需经经济和技术等多方面评估后确定。在灭火系统选择时，同一座建筑物内应考虑尽量选择同一种或同一类型的灭火系统，从而简化系统设计，便于后期维护管理。

3.1　不同净空高度下系统形式的选取

自动喷水灭火系统在一定的高度范围内具有相当的灭火优势，尤其是在厂房净高不超过 12m 的情况下，它可以迅速开启喷头，将水喷射到起火区域，从而有效地控制火势，达到灭火的目的，因此，在设计过程中，应该优先考虑采用自动喷水灭火系统。但应注意喷头选型时，喷头流量系数的影响。当净空高度小于等于 8m 时，喷头流量系数应该大于等于 80，而当净空高度小于等于 12m 时，喷头流量系数应该大于等于 115。

对于净高大于 12m 的厂房高大空间场所，其空间高度较高、空间体积较大、火场温度上升速率较慢，闭式自喷洒水喷头无法有效感知温度，存在喷头爆破喷水滞后火灾水平蔓延的风险，而自动跟踪定位射流系统具有一定的应用优势，可以根据实际情况选择不同的系统。

3.2　不同环境温度下系统形式的选取

室内环境温度影响自喷系统正常运行和正常发挥功能，只有设置与环境温度相适应的灭火系统形式才能够实现对这些场所和保护对象初起火灾的有效防控，以达到相应的控火和抑火目标。

厂房受生产工艺要求、功能、环境条件或能源状况的限制，导致厂房内无法设置采暖设施或在非工作时间以及中断使用的时间内不能保证其环境温度高于 4℃，此类厂房无法设置湿式自喷系统。对于净空高度 $h\leq8$m 时，可采用干式自喷系统或替代干式的预作用系统以达到设置自喷系统的要求。但对于净空高度 $h>8$m 的厂房，现行《自动喷水灭火系统设计规范》中暂无设置干式自喷系统或预作用自喷系统的相关设计参数，导致无法按规范要求设置自喷系统。尽管采用电伴热防冻或系统加防冻液等技术来保护这些厂房免受环境温度的影响，但是这些技术仍然无法满足《消防设施通用规范》GB55036 中关于“环境温度低于 4℃或高于 70℃的场所，应采用干式系统”的规定。为满足此类厂房设置自动灭火系统要求，净空高度 h>8m 的非采暖厂房或在非工作时间以及中断使用的时间内不能保证其环境温度高于 4℃厂房可采用自动跟踪定位射流系统，同时射流系统充水管道需做电伴热防冻处理，以实现此类厂房防火、控火的需求。

4　结束语

本文着重对厂房类建筑从基本设计参数及系统形式方面对自动灭火系统设计进行了探讨，对规范中未给出的相关设计参数以及厂房内特殊场所不适用的系统形式做了相应的设计分析，希望能为大家在厂房类工程项目自动灭火系统设计中提供有益的参考。

参考文献

［1］GB 55036—2022，消防设施通用规范［S］.

［2］GB 50016—2014，建筑设计防火规范（2018 年版）［S］.

［3］GB 50084—2017，自动喷水灭火系统设计规范［S］.

［4］GB 51427—2021，自动跟踪定位射流灭火系统技术标准［S］.

消防车安全性能检测问题及对策研究

张连民

（新疆维吾尔自治区消防救援总队，新疆　乌鲁木齐）

摘　要　依据国家法律法规、消防救援车辆管理相关规定开展消防车安全性能检测，对提高消防车使用安全性，防止车辆装备事故发生，提升国家综合性消防救援队伍车辆装备完好率和备勤率，具有十分重要的意义。本文结合《消防救援队伍消防车退役管理暂行规定》修订和消防车安全性能检测工作实际，根据消防车安全性能检测的内容，分析查找检测工作中存在的突出问题，探究加强消防车安全性能检测工作的策略方法，为防范消防救援车辆安全事故提供参考。

关键词　消防车　安全性能　检测问题　改进措施

1　引言

国家综合性消防救援车辆作为悬挂应急救援专用号牌，装备各种消防专用装置的特种车辆，因其任务特殊、车型特殊、功能特殊，其安全性能检测应与非消防救援专用车辆有明显不同。国家消防救援局依据国家法规政策对消防车安全性能检测实施管理，将消防车安全性能检测合格与否，作为消防车年度审验、执勤或退役的前置条件，是提升消防车辆装备完好率，从源头预防消防救援车辆装备事故的有效手段。因此，进一步加强消防救援消防车安全性能检测管理显得尤为重要。

2　现行消防车安全性能检测项目和方法

国家综合性消防救援队伍依据《中华人民共和国消防法》《中华人民共和国道路交通安全法》《消防救援车辆牌证核发与管理暂行规定》和《消防救援队伍消防车退役管理暂行规定》等法规制度文件开展消防车安全性能检测，具体检测项目和方法参照《机动车安全技术检验项目和方法》（GB 38900）和《消防车》（GB 7956）等执行。

2.1　消防车安全性能检测项目

消防车安全性能检测包括底盘安全技术检验和上装专用装置安全性能检验两部分，检验项目详见表1。

表1　检测项目明细表

序号	检测部位	检测项目
1	底盘部分	车辆唯一性检查、车辆特征参数检查、车辆外观检查、安全装置检查、底盘动态检验、车辆底盘部件检查
2		行车制动（空载制动率和空载制动不平衡率）、驻车制动、前照灯（远光发光强度和远近光束垂直偏移）、车速表指示误差等
3	专用部分	警示灯具、标志标识，举高类消防车的支腿、臂（梯）架、工作斗、回转平台、应急操作装置，压缩空气泡沫消防车的压缩空气泡沫系统、压缩空气系统、泡沫比例混合系统、消防泵（炮），泡沫消防车的车用泡沫系统、最大真空度和抢险救援消防车的随车吊、绞盘、照明系统等专用装置

2.2　检测方法和仪器设备

消防车安全性能通过仪器设备和人工方式检测，其中，底盘安全技术检验仪器设备主要有轴重仪、制动试验台等，专用装置安全性能检测仪器主要有水力检测装置、举高车上装检测装置等，具体检测方法和检测设备详见表2。

表2　检测方法和检测设备明细表

检测部位	检测方法	检测设备
整车	人工	手电筒、手持式安检镜等
底盘部分	仪器设备	外廓尺寸自动测量仪、轴重仪、制动试验台、侧滑试验台、车速表试验台、前照灯监测仪、废气分析仪、声级计等
专用部分	仪器设备	泡沫性能快速检测仪、导电率测试仪、高精度超声波管道流量计、钢丝绳拉力检测仪、压力检测推车、水力检测装置、消防炮枪试验装置、压缩空气泡沫系统测试装置及举高类消防车上装检测装置等

2.3　检测依据和周期

消防车安全性能检测依据《机动车安全技术检验项目和方法》、《消防救援队伍消防车退役管理暂行规定》等标准规定开展，具体检测依据和检测周期详见表3。

表3　检测依据和检测周期明细表

消防车型	检测部位	检测依据	检测周期
所有车型	整车	《消防车》、投标文件、购销合同、总队消防车交付使用前验收管理相关规定	新消防车交付使用前检测
所有车型	底盘部分	《机动车安全技术检验项目和方法》、《消防救援队伍消防车退役管理暂行规定》	执勤车每年一次
举高类消防车	专用部分	《消防救援队伍消防车退役管理暂行规定》	执勤7年（含）以上每年一次

续表

消防车型	检测部位	检测依据	检测周期
举高类除外的消防车	专用部分	《消防救援队伍消防车退役管理暂行规定》	消防车退役前检测

3 消防车安全性能检测存在的问题

现阶段消防车安全性能检测工作，经过改制后几年的探索努力，虽然在顶层制度设计、专业人才培养等方面取得了一定的成效，但在管理制度体系、人才队伍和检测机构建设等方面还存在着一些亟待解决的问题。

3.1 检测管理制度缺失

机动车安全技术检验依据《标准化法》、《道路交通安全法》等法规规定，由依法设立、遍布各地的机动车安全技术检验机构按照《机动车安全技术检验项目和方法》（GB 38900）实施检验，检验结果与《互联网交通安全综合服务管理平台》等互联互通，形成了一套较完整的管理制度体系。与之相比，消防救援队伍开展消防车安全性能检测，虽然国家法规和队伍管理制度层面有规定，但未制定实施安全性能检测的技术标准和监督管理措施，负责组织实施的总队级（含）以下单位也未制定具体的操作执行细则。这种管理制度上的缺失，在一定程度上造成队伍各级对检测工作重视程度不够、组织领导不力，也直接导致了队伍普遍存在的消防车安全性能检测工作没有真正开展，不进行安全性能检测和年度审验等漏检、漏验问题，形成了很大的安全事故隐患。

3.2 专业检测队伍建设滞后

当前消防车安全性能检测专业人才主要集中在国家消防装备质量检验检测中心、消防车生产企业和消防救援队伍，现阶段检测工作主要依靠由长期从事装备管理、拥有装备中级以上职称或参加过消防装备质量检验员、消防装备维护员、特种车驾驶员培训班的指战员组成的内部专业检测队伍开展。这支队伍虽然有一定的实际工作经历，但未经过系统的检测专业培训，专业素质和技术能力不足，缺少检测工作实践经验。同时，当前还普遍存在队伍建设相对滞后、专业性不强、专业人员数量不足、人员素质参差不齐、人岗不相适应等问题，对消防车安全性能检测工作造成很多不利影响，也间接导致消防救援队伍已配备的消防车安全性能检测设施设备被长期搁置浪费。如某总队每年1600余辆消防车底盘部分应检验，300余辆消防产上装专用装置需检测，现配备有固定式检测设备1套、便携式简易车辆装备检测箱15套，但是具有检测工作经历、参加过相关培训或会操作使用检测设备的指战员仅有10余名，而且分散在6个支队。

3.3 专业机构还不具备检测能力

《消防救援队伍消防车退役管理暂行规定》所述举高类消防车年度安全性能检测承担机构主要包括原消防车生产企业（含其委托单位）或具有工信部消防车公告资质的检测机构，而现阶段举高类消防车公告资质机构主要是指位于上海、安徽（路试）的国家消防装备质量检验检测中心，考虑到基层消防队站日常备勤需要和队站分散、远离中心的实际情况，将消防车集中于中心进行检测还存在很多的现实困难，且该中心承担着国内所有消防车型式检验和委托检验任务，短时间内也难以承担起急增的检测任务，当前就只能依靠原生产企业开展消防车安全性能检验工作。但现阶段举高类消防车生产企业不具备检测机构资质，是否可以开展安全性能检测、出具检测报告，其合法合规性还需要进一步论证；生产企业检测的消防车，一旦发生车辆装备事故，如何确定职责划分，也需要进一步商榷。

3.4 第三方机构不能满足检验需求

目前，机动车安全技术检验机构已覆盖全国大部分市（县、区），个别未设立检验机构的偏远县城，也可到邻近县市进行检验，网点距离可以满足消防救援队伍消防车安全性能检验需求。但从调研的情况看，因缺少消防车上装检测用仪器设备，无消防车上装检测服务许可资质，全国各地的机动车安全技术检验机构目前仅能开展消防车底盘安全性能检测（详见检测项目对比表4）。同时，公安交管部门不负责消防救援队伍消防车登记上牌、年度审验、退役报废的制度设计，与队伍消防车检验管理制度不完善、监管体系不健全等因素叠加，也在一定程度上使机动车安全技术检验机构在检验过程中，在消防车使用单位默许的情况下，降低检验标准实施检测或未经检测直接出具合格的《机动车安全技术检验报告》，而导致一些隐性的消防车底盘事故隐患难以被发现。

表4 第三方和消防车专业检测机构检测项目对比表

检测机构	配备的检测设备	可开展检测项目
第三方构	外廓尺寸自动测量仪、轴重仪、制动试验台、侧滑试验台、车速表试验台、前照灯监测仪、废气分析仪、声级计等	消防产底盘安全技术检验项目
消防车专业机构	底盘检验仪器设备和泡沫性能快速检测仪、导电率测试仪、高精度超声波管道流量计、钢丝绳拉力检测仪、压力检测推车、水力检测装置、消防炮枪试验装置、压缩空气泡沫系统测试装置及举高类消防车上装检测装置等	消防产底盘安全技术和上装专用装置安全性能检测项目

4 改进消防车安全性能检测工作的措施

消防车安全性能检测是保障消防车出警安全、防止车辆装备事故发生的重要手段。针对当前检测工作中存在的问题，消防救援队伍应从管理制度、检测机构、专业队伍和检测设施建设等方面入手，立足实际，全面加强和改进消防车安全性能检测工作。

4.1 健全完善检测管理体系

消防救援局牵头组织消防车生产维修企业、消防科研（教学）院所、国家消防装备质量检验检测中心和队伍消防车辆技术专家，参照《消防车》（GB 7956）和《机动车安全技术检验项目和方法》（GB 38900），编写消防车安全性能检测行业或国家标准，制定安全性能检测管理规定，研发消防车安全性能检测监管平台，明确安全性能检测项目、方法，职责分工、工作流程、管理措施等。总队级（含）以下单位进一步加强对检测工作的组织领导，结合本单位实际，科学制定实施方案，组织检测机构和人员开展检测，确保检测工作落到实处。

4.2 加强消防车检测机构建设

消防救援局现阶段可先推动已建成的进口消防车区域维修中心的北京、上海、辽宁、广东、四川和新疆总队，利用现有消防车安全性能检测设备和人员，积极与当地党委编办、市场监管、公安机关交通管理部门沟通协调，设置专业检测机构，申办车辆安全技术检验资质，开展消防车安全性能检测试点工作。根据试点工作经验，再推动所有总队级单位依托车辆修理所或消防产品质量监督检测站的房产设施，根据消防车数量分布情况和检验需求，逐步在每个总队建成1-2个车辆安全性能检测站，承担本总队或邻近单位消防车安全性能检测，消防装备维修保养、质量验收测试，消防装备技术革新、课题研究等工作任务，将检测站打造成为省级消防车辆装备检测和技术创新平台，适时推动建设成为省级消防车辆装备检测重点实验室。

4.3 强化检测人才队伍建设

总队级单位通过招聘具备相关检测技能的消防文员和专职消防员，调整具备相关工作经验的指战员，充实到检测队伍，逐步组建涵盖消防车上装和底盘、消防装备等专业，由10-15名专业检测人员组成的检测队伍。消防救援局每年举办消防车安全性能检测员和装备质量检验员培训班，为全国消防救援队伍培养车辆装备检测骨干人才；总队级单位每年派员赴消防产生产企业、消防研究所等单位开展研学活动，不断提升检测人员业务水平。同时，总队级单位探索设立具有编制的检测检验机构，合理设置检测机构岗位，为检测专业人才长期发展提供空间；结合实际和检测业务特点，健全完善检测人才晋升、退休（出）保障政策，鼓励检测专业人才参加职业资格考试，激发检测骨干人才干事创业的动力，保障检测队伍长期稳定发展。

4.4 推动研发移动式检测装备

结合地方机动车安全技术检验机构能够满足消防车底盘检验需求，消防救援队站执勤任务重、点多位置分散的实际情况，按照底盘检验当地解决、上装专用装置自行检测，上门检测为主、集中检测为辅的原则，消防救援局应组织消防研究所、消防车生产企业等单位，针对消防车上装专用装置安全性能检测特点，研发新型便携式成套检测设备或移动式检测车。按照年检验新购消防车和举高类消防车不少于300辆的需求，为总队级检验任务承担单位配备至少2辆移动式检测车（举高类和非举高类至少1辆）；按年检验拟退役非举高类消防车不少于10辆的需求，为支队级检验任务承担单位配备至少1套新型便携式成套检测设备。同时，总队、支队可结合消防车辆装备技术服务下基层活动，每年至少开展2次上门检测服务，以满足基层消防队站消防车安全性能检测需求。

4.5 鼓励地方专业车辆检验机构参与检测

消防救援局可会同国家市场监督管理出台相关政策文件，鼓励民营企业和其他社会资本投资消防车和装备器材检验检测服务，支持具备条件的企业申请相关资质，面向社会提供检验检测服务；鼓励国家消防装备质量检验检测中心、消防研究所等事业单位，与民营企业和其他社会资本合作，成立国有或非国有资本控股的混合所有制检测检验企业，参与消防车和装备器材检验检测服务。同时，建立消防车辆装备一体化检测检验监督服务平台，与消防救援车辆牌证管理系统互联互通，确保检测机构在监管下依法依规开展检测检验活动。

5 小结

现阶段，虽然消防车安全性能检测工作还需进一步完善，但通过学习借鉴民用机动车检测管理先进经验，加强改进消防车检测管理工作，解决检测工作中存在的突出问题和矛盾，推动检测工作规范化、制度化、正规化，必然对今后消防救援队伍车辆装备安全防事故工作起到积极推动作用。

参考文献

[1] 谢林武．机动车安全检测存在的问题及对策分析[J]．数字通信世界，2015，(009)：263，317.
[2] 赵卫民．浅析机动车安全技术检验中存在的问题及措施[J]．汽车与驾驶维修（维修版），2018，(06)：65.
[3] 彭国才．分析机动车安全技术检验中存在的问题及措施[J]．建材与装饰，2017，(33)：185-186.
[4] 施正腾．探讨机动车安全技术检验中存在的问题与对策[J]．内燃机与配件，2019，(04)：123-124.
[5] 孙巍，吴云强，张军，赵卫兴．机动车安全技术检验标准研究[J]．中国标准化，2014，(11)：95-98.
[6] 张涛，向立立，朱治钢．机动车安全技术检验要点及方法[J]．科技创新与应用，2022，(29)：134-137.
[7] 张博，黄志丁，冯森．机动车安全技术检验监管情况分析与建议[J]．中国测试，2021，(47)：5-18.
[8] GB 38900—2020，机动车安全技术检验项目和方法[S].

高层住宅火灾消防隐患与预防措施

李雨声
（天津市河东区消防救援支队，天津）

摘　要　随着我国的城镇建设的推进，高层居民住宅逐渐出现在我们的视野。高层住宅因为人员集中、整体楼层高、情况复杂，一旦高层住宅小区出现火灾事故，常常就会形成很大的人员伤亡和社会影响。引发高层住宅发生火灾的因素繁多，对人民群众的生命财产安全也产生了极大的威胁。为了配合我国城镇化快速发展，更好的保护人民群众的财产和人身安全，我们应当充分重视高层建筑的消防安全管理工作，从而避免火灾事故的发生和人员的伤亡。

针对此类问题，分析高层住宅小区在前期设计和施工方面，以及竣工后物业管理和日常维护方面存在的问题和火灾风险，探讨能够有效地降低高层住宅火灾风险的措施，从而能够引导大家对高层住宅火灾防范的关注，以便更好地减少高层住宅火灾事故的发生。

关键词　高层住宅　消防隐患　火灾预防　消防设备

1 高层住宅存在的火灾消防隐患

1.1 高层住宅小区在前期设计和施工方面的消防隐患

高层建筑存在人员众多且流动性大、生活生产用电负荷大，以及电器设备、线路老化等诸多问题，极易引发火灾。很多高层建筑整体结构设计复杂、设备众多，从而造成火灾隐患多，这种现象在一些老旧的高层住宅建筑中尤为常见。另外高层建筑发展初期消防安全标准不高，有的疏散楼梯通道数量不够，有的没有安装固定的消防器材和设施，有的高层建筑材料防火防灾性能差等等。如果遇到火灾，就会出现人员疏散困难，救援人员不熟悉内部情况等问题，从而增大了疏散群众和灭火救援的困难。

1.2 物业消防管理从业人员水平低

当前大多数高层住宅小区物业管理公司的消防控制室值班、水电维修或者安保人员兼职承担消防管理业务工作。另外，物业公司由于工作强度和薪资待遇的原因，人员素质良莠不齐且流动性较大。因为国家法律明文规定消防控制室值班人员必须持证上岗，所以大多数小区消防控制室值班员均具有一定程度的消防业务知识和应急处理能力。但是，小区物业管理公司其他人员很多没有接受过专门业的消防培训，并不具备处理消防安全突发状况的能力。从事消防管理工作的人员缺乏基本消防常识，不懂得消防设施设备的使用、维护保养的方法，不能发现、消除消防安全隐患，造成小区消防器材装备维护保养不够、自防自救能力不足。

1.3 业主消防安全意识淡薄

消防管理过程中重要参与者和受益者是小区业主们。因此，平时在小区业主群里面多介绍一些消防安全知识，对消防安全管理起着尤为重要的作用。但是在实际物业管理过程中，往往存在业主消防安全意识淡薄、业主不配合等现象，如业主推电动车上楼、违规携带大型充电电池上楼、违规使用不合格电器设备、私自占用消防通道并在消防通道堆积杂物等等。这些都给我们日常消防管理增加了一定的难度。部分小区业主更多考虑生活的便利性和自身相关的利益，不愿意出资租赁、购买小区地下停车位，导致大量私家车随意停放，占用、堵塞了小区公共消防车通道。此外，现在新能源车辆、电动车、电动自行车广泛使用，而电动车辆集中充电装置建设没有跟上使用推广的进程，导致电动自行车进楼道、进电梯、进门厅，飞线充电、擅自在地下车库设置改装充电装置等危险行为屡见不鲜，也成为威胁消防安全的一大难题。

1.4 消防设备维护保养不到位

根据《消防法》，高层住宅需要配置大量消防设施设备，否则将无法通过消防验收。但从实际情况来看，一些早期的高层住宅存在很多消防安全隐患。例如，有些早期的高层建筑没有消防用水或者消防管道常年漏水失修，火灾自动报警系统处于瘫痪状态。高层小区物业、开发商对消防设施维护工作缺乏长期重视，防火设施通常只在刚开始使用阶段保证正常使用，后期往往缺少定期检查和维护。还有，部分安全出口标志、疏散指示标志出现破损，以及火灾自动报警系统故障等安全隐患普遍性存在。

2 高层住宅小区消防安全管理对策。

2.1 消除高层住宅小区在前期设计和施工方面的消防隐患

首先，严格把控建筑工程在设计、施工、监督等环节，从而在审查初期消除各类安全事故隐患。另外，相关政府部门间加强共同沟通和协调，这样消防部门在审批阶段就可以监督高层建筑工程，从而减少建设单位报审、验收漏洞的发生。其次，加强平时的监督监管工作，对早期的高层建筑安全监督机构和监督人员明确职责，一旦发现问题立即上报。对高层建筑工程管理现场实施定期检查，严格管理，对验收通过的高层建筑，也要做好日常监督，发现消防设施、器材损坏的一定要责令负责单位抓紧整改，从而保证高层建筑消防设施的正常使用。

2.2 明确物业服务企业的消防安全责任

物业服务部门应积极担当管理和维护消防设施设备的职责，应该提高自己的消防安全意识，强化企业的职责担当，明确企业内部的岗位分工及责任分配，主动开展日常的消防安全检查，并积极配合消防部门开展各项消防安全工作，切实履行物业在小区消防安全设施的管理者和实施者的职责。物业行政管理部门应该在职业资格和人员数量方面增加对本部门消防设备管理人员的各项要求，明确在物业管理区域内物业服务单位应承担的职责和责任。物业更应该结合本小区高层住宅的特点制定相应的消防安全管理制度，对公用的消防设施器材、高层住宅的疏散通道、小区的消防车通道进行日常的维护管理，从而将高层住宅的消防安全落实在实处。消防管理过程中应依法定期监督对物业服务单位履行消防管理的职责管理，督促物业服务单位履行消防安全管理职责，督促物业服务单位向业主发放装修消防安全知识宣传手册，帮助高层住宅居民们制定灭火及应急疏散预案并组织高层住在的业主们开展模拟逃生自救演练等。

2.3 加强宣传，提升业主消防安全意识

作为消防安全管理的重要一环，提升人民群众的消防安全意识对消防安全管理工作有极大的推动作用。通过物业协助在居民区举行消防安全演练，发现存在的问题，并及时制定解决措施。通过业主微信群等开展消防安全讲座、发布火灾事故案例，从而提高人民群众消防安全意识，使人民群众养成关注消防、关心消防的习惯。通过定期培训该地区的管理委员会的成员和居民，组织居民进行真实的火灾救援演练，以便人们在发生事故时能及时有效进行救援工作。消防部门应协助并督促物业对业主在装饰装修前的审核、装修过程中的监督等系列工作，在装修审核前若发现业主设计存在安全隐患，应及时告知业主并建议业主修改设计方案。

2.4 明确职责，加大对消防设备维护保养

当前城镇社区大多物业服务企业配备了持证的物业人员，积极应对各种突发消防事件。在消防安全管理工作中，各职能管理部门应当明确职责分工，切实履行职能，加强对日常消防设备维护保养工作，保证安全设施的完好，安全检查中发现的火灾隐患应及时上报和解决火灾隐患，做到及时整改消防隐患。消防部门必须强化物业对于消防设备维护保养安全管理上的责任意识，履行明确的问责制度，从而增强物业责任人的事故处理能力和应变意识，增强责任感和紧迫感，健全完善各项消防安全管理制度。作为小区安全管理工作的第一责任人的物业法人代表，要把小区消防安全检查工作作为企业的头等大事来抓，要把管理者的消防工作纳入到绩效考评当中，让消防安全与工资挂钩，与职位升迁挂钩，定期开展消防设备检查。

结合以上论述，高层住宅建筑的出现对后期物业管理水平和消防安全管理都提出了更高的要求。我们应当充分了解

消防安全管理背后深层次的原因，结合目前消防安全管理工作的新形势，做好我们的本职工作，履行好岗位职责和义务，充分发挥监管部门的监管作用，解决高层住宅小区消防安全管理存在的问题，做好消防安全检查和落实工作，从而为城市的经济发展提供最强大的保障，为人民群众的财产安全保驾护航。

参考文献

[1] 刘毅．高层建筑施工现场消防安全特性及消防安全管理措施初探［J］．砖瓦，2021（04）：129+131.

[2] 顾晓杰．高层建筑消防施工管理要点探讨［J］．现代物业（中旬刊），2020（07）：116-117.

中庭火灾早期探测的试验以及模拟研究

史雅岚　黄绪勃　高　岩　毛睿海

［中国矿业大学（北京）应急管理与安全工程学院，北京］

摘　要　中庭若发生火灾，火势会迅速蔓延，火灾烟气也会通过中庭向其他楼层蔓延，对火灾的扑救和人员的疏散造成严重影响，火灾危险性极大。而目前普遍使用的传统火灾探测器难以实现对中庭火灾的早期探测，因此，对该类场所的火灾报警系统进行选型、设计及布置，使得火灾能够在早期被探测，具有重要的意义。本文基于对福建某儿童医院的实地调研，搭建了中庭火灾热烟试验平台，通过典型的热烟试验和FDS数值模拟研究了中庭大空间内火灾的早期探测，对试验数据和模拟数据进行分析得到了各类型火灾探测器响应时间的对比，最后对中庭大空间的火灾探测器的选型以及布置问题给出合理性建议。

关键词　火灾早期探测　中庭火灾　热烟试验　热障效应　数值模拟

0　引言

近年来，随着我国城市化规模的不断扩大，城市建设得到了快速的发展，由于建筑内中庭的设计具有空间大、采光好等特点，因而被广泛应用于各种公共建筑之中。中庭为实现其通风、采光等功能，通常贯穿并且连接多个楼层，这种结构形式在为人们带来便利的同时，也带来了严重的火灾问题。中庭若发生火灾，火势会迅速蔓延，火灾烟气也会通过中庭向其他楼层蔓延，对火灾的扑救和人员的疏散造成严重影响。

GB 50116—2013《火灾自动报警系统设计规范》规定，“高度大于12m的空间场所宜同时选择两种及以上火灾参数的火灾探测器”，但是规范却并未明确规定该类场所中探测器的选型与布置方式。目前国内外普遍使用的火灾探测器是点式感烟及感温火灾探测器、普通对射式感烟探测器[1]，然而中庭因其大空间的特点容易产生高速气流和烟气分层，并且热障效应的存在也使得烟气浮力不足以穿通分层环境下的天花板热空气层，使得烟气难以抵达探测器所在位置，这些传统的感烟火灾探测器将会花费很多的时间才能探测到火灾。部分学者与机构已经对OSID探测器、吸气式感烟探测器、红外对射感烟探测器、视频火灾探测器等新型探测器的探测性能与实际应用进行了研究[2-4]，但目前大部分的研究并未验证中庭场所内传统火灾探测器的不足，且未考虑热障效应对火灾探测的影响。因此，本文开展火灾试验并进行FDS数值模拟，在中庭正确选择并且合理布置火灾探测器，使得火灾能在初期被探测并且得到有效控制具有重要的意义。

1　试验研究

1.1　试验场所

试验选在福建省某儿童医院门诊楼内进行，如图1所示。医疗街包含三个尺寸相同的中庭，长32m，宽7m，高度为19.8m。

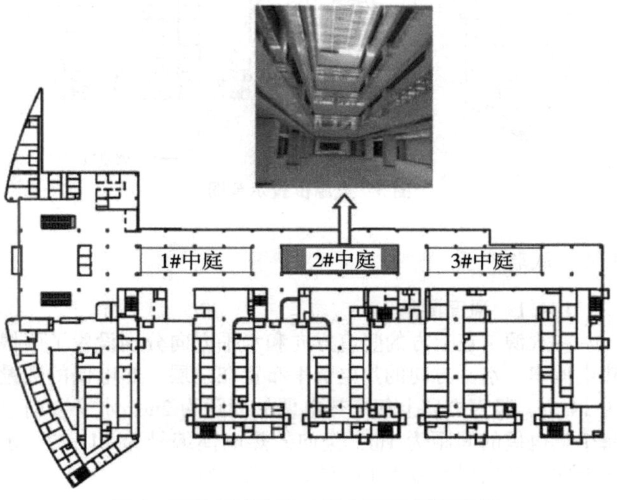

图1　试验区域位置（图中蓝色阴影区域）

1.2　试验火源

在不破坏建筑结构及内部设施、设备的条件下，采用热烟试验法，用于评价烟气蔓延与控制。如表1所示。

表1.1　火源选择

序号	火源热释放速率	燃烧盘数量	依据
1	1.5MW	4×A1	《防排烟系统性能现场验证方法热烟试验法》GA/T 999—2012
2	0.34MW	1×A1	

发烟源选择单个发烟时长不低于燃料持续燃烧时间或可持续发烟的烟源，以确保在燃料整个燃烧的过程中均有烟气伴随示踪；示踪烟气的pH值接近中性且无毒，颜色为白色，且残留物少。试验火源见图2示踪烟气的生成不受试验火源的影响。

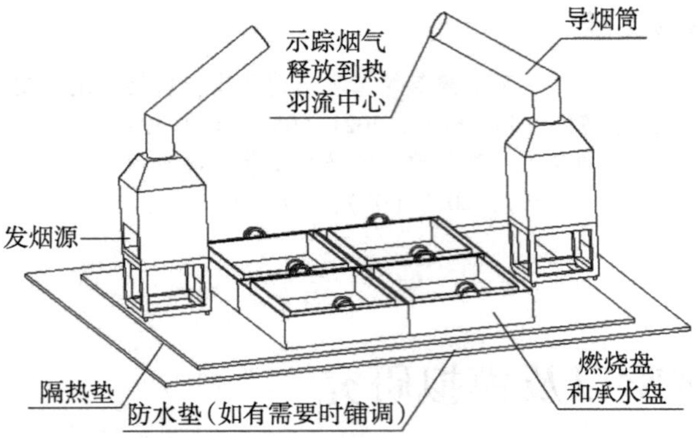

图 2　试验火源（1.5MW）示意图

1.3　火源位置

试验时，火源设置在在医疗街 2#中庭的正中心（命名为火源 1），如图 3 所示。

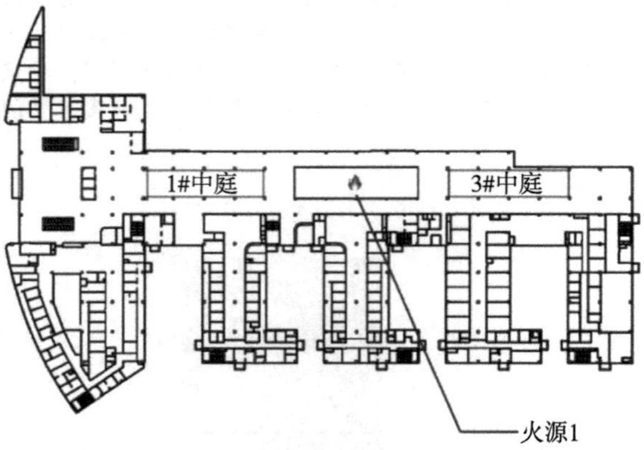

图 3　火源位置示意图

1.4　试验布置

1.4.1　温度测量

在火源 1 正上方的竖直方向和水平方向分别设置了两根热电偶串，水平方向的热电偶串布置在三层，热电偶的数量为 14 个，竖直方向上每个热电偶的间距为 2m，水平方向上每个热电偶的间距为 1m，竖向的热电偶编号为 Z1-Z7，水平方向的热电偶编号为 F1-F7，如图 4 所示。

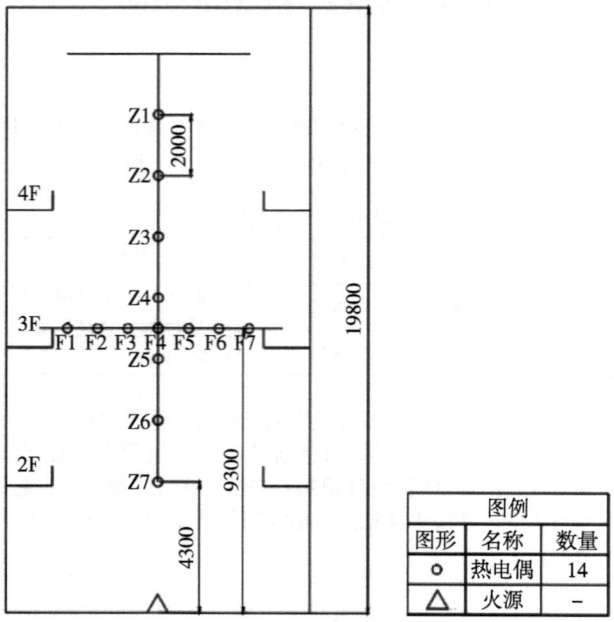

图 4　2#中庭位置热电偶布置

1.4.2　火灾探测

火源 1 处火灾探测器布置：在 2#中庭内部设置两个吸气式感烟火灾探测器（VLF-250），分别位于 3 层中间及 4 层中间位置；在 2#中庭三层布置 OSID 双鉴式成像感烟探测器，如图 5、图 6 所示。

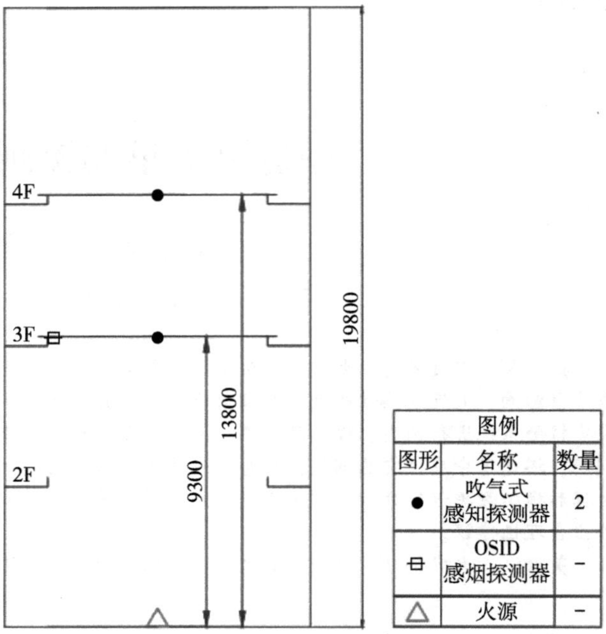

图 5　2#中庭位置火灾探测器布置

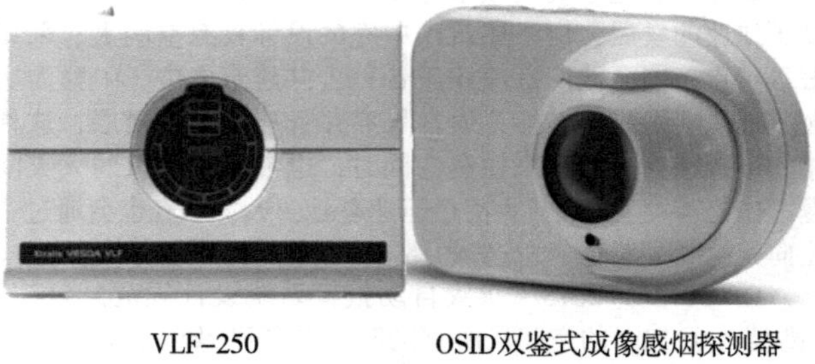

图 6　火灾探测器

1.5　试验工况

试验工况见表 2。

表 2　试验工况设置

工况	火源功率/MW	火源位置	排烟模式
1	1.5	火源 1	自然填充
2	0.34	火源 1	自然填充

2　试验结果与分析

2.1　热电偶数据

工况 1、工况 2 热电偶测量所得的温度数据如图 7 所示。

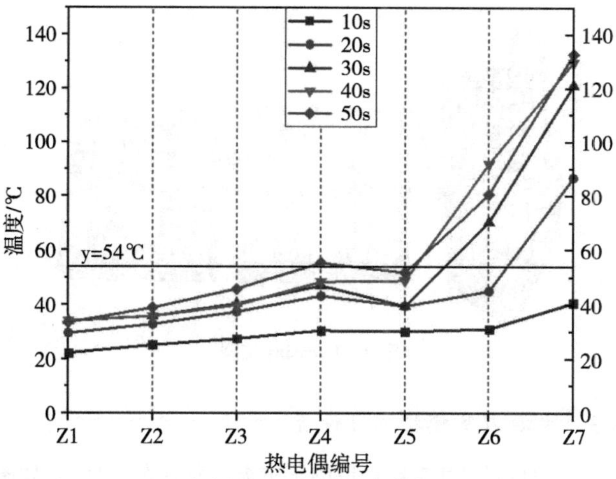

（a）工况1纵向热电偶数据

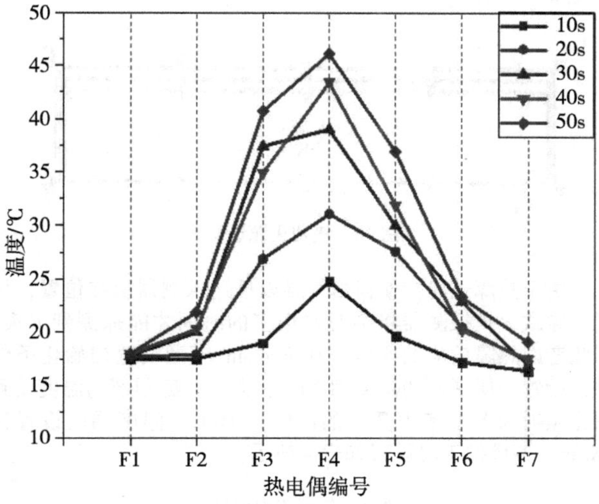

（b）工况1横向热电偶数据

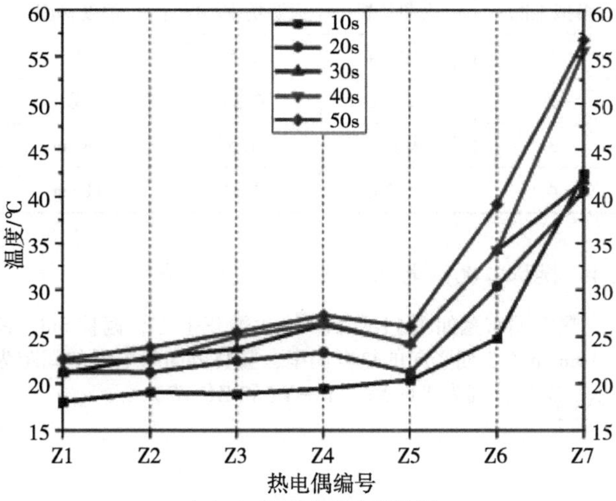

（c）工况2纵向热电偶数据

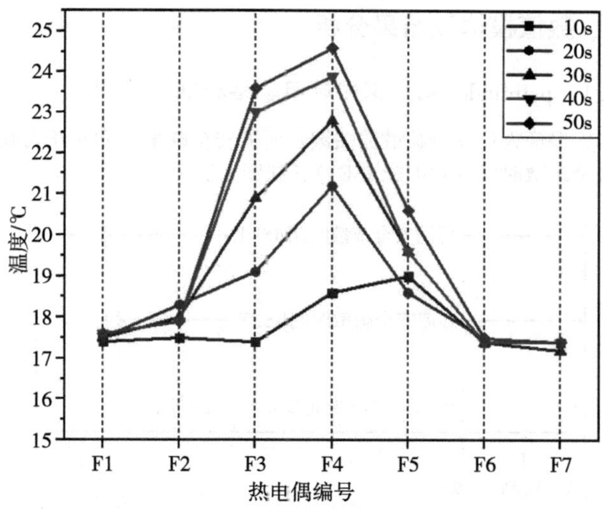

（d）工况2横向热电偶数据

图7 热电偶温度图

对图7（a）与图7（c）进行对比分析可得，与火源的距离越近，热电偶的温度越高。在火源功率低时（工况2），热电偶在大部分时间探测的温度低于54℃（A类感温探测器动作温度下限），不利于普通的感温探测器响应；在火源功率高时（工况1），Z6及以下热电偶在火灾发展早期的大部分时间内探测的温度高于54℃。

对图7（b）与图7（d）进行分析可得，布置在火源正上方的热电偶的温升较为显著，随着火源与热电偶水平距离的增加，热电偶的温升较小，甚至无温升。

综上所述，在中庭的高大空间内，温度扩散较为缓慢，且集中于火源的正上方，若需在中庭布置感温探测器，应当降低感温探测器布置的高度，并且减小探测器的布置间距。由于火灾在发展初期的热释放速率较低，产生的热量造成的温升不足以达到传统的感温探测器的动作温度下限，因此传统的感温探测器不适用于中庭火灾探测。

2.2 火灾探测器数据

2#中庭位置火灾探测器响应时间如表3所示。

表3 2#中庭位置火灾探测器响应时间

工况	火源功率/MW	OSID响应时间/s	吸气式感烟探测器响应时间/s	
			三楼	四楼
1	1.5	67	15	16
2	0.34	87	14	16

如表3所示，在各工况中，吸气式感烟探测器的探测性能要优于OSID双鉴式成像感烟探测器，且火源功率对布置在三楼和四楼的吸气式感烟探测器的响应时间影响不大。

3 数值模拟及结果分析

3.1 pathfinder 确定探测时间合格标准

保证人员安全疏散的关键是所需安全疏散时间小于可用安全疏散时间（RSET<ASET），如图 8 所示。

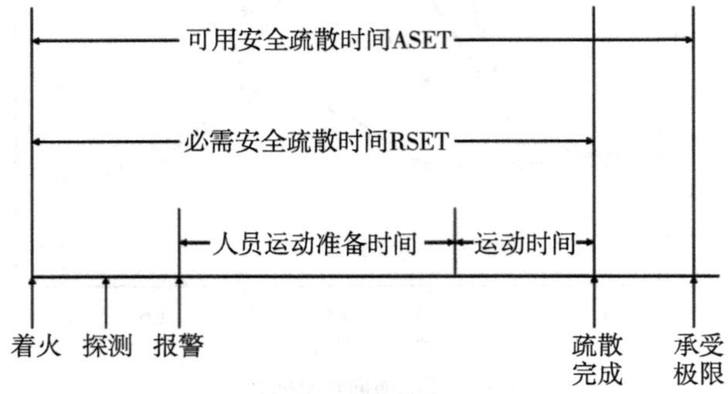

图 8 疏散时间图

可用安全疏散时间（ASET）指从着火起到开始危及人员安全的时间，由公式（1）组成；所需安全疏散时间（RSET）是指从起火时刻起到人员完成疏散的时间，由公式（2）确定。

$$ASET=(t_{探测}+t_{疏散}) \quad (1)$$

$$RSET=ASET*\alpha \quad (2)$$

式中，$t_{探测}$ ——火灾探测所需要的时间；

$t_{疏散}$ ——人员疏散所需要的时间；

α ——安全余量，定为 1.4。

确定 ASET 的标准[5] 为：①在 1.75m 高度温度不超过 65℃；②在 1.75m 高度能见度不低于 5m；③在 1.75m 高度 CO2 浓度不超过 3000ppm；④在 1.75m 高度 CO 浓度不超过 2500ppm。根据 Pyrosim 模拟，得出 ASET 为 92s

根据 Pathfinder，确定 $t_{疏散}=31.6s$，因此由公式（1）和（2）得出 $t_{探测}$ 为 34.1s，即中庭火灾探测的合格时间为 34.1s。

3.2 Pyrosim 构建中庭火灾模拟场景

根据建筑物尺寸构建 1∶1 模型，模型如图 9 所示。试验区域（2#中庭）网格划分尺寸设定为 0.125m×0.125m×0.125m，其余位置网格划分尺寸设定为 0.25m×0.25m×0.25m。设置相同的火灾场景，由于热烟试验采用的燃料为 95%的酒精，依据《建筑防烟排烟系统技术标准》（GB 51251—2017），数值模拟采用 t^2 模型，酒精燃烧属于极快速火，增长速率为 0.1875KW/s^2。由于酒精燃烧无明显烟气，所以火源燃烧物质用 PVC 代替。

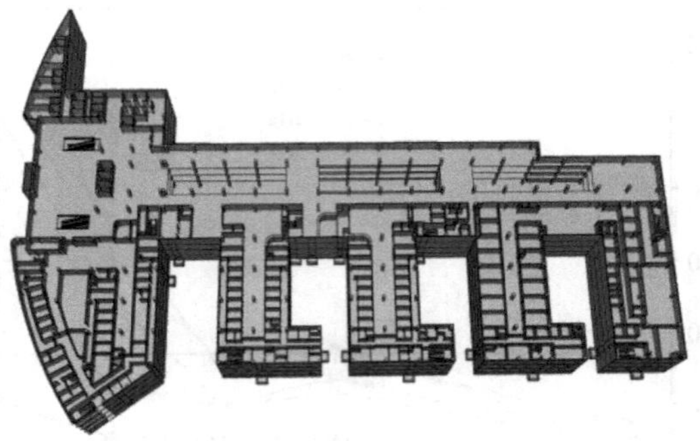

图 9 Pyrosim 模型

3.3 火源以及模拟工况设置

火源位置设在中庭一层的正中央，命名为火源 a，如图 10 所示。

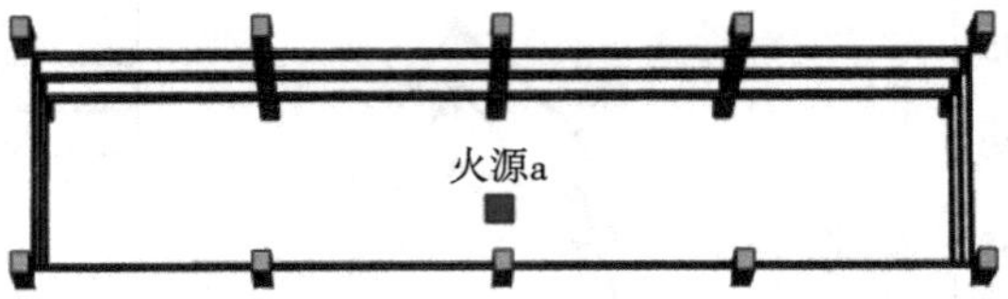

图 10 模拟火源设置

由于热障效应会使得烟气难以抵达探测器所在位置，可能会导致火灾探测器将会花费很多的时间才能探测到火灾，因此考虑热障效应的影响，在 Pyrosim 模型设置初始化条件时，设置一层平面的温度为 20℃，假定中庭顶部的温度受到阳光照射和冬季室内暖气的影响为 40℃，温度梯度设置为 1K/m，各模拟工况设置如表 4 所示。

表 4 模拟工况设置

模拟工况	火源位置	火源功率/MW	温度梯度
1	火源 a	1.5	无
2	火源 a	0.34	无
3	火源 a	1.5	1K/m
4	火源 a	0.34	1K/m

3.4 模拟工况热电偶以及火灾探测器布置

热电偶布置如图 11 所示，在火源正上方、偏移 5m、偏移 10m 布置 3 列竖向的热电偶串，竖直方向热电偶的间距为 2 米，编号分别为 X1-X7、Y1-Y7 和 Z1-Z7。

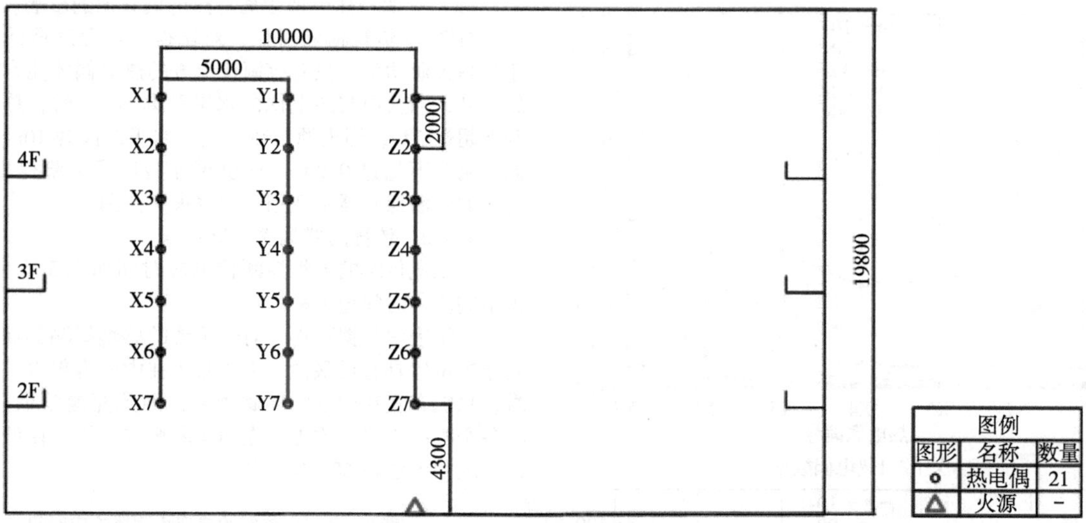

图 11　模拟场景热电偶布置

火灾探测器布置在中庭中心的横切面上，设置的探测器有传统的感烟探测器和吸气式感烟探测器，传统的感烟探测器布置在环廊顶端，数量为 4 个，吸气式感烟探测器竖向布置两列，分别在火源正上方以及水平距离 4m 处，每列的数量为 4 个，如图 12 所示。

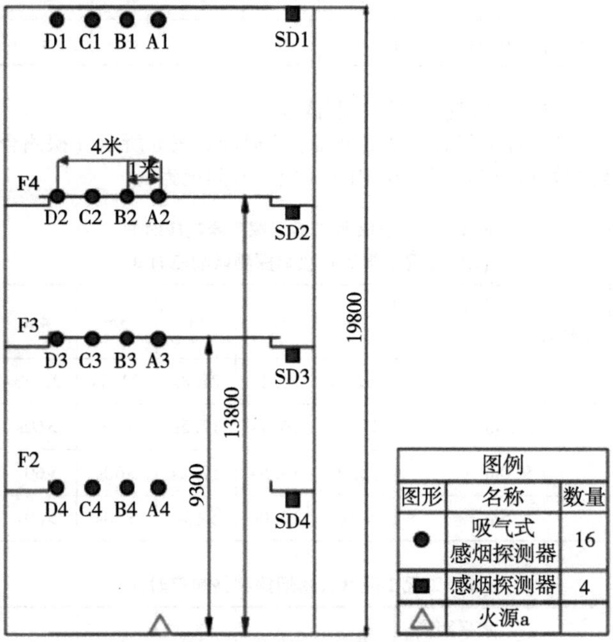

图 12　模拟场景火灾探测器布置

3.5　模拟结果与分析

3.5.1　热电偶数据

模拟工况热电偶测量所得的温度数据如图 13 所示，由于热障效应会改变热电偶的初始温度，导致热电偶数据变化不明显，故只分析工况 1 和工况 2 的热电偶数据。

（1）模拟工况与试验工况对比。

模拟工况 1 对应试验工况 1，模拟工况 2 对应试验工况 2，将模拟工况与试验工况进行对比，可以得出模拟数据与试验数据的变化趋势基本相同，只是由于试验火源受试验环境的影响，可能无法充分燃烧，火灾增长速率达不到模拟条件设置的 0.1875KW/s^2，因此试验工况热电偶测得的温度上限低于模拟工况。即便在模拟的理想条件下，火源功率较小时，在火源正上方热电偶的温升，也要在离火源比较近的位置才能达到感温探测器的动作温度下限，因此传统的感温探测器不适用于中庭火灾探测。

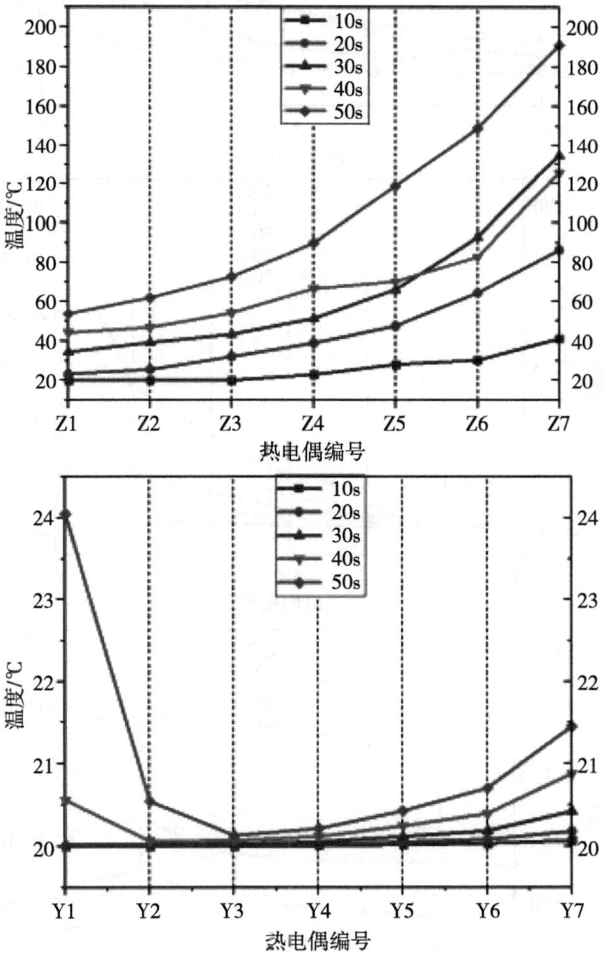

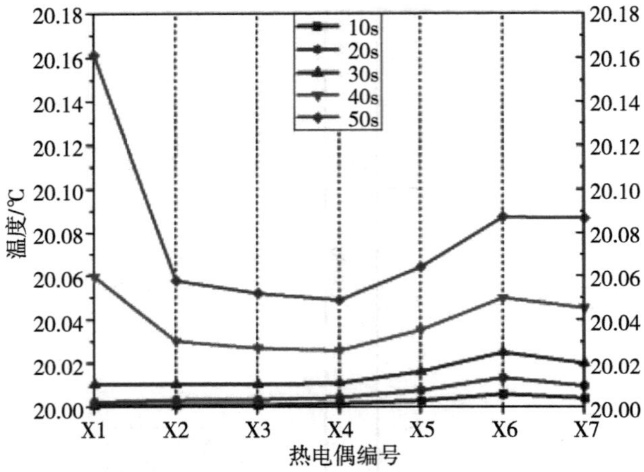

（a）工况1热电偶数据

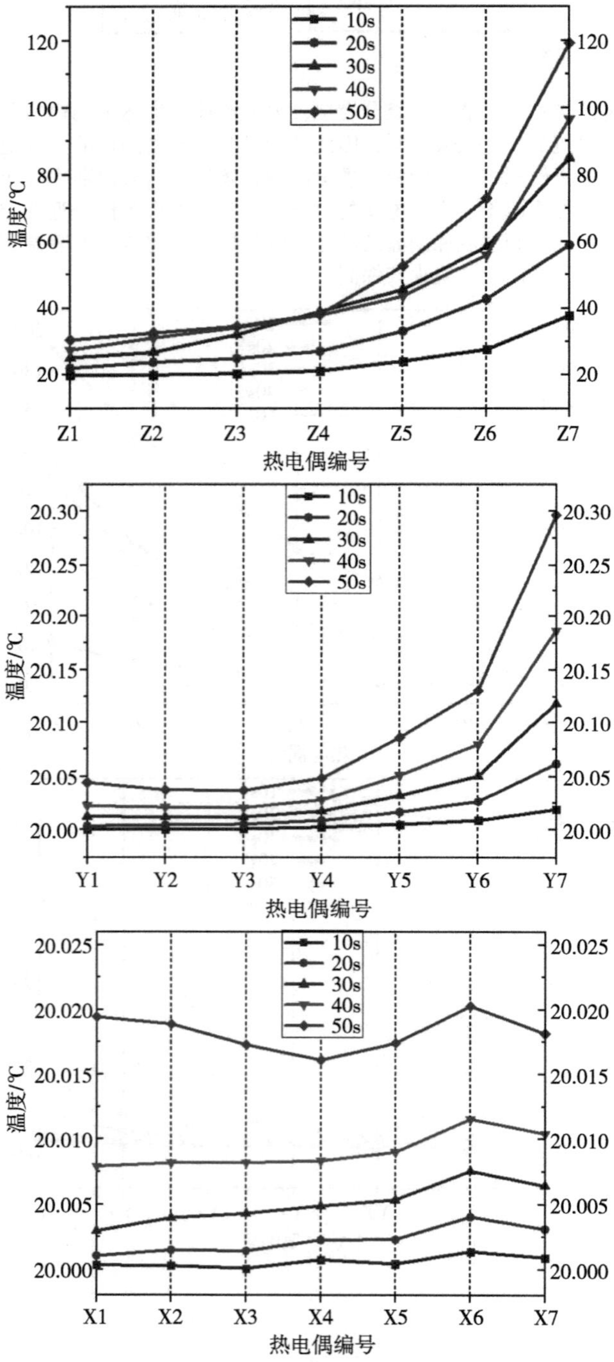

（b）工况2热电偶数据

图 13　热电偶温度图

（2）火源与热电偶距离对热电偶数据的影响。

对图 13 进行横向对比，对比得出：无论是低火源功率还是高火源功率，只有火源正上方的热电偶才能有较为明显的温升，当火源与热电偶的水平距离为 5m 时，热电偶的温升不超过 5℃，当火源与热电偶的水平距离为 10m 时，热电偶的温升不超过 0.2℃。这也更加验证了试验得出的结论：传统的感温探测器不适用于中庭火灾探测。

3.5.2　传统的感烟探测器数据

各工况传统的感烟探测器响应时间如表 5 所示，若 60s 内不响应，时间记为∞。

分析表中数据可得：对于传统的感烟探测器而言，由于其布置位置具有局限性，无法布置在中庭内部以及中庭的顶端，只能布置在中庭的环廊顶部，因此探测效果并不理想，在各个模拟工况下均无法在 30s 内响应，甚至在低火源功率的工况中无法在 60s 内响应。

表 5　各工况传统的感烟探测器响应时间

工况	火源功率/MW	温度梯度	感烟探测器响应时间/s			
			SD1	SD2	SD3	SD4
1	1.5	无	39.1	∞	∞	∞
2	0.34	无	∞	∞	∞	∞
3	1.5	1K/m	40.1	∞	∞	∞
4	0.34	1K/m	∞	∞	∞	∞

3.5.3　吸气式感烟探测器数据

各工况吸气式感烟探测器响应时间如表 6 所示（探测合格的数据标红）。若 60s 内无响应，时间记为∞。

表 6　各工况吸气式感烟探测器响应时间

（a）工况 1 吸气式感烟探测器响应时间

布置高度＼水平距离	0m	1m	2m	3m	4m
18m	20.4s	21.1s	21.8s	22.5s	22.8s
13.5m	17.3s	16.7s	17.5s	40.3s	>60s
9.0m	13.9s	13.5s	17.2s	>60s	>60s
4.5m	9.0s	10.0s	>60s	>60s	>60s

（b）工况 2 吸气式感烟探测器响应时间

布置高度＼水平距离	0m	1m	2m	3m	4m
18m	27.4s	26.5s	28.3s	28.3s	30.0s
13.5m	18.3s	17.0s	40.6s	40.6s	30.0s
9.0m	12.2s	12.5s	48.0s	>60s	>60s
4.5m	8.1s	11.1s	>60s	>60s	>60s

（c）工况 3 吸气式感烟探测器响应时间

布置高度＼水平距离	0m	1m	2m	3m	4m
18m	20.1s	19.7s	21.0s	23.0s	24.2s
13.5m	16.4s	16.4s	21.1s	45.7s	>60s
9.0m	12.3s	12.5s	13.2s	35.5s	42.7s

续表

布置高度 \ 水平距离	0m	1m	2m	3m	4m
4.5m	8.6s	8.7s	>60s	>60s	>60s

（d）工况4吸气式感烟探测器响应时间

布置高度 \ 水平距离	0m	1m	2m	3m	4m
18m	27.9s	27.9s	31.8s	33.8s	35.6s
13.5m	22.0s	19.9s	24.3s	36.3s	35.6s
9.0m	14.0s	13.6s	38.8s	>60s	>60s
4.5m	9.0s	9.5s	>60s	>60s	>60s

（1）探测器布置位置对探测效果的影响。

四个工况中，吸气式感烟探测器的探测效果在布置高度为4.5m时最好，但是布置高度为18m时也基本满足探测要求。随着探测器布置高度的增加，探测效果逐渐削弱的同时，探测器的有效探测半径却逐渐增大。

因此，如果可以锁定火源的大概位置，在近火源处布置吸气式感烟探测器的采样管和采样孔，可实现最佳探测效果，若无法锁定火源的大概位置，并且吸气式感烟探测器的采样管和采样孔无法在中庭下方大规模密集布置时，应当优先考虑在中庭顶部布置吸气式感烟探测器的采样管和采样孔，尽管如此的探测时间要稍长，但是基本能满足在20s-30s内实现中庭火灾的探测。

（2）火源功率对探测效果的影响。

火源功率对靠近火源高度的探测器探测效果影响较小，对于中庭顶部的探测器影响较大，火源功率低时，顶部探测器的探测时间会延长6~10s。

（3）热障效应对探测效果的影响。

在火源功率为1.5MW时，热障效应对烟气的阻挡较弱，烟气可以突破热力层的束缚被探测到，同时由于热障效应的存在，烟气更集中于火源正上方，使得水平距离1m内的探测器探测时间更短。当火源功率为0.34MW时，热障效应对探测器响应时间的影响较大，使得18m高度探测器的探测半径由4m缩短为3m，满足探测标准的探测器响应时间也相应增加。

4 结论

（1）在中庭的高大空间内，温度扩散相对烟气扩散更为缓慢，发生火灾时，只有火源正上方离火源较近的热电偶才能有较为明显的温升，因此传统的感温探测器不适用于中庭火灾探测。

（2）在中庭的大空间内，吸气式感烟探测器的探测性能要优于OSID双鉴式成像感烟探测器，且火源功率越高，设置在顶端的吸气式感烟探测器的响应时间越短。

（3）对于传统的感烟探测器而言，由于其布置位置具有局限性，在中庭大空间场所的火灾探测效果并不理想。

（4）吸气式感烟探测器的布置高度越高，其探测保护面积越大，实际应用中，在探测器数量有限时，为满足探测要求，可以尽量把探测器布置在高处，以实现对中庭更全面的保护。

（5）当火源功率大时，热障效应对吸气式感烟探测器响应时间无负面影响；当火源功率小时，热障效应对吸气式感烟探测器响应时间的负面影响较大。

参考文献

[1] 刘俊蕾，王俊博，刘鑫，孙海英，胡瀞文.OSID红紫外双鉴成像式智能探测器研究分析［J］.电子技术与软件工程，2021（09）：86-88.

[2] 马伟明，许磊.中庭空间烟气蔓延对火灾探测的影响研究［J］.消防科学与技术，2020，39（12）：1680-1683.

[3] 徐放，王卓甫，郑伟，刘博，张曦.建筑中庭火灾探测器的应用研究［J］.消防科学与技术，2010，29（11）：978-981.

[4] 杨大鹏，甘建文.OSID火灾探测新型技术及其在城市轨道交通中的应用［J］.都市快轨交通，2017，30（02）：86-89+93.

[5] 郝宇军，张琦，何万晖.基于Pyrosim与Pathfinder的公寓火灾烟气模拟与人员疏散研究［C］.中国环境科学学会2022年科学技术年会——环境工程技术创新与应用分会场论文集（一），2022：438-442.

浅议超高层建筑避难层的设置

钱　泉

（浙江省杭州市萧山区消防救援大队，浙江　杭州）

摘　要　随着社会经济水平的发展，城市化发展日新月异。超高层建筑作为城市地标性建筑，如雨后春笋般鳞次栉比，建设目标也从简单的追求建筑高度、数量向高质量精品化发展。避难层作为超高层建筑中的重点功能区域之一，对其具体设置的思考能较大程度的提升整个超高层项目的质量。本文以杭州市萧山区超高层建筑为例，对避难层的设置和管理进行探讨。

关键词　超高层　火灾危险性　避难层　设置

作为楼宇经济的典型代表，超高层建筑给现代化城市带来了生机与活力。与此同时，因不规范装修和出租引起的违规分隔搭建、占用避难层、消防设施未保持完好有效等问题，也给消防工作提出了新的挑战和要求。

1 超高层建筑现状

目前，杭州市萧山区已投入使用的超高层建筑共有52幢：从地域上看，盈丰街道（钱江世纪城）42幢，占80.8%；北干街道5幢，占9.6%；宁围街道4幢，占7.7%；经济开发区1幢，占1.9%。从高度上看，200m以上（含）建筑5幢，占总数的9.6%；150m到200m（含150m）的建筑28幢，占总数的53.9%；100m到150m（含100m）的建筑19幢，占总数的36.5%。其中，全区最高的建筑是盈丰街道博地中心C座，建筑高度279m。与此同时，位于奥体核心板块，作为钱江世纪城地标性建筑的杭州之门，建筑高度310m，总建筑面积约53万m^2，即将投入使用。

2021年，萧山区消防救援大队选取丽晶国际作为整治试点，开展专项整治行动。丽晶国际地处钱江世纪城核心区块，东邻亚运村、西接亚运主会场，总建筑面积26万余m^2，入驻有1.7万余人，内部违规装修、违法出租现象较为普遍，一旦发生火灾，后果不堪设想。大队整合部门力量，投入150余名骨干力量，开展为期3个月的专项整治，针对具体消防隐患，制定《排查要求》、《整治流程》、《验收标准》等文件，作为工作指引，实行包干到人，有力的消除了一批消防隐患。同时，积极统筹好“短期+长效”“技防+人防”，实行数字赋能管控，充分运用数字化手段，通过增设水、电、气、生命通道、电梯梯控等前端感知监测设备，提升楼宇内居住人员和从业人员的动态监管水平，进一步强化治工作的长效管理。

2 火灾危险性

据不完全统计，2021年我国全年共接报高层建筑火灾4057起、亡168人，死亡人数比上年增加了22.6%。高层建筑火灾形势越来越严峻，而作为重中之重的超高层建筑，一旦发生火灾，所造成的后果和影响将不可估量。

以博地中心为例，该建筑位于市心北路和盈丰路交叉口，占地面积10664m^2，总建筑面积286290.63m^2，钢混结构，分ABC三座塔楼，其中A座、B座高150M，C座高279M。博地中心1至4层为商业，5层以上为酒店办公，包含宾馆酒店、酒吧KTV、足浴网吧、餐饮健身等众多业态。

2.1 火灾风险高

超高层建筑的功能业态复杂、单位主体较多，人员密集，可燃物集中，装修用材杂，火灾荷载大，加上人员对于超高层建筑防火设计的特殊性认识不足、避难层设置楼层和疏散楼梯设置模式不熟悉，一旦发生火灾容易造成伤亡，火灾风险很高。2009年2月9日发生的央视新址火灾，就是因为楼内堆放了大量的易燃可燃装饰材料，起火后产生大量有毒烟气，导致一名消防员牺牲。

2.2 火势蔓延快

超高层建筑的竖向管道井较多，一旦起火，这些竖井就是高温烟气迅速蔓延的通道。据已有资料显示，高温烟气沿建筑竖向管道井扩散速度为3~4m/s，正常情况下，25~35s左右高温烟气就能从底层往上扩散约100m左右。2022年9月16日发生的湖南长沙电信大厦火灾，火势迅速波及到整个建筑，虽未造成人员伤亡，但是该起火灾蔓延速度之快，值得我们警惕和反思。

2.3 人员疏散难

超高层楼层多、人员密，垂直疏散所需时间长。起火时，要将全楼人群通过楼梯迅速疏散到安全区域或者室外地面尤为困难，特别是老弱病残、婴儿孕妇等特殊群体，难度更大。加上应急状态时的紧张心理，会影响人的正常判断与决策能力，慌乱中的一念之差，容易造成踩踏、挤压等次生灾害。杭州最高的云梯车为101m，对超过100m以上的的超高层建筑火灾，目前无法实现外部救援。

2.4 扑救难度大

高层建筑包括超高层建筑起火时从室外扑救相当困难，主要依靠建筑内固定消防设施，但由于楼层高度、装备负重和消防员体力三者的限制，使得消防员到达着火层需要一定的时间；垂直供水主要依靠消防泵，一旦消防泵无法正常工作，向上供水极为困难。同时，超高层建筑外立面大部分采用玻璃幕墙，使得火灾产生的高温烟气无法及时排出，增加了灭火救援的难度。

2.5 日常管理难

产权多元化是超高层建筑的一大特点，分层、分段出售、拍卖，而后出租，导致产权（使用）单位在空间利用上寸土必争，但在消防管理上推诿扯皮。二次装修、改建引起的消防设施故障、建筑格局变更、装修材料使用、避难层或公共走道被占用等问，对超高层建筑的日常管理提出了更高的挑战和要求。

3 避难层的设置

超高层建筑火灾危险性高，安全疏散较为困难，科学合理地设置避难层，可以让人们第一时间进入相对安全的区域，为老弱病残、体力不支等人群提供避难场所，免遭烟火侵袭。

3.1 避难层的楼层设置

避难层的楼层设置，要综合考虑建筑的性质、层高和经营业态、每层人数等。一是根据建筑使用性质、经营业态、单层高度合理确定避难层，如果该建筑每层的层高较高、人员较多，则一个避难层所保护的层数应当相应减少；二是充分考虑灭火救援装备实际，以属地消防部门云梯车救援高度为参考，合理设置距离地面的第一个避难层（博地中心C座第一个避难层为地9层，属地消防中队云梯车救援高度52m）；三是充分考虑疏散距离和体力分配，从地面往上的第一个避难层的避难面积宜其他避难层的避难面积稍大一些，便于人员中转休息；四是严禁避难层挪为他用，不应设置会议室、办公室等功能性房间和场所（避难层可兼做设备层）。以博地中心C座为例，该建筑共57层，其中第9层、25层、41层为避难层，第25、41层兼做设备层，避难面积上第9层面积（1060m^2）稍大于第25、41层（分别为745m^2、777m^2）（见图1，博地中心C座避难层布置图）。

3.2 避难层的位置设置

合理设置避难层的位置非常重要，要结合建筑实际，从便于疏散、引导的角度出发，充分考虑灭火作战和快速救援的需要。一是要便于灭火救援车辆的停靠，特别要考虑到云梯车的操作，因此避难层宜有一面朝向登高场地一侧；二是一个避难层宜设置在一个层面上，避难人员集中，便于救援人员搜索发现和开展救援；三是严禁将避难层挪作他用，尤其是擅自改建为办公室、物资储藏间等，占用避难面积、增加火灾风险。实际工作中，避难层可以优化设计为消防宣传阵地、消防培训场地等。以博地中心C座为例，该建筑避难层布置有消防宣传资料（见图2，博地中心C座避难层宣传文化栏），平时作为员工消防教育场地、微型消防站训练场地，一举多得。

3.3 避难层的标志设置

避难层作为超高层建筑中逃生自救的重点功能区域之一，

应该让人们在潜移默化中将其设置楼层牢记于心，成为条件反射和行动自觉。一是管理单位要制作粘贴疏散路线图、明确避难层楼层等，在日常消防演习、培训教育中多加宣贯、强调；二是根据《建筑设计防火规范》（GB 50016—2014）（2018 版）5.5.23 条第 2 款之要求（通向避难层（间）的疏散楼梯应在避难层分隔、同层错位或上下层断开），为便于群众识别、缓解紧张心理，应在通往避难层的楼梯梯段、转角平台等设置提示性标语、箭头等疏散流线；三是在建筑楼层的合理位置、避难层等配备一定的防毒面罩、毛巾等，以备不时之需；四是在避难层外墙玻璃上，粘贴明显标志，便于消防救援人员第一时间观察险情、开展救援。

4　结束语

避难层（间）是超高层建筑的重要功能区域之一，要优化避难层设置，既充分考虑建筑高度、使用性质、避难层保护层数等，也要充分考虑使用人群、各楼层人数等，以确保火灾发生时方便建筑内人员能到达避难层等待救援或利用消防设备自救。

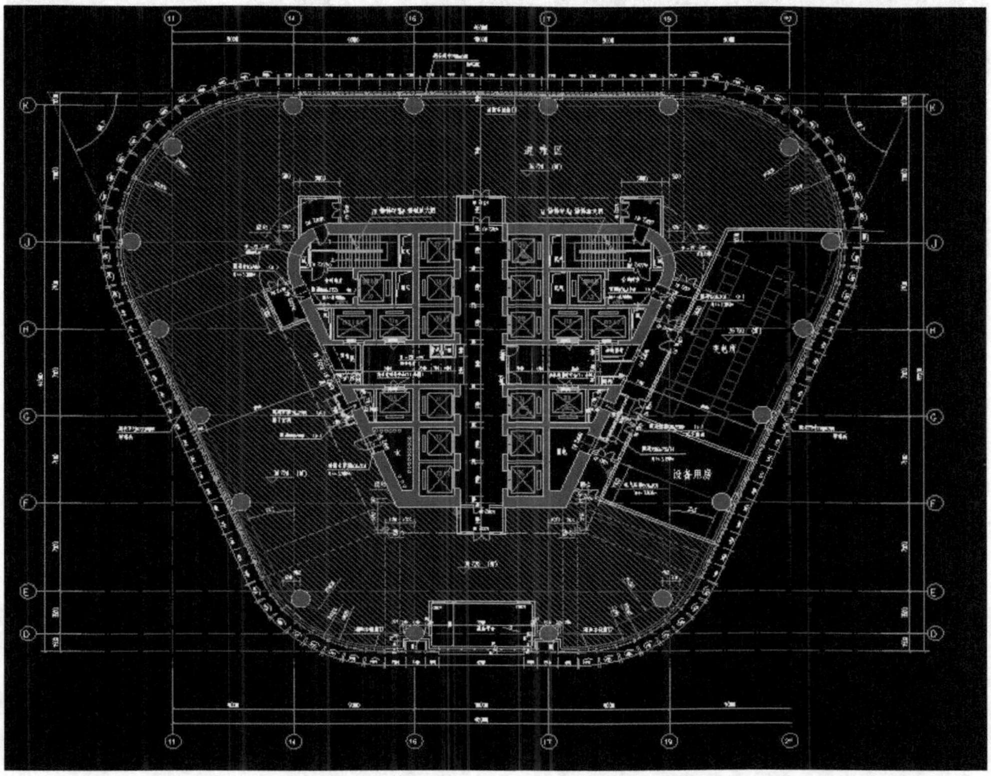

9层

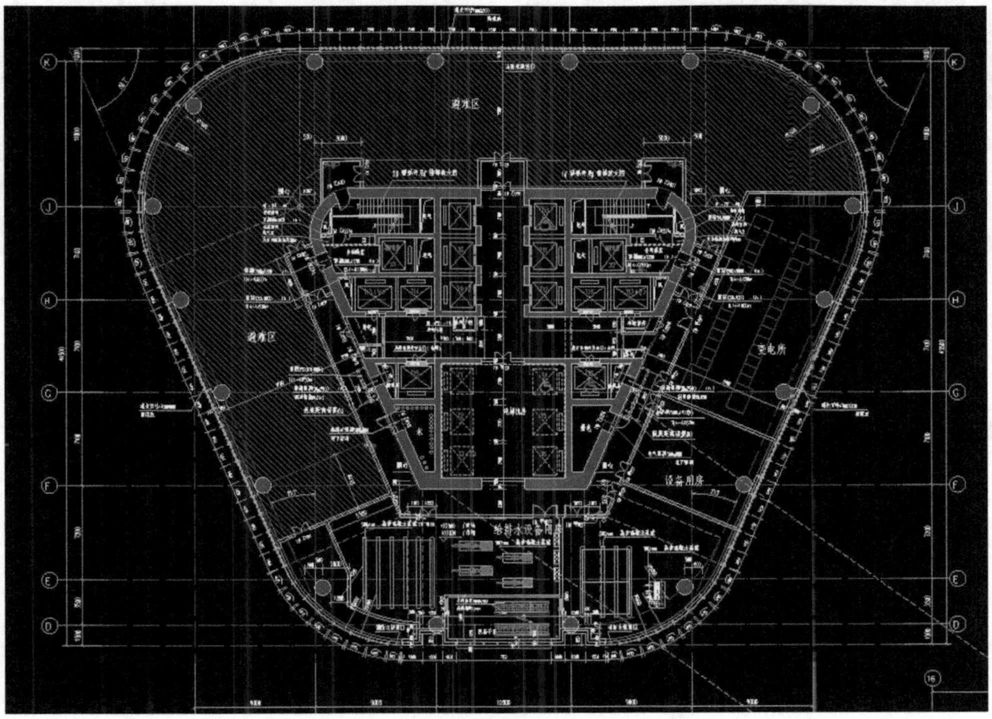

25层

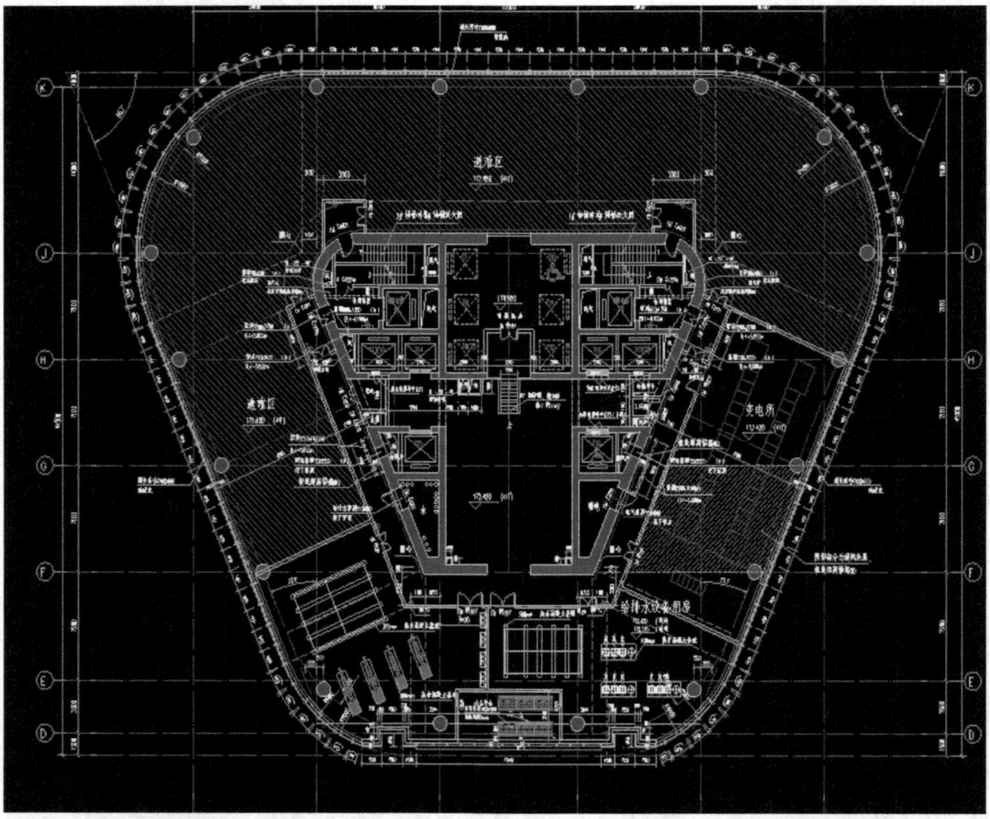

41层

图 1　博地中心 C 座避难层布置图

图 2　博地中心 C 座避难层宣传文化栏

参考文献

[1] 罗晖．超高层建筑消防平安问题及对策［J］．武警学院学报，2021.

[2] 郭雪平．关于当前高层建筑消防平安问题的思考［J］．科技创新导报，2021.

[3] 李红伟．黄亚哲．浅谈高层建筑火灾的预防和扑救对策［J］．科技资讯，2009.

[4] 刘国伟．高层建筑的火灾特点及消防设计和安全管理［J］．安全与健康，2009.

舒里霍城堡火灾案例分析及文物建筑火灾探测研究*

汪泽宇　雷　蕾*

（中国人民警察大学防火工程学院，河北　廊坊）

摘　要　我国现存文物建筑多为明清时代木制建筑，其中样式雷建筑居多，位于日本冲绳县的舒里霍城堡同为样式雷建筑，2019 年 10 月 31 日舒里霍城堡因大火被毁，本文通过对其火灾情况调研，分析其火灾探测技术，火灾发生过程，相关人员对火情的处理，火灾蔓延情况，火灾扑救处理结果。从中分析出针对文物建筑消防保护，不仅需要在探测器层面加强火灾初期探测技术，而且要在文物建筑中做好相应防火分隔，消防预案。

关键词　文物建筑　样式雷　舒里霍城堡火灾　火灾探测

1　引言

国内外文物建筑火灾的频发，法国巴黎圣母院、英国格拉斯哥艺术学院、日本冲绳首里城、国内云南香格里拉独克宗等历史文物火灾的发生，对世界历史文化遗产来说都是不可逆转的损失，同时也是在对新的火灾隐患出现同旧建筑的防火隐患相结合的背景下，提出该如何在保证其结构特色不被改变的同时，又使其防火措施达到现代生活需要的问题。文物建筑火灾燃烧热值大传播速度快，加之由于前人在设计时并没有过于严谨完善的消防设置，且如果加入消防灭火设备将会破坏建筑本身结构特色，所以对其火灾初起时的发现与及时扑灭应该是对于此类火灾最好的解决方式，通过对现有样式雷形式的文物建筑火灾案例分析，提出对于文物建筑火灾探测和预防上发展方向与前景探究。图 1 为样式雷建筑结构的模型。

图 1　样式雷结构模型（选自百度百科）

2　文物建筑及其火灾案例

近年来我国古建筑火灾案例中，大型火灾包括鼓楼、寺庙、塔、古城建筑群落，它们都以木质结构为主，年岁久远的木头中含水量低所以一旦失火，火焰便会在木制结构的建筑中快速蔓延，形成火烧连营的态势，其损毁程度一般高于现代建筑火灾。怀超平等通过对北京市 83 处（砖）木结构文物建筑的火灾荷载调研得出超过总荷载百分之 50 的固定火灾荷载是由望板、梁和栏等木制结构为主[1]。王如等对自建国以来已经查明起火原因的 97 起古建筑事故进行统计分析，发现引起古建筑起火的主要原因有电气设备老化、殿内烛台引燃或是焚香烧纸[2]。在多为木制结构的古建筑物中可燃物的火灾荷载通常大于一般建筑，而且随着古建筑存在年限较长内部木材风干水分较新木少，也为提升了火灾风险性。在一定风速作用下会加速火焰的蔓延，又因为热浮力的作用火焰在蔓延至屋顶加之文物建筑中屋顶部分火灾荷载集聚[3]，因此文物建筑燃烧迅猛顶部且温度高，一但火势没有在初期控制，便会造成迅速扩散燃烧。舒里霍城堡火灾便是如此建筑物相互链接或接近而且木质结构建筑燃烧猛烈蔓延迅速，尽管经历 8 小时的灭火扑救。最终仍不能避免 6 栋建筑被毁，另 1 栋被烧毁一半。

2.1　舒里霍城堡火灾过程分析

2000 年 12 月，舒里霍城堡遗址被登记为世界遗产[4]。它位于日本冲绳县，于 2019 年 10 月 31 日发生火灾被摧毁，在此之前的同年 4 月的法国巴黎圣母院遭遇大火被损毁同为各国重要的历史文化建筑，他们的损毁无疑是对人类历史文化的巨大损失。舒里霍城堡与我国的故宫、颐和园、圆明园等清代著名建筑都属于“样式雷（是对清代 200 多年间主持皇家建筑设计的雷姓世家的誉称）”这种建筑类型，所以分析此次舒里霍城堡火灾对我国明清历史文物建筑火灾保护具有现实意义。

舒里霍城堡中消防设施储备包括了火灾自动报警系统、紧急报警系统、灭火器、室内外消防栓、水幕系统、安全传感器等，相当于具备了一个国宝级历史文化建筑目前所需的大量消防技术手段。对本此次火灾案例进行分析，为接下来我国文物建筑火灾防护提供前车之鉴。

图 2 为舒里霍城堡火灾示意图，此次火灾的时间线为 2019 年 10 月 31 日 2：30 起火；2：41 消防站收到火警信号；2：48 消防队到达；11：00 火势得到控制；13：00 火势熄灭[5]，扑救记录见表 1。

* 国家重点研发计划“大型明清古建筑（群）多干扰条件下火灾探测器设置方法与适用性提升研究”（2021YFC1523504）。

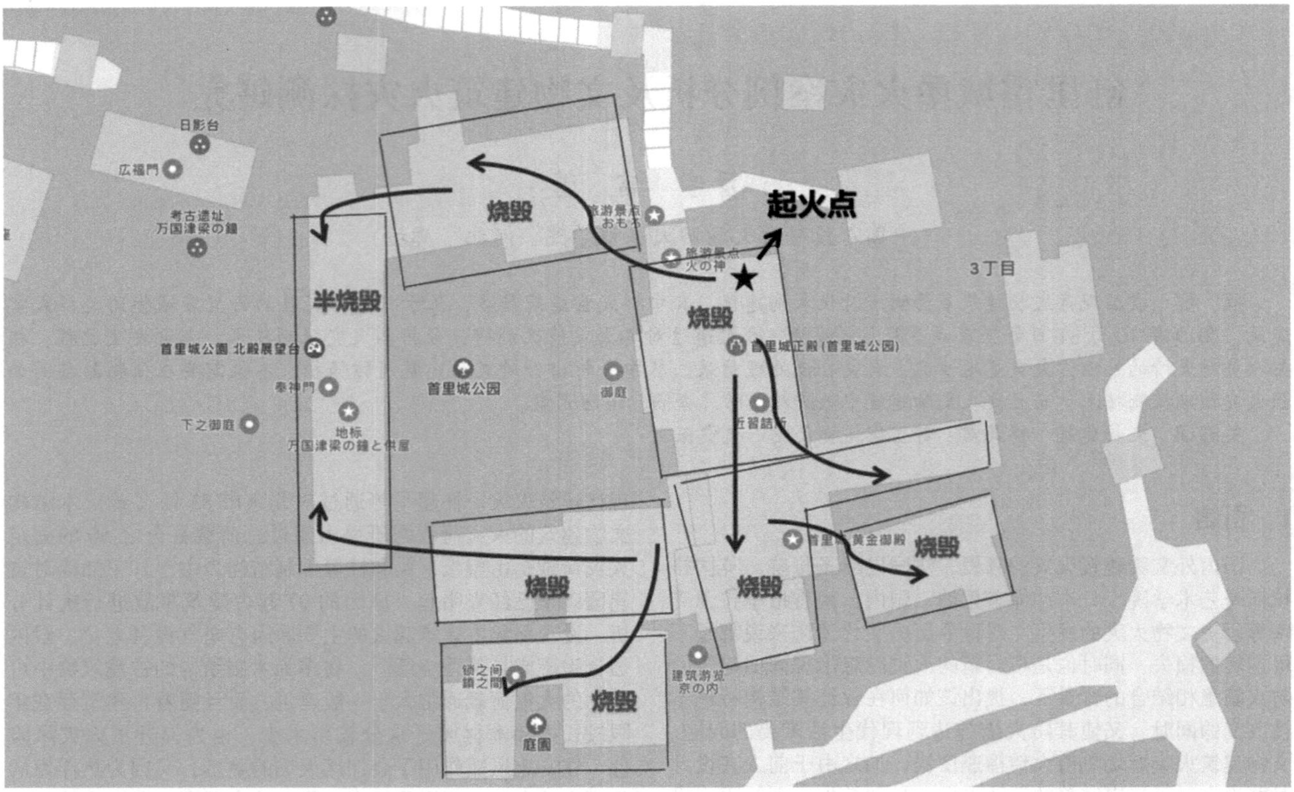

图 2 舒里霍城堡火灾示意图

表 1 舒里霍城堡火灾扑救记录

2019.10.31 舒里霍城堡火灾扑救记录	
2：34	保卫处接受到了一楼大厅出火灾探测器发出的警报
2：35-2：37	警卫人员打开左侧窗户看到廊道里已经充满烟雾，已经无法进一步采取灭火措施，只能提着灭火器返回警卫室
2：40	警卫回来警卫室确认了火警信号，并与当地消防公司进行信号交流
2：41-2：48	警卫再次想提着灭火器去起火点灭火，但烟雾已经弥漫整个大楼，而且目睹了主殿北侧已经出现火焰
2：48	第一队消防队到达后，发现主厅东北部有火焰窜出
3：05	消防队在到达 17min 后开始喷水救火

2.2 火灾关键节点分析

首先最先反映到火灾信号的不是特定的火灾探测器，而是红外感温传感器，它最初是用来识别环境温度变化而设立的，在红外探测器传出温度变化信号之后，警卫人员随即到达现场确认火灾的发生并准备用灭火器进行灭火，但是就是这起火后 6min 左右的时间廊内烟气已经迅速蔓延，警卫人员已经无法通过手持灭火器进入至起火点扑灭初起火源。警卫人员只能被迫返回警卫室并发出火警信号，与此同时用于火灾检测的线性感温探测器也已经激活火灾自动报警系统。当距离起火近 18min 时间后消防队到达时，起火房间已经发生轰然。当消防队到达后 17min 才开始进行喷水灭火就业，但由于此时已经距离起火 30min，只能在建筑外部进行喷水降温扑救。从中可以吸取几个使火灾达到不可挽回的关键节点。

（1）在火灾初 5min 时，最先探测到火灾可能发生的时红外感温传感器，因为它并不是专用于火灾识别的设备，所以由警卫在收到其信号后来到现场确认火灾的发生，使得并没有在火灾初起时便将其扑灭，当 7min 时烟雾已经弥漫起来，警卫已经无法手持灭火器进入灭火。

（2）大概在起火后 10min，布置在房间内的线性差温探测器才发生响应确认火灾的发生，线性感温探测器，是感温传感器的一种管式传感器，当管内空气温度升高时，利用膨胀使得触头闭合电路流通发出火警信号，因为点型感烟探测器布置在寺庙等文物建筑中时会大大破坏文物的美观性，所以在日本他们更喜欢使用线性感温探测器，但由此次火灾可以看出，线性感温探测器响应时间，不足够进行早期消防扑救行动。所以改变探测器早期预警形式，提升早期探测灵敏度是对文物建筑火灾保护非常重要的一环。

（3）当消防队到达 17min 后才开始进行喷水扑救，对于大部分文物建筑来说，提前设计好消防水源也至关重要，此次火灾从起火到进行喷水扑救花费 30 多 min 时间，导致后期消防喷水灭火，只能从建筑外部进行，导致最终经历 12h 后火灾才被扑灭，大量历史文物及建筑损毁严重。

（4）室内没有设置水幕及自动喷淋设施进行火灾初期的灭火保护行动，从此次案件可以看出，从起火 5min 后烟雾便开始大范围蔓延，当警卫人员携灭火器出动时已经无法到达初起火源点进行灭火，由此可见如果依靠探测器及人类反映做出灭火措施是不足以将火源在初起时便扑灭，可见用水幕设备阻断烟雾蔓延及自动喷淋设备对火灾初期增长阶段控制火势继续蔓延并完成灭火扑救是很有必要的[6]。

2.3 文物建筑面临的消防问题分析

目前我国文物建筑所存在的一些问题：建筑以木制结构为主缺少防火分隔和消防水源；建筑物内有油漆彩绘、木制屏风、纸画、织物窗帘等；建筑内部可能有油灯、蜡烛、香火等潜在火源；建筑中乱拉乱接电线等不当电气使用；建筑远离市区消防人员抵达困难；人员消防意识淡薄，消防设施损坏较多和消防管理缺失等加大了火灾防控的严峻形势[7]。

3 文物建筑中火灾探测及其应用

针对上诉文物建筑案例中火灾特性的分析，结合各类火灾探测器探测原理及其特性，针对文物建筑等场所提出它们的一些适用方式。

3.1 各类探测器对文物建筑火灾探测的实用性分析

（1）点型感烟探测器：目前文物建筑火灾探测器中火灾探测器使用最为广泛，因其便携性及无线传输模块的不断升级，对早期火灾的预测也强于感温探测器。但其也有一定缺点粉尘多湿度大的环境条件中也不适宜布置，当文物建筑的天花板距离过高时便不适宜布置，目前现行《火灾自动报警系统设计规范》也对布置高度高于 12m 的大型建筑提出了不适用规定。而且部分文物建筑中由于其特殊的文化和艺术价值不能够设置点型火灾探测器，这类建筑需要考虑使用其他类型探测器。

（2）主动吸气式感烟探测器：在高大的文物建筑中，烟雾无法通过流动达到点型感烟传感器或者该场景布置点型感烟探测器困难时，可以采用布置主动吸气式感烟探测器替代[8]。主动吸气式探测器的早期火灾探测效果好于点型感烟探测器，而且可以通过对其测量室内火灾多点采样网路的设计，而提升对于该环境下火灾探测报警的灵敏度。可以极大缩短前期火灾预处理事件，将火灾扼杀在摇篮中。而且主动吸气式探测器可以将清洁端口设置在报警主机旁，相比点型感烟探测器更便于清洁。但其拥有的缺点是，在布置探测器式，需要贴合建筑设计吸气管道，而且由于管道的存在且不同建筑的管道设计方案不同管道在吸气时造成的阻力环境不同，气流速度大小都会影响烟气粒子的吸入测量，便可能会造成有些情况下的烟气吸取探测无法到达测量室完成报警；而且一般主动吸气式探测器保护的空间较大，当发出火警报警信号后，因为是火灾初期并不明显的人为判断到何处为火源我们仍需要通过一些别的辅助探测技术来精确起火位置。

（3）线性差温火灾探测器：空气管式的线性差温火灾探测器可以适用于多粉尘、湿度干扰大的环境中，且当点型火灾探测器难以布置的高大建筑中，可以使用其来代替。在日本因为在多类文化建筑中使用点型感烟探测器会影响其美观程度，而空气管式线性差温可以在建筑内及外围设置并且可以将线缆、传感器漆成建筑的颜色不破坏文物建筑本身的美观性。所以在他们的文物建筑中喜欢使用这种铜管类的线性差温火灾探测器。但由于其是当检测空气中温度变化从而判断是否发生火灾，它的火灾响应时间慢于感烟探测器，所以其火灾初起探测效果并不好。

（4）图像型火灾探测器：图像型火灾探测器分为火焰型和感烟型，分别通过分析火灾初期他们产生的特征加以计算机算法的修正而做出火灾识别报警。他具有抗环境干扰能力强，适用于高大建筑，且有对于粉尘多、湿度大等环境条件下可以替代感烟和感温探测器的作用。并且当摄像头加入自动跟点检测示踪等功能算法后对于火灾初期点的定位也更加精确。对于文物建筑这类需要早期火灾探测监控场所，图像型的加入可以很好的起到保护作用。

3.2 针对舒里霍城堡火灾的探测器选型改进建议

舒里霍城堡的此次火灾事故，损失如此之大的主要原因是，火灾前期的探测不够早，没在火源较小时就进行火灾前期扑救，当线性差温探测器响应及消防员到达时火势已经进入轰然阶段后期扑灭困难，且消防水源的准备时间太长，在消防员到达后 17min 后才进行的喷水扑救。所以应该重新对火灾探测自动报警装置进行优化，加大火灾初期探测力度如将图像型火灾探测器和感烟感温探测器组合来判断早期火警信号的算法应用在火灾自动报警系统中，不仅在探测上进行改进，更应该提前在可能起火点布置一些自动灭火设施，在警卫人员和消防人员还未到达时便采取一些方式，从案例中看出火灾初期烟气传播速度较快，所以针对烟气扩散需要安装类似于水幕等装置来降低烟雾蔓延速度。而且对于文物建筑所处地理位置，需要和消防队做好规划最近路线和消防水源的选取，减少消防队达到时间缩短消防喷水准备时间。

4 结论

对于文物建筑火灾防护，现有火灾探测技术多元，主要是需要针对各个单一建筑制定对其自身特性相合适的防火保护方案。提高文物建筑火灾初期探测能力至关重要，通过探测器选型组合来提高响应火警时间，同时做到在尽可能不影响文物建筑的情况下适当添加自动灭火装置，来阻断火灾前期蔓延，做好消防队抵达线路和消防水源提前规划。

目前国内 BIM 软件正在逐步普及，将文物建筑参数化导入 BIM 模型对于未来消防管理有极大的适用作用。当前有关高校也在对古建筑常见干扰条件下的探测器选型出具规范以便相关人员可以参考使用。希望通过宣传手段加大人们对文物建筑的重视，一些古建筑群落可以在开发过程中加入消防技术来提高防火等级。古建筑的开发利用在慢慢经行，那么我们在赚取财富的过程中也要珍惜它们的存在，不乱接电线，合理开发做好消防保护。

参考文献

[1] 怀超平．木结构文物建筑火灾蔓延特性研究 [D]. 北京建筑大学，2020.

[2] 王茹，李朴杰，三亚康，胡又文．明清古建筑群火灾智能监测技术研究．湖南大学学报（自然科学版），不详，1-9.

[3] 袁春燕，郎雨佳，王坤，刘兴，王耀麟．砖木结构古建筑不同风速下火灾蔓延规律研究．消防科学与技术，2021，40（5）：643-48.

[4] Sekizawa，Ai. Challenges in Fire Protection for Cultural Property Buildings Based on the Lessons from the Shurijo Castle Fire. Fire Technology，2022.

[5] Suzuki，Sayaka. Firebrands Generated in Shurijo Castle Fire on October 30th，2019. Fire Technology，2022.

[6] 马舒琪，刘澎，吕淑然，张宇栋．基于 ISM-DBN 的古建筑群火灾风险演化模型．安全与环境工程，2022，29（3）：55-61.

[7] 张明．博物馆和文物古建筑火灾防控对策．消防科学与技术，2019，38（5）：713-15.

[8] 刘昊．文物建筑火灾探测方法探讨．消防科学与技术，2017，36（8）：1108-10.

浅谈老旧民房火灾特点及火灾扑救应对之策

沈佳航

（绍兴消防救援支队越城大队迪荡站，浙江　绍兴）

摘　要　本文选取地处浙江绍兴的越城区为例，在深入调研全区老旧民房的灾害事故现状、全面分析了老旧民房消防安全风险隐患问题、火灾特点，介绍了近年来越城区在老旧民房消防安全治理工作的做法以及成效，在深入研究实践的基础上提出老旧民房火灾扑救对策，总结灭火救援行动安全注意事项，对老旧民房火灾扑救具有一定的参考意义。

关键词　老旧民房　灾害事故　消防安全　火灾扑救

1　引言

越城区正处在高水平全面建成小康社会的关键时期，但当前消防安全形势不容乐观，特别是老旧居民住宅火灾频发，小火亡人事故时有发生。这些“旧小区”普遍建成于上世纪八九十年代，甚至更早，由于当时设计的局限性等，消防通道未设置、消防设施不完善、消防器材更换维修不及时、居民乱拉电线、配电线路老化等问题突出。笔者结合辖区老旧民房的火灾扑救实际，对火灾扑救要点以及行动安全注意事项进行探讨，以实现第一时间控火救人、灭早灭小灭初期的目的。

2　越城区老旧民房灾害事故现状

绍兴市越城区是历史文化名城，老旧民房、木结构民房众多，人口密集且消防安全素质不高。建筑先天条件差、基础设施不足，普遍存在耐火等级低，基础设施薄弱，电器线路老化，防火分区不明确，外搭构件多等情况。限于历史原因，部分建筑以台门或木质门廊连片，进深长，走道曲折，独居和行动不便老人多，火灾亡人风险高。

2.1　建造时间久远，消防基础薄弱

全区共有2000年以前建造的小区241个，占全区小区总数39.57%，见图1。这些老旧小区消防设施陈旧，小区道路狭窄，电瓶车违规停放充电、“生命通道”不畅通等问题十分普遍，且居住群体多为外来务工人员和独居老人，违规用火、用电、用气情况普遍，加之后期电路改造、设施配备以及应急力量的设置不到位，往往是造成火灾的重要因素，如前年“4·29”石家池火灾中，火源从$2m^2$的小间通过孔洞蔓延至周边建筑，充分暴露出电线设置混乱、建筑耐火等级低的问题。

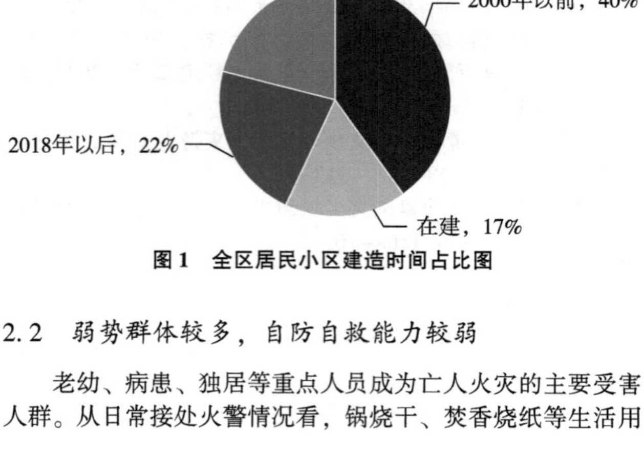

图1　全区居民小区建造时间占比图

2.2　弱势群体较多，自防自救能力较弱

老幼、病患、独居等重点人员成为亡人火灾的主要受害人群。从日常接处火警情况看，锅烧干、焚香烧纸等生活用火不慎引发火灾居高不下，说明群众在居家和生产生活中，防火安全意识总体仍不强，用火用电的习惯较差，特别是占比较高的老幼病残和外来务工群体消防安全素质亟待提升，据统计，全区老幼、独居、残障、低保等弱势群体有737户，他们行动不便，消防安全意识不强，一旦发生火灾，逃生极为困难。同时，部分专职消防队人、车、装备配备不足，难以胜任第一到场救援任务，村社一级消防组织不健全问题尤为突出，全区318个村社区，志愿消防队、微型消防站建设参差不齐，据摸排约2/3难以落实24h值班制度。

2.3　维护管理不力，消防隐患难消

消防安全管理涉及政府部门、镇街、村社、物业服务企业等多个单位，职责交叉或身兼多职，管理模式较为松散，导致消防安全管理不力，消防日常巡查检查浮于表面，消防设施年久失修损坏，消防车通道被占用，可燃杂物堵塞疏散通道这些动态火灾隐患管理问题增加了住宅小区的火灾风险，已经成为致灾的重要因素。且部分社区微型消防站虽然设施设备齐全，但长期封锁，存在设备不能正常使用的现象。部分微型消防站人员平时缺乏有针对性的培训，在器材设备使用技能上存在短板。

3　老旧民房火灾特点

3.1　燃烧荷载大，温度极高

根据历次民房火灾扑救的情况统计来看，50%以上居民火灾燃烧面积不超过$20m^2$，90%以上居民火灾燃烧面积不超过$50m^2$，但由于房子结构、装修材料和室内存放的各种物品使得室内固定及容载可燃物的量还是相当的大，有些老人甚至习惯将捡来的废品堆积在房间中，大大增加了火灾荷载密度，起火时室内温度急剧上升，温度高达1200℃以上，以致燃烧非常迅猛。

3.2　蔓延迅速，易火烧连营

老旧居民小区，多为砖混结构和砖木连体结构，楼内的楼板、楼梯、楼顶等部位大多采用木质可燃材料，遇火即可形成猛烈燃烧。加之防火间距严重不足、乱搭建现象普遍存在、建筑内可燃堆物多，防盗门窗铁栅栏林立，居民用电、用火、用气极不规范，火灾时蔓延非常迅速，极易造成火烧连营。

3.3　水源缺乏，难持续作战

老旧民房缺乏室内消防给水系统，这是历史遗留问题。虽然个别小区设置了消火栓，却因为物业公司没有跟进保养维护，消火栓往往处于无水或无压状态，加之小区通道狭窄、私家车乱停乱放，消防车根本进入不了小区，灭火救援

只能依靠市政水源，长距离的铺设消防水带，某种程度上讲是延缓了灭火救援时间。

4 老旧民房火灾扑救对策

越城区积极探索“枫桥经验”在基层消防治理中的运用，通过压实镇街责任、运用智慧手段，开展自治、实现矛盾不上交。然而无论是物的不安全状态，还是人的不安全行为，很多隐患往往是动态的，而火灾防控在时间轴上只能反映某一个点的安全状态，对防范火灾风险有很大的局限性，面对如此繁重的防控任务，队站守好初战控火救援这一最后“屏障”至关重要。根据老旧民房火灾特点，吸取多次灭火经验教训，笔者认为应从“加强熟悉、侦察防护、快速破拆、内攻近战、确保供水”五个方面，开展火灾扑救工作。

4.1 强化熟悉摸清底数

辖区队站要及时掌握老旧居民小区的真实情况，并同步更新作战信息的数据，确保信息对称。同时，消防队站要高度重视居民小区消火栓的管理，应把居民小区消火栓放到与市政消火栓同等重要的位置来抓，对于缺水的地区，要及时修建合适的消防水池，以备不时之需。

4.2 火情侦察做好防护

火灾发生，首战到场指挥员必须快速收集信息，在途中了解小区地址、着火建筑在小区所处位置、建筑性质、着火楼层、周边水源、消防车进入小区通道等。到场后主要了解是否有人员被困、被困人员的数量和部位以及火势的基本情况及蔓延趋势。并依据所掌握的信息精准部署，确定车辆行驶线路，停靠水源、进入小区通道、明确各战斗车辆分工，其次确定灭火攻坚人员、攻坚通道和救人途径、方法，并提醒携带相关器材。另外要始终将安全贯穿在灭火救援工作的每一个细节，持续时刻做好建筑倒塌风险提醒，可采取无人机双光观察、现场外部观察等途径进行，着重对内攻队员所在位置、行动安全情况进行提醒。同时指挥员要让后方人员设置警戒，建立安全隔离区域，设置警戒的人员。

4.3 注重破拆快速进入

当今社会，人们的安全防范意识和自我保护意识较强，居民小区防盗门窗较多且较为复杂，尤其是晚上22点以后，进入着火房间需要破拆防盗门的几率会增加，导致错过最佳救援时机。为破拆一扇防盗门而花费大量的救命时间，显得不够专业，除了平时我们加强破拆技术的训练以外，还要联系厂家，学习了解防盗门的构造，找出其薄弱点，并加以反复训练，培养如庖丁解牛般的岗位能手。另外选择进攻通道，要根据火场实际，正确选择从门进还是从窗进。从门进是首选，但按常规，底楼发生火灾，破拆门窗比破拆防盗门的速度要快。

4.4 近打快攻科学扑救

老旧居民小区火灾的扑救必须强调内攻为主，发挥内攻初期控火效能，逐一对建筑内各个房间进行排查和开窗通风，对不受烟气影响但疏散通道被堵塞的被困人员，应部署水枪阵地控制火势，告知于安全区域等待，或通过架设梯子，佩戴防毒面具等方式撤离，见图2。内攻组应以最快时间，从最近的进攻通道对起火区域发起进攻，开辟排烟口，减少烟气通过顶部贯穿的横梁缝隙向毗邻房间顶部蔓延，注意轰然风险；如若建筑顶部已经烧穿，部分塌落情况，通过架设拉梯，利用相邻屋顶（其他横梁作为承重的屋顶），或者窗口，内外对火场形成夹击之势控制火势蔓延；对建筑内相对独立的起火部位，应增设水枪阵地对周围建筑进行冷却保护。

图2

4.5 灵活供水确保不断

民房火灾扑救，快速出水是灭火救援成功的关键，能否及时和不间断地供水，用来满足前方灭火，直接关系到灭火战斗的成败。根据就近取水原则，利用消防车占据附近水源吸水供水，侦察着火建筑在小区的方位，就近停靠附近道路或接近着火建筑，快速铺设干线，出水压制火势的同时，充分利用居民区消火栓的现有条件或天然水源，使用手抬泵供水。这要求指战员对社区周边消火栓以及水源分布要充分把握。选择正确的供水方法的前提是基于指战员对居民小区基本情况的熟悉和掌握，主要包括小区名牌号码的分布、进出口通道、消火栓的状况、分布以及周边道路、水源等。当火场附近无水源时，可利用消防车运水供水或远程供水系统，保证火场供水不间断。

参考文献

[1] 倪凯，陈石灵．基于FAHP的城市老旧小区消防安全风险评估[J]．中国管理信息化，2022，25（13）：186-189.

[2] 刘小超．组织火场供水中存在的问题及策略探究[J]．今日消防，2022，7（10）：41-43.

[3] 郑国前，李琨．民房火灾初战控火中最小作战单元的应用[J]．消防科学与技术，2021，40（08）：1256-1258.

[4] 袁春燕，郑高凯，郎雨佳，王鹏飞．考虑不同场景的砖木结构古建筑火灾特征研究[J]．中国安全生产科学技术，2019，15（10）：158-164.

[5] 安文岭．浅谈如何提高灭火救援初战指挥能力[J]．科技风，2011，No.165（03）：23-24.

住宅地下室自然排烟方案排烟效果模拟研究

岳　升

（聊城市东昌府区消防救援大队，山东　聊城）

摘　要　本文选用高层住宅楼的2层地下室部分作为研究对象。利用Pyrosim建立火灾3D模型，依照最不利原则设定火灾场景，通过FDS来模拟火灾烟气的蔓延过程，重点研究2个楼梯间和地下二层2m高度处的温度、CO浓度和能见度分布情况，当排烟口的面积分别为防烟分区面积的2%时，能见度达到了临界值10m的时间为106.4s，温度升高至60℃的时间为202.6s。CO浓度也达到临界值500℃，时间为148s，有效为人员赢得了疏散时间。

关键词　FDS数值模拟　住宅地下室　自然排烟　排烟设计

随着我国城市化进程的推进，出现了越来越多的具有地下室的住宅小区。这些建筑一旦发生火灾，由于地下空间密闭，烟气难以清除，给人们带来了严重的危害。根据目前的研究和调查，火灾事故中85%以上的死亡不是由于高温或热浪造成的，而是由于吸入了携带大量烟雾和粉尘的有毒气体。

针对以上情况，国内外众多学者开始使用不同的方法研究地下建筑火灾行为从而减少火灾的发生，其中火灾数值模拟软件（FDS）目前是学者们研究的重点。安徽理工大学李蕾分析了烟气成分的变化规律和毒性危害，研究了不同的防排烟情况下烟气的流动情况，并对设计参数进行了探讨[1]。中国科技大学采用热烟实验方法在某地铁站的侧站台进行了机械排烟实验，提出改进意见，并采用场模拟软件对站台排烟进行了数值模拟，结果显示对补风方式进行改进后能有效地提高排烟效果[2]。

综上所述，大部分的研究工作都是针对地铁、隧道等地下狭长空间，而具体针对住宅地下室的火灾烟气的研究还比较少。本文在满足规范的基础上，探究排烟口横截面积对住宅地下室防烟分区自然排烟的效果。

1　FDS模型的建立及参数设定

1.1　模型建立

本文选择廊坊在建的大长亭小区为研究对象建立几何模型。该建筑周边有多所重点小学和中学、多个居民社区、公司及酒店，因此上下班与上下学高峰时期的人流量较大，人员组成相对复杂。因此本文以此建筑为背景对其地下室自然排烟效果进行研究。

该建筑地上部分为23层住宅，地下2层为储藏间，建筑高度67m。该建筑地下部分每层455.2m^2，每层为一个防烟分区。模型主要由储藏间、窗井、疏散走道、消防电梯、楼梯间合用前室以及楼梯间几部分构成，其平面图如图1所示。

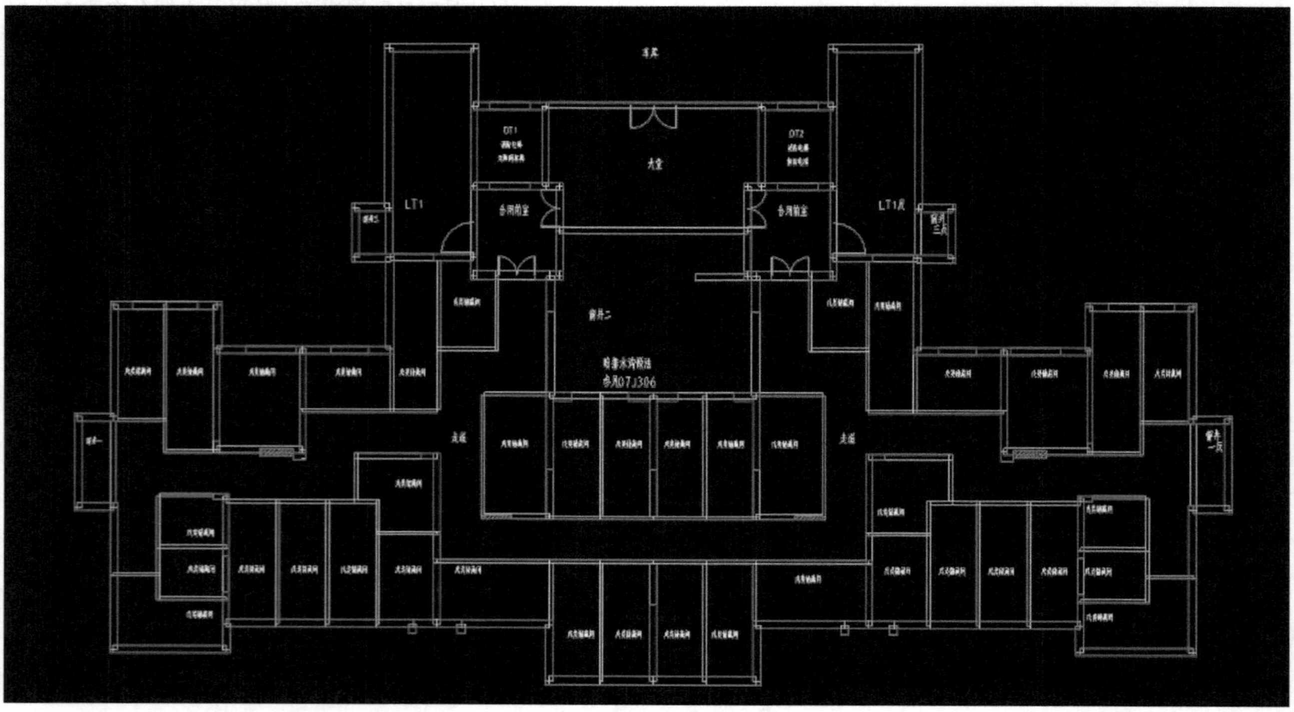

图1　地下室平面示意图

1.2 火源设置与网格划分

由于地下一层与地下二层均通过同一个位置的窗井进行公共空间的自然排烟，其地下一层与地下二层分别为单独的防火分区，若地下二层发生火灾烟气和火焰势必沿窗井上窜危及地下一层的自然排烟窗，进入地下一层。

因此，在地下室发生火灾的情景中，考虑火灾最不利影响因素，将火源设置在地下二层楼梯间合用前室旁边的储藏间中央，尺寸为1m×1m。参照我国《建筑防烟排烟系统技术标准》（GB 51251—2017）的规定，未设喷淋的其他公共场所内火灾模拟场景中，火源达到稳态时的热释放速率为8.0MW。综合考量储藏间内部陈设材料燃烧性能，将火灾类型设定为聚氨酯火灾，t^2 快速增长火，增长因子为0.044kW/s^2，模拟时间1200s。并在2m高度处设置切片检测温度、可见度和CO浓度。

FDS数值模拟需要进行网格划分，网格划分越精密，计算越准确；但同时网格越细，计算时间也会越长，占用内存越大。因此划分单元网格时要兼顾准确性与计算时间两个因素。为防止网格规模过大导致计算过程繁复，在保证模拟结果可靠性的前提下，选定网格尺寸为0.5m×0.5m。

1.3 判定参数

模拟实验中建筑层高为地下一层4.8m、地下二层3.3m。根据《建筑防烟排烟系统技术标准》（GB 51251—2017）4.6.9中对最小清晰高度的要求：走道、室内空间净高不大于3m的区域，其最小清晰高度不宜小于其净高的1/2，其他区域的最小清晰高度应按式（1）计算：

$$H_q = 1.6 + 0.1 \cdot H' \quad (1)$$

其中 H' 对于单层空间，取排烟空间的建筑净高度（m）；对于多层空间，取最高疏散楼层的层高（m）。因此在地下室二层距地面高度处2m处设置切片，研究3种工况在切片位置处的温度、可见度和CO浓度随时间的变化情况，对比分析排烟效果的好坏。

在模拟计算的基础上，通过分析各工况地下二层高度为2m处的温度、可见度和CO浓度等参数，对多种工况下的排烟效果差异进行判断。

1.4 模拟工况设计

设环境温度设为25℃，地下二层排烟口面积设置为防烟分区面积的2%（9.1m^2），如表1所示。

表1 工况设置情况

	环境温度	排烟口面积取值
工况1	25℃	排烟口的面积为防烟分区面积的2%

2 排烟口面积对排烟效果的影响

2.1 烟气蔓延速度与能见度分布情况

《中国消防手册》第三卷中表4-5-23中提到，一般认为空间中能见度达到10m，能保证人员在可视条件下顺利行走。因为地下室空间不够开阔，所以其临界危险能见度取10m。

取着火层的2m高度处切面，临界能见度10m，各工况在不同时刻下的能见度变化情况以及各工况右侧楼梯间前室前侧走廊部分能见度降低至10m以下所需时间快慢如图2所示。

图2（e）为右侧楼梯间前室前侧走廊部分能见度降低至10m以下所需时间图。整体来看地下二层的能见度随着运行时间的增加不断降低。在120s内，能见度降低至临界值10m以下的范围小，右侧楼梯间前室距地面2m高度处能见度降低至10m以下的时间为106.4s。在模拟时间结束时，右侧楼梯间位置能见度均降低至0m。

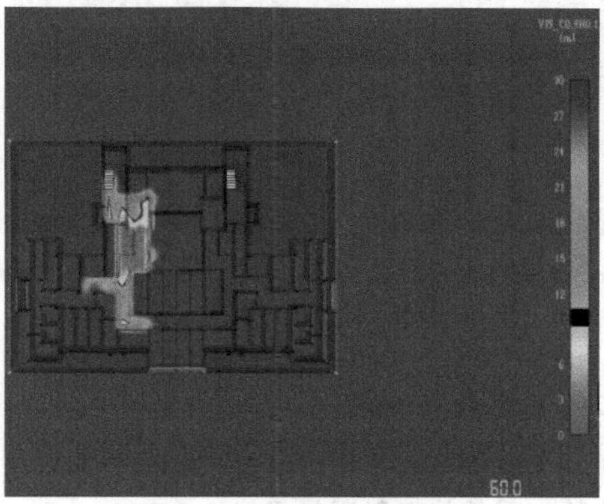

（a）60s能见度分布情况

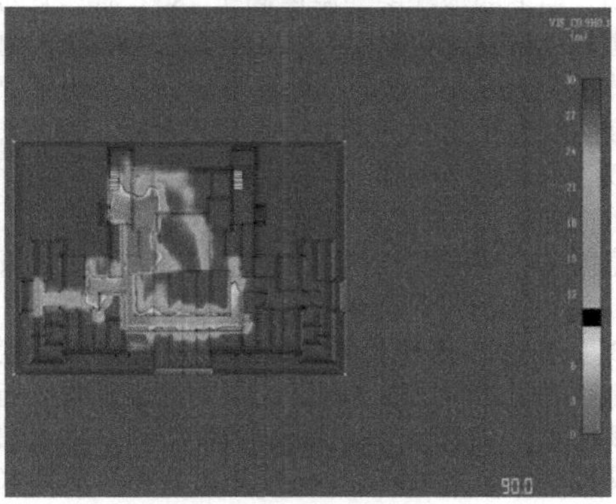

（b）90s能见度分布情况

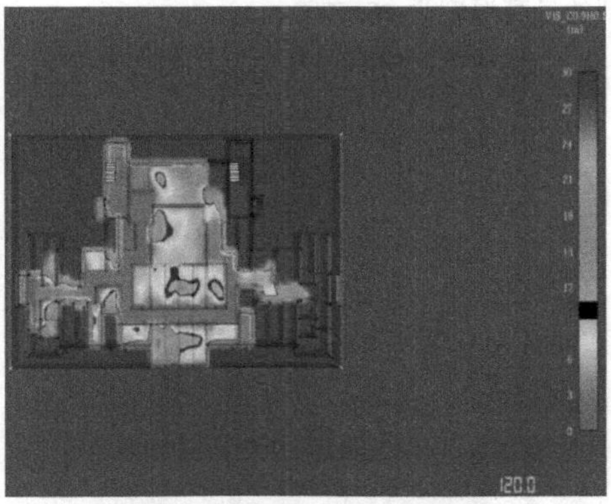

（c）120s能见度分布情况

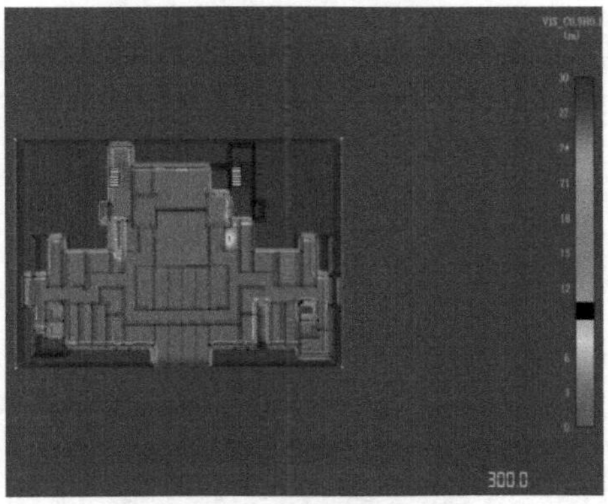

（d）300s能见度分布情况

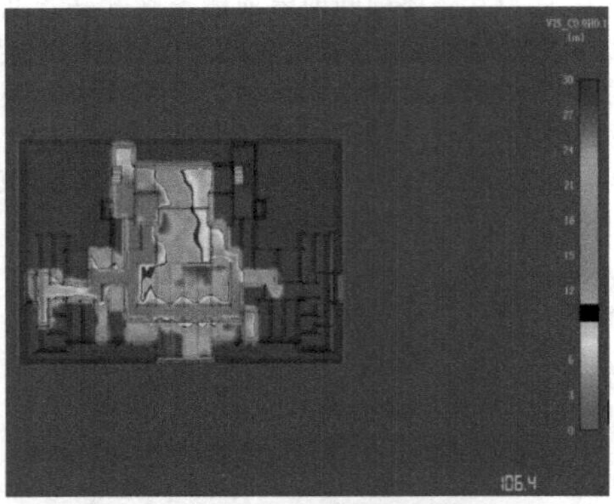

（e）右侧楼梯间前室前侧走廊部分能见度降低至10m

图 2　能见度分布情况

2.2　烟气温度分布情况

火灾烟气温度较高，人对高温烟雾的忍耐程度是有限的。当人体接受的热辐射通量超过 0.25W/cm² 时，将造成严重灼伤。当上部烟气层的温度高于 180℃时，它对人体的辐射危害就会达到这种程度[3-4]。根据建筑火灾产生的高温，结合人体承受极限和疏散时间综合考虑，人员疏散路线上的环境温度要在 60℃以内。因此，火灾发生后，取临界危险温度 60℃为人体的耐受温度。

取着火层的 2m 高度处切面，临界温度 60℃，在不同时刻下的温度变化情况以及右侧楼梯间前室前侧走廊部分温度升高至 60℃以上所需时间快慢如图 3 所示。

图 3（e）为右侧楼梯间前室前侧走廊部分温度升高至 60℃以上所需时间对比图。地下二层的温度随着运行时间的增加不断增高。在 300s 内，温度升高到 60℃以上的范围较小。右侧楼梯间前室距地面 2m 高度处温度升高至 60℃以上的时间为 202.6s。且在整个模拟时间 1200s 内，右侧楼梯间前室达到的最高温度为 46.57℃。

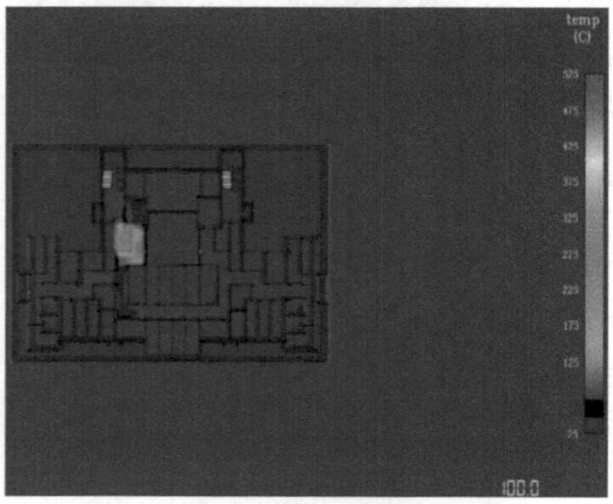

（a）100s温度分布情况

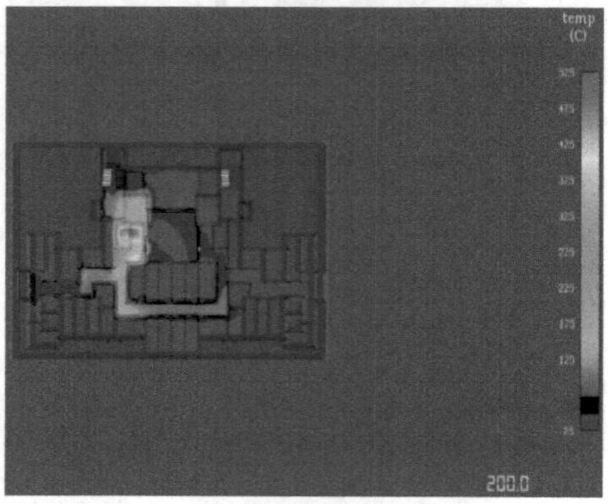

（b）500s温度分布情况

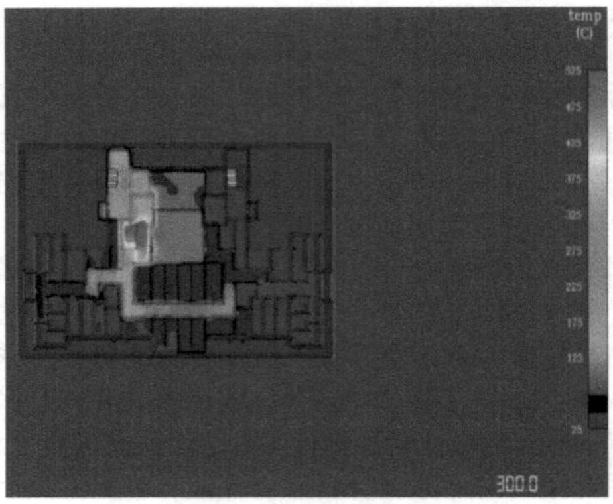

（c）300s温度分布情况

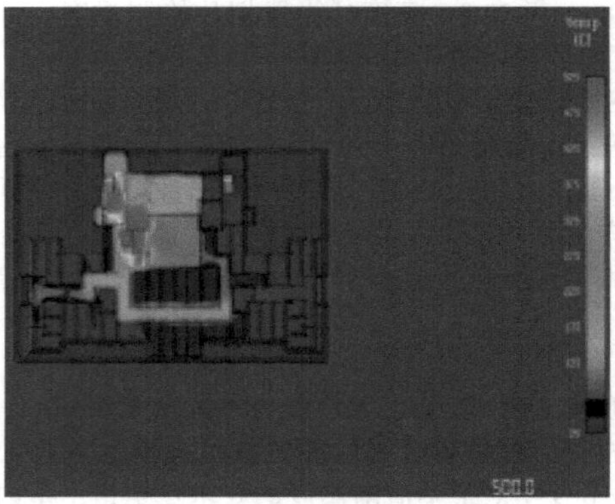

（d）500s温度分布情况

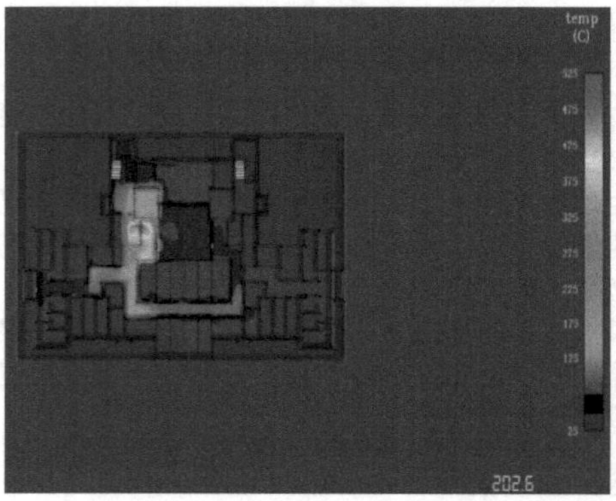

（e）工况1右侧楼梯间前室前侧走廊部分温度升高至60℃

图 3　温度分布情况

2.3　CO 浓度分布情况

火灾发生过程中产生大量有毒有害气体，其中 CO 是造成人员伤亡的主要原因。由于 CO 与血红蛋白的结合能力是氧气的近 210 倍，会阻碍氧气的吸收与运输，导致窒息[5]。

取临界 CO 浓度为 500ppm，在不同时刻下的 CO 浓度变化情况以及右侧楼梯间前室前侧走廊部分 CO 浓度升高至 500ppm 以上所需时间快慢如图 4 所示。

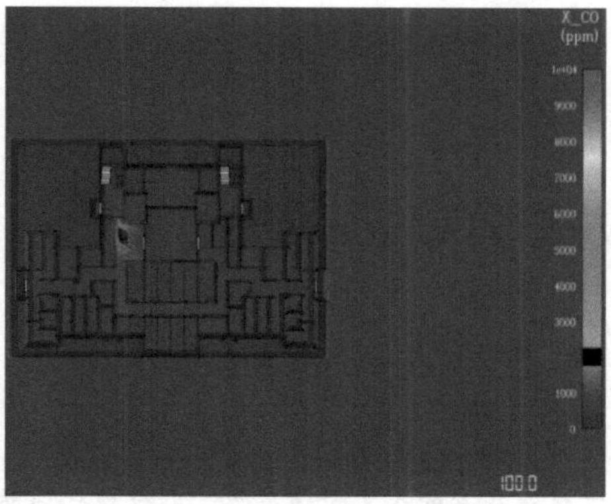

（a）100sCO浓度分布

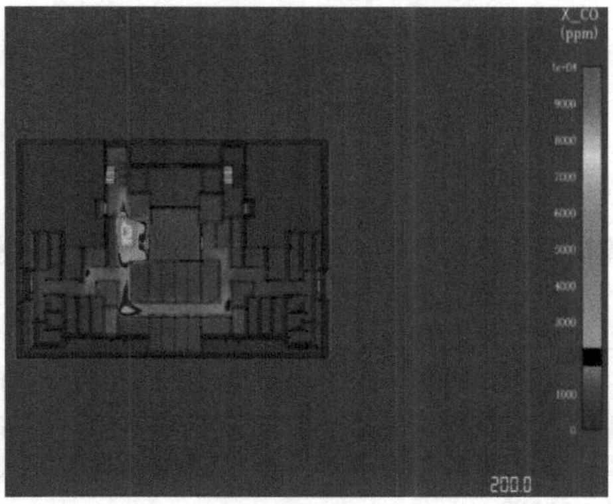

（b）200sCO浓度分布

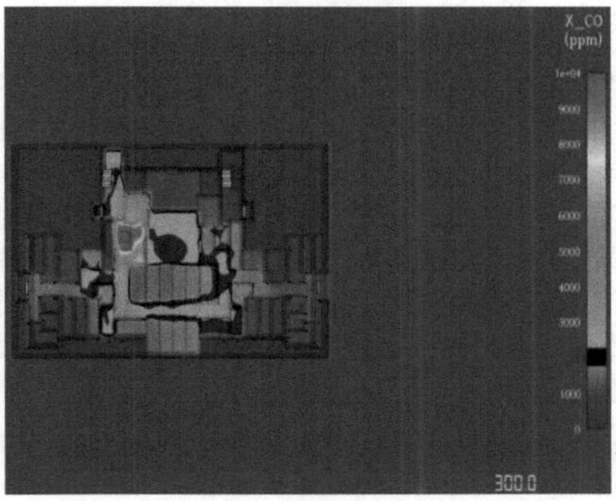

（c）300sCO浓度分布

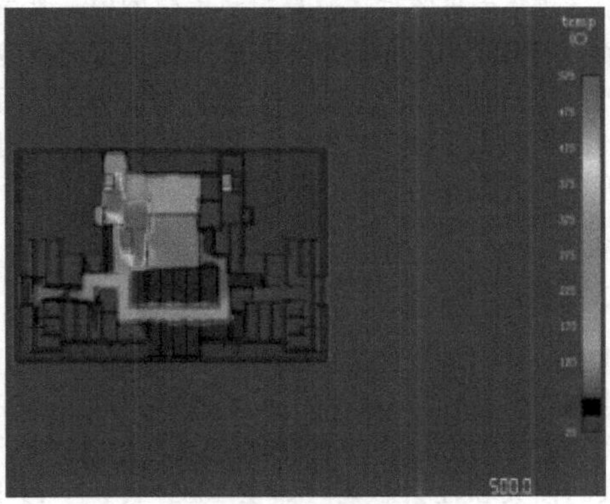

（d）500s CO浓度分布情况

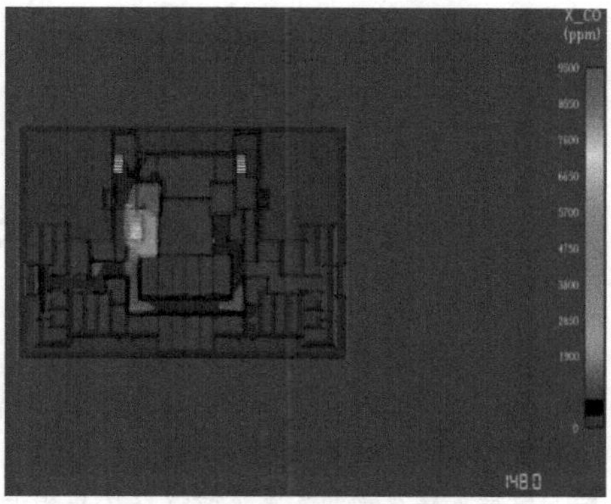

（e）工况1右侧楼梯间前室前侧走廊部分CO浓度升高至500ppm

图 4　CO 浓度分布情况

如图 4（e）为右侧楼梯间前室前侧走廊部分 CO 浓度升高至 500ppm 以上所需时间对比图。地下二层的 CO 浓度随着模型运行时间的增加不断增高；在 500s 内，右侧楼梯间前室距地面 2m 高度处 CO 浓度升高至 500ppm 以上的时间为 148s，最高 CO 浓度为 1975ppm。

2.4　模拟结果分析

在整个模拟时间内，右侧楼梯间距离地面 2m 高度处的能见度达到了临界值 10m 的时间为 106.4s，温度升高至 60℃的时间为 202.6s。CO 浓度也达到临界值 500℃，时间为 148s。当地下二层排烟口面积设置为防烟分区面积的 2%时，能见度达到临界值的时间均小于温度和 CO 浓度，火灾危险来临时间由能见度指标确定。

3　结论

地下建筑具有密闭性，烟气很难排出，火灾时将严重威胁人员的生命财产安全，目前现行规范对住宅地下室的排烟方式及排烟参数未明确，实际工程中，由于成本的问题，住宅地下室大多采用自然排烟的方式，由此排烟方式具体设计参数未明确，给住宅建筑地下排烟设计带来困难，也将会影响住宅排烟的效果，事实上有多种因素影响住宅自然排烟的效果，本文以大长亭小区住宅地下室为例，应用数值模拟的方法对地下二层排烟口面积设置为防烟分区面积的 2%的情况进行研究，得到如下结论。

当排烟口的面积为防烟分区面积的 2%时，人员疏散时间为 106.4s，温度升高至 60℃的时间为 202.6s，CO 浓度达到临界值 500ppm 的时间为 148s，有效为人员赢得了疏散时间。

本文对自然排烟的研究采用数值模拟方法，具有一定的理想性，建议有条件的情况下开展实体火灾实验或相似模型火灾实验验证。

参考文献

[1] 陈飞．地下商场火灾烟气控制效果模拟研究［D］．安徽理工大学，2014.

[2] 刘克．城市地下交通联系隧道烟气控制研究［D］．沈阳航空航天大学，2015.

[3] 阳东．狭长受限空间火灾烟气分层与卷吸特性研究［D］．中国科学技术大学，2010.

[4] 王刘兵．大型商业综合体防排烟系统性能化设计［D］．西安建筑科技大学，2015.

[5] 杨晖．地铁空间内空气与火灾烟气流动特性的数值研究［D］．北京交通大学，2010.

有关古建筑物火灾成因和消防安全对策的研究

李德志

（山西省朔州市消防救援支队，山西　朔州）

摘　要　根据古建筑物的火灾危险性以及其相关的火灾特性，基于古建筑本身的人文价值属性，结合现代消防安全的科技手段，从多个方面进行了分析和探索新形势下面对古建筑物火灾时应当如何使用科学的手段进行火灾扑救以及在扑救时的注意事项。

关键词　古建筑　火灾危险性　火灾特性　安全对策

1　引言

在我国各类文物保护单位约有5万余家，其中国家级重点文物保护单位占约十分之一。古建筑其本身的历史文化价值较高，但是因为传统的庙宇、宫殿等各类型的古迹，大部分都是以木构架或者是砖、土、木以及混合构造的建筑方式。因此，当火灾发生后，往往一发不可收拾而造成永久性的损失。更可惜的是，包含其中的珍贵古迹文化遗产付之一炬，将在历史文化中造成无法挽回的巨大损失，因此我们要加大对古建筑的消防安全方面工作的关注。本文就古建筑物火灾发生的原因、特点以及管理对策进行讨论。[1]

2　古建筑物的火灾危险性

诱发火灾因素多。古建筑物的火灾成因是多种多样的，总结归纳后主要有以下三个方面，即自然因素、区域因素、人为因素，如表1所示。

建筑耐火等级偏低。现存的大多数古建筑物一般为木结构或是砖木结构，其木材耐火性较差，一旦发生火灾，砖木结构的古建筑会迅速发生剧烈燃烧，形成立体火灾，造成火势难以控制。

消防设施器材匮乏。在古建筑建造初期受限于当时的条件，很少考虑配备相应的消防设施，后期为了最大化的保护古建筑外貌和其完整性，又很少添加一些新的消防设备，使得其灭火设施相比于现代建筑就显得极其的落后，使扑救火灾失去了主动权和有利时机。

古建筑群消防通道狭窄甚至没有。相当一部分的古建筑一般远离于现代城市，地处偏远，道路崎岖，这就使得消防救援队伍无法在第一时间赶到现场，一旦有火灾发生便难以在火灾初期对火势加以控制。[2]

表1　古建筑物火灾成因

归纳类别	火灾事故原因
自然原因	雷击；高温自然
区域原因	资金缺乏；设备老化
人为原因	管理不善；宗教活动用火不慎；人为纵火

3　古建筑物的火灾特性

与一般现代建筑火灾相比，寺庙等一些古建筑物发生火灾时古建主体建筑物表现出一些不同特性，大概分为以下五个方面。[3]

3.1　燃烧强度大

古建筑物主要由众多的建筑构件组成，其构件材料多数为含油的木材（比如松、杉、柏、香樟等），其中，采用较多的是可燃烧的木制材料，从而致使火灾荷载变大，加上年代久远，极易产生火灾。尤其是像寺庙、木塔这类建筑，常年经受着香火的熏烤，使得建筑构件非常干燥，再加之其表面涂抹了油漆，一旦引发火灾，由于燃烧强度大，火场中心温度高达1200℃。

3.2　火势发展快

古建筑发生火灾时，内部火焰以及热烟气蔓延的方向一般为竖直向上，并且在极短的时间内至屋顶部位，在到达顶部后方向会随着发生改变，由竖直向上变为水平方向，再加上室内空气流动性好，极易造成全面燃烧。与此同时，由于古建筑物与古建筑物之间相互连接，火势一旦突破着火建筑的门窗会引起连续性燃烧，即使没有明火进入下一栋建筑，强烈的热辐射也会在一定程度上导致相邻建筑温度上升，最终导致着火。

3.3　房屋易倒塌

古建筑物在充分燃烧一段时间后，其内部结构遭到破坏，建筑结构稳定性降低，极易引起房屋倒塌。其倒塌会按照先屋顶、后墙柱的顺序的规律。原因在于古建筑发生火灾时，内部火焰方向是垂直向上的，就构件截面积而言，屋架、桁的截面积小于柱、梁的截面积，所以在同等时间内屋架、桁等构件会先发生损坏，从而导致了屋顶相较于墙柱会先发生倒塌。

3.4　文物易受损

古建筑一方面本身具有极高的历史文化价值，另一方面部分古建筑物中会放有一些价值连城的古文物，当发生火灾时部分文物会因无法转移或者转移不及时而最终毁于一旦，造成巨大的损失和社会影响。如在2003年1月19日18时40分，武当山遇真宫发生大火造成全部烧毁，这件事在国内外反映格外的强烈，一些古建筑领域的专家对于此事的发生感到非常的痛心，因为这种损失，包括科学研究和文物价值的损失不但无法估量，而且无法挽回。

3.5　灭火行动难

古建筑种类众多，其中的寺庙、道观等古建筑大多数都建在一些高山之上或者一些偏远地区，有的则建设在一些道路条件复杂的地区，有的建设在海岛上。总而言之古建筑物建设位置都相对来说偏僻，人烟稀少的地方，使得消防救援队伍难以在极短的时间内到达着火点，延误了最佳的灭火时机。

其中有些古建筑物虽然建在城镇地区或者繁华地带，但是与相邻建筑的防火间距并不符合相关规定；也有的会建在狭小的深巷中，人员通过都有些费力，更别说消防救援队伍及消防车辆；还有些会建在高大的台基上，建筑前楼梯多，坡度大，使得救援队伍无法抵近救援。

对于那些建设在偏远地区的古建筑物，有的虽然靠近水源，但是消防车却又无法近距离的靠近，并且古建筑物内部的消防设施落后，无法应对一些突发的火灾情况。

4 古建筑物的防火维护管理

由于火灾发生前与火灾发生后所需要的人力调配与组织方式不同，可将古建筑物的防火维护管理的灾前与灾后分成三个阶段来讨论。

火灾发生前。在平时应该特别注重古建筑的日常性防火维护管理，使防火管理维护工作形成一种习惯。凡是古建筑物内部的各项电气化设施，例如电气、电线、插座、电器、厨房炉火、燃料等，都需要专职人员每日每月定期检查，另外，还有其他可燃烧的物质、物品也应该定时派人清理、收集，还要每日组织维护管理人进行古建筑内外的巡视。以上做法都应该配合古建筑物管理人员的日常工作流程来进行。

火灾发生时。古建筑物发生火灾时，首先应该抓住扑救初起火灾的有利时机，即迅速组织火灾抢救人员有序地投入灭火行动。通常应将人员分为以下几组：①指挥组；②灭火组；③侦察组；④文物抢救组；⑤避难引导组。以上各组人员应根据火灾情况互相支持，但平时应作好消防演练熟悉工作。

火灾发生后。最重要的工作是火场的调查和鉴定。此时管理部门应派人员参与配合消防火调人员作好灾后调查与记录的工作，并且将具有文化价值的建筑构件、文物进行妥善的保存与收藏。

5 古建筑物防火对策

5.1 不断强化经费保障，改善古建筑配套消防设施建设

搞好消防水源建设。积极督促相关政府根据古建筑的需水量，完善相关的小消防供水管网和消火栓建设。对于那些消防管网难以到达的地方，按比例修建消防水池，备足消防用水。

拓宽消防通道，留足防火间距。要想在火灾发生初期就得以控制火势，我们首先要做的就是先拓宽消防通道，这样才能使得消防车及时到达相应的古建筑物，除了一些地势险峻的地点之外，都应当增添和拓宽消防通道。

确保用电、防雷安全。在古建筑内，不宜采用大功率或表面温度较高的照明器具，并且这些照明器具不可以靠近可燃物。在采取防雷击措施时，应选择正确的避雷针安装方式、方法和位置，合理确定保护范围，就近埋设接地体。

在重要的古建筑群建立消防监控系统。有条件的要在重点保护单位和重点部位安装火灾自动报警系统，对建筑实施全天全方位监控。

积极建立多种形式的消防队伍，落实古建筑所需的资金。在列入国家重点保护名单中，远离当地消防救援队伍旅游区的古建筑，应建立专职消防队，并配备必要的消防车、移动泵和软管、供水设备，负责古建筑消防安全巡逻和日常消防工作，尽快解决消防设施不足的问题，努力提高古建筑的火灾防御能力。[4]

5.2 加强消防组织建设和消防培训，建立健全防火管理措施

强化协调配合。由政府部门牵头加强对古建筑的保护，切实提升多部门联合处置能力，将防火责任细化到人、责任到位，告别消防救援机构单打独斗的局面，多点发力、协调配合，确保各项防火措施落实、落地。

健全消防组织。由古建筑单位、文物管理单位、消防救援机构组成防火安全组织机构，实现防火工作组织机构实体化运行，严格落实防火安全责任制；依托消防安全四个能力建设，组建志愿消防队伍，定期开展训练、演练，提升火灾自救、他救能力。

6 古建筑物火灾的扑救措施

6.1 强化熟悉演练，合理编制灭火预案

第一，我们要确保出动一定的灭火力量。根据现场的火灾面积和火势大小，从最不利的角度考虑可能会发生的最差情况，出动充足的灭火力量。

第二，确保供水顺畅。在扑救火灾前我们要根据前期熟悉演练情况，再经过精准计算，确保充足的消防用水供应。[5]

第三，清楚灭火行动。根据火灾发生时不同的起火点和火势可能蔓延的方向，我们要提出不同的灭火方案，采取最有效的灭火行动，确保灭火行动的顺利进行。

第四，及时疏散重要文物。对于不同重量、体积、价值的文物制定不同的疏散方案，最好将任务落实到每个人的身上。

6.2 做好火情侦察，为决策提供准确情报

古建筑物的内部结构相对来说较为复杂，在发生火灾时，我们要在第一时间查明起火点以及计算出火势可能蔓延到的地方，针对不同的情况制定不同的战术和疏散方案。

6.3 科学部署力量，确定正确的作战战术

扑救古建筑火灾，要根据现场情况和古建筑的结构形式，按照火势发展情况，采取相应的灭火救援措施。当火势处于初起阶段时，要迅速组织内攻小组深入建筑内部，准确查明起火部位，阻止火势向重点部位蔓延，迅速消灭火灾，防止火势进一步扩大。在火势处于发展阶段时，火势较大难以控制时，组织灭火力量实施内攻灭火的同时，还要组织力量外部控制打击火势，并阻止火势引燃外部相连的建筑物扩大蔓延。当火势较大已难以控制时，要合理部署灭火作战力量，集中攻坚力量于火场主要方面，采取分割穿插、逐片消灭的战术，迅速消灭火灾。灭火力量不足无法控制火势蔓延时，要破拆毗邻的建筑，切断火势蔓延的途径。同时，组织力量对重要文物和珍贵物品进行疏散转移，减少火灾损失和危害。[6]

7 扑救古建筑火灾的注意事项

加强前期部署，确保灭火剂的供应。消防救援机构在接到火灾报警，特别是古建筑的火灾报警时，要及时的按照先前的火灾应急预案进行提前部署，对于火灾现场要确保水源充足以防止在灭火救援的中途发生水源中断的情况。如果现场的火灾不可以用大量的水进行扑救时，相关的消防负责人就要提前准备好充足的 CO_2、干沙等灭火剂。根据现场的道路情况，消防救援队伍要配备小型机动越野消防车，第一时间到场、第一时间处置、第一时间控制火势。

注意个人防护，确保自身的安全。一是在对着火点进行攻击时，应安排一定强度的力量对承重构件进行保护，二是各级指挥人员要根据现场的实际情况尽可能的掌握建筑物的

倒塌规律，力争能够及时抢救被困人员、强力扑救火灾，确保群众和消防人员的生命安全。

疏灭结合，有效保护文物。古建筑内一般都存放有数量较多的珍贵文物，且本体也具有较高的文化价值，因此，火灾发生时应最大限度地减少因火灾而造成的损失。对受到火势威胁的文物，应立即组织精干力量进行转移，当一些重要的存放文物的部位被烟火封堵时，人员自身的安全可以得到保证的前提下，应组织人员抢救文物，确保文物的安全。对于一些难以在短时间内疏散转移的文物，我们可以采用不同的方法进行抢救，减少文物损失。同时，应打破常规的“水”是万能灭火剂的想法，慎重选用灭火剂，对不同的文物使用不同的灭火剂，如：对木雕、泥塑等易受水侵蚀的文物，对于这些文物我们可以采用水雾进行降温处理，采用干粉、干沙等进行灭火。

认真清理火场，防止发生复燃。在火灾扑救结束后，我们还要认真的对现场进行打扫和处理，对于那些火灾结束后产生高温灰尘我们最好用水雾对其进行降温处理，必要时留守辖区消防救援力量看护现场，防止发生复燃。

8 结语

本文主要是对古建筑物的火灾起因以及在火灾发生时的三个阶段进行分析。对于现代建筑，在其发生火灾时，我们可以采取各类方式对其进行灭火。可以在火灾发生的三个阶段分别采用不同的方案尽可能的减少火灾对建筑物本身和建筑内部重要物品的威胁，采取合理技战术措施，第一时间控制火势发展，减少其蔓延。但是，对于古建筑，因为其独特的建筑结构以及历史价值，导致我们目前很多有效的灭火手段并不能实行，这就大大地增加了灭火难度。

根据上述的研究结果，我们要努力将古建筑灭火与现代科技相融合，让现代科技能够更好的服务于古建筑保护中。

参考文献

［1］蒙慧玲，张树平，张建伟．我国宗教古建筑火灾隐患及防火对策［J］．消防科学与技术，2014，4（6）：695-698.

［2］贾纬民．古建筑物消防安全水平的评估方法与技术［J］．消防技术与产品信息，2004（11）：13-15.

［3］王宝兴，黄伟，李景成．古建筑物初期和局部火灾的扑救［J］．消防技术与产品信息，1998（1）：18-19.

［4］白露，王力．古建筑物的防火对策［J］．建筑科学与工程，2020，6（18）：33-34.

［5］王皎．我国古建筑火灾扑救问题研究［J］．防灾科技学院学报，2011.4（1）：47-50.

［6］苏心伟．古建筑火灾危险性分析及灭火救援对策［J］．山西建筑，2022，48（11）：175-178.

陆家嘴区域老旧高层公共建筑消防安全现状分析和对策研究

陈　沈

（上海市浦东新区消防救援支队，上海）

摘　要　在现阶段我国高层公共建筑运营使用过程中，消防安全问题不容忽视。因为高层公共建筑往往存在人员集中、构成复杂的特点，一旦发生火灾事故，人员疏散难度大，且易造成竖向蔓延，火灾扑救难度极大。本文基于对浦东新区陆家嘴区域内房龄在20年以上的60幢高层公共建筑消防安全专项调研，分析陆家嘴区域现阶段老旧高层公共建筑消防安全现状及成因，针对性地提出了相应工作对策与方案，以供参考。

关键词　老旧　高层公共建筑　消防安全

浦东新区消防救援支队陆家嘴大队防火辖区面积为50.79平方公里，共有高层公共建筑288幢，其中，建筑高度超过100m的超高层建筑78幢；按建造年限分，截止目前，房龄20年以上的共有60幢。随着时代的发展，越来越多的既有建筑将步入老龄化，如何有效的降低老旧高层公共建筑在使用过程中的消防安全隐患，亟需研究予以规范。为此，本文针对陆家嘴区域内20年以上房龄的60幢老旧高层公共建筑开展了消防安全专项调研，从从业人员、建筑构造、消防设施3个方面开展问题排摸，全面分析老旧高层公共建筑的消防安全现状，提出相应的对策。

1　老旧高层公共建筑消防安全现状

1.1　相关人层面的问题

（1）产权人主体责任缺位。消防安全对一幢建筑来说是一项系统性工作，牵一发动全身，须整体统筹管理。通过调研，部分多产权的建筑，产权人各自为阵，业委会消防安全主体责任意识淡薄，职责不清，致使建筑整体消防安全责任主体不明晰，消防管理资金投入无预算，消防安全制度和操作规程不健全，更是缺乏对物业管理方履行消防安全管理责任的有效监管和考核。

（2）从业人员专业能力缺失。从调研情况看，隐患存量大的建筑普遍存在几方面问题，一是消防安全管理人岗位职责不明，导致不想管不善管不会管；二是消控室值班人员“本本族”居多，对设施设备操作既不会又不敢，过分依赖第三方服务机构，导致火灾第一时间消防设施无法发挥作用；三是微型站值班制度不落实，日常训练缺失，队员年龄结构偏大，实战能力弱；四是防火巡查人员工作流于形式，不能有效发现和消除隐患。

（3）使用人安全意识缺乏。产权方、物业管理单位对使用单位进场装修缺少有效监督，尤其是无需消防审批的内装修工程，使用单位在装修设计过程中，一味追求舒适与实用，缺少消防设计关，不关注装修材料的防火性能，随意增加建筑物的火灾负荷，有的甚至擅自破坏防火分区和安全疏散的设置，易造成火灾的发生及加速蔓延扩大。

1.2　建筑消防设施层面的问题

（1）从历史角度看，一是原装消防设施、器材因原产品停产等原因无法采购更换，管理单位直接将存在故障的点位屏蔽或关闭；二是部分隐蔽工程的设施因检修、维护难度大，长期失控漏管，性能严重下降，如，防排烟系统的风管破损漏风问题普遍存在，送排风量远不能满足原始设计要求；三是物业管理单位多次更换，导致建筑原始设计材料遗失，接手单位对建筑整体的消防系统情况不明，导致隐患出现后无从下手解决。

（2）从管理使用角度看，一是对内部装修的监管缺失，如，改变报警点位布置后主机编程未同步更新，遮挡、圈占排烟口（窗），拆除防火门，疏散指示标志灯随意安装等等；二是擅自停用消防设施，如，因担心中庭水炮、气体灭火系统误动作而将系统直接断电停用，应急照明灯电源插座挪作他用，为使用方便而将常闭式防火门固定在敞开状态等等；三是消控室等设施操作人员对消防设施不会用，如，应急广播、防排烟系统的手（自）动开启等等。

（3）从维护保养角度看，一是定期维护保养不到位，部分单位未按要求对建筑消防设施进行全项维保，老旧设备采用“打补丁”式维修，没有按使用年限对系统进行更新改造；二是多产权建筑专项维修资金得不到保障，无法确保消防设施正常的维修保养，致使设施从局部的损坏发展到系统的瘫痪；三是管理单位缺少消防设施维保的工程人员，维护保养过度依赖第三方服务机构。

1.3 建筑布局层面的问题

（1）消防车道、登高场地被占用。一是为解决停车问题，将原始消防车道、登高场地改为停车区域；二是为追求美观，将原有消防车道、登高场地改做绿化或其他景观设施；三是为追求利益，在建筑外侧搭建商铺等临时用房，影响消防车道、登高场地的使用。

（2）防火防烟分隔被破坏。一是横向破坏，部分业主或租户仅考虑使用方便和出租面积最大化，任性破坏原有防火防烟分区。如，装修拆除防火门、挡烟垂壁等设施，用普通门替换防火门，用普通玻璃隔墙代替土建时设置的有耐火等级要求的走道隔墙；二是纵向破坏，各类管道井封堵不到位，老旧高层建筑中弱电井此类现象尤为突出，因建筑数十年运行下来，租户进进出出，设备更新迭代，大部分弱电间已不堪重负，线路如蜘蛛网般纵横交错，管道井桥架已完全无法闭合。

（3）公共疏散通道被占用。在多产权的高层公共建筑中，存在一个楼层有近10个产权的现象，有些原始设计的公共疏散通道，在使用过程中，被业主或使用单位以加设门、格栅等形式，将自家门口使用区域内的公共疏散通道变成私家空间圈占，导致每楼层本该相互联通的两个安全出口被人为硬隔离，甚至有疏散楼梯间被圈占在某个租户的办公区域；有的在原始楼层内搭建插层，破坏建筑原有疏散体系。

2 原因分析

2.1 多产权层层转租导致管理难度大

60幢老旧高层公共建筑中，统一产权29幢，多产权31幢。从专项调研结果来看，多产权建筑存在的平均隐患数明显多于统一产权建筑（疏散和灭火救援类分别为8.6和4.8个，消防给水类分别为8.8和5个，火灾报警类分别为7和3.6个，防排烟类分别为7.4和5.6个），统一产权建筑消防安全管理水平明显比产权为小业主的要好。究其原因，多产权多业主建筑层层转租，且使用单位以小单位居多，安全意识差，物业单位对小业主产权区域开展消防工作难度大，消防设施长期得不到维护，有的业主直接将感烟探测器的消防设施拆除，物业发现问题短时间难以找到产权人解决，不利于统一管理。

2.2 建筑房龄和存在的隐患数量成正比

60幢老旧高层公共建筑中，93年之前建造的有8幢，平均隐患数为29个；94-95年建造的有16幢，平均隐患数为24个；96-97年建造的有21幢，平均隐患数为21个；98-99年建造的有15幢，平均隐患数为22个。经数据分析，总体趋势是房龄越高的建筑存在火灾隐患量越多。公共建筑随着使用年限的增加、租户的频繁进出和装修、消防设施设备使用寿命到期等各类因素，隐患数也随建筑使用时间成比例上升。

2.3 责任主体的参与度决定隐患存量

消防安全责任人和管理人职责模糊，多产权业主参与消防安全工作主动性不强，物业管理单位简单将消防工作定义为安保部或工程部某一个部门的事，各项消防安全管理制度流于形式或缺失较多。此外，部分多产权建筑缺少业主委员会、或业委会未履行法定职责。从数据看，此次调研建筑中，多产权的建筑共31幢，其中成立业委会的有11幢，平均存在的隐患数量为23.2个；未成立业委会的有20幢，平均存在的隐患数量约为35.6个。

2.3 第三方服务机构工作标准亟需提高

第三方服务机构的工作标准仍处在较低层次，维保人员对建筑整体消防设施底数不清、对建筑防火分区和防烟分区的划分不了解、对设施系统原始设计不掌握，月度维保仅停留在测几个烟感、手动启泵等老思路上，一整年下来建筑内整体消防设施的联动测试都无开展记录。从此次调研情况看，以“上海市消防技术服务管理系统”的资料上传率为例，60个项目中有上传维保过程记录的17个，其中，规范上传维保记录和结论的仅为2个。

3 老旧高层公共建筑消防安全监管优化对策

3.1 从抓物业单位向抓产权单位转变

一要明确职责分工，明确产权方、使用方、物业管理方的责任，严格依据《机关、团体、企业、事业单位消防安全管理规定》（公安部第61号令）的规定，确立消防安责任人和消防安全管理人，物业管理合同和房屋租赁合同中必须明确各方消防安全工作应承担的责任和履行的义务。二要提高责任意识，尤其要提高产权方和使用方的消防安全主责意识，目前，部分监督员采取的监督模式，往往只针对物业管理方的，也是消防安全管理人，而忽略了对产权方的监督，即缺少对消防安全责任人的履职监督。建议将产权方、使用方作为监督管理的重点，重点检查履职情况，提升主体责任意识。三要落实责任追究，压实产权方、使用方消防安全主体责任，通过对产权方、使用方履行法定义务的监督，使其落实各自应承担的消防安全责任。尤其是多产权建筑，监督执法应将业主委员会作为消防安全责任主体，充分发挥其议事决策平台作用，带动小业主积极参与消防工作的议事决策中来，通过提升业委会、小业主的主责意识，推动多产权建筑消防安全管理工作出现质的跃升。

3.2 从抓具体隐患向抓从业人员的意识和能力转变

一要牢牢抓住消防安全责任人，加强消防安全责任人、管理人的教育培训，使其养成“躬身入局，风险共担”的习惯，如，利用上门辅导进行帮教学习，利用视频学习室定期组织有轻微违法行为的单位负责人进行消防法律法规的宣贯和典型案例的教育，利用公益活动、公益积分提升消防安全责任人、管理人的参与意识。二要培养隐患发现的“吹哨人”，加强对日常巡查、检查人员的带教式辅导，利用日常双随机检查、辅导式检查，通过台账查阅、实地抽查、现场询问，对管理单位从业人员的专业能力进行检验，通过这种带教式检查，使其掌握隐患查什么、怎么查的方法，促进从业人员发现和消除火灾隐患的能力。三要培养守住底线的“看门人”，加强消控室值班人员、微型消防站队员的培训，依托辖区消防救援站和大型国企集团的消防设施培训室，对辖区内所属重点单位消控室值班人员、微型消防站队员进行集中轮训，同时研究制定考核办法，对考核结果合格的参训人员颁发结业证书，不合格的及时换岗淘汰。同时，严禁在双随机检查过程中由第三方服务机构人员代替消控室值班员接受检查、操作设施设备的现象发生。

3.2 向第三方服务机构要消防设施战斗力

高层建筑的内部消防设施在火灾发生时所发挥作用的好坏，直接决定了火场态势的走向。因此，确保建筑内部消防设施完好有效至关重要。新修订的《社会消防技术服务管理规定》对消防技术服务机构提出了更高的要求，消防救援机构应当结合《上海市消防技术服务机构执业活动管理系统v2.0》的“全生命周期”监管功能及日常消防监督检查工作，重点对消防技术服务机构的从业条件和服务质量实施监督抽查，在开展火灾事故调查时倒查消防技术服务机构责任，依法惩处不具备从业条件的机构，以及出具虚假或失实文件等违法违规行为，依据相关规定记入信用记录，协同相关部门实施联合惩处。

3.4 对建筑实行隐患分类分级管理

对老旧高层公共建筑实行隐患分类管理，从责任落实、总平面布局、平面布置、设施设备、维护保养等方面全项检查隐患，根据检查结果，进行数据分析，建立不同类别的隐患库；对高层建筑实施分级管理，根据建筑建造时间、统一产权和多产权、多产权建筑有无业主委员会3项要素，按照“不发生、不扩大、不亡人”的原则，对隐患实施轻重缓急的分级管理。同时，在隐患治理过程中，对于同类隐患，可以指导各单位相互借鉴好的整改经验；在隐患整改过程中，分类对产权方、使用方和管理方采取集中约谈、刚性执法、辅导帮教等手段，按轻重缓急制定隐患整改方案，先重后轻逐条消除隐患库中的隐患，形成治理闭环。

4 结语

陆家嘴区域高层建筑林立，随着时间的推移，建筑老龄化已无法避免，如果产权单位责任意识、管理单位管理水平、第三方服务机构服务能力得不到提升，火灾的发生将从偶然变为必然，消防监督执法队伍应增强执法观念，改进执法方式，完善执法体系，提高执法水平，尽早实现“包揽保姆型”向“推动履责型”综合监管转变，“查隐患”向“查责任”转变，实现建筑消防隐患治理成效的跃升。

火灾风险评估技术

集装箱式柴油发电机消防安全风险分析和防控措施研究

许　捷

（上海特领安全科技有限公司，上海）

摘　要　集装箱式柴油发电机组以其便捷、环保、性能稳定等诸多优点，被大量应用于各种施工现场、矿山、工厂、民用建筑等各个领域。特别是其模块化的构造方式，可成组成片集中布置等优点，成为数据中心备用电源甚至是常用电源的主要选择。集装箱式柴油发电机组的制造及使用单位往往只对发电机组的功效方面考虑较多，而对于消防安全方面考虑较少，在使用过程中存在一定的消防安全隐患，因此制定集装箱式柴油发电机组建造及安装过程中的消防安全标准已日益重要。

关键词　集装箱式柴油发电机组　消防安全　数据中心　风险防控

1　概述

随着数字经济的不断发展，物联网技术深入国民经济各个领域，支撑物联网运行的基础工程数据中心也逐渐发展壮大，既有大规范独立建造的数据中心，也有利用既有建筑改造的数据中心。数据中心的供电系统是数据中心运营的基础，是保障数据中心安全性和稳定性的核心。随着数据中心规模的扩大，附设于建筑物内部的柴油发电机房，因空间受限、噪声污染等因素，很难大规模建造，已经不能满足数据中心高负荷的电力需求。因此，集装箱式柴油发电机组应运而生。集装箱式柴油发电机组以其便捷、环保、性能稳定等诸多优点，被大量应用于各种施工现场、矿山、工厂、民用建筑等各个领域。特别是其模块化的构造方式，可成组成片集中布置等优点，成为数据中心备用电源甚至是常用电源的主要选择。集装箱式柴油发电机组的制造及使用单位往往只对发电机组的功效方面考虑较多，而对于消防安全方面考虑较少，本文就集装箱式柴油发电机组建造本身及安装过程中的消防安全进行简单探讨。

2　消防安全风险分析

2.1　集装箱式柴油发电机组构造

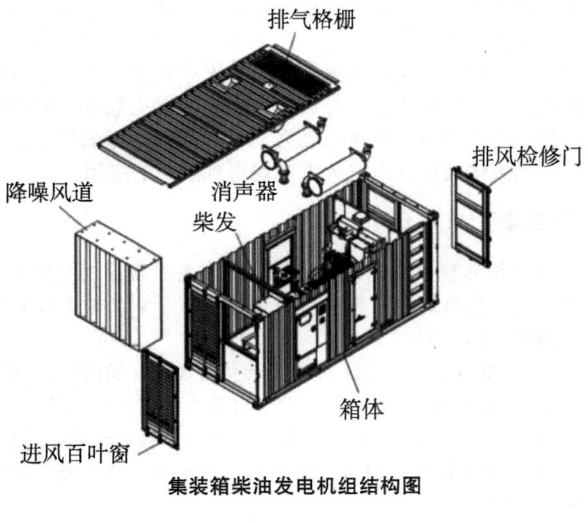

集装箱柴油发电机组结构图

集装箱型发电机组一般采用标准 20ft 或者 40ft 集装箱改装，箱体四周及天花铺设吸音棉及金属穿孔板，外置工业消声器，结构紧凑，消音效果好，箱体内配置供油系统、控制室、消防系统、照明系统、散热系统，并留有维修空间。

2.2　柴油发电机组火灾风险

集装箱式柴油发电机组给人们带来方便的同时，自身的安全风险也不容小觑，特别是火灾风险，主要体现在以下几个方面。

2.2.1　柴油的火灾风险

工业发电机通常采用柴油作为燃料，柴油分为重柴油与轻柴油。柴油发电机选用柴油的依据是使用时的环境温度。根据研究表明，柴油发电机使用环境温度在 4℃以上时选用 0#柴油；使用环境温度在 4℃以下-5℃以上时，选用-10#柴油；使用环境温度在-5℃以下-14℃以上时，选用-20#柴油；温度在-14℃～-29℃时选用-35#柴油；选用柴油的牌号如果高于上述温度，发动机中的燃油系统就可能结蜡，堵塞油路，影响发动机的正常工作。

根据调查，目前国内除广东及海南外，大部分地区柴油发电机主要采用 0#轻柴油。依据国家标准《轻柴油》（GB 252—2000）规定（图 3.1-1），在该标准中规定 10 号、5 号、0 号、-10 号和-20 号等 5 个牌号的轻柴油的闪点指标为≥55℃，与旧标准《轻柴油》（GB 252—1994）轻柴油的闪点指标为≥65℃相比，整整降低了 10℃。

随着轻柴油标准和国际标准接轨，柴油闪点由 60℃降至 45℃～55℃，依据《石油化工企业设计防火标准》（GB 50160—2008）（2018 版）规定，柴油的火灾危险性分类就由原来的丙 A 类变成乙 B 类。

集装箱式柴油发电机因空间小、容易产生高温、柴油蒸汽挥发慢等缺点，当轻柴油蒸汽≥55℃时，一旦遇到明火或静电火花发生燃烧事故，将会造成严重危害。

2.2.2　电气火灾风险

集装箱式柴油发电机组内部具有大量电气设备及电气线路，柴油发电机在运行过程中，不可避免的会发生柴油挥发现象，电线接头如果密封不严发生油气污染，一旦发生短路、过载等故障时，容易诱发电气火灾。

2.3　集装箱式柴油发电机与外部环境的火灾危险性

2.3.1　集装式柴油发电机组自身发生危险对外部环境的影响

集装箱式柴油发电机一般放置在施工现场、生产车间及建筑物附近等场所，周边可能会存在可燃物、作业人员、相邻建筑物等，一旦自身发生火灾，对周边人员及建筑会产生一定影响，容易引发次生灾害。

2.3.2　外部环境发生危险对集装箱式柴油发电机的影响

集装箱式柴油发电机周边环境如果发生火灾等意外情

况，在没有防火保护措施或防火措施失效的情况下，可能会波及附近的集装箱式柴油发电机，从而引发柴油发电机的灾难性后果。

3 消防安全风险防控策略

针对集装箱式柴油发电机组内部及外部火灾危险性，对其火灾危险性的预防控制，主要从以下几个方面考虑：

3.1 主动防火措施（火灾预防措施）

根据火灾发生三要素，集装箱式柴油发电机组内部存在的可燃物主要为柴油、电气设备，引火源主要来自高温、电气火花、明火等。为预防火灾发生，针对上述几个因素，主要从以下几个方面采取预防措施：

3.1.1 高温预警系统

集装箱式柴油发电机平时放置在室外，在高温季节，阳光照射的条件下，集装箱内的温度可达 60～70℃，如果集装箱内存在散热不及时等因素，容易引发自燃及电气火灾等事故。可采取红外探测仪、测温电缆等探测方式对高温环境进行及时预警，防止火灾事故的发生。

3.1.2 可燃气体探测系统

可燃气体探测报警系统由可燃气体探测器、可燃气体报警控制器和火灾声光警报器组成，能够在保护区域内泄漏可燃气体的浓度低于爆炸下限的条件下提前报警，从而预防由于可燃气体泄漏引发的火灾和爆炸事故的发生。柴油最小爆炸极限（LFL/LEL）%空气体积百分比 0.6，最大爆炸极限（UFL/UEL）%空气体积百分比 7.5，具有一定的爆炸危险性。针对集装箱内可能存在柴油蒸汽超标等情况，采用可燃气体探测器对集装箱内柴油蒸汽浓度进行实时监测，达到预警值时及时报警，避免柴油蒸汽的累积而发生爆炸事故。

3.1.3 电气火灾监控系统

“电气火灾监控系统”，又称“电气火灾报警系统”或“漏电火灾报警系统”，能准确监测电气线路的故障和异常状态，发现电气火灾的火灾隐患，及时报警并提醒相关人员消除这些隐患，并通过远程控制切断负荷电源。为预防集装箱式柴油发电机组内部电气设备及电气线路因发生短路、过载等故障造成火灾事故，通过电气火灾监控系统，对异常情况进行实时监控，能有效预防电气火灾的发生。

3.2 被动防火措施

当集装箱内柴油发电机因不可控因素发生火灾时，为减轻火灾危害程度，抑制火灾蔓延，可采取以下几种措施：

3.2.1 安装气体灭火系统

气体灭火系统主要用在不适于设置水灭火系统等其他灭火系统的环境中，比如计算机机房、重要的图书馆档案馆、移动通信基站（房）、UPS 室、电池室和一般的柴油发电机房等。集装箱式柴油发电机，内部空间小，不易采用泵组式自动喷水灭火系统等灭火设施，采用预制式气体灭火系统保护柴油发电机是一种比较理想选择。同时应考虑到集装箱内有吸气口、排气百叶等开口部位，气体灭火系统启动时，需联动关闭相关开口部位。如果集装箱开口不能封闭或者密封不严，有可能严重影响气体灭火系统的灭火效果。

3.2.2 安装高压细水雾灭火系统

细水雾灭火系统主要以水为灭火介质，采用特殊喷头在压力作用下喷洒细水雾进行灭火或控火，既有水喷淋的冷却作用，又有气体灭火系统的窒息作用，可以扑救 A 类、B 类、C 类及电气火灾。是一种灭火效能较高、环保、适用范围较广的灭火系统。

柴油发电机同时具备 B 类火灾及电气火灾特点，针对集装箱内部空间小、开口多，不易封闭等特点，采用瓶组式高压细水雾灭火系统保护柴油发电机是一个比较好的选择。如果集装箱式柴油发电机采用成组成片布置，可以考虑采用泵组式高压细水雾灭火系统。具体采用何种形式，根据现场情况灵活选择。

3.3 建筑材料防火

目前国内国际针对集装箱式柴油发电机尚未制定专门的防火标准，参照《工频柴油发电机组通用技术条件》、《建筑设计防火规范》、《建筑钢结构防火技术规范》等有关标准规定及集装箱式柴油发电机自身特点，建议集装箱式柴油发电机箱体从严控制，按不低于二级耐火等级要求建造，即箱体耐火极限不低于 2.5h。当采用多层混凝土框架结构放置集装箱式柴油发电机时，该框架结构耐火等级应按乙类工业建筑综合考虑，或者按照设计单位要求执行。针对集装箱特点，箱体可以采用隔热板材填充。目前，国内较新型防火填充材料主要有纳米气凝胶隔热板材、陶瓷纤维板、可溶性纤维板等，这些材料具有耐热效果好，易加工等特点，得到广泛应用。

3.4 防火间距

有些集装箱式柴油发电机为民用和工业建筑服务，需要与建筑物贴临放置。依据《建筑设计防火规范》相关规定，集装箱式柴油发电机与相邻建筑物之间应满足一定的防火间距，根据轻柴油的火灾危险性已由原来的丙 A 类上升到乙 B 类，按照从严原则，集装箱式柴油发电机与相邻建筑物的防火间距，依据《建筑设计防火规范》应按照乙类厂房的标准进行设置。

4 综合措施和建议

柴油发电机工作时会散发大量的热量，特别是在高温天气，如果不采取降温措施，极易引发火灾事故。对于一些位置固定，数量较多的集装箱式柴油发电机组，参照室外大型油浸式变压器采用水喷雾灭火系统的案例，可在建设时统一规划设置水喷雾自动喷水灭火系统进行保护。水喷雾灭火系统是指由水源、供水设备、管道、雨淋阀组、过滤器和水雾喷头等组成的系统。其灭火机理是当水以细小的雾状水滴喷射到正在燃烧的物质表面时，产生表面冷却、窒息、乳化和稀释的综合效应，实现灭火。水喷雾灭火系统具有适用范围广的优点，不仅可以提高扑灭固体火灾的灭火效率，同时由于水雾具有不会造成液体火飞溅、电气绝缘性好的特点，在扑灭可燃液体火灾、电气火灾中均得到广泛的应用。

参考文献

[1] 陈邦稳，姜晓君，陆源，刘鹏亮．双层钢构室外厢式柴油发电机系统在数据中心的应用分析［J］．邮电设计技术，2021（1）：31-35.

[2] GB 50016—2014，建筑设计防火规范（2018 版）［S］．

[3] GB 50084—2017，自动喷水灭火系统设计规范［S］．

[4] GB 50116—2013，火灾自动报警系统设计规范［S］．

[5] GB 50067—2014，汽车库、修车库、停车场设计防火规范［S］．

[6] GB 51348—2019，民用建筑电气设计标准［S］．

[7] GB 252—1994，轻柴油［S］．

基于数值模拟的某大型商业综合体品牌快闪店火灾风险分析及对策措施

张婷婷[1]　张　露[2]　吴斌斌[1]　廖明煜[1]
（1. 广东省建设工程质量安全检测总站有限公司，广东　广州；
2. 深圳城市公共安全技术研究院有限公司，广东　深圳）

摘　要　快闪店作为一种新型零售和品牌推广模式，在大中型城市大型商业建筑中悄然兴起，为城市经济发展带来经济效益的同时，其火灾隐患也不可忽视。本文运用火灾科学和消防安全工程学原理，采用先进适用的计算分析工具和方法，提出了商场快闪店火灾风险分析与评估的方法和思路，并应用与项目实例。同时根据研究结果提出了保障快闪店消防安全的措施和建议。

关键词　快闪店　数值模拟　火灾风险　人员疏散

1　引言

近些年来，品牌快闪店作为一种新型营销模式，在大中型城市蓬勃发展[1]。它是一种不在同一地久留的品牌游击店，通过在大型商业综合体建筑内设置临时性的铺位，供零售商在比较短的时间内推销其品牌。这类快闪店通常设置在大型商业综合体建筑的中庭或回廊处[2]，属于人员密集场所内设置的临时性建筑，火灾危险性和火灾特点类似于大空间内的燃烧岛，快闪店的数量、设置位置、可燃物种类等都会对大型商业综合体的消防安全产生影响，因此需要进一步研究。

2　技术解决方案

目前对于大型商业综合体建筑内设置的快闪店，没有相关的消防技术标准规范作为设计依据[3]。因此应研究制定一套科学、合理、有效的方法，开展大型商业综合体建筑内设置快闪店设计及评估，以其指导快闪店的建设单位、设计单位、施工单位、管理单位、运营单位开展相应的设计、施工、管理、运营工作，保障大型商业综合体建筑的消防安全[4]。

该类型项目应首先根据大型商业综合体的防火分区与分隔方式、平面布置、消防设施、安全疏散设施，以及快闪店的面积、布置位置、可燃物种类、可燃物数量、装修材料燃烧性能等因素[5]制定快闪店的初步设计方案。然后运用火灾科学和消防安全工程学原理，采用先进适用的计算分析工具和方法[6]，通过对大型商业综合体快闪店中设定火灾场景的火灾风险量化和分析，进而对快闪店设计方案对大型商业综合体的消防安全影响进行综合分析评估，判断所采用的技术措施和性能参数是否满足预设的消防安全目标，最后根据评估结果优化快闪店设计方案。由于快闪店存在临时性和机动性的特点，因此初步设计方案及其评估不仅要考虑现存快闪店的相关影响因素，同时也要考虑快闪店可能发生的变化。为了验证方案的可行性，应用上述技术解决方案开展工程实例研究。

3　工程实例

3.1　工程概况

某一线城市的大型商业综合体建筑是当地第一个百亿商场，集商场、溜冰场、餐饮、电影院、机电房及停车场于一体，总建筑面积约13万 m^2，商场的内部通过多层连通的大空间结构、景观桥及自动扶梯互相连接，创造出一个变化多端的连续室内空间。商场区域通过了消防设计审查验收和开业前的消防安全检查，建筑防火、消防设施、安全疏散等方面均符合相关法律法规标准规范的要求，且消防安全管理到位，消防设施完好有效。

为更好的营造良好的购物商业气氛，吸引更多国际品牌落户，推动城市经济发展，该商场拟在商场公共回廊、景观桥、多层连通的大空间结构底部等位置设置10个快闪店。

3.2　初步设计方案

商场内设置的快闪店面积最大260m^2，最小60m^2，总建筑面积1140m^2。已入驻快闪店的经营物品种类包括服装鞋帽、珠宝首饰、化妆品香水等生活用品，同时根据调研可知，快闪店设置点还可能用于电动汽车、大型塑雕模型的展销。快闪店内部常见装修材料包括墙面材料（玻璃、有机合成板、PVC板等）、地面材料（地毯、复合地板、瓷砖等）、贴面材料（装饰布、墙纸）、灯箱饰面材料（灯箱布、有机玻璃等）以及悬挂装饰材料等。快闪店未设置在人员疏散路径上，与商场内的店铺距离大于6m。已入驻该商场的快闪店设置位置如图1~图4所示。

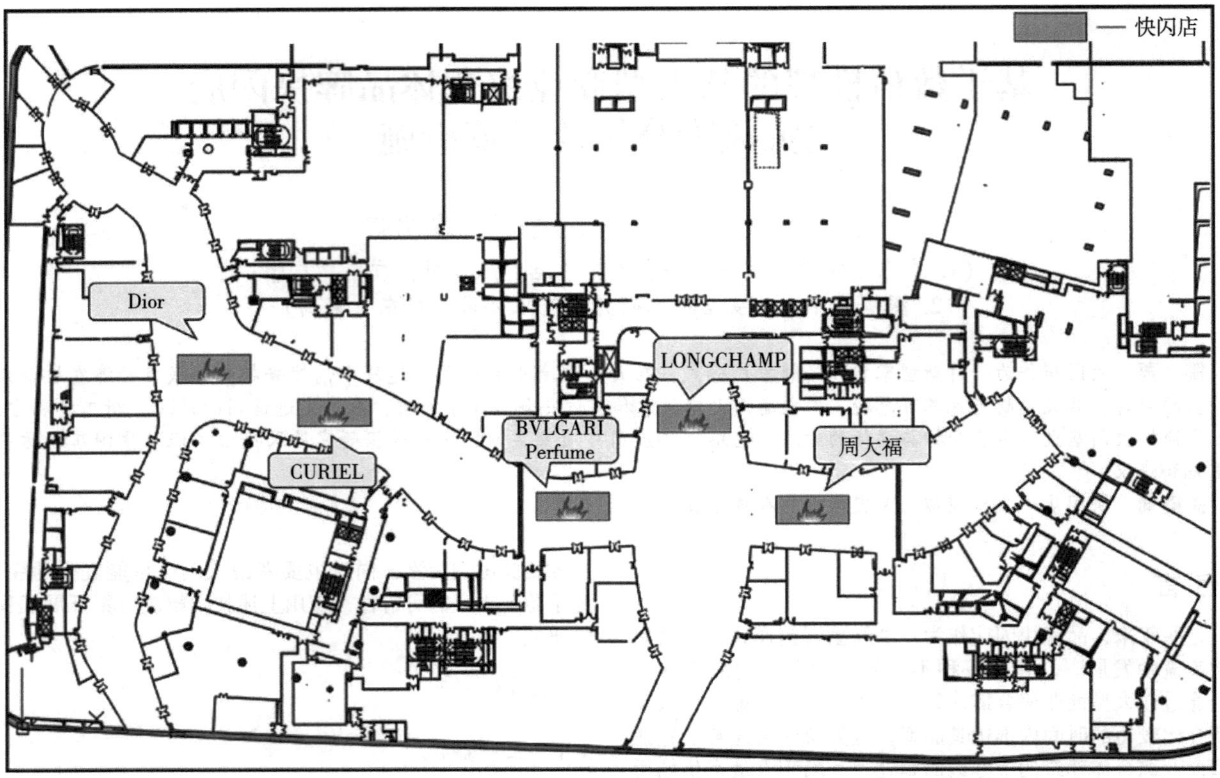

图 1　B2 层（M 层）快闪店位置图

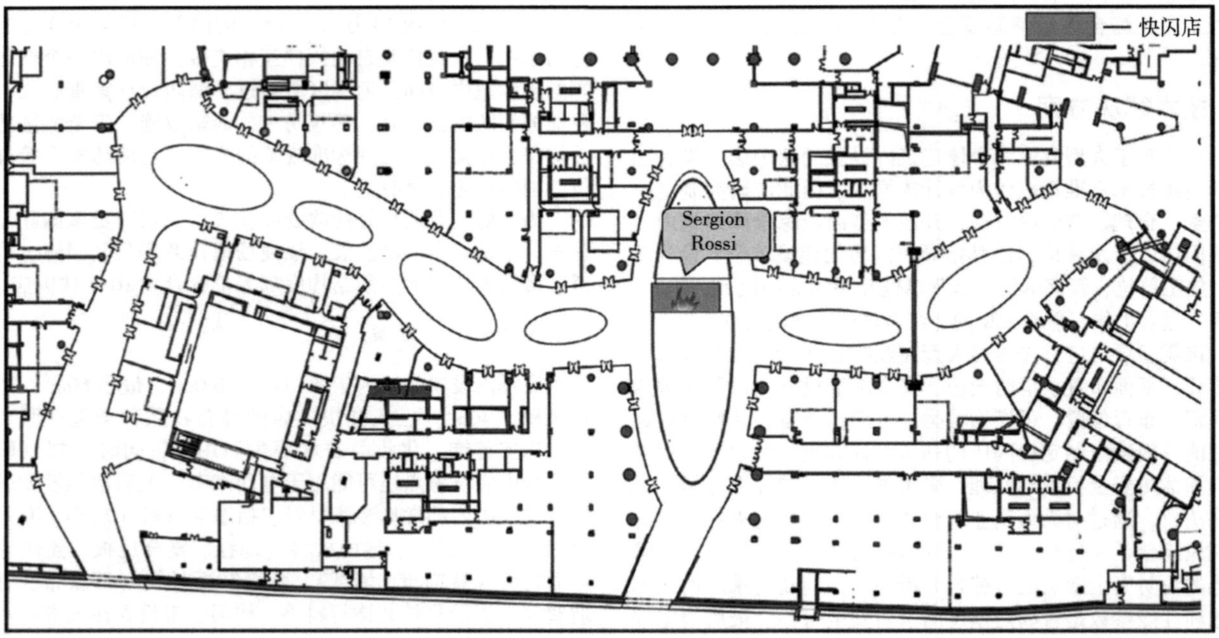

图 2　B1 层（MU 层）快闪店位置图

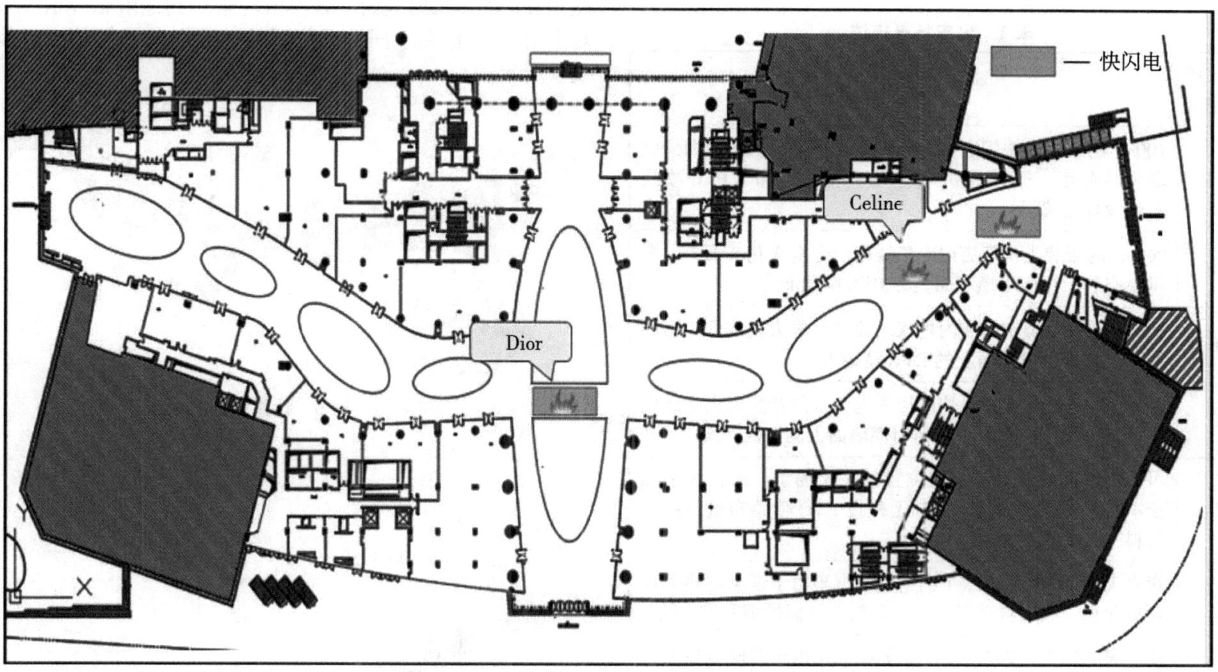

图 3 L1 层快闪店位置图

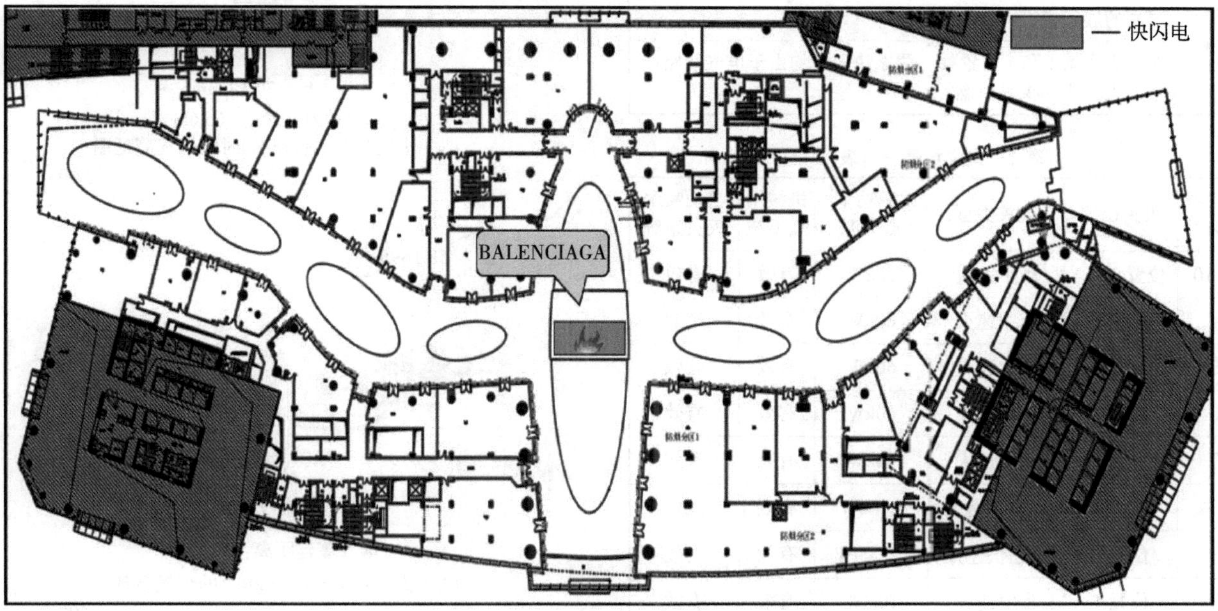

图 4 L2 层快闪店位置图

3.3 火灾风险评估

3.3.1 防火目标和安全判据

设置了快闪店的商场的主要防火目标包括保障商场内所有人身和财产安全，以及保障商场经营的连续性。那么其中火灾时人员生命安全的判定标准就是火场达到危险状态的时间（即可用于人员安全疏散的时间）ASET 要大于火场中人员疏散到安全区域的必要时间 RSET。为了使建筑内的人员安全疏散能尽可能的得到保证，在可用安全疏散时间 ASET、必需安全疏散时间 RSET 这两个时间关系中加入一个适当的安全余量时间，以考虑假设简化和计算模型中的不确定性因素的影响，以及人员逃生和火灾场景中可能出现的不确定性因素影响。通过对安全余量的分析，可以很客观的判断火灾发生时人员疏散安全是否能得到保证。

火灾对人员的危害主要来源于火灾产生的烟气，主要表现烟气的热作用和毒性，因此火场达到危险状态的时间可用三个指标进行判定，分别是温度、毒性气体的浓度、能见度，认为如果火场中能见度低于 10m、CO 浓度大于 500ppm、烟气层温度大于 180℃时则不具备人员安全疏散的条件。

3.3.2 火灾场景模拟分析

由于快闪店具有临时性和机动性的特点，因此设置火灾场景时要充分考虑快闪店设置位置的影响以及快闪店内可燃物的变化。根据目的不同分两步设置火灾场景。第一步选取快闪店的数量占比最大的服装类快闪店，假设现有 10 家快闪店均为服装类快闪店，设计 1-10 号共计 10 个火灾场景，分析火灾时最先达到危险状态的火灾位置即最不利位置；第二步分析最不利位置处不同快闪店对商场消防安全的影响，即在最不利火灾位置处，分别改变快闪店面积、快闪店经营类型、快闪店装饰装修形式等，设计 A-H 号共计 8 个火灾场景，火灾场景及其描述如表 1、表 2 所示。

表 1　火灾场景描述

火灾场景编号	火灾场景描述
1-10	100m² 的服装类快闪店由于电气线路产生电火花或烟头引燃可燃服装，进而引燃墙面上的 PVC 喷绘布（PVC 喷绘布仅设置在墙面）
A	260m² 的服装类快闪店内电气线路产生电火花或烟头引燃可燃服装，进而引燃墙面上的 PVC 喷绘布
B	100m² 的香水类快闪店内电气线路产生电火花或烟头引燃香水，进而引燃墙面上的 PVC 喷绘布
C	100m² 的皮鞋、皮包类快闪店内电气线路产生电火花或烟头引燃可燃皮鞋皮包，进而引燃墙面上的 PVC 喷绘布
D	可燃物设定与最不利火灾位置处火灾场景一致，区别在于本场景在难燃板材的基础上敷设 PVC 喷绘布组成组合材料
E	在火灾场景 1 位置处，1 辆新能源汽车由于锂电池热失控发生起火，假设自动灭火系统失效、机械排烟系统有效
F	在火灾场景 1 位置处，2 辆新能源汽车由于锂电池热失控发生起火，假设自动灭火系统失效、机械排烟系统有效
G	电气线路产生电火花或烟头引燃高达等高度超过一层楼层高的展示模型
H	在火灾场景 1 和 7 位置处，两家快闪店均由于电气线路产生电火花或烟头被引燃

表 2　火灾场景一览表

火灾场景编号	火灾位置	火灾类型	火源功率/点火源	机械排烟系统	自动喷水灭火系统
1-10	位置 1-10	t^2 中速火	60kW	有效	有效
A	位置 1	t^2 中速火	60kW	有效	有效
B	位置 1	t^2 中速火	60kW	有效	有效
C	位置 1	t^2 中速火	60kW	有效	有效
D	位置 1	t^2 中速火	60kW	有效	有效
E	位置 1	t^2 超快速火	6.4MW	有效	失效
F	位置 1	t^2 超快速火	12.8MW	有效	失效
G	位置 1	t^2 中速火	10MW	有效	有效
H	位置 1、位置 7	t^2 中速火	1MW×2	有效	有效

根据《建筑防烟排烟系统技术标准》（GB 51251—2017）中提供的经验公式计算场景中的最小清晰高度为 2.2m，将这一高度作为温度、毒性气体的浓度、能见度的检测点的设置高度。采用计算机数值模拟软件计算各个场景的 ASET 值。根据模拟结果可知：

（1）火灾场景 1-10 在 1800s 的模拟时间内，各参数均未达到危险临界值。但烟气蔓延情况有所区别，其中火灾场景 1 烟气蔓延范围最广，具体如图 6 所示，故取火灾场景 1 为最不利火灾位置。

（2）在最不利火灾位置处，火灾场景 A、B、C、D、H 在 1800s 的模拟时间内，各参数均未达到危险临界值；火灾场景 E、F、G 在不同楼层位置处达到危险临界值，具体如表 3 所示。

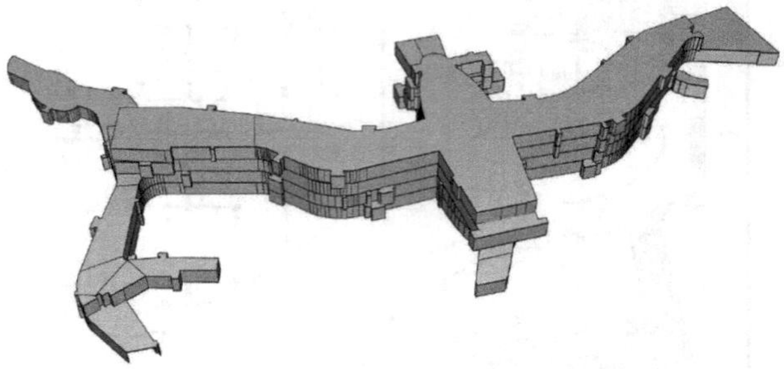

图 5　计算模型

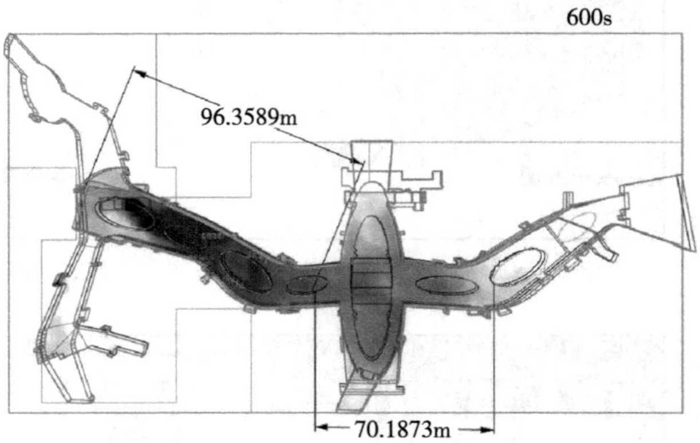

烟气蔓延距离：166.6m

（a）火灾场景1在t=600s时的烟气蔓延图

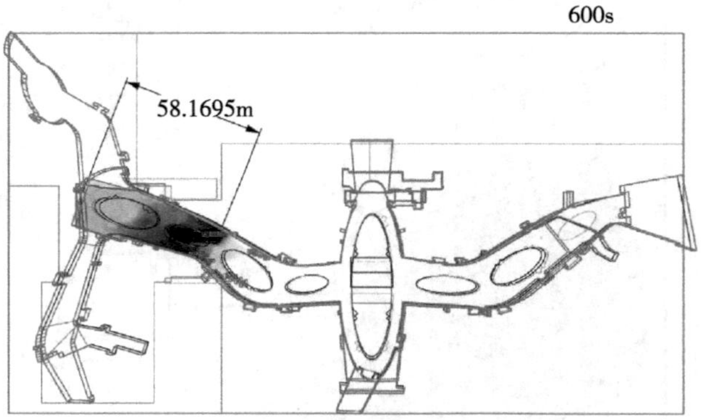

烟气蔓延距离：58.2m

（b）火灾场景2在t=600s时的烟气蔓延图

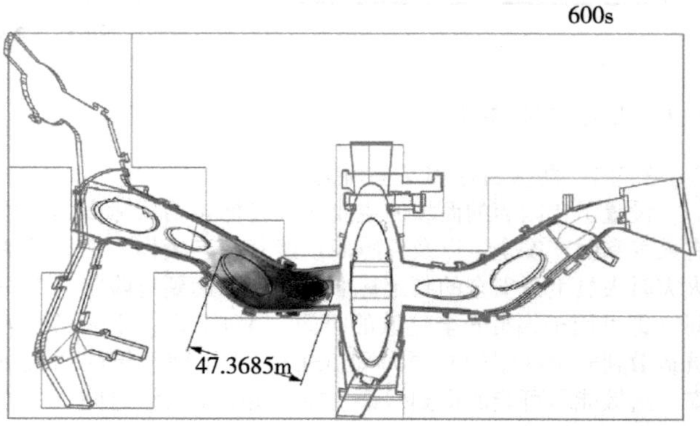

烟气蔓延距离：47.4m

（c）火灾场景3在t=600s时的烟气蔓延图

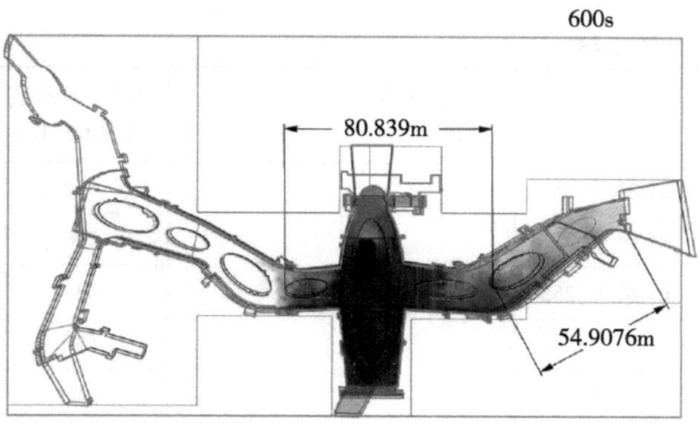

烟气蔓延距离：58.2m

（d）火灾场景4在t=600s时的烟气蔓延图

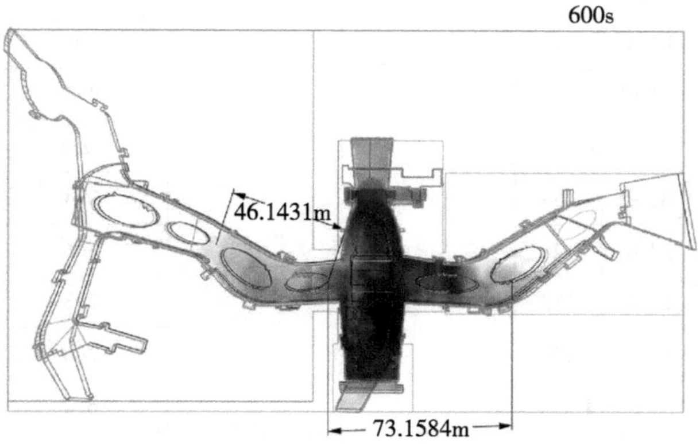

烟气蔓延距离：119.3m

（e）火灾场景5在t=600s时的烟气蔓延图

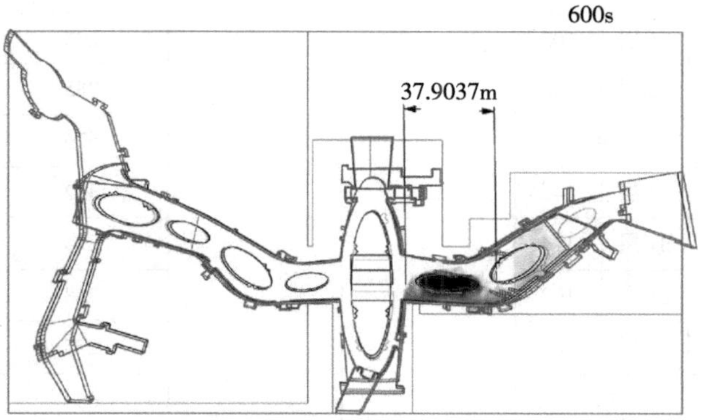

烟气蔓延距离：37.9m

（f）火灾场景6在t=600s时的烟气蔓延图

图6　火灾烟气蔓延示意图

表3　模拟结果统计表

位置	达到危险临界值的时间/s		
	火灾场景E	火灾场景F	火灾场景G
B2层逃生出口危险高度处	227	180	>1800
B1层逃生出口危险高度处	1151	244	344
L1层逃生出口危险高度处	>1800	298	515
L2层逃生出口危险高度处	>1800	300	465

3.3.3　人员疏散模拟分析

人员疏散场景主要考虑疏散人数、人员行走速度、不同年龄段的人群构成、商场内快闪店的设置情况等因素的影响，其中疏散人数是影响疏散时间的关键，因此综合考虑两种方法确定疏散人数，一是商场法定假期和工作日实际的客流量统计数据，二是通过《建筑防火设计规范》（GB 50016—2014），（2018版）中规定的人员密度计算得到的疏散人数。疏散场景描述及场景设置参数如表4～表6所示。

表4　人员疏散场景描述

人员疏散场景编号	人员疏散场景描述
S1	按规范要求设置商场内和快闪店的疏散人数，商场内设置快闪店，分别计算人员疏散到各层安全出口和整体疏散到之外安全区域的时间
S2	按规范要求设置商场内的疏散人数，商场内未设置快闪店，分别计算人员疏散到各层安全出口和整体疏散到之外安全区域的时间
S3	按节假日商场实际客流量统计数据设置商场内和快闪店的疏散人数，商场内设置快闪店，分别计算人员疏散到各层安全出口和整体疏散到之外安全区域的时间
S4	按假日商场实际客流量统计数据设置商场内的疏散人数，商场内未设置快闪店，分别计算人员疏散到各层安全出口和整体疏散到之外安全区域的时间
S5	按工作日日商场实际客流量统计数据设置商场内和快闪店的疏散人数，商场内设置快闪店，分别计算人员疏散到各层安全出口和整体疏散到之外安全区域的时间
S6	按工作日商场实际客流量统计数据设置商场内的疏散人数，商场内未设置快闪店，分别计算人员疏散到各层安全出口和整体疏散到之外安全区域的时间

表5　人员疏散场景设置参数

分类	比例	肩宽/cm	行走速度/(m/s)	身高/m	备注
老人	10%	38.7-41.5	0.67	1.55-1.65	>50岁
未成年人群	10%	37.28-37.85	0.5-0.8	1.12-1.71	<18岁
成年男性	40%	41.5	1.04-1.3	1.7	18-50岁
成年女性	40%	38.7	1-1.25	1.6	18-50岁

表6　各场景疏散人数

疏散场景编号	人数计算方法	是否设置快闪店	疏散人数/人
S1	《建筑防火设计规范》要求	是	16544
S2		否	15996
S3	节假日实际客流量	是	4781
S4		否	
S5	工作日实际客流量	是	4366
S6		否	

人员必需安全疏散时间（RSET）包括疏散运动时间T_{move}、火灾探测时间T_d（s）、人员响应时间T_{pre}（s），其中疏散运动时间T_{move}采用计算机数值模拟软件计算，火灾探测时间T_d（s）取60S，人员响应时间T_{pre}（s）取120s。疏散模拟计算中采用整体疏散和分层疏散相结合的方式分别计算人员全部疏散到本层安全出口的时间以及商场区域人员整体疏散到室外安全区域的时间。模拟结果如表7所示。

表 7　人员疏散模拟结果统计表

场景编号	疏散运动时间 T_{move}/s			火灾探测时间 T_d/s	人员响应时间 T_{pre}/s	必需安全疏散时间 RSET/s
S1	B2 层–L2 层每层人员疏散至本层安全出口的时间 T_{move}/s	B2 层	352	60	120	532
		B1 层	326			506
		L1 层	253			433
		L2 层	296			476
	B2 层–L2 层人员整体疏散至首层安全出口的时间 T_{move}/s	1243				1423
S2	B2 层–L2 层每层人员疏散至本层安全出口的时间 T_{move}/s	B2 层	320			500
		B1 层	315			495
		L1 层	229			409
		L2 层	294			474
	B2 层–L2 层人员整体疏散至首层安全出口的时间 T_{move}/s	1103				1283
S3	B2 层–L2 层每层人员疏散至本层安全出口的时间 T_{move}/s	B2 层	154			334
		B1 层	126			306
		L1 层	113			293
		L2 层	106			286
	B2 层–L2 层人员整体疏散至首层安全出口的时间 T_{move}/s	514				694
S4	B2 层–L2 层每层人员疏散至本层安全出口的时间 T_{move}/s	B2 层	155			335
		B1 层	113			293
		L1 层	103			283
		L2 层	105			285
	B2 层–L2 层人员整体疏散至首层安全出口的时间 T_{move}/s	496				676
S5	B2 层–L2 层每层人员疏散至本层安全出口的时间 T_{move}/s	B2 层	142			322
		B1 层	114			294
		L1 层	108			288
		L2 层	95			275
	B2 层–L2 层人员整体疏散至首层安全出口的时间 T_{move}/s	500				680
S6	B2 层–L2 层每层人员疏散至本层安全出口的时间 T_{move}/s	B2 层	131			311
		B1 层	111			291
		L1 层	116			296
		L2 层	97			277
	B2 层–L2 层人员整体疏散至首层安全出口的时间 T_{move}/s	489				669

3.3.4　结论

根据上述模拟分析可知，火灾场景 A–D、H 各楼层人员局部疏散至本层安全出口及整体疏散至首层安全出口均有较大的安全余量，且在达到规范规定的人数上限时，仍有不少于 556.7s 的安全余量；火灾场景 E、F，楼层人员均可安全疏散至本层安全出口，但安全余量较小，且在达到规范规定的人数上限时，B2、B1 层人员无法在可用安全疏散时间内完全疏散至本层安全出口。火灾场景 G 各楼层人员局部疏散至本层安全出口均有一定的安全余量，但人员无法在可用安全疏散时间内整体疏散至首层安全出口。

3.4　初步方案优化建议

根据初步设计方案评估结果，可以提出科学、合理的方案优化建议，包括如下几个方面：一是控制防火间距，确保快闪店的设置位置不会对周边店铺造成影响；二是控制火灾荷载，禁止展示新能源汽车、大型塑雕模型等火灾荷载较高的物品，快闪店内采用不燃、难燃材料进行装修；三是快闪店设置在景观桥上时，景观桥的通道宽度应能允许两股以上人流通过，大于 120m^2 的快闪店应设两个安全出口；四是快闪店的顶棚应尽量不封闭，如必须封闭，顶棚材料应采用不燃材料，且应在顶棚设置感烟探测器，内部同时配置灭火器。

4 结语

快闪店作为一种新型零售和品牌推广模式在大中型城市大型商业建筑中悄然兴起，为城市经济发展带来经济效益的同时，其火灾隐患也不可忽视。在目前没有相关法律法规标准规范对其消防安全进行规范的前提下，本文根据消防安全工程学的理论方法，在开展工程实际应用的基础上，提出了一种快闪店设计与评估的新思路。同时从控制防火间距、控制火灾荷载、规范快闪店装修、确保快闪店不影响疏散设施、加强快闪店消防器材配置等方面提出建议，确保快闪店业态的可持续发展。

参考文献

[1] 路世昌，倪照鹏，刘鑫，黄益良．大型商业综合体消防安全管理探讨 [J]．消防科学与技术，2019，38（12）：1752-1755.

[2] 王伟．大型商业综合体建筑中庭消防设计探讨 [J]．消防科学与技术，2018，37（08）：1098-1100.

[3] 宁丽丽．某大型商业综合体消防设计探讨 [J]．消防科学与技术，2017，36（09）：1245-1246.

[4] 张建成．大型商业综合体消防安全与消防设计探讨——以南平万达广场为例 [J]．河南建材，2020（04）：135-137. DOI：10. 16053/j. cnki. hnjc. 2020. 04. 082.

[5] 门裕．大型商业综合体消防安全问题及对策分析 [J]．消防界（电子版），2022，8（20）：133-135. DOI：10. 16859/j. cnki. cn12-9204/tu. 2022. 20. 034.

[6] 匡红．大型商业综合体消防设计要素研究——以上海“世博 B06 地块项目”为例 [J]．城市建筑，2021，18（15）：117-120. DOI：10. 19892/j. cnki. csjz. 2021. 15. 30.

高层建筑火灾风险评价的相关应用探究

邱帅哲

（聊城市消防救援支队，山东　聊城）

摘　要　高层建筑火灾具有火势蔓延快、疏散困难和扑救难度大的特点，一旦失火难以控制和逃离。研究高层建筑火灾的特点，对于指导人们科学的火灾风险防控具有重要的现实意义。本文基于层次分析法和灰色关联度提出了高层建筑火灾风险评价模型。研究发现根据 AHP 计算得到高层建筑火灾风险评价指标体系权重，可以有针对性的制定防控措施；基于灰色关联度和层次分析法建立的火灾风险评价模型，可以对不同评价主体的火灾隐患大小进行排序，有助于突出火灾治理重点。

关键词　灰色关联度　商场　火灾风险　评价

1 引言

高层建筑是现代社会经济、技术和文化的综合体。由于高层建筑的楼层高、体积大、人员多、功能繁杂的特点，一旦发生火灾，扑救困难，损失巨大，后果惨重。因此，近年来高层建筑的火灾特点及其火灾危险性受到了越来越多的关注。据上海消防局实验显示，一座 30 层、高约 100m 的建筑，在无阻挡的情况下，烟气沿着竖向管道到顶层，只需 30 秒。2010 年 11 月 15 日，上海市静安区余姚路胶州路 707 路 1 号教师公寓大楼发生火灾，直接导致 58 人遇难，70 余人受伤，直接经济损失 1. 58 亿元。因此，对高层建筑进行火灾风险评估，分析可能导致事故发生的重要因素，对高层建筑火灾的预防和控制具有重要的意义。

2 灰色综合评价理论

目前，常用于对高层建筑火灾进行评价的方法有层次分析法、突变理论、模糊综合评价法、灰色综合评价法等。这些方法区域于单因素评价，单因素评价从单一的指标要素对某事物的优劣情况进行评价；但是我们知道，许多事物的表现不是一个方面，反应一个事物优劣的往往是多个因素，也可叫做指标体系，这个时候就需要进行多因素综合评价方能对事物进行一个科学的评判。

灰色系统理论最早是由我国著名学者邓聚龙教授于 1982 年提出来的，它的研究对象是“部分信息已知，部分信息未知”的“贫信息”不确定性系统，它通过对部分已知信息的生成、开发实现对现实世界的确切描述和认识。灰色综合评价是灰色理论中比较广泛的一个应用。灰色关联度分析是利用各方案与最优方案之间灰色关联度的“距离”对各方案进行比较排序的一种评价方法。而灰色关联度大小的实质是反映各评价对象与理想（标准）对象的接近次序，即评价对象的优劣次序，灰色关联度最大的评价对象为最佳。

3 高层建筑火灾风险评价指标体系

3.1 高层建筑火灾隐患故障树分析

高层建筑火灾危险评价指标体系，是进行高层建筑火灾危险评价的基础。根据现代事故致因理论，导致事故的直接原因是人的不安全行为和物的不安全状态。针对高层建筑火灾的发展过程，本文分别以火灾发生的不同阶段为顶事件，通过绘制故障树来分析其影响因素，以更好的建立高层建筑的火灾风险评价指标体系。高层建筑在不同阶段的故障树分析如图 1～图 4 所示。

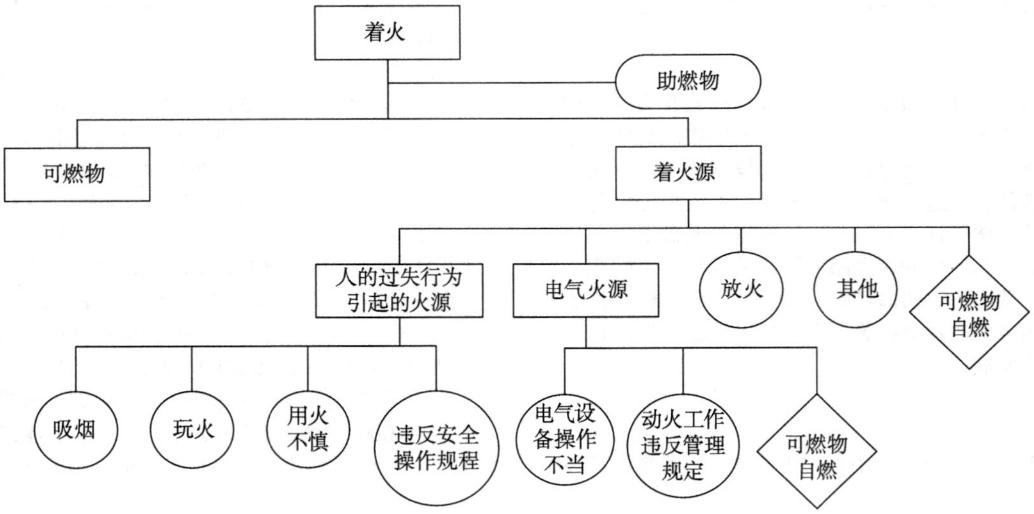

图 1　火灾发生故障树图

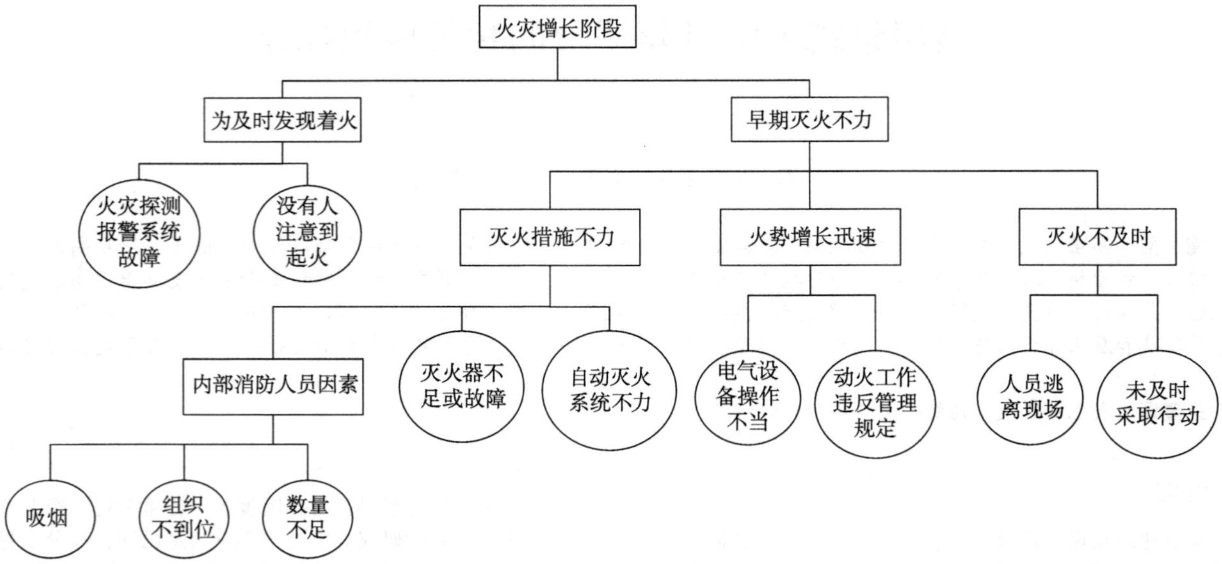

图 2　火灾初期增长阶段故障树

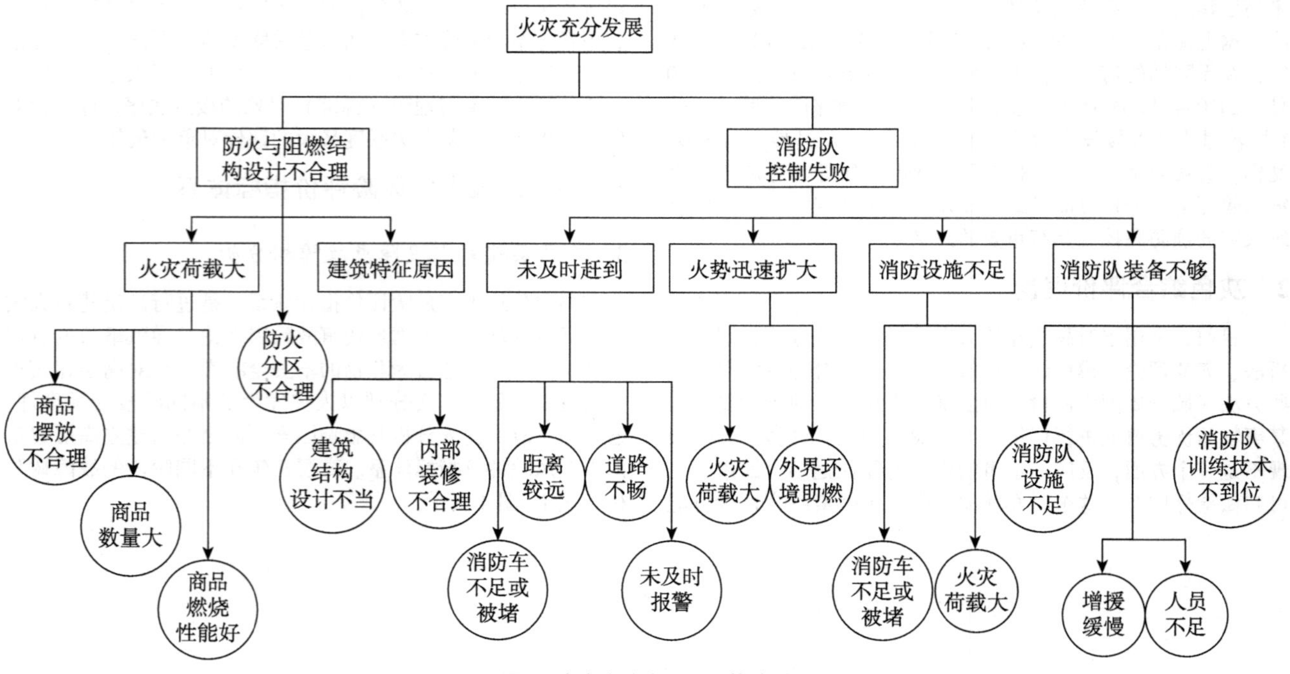

图 3　火灾充分发展阶段故障树

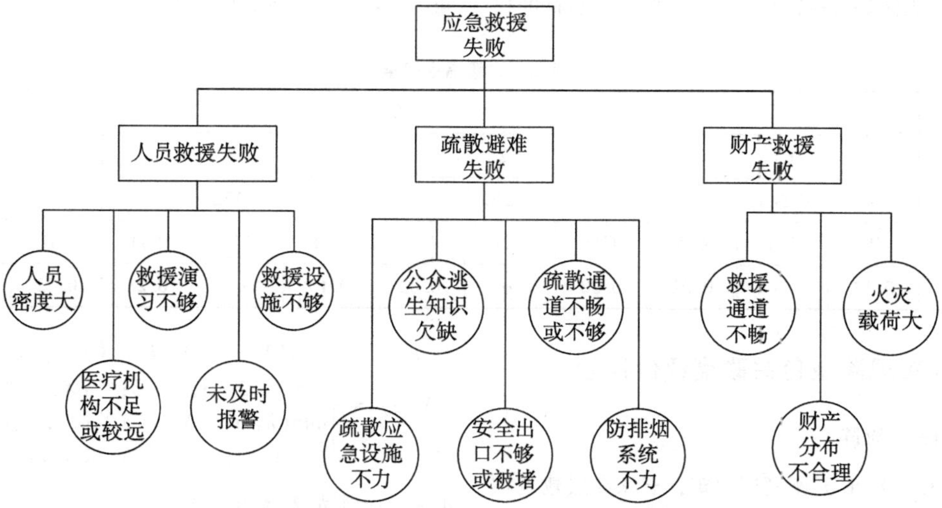

图 4 火灾应急救援失败的故障树

3.2 高层建筑火灾风险指标体系构建

通过建立以火灾发生发展各个阶段以及应急救援的故障树，我们能够发现火灾发生后各个阶段涉及到的相关因素。基于上述故障树分析，笔者认为高层建筑的火灾风险评价指标体系分为防火能力，灭火能力，安全疏散能力和消防安全管理。具体如图 5 所示。

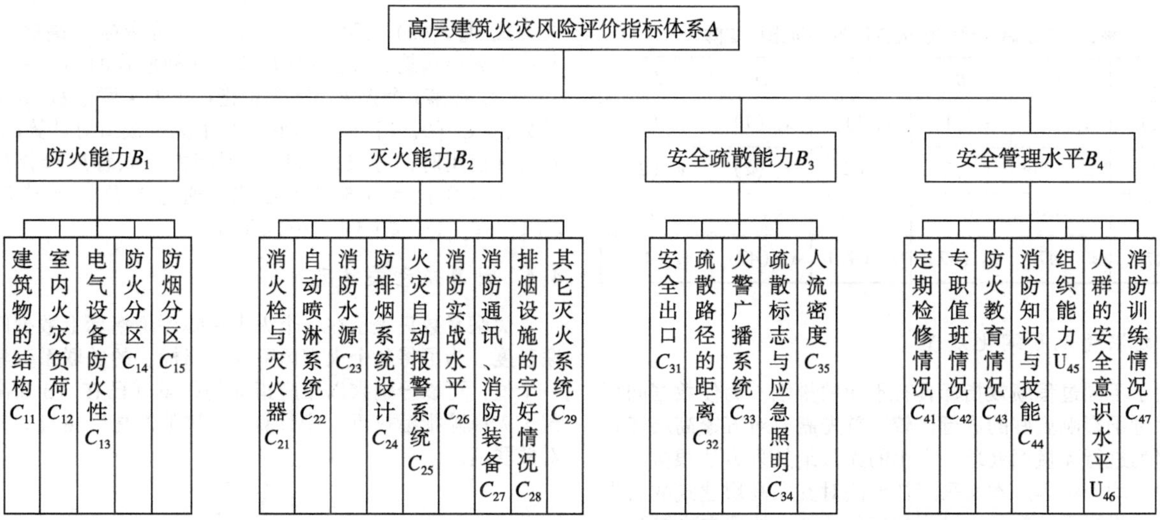

图 5 高层火灾风险评价指标体系

3.3 高层建筑火灾风险指标权重

在评价因素体系中，构成指标体系的各个要素在系统中发挥的作用不同，因而其重要程度也不同。近几年来，层次分析法在指标权重的确定方面获得了广泛的应用，层次分析法的过程是先逐一判断每层次上指标的相对重要程度，并将两两比较判断的结果按给定的比率标度定量化，从而构成判断矩阵，通过计算矩阵的最大特征值及其相应的特征向量，最终得出该层次指标权重系数。

3.3.1 计算一级指标权重

我们知道，高层建筑的火灾风险评价直接受到防火能力、灭火能力、疏散能力以及安全管理水平四个因素的影响。在咨询由火灾风险专家、建装专家等多领域专家团的基础上运用评分法判断准则层四个指标对目标层的重要程度，可以得到准则层对目标层的判断矩阵判断矩阵。

由模糊一致判断矩阵求准则层相对于目标层的权向量解可得防火能力、灭火能力、安全疏散能力、消防管理水平四个指标相对于目标层的权重集。通过计算可得到层防火能力、灭火能力、安全疏散能力、消防管理水平四个指标相对于总目标层的权重集为 W_U = (0.5830.2160.1220.079)。准则层对目标层的判断矩阵及一级指标权重如表 1 所示。

表 1 准则层对目标层的判断矩阵及一级指标权重

高层建筑火灾风险评价 A	防火能力 B_1	灭火能力 B_2	安全疏散能力 B_3	消防安全管理 B_4	权重
B_1	1	3	5	7	0.583
B_2	1/3	1	2	3	0.216
B_3	1/5	1/2	1	2	0.122
B_4	1/7	1/2	1/2	1	0.079

3.3.2 计算二级指标权重

通过对目标层-准则层的权重和准则层-方案层的权重进行合成，可以得到方案层针对目标层的权重集合，并进行归一化处理，就可以得到建筑物的结构、室内火灾负荷、周围环境因素、水平防火区等指标针对于火灾风险评价目标的权重。二级指标权重如如表 2 所示。

表 2　二级指标权重

	U（1）											
一级指标	U1			U2			U3			U 4		
权重	0.583			0.216			0.122			0.079		
二级指标	U11	U1i	U15	U21	U2i	U27	U31	U3i	U34	U41	U4i	U45
权重	0.12	…	0.02	0.20	…	0.02	0.13	…	0.28	0.22	…	0.11

4　高层建筑火灾风险灰色关联度评价模型

4.1　确定指标评价矩阵

现有 A、B、C、D、E 五座高层建筑，五家高层建筑均建立火灾风险防控体系。此时，如何对五家高层建筑的火灾风险进行有效的评价，找出孰优孰劣即是灰色综合评价模型解决的问题。通过咨询由火灾风险专家、建筑专家等多领域组成的专家团，对五家高层建筑在 47 个指标上的表现进行打分，x_i（j）为第 i 个高层建筑关于 j 指标的得分，通过对各个专家在 x_i（j）的打分情况进行算术平均得到。通过打分，可以得到表 3。

表 3　五家高层建筑的火灾风险评价指标矩阵

指标	A	B	C	D	E
X（1）	x_1（1）	x_2（1）	x_3（1）	x_4（1）	x_5（1）
X（3）	x_1（2）	x_2（2）	x_3（2）	x_4（2）	x_5（2）
……	……	……	……	……	……
X（47）	x_1（47）	x_2（47）	x_3（47）	x_4（47）	x_5（47）

4.2　数据的无量纲化处理

由于不同过程绩效指标具有不同的量纲。为使数据间可以消除量纲影响更好的进行比较，首先需要对五家高层建筑的数据列进行无量纲处理。常用的无量纲处理方法很多，如初值法、均值法等。本文采用初值法对五家高层建筑的火灾风险评价指标得分数据列进行初值化处理。处理方法如下：

$$X_k(i) = \frac{x_k(i)}{x_k(1)}\ (i = 1, 2, \cdots, 33;\ k = 1, 2, 3, 4, 5)$$

经过初值化处理后五家高层建筑的火灾风险评价指标矩阵如表 4 所示。

表 4　初值化处理后五家高层建筑的火灾风险评价指标矩阵

A	B	C	D	E	M
X_1（1）	X_2（1）	X_3（1）	X_4（1）	X_5（1）	X_0（1）
X_1（2）	X_2（2）	X_3（2）	X_4（2）	X_5（2）	X_0（2）
……	……	……	……	……	……
X_1（33）	X_2（33）	X_3（33）	X_4（33）	X_5（33）	X_0（33）

其中，M 为理想高层建筑的火灾风险评价情况。理想高层建筑的引入是用来比较各高层建筑与理想高层建筑之间灰色关联度的差距。因此，理想高层建筑的每一个 X_i（j）得分均采用五家高层建筑火灾风险评价的最优值，即：

$$X_0(i) = \begin{cases} \max(X_1(i), X_2(i), X_3(i), X_4(i), X_5(i)), \\ i = 1, 2, 3, 4, 5;\ \text{当} X(i) \text{为正向指标} \\ \min(X_1(i), X_2(i), X_3(i), X_4(i), X_5(i)), \\ i = 1, 2, 3, 4, 5;\ \text{当} X(i) \text{为负向指标} \end{cases}$$

4.3　计算灰色关联系数

以 A 高层建筑为例，A 高层建筑的火灾风险评价指标得分数据列 $X_1(i)$，理想高层建筑的火灾风险评价指标得分数据列为 $X_0(i)$，可用下述公式计算 A 高层建筑与理想高层建筑各个火灾风险评价指标得分的差：

$$\zeta_1(i) = \frac{\min\limits_k \min\limits_i |X_0(i) - X_k(i)| + \rho \max\limits_k \max\limits_i |X_0(i) - X_k(i)|}{|X_0(i) - X_k(i)| + \rho \max\limits_k \max\limits_i |X_0(i) - X_k(i)|}$$

式中，$\zeta_1(k)$ 是第 i 个火灾风险评价指标 A 高层建筑 X_1 与理想高层建筑 X_0 的相对差值，这种形式的相对差值称为 X_1 对 X_0 在第 i 个火灾风险评价指标上的关联系数。ρ 为分辨系数，$\rho \in [0, 1]$，引入它是为了减少极值对计算的影响。在实际使用时，应根据时间序列间的关联程度选择分辨系数，一般取 $\rho \leqslant 0.5$ 最为恰当。通过此公式计算可求得 $\zeta_1(1)$、$\zeta_1(2)$、$\zeta_1(3)$、…、$\zeta_1(47)$。

4.4　计算灰色关联度

关联系数只表示在各个火灾风险评价指标上数据间的关联程度，为了将各个火灾风险评价指标上的关联系数集中为一个值，可以分别乘以相应指标的权重（已在“3.3 高层建筑火灾风险指标权重”中计算），得到 A 高层建筑的灰色绝对关联度。

$$R_1 = \sum_{i=1}^{47} w_i \zeta_1(i)$$

4.5　进行综合评价分析

根据上述计算过程，同理可得到高层建筑 B、C、D、E 的灰色关联度，分别为 R_2、R_3、R_4、R_5。通过比较五家高层建筑的灰色关联度（R_1、R_2、R_3、R_4、R_5），灰色关联度最大的即为火灾风险防控最好的高层建筑，最小的即为火灾风险防控最差的高层建筑，而且可以得到五家高层建筑火灾风险防控差距的一个完整的优劣排序。

5　结语

对高层建筑进行火灾危险源分析和火灾风险评价对于制定和完善高层建筑的火灾预防与控制措施是一项必要的工作；科学的火灾风险评价是建立完善的火灾风险防控体系的前提。通过本文研究可以得到以下结论：

（1）通过故障树分析建立高层建筑火灾风险评价指标提下，并基于 AHP 计算得到相关一级指标和二级指标的权重后，可以根据权重的大小，有针对性的制定火灾风险防控措施。

（2）通过灰色系统中的灰色关联度模型，并结合指标权重，可以计算出不同评价主体火灾风险大小的优劣排序，有助于突出火灾隐患处置的重点。

本文基于故障树分析建立了高层建筑火灾风险评价指标体系，在此基础上结合算例给出了基于灰色关联度的高层建筑火灾风险评价模型，通过计算各高层建筑的灰色关联度并进行比较，可以直观的得到个高层建筑火灾风险情况的优劣排序，这对研究高层建筑火灾风险评价、指导高层建筑火灾风险防控具有一定的指导意义。

参考文献

[1] 邓聚龙．灰色系统基本方法［M］．武汉：华中理工大学出版社，1987.

[2] 刘思峰．灰色系统理论及其应用［M］．北京：科学出版社，2004.

[3] 杜栋等．现代综合评价方法与案例精选［M］．北京：清华大学出版社，2008.

[4] 范维澄，孙金华．火灾风险评估方法学［M］．合肥：科学出版社，2004.

[5] 刘铁民，张兴凯，刘功智．安全评价方法应用指南［M］．北京：化学工业出版社，2005.

[6] 黄守飞．公共建筑火灾风险评估及安全管理方法研究［J］．城市建筑，2014，(24).

[7] 岳媛媛．火灾风险评估方法综述［J］．中小大型商场管理与科技，2015，(24).

[8] 王家新等．高层建筑火灾风险灰色系统综合评估［J］．建筑安全，2018，(11).

[9] 任傅傅等．百盛商场火灾危险性评估［J］．安全，2016，(1).

[10] 张永峰．大型商业建筑火灾风险评价研究［J］．安徽建筑，2017，(4).

[11] 陈钦佩等．基于事故树理论的高校火灾事故分析［J］．河南科技，2012，(02X).

医疗机构火灾风险问卷调查法应用研究

——以上海某三甲医院为研究案例

阿依提拉·吾斯曼

（闵行区消防救援支队 上海）

摘　要　从业人员对火灾风险的感知是单位员工消防安全素养、单位火灾风险管控现状和政府部门消防监管成效等考量的重要依据。本文从医疗机构各级、各类人员对消防安全的认知、态度和行为多个维度出发，构建医疗机构火灾风险感知评价体系，利用问卷调查方法获取相关研究数据，在评价分析调查对象火灾风险感知状况的基础上，针对做好单位火灾风险防控工作提出具体对策。笔者根据日常实践，以上海某三级甲等医院为案例开展研究，提出些许个人思考。

关键词　医疗机构　火灾风险　问卷调查法　防范措施

1　引言

医疗机构作为典型的人员密集场所，相比一般场所，火灾风险总体较高，且呈现3类典型的火灾风险特征，概括起来可以统称为“三多、三大、三难”：“三多”就是各类人员类别多、内设部门科室多、特种仪器设备多；“三大”就是建筑规模体量大、区域火灾荷载大、场所人员密度大；“三难”就是职责边界划分难、日常动态管理难、火灾救援处置难。医疗机构各级各类从业人员对火灾风险的感知，尤其是对本单位火灾风险防控具体举措的认知，直接反映出其本人的消防安全素养，也间接体现所在医疗机构日常火灾风险防控的客观状况，同时还可以作为相关主管部门分析研究并开展火灾风险防范工作的重要参考。

问卷调查法是以书面提出问题的方式收集资料的一种研究方法。这种方法主要用统一设计的问卷，要求研究对象作出填答，从而获得被调查者对某一现象或问题的看法和意见。因为问卷调查法是以设计好的问卷工具进行调查，问卷的设计要求规范化并可计量。问卷调查法是目前国内外社会调查中较为广泛使用的一种方法，优点十分突出：其一，节省时间与人力；其二，调查结果容易量化，调查的表现形式和提问的序列，还有答案的给出都是固定不变的，调查结果容易统计处理与数据分析；其三，方便大规模的调查，且能从问卷上了解被调查者的想法、态度和行为[1]。

本次火灾风险辨识以上海某三甲医院为调查研究对象，具体以医院各部门和科室为基本单元，确定各部门、各科室消防安全负责人、消防安全管理人等为问卷调查具体对象，按照机构人员设置、设备设施布局、作业活动安排和有害物质使用等实际情况，从人员分工、设备设施、作业活动、有害物质和管理因素等方面，对职能工作范围内的火灾风险源进行深入细致、全面系统调查。调查问卷设计重点考虑诊疗、治疗过程及后勤保障服务中的设施设备因素；诊疗、治疗、化验、放射等过程中常规和非常规的作业及其涉及的有害物质使用因素；诊疗、治疗过程中的空间环境和人员因素对消防安全产生的影响，形成了以基本情况、通用信息以及病区类、科室类、实验室类、配套设施类等6大方面、合计95个问题的火灾风险辨识调查问卷。

2　调查问卷设计

2.1　总体要素

根据风险辨识系统理论，分别从“人”“机”“环”三个角度开展医疗机构火灾风险识别。“人”方面的风险包括人为因素和管理因素，“机”方面的风险包括建筑物本身的物质因素和技术因素，“环”方面的风险包括环境因素[2]。

2.2　分类要素

针对医疗机构消防安全实际，本次风险辨识过程中，通过深入调研论证，充分考量场所特点，选取以科室信息、可燃物管理、电气设备管理、日常消防管理等要素作为火灾风险影响的基本辨识维度，对风险辨识进行具体解构。

（1）科室信息要素。通过问题设定，在部门、岗位、职责、办公地点等方面，精确定位参与风险调查人员的基础信息及关联信息，为后续火灾风险分析，提供更具体的辨识角度。为确保火灾防控工作的针对性与操作性，虹桥院区以部门、科室为火灾风险管控基本单元，在此次开展火灾风险辨识的基础上，挖掘医疗场所特有的火灾相关基础信息。以人员密度为例，考虑到医疗场所科室工作人员配置和患者就医需求不同，在高峰时间人员密度区域分布存在较大差别。且科室接待病患人员的自主能力不同，导致各区域人员疏散效率具有差异，也直接影响所在区域的火灾风险。

（2）可燃物管理要素。医疗机构可燃易燃物多，火灾荷载较大。例如，住院部内的棉被、床垫、床单等可燃物种类多且聚集，火灾荷载相对较大；手术室、制剂室、药房等部位存放酒精、麻醉剂等易燃易爆化学试剂存放或使用不当，会加剧火灾危险性；锅炉房、消毒锅、高压氧舱、液氧罐等压力容器和设备，如管理或操作不当，极易发生爆炸燃烧，会造成严重的火灾事故。

（3）电气设备管理要素。医疗机构各区域日常使用的各类医疗设备都属带电设备，具有电压高、功率大、持续使用时间长、部分设备移动频繁等特点。在日常使用过程中，设备线路可能存在着超荷量、老化、漏电、短路、绝缘层破损、接触不良等安全风险，如果管控不当，极易引发火灾事故。

（4）日常消防管理要素。消防安全管理涉及到医疗机构日常运行的方方面面，在调研过程中，发现调查参与者对医疗场所建筑平面布局及其变更、疏散通道和安全出口畅通、用电用火用氧等安全管理、灭火与应急疏散预案制定以及消防演练等问题的关注程度普遍较高。

2.3 具体要素

针对医疗机构火灾风险辨识调查问卷设计，应充分考虑建筑与场所、业务与人员、设施与设备、环境与管理等各类具体的因素。问卷设计内容的全面性与要素的颗粒度是开展医疗机构火灾风险调查的前提，是保障调查结果的科学性与实效性、全面性与系统性的基础。具体要素涵盖如下内容。

（1）建筑属性。医疗机构通常有住院、门诊、办公建筑以及其他辅助用房等，有时多种功能融合在一幢建筑内部。建筑具体功能不同，火灾风险也不相同。

（2）场所层数。各部门、各科室分布于医疗机构建筑的不同楼层，存在低区、高区、地下以及建筑外侧、中间、内侧等或靠近疏散通道、安全出口等不同的楼层与部位，具体的安全疏散以及灭火救援情况各不相同。

（3）场所用途。医疗机构存在行业特性的手术、实验、门诊、急诊、药房以及一般的办公、教学、仓库等以及常见的供电、供气、供水、消防等用途场所，各类场所消防安全设防与日常管理要求各不相同。

（4）人员状况。医疗机构内部人员类别多，且隶属关系复杂，各类人员接受安全教育与认识也不同相同。具体划分有内部人员与外来人员、在编与临时人员。人员工作特点及性别、工作习性与安全素养等差异很大。

（5）管理要求。医疗机构作业类别与活动较多，各类作业的行动管控、区域特殊、管理分界与水准等十分复杂，也直接关系着医疗机构日常消防安全运行。

（6）设施特点。医疗机构用电用火用气分布、易燃易爆物品储存使用、人员对特殊设施类别及性能熟悉以及具体设施的新旧状况、种类数量以及运行要求等特点明显区别一般场所，直接决定着行业火灾风险特点。

（7）内部环境布局。医疗机构内部部门与科室平面布局以及房间开窗情况、装修材料、建筑面积、层数分布、防火分隔、空间连通、安全间距等要素复杂，这些既是具体部位火灾风险的客观状况，也是行业火灾风险的共性特征。

（8）区位性质。医疗机构科室及其医疗设备在某个城市、地区甚至国内的唯一性与可代替性直接决定着一旦发生火灾危害结果，尤其是大型先进的特种理疗设施设备价值大、保护要求高，一旦发生火灾容易造成设施受损报废，直接影响城市或地区医疗活动的正常开展。

（9）安全管理水准。医疗机构各级各类人员消防安全职责明确、各类消防安全管理制度明晰、日常消防安全检查巡查落实、人员安全培训教育、灭火与应急疏散预案制定及其演练等直接体现单位消防安全管理与火灾风险的状况。

3 问卷调查流程

3.1 确定调查范围对象

为确保医疗机构火灾风险调查的全面性、针对性与实效性，调查范围应涵盖医疗机构内设所有部门，调查对象应包括各部门的各级各类人员，同时对于各部门的同类人员应确定一定的参与比例，才能确保调查的代表性与科学性。

3.2 开展集中培训辅导

鉴于火灾风险与消防安全具有较强的系统性与专业性，为确保参与人员对调查的目标与要求、方法与步骤等和问题的方式与表述、定性与定量等重要内容全面系统认识，需要事前开展专题集中培训，进行辅导解读，统一思想认识。

3.3 发放填写调查问卷

问卷调查宜采用问卷星网络形式开展，可以有效提高问卷发放、填写、统计以及分析等工作效率，同时，应确定专人负责问卷填发和专业问题的及时具体的答疑，确保参与调查对象客观真实的反馈感知情况。

3.4 组织专家现场核查

前期问卷调查结束后，应组织消防安全专家对每份问卷逐一进行有效性核查，在此基础上，还应组织专家全面开展现场核查与访问，对参与对象所反馈的问题进行全面验证核实，最大限度确保现场情况与问卷调查的真实性与一致性。

3.5 梳理分析调查数据

在完成有效性和真实性全面核查的基础上，从不同的角度进行系统统计与研究分析，进行定量计算与定性评价，从而确定具体的火灾风险点，同时可以对多个关联问题进行综合分析研究，梳理确定不同等级火灾风险部位。

4 调查结果与分析应用

通过对华山医院虹桥院区火灾风险问卷调查获取的数据分析研究，可以从日常防控工作重要维度方向与重点部位方面分别提出进一步优化设防与完善提升的各类建议对策。

4.1 重要维度方向

围绕“不发生、不亡人、不扩大”的火灾防控理念，可以从火灾事故诱因、安全疏散以及应急自救三个维度提出具体的火灾风险防控工作建议。

（1）事故诱因。围绕“不发生”，针对医疗机构日常用火用电用气和乙醇危险化学品使用容易引发火灾事故的直接诱因，由图1可以看出各科室日常开展电气设备使用安全检查情况，由图2~图4分别可以看出各科室日常大功率加热设备以及医疗活动常见乙醇与氧气等易燃易爆危险化学品使用情况，由图5可以看出日常临时动火与用电安全管理状况。根据调查数据分析，相关科室应加强各自日常容易引发火灾的危险源安全管控，细化落实应急处置对策。

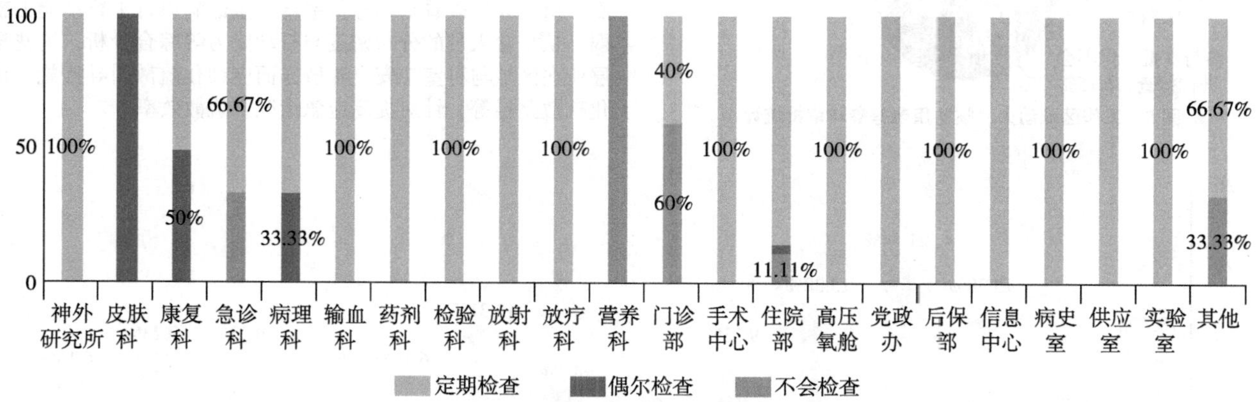

图1　以科室为单位电气设备检查情况统计

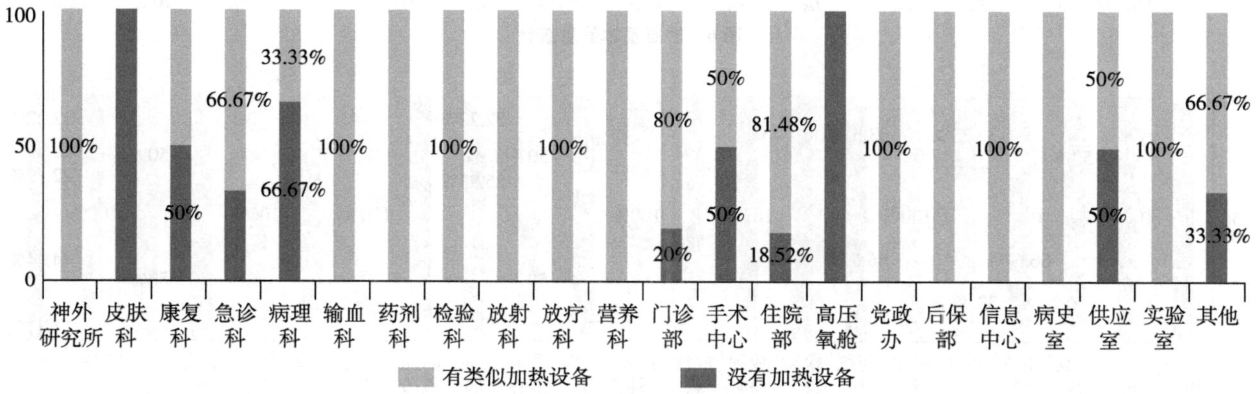

图2　以科室为单位大功率加热设备情况统计

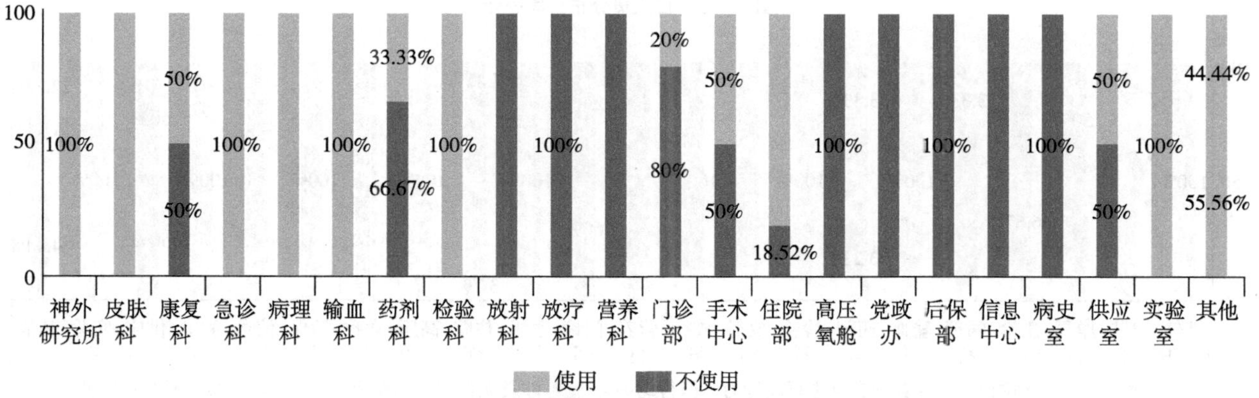

图3　以科室为单位乙醇使用情况统计

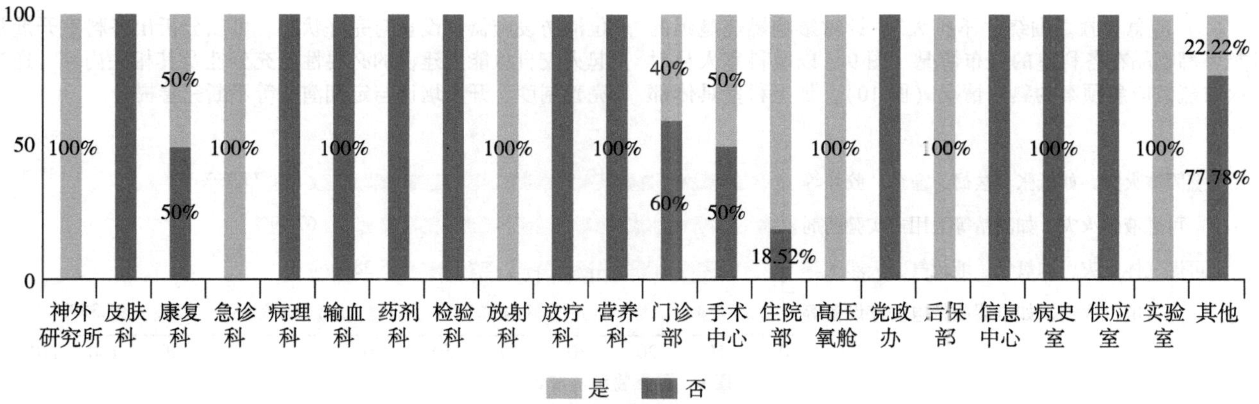

图4　以科室为单位氧气使用情况统计

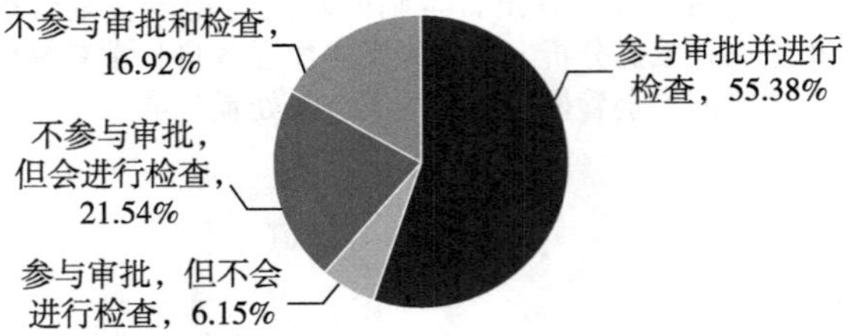

图 5　工作区域动火、临时用电等参与审批统计

（2）安全疏散。围绕“不亡人”，针对安全疏散涉及重要内容，由图 6 可以看出分布于建筑地下负 1 层以及中、高区楼层的 6 至 11 层的部门、科室相对较多，日常人员因此也相对集中；由图 7 可以看出部分科室日常人员分布密度较高，由图 8 可以看出部分科室日常接诊病患自主行动能力较弱。从日常人员的分布密度与行动能力等综合分析，这些楼层所在区域与科室在安全疏散方面应细化疏散引导措施，优化疏散路径等，针对提高应急情况下疏散效率。

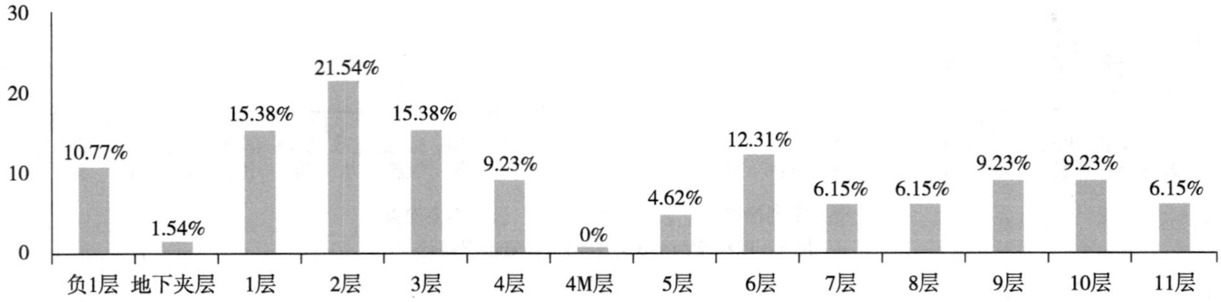

图 6　楼层基本信息统计

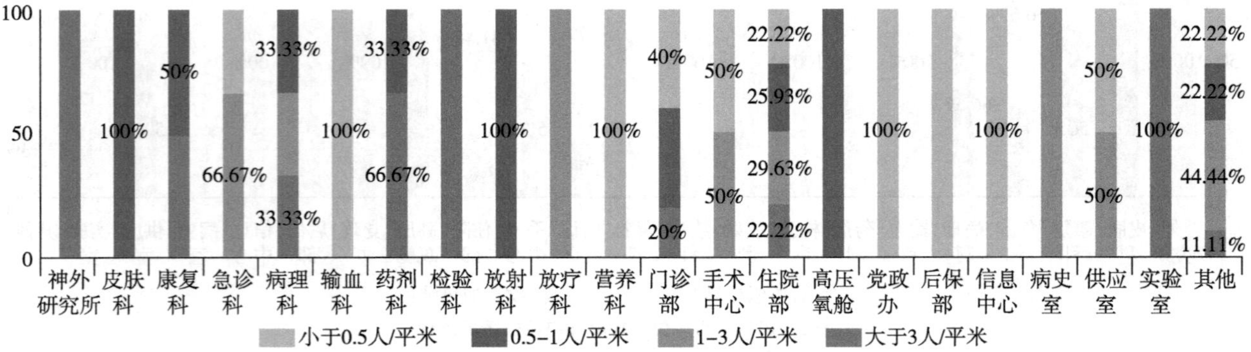

图 7　各部位人员分布密度统计

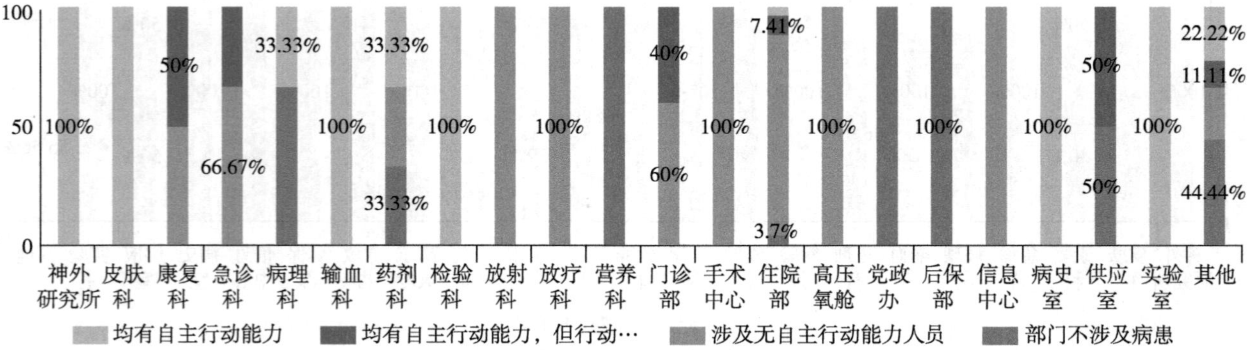

图 8　各部位人员行为能力统计

（3）应急自救。围绕“不扩大”，针对影响燃烧蔓延的各类可燃物品在各科室的分布情况（图 9）以及科室人员对灭火与疏散应急预案的熟知情况（图 10），加上科室具体部位消防设施器材设置与完好状况，可以分析出各科室开展初起火灾自救能力建设的必要性与充分性及其相关内容，通过完善制度、开展培训与定期演练等不断完善提升。

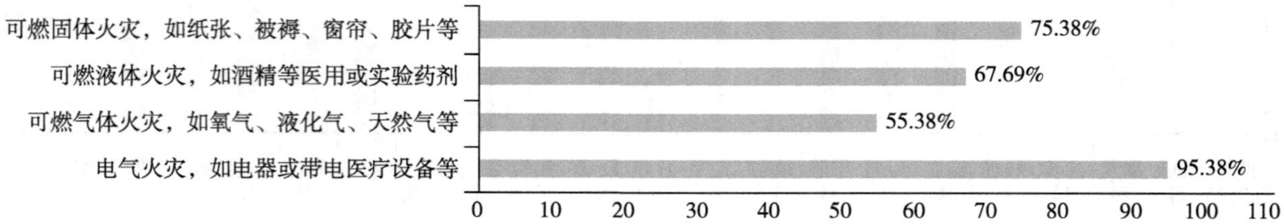

图 9　可燃物种类统计

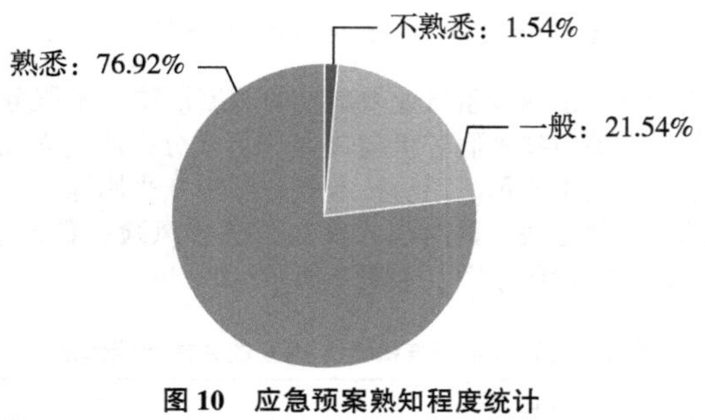

图 10　应急预案熟知程度统计

4.2　重点部位方面

医疗机构消防安全重点部位较多，各重点部位分布及其特点各不相同，火灾风险差异很大，以华山医院虹桥院区病区为例，通过问卷调查尤其调查后期专家现场核查，经过研究论证，可以梳理出病区火灾风险特点，明确日常防范重点，编制具体应急处置要点，实现系统化防范化解。

4.2.1　火灾风险特点

（1）涉及无自主行动能力或行动迟缓人员，安全疏散难度大；

（2）病人和陪护家属流动性较大，消防安全管理困难；

（3）存在外来人员在卫生间、晾晒间等隐蔽区域抽烟现象，难以管控；

（4）存在棉织品等固体、酒精等液体、氧气等气体易燃易燃可燃物；

（5）除颤仪、呼吸机、紫外杀菌灯等医疗设备在使用中因电气线路老化引起短路或和用电超负荷的火灾风险；

（6）使用电热水炉、微波炉等加热设备使用不当，存在安全风险。

4.2.2　日常防范重点

（1）制订应急疏散预案，在项目位置设置疏散示意图；

（2）告知每位住院病人和陪护人员安全疏散注意事项；

（3）张贴禁烟告示，加强控烟巡检，对违规人员进行规劝教育；

（4）建立易燃可燃物清单，并落实专人负责安全管理；

（5）落实专人负责医疗设备，做到定位放置，定期检查，确保设备完好有效，发现故障立即报修更换；

（6）全员熟练掌握灭火器材使用技能，提高初起火灾扑救能力；

（7）加强每日防火巡查，定期消防安全检查，确保安全出口、疏散通道保持畅通。

4.2.3　应急处置要点

（1）发现火情立即拨打“119”报警电话，并同步拨消防控制室电话，准确传递起火楼层部位、起火物、人员受困和火势蔓延情况；

（2）按照应急预案组织引导人员疏散，针对危重病人、无自主能力人员采取搂、抬、背、抱等相应措施安全疏散；

（3）对完成疏散房间逐一进行清点并按规定标记；

（4）使用就近灭火器、室内消火栓扑救初起火灾；

（5）落实专人负责切断着火区域氧气阀门和电源；

（6）配合医院微型消防站队员和消防救援人员开展灭火救援工作；

（7）在院区疏散集中点清点人数，并对伤员进行抢救。

5　结语

通过对医疗机构开展火灾风险问卷调查，既是对医疗机构各部位火灾风险与隐患问题进行一次全面深入排查梳理、分析研究、完善对策、提出建议的过程，同时也是一次全员消防安全教育培训。被调查对象的范围及其个体认识直接决定着调查最终的准确性与成效性，为此，最大限度地扩大科室各级各类人员的参与度，才能有效确保调查结果的精准与成效。

参考文献

［1］王兴福．问卷调查法在个体认识论信念研究中的应用述评［J］．教育教学论坛，2015（47）：185-186.

［2］范维澄，刘奕，翁文国．公共安全科技的“三角形”框架与“4+1”方法学［J］．科技导报，2009，27（06）：3.

民用机场航站楼消防安全评估关键问题分析及建议

魏朋洋　孙　宁

（北京首都国际机场股份有限公司，北京）

摘　要　截至2020年底，我国境内通航运输机场共有245个，机场航站楼面积约1799.8万m^2，消防安全评估是提高单位消防安全管理水平重要方法，在民用机场航站楼消防安全工作中越来越受到重视。论文结合首都机场消防安全评估项目经验，针对航站楼消防安全评估过程存在的评估指标体系不全面、规范更新问题整改要求不明确、评估结论分级不统一及分值区间不一致的问题进行分析，提出完善航站楼消防安全评估指标体系、明确规范更新类问题整改要求和制订航站楼消防安全评估标准等三方面建议，探索完善、规范民用机场航站楼消防安全评估工作可行办法。

关键词　民用机场　机场航站楼　消防安全　消防安全评估

1　引言

航站楼作为重要的交通事枢纽，具有功能多样、面积巨大、空间互通、旅客吞吐量巨大、人员组成国际化、进出港大厅和安检区人员密度大的基本特点。同时还有商业经营区域调整改造频繁、旅客行李量多且物品复杂、人员疏散困难的火灾危险性特点[1]。因此，航站楼消防安全工作至关重要。

2011年，国务院发布《关于加强和改进消防工作的意见》（国发〔2011〕46号）中明确要求火灾高危单位建立消防安全评估制度，由具有资质的机构定期开展评估以来[2]，国内先后出台发布了《火灾高危单位消防安全评估导则（试行）》（公消〔2013〕60号，以下简称《高危单位评估导则》）、《社会消防技术服务管理规定》（公安部令〔2014〕

第136号，以下简称《管理规定》）、《人员密集场所消防安全评估导则》（GA/T 1369—2016，以下简称《密集场所评估导则》）、《关于加强超大城市综合体消防安全工作的指导意见》（公消〔2016〕113号，以下简称《指导意见》）、《大型商业综合体消防安全管理规则（试行）》（应急消〔2019〕314号）、《单位消防安全评估》（XF/T 3005—2020）、《社会消防技术服务管理规定》（应急管理部令〔2021〕第7号）等法规标准[3-5]，用于规范、指导消防安全评估工作。

消防安全评估是提高单位消防安全管理水平，实现预防火灾和减少火灾危害，保护人身和财产安全的目标的重要方法。2016年，首都机场首次开展航站楼消防安全评估工作以来，先后委托国内多家权威消防技术服务机构开展定期、专项消防评估工作，发现评估过程存在指标体系不全面、问题整改要求不统一、评估结论分级不统一及分值区间不一致的问题。因此，有必要就民用机场航站楼消防安全评估现状及关键问题展开研究，提高评估的有效性和可操作性。

2 航站楼消防安全评估背景

2.1 航站楼消防安全评估要求

2104年发布的《管理规定》中明确了消防安全评估机构的资质条件、资质分级和从业范围。但当时由于注册消防工程师资格考试还没开展，造成《管理规定》的实施条件不充分。2014年，国内各地区先后开展注册消防工程师临时资格考试，并公布消防技术服务机构临时一级、临时二级消防评估资质，直到2015年，国内才正式开展注册消防工程师资格考试[4]。

2016年根据《指导意见》中“超大城市综合体（总建筑面积大于10万m^2）应委托具备相应资质的消防技术服务机构，每年对建筑消防安全情况进行评估”的要求，首都机场正式开展消防安全评估工作。国内枢纽机场和干线机场航站楼的面积都大于10万m^2，根据《指导意见》要求应委托消防技术服务机构，每年开展消防安全评估工作。2021年根据《人员密集场所消防安全管理》（GB/T 40248—2021）中“人员密集场所应自行开展或委托消防技术服务机构定期开展消防设施维护保养检测和消防安全评估”的要求（国内民用机场航站楼都属于人员密集场所），除总建筑面积不大于10万m^2得航站楼可以自行定期开展消防安全评估外，其他航站楼都应委托消防技术服务机构定期开展消防安全评估。

2.2 消防安全评估内容及方法

2016年公安部消防局发布《高危单位评估导则》中明确指出：消防安全评估应对评估内容设定不同的权重，以百分制量化分值评分。《密集场所评估导则》中也指出：消防安全评估单元应包括消防安全管理、建筑防火、安全疏散设施和消防设施。2020年发布的《单位消防安全评估》（XF/T 3005—2020）进一步明确了评估程序、评估内容和方法、评估报告等要求。

3 航站楼消防安全评估背景

消防安全评估方法包括：直接判定法、综合判定法和定量判定法，当前消防评估主要采用定量判定法[4]。各消防技术服务机构建立评估指标体系时，在确定各级指标内容、设定指标权重及评估指结论科学性等方面仍存在较大争议[6]。针对民用机场航站楼，不同消防技术服务机构建立消防安全评估指标体系时也存在同样问题。

3.1 航站楼消防安全评估指标体系分析

笔者选取国内具备行业权威性的两家消防技术服务机构进行分析。消防技术服务机构A基于层次分析法建立评估指标体系，如表1所示。消防技术服务机构B采用综合评价法作为基本评估方法，同时引入变权重法和风险指数的概念，建立了评估指标体系[6]，如表2所示。

表1 消防技术服务机构A建立的评估指标体系

分项指标	一级指标权重	二级指标	二级指标权重
建筑防火	0.4	耐火等级及总平面布局	0.14
		防火分区	0.14
		平面布置	0.09
		安全疏散及避难	0.23
		电气防火	0.13
		灭火救援	0.07
		室内外装修及保温隔热系统	0.13
		通风及空气调节	0.07
消防设施与器材	0.3	消防给水及消火栓系统	0.14
		自动灭火系统	0.23
		火灾自动报警系统	0.17
		防排烟系统	0.12
		疏散指示标志及应急照明	0.09
		消防电源	0.17
		灭火器及其他消防器材	0.08
消防安全管理	0.3	消防行政审批	0.18
		消防安全制度及操作规程	0.11
		灭火和应急疏散预案及演练	0.18
		消防安全组织	0.12
		防火巡查与隐患整改	0.17
		消防安全宣传教育培训	0.24

表2 消防技术服务机构B建立的评估指标体系

单项			子项	
序号	内容	权重/w_i	内容	权重/w_{ij}
1	基本情况	0.04	合法性	——
			消防违法行为改正	0.30
			火灾历史	0.70
2	消防安全管理	0.15	制度及规程	0.18
			组织及职责	0.14
			消防安全重点部位	0.12
			防火巡查和防火检查	0.20
			火灾隐患整改	0.08
			消防宣传教育、培训和演练	0.15
			易燃易爆危险品、用火用电和燃油燃气管理	0.08
			共用建筑及设施	0.05

续表

单项			子项	
序号	内容	权重/w_i	内容	权重/w_{ij}
3	建筑防火	0.14	耐火等级	0.10
			防火间距	0.13
			平面布置及防火防烟分区	0.25
			内部装修	0.20
			建筑构造	0.22
			通风和空调系统	0.10
4	安全疏散及避难	0.19	安全出口、疏散通道及避难设施	0.40
			火灾应急照明和疏散指示	0.25
			火灾警报和应急广播	0.20
			疏散引导及逃生器材	0.15
5	消防控制室和消防设施	0.22	消防控制室	0.18
			消防设施的设置和功能	0.67
			消防设施维护保养	0.10
			消防设施年度检测	0.05
6	电气防火	0.07	产品质量及选型	0.30
			运行状况	0.25
			防雷、防静电	0.25
			电气火灾预防检测	0.20
7	消防标识	0.05	主要出入口消防标识及消防安全告知书	0.15
			消防车通道、防火间距、消防登高操作面及消防安全重点部位标识	0.25
			消防设施设备标识	0.30
			制度标识和其他提示标识	0.30
8	灭火救援	0.10	专职、志愿消防队	0.50
			灭火救援设施	0.50
9	其他消防措施	0.02	采取电气火灾监控等措施	0.40
			自动消防设施日常运行监控	0.30
			单位消防安全信息户籍化管理	0.30
10	保险	0.02	火灾公众责任险投保	0.70
			投保额度	0.30

根据表1和表2发现：不同服务机构建立的评估指标体系存在较大差异，服务机构B建立的指标体系更加全面；服务机构仅建立一套评估指标体系，未根据不同评估对象火灾危险性特点变化，对评估指标内容和指标权重进行调整、优化；结合首都机场航站楼消防巡视、消防维保及消防监控业务多交给外包公司管理的业务特点和外包公司人员流动量大，专业水平参差不齐，且航站楼多采用消防性能化设计（特殊消防设计），对从业人员专业水平要求高的背景现状，笔者认为开展航站楼消防安全从业人员能力水平评估至关重要，但当前两家服务机构建立的评估指标体系都不包括该项内容。

3.2 航站楼消防安全评估问题分析

根据问题类别不同，将评估问题分为建筑防火、消防设施、消防安全管理三方面；根据问题产生原因不同，将评估问题分为：先天设计原因、后期改造原因、施工质量原因、维护保养原因和规范更新原因。航站楼消防安全评估问题分类，如表3所示。

表3 航站楼消防安全评估问题分类

问题原因 问题类别	先天设计	后期改造	施工质量	维护保养	规范更新	总和
建筑防火	1	12	14	14	21	62
消防设施	3	9	8	75	81	176
消防管理	1	3	0	35	8	47
总和	5	24	22	124	110	285

对评估问题，从问题类别上分析发现：主要问题类别为消防设施问题，占全部问题的61.75%，包括：防排烟系统设置不满足最新标准要求、探测器及喷头安装位置不当、气灭系统防护区未设置泄压口及机械排风装置等。从问题原因上分析发现：主要问题原因为维护保养及规范更新方面问题，分别占全部问题的43.51%、38.60%。其中维护保养主要问题包括：防火封堵不到位、防火门损坏、故障未及时修复等；规范更新问题主要由于标准法规更新，航站楼建成后不满足新发布的《建筑防烟排烟系统技术标准》（GB 51251—2017）、《民用机场航站楼设计防火规范》（GB 51236—2017）等标准要求。

3.3 航站楼消防安全评估结论分析

服务机构在出具消防安全评估结论时，会对评估结果进行等级划分，用于明确受评单位的消防安全现状。但不同服务机构对评估结论的等级划分存在较大差异。其中消防技术服务机构A设定评估结论等级分级，如表4所示。

表4 消防技术服务机构A建立的评估结论分级

评分等级	评分取值范围	风险等级	符合程度
A	[90，100)	低风险	检查内容符合或基本符合
B	[60，90)	中风险	检查内容部分符合，或同一个检查内容中检查数量的80%及以上符合
C	[40，60)	高风险	检查内容有一般缺陷，或同一个检查内容中检查数量的60%及以上符合
D	[0，40)	极高风险	检查内容有严重缺陷，或同一个检查内容中符合的数量不足60%

消防技术服务机构B在评估过程引入“风险指数”概念，风险指数值越小则消防安全状况越“好”，反之则越“差”。根据对象不同，将单位消防安全以风险指数划分为“好”“一般”和“差”3个等级，如表5所示。

表5 消防技术服务机构B建立的评估结论分级

单位消防安全风险指数	[100，360)	(360，1000]	(1000，5000]
单位消防安全等级	好	一般	差

对比表4和表5发现：不同服务机构给出的评估结论存

在分级不统一、分值区间不一致的现象。航站楼在开展年度消防安全评估工作要求的同时，时常因商业经营区域临时调整、重大赛事保障、疫情防控等原因，开展临时专项消防安全评估。因为评估结论分级不一致，当不同消防技术服务机构对同一对象进行评估时，会出现评估结论不一致的现象。

4 航站楼消防安全评估问题建议

4.1 完善航站楼消防安全评估指标体系

由于机场消防存在从业人员流动量大、专业水平参差不齐的特点。航站楼内消防系统体量庞大、系统复杂，从业人员维护保养过程操作不当或维保不到位造成的消防设施误动作，可能对航站楼运行产生不利影响。同时，航站楼一旦发生冒烟起火事件，容易引起网络舆情，不发生冒烟起火事件已成为机场消防安全工作的控制指标。笔者建议在建立航站楼消防安全评估指标体系时，结合航站楼不发生冒烟起火事件的指标要求，并考虑对消防从业人员的能力水平，完善航站楼消防安全评估指标体系。

4.2 明确规范更新类问题整改要求

航站楼建设阶段多采用消防性能化设计（特殊消防设计）[7-8]，投入使用后商业经营区域调整改造频繁，且改造时通常难以满足最新行业标准要求。虽然出台了《既有建筑维护与改造通用规范》（GB 55022—2021）、《北京市既有建筑改造工程消防设计指南（试行）》等标准，用于指导既有建筑改造过程消防设计，但未明确采用消防性能化设计建筑的改造标准要求。同时，采用性能化设计的航站楼后期改造时也难以满足最新行业标准要求。因此，笔者建议明确规范更新类问题的整改要求，提高消防安全评估专业性。

4.3 制订航站楼消防安全评估标准

截至2020年底，我国境内通航运输机场共有245个，机场航站楼面积约1799.8m²，航站楼消防安全评估工作至关重要。区别于其他火灾高危单位，航站楼有自身的火灾危险性特点和更为严格的消防安全要求，但当前并无针对性的消防评估技术标准，建议制定航站楼消防安全评估导则标准，明确评估内容、统一评估结论分级、规范结论分值区间，提高消防安全评估的有效性和可操作性。

5 结论

开展消防安全评估是提高单位消防安全管理水平的重要方法。通过调研民用机场航站楼开展消防安全评估的法规要求、评估内容和评估方法，总结首都机场近年来消防安全评估项目经验，对航站楼消防安全评估指标体系、发现问题和评估结论进行分析，提出完善航站楼消防安全评估指标体系、明确规范更新类问题整改要求和制订航站楼消防安全评估标准等三方面建议，探索完善、规范民用机场消防安全评估工作可行办法。

参考文献

［1］王琳，姜兰，杨玲．基于AHP的航站楼消防安全管理评估研究——以某机场为例［J］．安全，2020，41（09）：75-80. DOI：10.19737/j.cnki.issn1002-3631.2020.09.014.

［2］季俊贤．建立火灾高危单位消防安全评估制度探讨［J］．消防科学与技术，2013，32（06）：671-672.

［3］孙旋，陈一洲，袁沙沙，王志伟，周欣鑫．基于改进层次分析法的火灾高危单位消防安全评估［J］．安全与环境学报，2017，17（04）：1253-1257. DOI：10.13637/j.issn.1009-6094.2017.04.007.

［4］吴洪有．火灾高危单位消防安全评估探讨［J］．消防科学与技术，2015，34（06）：816-820.

［5］刘庆恩．火灾高危单位消防安全评估方法及预警监管机制建设［J］．武警学院学报，2014，30（04）：58-61+64.

［6］晏风，李军，王志伟，袁沙沙，周欣鑫．火灾高危单位消防安全评估关键技术研究［J］．安全，2020，41（06）：15-21. DOI：10.19737/j.cnki.issn1002-3631.2020.06.003.

［7］张鸿鹤，孙宝盛．机场航站楼工程消防性能化设计探讨［J］．消防科学与技术，2007（02）：143-145.

［8］申宝珍．首都机场T3航站楼消防安全设计遇到的问题与挑战［J］．机场建设，2005，（4）：29-32.

电镀车间火灾危险性分析及扑救对策

刘　滨

（山东省滨州市消防救援支队，山东　滨州）

摘　要　近年来，电镀车间火灾频发，由于车间的特殊工艺及火灾风险的不可控性，在灭火救援中经常出现消防救援人员伤亡事故。本文通过对几起较大的电镀车间火灾的思考，深入探析电镀车间的火灾风险和特点，分析了相应的控制对策，从电镀车间火灾实战出发，提出了电镀车间火灾救援中的注意事项和处置措施，为指战员进一步研究电镀车间火灾扑救提供基础支撑。

关键词　消防　电镀车间　火灾风险　处置措施

随着经济的不断发展，人们对电子产品的需求不断升级，电镀行业进入了突飞猛进的发展时期，成为我国基础工业的重要组成部分。由于电镀企业在日常生产中会使用到大量的剧毒、有机溶剂等危险化学品，稍有不慎就会发生严重的火灾事故。为准确把握电镀车间的火灾特点，研究制定出科学的火灾防范措施和处置对策，作者对近几年几起典型电镀车间火灾事故进行了分析，从合理的建议和处置措施，为之后的火灾预防和灭火救援行动提供依据。

1 几起典型电镀车间火灾基本情况

1998年4月28日，河北省石家庄市电镀一厂化工车间发生火灾，造成6人死亡，10名消防官兵中毒受伤。

2016年8月6日，江苏丹阳一电镀园区发生火灾，火灾造成一名消防队员牺牲。

2021年4月22日，东莞市麻涌镇豪丰工业园一栋电镀厂房发生火灾，造成2人死亡。

2021年4月22日，上海胜瑞电子科技（上海）有限公司电镀厂房发生火灾[1]，造成8人死亡。

2 电镀车间火灾风险

电镀车间用电频繁，各类机器设备较多，电镀作业通常要经过加热、溶解、电解、加工等流程，这些流程的作业过程中极易造成电气设备故障，从而造成火灾事故。另一方面电镀行业安全生产环境复杂、作业人员违章作业、消防安全管理存在盲区等问题，同样是造成火灾事故的重要因素。

2.1 电气设备易出现故障引发火灾

电镀车间用电量大，电气设备超负荷运行、接触不良、缺少漏电保护措施、乱接乱拉临时电线、电加热等设置不合理、线路长期处于强腐蚀性的环境中容易腐蚀和老化等均可引起电气火灾事故。

2.2 化工原料具有易燃易爆性

有机溶剂在电镀除油和涂料加工工序大量使用，汽油、甲苯、酒精、天那水油漆等均具有易燃易爆性，这些有机溶剂的闪点低，在空气中很容易挥发形成爆炸性混合气体，当达到爆炸下限时一旦遇到点火源就会发生爆燃。常见的有机溶剂燃烧爆炸特性见表1。

表1 电镀行业常用有机溶剂的燃烧爆炸特性

有机溶剂	形态	闪点/℃	自然点/℃	爆炸极限/%
汽油	液态	-38	456	1.3~7.6
甲苯	液态	4.4	480	1.27~7
酒精	液态	7	385	5.5~36.5
天那水	液态	25	360	1.1~7.5

2.3 五金件的打磨、机械抛光过程产生的金属粉尘极易引起粉尘爆炸

喷漆房及通风管路内沉积的漆垢在进行切割、焊接等动火作业时，也有可能造成火灾事故；或在抽风排气的风管中积存的可燃性粉尘、纤维等物质未及时清理极易引发粉尘爆炸。

2.4 电解电镀过程可能发生氢气爆炸

电解除油和铬槽电镀过程中，阴极会放出大量氢气[2]，与空气接触形成爆炸性混合气体，当达到爆炸极限时，遭遇挂具与极杆接触产生的电火花就会发生爆炸燃烧。

3 电镀车间火灾特点

3.1 具有一定的隐蔽性

停工期间为了保持槽体内原料的温度，需要对槽体进行持续加热，这时由于现场工作人员少且监管不到位，发生火灾后不能第一时间发现，容易小火酿成大灾。

3.2 极易形成立体火灾

电镀车间内的作业镀槽高1.4m（见图1），发生火灾时，化工原料从镀槽内流出，容易在地面形成流淌火，流淌火由上而下引燃周边可燃物。电镀车间的排气管道联通车间内不同的电镀生产线，并且往往采用可燃材料制成，一处生产线着火，极易通过排气管道引燃周边生产线并沿管道向上蔓延，形成立体火灾。

图1 电镀车间内的作业镀槽

3.3 具有极强的易燃易爆性

在电镀除油和涂料加工二序中大量使用汽油、煤油、柴油、甲苯、酒精、天那水油漆等有机溶剂，同时电解除油和铬槽电镀过程中阴极会放出大量氢气，在空气中极易形成爆炸性混合气体，引发爆炸。

3.4 极易造成人员中毒

为了使镀件表面更加美观、光洁，往往在电镀液中加入一定量的氰化物，含有氰化物的电镀液在火灾时受热或与酸性溶液混合接触，就会发生高温分解或吸收水和二氧化碳，进而会反应生成剧毒的氯化氢气体，极易造成现场消防救援人员中毒。表2列出了几种常用化工原料的毒害性。

表2 几种常用化工原料的毒害性

名称	毒性	最高允许浓度/（mg/m^3）	中毒途径
浓硫酸	低	-	呼吸道、皮肤
氰化钠	剧	0.3	呼吸道、消化道
氰化亚铜	剧	0.3	呼吸道、消化道
甲醇	中	50	呼吸道、消化道

3.5 极易造成环境污染

在火灾扑救过程中，需要大量的水对作业镀槽及周边的设备进行冷却灭火，作业镀槽打入过量水后，镀槽内的氰化物，镉、镍、汞等剧毒高污染物质随灭火用水流淌出来，流入地下排水、排污管道，造成环境污染。

4 电镀车间火灾扑救注意事项

4.1 处置程序要规范合理

在内部情况不明的情况下，禁止盲目内攻射水，应在企业技术人员的指导下，采取“先外围堵截、再对症处置”的措施，后期再扑救过程中水枪手要注意射流部位，避开氰化物电镀槽，防止遇水产生氯化氢气体，造成人员中毒伤亡。

4.2 现场评估要快速有效

接到报警后要对现场情况进行评估，分析人员疏散、个人防护、联勤联动、次生灾害、危险区域划分等要素。

4.3 及时预判倒塌、避免人员伤亡

到场后，要提前预判环保废气净化塔、尾气排放装置以及钢屋架、石棉瓦顶的倒塌风险，合理选择进攻阵地，避免

倒塌伤人。

4.4 围堰筑堤控制污水流淌

对地面流淌火和有毒污水，要第一时间围堰筑堤，用沙包封堵车间出入口，最大限度的把污水控制在车间内，通过车间内排污系统进入应急池，避免有毒污水流出车间，造成厂区环境污染和消防救援人员中毒。

5 电镀车间火灾处置对策

5.1 掌握现场火灾危险性，严格落实等级防护

第一时间利用有毒气体检测仪、可燃气体检测仪对现场环境进行全方位、不间断的侦察检测，科学设置警戒范围，针对电镀车间火灾的一些特点，建议侦检、防爆、内攻等职责的人员采用二级防护等级，重点对呼吸道，皮肤等部位做好保护，防止有毒物质的吸入和沾染。同时，电镀车间用电设备多、回路多，不仅有主备电，可能也接有光伏和 UPS，到场后首先要对车间进行断电，利用漏电检测仪对设备进行全面检测，防止救援过程中漏电伤人。

5.2 积极抢救被困人员，救人与灭火同步实施

坚持“救人第一”的指导思想，正确处理救人与其他灭火救援行动的关系[3]。当火场上有人员受到火势、浓烟、毒害等威胁时，必须立即组织精干人员组成救人小组，利用举高车、窗口，组织营救工作。由于氰化物在酸性环境中容易释放氰化氢气体，在灭火救援的同时要对地面水 PH 值进行不间断检测，利用小苏打等物质将地面水 PH 值调至 8 左右，防止产生氰化氢气体。

5.3 合理选择灭火剂，提高灭火效能

电镀车间内可燃易燃物质较多，火灾扩散迅速，一般情况下待消防力量到场时火灾很可能已经进入发展阶段，这时各类化学物质发生燃烧，所以选择合适、高效的灭火剂是指挥员必须要准确迅速做出判断的。电镀车间在生产过程中使用大量有机溶剂，这些溶剂大多溶于水，灭火时应尽可能的使用抗溶性水成膜泡沫灭火剂进行覆盖，既可以抑制可燃气体挥发复燃复爆，防止有毒有害物质蒸气对人体的伤害，同时也可以缓解环保污水应急池压力，提高灭火效率。

5.4 采取外围堵截、分割围歼的战术措施

消防队到场后，首先开展侦察评估，利用无人机的红外模式对车间内火灾蔓延态势进行实时监控，了解火灾的规模、蔓延途径，在着火车间入口处筑堤围堰，防止流淌火扩散蔓延，保护受火势威胁的重要部位和方向。合理的设置进攻阵地，既要注意风向，也要看地势，要将阵地设置在高处，防止污水和流淌火对进攻阵地形成威胁。增援力量到场后，先消灭地面流淌火，然后集中兵力对室内火灾进行围歼。在灭火战斗中要全程设置安全管控小组，落实安全管控措施，对进出人员安全防护检查登记，作战人员必须到安全区域后方可更换空气呼吸器，作战行动结束后所有人员装备必须进行洗消处理。

6 结束语

电镀企业要从生产工艺流程入手，突出整治电镀槽和电加热棒等重点安全隐患问题，要定期开展电气线路检测，安装“智慧用电”系统，严禁线路私拉乱接，及时更换老化、超负荷线路，科学合理规整线路，减少火灾事故的发生。

参考文献

[1] 王德府，电镀行业火灾原因分析和防火建议 [M]. 安全管理与法规解读，2021. 4.

[2] 罗曦，印制电路板电镀车间火灾风险分析及对策研究 [D]. 华南理工大学，2019.

[3] 沈建国，电镀行业火灾特点及火灾扑救对策探讨 [J]. 消防技术与产品信息，2021. 5.

村（居）民经营性自建房消防安全风险与防范思考

张红兵

（武汉市消防救援支队，湖北　武汉）

摘　要　近年来，全国各地村（居）自建房用于生产、经营、租赁不断增多，此类场所普遍存在点多面广，消防安全现状堪忧，消防安全事故呈多发频发态势，特别是河南商丘“6·25”震兴武馆重大火灾、北京昌平“2·11”公寓房火灾等村（居）自建房火灾事故，引起党和国家主要领导人高度重视。笔者结合武汉市村（居）民经营性自建房消防安全调研，从该类场所消防安全现状入手，分析问题根源，并从火灾防控角度提出工作思考。

关键词　自建房　消防安全　风险　思考

1 基本现状

1.1 调研方式及过程

为深刻吸取火灾事故教训，2021 年 8 月，武汉市消防救援支队牵头组织全市开展村（居）自建房用于生产、经营、租赁消防安全专项调研，笔者参与了调研工作。调研通过市区两级实地走访企业、线上调研、消防内部讨论会，职能部门座谈会等方式进行。调研共收集全市基层消防救援大队调研报告 19 份，工作报表 38 份，市级调研 24 家企业，区级调研 192 家企业（受疫情影响，部分辖区一些企业处于暂时停业状态，未开展实地调研）。

1.2 自建房改作经营性人员密集场所情况

调研数据统计显示，全市自建房改作人员密集场所 128 家，从建筑结构统计，砖混结构场所占比 52%，钢筋混凝土（框架）结构场所，占比 48%；其中餐饮饭店类占比 39%，民宿客栈类占比 55%，丁戊类加工作坊占比 2%，从建筑年代统计，2000 年前建筑占比 52%。

1.3 阶段性排查情况

2021年6月底武汉市全面开展生产经营租住村（居）民自建房重大火灾风险综合治理，截至2022年8月25日，全市共排查经营性自建房11969栋，标识重大火灾隐患和较大火灾风险场所1482家，排查一般性火灾隐患场所1653家。

2 存在的主要问题

2.1 无相关审批手续问题比较普遍

调研数据显示，多数自建房改变使用功能存在无规划许可、无房屋产权、无消防手续或不齐问题。在对职能部门座谈调研中了解到，市发改委对政府投资的项目进行审批，企业投资的项目实行企业报备。自建房改作人员密集场所多属于维修改造项目，不需要强制备案，企业自愿报备，相关职能部门审批。建筑改扩建涉及到变更使用性质，首先需要进行规划变更，因规划部门实行严格控规管理，实际上难度较大，调研中了解到规划变更的案例极少。消防体制改革后，审核验收职权移交到建设部门，由于一些变更性质建设工程没有规划许可，就无法进入到消防审核验及备案流程，加之实行放管服政策，小规模建设项目不需要办理消防审核验收及竣工手续，源头上可能留下消防先天性隐患。公安部门对网吧、小旅馆、小餐饮等公众聚集场所办理特业许可也不将消防审批作为前置条件，一些面积超过300m^{2}的公众聚集场所就不会申报投入使用前消防安全检查。

2.2 公共基础配套消防设施建设滞后

此次调研的场所中，少数建设初期消防底子薄，改造时无相关审批环节，加之企业负责人片面追求利益最大化，不从本质安全上重视消防投入，导致场所消防车道不畅通，室外消火栓设置距离远、压力低等问题没有解决。村（居）自建房多在远城区、城乡结合部、村湾，大多数为居民沿道路自建，不需要前置审批，没有统一规划要求，已建成村（居）民生活区域的消防水源、市政消火栓等消防基础设施缺乏，消防基础设施欠账较多，这些地方的自建房改作人员密集场所后，无消防专项规划，也没有纳入当地经济统一建设，导致公共基础消防设施严重滞后。

2.3 改建场所自身消防安全问题突出

从调研中掌握的数据分析，村（居）民自建房改建人员密集场所自身消防安全隐患突出，一是建筑耐火等级低。一些工业厂房原本为钢结构、大空间，改建人员密集场所后，柱、梁和楼板等耐火等级都没有达到规范要求。自建房改建人员密集场所多数场所为砖混结构，二是建筑防火间距不足。为充分利用土地，村民自建房多贴用地界限建造，自建房改建人员密集场所后，使得房屋之间防火间距不足，消防车道不畅。三是防火分隔不到位。一些场所功能分区没有防火分隔，如餐饮场所用火用电区域与其他区域没有进行防火分隔，有的只采用了彩钢板等进行简单分隔。四是疏散通道设置不规范。主要表现在一些改建的公众聚集场所没有设置封闭楼梯，只有敞开式楼梯，有的场所受固有建筑结构限制，只有一部疏散楼梯和一个安全出口，疏散宽度和距离不够。五是消防设施设备缺乏。部分工业用房改作的人员密集场所中，未按相关消防标准设置给水、报警等设施。多数自建房改作人员密集场所中，普遍存在未按规定设置应急照明和疏散指示标志，极少数场所设立了独立感烟和简易喷淋装置；六是内部装修材料多为易燃可燃材料。一些场所老板为节约成本和装修效果，采用易燃可燃装饰装修材料，极大增加了火灾负荷。七是用火用电用油用气不规范。为了经营需要，采用各类形式不一的电气设备，且数量多、功率大，连接的电气线路多，电气线路不阻燃穿管保护，乱接现象严重。八是单位消防安全自主管理差。多数单位和场所没有严格的消防安全管理制度，内部消防安全责任分工不明确，日常消防安全巡查不到位，消防设施维护保养不及时，员工消防安全意识差，初期火灾扑救和逃生自救能力低。

3 原因分析

3.1 顶层设计滞后于现实需要

近几年来，为促进经济增长，搞活市场，国家层面上支持村（居）民自建房、工业用房改作经营性场所，但这类场所其用地性质、建筑结构、建设主体、经营方式等具有一定特殊性，难以符合现行法规标准，很难取得合法手续，而国家还尚未出台相关的指导性意见和具体建设标准，导致申报困难，合法身份难以取得。在证照办理上，当前实行先发证后审批制度，一些单位和企业主不按照消防技术标准改建，容易滋生先天性隐患。

3.2 部门监管没有形成合力

对村（居）民自建房改建经营性场所的监管权限和责任边界没有明确，相关职能行业部门本着“不管事就不会惹事”思想，导致在日常监管中对新出现的问题不闻不管，还有一些职能部门片面认为未办理行政许可或已改作其他用途的，就不归本行业部门监管，加之信息不对称，形成了监管盲区。比如在自建房改建公众聚集场所中，涉及到公安部门办理证照的，无需消防前置，特别是一些小场所可以不办消防手续，建设、公安部门很少会对对此类场所投用前进行消防安全把关，往往这类场所消防安全隐患突出。

3.3 企业主体责任不落实

部分经营业主消防法律意识淡薄，不知道投建的场所需要哪些消防设施设备，具备什么样的消防安全条件，盲目改建投用，滋生先天性隐患；部分经营业主重效益轻安全，不愿意在消防安全上投入，对消防安全隐患抱着侥幸心理，违章经营屡禁不止；部分经营业主内部消防安全责任分工不明确，忽视日常管理，员工缺乏消防安全教育培训，不知道场所的火灾危险性，不会使用灭火器，不会疏散逃生，甚至不会拨打火警电话。

4 几点思考

安全生产事关人民福祉，事关经济社会发展大局。党的十八大以来，习近平总书记高度重视安全生产工作，作出一系列关于安全生产的重要论述，一再强调要统筹发展和安全。“生命重于泰山。各级党委政府务必把安全生产摆到重要位置，树牢安全发展理念，绝不能只重发展不顾安全，更不能将其视为无关痛痒的事，搞形式主义、官僚主义。”[1]

4.1 完善顶层设计防止源头失控漏管

国家相关职能部门针对村（居）民自建房改建产生的新问题，要从管长远出发，在土地性质改变、规划许可变更、适用消防技术标准上出台配套制度和具体标准，指导各地规范村（居）民自建房改建相关手续办理和日常监管。在国家层面还未出台相关具体规范制度前，建议可以借鉴南京、杭州等地做法，颁布类似《关于不动产统一登记中房地登记用途不一致历史遗留问题处理办法》[2]，明确自建房改建的基本设计规范及验收标准，从源头上进行监管和指导，防止因改变使用性质造成场所存在消防本质安全。

4.2 加快公共消防基础设施建设

要推动各级政府将村（居）民经营性自建房改建场所和集中连片区域的消防车道、消防水源、消防站、消防通信等公共基础消防设施建设纳入政府“一把手”工程予以保障，列出时间表，加快解决历史欠账，对拟新规划和建设的区域要将公共消防基础设施应当与乡镇、农村道路、供水工程等统一建设和管理，确保不添新账，为村（居）民自建房改建经营性场所提供良好的外部消防安全环境。

4.3 强化部门联合消除监管盲区

习近平总书记在党的二十大报告中指出，推进安全生产风险专项整治，加强重点行业、重点领域安全监管[3]。按照《消防法》、《湖北省消防条例》、《湖北省消防安全责任制管理规定》等法律法规和规定，充分利用消防安全委员会平台，积极发挥消防部门“主推手”作用，强化消防工作联席会议制度，积极组织相关行业部门，开展改建人员密集场所检查和风险评估，向地方党委政府专题报告，研究对策措施。推动各级政府切实加强对消防工作的统一领导，进一步发文明确应急管理、公安、住建、城管、市场监管、教育、文体等部门的消防安全监管职责，积极与各行业监管部门建立信息沟通渠道，构建行业监管部门联动工作机制，全面实现消防安全管理工作社会化。

4.4 提升企业消防安全自主管理水平

加强“两类房”改建场所经营业主消防法纪意识培训。通过以案说法、经验交流等形式组织开展消防法律法规宣讲，切实增强经营业主消防法律意识、职责意识。定期开展部门联合检查，对“两类房”改建场所排查出的违法行为和隐患，明确行业主体责任和企业责任，规定时限分类整改，一时难以整改的，要用足用好法律和行政手段，该挂牌的挂牌、该查封的查封、该搬迁的搬迁。强化基本消防技能培训。通过消防部门主动上门指导，企业聘请第三方培训机构服务等方式开展从业人员消防安全常识培训，强化场所及从业人员火灾隐患排查能力、初期火灾扑救能力、逃生自救能力。

参考文献

[1] 城市规划博客. http://www.xhut.cn/archives/12987.

[2] 一起重温习近平总书记关于安全生产重要论述. http://www.xinhuanet.com/2022-03/26/c_1128505875.htm.

[3] 党的二十大报告辅导读本编写组编著. 党的二十大报告辅导读本 [M]. 北京：人民出版社，2022：48.

新能源汽车火灾安全评估及防控技术

谢和汉

（浙江省消防救援总队温州支队鹿城大队下吕浦站，浙江 温州）

摘 要 新能源汽车是未来世界的发展趋势，也将成为我国社会经济增长和人民生活水平提高不可缺少的重要交通工具。随着人们对环境保护意识增强，传统燃料车带来了一系列问题。本文主要介绍目前存在于电动汽车领域中所出现的一些安全风险及火灾防控技术：首先从新能源汽车本身出发进行分析研究；其次是根据具体情况选择合适的评价方法和参数值；最后从消防安全方面分析了新能源汽车火灾防控技术。

关键词 新能源汽车 火灾安全风险 燃烧 防控技术

1 新能源汽车火灾安全辨识

1.1 新能源汽车安全风险

新能源汽车的安全风险主要包括：电池包的热失控；充电和放电时发生燃烧、爆炸；车辆起火、自燃；高压系统中产生电火花引发火灾；充电接口引起火灾和燃烧。对新能源汽车来说，电池包、电机和电控三大系统是影响其火灾风险的关键因素。

电池包通常由电池模块、冷却系统、绝缘层、铝制保护壳等组成，见图1。其中电池模块由电芯（电池单体）和模块控制器组成。电芯主要包括锂离子电池电芯（如NCM523）和锂聚合物电池电芯（如LFP等），其在单体、电池组中均有一定的分布位置；电芯中的电解液也主要通过隔膜与壳体接触以提供能量，在隔膜上分布有隔膜孔，而隔膜表面也有一定的导电率；当温度升高时，锂离子从隔膜表面扩散到极板表面形成短路电流时会引发车辆起火。对于新能源汽车来说，其主要部件包括：车载充电机/充电接口、电池组、控制单元/车身控制器等，因此，充电和放电时发生燃烧也是影响整车安全因素；此外，还包括车身上的各类线缆连接（如：空调管路线、音响线路等）以及各种电气系统（如蓄电池）等都有可能引发火灾。

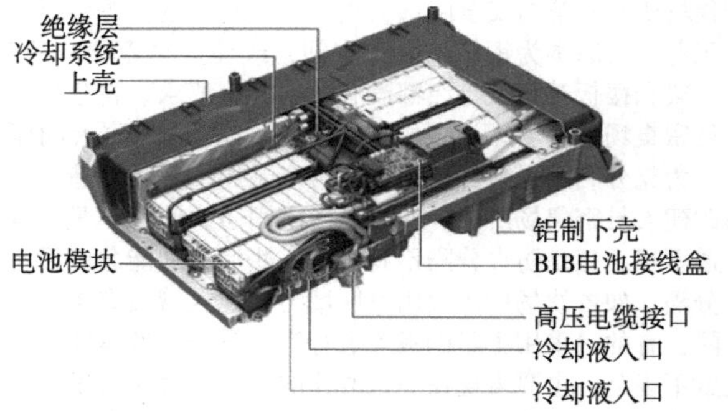

图1 新能源汽车电池包整体结构图

1.2 新能源汽车火灾安全风险的灰色估计

在对新能源汽车火灾安全风险进行分析之前，首先要确定影响新能源汽车火灾安全的因素。本文基于灰色理论的预测方法，根据灰色预测法和层次分析法在火灾事故中的应用，可以计算出预测值，从而确定新能源汽车火灾安全风险概率。采用经验公式计算出道路交通火灾安全风险概率曲线，然后使用该曲线确定车辆行驶速度和电池温度等因素之间的关系[1]。可以看出，新能源汽车火灾安全风险概率与车辆行驶速度成正比；温度越高、续航里程越短、充电次数多、行驶速度高风险越大；行驶速度每提高 5%、续航里程减少 1%时，火灾安全风险概率会增加 6%。根据上述情况得到新能源汽车火灾安全风险概率；根据这一结果与实际火灾安全风险概率进行对比可以得出本文计算得出的城市道路车辆火灾安全风险概率较高。

通过分析发现，导致我国新能源汽车火灾事故频发主要原因是电池起火或自燃造成车辆严重损毁所致。这是因为电池内部发生化学反应而导致起火或自燃的可能性较大，一旦达到燃点便会迅速燃烧形成猛烈火焰，使车辆烧毁；锂离子电池具有高能量密度特性、易发生电化学反应使得材料在高温下自燃产生明火而引发燃烧爆炸事故。为了更好地控制新能源汽车火灾风险，应从设计、制造材料选取、安装方式等方面着手改进新能源汽车火灾防控措施。

2 新能源汽车火灾安全评估方法

为了方便研究人员使用，笔者通过大量文献检索，发现目前国内外有很多学者使用过各种类型的火灾模型，并且给出了不同的数值计算方法。基于以上研究发现，笔者将新能源汽车火灾安全评估分为两大部分：第一部分是从车辆的结构和功能来评估起火概率；第二部分是计算起火时产生的烟气温度。

（1）结构因素主要考虑了整车燃烧和爆炸极限、电池系统设计、电机控制器和电子电器设计等；

（2）功能因素主要考虑了电池管理系统（BMS）设计、车内空间、电池单体和电池组之间的布置等；

（3）工况因素考虑车辆的工作环境，包括温度、湿度、压力等；

（4）环境因素主要考虑了光照条件、通风条件等。

在高温条件下，电池组件在燃烧过程中产生了大量的烟雾和热量；随着温度继续升高，火灾蔓延速率也不断增加，电池组件内温度分布如图 2 所示。由于电动汽车电池燃烧的原理不同，导致其在起火概率和温度分布上也存在一定差异。对于传统的燃油车来说，燃烧是由于热辐射产生的。而电动汽车电池燃烧时所产生的烟气主要来源于燃料气体，包括氧气、一氧化碳和氢气等，其产生速率更快[2]。对火灾救援过程提出建议：

（1）对于电池组件起火造成人员伤亡时，应该立即对人员施救并对车辆进行降温；

（2）对起火车辆，使用车载灭火器进行灭火，无法控制时交由消防力量处置；

（3）对于电池组件、电机等部分着火，首先要根据火势发展情况决定是否需要消防力量到场处置，其次根据车内火势情况决定是否需要引导周边人员疏散。

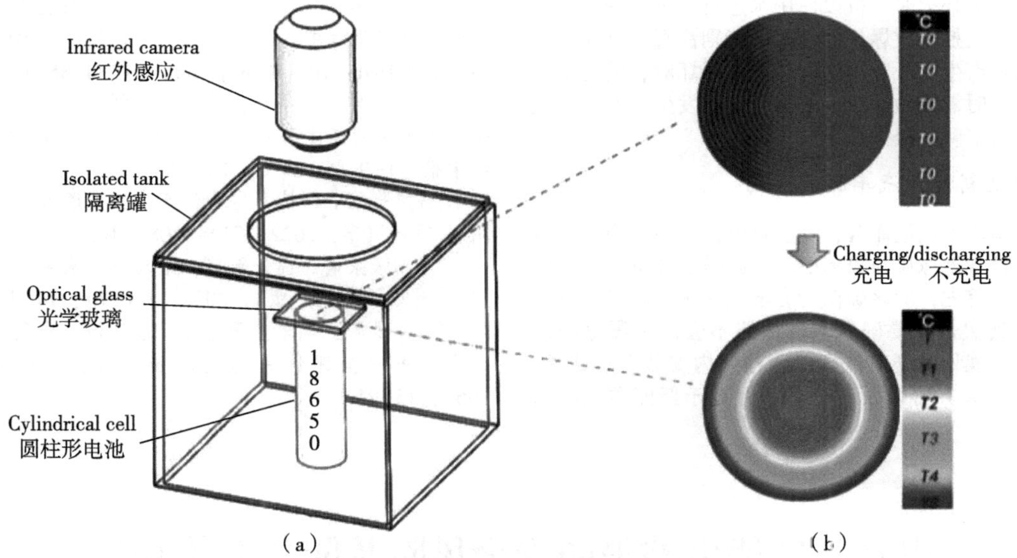

图 2 新能源汽车锂电池组件内温度分布图

3 新能源汽车火灾防控技术

3.1 科学自救

新能源汽车通常设置有车辆火灾报警系统，一般包括电源开关、报警器、传感器等，通过设置在车身上的火灾报警按钮进行自动报警，或当驾驶员无法通过车窗外看清内部情况时，利用外部的声音报警器进行提示。在接到报警后，如果是起火后的第一次报警，则需立即通知保险公司和消防部门。如果新能源汽车发生事故后车主没有第一时间通知消防部门或保险公司人员，就可能会给救援带来困难，而且保险公司工作人员也不能及时赶到现场[3]。

针对新能源汽车火灾事故时的科学自救做如下要求：

（1）在发现火情后新能源汽车应能及时向车主发出火灾警报；

（2）在起火早期采取有效措施将火势控制住；

（3）当火势已经控制不住时应立即撤离至安全区域，交由消防部门处置；

（4）在有人员伤亡的情况下应立即报警并及时通知相关部门。

车辆内发生火灾时可以使用车载灭火器进行自救，因为车载灭火器可以有效扑灭新能源汽车内除因电池组起火外其他因素引起的火灾。

当车辆着火时，车主应尽量保持冷静并拨打 119 电话报警；当车辆着火时要尽快找到消防通道及时逃离现场；在现场要注意观察火势情况和人员情况并做好自我保护措施。如果有人员受伤需要急救，则应拨打 120 电话进行急救。

3.2 火灾扑救

消防救援人员在实施灭火前，应首先检查灭火器材和个人防护装备是否齐全，发现问题及时更换。现场指挥员应组织人员分工负责，协调配合进行灭火。第一批灭火力量抵达现场后，根据起火部位的大小、火势的发展程度以及火灾对周围建筑、人员影响程度等实际情况进行部署，确认灭火剂种类及数量是否充足，并确定灭火剂喷洒的方向和距离[4]。在实施以上措施后，应立即组织人员开展初期火灾扑救工作。

（1）根据火势控制需要选择不同类型、数量和压力的灭火药剂；

（2）对着火区域内的人员进行疏散；

（3）切断电源；

（4）利用水枪对车辆上的火源进行扑救；

（5）利用水枪对重点部位进行冷却降温，防止发生复燃。

3.3 防止爆炸和失控的产生

新能源汽车在使用过程中，一旦发生爆炸，会造成比较大的影响。首先是爆炸造成的冲击波会导致周围车辆发生事故；其次是爆炸产生的火花、辐射、高温等对周围人员造成威胁。因此在新能源汽车的使用过程中要特别注意，如果行驶中发生了自燃事故，车主一定要及时进行控制和处理。如果燃烧速度较快则需要尽快撤离到安全区域，并立即拨打报警电话，在等待救援的同时可以使用灭火器进行灭火处理。当电池发生火灾事故时，应及时对现场人员进行疏散，消防救援人员到场后应对现场进行勘察，并在确定起火位置后对火势进行控制。如有条件，可使用灭火器或沙土进行覆盖灭火。若难以将明火扑灭时，可以使用水进行灭火、冷却。对于电池舱起火后失控导致爆炸的情况要特别注意。首先当车辆发生失控已经产生了一定程度的爆炸和损坏时，消防救援人员在进行灭火时需要做好个人防护，避免发生二次危险或其他次生事故对消防救援人员造成伤害。

3.4 合理规划新能源汽车防火布局

对于动力锂离子电池而言，其主要包括电池组内以及电池组之间都会设置绝缘层与隔离层，因此需要在进行规划时注意到这一点。首先，应该确保所有电气系统线路能够进行有效地串联。其次是需要确保电气线路不会出现漏电的情况。最后在进行规划时还应注意对电池包内安装灭火装置，以便于一旦发生火灾可以及时扑救。但对于新能源汽车而言，应该充分考虑到防火布局中所使用的电气防火材料的种类、阻燃等级、安全性以及是否会对人体造成伤害等问题。

新能源汽车火灾事故应急救援工作是一项复杂的系统工程，涉及多个部门和单位。首先是消防部门，根据新能源汽车的结构特点、动力电池的起火情况以及车辆着火的位置等因素制定详细的灭火方案并实施执行；其次是新能源汽车生产厂家技术人员，根据电池性能、电气系统故障发生位置等因素设计出一套完整的电池电气系统方案并实施；再次由消防救援人员参与，针对新能源汽车可能存在的电气火灾制定相应的防火措施、灭火方案并实施监督；最后新能源汽车生产厂家技术人员配合消防部门检查与分析生产现场存在的隐患问题，并进行整改和检查监督[5]。

4 结语

本文通过对新能源汽车发生安全问题的分析，总结出了目前我国在新能源汽车中存在的一些危险源，并根据不同危险源引发的车辆火灾事故提出相应的防控技术。由于新能源汽车发展时间较短，还没有找到有效可行方法解决其发生火灾安全问题所带来各种社会影响以及产生不良效应等现实难题，因此，现在国家和企业都开始大力推广气门阻燃材料技术来减少燃料车造成环境污染、危害人体健康等一系列安全隐患。

参考文献

[1] 沈鑫，张哲谦，张鹏，董羽．灰色预测法和层次分析法在火灾事故中的应用［J］．价值工程，2018，37（32）：188-190. DOI：10. 14018/j. cnki. cn13-1085/n. 2018. 32. 077.

[2] 张良，张得胜，陈克，赵祥，鲁志宝，刘振刚．基于模组加热的新能源汽车火灾试验研究［J/OL］．安全与环境学报：1-9［2023-01-16］.

[3] 陈俭．新能源电动汽车火灾危险性分析及处置研究［J］．时代汽车，2022（21）：108-110.

[4] 张家瑜．提升新能源电动汽车火灾救援能力的研究［J］．消防界（电子版），2022，8（17）：74-76.

[5] 晏风，李军，王志伟，袁沙沙，周欣鑫．火灾高危单位消防安全评估关键技术研究［J］．安全，2020，41（06）：15-21.

电化学储能电站消防安全风险及防范对策初探

董伯江　韩云飞

（天津市滨海新区消防救援支队，天津）

摘　要　随着国家“双碳”战略的深入实施，可再生能源和新能源电力系统得到大规模应用。电化学储能电站作为电力储能的重要形式，在满足差异化储能应用需求的同时，其安全性也愈加重要。本文基于国内外储能电站有关研究基础，结合典型火灾事故报告和防火技术规范相关要求，分析电化学储能电站存在的火灾风险和特点，探索提出防范对策和思路，为提升电化学储能电站安全性提供新的工作思路。

关键词　电化学储能电站　消防　火灾风险　安全防范

1 引言

近年来，全国新型储能增长迅速。截至2021年底，新型储能新增规模达2.4GW，增长量达到了54%[1]。电力储能项目中，电化学储能电站作为高度密能量聚集的化学集成设备，其消防安全风险不容忽视。近10年来，电化学储能安全事故发生率呈上升趋势，全球仅公开报道的火灾爆炸事故就达35起[2]。2021年4月16日，北京丰台大红门电化学储能项目在调试期间发生起火爆炸，造成1人遇难、2名消防救援人员牺牲、1名消防救援人员受伤，引发社会高度关注。因此，对电化学储能电站消防安全进行分析和研究，提升火灾预警防范和应急处置能力，对于保障电化学储能产业健康发展、维护社会公共安全具有重要意义。

2 电化学储能发展概况

近年来，新型储能产业快速发展，特别是电化学储能电站建设持续加速，大量相关政策和技术标准的陆续出台，以电化学储能为代表的新型储能技术研发和产业化进程全面加速，“十四五”将是电化学储能电站建设的“窗口期”。

2.1 政策引导与产业支持

2021年以来，国家层面出台多个纲领性、保障性文件，为新型储能发展“搭桥铺路”。2021年，《关于完整准确全面贯彻新发展理念做好碳达峰碳中和工作的意见》提出要加强电化学储能的技术攻关以及产业化应用。同年，《关于加快推动新型储能发展的指导意见》提出新型储能装机规模2025年达到30GW以上的目标，实现规模化发展。据初步统计，2022年1月至5月，地方出台储能相关政策297项，将进一步刺激新型储能产业快速发展。江苏南京江北储能电站共有88个制舱式储能电池，最大充放电功率达110.88MW，可存储电量约220000kWh，是目前我国电网侧最大的电化学储能电站。

2.2 安全技术和研究进展

储能电站防范火灾的关键是防止电池发生热失控现象，与电池的本征安全性、电池模组及其管理系统有着直接关联。目前，单个电池有机械、电气等热失控防范措施，通过采用新型材料涂覆隔膜、采用电解液添加剂、植入防火微型壳等方式，起到遏制能量释放、抑制电池燃烧作用。电池模组管理技术主要通过优化电池模块组成和高效管理控制两个方面，完善故障预警和紧急熔断机制，提升系统热安全的设计水平。灭火剂选择方面，目前使用最多的灭火剂有液氮、水凝胶、细水雾、七氟丙烷、全氟己酮、六氟丙烷、干粉等[4]。

2.3 安全标准与管理规范

截至2022年1月，已发布的电化学储能标准共96项，储能技术核心标准已基本完备[3]，但消防安全标准仍需要细化完善。2022年，国家能源局先后印发《关于加强电化学储能电站安全管理的通知》和《防止电力生产事故的二十五项重点要求（2022年版）》，以消防安全为重点，提出了七个方面措施，并对中大型电化学储能电站选用的电池类型做出了限定，明确不得选用三元锂电池及钠硫电池，不宜选用梯次利用动力电池。同年6月，住建部在《电化学储能电站设计标准》从原则上提出了电化学储能电站设计过程中的消防安全要求。但在电化学储能电站消防安全领域，不同形式、不同规模储能电站的消防安全设计、运行安全要求的技术研究和标准仍不够细致，仍需完善。

3 电化学储能电站火灾风险分析

3.1 火灾特点

3.1.1 电池升温快、温度高。

在失控状态下，电池逐步加速升温，内部材料相继发生反应，导致热量逐渐积累，促使电池温度进一步升高，引发连锁反应。通过相关实验结果，电池表面温度可从130℃迅速升温至522℃，电池内部可以达到800℃以上的高温。

3.1.2 火焰射流加剧、燃烧猛烈。

方形硬壳电池或液体电池是目前储能电站常用的电池形式。火灾过程中，随着温度升高，电池内部产生大量可燃气体。当内部压力达到外壳破裂阈值时，大量可燃气体和电池内部材料喷射而出形成火焰射流，燃烧猛烈程度和火焰高度远超其他物质燃烧状态。

3.1.3 热失控传播加速火灾蔓延。

储能电站多为电池模组，单体电池紧凑布置。当某一节电池故障，出现热失控，热量将迅速传导到模组其他电池，导致热失控迅速传播。此外，射流火也将加剧热辐射，加速相邻电池的热失控过程，最终电池模组发生整体燃烧。

3.1.4 释放爆炸性气体。

电池热失控过程将产生大量的氢气、一氧化碳、甲烷、乙烯等气体，在电池模组中不断积聚进而引发物理爆炸。随着可燃气体浓度不断上升达到爆炸极限，可燃气体将发生化学爆炸，对电池模组造成严重破坏。北京丰台“4.16”储能电站火灾就是由于热失控过程中产生的可燃气体爆炸，造成2名消防救援人员牺牲。

3.2 风险因素分析

通过分析电化学储能电站结构特点和火灾危险性，电站火灾风险因素主要体现在电站结构形式、防火设计、消防设施和消防安全管理。

3.2.1 电站结构形式。

包括储能电站的结构特性和内外部的致灾风险，包括站址、规模、电池类型、储电量等。不同规模和类型的储能电站的火灾风险各有不同，新型高安全储能器件技术尚不成熟，特别是热失控状态的早期预警和紧急干预手段相对滞后。

3.2.2 电站防火设计。

包括平面布局、耐火等级、防火分隔、建筑材料等方面。储能电站由于其特殊性，更应该重点考虑设施设备布局、防火间距、防火分隔、耐火等级以及预制舱防火设计等内容。

3.2.3 消防设施。

储能电站内的消防设施、灭火系统、消防器材设计合理、配置到位，能够有效降低致灾几率和事故损失。储能电站设计中应明确火灾探测器、消火栓系统、自动灭火系统、机械防排烟系统及灭火器等设施器材的配置情况。

3.2.4 消防安全管理。

储能电站电气线路和设施较多，应该建立并落实严格的消防安全管理制度，包括应急值守、防火巡查检查、危险源分级管控、故障隐患整改、岗位消防安全培训、应急预案制定、消防演习演练、消防设施维护等，可以有效地降低火灾风险。

4 储能电站火灾防范对策

随着储能电站产业发展，针对电池储能安全性问题的研究课题获得更多关注，取得了一定成果，但仍有许多待完善的领域。通过对储能电站发展概况、火灾危险因素和火灾特点的分析，加强储能电站火灾防范应做好以下几个方面的工作。

4.1 加强储能安全技术研究

围绕火灾发生的三大要素，提炼对电池火灾风险影响大的关键因素，针对高熔点SEI膜、难燃电解液等电池材料安全性研究，采取安全性更高的电池模组形式，选用本征安全性更高的电池类型，限制电池本体的充放电SOC区间。通过研究表明，处于20%~80%的SOC区间的锂电池内阻较小，发热量相应降低，不易出现电池过充、过放问题，有利于规避风险[5]。

4.2 完善消防技术标准体系

结合国家重点支持的电池储能技术路线，加速制定储能电站消防安全领域的技术标准，明确储能形式、设施设备布局、安全间距、消防设施器材等重点环节的设计要求，细化施工、验收、运维检修和安全管理等安全作业规程。由于储能电站的安全特性与技术类型、应用场景联系紧密，既应制定通用技术规范，也应制定主要技术路线在不同应用场景下的具体技术标准。对于大大规模的电化学储能系统，应当建立控制管理性能测试系统，完善评估验证体系，可考虑依托硬件在环进行实时仿真模拟方式实现，帮助新电池储能系统在开发设计和现场调试阶段具备较为完整的系统控制、保护、管理功能。

4.3 加强运行监控和早期预警系统

改进储能电站安全状态物联感知和智能诊断技术、电池热管理技术应作为重点。特别是针对电池电热状态转换准确感知的预警技术，提升储能电站火灾的早期预警能力。具体方式可以通过收集电池表面温度、电压、电流等数据，以及电池热失控产生的烟气，通过大数据进行智能化分析，精准提取电池热失控状态下的特征量，在火灾发生的初期阶段及时发出预警，采取紧急介入措施，力求早发现、早处置，避免火灾事故的发生或扩大。

4.4 选择科学高效的火灾扑救方法

实验表明，七氟丙烷应用于火灾初期阶段的单体电池燃烧灭火效果较为明显[6]。但从已发生的火灾案例分析，火灾一旦进入猛烈阶段，其火灾抑制作用明显受限。而相对七氟丙烷灭火器，全氟己酮能够持续降低火场温度。因此，针对大容量锂电池火灾灭火剂的边界条件及有效性进行研究，在电化学储能电站中应用更加高效的固定式灭火设施，可缩短火灾时间，降低火灾损失。消防救援力量参与火灾扑救过程中，采取现场警戒、侦查断电、冷却保护、动态监测、控制污染等措施[7]，更多运用大流量、远距离、遥控式的灭火救援器材装备，尽可能避免因爆炸、高温火焰射流造成人员伤亡。电池组火灾扑灭后，应持续出水冷却，使用热成像仪、测温仪等设备持续监控现场温度，防止复燃发生。

5 结束语

本文立足电化学储能电站产业发展现状有针对性的分析其火灾风险、特点，从安全技术研究、标准规范制定、早期预警系统、火灾扑救方法四个维度提出火灾防范对策和工作建议，为有效防控电化学储能电站火灾风险一共一些有益参考。

参考文献

[1] 中国能源研究会储能专委会．储能产业研究白皮书2022（摘要版）[M]. 1. 中国能源研究会储能专委会，2022.

[2] 方来华，时训先．储能安全：风险防控与安全监管[J]. 劳动保护，2021（12）：10-13.

[3] 赵北涛，郭洪昌．国内外电化学储能电站安全分析及展望[J]. 农村电气化，2022（01）. DOI：10.13882/j.cnki.ncdqh.2022.01.021：69-71

[4] 高维娜，于海青，苏文威，邱景义．储能电站可靠性与安全性技术研究进展[J]. 电池，2022，52（01）. DOI：10.19535/j.1001-1579.2022.01.026.110-113.

[5] 赵志宏，梁满仓，孙健，高旭东．电力企业安全生产管理存在的问题和优化[J]. 大众用电，2021，36（12）：54-55.

[6] 林震，田浩，周晓蓉，周斌．储能系统锂离子电池火灾抑制技术分析和研究[J]. 消防科学与技术，2021，40（12）：1793-1796.

[7] 高硕，方建钢．电化学储能电站火灾事故应急响应与处置思考[J]. 湖南科技学院学报，2021，42（05）. DOI：10.16336/j.cnki.cn43-1459/z.2021.05.012.39-42.

大型商业综合体火灾风险评估与消防安全疏散设计建议

张　潇

（青岛市消防救援支队，山东　青岛）

摘　要　近年来我国经济快速发展，很多城市涌现出众多商业中心和购物广场，这些规模大、内部功能复杂、人员密度大的商业建筑被称为大型商业综合体。这些商业综合体存在很大的火灾风险，一旦发生火灾人员安全疏散难度较大，给消防安全疏散带来了较大挑战。为了更好地规避大型商业综合体的火灾风险，保证火灾发生时人员安全疏散，本文对商业综合体的火灾风险进行评估分析，并结合评估结果提出消防安全疏散设计策略。

关键词　消防　大型商业综合体　火灾风险　安全疏散

1 引言

随着城市化的发展，商业综合体项目应运而生并且逐渐繁荣，它集体验、展示、购物、餐饮、休闲娱乐等多种功能和业态为一体，呈现出规模日益庞大和功能日趋复合多元的发展趋势。由于其结构功能复杂、人流量大，给防火设计带来严峻挑战。如何保障大型商业综合体具有较高的防火性能，且在火灾发生时保障建筑内人员安全疏散成为大型商业综合体防火设计中最值得关注的问题之一。本文结合工作经验，对某市万达广场火灾风险进行评估，探讨消防安全疏散等防火设计，希望可为类似工程的管理和设计提供借鉴。

2 大型商业综合体的火灾危险性分析

大型商业综合体具有体量巨大、火灾荷载密集且不规则分布、人员高度集中、结构布局及功能复杂等建筑特点，其火灾危险性不容忽视[1]。大型商业综合体的火灾危险特性主要体现在以下几个方面：

2.1 防火分区划分难度大

建筑内部空间在水平方向和垂直方向上均十分巨大，且存在许多灰色空间，难以划分防火分区。尤其应注意的是室内步行街及与之相连的中庭、自动扶梯等竖向空间，通常不能有效设置防火分隔，发生火灾时会在其中产生烟囱效应而在竖直方向上迅速蔓延，形成大规模火灾[2]。

2.2 疏散通道不符合要求

部分疏散通道的设置不能满足疏散要求，致使人员疏散困难。大型商业综合体在建成使用后，为满足营业面积最大化的需求，易造成疏散通道宽度不足、安全疏散距离过长和安全疏散出口集中等现实问题。加之，发生火灾时产生的大量烟气蔓延迅速且影响范围大，使建筑内部能见度低，很大程度上影响了人员迅速、准确地识别疏散路线并采取有效的疏散行动，不利于人员疏散。

2.3 导致火灾发生因素多

功能复杂，配有较多大功率电气设备和燃油、燃气锅炉设备，导致火灾的因素多，不宜控制。尤其是设置在环廊或顶层的餐厅、饭店，其厨房设备以大功率用电设备或燃气设备为主，火灾危险性较高，应当作为大型商业综合体的重点防火部位。

2.4 灭火作战危险性高

灭火和扑救困难，大型商业综合体空间开阔、火灾荷载密集分布，燃烧猛烈，使得火势迅速蔓延，难以控制。密集的人流、车流以及复杂的周边环境，极易堵塞消防车道；加之其复杂的内部结构和火场内产生的大量高温有毒烟气，严重阻碍了消防人员的救援行动。

综上所述，大型商业综合体具有内部结构和周边环境复杂性以及商业功能多样性等特点，其火灾隐患繁杂，极易发生火灾事故且后果严重。因此，需要针对超规范大型商业综合体的建筑特点和防火设计方法开展火灾风险性评价研究工作，以对其消防设计和消防安全管理作出指导。

3 评价指标体系建立

3.1 测评指标体系的构建

本文采用层次结构设置评价指标，使火灾风险评估系统的含义能够清晰，深入地表达[3]。将火灾风险评估指标的分析和选择与指标体系构建原则相结合，建立了具有3个二级指标、10个三级指标的大型购物综合体多级火灾风险评估指标体系，如表1所示。

表1 大型商场综合体火灾风险性评估指标体系

一级指标	二级指标	三级指标
大型商厦复杂火灾危害满意度	建筑结构防火能力	建筑结构耐火等级
		防火分区
		防烟分区
		防火分隔物
	建筑灭火能力	自动灭火系统
		室内消防设施
		室外消防设施
	安全疏散能力	疏散通道类建设
		疏散引导类设施
		日常安全管理

3.2 构造判断矩阵

从层次模型的第二层，采用专家打分法对于影响前一层的每个因子的同层因素，将隶属于同一指标的各指标之间的相对重要性进行比较，形成判断矩阵 P，并对矩阵 P 进行归一化处理得到权重向量，其次进行一致性检验，得出结果满足一致性要求。

$$P=\begin{pmatrix}1 & \frac{1}{2} & 1\\ 2 & 1 & \frac{1}{3}\\ 1 & 3 & 1\end{pmatrix}\qquad P_1=\begin{pmatrix}1 & 5 & 4 & 2\\ \frac{1}{5} & 1 & 2 & 2\\ \frac{1}{4} & \frac{1}{2} & 1 & \frac{1}{2}\\ \frac{1}{2} & \frac{1}{2} & 2 & 1\end{pmatrix}$$

$$P_2=\begin{pmatrix}1 & 2 & 4\\ \frac{1}{2} & 1 & 2\\ 2 & \frac{1}{2} & 1\end{pmatrix}\qquad P_3=\begin{pmatrix}1 & \frac{1}{4} & \frac{1}{2}\\ 4 & 1 & 2\\ 2 & \frac{1}{2} & 1\end{pmatrix}$$

3.3 计算各层权重

在前面已经得知层次排序满足一致性要求，经过专家评定后得到各个区域权重，如表2所示。

表2 大型商场综合体火灾危险性满意度各层次总权重汇总表

目标层	准则层	指标层
大型商场综合体火灾危满意度 P	建筑结构防火能力 0.2632	建筑结构耐火等级 0.1347
		防火分区 0.0584
		防烟分区 0.0252
	建筑灭火能力 0.2884	防火分隔物 0.0449
		自动灭火系统 0.1637
		室内消防设施 0.0818
		室外消防设施 0.0409
	安全疏散能力 0.4484	疏散通道类建设 0.073
		疏散引导类设施 0.292
		日常安全管理 0.0834

3.4 火灾危险性调查

本文选择某市万达广场，分别就三级指标进行问卷调查，让问卷调查对象分别就对各指标的认知情况选择评价等级。这里共5个评价等级，即将火灾危险性相关指标的评价划分为非常差、比较差、一般、比较好、非常好。相应地对其赋值，所对应分值非别为50、60、70、80、90分。

本次问卷调查对象为商场管理团队、普通员工、消防维保人员、第三方消防测评公司人员，调查发放调查问卷280份，收回有效调查问卷250份，得出三个指标对应的每个评语人数分布，如表3所示，每个指标评语数总和为250，也就是参加这次调查的人数。

表3 大型商场综合本火灾危险性满意度频数表

	非常	比较	一般	比较好	非常好	合计
建筑结构防火能力 P_1	0	33	84	93	40	250
建筑灭火能力 P_2	12	35	76	68	59	250
安全疏散能力 P_3	10	39	70	74	57	250

3.5 综合评价

根据最大隶属原则 B＝｛b_1，b_2，…，b_n｝，若模糊综合评价向量 $b_r = max\ \{b_i\}$。则被评价对象从总体上来说隶属于 r 等级。经过计算得出每个阶段的评价结果如下：同理，B_2 为 73.09 分，B_3 为 73.38 分，综合得分为 75.25 分。经过对其火灾危险性的计算，可以得到该建筑的结构防火能力、建筑消防灭火能力尚可，但安全疏散能力为一般的结论，这与工作实际中的检查情况基本相符。

4 大型商业综合体消防安全疏散设计建议

4.1 设计应当符合国家相关规范要求

在大型商业综合体的消防安全疏散设计中，需要严格按照国家标准《建筑设计防火规范》（GB 50016—2014）等消防技术规范和公安部针对超大城市综合体在各地不断涌现后出现的新问题新情况提出的《关于加强超大城市综合体消防安全工作的指导意见》（公消〔2016〕113 号）的要求，合理进行疏散设计，主力店与步行街的疏散应相对独立。[4]

4.2 加强疏散指示标志与疏散设备设计与管理

4.2.1 做好疏散设备设计工作。

疏散设备在大型商业综合体中起着重要作用。大型商业综合体所需的消防疏散设备数量多，对疏散设备的质量有很高要求。[5]因此，在消防安全疏散设计过程中，相关人员要严格遵循科学性与实用性原则，根据实际情况合理设计疏散设备的位置。

4.2.2 强化日常管理

在日常安全管理工作中，维保人员要定期维护和保养疏散设备，发现故障问题及时维修，延长疏散设备的使用寿命，将消防疏散设备的作用最大化地发挥出来。

4.2.3 加强疏散指示标识

商场应在商场入口、商场服务中心与内部休息场所等显眼位置张贴疏散示意图，将商场内的安全通道、楼梯间以及顾客所处位置等信息详细标识出来，便于顾客一目了然，掌握疏散路线与消防安全通道。同时，在消防控制中心，应当常备建筑平面图，不仅要清晰标示出疏散通道与楼梯位置，而且要标示出商场主要隔断、设备间等位置，为火灾救护提供可靠支持。

4.3 设计安全疏散预案

大型商业综合体要根据自身建筑情况，科学预见火灾潜在风险，设计科学有效的防火安全对策，不断提高抵御风险火灾的能力。通过设计防火安全疏散预案并加强演练，当发生火灾时，可以沉着理智的处理应急突发事件，提高预见风险与化解风险的能力。需要注意的是，在制定防火安全疏散预案过程中，需要针对老年人、小孩等特殊人群采取专门的处理措施，保证他们的人身安全。同时，商场管理人员要做好逃生标志的标记工作（如设计指导标牌等），通过在商场的各个区域张贴安全标语、设置安全疏散标志等，将逃生标志重点标示出来，时刻提醒人们注意安全，为人们划分安全区，确保人们提供标志引导可以顺利进入安全区域。

4.4 合理进行非燃化设计

通常大型商业综合体都有高峰时期，这一时间段内人员流动性非常大，人员密度也高。在进行大型商业设计装修时，需要保证建筑内的装修装饰材料与构件都是不易燃的材料。[6]同时，建筑消防疏散区域要严谨存储可燃易燃物品，提高整个区域的安全性，为发生火灾后人员及时疏散打好基础。此外，相关管理和维保人员要检查完善自动喷水灭火系统内的设备设施，确保所有设备都处于正常可用状态，提高商场建筑的防火水平和消防疏散水平，保证在火灾发生初期及时有效控制火灾险情，最大化地降低火灾损失。

4.5 加强建筑排烟设计

一旦建筑内发生火灾，必然会产生很多烟气与热量，只有将这些烟气与热量及时排出，才能保证消防安全疏散工作的正常开展，推进火灾扑救工作进展。因此，在大型商业综合体消防安全疏散设计中，必须要做好建筑内的排烟设计工作。在设计机械排烟系统时，要将机械排烟系统与建筑本身的通风系统、空气调节系统等联合应用，选用强度高、耐高温的双速消防排烟轴流风机。一旦火灾事故发生后，该设备会自动切换消防供电回路，保证正常供电。

5 结论

在大型商业综合体中，消防安全疏散设计发挥着重要作用，科学完善的设计是保证消防安全疏散工作顺利开展的保障。因此，相关管理人员要对商场内的火灾风险进行科学合理的评估，设计人员要做好消防安全疏散设计，根据商业建筑特点，严格按照国家相关标准要求进行设计，加强疏散指示标志与疏散设备设计与管理，设计安全疏散预案与建筑排烟，提前做好建筑内的火灾风险防范工作，真正提高消防安全防护效果。

参考文献

［1］王珺玮．高层建筑消防安全疏散设计探究［J］．今日消防，2021，6（04）：34-35.

［2］陶倩文，胡钊政，黄刚，蔡浩，吴志鹏．基于消防安全疏散标志的高精度室内视觉定位［J］．交通信息与安全，2018，36（02）：39-46+60.

［3］谭钦文．建筑中庭消防安全疏散决策支持系统的研究［D］．西南石油大学，2017.

［4］苏玉宝．高层建筑消防安全疏散现状问题与对策研究［J］．建设科技，2016（14）：130.

［5］张长清．人员密集场所的消防安全疏散的重要性及相关对策研究［J］．科技与企业，2011（09）：80.

［6］刘超杰，江晓雄．某大型地下商业广场安全疏散标志设计［J］．南方建筑，2006（07）：126-127.

石油化工企业火灾危险性分析及灭火救援策略

董光辉

（北京市孙河乡顺黄路黄港特警站，北京）

摘　要　石油化工企业数量十分庞大，此类企业的安全生产管理压力一直较大。石油化工产品多为易燃易爆物品，这也导致此类企业防火层面的压力格外明显。整体上看，石油化工企业的防火意识、能力与以往相比均有了一定程度提升，但时有发生的一些火灾事故表明，防火神经一刻也不能放松。石油化工企业一旦发生火灾事故则会造成很多重大不利影响。为此，探寻出此类企业防火有效策略十分必要。文章通过对石油化工企业的火灾危险性进行分析，讨论在灭火救援工作中危救援难点，阐述灭火救援的最优对策。

关键词　石油化工企业　易燃易爆　火灾危险性　灭火救援　策略

1　引言

石油化工企业在国民经济建设中具有重大意义，生产规模和储存装置都不断扩大[1]。而由于其生成过程中的操作条件复杂，涉及的各种原料、产品、介质、溶剂等均属于易燃易爆物质，很容易出现火灾事故，具有高度的火灾危险性。针对这些问题，消防和防火工作已取得一定成绩，但仍存在不足使事故仍有发生。对石油化工企业的火灾危险性，以及发生火灾后灭火救援的难点进行分析，并提出相应的有效策略，为石油化工企业消防救援工作的有效开展提供借鉴和指导。

2　石油化工企业火灾危险性

2.1　火势蔓延快

石油化工企业一旦发生火灾，会出现液体的分散和气体的扩散，火势复杂，容易形成立式燃烧，火灾蔓延迅速。且石油化工企业生产厂房规模大，占地面积较大，并经常伴随着各种油罐的爆炸和石油的流淌、喷溅[2]，因此石油化工企业发生火灾后，容易形成一场火势蔓延极快，难以控制的大面积火灾。

2.2　生产设备易爆炸危险

石油化工行业发生爆炸的原因有三种。第一种是物理爆炸。在石油化工企业生产过程中，由于疲劳、锐变、脆变、腐蚀等原因，往往会引发事故，甚至发生物理性爆炸。第二种是化学爆炸。许多液体、气体化学物品都是非常危险的，在一定的情况下，极易发生化学性爆炸。第三种是混合爆炸，这是一种由化学和物理两种物质结合而产生的连锁反应。在大型石油化工行业，这种混合炸药的杀伤力很强，且很难扑灭[3]，如图1所示。

图1　石油化工企业发生火灾爆炸

2.3　灭火过程较长且消耗巨大

在石油化工企业内，一旦发生了火灾事故，火灾事故的扑救难度较高，火灾扑救难度大成为了这类事故的一个典型特点[4]。以生产装置发生的火灾为例，一些石油化工原材料会在短时间内快速泻出，火势会在短时间内明显加大，从而形成为敞开式的燃烧。火焰温度较高，加之生产装置被烈火炙烤则容易诱发爆炸，从而形成一片火海，这无疑会加大火灾事故的扑救难度。

2.4　火灾救援难度大

消防救援队伍是出现火灾事故第一时间到达的专业人员，在进入火灾现场后，迅速切断火灾源头，营救被困人员，设立警戒线，做好事故现场的维护。但随着城市化进程的加快，车辆数量在不断增多，车辆拥堵情况十分严重，对于消防救援车辆的行驶造成严重影响，也容易导致消防救援队伍错过最佳的火灾救援时间，造成更大的经济损失和人员伤亡。

3　石油化工企业救援难点

3.1　燃烧爆炸具有持续性

石油化工企业在生产工作中所应用的原材料，有着较强的流动性以及渗透性，同时有一部分化学材料在空气中还具有挥发性，如果发生火灾事故，将会为救援工作与火灾控制工作造成较大的阻碍，对于残留物的清除不彻底，也将会提高复燃的风险[5]。危险化学物品的燃烧比其他物品燃烧需要更长的冷却时间，还有一部分易燃气体，其挥发并不明显，即使救援人员在短时间内将火灾情况控制住，当空气中化学物质浓度再次提升以后还会出现复燃的情况。

3.2　火灾引起的事故范围大，伤害性强

石油化工企业的火灾事故中，事故后果通常较为严重，这也是相应事故的一个基本特点。无论是生产装置，还是储罐处发生火灾，首先会造成一定的财产损失。由于石油化工原材料、产品带有易燃易爆的特性，火灾一旦发生且短时间内并未得到及时控制时，直接的财产损失也会加大。除了会造成直接的财产损失外，火灾事故也容易造成一些人员伤亡，而这无疑会进一步加大火灾事故所造成的严重后果。从环境污染的角度看，火灾事故的发生会产生大量浓烟，部分化工原材料的爆炸、燃烧也容易导致大气污染，以及部分原材料泄漏等次生灾害[6]。与一般性的安全生产事故而言，火

灾事故后果通常更为严重，其所造成的财产损失、人员伤亡损失，以及环境污染很难得到有效控制，这些负面影响都可以被看作是火灾事故导致的后果。从这一层面看，石油化工企业火灾事故的后果往往较为严重。

3.3 救援场地环境复杂

石化企业的内部结构复杂，具备许多重大型设备，且这些设备非常专业也非常难以移动。石化企业内有许多种类的危险化工产品，随处可见高温设施和高压设施，摆放的位置不同，功能不同，遇到事故后的状态也不同。这就需要消防员对这些设备有充足的了解，也要掌握许多与之相关的安全知识，抢救石油化工事故是对消防员能力和技术的一个重大考验。现阶段，救援人员对石化企业的生产流程，技术种类，消防设施、处理注意事项等不了解，组织的实战练习流于形式，并未起到实质性的效果。导致在事故抢救过程中，救援人员不了解现场情况，容易盲目展开救援，从而导致救援失败，甚至有可能导致自己受伤或死亡。在这种大型事故的抢救当中，任何一个小错误都有可能引发二次爆炸或者导致火情扩大，对被困人员与救援人员的安全造成威胁。

4 石油化工企业火灾救援工作的有效策略

4.1 推动多方协作，掌握火灾情况

推动多方协作能够有效提升就员工工作的成效，在接到报警之后消防管理人员就要及时咨询当地和周边人员火灾场所的情况，联手化工专家分析毒气、易燃物的安全隐患，还需要根据施工图纸咨询建筑专家分析是否会出现坍塌、触电的可能性，还可以利用信息技术开展数据分析，精确掌握建筑物内部及周边区域的具体情况，快速构建立体空间模型，综合考量之后规划出最高效安全的灭火救援方案，以此来保障救援人员的生命安全。

4.2 制定针对性较强的灭火措施

根据石油化工行业的火灾特点，应制订出一套科学的消防应急方案，并要合理估计消防力量。在火灾扑救过程中，要考虑到可用的泡沫量是否能够连续供给；在冷却过程中，不仅要考虑储罐的降温，还要考虑 1.5 倍的相邻储罐的制冷问题；在计算力量时，要考虑到 17m 以上的油罐无法使用水枪进行冷却的情况，同时还要考虑到高射炮、车载炮、移动炮、固定炮等设备的可用数量；从灭火作战的角度来看，直径 20m 以上的油罐要考虑 6h 以上的灭火能力[7]。同时，还要正确运用消防策略，将人员的救护与撤离工作作为灭火救援工作的重点内容。特别是在石油库地势较高、居民区地势较低的情况下，首要任务就是进行人员的疏散与撤离。当发现油罐有发生爆炸和液体流动的征兆时，要立即疏散在地下的所有救火人员。此外，对油罐火灾的灭火关键在于降温，这是确保灭火剂不间断的根本条件，也是灭火后避免再发生火灾的有效措施之一。

4.3 信息化作战指挥体系

信息化作战指挥体系的构建对全面、准确、高效了解火灾现场情况，制定灵活作战预案有着特殊意义，且利用信息技术构建作战指挥通信平台，方便指挥长全面快速掌握各类型情况，最后可以将采集的所有信息上传到基础数据库当中，形成档案，以便汇总更详实的信息，挖掘更多有价值的内容。同时，在现场救援指挥中，以信息技术作为基础，可以动态了解救援现场情况的变化，指挥人员实时接收现场传回的信息，对下一步救援行动做出部署，也动态掌握火灾险情的变化，当险情升级、救援难度加大前提前做出预警、做好规划，降低救援难度与危险性。

4.4 加强灭火救援安全知识教育，增强指战员安全意识

为了提高消防部门工作人员的综合水平，适应作战特点，要在日常工作中积极开展宣传教育工作，做好充分的思想准备，避免在灭火救援现场出现混乱问题。定期组织动员大会，提高消防员和指挥员的重视程度，使其意识到作难点及要点，了解具体的灭火救援要求，在保障人员安全的基础上提升救援效率。积极开展思政政治教育工作，使工作人员提高思想觉悟，认识到自身岗位工作的现实意义及社会价值，在灭火救援中树立强大的信念，形成不畏艰难、勇于奋进的精神品质。做好工作人员的专业化培训工作，掌握各类先进消防技术和设备的操作技巧，尤其是要明确工作性能要求，在使用中做好防护。

在许多火灾事故中，许多都是因为消防队员的安全意识淡薄造成的。一是在有可燃气体的事故现场，参与人员未经检查就贸然闯入，酿成惨剧，二是对建筑物的构造不熟悉，在建筑物已经有了坍塌的迹象后，选择了错误的进攻路线，而导致人员伤亡。三是在无安全保护措施时，消防员没有携带相关安全保护装置就进入浓烟或缺氧的地方进行救火作战，造成中毒、窒息等。因此，必须加强消防人员的安全教育，使其在面对危险时做到心中有数。教育内容包括：易燃气体和易燃液体泄漏、毒气扩散时应如何处置，如何观察建筑物倒塌的迹象；火灾救援中的注意事项及安全规定。个人的安全保护规定等；关于现场警戒和交通管制在消防工作中的安全需求，如何规范使用交通工具。通过以上安全知识教育为消防队员树立心中安全规范，避免灭火任务中的伤亡情况。

4.5 有效控制火势蔓延

在开展灭火救援工作的过程中，控制火势蔓延是一个重要目标，即减少火灾给周围环境带来的危害，为人员疏散逃生提供有利条件，避免灭火救援工作中出现混乱。在石油化工企业火灾现场开展灭火救援工作时，消防人员应采取有针对性的措施控制火势蔓延，如关阀断料等[8]。消防人员应加强与石油化工企业技术人员的沟通，获取火灾现场的详细情况、火灾发生的原因，联合多种截堵措施，控制火势蔓延，以提高灭火救援工作的效果。

5 石油化工企业火灾事故中消防救援的安全措施

5.1 设置警戒，保持安全距离

在火灾现场，常常有警戒不足、指挥不力的情况发生，例如大量群众围观等现象，所以在火灾扑救的过程中，应该建立现场统一指挥机制，扩大管控警戒的范围，确保救火救援行动的安全有序。对此，现场的指挥人员应该调集力量加强警戒，管控交通。在警戒区的划定上，要按照建筑高度的 1.5 倍确定，将周边的车辆人群疏散到安全的区域，确保人员安全。

5.2 进行正确的现场安全评估

火灾消防安全评估是城市消防规划的重要组成部分，是编制城市消防规划的基础。通过分析城市或区域的火灾发生情况及发展趋势，对火灾风险做出科学评估，认清石油化工企业消防安全状况，可以为消防安全布局、消防设施规划布局等核心内容提供科学支撑和有效指导。石油化

工企业设计以及施工人员要给出石油化工企业的结构图纸，专家以及消防主管人员要根据图纸以及火灾情况制定合理的灭火方案。

5.3 佩戴齐全个人防护装备

必须根据实际需要改进人身安全设备，使其适应救援行动。防护头盔要求使用综合防护能力强的新型材料，能起到有效的抗冲击、抗有害气体侵入、抗辐射、防腐等安全作用；安全服采用 DRD 系统制造，具有安全钩设计；对于消防安全绳和消防腰斧，可以被转换成绳袋和小制动器。

5.4 针对不同性质的危化品采取正确的处置方式

泡沫灭火是一种比较常用的灭火方法。泡沫液体贮存过多容易产生浪费，过少则不能满足大规模火灾的基本需求[9]。在实际作战中，油罐火灾受到多种因素的制约，难以迅速扑灭，常常要数小时，甚至多个日日夜夜。如果 $3000m^3$ 的固定顶油罐着火，按照 4h 以上的时间进行灭火准备，则更符合消防工作的实际情况。对此，相关的灭火准备主要有两种：一是在多个储罐共存的条件下，根据火灾发生时间的长短来确定泡沫液的储存量，以最大面积和最大罐来计算灭火剂用量；二是当罐区面积较小，罐区容量较大的情况下，用 30min 的备用泡沫液储罐是符合实际情况的，但如果单罐容量大，罐区范围较大时，则应按救火持续时间进行计算。就干粉灭火剂来讲，其在灭火时则主要是用来消灭易燃液体、易燃气体引发的火灾，同时还可以与“轻水”泡沫等混合来扑灭大型石油类火灾。然而，用干粉灭火器灭火时，其费用昂贵，而且在扑救过程中，一定要在充分冷却的条件下进行，否则容易引起复燃，进而无法灭火。

5.5 构建实战化建设战勤保障

发生火灾时，应根据装置的实际情况作出合理决定，以确保调配战勤保障的科学性。救援队的安全设备应全面配置，以提高消防员的可用性和实际施工现场的安全性。消防救援队伍必须充分了解本单位提供的设备以及应急设备的使用和配置。如果数量不足，必须及时补充。消防救援人员必须接受定期培训，掌握正确使用防护设备的科学方法，严格按照标准程序工作，使各种设备发挥其应有的作用。实际作业前，分析区域内灭火设备的总体布局、建筑布局和交通规划，合理确定救援人员和灭火设备的部署时间。

5.6 做好现场环境、人员的消杀工作

事故发生后，消杀队将在现场有力、有序、科学地开展循环消杀工作，消杀工作人员可采取气溶胶喷雾和干粉喷洒等方式，进行火灾现场内部及外部环境的消杀工作。

6 小结

综上所述，石油化工企业内的安全生产事故中，火灾的占比较高，此类事故往往会造成较大的直接或间接损失。因此，在具体的防火措施选用中，企业也应当结合具体不足来弥补进行防范。仔细侦查火情的动态变化，明确救援过程中威胁救援人员安全的因素，探索保护消防人员生命的安全举措是当前石油化工消防工作开展的首要任务。

参考文献

[1] 袁纪武．石油化工企业的危险化学品安全管理[J]．安全．健康和环境，2004（3）：29-30.

[2] 张岩，何淼．原油储罐火灾形式和防止沸溢，喷溅技战术方法运用[J]．今日消防，2020，5（4）：2.

[3] 张智．石油化工企业火灾扑救处置要点分析[J]．消防界（电子版），2021，07（14）：68-69.

[4] 徐敏．中小型石油化工企业火灾事故特点及防火对策[J]．化工管理，2021（14）：122-123.

[5] 彭龙华．石油化工企业安全生产现状和措施[J]．中华传奇，2019（25）：1.

[6] 袁博．分析消防灭火救援中的环境污染问题与应对策略[J]．经营管理者，2016（29）：486-486.

[7] 聂世全．油罐泡沫灭火系统和冷却水系统综合性能检测的方法与步骤[J]．石油库与加油站，2005，14（2）：3.

[8] 张德亮．石油化工火灾扑救对策研究[J]．化工管理，2019（21）：2.

[9] 张全灵．大型液体火灾扑救与泡沫灭火剂相关问题[J]．消防科学与技术，2022（008）：041.

建筑消防安全疏散存在的风险与对策

张　迪

（天津市和平区消防救援支队，天津）

摘　要　随着我国社会、经济、文化的飞速发展，国力的迅速崛起，人民的物质等基本生活得到极大丰富。为满足人们多元化的生活需求，商业综合体、高层住宅、歌舞娱乐场所、游艺场所、劳动密集型厂房、宾馆饭店等配套建筑林立。上述场所建筑体量大，人员高度聚集，火灾中人员疏散逃生面临巨大考验。本文针对建筑消防安全疏散存在的风险隐患进行浅析并就如何做好消防安全疏散工作进行思考。

关键词　安全疏散　法律责任　违法　对策

1 引言

1994 年 11 月 27 日，辽宁阜新艺苑歌舞厅火灾中由于严重超员（核定 140 人，实际 299 人）且疏散通道不畅，场所员工未能及时有效组织疏散，造成 233 人死亡；2000 年 12 月 25 日，河南洛阳东都商厦火灾中由于疏散楼梯上设置铁栅栏门且现场工作人员未及时通知商厦四层娱乐城人员疏散撤离，造成 309 人死亡；2002 年 6 月 16 日，某地一黑网吧火灾中由于安全出口被锁闭且窗口被栅栏封闭，造成 24 人死亡；2004 年 2 月 15 日，吉林某商业建筑火灾中由于当日值班员擅自离岗未及时通知顾客疏散，造成 54 人死亡；2005 年 12 月 15 日，吉林辽源中心医院火灾中由于报警晚、未落实安全责任

制、危重病人疏散难度大等原因造成38人死亡；2021年6月25日，河南商丘震兴武馆火灾中由于使用聚乙烯彩钢板违规住宿且窗口设置栅栏，造成18人死亡；2022年11月21日，河南安阳火灾事故由于违规动火作业，造成38人死亡。以上火灾案例的惨痛教训无不给我们敲响警钟。疏散通道不通畅、锁闭安全出口、窗口设置栅栏、现场工作人员不履行安全职责、安全制度不落实和制度缺失等都可能导致一场火灾中重大人员伤亡。随着我国经济发展和社会进步，建筑规模大、使用功能多样、人员密集度高的建筑更如雨后春笋拔地而起，但如何预防火灾事故的发生特别是火灾中如何预防人员伤亡已成为当前消防领域火灾防范的重点。

2 建筑消防安全疏散存在的问题

2.1 疏散路线被堵占

建筑内的疏散通道、楼梯及安全出口的数量、宽度、疏散距离都是在建筑设计、施工阶段严格按照《建筑设计防火规范》进行规划和建造的，其充分考虑了建筑使用性质、耐火等级、高度、防火分区面积、装修材料燃烧性能及使用人员逃生自救能力。但是，在建筑实际使用中，建筑经营者、使用人或者租户往往由于某些原因将疏散通道或安全出口进行了占用、堵塞或者封闭。经走访调查和数据统计，上述堵占疏散通道和出口的行为，其原因占比如下：55%的受访者是出于“安全”原因，包括防盗安全、防止跑单，特别是近两年以来，受到新冠病毒影响商家为实现扫码测温的防疫安全要求，将主出入口进行多则90%，少则50%进行锁闭。30%的受访者表示，是出于“方便”的原因，将疏散通道或安全出口进行锁闭，可以增大自己租赁区域的实用性和私密性。10%的受访者表示自己并不知晓疏散通道和安全出口的重要性，觉得没什么用，导致疏散通道和安全出口始终是锁闭或占用的。

2.2 内部装修占用核心筒

为满足不同使用需求，现代建筑形式日新月异，高层、超高层建筑如雨后春笋遍布各地。一类高层建筑尤其是超高层建筑，为了达到稳定性和实用性要求，往往会在建筑中心位置设置核心筒。核心筒内设置有供人员安全疏散使用的楼梯、前室、走道等消防设施设备。此外，为达到防火分区要求，规范要求核心筒的墙耐火极限不低于1.0h。然而在实际使用中很多租赁楼宇整层或上下连续多层的单位私自将核心筒与疏散走道相邻的隔墙拆除，使走道面积扩充至自身的租赁区域，已到达扩大使用面积的目的。

2.3 违规占用避难层

公共建筑和住宅建筑，当其高度大于100m时应设置避难层[1]。避难层是火灾发生时供超高层建筑内部人员疏散和临时避难的逃生场所，任何情况均不得占用和锁闭[2]。在实际检查和调研工作中发现，部分楼宇存在物业将避难层作为办公场所，企业在避难层中设置羽毛球、乒乓球、跑步机等健身器材作为健身场所，个人在避难层中违规存放杂物等现象。

2.4 封堵逃生救援窗

逃生救援窗设置于建筑的二层及以上楼层，每层不少于两个，其设置目的就是在人员被火围困且无法通过疏散楼梯逃生时的第二条“生命通道”。被困人员可以通过逃生救援窗疏散到建筑物外，消防员亦可从窗口进入对被困人员进行施救。在建筑物的实际使用中，往往由于二次装修和使用性质的变更，逃生救援窗口被实墙、玻璃幕、广告牌、铁栅栏等封堵，无法实现其在逃生和救援中的宝贵价值。

2.5 有毒烟气

随着我国乃至世界材料革命的突飞猛进，各类新型材料被应用于现代建筑装修中，其中不乏许多易燃和可燃材料，上述装修装饰材料在发生火灾时燃烧热值高、传播速度快而且会生成CO、CO_2、HCN、NO等窒息性有毒气体，有毒烟气夹带着燃烧生成的热量会导致被困人员窒息、烧灼，遮挡疏散路径，对疏散和灭火救援工作带来严重威胁。

2.6 消防预案形同虚设

从国家党政机关到机关团体，从国有私有企业到事业型单位，都应该应因地制宜地制定灭火和应急疏散预案[3]，配足预案中火灾扑救组、紧急疏散组、安全救护组、通信联络保障组等相关人员并定期组织演练。但在实际调研中发现，社会单位往往重视消防设施、器材等“硬件”的完好有效而忽视了预案等“软件”的建设。单位预案“制式化”、“模板化”，套话、空话频出，不能结合自身实际合理制定。员工往往不能熟知自己在预案中的职责，甚至没有进行过相应的演练，仅将预案装进了“盒子里”并没有刻在脑子里，深入骨子里。

2.7 逃生自救能力差

在随机对社会群众和单位员工的调研提问中统计，有39%的人员完全不知晓火场逃生的方法，例如，“火灾发生时不能乘坐电梯”等基本常识。有51%的走访者对火场逃生知识掌握不全面。上述情况就导致了一旦发生火灾，每一位公民不能成为火场安全逃生的“首要责任人”，对于火场中的应急疏散和救援工作造成障碍。

3 疏散难题的根源

3.1 责任体系未健全

自2020年初，全国各地相继出台《消防安全责任制规定》，进而落地实施。要求各单位将消防安全责任构架为一个整体的体系，确定安全责任人和主管安全的管理人及各项管理制度，把安全制度体系化、规范化[4]。但是部分社会单位在上述文件的落实上存在执行不到位，上级机构监管上存在蜻蜓点水的情况。这就导致包括消防安全疏散设施损坏无人管理；灭火和应急疏散预案无人组织演练；员工消防安全意识缺失无人指正等诸多问题。

3.2 法制观念淡薄，安全意识薄弱

安全疏散隐患虽只是消防安全隐患中的一部分，但却能映射出单位、公民在法制观念上的缺失和安全意识上的薄弱。放火罪、失火罪已纳入《中华人民共和国刑法》。堵占和锁闭疏散通道、安全出口；人员集中的场所门窗安装影响逃生救援障碍物的；火灾发生时现场员工不履行疏散引导义务等行为均违反了《中华人民共和国消防法》之相关规定，依法应处罚款或拘留的行政处罚。在法律法规、规章制度的宣传、贯彻和落实上不够彻底，导致部分单位和公民法治意识、安全意识薄弱。

3.3 消防安全管理制度缺失

一个单位消防安全管理制度类目是否健全、内容是否合理、操作是否便捷是制度落地生根的根本保障。在实际走访中，部分单位消防安全制度流于形式、照搬照抄、内容空洞、不合实际，这就导致在具体贯彻实施上存在极大困难。最后导致把制度放在“文件盒”里备查，而不是用在实际管理中起到关键性作用，将“用制度管人”变成一纸空文。

3.4 不能统筹各管理部门工作要求

部分单位面对上级管理部门的工作要求不能统筹安排，没有专人和机制把看似矛盾的问题进行有效解决。例如，疫情防控关键期，卫健部门要求部分单位限制客流，但有些单位就将安全出口锁闭，仅留一个出口供人员进出，以便于控制人流和扫码工作。例如，银行安保部门要求加强银行安保措施，部分银行就将普通窗口外焊接防盗网。实际上，上述两种行为均是违反我国相关法律规定的，为了其他方面的安全要求而牺牲了消防安全措施，无疑增大了消防安全隐患风险。

4 安全疏散问题的解决之策

4.1 增强遵规守法意识

社会广泛宣传、单位严格执行、公民自觉遵守，将《中华人民共和国消防法》、《高层民用建筑消防安全管理规定》、《机关、团体、企业、事业单位消防安全管理规定》等法律法规利用户外大屏幕、电视电台等新闻媒体、微信、微博、抖音、快手、电梯厅广告屏等诸多形势进行全覆盖，宣导促进全社会将法律作为建筑物安全疏散设施完好有效的准绳，提升公民火场应急疏散能力。

4.2 强化消防责任制体系

从国家党政机关到机关团体，从国有私有企业到事业型单位都应按照法律规范的规定，架构和完善消防安全责任体系。隐患不抓、放任不管，小的隐患往往会酿成大的事故。安全工作不能亡羊补牢，单位内部要从单纯管事向依责管人转变。从安全责任人到管理人，再从部门负责人到基层员工，将责任划分明确，做到消防隐患无小事，事事都有责任人。将责任制理念深入人心，每一个人自己负责的领域都有安全责任，能够让一个单位内所有人把安全工作看做主责主业，参与其中，共同做好火灾防控工作。

4.3 健全安全规范管理制度

要想强化责任体系，明确职责框架，人人参与其中，必然要有规范、健全的管理制度作为责任依托和标准依据。从规范体系来看，必须建立健全包括：火电油气管理制度、控制室双人24小时持证值班值守制度、自主发现和整改隐患制度、疏散设施管理制度、燃气和电器设备检查管理制度、安全教育培训制度等，用制度管人，用制度管事。

4.4 各管理职能部门协调统一

公安、消防、住建、教育、卫健等各部门均有自己的职能和分工，需要在各自分管领域内履职尽责，以领域内法律规定或规范标准作为依据对社会单位进行检查、指导，对存在问题的单位责令整改。但在此过程中，难免存在互为矛盾的地方。例如，为达到防盗安全标准社会单位存在锁闭安全出口等行为，但此行为明显违反了消防法律的要求。为解决上述矛盾问题，可要求社会单位加装电磁锁具，即正常营业期间外部人员是无法入内的，一旦发生火灾，消防联动控制逻辑编程会自动控制切断包括电磁锁在内的非消防电源，此时锁具失效，可保证内部人员通过安全出口顺利逃生。可见，各职能部门之间应建立健全更加完善的工作协作机制，将单方检查视情变为联合指导，既可以极大提升工作效率也有利于社会单位遵纪守法，全面落实各项安全职责。

5 结束语

安全疏散是火灾发生时保证建筑内部人员生命安全的最根本保障。然而在现实中，单位和个人还存在着种种忽略安全疏散工作的违法违规行为。我们需要全社会、各领域、各行业共同努力，提升消防安全意识，营造消防安全氛围，打造平安社会，共创幸福生活。

参考文献

[1] GB 50016—2014，建筑设计防火规范（2018年版）[S].

[2] 中华人民共和国应急管理部令（第5号）高层民用建筑消防安全管理规定[EB/OL].(2021-06-21).

[3] 中华人民共和国消防法.(2021-04-29)

[4] 天津市消防安全责任制规定.(2020-04-01)

经营性房屋火灾风险管控研究

王军乐

（湖北省黄冈市消防救援支队黄州大队，湖北 黄冈）

摘 要 经济的发展在一定程度上促进了各地区建设，各地区在建设过程中，经营性房屋的出现，有效带动了各地区经济的发展，提升居民的生活质量。经营性房屋在一定程度上促进了居民生活质量，但同时也存在一定的安全隐患，例如在火灾风险管理方面。就当前经营性房屋建设现状来说，存在部分房屋建设过程中存在消防安全隐患，对消防设备管理不到位，以及部分管理人员缺乏足够的安全意识等，都对房屋安全带来较大的危害，对此就需要加强对相关内容的了解。本文针对相关内容进行问题，对存在的问题进行探讨，并提出完善措施。

关键词 火灾 经营性 房屋 分析

当前，经营性房屋在我国各地区得到飞速发展，对各地区经济造成较大程度的影响，促进了当前居民生活水平的提升。例如当前各地区存在民宿、仓库等，在一定程度上有力促进了各地区经济的发展，同时也带动了更多行业的建设。但随之而来也伴随着一定的安全隐患，在发展过程中，部分经营性房屋出现建筑不稳定而坍塌，以及发生火灾等问题，对人员的生命健康安全造成较大程度影响。经营性房屋出现火灾隐患往往是由于消防设备不齐全，或者是相关人员缺乏足够消防安全意识导致，并且，部分经营性房屋集中建设，这就导致火灾问题一旦发生就会在短时间内大面积扩散，造成较大范围的人员财产损失。因此，对于经营性房屋火灾风险应当给予更多的关注。

1 经营性房屋火灾风险分析

1.1 隐患多样化

在进行经营性房屋建设过程中，由于其存在经营性质，在建设过程中，部分人员为了突显人文气息，或是传统文化，在进行建设的过程中，采用砖木以及木制结构，尤其是对于部分农村房屋建设来说，木制的房屋、栅栏等，为经营性房屋增添较多的生态文化，也在一定程度上吸引游客前来游览。但是，对于这类房屋建筑来说，在增加经济效益的同时也带来了较多的安全隐患。砖木结构或者是单纯的木制结构，在实际应用中极易燃烧，并且，对于部分的经营性建筑，例如民宿等来说，在实际建设中还会增加较多的装饰物，多采用丝质物品，这类物品的着火点较低，更容易引燃，进而也就更容易发生火灾危险。例如，有着“原始部落”之称的云南翁丁村，在2021年就发生了一起火灾，起火原因则是由于房屋均为栅栏茅草结构，极易点燃。相较于商用建筑设计来说，部分经营性房屋在供电设施等安装方面也存在一定的问题，部分房屋在建设过程之中，为了用户的用电方便，在设计中缺乏科学规划，导致房屋在用电方面存在较大问题，进而在实际应用中发生火灾。尽管在当前经营性房屋的建设方面进行较多的监管，但仍然存在部分房屋实际用电安全存在隐患。

1.2 扩展迅速

经营性房屋建设往往集中进行，能够在一定程度上提升其经济效益，但同时一旦出现安全隐患，也会造成大面积的人员财产损失。部分经营性房屋在设计上存在一些不合理的地方，例如，建筑的防火设计，以及建筑之间的防火通道等，对于火灾的控制，避免出现大面积扩散有着重要意义。但部分建筑的通道设计较狭窄，缺乏防火分隔结构，影响火灾的有效控制。另外，在发生火灾后，出现的热辐射等会进一步导致房屋内部各装饰及电器的燃烧，造成大面积的火灾发生，对此难以进行有效控制，甚至对于部分多层房屋来说，由于烟气上升，还会导致多层建筑立体燃烧，影响内部人员撤离。

1.3 扑灭困难

部分民营经营性房屋在建设之初就设置在相对较为偏远的区域，靠近景点或郊区等，消防救援难以在短时间内到达，影响救援工作的有效开展。其次，部分房屋建筑采用木制或砖木混合结构，木制材料着火点较低，且对于部分相对干燥地区而言，受光照较多，木制结构风化干燥，更易点燃，导致房屋建筑容易发生火灾，难以在短时间内扑灭。然后是对于部分建筑为增加经济效益，建筑面积较大，以及部分建筑扎堆进行，一旦其中部分房屋发生火灾，就容易在短时间内蔓延到周围建筑，缺乏有效的防火通道，也是阻碍救火工作的重要问题。

2 存在的问题

2.1 管理不到位

对于经营性房屋存在的火灾风险现状，其中一项主要原因就是相关管理人缺乏足够的重视，导致在实际监管中难以将工作落实到位。管理工作的开展并不仅仅是在房屋实际经营过程中进行的，在建设之初就应当进行有效监管。例如，对于部分在景点周围建设的经营性房屋来说，部分建筑为了突出传统文化特色，采用多种建筑材料相结合的形式，这样的建筑能够在一定程度上吸引游客，宣传当地文化，但由于对内部用电以及防火设施等缺乏有效管理，进而导致建筑难以达到相应防火标准，影响建筑防火效果。自2015年以来，国家、地方针对民宿管理提出一系列的管理措施与办法，国家层面有9个，已知地方文件多达40余个，可见当前国家地区对民宿安全管理工作的重视程度，仅仅针对民宿管理就有这么多的条例，针对于经营性房屋管理更是有许多。政策的出台在一定程度上促进了各地区经营性房屋的有效管理，但就当前部分经营性房屋而言，条例规定存在一定的局限，例如，部分规定（试行）为临时性政策，缺乏长期有效性，一旦超出时效，对于经营性房屋的管理又回到从前，影响其工作的顺利推进。对于当前部分经营性建筑来说，在管理过程中，由于部分管理人员缺乏足够重视，对经营性房屋建设安全等内容未进行有效管理，对于建筑内防火设施的配置以及消防安全宣讲等未进行有效处理，导致部分建筑经营者自身也难以意识到存在的安全隐患。另外，部分经营性房屋并未纳入相关的监管范围内，这也会造成有关部门难以进行有效的监管及预防。

2.2 消防设施不全

消防设施不齐全是影响经营性建筑消防安全的重要方面，对于部分建筑来说，往往与城市规划之间没有较大联系，由市场主导建成，缺乏有效的规范管理，在消防设施配置方面也往往存在不齐全等问题。同时，对于部分城市来说，由于土地资源紧缺，在经营性建筑设计初期，对于消防设置等未进行有效考虑，防火通道等建设不完善，导致火灾容易发生，且难以扑灭。例如，在2017年北京大兴区发生的一起火灾（图1），造成多层建筑损坏，8人受伤，这起火灾中，经营性建筑采用砖混结构及彩钢板筑成，在火灾发生后对其进行分析发现，是由于在建设初期未进行科学管理，其中的消防设施设置不齐全，发生电气故障后未能及时有效进行处理，导致火势迅速蔓延至多层建筑，导致人员受伤及财产损失。

图1 北京大兴区火灾事故

2.3 后期维护不到位

经营性建筑的后期维护对于房屋长期使用有着重要意义，经营性房屋多为经营者自行建设，在房屋设计以及扩建等方面可能就会存在一定问题，对于部分经营者来说，为获取更大经济效益，往往进行私自扩建、改造，而未能充分考虑建筑结构、材料等，容易受到外界因素的影响而导致建筑稳定性以及防火性等方面出现问题，这就需要定期进行维护管理。但对于部分管理者缺乏对相关内容的了解，对使用年限较久的房屋未进行有效的维护，影响房屋使用。例如，在2020年贺州市一处民宿发生火灾，造成2人死亡，究其原因是房屋长期未进行电力设备维护，建筑内部插头等老化出现故障，引起墙体保温板等失火，导致火灾的发生。此外，在以往研究中指出，云南省部分地区的经营性农房由于未进行有效的维护管理，对消防设施等未进行定期更换，使得火灾发生后难以进行及时处理，造成较大财产损失，影响建筑使用与人员安全。

3 管控措施分析

3.1 完善经营管理

为进一步推进经营性房屋建设，促进市场经济发展，首先就应当加强对相关内容的经营管理。就当前的经营性房屋来说，作为当地建筑特色能够为居民提供更多的收入来源，也能够在一定程度上促进当地经济发展，但安全隐患的存在则会阻碍其发展。完善经营管理，加强对相关内容的监管，在经营性房屋建设之初就进行有效的管理，严格进行经营项目的备案监管，避免出现遗漏。推动出台相应的管理政策，完善政策措施，认真了解当前经营性建筑可能出现的消防安全问题，针对性的制定有效解决措施，对当前特有的问题进行针对性管理。加强对消防设施的监管，管理人员对各经营性房屋内部消防设施设置要进行严格管理，严格按照相关标准进行，不断完善经营性房屋管理办法，并在实际管理中得以有效落实。消防安全工作涉及内容较广，在进行监管的过程中，相关人员应当统筹协调管理机制，增加有关经费投入，保证相关消防监管工作能够有效落实。

3.2 提高消防意识

在实际建设过程中，有效提升经营者的消防意识，促进相关管理人员正规化、制度化进行消防工作的监管具有重要的意义。当前部分经营者对消防安全缺乏足够了解，对此，应当加强对其的消防安全培训，例如，在社区内进行定期的消防安全知识宣讲，明确消防安全重要性，建立长久的消防机制，引导涉及人员均成功分了解消防知识，有效进行消防管理。以往研究显示，当前经营性房屋如民宿接待客户中，18~24 岁人员占比 41%，人员数量较大，对于该年龄阶段个体来说，部分人员的消防安全意识不足，可能也会影响到消防安全，对此也需要进一步加强宣传，提高住户消防安全意识。提高消防意识，在引导相关人员进行学习了解的同时，还应当加强经营性房屋内部消防设备的放置与管理，提升消防设施监管工作力度，定期进行有关的逃生演习，有效保障消防安全。

3.3 加强消防设施监管

结合有关防火要求与规范标准等，在进行经营性房屋监管的过程中，对消防设施的监管应当给予重要关注。在相关要求中指出，经营性房屋内应当选用不容易燃烧材料作为装饰，以及建筑整体也应当避免采用易燃材料，对此，针对现有的经营性房屋，相关管理人员应当对不符合要求的进行有效管理，责令其整改。并且，按照相关要求，建筑房屋内应当设置安全出口，对于将居民住宅改成民宿或其他经营性房屋的建筑来说，安全出口等设置相对不够完善，对此，应当对各地区内相关建筑设计进行严格整顿，配备相应设施后再进行开放。围绕当前我国战略要求，推动农村以及经济欠发达地区的发展是一项重要内容，促进经营性房屋建设能够在一定程度上促进当地经济发展，但于此同时，更应当加强对其监管，避免在实际应用中造成人员财产损失。在以往研究中指出，在当前的经营性房屋中，火灾风险是影响其发展，以及导致人员财产损失最严重的方面，在现有已知安全风险中占比 46.8%，见图 2，因此，需要不断加强对消防安全的保障。

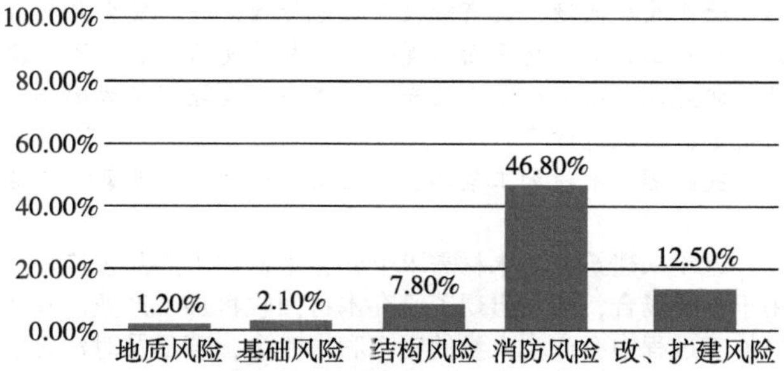

图 2 某地区经营性房屋安全风险调查结果

3.4 智能火灾防控

智能火灾控制是将消防工作与当前技术紧密结合的一种方法，在实际应用中，主要是通过相关管理部门对该地区进行统筹管理，建立消防安全网络，安置相应的烟雾探测报警装置、消防装置等，通过智能检测，对全地区内经营性房屋进行有效消防监管，在出现消防隐患时，能够更加精准进行报警处理。远程消防监控管理还可以纳入该地区智慧管理平台，进行统一管理，实时进行信息的发布，从而能够更加有效的进行消防知识宣讲，以及火灾处理情况。同时还可以对业主、管理人员以及经营人员进行信息存储，从而能够在发生安全问题时进行及时通知，提升消防安全问题的处理效率。

4 小结

综上所述，经营性房屋的存在能够在一定程度上促进当地经济的发展，同时也会带来一定的安全隐患，对此，需要针对当前存在的安全隐患进行针对性的解决。消防安全作为其中影响最大的问题，应当给予更多关注，不断提升经营性房屋消防安全系数，促进经营性建筑良性发展。

参考文献

[1] 顾小兵．民宿火灾预防现状与火灾风险防治对策[J]．产业与科技论坛，2022，21（04）：219-220.

[2] 卢佳．刍议乡村振兴战略下乡村民宿消防安全管理[J]．山西建筑，2021，47（20）：177-179.

[3] 赵志武．对边疆地区自建经营性建筑消防管理存在问题及对策研究［J]．科学中国人，2017（23）：176-177.

某木材加工聚集区火灾风险评估及消防安全改造措施研究

朱明玉

（聊城市东昌府区消防救援大队，山东　聊城）

摘　要　近年来木材加工产业发展迅速，随之出现废弃木材回收再加工产业。该类场所普遍存在消防设施不全或瘫痪、总平面布局等问题，具有较大火灾危险性，一旦发生火灾，将会造成较大人员伤亡和财产损失。本文通过实地调查，了解该木材加工聚集区总平面布置情况、相关使用功能、消防设施设置情况以及消防安全宣传教育情况。然后采用层次分析法，结合实地调查结果从总平面布置、燃烧要素控制等方面建立指标体系，对其消防安全现状进行评估，并结合理论计算及相关规范提出改造方案。

关键词　木材加工聚集区　层次分析法　火灾风险评估

近年来建筑业对木材需求上升，木材加工产品被广泛应用于各种场合，随之出现了废弃木材回收再加工产业。在木材加工过程中会产生大量的锯末和木粉尘，若不及时清理会造成锯末的堆积。堆积的锯末内部积存的热量极易导致其自燃，从而引发火灾。在某些地区，此类产业存在无组织无规划，非正规加工聚集区与居住储存区混杂的情况，存在较大火灾隐患。本文对对某木材加工聚集区进行消防安全现状调查，基于层次分析法对该木材加工聚集区进行消防安全评估，并提出整改措施。

段在鹏[1]依据对木制品厂火灾事故等级评价和危险因素分析给出综合云模型，基于云模型对木制品制造工厂引发的火灾事故进行分析确定了木制品加工企业各项危险因素的防控顺序，有助于针对性地制定火灾事故风险防控措施，纠正工厂火灾事故隐患，降低火灾事故发生的概率。王献[2]对2007至2013国内发生的露天堆垛火灾进行统计研究，从时间分布规律、弓箭分布规律及发生火灾的起火源等方面对露天堆垛火灾发生规律进行分析，总结了此类火灾的总体发展趋势。Carmen-Mihaela Popescu[3]考虑到木材性质对火灾蔓延速度的影响，强调木材料满足消防安全的重要性。当涉及到现有的木结构时，研究通过使用防火涂料改善木材对火反应的方法。Hong-Seok Yun[4]以传统市场为研究对象，通过对其进行真实规模的火灾实验，了解了此类场所主要可燃物的火灾蔓延特征。通过此类火灾实验，研究了以主要可燃物最大放热速率为指标的水平火灾蔓延速率。此外，还研究了防止火灾通过辐射传热扩散到饰面仓库的隔离距离。

综上所述，国内外对于木材加工产业火灾危险性的研究多以加工过程、材料特性、监督管理方面的问题为切入点进行研究[5-9]。但未有针对此类木材加工聚集区展开的相关研究，本文主要面向加工区域平面布置、消防设施设置等问题展开研究，进行综合性的火灾风险评估并提出整改措施。

1　木材加工聚集区消防安全现状调查

1.1　基本情况

该木材加工聚集区主要从事废弃木材再加工产业，从事木包装箱、木托盘等回收后的简单处理，同时伴有简单切割加工，木托盘制作和销售等，最初只在村庄内部占道经营，对村民生活造成不便。后在消防部门要求下，该加工聚集区迁移至村庄外部农业用地。该加工聚集区从业人员多为当地居民及外来务工人员，普遍特征为年龄较大且安全意识淡薄。

1.2　消防安全现状

1.2.1　木材存放现状

该木材加工聚集区各户木材多储存于村庄周边农业用地，其储量各有不同，但储量高者达近万立方米，火灾荷载极大，一旦发生火灾，很难短时间扑灭。

1.2.2　总平面布局规划现状

该木材加工聚集区总平面布局未经过系统规划且分布混乱。其加工点分布密集、相互毗邻，加工点防火间距不符合规范要求。且建筑周围和和生产作业部分未设置有效的防火分隔措施，村庄住宅区逐渐变为集加工、储存居住多功能一体的混合场所。

1.2.3　点火源管控现状

木材加工点的火源主要有机械热表面、火星、电气火源、吸烟明火、动火作业产生的明火等。但部分加工点由于管理不善，在生产用火方面并未采取合理管理措施、未设置专人进行保障，导致加工过程中动火作业秩序混乱，存在极大危险性，与此同时，木材加工过程中机械产生的火星可能引燃周边木屑等加工废料。在生活用火方面，也未进行合理管控且居民缺乏安全意识，某些木材加工点存在乱丢烟头的行为，部分加工点还有使用燃气做饭的现象。

1.2.4　消防安全管理现状

该加工聚集区未设置专门管理人员，相关负责人员消防知识匮乏，不能掌握相关消防技能，对简单的消防设施操作并不能够做到熟练掌握，无法对生产者进行专业消防安全知识培训，不能对该场所进行有效安全管理。

缺少防火安全管理制度，无安全操作规程，没有落实消防安全责任制，在用电安全、用火安全方面并无管理措施。在消防安全制度落实方面并无相关负责人，缺少有力监管。

1.2.5　消防灭火设施和灭火器材现状

该木材加工聚集区灭火设施缺乏，其作业条件、加工流程简单，基本在露天或半露天环境中进行，导致在消防车道、消防水源、灭火设施等消防基础设施上存在很多问题，如该加工聚集区没有公共消防给水管网、并未按规定设置消防水池、多处消火栓丢失或损坏无法使用。多数木材加工点灭火器材配备数量少，部分灭火器损坏无法使用，还存在部分缺乏保养导致失效。

1.2.6　外部消防救援能力情况

该木材加工聚集区处于农村地区，距离消防中队距离较远，加之部分消防车道设置不规范，若发生火灾救援力量很难第一时间赶到。在这种情况下，加工聚集区附近并未设置专职志愿消防队、消防站等，也无具有相关素质的救援人员。总体外部救援只依靠政府消防队，救援能力较弱。

2 木材加工聚集区消防安全现状评估

层次分析法是国内外广泛应用的风险评估方法，本文将其应用于木材加工聚集区消防安全现状评估。

2.1 层次分析法

层次分析法，简称AHP，是指将与决策总是有关的元素分解成目标、准则、方案等层次，在此基础之上进行定性和定量分析的决策方法。

运用层次分析法确定权重时，首先建立多层次的分析结构模型，构造判断矩阵群，即将同一层次元素重要程度两两对比得出重要程度评定等级。具体赋值见表1。各元素对比后得出一个正互反矩阵，即为判断矩阵。

表1 元素赋值表

序号	重要性等级	a_{ij}赋值
1	i，j两元素同样重要	1
2	i元素比j元素稍重要	3
3	i元素比j元素明显重要	5
4	i元素比j元素强烈重要	7
5	i元素比j元素极端重要	9
6	i元素比j元素稍不重要	1/3
7	i元素比j元素明显不重要	1/5
8	i元素比j元素强烈不重要	1/7
9	i元素比j元素极端不重要	1/9

2.2 指标体系的建立及应用

消防安全评价指标体系必须考虑多方面指标的关联，本文运用层次分析法，主要从总平面布置（P）、燃烧要素控制（R）、消防设施设置（X）、消防安全管理情况（A）、外部消防救援能力（W）五个方面考虑，依据胡隆华[8]提出的方法建立消防安全评估指标体系。在进行消防安全改造前该木材加工聚集区消防安全现状得分见表2。

表2 消防安全现状得分

一级	二级	三级	得分
总平面布置（P）	储存区（P_1）	消防车道达标率（P_{11}）	0.28786814
		防火单元划分情况（P_{12}）	1.10090113
		防火间距控制情况（P_{13}）	2.50134073
	住宅（P_2）	与储存区合建的比例（P_{21}）	0.104193304
		设置防火分隔情况（P_{22}）	0.64964837
燃烧要素控制（R）	储存区（R_1）	人为纵火（R_{11}）	0.2728075
		吸烟（R_{12}）	1.9096525
	加工点（R_2）	燃气使用情况（R_{21}）	0.06956886
		生产废料处理情况（R_{22}）	0.03325304
		电气火源控制情况（R_{23}）	0.11551056
		动火作业情况（R_{24}）	0.21920754

续表

一级	二级	三级	得分
消防设施设置（X）	消火栓设置情况（X_1）		0.181806
	消防水池设置情况（X_2）		0.16171
	灭火器设置情况（X_3）		1.13511
消防安全管理情况（A）	管理人员业务水平（A_1）	消防知识与技能（A_{11}）	0.02119564
		消防设施熟练程度（A_{12}）	0.10572436
	安全制度落实情况（A_2）	消防安全责任制落实情况（A_{21}）	0.31780616
		用电安全管理情况（A_{22}）	0.060395832
		动火作业安全管理情况（A_{23}）	0.16650004
		消防安全培训情况（A_{24}）	0.04811408
外部消防救援能力（W）	消防站设置情况（W_1）	消防站距离（W_{11}）	0.0088844
		消防设施可靠性（W_{12}）	0.0443156
		人员业务能力（W_{21}）	0.13806996
		响应到达时间（W_{22}）	0.02312072
	志愿消防队组建情况（W_2）	器材装备质量（W_{23}）	0.05692932
	消防中队响应到达时间（W_3）		0.021736
总分	9.755369786		

参考中国科学技术大学胡隆华的论文《基于层次分析法的城中村区域火灾风险评估模型》[5]中提出的的评分标准，其中$R<3$为极低风险，$3\leqslant R<5$为较低风险，$5\leqslant R<7$为中等风险，$7\leqslant R<9$为较高风险，$R\geqslant 9$为极高风险。总分约9.8，属于极高火灾风险，故有必要对该聚集区进行消防安全改造。

3 消防安全改造措施

3.1 划分防火单元

该木材加工聚集区存在加工点分布密集、各加工点间距较小等问题，一旦发生火灾可能导致火势迅速蔓延，为改变此种现状，利用村庄内既有的河流、道路或者其他功能性区域将木材堆场划分为若干防火单元，在不同的防火单元间采取防火隔离带、阻火网等设施，从而防止火灾的大面积蔓延。

3.2 设置消防车道

该木材加工聚集区总占地面积约600亩，即40000m^2，故每个防护单元占地面积不大于30000m^2，木材储量约25000m^3，根据规范在防护单元四周设置宽度为4m的环形消防车道，且消防车道的边缘距离可燃材料堆垛为5m。

3.3 设置消防设施

根据《建筑灭火器配置设计规范》（GB 50140—2005）4.2.1，每1000m^{2}设置两具4kg MF/ABC4干粉灭火器。

根据《消防给水及消火栓系统技术规范》GB 50974—2014 4.3.6，消防水池有效储水容积不应小于1188m^{3}且分为能够独立使用的两格。每格（或座）消防水池应设置独立的出水管，并应设置满足最低有效水位的连通管，且其管径应能满足消防给水设计流量的要求。

3.4 设置消防站

该木材加工区域具有较大火灾危险性且距离城市地区较远，附近并没有已经建成的消防站，应设置小型消防站满足第一时间灭火需求。设置消防站的位置宜靠近消防水池。消防站内应配备灭火器材如灭火器、水枪、水带等；同时配置外线电话、手持对讲机等通信器材以及相应抢险救援器材、训练器材、战勤保障器材等。同时也应设置营具和公众消防安全宣传设施。小型消防站消防车辆的配备数量要求为最少 2 辆，其中 1 辆为水罐消防车，其他车种根据实际需要选配。

3.5 组建志愿消防队

志愿消防队是对政府消防救援力量的补充，能在火灾第一时间抓住时机采取救援行动，将损失降到最低。针对该木材加工聚集区目前的经营现状，组建志愿消防队，开展日常消防工作，能够有效降低火灾风险，一旦发生火灾也能及时对火势进行控制，避免其进一步蔓延。

4 结论

对该木材加工聚集区建立指标体系，从总平面布置、燃烧要素控制、消防设施设置、消防安全管理情况、外部消防救援能力五个方面基于层次分析法对该木材加工聚集区进行消防安全评估，其消防安全现状得分大于 9 分，属于极高火灾风险。

根据初步评估结果，依据规范提出在平面布置方面设置防火单元、改造消防车道等措施；在消防设施方面设置消防水池、灭火器等；同时加强对相关人员的消防安全宣传教育，建议加强用火用电安全管理并落实消防安全责任制。提出改进意见后对该木材加工聚集区进行二次消防安全评估，其得分小于 3，火灾风险降低。

本文研究内容有利于提升该区域的消防安全水平，保障人民群众生命财产安全。并对相关场所火灾风险评估有一定参考作用。

参考文献

[1] 段在鹏，张灿，黄月铃，傅丽碧．基于云模型的木制品加工企业火灾事故诱因分析［J］．安全与环境学报，2019，19（05）：1532-1539.

[2] 王献，姬露露，陈长坤．露天堆垛火灾事故统计分析［J］．消防科学与技术，2015，34（05）：672-675.

[3] Popescu C-M，Pfriem A. Treatmentsand modification to improve the reaction to fire of wood andwood based products—An overview. Fire and Materials. 2019；1-12.

[4] Yun H S，Nam D G，Hwang C H. An Experimental Study on the Fire Spread Rate and Separation Distance between Facing Stores in Passage-Type Traditional Markets［J］. Energies，2020，13.

[5] 黄强．农村炭化型可燃物堆场火灾风险评估研究［D］．南华大学，2013.

[6] 耿志伟，薛伟，辛颖，王海滨．基于改进交叉影响法的木材加工产业园区火险因素研究［J］．中南林业科技大学学报，2020，40（03）：160-168.

[7] Monica T. Diab，Jan B. Haelssig，Michael J. Pegg，The behaviour of wood crib fires under free burning and fire whirl conditions，Fire Safety Journal，Volume 112，2020，102941，ISSN 0379-7112.

[8] 邓安民．浅谈木材加工企业存在的火灾隐患及整改措施［J］．广西民族大学学报（自然科学版），2007（S1）：62-64.

[9] 王洪艳．关于木材加工工艺防火技术的探讨［J］．木材加工机械，2018，29（03）：37-38+7.

[10] 唐飞，胡隆华，霍然，徐勇，祝实，姚斌．基于层次分析法的城中村区域火灾风险评估模型［J］．消防科学与技术，2010，29（06）：533-53.

智慧消防

电动自行车充停监管的数字化改革研究

周华斌

（衢州市消防救援支队，浙江　衢州）

摘　要　电动自行车引起的火灾频发，造成较大经济财产损失和人员伤亡，衢州市紧盯长期潜在、难以根治的电动自行车违规充电、停放等“老大难”问题，坚持“大场景、小切口、快应用、大牵引”数字化改革理念，上线“e充停”应用，破解传统电动自行车充电桩“充电收费高，老百姓不愿意用”、“数量设置不足，老百姓不够用”、“安全性能不稳定，老百姓不敢用”等难点问题，全面推进电动自行车充停监管改革。本文分析了电动自行车火灾的原因、危害和充停存在的消防安全问题，探讨了当前电动自行车消防安全治理工作中数字化改革基层治理的可行性。

关键词　电动自行车　充停　消防安全

1　引言

我国电动自行车年产量已达3000万辆，社会保有量接近3亿辆。在交通日益拥堵的大环境下，电动车因为出行便利、占用公共资源少、使用电力清洁能源等优势，已成为城市出行的中坚力量[1]。近年来，因电动自行车“上天入地”违规充电、“乱停乱放”影响环境引发的火情和纠纷屡见不鲜，成为城市消防领域的重大消防隐患。国务院安委会《加强电动自行车全链条安全监管重点工作任务及分工方案》（安委〔2022〕10号）要求，切实加强电动自行车全链条消防安全监管，从根本上消除电动自行车火灾风险隐患，有效提升电动自行车消防安全综合治理水平。衢州市柯城区针对这一问题，以电动自行车充停整治为切入口，聚焦电动自行车充停违规行为，开发“e充停”应用，进一步构建电动自行车安全风险“监测-研判-处置-评价”的全流程闭环管理体系，有效破解电动自行车充停安全隐患，切实保障人民群众生命财产安全。

2　电动自行车起火的原因及危害

电动自行车火灾高发的原因主要有车辆及蓄电池组老化、车辆本身材料无防火处理、充电器与蓄电池组不匹配、非原装蓄电池组改装、蓄电池本身热失控等[2]。根据相关标准，电池在出厂前要经过测试，能量密度值比较接近的电池会被分到一组。如果没有严格按照检测标准操作，能量密度值相差悬殊的电池极有可能被分到一组。能量密度值低的电池已充满了，高的还没充满，继续充，能量密度值低的电池就会被充爆。电动自行车火灾的危害主要表现为火场高温和毒烟，消防部门实验结果显示，一辆电动自行车从起火30秒，电池部位即迸出火花，释放烟雾；3分钟后，电动自行车的塑料部位开始燃烧；5分钟后，电池发生爆炸，整个楼层温度就可高达300℃多，在充分燃烧过程中，会产生大量的有毒烟雾和气体，并且以较快的速度向外蔓延，在较短时间内使人们吸入大量有毒气体，出现中毒窒息死亡的风险[3]。

3　电动自行车充停存在的消防安全问题

近年来，因电动自行车违规充停问题引发的火情日益增多，根据2021年全国火灾数据，全年共接报电动自行车及其电池故障引发的火灾近1.8万起、亡57人[4]。2021年，衢州市共发生电动自行火灾37起。主要从电动自行车监管三个层面现状来分析：

3.1　治理现状存在四个方面问题

一是“上天入地”式充电。私拉乱接、飞线充电、进电梯以及在地下室、架空层等不符合规定的室内场所充电问题屡禁不止。二是“见缝插针”式停放。在疏散通道、安全出口、楼梯间等影响消防通道畅通的区域以及在人行道违法停放电动自行车，存在较大安全隐患。三是“拆旧翻新”式改装。非法拼装改装、生产销售电动自行车及充电器、蓄电池等问题十分突出。四是“九龙治水”式监管。部门职责交叉，监管界线模糊，法律法规落地难、执行难，电动自行车生产、销售、充停等环节长期失管。

3.2　服务现状存在四个方面问题

一是收费较高，不愿充。传统充电桩一般收费是民用电价的一倍以上，使用率低下。二是性能不稳，不敢充。充电桩市场主体众多，质量、安全性良莠不齐，用电功率千差万别。近年来已发生多次集中充电棚发生火灾事故。三是配套滞后，不够充。以衢州市柯城区为例，全区现有30万辆电动自行车，但充电桩仅0.8万个，覆盖率不高，当前柯城区的公共充电桩仅占电动自行车持有量的2.67%。四是设备简陋，不好充，现有充电桩设备线路容量小，电压不稳定，后续维修也难以跟上，故障率较高。充电桩市场主体众多，质量、安全性良莠不齐。

3.3　平台现状存在三个方面问题

一是人车信息，难以掌握。电动自行车在生产、销售、登记、骑行、充停、维修、回收等环节中产生的人车信息散落在相关职能部门，难以快速高效获取和掌握。二是充电隐患，难以监测。传统充电桩的管理平台分属不同供应商，存在重建设轻管理、重盈利轻公益的情况，充电过程如遇突发状况难以第一时间掌握和处置。三是数据孤立，难以统一。相关职能部门和不同品牌供应商大多建有数据平台，但相对孤立，无法打通，形成数据和管理的壁垒。

4　电动自行车充停的对策和探讨

衢州市柯城区以民生实事为突破口，上线“e充停”电动自行车充停监管应用（图1），创新构建物联监管、安全充电、多跨互通三个数字化应用子场景，实现了电动自行车充停智能监管，该应用于2021年11月上线运行，截至2022年底，柯城区共新改建智能充电棚532个，充电桩8264个，电梯物联感知设备2480套，产生充电订单8万余件，“e充停”应用办结事项3837起，接收物联感知预警信息330起，发起风险预警129起，有效防范电动自行车火情13起，全区电动车火灾起数下降37%。

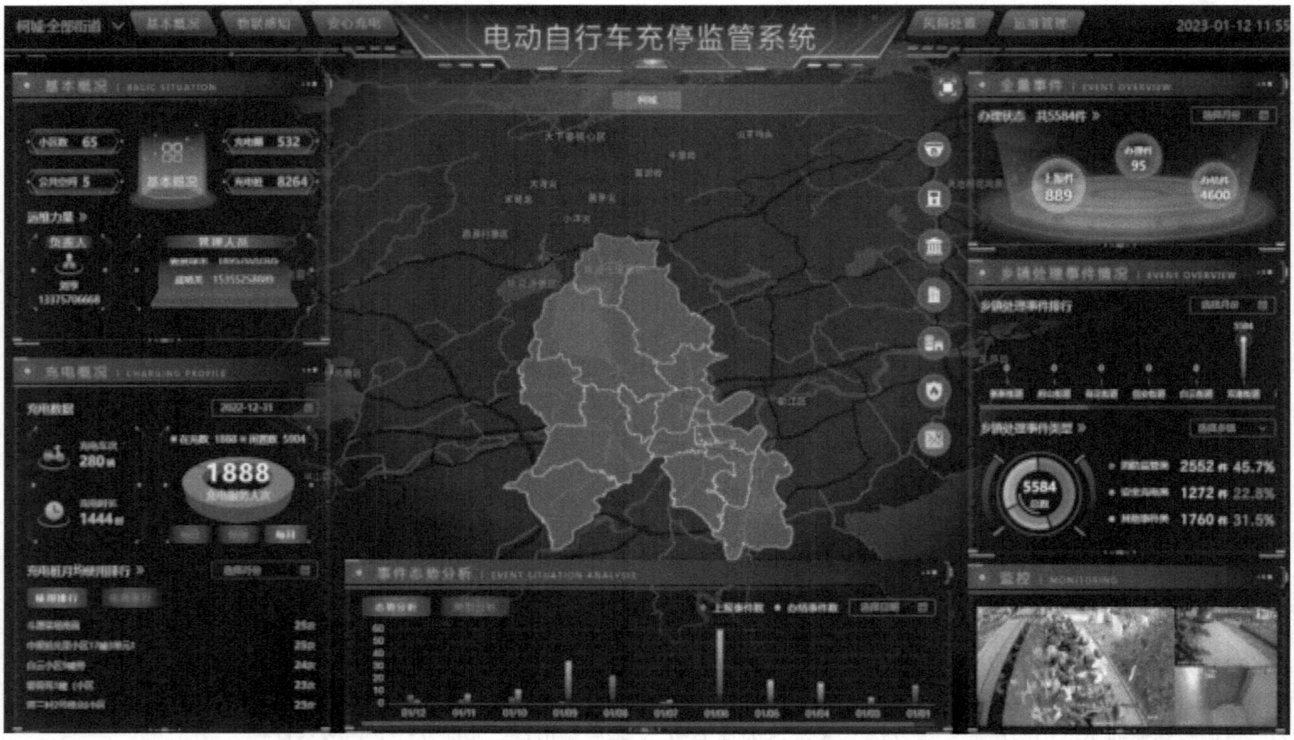

图 1 “e 充停”电动自行车充停监管系统

4.1 构建“e 充停物联网”子场景精准“预警”充停隐患

通过物联感知技术，构建“易充停物联网”子场景，利用物联传感、智能分析和视频捕捉等监测手段，对电动自行车充停进行全过程安全监管。一方面，打造 e 充停“智能预警”端口。针对传统充电桩设备线路容量小质量差，安全性能良莠不齐，用电功率千差万别，充电风险隐患难监测等问题，统一布局具有充满自动断电、过载过温告警、远程视频监控等功能于一体的智能充电桩，从充电时间、电瓶温度、电流大小等多个维度，进行实时动态监管，防止电池过充、线路老化、电阻熔断等问题引发的自燃、爆燃现象。同时，将充电桩智能感知数据汇总至乡镇（街道）综合信息指挥室，为基层及时感知电瓶车充电消防隐患提供数据支撑。另一方面，设置“电梯阻人”模块。在小区电梯内安装视频监控、传感器、报警装置等智能设备，通过 AI 智能识别电动车，并向电梯发送信号阻断电梯关门；并通过轿厢传感设备识别乘梯人危险行为，及时发送相关告警信息，对电动自行车进入电梯现象进行监控和干预，形成电动自行车电梯阻人事件闭环，从源头管控电动自行车上楼入户违规充电引发重大消防安全隐患。

4.2 构建“充电桩安全码”子场景精准“把脉”充停需求

通过构建“充电桩安全码”子场景，破解不同电动自行车品牌供应商“人车池”信息散落孤立，难以快速高效获取和掌握的问题，实现电动车信息采集“一码归集”。对于管理端，实现精准布控“一码可知”。按照一码统管工作要求，实现库存车、待销车及蓄电池赋码上牌、带码销售、凭码维修，成功构建以电动自行车车架号、蓄电池序列号为唯一标识的“浙品码”数字化追溯链，强化“人车池”信息关联；并通过电动自行车生产、销售、登记、骑行、维修、回收环节中产生的电动自行车销售量、充电事故起数、居民反馈情况等数据，形成电动自行车热力图、违规骑行高频点、充电事故高发区等数字地图，进行精准布控提示广播、督查警力、改善基础设施，降低电动自行车骑行、充停事故。对于服务端，实现分类布点“一码可览”。结合充电桩“衢通码”扫码订单量、充电桩用电量等情况，通过后台计算电动自行车充停高密区，按需投放、科学布点“e 充停”智能充电桩。居民可通过浙里办搜索“e 充停”掌握智能充电桩位置信息，了解周边空闲充电桩位置。同时，通过降电价+广告收入，以 1 元充 8 小时的“亲民电价”给居民充电提供优惠，做到了“和家里用电一样便宜”，并且还可以通过扫码使用碳积分免费兑换充电时长。

4.3 构建“电动车大数据”子场景精准“疏通”充停堵点

依托一体化智能化公共数据平台，拟申请回流省交管、省市场监管等部门电动自行车行驶证、车辆、电池等数据，精准匹配人车信息，实现闭环管理。一是强化风险处置监管。将飞线充电、电梯阻人、充电桩告警、车辆信息异常等 9 大高频事件接入“事件中心”，形成“街道指挥室派单-基础件物业办理-网格员评价”的工作闭环。同时，将基层难以解决的疑难件流转至“基层治理四平台”由执法部门依法依规进行责令改正及处罚，推动已出台的法律法规刚性执行。二是加强隐患源头管控。用户扫充电桩“衢通码”的同时可实现人、车、池对应“一码溯源”，系统自动匹配识别电过载、电过压等问题，第一时间“一码掌控”，解决人的不安全行为，物的不稳定因素，做到全生命周期监管，确保全过程安全可靠。三是充分利用孪生数据。在数据采集的同时，强化数据运用，如充电桩“衢通码”扫码充电显示红黄码人员、大跨度异常区域充电车辆、“浙品码”人车池不匹配、外来人员小区充电、“零”点充电人员等情况形成的多元事件，助力疫情防控、打击盗窃犯罪、出租户与晚归人员摸排等方面，进行数据挖掘分析和预警信息提示推送，共建平安社区。

5 小结

综上所述，柯城区“e充停”电动自行车充停监管应用有效破解电动自行车充停违规行为，以数字化手段构建电动自行车安全风险“监测-研判-处置-评价”的全流程闭环管理体系，切实保障了人民群众生命财产安全。

参考文献

[1] 贾镜炜．电动自行车消防隐患治理工作的现状与对策 [J]．今日消防，2022，7（08）：41-44.

[2] 侯赛军．电动自行车消防安全隐患及标准化对策研究 [J]．中国标准化，2022，（18）：106-108.

[3] 丁宏军．电动自行车电气火灾高发原因分析与防控建议 [J]．建筑电气，2022，41（05）：3-5.

[4] 袁焱华．电动自行车停放充电场所防火设计 [J]．安装，2022，（05）：89-91.

“九小场所”消防物联网设备安装及应用

陈浩榕

（江苏省南京市建邺区消防救援大队　江苏　南京）

摘　要　现阶段随着经济社会的不断发展，科技信息时代的到来，关于消防工作也发生了翻天覆地的变化，迎来了崭新的发展道路。现在4G/5G网络的迅速发展，我国消防系统也在不断完善和更新，尤其是“九小场所”中消防物联网的运用实验的成功。对消防物联网进行相关的介绍和阐述，从而分析出其具体的安装应用过程，还望有关人员参考借鉴。

关键词　九小场所　消防物联网　设备安装　应用研究

1 引言

随着互联网时代的不断更新，科学技术的不断进步，4/5G网络应运而生，同时也带来了很多的物联网设备。应用在消防作业中，大大的强化了我国的消防工作，比如独立光电感烟探测器、简易燃气报警装置、电气火灾监控、水系统无线压力传输装置等等，现阶段这些物联网设备已经在我国的“九小场所”应用成功，并取得了显著的消防效果。

2 “九小场所”含义

该场所主要就是指小型幼儿园、小型医院、小型商超、小型餐饮、小型旅管、小型娱乐场所、小型网吧、小型洗浴场所以及小型加工厂等九个小型场所[1]。针对于上述的地区，在进行消防检查的工作中，很难对其进行有效的排查到位，因此，利用物联网预警设备就能够很好地进行消防管理。现阶段，为了强化这些地方的消防管理工作，南京市建邺区已将这些地方接入建邺区消防物联网监管云平台，并且通过物联网对其进行24小时的消防监控，从而最大程度减少这些地区的火灾发生几率，做到防患于未然。

3 消防物联网设备实施流程

建邺区消防物联网监管云平台是通过当地政府组织建设的，再由区消防救援大队、区信息中心进行实施，从而完善整个消防监控系统建设。首先，相关部门人员需要在当地这些场所进行相应的市场调研工作，要将所有九小场所的数量进行统计，从而得出设备的数量，以及制定好相关的方案，然后在向上级部门进行汇报，待到方案通过之后，政府部门再进行相关的消防物联网设备的采购工作，统一管理。

4 市场调研工作展开以及设备安装原则

（1）首先，相关人员需要到实地进行相应的测量工作，要确定好房屋结构以及房屋的实际面积，一般来说，一个烟感警报器所保护的面积范围为30m²，如图1所示因此相关安装人员应当按照这个要求进行安装。此外，在进行实地检测的过程中，切勿放过任何一个角落，尤其是储烟仓的设备安装[2]。

图1　烟感设备安装

（2）针对商铺形式的商户，尤其是用电较大的商户，比如餐饮店。在进行安装工作之前，还需要专业的电工人员对商户线路进行排查工作，查看其是否有不规范用电的情况发生、是否有老化电线问题、以及电表运行是都正常等，要将这些情况一一排除之后，才能进行电气火灾的监控安装工作。

（3）完成好上述工作之后，还需要进行安装相关的监控摄像头，从而在火灾发生之后能够第一时间确定火灾情况，一般该安装工作都是安装在出入口的顶上方，且必须保障能够清晰看到整个场所情况。

5 设备安装

5.1 烟感警报设备安装过程

首先，将烟感警报设备运输到现场之后，进行通电、安装电池等工作，等到设备启动之后，将其型号录入检测系统中，在进行相关的信号测试，只有通过该测试才能进行后续的安装工作。其次，安装过程中根据设备底座的安装孔进行固定安装，一定要保障设备安装牢固且方便后期的维修工作。其次，将设备的信号以及位置进行相应的记录，从而方便后续的警报和查找工作。最后，将烟感警报信息录入之后，还需将商户信息、位置信息也进行录入到物联网系统平台中去，并且要确保该设备是处于在线状态，从而实现远程调控的功能[3]。

5.2 摄像头设备的安装过程

首先，该摄像头的安装位置一般都是在一楼的门顶上进行吸顶安装，这样一来就能刚好的观察火情的情况以及人员伤亡疏散的情况等等，后续该摄像头还能通过其存储录播功能，事后进行相关的分析。其次，安装之后，还需进行相关的调试工作，利用 APP 以及安装现场的网络信号从而实现线上监控功能，在将摄像头各种角度参数设置好即可。最后，安装完之后，还需要将摄像仪的设备信号一样记录下来录入平台之中，这样就可以实现在线观看监控的功能了。除此之外，若该摄像头所在地区无信号网络，那么还需安装具备有流量的网络功能的设备，从而方便传输视频[4]。

5.3 电气火灾监控的安装流程

该设备的流程大体与上述一致，其最大的区别就是在安装之前需要电工进行相应的电路调整，在安装完成之后，还需将该监控的功能介绍与商户人员，并且也是将其型号、数量等信息录入，并让商户统一签字之后，方可使用和维护功能，如图 2 所示。

SK-JK128电气火灾监控设备

图 2 电气火灾监控设备

在这三种设备安装完成之后，相关人员还需要对其进行相应的信息汇总，如安装的街道位置、小区位置等信息、设备型号、编号等信息汇总，并将两者一一对应，最后统一输入到平台之中，最后通过所汇总的信息进行火情监控工作。

6 “九小场所”监控流程

当所安装的设备发出相应的火灾警报时，建邺区消防物联网监管云平台在第一时间收到信息之后，由语音电话自动拨打给商户人员、消防网格员、社区工作人员和公安警务站值班电话，并自动发送短信（含报警设施编号、地址、发生警情时间、联系人电话、消防网格员联系方式等）；若商户联系上，那么及时对其警报信息确认；若未联系上，则由消防网格员现场确认并处置。以上就是整个火灾警报的整个流程，每次发生警报之后，还需在商户或者消防网格员手机 APP 对其位置、时间、过程、结果等一一进行记录、闭环处理；每月、每季度、每年由平台按照所在街道、社区进行自动分析，形成火灾分析报告，供消防部门、各级政府进行分析研判。

7 结束语

综上所述，当前的消防工作已逐渐走向信息化、智慧消防的方向发展，这也逐渐变成了城市中的重要组成内容，且对于城市意义重大。因此做好“九小场所”的消防监控的管理工作，不仅能够促进消防行业的发展，还能更好的保护人们的生命安全。

参考文献

[1] 李开杨，赵宇科，李忠．九小场所智慧消防物联网系统，CN108416987A［P］．2018.

[2] 王世博，张建津，杨青鹏，等．一种基于 LoRaWAN 网络的社区九小场所险情管理系统及使用方法，CN108806167A［P］．2018.

[3] 柯经弟．一种适用于九小场所的智慧消防报警系统，CN108538009A［P］．2018.

[4] 王中明，张雅然，杨鹏，等．一种九小场所消防安全管理系统及数据传输处理方法，CN108712510A［P］．2018.

“微型消防站”体系建设初探

宁 宇

（淄博市消防救援支队，山东 淄博）

摘 要 文章主要结合当前“微型消防站”建设现状，以初起火灾扑救为目的，依托地方消防行列和安全网格管理体系，对“微型消防站”的建设内容、日常管理、灾害调度、协同作战等方面进行了对策研究，抛砖引玉，为“微型消防站”的后续发展提供可行性思路。

关键词 微型 消防站 重点单位消防安全 宣传教育培训 火警调度

1 建设背景

随着我国城镇化建设，城镇规模快速扩展，尤其是自消防改制转隶以来，“全灾种、大应急”要求队伍具备各类灾害处理专业能力，而消防专业队伍因编制受限，普遍存在消防队员数量较少、专业消防队伍力量不足现象，为此应急管理部消防救援局 2015 年下发了《消防安全重点单位微型消防站建设标准（试行）》、《社区微型消防站建设标准（试行）》等通知强化地方微型消防站体系建设。

2 微型消防站体系建设必要性

2.1 现实消防工作的需要

随着经济不断发展，各类特殊重点部位的灾害事故频发，尤其是针对消防重点单位的高层建筑、化工、人员密集场所、易燃易爆等风险不断加大，该类灾害事故如果处置不及时，很容易造成重大人员伤亡及财产损失。其次居民住宅类火灾虽然个体灾害影响不大，但体量惊人，也是火灾亡人的重症区，如果能够有效的控制初起火灾，也能有效避免恶果。

2.2 消防专业力量的有效补充

专业消防队虽然前期在政府整体规划中确有部署，但城市集约用地的限制加上城市建设的惊人扩张，势必造成专业队分布不够合理。此外还受制于日趋拥挤的交通、车道占用等隐患，专业消防力量接警后到达现场的时间已远远无法满足“五分钟”要求，尤其是郊区及城乡结合部。而微型消防站依托各重点单位及部位建立，整体建设周期及功能落地相对较为简单。后期通过整体规范的体系管理，可以实现全方位的防控体系，尤其是针对微型消防站所属区域的灾害处置中，可以充分发挥队员的高度熟悉度包括消防设施、建筑及疏散进攻路线等，在初起火灾扑救中有不可取代的作用。

3 微型消防站体系建设的可行性

针对最主要的职能划分，就是日常防火督查及初起火灾扑救，依托各社区、各重点单位，甚至包括警务室及保安人员值班室，均可建立微型消防站。同时按照标准配备部分硬件包括灭火器、水枪、水带等，考虑统一纳入区域微型消防站管控平台，对专兼职人员进行日常管理及培训，并进行初起火灾的控制与信息上传下达等。

4 建设目标

除按照消防法规须建立专职消防队的重点单位外，其他设有消防控制室的重点单位，以救早、灭小和“3 分钟到场”扑救初起火灾为目标，依托单位志愿消防队伍，配备必要的消防器材，建立重点单位微型消防站，积极开展防火巡查和初起火灾扑救等火灾防控工作。将微型消防站作为火灾首防、初控首战的关键力量，紧盯“建好、训好、用好”三大中心环节，健全了拉近式指导、实战化组训、一键式调度、视线内指挥、信息化保障五大体系，有效解决了单位主体责任落实差强人意、自身应急处置能力差、缺乏消防“明白人”等问题。

5 建设要求

5.1 明确建队标准

按照控制室人员固定值守、其他岗位人员动态巡查、出现灾情有序集合的模式，用好现有人员，减轻建站压力。坚持“快速着装、快速到场、快速处置”，根据经营特点、灾害类别，指导针对性配置灭火器材、药剂，合理配备通信器材、空呼气、自救他救等装备，防止过度投资，减少施救损失。实现规范运转。

5.2 明确日常流程

明确交接班、巡查检查、教育培训等 6 大规章制度、操作流程。编规范现场环境熟悉、联动控制自动操作等分项训练规程和自我考评、综合训练规程。明确微型消防站每天开展一次巡查检查、每周开展一次全员培训、每月开展一次内部演练职能。

5.3 强化社会保障

将微型消防站建设纳入第三方考核、政府购买服务、行业部门标准化建设来推动，定期开展督导考评。各级政府不断加大微型消防站建设的资金投入，有效解决了建站难的问题。

6 纳入专业调度指挥体系

6.1 搭建分级调度平台

近年来，国家消防救援局针对整个智能化接处警及调度指挥体系建设作出了全面部署，依托该智能平台研发微型消防站管理系统并纳入接警调度指挥体系，支队、大队、中队和微型消防站配备智能指挥中心及公网对讲设备（微型消防站值班人员手机常驻分平台 APP），形成“支队、大队、中队、联防单位”四级调度指挥体系。

6.2 现场语音调度

各级群组利用公网对讲机下达紧急指令，确保“一呼百应”“随呼随应”，缩短指令传达时间；利用 APP 分平台功能实现语音数据双向传输，实现现场灾情处置的远程指导及信息汇聚。

7 日常培训考核

通过该系统随时检查微型消防站工作成效、指导火灾初控工作。建立跟踪问效机制。常态化开展防火灭火业务培训，利用分中心平台 APP 每天进行抽查点名、随机提问，开展消防常识知识培训，发布火灾防范预警，督促开展巡查检查、培训演练；有效促进单位主体责任落实。

组织同台比武竞技。联合市级各部门剧本各类消防应急救援能力比赛，涉及微型消防站、民间应急救援等力量，通过合理设置微型消防站比赛科目，以消防控制室实地操、防烟排烟系统等日常操法为核心，在实地竞技中检验微型消防站规范化建设成效。努力推动建立社会化表彰机制，有效提高微型消防站队伍的职业价值感。

8 微型消防站体系发展核心问题

8.1 加强地方政府主导，创建有效的保障体系建设

积极推动政府出台各类建设管理要求，并就日常管理及职能落地进行考核挂钩，多方筹措建设及运行经费，开展多点拉网式建站，实现重点区域的全面覆盖。

8.2 加强专业队指导

各消防专业机构要主动常态化开展消防救援、调度指挥及灾情处置的业务培训工作，有针对性的锻造一支人民消防力量。

8.3 推进辖区联合防务合作，形成实战效能

要拟定各类应急处置预案，定期组织各类应急调度、灾害处置演练，提高联防联控整体能力。

8.4 科学配置微型消防站力量

除了配合消防专业队外，还要考虑地方治安、应急处突等任务，明确分组职责，严格值班秩序，确保各项任务落实。

随着消防任务的全面拓展，社会经济发展与进步，做好全社会的消防安全工作不只是专业消防部门，也是公民的责任和义务，做好微型消防站体系建设除了提高消防安全管控能力，尤其能够有效的控制初起火灾。依托新技术新科技及物联网全面应用，未来还要依托大数据共享平台实现消防安全管理的全面落地，为社会经济发展保驾护航。

参考文献

［1］刘潋扬．微型消防站可持续发展及建设探讨［J］．消防科学与技术，2016.35（04）．

［2］杜长锋．浅谈微型消防站的优点及优势［J］．低碳世界，2016，05.

消防巡查机器人系统协同机制的研究及应用

朱友好[1]　吴　俊[1]　柏　林[2]

（1. 杭州市消防救援支队，浙江　杭州；2. 广州高新兴机器人有限公司，广东　广州）

摘　要　消防巡查机器人作为一种新型的消防设备，具有自主性、高效性、安全性等优点，能够有效提高消防安全水平。本文从多机器人管理及人机结合协同处置、与其他系统融合联动两个方面进行探讨，旨在促进消防巡查机器人的应用与发展。

关键词　消防巡查机器人　多机器人管理　人机结合协同处置　融合联动

1　引言

消防安全是人民生命财产安全的重要组成部分，消防防火巡查是消防安全的基础。传统的消防防火巡查主要依靠人工巡查，存在着效率低、安全风险大的问题，而消防巡查机器人的出现，能够有效解决这些问题。消防巡查机器人是一种集机械、电子、信息技术于一体的智能化设备，具有自主性、高效性、安全性等优点，能够有效提高消防安全水平。

本文从以某个实际应用场景室内外环境中具有多个机器人及机器人与场景已有安防系统协同，共同完成消防巡查任务为基本点，通过多机器人管理及人机结合协同处置、与其他系统融合联动两个方面进行探讨，旨在促进消防巡查机器人的应用与发展。

2　多机器人管理及人机结合协同处置

2.1　多机器人管理

多机器人管理可以采用分布式协同控制方法。具体实现方法如下：

2.1.1　任务分配算法

采用分布式算法，研究 DISTRIBUTED TASK ALLOCATION ALGORITHM（DTAA）和 DISTRIBUTED CONSTRAINT OPTIMIZATION PROBLEM（DCOP）算法优劣势。这两种算法都是用于解决多个代理之间的任务分配和资源分配问题。它们的主要区别在于求解问题的方法上。DTAA 是基于合同理论的一种算法，代理在协商合同并交换资源之前，每个代理都是独立且自主的。它的主要优势是快速收敛，可以很快地为每个代理找到最佳的任务分配方案。但是，它需要所有代理共享信息，这对于一些需要隐私保护的应用程序来说可能不太合适。DCOP 则是一种模型和算法的结合，用于解决分布式约束优化问题。它通过将约束满足问题（CSP）扩展为分布式环境中的 COP，来处理资源分配和任务分配问题。相比于 DTAA，DCOP 可以更好地处理约束条件和不确定性，但它可能需要更长的时间来进行分布式计算。

总的来说，两种算法各自有其优劣。DTAA 算法更适用于要求快速收敛并强调代理之间的合作与信息共享的场合。DCOP 算法则适用于更复杂一些的环境，需要考虑约束条件和不确定性，并能够更好地处理问题的复杂性。因为消防巡查机器人之间为同一系统，系统承载海量机器人应用中不同服务之间可数据通信，DTAA 算法更适用于消防巡查机器人系统。

2.1.2　机器人协同算法

采用协同控制算法，研究 MULTI-AGENT COORDINATION（MAC）和 DISTRIBUTED CONSENSUS ALGORITHM（DCA）算法。MAC 与 DCA 两种协同控制算法都可实现机器人之间的协同性，避免冲突和重复。MULTI-AGENT COORDINATION（MAC）用于多代理协调问题。该算法的主要目的是通过协作和通信使多个智能代理在分布式环境中合作完成任务，实现高效的协调与决策。MAC 算法适用于多个智能代理之间需要协同完成任务的场景。其优点是具有强大的数据传输和协调功能，可以使多个代理之间较为顺畅地进行协商和交流，以提高整体协调效率。缺点是当代理数量较大时，通信成本和协调负担较高，操作起来也会显得较为复杂。DISTRIBUTED CONSENSUS ALGORITHM（DCA）用于协调多个代理的决策，使其在分布式系统中达成一致的结果。DCA 可以应用于多个代理需要共享数据、资源、通信等场景，以保证整个系统的一致性。其优点是具有分布式、容错性和同步性等优势。分布式的特性使得算法可以适应不同的网络拓扑结构，容错性保证其在部分节点失效时能够保持可用性，同步性则可以使算法得到全局收敛。缺点是当数据量较大或系统规模较大时，通信成本和算法复杂度也较高。

总的来说，MAC 算法适用于多个代理需要协同完成任务的场景和任务较为简单的场景，而 DCA 算法适用于多个代理需要协同共同完成决策或共享数据等较为复杂的场景。消防巡查机器人系统多机器人之间密度小，交叉几率小，MAC 算法比较适合消防巡查机器人使用。

2.1.3　机器人路径规划算法：

用路径规划算法，例如 A＊算法，实现机器人路径规划的高效性和准确性。

A＊算法则是一种启发式搜索算法，它除了考虑当前节点的路径长度，还考虑了每个节点到终点的估价函数值。根据估价函数值的大小启发式地选择下一步的搜索路径，从而保证搜索速度和准确性。A＊算法的优点是能够快速地找到目标点，且在寻路过程中访问的节点比 DIJKSTRA 算法要少，效率更高。另外，A＊算法能够应对权值为负数或较大的情况，但是在某些情况下，由于启发式函数不准确或实现不好，会导致结果不正确。本文消防巡查机器人的任务是尽可能快地检查每个房间是否存在火灾等危险情况，因此，可以考虑以下启发式函数来加速巡查路径的搜索：

1. 曼哈顿距离（MANHATTAN DISTANCE）：对于平面上的任意两点，其曼哈顿距离为其 X 轴方向距离和 Y 轴方向距离之和。在消防巡查机器人的应用场景中，可以将房间看做平面上的点，因此采用曼哈顿距离作为启发式函数可以使得机器人沿着“尽可能近地”路径去访问每个房间，从而更快地完成巡查任务。

2. 欧几里得距离（EUCLIDEAN DISTANCE）：对于平面上的任意两点，其欧几里得距离为它们之间的直线距离。虽然欧几里得距离比曼哈顿距离更精确，但由于在实际场景中需要考虑到机器人运动的姿态、转弯等因素，所以曼哈顿距离可能更适合用来作为应用启发式函数的度量之一。

3. 本文消防巡查机器人普遍采用地图最短路径（SHORTEST PATH ON THE MAP）：在该启发式函数中，机器人会通过先对整个地图进行一次离线的最短路径计算，然后在巡查时，在当前节点到目标节点之间沿着离线求得的最短路径进行移动。该启发式函数可以认为是对前两种启发式函数的加强，可以使机器人更快地走出极端环境，并提高路线规划的正确性。

在实际应用中，图 1 多机器人管理可以采用集中式或分布式控制方法。集中式控制方法将所有机器人的控制命令集中在一个控制器中，由控制器统一分配任务和控制机器人的运动；分布式控制方法将任务分配和控制命令分散在多个控制器中，由各个控制器进行协同控制。分布式控制方法具有容错性强、可扩展性好等优点，适用于机器人数量较多、任务复杂度较高的情况。

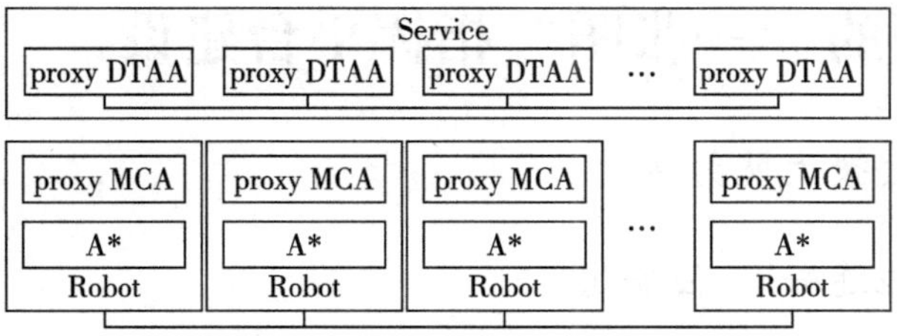

图 1

2.2 人机结合协同处置

人机结合协同处置可以采用人机协同控制方法。具体实现方法如下：

2.2.1 协同控制算法

采用协同控制算法，研究[1] HUMAN-ROBOT INTERACTION（HRI）和 HUMAN-IN-THE-LOOP CONTROL（HITLC）算法，实现机器人与人员的协同性。HUMAN-ROBOT INTERACTION（HRI）和 HUMAN-IN-THE-LOOP CONTROL（HITLC）都是针对机器人与人类交互的算法。它们的主要区别在于交互方式和应用场景。

HRI 是指机器人与人类通过语音、手势、面部表情等方式进行直接沟通和交互的过程。通过智能识别、语音合成和人脸表情识别等技术，实现机器人和人类的自然语言交流和情感传递。在应用上，HRI 通常用于机器人陪伴、医疗保健、教育、服务机器人等领域，可以提升机器人的普适性、亲和力和用户体验。但是，对于复杂任务和高度自主的机器人，HRI 的实现难度和成本较高。

HITLC 是指人类与机器人之间的“人在环中”控制方式，即人类在机器人的决策过程中扮演着重要的角色，通过监控、干预和调整来指导机器人完成任务。HITLC 常用于安全控制、航空航天、无人机、自动驾驶等领域，可以提升机器人的安全性和效率。但是，在实践中，HITLC 也面临着人类经验和能力的局限性、决策响应时间的延迟等问题。

综上所述，HRI 适用于要求机器人与人类进行高度近似的人类式交互场景中，而 HITLC 则适用于人类与机器人更加紧密的连接以实现任务目标，对于需要高度自主的机器人处理较为复杂的任务会更有优势。本文消防巡查机器人两种交互协同算法都会采用，在群众与机器人进行智能问询交互过程中主要采用 HRI。在机器人管理人员通过工具与机器人进行业务交互过程中通过 HITLC 方法。

2.2.2 通信技术

采用无线通信技术，5G 高带宽低时延远距离通信技术和近距离 WIFI 直连通信技术，实现机器人与平台，机器人与人员之间的高效通信。

5G 高带宽低时延远距离通信技术：采用 5G 通信技术，实现机器人与人员之间的高速通信和数据传输。5G 通信技术具有高带宽、低时延、远距离等优点，可以满足消防巡查机器人系统对高速通信和数据传输的需求。

近距离 WIFI 直连通信技术：采用 WIFI 技术，实现机器人与人员之间的近距离直连通信。WIFI 技术具有高速、低成本、易部署等优点，适用于消防巡查机器人系统的近距离通信需求。

通过采用 5G 高带宽低时延远距离通信技术和近距离 WIFI 直连通信技术，可以实现机器人与人员之间的高效通信和数据传输，提高系统的响应速度和数据传输效率，提高消防巡查机器人系统的工作效率和安全性。

在实际应用中，图 2 人机结合协同处置可以采用远程控制或自主控制方法。远程控制方法将机器人的控制命令从远程控制平台发送到机器人，由控制平台实现对机器人的远程控制；自主控制方法将机器人的控制命令存储在机器人内部，由机器人自主地完成任务和控制运动。自主控制方法具有实时性好、反应速度快等优点，适用于机器人数量较多、任务复杂度较高的情况。

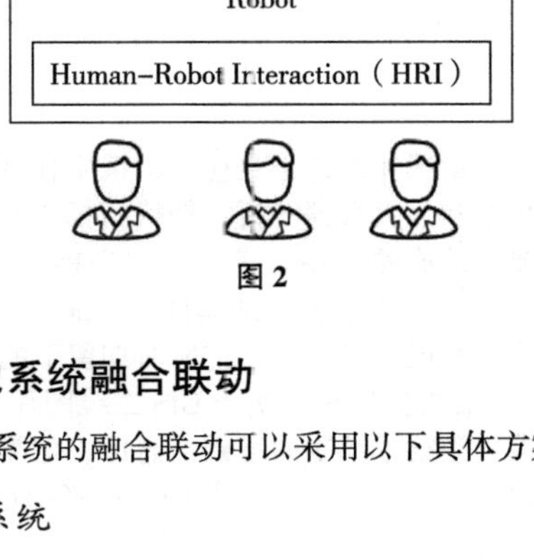

图 2

3 与其他系统融合联动

与其他系统的融合联动可以采用以下具体方案：

3.1 GIS 系统

采用 GEOGRAPHIC INFORMATION SYSTEM（GIS）技

术，将机器人的位置信息与地图信息进行融合，通过机器人系统与 GIS 系统实时通信，将机器人实时位置、任务、业务等信息上传到 GIS 系统，实现机器人实时状态在 GIS 系统的呈现。

3.2 视频监控系统

采用视频监控系统，例如 CLOSED CIRCUIT TELEVISION（CCTV）或 PAN-TILT-ZOOM（PTZ）摄像头，将机器人的视频信息实时传输到监控中心，使用 OPENCV 或 TENSORFLOW 等技术实现对火灾情况的实时监控和预警。

3.3 消防报警系统

采用消防报警系统，例如 FIRE ALARM CONTROL PANEL（FACP）或 FIRE DETECTION AND ALARM（FDA）系统，将机器人的报警信息实时传输到消防指挥中心，使用 FIREFIGHTING ROBOT CONTROL SYSTEM 实现对火灾情况的快速响应和处置。

3.4 人脸识别系统

采用人脸识别系统，例如 FACE RECOGNITION TECHNOLOGY（FRT），将机器人的人脸识别技术应用于火灾现场，实现对失踪人员的快速寻找和救援，使用 FACIAL RECOGNITION ROBOT SYSTEM 实现人脸识别技术与机器人的联动。

如图 3 消防巡查机器人系统与其他系统联动，可以实现信息共享、多源数据融合，提高智能化巡查的效率和精度，为消防安全保驾护航。

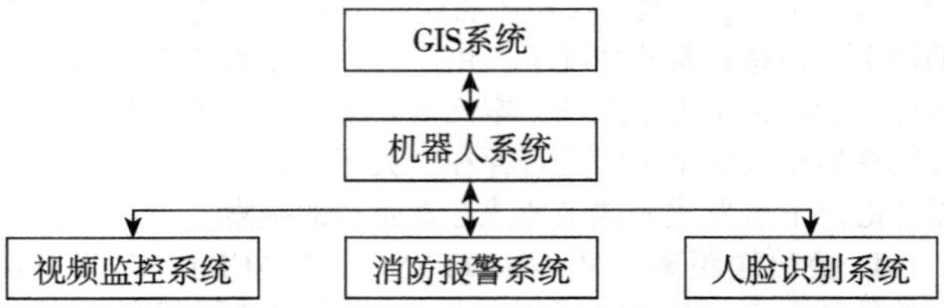

图 3

4 结论

消防巡查机器人系统通过采用多机器人管理及人机结合协同处置、与其他系统融合联动技术，实现了机器人智能化、高效化和安全化，为消防安全事业做出了重要贡献。未来，随着人工智能、大数据等技术的发展，消防巡查机器人系统将会更加智能化、高效化和安全化，为消防安全事业做出更大的贡献。

参考文献

[1] 张庆奎等，Efficient Multiple Robot Cooperative Task Allocation in Large-scale Complex Environments，2020.

[2] Jiancheng Yang 等，A distributed constraint optimization approach to cooperative firefighting planning for multi - robot systems，2018.

[3] Hyeonjun Kim 等，An Efficient Distributed Consensus Algorithm for Multi-agent Coordination，2018.

[4] Candace L. Sidner，Human-Robot Interaction：An Introduction，Cambridge University Press，2020.

基于二维正射图和实景三维模型的“一张图”指挥平台建设

——以永定消防救援大队为例

李一星[1] 冯丹阳[2] 施连兴[1] 任安忠[1]

（1. 龙岩消防救援支队，福建 龙岩；2. 中国人民警察大学救援指挥学院，河北 廊坊）

摘 要 针对辖区经济快速发展、城市建设呈现业态多样化、“全灾种、大应急”发展态势与消防救援力量提升速度不匹配的问题，本文结合消防救援队伍灭火救援战斗实际需求和作战指挥体系建设的现实需要，构建辖区高清“一张图”、图层标注、图层管理、实景三维模型影像库、三维动画预案制作，并以永定区消防救援大队为例[1]。初步实现针对消防的数字化、可视化信息库建设，形成正射地图作为平台基础信息底图、三维倾斜数据作为局部重点区域平台基础信息三维底图，辅助灾害救援事故现场指挥决策部署。

关键词 实景三维 正射高清地图 灭火救援 重点单位 作战指挥

1 引言

构建现代化指挥体系，正是应急救援工作现代化的引领性任务，态势感知、大数据分析、精确指挥管控、集约高效保障等关键要素的成熟运用是信息化水平能力的综合体现。推动消防救援队伍从“粗糙”的卖体力、靠人力指挥方式向信息化指挥体系发展，摆脱原本部队时期留下的“诟病”和“大老粗”的作战指挥思想。基于 GIS 二维图片、三维模型、无人机倾斜摄影等技术编制的基础信息库，汇聚整合消防各类数据，实现“一张图”可视化管理、一张图指挥、一张图调度、一张图决策。

2 永定区情况分析

2.1 永定辖区概述

就永定区分析，该区位于闽粤赣三省交界处，丘陵少、山地多，地处博平岭山脉和玳瑁山山脉地带，地势东北高、西南低。全境群山起伏，大致以永定河为界，分东、西两大部分，分别形成 3 种地貌类型：中山区和低中山区，约占 40%；丘陵，约占 15%；河谷盆地和山间盆地，约占 45%[2]。全县最高点为虎岗镇汉洋村赤岩头，海拔 1547m；最低处为仙师镇下坝永定河末端，海拔 69m。以中亚热带海洋性季风气候为主，2022年末全区共有1个街道、17个镇、6个乡，19个社区、263个村，2020年底全区户籍户数120469户，全区常住人口325880人，如图1所示，永定区人口呈现“多区域性集中”，部分大型镇与主城区吸纳了大量人口，城镇的人口163947人，乡村的人口161933人，由于永定区与新罗区相邻，龙岩市大力发展经济开发区，相当一部分属于永定区的人口分布于高陂镇、坎市镇、抚市镇紧邻市区[3]。

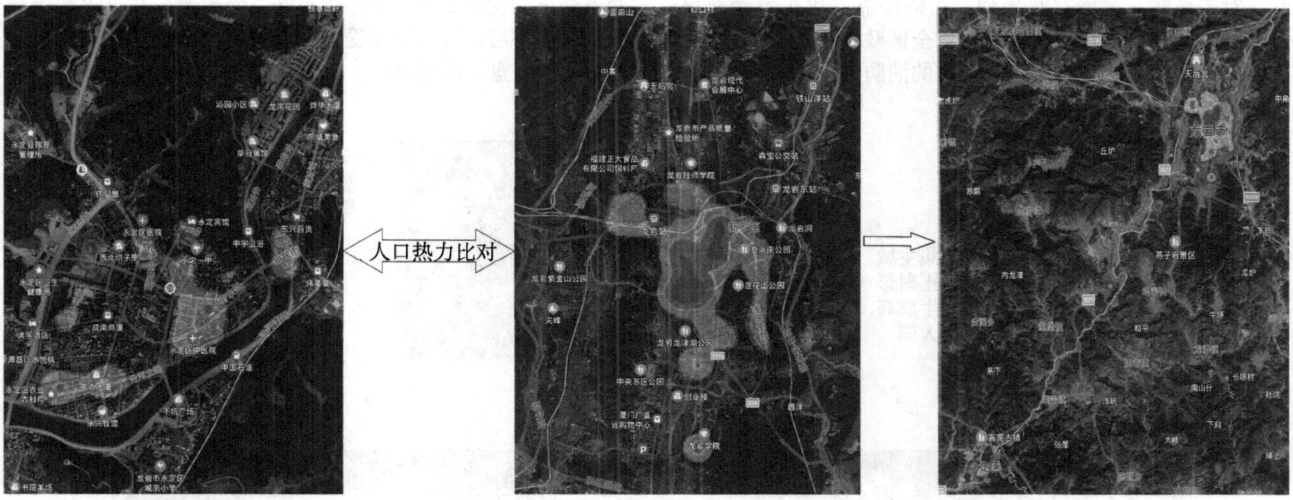

永定区人口热力图　　新罗区人口热力图

图1　永定区人口热力及人口热力比对

2.2　永定警情概述

随着永定工业园区、文秀产业园区等招商引资，永定土楼旅游产业链的发展，永定社会经济发展稳中求进，社会面火灾形势日益严峻。截至2022年10月14日，永定下属四个消防救援站共接警出动351起，同时期上年仅226起，同比警情数增加55.31%，其中东大道小型站出动105起，相较去年增加了1066.67%，其中多以马蜂、蟒蛇等社会救助为主。以永定区2022年一月份至八月份火灾为例，将典型火灾分为建构筑物-居住场所，非建构筑物-道路绿化带及隔离带、建构筑物非居住场所、非建构筑物-室外独立生产设施设备及其他、交通工具、垃圾堆及其他六类划为GroupA—GroupB，按照月份为横轴，起火数量为纵轴分析，见图2，得出结论，以建构筑物-居住场所为典型案例具有灭火救援示范作用。

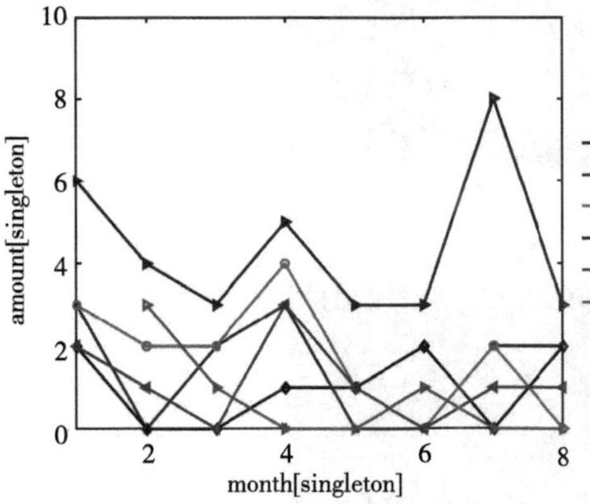

图2　2022年1-8月火灾分析

2.3　永定区消防安全重点单位分析

永定经济社会高速发展，新业态、新产业快速涌现，消防安全重点单位的内部危险源和人为不可控风险因素剧增，特别是针对“高低大化”四类场景的灭火救援战斗形势复杂，城市建设伴生风险的累积带来各类灾害事故频发，传统的灭火救援模式越来越多的表现出不适性，对标党中央“从应对单一灾种向综合减灾转变，从减少灾害损失向减轻灾害风险转变”的方针，对指挥体系的联合性、时效性、专业性、精确性提出更高要求，现代化指挥手段在防灾减灾救灾中的地位越来越突出。对于消防安全重点单位，需要掌握各类基础情况，如建筑物的建筑结构信息、功能划分、各类出口及通道，周边水源道路及消火栓情况，易燃易爆、有毒化学物质危险源存放位置等。

3　主城区二维正射高清“一张图”情况分析

3.1　二维正射“一张图”概述

地图是服务灭火救援战斗的基础和各类信息的载体，从日常训演练、灭火救援战斗接警出动、行车途中及力量部署乃至于进攻路线的选择、被困人员的实时位置确认和疏散路线的制定，以精细地图为指挥基础平台应用广泛[4]。APP自带的GIS地图更新数据慢，早期数据难以跟上日新月异的城市建设步伐[5]，特别是针对各个县城，卫星地图存在愈小的乡镇分辨率愈低这一问题，辅助指挥决策部署效果不佳，可以采用“卫星底图+二维正射图”的方式，嵌套使用，提升地图使用过程中的舒适性。

通过航飞设计，对建图测区进行区域划分，选择的采集器多为多旋翼无人机，根据二维正射图要求的分辨率，设置航飞参数，建图航拍中“面积、航速、航高、重叠、分辨”是五个关键参数，采集高影像分辨率的实景正射图片，在飞行过程中航向重叠度不低于60%、旁向重叠度不低于40%。将数据集合使用制图软件绘制并进行消防基础信息标注，形成具有辖区特色的正射高清“一张图”。

3.2　二维正射“一张图”运用分析

永定城区总面积较小，“一张图”可以展示全区范围内的行政区域及辖区范围，目前建立的卫星底图基于大疆DJI Terra自带的北斗导航卫星，主测区导出的Tif图仅12.5G，满足大多数终端设备的内存数据处理能力，建议可以使用图形处理软件进行区域修缮，重点信息标注、阴影处理和过曝光处理美化图片。就永定区分析，二维正射“一张图”的主要运用分析如下：通过建立主城区“一张图”，实现对城区道路、水源、消火栓、主要的生产生活经营场所和街道集镇直观显示，建图过程中采集了各个像控点的 WGS-84 地理坐标系经纬度，可以选择图中的各个建筑直观导出其地理坐标，对于导航、车辆路线规划，车辆停靠、战斗力量部署，人员疏散有着重要意义，辅助了解全区政府专职队、企业微型消防站、企业消防队等多种形式的消防力量的分布情况及辖区范围信息。如图 3，采集到的影像涵盖了主城区所辖所有的街道、民房、商场、医院、学校、企业事业单位、政府机构等，内容全面，通过对目标区域的选中，可以实现“变焦”效果，直观清晰显示出需要的某一地图部位的详细情况。对于区域与区域、建筑物与建筑物的直线距离可以直接两点测量，在地图数据中存放完好二维影像，在灭火救援战斗中、战斗后，可以制作受灾区域的灾情前后对比图，也有助于案例复盘、战评制作、火灾调查等后续工作开展。

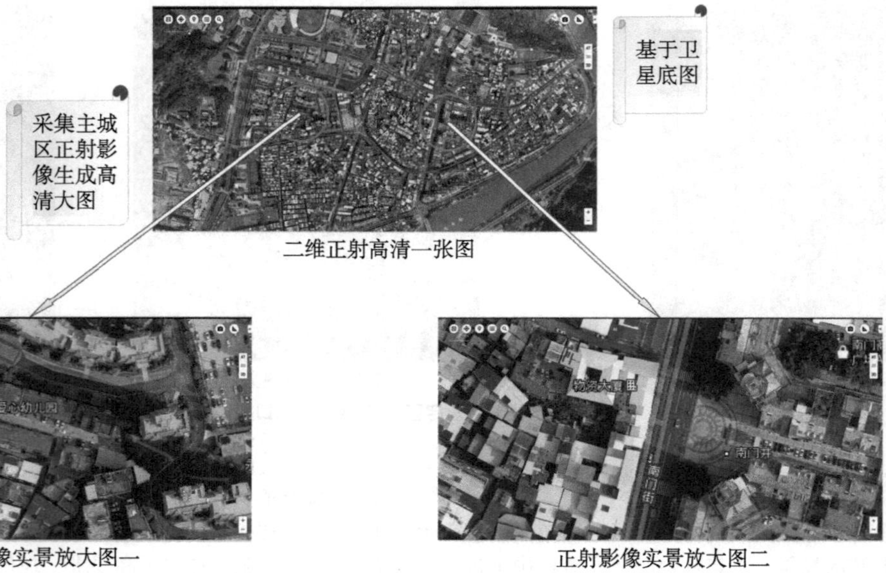

图 3　主城区高清“一张图”

4　辖区重点单位三维模型分析

4.1　技术分析

三维模型是基于可见光重建功能、计算机视觉中的多视几何及计算机图形学等原理利用采集的影像数据生成实景三维模型的过程。针对建筑及环境结构复杂的消防安全重点单位、石油化工企业、政府部门及区直单位应用 DJI Terra 规划和设置倾斜摄影五组航线，该方法基于多旋翼无人机挂载可见光摄像头采集原始影像和 POS 数据，如图 4，数据统一进行空中三角测量，生成点云数据，对重建进行区域分块，选择 OSGB 和 OBJ 格式的模型，可以后期对实景三维模型进行修改和美化[6]。

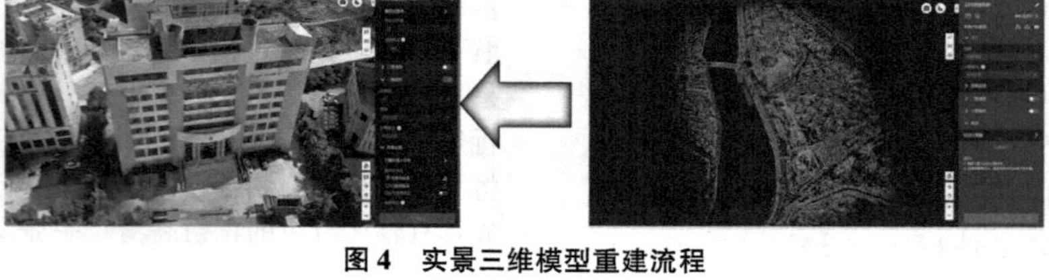

图 4　实景三维模型重建流程

外业控制点采集主要参考：GB/T 7931—2008《1∶500　1∶1000　1∶2000 地形图航空摄影测量外业规范》三维实景建模数据等级分为 S、A、B、C、D、E，不同等级对应的影像分辨率见表 1。补拍为采取轻型无人机或者手持相机，对建筑物细节、遮挡地方、阴影光差等地方进行补拍及采集临近地面底层数据，处理时采取数据融合手段增强模型效果。

表 1　不同数据等级对应的分辨率

等级	S	A	B	C	D	E
分辨率/cm	1+补拍	1	1.5	2	3	5

4.2 永定辖区实景三维模型规划

永定区无大型石油化工企业或化学品危险源隐患单位，在规划的过程中主要针对大型的综合体、人口聚齐场所、企业事业政府单位等进行测区建模，对重点建筑及建筑群进行三维实景规划，可以通过采集的基础地理信息在图形可视化界面中进行长度、面积、体积的测量，如图5，在平台中可以实现对建模区域内平移、旋转、缩小、放大、态势标绘点快速定位。数据采集环节中读取了所摄影像的经纬度，可以使用坐标系进行定位。建构筑物的基本信息，如长、宽、高、立面面积、体积、挖方体积等数据可以使用点标注绘制测量法读取相应的各类数据信息集合。

（1）WGS-84地理坐标系点位定位

（2）建构筑物周长、体积、挖方量测

（3）两坐标点位之间距离、平距、高差量测

（4）建构筑物平立面面积、截面量测

图5 实景三维模型量测

生成的三维模型带有实景贴图，在展示建构筑物信息及周边环境上具有真实、可靠、美观的优势，特别是对于部分重点单位的真实场景再现还原有很大优势，因此可以直接对规划制作的模型导出第三方软件，使用有相应的图形信息意义的图标进行各类消防信息兴趣点的三维GIS标注。如图6，区医院由于其人员密集，发生灾害事故社会影响性大，诊室科室场所复杂，需要重点对消火栓、各个医院科室进行标注，永嘉玺院属于高层住宅小区，由于高层建筑起火之后的复杂性，人员疏散，固定消防设施、高层建筑火势蔓延不确定，需要对更多的细项如消控室、疏散通道、室内外消火栓、固定消防设施的总体结构布局等进行标注。对于（3）（4）这一类社会影响性较大，容易引发舆情舆论的单位、大型商业综合体、地下建筑等，对于周边的建筑物情况、周边水源、消火栓、危险源都可以进行标注，必要时可以嵌入相应的应急救援预案和重点单位重点部位的平面图，辅助现场灭火救援战斗，方便各级领导的决策部署[6]。对于重点单位的三维实景建模，可以使“六熟悉”成果可视化、信息化、数字化和网络化，成果可以持续在大中队继承，对于消防救援队伍长期的发展具有一定意义，在战斗开始前消防救援人员可以对巡演练单位的模型提前观察学习，结合报警信息和手机地图以及个人日常的建筑熟悉情况，使用各种终端查看三维模型，进行初步的建筑风险评估和决策部署判断。

（1）永定区医院模型及标注（消火栓、诊室科室名称）

（2）永嘉玺院模型标注（消控室、疏散通道、消火栓）

（3）政府机构模型及标注（单位名称、消火栓、周边建筑物）

（4）下坑广场模型标注（重点单位、消火栓、消控室）

图 6　实景三维模型态势标绘及三维 GIS 标注

4.3　基于三维实景模型数字化预案设计

数字化消防预案的设计与实现，应参照传统预案进行规划化、可视化改进，应当立足灭火救援战斗实际，如图 7，构建灭火救援信息库，对重点场所、重点部位搭建 BIM 模型，可以以平面图为参照底图，绘制轴网、门、窗、墙等建筑构建[7]，根据灭火救援战斗实际，添加人物、车辆模型，添加火焰、消防车出水等动态粒子效果。

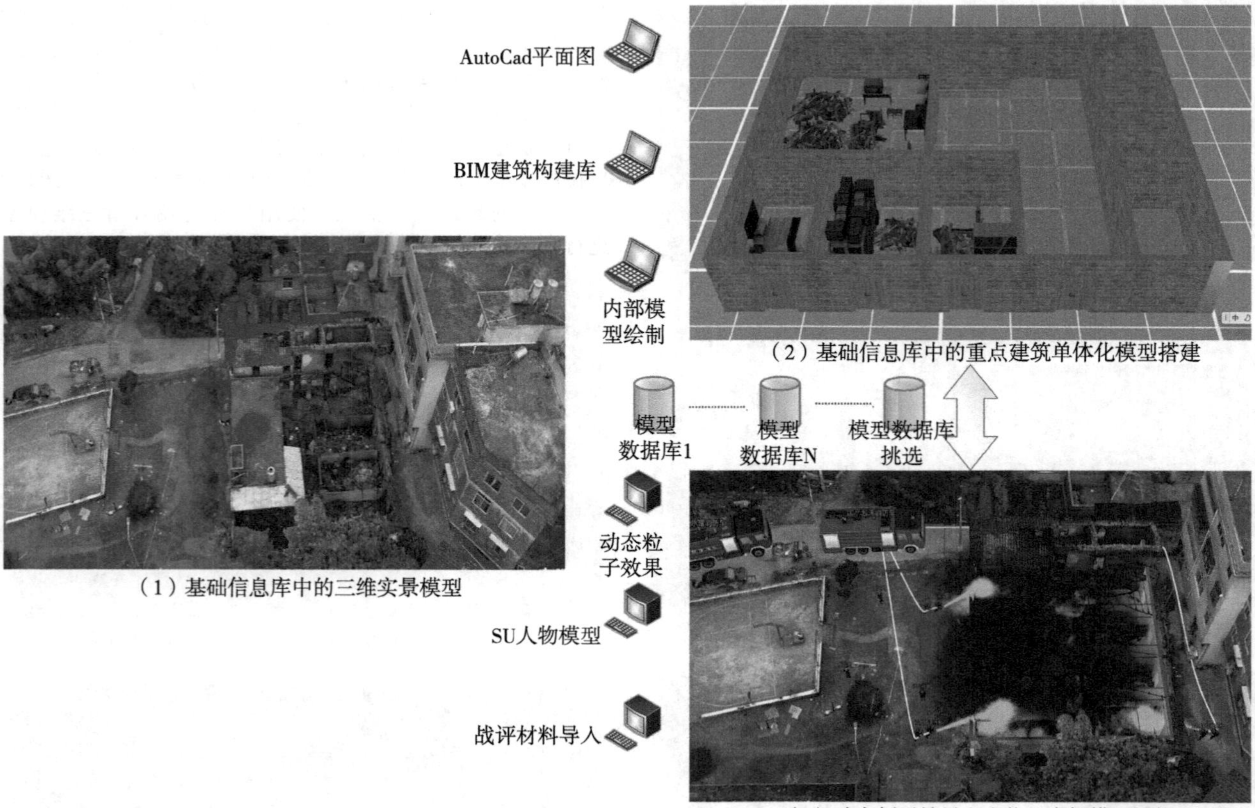

（1）基础信息库中的三维实景模型

（2）基础信息库中的重点建筑单体化模型搭建

（3）动态例子效果和人物、车辆模型添加

图 7　数字化预案及灭火救援战斗动画制作

5　作战指挥总体平台及技术路线

在“全灾种、大应急”的总体框架以及大数据时代背景下，数字化建设已成为构建新型战斗力和指挥力的重要因素。实景三维数字空间是真实世界中基础数据设施的可视化数字载体，能够满足支持在二维电子地图上叠加多样化格式的三维数字模型。

5.1　框架图结构分析

指挥体系总体框架共有四层，如图 8，消防基础信息层涵盖了各种 GIS 标绘中的重点图例，包括消防设施、室内外地图信息、水源及道路信息、消防安全重点单位情况、消防预案信息等。数据层以建模、制图为主要内容，通过计算机技术、无人机技术、图形图像软件计算等制作二维图及三维模型的影像资料，引擎层多采用成熟的建模软件、GIS 软件等，完成作战指挥体系的总体搭建，最后将资料用于消防日常各项工作运用、前后方指挥部决策部署、数字化消防预案的编制等。

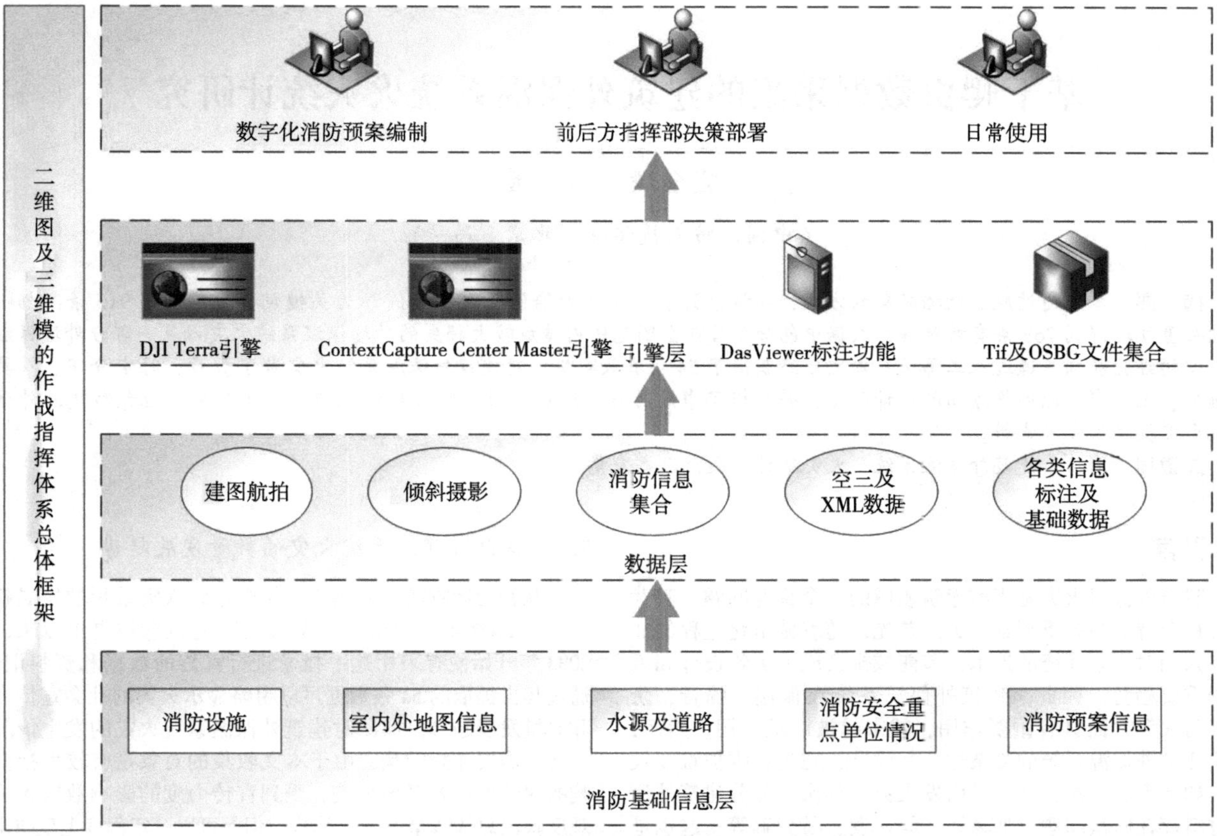

图 8　指挥体系总体框架

5.2　数字孪生平台的设计与规划

数字孪生平台是通过搭建三维实景辖区模型，推动基础地理信息由二维向三维的跨越升级，同时将重点单位（以及内部结构）、消防设施、道路水源、救援机构力量、专家库、实时监控影像及各类传感器实时动态数据等关键全要素信息充分叠加融合。形成一个多维地理信息的“大数据”立体化“一张图”，从而实现真实世界与虚拟现实的交融互动。在此基础上面向六熟悉、防火监管、数字预案编制、网络模拟协同训练、指挥作战智能辅助决策、协同标绘及战例复盘、总结等工作进行专项功能应用设计与研发。最终，通过深度整合信息资源，实现“战前”一张图熟悉、一张图训练，“战中”一张图分析、一张图决策，“战后”一张图复盘。把数字化建设嵌入到各项业务体系和业务流程中部署和应用，同步建设、同步推进、不断深化转型，加速现代科技与消防工作的深度融合。是全面提升消防工作的数字化、智能化水平，实现灾情防控和灭火救援工作数字化转型升级的关键。

参考文献

[1] 唐斌．探析“一张图”灭火救援指挥平台的构建与应用［J］．科学技术创新，2021（16）：95-96.

[2] 江霖纾．入警大学生做好初期灭火指挥工作的对策［J］．武警学院学报，2016，32（12）：37-41. 37-41.

[3] 福建省 2018 年龙岩市永定区国民经济和社会发展统计公报．知县网 2020-03-10.

[4] 吴小川，赵瑞锋，胡引翠．室内消防专题地图数据结构和可视化设计研究［C］//. 2019 中国消防协会科学技术年会论文集．，2019：190-192. DOI：10. 26914/c. cnkihy. 2019. 048230.

[5] 肖调伟．基于大数据+GIS 技术的灭火救援“一张图”构想［J］．中国公共安全（学术版），2018（02）：65-67.

[6] 孙春辉，成锡平．基于无人机的实景三维建模在消防中的应用［J］．消防科学与技术，2018，37（04）：501-504.

[7] 王宇佳，王佳．基于 BIM 的数字化消防疏散预案应用探讨［J］．消防科学与技术，2018，37（04）：538-541.

基于爬虫数据采集的建筑外保温系统火灾统计研究*

艾金毅　张　茜

（中国消防救援学院，北京　昌平）

摘　要　本文通过爬虫数据采集的方式，在搜索引擎上以“外墙保温火灾案例”为关键词，采集到了915条数据，并通过去重处理得到763条有效数据，数据中包含了目前全国范围内造成较大损失的外墙保温系统火灾以及一部分外墙保温系统火灾的经验教训。通过人工筛选，本文最终获得了54条有效数据，对建筑外保温系统火灾做了数量、时空分布、人员财产损失、主要事故原因等方面的统计研究，并分析了事故特点。通过对数据和文献的调研，本文为更好地预防建筑外保温系统火灾提供了参考资料。

关键词　消防　建筑外保温系统　火灾统计　爬虫数据采集

1　引言

建筑外保温火灾是当前建筑领域的一个普遍问题，其背后的社会背景与多重因素有关。首先，随着城市化进程的加速和人们对生态环境的追求，节能减排已成为建筑设计和施工的重要趋势。因此，建筑外保温系统在保温、隔音、防水、防火等方面具有重要作用，越来越被广泛应用。然而，由于建筑外保温系统的复杂性，其设计、施工和维护难度较大，如果不加注意，就容易引发火灾。其次，部分建筑外保温材料存在质量问题，如易燃、易挥发、易分解等，这也是建筑外保温火灾频发的原因之一。此外，尚存在一些建筑外保温系统的设计和施工不规范、不合理的情况，也增加了建筑外保温火灾的风险。因此，为了保障人民群众的生命财产安全，需要加强针对建筑外保温系统的研究，深入了解建筑外保温系统火灾的特点和规律，制定更加严格的标准和规范，提高建筑外保温系统的安全性和可靠性。

由于多数高层建筑火灾都存在外立面蔓延的现象，难以制定明确标准界定外墙保温系统类型火灾，因此国家消防救援局并没有对外墙保温系统引发的火灾进行专门的数据统计，前人的研究大多建立在《中国消防年鉴》和国家统计局官网数据等建筑业资料的基础上，或者以某地单个或者多个案例为依据，没有自己通过爬取数据的采集进行分析的先例。

2　研究内容

本文通过爬虫数据采集的方式在百度搜索引擎上以“外墙保温火灾案例”为关键词，爬取数据915条，通过粗略数据去重处理得到有效数据763条，数据集中包含目前全国范围内造成较大损失的外墙保温系统火灾和一部分外墙保温系统火灾经验教训。随后，通过人工筛选得到不同媒体宣传频率较高的火灾事故55条，去除1条珍珠棉厂房起火的无效数据后，最终获得有效数据54条。根据上述采集到的数据和针对前人的文献调研，本文对建筑外保温系统火灾做了数量发展趋势、时空分布情况、人员财产损失情况统计、主要事故原因情况统计等方面的研究，并分析事故特点，结合材料特点为更好地预防建筑外保温系统火灾提供资料参考[1-2]。

2.1　建筑外保温系统火灾的数量发展趋势

从社会影响较大的建筑外保温系统火灾数量的发展趋势上，自2002年“建筑外保温系统”的概念被提出以来，自2003年开始便有采用这一概念进行宣传的数据和资料记载，通过爬虫提取的54条数据可以粗略显示火灾的社会宣传力度和数量发展趋势，加深对建筑外保温系统火灾的发生情况的了解。需要注意的是，由于本文收集的对象是有较大社会影响的建筑外保温系统火灾，受到宣传力度的影响数据无法客观反映出总体数量的变化趋势，但是可以一定程度上反映出局部的变化情况。年份对应的火灾事故起数数据统计结果见表1。

表1　我国外保温系统火灾的数量统计结果

年份	火灾事故起数	百分比/%
2003	1	1.852
2005	2	3.704
2006	5	9.259
2007	9	16.667
2008	5	9.259
2009	5	9.259
2010	13	24.074
2011	4	7.407
2012	2	3.704
2014	1	1.852
2015	1	1.852
2018	2	3.704
2019	2	3.704
2021	1	1.852
2022	1	1.852

由54条数据得到的年度数量发展趋势见图1。

* 基金项目：中国消防救援学院“蓝星”计划（消院科［2021］170号）。

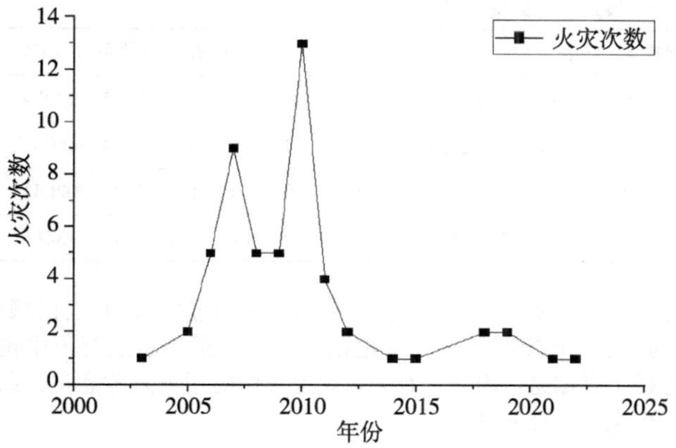

图1　我国外保温系统火灾的年度数量发展趋势

可以看出，建筑外保温系统火灾事故的发生仍然存在一定的风险，需要加强建筑外保温系统的质量管理和监管，以确保建筑的安全。从2003年到2022年，建筑外保温系统火灾事故的发生数量呈现出起伏波动的趋势；2010年是建筑外保温系统火灾事故数量最多的年份，共发生了13起火灾，可能与当时建筑外保温系统的广泛应用有关；2007年和2009年，建筑外保温系统火灾事故数量也比较高，分别为9起和5起，可能与当时建筑外保温系统的质量问题有关；2010年对建筑外保温系统火灾的宣传力度加大，较大社会影响的火灾数量出现了激增，这可能是由于2009年央视大楼配楼火灾导致社会更加重视建筑外保温系统火灾；除2010年出现较大波动外，建筑外保温系统火灾事故数量大多在5起以下，但仍需要引起足够的重视和关注；从2012年开始，建筑外保温系统火灾事故数量有所下降，可能与相关法律法规的出台和建筑行业的技术进步有关。

2.2　建筑外保温系统火灾的时空分布情况

建筑外保温系统火灾多发生在北方城市，这与北方城市气候寒冷、建筑年代较为久远、施工质量参差不齐、城市相对拥挤以及煤炭重化工业等因素有关。建筑外保温系统的省份分布统计结果见表2。

表2　我国建筑外保温系统的省份分布统计结果

名称	选项	频数	百分比/%
所在省份	北京	13	24.074
	山东	9	16.667
	江苏	6	11.111
	新疆	4	7.407
	上海	4	7.407
	河北	4	7.407
	辽宁	4	7.407
	河南	3	5.556
	吉林	2	3.704
	黑龙江	2	3.704
	青海	2	3.704
	陕西	1	1.852
合计		54	100.000

由54条数据得到的省份分布情况见图2。

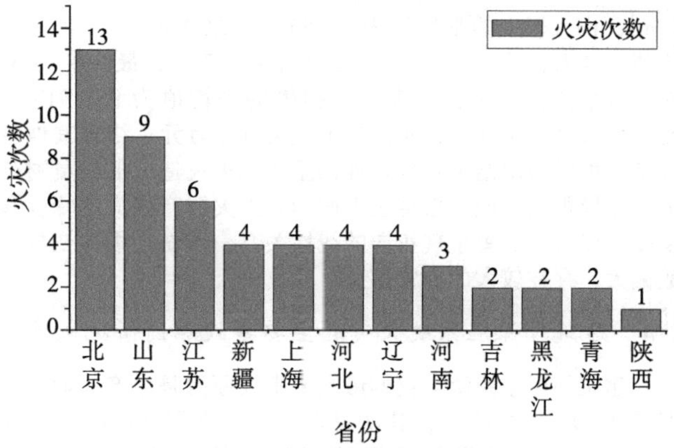

图2　我国典型建筑外保温系统火灾的省份分布情况

可以看出，北京是建筑外保温系统火灾最为频繁的省份，发生次数为13次；山东、江苏、新疆、上海、河北、辽宁分别排名2~7位，发生次数在4~9次之间；其他省份发生次数均在3次及以下，属于比较低频的情况。本数据并没有给出每个省份的建筑数量或者使用建筑外保温系统的比例，因此不能够直接将火灾次数的多少作为省份之间火灾风险大小的比较依据，但是可以通过时空分布来判断火灾相对高发的地区。

从造成较大社会影响的事故来看，可以发现建筑外保温系统火灾主要发生在北方地区，沿海和内陆均有较多分布，其中以北京、山东、江苏三个沿海城市的事故发生起数较多。从北方省份直到长江穿过的省份，例如四川、重庆、湖北、安徽、上海、浙江等，向南扩展则基本没有发生建筑外保温系统火灾，这与我国冬季供暖的时空分布有一定的关系。因此，在研究建筑外保温系统火灾的时候，可以将主要的研究中心放到长江向北扩展的省份，以其为主要数据来源的火灾风险评估可能更贴近大众的结果。

2.3　建筑外保温系统火灾的人员财产损失情况统计

从过火面积来看，大部分的火灾事故过火面积集中在40000m^2以下，单纯由于烧毁外保温系统造成的损失按照0.1万元/m^2相对偏大的估算标准，财产损失情况也大都集中在4000万元以下，而且只有少部分大厦火灾才会导致巨大的财产损失并带来人员伤亡，大部分的财产损失集中在30万元至90万元，基本未出现人员伤亡。财产损失情况见表3。

表 3　我国建筑外保温系统火灾的人员财产损失情况统计

变量名	样本量	最大值	最小值	平均值	标准差	中位数	方差	峰度	偏度	变异系数（CV）
过火面积/m^2	54	163830	10	9794.444	32818.512	900	1077054707	16.786	4.15	3.350727224
伤人损失/人	54	71	0	2.556	11.098	0	123.157	29.237	5.217	4.342548068
死亡损失/人	54	58	0	1.537	8.259	0	68.216	43.399	6.44	5.373502641
火灾财产损失/万元	54	16383	0.3	955.913	3286.633	90	10801955.3	16.799	4.154	3.438213466

建筑外保温系统火灾的人员财产损失方面，过火面积的平均值为 9794.444m^2，最大值为 163830m^2，最小值为 10m^2；伤人损失的平均值为 2.556 人，最大值为 71 人，最小值为 0 人；死亡损失的平均值为 1.537 人，最大值为 58 人，最小值为 0 人；火灾财产损失的平均值为 955.913 万元，最大值为 16383 万元，最小值为 0.3 万元。结合其他统计量，可以得出结论：建筑外保温系统火灾造成的人员财产损失差异很大，但是根据过火面积和火灾财产损失的峰度和偏度可以看出二者呈现正向的线性关系，而伤亡损失变异系数偏大，存在较大的异常值。

2.4　建筑外保温系统火灾的主要事故原因情况统计

建筑外保温系统火灾的最主要事故原因是生产作业，占据了 75.926% 的频数，其次是电气，占据了 16.667% 的频数。违规燃放烟花和吸烟的频数比较少，分别占据了 5.556% 和 1.852% 的频数。因此可以得出结论，建筑外保温系统火灾的主要事故原因是生产作业和电气。我国建筑外保温系统火灾的主要事故原因情况统计见表 4。

表 4　我国建筑外保温系统火灾的主要事故原因情况统计

名称	选项	频数	百分比/%
起火原因	生产作业	41	75.926
	电气	9	16.667
	违规燃放烟花	3	5.556
	吸烟	1	1.852
合计		54	100.000

由 54 条数据得到的主要事故原因情况统计见图 3。

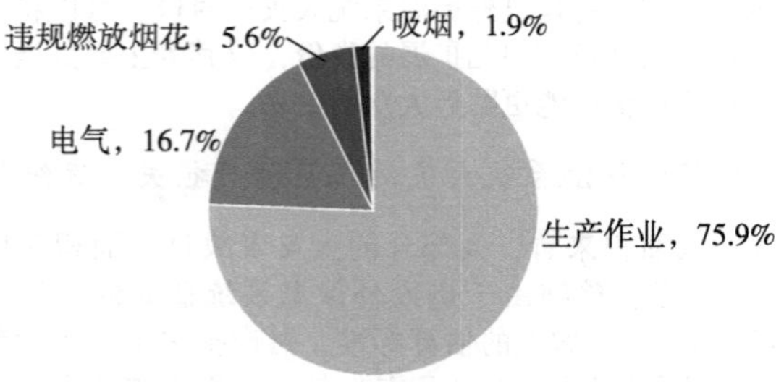

图 3　我国建筑外保温火灾的主要事故原因情况统计

可见造成建筑外保温系统火灾的主要原因是不规范的生产作业，例如在施工时电焊未添加保护装置、在装修时熔珠滴落阴燃，需要有针对性地加强对此方面的监督管理；同时，电气原因也是造成外保温系统火灾发生的一个重要原因，电气故障或者插线短路时由于墙体内有一些基础布线，可能导致墙体内部燃烧进而引燃保温层，从外部观测也难以及时发现，预防的总体难度较高，物业等部门应当定期检查电气设备情况；最后，违规燃放烟花和吸烟也可能造成建筑外保温系统火灾的发生，2009 年发生的央视大楼配楼火灾就是因为违规在施工工地附近燃放烟花，礼花弹残渣掉入检修孔引燃内壁易燃材料，进而引发火灾造成巨大的人员和财产损失，而 2022 年的长沙电信大楼火灾猜测事故起因中也包括了吸烟这一因素，有必要规范人们的用火防范意识，以减少类似事件的发生。

2.5　建筑外保温系统火灾的主要建筑类型情况统计

建筑外保温系统火灾的最主要的建筑类型为住宅，其次为大厦，再次为建筑工地也即为在建工程，最后为体育馆等其他公共建筑。我国建筑外保温系统火灾的主要建筑类型情况统计见表 5。

表 5　我国建筑外保温系统火灾的主要建筑类型情况统计

名称	选项	频数	百分比/%
建筑类型	住宅	17	31.481
	大厦	14	25.926
	建筑工地	11	20.37
	体育馆	3	5.556
	科技馆	2	3.704
	商场	1	1.852
	游泳馆	1	1.852
	宿舍	1	1.852
	教学楼	1	1.852
	医院	1	1.852
	航站楼	1	1.852
	酒店	1	1.852
合计		54	100.000

由 54 条数据得到的主要事故原因情况统计见图 4。

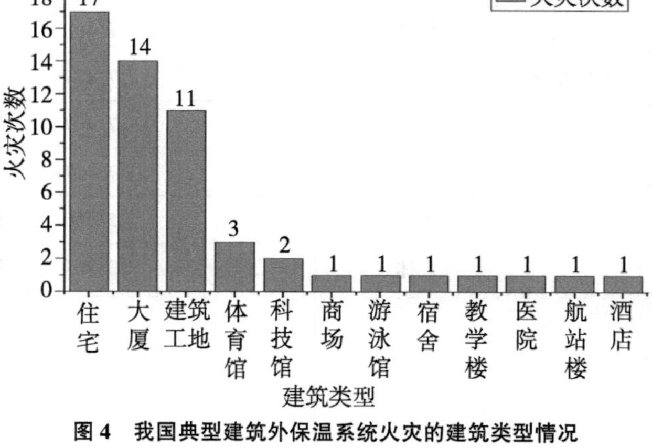

图 4　我国典型建筑外保温系统火灾的建筑类型情况

显然，住宅和大厦是建筑外保温系统火灾高发的既有建筑类型，在建工程也是外保温系统火灾的建筑类型。

2.6 建筑外保温系统火灾的保温材料种类情况统计

建筑外保温系统火灾中燃烧材料类型最多的为 EPS 和 XPS 板材，这是因为使用也较多的缘故。事故中偶尔会出现聚氨酯 PU 板材燃烧的情况，RW 板材不可燃，因此事故多为极个别的夹芯板燃烧。我国建筑外保温系统火灾的保温材料种类情况统计见表 6。

表 6 我国建筑外保温系统火灾的保温材料种类情况统计

名称	选项	频数	百分比/%
保温材料种类	EPS	34	62.963
	XPS	12	22.222
	PU	5	9.259
	RW	2	3.704
	复合	1	1.852
合计		54	100.000

由 54 条数据得到保温材料种类情况统计见图 5。

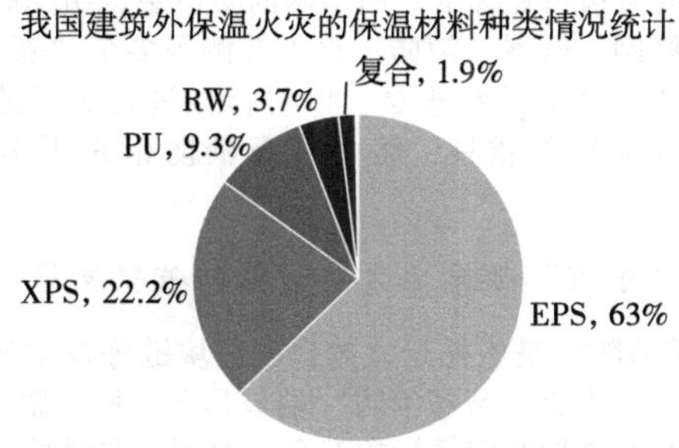

图 5 我国建筑外保温系统火灾的保温材料种类情况统计

可知最为主要的燃烧材料类型为 EPS 和 XPS 板材，其他类型火灾极少。

3 结语

本文总结了建筑外保温系统火灾事故的发生趋势、时空分布、人员财产损失、事故原因、建筑类型和燃烧材料类型等方面的情况。通过分析可以得出，建筑外保温系统火灾事故仍然存在一定的风险，需要加强质量管理和监管，以确保建筑的安全。其中，可以得到的结论如下：近年来建筑外保温系统火灾呈现缓慢减少趋势；时空分布主要集中于长江以北；主要事故原因是生产作业和电气问题；住宅是最主要的外保温火灾建筑类型；EPS 和 XPS 板材是外保温火灾最常见的燃烧材料类型。同时，建筑外保温系统火灾造成的人员财产损失差异很大，但过火面积和火灾财产损失呈现正向的线性关系，伤亡损失存在较大的异常值，代表建筑外保温火灾一旦发生后长时间不加以控制，极可能造成特别巨大的伤亡损失[3-4]。

参考文献

[1] 朱蕾. 建筑外墙保温泡沫材料防火性能评估方法研究 [J]. 长春工程学院学报（自然科学版），2019，20（03）：1-4.

[2] 韩伟平. 建筑外墙外保温系统防火安全性能评估 [J]. 消防科学与技术，2015，34（03）：372.

[3] 武栋. 有机外墙外保温工程火灾风险评估 [D]. 青岛理工大学，2015. 31-37.

[4] 刘丹，王俊胜，林贵德等. 近 10 年（2012—2021）国内建筑外墙外保温火灾统计及分析 [A]. 中国消防协会. 2022 中国消防协会科学技术年会论文集 [C]. 应急管理出版社，2022：7.

国家安全科技观下智慧消防行业展望

周恩如　胡建明

（上海伟梦物联网消防公司，上海）

摘　要　消防关乎国家、人民的生命财产安全，是不容忽视的大事。伴随当下科学技术的不断进步，在国家的支持下，“智慧消防”行业历经十余年发展，目前已成为城市安全的“刚需”。立足于新时代科技的进步与物联网的进一步发展，上海伟梦物联网科技有限公司作为当下智慧消防行业的主要参与者，试图透过本文对“智慧消防”的机遇、挑战进行分析，针当下出现的问题提出对策，并对未来发展进行展望，以期对行业的发展提供些许参考与借鉴。

关键词　消防　智慧消防　物联网　行业发展

近年来，伴随着社会经济的不断发展，国家诸多行业开始向信息化、智能化、互联网化转变，以信息技术为核心的技术革命悄然在各行各业展开。2008 年提出的“智慧地球”理念给予了“智慧消防”以思路上的设想，国务院 2011 年《关于加强和改进消防工作的意见》为“智慧消防”的推进起到了不可忽视的作用。“智慧消防”发展至今已有近十年光景。2021 年以来，国家印发了多部“十四五”规划，都对“智慧消防”及其相关产业提出了新的要求，这对本行业的发展来说无疑有着极大的助益。当然，随着国家的支持、技术的开放，越来越多的企业挤入“智慧消防”行业大军，而被发展洪流一同裹挟着的，是诸多如资金、管理、技术、规范等方面的潜在问题。消防行业是关乎国家和民生的重要行业，在“科技+”“行业+”多元发展的今天，在国家安全科技观的支持下，“智慧消防”行业将如何进行更好的发展、推进，是从业者亟需思考的问题。

1 国家安全科技观下的“智慧消防”行业发展

1.1 政策的支持

2017 年，公安部消防总局下发《关于全面推进“智慧消防”建设的指导意见》，将“建设城市物联网消防远程监控系统”列为重点任务。由此，“智慧消防”得到政策的支持，大量企业涌入“智慧消防”市场。2021年，《“十四五”国家信息化规划》《“十四五”大数据产业发展规划》都在各自领域强调了智慧消防的建设。① 2022年，国务院印发《“十四五”国家应急体系规划》中，消防行业是重点之一，规划也涉及了城乡社区服务、国家信息化、大数据产业发展等与智慧消防行业密切相关的内容。刚刚结束的两会政府工作报告中，更是强调了“推进国家安全体系和能力建设，建设更高水平的平安中国”的目标。

国家的一系列政策规划，都对新兴发展的“智慧消防”有着极大的助益和推动作用。但与此同时，我们仍要关注在国家支持力度削弱后，“智慧消防”是否能够依托自身优势实现持续发展。

1.2 资本的大量涌入

伴随着国家支持而来的，是行业内部的激烈竞争。自2017年以来，各大企业看准“智慧消防”风口大量涌入市场，包括且不限于老牌安防企业、AI初创企业及互联网巨头。行业的进入为“智慧消防”提供了技术、平台、资金的同时，却也带来了市场的动荡。消防行业本身对于自身专业也有着要求较高，这需要相关企业对行业业务、专业策略等方面有较为全面的掌握。同时，“智慧消防”行业承载力有限，大量的资本涌入无疑对现有企业有所冲击。因此，即使在国家的支持下，行业亦存在较大的生存压力。

1.3 技术问题仍然存在

“智慧消防”是传统行业与“互联网+”合作的产物，目前也已实现4G产品的普及，但在实际运行中，仍需要技术人员维稳以保障“智慧消防”的联动功能。在最新的《中华人民共和国国家标准城市消防远程监控系统技术标准》（征求意稿）中，对远程监控系统的性能指标也提出更高的要求。② 这些均要求需要布控更多的人力支持，以应对随时突发的网络情况。此外，维护人员需要具备较高且较为全面的专业知识储备，以应对可能出现的诸多问题。“智慧消防”的系统运行兼具软件和硬件两面，且信息的快速、精准传达对于智慧消防而言具有绝对的重要意义。维护人员需要软、硬两手抓，既要有持续、集中的警惕能力，也要有精准、精湛的专业能力。

1.4 技术人员存在管理漏洞

为了弥补硬件层面的不足，“智慧消防”行业提出了对从业人员更高的要求。可上至工程技术人员，下至维护、巡检人员，如何更好的针对从业者进行更加全面的识别也成为行业内部的问题之一。“智慧消防”系统对于人力监测的要求较高，即使企业愿意支付更多的费用用于在工作过程中筛选合适的从业者，但其中的容错率不得不引起企业的重视。作为群众生命、财产安全的“保护伞”，“智慧消防”行业的企业和技术人员皆肩负着社会财产安全的重大责任。其存在的漏洞问题也应被行业内部给予足够的重视。

2 智慧消防行业发展面临的机遇

2.1 城市的发展与安全防控意识的增强

据国家统计局数据，我国2019年的城镇常住人口比重超过60%的大关，其中上海常住人口城镇化率最高，为88.10%。人口向大城市的聚集，带来的是工作岗位的密集以及对工作单位硬件设施要求的提升。人口密集、建筑高且集聚、耗能耗电设备需求量大等，都是容易导致大城市办公楼宇火灾发生的原因。火灾是发生频率最高的自然灾害之一，因此也成为国家最为重视的安全问题之一。然而，传统的消防手段已经无法满足现实的社会需求，“智慧消防”也自然变成了城市安全的“刚需”。

2021年末，全国各省、直辖市印发《消防事业发展“十四五”规划》③。目前，上海伟梦物联网科技有限公司的市政消火栓动态监管项目已进入运营阶段。目前，公司已完成了徐汇区辖内2500多个市政消火栓的智能化改造工作。安装的智能传感器用以采集给水管网水压等信息，由nb通信方式将数据汇聚到云平台，并把有关数据传输至徐汇区消防救援作战指挥中心平台，使平台实时获得市政消火栓给水系统的整体运行态势以及各个消火栓实时状态信息。上海伟梦物联网消防公司通过平台的构建、数据的分析，实现市政消火栓的状态信息和地理位置信息存得住、连得上、看得见，以提升防火监督和作战指挥的信息化水平，增强消防保障人民生命财产安全的能力。此外，据上海消防大数据对接平台最新发布信息，截止到2022年2月，上海伟梦物联网科技有限公司接入总队大数据平台物联网点位数已达50万点。

与此同时，政府也通过制定行业标准规范对企业提出更高的要求。截止至2022年3月1日，应急管理部已经批准了9项消防救援行业标准。而中国消防协会也组织召开了多部关于物联网、机器人消防、火灾探测等多个“智慧消防”层面的团体标准立项审查会，以对行业进行更好的检查监督。国家的支持与重视，将为智慧消防带来更多的发展机遇。

2.2 “元宇宙”概念爆火与行业的破壁发展

“智慧消防”是依托于大数据、区块链等技术加持下的新兴行业，这决定“智慧消防”端口具备大量可靠数据可用于自我运行和维护既定目标的安全。然而，在科技支持及人力物力大量投入下搜集的数据似乎还可以在“物联网”之“联”上起到更大作用。互联网及物联网的核心特征即在于“联”，在实时变动的数据中，各端口可根据自己的需求及时获取对等的数据信息以减少成本和不必要的损耗，形成产业规模化，实现数据资源的最大利用。

“元宇宙”实际是“联”之拓展，是在一定的技术手段成熟下进行的构想。清华大学新媒体研究中心执行主任沈阳表示“元宇宙本身不是一种技术，而是一个理念和概念，它需要整合不同的新技术，如5G、6G、人工智能、大数据等，强调虚实相融。”[1] 此外，他还提出了元宇宙的几项核心技

---

① 2021年，中央网络安全和信息化委员会印发《“十四五”国家信息化规划》强调了科技信息对于行业的重要意义，提出推进智慧消防救援建设。同年，国家工业和信息化部印发《“十四五”大数据产业发展规划》，并在“建设城市安全风险监测预警系统”“构建安全生产检车感知网络”“建设完善灾害风险普查、监测预警等应急大数据”等方面给予强调。

② 《中华人民共和国国家标准城市消防远程监控系统技术标准》（征求意稿）中，用户信息传输到支撑平台的最长时限相对于之前缩短了一倍，并提到应用支撑平台向各应用平台的时间不大于3s，对用户信息传输装置的巡检周期由原来的2h缩短为30min等。

③ 以上海市为例，《规划》提出“到2025年，消防治理体系和治理能力全面加强，基本形成完善的消防综合救援体系，火灾风险得到有效防范化解，各类灾害事故及时应对处置，完善与上海城市经济社会发展水平相匹配、相适应的消防安全风险防控体系。”并明确“完善信息化与科技创新体系”“打造数字消防新基础”“城运联动新模块”“科技强消新理念”，将“数字消防建设项目”列为重点项目之一。

术：拓展现实、数字孪生、区块链搭建经济体系。

“智慧消防”行业“元宇宙”理念的融合，实有助于让消防行业走出去，加入更多经济体，实现合作共赢。当下“元宇宙”理念多集中在文创，实则其可以使用的场景与范围十分宽广。概念下的行业破壁可以带来更多合作的机遇，甚至可以为“智慧消防”技术发展给予更大助益。

3 智慧消防行业发展的策略展望

3.1 利用现有数据优势寻求业外合作

在国家支持的加持下，“智慧消防”行业固然有着政府的支持与协助，但在竞争力日益增强的现状下，如何谋求可持续发展仍是企业需要思考的问题。当下，“智慧消防”面临着技术不稳定问题，仍需要大量资金用于改善技术支持，同时雇佣维护人员对设备进行不间断监督。但其优势在于“智慧消防”之“消”、“防”一体性，甚至其在“防”方面的大幅提升有着可喜的表现。另外，在“智慧”管理的基础下，数据的真实、透明、可追溯性，在对安全问题的追责、寻踪应用中有着直接的优势。因此，“智慧消防”与保险行业的联动成为行业破壁的首选。中国工程院院士、清华大学公共安全研究院院长范维澄也曾提出以“保险+科技+服务”的新理念，强调“安全科技力量是未来保险业发展的必然趋势”[2]。而最新的《中华人民共和国国家标准城市消防远程监控系统技术标准》（征求意稿）中也将“保险机构应用平台”列入系统应用中。这也说明保险与消防合作在未来也将更加紧密。

此外，利用“元宇宙”概念，携手教育行业发展亦是行业破壁方案之一。在当下“双减”政策的推动下，青少年儿童具备了更多课外活动的时间。“智慧消防”进军教育市场，具有虚拟现实、安全教育、体能互动、寓教于乐等多方面优势。据《人民日报客户端上海频道》报道，康桥镇于2022年1月联合中科院自动化所科学艺术中心授权上海趣味人机构面向社区居民提供培训消防的虚拟现实实景体验演练。这次演练可以看做消防行业尝试介入青少年非学科类教育行业的一次契机。同时，通过与相关科研机构的合作，在进行产品产出的同时，亦可尝试将虚拟体验推广到中小学课堂教学，利用安全教育课堂实现消防安全与教育教学的通力合作。针对职业化教育，“智慧消防”的相关数据积累、场记记忆，亦可以在教学中给予学生更直观的感受，并为老师提供教学便利。在市场人才缺口较大的当下，充分利用现有资源，实现打通实践与理论的边界，亦是“智慧消防”携手教育的可行方案之一。

3.2 通过区域级的行业平台实现行业内互通

就目前而言，“智慧消防”仍在发展阶段，而人员的管理问题在前期运行中逐渐暴露。“智慧消防”的工作人员为了保证物联感知的精准，需能够对物联进行监督、修理和维护。尽管消防行业具有准入门槛，从业资质需要专门的政府监管部门以及行业协会进行把关，并有固定的单位进行培训、进行证明的发放。但就目前而言，就从业者评价而言，仍有进一步细化的可能。如何才能在入口做好把控，已逐渐成为“智慧消防”行业需在管理层面考虑的关键点之一。

因此，行业平台有必要加强对从业人员的综合能力评估。行业平台汇聚了不同应用支撑平台和应用平台提供的辖区内联网单位消防设施运行状态信息和消防安全管理履职信息。[3]在掌握大量信息的基础上，可尝试增设对从业人员的评价机制，加强行业内人事管理交流与互通。可尝试建设行业人才智库，实现人才透明化。这有助于让真正有能力的从业者获得与其相符的工作岗位，同时也有利于行业健康发展。

此外，对行业内部企业评价的建设也应提上日程。为了适应市场更加针对性的业务需求，增设对企业的多方评价能够给予市场一个更为立体的企业形象，便于在对接过程中实现业务的精准化。多方评价的同时也意味着加强了对企业的监督，有助于企业对自身和行业都保持常态化的高度敏锐。而健全的评价机制，对于行业大环境的发展也将提到净化作用。通过评价，对优质企业进行宣传和推广，对不足的企业提出整改要求。当智慧消防行业进行跨行业合作的过程中，全面、透明的评价更易让企业得到合作方的信任，使得合作更易达成。

在通过规章制度界定企业的准入门槛的基础之上，另应加强专业评价、社会评价、行业互评等环节，将针对从业企业的考核机制标准化，并将相关结果上传数据终端进行公示，建立企业智库。评价有助于企业加强与外界的沟通，补充新思路、新观点，进而调整内部运行，有助于激发企业活力、增强发展动力。互评既体现了对企业能力的评价，也有助于客户的筛选，进而选择与自己需求最为接近的企业进行对接，节省冗长的评估过程，实现资源的最优配置。当然，这一切也将依赖于行业内部各从业机构的相互理解与配合。

在社会各界的帮助、支持和配合下，“智慧消防”行业得到了更加稳健、高效的运行。在大家的监督和建议下，“智慧消防”行业的技术、管理等诸方面也得到了较高的提升。在此，衷心感谢各界对“智慧消防”的关注与期待，我们也将不负大家的骐骥，尽最大的努力，为国家和人民生命财产安全保驾护航！

参考文献

[1] 胡喆、温竞华，什么是元宇宙？为何要关注它？[EB/OL] https：//mp. weixin. qq. com/s/VLrBlPS1gcUJqajTREE9HQ. 2021 [2022-3-18].

[2] 范维澄，米文忠，鞠文汇．安全科技助力保险发展构筑良性互动新格局 [J]. 中国保险，2022 (01)：17.

[3] GB 50440—2007，城市消防远程监控系统技术标准 [S].

“互联网+消防”应用初探

涂俊杰

（江苏启成防火工程有限公司，江苏　苏州）

摘　要　智慧消防概念已提出多年，经过多年的发展，已出现多种智慧消防建设的模式，但大多功能不够全面，并没有形成功能全面的系统模式。本文总结和提高了原有智慧消防模式，提出了相对完善的民用智慧消防实施模式，并以实例说明了具体的实施过程，通过理论联系实际，深入浅出地阐述了对“互联网+消防”的应用探索，对“智慧消防”建设的进行具有较高的参考价值。

关键词　智慧消防　互联网+消防　消防物联网　解决方案

1　引言

随着社会经济和科学技术的飞速发展，许多传统事物已不再是当初的样貌。近年来，随着互联网技术的发展，其在社会经济中发挥中越来越大的作用，“互联网+行业”已成为各行各业转型升级的必由之路。

传统消防行业由来已久，在这个全面“互联网+”的时代，消防行业又该如何与互联网技术有机结合实现转型升级而不致落后于时代呢？

2　智慧消防分类

在几年以前，许多公司已在“互联网+消防”这一领域做了部署，其中不乏我们耳熟能详的一些互联网行业头部企业。近两年，我国政府从中央到地方多次出台引导和鼓励数字经济发展的相关文件。

智慧消防由此而产生，目前业界较常见的几种智慧消防解决方案总结下来有以下几种：

（1）单一功能产品：如：只专精于电气火灾、消防水系统、消防通道管理、消防控制室值班管理等功能的单一功能产品，这些产品往往由原来在某一领域有专长的企业从自身强项出发，结合现代信息技术，深入开发研制出在某一功能上较为先进的产品。

（2）综合管理平台：如：全面管理消防安全各个方面的综合管理平台产品，可以兼顾上述几个功能的综合型平台，涵盖日常消防安全管理（值班、巡查、隐患管理）、消防设施/设备管理、通道阻塞报警、消防安全禁止行为识别与报警、消防设施维护保养管理、消防设施运行状态适时监测等等功能。

3　智慧消防模式介绍

无论是单一功能产品还是综合管理平台，首先都需要解决一个问题，那就是如何让原来传统的消防设备联上互联网，实现设备的在线化，因为只有这样，才能让远程监测、远程控制、远程交互成为可能。得益于物联网技术的产生于发展，当今 IoT（Internet of Things）技术已相当成熟，物联网技术已在日用家居、工业、交通等多个领域得到广泛应用，消防行业的物联网技术应用才起步不久。比如：利用物联网技术将压力传感器采集到的感知数据上报给消防安全监测平台、利用物联网技术将液位传感器采集到的高位水箱液位数据传输到社区综合管理平台、利用物联网技术，通过火灾报警传输设备或用户信息传输装置，可以将单位火灾报警控制器适时状态数据传送到远端数据需求平台。IoT 技术可以选择 NB、LoRa、4G、5G 等多种数据传输方式，这些方式有一个共同特点，都是无线传输方式，这就使得许多老旧建筑进行消防系统信息化升级成为了可能，消除了布线、设备安装等条件受限的烦恼。

AI 技术的进步与发展给消防安全管理提供了有力的支撑。比如，传统的安防摄像头，本来只有记录功能，只是将日常拍摄到的影像数据存储下来，供有需要时再进行调取查看。当我们引入 AI 技术，在后台加上各种 AI 算法，就可以让影像数据活起来。通过 AI 算法对影像数据的分析，可以识别我们需要管理的各种活动，将分析结果进一步利用，可以通过互联网给现场设备下达各种控制类指令。近来，有一种典型的应用场景就是在对电梯的管理上。电瓶车和液化气钢瓶通过电梯上楼，是住宅消防安全管理的疼点，也是重点和难点，这两大火灾隐患时常让消防安全管理功亏一篑，令消防安全管理人员头痛不已。现代消防安全管理技术在电梯轿厢内安装的摄头上，释加电瓶车、液化气钢瓶 AI 识别算法，就可以非常高效地杜绝电瓶车、液化气钢瓶等违禁物品通过电梯进入住宅的现象，从而实现消除这一类火灾危险源。当电瓶车或液化气钢瓶进入摄像头视野范围，AI 算法马上识别出违禁物品，如果我们将处置程序设置成联动电梯停止服务，结合现场设备播报劝阻语音，绝大多数情况下，行为人会立即停止违禁行为，同时，这一情况还会立即在管理后台的平台上进行适时提示，管理人员可以第一时间掌握情况，有必要时可以第一时间到场处理。

通过对原有消防系统的物联网改造，已经实现了消防设备/设施的在线化。传感器、报像头等多种感知设备源源不断地采集来自现场的实时数据，为接下来的数据分析提供了基础资料，让精准决策成为了可能。

随着系统的运行，必然会产生海量的数据，数据的收集整理和积累，让数据成为一种有用的资源，如同我们每个人生活中必不可少的水、电、气一样，成为一种基础资源。通过数据池技术，可以为更多数据需求部门提供更加丰富、全面和有价值的数据共享资源，让数据得到高效复用，有利于提高数据的使用效率。在全社会全面进行数字化升级、信息化管理的今天，打破信息孤岛，实现资源有效共享，每个社会成员既是数据的产生和贡献者，也是大数据科技成果的受益者。

按照消防行业的特点，依据有关技术标准和规范，我们可以建立社会单位消防安全评估模型和信息化消防安全指数评估体系，利用物联网、云计算、AI 人工智能、大数据等信息化技术为各个单位的消防安全现状进行量化评估，形成社会消防安全评估指数。进而依据消防安全评估指数的具体结果，可以将社会单位消防安全现状分为优、良、中、差等等级，有利于监管单位在消防监督和社会单位在自身消防安全管理过程中抓住重点，有的放矢，从而进一步提高社会单位消防安全的普遍水平。

4 智慧消防实施举例

“互联网+消防”项目的成功应用，需要涉及到多个学科专业领域，通过几个专业学科的有机协调工作，才能起到较理想的效果。例如：我们在一个乡镇级行政区域内进行部署，实施一个“智慧消防”项目，一期目标是将区域内部分住宅小区接入系统管理，后期将区域内重点消防单位逐步接入，那又该如何具体实施呢？

首先，项目可行性和审批流程均已通过，资金来源已落实，招标工作也已完成。选定一个专业的团队，团队里应包括信息技术、通信工程、智能化工程、消防工程及项目管理等多个专业的人才，通过他们的协调配合，才能成功实现目标。

其次，实施阶段，我们应根据区域内建筑的特点（比如一期将接入系统的住宅小区均为高层建筑，小区内电瓶车入户充电，禁止使用的液化气钢瓶仍难禁止，电梯管理是个重点。），定制开发消防安全管理系统，并设置消防安全管理中心一处，作为消防安全应急指挥中心。系统功能可以设计为：日常消防安全管理（消防控制室值班管理、日常重点部位巡查、消防安全隐患上报与整改进度跟踪等）、建筑消防设施运行状况在线监测（火灾自动报警系统控制器火警、故障、监管、联动状态、水系统管网压力、消防水池、高位消防水箱液位）、安全出口、消防通道及消防车道占用报警、梯控系统（电瓶车/液化气钢瓶入电梯连锁电梯停服并上报）、各类统计报表输出、月/季/年度周期消防安全报告自动生成、各类数据可视化展示、应急处置预案指引、与其他社会管理功能平台的横向数据融合、平台系统运维管理等等。根据上述功能目标，制订相应的平台开发项目组织设计，确定具体的平台实施方案，组建与之匹配的技术队伍，应从软件架构、平台功能、应用场景、智能算法、数据挖潜等多方面进行综合考虑。

然后，在软件实施的同时，为缩短项目建设周期，加快项目落地进程，硬件实施也可同步进行。确定好硬件实施方案之后，大体上可以分为线路敷设、设备安装、网络开通、软件部署、联合测试（包括多并发数据压力测试）等步骤进行。测试通过后，就可以进入试运行阶段。

最后，试运行应按照系统正式投入使用后的要求和环境条件进行。试运行一段时间（一般不少于1个月）之后，将试运行期间的情况和效果与项目计划目标进行对照分析，评估是否达到预期效果，并采取有关措施进行纠偏，使最终的实施效果与初期计划目标趋于一致。

当然，计划目标的实现，并不意味着我们的项目实施已尽善尽美。在项目验收合格交付使用以后，我们仍应该对项目的运行进行有效的改进和提高，持续改进才可以让我们的系统日臻完善。还要结合不断变化的现实环境进行升级迭代，不断创新，与时俱进，始终保持一种开放、融合与永不止步的探索精神，才能使我们的智慧消防变得真正与时俱进，为我所用。

5 小结

互联网正在为越来越多的行业提供信息化路径，信息化也成为消防行业发展绕不开的一条必经之路，通过消防设备的在线化改造，实现消防行业的“万物互联”，从而赋予消防系统和消防管理新的“智慧”，让消防行业“智能化”成为可能，通过前沿物联网和信息技术以及传统消防管理的有机融合，让我们身边的环境更加安全，让我们的消防安全管理更加高效，这正是“互联网+消防”应用探索的意义所在。

参考文献

[1] 郭亚军、王亮、王彩梅．物联网基础［M］．北京：清华大学出版社，2013.

[2] 郑端文．消防安全管理［M］．北京：化学工业出版社，2022.

适用于烟热模拟训练系统的同步跟踪系统设计与实现

陆 洲

（上海市消防救援总队后勤装备处，上海 长宁）

摘 要 消防信息化发展到今天，为了更好地适应更复杂的消防救援场景，结合当前主流技术，开发了同步追踪系统，它适用于消防烟热模拟训练系统产品。本文基于对烟热模拟训练系统特殊场景的分析，对定位技术进行评测与甄选，并概述了同步跟踪系统设计原理、数据分类、系统组成以及在交互设计方面的创新，探讨了未来发展趋势。

关键词 烟热模拟训练系统 同步跟踪系统 定位网格 最短路径 交互设计

云计算，物联网，大数据，5G通信技术的发展使得消防行业智慧化水平逐步提高。除了顶层设计的智慧消防系统提供的新的服务内容不断涌现外，消防模拟训练系统智能化程度也得到飞速地提升。消防模拟训练系统是利用软、硬件技术真实模拟各类消防火灾环境用于消防人员平时模拟训练的系统的总称，包括烟热模拟训练、燃烧模拟训练、化工、油罐、电器火灾等模拟训练系统[1]。本文基于当前主流系统架构思路，结合GIS的优势设计了自动化、智能化、可视化程度更高的同步跟踪系统，然后改进了烟热模拟训练系统，解决了原来单纯的控制系统无法完成的自动定位网格的生成、训练路径的生成、实时位置跟踪等主要问题，并在服务模式上进行了创新和完善，使整个系统在应用价值上得到了较大的提升。

1 现状与需求

1.1 现状与需求

同步追踪系统是烟热仿真训练系统的一个子系统，它是一种利用相应的感应装置，能够在集中控制系统中同步显示受训人员位置的子系统，可对受训人员的行踪进行实时监控和跟踪[2]。同步跟踪系统应由压力感应装置、采集转换装置和显示装置三部分组成，可对受训人员在网栅通道中的位置进行实时监测[2]。从目前市面上的同步跟踪系统现状来看，本系统被设计成单独的模块，功能仅用训练场景投影的二维网格表示，基本无法实现实时位置显示；或只包含大型控制设备，远程设备采用按钮的方式控制，无基于系统的可视化同步跟踪、数据分析、体征监测等功能。为了改善、提升现有状况，同步跟踪系统的设计应从整体架构上结合中央控制、安全控制、环境参数控制、实时定位控制、设备控制等从数据获取、数据存储、数据使用这些方面进行重新设计。

使用同步跟踪系统的烟热模拟训练系统的环境为黑暗、高温；单个训练人员携带空气呼吸器等训练装备，可以携带对讲机，但不携带手机，装备总重量不小于 20kg；空气呼吸器使用时长一般小于 20 分钟，因此训练时长设计为 5-10 分钟。

1.2 网栅通道系统[2]

网栅通道系统是烟热模拟训练系统中承担训练的实体结构，结构钢构建的框架，保证了整体结构的稳固和牢固。通道四周由边网封闭，网栅通道的尺寸如表 1 所示，可分为 2 层或者 3 层。出入口设于最下方底部。网栅通道可以通过变化组合形成不同的训练长度，网栅四周与侧壁之间的距离不小于 1.2m[2]。

表 1　网栅通道系统[2]

网栅长度 L/m	网栅层数	每层高度 h/m			地板单元尺寸，边长/mm
		第 1 层	第 2 层	第 3 层	
$L\leqslant 60$	2	1.0~1.1	1.4~2.1	-	800~1000
$60<L\leqslant 80$	2、3			1.8~2.0	
$80<L\leqslant 120$	2、3				
$80<L\leqslant 120$	2、3				
$L>180$	2、3				

同步跟踪系统网格定位框架由网栅通道系统组成，在同步跟踪系统管理上表示为由正方形规则网格组成的规则格网模型[3,4]，同一层的高程取相同值。也是本系统实现同步跟踪的定位网格。网格单元上的每个角点均对应一个数值。数学上可表示为矩阵，在计算机实现中为二维数组。规则格网在水平和垂直方向间隔相等，行列号中隐含着各网点的平面坐标[3,4,5,6]。

2 定位网格

2.1 定位网格参数确定

根据表 1，单个网格的边长为 0.8~1m，定位网格与四面墙预留距离 1.2m，现有空间尺寸为长 7.5m，宽 5.8m，高度为 2.8m。经计算，层数为 2 层，第一层为爬行层，高度为 1m，第二层为弯腰行走层，高度为 1.5m，定位网格距顶部和底部共 0.3m，设定单个正方形网格的边长为 0.85m，确定规则多边形构建 $M\times N$ 的定位网格的行列数，M 为 4，N 为 6。定位网格的行列数可以根据空间尺寸的大小进行动态的扩展。

2.2 定位网格的自动构建

根据坐标起点 X 坐标、Y 坐标、格网边长、行数、列数绘制规则的定位格网。

2.2.1　构建网格

定位网格的构建按照规则格网来定义，定义右下角点坐标（X_0，Y_0），左上角点的坐标为（X_i，Y_j），网格边长为步长 D，构建各网格角点坐标数组 Node［i］［j］＝｛（X_0，Y_0），……，（X_i，Y_j）｝，其中（$i=0$，……，M），（$j=0$，……，N），绘制规则格网。根据 Node 数组构建规则格网并输出。

2.2.2　构建边、网格面中心点

提取规则格网除四周四条边之外的其他所有边、面中心点坐标，如果起点、终点在四周四条边上，取起点、终点的坐标值，作为最短路径计算的源结点和目标结点。按照向左、向右的顺序，CE［i］［j］＝｛［（X_1，$Y_0+D/2$），（$X_1+D/2$，Y_0），（$X_0+D/2$，$Y_0+D/2$）……，（$X_{i-1}+D/2$，$Y_{j-1}+D/2$），（$X_{i-1}+D/2$，Y_j），］｝，其中（$i=0$，……，M），（$j=0$，……，N）。在网格中要经过的障碍物的边的中心点坐标 CEA［i］［j］＝｛［（$X_0+D/2$，$Y_1+D/2$），（$X_1+D/2$，Y_1），……，（$X_{i-2}+D/2$，Y_{j-1}），（$X_{i-1}+D/2$，Y_{j-1}）］｝，i、j 同上。障碍物所在边可以通过预设的方式做变化调整，每次调整采用在系统交互界面上直接选择或者输入边中心点坐标方式。如果训练路线同时包含一层、二层或三层的情况，设置一层的权重为 1、二层的权重为 2、三层的权重为 3，不同层的角点坐标通过权重来区分。

2.2.3　最短路径

如图 1 所示，设置起点 A 为源结点，设置终点 B 为目标结点，均在一层。从一层经 C 上二层 D，经二层路径后再返回 D，再经 C 返回一层，再从 C 到 B 的整个路径按照最短路径算法，返回最短路径列表。用通过经过障碍边中心点作为筛选条件，形成经过障碍物的最短路径列表，每次从通过交互界面上选择三条作为训练路径，可以同时支持三人在通道中进行训练。训练路径为实时位置匹配的导航路径[6]、规划路径。

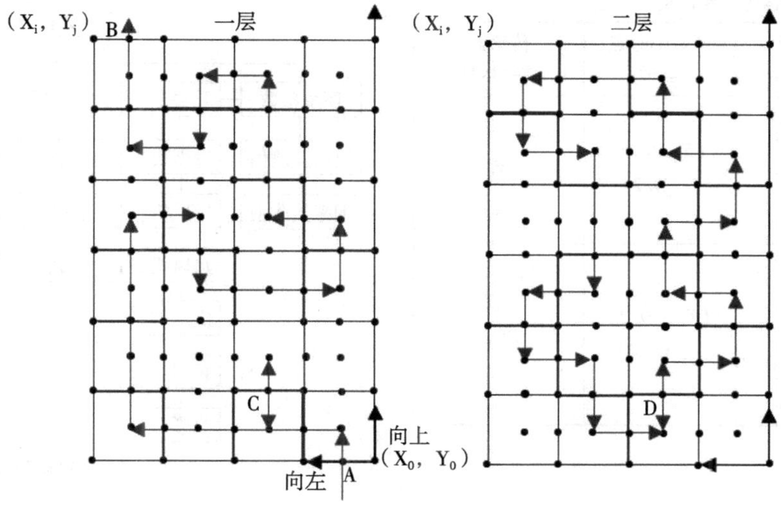

图 1 定位格网及一条路径

3 定位数据采集设计

3.1 定位方法的选择

室内定位技术的研究日益受到重视，近年来取得了长足的进步，包括红外技术、蓝牙技术、无线局域网技术、计算机视觉、Wi-Fi 等[7]。无线局域网定位目前主要有 4 种定位技术；ZigBee 定位技术、Wi-Fi 定位技术、UWB 定位技术和 CSS 定位技术[8]。

考虑到 UWB 技术结构简单、隐蔽性好、保密性强、功耗低、多径分辨率强、数据传输率高、穿透力强，定位精确、抗干扰能力强的主要特点[8]，系统定位数据采集设计、实施过程中首先选择了 UWB 技术，搭建了室内定位系统构架[9]。但实际因为一层高度为 1 米，二层高度为 1.5 米，时钟同步精度误差较大，实时定位信息获取延迟，影响了定位精度，基于 UWB 的定位方法不适用该场景。

鉴于以上分析，采用压力传感器辅助定位的方式实现人员训练定位功能。

本系统设计中采用的是在每块地板上设置传感器 4 个，每个最大可以承重 50kg，满足一块地板上同时容纳 2 个成人站立。

3.2 辅助定位传感器布置

辅助定位压力传感器为柔性薄膜压力传感器，上下整体垫片、柔性薄膜压力传感器用螺栓紧密固定在拼接地板四个角上，见图 2。

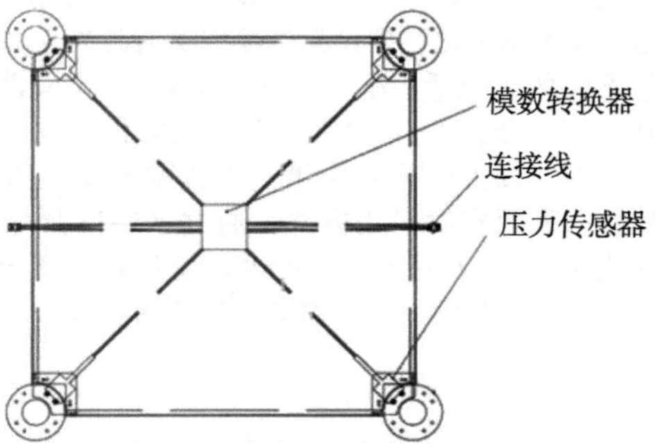

图 2 压力传感器布置

3.3 采集传输

如图 3 所示，压力传感器和模数转换器被预先内嵌在拼接压控地板上，连接至中央控制器；当压力变化值达到或超过预设压力检测阀值时，产生压力变化信号发送到模数转换器，在模数转换后将压力模拟信号的数字地址传输到中央控制器，然后中控器在寄存器中存储数字定位地址。

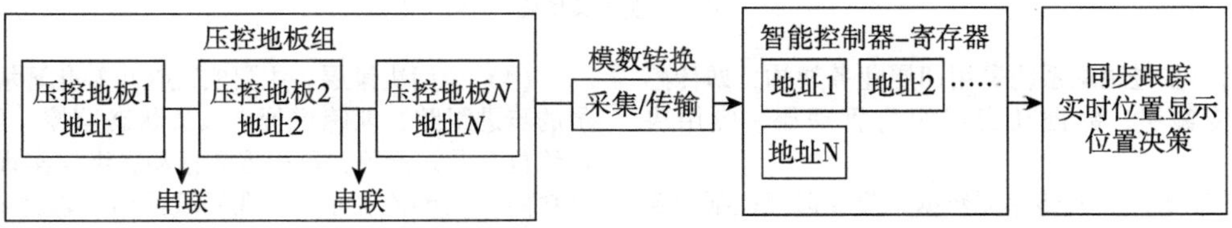

图 3 定位数据采集传输

3.4 实时数据和规划路径的匹配

实时获取的每块地板传感器传输过来的数字地址匹配到当前地板网格四个角点坐标范围之内，按照中心点的 X 坐标、Y 坐标输出并存储到实时数据数据表中。训练时间内，将不断获取并转换成的网格中心点的坐标实时值与预设的训练路径（多条）进行一系列匹配并实时绘制，确定每个训练人员从入口到出口的实际训练路径、时长，根据路径的难度系数进行训练打分和成绩输出。利用压力传感器产生的模拟信号转换为数字地址来实现坐标值的转换，提升坐标获取的精确度。第 1 块和第 48 块地板的压力值和中心点坐标对应关系见表 3。

表 3 网格坐标和网格中心值

层数	网格编码	网格四个角点坐标	网格中心点坐标	传感器数字地址
1	C_1	(X_0, Y_0) (X_0, Y_1) (X_1, Y_1) (X_1, Y_0)	$(X_0+D/2, Y_0+D/2)$	N_1
2	C_{48}	(X_{i-1}, Y_{j-1}) (X_{i-1}, Y_j) (X_i, Y_j) (X_i, Y_{j-1})	$(X_{i-1}+D/2, Y_{j-1}+D/2)$	N_{48}

4 系统总体设计

4.1 系统数据

同步跟踪系统所涉及到的训练数据主要有两方面：第一类：结构化数据，包括与空间位置和结构相关的地理位置数据。传感器及设备数据主要包括采集的实时位置信息、消防员体征监测信息（包括心率、脉率、体温）、环境设备参数数据（热、烟、光、声）；第二类：非结构化数据，以训练实时影像为主。以上数据除了第一类提前存储在数据库中外，其他数据采用实时采集方式，通过 Wi-Fi 局域网内传输、存储或通过 5G 外网传输，可供现场及非现场指挥指挥者进行训练监督和会商。主要数据分类如图 4 所示。

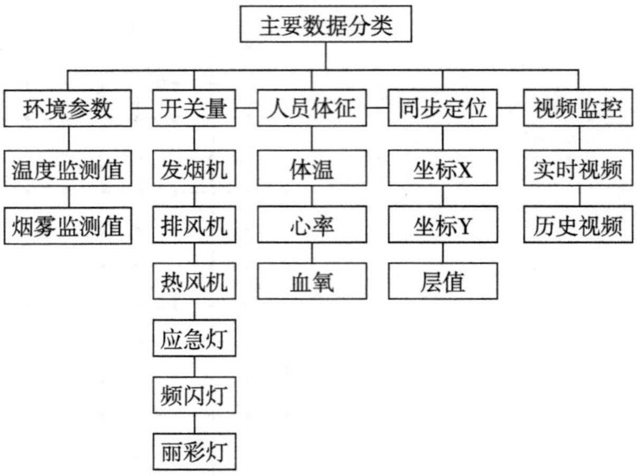

图 4 主要数据分类

4.2 交互设计

交互设计通常被视为人与产品的高科技交互界面；交互接口是连接用户与产品的桥，告诉产品应该如何被使用，以及如何为使用创造一种体验。交互设计通过科技超越了用户接触到的所有产品类别[13]。本系统设计使用终端为 PC 端和移动端，在用户使用价值分析上通过多重感官实现与产品整体的互动，交互界面的持续性和灵活性充分扩展了交互行为类别。本系统的创新是将产品、服务及交互界面融合，交互界面上融入 2.5 维可视化场景、终端交互界面上同时显示系统参数和实时训练视频，提升原有只有按钮互动的交互现状，使整个系统将价值传递给每个使用者，业务架构图如图 5 所示。

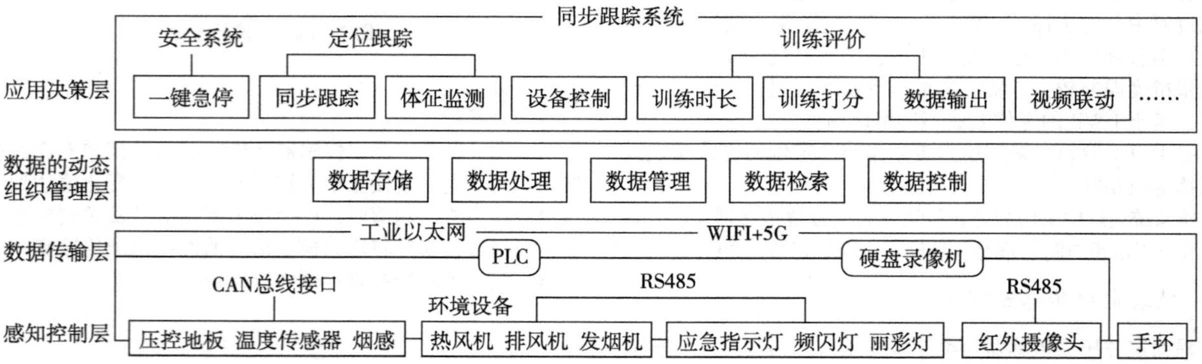

图 5 业务架构图

如图 5 所示，步进跟踪系统采用四层业务架构，即传感控制层、数据传输层、数据动态组织与管理层、应用决策层。

（1）感知控制层。完成传感器数据采集和远程控制命令对传感器、设备的控制。根据训练的需要，设置完成同步跟踪功能的压控地板、温度传感器、烟感，按照 CAN 总线组织；环境增温设备热风机、发烟设备、排风设备，环境灯系统包括频闪灯、丽彩灯，应急系统包括一键急停按钮、应急指示灯，这些设备按照 RS485 总线组织，并与 CAN 总线组织的终端设备接入 PLC 智能控制器。手环通过流量卡直接把训练人员的心率、脉率、体温数据传至数据库进行存储。红外监控摄像头直接通过网线接入硬盘录像机。

（2）数据传输层。负责形成数据采集、传输通道，完成局域网内传输和通过 Internet 数据传输。

（3）数据动态组织管理层。实现数据的存储、处理、管理、检索和控制。

（4）应用决策层。主要实现在可视化环境下实现受训人员的步进跟踪、训练评价、人员状态监控、环境状态监控、训练打分及评价等，可根据数据动态组织实现更多的应用决策功能。视频联动可以实现局域网内传输并通过 5G 网络和上级部门远程联动。

（5）一键急停。一键急停是一种安全控制方法，当环境传感器获取的值超过设定的安全阀值的时候，可以通过一个按钮关闭所有增温发烟设备、环境灯系统，启动排烟排风装置、应急灯指示灯开启，训练人员按照应急灯指示从逃生出口快速撤出本系统。

4.3 Wi-Fi 和 5G 融合组网设计

本系统所组建的网络传输环境需满足数据采集和传输的要求，采用了 Wi-Fi 与 5G 一体化的组网方式。组网灵活，传输速率高，移动性强，成本低等都是 Wi-Fi 网络的优势[12]。5G 和 Wi-Fi 融合组网的目标是获得更高的网络利用率，低延迟、更好的服务质量（QoS）以及用户体验，重点解决以下几个技术难点：基于终端位置、移动速度、方位角等多业务环境下的无缝切换技术，保证业务均衡负载、保证服务质量、保障能效和时效；根据网络和业务情况动态调整的自适应技术，优势互补，扬长补短，通过网络的自组织自配置和自发现选择等方式实现资源共享和优化[12]。Wi-Fi网络满足各传感器结构化数据的收集和传输，5G满足室内环境各摄像头视频数据的实时无延迟远程传输和多点视频会商的要求，并可不断扩展视频接入点。

5 总结

在移动互联技术、通讯技术和空间技术的发展下，消防装备的发展需求被不断满足，技术融合的缝隙日渐减少，传统行业在社会变革、经济趋势和技术创新的带动下也可以不断产生新的机会，通过全新的交互和服务整合模式，把旧系统转化为价值很高的创新型系统，产生新的突破。

参考文献

[1] 全国消防标准化技术委员会第九技术委员会．消防训练基地训练设施建设标准：XF/T 623—2006 [S]：北京，中国标准出版社，2006.

[2] 全国消防标准化技术委员会消防技术委员会．网栅隔断式烟热训练室技术要求：XF 942—2011 [S]：北京，中国标准出版社，2012.

[3] 张海军，李仁杰等．地理信息系统原理与实践 [M]：北京，科学出版社，2009.

[4] 汤国安，赵牡丹，杨昕等．地理信息系统（第二版）[M]：北京，科学出版社，2021.

[5] 汤国安，李发源，刘学军．数字高程模型教程（第三版）[M]．北京：科学出版社，2019.

[6] 危双丰，胡博，张尧钰，等。数字校园室内外一体化三维导航路径规划 [J]．测绘通报，2018（10）：46-50.

[7] 周家鹏，汪云甲，李昕，等．地磁室内定位技术研究 [J]．测绘通报，2019（1）：18-22.

[8] 梁久祯，无线定位系统 [M]：北京：电子工业出版社，2013.

[9] 郭凌，杜伟伟，刘凌，等．5G与高精度定位融合在军事物流仓储中的应用 [J]．测绘通报，2021（9）：64-67.

[10] 刘克强，褚天行，毕京学，等．一种顾及动静态的室内定位技术精度评价方法 [J]．测绘通报，2017（5）：17-20.

[11] 乔纳森．卡根，克莱格．佛格尔，创造突破性产品：揭示驱动全球创新的秘密（中文版．原书第二版）[M]：北京，机械工业出版社，2020.

[12] 刘明，张治中，程方．5G与Wi-Fi融合组网需求分析及关键技术研究 [J]．电信科学，2014（8）：99-105.

[13] 余世平．5G联合Wi-Fi组网的需求与关键技术 [J]．通讯设计与应用，2019（11），89-90.

浅谈数字技术在消防救援队伍管理教育中的运用与思考

杨宏国[1]　李　杨[2]

（1. 湖北省随州市消防救援支队，湖北　随州；2. 湖北省武汉市消防救援支队，湖北　武汉）

摘　要　随着数字中国、智慧城市等概念提出并得到蓬勃发展，消防救援队伍改制转隶后职能任务进一步拓展，智慧消防、智慧营区等数字化建设应运而生，迎接数字时代，激活数据要素潜能，以数字化运用驱动队伍管理方式变革、催生队伍战斗力，成为消防救援队伍发展的新形势、新要求。

关键词　数字技术　消防救援　智慧营区　管理教育

1 引言

大数据、云计算、物联网等数字技术加速创新，正日益融入队伍建设和发展各领域全过程，成为助推队伍转型升级的重要引擎。笔者立足近三年来，武汉市消防救援支队数字技术应用的实践，对数字技术在消防救援队伍管理教育中的运用进行探析。

2 在数字技术助力队伍管理教育中的探索实践

近年来，武汉支队以条令纲要为准绳，以现代技术为抓手，促进管理教育与数字技术深度融合，先后参与深化“荆楚政线”APP，主导开发“智慧营区”综合管理平台、移动办公“武汉消防”APP，着力构建队伍管理教育新模式。

2.1 锲合“E时代”，着力搭建“数字政工”新框架

2020年，武汉支队以全国党建试点为契机，坚持把时代元素融入政治工作，圆满完成湖北总队“荆楚政线”APP平台内“智慧党建”“政治教育”“心理测询”三大子系统开发任务。

2.1.1 “智慧党建”助推组织生活常态长效

立足夯实组织生活基础，提升党务工作效率，以主题党日“十事联动”为着力点，将三会一课、党员发展、思想汇报、在线记录、积分考评等15个板块纳入“智慧党建”内容，利用记录上传、在线评分等实现党务工作系统化、数据化、智能化，以信息的完整分类，给查询、调用、更新党务信息提供便捷。系统自动根据各级党组织、党员工作开展情况，进行评价、提示并反馈至上级党组织，形成实时排名，助推各级组织生活常态落实。

2.1.2 “政治教育”融合线上线下教育合力

立足政治教育线上线下有效结合，融合在线培训、在线课程、在线考试三大主要功能，整合党的重要理论、法规法纪、业务技能等教育资源，搭建“政治教育”系统，打造传播力强、互动性强、内容形式丰富、指战员联系紧密的政治教育新模式。各级可利用系统资源随时进行集中教育和自学，缩短各级教育准备时间；每月下发线上学习任务，指战员进行线上留言，交流学习心得，系统自行统计指战员学习时长、学习记录。同时，各级按需组织各类线上测试，考试成绩即时显示、自动排名，压实政治教育实效。

2.1.3 “心理测询”尝试健康心理云端守护

立足为指战员打造心理健康“贴身医师”，联合各大心理机构，从自我测查、在线咨询等方面入手，在系统内搭建量表测试、咨询指导、危机预警、健康教育、行为训练、数据中心等六大板块，将线下量表资源、医师资源、教育资源，全部移至云端，指战员随时可根据自身需求进行量表测查，开展线上“一对一”心理咨询。特别是在大型灭火救援、抢险救灾一线，还可运用心理测询系统，为指战员开展线上疏导、热线服务，及时消除疲劳情绪和心理压力。

2.2 聚合“大数据”，着力探索“智慧营区”新模式

近年来，为实现秩序运行规范化、管理教育精准化、调度指挥扁平化、火灾防控可视化的数字化建设目标，武汉支队依托数字技术，打造集智慧党建、管理教育、调度指挥、消防监管、服务保障等“五位一体”的智慧营区综合管理平台（简称智慧营区），构建了两网（互联网、政务网）、两端（PC端、移动端）应用系列，智能采集、汇聚、运算、分析“司政后防纪”5个条线工作数据，无缝关联指挥调度、数字化战训、城市物联监控、智能伙食和装备管理等23个系统，通过聚合系统，做到多端同步、无缝沟通、协同工作，实现一键式调度指挥、联动联战，智能化教育管控、辅助决策，可视化远程监管、分析研判。

2.2.1 精准管控物联化

智慧营区综合管理平台中嵌入“全域覆盖、全程可控、全网智联”的智慧管理体系，关联智能门禁、智能探头、智能网关、行为探测器等物联技术，实现对营区营房、硬件设施、装备车辆等全方位、全时段管控。例如：系统接入数字化装备管理系统，动态监测消防车水位泡沫位、实时定位和行进路线，制定“一车一档、一装一码”，实现关键参数一屏式显示、装备数量一键式掌握。通过营区安防系统，对岗哨履职、高空安全、周界防护、刀具管理进行动态监测，依托智慧营区后台数据抓取、智能物联识别、网上掌上推送、实时大屏滚动等方式，做到“四个预警”（岗哨预警、刀具预警、高空预警、周界入侵预警），实现“事前预警、事发干预、事中控制、事后倒查”动态管控。

2.2.2 人员管理智能化

以一日生活制度为系统运行秩序框架，通过各类智能探头，主动识别人员身份匹配当前工作任务，实现操课到勤、岗哨执勤、查铺查哨、人员外出等管理工作全部智能化。依托智慧营区“手机管家”，采用射频系统，实施手机班组自管、系统识别，非规定时间段取用主动预警，将手机管理向人性化、规范化推进。联合华为、小米等科技公司，重点对智能手表进行功能、数据突破，利用手表内置eSIM及体温、光学、心率等传感装置，对日常工作、训练、作战安全等数据进行管理。

2.2.3 工作运行信息化

针对会议种类多、纸质记录长、人员到齐难等问题，在智慧营区综合管理平台开发“智能会议室”，实现会议形式一键选择，音频视频在线上传，语音记录实时转译，网络听会随时开展，杜绝会议不规范、议事不经常、决议弄虚作假等现象发生。采用智能伙食管理系统，关联智能训练系统，改革伙食管理模式，对比热量消耗和体脂率，实现智能配餐。依托智慧党建、政治教育等子系统，实现会议记录、教育记录、工作记录、巡查记录电子化生成，后台提供打印，实现全程留痕、可视追溯，解决工作走过场、流形式、补台账的问题，切实用科技解放人力。

2.3 推进“云服务”，着力创新“线上办公”新思路

着眼改革后业务流程重构，武汉支队瞄准数字化、信息化、即时化、无纸化的办公需求，打造“武汉消防APP”，有效提高工作效率和服务效能。

2.3.1 “云上办公”少跑腿

“武汉消防APP”经过不断升级完善，目前累计开发行政管理、政治工作、防火工作、财务管理、后勤保障等7大类56个应用程序，涵盖经费审批、装备申领、用印申请、法制审核、请销假等“司政后防纪”所有非涉密事项。投用以来，已完成各类业务事项审批10.8万次、经费事项审批1.9万次、请销假19.4万人次，支队机关及基层单位各类签批时间骤减，切实让“数据多跑路、基层少跑腿”。

2.3.2 “云上通信”效率高

“武汉消防”APP拥有即时通信功能，支队在职人员通过系统可随时随地交流工作、传输文件、视频会议。协作类工作可多人同时在线编辑、在线修改、在线统计。重要工作通知可通过智慧营区中转，直接推送至指战员智能手表，防止任务消息错漏，切实让工作变得即时高效。

2.3.3 “云上服务”更便捷

系统内嵌入在线教育、云上书库、精彩火焰蓝、个人工资单等各类指战员学习、办公、生活所需的资讯资源。如“个人工资单”个人工资明细通过“武汉消防APP”随每月工资发放，直接“点对点”发送至指战员手机，便于指战员第一时间掌握；“云上书库”定期向指战员推介热门图书，丰富指战员业余生活；“在线教育”定期邀请各大高校师资开展视频直播大讲堂，为指战员线上答疑解惑，特别是指战员公差勤务等时，可通过手机在线学习，也可通过在线回放及时补课。

3 在数字技术助力队伍管理教育中的存在的短板和问题

尽管近年来，武汉支队在数字技术应用上取得了一定成效，提升了各项工作效率，尝到了数字技术给队伍管理教育带来的“甜头”，但对标新时期消防救援职能任务需求，仍有一定差距。

3.1 系统数据的集中性还不够

数字技术优势在于能够让数据资源更加便捷的传输、共享、分析，将数字技术与队伍管理工作相互结合，能够对队伍管理的人、物、行为等基本要素，进行收集、记录、分析，全面提升队伍管理效率。但从目前来看，支队各类系统软件多达数十个，各系统具有独立的服务器、数据存储器，各类系统受限于底层框架不同，虽实现了部分数据的交互，但仍存在数据孤岛，条线数据分割，难以充分挖掘数据价值。

3.2 应用程序的针对性还不够

队伍管理涉及到“司政后防纪”等各方面，管理行为产生海量管理数据，在数字时代，利用硬件终端、分析统计软件、物联网等数字技术，可实现对海量数据的汇聚、识别、筛选、计算、运用，实现辅助数据自动采集、工作安排自动推送、决策建议自动生成，全面提升管理教育的综合性、科学性。近年来，支队遵循“需求先导、实战催生”理念，顺应发展需求，开发了大量实用功能软件，但在实际运用过程中，受限于指战员对软件的接受程度、认可程度、熟练使用程度等因素，指战员对于各子系统使用存在不规范、不持续情况，系统显示数据与队伍实际存在不匹配情况，工作数据逐渐向碎片化偏移，数据统筹使用价值降低。

3.3 软硬件的智慧性还不够

各级管理干部在数字技术的支持下，依托网络平台，能

够更加迅速、准确的掌握基层队站的作战训练、政治教育、后勤保障、防火监督等工作的实际状况，同时为解决“四个脱节”构建线上平台。广大指战员，通过数字技术，实现线上审批、无感记录等功能，有效提高工作效率和服务效能。目前，支队虽试点引进各类自主预警、识别、记录等终端设备，但受限于各类终端设备的智慧化程度，单纯依靠终端设备自主采集，无法支撑队伍管理教育数据使用需求，大量工作数据仍需人工录入。同时，支队各类系统还处于发展阶段，系统运算逻辑还不够完善，各类数据综合运用程度低，系统自主推送决策性建议较少。

4 数字技术助力管理教育的设想

数字时代已经到来，数字技术的发展正在加速队伍管理教育的转型，如何更加深入其中，以数字技术推动队伍管理教育深度变革，支撑管理教育决策科学化、精准化、便捷化，具有战略性重大意义。

4.1 点亮塔尖，统筹搭建数字框架，激活数字化高度

4.1.1 统一发展思想

数字化时代的到来已不可抵挡，消防救援队伍人员结构复杂、工作任务多样，加之指战员年轻化、思维活跃、接受新兴事物能力强，各级各地应当将数字助力队伍管理教育，提升至队伍长远建设的战略高度，紧盯战斗力催生，转变传统思维，大力推进队伍管理教育向数字化转型。

4.1.2 规范建设方向

数字化在队伍内部大有“百花齐放”之势，智慧营区建设等管理类综合平台模式多样、重心不一，有的侧重安防建设、有的侧重无纸化记录、有的侧重便捷化管理，发展方向不一、开发程度有所差异，各级各地应当按照分散探索、试点建设、推广应用的递进模式，统一发展规划，统一方向目标，确保长远实效。

4.1.3 统筹框架标准

当前智慧营区等数字化队伍管理教育系统在多地已形成趋于成熟的模式，但缺乏统一的理论指导和技术规范，数字化建设综合水平比较低，智慧化程度不高，与真正的精细化、规范化、人性化管理还存在较大差距，且受限于系统底层设计框架不一，标准化、系统性、融合性问题突出，后期集成难度大，应当统一标准规范体系，避免框架异构、二次重复建设[1]。

4.2 筑牢塔身，优化智慧分析逻辑，完善数字化精度

4.2.1 丰富分析逻辑

数字化管理教育技术，其关键在数字、智慧，现阶段智慧营区功能功效主要集中于数据采集、统计，应对队伍管理中具体事宜，不完全具备“智慧”能力。建设过程中，要在实现营区管理、智能安防、便捷办公等基础功能上，还要针对队伍作战训练、文化宣传、后勤保障等实践活动，以条令纲要、规章制度、标准规范等为底层支撑，丰富数据运用模式、数据采信逻辑，实现智能化分析、融合化呈现，最终达到高效化决策目的[2]。

4.2.2 完善数据结构

部分单位对数字化建设认识还不到位，对“物”监管较多，对防火监督、政治教育等“人”的行为数据采集较少，建设存在局限性。建设过程中，应当以锲合指战员无纸化、简便化的工作需求为切入口，按照“司政后防纪”全方位覆盖，丰富管理教育系统应用的开发，在提升指战员工作效率的同时，丰富人、事、物的数据结构。

4.2.3 统合数字应用

采信单一的数据来源，极易对队伍管理造成误导，导致决策偏差，数字化建设过程中，应当尽量形成不同条线系统数据互通，如在对指战员“德能勤绩廉”进行精准画像时，需实现对指战员涉及的所有行为的系统数据进行广域采信，统合数字应用，对照考核评价比值，为科学评价提供更为完善的数据支撑。

4.3 夯实塔基，贴合管理教育运用，拓展数字化广度

4.3.1 贴合队伍实际

各地各类系统多为“因事而生”，即针对某项工作设计某项程序，造成指战员需要使用的平台、应用、程序数不胜数，长此以往指战员逐步将某些系统应用忘之不用、弃之不用，在数字化建设过程中，要着眼系统持久性和生命力，根据人员类别针对性的对各类应用程序的应用功能进行整合，提升系统应用、硬件设备与指战员的契合度，增强系统应用粘性。如，进一步加大无感化数据采集设备引进、开发力度，联合地方高科技公司，对智能手表深度开发，研发具备即时通信、训练辅助、信息推送、体征监测、安全预警等功能于一体的消防专用智能手表，多维度助力战斗力生成。

4.3.2 贴合应用实际

数字化管理其重要落脚点即为提升工作效率、助力队伍管理效能，但实际应用中，各类数据重复报、多口报、数据不一致等问题仍较为突出，在整合应用的同时，应当立足数据的统一性，贯通各条线数据交互，对碎片化数据予以统一整合，建立统一的数据报送端口，搭建统一的数据搜索输出引擎，提升数据应用价值。如，在人员管理中，搭建统一的人力资源数据平台，在智慧营区等数字平台客户端嵌入个人档案、工作记录等录入端口，指战员定期自行更新自身各类数据，管理员予以审核，根据权限各级、各条线随时可调用人员实力情况、工作数据，减少机关多口径反复向基层要数据的情况。

4.3.3 贴合长远发展

各地现行系统构架模式多为一系统配一数据服务器，有较强的数据壁垒，无疑造成硬件资源浪费、数据贯通难度大的情况，从系统建设的长远发展考虑，我们应当建立统一的系统平台、数据中心，整合分布式存储，强化数据的统筹性、可控性、融合性。同时，着眼现实需求和未来发展，要为后期建设留有充分的拓展空间，保障持续升级和改进，实现更加方便的管理服务和运行维护，切实为队伍管理教育、辅助指挥决策，提供持续不断的助力。

参考文献

[1] 华北计算机系统二程研究院．智慧营区评价体系研究.

[2] 陆军勤务学院．军民融合模式下智慧营区建设思考.

政府专职消防队信息化建设需求分析

周广琦[1] 孔令谦[2]

（1. 张家口消防救援支队，河北 张家口；2. 中国人民警察大学，河北 廊坊）

摘 要 为了探索政府专职消防队信息化建设的方向与途径，提高政府专职消防队的综合实力。本文结合当前国家信息化建设背景，通过分析现阶段政府专职消防队在信息化建设方面的问题与经验，分别从组织管理、勤务管理、安全管理三个方面分析信息化建设的需求，提出结合云计算、物联网技术建立一个统一的信息管理平台以实现信息共享和传递。

关键词 消防 政府专职消防 信息化 需求分析

1 引言

政府专职消防队作为消防安全保障的重要力量，承担火灾扑救、重大灾害事故和其他以抢救人员生命为主的应急救援任务[1]。当前，我国政府专职消防队的队伍数量和人员数量已经超过了国家综合性消防救援队[2]。在某些省份，政府专职消防队的接出警数与国家综合性消防救援队相近，是保障人民群众生命财产安全的重要力量之一，其在日常勤务管理和突发事件应急处置方面具有不可替代的作用。因此，建设组织高效、管控精准的信息化消防队具有十分重大的意义。信息化技术可以在多个方面提高消防队的效率和精确度，包括提高应急处置效率、勤务管理效率、安全管理水平以及实现信息化管理等。通过实时监测、数据分析、智能判断等手段，信息化技术可以提供准确的指挥决策支持，缩短应急处置的响应时间，保障人民生命财产安全。同时，实现资源的数字化管理和实时监测可以提高勤务管理的效率和精确度，提高安全管理水平和精准度，实现消防队管理的数字化，提高管理的科学性、精细化和透明度。总之，信息化建设在消防队管理中的重要性不容忽视，是提高消防安全管理水平和效率的重要手段。

2 现状分析

2.1 专职消防队信息化建设现状

目前，我国政府专职消防队的信息化建设还处于起步阶段。虽然一些地区已经开始了信息化建设工作，但整个行业的信息化水平还有很大的提升空间。信息化应用程度低、缺乏规划和人才技术支持是主要问题。在一些地区，消防队的信息化应用程度较低，存在信息孤岛问题。此外，消防队的信息化建设缺乏规划和标准，导致系统不够完善和互通。为实现信息化建设，消防队需要专业的技术支持和管理人才，但目前行业内的专业人才和技术水平还有待提高。虽然消防队信息化建设面临着许多挑战，但也存在机遇。通过不断提高信息化水平、加强信息安全管理，充分利用信息化技术和平台，可以提升消防队的应急救援能力和水平。

2.2 专职消防队信息化建设面临的挑战

整个专职消防队面临着信息化应用程度较低、信息化建设缺乏规划的问题，导致系统不够完善和互通，存在信息孤岛问题。专职消防队的信息化建设需要专业的技术支持和管理人才，但是目前行业内的专业人才和技术水平还有待提高。此外，信息化建设的投入和成本也是一个挑战，需要平衡资源的配置和利用效益，对于经济欠发达地区来说落实起来比较困难。专职消防队信息化建设的应用还需要推广和普及，提高应用的覆盖率和使用率。因此，专职消防队需要不断地提高信息化水平，加强信息安全管理，充分利用信息化技术和平台，提升专职消防队的应急救援能力和水平。

2.3 专职消防队信息化建设的成果与经验

在应急救援出动方面，随着现代指挥系统“一短三快”初战机制的推进，在一些地区，专职消防队信息化建设已经取得了显著的成果，通过实时监测、数据分析、智能判断等手段，提供准确的指挥决策支持，缩短应急处置的响应时间。新的接警系统通过引入大数据、云计算、人工智能技术，实现自动定位报警人位置、语音转文字录入、一键接警、一键调派等功能，接警调度时间从原来的 65 秒缩减到现在不超过 20 秒，效率提高了将近 70%[3][4]。

在火灾风险预知预警方面，某些地市通过专项经费开展“智慧消防”建设，建成了火灾防控平台、实战化指挥平台和数据共享交换平台。此外，在辖区内的火灾高危单位中建设了消防信息监测、消防用水监测、电气火灾监测、智能消火栓监测、重点部位可视化监测等五大类物联网前端服务。这些技术手段能够全面感知辖区火灾防控风险，监测预警，生成态势感知视图，并进行“分级分色”预警[5]。

3 政府专职消防队信息化建设需求分析

3.1 组织管理方面的需求

作为专业的应急救援机构，政府专职消防队在组织管理方面需要保障其高效、规范、科学、严密的运作。应建立健全信息化的组织架构，明确不同作战单元的职责和指挥权限，使各作战单元之间协调配合，提高指挥效率。同时，应不断完善组织架构，适应灭火救援任务的需求。通过信息化系统制定规范的岗位职责，明确职责范围、工作内容、工作要求等，提高岗位职责的可操作性和标准化水平，为队员提供明确的工作方向和指引。信息化系统记录培训信息，提高队员的专业技能和应急处置能力，并制定完善的人员管理制度，包括招聘、考核、晋升、奖惩等，建立科学的人才管理机制，保障队员的权益，提高队伍的凝聚力和稳定性。将科学、合理的决策机制建立信息化系统中，制定完善的决策程序和流程，加强决策透明度，提高决策的科学性和准确性。加强情报收集和分析，及时获取火灾、事故等突发事件信息，通过数据分析和情报研判，提高处置的准确性和及时性，降低事故损失和风险。

3.2 勤务管理方面的需求

政府专职消防队的勤务管理是指对消防车辆、器材、物资等资源的管理和调配。这些资源是保障政府专职消防队应急处置任务的基础，因此，合理的勤务管理是进行灭火救援任务的重要保障。为确保资源的有效利用和及时补充，需要对车辆、器材、物资等资源进行科学的管理和调配，为此，需要建立数字化资源管理系统，实现资源的统一管理、追踪和监测，以提高资源调配效率和精确度。建立数字化勤务调度管理系统，将勤务管理中的规范、流程、标准等信息进行归纳、整理和分类，有助于实现对任务的科学评估、勤务资源的智能调度和实时监控，以提高调度决策的准确性和效率。通过建立数字化的维修保养管理系统，实现对车辆、器材的定期维护和检修，以延长资源使用寿命，保障资源的安全性和稳定性。消防队在勤务管理方面需要建立数字化的管理系统，以提高资源调配效率和勤务管理的精确度，从而更好地保障消防救援任务的开展。

3.3 安全管理方面的需求

信息化技术可以提供多元化的数据支持，包括历史数据、实时数据等，通过大数据分析、智能模型等手段，对风险进行预警和预测，提高风险评估和管理的精准度和效率。有助于对所辖区域内的火灾、事故等风险进行评估和管理，制定相应的预案和应对措施。此外，在消防技能培训方面，可以借助多媒体教学、在线学习等形式的培训支持，包括安全知识、操作规程等内容，帮助队员随时随地进行学习和培训，提高作战训练安全的能力。信息化技术可以通过物联网、传感器等技术手段，对设备和车辆进行实时监测，对队员进行定位和监控，实现设备、车辆、队员等的数字化管理，提高安全管理的精准度和效率。信息化技术可以提供多种手段和工具，如指挥中心信息化系统、智能化应急系统等，帮助消防队快速响应和处置突发事件，提高安全事件处置和管理的效率和质量。消防队安全管理方面的需求包括风险评估与管理、安全培训与管理、安全监测与管理、安全事件处置与管理等方面，信息化技术可以为消防队提供多种手段和工具，提高安全管理的效率和质量。

4 信息化建设需求的实现路径

首先，政府专职消防队需要建立一个集中的、统一的信息管理平台，通过云计算、物联网等技术手段实现数据的实时采集、监测和分析，提高数据的质量和精度，同时也能方便信息共享和传递。其次，政府专职消防队需要建立一套科学有效的信息化管理模式，通过制定信息化管理制度、流程和标准，确保信息化管理的科学化和标准化，提高信息化管理的效率和质量。此外，需要加强信息化人才培养，通过定期的培训和考核，提高信息化素质，使其能够熟练掌握各类信息化工具和技术，从而更好地运用信息化技术进行工作。最后，需要结合信息化技术的特点和优势，积极探索信息化在消防队工作中的应用，如利用智能感知技术对危险源进行预测和预警，利用大数据分析技术优化勤务管理等，建设框架图如图1所示。并且建立信息化建设评价机制，通过对信息化建设效果的评估和监测，及时发现问题和不足，调整和优化信息化建设方案，推动消防队信息化建设向更高水平发展。

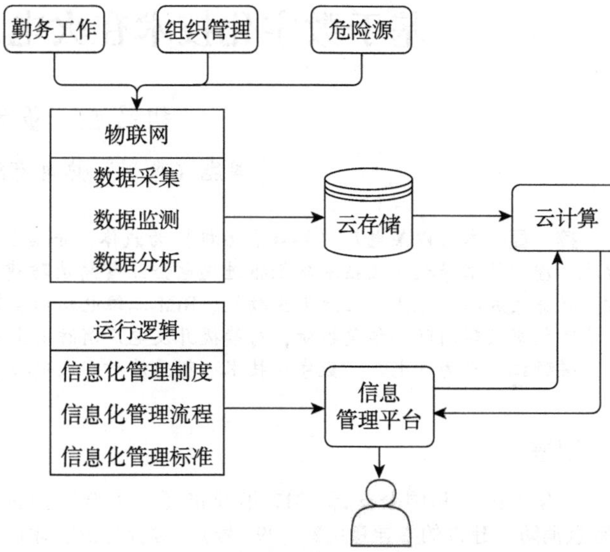

图1 信息管理平台建设框架图

5 结束语

本文主要讨论了政府专职消防队信息化建设的现状、问题、需求及实现路径等方面。在现状分析中，提到了虽然一些地区已经开始了信息化建设的工作，但整个行业的信息化建设水平还有很大的提升空间。而在问题和挑战中，包括了信息化应用程度低、信息化建设缺乏规划、缺乏人才和技术支持等方面的问题。在需求方面，分别从组织管理、勤务管理、安全管理等方面进行了详细的说明。最后，通过信息化建设需求与目标的匹配、信息化建设项目的选型与实施、信息化建设与人员培训、管理等的配套支持等方面的实现路径，提出了推进政府专职消防队信息化建设的具体措施。综合来看，政府专职消防队信息化建设对提高消防安全管理水平和效率具有重要的意义和作用。

参考文献

[1] 中华人民共和国消防法 [Z].

[2] 张全灵，王栋．政府专职消防队伍建设发展问题分析及对策建议 [J]．消防科学与技术，2022，41（4）：4.

[3] 韩丹，高正达．浙江杭州消防："一短三快"初战机制改革实践.

[4] 张富山，白夜，王占伟，等．消防救援队伍现代化指挥系统"一短三快"初战机制应用分析 [J]．中国应急救援，2022（2）：34-38.

[5] 刘娟．消防信息化建设现状问题分析及研究对策 [J]．智慧中国，2022（5）：3.

基于数字化技术在火电厂智慧消防中的研究应用

胡昌盛　董为虎　郭李学鑫

［国能（惠州）热电有限责任公司，广东　惠州］

摘　要　本文以某电厂（燃煤和燃机）为载体，介绍了常规特殊消防系统组成和灭火设计，以大数据、物联网、人工智能、虚拟技术等数字化技术路径推进发电企业智慧消防建设的实践探索，在智能火灾预警、智能火情研判、智能消防监控、数据集成融合应用、应急灭火救援、BIM 三维电站融合等方面应用数字化技术整体提升发电厂消防智慧化水平，结合多源消防数据实现消防的智慧控制，持续提升发电厂消防安全管理能力。

关键词　火力发电厂　数字化技术　智慧消防　火灾报警　人工智能　图像识别分析

1　引言

中华人民共和国公安部 2017 年颁布《关于全面推进“智慧消防”建设的指导意见》（297 号），对智慧消防建设进行纲领性规划，作为火力发电企业“安全第一、预防为主、综合治理”安全生产方针、“预防为主，防消结合”消防工作方针，消防安全是火电厂安全的重要组成部分。随着建筑信息模型（BIM）技术、5G＋互联网技术、物联网（IOT）技术、智能识别（AI+）技术、增强现实（AR）+虚拟现实（VR）技术、大数据技术等数字化技术在智能电站的实践应用深度不断深入，依托企业级的数智化综合管控平台载体，为发电厂智慧消防提供了充分必要条件。

在智慧电厂建设应用中，深入探索智慧消防建设的数字化技术路径，发电厂在特殊消防系统的常规控制平台基础上，研究应用数字化技术在智慧消防的中应用，以更好地发挥智慧消防在智慧安全、智慧电厂管理的能效，为发电企业安全生产、人身安全保驾护航。

2　火电厂特殊消防系统介绍

2.1　火电厂特殊消防系统的基本组成

火力发电厂主要的特殊消防工艺系统包括运煤系统、锅炉煤粉系统、锅炉烟风系统、点火及助燃油系统、汽轮发电机、柴油发电机系统、变压器及其他带油电气设备、天然气调压站、燃气轮机、GIS 设备、变压器、电缆及电缆夹层等。

火力发电厂的消防系统主要分常规消防和特殊消防两大部分，常规消防主要包括室外消防给水、消火栓、消防水箱、灭火器材和消防救援设施等，特殊消防系统由火灾自动报警系统、IG-541 气体灭火系统、自动喷水消防系统、煤斗低压 CO_2 气体消防惰化系统、煤场固定消防水炮系统、燃机岛低压 CO_2 气体灭火系统等组成。

2.2　火电厂主要的特殊消防灭火设计

（1）全厂火灾自动报警系统采用控制中心报警系统，控制中心设在集控室，区域设置消防报警分机，报警中心设在消防楼，系统由火灾探测报警、消防联动控制、可燃气体探测报警、电气火灾监控、应急广播、防火门监控、消防电源监控、以及消防应急照明接口等组成，实现全厂火灾探测、报警、联动控制功能。

（2）工程师站、资料室、通信机房、继电器室、电气配电室等电子设备间等场所，在国内应用比较普遍的是 IG541、七氟丙烷及二氧化碳，IG-541 气体为翠气、氮气、二氧化碳三种气体的混合物，不破坏臭氧层，不导电、灭火后不留痕迹，用于保护经常有人的场所，是发电厂主要的洁净气体灭火的最佳选择。

（3）自动喷水消防系统灭火设备包括湿式自动喷水灭火系统、水喷雾灭火系统、水幕防火隔离系统，还包括消防水源、消防水池、消防泵、稳压设施等消防给水系统。系统场所主要是主厂房输煤区域、油装置及管道、锅炉燃烧器、变压器、柴油发电机及油箱、柴油机消防水泵及油箱等。

（4）燃气轮机整体是燃机电厂的核心，也是消防的重点保护对象。燃气轮机通常具有金属外罩，采用全淹没二氧化碳气体灭火系统。燃机车间配置感烟探测器、感温探测器等火灾探测系统，着火报警时在喷放气体灭火剂之前，关闭燃气轮机内部的门、通风挡板、风机及其他孔口，以使外罩泄漏量最少。同样在燃气电厂天然气调压站、燃机进气管道处、燃料前置模块区域等区域配置可燃气体泄露报警装置。

3　数字化技术在智慧消防中应用

3.1　基于智能视频分析（AI）火情识别

在数字化管控系统超融合服务器部署视频分析引擎，采用智能视频分析 AI 检测算法和深度学习技术，对视频监控区域的画面中的烟雾和火焰进行识别和实时分析报警，实时掌握火情的真实情况，分析火灾报警是否存在误报和漏报，报警信息和报警视频存入数据库，将报警信息及时推送至平台进行及时报警。同时与常规配套的特定区域智能火焰探测器、烟雾探测器、温感探测器的测量数据在智慧消防模块进行对比分析，实现火情异常告警及灭火处置的准确性。

3.2　物联网（IoT）的消防水智慧监测

在发电厂消防水供排水系统安装位置离主厂房较远，消防水供水遍布卸煤线、上煤线、锅炉房、GIS 设备等全厂区域，水压传感器通常安装在消防水泵出口母管。而最不利点消火栓栓口和管网的水压监测，以及消火栓阀门开度传感器监测，采用物联网（IoT）技术将阀门开度传感器、水压（液位）传感器等信号部署在感知层，传输层选择无线组网方式，将全厂重点区域消防给排水系统状态、消火栓阀门状态选择无线组网传输方式，集中在应用智慧消防平台。

3.3　虚拟现实（VR）智慧消防安全体验

建设基于 VR 技术的智慧消防及安全培训体验区，通过 VR 技术设置多种场景、多种火灾类型，开展灭火器选择及操作方法训练，进行消防安全培训。建设全景仿真火场逃生体验系统，通过沉浸式的 VR 火灾虚拟仿真情境，展现三维可视化场景（基于 BIM 模型）火灾现场，参训人员真实地感受灭火过程，提高消防安全意识和灭火技能。

3.4 基于 BIM 技术智慧消防演练预案

建筑信息模型（BIM）技术通过准确的数据信息和标准的模型信息与消防业务技术融合，将消防系统与仿真建筑关联起来形成基于 BIM 的智慧消防模型。发电工程在设计、建设、运维三个阶段结合 BIM 技术打造电厂的全景三维可视化模型，将消防系统与仿真电站关联起来，构建多场景需求的火灾逃生体验模型，通过安全体验提升员工火场逃生能力。同时，在日常灭火消防演练和消防应急处置中充分发挥 BIM 技术在智慧消防的作用，形成厂区消防应急演练的智慧化、数字化预案。

建筑信息模型（BIM）技术是智慧消防技术层的核心，BIM 与物联网、数字通信、人工智能、大数据等技术的结合，实现虚拟信息化管理和实体环境硬件的结合，运用标准的数据结构为智慧消防提供拓展性接口。

3.5 5G 和大数据技术应用在智慧消防

某电厂建设厂区 5G 专网，5G 具有高速率、低延时、大连接等特征全覆盖本项目的生产和办公室区域，利用网络切片技术分 5G 信息专网和 5G 工业专网，将管理大区的常规火灾报警与消防控制平台的 SIS 数据、物联网数据、视频分析数据等充分整合集成传输到大数据平台，通过数字孪生、人工智能等技术进行大数据融合应用，打通了消防安全与消防管理的数据通道。通过大数据的分析功能实现消防隐患的识别和评估，发挥基于 5G+大数据技术的智慧消防平台在人防技防物防的优势。

4 智慧消防与火情联动控制

发电厂全厂火灾报警与消防控制是通过消防验收的控制系统部署在生产控制Ⅰ区，采用物联网、5G 无线通信的安防系统、人员定位系统、视频监控系统等部署在电厂管理Ⅱ区或Ⅲ区，且采用不同的系统平台、数据标准及通信方式。在网络安全的前提下，利用 5G 技术实现两大区大数据的融合，为火灾报警生产控制平台与智慧电厂管控平台（IMS）智慧消防模块的智能联动提供了技术保障。

火灾自动报警与视频监控联动实现智慧识别。在火灾报警控制系统发生火灾探测报警时，自动触发产生图像画面调用指令，调用该设备所在现场区域摄像机画面，在智慧电厂管控平台进行显示和报警。生产运行人员、专职消防人员及公司管理人员可以通过高清视频研判识别火情的实际情况和灭火系统动作情况，为进一步火灾处理及消防救援提供可视化的手段。

火灾自动报警与安防系统联动实现智慧疏散。当火灾报警发生时，消防系统与门禁系统、车行道闸形成联动，自动解除特定区域内重要通道的所有人员门禁权限及车行道闸，启动消防应急照明相关设备，确保厂内人员快速疏散。火火情发生时，智能打开消防应急指示灯的指示方向及应急照明灯，提醒人员迅速疏散，同时提供安全的疏散路径指引，显示疏散路径及危险、安全区域，辅助人员进行疏散。

火灾自动报警与人员定位联动实现智慧救援。某电厂智慧电厂高精度定位系统采用超宽带（UltraWideBand，UWB）技术和泛在物联网技术，引入了时空大数据分析，实现“人、车、物”在复杂的室内建筑物环境和室外环境精准的定位、追踪和监控。当火灾自动报警、视频 AI 分析及物联网采集到火情时，在智慧消防平台与人员定位系统共同进行数据分析，得出附近区域、特定空间及疏散路径等的人员情况，及时向区域人员及专职消防队发出语音广播及手机端信息告警，并通过人员轨迹及视频监控进行实时跟踪。

火灾自动报警与灭火系统联动实现智慧控制。根据《火力发电厂与变电站设计防火标准》，发电厂生产区域设置烟感探测器、温感探测器、火焰探测器、红外对射探测、可燃气体检测、感温电缆、光纤测温、电气火灾报警、手报装置等现场测量元件，在火灾报警控制中心（或分机）按照预定的程序自动控制，可输出至自动水消防系统雨淋阀动作、IG541 气体灭火动作等，同时自动联锁防火门、通风系统、空调系统的正常动作和报警。在这些常规的火灾报警自动控制基础上，采用数字化技术进行辅助判断和智能识别，实现消防报警与控制“智慧化”。

5 小结

（1）多源消防数据信息融合与价值应用。从上述描述可以看出，智慧消防的数据来自工业控制火灾报警系统、物联网集成数据、视频监控识别数据以及安防系统等多种渠道的数据信息。更好的实现智慧消防的应用价值，进一步结合数据挖掘、信息融合技术优势，发挥多源消防数据的价值，完善厂区多源消防数据库，为智慧消防建设提供“数据基础”。

（2）电站智慧消防技术集成与建设展望。火电厂智慧消防在基于建筑信息模型（BIM）技术、5G+互联网技术、物联网（IOT）技术、智能识别（AI+）技术、大数据技术等新一代数字技术的集成融合、迅猛发展，开展基于数字化技术推进发电企业智慧消防建设的实践探索，逐步实现“传统人防”向“智慧人防技防物防”的转变，提升发电厂消防科技化、信息化、智慧化、数字化水平。

参考文献

[1] 王伟，曹卓媛．物联网技术在智慧消防检查中的有效应用［J］．工程建设与设计，2022（18）：94-96.

[2] 刘富峰．基于物联网技术的智慧消防工程建设探讨［J］．消防界（电子版），2022，8（09）：65-67.

[3] 于雷，张振男，王凌云．基于大数据时代的智慧消防建设［J］．智慧中国，2022（07）：77-78.

[4] 张蕾．基于物联网技术的智慧消防建设［J］．消防界，2018（06）：97-98.

[5] 李帅，莫宇欣．智慧消防在核电领域的应用探索与实践［J］．消防界，2019（22）：57，60.

消防一体化监察管理体系的建设

郭奋泽[1] 李俊杰[2] 沈无凡[3] 陈 展[4] 刘轩益[5] 张泽健[6]

（1. 防灾科技学院，河北 廊坊；2. 北京邮电大学，北京 海淀；3. 兰州大学，甘肃 兰州；4. 北京大学，北京 海淀；5. 南京大学，江苏 南京；6. 中国科学院大学，北京 怀柔）

摘 要 本论文的研究主要围绕着如何构建一套消防一体化监察管理体系展开，旨在实现消防监管的平台与应用一体化、空间布局一体化、技术手段一体化、应急救援一体化。论文首先分析了当前我国城市消防安全面临的挑战和问题，提出了需要构建一套具有科学性、规范性的消防管理模式的改革建议。

基于现代信息技术的快速发展，本文探讨了区块链、物联网、人工智能、地理信息等新兴技术在消防管理方面的应用，并以此为基础，进一步明确了构建一体化监察管理的体系领域划分和模块要点。并提出了相应的技术手段或应用措施。

通过对多个案例分析，验证该体系的实战价值，表明消防一体化监察管理体系的构建可以最大程度地协调与整合各种消防力量，优化资源配置，加强消防监管，提高灾害处置效能，充分发挥消防综合保障体系的作用，推动城市级别的灾害防范和治理水平。本文最后简述了论文研究意义和不足之处，并对未来的研究方向提出了一定的建议和展望。

关键词 智慧消防 区域链 大数据 人工智能 GIS技术 BIM技术

1 智慧消防业务挑战

1.1 数据采集

由于消防设备布局不合理、企业监管不到位、部分区域消防资源匮乏等原因而使数据采集不全。

收集工具的质量和智慧程度及型号参差不齐、收集工作缺乏明确的责任数据认责、收集的过程缺乏数据的标准化和规范化，使收集到的数据存在数据杂乱重复、更新延时、质量差等问题。

消防设施缺乏有效措施确保完善，设备完好运行率无感知。

1.2 数据处理

消防网络的内外数据交换需求与安全管理的基础要求矛盾突出，且受原有平台框架限制，使各智慧消防平台跨网交互力弱，信息共享的活力和实效性不足，缺乏火灾舆情的掌控力。

采集的消防数据还停留“样例”层次，缺乏数据关联与对数据的深度分析和挖掘。

原有的智慧消防平台的构架采用多级部署多项联动的同时，各个单位之间信息孤岛问题解决不彻底，且消防设备大多分属于不同的业务系统。造成数据兼容，数据存储分散，数据安全性差，设备故障率高，基础数据难维护等问题。

智慧消防系统产生的数据量庞大，缺乏高效集约的数据整理分类技术应用。

防火档案等部分数据文件普遍纸质化，信息数字化程度低。

1.3 指挥效率

现场信息支撑力不足。语音接警实时性和针对性差，火灾周边水源，危化物，建筑和道路信息获取不鲜活，尤其气象信息，交通路况信息等其他部门的信息辅助不到位。

调度和协同机制缺失。火灾救援时消防、公安、交通和急救医疗等部门之间缺乏有效的救援协同机制，也缺乏相关法规与标准的统一指导。

指挥水平参差不齐。粗放型指挥，人为性影响较大，指挥人员对可调动的人员和车辆消防设备及现场消防设施等信息掌握不足，造成宝贵的消防资源浪费。急需智能化，科学化，针对性强的智能辅助指挥数字预案。

1.4 其他

消防监管难度大。对各级消防指挥部门的日常工作督查机制不够完善，导致一些驻点部署、应急响应等问题存在盲区。以及消防责任不能落实到个人，产生问题无法溯源等问题

市场需求不明确。目前市场对于智慧消防的需求还比较模糊，企业难以确定产品研发方向和市场定位，导致一些智慧消防产品缺乏实际应用场景，而一些应用场景却得不到相关设备的支撑。

缺乏有效完整的城市消防基础数据库，为消防管理提供“智慧经验”

2 智慧消防建设改革建议

基于上述我国消防事业规范和标准化方面所存在的问题和指挥调度协同机制的缺失，可见目前的应急救援体系和标准化管理体系在政策和技术仍存有很大的不足。由此，我们为保障消防事业的向前发展，首先要对消防应急的体系规制做出改善和完善。提出以下改革建议：

2.1 组织协调

制定信息共享标准，明确各部门应该共享哪些信息、如何共享信息以及划定必要的信息范围等，以便于不同部门间的信息交流和沟通。

制定相应的管理制度和考核机制，对智慧消防相关部门进行监管和考核，确保各部门按照规定共享信息，并及时发现和解决信息不共享问题。

2.2 统一规制与标准

发挥消防协会的带头领导作用，建立一套完善的消防标准化规制，包括数据标准、接口标准、技术标准和产品设备标准。制定适用于不同消防设施及其应用场景的相关标准，明确各自的技术要求、测试方法等，以提高消防设备的性能和质量。

通过相关部门的支持，推广制定统一的技术标准，以便各个厂家在生产过程中遵循统一标准，提高智慧消防设备的

兼容性和协作能力。

2.3 明确市场需求

消防是个大领域，研究要分主次，要有针对性。政府相关部门与相关企业和高校研究所及实验室团队需建立良好的信任关系和信息沟通渠道，相关部门将市场的应用需要和技术需求及时反馈到相关的消防科技企业和部分高校的研究所及实验室。通过财政支持的方式实现以政府引导市场，以市场促进科研的模式实现“需+研+产”的链式结合，提升智慧消防平台的成熟度和市场化水平。

3 消防一体化监察管理的实现

3.1 体系模块组成

消防运维模块：针对体系服务对象实现“三管一治理”即消防相关设施管理，消防人员管理，消防物资及消防车辆管理，消防安全隐患排查治理。

消防监测模块：该模块针对消防安全的实时数据采集和监测和预警，实现包括消防监测设备、消防控制设备、消防通讯设备、安全逃生设备、数据传输设备、消防救援设备、的智能互联和全覆盖监测。

信息共享模块：建立信息共享平台，将各有关企业单位、消防责任主体、消防部门的数据进行整合，提高数据的可访问性和可用性提高消防信息的共享效率和活力。

数据处理模块：对采集到的各种数据进行分析、合并和处理，为后续的决策提供准确的数据支持。包括：数据预处理、数据规约和融合、数据分类和归档等。

风险评估模块：基于数据处理模块在最短时间内获取重要的异常数据信息，并根据预设的规则进行数据的深度挖掘。包括：风险评估、风险等级划分、风险管控、预测模拟。

消防指挥调度模块：通过搭建一体化作战指挥平台，一方面实现对上述五大基本模块进行统筹，包括对消防运维模块的消防服务管理，消防监测模块的火点信息掌控，数据处理和风险评估模块的数据应用。另一方面实现包括实时资源管理和分派、通讯协同和指挥调度、基础地图与空间分析支持、实时路径规划导航、监督指挥和远程支持等的需求，有效助力消防指挥员实现应急指挥、资源协调全过程的细化到位和准确高效。

3.2 案例验证与主要模块技术选型

3.2.1 消防运维模块

消防设施管理：使用机器学习技术通过训练模型来识别消防设备的正常状态以及不同故障类型的前兆。例如，在消防泵房中安装温度、压力、电流、震动等传感器，用机器学习算法以分析和比较不同时间点的数据，去发现异常情况，提早预警泵房内可能出现的问题。

消防物资与车辆管理：将 RFID 电子标签嵌入装备中[1]，同时利用区块链技术分布式储存实现消防设备的溯源管理，提高设备管理的透明度和可追溯性。采用 LORA 电子标记卡载入车载的装备和人员信息，再融合 OBD 模块，采集上传各种车辆基本信息和载水量、泡沫量等信息，实现消防车辆信息动态监管和调度[2]。

消防人员管理：采用基于 IP 的数字化视频监控系统[3]、智能视频分析软件和 NoSQL 数据库，针对不同管理层级及权利要求，搭建完整集成 VaaS 视频服务体系[4]，以摄像头、实时监控和生产孔径计数器等形式为单位提供统一视图，并支持人脸识别和活动检测等技术层面的用户数据操作。此外在视频监控系统上运行一些简单的应用程序，以便消防人员能够在现场使用这些应用程序与其他部门进行视觉联络[5]。

3.2.2 消防监测模块

首先利用物联网技术中的 NB-IOT 物联卡模组实现各消防设备物联，而后在选用互联网、局域网或移动通信网络等方式的基础上采用无线传感器节点采集设备来运行数据并上传到云端来使消防设备具有智能化和远程监测能力，同时一并实现设备的全覆盖和一体化组网[6]。

但要实现庞大设备群之间的精细化和高效化管理，还需要继续进行技术优化。一是针对物联后各设备的响应速度和实时性的提高需求，采用边缘计算技术，将监测和分析功能放置在离设备更近的边缘节点上，来减少数据传输延迟。二为保障设备运行数据的安全性和完整性，利用区块链技术的去中心化特性，建立数据存储和加密验证机制。区域连平台可考虑采用 Hyperledger Fabric、Ethereum 等。

此外消防物联监测应该扮演一个庞大却又细致的感受器，它的应用对象不仅仅局限于各类消防设备。还应拓展救援力量的物联。如对消防员配置各类“物联网传感器”实现火场的相关参数的收集和消防员室内环境定位[7]。

3.2.3 信息共享模块——北京市通州区智慧消防消防平台为例

案例为北京市首个区级防灭一体化“智慧消防”平台。通州区整合全区资源，搭建了区级防火安全委员会信息系统和社会单位安全系统等，对于各社会消防责任单位主体（包括消防重点单位，“小型市贸场所”，城乡居民住宅，重点行业，重点产业）采用网格化管理，并引入“亮雪工程”系统对公安、民防、应急、城管、交通、经信各部门进行统战融合。

但以风险评估模块和指挥调度模块对各类信息，如火场交通信息、人员流量、气象、舆情、其他特殊环境信息的高需求来看。这样的信息共享的协调仍然是相对分散的，单靠各类系统的数据接入和规制所形成的消防大数据的可访问性和效率依然不高。

对此可尝试引入区域链技术，来为消防数据共享机制建立“公链”“私链”“联盟链”[8][9][10]在技术层面保障各层级间横向联动，纵向传导的双向协调式信息共享的实现，特殊实现数据认责化和信息有责化，有效解决消防信息安全与开放两需求之间的矛盾。

3.2.4 数据处理模块

整体大数据处理平台的选择可考虑 Hadoop、Spark 等。基于此进行数据预处理、数据规约和融合，数据的分类和归档功能的实现。

数据集成方面，使用 KETTLE、PDI 或 ETL 工具，将不同来源和格式的数据通过抽取、转换和加载等过程，将不同来源的数据整合到一个统一的数据仓库中，后续的数据分析和处理提供基础。常用的开源 ETL 工具有 Apache Nifi、Talend、Pentaho 等，它们都提供了丰富的组件和插件，可以快速构建数据处理流程，并支持多种数据格式和数据源的接入。

数据清洗方面，通过对采集到的数据进行去噪、补缺、格式化、筛选等预处理操作，将数据变得更加规范和可用。如使用 Python 丰富的数据科学和机器学习库如 Numpy、Pandas、Matplotlib、Seaborn 等。

数据处理方面，主要应用大数据分析技术，对海量的消防数据（实时数据和历史数据）进行筛选、过滤、加工和归档入库，实现对信息的按需提取。如 Apache Atlas、Metacat、Hadoop、Cassandra 等数据处理工具。另外消防数据中存在大量文本信息，可以通过 NLP 技术，预处理、分词、词性标注等方式来优化研究质量，进行合理的格式转化和预处理，可采用 NLP 库和包括 NLTK、spaCy、TextBlob 等工具。

3.2.5 风险评估模块

基于数据处理模块，对原始数据进行特征提取和降维，在保证数据完整性和有效性的前提下，将数据转换成可供模型使用的形式。在模型设计和选择方面，根据数据类型和特征工程的结果，选取适应的机器学习算法，如支持向量机（SVM）、随机森林（RF）、神经网络（NN）等，建立相应的模型进行训练和测试。在风险管控方面，对于建立的模型建议采用分析师人工审核+算法检查的方式，通过算法判定初步的高危“点”或“面”，再由消防领域专业人员进行辅助审核确认。

3.2.6 消防数据库的建立

根据实际应用需要，选择合适的关系型数据库（如 MySQL、Oracle 等）或非关系型数据库（如 MongoDB、Redis 等），以存储各类基础数据。而后基于数据处理模块，明确数据库的框架设计和标准命名规则，将不同类型数据按照一定的关联关系构建成知识图谱。构建时建议采用映射算法将数据特征投影到高维空间，有助于提高检索精度、优化算法性能等方面的效果。算法可选用 Word2Vec、GloVe 等。在知识图谱或数据库上获取或查询数据，需要灵活且易用的查询接口，可采用标准的 SPARQL 或 Gremlin 等语言，在 API 层面完成图数据库查询、可视化等操作[11]。

3.2.7 消防指挥调度模块——以“智赣 119”为例

赣 119 系统是江西省消防领域的一项创新性智慧化综合信息平台，此平台尤其在指挥调度方面应用效果突出。其中对于可视化指挥的实现，主要是将 GPS 定位系统和以下两项技术进行了整合应用，打造出了管理中心大屏展示系统。

在技术选型首先通过 BIM 软件对建筑物进行三维建模，在建筑物内部布置感应器和火灾监测设备。在发生火灾时，通过 BIM 技术从三维数字模型上快速定位火点位置和人员疏散路线，为指挥员提供可视化决策支持[12]。另外基于 GPS 定位功能，利用 GIS 技术实现消防资源管理和调度。主要将消防车辆、水源、消火栓等消防资源标注在地图上，而后结合交通路况、人群密集度等数据分析，来推断最佳消防救援路径和调度方案，最终通过打造火灾、隐患、故障、预警等事件的“GIS 一张图大屏显示”帮助指挥员做出更为科学、高效的指挥决策[13]。

在视觉和功能优化方法，可将 BIM 和 GIS 进行融合应用[14,15]。智赣 119 消防大数据应用平台正是对 BIM 技术、GIS 技术进行了流畅融合，将消防设备与地理空间、建筑空间建立连接，实现消防物理场景与虚拟空间高精细化映射，成功打造消防领域的数字孪生智慧大脑。

此外针对一些高楼建筑和特大型密集场所或及敏感区域，我们需要构建出、准确度更高、响应时间更短、警速度更快的动态预警系统。由此我们提出将超视距探测—-多体协作感知技术[16,17]引入应用到消防领域，上海交通大学的人工智能实验室和清华大学的 VR 实验室在此技术方面的应用已趋于成熟，可与其建立合作来进行消防方面的深入拓展。

3 小结与展望

综上所述，消防一体化监察管理体系的搭建构思，实现在火灾防控、防火监督、灭火救援、社会服务等领域的专题应用与服务支撑的同时，也对相关技术应用体验的完善、智慧化服务及数据治理提出更高的要求。但目前由于各方面原因，加之智慧消防跨领域性合作难度大，目前研究仅存于方案构建和技术选型应用方面，未来在各技术的融合和集成以及应用推广还需进行多项优化和调整。

参考文献

[1] 付明月．基于物联网的消防智能化装备管理系统设计［J］．中国新技术新产品，2017（13）：19-20.

[2] 穆楠，王爱囡．基于 LORA 技术的消防车辆信息动态监管系统设计［J］．信息与电脑（理论版），2017（20）：104-107.

[3] 刘涛、吴谨，基于 IP 的数字化网络视频监控系统设计与实现［J］．网络安全技术与应用，2010（10）：53-55.

[4] 林立宇、陈云海、张萍、刘晓玲，电信运营商 VaaS 视频即服务云平台技术及应用研究［J］．广东通信技术，2015（35）：4-7.

[5] 吴迪，基于 IP 网络的数字远程视频监控系统的设计与实现探析［J］．中国金属通报，2021（002）：234-235.

[6] 郎海，NB-IoT 物联网技术在智慧消防中的应用［J］．电脑与电信，2019（005）：71-74.

[7] 郭仁宇，尹必玉．基于物联网技术的“智能消防”建设探索［J］．上海公安高等专科学校学报，2017（3）：44-53.

[8] 陆乐．区块链技术在构建智慧消防信息共享体系中的应用［J］．智能建筑与城市信息，2021，000（002）：38-39.

[9] 靳涛，李超鹏．基于区块链的智慧消防信息共享体系［J］．电子技术与软件工程，2018（13）：172.

[10] 高国伟，龚掌立，李永先基于区块链的政府基础信息协同共享模式研究［J］．电子政务，2018，（02）：15-25.

[11] 万军；翟飞，知识图谱技术在消防工作中的应用研究［J］．今日消防，2021（010）：17-20.

[12] 韩加桂．BIM 在消防工程中的运用［J］．科技尚品，2021（9）：09-02.

[13] 向瑜．GIS 在消防通信指挥系统的应用研究［J］．贵阳学院学报：自然科学版，2014，9（2）：84-86.

[14] 陈明娥，崔海福，黄颖等．BIM+GIS 集成可视化性能优化技术［J］．地理信息世界，2020，27（5）：108-114.

[15] 三维 GIS 与 BIM 关键融合技术与解决方案 http：//www.precast.com.cn/index.php/subject_detail-id-14387.html.

[16] Li Y，Wang Z，An Z，et al. V2X-Sim：A Virtual Collaborative Perception Dataset and Benchmark for Autonomous Driving［J］.

[17] Tsinghua University Institue for AI Industry Research（AIR）. Vehicle-infrastructure collaborative autonomous driving：Dair-v2x dataset，2021.

三网融合智慧消防在机车制造厂的应用分析

王佳伟[1] 梁 晨[2] 刘壮壮[1]

（1. 中车唐山机车车辆有限公司，河北 唐山；2. 唐山市消防救援支队，河北 唐山）

摘 要 本文旨在探讨机车制造厂消防安全现状、智慧消防建设现状、建设方案及应用。通过引入消防人联网、消防物联网和消防技联网的三网融合应用模型，确立了机车制造厂智慧消防的建设内容和方向，进而分析了智慧消防技术在机车制造厂中的应用效果，并展望了未来的发展前景，以此为机车制造厂消防安全管理的提升提供参考。

关键词 机车制造厂 消防人联网 消防物联网 消防技联网 风险隐患

1 引言

在机车制造厂的生产作业中，诸如焊接、切割、喷涂和涂装、危化品储运等较多生产环节可能会形成多种风险隐患。不断提升全员火灾预防意识，严格遵守国家及厂区消防安全规定是基本的消防安全要求，但是大量的隐患并不是具有预防意识就能发现，一些难以察觉和未引起重视的隐患可能会逐渐发展成为风险，甚至引起重大事故，威胁到机车制造厂和员工的生命财产安全。投入人力开展隐患排查的效果受人员经验、排查时间、责任心等方面的影响，大量隐蔽性的消防隐患排查成效有限。随着机车制造厂产业升级，进行智慧消防研究以保障生产安全正变得越来越重要。黄玉垚、高宏从智慧消防导向政策分析了推动信息技术与消防行业深度融合的意义[1]。刘晓薇，雷蕾认为我国智慧消防的研究比国外更全面、更广泛[2]。因此，应用智慧消防技术全天候、全时段感知各类风险隐患，将为机车制造厂的消防安全提供全面保障。

2 机车制造厂的消防安全状况分析

机车制造厂一般占地面积较大、员工多，重要危险源及消防安全重点部位分布广。以某机车制造厂为例，厂区占地400万平方米，员工1万余人，配备119名专职消防人员定期对消防设施设备进行检查和维护，消防安全管理难度很大。

2.1 重要危险源及消防安全重点部位情况

厂区重要危险源点181个，分布在8个单位的16个车间（单元、库房），涉及32个班组。重要危险源主要涉及氧气齐汇流排、霞普齐汇流排、涂装作业场所、化工库、配变电站、木工作业场所等（表1），大部分危险源存在易燃、易爆、隐患不易察觉的特性，消防安全管理上需要特别重视。消防安全重点部位涉及办公楼、研发大楼、食堂、宿舍、废品库、材料库房、监控室、水泵房及部分重要危险源点。重点部位涉及的场所人员多，可燃物多，需要从人的行为和物的状态进行全方位的安全管理。

表1 部分机车制造厂生产作业风险隐患

编号	生产作业	风险隐患点
A1	焊接作业	高热、明火
A2	金属加工作业	电火花、热火花、粉尘、碎屑
A3	喷涂/涂装作业	静电火花、可燃气体、有毒有害气体
A4	木工作业	火花、高温、粉尘、噪声

续表

编号	生产作业	风险隐患点
B1	电气线路	电线短路、电路过载、电路老化
B2	氧气齐汇流排	氧气泄露、高压、气体浓度
B3	霞浦齐汇流排	易燃气体、气体浓度、通风
C1	危险品储运	易燃易爆物品、可燃气体

2.2 消防安全管理的难点

在厂区的消防安全管理中，存在三个主要的困难点。首先是隐患辨识难。如氧气齐汇流排、霞普齐汇流排、化工库等重要危险源点较为分散，仅靠人力监督管控，发现辨识风险的难度较大，需要运用新技术实现智能化管理与监控，从而更好地识别、评估和管控危险源风险。其次是人员工作效能掌握难。由于厂区现有的消防安全注重痕迹化管理，对消防安全管理信息化的运用缺乏，难以对人员工作投入的效果进行可靠评价，应建立消防安全管理信息化体系，定期对管理工作进行评估。最后是报警点位实况知晓难。当消防控制室收到报警信息后，无法实时掌握现场报警点位情况，需要人员到现场确认是否发生火情，报警处置流程繁琐，浪费人力资源，并且长时间确认为误报警时，容易形成麻痹心理。

2.3 消防设施可靠性需要提升

由于机车制造厂区面积大，火灾危险源点和消防重点部位分散于厂区各处，火灾报警系统、自动喷水系统、消火栓系统、排烟系统、防火分割系统等各种消防设施分布范围广泛，传统的人工巡检可能存在缺、漏、延、补的问题，难以确保消防设施的完好和有效，消防安全风险大大增加。面对此类问题，机车制造厂大都会加强人防措施，但消防设施的可靠性难以得到根本提升。

2.4 消防与安防信息不能互通

消防与安防都是公共安全的组成部分。在消防领域，一些机车制造厂为了加强消防设施的管理，采用物联网监测消防设施状态，形成了消防局域网。在安防领域采用专网建设，视频监控系统是最为重要的组成部分[3]，视频画面只能在安防局域网内查看。消防和安防分属两个不同的局域网，信息不能实时互通，安全保障缺乏交叉性和互补性。针对消防安防信息不能互通的问题，2022年11月北京市消防救援总队出台文件要求消防、安防“两室合一”建设[4]，最大化利用网视频监控系统的融合联动，成为安消融合发展的趋势。

3 机车制造厂智慧消防建设现状分析

全国各地出台的消防“十四五”规划大都涉及了智慧消防的内容。机车制造厂在当地政策的指引下（表2），势必会迎来智慧消防建设的大幅发展和应用。

表2 部分涉及机车制造厂的智慧消防政策

序号	城市	智慧消防建设内容
1	北京	创新消防安全监管模式。推广应用物联传感、温度传感、水压监测、电气火灾监控、视频监控等感知设备，推进物联传感、多点监测试点建设，持续推进消防物联网监控系统建设。
2	天津	深化智慧消防建设应用。将“智慧消防”融入“智慧城市”建设，引入社会力量参与建设。推广应用物联感知技术，加快消防物联网建设。
3	广州	消防远程监控系统建设工程。利用智能传感、视频图像、移动互联网等多种感知技术，将火灾高危单位场所接入消防远程监控系统。
4	江门	完善城市消防物联网监控系统。2022年推动消防安全重点单位、大型城市综合体、省级以上文物保护单位完成物联传感、温度传感、火灾烟雾监测、水压监测、电气火灾监控、视频监控等感知设备的采集接入。
5	唐山	推进“智慧消防”建设。建立智慧消防基础信息管理系统、城市物联网消防远程监控系统、“智能预警”系统、智慧消火栓系统、火灾风险分析预警业务系统、“物联网+AI”新型消防监管系统
6	齐齐哈尔	大力加强“智慧消防”建设。全面推广城市物联网消防远程监控系统建设。2022年底前，264家监控联网单位实现重点部位视频与报警联动并回传至监控中心功能。
7	青岛	2025年，全面铺开“智慧消防”建设。
8	资阳	加快“智慧消防”建设。2022年至2025年，全市住宅小区和设有自动消防设施的单位按照40%、60%、80%、100%的比例，逐步接入监测网络。
9	泉州	推广各类消防感知网络。2022年，试点地区推广建设城市消防远程监控系统、智能型电气火灾监控系统、独立式智能感烟（可燃气体）报警探测器、智能水压监测、智能消火栓系统、智能消防视频监控等消防感知网络设备。
10	洛阳	推进和加强“智慧消防”建设。2022年建成市级数据资源共享管理平台和省级一体化消防智能管控平台。

目前智慧消防与物联网的建设，大多是物联数据的展示，缺乏对物联网数据的深入分析并提供被监测设备问题的解决方案。在机车制造厂运用物联网手段进行消防设施的数据采集、展示和已有问题反馈，缺少数据研判预警，此起彼伏的问题，消防管理人员只能被动解决，消防管理的效率没有明显提升。因此，机车制造厂的智慧消防建设有必要应用创新性的智慧消防解决方案。

4 三网融合智慧消防建设方案

4.1 三网融合应用模型构建

消防领域，人防、物防和技防得到了普遍应用，但存在着信息孤立，各自数据缺乏互通的问题，可以运用消防安全管理的人联网、物联网和技联网，打破信息孤立的壁垒，在数据融合互通的基础上，进一步拓展智慧消防在机车制造厂的应用深度，实现更加可靠和高效的消防安全管理。通过构建机车制造厂消防人联网、消防物联网和消防技联网融合应用模型（图1），采用用近场通信、物联感知和人工智能等技术手段，整合人员监测数据和消防设施物联数据，实现数据的相互印证，人联网和物联网数据与技联网融合应用，同时结合人工智能技术，为机车制造厂的消防隐患智能辨识，消防风险智能预警和治理能力带来更高水平的智能化和信息化支持。

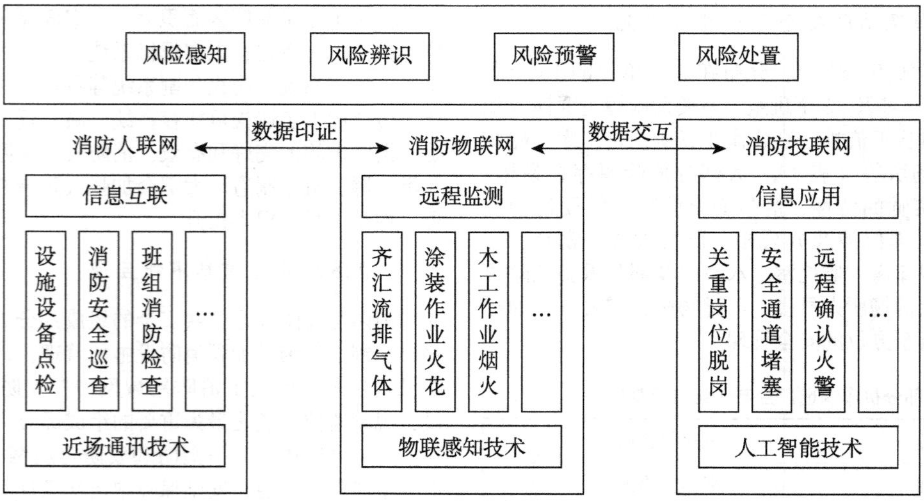

图1 机车制造厂三网融合应用模型

4.2 消防人联网的应用

人联网是人的工作行为的信息化，具有责任追溯特性，降低管理风险的优点。在机车制造厂运用基于近场通讯的消防人联网技术，建立消防设施信息库和巡检记录库，并将其与专职消防人员进行绑定，根据人员班次自动分配巡检任务，实现厂区设施设备点检、消防安全巡查、班组消防检查、安防巡更等工作的超细“颗粒度”信息化管理（图2）。基于人联网形成的大数据，结合人工智能深度学习算法的分析结果，自动剖析机车制造厂的消防日常管理状况，为超大厂区消防管理带来本质变化，降低机车制造厂的消防管理风险。

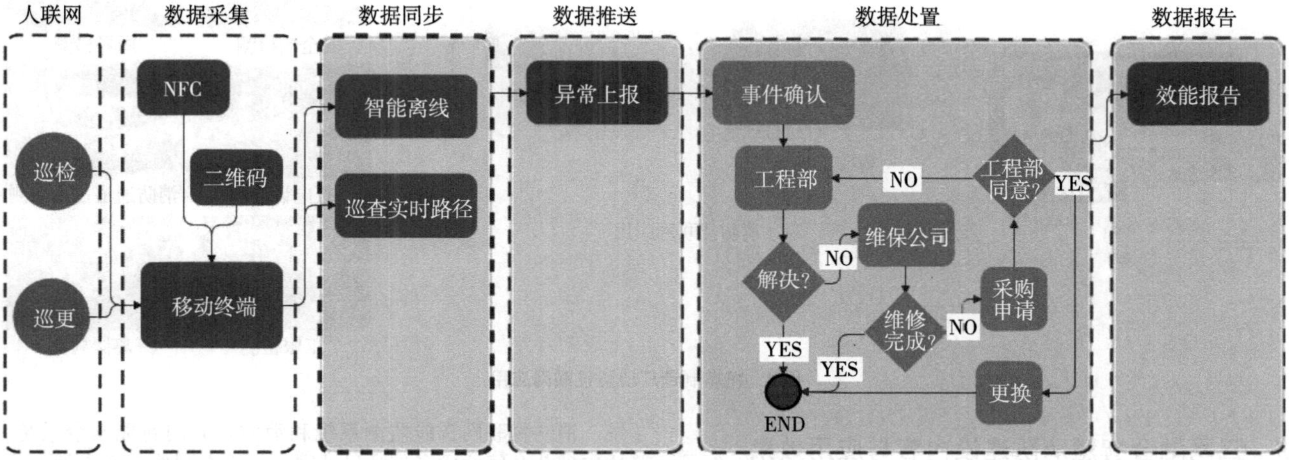

图2 机车制造厂消防人联网应用

4.3 消防物联网的应用

机车制造厂的消防安全管理存在危险源风险辨识难的问题。许多重要危险源点，如氧气齐汇流排、霞普齐汇流排、化工库等，都分散在不同地方，靠人力监督管控风险难度较大。通过运用物联感知技术，监测齐汇流排气体、涂装作业温度、木工作业烟火等消防安全指标，加强消防安全风险辨识和预警能力。消防物联网除了对消防安全重点部位实时监控，在重要危险源点的管理上，消防物联网同样可以在多方面发挥作用。例如，可以监测氧气齐汇流排和霞普齐汇流排的气体浓度；监测涂装作业场所的温度、烟雾和可燃气体；监测化工库的气体浓度、温湿度；监测配变电站的电力设备温度、火焰、烟雾；监测木工作业场所的温度、烟雾和火焰。通过消防物联网系统（图3）覆盖机车制造厂的危险源，实行全面、准确的监测和管理，有效提高消防安全水平，保障工厂的生产安全。

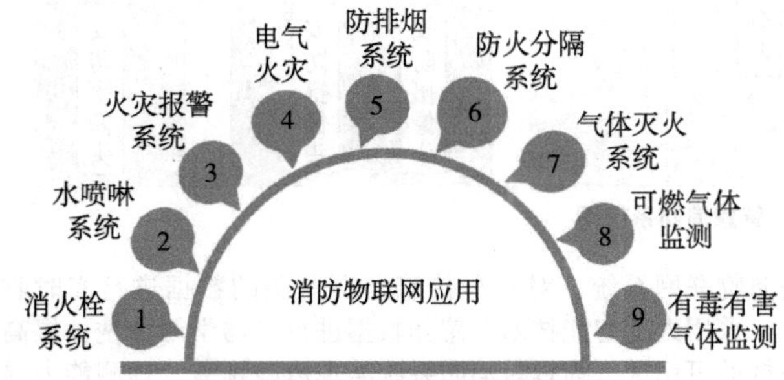

图3 机车制造厂消防物联网应用

4.4 消防技联网的应用

视频监控是安防领域技防应用之一。消防技联网是在视频监控技防措施基础上，利用已布设的安防局域网与消防局域网的边缘计算装置建立安全连接，运用人工智能等技术分析视频数据，进行消防智能化管理，既保证了摄像头的信息安全，也实现了安防局域网与消防局域网的数据互通。机车制造厂由于厂区面积大危险源点多，利用已经布设的大量监控摄像头，有利于低成本开展消防技联网建设，实现安防与消防融合的智慧消防（图4）。应用消防技联网首先可实现关重岗位值守人员脱岗、安全通道堵塞、可燃气体异常的实时报警。其次，可实时智能分析视频数据，识别到火情后，智能推送起火点视频画面，消防管理人员收到视频报警信息后即可快速进入火警处置流程。最后，通过技联网远程视频确认报警信息，解决传统报警主机每一次发出的报警信号都需要人工现场确认的低效率工作方式。由于机车制造厂办公区、生产区、生活区的环境复杂性，误报警现象普遍存在，采用机器学习的火灾报警系统、消防水系统的连锁反应数据结合视频监控数据，远程确认火警可有效减少人力资源的低效，更可避免误报警导致麻痹心理，提高消防管理工作的协同效率。

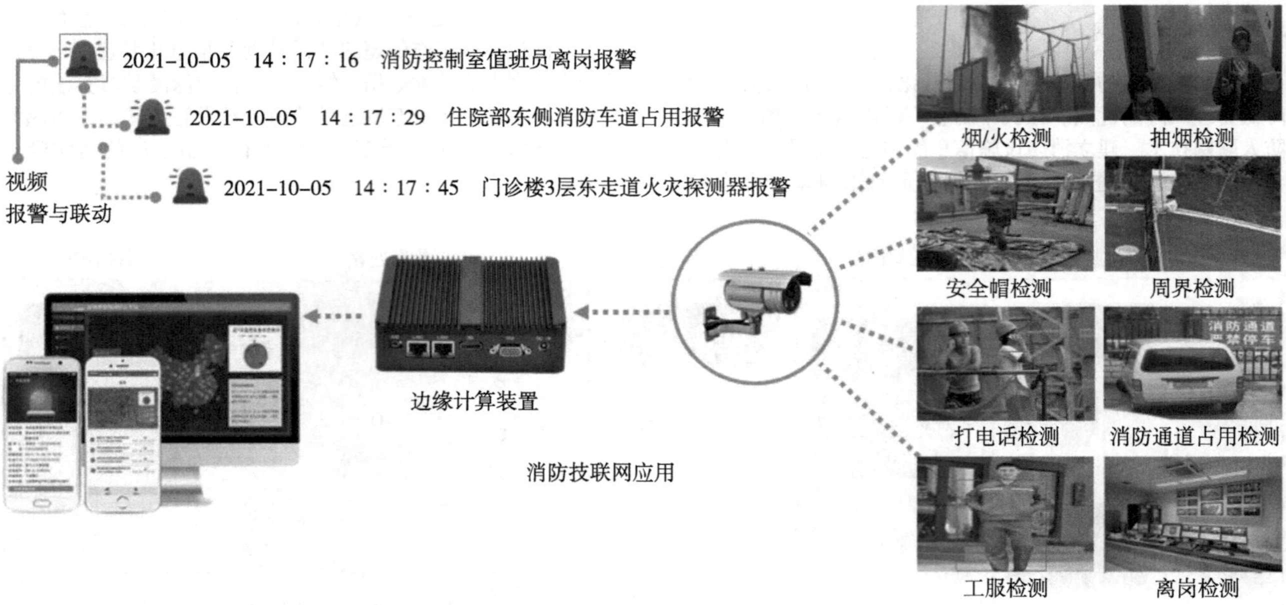

图 4　机车制造厂消防技联网应用

5　三网融合智慧消防建设内容与应用效果

5.1　机车制造厂三网融合智慧消防的建设内容

三网融合智慧消防的建设分别是消防人联网智能巡查系统、消防物联网智能监测系统和消防技联网智能预警系统。这三部分共同构成了消防局域网，与机车制造厂原有的办公网络、安防网络物理隔离，在保障安防局域网安全的基础上调取经授权的安防摄像头（图 5）。

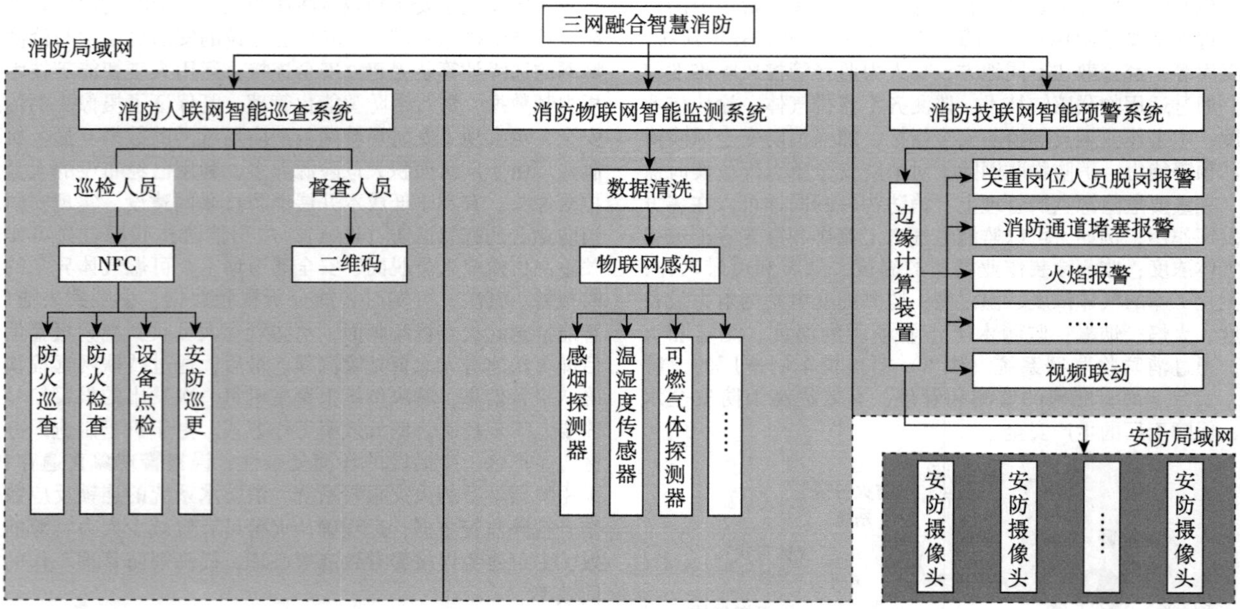

图 5　机车制造厂三网融合智慧消防系统图

5.1.1　建设消防人联网智能巡查系统

建立机车制造厂消防安全人员班组巡查制度，配备智能巡查装备，实现无纸化管理，确保巡查人员的到达巡查点位；巡查人员位置信息实时显示在智慧消防一张图上，方便快速、就近协同处置应急事件；引入 NFC、二维码技术等智能应用，实现防火巡查、防火检查、设备点检、安防巡更等工作的信息化，结合开放式二维码技术，做到了人员的工作行为、工作结果和监督检查的闭环管理。

5.1.2　建设消防物联网智能监测系统

建立物联网设备接入中心，安装感烟探测器、温湿度传感器、可燃气体探测器、水压变送器、气压变送器等等消防物联网感知设备，全面监测机车制造厂消防安全隐患。建立消防物联网系统，对各种传感器所监测的数据进行实时收集，采用人工智能技术对感知数据进行机器学习清洗，提高数据的可用性，为智慧消防系统实现风险预警、预测能力提供数据支撑。

5.1.3　建设消防技联网智能预警系统

运用边缘计算装置接入安防局域网摄像头，对关键岗位人员离岗、烟雾、可燃有毒有害气体等情况运用人工智能技术分析监控，实现报警信息分级预警；由于消防局域网与安防局域网隔离，安防视频不能外网访问，确保信息安全；实现火警信息与视频画面的联动响应，在机车制造厂内通过视频画面远程确认火警。建立智慧消防平台，实现风险辨识、风险预警和风险处置的一体化风险隐患管控。

5.2 机车制造厂三网融合智慧消防的应用效果

5.2.1 提高消防人员的响应效率

消防人联网应用可以实现机车制造厂消防人员工作的实时定位、任务派遣和状态监控等功能。例如，使用数字化手段，可以对各项任务进行自动分配，如设施设备点检、消防安全巡查、班组消防检查等，促进了巡查工作协同能力，管理工作的效率，以智慧消防一张图中人员智能定位为依据，掌握人员分布情况，可以更加及时地处置火灾和其他突发事件。

5.2.2 提高火灾预警和防控能力

消防物联网应用可以实现对厂区作业安全、消防设施设备和人员的实时监控，加强对潜在火灾风险的实时监测和预警，提高火灾预警和防控能力。消防物联网监测各种消防安全指标，如齐汇流排气体、涂装作业温度、木工作业烟火等，提前发现潜在的消防隐患，有效分析预警火灾危险性，及时采取措施、预防火灾事故的发生，为机车制造厂的消防安全管理和火灾防控提供更多的保障。

5.2.3 提高消防安全管理的自动化和智能化水平

消防技联网应用可以实现对消防控制室值班人员的智能化管理，火灾报警信息的远程确认和逃生通道的畅通，有效提高消防安全管理的整体效率和响应能力，减少人为疏忽和管理漏洞，实现了机车制造厂消防人员工作信息化和智能化管理。例如消防控制室值班人员可以通过远程监控火灾报警信息进行快速响应，确认火灾发生的位置和实况。

6 结语

从三网融合智慧消防的建设内容和应用效果综合来看，智慧消防的出现为机车制造厂消防管理工作带来了全新的发展机遇。通过消防人联网、消防物联网和消防技联网的应月，机车制造厂可以在保障消防安全的同时提高消防管理效率，实现消防安全管理的智能化。特别是在火灾预警和防控能力方面，智慧消防可以提前发现潜在的消防隐患，及时采取措施、预防火灾事故的发生。因此，机车制造厂应用三网融合智慧消防，将是未来的一种发展的趋势。

参考文献

[1] 黄玉垚，高宏. 智慧消防体系发展现状及趋势研究[J]. 中国应急管理，2023 (01): 48-51.

[2] 刘晓薇，雷蕾. 智慧消防发展现状研究 [J]. 消防界（电子版），2022，8 (01): 19-22. DOI: 10.16859/j.cnki.cn12-9204/tu.2022.01.010.

[3] 倪晋发. 厂区安防系统的集成建设 [J]. 电子元器件与信息技术，2020，4 (12): 36-37. DOI: 10.19772/j.cnki.2096-4455.2020.12.018.

[4] 北京市消防救援总队. 北京市消防救援总队关于推行消防控制室"四快"处置规程的通知 [EB/OL]. 2023-04-03 [2023-04-10]. http://bj.119.gov.cn/xfjy/site/article/1031980.

基于图像深度学习的消防巡查机器人相关感知技术的研究

何肇瑜[1] 冯俊峰[1] 柏 林[2]

(1. 浙江省杭州市消防救援支队，浙江 杭州；2. 广东省广州高新兴机器人有限公司，广东 广州)

摘 要

文章针对不同感知硬件设备的特点，提出了动态巡视检测和静态定点检测的相关消防感知任务。在结合深度学习的基础上，通过举例实例对消防感知任务的意义和技术实现进行了探讨。最后对未来人工智能在消防感知任务中的应用发展趋势进行展望。

关键词 智慧消防 深度学习 目标检测 异常检测

1 引言

由于社会快速发展，城市建筑体和园区仓库大规模建设及应用迅猛，一旦发生火灾，建筑体环境复杂，火势极易蔓延成灾，再加之环境构造的复杂通常火灾会造成消防队难于控制火势、扑救火灾难度大的局面，消防队面对的局面困难重重。因此，预防火灾的发生已经成为一项至关重要的任务。

在以往，我们通常是使用人为的方式进行消防火灾和安全的检查，而今越来越多信息技术的涌现使得智慧消防在智能化的消防火灾监督以及消防安全隐患排查的实战应用和推广成为了可能。消防安全的感知技术作为智慧消防中的核心环节，也备受各方研究机构的关注。本文就不同的硬件设备的特点的基础上，提出了动态和静态两种不同形态的消防感知任务，并结合深度学习的技术对这两种任务的技术实现进行了研究和探讨。

2 消防安全感知任务

通常来说消防安全的硬件感知设备主要有可见光、热成像摄像头和各种环境探测的传感器为主。根据消防安全感知的硬件设备所处的位置可以将消防安全感知任务分为动态和静态两种类别。动态感知任务，即该任务中的摄像头和传感器安装在自主移动设备上，诸如移动机器人，无人机等实时移动设备；而对于静态感知任务，摄像头和传感器会安装在固定空间的位置，例如固定在墙壁或者地面等。

3 动态感知任务：火灾的预知检测和火情判断

火灾的预知，检测和火情的判断是消防工作中一项重要的任务，这个直接关乎火灾发生后造成的影响。在以往，消防安全的巡逻检查的方式都是基于人为肉眼观察，而如今随着技术的发展使得深度学习在火灾的感知应用上成为可能。本文以消防巡查机器人为例，介绍深度学习在烟雾预知，火焰感知和火情判断这三项动态感知任务上的应用。

3.1 火灾的预知

火灾初期主要表现为火焰小，烟雾量大的特点，往往由于未及时根据烟雾发现火情或者被忽视导致火情扩大，危及人民的生命财产安全。若能及时根据烟雾来预知火灾，那么可以在很大程度上将火灾扑灭于初期，可见对火灾的预知是十分重要且有意义的。

因为通常烟雾区域有相近的颜色、纹理以及运动方向，文献[1]提取烟雾的颜色、纹理、运动等特征，通过构建一个2次动态贝叶斯网络来检测烟雾，实现了较好的效果，但是网络计算量大且对数据要求高。另外，烟雾的稀薄程度不同，对烟雾检测也带来了一定的挑战。Wellhausen 等人[2]通过边缘强度来估算烟雾浓度，虽然能在一定程度上表示烟雾浓度，但是烟雾稀薄的时候浓度值可能为负值并且易受噪声影响。

本文在利用深度学习检测算法 YOLOv5 的基础上增加烟雾光学浓度估计来确认烟雾，从而强化火灾的预知能力。由于人类对烟雾浓度的直观感受是稀薄与浓厚的程度，对一个具体的量化数值不够敏感，所以本文直接利用深度学习对检测出的烟雾进行分类以估计浓度，将烟雾浓度分为三个等级（稀薄、中等和浓厚），深度学习分类算法设为四个类别（浓度小、浓度中等、浓度大和非烟雾），图1所示为分类算法的四种类别图例，其中，（a）为类别1，烟雾浓度稀薄；（b）为类别2，烟雾浓度中等；（c）为类别3，烟雾浓度浓厚；（d）为类别4，误检目标，例如白色的小狗可能误检测为烟雾，这样可以通过类别4去除误检。图2所示为消防巡查机器人的烟雾检测效果图，对于这张图置信度为0.85，烟雾浓度估计为2，也就是中等浓度，可以看见烟雾范围不是很大，下部分还可以看见烟雾背后蹲着的人，总体比较符合实际，烟雾检测效果较理想。

（a）　（b）　（c）　（d）

图1　分类算法的四种类别图例

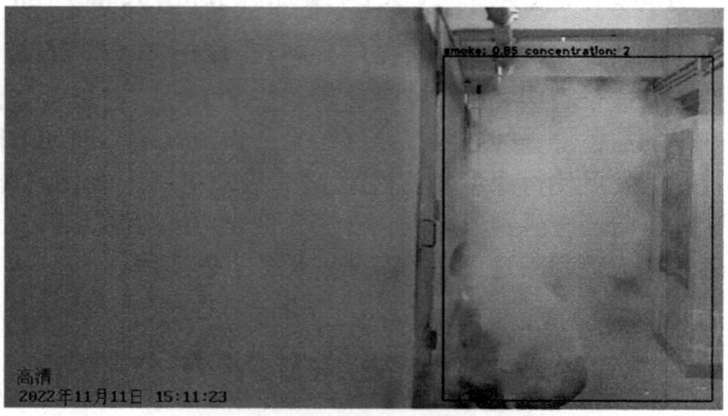

图2　消防巡查机器人烟雾检测效果图

3.2　火灾的检测

为了进一步确认火灾，消防巡查机器人还需要对火焰进行检测，当预知到了火灾并且检测到了火焰时则可以迅速将火灾信息发送给后台进行报警。火焰除了颜色、纹理和运动等特征，还具有温度高的重要特征，结合温度特征进行火焰检测能够提升机器人的检测性能，降低误报率。

火焰检测的步骤为首先通过 YOLOv5 对普通高清图片进行火焰检测，然后得到红外热成像图中对应的区域，计算这个区域内的平均温度值，当平均温度值大于阈值时，则认为 YOLOv5 正确检测到了火焰，其中阈值根据大量实验设为60℃。如图3所示，其中（a）为标准的高清图片，（b）为（a）图片相对应的红外热成像抓拍图片，可见（a）中目标检测器检测到了火焰，框出了火焰部分，红外热成像（b）中火焰部分对应的温度值为160.0℃，所以认为目标检测器正确检测到了火焰。

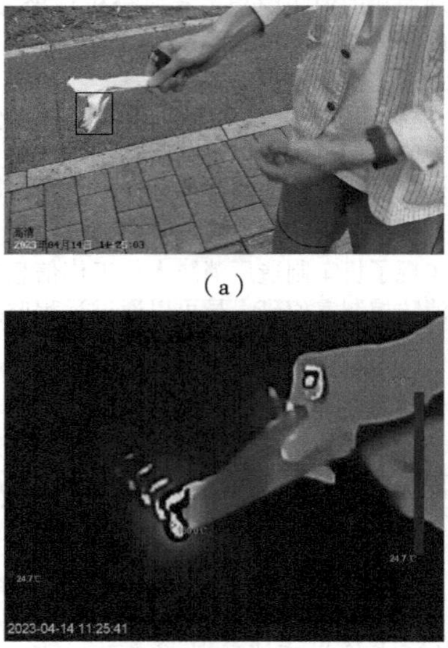

（a）　（b）

图3　火焰检测效果图

3.3　火情的判断

当火灾发生时，如果能在到达火灾发生地之前了解火情的大小信息，将为未来机器人自动灭火提供帮助，也为人员灭火提供一些帮助。

$$\sigma = \alpha\sigma_1 + \beta\sigma_2 \tag{1}$$

本文的消防巡查机器人采用计算火焰面积与图片面积的占比来判断火情大小。火焰面积通过分割火焰计算得到，进而计算占比，如式（1）所示，σ_1 为火焰相对于目标检测框部分的面积占比，σ_2 为火焰相对于机器人拍摄的整张图片的面积占比，其中 α 和 β 为对应的比例，α 设为0.25，β 设为0.75。本文将火焰面积占比划分为五个等级，火焰面积占比等级与火情大小的对应关系如表1所示。

表1　火焰面积占比等级与火情大小的对应关系表

	第一等级	第二等级	第三等级	第四等级	第五等级
火焰面积占比	$0 < \sigma \leq 0.1$	$0.1 < \sigma \leq 0.25$	$0.25 < \sigma \leq 0.5$	$0.5 < \sigma \leq 0.70$	$0.7 < \sigma \leq 1$
火情大小	小	中		大	

本文对 YOLOv5 火焰检测的目标进行语义分割，分割采用 UNet 网络[3]。如图4所示为火焰检测及分割结果图例，其中，（b）为（a）的火焰目标检测输出裁剪图，（c）为（b）的

UNet 模型分割输出图。（c）中计算出火焰（图中白色部分）面积像素总数为 12588，（b）像素总数为 33812（214x158），（a）像素总数为 87296（341x256），所以火焰相对于（b）的面积占比为 37.23%，火焰相对于（a）的面积占比为 14.42%，所以综合计算，火焰总的面积占比为 17.80%，火焰面积占比等级属于第二等级，火情大小为中等。

（a）

（b）

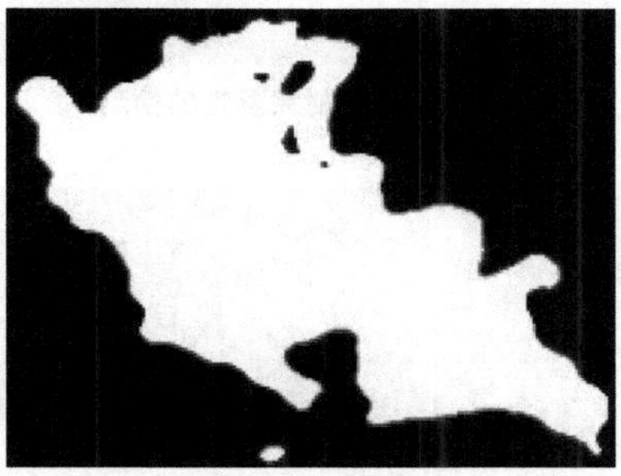

（c）

图 4　火焰检测及分割结果图

4　动态感知任务：消防安全场景和设备的异常检测

4.1　消防安全场景的异常检测

消防通道的通畅与否是救生避难是否顺利的重要条件。本文以消防通道和走廊的通畅异常检测和安全门的闭合检测为例，详细说明深度学习在安全感场景的异常检测中的应用。

一般来说，通道异常的图像和通道顺畅正常的图像会存在一定的差异。基于这个假设，我们只要设置一张通道正常的图片为参考图片并且实时抓拍待检测图，然后通过一系列算法得到异常区域就可以判断检测图中是否出现了通道堵塞异常等情况。与之类似的，对于安全门的闭合检测，我们只要设置闭合状态的图片为参考图片然后探测每张带检测图是否出现异常情况，如果出现则判断安全门是打开的状态。

4.1.1　背景差分提取可疑区域

我们此次研究采用的是由 Stauffer 等人[4]提出最经典的混合高斯背景模型（GMM）进行背景差分。该方法是通过为图像中的每个像素点建立 K 个多维高斯分布来混合模拟此点的背景值。在原始的混合高斯背景建模中，采用了 K 个单高斯模型来表征图像中每个像素点的特征。在下一帧图像到来时，会对混合高斯背景模型进行更新，并将当前图像中的每个像素点与已建立好的混合高斯背景对应点的像素进行匹配。如果超过阈值，则判定为前景点，否则判定为背景点。此外，本文采用了混合高斯背景模型，并在更新时需要后验知识来进行判断。一旦确定了前景目标，还需要通过形态学滤波和轮廓分割技术，从图像中提取出可疑区域。图 5 展示了本文使用混合高斯背景模型提取可疑区域的流程。

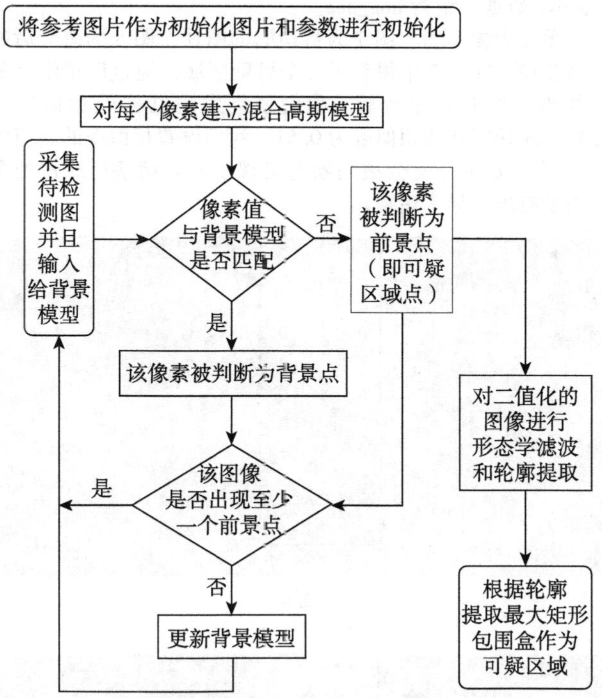

图 5　混合高斯背景模型提取可疑区域流程

4.1.2　深度度量学习对可以区域精确判断

由于传统的背景差分算法可能会收到光照等影响产生异常的错误。为了减少这种情况带来的错误告警，我们使用深度度量学习的方法来降低光照影响产生的错误判断。方法主要分为三步，首先通过海量的网络和开源的数据训练特征提取的神经网络模型；其次利用该神经网络模型提取参考图和待检测图可疑区域的图像特征，然后对两者的特征进行比对得到相似度值；最后进行逻辑判断，如果相似度大于一定的阈值，则我们认为该可疑区域和参考图是比较接近的目标区域，那么该可疑区域是没有出现异常堵塞等情况的，否则我们认为该可疑区域出现了异常堵塞的情况。

为了提升算法整体流程的准确性和鲁棒性，本文采用采用的是 Metric Learning 中的 Triplet-Loss[4] 来训练优化神经网络的特征提取模型。Triplet-Loss 的损失函数公式如式（2）所示：

$$L = max(d(a,\ p) - d(a,\ n) + margin,\ 0) \qquad (2)$$

式中　a——anchor，锚示例；p——positive，与 a 是同一类别的样本；n——negative，与 a 是不同类别的样本；d（）函数表示距离函数，通常为欧式距离，本文采用的是归一化的余弦距离；margin 为大于 0 的常数。网络输入数据为三元组，通过优化锚示例与正示例的距离小于锚示例与负示例的距离，使得模型能够拉近 a 和 p 的距离，拉远 a 和 n 的距离，最终达到模型能够计算样本之间相似性的目的。

为了能够使得模型能够提取更加鲁棒的特征，我们使用了无监督的方式对海量的开源数据集抽取对应的三元组进行训练。抽取方式如下所示：首先从原始数据集中随机抽取一张图片作为生成 anchor 的图片，记为 img_a_pre。再在数据集中随机抽取不同于 img_a_pre 的一张图片作为生成负样本的图片，记为 img_n_pre。我们在 img_a_pre 上分别使用不同比例和大小的矩形框对图片进行随机裁剪，将裁剪后的图片作三元组之一的 anchor 数据，记为 img_anchor；然后对 img_anchor 做一系列低程度的图像变换，例如图像的缩放，平移和旋转，色彩变换，GAMMA 变换，增加噪声等等图像变换操作，将转换后的图片作为三元组之一的 positive 数据，记为 img_pos；最后在 img_n_pre 上分别使用不同比例和大小的矩形框对图片进行随机裁剪，将裁剪后的图片作为三元组的 negative 数据，记为 img_neg。

图 6 为参考图，图 7 为待检测的图片，图 8 为差分后的二值图像。在图 7 中得到了两个可疑区域，通过度量学习的图像特征相似度比对后，我们最终发现红框处相似度为 0.39，而绿框处的相似度为 0.51。我们设置相似度的阈值为 0.5，那么红框处就会被判断为出现了异常堵塞而绿框处则认为没有出现异常堵塞。

图 6

图 7

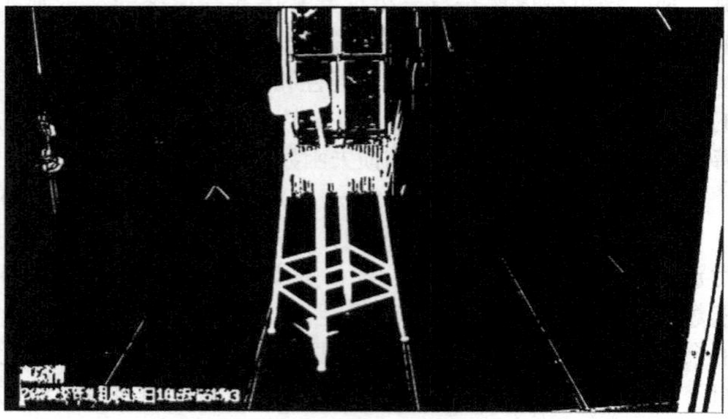

图 8

4.2 消防设备的异常检测

消防设备的完整性和功能的正常与否是预防火灾和火灾发生后的急救的重要条件。本文就两个常见的例子作为切入口来阐述深度学习在消防设备异常检测中的应用。

我们以安全通道灯的异常检测和消防柜器材的完整性检测来举例说明。通常来说楼宇中的安全通道灯熄灭的状态我们认为是异常的状态；而消防柜中的器材基本都要配备灭火器，消防面具，水管，斧头，安全帽，如果缺少一个我们就认为是设备缺失异常。

我们采用深度学习中的 YOLOv5 检测器加上分类器模型来解决这两个问题。YOLOv5 采用了区域建议方法，用以生成样本候选帧，并通过卷积神经网络和预置的 Anchor 对样本进行分类和回归。为了使检测出来的目标分类更加准确，我们使用额外的分类器 MobilenetV2[5] 对检测出来的目标进行二次分类。

图 9 为消防器材完整性的检测，如绿框显示检测出了灭火器，斧头和水管三种物品。图 10 为消防通道安全出口灯的异常检测，如图检测为正常的开灯结果。

图 9 消防器材完整性的检测

图 10 消防通道安全出口灯异常检测

5 小结

深度学习技术在智慧消防中的应用，不仅对于提高消防装备的实战能力具有积极作用，同时为及时有效处置各种复杂火灾火情提供了新的技术解决方案。本文结合了举例实例，详细阐述了深度学习技术在智慧消防的两大感知任务方面的应用。

相信，未来随着深度学习技术的不断发展，会有更多的新技术、新方法应用到智慧消防领域。笔者认为未来深度学习技术在智慧消防领域的应用，将重点围绕以下几个方向发展：

（1）深度学习技术的迭代更新会推动解决更多目前技术

难以解决的智慧消防问题，并且提升已解决问题的准确性和鲁棒性。随着深度学习朝着大模型领域的发展，图像模型的能力会变得更加强大，zero-shoot 能力也会越来越强，这也为目前一些解决不了的智慧消防问题提供了一条比较新的道路。

（2）深度学习技术将会在更大范围的传感器设备中得到应用，不再局限于摄像头和温度传感器上。特别是随着消防物联网的发展，我们能够收集更多的环境的信息，利用深度学习技术我们可以从复杂的环境监测数据中挖掘有效信息，实现对安全隐患的尽早发现、及时处理，实现消防救援全程智能化。

参考文献

[1] LEE I. G., KO, B. C., & NAM, J. Y. Fire-Smoke Detection Based on Video using Dynamic Bayesian Networks [J]. The Journal of Korean Institute of Communications and Information Sciences, 2009, 34 (4C), 388-396.

[2] WELLHAUSEN A, STADLER A, HOPPE F. Visual Smoke Density Measurement for Video Smoke Detection [C]. Proceedings of International Conference on Automatic Fire Detection. Hyattsville, MD, USA: EUSAS, 2017.

[3] Ronneberger, O., Fischer, P., & Brox, T. (2015). U-net: Convolutional networks for biomedical image segmentation [C]. In Medical Image Computing and Computer-Assisted Intervention-MICCAI 2015: 18th International Conference, Munich, Germany, October 5-9, 2015, Proceedings, Part III 18 (pp. 234-241). Springer International Publishing.

[4] SCHROFF F, KALENICHENKO D, PHILBIN J. Facenet: A unified embedding for face recognition and clustering [C]. In Proceedings of the IEEE conference on computer vision and pattern recognition, 2015 (pp. 815-823).

[5] M. Sandler, A. Howard, M. Zhu, A. Zhmoginov, and L.-C. Chen, "Mobilenetv2: Inverted residuals and linear bottlenecks," in CVPR, 2018, pp. 4510-4520.

智慧消防在消防监督中的应用研究

邵赛斌

（温州市消防救援支队，浙江　温州）

摘　要　在当前信息化发展的背景下，互联网技术的应用越来越广泛和普遍，在不同的领域及社会生产中都实现了延伸和拓展。智慧消防工作的有序推进，可以促进信息化技术与消防监督工作的完美结合，同样也有助于社会领域的火灾防控能力提升。要进一步实现消防监督工作的高效可靠实施，就需要正确理解智慧消防工作的重要性，不断促进配套技术的创新及优化。本文针对智慧消防在消防监督中的应用问题做探索，希望可以为相关工作的有序开展和实施提供更多的参考及帮助。

关键词　智慧消防　消防监督　体系　原则

智慧消防是将物联网、云计算、大数据、人工智能等新一代信息技术充分运用于消防各项工作中，将各个环节的人、物、事件连接起来，通过全面感知、深度共享、协同融合，优化消防管理和服务，提高资源运用的效率，实现精细化动态管理和科学化高效处置，从而提升全社会消防安全治理能力和重大风险防范处置化解能力。要实现这个目标，就必须要重视智慧消防和消防监管体系的构建，助力两者之间的完美融合，促进火灾救援以及防范能力的切实增长提升。本文主要针对智慧消防在消防监督中的应用问题进行分析，作进一步的研究探索。

1　正确认识智慧消防体系

智慧消防体系是基于城市物联网的基础之上，融入了消防预警系统，特别是基于政府领导、消防救援部门以及社会单位的配合之下所提出的一项消防监督解决方案。智慧消防体系具有智能化、系统化以及安全化的特点，可以为消防监督检查工作的有序开展和实施奠定坚实的基础。智慧消防体系能根据使用对象的差别完成不同功能模块的设计工作，也可以形成不同的智能模块，比如说应急指挥平台、消防监管平台以及消防值守平台等。其中的使用对象可以利用电脑或者是手机的途径完成智慧消防系统的操作任务，进而实现消防监督检查的动态化管理目标。消防监督检查工作的开展，可以基于智慧消防体系平台建设的前提之上做进一步的优化调整和革新，这样的模式不但有助于提高消防监督水平，也有利于保证消防救援的实际效果，让我国人民的生命财产安全保障得到相应提升。图 1 为智慧消防管控示例。

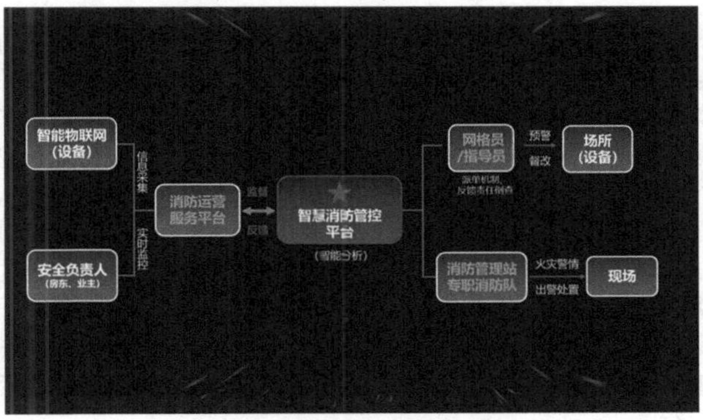

图 1　智慧消防管控示例

2　智慧消防在消防监督工作中的应用原则

2.1　要遵循公开性原则

实践中将智慧消防用于消防监督工作中，务必要遵循公开性原则。通过融入现代先进信息技术方法，借助于统计数据的方式途径完成数据信息的全面搜集以及汇总整理，并在统计之后对最终的结果做进一步的分析和评估，让数据结果更加客观，公正，从而为消防工作的有序开展实施奠定坚实的基础，为相关管理人员提供更多的参考和帮助。此外，消防监督管理部门针对社会中不同行业实施消防监督风险评估时，要采取抽检的方式去了解一些重点行业以及行业内的关键企业，保证这种抽检的数据更具参考价值。并且，针对抽检获得的相关数据信息所作出的评估，要符合业内的相关要求以及标准，这样才能发挥信息技术的优势，让数据的实际应用价值更高。

2.2 要遵循标准化原则

消防监督检查机制的构建本身就是复杂的过程，其中会涉及到信息共享以及反馈平台的构建等多个方面的任务。在消防监督检查系统的投入使用环节，虽然监督检查质量得到了提升、工作效率得到了增长，但是在不同区域的消防监督检查内容并不完全相同，细节有所差别，一定程度上制约了系统的效用。在我国当前的社会背景之下，实现一体化管理的任务本身就比较困难。因此，需要消防监督检查工作人员在实际工作中，能够选择使用更加先进、更加智能的数据系统，让最终的效果能够满足智慧消防的大数据分析以及决策的要求，在对不同地区的智能消防平台整合的前提下，构建更为统一的管理和决策机制，让各大领域以及行业的发展更平稳和顺畅。

2.3 要遵循安全性原则

智慧消防体系的构建不但要遵循公开性、标准化原则，同样也需要遵循安全性原则。主要是由于基于智慧消防的消防监督机制，其中的内容复杂，功能多样，在系统中可能会存在着一些技术漏洞。如果消防专业工作人员并没有重视这些问题，也没有对其采取及时的处理措施及方法去弥补，可能会引发“智慧”失灵，对群众的生命财产安全造成威胁。因此在智慧消防体系构建过程中，必须高度重视防范此类问题，这就需要工作人员立足实际，研究制定更加严密的标准、提出更加严格的要求，坚决把安全性原则贯彻始终[1]。

3 智慧消防在消防监督中的应用分析

3.1 构建消防监督数据库

智慧消防在消防监督过程中的应用可以构建消防监督的数据库体系，在这个数据库中完成不同信息内容的及时采集、分析、存储等任务，从而实现远程监控的要求。同样在消防信息的采集过程中，要了解其中的关键内容，对信息进行监管，保证在消防监督网络平台更高效的开展管理工作。正是借助于防火监督数据库的构建，能帮助工作人员更好的核查消防监督数据资料信息，获得其中的关键内容，并通过数据采集以及分析的方式实现消防监督工作的集中管理任务，也是在这个过程中有效地提高了监督的综合水平，更好的推进消防安全整改任务目标，维持企业的安全稳定运行[2]。

智慧消防在消防监督检查工作中的完美融合，有助于革新监督机制，优化工作流程，特别是在当前互联网技术不断发展的背景之下，有关单位可以及时掌控先进的信息，了解消防安全的分析评价内涵。现如今科学技术的发展，很好的解决了传统人工管理模式中难以避免的问题缺陷，促进了消防监督检查工作的效率提升，同样也有助于保障消防安全的质量和效果[3]。图2为智慧消防信息收集和处理示例。

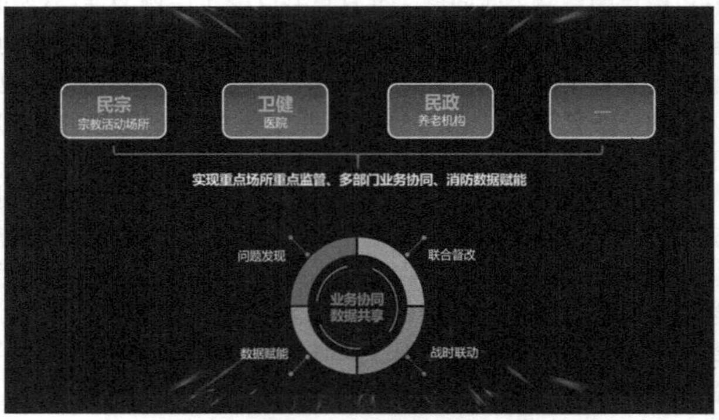

图2 智慧消防信息收集和处理示例

3.2 4构建社会消防安全责任登记平台

社会消防安全责任登记平台主要的构建目的是实时获得信息，并针对多方面的信息内容做及时的整理和搜集，从而在实际工作中形成一个更具实践价值和意义的现代化管理模式。这种管理模式让不同环节的工作之间相互配合协调，同时增强监督的针对性与精准性，使消防安全水平得到显著的增长。在社会消防安全责任的登记工作中，所有安全责任人以及消防工作巡查组都需要明确自身承担的职责和任务，对消防的情况和信息做实时的核对，配置好每一个部分的责任人员，从而让消防安全工作更加顺利的实施[4]。

3.3 构建城市物联网消防远程监控体系

消防远程监控网络体系的构建是防火监督机制建设中的重要组成部分，可以借助于专业的图像识别技术来完成火光或者是烟雾的分析，从而对消防栓的位置以及水压情况做实时的监测和探索，以及帮助有关的监管部门了解不同设备的运行状况，防止出现设施老化的现象。在具体设备更新环节要保证救援活动的开展成效，一旦发生火灾问题，消防救援人员就能迅速对其发生的位置进行明确，并结合不同火灾情况的特点以及地势环境，制定妥善的救援方案，让灭火机制覆盖到发生火灾的每一个细节。除此之外，城市物联网消防远程监控系统的构建也能够让消防安全实力随之而得到提升，帮助参加消防工作的人员明确自身在工作中承担的任务以及发挥的重要作用，为消防工作的开展奠定坚实的基础。随着现代科学技术的发展及信息技术的升级，智慧消防安全体系的构建越来越完善和清晰，但要防范消防网络系统运行中潜藏的风险，保障消防安全的质量，就必须构建行之有效的消防网络管理的规章制度体系，特别是明确其中的各项细节[5]。

3.4 高层住宅智能消防预警机制的构建

伴随着社会的平稳发展，高层建筑的数量越来越多，规模越来越大，有必要针对高层住宅加以重视，了解高层住宅智能消防预警机制构建遵循的原则，弄清系统中的薄弱环节。首先是要构建高层住宅智能消防预警机制的远程监控系统，特别是要对高层建筑消防设施以及电气线路的实际运行情况做相应的检测。其次则是要利用优秀的手机应用软件将检测信息传输到管理人员的手中，让管理人员在信息分析的过程中掌握其中的关键内容，及时获得高层住宅中的火灾报警信号，在更快的时间内做出妥善的处理。实践中正是这种消防安全的信息化管理体系的构建，让信息的获取速度以及使用的效率得到相应的升级和增长。除此之外，通过充分理解智能化消防预警系统的稳定运行，能帮助消防工作人员更好的评估火灾的运行机制和现状，在具体制定应对措施的过程中，就能减少火灾损失，控制火灾问题[6]。

3.5 智慧消防安全管理系统的构建

智慧消防安全管理系统的构建能在火灾防控的过程中，展现出监管工作部门及人员的优势，使各部门在实际工作中更加安全有效。除此之外还需要重视对于现代信息技术的合理应用，通过更加有效地组织开展安全信息的录入、查询以及监督管理的工作，更加科学地节省人力资源以及物资，也能优化消防监督检查工作的质量及成效[7]。

4 智慧消防在防火监督业务中的发展前景分析

4.1 智慧消防用于新兴产业

伴随着经济形势的变化，很多新兴产业随之出现。由于其先进性新颖性，导致针对这些新产业进行防火监督时，缺乏明确的参考依据及管理的要点，监督的成效难以达到预想的状态。但是利用智慧消防机制的建设能够让防火监督工作的开展更加顺利和方便，使其中原本存在的一些关键问题得到妥善的解决。此外，由于新兴产业更加丰富多样，不同的行业之间存在着较大的隔阂和差别，这对防火监督工作提出了更加全面性和精细化的要求。正因为智慧消防监督管理系统的特点，正好能够较好地解决这个问题，因此能够充分发挥其特点优势，可以说这种监管模式是适应于当前社会发展现状的。同样在未来发展的过程中，依旧会出现很多的新科技、新产业以及新行业，只要及时地去充分了解，掌握其关键内容以及薄弱环节，在此基础上推进智慧消防监督模式的更新迭代，依然能够较好的完成防火监督的任务[8]。

4.2 智慧消防标准化发展

现如今智慧消防已逐步应用到了不同的行业中，体现了相应的优势。但在未来智慧消防建设体系的构建过程中，同样需要实现标准化建设的目标及任务，特别是要提出一系列标准化的准则细则，将其作为智慧消防体系构建过程中的重要参考及依据。在这个过程中，需要注意不同地区的发展情况不尽相同，对于智慧消防建设的要求也同样存在差异性。要实现智慧消防标准化发展的任务及目标，自然就需要结合不同地区的特点来创设和当地的实际情况相匹配的思路及模式。只有让智慧消防系统的构建成效更加贴近实际，才能更好发挥作用[9]。

4.3 基于互联网技术开发新型传感器

互联网技术是智慧消防系统构建形成的基础技术模式。在互联网技术的应用过程中，可以实现不同行业的信息互联互通，也能将大量的信息内容之间相互结合，从而形成数据处理一体化以及现代化的发展模式，实现基于互联网的智慧消防安全防范的功能。正是在这种互联网机制中，对开发新型传感器提出了迫切需求。首先需要了解感知层是互联网结构得到构建完善的基础，使用的传感技术是真正实现互联网技术稳定应用以及灵活发展的重要保证，只有先进的传感技术达到一定的程度之后，互联网技术的智慧消防成效才会更加良好。当前在消防安全体系的建构中，所使用到的感知器可能会存在着一定的缺陷和不足，导致信息的互通互联受到了相应的影响，难以为智慧消防结构的构建提供必要的支撑。要充分展现出互联网技术所具有的独特优势，就需要针对新型传感器做进一步的开发研究和探索实施[10]。

5 结语：

总而言之，智慧消防对于互联网技术、云计算技术之间的完美融合，促进了消防监督工作的有序实施，发挥了风险预警、精准管理的突出作用，让整个社会的安全水平得到了提升。在社会的飞速发展过程中，需要专业工作人员能够了解掌握先进消防技术，并对其进行进一步的研究和创新，这样才能让我国消防监督工作更加具有质效。

参考文献

[1] 冯宇博．智慧消防在消防监督中的应用方略 [J]．今日消防，2023，8（02）：74-76.

[2] 冯绍领．智慧消防在消防监督工作中的应用与发展 [J]．消防界（电子版），2022，8（22）：166-168.

[3] 史卿．智慧消防管理系统在消防监督工作中的应用研究 [J]．今日消防，2022，7（11）：57-59.

[4] 欧阳丽萍．消防监督管理中互联网技术应用优势与有效路径 [J]．化工管理，2022（33）：54-57.

[5] 史潇斌．化工园区消防监督检查业务中智能电子技术的应用 [J]．化工管理，2022（32）：63-66.

[6] 王伟杰．新时期消防监督检查业务中物联网技术的应用 [J]．消防界（电子版），2022，8（20）：109-111.

[7] 钱芳，华璐．消防监督管理中物联网技术应用研究 [J]．科技资讯，2022，20（18）：150-153.

[8] 张忠玺．新时代强化消防监督管理长效机制的路径 [J]．消防界（电子版），2022，8（15）：73-76.

[9] 韩晖．利用智慧消防提升消防监督工作效率的探讨 [J]．消防界（电子版），2022，8（15）：86-88.

[10] 张宇浩．智慧消防在消防监督工作中的应用与发展 [J]．今日消防，2022，7（06）：70-72.

智能数字化训练系统在消防的应用实践

鲁广斌

（安徽省阜阳市消防救援支队，安徽　阜阳）

摘　要　国家综合性消防救援队伍是一支“全灾种”“大应急”的综合救援力量，在参加各类灾害事故的救援中，由于风险的未知性和不确定性，会给参加救援的消防指战员带来风险挑战，稍有不慎就会造成指战员的伤亡。本文针对消防员在火灾和抢险救援中牺牲的原因做出分析，发现其中多数是由于消防人员自身技能素养不足导致的，智能数字化训练系统的出现为解决此类现象提供有效的手段支撑。本文简析了消防员训练不足原因，并就消防队伍引入智能数字化训练系统应用实践，探讨对未来消防救援工作的影响。

关键词 战评 想定作业 消防训练

2018年11月，国家综合性消防救援队伍完成组建，标志着消防队伍从单一救援向综合性救援转变，全面构建了“全灾种”、“大应急”综合救援力量。近年来，随着经济社会的进步发展，消防救援工作面临越来越复杂的挑战，超高层建筑、大型石油化工、城市综合体、地下建筑等复杂场所火灾在威胁群众财产与生命安全的同时，也给消防救援人员带来巨大风险。仅以2021年为例，全国共有24名消防员牺牲，平均年龄为31岁，其中72%发生在救援过程中，死亡原因分布见图1。

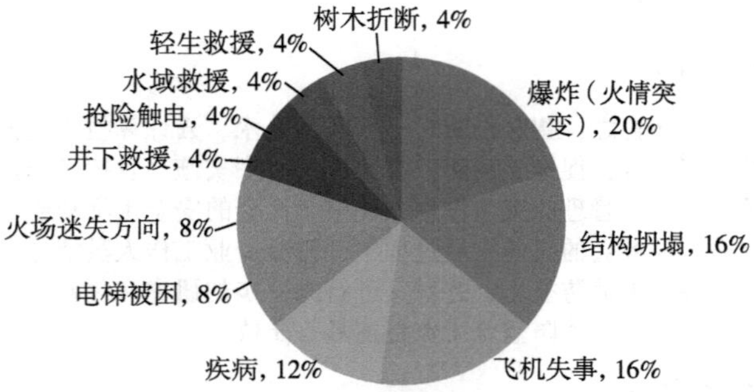

图1 2021年消防员死亡原因分布图

姜连瑞[1]将这种现象归结于消防人员自身训练不充足，专业素养不充分，应对火灾能力不强，以及在应对火灾时思维紊乱，判断不准确。面对上述现象，吴仁飞[2]指出消防人员的专业训练和实战经验积累不足，缺乏灭火现场指挥能力，平时的专业训练无法贴近灭火救援的实战需求。在处理火灾时不规范的处理方式或者违规操作都会增加消防员的危险系数，造成不可挽回的牺牲。为解决这种情况，余青原[3]指出要强化消防人员的训练内容，提升专业素养，同时积极组织消防员开展实战化专业训练，推进打造科学的实战训练评估体系。

1 中国消防员技能训练不足原因分析

1.1 科学性、系统性不强

1.1.1 训练缺乏恢复期

运动训练研究表明，一次高强度的训练负荷后，需要24~72h才能充分得到恢复。例如，从周一到周五每天跑一次5000m跑或3公里“空呼”负重跑，这样势必造成过度训练。然而，基层组训的指战员由于缺乏对体能训练理论知识，在组织训练时，认为提高体能的最佳方法是进行大强度的训练。然而，大强度的训练对部分身体素质好的战士有一定的作用，但是，对于一些身体素质差的消防员，这种“填鸭式”的训练方法往往是“事倍功半”，不仅无法达到预期的训练目的，更可能造成不必要的训练伤害。

1.1.2 缺乏适度疲劳

训练负荷对身体产生不了刺激，自然不会产生超量恢复，训练水平就不会提高。例如，力量训练的单杠引体向上、双杠曲臂伸、俯卧撑等，若仅进行一组训练，对身体的刺激就过于小，几乎等于无效训练，只有在3组、4组训练后，人体达到适度疲劳时，才能有成效。在接下的3天到4天里可以只进行相对性的辅助训练，等身体恢复后才能进行第二次的适度疲劳训练。目前，这种消耗时间的“无效训练”，还一定程度的存在。

1.1.3 对训练项目的要求和原则不清

每个体技能训练项目都有明确的训练要求、目的和原则，若对原则把握不准，势必会导致“盲目训练”。例如：在进行爆发力训练时，没有科学的控制好时间，容易导致因间歇时间过短，使爆发力训练转为耐力训练。进行速度耐力项目训练时，例如：携水带负重跑，没有达到应有的训练强度，也只能是一般性的热身活动，无法取得实效。

1.2 系统性不足

1.2.1 单兵训练为主，班组合成训练缺乏

考虑到消防员救援任务多、任务紧、休息时间少等因素，班组为单位的合成训练难以有效组织，多以个人单兵学习训练为主。在救援过程中，特别是复杂场景，单靠个人经验和能力很难对救援过程起到明显作用，需要班组、队站的协调作战。日常班组项目训练不足，就会严重影响班组的协调配合作战能力和水平。

1.2.2 经验没得到有效积累和传承

消防救援经验对于战斗中的决策制定、进攻部署等有着决定性作用，许多优秀的救援案例如果能进行深入地剖析与积累总结，对于消防员技能的提升将大有裨益，而现实中由于没有系统平台依托、纸质文案传承性差、人员流动等因素，导致许多总结的经验没有有效积累与传承。

1.2.3 指挥型消防员缺乏，大局观不足

消防救援作战往往需要多人配合，各战斗角色高效分工协作，只有拥有大局观、整体观的指挥型消防员，方能做的知己知彼，应对变幻莫测的救援场景能有效地配合与参与战斗，甚至是指挥决策，并能有效避免因无知带来的伤害。而现实中大多数消防员专注于自己工作部分，忽略了大局观的培养，导致遇到突发情况判断不足，进退失守，自身陷于危险境地。

1.3 情景脱离

1.3.1 培训学习依赖口头理论传授，不够形象具体

消防救援是一种场景化的经验型战斗，概括性的分为高层救援、大跨度厂房救援、商业综合体等数十种场景类型，而每一种场景又细分为数十种细节场景，每种场景遇到的危险源千差万别，救援手段也不尽相同，如果仅靠口头说教培训，没有场景化的辅助手段，消防员理解掌握起来非常困难。

1.3.2 装备使用脱离实战环境，掌握困难

消防救援除了依靠脑力武装的消防员，还需要武装到脚的各种消防装备，而消防装备使用依赖于实战环境。消防体制改革后，各地消防员警力不足情况较为严重，新的社会化专职消防员往往招录后短暂培训即上岗，短期内难以掌握这些消防救援设备、设施，而在没有熟练掌握装备使用的情况下，贸然上战场救援将置新消防员于危险境地。

1.3.3 缺乏情景辅助，训练内容茫然不明晰

消防员技能训练依赖于场景，场景缺失，个人自发性训练与组织计划性训练内容没有系统性，任务制定、人员训练计划等较难明晰。

1.4 管理任务重

1.4.1 培训管理人员需求较多，人手严重不足

常规性的消防员技能训练，从计划制定、协调组织、实

施开展、练后总结等需要多人参与管理，对管理人员需求量大，目前人员配置无法完全满足。

1.4.2 实训基地投入巨大，动辄上亿，后期维护费用高昂，且覆盖面有限

实训基地时消防员训练的较好承接载体，但基地建设耗资巨大，维护成本高，且场景覆盖面有限。

1.4.3 力量不足，勤务繁重，实际组织轮训困难

消防救援贵在神速，所以消防队员要么在救援中，要么在准备救援中，突发性任务多，计划性的轮训组织难以有效开展。

2 提升消防员救援技能的措施

基于以上现实情况，消防救援队伍应以支队级为单位，建立智能数字化训练系统（图2），该系统三维搭建各种火灾和灾害救援场景，还原救灾过程，消除了任何实战演练可能带来的风险，让消防员可以随时随地实战演练，简化了训练组织工作，节省了训练准备时间，其功能拓展性保证了训练的可持续性，避免了实体训练基地的重复投资。

设置着火点

设置着火点参数

设置参与角色

演练生成

图2 智能数字化训练系统界面图

该系统针对消防员的作战技能而开发，可满足如下要求：

2.1 满足想定作业的要求

想定作业作为训练专门人才的一种手段，针对消防员救援战术训练也较为实用，也是培养消防应急指挥人员的一种有效途径。智能数字化训练系统满足想定作业要求，可进行单兵训练、班组训练，为培养指挥型消防员、开展消防救援战术训练提供支撑。

2.2 满足战评总结的要求

智能数字化训练系统取代现有的PPT等文案、动画讲解的战评模式，代之以三维场景模拟的新颖、直观、智能的方式，能够支持战评复盘、推演、记录总结等功能，可做到总结有目标，复盘有依据，推演可呈现。这样的方式直观的呈现在消防员面前，可以让消防员对作战安排拥有全局观，更好的提升战术训练水平。

2.3 满足沙盘推演的要求

智能数字化训练系统能满足数字化预案推演的功能，覆盖辖区各重点单位，替代原有的文档式预案制定模式，代之以场景化、可推演、可查询的新型数字化预案，更便于留存、复盘和模拟场景。

2.4 满足统计查询的要求

智能数字化训练系统能满足战评案例查询、想定作业查询、预案查询等信息查询功能，同时满足个人、班组、站级、大队级训练成绩统计分析，如此可做到经验有积累，技能有传承。

3 未来展望

智能数字化战评系统的应用为消防救援队伍提供了一种全新的救援训练方式。未来，随着技术的不断发展和应用的深入推广，智能数字化训练系统将进一步提升消防员的应急处置能力和实战能力，将推动数字化技术在消防救援领域的应用和发展，带动行业的技术升级和创新。可以预见，在未来的发展中，智能数字化训练系统将成为消防救援队伍训练和管理的重要工具和手段，为建设现代化消防救援队伍做出更大的努力，为保障全社会安全和人民生命财产安全做出更大的贡献。

参考文献

[1] 姜连瑞，张留泉．消防员殉职统计分析及预防对策研究 [J]．武警学院学报，2015，31（10）：45-48.

[2] 吴仁飞．消防灭火救援中消防员伤亡原因及预防策略分析 [J]．今日消防，2022，7（03）：127-129.

[3] 余青原．从中美消防人员伤亡统计看救援人员实战化训练的必要性 [J]．水上消防，2015（06）：13-18.

基于数字孪生的电缆隧道火灾探测报警系统设计研究*

吕翔宇　雷　蕾

（中国人民警察大学，河北　廊坊）

摘　要　电力电缆隧道已逐渐成为城市电网建设的一个重要发展方向，其安全稳定运行具有十分重要的工程意义和经济效益。为有效提升城市电缆隧道的消防安全水平，减少危险事故发生，将数字孪生技术应用到电缆隧道的运行保障中。文中基于数字孪生技术的实时交互、分析预测、故障诊断与优化三大特点探索了针对电缆隧道火灾的应用分析，结果表明，二者适配性融洽，数字孪生技术的应用能够在危险预发期内被检测到，真正做到了极早期火灾预警。

关键词　数字孪生　电缆隧道　电缆火灾　实时监测　早期预警

1　引言

近年来，城市化进程的不断加快，在综合考虑地面空间建设的经济效益后，越来越多的输电线路采用电缆隧道的方式敷设于城市地下。然而电缆隧道具有空间封闭性、潜在可燃物较多、火灾扑救难度大等特点，一旦发生火灾将难以及时扑救，2015 年伦敦 Holborn 地区发生的电缆隧道火灾[1]、2016 年大连海事大学附近的电缆隧道火灾[2] 以及 2018 年发生于韩国首尔的电缆隧道火灾[3]，其造成的后果都严重威胁了城市的安全运营。为此，我国住房城乡建设部早在 2016 年《城市地下空间开发利用“十三五”规划》中明确指出要加强城市地下管线建设管理，保障城市安全运行。

本文在分析了电缆隧道的结构特点与起火特性后发现其火灾发展迅速、持续时间长且难以进入廊道内部施救，需在极早期监测到危险源并做出合理判断，而数字孪生的实时交互与风险预测功能是对物理实体模型的同步感知和状态评估，能够观测到电缆的运行状态及健康工作寿命，因此将数字孪生应用到电缆隧道的安全运营管理上，理论上得出的结论是可行的，为以后学者的研究提供一定的参考。

2　数字孪生技术的发展现状分析

2.1　数字孪生概念

数字孪生，英文名称 Digital Twin（DT），也被称为数字映射、数字镜像。DT 是一项充分利用物理模型、传感器监测、学习历史数据和分析实时数据，集成多学科、多物理量、多尺度、多概率的仿真过程，在虚拟空间中完成映射，从而反映相对应的实体各部分的全生命周期状态的科学技术[4]，其的核心是一个可用机理或数据模型，对实物进行数字化仿真，得到一个虚拟的实体，以代替对实体的点检操作。伴随着时间的推移和技术的不断发展，DT 继续兼容了 BIM、5G 通信、GIS、云计算、大数据分析和人工智能等先进技术，旨在充分挖掘和发挥海量数据所创造的价值，使得数字空间与物理实体间的映射关系更加清晰化，更加立体化。

2.2　数字孪生技术架构

数字孪生以数据作为支撑，通过收集归纳/处理分析海量实时/历史数据，映射实体的实时动作、行为和状态。与现行仿真或数据统计分析相比，数字孪生可以提供更全面、透明、多层次的观测/推演视角[5]。DT 以数字化为核心，包括了常规的模型驱动和传统的专家评价，数据驱动让 DT 更快速了解实体系统的整体架构，依据历史/实时数据建立虚拟模型；如同人体血液一般流遍全身，从而能够进行精确的分析与感知，如 Hong[6] 等人在 2016 年的特刊“Big data analytics for grid modernization”中介绍的相关工作。模型驱动则需预先处理大量数据信息并结合机器学习的特性，对实体已发生事故进行案例总结，建立一套基于自适应算法的危险预警系统，能有效地解决误差和不确定性评估带来的难题。闭环反馈属于一项总结优化工作，它建立于数据驱动和模型驱动的基础上，当映射的虚拟空间在进行实时感知的同时，海量的数据被分析储存，这一模块投运后对数据库进行主动学习，实现自适应的更新提升工作，也是给予模型驱动的不断补充。

2.3　数字孪生的研究成果分析

数字孪生技术旨在充分发挥物联网所承载的巨大数据流，通过实时态势感知、超实时虚拟推演 2 种方式来认知物理实体系统继而辅助其运营调度的决策制定。于是根据数字孪生的特性，马超[7] 等人将数字孪生引入到高压电缆领域中，借助全息感知产生的大量数据探索了数字孪生的多场景应用情况并对电缆的设计制造和运维过程做了阐明。郭杰[8] 等人以城市地下综合管廊为研究对象，将数字孪生应用于全生命周期服务中来满足城市对于管廊安全管理的核心要求。Tao F[9] 等人发现数字孪生目前正经历着从概念和理论研究阶段到实施和应用阶段的重大转变，迫切需要一个可以支持数字孪生模型构建、数据处理、算法设计、配置等功能的通用型数字孪生研发平台来满足发展需求。Ogunsakin R[10] 等人致力于使用数字孪生（DT）在不断变化的情况下持续优化制造系统，架构出可以支持具有自适应功能的数字孪生系统，其功能包括实时仿真、在线优化和自适应。Yu P[11] 等人研究发现数字孪生技术利用传感器、大数据、人工智能等

* 国家重点研发计划“大型明清古建筑（群）多干扰条件下火灾探测器设置方法与适用性提升研究”（2021YFC1523504）。

技术建立从物理空间到虚拟空间的镜像，是分析关键设备和电力系统动态行为演变规律、提出最优控制策略的有效途径。

在2003年Michael Grieves博士首次提出了数字孪生的概念后，2010年，“Digital Twin”一词在NASA的技术报告中被正式使用，并被定义为“通过使用可用的最佳物理模型、传感器等对复杂产品进行综合多物理、多尺度和精确模拟，以反映其对应双胞胎的寿命的仿真过程”，旨在对飞行器进行健康管理和运营维护工作。如今，数字孪生技术也已经在智慧城市、虚拟车间和3D打印等领域发挥重要作用，在我国2022年发布的最新国家标准《信息技术数字李生第1部分：通用要求》（征求意见稿）中认为：数字孪生是通过数据连接实现特定目标实体的数字化表达过程。其中，数据连接以适当的速率和精度同步目标实体和数字化表达的状态。因此，数字孪生的发展与使用也将融入到我国现代化进程的建设中来。

3 电缆隧道的火灾危险性分析

3.1 电缆隧道的火灾分析

近年来，城市化进程的不断加快，在综合考虑地面空间建设的经济效益后，越来越多的输电线路被采用电缆隧道的方式敷设于城市地下。电缆隧道的使用能够有效地保护电力电缆抵御恶劣天气，延长电力电缆的使用寿命，同时极大提高城市线路维护保养的便利性。

然而，电缆隧道具有空间封闭性、潜在可燃物较多、火灾扑救难度大等特点，一旦发生火灾就会造成严重后果，甚至于威胁到城市电力系统的稳定运行。以西安市高新区为例，2020年5月4日凌晨，该区域的地下隧道综合体工程施工现场内电缆桥架起火，导致多条电缆线路故障，大约6000余户周边区域停电，虽然未造成人员伤亡，但事故的影响仍然十分严重。

3.2 电缆隧道火灾特性

电缆隧道内存在大量的可燃物质，主要包括电缆保护层、绝缘层材料和电缆接头中的环氧树脂[12]。根据隧道内起火原因的不同，大致可以归纳为以下几种：

（1）电缆接地不良；导致电缆保护层内电压升高，击穿绝缘引燃电缆；

（2）电缆搭接造成短路，电流过大使得电缆芯急剧变热发生自燃；

（3）电缆绝缘层老化或长期负荷运载，长时间的运行和负荷工作会加速电缆的老化；

（4）电缆或其附件质量不满足要求；如电缆接头的制造、安装工艺不良，可能导致使用工程中接头氧化、发热引起火灾；

（5）电缆隧道内附属设施（照明系统、通风系统）尤其在雨季过后，隧道潮湿容易发短路发生自燃，从而引发火灾。

电缆隧道属于地下建筑，无法自然采光且为狭长管道空间，所以其火灾具有以下特点：

（1）着火点隐秘，初期不易被发现。密闭性是电缆隧道的基本特点，狭长的空间内结构形式复杂多样，无法第一时间发现起火点的位置，因此早期难以及时采取有效的灭火措施。而且电缆分布集中、连续，可燃物易被连续引燃，不易控制，研究表明，电缆火灾的传播速度可达20m/min，即使事故发生后迅速切断电源也难以控制火势。

（2）有毒烟气积聚迅速，气热难以扩散。电缆隧道为地下建筑，其内部空间狭窄幽长，电缆发生燃烧时，会产生大量的刺激性且有毒的浓烟（主要是HCL、CO）并伴随着一些金属粉尘掺杂其中，容易引发回燃和爆炸。空间蓄热能力有限，不断地热量产生使得温度急剧上升，严重时会直接破坏掉隧道结构。

（3）施救难度大，损失严重。电缆隧道内预留通行、检修空间有限；发生火灾时产生大量有毒浓烟，不仅危害救援人员生命安全而且导致隧道内能见度差，基本无法进入廊道展开救援行动。火灾破坏性之大常常引起大范围的断电，燃烧过的电缆需要更换，高温烘烤过的电缆部件需要检修，因此修复难度较之地面更高且时间更长，造成的经济损失也更大。

3.3 电缆隧道火灾探测及报警技术的研究现状分析

电缆隧道的火灾特性以及会造成的严重后果引起了社会各界的广泛关注，同时地下廊道的布置方式是未来的主流方向，先前的学者对于电缆隧道火灾探测报警技术的研究也都做出了巨大贡献。如曾晓亮等[12]认为对于保护长距离、大面积的电缆隧道，应优先考虑高压细水雾灭火系统，重点区域可采用超细干粉灭火系统，不建议在长距离或大空间的电缆隧道内使用气体灭火系统、水喷雾灭火系统和气溶胶灭火系统。戴文涛[13]针对电缆接头区域火灾自动探测报警技术的现状，提出了一种能够非接触式探测被保护物体温度的缆式线型感温火灾探测器，对电缆接头部位开展连续监测，并且根据产品技术特征和所得实验数据给出了新型探测器的应用方法。

国外学者Yanwen W等[14]研究发现内因电缆火灾是最常见的电缆火灾之一，而电缆芯体温度异常升高是最先出现的征召之一，但是当电缆带电运行时无法直接监测芯线导体的温度，为此建立瞬态热路模型，该算法模型能够满足内因火灾极早期的发现和预测需求。Wei G等[15]研究表明电缆隧道在防火配置上的缺陷导致了许多火灾事故；存在的主要问题是灭火器安装位置不合理、中间节点间防火措施缺乏、层间防火屏障防火性能不足，由电缆隧道火灾试验数据显示高温区域主要集中在隧道顶部，灭火器悬挂高度不足会影响触发时间。Zhu H等[16]通过实验和数值模拟分析了不同响应时间阈值的点式温度探测器、点式烟雾探测器、电缆式温度探测器和吸力式烟雾探测器的有效性。结果发现，早期火灾的温度场在长而窄的空间内呈指数衰减，与电缆保持直接接触的电缆型温度检测器表现出最短的响应时间，非接触式检测器，包括点式烟雾检测器和吸式烟雾检测器响应时间长，而且点式温度探测器根本没有产生反应。最后，观察到高报警阈值的火灾探测器的反应时间比低阈值的火灾探测器高10-20%。

已开展的研究都为电缆隧道安全性的提高贡献了巨大力量，一部分学者是针对极早期探测进行研究，一部分是发生火灾后采用何种方法能够有效抑制火灾。然而极早期探测的结论是通过算法分析和理想化模型试验产生的结果，现实中的隧道干扰源不定，同样的方式并不适用于所有地区电缆隧道，与此同时灭火方法的准确选用固然可以帮助减少火灾危害，可系统的启动绕不开探测器的反馈信号及时送达。因此，本文基于前人的研究基础并结合当前先进技术的发展，将数字孪生应用于电缆隧道火灾监测上目的在于实时监控电缆运行状态，当出现异常变化时能准确判断出原因、位置与后果严重性，真正做到极早期探测和极早期救援，将风险与损失降至最小化。

4 数字孪生技术在电缆隧道火灾监控中的设计研究

4.1 电力系统运行状态的实时交互

电缆设备点多面广，形势复杂，运行特性参差有别，传统的运维检修方法不能准确评估设备状况，国网已致力于状态评估工作数十年，然其痛点是没有找到有效的评估指标。因此目前的电缆健康状态评价和运行维护仍是定期式的按表查收方式或事发后的检修为主，这难以支持日益增长的精细化设备管理需求。

数字孪生的实时交互功能正好可以填补这一空白，实时交互的顺利运行依赖于传感器的精确监测感知，内置式传感器也顺而成为了一个重要的发展方向，如将局部放电传感器内置于电缆接头，电缆内则布置分布式光纤温度、振动传感器。将不断收集到的数据通过拟合与先前的数据模型比较，实时可以看到易发生危险区域的现有状况从而对电缆的运行负荷状态、是否存在缺陷以及存在缺陷部位的剩余寿命进行风险评估，提供优化解决策略。

4.2 基于数据驱动的数字化运维及预测

电缆运行状态的评价是电力系统分析与预测的基础，传统的电网分析基于物理实体，通过学者的周密计算关联各部分的相对安全性，这种模式不能充分发挥大数据记录的优势，若将海量的电网运行数据通过机器学习与人工神经网络运算利用，在数字孪生的虚拟空间里，通过神经元的传输与执行将在很短的时间内上下同行分析到每一处节点。

系统预测起到一个至关重要的承上启下作用，这一阶段需要将实时数据快速清洗处理，包括数据的去噪、补全缺失值等，整个电力系统类似于一个拓扑结构，自下而上组合完数据后与历史数据模型比对，同电缆状态评价一般，找到缺陷的原因、位置以及剩余健康使用时间。该次监测数据也将纳入数据库统计之中：一、若是故障样本数据，将代入数字孪生模型进行深度学习训练，不断调整模型参数，提高模型的精度和准确性，二、对于正常样本数据同样进行深度记忆学习并作为健康诊断模型，用来判断获得的数据是否偏离正常。

4.3 基于闭环反馈的故障诊断与优化

故障诊断是电缆评价和电力系统分析与预测的结果体现，也是数字孪生应用的直接价值表露，当确定缺陷位置后，通过可视化管理，以不同的预警颜色来区分损坏严重程度，找出缺陷致病原因，给出最优适用方案并分别发送到控制室和对应维修部门，协助管理人员更好地监控隧道，提高整体安全性。

经过将采集到的实时数据和模型预测的数据进行比较和分析，从而自动调整控制器的设置，使其更加适应实际情况，提高设备的性能和安全性[17]。针对电缆实体中可能存在的局部缺陷，数字孪生体提供了被动式和主动式的检修策略，其中被动式检修策略通过数字孪生体的仿真迭代计算分析出缺陷位置，向相关人员发送具体信息以确定最长定期检查时间间隔；主动式检修策略则通过数字孪生体的仿真计算，在故障发生时优化负荷切换过程和灭火措施联动方案，实现对智能消防系统动作的主动干预。

5 结论

在综合分析了电缆隧道的火灾起火原因与火灾发生特点后，将数字孪生的三大优势：实时交互、数据驱动、闭环反馈用于电缆隧道所需要达到的安全管理目标上，能够做到电缆性能实时评价、电力系统的分析与预测、故障诊断与优化，数字孪生作为电缆隧道全息感知建设的高级应用，在高压电缆领域的应用是一个具体又十分有意义的研究方向，随着电力物联网建设的持续推进，数字孪生技术还具有更广阔的应用场景等待探索。

参考文献

[1] BBC. Holborn underground fire: electrical fault caused 36-hour blaze [EB/OL]. (2015-04-09). https: //www. bbc. com/news/uk-England-London-32231725.

[2] 人民网．大连66千伏电缆隧道内设备故障造成市区大面积停电［EB/OL］．（2016-08-18）．http：//ln. people. com. cn /GB/n2 /2016 /0818 /c339824-28856116. html.

[3] 方鸿强．城市电力电缆隧道火灾风险评估研究［D］．中国科学技术大学，2019.

[4] 亢宗楠，康献民，李宏宇，罗源昌，张迅．基于数字孪生的机电系统虚拟调试应用［J］．机械制造与自动化，2022，51（02）：199-202. DOI：10. 19344/j. cnki. issn1671-5276. 2022. 02. 052.

[5] 贺兴，艾芊，朱天怡等．数字孪生在电力系统应用中的机遇和挑战［J］．电网技术，2020，44（06）：2009-2019. DOI：10. 13335/j. 1000-3673. pst. 2019. 1983.

[6] Hong T, Chen C, Huang J, et al. Guest editorial big data analytics for grid modernization [J]. IEEE Transactions on Smart Grid, 2016, 7 (5): 2395-2396.

[7] 马超，梁科，李新平等．数字孪生技术在高压电缆领域的应用探索［J］．高压电器，2023，59（01）：70-76+85. DOI：10. 13296/j. 1001-1609. hva. 2023. 01. 011.

[8] 郭杰，朱玉明，李夏晶等．基于数字孪生的城市地下综合管廊应用研究［J］．计算机仿真，2022，39（04）：119-123+209.

[9] Tao F, Sun X, Cheng J, et al. makeTwin: A reference architecture for digital twin software platform [J]. Chinese Journal of Aeronautics, 2023.

[10] Ogunsakin R, Mehandjiev N, Marin C A. Towards adaptive digital twins architecture [J]. Computers in Industry, 2023, 149: 103920.

[11] Yu P, Ma L, Fu R, et al. Framework design and application perspectives of digital twin microgrid [J]. Energy Reports, 2023, 9: 669-678.

[12] 曾晓亮，李富祥，李明伟等．电缆隧道火灾事故特点与灭火系统研究综述［J］．四川电力技术，2022，45（04）：55-59. DOI：10. 16527/j. issn. 1003-6954. 20220411.

[13] 戴文涛．电缆隧道及综合管廊火灾探测报警技术研究［J］．消防科学与技术，2017，36（01）：89-92

[14] Yanwen W, Xuran Z, Le W, et al. Detection and Prediction of Internal-Caused Fire in Tunnel Cable by an Equivalent Transient Thermal Circuit Model [J]. Advances in Civil Engineering, 2021, 2021.

[15] Wei G, Ziheng P, Zhigang R, et al. Analysis of Abnormal Detection Data of Fire Accident in Power Cable Tunnel and Field Test Study on Characteristic Parameters of Tunnel Fire [J]. Frontiers in Energy Research, 2022.

[16] Zhu H, Ji J, Nie J. Early fire evolution and alarm characteristics of cable fires in long and narrow spaces [J]. Fire safety journal, 2022: 103627.

[17] 张伟，陈红，李陈莹等．高压电力电缆隧道火灾早期预警判据的实验研究［J］．火灾科学，2021，30（04）：232-241.

基于物联网技术的九小场所消防协同监管模式研究

赵 丹

（中国人民警察大学 研究生院，河北 廊坊）

摘 要 本文以物联网技术为着眼点，对当前消防监督薄弱区域的九小场所进行了深入分析，综合考虑目前九小场所消防隐患量大面广与监管力量配置不相适应以及消防监管人员不足、专业素质不高的因素，做出物联网技术在九小场所的应用设想，通过建立消防监管“五大系统”，从部门协同监管、消减火灾隐患、加大宣传教育以及细化管理流程四方面着手，对进一步提高九小场所监督管理新模式提出了对策，希望为当前及今后的九小场所消防安全提供参考。

关键词 九小场所 消防监管 物联网 协同模式

“九小场所”是指消防重点单位以外的小学校（幼儿园）、小医院、小商场、小餐饮场所、小旅馆、小歌舞娱乐场所、小网吧、小美容洗浴场所、小生产加工企业等场所。随着经济社会的发展，九小场所数量不断增加，这类场所存在先天隐患多、用火用电不规范、可燃易燃物多、消防设施投入少以及监管难度大的特点。2018 年消防部队改革转隶以来，公安派出所对九小场所的监管从原来公安机关内部行政执法权的再分配转变成为现在的公安和应急管理两个不同的行政职能部门，执法积极性大大降低，使得原本受消防工作的专业性和警力不足等因素的制约不愿开展消防监督检查的现象越来越突出，发生火灾出现群死群伤的特点也逐渐突显。2021 年 6 月 25 日，河南省柘城县远襄镇北街村震兴武馆发生重大火灾事故，造成 18 人死亡，11 人受伤，损失 2153.7 万元。此事故使得 34 名公职人员被追责，其中公安派出所民警被追究刑事责任。针对当前这种消防安全形势，本文以“向科技要警力，向数据要战斗力”为思路，基于物联网前沿技术，解决在专业性不足、警力不足的情况下，针对九小场所开展的消防监督检查工作新模式。

1 我国“九小场所”消防监管现状及存在问题

1.1 先天性隐患多

我国改革开放 40 多年，民营经济发展空间不断增加，特别是随着各类人员创业政策的不断完善，类似个体工商户的私营经济大量发展，部分经济发达地区家庭式小作坊尤为普遍。但是，受资金、规模和场地等因素影响，这些场所的建筑材料耐火等级、防火间距、灭火设施配备情况等均不容乐观，特别是家庭式小作坊，一旦发生火灾，往往容易引起小火亡人的事故[1]。

1.2 用火用电不安全现象突出

一些建筑设计之初未考虑到商用用电，各类多功能电器的出现导致私拉乱接电线现象较为普遍，业主电气常识缺乏，通过增加插排代替对电气线路改造的方式导致用电负荷增加，长期使用后的场所存在线路老化、绝缘层破损，线路接头松动的现象，部分场所的电气设备未与可燃物实施有效分割，导致线路过热引发火灾。以上多种因素交织，极易给“九小场所”火灾的发生留下隐患。

1.3 装修内饰材料使用可燃易燃物较多

部分小餐饮场所、小旅馆、小歌舞娱乐场所、小网吧、小美容洗浴场所装修时使用诸如装饰类花草、地毯、墙纸、窗帘等可燃材料，使建筑的火灾荷载大大增多，遇火源容易起火。部分场所采用的装修材料、保温隔热材料、家具等，很多都是未经阻燃处理的高分子化学材料，极易点燃，且燃烧后会产生大量有毒烟气，增加了火灾致人死亡的风险。

1.4 警力严重不足导致消防监管难度增加

以新疆某市九小场所消防监管为例，平均 1 名基层民警要负责辖区内近 400 余家九小场所，而监督检查方式往往仅限于对辖区内九小场所进行灭火器、应急照明灯、疏散指示标志等消防设施完好性进行检查，对于深层次的消防隐患受民警消防素质影响，导致监管效果不明显。

1.5 消防监督重视程度不够

根据近三年中国消防年鉴相关数据[2]，公安派出所监管的场所中火灾发生占比超三成，尤其是 2018 年消防改制后，“九小场所”的火灾发生率明显增加，尤其是疫情时代下人民群众抵御风险能力逐渐降低，一旦发生火灾，对公私财物、公民生命健康和社会稳定影响很大。根据全国火灾统计情况来看，重点场所的火灾稳中有降，火灾事故是可以通过防控达到一个可接受的程度的，而目前对于“九小场所”消防监管工作，更多依赖于派出所，公安派出所民警普遍不具有消防相关专业素质，一定程度上造成了“九小场所”消防安全监管出现“缝隙”，导致“九小场所”消防安全风险大大增加。

2 物联网技术在九小场所消防监管应用设想

物联网是在互联网的基础上，利用射频识别、无线数据通信等技术，对无处不在的末端设备和设施实现互联互通、应用大集成以及基于云计算的软件运营等模式，确保安全可控情况下，提供个性化的实时在线检测、定位追溯、报警联动、调度智慧、预案管理、远程控制、安全放单、远程维保等管理和服务功能，从而达到“管、控、营”一体化[3]。将物联网技术运用在九小场所消防监管模式旨在解决隐患量大面广与监管力量配置不相适应[4]以及降低因人员不足、专业素质不高为消防工作带来的风险。

2.1 建立防火监督管理系统

通过感知技术将场所内灭火器、消火栓、疏散指示灯、应急照明灯、火灾自动报警系统或独立式感烟火灾探测报警器等末端消防设施设备实现互联互通[5]，通过中控系统掌握九小场所内末端消防设施设备在线率、完好率，同步，传感器对烟气浓度、温度、电气运行状态报警状态进行监测预警，发现异常情况立即通知所属辖区志愿消防员进行排查隐患。依托物联网技术建立防火监督管理系统，利于消防监管主体更为直观、可靠的收集到本区域内的消防安全形势，针对消防设施配备不足、消防设施不在运行状态等不同类型的问题，及时采取有效、管用的措施，消除消防安全“硬件”隐患，从而在监管模式中发挥“情报收集”作用。

2.2 建立消防监督智能考试系统

结合目前公安派出所对九小场所监管现状以及未来走向消防安全协同治理的趋势，建立一套消防监督智能考试系统，系统分为两个端口用户端和管理端。一是管理端初步规划面向消防救援机构人员，由其将消防基础知识、法律法规、常见异常情况处理流程等与防火监督有关知识纳人系统数据库，并根据实际情况，定期进行数据更新，并对开展数据更新操作的用户量化积分计人平台，在个人信息栏目显示积分情况。二是用户端初步设想面向派出所民警和消防救援机构防火监督干部，派出所民警根据自身需求随时随地对薄弱知识点进行学习，然后可随时随地参加考核，考核通过后系统自动生成一个通行码，作为参加现场监督执法的依据；消防救援机构防火监督干部通过考核后系统自动生成一个指导码，作为具有指导派出所更好开展消防监督实务工作的依据，生成的通行码、指导码和防火监督管理系统同步，并以通行码为依据，量化积分记人平台管理系统，由所属管理机构定期将平台管理系统中积分排名和具有监督、指导资质人进行掌握。作为专业性、技术性均较强的消防监督管理工作，“人”的影响因素不可忽视。依托物联网技术建立消防监督智能考试系统，利于监管职能部门储备监督管理专业技能人员，同步，使得监管人员以更专业的能力、更合法合理的去开展监督管理工作，消除因自身能力受限导致“不敢管、不会管”的监管现状，从而发挥监管者“专业智库”的作用。

2.3 建立模拟仿真训练系统

此平台为全国平台，用户初期设定为消防救援机构的防火监督、应急救援干部以及公安派出所民警，不断改进体验感和专业性直至推广至全民，最终目的是随着社会的发展人人都成为消防的一员[6]。将平台内导入建国以来火灾典型案例介绍和火灾调查侦查思维，以每个案例的火灾发生场所，发生原因为出发点，以排列组合的形式不断打散重组，以闯关形式进行通关，每年对高阶用户由政府出资进行一定的奖励，并对高阶用户赋予一定的开发权，以此不断普及训练所有玩家的应急处置能力及危险源识别意识，从而更好地服务于防火监督工作。消防监管人员在将消防监督智能考试系统中学到的理论知识应用于实践中，还需要通过模拟仿真训练系统进行训练，较为直观的感知因防火不到位导致火灾事故的每一个案例；同时，作为社会性极强的消防工作，人民群众的积极参与十分重要，通过此系统对人民群众普及识别危险源和掌握正确的逃生技能，积分达到一定程度后可申请兼职消防安全宣传员，间接为社会储备消防安全宣传人员。最后，建立模拟仿真训练系统，使得从消防监督管理模式走向高度自治的自我管理、自我教育的模式成为可能。

2.4 建立火灾隐患巡查系统

通过云计算方式对每个用户辖区场所进行智能分配，将巡查方式、周期及隐患消除等与防火巡查有关的情况写入底层，通过火灾隐患巡查系统不断更新监督平台“源信息”数据，保证数据在一定时间内的动态鲜活，并由平台反馈评估责任区用户落实防火巡查情况。同时，根据消防监管薄弱区分析模型[7]自动收集位于消防监管薄弱区域用户情况，并加大推送落实防火巡查指令。由此，火灾隐患巡查系统于无形中中承担了“电子警察”的角色，发挥了智能化火灾隐患“分析师”。

2.5 建立智能绩效考核系统

智能绩效考核系统作为消防监督管理模式中的“大脑”，对各系统数据进行综合评估，更为科学完成对每一个用户的评价工作。对一个用户名每月生成的通行码次数、反馈异常情况次数、防火巡查情况、模拟训练段位等进行综合量化评分，自动排名。排名与年底绩效考核挂钩，并对能提出完善系统的用户进行奖励。同时，每月控制系统人员对绩效考核排名靠后人员进行加试，直至达标后方可继续从事此项工作。

3 构建基于物联网技术创新九小场所消防监督协同管理新模式

本文基于物联网技术，依托九小场所消防监督管理应用设想，从管理流、信息流、业务流角度出发，提出九小场所消防监督管理新模式，见图1。

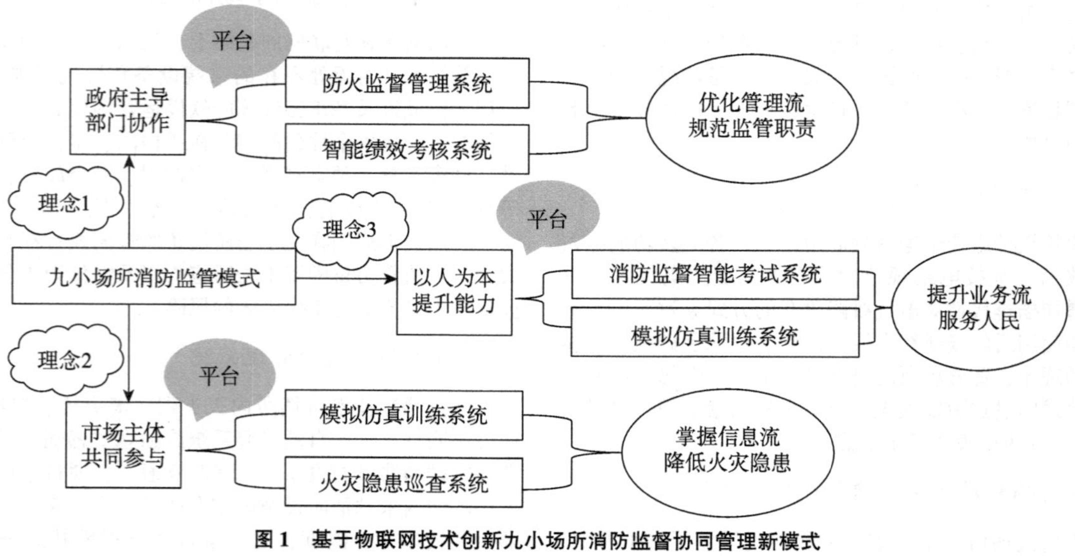

图1 基于物联网技术创新九小场所消防监督协同管理新模式

3.1 发挥政府主导作用，建立部门协作机制

政府部门依托防火监督管理系统和智能绩效考核系统，掌握本行政区域内所有消防设施的“硬件”配备和消防监督人员素质的“软件”情况，进行“人、财、物”等资源的合理调配，并做好政策的制定和评估，更好优化管理流，规范监管职责。依据2021年新修订的《中华人民共和国安全生产法》的相关规定，按照安全生产管行业必须管安全、管业务必须管安全、管生产经营必须管安全的要求，公安机关、消防救援机构、住建部门均对九小场所有消防监管权限，在政府统一领导下，将九小场所消防监督检查以专题视频会议形式纳入联席会议制度，住建部门对九小场所消防设计、建筑内饰及外墙保温等装修材料进行火灾风险评级，消防部门针对九小场所监督检查给予公安机关相关人员定期指导，作为当前基层架构中最适合承担消防监督的公安派出所[8]，将日常监督检查中出现的问题反馈至消防部门，并由消防部门进行更加具体的专业指导。通过一定的运算方式对上述部门的信息进行综合，将分析结果以弹窗形式进行显示。以专业的人干专业的事为指导，发挥各职能部门的优势，尽快完善“双随机、一公开”数据库[9]。以新疆某市为例，根据2021年某市消防救援大队确定的消防安全重点单位数据和网上新疆维吾尔自治区消防总队“双随机、一公开”消防监管信息系统数据，分析某市2021年第四季度通过电脑抽查方式检查消防安全重点单位数据，得出消防安全重点单位基本上在全年可以实现全覆盖抽检，但九小场所并未纳入“双随机、一公开”数据库，导致全市大部分火灾隐患高的场所处于监管盲区。

3.2 发挥市场主体作用，建立常态化火灾隐患排查整治机制

九小场所位置分布较广，数量较多，需要市场充分发挥主体作用，针对消防监督管理人员不足的现状，通过火灾隐患巡查系统，发挥“电子警察”作用，对发现的需消防监管人员到达现场处置的隐患，由专人前往现场处置，防止火灾隐患因“小”致“大”，提高监管效能。借鉴社区包联商铺形式，设立“十户长”，每日不定时对场所进行隐患自查，同时结合政府职能部门“双随机、一公开”抽查与派出所日常实地巡查，最大限度减少火灾隐患，执法监督人员在实际工作中，不能死板的按照消防法律、法规的规定，简单的进行“关、停、封”措施，一切以社会大局稳定为出发点，防止发生处罚顶格造成社会不稳定的情况。最后，通过“用户自查+电脑巡查+实地检查”相结合的方式，向用户普及消防安全知识，进一步达到宣传消防安全知识的效果。

3.3 发挥九小场所经营责任人活力，全面普及消防安全知识

针对九小场所经营责任人的消防知识往往较为薄弱的实际，需要调动其参与进来，推出模拟仿真训练系统，让更多人民群众参与到消防监督管理工作中来。依托仿真训练系统访客端的九小场所场景模式，嵌入九小场所消防安全知识题库，将所有九小场所经营责任人纳入一个群组，以答题形式不断累积积分，积分超过一定值自动升级为高级用户，高级用户可以根据分值培训不同数量的普通用户进一步得到积分，还可上传火灾隐患信息，遇到发生火灾，可在平台内上传火灾现场信息，拍下现场照片上传到系统后，平台会向指挥中心弹屏预警该位置信息。普通用户可以对灭火器失效、应急灯缺失或故障等常见隐患进行一键报警，此类常见隐患可在平台内直接流转到对应的场所，提示场所负责人自行接单进行整改反馈，整改完隐患后由场所负责人将隐患上传至平台。最终，通过这种模式将消防安全知识进行入脑入心的宣传和普及，并结合微信、抖音等喜闻乐见的新媒体，以九小场所专题方式，灵活运用情景剧，火灾案例等生动形象的短视频方式，最终，以“理论+实践”的双路径实现人人都是防火监督员，全面掌握信息流，最大限度降低火灾隐患。

3.4 发挥科技优势，完善细化监督管理流程

针对现有消防监管人员专业性不足的实情，推出消防监督考试系统和模拟仿真训练系统，最大限度提升消防监管人员的专业能力，更好的服务人民。监管力量必须建立能够和居民产生对话的方式和平台，如微信、社区消防安全管理平台APP等[10]。同时，依托微信小程序，针对用户需求建立简版消防监督管理系统、消防监督智能考试系统、模拟仿真训练系统、消防巡查系统、智能绩效考核系统，对九小场所消防监督管理流程进行再造，优化流程控制点，固化流程增效点，选准流程切入点[11]。流程控制点是消防监督管理过程中易发生问题的环节，需要进行优化和调整，找到突出问题和薄弱环节，加以改进、修订。流程增效点就是在流程运行中，加入一些控制要素，从而使现有流程效能明显提升。流程切入点就是对原有脱离实际、效率低下、不能适应现实需要的流程以及发展新领域尚未执法或管控到位的流程进行创新，消除管控盲区。如就“九小场所”消防监督检查内容[12]而言，见表1。深度应用物联网技术，以消防设施类监管为控制点；发挥现有消防监督管理平台优势，以资质文件类、人员素质类监管为增效点；发挥“线上+线下”优势，以防火预警类为切入点。

表1　九小场所监督检查内容示意图

消防监管类别	消防监督检查内容
资质文件类	消防验收或开业前消防安全检查
	与共用建筑之间的消防安全责任约定
	制定灭火和应急疏散预案并组织演练
消防设施类	消火栓、水带、水枪、灭火器等消防设施是否布局合理、性能完好
	疏散通道、安全出口、疏散标志、应急照明等配备是否准确、齐全、有效
防火预警类	报警电话、声音或视像等报警设施是否常备、好用
	用火、电、油、气现场周围安全情况
人员素质类	员工掌握报火警、用消火栓、灭火器扑救初起火灾技能
	火灾紧急情况的联络与联动措施落实情况
	组织、引导人员疏散的知识和技能

4 小结

受社会经济发展和消防部门改制的双重影响，九小场所消防安全隐患逐渐突出，与之对应的火灾防范工作重要性与日剧增，文章根据物联网技术的发展和智慧消防的建设，从整合资源、优化管理流程和利用科学技术的角度出发提出的消防监管新模式，不同程度上提高了管理效率和公众参与消防工作的积极性，对九小场所较多及有部分消防基础的区域具有一定的实践和推广价值。

参考文献

[1] 李培伟．消防改革形势下“九小场所”的消防监督管理［J\ OL］．消防界（电子版），2021，7（17）：82.

[2] 应急管理部消防救援局．中国消防救援年鉴2018年卷［M］．北京：应急管理出版社，2018，199.

[3] 刘军，闫芳，杨玺．物联网技术［M］．（第二版）．北京：机械工业出版社，2017，4.

[4] 陈银雷．关于某市消防安全工作的分析思考［J］．消防科学与技术．消防科学与技术．2021，40（10）：1558.

[5] 周塑镇．基于物联网的智慧消防管控系统设计与实现［J］．今日消防，2021，6（09）：43.

[6] 焦鑫，朱蓉．探索构建“全警消防”工作新格局［J］．消防科学与技术．2018，37（02）：264.

[7] 王献忠，杨扬，邱俊儒．基于GIS的消防隐患排查薄弱区分析探讨［J］．消防科学与技术．2020，39（12）：1756-1757.

[8] 王晓峰，王佾庭．大安全时代下基层消防多元监管的部门职责边界［J］．消防科学与技术，2020，39（12）：1773.

[9] 李京，雷晓燕“双随机、一公开”消防监管模式面临的困境及对策［J］．武警学院学报，2020，36（4）：23.

[10] 杨建平．智慧社区视角下公安派出所消防监督管理新模式探究［J］．上海公安学院学报．2021，31（4）：35.

[11] 赵讯．警务管理创新实践与研究—公安现代化路径探析［M］．北京：中国人民公安大学出版社，2021，125-127.

[12] 张元祥．公安派出所及九小场所消防理论与务实［M］．北京：原子能出版社，2006，194-195.

消防监督管理

清花梳棉工序除尘工艺回风消防火灾防控分析

李长寿　张素君

（山东欣鹏安全技术咨询有限公司，山东　济南）

摘　要　目的　对棉纺织企业清花梳棉工序除尘工艺回风的现状开展消防火灾防控技术可行性分析。方法　采用现场勘查和理论分析的方法对4家棉纺织企业的除尘工艺回风设施消防安全隐患和已采取的防火技术措施进行调研分析。结果　4家企业的清花梳棉工序采取的除尘工艺回风方式在标准规范上是被允许的，但是现有的消防火灾防控技术措施不完善，存在火灾风险隐患。结论　企业的清花梳棉工序除尘工艺回风设施除了采取可靠的安全技术措施之外，监管部门应及时制定相应的消防安全技术标准规范，明确火灾防控措施。

关键词　工艺回风　清花梳棉　除尘器　消防火灾

2019年笔者参与山东省应急管理厅组织的涉爆粉尘企业专项治理活动，对受检企业的涉爆粉尘作业场所和安全管理现状进行全面检查。在检查过程中发现德州市的4家棉纺织企业存在除尘器排风管支路直通车间，在寒冷的冬季进行回气作业，充分回用车间热能的现状。棉纺织企业一般车间面积较大，除尘器和除尘管道等除尘设施的数量较多，排气量较大，带走了一定的车间热量和湿度。纺织行业的作业条件对温度和湿度有着严格的要求，纺织企业除了要采取特定的保温保湿方式外，还要考虑经济效益，所以在寒冷的冬季将除尘器过滤后产生的过滤气直接回用车间内，对回风中的热量和湿度进行再次充分利用。在纺织企业合理使用回风的过程中，由于较好的控制了送风机的机器露点温度使车间温湿度更加稳定，减少温湿度波动，有利于提高纺织产品质量[1]。棉纺织企业清花梳棉工序除尘工艺回风设施作为企业自主对除尘设备进行技术改造的产物，除尘工艺回风设施新增加的消防火灾防控风险因缺乏防控案例往往容易被企业忽略。

1　企业状况

1.1　除尘工艺回风状况

根据现场调查，4家棉纺织企业使用除尘回风设施主要涉及清花和梳棉两道工序，清花和梳棉各自经过不同的圆笼式除尘装置进行除尘，在距离除尘器前端的主要输尘管道3~5m处设置铁器和火花一体的探测器并设置相应的杂物回收处理设施，用于消除因铁钉、铁丝等铁器进入除尘器内部发生摩擦或撞击产生的火灾风险。除尘器后端一般设置2处排气风管，可以直通室外排放或室内特定区域进行回风。清花工序除尘后的过滤气通过排气管道回用于临近的棉锭暂存区域，梳棉工序除尘后的过滤气通过除尘器上方临近的回风塔就地回用于梳棉加工现场，回风塔通常设置铁质的气流调节百叶片，通过铁片的自身重力增大气流扩散效果。在实际运行中随着气流的扩散，铁片和边缘铁皮表面产生频繁撞击，发出哗啦啦的声响。

1.2　企业安全工作开展情况

通过对4家企业的消防安全管理体系的调查，4家企业均为规模以上企业，为劳动密集型企业，为消防重点监管单位，企业为促进消防安全管理的不断提升，成立了安全管理机构和配备专职安全管理人员，任命1名安全总监，生产现场消防器材设置充足，对设备进行定期维护，消防安全管理情况良好，该企业建厂时间较早，截止到目前未发生火灾事故，成为当地的消防安全生产标杆企业。4家企业消防安全工作开展情况见表1。

表1　企业消防安全建设情况

序号	企业名称	建厂时间	“三同时”实施情况	标准化建设情况	“双重预防体系”建设情况	应急预案建设情况	火灾事故情况
1	企业1	2004年	未进行	“三级”	已通过评估	已备案	未发生
2	企业2	2003年	未进行	“三级”	已通过评估	已备案	未发生
3	企业3	2012年	未进行	“三级”	已通过评估	已备案	未发生
4	企业4	2010年	未进行	“三级”	已通过评估	已备案	未发生

2　分析与讨论

2.1　除尘工艺回风可行性分析

通过调查分析可知，纺织企业有车间采暖和保温（湿）的需求，棉尘属于可燃性粉尘，具有火灾和爆炸危险性，考虑到目前对除尘工艺回风缺少直接的消防安全管控标准规范要求，本文主要对除尘工艺回风设施从消防安全技术方面进行可行性分析，主要参考现行的标准规范的要求进行专业防控分析，同时参考行业发展现状的实际情况进行综合分析。通过对现有安全标准的分析可知，主要限制除尘工艺回风的条件为：空气中含有燃烧或爆炸危险的粉尘、纤维，含尘浓度大于或等于其爆炸下限的25%时[2]；甲、乙类厂房或仓库不得采用循环空气[3]；除尘器的回风管路或除尘器未设置可靠的安全防护措施[4]。以上限制条件主要从防火防爆的角度上对涉爆粉尘区域的除尘工艺回风提出限制条件，除尘工艺回风属于一类比较容易被忽视的特殊情况，通过现场调查发现企业采取的回风设施各不相同，主要体现在回风口的设置方式，有的直接在除尘器排风侧设置回风塔就地回风，有的将排风管道引入其他房间设口排放，为了不对车间内气流稳定性产生较大影响，回风塔往往设置气流调节百叶片。

纺织企业不涉及高毒或剧毒粉尘，当除尘回风系统达到上述安全措施要求时可以进行除尘工艺回风。纺织企业在非甲、乙类厂房或仓库内设置除尘回风系统是符合标准规范的要求的，但是设置的除尘工艺回风系统要采取严格的安全生产技术措施来保障作业人员的健康和安全，防止发生中毒和窒息、火灾和爆炸等事故。

2.2 4家企业除尘工艺回风安全防护设施现状

由于4家企业未开展“安全设施三同时”工作，除尘系统缺少正规设计规范要求，再加上近几年缺少棉纺织企业火灾爆炸事故案例作为警示教育内容，企业往往根据自身的生产经验对除尘工艺回风设施进行就地改造，这就在消防安全方面留下了问题隐患。纺织企业的防火防爆是消防安全防护技术重要部分，根据现有的研究，重点防火防爆部位在前纺（包括清梳车间）和除尘室，另外除尘管道、风速等因素也是防火防爆的关注点[5]。通过对4家企业除尘工艺回风系统现有管控措施的现场调查，发现现有安全措施存在不足。详见表2。

表2 4家企业除尘工艺回风设施设置情况一览表

序号	企业名称	场所/火灾危险性分类	现有消防安全技术措施	存在的共性安全隐患	参考性整改建议
1	企业1	清花（梳棉）车间/丙类	有除尘器，回风已经过净化；清花或梳棉工序除尘器前端的主要输尘管道设置铁器和火花一体的探测和处理设施	1. 除尘器内部或回风管未采取任何切断、检测和灭火等安全措施； 2. 回风口采用来回碰撞的铁片作为气流调节片； 3. 除尘器内部20爆炸区的电机不防爆或防爆等级不足	1. 除尘器内部宜设置温度或烟气等参数报警和连锁的自动水喷淋装置； 2. 回风管道宜配备火花探测器驱动的、手动复位的高速截止阀； 3. 回风口不应采用易产生撞击火花的金属片作为气流调节百叶片； 4. 除尘器内部20爆炸区的电机应满足防爆要求
2	企业2	清花（梳棉）车间/丙类	有除尘器，回风已经过净化；清花或梳棉工序除尘器前端的主要输尘管道设置铁器和火花一体的探测和处理设施		
3	企业3	清花（梳棉）车间/丙类	有除尘器，回风已经过净化；清花或梳棉工序除尘器前端的主要输尘管道设置铁器和火花一体的探测和处理设施		
4	企业4	清花（梳棉）车间/丙类	有除尘器，回风已经过净化；清花或梳棉工序除尘器前端的主要输尘管道设置铁器和火花一体的探测和处理设施		

研究资料显示在纺织企业中产生高浓度粉尘的源头主要是在清花梳棉2道工序中，纺织粉尘产生量比较大且一般集中在集尘罩、除尘器和风管等局部某些点，现阶段多采取上吸罩或后端侧吸罩将纺织粉尘吸入除尘输送风管中，高浓度的粉尘很容易在除尘系统内部产生粉尘云，一旦遇到静电或火花很容易引发火灾爆炸事故，纺织粉尘积尘可能造成二层粉尘爆炸，扩大火灾爆炸影响范围[6]。现有消防安全技术措施忽略了除尘器和除尘管道引发的火灾爆炸对外部的影响，当除尘系统因电机异常发热、金属片或异物撞击产生火花、静电聚集无法消除等原因发生火灾爆炸事故后，火焰可能通过除尘管道反向传输到车间各处，造成更大面积火灾爆炸事故。所以应重点对除尘器和除尘管道内部引发的火灾爆炸事故采取相应的管控措施，如除尘器内部设置自动水喷淋装置，除尘管道内部分路设置高速截止阀等可靠的技术措施来管控火灾爆炸事故的影响范围。

综上所述，对于清花（梳棉）车间的除尘器及除尘管道除了采取内外部可靠的安全技术措施之外，企业还应在管理上重点关注除尘器及除尘管道内的粉尘清理，明确责任人及关键清理部位；增加对除尘工艺回风处的粉尘浓度的检测频次；强化涉爆粉尘安全警示教育培训；加强消防应急救援的处置能力，特别是对除尘器及回风管道自身出现异常情况的处置能力，一旦出现火灾爆炸事故应有可靠的现场措施进行应急处置。

3 结论和建议

通过对4家纺织企业的除尘工艺回风设施的消防安全现状调查，发现除尘工艺回风设施属于一类比较容易被忽视的特殊情况，对于除尘工艺回风设施的消防安全技术要求应引起企业的注意。除了企业采取可靠的消防安全技术措施之外，监管部门应及时制定相应的消防安全技术标准规范，明确此类施设防火防爆的管控措施要求，在纺织企业中树立样板并积极推广，真正让企业有的放矢，引导企业向本质安全方向转型升级。

参考文献

[1] 杨中元．纺织厂空调节能措施［J］．科技信息（学术版），2008（22）：38.

[2] GBZ 1—2010，工业企业设计卫生标准［S］.

[3] GB 50019—2015，工业建筑供暖通风与空气调节设计规范［S］.

[4] GB 32276—2015，纺织工业粉尘防爆安全规程［S］.

[5] 石建中，汪秀清．国内纺织企业粉尘爆炸预防现状的调研［J］．纺织科技进展，2011（5）：1-2.

[6] 石建中，刘堂文．纺织工业粉尘爆炸危险区域划分方法［J］．工业安全与环保，2012，38（8）：84-85.

关于从接诉即办“每月一题”角度做好消防监督管理工作的建议

张 燕

（北京市朝阳区消防救援支队，北京）

摘 要 本文通过接诉即办工作的市民诉求数据分析，以日常消防工作群众反映问题较为集中的消防隐患类型为切入点，深入分析实际工作中遇到的问题，找准消防监督管理工作的难点，合理运用“每月一题”集中解难题专项治理，结合一年工作实践经验的摸索，提出有针对性、实操性的工作对策和建议。

关键词 接诉即办 每月一题 消防监督管理 工作建议

“接诉即办”工作是以12345市民服务热线为主渠道的群众诉求快速响应机制，自2018年12月起，北京市消防救援总队原96119火灾隐患举报热线并入北京市12345市民热线后，办理举报投诉案件工作机制也转为“接诉即办”工作机制。“接诉即办”是政府职能部门服务群众的重要载体，坚持“民有所呼、我有所应”，树牢解决一线实际问题的鲜明导向。针对群众重点关注问题，深化主动治理、未诉先办，以“小切口”撬动“大变化”[1]，补短板、强弱项，集中破解共性难题。

1 找准“每月一题”难点问题

1.1 梳理实际工作的难点

根据年度12345市民热线电话高频难点诉求情况，聚焦群众普遍反映的突出问题，聚焦职责交叉、亟需改革的难点问题，聚焦社会关注度高的热点问题，选取年度重点突出问题，坚持“分类施策、标本兼治、滚动推进、全程督办”，明确责任单位、形成工作方案、制定政策措施、狠抓问题治理、推动难题解决，不断提升群众的获得感幸福感安全感。

1.2 “每月一题”工作标准

从本辖区所在街乡办理的市民诉求案件和本单位办理的诉求案件为数据进行分析统计，一是统计全区域内共办理12345消防安全类工单案件数；二是统计市民反映诉求主要类型及案件数占比；三是细化市民反映诉求主要类型的二级事项统计及案件数占比；四是从街乡属地分析角度统计市民诉求高发的区域；五是从市级考核街乡办理成绩角度，分析群众反馈的解决率、满意度情况；六是重点落位街乡办理集中且群众满意度不高的重点治理点位。通过上述六点的分析统计，对全辖区消防监督管理工作的难点工作进行梳理归纳，深化“街乡吹哨、部门报到”总牵引，建立基层治理的应急机制、服务群众的响应机制、打通抓落实“最后一公里”工作机制，着力形成到一线解决问题的工作导向，切实做到“闻风而动、接诉即办”，推进“吹哨报到”有机衔接，推动“接诉即办”为主动治理相结合，不断增强群众的获得感、幸福感、安全感。积极响应民众诉求的基础上，推动各个治理主体让民众参与到治理过程中，实现与民众有效协商和沟通，将诉求解决的评价赋予民众[2]，并且进一步探索主动治理和“未诉先办”，真正实现起大城市治理全过程中“以人民为中心”。

2 实际工作运行分析

作者以实际工作为例，介绍所在支队接诉即办工作2022年运用“每月一题”工作方法、主要工作成效和工作展望。

2.1 问题难点分析

2.1.1 诉求数据分析

2021年，全区共办理12345消防安全类工单15161件，涉及楼道内堆放杂物诉求5683件，占37.48%。从反映内容分析，楼道内堆物堆料4230件，占74.44%，楼内停放电动自行车605件，占10.64%，物业未落实清理工作563件，占9.9%，因捡拾废品引发邻里矛盾285件，占5.02%。从街乡分布分析，诉求量排在前三位的街乡分别是南磨房380件，劲松287件，双井273件。从考核成绩分析，2021年堆放杂物问题共考核2547件，解决满意2404件，占94.38%，未解决不满意143件，占5.62%，解决率较高的街乡为金盏、黑庄户、小关。居民反映集中易反弹的小区为鸿博家园、翠城馨园、沿海赛洛城、百环家园。

2.2 问题根源分析

物业服务规范问题治理特别是堆放杂物和堵占消防车道问题治理难点是动态性隐患、易反弹。一是居民消防意识淡薄，部分居民对于楼道内堆放杂物引发的人员伤害和安全风险认识程度较低；二是物业管理缺乏有效措施，部分物业未落实主体责任，小区物业清理过程中，遇到不配合业主，没有有效的解决措施；三是疏堵结合的机制尚未完善，小区废品处置没有与回收再利用的“绿色理念”有机结合，造成市民回收困难。专项治理工作彻底整改有难度，因此此项工作需要持续长效常态化治理。消防治理工作，永远在路上。

2.3 主要工作成效

2.3.1 建立长效治理机制，压实管理责任

2022年初，支队报请区政府将市民诉求量高居不下的楼道内堆放可燃物确定为区级新增“每月一题”进行专项督办，区领导集中调度接诉即办“每月一题”消防安全主题治理工作，以区防火委为平台，支队牵头相关区属职能部门和43个街乡开展专项治理工作。成立区级专项领导小组，细化“一方案、三清单”，制定《“每月一题”楼道内堆放杂物专项治理工作方案》，以消防安全宣传月119为元素，将原有每月20日全区集中清理日调整为每月9、19、29日为社会单位、小区物业、居民开展可燃物集中“三清”行动，定期清、反复清、重点清，紧盯房前屋后、屋顶阳台、楼梯走道、管道竖井等公共区域；发动社会各方力量，开展可燃物清理工作。其中，朝外街道吉祥里创建智慧消防“四位一库”，利用AI火眼，及时发现并清理；呼家楼街道聘请第三方清理公司定期上门清理；六里屯街道开展“绿色当铺变废为宝”活动，激发居民自行清理。自今年专项行动开展以来，全区共出动专业清运工人780余人次、清运车辆900余

车次、清理各类堆物堆料680余吨、清理违规停放电动自行车2600余辆。

2.3.2 加大联合检查力度，强化综合治理

与区房管局物业科主动联系对接，利区物业服务企业“红黑榜”网络媒体平台，梳理每月消防安全类诉求及办理情况，曝光诉求量大且群众满意度低的物业公司；联合街乡、城管部门和派出所，采取“边检查、边培训、边宣传、边警示”的工作机制，不断提高监管治效，对主体责任落实不到位的物业服务企业和相关产权单位进行集中约谈400余家次，行政执法302起，罚款220余万元；对拒不清理、阻挠治理工作的居民，联合属地街乡、派出所等多种力量开展联合治理。依托“朝阳群众”品牌，指导街乡、社区开展“敲门清理行动”，逐户发放“居民提示一封信”，讲清火灾危害，督促物业单位组织保安力量对公共区域开展集中清理。

2.3.3 发挥社会宣传作用，提升安全意识

拍摄消防公益宣传片，通过新媒体平台，向市民推送消防安全常识、有奖竞猜等活动，线下发动社区志愿者、“红马甲”消防宣传队等群发群治力量，走街串巷、敲门入户，发放《致居民的一封信》20万余份，制作张贴宣传海报，利用公共电子屏滚动播放安全提示，营造宣传氛围；组织各级媒体曝光楼道内堆放杂物、停放电动自行车等堵占疏散通道的不文明行为，录制“执法警示案例提示”，提升居民遵纪守法和安全意识。

2.4 工作展望

2.4.1 强化督导检查，提升工作治效

将“每月一题”集中解难题专项治理工作与“三年行动”、消防安全大检查行动等防火工作打捆运行，在执法检查上，按照“先劝阻，后执法”的原则，一要向居民讲清责任、讲清危害、讲清后果，争取居民的理解和支持，劝阻居民自行清理杂物，自觉抵制和整改违法行为；二要对于不听劝阻，屡次违法的个人和单位，依法实施处罚；三凡因堆放杂物引发起火冒烟和堵占消防车道严重影响灭火救援的小区，严肃处理，依法追究物业管理责任。在宣传教育上，加紧推进“一警六员”实操实训，提高市民自救能力。

2.4.2 落实部门协同，强化源头治理

在管理责任上，街乡指导小区产权单位、业委会、物管会、社区居（村）委会、物业服务企业等负有管理职责的单位和组织，健全落实巡查检查、清理管控、宣传教育等制度，组织员工、保安、保洁等工作人员实名制“网格化”落实巡查管理，常化常态清理。

在管理措施上，社区、物业要畅通举报途径，发现问题第一时间清理，对鳏寡孤独、老弱病残等重点人群，要入户开展消防提示工作；针对治理难点小区，运用“街乡吹哨，部门报到”机制，共同治理。

在联动治理上，加强与应急、房管、公安、民政、农业农村等部门联动配合，各配合单位将“生命通道”治理纳入重要民生工程，加强总体统筹，强化部门、街乡对接联系，动态调整工作措施。区防火委每月定期专题调度，通报工作进展，消防支队提供重点区域或清理工作缓慢的小区点位，防火委下发联合检查通知，实地督导检查街乡推进质效。

物业服务管理的治理工作要充分发挥各方力量，下先手棋，打主动仗，持续开展专项治理工作，全力做到让市民群众看到改观，感到变化，体会到作为，真正实现市民诉求量和因不及时清理可燃物引发的火灾起数的“双下降”。

3 固化“每月一题”工作机制的建议

3.1 同步实施、滚动推进

牢固树立以人民为中心的发展思想，按照全年消防工作要点计划，坚持基层治理“早计划、早安排、早研究、早部署、早实施、早见效”[3]，更新全年“每月一题”问题，同时部署、滚动推进，将“每月一题”作为推动主动治理、未诉先办的主渠道，切实解决一批疑难复杂的重点民生问题，扎实办好一批实实在在的民生实事。

3.2 主责牵头、清单挂账

明确一个问题由一位分管区领导统筹，一个区级部门牵头主责，相关单位协同配合，形成各区级部门、街乡共同抓好落实的协同联动机制。各主责单位、配合单位“一把手”要亲自抓，结合市级清单式管理、项目化推进，开展好落实工作，定期汇报进展。

3.3 上下联动、条块结合

加强“每月一题”和治理类街乡工作有机衔接，形成市域社会治理的重要模式[4]，相互促进发挥对主动治理、未诉先办的支撑作用。区域治理中涉及的“每月一题”问题，相关主责单位要强化对诉求集中的治理类街乡的工作，将治理类街乡作为“每月一题”工作成果转化的优先区域，积极推进事项解决、改革措施落地、政策完善创新。

3.4 场景治理、固化机制

充分发挥区级层面系统治理、整体治理、源头治理的作用，各主责单位积极与市级部门对接，做好协调沟通，针对“街乡无法解决、无力解决”的难题争取政策等方面的支持帮助，深入指导基层破解此类难题。同时，区级持续推动年度“每月一题”工作成果落地落实，在基层工作中不断检验完善，固化问题解决工作机制。

3.5 高位统筹、督查督办

按照月度计划，区级“接诉即办”专题会每月听取相关重点民生诉求问题解决进展情况汇报，研究部署推进有关工作。每月向区级报送工作进展情况。纪检监察机关建立“每月一题”专项监督机制。区级督查部门对“每月一题”问题解决情况进行重点督查督办，并纳入相关单位绩效考核。区级在年中、年底对“每月一题”问题治理引入第三方开展公众满意度调查，客观反映治理满意度和知晓度。

参考文献

[1] 王军．接诉即办：北京提升超大城市治理水平的创新实践［J］．北京党史，2020（2）：52-56.

[2] 蔡明月．接诉即办：首都基层治理的一个创造［J］．首都治理，2020（2）：77-79.

[3] 马超．基于政务热线的基层治理新模式［J］．北京行政学院学报，2020（5）：39-47.

[4] 宋刚．以大数据建设引领综合执法改革，创新橄榄型城市治理模式，形成市域社会治理现代化的“北京实践”［J］．办公自动化杂志，2020，418：8-10.

高层公共建筑消防安全管理存在的突出风险及对策

许　颖

（安徽省安庆市消防救援支队，安徽　安庆）

摘　要　高层公共建筑伴随城市和经济发展逐步增多，但结合日常管理发现仍存在许多消防安全隐患问题，不仅给建筑的消防安全管理带来挑战，也给全市维稳任务提出了挑战。基于此，本文结合安庆市高层建筑重大火灾风险隐患专项整治行动实际，从高层公共建筑的隐患情况出发，分析了高层公共建筑消防安全方面存在的突出风险和隐患形成的原因，并提出了对应的防控对策，有利于推动高层公共建筑消防安全标准化管理。

关键词　高层公共建筑　突出风险分析　消防安全　防控对策

1　高层公共建筑隐患情况

为进一步加强全市高层公共建筑消防安全管理，安庆市消防安全委员会根据《全市高层建筑重大火灾风险隐患专项整治》文件要求，于2022年8月，聘请水、电、气、建筑、消防5个领域专家，由消防、应急、住建三个部门分别带队，对全市209栋高层建筑的水、电、气、建筑、消防等五个方面进行了一次全面评估检查，经检查发现我市高层公共建筑主要存在以下几个方面问题（图1）：

（1）建筑存在多产权，未明确消防安全责任问题的占1.2%；（2）存在违规使用瓶装液化石油气，或使用燃气的管线、用具不符合技术标准的占10.1%；（3）大部分建筑为2009年以前建设，当时规范未针对外墙保温提出要求。新建高层公共建筑中除使用玻璃幕墙外，存在外墙采用易燃可燃保温材料问题的占0.6%；（4）存在使用易燃可燃夹芯彩钢板在屋面、地下室等区域搭建临时用房或分隔功能分区，违规设置群租房或“三合一”场所问题的占1.8%；（5）存在竖向管井和电缆桥架未按要求进行防火封堵，电缆井、管道井堆放杂物问题的占13.8%；（6）存在使用假冒伪劣消防产品问题的占0.2%；（7）存在占用、堵塞、封闭疏散通道、安全出口、消防车通道和消防车登高操作场地，消防车通道未施划消防车通道标线、标志并设置警示牌，外墙门窗设置影响逃生和灭火救援的铁栅栏、广告牌等障碍物问题的占17%；（8）存在电动自行车或为电动自行车违规充电问题的占2.5%；（9）存在消防设施、器材被擅自拆除或者损坏停用问题的占14.6%；（10）存在消防控制室未持证上岗或落实24小时值班制度，值班人员不能熟练掌握应急处置程序要求问题的占9.2%；（11）存在消防安全重点单位未按照标准建立微型消防站及队员未能及时到场或不了解初起火灾处置流程及方法问题的占4.3%；（12）存在物业服务企业未按照相关规定履行消防安全职责问题的占1.0%；（13）存在电缆井内电气线路敷设不规范问题的占10.1%；（14）使用违规储存、经营、使用易燃易爆危险品问题的占0.4%；（15）存在违规使用聚氨酯、聚苯乙烯等易燃可燃材料装饰装修问题的占0.6%；（16）存在避难层（间）被占用或擅自改变用途，占用中庭设置商业等使用功能问题的占1.4%；（17）存在分区消防供水设施未保持完好有效问题的占4.7%；（18）存在其他问题的占6.6%。

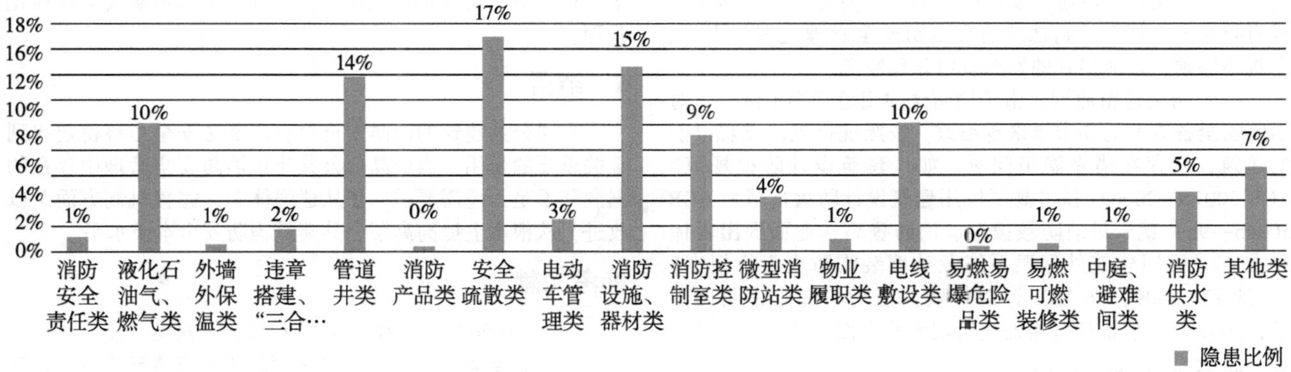

图1　高层公共建筑隐患类型及占比

2　突出风险分析

（1）逃生通道不畅，安全出口、疏散通道、消防登高操作场地被占用。高层公共建筑面积大、楼层多、功能复杂，在建筑实际投入使用的过程中，容易对安全出口、疏散通道进行改造封堵，使得一些区域的安全出口锁闭、疏散通道、自然排烟被占用。特别是当前疫情防控形势下，部分单位仅留一个出口供人员进出，且如超市、酒店等场所，在安全出口设置电磁门禁系统，部分经现场测试断电后不能自动打开，导致逃生通道不畅。部分高层公共建筑未标记消防车道、登高操作场地或设置不符合规范要求，且大部分单位存在将登高操作场地上设置停车位的现象，影响消防车的正常通行，增加火灾的扑救难度。

（2）消防设施器材不同程度损坏。检查中发现，部分高层建筑火灾自动报警主机存在屏蔽、故障点等现象较普遍，疏散指示标志、安全出口标志、防火门闭门器、顺序器等完好率低，消防水泵、末端试水压力表损坏率高的情况。部分单位在楼梯间或前室内擅自增设库房或拆除防火门，破坏防烟楼梯间、封闭楼梯间结构。部分厨房防火门被拆除，破坏防火分隔。

（3）管道井未封堵或堆杂物，电气线路敷设不规范。部分高层建筑内管道井、电缆井不按标准采取封堵措施，管道井、电缆井防火门不锁闭，在井道内违规堆放可燃物，或改造成杂物间、布草间。部分强电井、弱电井未按要求分开设置，且无标识。部分建筑内电线裸露、杂乱，未穿管保护或通过桥架安线。

（4）公寓式建筑内违规使用瓶装液化石油气现象普遍。这类现象在写字楼内较为常见，由于建筑内未通管道燃气，部分商户或居民存在使用瓶装液化石油气做饭的现象，由于产权属于业主个人，物业公司在发现及管理上缺乏有效手段。

（5）控制室值班不规范，人员素质不高。部分单位存在人员流动快等情况，导致消防控制室值班无法满足2班2人持证上岗的要求。部分值班人员对业务不熟悉、设施操作不熟练，有的新上岗人员未经消防安全培训，日常的防火巡查检查流于形式、甚至不落实。

3 存在的隐患原因分析

（1）单位消防安全重视程度不足。当前由于疫情影响导致经济下滑，单位自身盈利有损，就无法在消防安全方面投入更多的人力、物力、财力。单位对消防安全隐患自查、自改能力不足，对员工消防安全宣传培训不到位。一些多产权建筑由于未明确各方的责任，导致在日常消防安全管理上存在推诿扯皮的现象。特别是部分单位员工的消防安全素质参差不齐，对消防安全隐患和违法行为视若无睹，以为不被消防救援部门检查到就没事。

（2）消防社会服务机构作用发挥不明显。消防社会服务机构经过消防救援部门一段时间的严抓严管，目前在人员配置、设施维保等方面履职上较为规范。但是仍然存在部分维保单位派驻在单位的人员消防安全能力不足，只能发现问题，无法整改解决问题。

（3）部分单位和部门履职不够。高层公共建筑的消防安全管理涉及到诸多行业部门，如城市管理、住房和城乡建设、商务、文化和旅游、发展改革委等，但是这些部门未形成有效合力。特别是属地政府在消防安全管理上参与不足、手腕不够硬，未能很好的发挥政府管理职能。

（4）历史遗留原因。由于消防法律规范在不断修订，对消防安全各方面的要求越来越细致，按照现行规范反观以前的建筑，就存在诸多隐患问题。如《建筑设计防火规范》（GB 50016—2006）和《高层民用建筑设计防火规范》（GB 50045—95）就未对消防救援窗、消防登高作业面提出具体要求。《民用建筑外保温系统及外墙装饰防火暂行规定》（公通字〔2009〕46号）针对外墙保温材料提出了明确要求，2009年以前设计合格的建筑就无此方面要求。

4 消防安全防控对策

（1）严格整改销案。针对检查发现的隐患问题，督促高层建筑业主或管理单位按照先急后缓、标本兼治的原则，采取有效措施坚决整改。相关行业部门应当形成合力，指导隐患整改工作，对整改进度缓慢或整改态度不积极的单位，要给予行政处罚，以“罚”促“改”。

（2）组织核查验收。对隐患已经整改的单位，本地行业主管部门要形成联合检查组，对隐患整改成效进行核查。市消防安全委员会要组织市级行业部门开展随机抽查，核查整改和验收情况。对核查不合格的，持续跟进督办指导、紧盯不放，确保形成闭环管理；对核查合格的，督促属地和部门继续加强日常管理，防止问题隐患反弹。

（3）强化单位自主管理。住房建设和消防救援部门联合对高层建筑业主或管理单位法定代表人、主要负责人开展谈话提醒和警示教育，督促单位对照突出风险情形开展自查自改，签订《高层建筑管理（使用）单位消防安全自查承诺书》。督促高层建筑管理使用单位应与具备资质的社会消防技术服务机构签订协议，对消防设施进行定期维护保养，确保各类消防设施完整好用。聘用有资质的人员参与消防控制室值班，强化岗前培训，确保人人会使用消防器材设施。建强用好微型消防站，明确高层建筑楼长和经理人职责任务，落实防火巡查检查、消防宣传教育等职责。消防救援部门加强对社会消防技术服务机构的监管，确保其履职尽责。

（4）强化物防技防措施。加快智慧消防建设，实现火灾及时预警、智能防控。鼓励高层建筑公共区域、厨房等部位，设置火灾探测器、火灾警报装置、自动灭火系统以及燃气泄漏报警器，做到险情早发现、早处置。依托《安庆市“十四五”消防事业发展规划》，推动高层建筑不断完善在消防供水、消防车道、电动自行车充电设施等方面存在的问题，提升本质安全水平。

（5）实行舆论监督。在主流媒体设立曝光平台，曝光久拖不改、政府挂牌督办的高层建筑火灾隐患、跟踪报道整改信息。对隐患严重、逾期未改的单位，列入消防安全不良行为公布范畴，并通报有关部门。推动住建部门依法加强对物业服务企业的监管，督促物业服务企业落实主体责任，加强日常的消防安全管理，对问题严重的企业向社会曝光，列入黑名单，建议业主不聘用、不续用。

（6）完善长效机制。对照《中华人民共和国消防法》、《安徽省消防条例》、《机关、团体、企业、事业单位消防安全管理规定》、《消防监督检查规定》等法律法规，梳理明确社会单位消防制度，制作消防档案，形成工作模板，向社会单位推广普及，帮助单位解决消防安全“如何干、怎么干”的难题，落实消防安全主体责任，推动消防安全标准化管理。

5 结语

高层公共建筑的消防安全对全市消防安全形势稳定起到至关重要的作用，当前高层公共建筑消防安全管理中存在的漏洞和不足，还需要进一步从建强体制、完善机制方面予以改进，从根本上提高高层公共建筑消防安全本质水平。

参考文献

［1］GB 50016—2014，建筑设计防火规范［S］.

［2］高层建筑消防工程技术管理提升策略研究［J］. 陈林. 城市建筑空间，2022（07）.

［3］物联网环境下高层建筑消防监督管理模式的创新思考［J］. 谈子奇. 消防界（电子版），2022（13）.

［4］当前我国高层建筑消防安全管理现状及优化建议［J］. 上官翔飞，丁火明. 今日消防，2022（06）.

［5］城市高层建筑火灾消防与安全逃生方法分析［J］. 魏增镇. 中华建设，2020（11）.

公众聚集场所投入使用、营业前消防安全检查实行告知承诺管理后的实施现状和意见建议

袁 斌[1] 朱幸烨[2]

（1. 宁波市消防救援支队高新区大队，浙江 宁波；2. 宁波市消防救援支队，浙江 宁波）

摘 要 随着“放管服”改革工作的不断推进，以及新《消防法》的全面实施，消防行政许可工作得到了不断的改进和提升。本文结合基层消防工作实际，阐述了公众聚集场所投入使用、营业前消防安全检查告知承诺制具体实施中面临的一些困难，并提出了相应的解决对策。

关键词 公众聚集场所 告知承诺 消防安全 放管服 基层

1 引言

为全面深化消防执法改革，推进“放管服”改革工作，2021年4月新修订的《消防法》全面推行了公众聚集场所投入使用、营业前消防安全检查实行告知承诺制。随后，应急管理部出台了《关于贯彻实施新修订〈中华人民共和国消防法〉全面实行公众聚集场所投入使用、营业前消防安全检查实行告知承诺管理的通知》（应急〔2021〕34号），对告知承诺制的流程做了具体的细化。申请人可以根据自身实际，选择告知承诺制或者非告知承诺制办理公众聚集场所投入使用、营业前消防安全检查。申请人选择采用告知承诺方式办理的，办理流程包含申请、受理及许可、现场核查三个步骤，消防救援机构对取得许可的公众聚集场所应当自作出许可之日起20个工作日内，按照《公众聚集场所投入使用、营业消防安全检查规则》进行核查。申请人选择不采用告知承诺方式办理的，消防救援机构应当自受理申请之日起10个工作日内，对该场所进行检查。

2 基本情况

根据深化“放管服”改革的有关精神，各地行政许可现场踏勘的时间较之前都打打缩短，按照非告知承诺制办理公众聚集场所投入使用、营业前消防安全检查的，消防救援机构现场核查时限也从10个工作日缩短为1个工作日。按照告知承诺制办理公众聚集场所投入使用、营业前消防安全检查的，受理及许可的时间，根据线下或者线上办理的两种不同情况方式，当场或者1个工作日内便可办结，后期在核查过程中发现与承诺内容不符的，依法予以处罚，符合临时查封条件的，还会依法予以临时查封，对逾期不整改或者整改后仍达不到要求的，将依法撤销许可。2021年自告知承诺制管理实行以来，某市（含下辖的县、市和区）共办理公众聚集场所投入使用、营业前消防安全检查类行政许可1510个（承诺制73个，非承诺制1437个）。

3 实施过程中存在的困难

3.1 选择告知承诺制意愿不强

根据相关规定，申报告知承诺制的单位，在承诺并提供相应资料后，就能取得消防安全检查意见书，但从实际受理情况看选择告知承诺制的单位占比不到5%。从日常的检查情况看，申报的公众聚集场所或多或少存在消防技术问题，将面临行政处罚、临时查封等行政措施，如果不能及时整改，甚至撤销行政许可的风险。而此时该场所往往已经处于营业状态，不仅整改成本过高，更是直接影响营业状况。

3.2 与住建部门的消防设计和验收衔接不畅

一是较多公众聚集场所在未取得消防验收意见书和设计审查意见书前就申报投入使用、营业前消防安全检查，导致设计和施工环节监管不到位，图纸审查等环节缺失。二是即使开展了消防验收，但很多时候与住建部门对防火规范理解不一致，消防部门在公众聚集场所投入使用、营业前消防安全检查核查时往往发现较多消防安全隐患，导致整改的投入和时间成本成倍增加。

3.3 非告知承诺制管理核查时限过短

根据《消防法》的规定，申请人选择不采用告知承诺方式办理的，消防救援机构应当自受理申请之日起10个工作日内，根据消防技术标准和管理规定，对该场所进行检查。为了提质增效，优化营商环境，目前将需要现场核查的事项时限缩短至1个工作日，对于规模较大的公众聚集场所（如大型综合体）在这么短的时间内核查完毕存在一定困难。

3.4 消防安全检查意见书内容不详尽

新版的《公众聚集场所投入使用、营业前消防安全检查意见书》仅需要填写单位名称和地址，不需要填写面积、层数和法人等信息。部分将消防审批作为前置条件的文化、公安等部门无法掌握确切的信息，导致出现其他部门的审批范围与消防救援机构的审批范围不一致情况。另外，部分场所设置在临时建筑内，消防安全检查意见书内容体现不出临时建筑的基本情况和使用年限，会让部分别有用心之人钻取空子。

3.5 建筑合法性的审查环节不合理

目前，建筑的合法性作为一项承诺内容，在进行消防安全检查时依据有关规定核查。但是建筑是否合法可以通过申请人提供、部门间数据共享等方式在申报时就可核查清楚，完全没有必要在现场时核查。一旦在现场核查时发现建筑的合法性问题，申请单位又将面临在已经营业的情况下被撤销行政许可，消防救援机构的执法成本将大大增加。

3.6 公众聚集场所范围不清

近些年来，社会上不断出现各种新鲜事物。新的业态比如密室逃生、电竞酒店、私人影院和剧本杀游戏等场所，可以说是层出不穷花样百出，这些场所往往内部设置复杂，火灾荷载大。对于此类新型的场所是否属于公众聚集场所颇有争论，且建筑设计防火规范上也未对此类场所的设计标准有明确定义。

4 实施过程中好的经验做法

4.1 与相关部门建立互通机制

消防审批和监管分离以后，部门之间的沟通协调显得尤为重要。将日常检查中发现的未经消防设计、验收及备案的申报项目和无合法证明的建筑及时函告相关主管部门，主管部门能够第一时间掌握并查处违法行为，同时也能够减轻消防部门的监管压力。及时掌握已通过住建部门消防验收的建筑和场所信息，打通部门间的数据孤岛，以便于事中和事后的监督管理。

4.2 提前开展技术指导和服务

落实市委市政府“三服务”活动要求，充分发挥服务企业的“店小二”精神，进一步落实好纾困惠企政策。我们对于重点企业、重点工程等项目全程跟踪开展技术服务，在设计和施工过程中提前介入，随时指导投入使用、营业前消防安全检查工作，尽量让企业少走弯路，节约企业的投入和时间成本。

4.3 进一步精简申报资料

在申报阶段，申请人填写《公众聚集场所投入使用、营业消防安全告知承诺书》，作出符合消防安全要求、具备许可条件的承诺，并提交营业执照、场所平面布置图、场所消防设施平面图、消防安全制度、灭火和应急疏散预案，以及法律、行政法规规定的其他材料。我们考虑到对于建筑规模不大的场所，平面布置图、消防设施平面图、消防安全制度、灭火和应急疏散预案等资料可在后期核查时一并提供，申报时只需提供申报表和承诺书，对于这些小型场所基本能够实现一照办理的目标。

5 下一步的意见和建议

5.1 延长非告知承诺制的核查时限

开业前检查并非形式审查，有多达二十多项的抽查、测试、询问等现场核查内容，同时在现场核查过程中也需要申报单位的配合，整个流程的测试完成不单单取决于消防监督人员单方面的工作，适当延长核查时限有利于监督人员保质保量完成核查工作，更能保障申报单位的消防安全。当然，如何界定一个合适的核查时限是关键所在。应该根据现场规模的大小、场所的性质、员工的人数等因数合理确定，既能够让消防监督人员保质保量完成核查，又符合“放管服”改革的要求。

5.2 提前建筑合法性的审查工作

浙江乃至全国范围内“最多跑一次”改革工作已经实施多年，打破数据壁垒，打通数据孤岛等工作已经深入各行各业，与住建、资规等部门间的数据共享完全能够实现，建筑的合法性文件不再需要申报单位提供。将建筑合法性的审查可以提前至申报阶段，避免已经营业的场所被强制关停的情况出现，减少业主单位不必要的损失。

5.3 调整消防安全检查意见书模板

对于目前版本的消防安全检查意见书模板，有一种比较极端但也是会出现的情况。在综合体内同一家单位同时开业的几个场所，颁发的消防安全检查意见书几乎一模一样，没有任何差异。因此合理设计消防安全检查意见书的模板显得尤为重要，模板内容应明确申报场所面积、层数和法人等信息，有利于信息的共享和查询。同时，对于临时建筑还应注明建筑的使用年限，减少行政复议和行政诉讼的风险。

5.4 进一步规范场所平面布置图和场所消防设施平面图

根据浙江省住房和城乡建设厅的有关规定，除《建设工程消防设计审查验收管理暂行办法》（住房和城乡建设部令第51号）规定的特殊建设工程外，工程投资额在200万元以下（不含200万元）或者建筑面积在$1000m^2$以下（不含$1000m^2$）的房屋建筑和市政基础设施工程（以下称限额以下小型工程），可以不申请办理施工许可证。那么同样是建设工程领域的消防工程，建筑规模较小（比如以$1000m^2$为例）的场所，可采用比例准确、图例明晰的平面图，但需经单位或项目负责人签名盖章这种形式，简化申报资料。而对于建筑规模较大的场所，还是应提供规范的设计施工图，并经过第三方机构的审查。

5.5 进一步明确公众聚集场所范围

对于新出现的业态场所要经过仔细调研、充分讨论，界定是否属于公众聚集场所。同时，联合住建部门确定该类场所的建筑防火设计标准，明确投入使用、开业前检查时的规范依据。

6 小结

公众聚集场所投入使用、营业前消防安全检查告知承诺制的实行有力的助推了营商环境的优化，激发了市场活力和社会创造力，节省了基层老百姓大量时间和成本，解决了很多实际困难。作为消防监督部门来说，不断的总结告知承诺制在实施过程中存在的困难，进一步提出好的经验做法，让基层百姓切实体会到“放管服”改革带来的获得感和满意度。

参考文献

[1] 刘纪达，连晨希，安实，王健．“放管服”背景下消防安全告知承诺管理策略研究［J/OL］．安全与环境学报，2020，22（5）：9.

[2] 邢辉，杨涛．新形势下“公众聚集场所投入使用、营业前消防安全检查”行政许可的探讨［J］．法制与社会，2020（11）：221-222.

消防监督执法中询问的若干基本问题

杜春华

（聊城市消防救援支队，山东 聊城）

摘 要 消防监督执法中，询问是消防执法人员向证人或违法当事人了解消防违法情况，发现相关线索，通过笔录收集与固定证据的过程，是消防监督执法的关键环节。虽然在消防监督执法中，询问还存在着一些问题，但是，根据询问对象的不同，询问人员采取恰当的询问方法、巧妙的询问设计，可以做到既问得巧，能够抓住重点，又要问得精，不拖沓冗长，及时发现线索，固定相关证据。

关键词 消防监督 监督执法 询问 方法和技巧

消防监督执法中，询问是消防执法人员向证人或违法嫌疑人了解消防违法情况，发现相关线索，通过笔录收集与固定证据的过程。在消防监督执法中，询问是一门艺术，是消防监督执法的关键环节，询问人员既要问得巧，能够抓住重点，又要问得精，不拖沓冗长，及时发现线索，固定相关证据。

1 消防监督执法中询问的内涵

新修订的《中华人民共和国行政处罚法》第四十六条规定：证据包括：（一）书证；（二）物证；（三）视听资料；（四）电子数据；（五）证人证言；（六）当事人的陈述；（七）鉴定意见；（八）勘验笔录、现场笔录。一共有 8 种证据类型，其中证人证言、当事人的陈述这两种类型，占据了所有证据类型数目的四分之一，足以可见这两种证据在行政处罚中的重要性。

所谓询问，就是消防监督执法人员在查处消防管理违法案件的过程中，就与消防违法案件有关的情况，依法直接对证人和违法当事人进行的问答式的调查。询问是掌握消防违法情况、发现重要线索和收集、固定证据的重要方法。在消防监督执法中，询问是一个非常重要的过程，恰当的询问方法，巧妙的询问技巧，会对整个监督执法过程产生事半功倍的良好效果。

询问的对象，主要是消防管理违法案件中的证人和当事人。作为违法行为、违法事实的目睹者或经历者，二者的相应描述，对消防违法案件的查处有着至关重要的现实意义[1]。

2 消防监督执法中询问存在的问题

2.1 不同身份造成的隔阂与限制

消防监督执法人员与证人、当事人的身份和立场不同，甚至是截然对立的，双方的沟通容易出现隔阂。一方面，执法人员出于工作保密的需要，不能将全部的信息进行告知，而是要在一定限度上控制信息的传播。另一方面，证人或当事人出于好奇或其他心理，往往希望获得更多的信息。这样就造成了双方对信息获取的心理预期不一致，从而导致隔阂和偏差的出现。

2.2 询问思路模糊造成不敢下手

消防监督执法人员在询问过程中思路模糊，往往是因为询问前的准备不充分导致的，例如，没有充分了解案情，没有了解询问对象的身份等。思路模糊，导致询问人员不知道从哪个角度开始着手，不知道该问哪些内容，不知道哪些细节需要重点询问，没有一个完整的思路。询问内容反映在询问笔录上，则是前后顺序混乱，笔录内容脱离询问主题，影响了证明力。

2.3 询问简单造成信息不深入

在询问的过程中，只是简单询问了当事人当前违法的事项，没有进一步了解其以往是否受过行政处罚，也没有了解是否采取了手段消除或者减少违法行为造成的后果。询问的简单化，表面上看起来已经达到了收集与固定证据的目的，但实际上并没有获得更深入的信息，在作出处罚决定前，还需要补充询问或者收集其他证据予以补强[2]。

2.4 用语不准确造成表述模糊

询问人员在询问的过程中使用的语句、词语不准确，导致表述模糊甚至造成歧义。如钱某租用了某仓库的南部区域，钱某租用区域的中间通道安全出口被锁闭，在询问笔录中确记载了“整个仓库中间通道安全出口被锁闭”。这样就造成了歧义，因为从字面上理解，“整个仓库”是比“租用区域”大得多。虽然都使用了“中间通道”，但在实际现场中却是相距很远的两个不同的通道。

3 消防监督执法询问对象的分类

3.1 “强硬型”的询问对象

“强硬型”询问对象，往往是情绪比较激烈，态度非常强硬，绝不妥协，认定自己的说法和想法都是正确的，稍有与其观点不一致的地方，就会随意打乱询问人员的提问，言辞激动，并意图让询问人员按照他的思路进行[3]。

3.2 “狡诈型”的询问对象

“狡诈型”询问对象，往往是比较多疑的，对询问人员提出的问题都怀疑，并且总认为询问人员在要计谋，在利用他和欺骗他。对于询问人员提出的问题，刻意进行回避，不是一问三不知，而是不从正面回答问题，绕来绕去。

3.3 “侥幸型”的询问对象

“侥幸型”询问对象，往往怀有侥幸的心理，主要是认为消防救援机构没有获得相关的证据，或者掌握的证据比较淡薄，亦或不能收集到证据，觉得自己的违法行为、违法事实不能被发现，消防机构不能对其予以处罚。

3.4 “畏罪型”的询问对象

“畏罪型”询问对象，往往表现出担心和畏惧承担法律责任，这些对象平时一般都具有较好的信誉，担心被行政处罚后，害怕自己在单位、亲友、社会中的评价降低，对询问人员提出的问题始终处于消极抵抗的状态。

4 消防监督执法询问的策略和方法

4.1 精心进行询问前的准备工作

我国有句古话："知己知彼，百战不殆"。一般情况下，如果条件允许，询问人员应尽最大的可能在开始询问之前，了解询问对象的静态信息，例如姓名、性别、年龄、文化程度、职业等等。这些信息看起来好像无足轻重，却可以帮助询问人员在询问的过程中有的放矢，可以在较短的时间内跟被询问人建立起沟通的桥梁。如果时间紧急，无法获得这方面的信息，询问人员则应该在最初的询问中尽量了解，为后续的询问打下基础。同时，要观察被询问对象的动态信息，分析其心理活动，以便采用合适的询问策略和询问语言。正式询问前，了解清楚案情以及已获取的证据，拟定询问提纲或询问预案，保证询问过程有序进行[4]。

4.2 掌握询问的节奏和主动

通过前期的充分准备，在询问时，就要按照步骤逐步实施，切实把该问的都问清楚。询问时，不急不躁，稳扎稳打，注意观察询问对象，分析其心理，及时采取应对措施。当询问对象如实陈述时，不能轻易打断其陈述，而是在其陈述完毕后，再对感兴趣的点进行补充提问。当然，如果询问对象明显的东拉西扯时，就要及时进行纠正。同时，询问人要保持适度的威严，既不能给询问对象带来太大的压力，也要体现执法的权威[5]。

4.3 选择合适的询问语言

询问的过程，就是询问人与被询问人语言沟通的过程，二者通过语言实现信息的传递，传递观点、想法和态度。询问人员选择合适的询问语言，对获取证人或违法当事人大脑中存储的关于违法行为和违法事实的相关信息是至关重要的。在询问时，询问人要根据询问对象的特点选择相应的语言。例如，询问未成年人，就要充分考虑未成年人的理解能力和接受能力，不能使用苦涩难懂的专业术语，而是应该使用通俗易懂的词语，在语言表达上直截了当，不拖泥带水。当然，在选择合适的询问语言的同时，要注意询问的措辞，不同的措辞会对询问对象回忆相关情况产生一定的影响。询问的过程中，应当尽可能地减少不当措辞对询问对象的暗示或误导，避免询问对象回答内容的不准确[6]。

4.4 运用正确的提问方式

首先，严禁采用法律禁止的提问方式。法律法规严禁在询问中使用逼供、骗供、诱供的方式。在询问的过程中，如果询问人使用了非法的方式进行提问，证人证言或当事人的陈述，就会被当事人或律师予以反对。所以，询问人必须要保证提问方式符合法律规定。其次，要一事一问。不能瞬间抛出一系列的问题，这样不仅让询问对象无所适从，而且可能导致询问对象的回答与提问不符，不利于查清违法的真实情况。最后，提问要简洁明了。如果询问人的提问啰里啰嗦，不着边际，那么询问对象就无法根据提问进行回答。因此，询问人提出的问题要简洁明了，表述清楚，含义明确，让询问对象能够准确获得问题中的信息，理解问题的重点，从而作出合适的反应。

5 小结

消防监督执法中的询问，最终目的是查明消防违法行为和违法事实，为行政处罚的作出提供必要的证据。高效的询问是需要一定的技巧和方法的，询问人员需要尽可能地做好询问前的准备工作，选择合适的询问地点和询问时机，并根据询问对象的特点，选择合适的询问语言和合适的提问方式，就能够合法地获取证据，实现合法公正和客观准确的法律效果。

参考文献

[1] 王智．从一个文学案例的视角剖析侦查询问技巧［J］．森林公安，2017，03：39-42.

[2] 沈城杰．浅谈公安机关调查询问技巧应用［J］．法制博览，2017，30：72-73.

[3] 梁爱清．侦查询问语言使用的要求和技巧［J］．广西警官高等专科学校学报，2004，03：30-33.

[4] 耿玉江．出入境边防检查中询问的方法和技巧［J］．湖北警官学院学报，2012，2505：142-143.

[5] 向德才．档案行政执法办案中的询问调查技巧［J］．中国档案，2008，12：35-36.

[6] 王松双．浅谈火灾事故现场询问技巧［J］．价值工程，2011，3018：276-277.

对消防安全综合监管的认识和建议

曹忠源

（钦州市消防救援支队，广西壮族自治区　钦州）

摘　要　党的二十大报告指出，我国正向着建设社会主义现代化强国迈进，全面推动建设高质量发展格局．只有构建新安全格局才能保障新发展格局，消防安全作为新安全格局的重要部分，直接与人民群众的现实利益息息相关，但随着消防体制全面改革的深入，消防监督管理工作存在的一些问题日益凸显，消防综合监督管理是破解这些问题的一个方向。本文就如何充分发挥消防安全综合监管职责，进一步凝聚综合监督管理的合力，完善消防综合监督的监管模式，结合近年来钦州市在消防安全综合监管的探索经验进行思考，并提出建议。

关键词　综合监管　机制　流程　要素

1 关于消防安全综合监管的背景和认识

1.1 消防安全综合监管是在新时代推动消防监管转型升级和服务高质量发展的必由之路

2019年3月17日，中央深化改革委员会通过了《关于深化消防执法改革的意见》，从五个方面12项主要内容进行消防执法改革，吹响了消防执法改革号角。2020年11月，应急管理部消防救援局出台《关于改进消防监管强化火灾防范工作的意见》，就创新监管方式，规范执法行为，提高监督检查质效，压实各方消防安全责任等方面进行部署，进一步深化消防执法改革。2021年12月17日，中央深化改革委员会通过的《关于进一步提升政府监管效能推动高质量发展的指导意见》，指出对涉及多个部门、管理难度大、风险隐患突出的监管事项，要建立健全跨部门监管制度综合监管制度。中央在国家综合性消防救援队伍三定方案中明确将依法行使消防安全综合监管职责写入了国家消防救援局的主要职责，《中华人民共和国消防法》第四条也明确了消防救援机构行使消防安全综合监管职能。党的二十大报告指出，坚持安全第一、预防为主，建立大安全大应急框架，完善公共安全体系，推动公共安全治理模式向事前预防转型。随着机构整合到职责延伸，消防救援机构改制后实现多职能合一，从专项监管和行业监管向内涵外延更丰富的综合监管转化的态势愈加明显，亟需构建覆盖全领域、全方位、多层次的综合监管格局以适应新的安全形势。当前，我国已进入高质量发展阶段，安全发展理念贯穿发展全过程，消防监管模式也将面临深层次变革，实行消防安全综合监管是实现高质量发展和治理能力现代化的要求的必由之路。

1.2 消防安全综合监管是一种综合性、全局性、全面性的监管模式

目前对综合监管存在一些误区，认为综合监管就是综合、指导和协调，综合监管不包含事前监管，没有人管的综合监管要兜底。实际上，综合监管体现为一种综合性、全局性、全面性的监管，是一种较高层次、宏观的监督管理行为，所处的层次要高于专项监管、行业管理，与专项监管、行业管理之间是指导与被指导、协调与被协调、监督与被监督的关系。消防安全综合监管在一定程度上代表同级政府对下一级政府和本级政府有关部门的消防工作进行监督，保证政府对消防工作的全局决策、总体部署与重大举措能正常地推进、有效地落实。消防安全综合监管重点在于对负有消防安全管理职责的部门进行协调、指导、监督与检查，而不是对众多具体社会单位消防安全工作进行具体的管理和检查，也不是要代替、包办行业管理部门的具体工作。

1.3 消防安全综合监管重点在于重构治理体系，难点在于基层治理

消防安全综合监管在基层实行面临一些问题，体现在部门间责任边界划分不够清晰，多部门协同监管体制尚未形成，消防专项监管质效仍需提升，基层消防治理体系还未形成等方面。消防安全综合监督管理的难点在于实现多元力量的共治，火灾防控工作面对的是庞大的单位和人群，在基层消防治理人少事多的情况下，应转变工作思路，合理使用有限的消防监督力量，创新消防监督模式，做大综合监管的增量，减少火灾隐患的存量，通过群防群治、联防联控，构筑社会多元共治消防安全综合监管格局。

2 构建消防安全综合监管体系的主要任务和关键环节

2.1 主要任务应着力于消防综合监管任务、监管主体、覆盖领域、体系搭建的顶层设计

党的二十大报告指出，完善社会治理体系，健全共建共治共享的社会治理制度，提升社会治理效能。开展消防安全综合监管要转变监管理念，创新行政方式，重塑监管体系，首要任务就是设计出消防安全综合监管的总体蓝图，搭建消防安全综合监管的四梁八柱，需要厘清行业部门监管边界，建立全链条共同治理工作机制，对原有监管模式进行改革。一是一元统筹解决站位不高问题。推动由各级政府主要领导担任消防安全委员会主任，消防安全委员会纳入编办，提高消防安全委员会地位，作为本级政府统筹消防安全综合监管的议事协调机构。二是多元共治解决单打独斗问题。细化制定消防安全工作的“两张清单”，用“权力清单”和“责任清单”明确部门权责边界，完善部门间相互支持、密切配合、信息共享的联动机制，及时解决工作中遇到的矛盾和问题。三是全链条监管解决推诿扯皮问题。针对消防安全综合监管事项多、链条长的问题，按照三定职责划分，明确各行业部门间监管责任链条分界点、衔接点，建立全链条监管工作机制，确保责任链条无缝衔接，理顺部门间职责交叉、关系不顺事项。四是责任追究解决事后监管问题。坚持有权必有责、有责要担当、失责必追究，出台消防安全综合监管领域尽职免责办法，明确履职标准和评判界线，规范监管行为，健全权责明晰的监管责任体系和责任追究机制，对未履行、不当履行或违法履行监管职责，导致导致火灾发生和产生重大负面影响的，进行严肃追责问责。

2.2 构建“六全”的监管体系是开展消防安全综合监管的主要抓手

开展消防安全综合监管，需要转变治理理念、创新监管模式、优化监管流程、依法行使权力。消防安全综合监管主抓事前、事中、事后三个监管环节，以“六全”为指导思想和主要内容，着力构建权责清晰、综合协调、监管到位、高效治理、保障有力的消防安全综合监管体系和各项保障机制。一是落实监管对象全覆盖。利用市场监管部门建立的市场主体名录库和其他部门对象库，对其数据进行核查、清洗，通过分类标注、批量导入等方式，建立函盖全领域的消防检查对象“名录库”，分类推送给相关行业部门，并及时对名录库数据进行动态更新。二是进行全要素监管。按照“两个清单”（抽查计划清单、抽查事项清单），明确监管部门、监管范围、监管对象、监管内容、监管事项、监管流程等要素，列出消防安全综合监管参与部门，明确监管事项，固化监管流程，实现全要素监管。三是实现监管流程全闭环。建立消防综合监管中心，对监督检查、消防执法、督促整改、隐患销案的全过程监管，利用新消防监督系统，综合运用信用监管、协同监管、科技监管等方式，实时对每个监督检查活动进行跟踪记录跟踪案件办理，形成整个监督活动的闭环管理。四是保障监管执法全协同。建立会商研判、联合检查、联合执法等机制，健全检查记录、信息共享、线索移交三项协作配合制度，明确在协同监督中各单位的具体协助、衔接、配合工作方法，细化工作流程和步骤，制作流程图，便于具体操作。五是实现监管数据全共享。与各监管部门开放共享数据，打通信息孤岛，在新监督管理系统上增设消防安全综合监管模块，建立统一数据集中归集、统一信息查询服务为基础的信息库，包含形势研判、案件移交、监督

执法、责任追溯等功能，建立部门间企业信用信息互联互通、共建共享的机制，开展部门间信息推送、接收和处理等信息共享工作。六是落实监管结果全公开。利用各类媒体，强化结果公开，及时向社会公布抽查计划和抽查结果，扩大警示教育的效果，主动接受社会监督。

2.3 将宏观指导、监督执行、综合协调、调研分析四个关键环节有机结合和有效衔接是实现消防综合监管关键一招

消防安全综合监管是一项系统工程，涉及的链条长、范围广、环节多，必须坚持系统思维，将指导、监督、协调、分析四个步骤有效衔接，健全完善“研督协析”全链条监管机制，才能发挥消防安全综合监管的效用。一是深入研判形势，针对性开展宏观指导。消防安全综合监管不应只有事中事后监管，事前的研判和指导是源头管控的必要环节。消防救援机构应该着眼宏观形势研判，对不同的季节、区域、类型的特点，精准研判预警，指导行业部门和区域制定行业标准，采取防控措施，降低火灾发生机率。二是严格督促考评，强化监督执行。建立健全消防工作考核评价体系，制定各层级和部门的消防工作考评内容，纳入政府消防工作考核和领导干部绩效考评内容，强化考核结果运用。三是用好协作机制，提高综合协调水平。细化各部门消防安全综合监管职责，将消防安全纳入安全生产法规政策、规划计划，纳入行业管理范畴，建立健全常态化联合检查、联合执法、联合惩戒、宣传培训等机制，有效落实行业系统监管责任。四是深入调研分析，提高研判水平。在开展宏观指导、监督执行、综合协调基础上，及时复盘综合监管成效，调研取得的成效，分析存在的不足，形成工作循环促进局面。

3 推行消防安全综合监管的具体措施和建议

3.1 强化一个平台的应用，四级消安委实体化运行

全面落实消防救援部门综合监管的职能定位，市、县两级成立消防安全综合监管办公室，调剂事业编开展工作，统筹辖区消防安全综合监管工作，实体化运行乡（镇）、村街基层消防安全委员会，以专项工作专班为抓手，抓实统筹协调、齐抓共管、督导检查、宣传教育等职能作用，完善政府属地监管、部门联动的消防安全齐抓共管工作机制。以涉及多个部门的消防车通道集中治理为例，钦州市成立消防车通道治理专班，以消安委为统筹，构建了全链条综合监管样板，在全区率先出台《钦州市消防车通道管理规定》和制定《钦州市公共停车设施规划》，市县两级政府由主要负责人挂帅领导小组负责集中治理，成立专班统筹工作，从消防车通道规划、建设、验收、使用、维护、监管等环节，明确了自然资源、公安、城管执法等 10 个部门监管职责，建立了信息共享、联合执法、快速执法、信用惩戒、媒体曝光等六项协作机制，拧紧了监管链条每个环节的螺丝，推动部门聚焦主责主业，有效避免监管责任不明、工作推诿扯皮现象。三年行动以来共开展消防车通道联合执法 851 次，对 3639 起消防车通道违法行为进行处罚，分 42 期对 510 名拒不接受处罚和多次违法行为人进行媒体曝光，二次占用消防车通道查罚率下降到 8.4%。

3.2 实行“双随机+重点监管”，提高监督检查质效

结合本地实际，合理确定年度抽查计划，制定“双随机、一公开”消防监督抽查事项清单和消防监督检查表格。为保证覆盖面和监管精准性，可采取“双随机+重点监管”相结合检查方式方式，定期对不同标签单位进行监督抽查，形成重点监管和一般抽查相结合的监管模式。每年定期通过社会单位消防监管信息大数据平台，季节性特点、行业性火灾发生情况，对本地消防安全形势进行评估，对火灾发生多、投诉举报多、严重违法违规的行业系统单位加大随机抽查力度，完善抽查计划准确性、针对性。在乡镇推行消防委托执法，委托乡镇消防执法队对乡镇常见的占用消防车通道、人员密集场所安装防盗网等违法违规行为进行处罚。

3.3 深入开展延伸调查，强化火灾事故责任追究

加强与监察、公安、司法等部门的沟通协作，建立火灾事故联合调查协作机制，对一般火灾事故开展延伸调查，严查工程建设、中介服务、消防产品质量、使用管理等各方主体责任，查清查实属地管理和部门监管责任。支队建立火灾调查专班，抽调火调骨干实行轮流值班制度，加强火灾调查队伍建设，培养基层火灾调查各类专业技术人才，强化全员火灾调查业务培训，逐步建立专业配套、梯次合理的火灾调查专业队伍。采取政府购买服务的方式，委托科研机构提供相应技术支撑，建立火灾延伸调查数据库，开展多维度火灾分析研究，为保持消防安全形势稳定、精准防范化解重大火灾风险提供有力支撑。2020 年钦州市政府出台《钦州市实施消防责任制细则》和《钦州市火灾事故调查管理规定》，扎牢制度笼子，推动消防安全责任制落实，落实对单位履职尽责考评，推动消防查隐患向查责任转变。

3.4 深化“1+2+N”防消联勤模式，扩大消防监管绝对人数

运用“防消一体化”勤务模式，部署基层消防救援站配合防火监督力量深入现场进行消防设施现场测试，并对单位微型消防站进行现场拉动，精准实现“防消一体化”工作落实。将“防消一体化”与消防安全专项整治三年行动的深度结合，发动基层消防救援站力量全面融入八类场所专项治理工作，采用“档案+预案、设施+测试、演练+检查”的综合监督手段，全面提升消防监督检查的工作质效。建立各项工作保障机制，制定防火监督、消防宣传、协助火灾调查使用程序措施。探索防消联勤的监管模式，将防火工作与熟悉演练深度融合，践行“传帮带”方式方法，把握工作前提，在开展辖区熟悉演练和执行勤务时同步开展防火工作。

3.5 推动乡镇力量建设，构建基层消防“一体化”格局

针对乡镇和农村火灾高发势态与农村消防基础设施薄弱及县区消防力量鞭长莫及的矛盾，构建“国家队消防站为主体，单编执勤消防站为补充、乡镇政府专职队为延伸、农村义务队为末端”的基层消防力量体系。2019 年以来，钦州市着力构建乡镇、农村消防综合治理体系，全面发动基层力量参与共治，夯实基层消防安全基础，就完善社会治理体系进行积极探索和实践。2020 年钦州市政府制定《2021-2022 年钦州市政府专职消防救援队伍建设工作方案》，开展“1+5+39+145”城镇消防队伍组织架构建设工作，实现乡镇消防工作五项重大突破：一是成立机构。成立 1 个市级和 5 个县区级政府专职消防队保障中心。二是建立队伍。按照乡镇消防队建设标准建设 39 个乡镇政府专职消防队建立乡镇消防监管队和执法队“两支队伍”。三是落实编制。新增 145 名事业编人员用于乡镇专职队和乡镇消防执法队。四是委托执法。将占用消防车通道、人员密集场所违规设置防盗网等事项执法权委托乡镇执法队，230 名通过执法资格考试的执法队员参与执法，制定十八条乡镇消防工作规定，对工作范围、工作措施、履行方式、执法权限等内容进行细化，每月

通过综治系统部署专项检查任务，开展执法956次。五是保障到位。将政府专职消防救援队业务经费、日常运行公用经费等按自治区下发标准执行并纳入同级财政预算，落实综治网格员每月150元消防工作补贴。

3.6 引导社会化力量提供公共服务，提高单位消防安全管理水平

参照住建、应急、民政、卫生部门在行政审批、安全检查、养老服务、卫生医疗方面购买公共服务的经验做法，探索建立消防服务的定价、评估机制和服务标准。引导和培育社会组织参与消防公共服务行业，激发社会消防经济活力，主要从三个方面着手：一是消防工作基础方面。包括法律、法规、规章、规范性文件及技术规范的调研、草拟、论证；城乡消防规划编制；城市火灾风险评估；消防科学技术研究；公共消防基础设施和维护管理辅助服务；多种形式消防队伍组建；灭火应急救援预案修订。二是火灾预防方面。包括消防行政审批；“双随机”监督检查；社会面火灾隐患排查；老旧住宅小区消防设施修缮；消防宣传教育培训（含公共公益宣传、定向培训、专业培训、从业资格认定、消防常识知晓率调查等）；消防信用评估。三是火灾事故调查处理方面。包括火灾现场痕迹、物证的检验、鉴定；火灾直接财产损失鉴定；灾后房屋消防安全状况、消防设施、电气的评估、检测。

4 结束语

目前我国消防综合监管工作还存在着机制还有待完善，综合监管格局仍需创新，难以满足新形势下社会经济发展需求，推进消防安全综合监管，需要结合2023年政府机构改革和消防救援队伍整合契机，完善消防综合监督机制，联合相关部门共同发力，提高市场主体自我监管水平，着力构建“风险+信用”为基础、“分级分类+协同”为关键、“科技+共治”为驱动的新型监管体系，全面构建消防安全综合监管新格局。

参考文献

[1] 陈秉安．构建与时俱进的消防综合监管体系［J］．中国消防，2021（7）：47-49.

[2] 饶家宁，朱飞勇．《中华人民共和国消防法》体系化修正的思考［J］．消防科学与术，2021，40（9）：1410-1413.

[3] 王英．构建科学合理的消防监督管理体系——国务院新闻办公室《关于深化消防执法改革的意见》新闻发布会摘录［J］．中国消防，2019（08）：9-11.

浅谈大型批发市场消防安全管理问题及对策

林　楠

（山东省潍坊市消防救援支队，山东　潍坊）

摘　要　大型批发市场隐患问题多，从业人员复杂，日常消防安全管理困难，火灾风险大，发生火灾易造成重大人员伤亡和财产损失。本文通过分析大型批发市场消防安全问题现状，实地考察调研安徽、浙江等地六家大型批发市场在消防安全管理工作中的先进经验做法，对大型批发市场消防安全管理工作提出建设性意见和对策，降低火灾风险，减少火灾事故发生。

关键词　大型批发市场　小商品批发　消防安全管理　对策

1 引言

近年来，随着经济社会的快速发展，城镇化进程不断加快，商贸点区域性集中出现，综合性的大型批发市场随后大量产生，但是，由于消防发展技术和消防安全眼光的局限，作为附随、辅助的消防设施并没有随之高标准设置，导致大型批发市场出现大量历史遗留问题，一旦发生火灾，易造成重大人员伤亡和财产损失。2009年11月17日，安徽合肥周谷堆批发市场干货区发生火灾，造成干货B区约1500平方米、36间门面房过火，商户损失惨重。2013年12月11日，深圳光明荣健农批市场发生火灾，造成16人死亡、5人受伤。2017年5月20日，山东潍坊潍城区向阳路新樱桃园商城灯具城一仓库发生火灾，导致该商城被完全烧毁。2018年6月1日，四川达州塔沱市场负一楼库房发生火灾，大火持续燃烧了28个小时才被扑灭[1]。

2 大型批发市场消防安全问题现状

（1）大型批发市场一般由老商场等老旧建筑改造而成、甚至有的设在地下或半地下建筑内，不符合现行消防技术规范要求的较多。大部分设有中庭，安装有自动扶梯，层层相通，无封闭楼梯间，无防火分隔措施，防火分区面积超大，一旦发生火灾，容易导致火势迅速蔓延。

（2）易燃、可燃商品集中，人员流动量大，易造成经济的重大损失和人员的重大伤亡。大型批发市场中的商品大都是在各店铺内分类、分批大量存放，易燃、可燃物品较多且种类繁多。另外，大型批发市场集小商品销售和货物存放于一体，增加了火灾荷载，一旦发生火灾，容易形成猛烈燃烧，从而造成严重的经济损失。

（3）消防安全通道不畅，疏散困难。一是通道狭窄。大型批发市场中的货物陈列架柜一般都是竖向或横向排列且成组布置的，业主为了充分利用空间存放更多的货物，货物架与架、组与组之间的间隔都较窄，超摊位经营，不符合规范要求。还有的大型批发市场为追求货物摆放效果，还将竖向组和横向组交错摆放，人员和物资的疏散相当困难。二是安全出口少、疏散宽度不足。大型批发市场防火、防盗问题冲突，出于防盗的目的，很多市场都将入口与出口布置在同一方向上，数量较少，只能按顺序一人通过，不符合疏散要求。

（4）导致火灾的因素多。大型批发市场内的各类电气设备，是导致火灾发生的主要因素，如大型批发市场内使用的

照明装饰灯具一般采用荧光灯具，荧光灯具的镇流器，在长时间使用后，其表面温度高，容易引燃附近可燃物场所内设置的大功率冷暖空调、干鲜货区使用的制冷设备等电气设备功率大，并且长时间运转使大型批发市场内的用电量经常处于超负荷运行的情况之下，很容易发生火灾危险。

（5）消防设施落后，维修保养率低。大型批发市场的消防基础设施由于资金不能落实，大量消防设施损坏无人问津，比如墙式消火栓遮挡缺损、报警装置不联动、应急照明不设置、灭火器严重过期、自动喷水系统擅自停用、防排烟装置不到位等等问题。消防基础设施基本处于瘫痪无用状态使用率不到10%。

（6）救援条件先天不足。由于缺乏前瞻性消防安全规划设计，消火栓数量不足，天然水源少、距离远，大部分老旧小商品市场严重缺乏灭火救援取水条件；同时因为店铺外延、占道经营、灯箱违规设置等原因，加上老旧城镇道路原本狭窄，无法满足消防车辆畅行[2]。

3 部分地区大型批发市场的先进做法

笔者针对大型批发市场消防安全管理进行考察调研，先后到安徽宿州市，浙江绍兴市、义乌市和杭州市四地进行实地考察，现场参观了宿州光彩城大市场、绍兴中国轻纺城东市场和东升路市场、义乌小商品城和篁园服装市场、杭州四季青服装市场，与当地消防部门和企业进行了座谈交流，发现有许多值得借鉴的地方。

3.1 坚持政府主导，改善市场消防安全条件

据调查，全国各地大多数建成年代较早的大型市场，由于基础设施落后，都不同程度的存在火灾隐患，部分市场还被当地政府列为重大火灾隐患或区域火灾隐患挂牌督办。为全面改善老旧市场的消防安全条件，杭州、义乌等地政府牵头，组织专家评估，形成评估意见，由政府进行合理规划，统一组织对市场设施进行升级改造或整体搬迁，杭州四季青服装市场、义乌篁园服装市场等老市场通过政府组织搬迁，消防安全条件得到极大改善。为充分发挥政府的主导作用，义乌小商品城成立国有控股的管理有限公司，绍兴中国轻纺城成立正科级行政编制的建管委，政府拥有市场商位的所有权，经营业户以租赁方式取得使用权，通过“两权分离”可以有效地对商户进行管理。绍兴市柯桥区政府组织经信、商务、工商、税务、市场监管、银监、消防等多部门联合出台相关措施，要求全面整改市场消防安全隐患，凡消防安全达不到条件的市场，其他部门不得为市场和市场内的商户办理相关业务。为整改宿州市光彩城大市场区域火灾隐患，宿州市埇桥区政府投入300万元对市场消防设施进行了升级改造，消防安全条件得到根本性改善。

3.2 落实网格化管理，确保火灾隐患有效整治

义乌小商品城营业面积470万m²，商铺商位8万个，从业人员23万，虽人员众多，但拥有完善的消防安全网格化体系和健全的安全管理制度。市场分为楼层、区域、街区三级网格，大网格长由市场管理方人员担任，中、小网格员经全体商户推选，有一定威望、热心大众事业的商户担任，负责本网格内日常防火巡查、火灾隐患整改、消防宣传培训和应急处置工作。市场管理方建立各项相关激励机制，对担任网格员的业主在商铺租金和营销宣传方面给予优惠照顾，充分调动商户参与网格化管理的积极性，自觉营造良好的市场秩序。宿州市依托派出所辅警开展消防安全网格化工作，开发应用派出所网格化监督管理系统，系统每周随机抽取部分单位派发工作任务，网格员现场检查单位，登陆手机APP填写检查记录表，对现场隐患进行拍照，检查记录表、照片和GPS轨迹信息实时上传，市公安局制定了详细的考评细则每月对网格员的工作进行打分评价，评价结果作为绩效工资的重要依据。通过落实这些措施进一步调动了网格员的工作积极性，促进网络化工作实质化运行。

3.3 出台精细化措施，加强市场消防安全管理

大型批发市场人流、物流、车流较多，日常消防安全管理难度较大，落实切合实际、行之有效的日常管理措施能够有效降低发生火灾事故的概率。绍兴市公安局出台《关于消防监督管理适用拘留处罚的指导意见》，针对吸烟等影响消防安全的36个适用拘留的处罚情形进行了细化和明确，对办理消防拘留案件具有很强的针对性和指导性。中国轻纺城严禁商户“前店后库”“下店上库”经营，店铺只展示样品，仓库全部设置在市场之外，全面实行经营、仓储分离，严禁非营业期间存放大量货物，大大降低了市场内火灾荷载。义乌小商品城对电气线路进行升级改造，实行“下班由市场统一断电、上班由商户自己确认后通电”的模式，解决了无人商户因市场统一送电、店内电器长时间通电引发电气火灾的问题。东升路市场针对商户摆摊占用疏散通道的问题，由市场统一制作了可移动的摊位货架（离地0.15m、高1.5m，宽0.6m），并划定摆放区域，明确摆放要求，严禁违规摆放。篁园服装市场实行消控室值班人员主副班制，分别对主、副班人员的职责分工和应急处置程序进行明确，制定了白天营业和夜间歇业期间的两份应急处置预案并分别进行演练。四季青服装市场对商户实施分值管理，市场管理人员发现商户吸烟、使用大功率电器、占用疏散通道摆摊等违规行为，将扣除相应的分数，分值与第二年商铺租金挂钩。

3.4 应用信息化手段，提高消防安全技防水平

宿州市光彩城大市场为45排两层的小商铺，面积大，监控难，市场逐户逐层安装了独立式光电感烟探测器，并通过无线装置将主机的报警信号实时传输至微型消防站内的报警监控平台，探测器报警后平台第一时间电话通知相关人员现场处置。中国轻纺城在市场内外安装了全方位高清视频监控抓拍系统，设立车辆禁停、严禁吸烟等警示标示，发现车辆长时间占用市场消防车通道时抓拍，交由交警部门按违章停车处理；发现市场内有人员吸烟现象抓拍，交由辖区派出所进行行政拘留。义乌市义亭镇针对辖区面积大，小市场、小工厂众多的实际，由政府出资建立“智慧消防站”，委托第三方专业人员24小时监控各单位建筑消防设施运行状态和用电隐患预警，定期向消防部门提供各单位消防安全情况分析报告，消防站还配备小型消防车和专业灭火器材，发现火情消防站队员出动3分钟内到场扑救初期火灾，解决了公安消防队、乡镇专职队路途远、到场晚的问题。

3.5 强化培训教育，提高消防安全整体素质

由于大型批发市场从业人员成分复杂，文化程度参差不齐，传统意义上的上课式全员消防安全培训效果不佳。义乌小商品城依托微型消防站成立培训教育组，每天安排专人逐户对经营人员实行“一对一”上门服务，面对面地宣传消防安全常识，对消防设施器材使用方法进行培训，对使用大功率电器、占用疏散通道摆摊等违规行为提出明确要求，每季度对全体商户培训一遍。通过随机抽取商户进行交流和现场提问，发现全体商户对消防安全掌握熟练，培训效果显而易见。篁园服装市场依托物业办公室设置消防宣传阵地和消防体验室，在各楼层显要位置设置消防安全宣传站点，利用多种形式深入开展消防宣传教育活动，使商户每天耳濡目染学

习消防安全知识，引导商户及时主动发现消防火灾隐患，提高市场内商户消防安全意识。

4 大型批发市场消防安全管理工作建议

一是充分发挥政府主导作用，推进消防安全责任制落实。由政府组织专家对当地现有市场状况进行专项评估，制定市场指导性意见合理规划市场布局，改造、搬迁、建设新市场时协调土地、规划、住建等部门同步推进，把好源头关，消除先天性隐患，完善行政审批手续，进一步改善市场消防安全条件。进一步加大安全资金财政投入，采取"政府购买服务"形式，将隐患排查、消防安全评估、消防宣传等纳入购买公共服务范围。健全消防安全责任追究机制，强化政府、部门、单位责任，组织相关部门按照行业标准认真开展消防安全大检查，深化消防安全标准化管理，对存在火灾隐患、不符合消防标准的市场整改进度进行跟踪督办，全面提升市场消防安全管理水平。

二是制定行之有效的工作措施，提升市场火灾防控水平。市场主管部门和各市场主体应根据本行业和本单位实际，查找目前存在问题，借鉴其他地区先进工作方法和管理经验，制定落实切合实际的工作措施制度和应急处置预案，进一步加强经营秩序和消防安全管理，定期开展电气防火技术检测、建筑消防设施维护保养和检测、消防安全评估等技防手段，提高消防安全管理水平。在大型市场内落实网格化管理，明确日常防火巡查、火灾隐患整改、消防宣传培训和应急处置工作职责，实现市场内部商户自我管理，提高市场自防自救能力。

三是加快推进智慧消防建设，提高消防安全智能化水平。借助物联网公共服务，对社会单位日常防火巡查及隐患整改、电气火灾隐患预警、重点部位可视化、微型消防站调度、建筑消防设施运行状态和维保检测等信息的智能化采集判断、实时监控和数据分析，构建智能化社会消防安全管理模式。

四是强化消防宣传教育培训，全面提升员工消防素质。各市场应进一步加大消防宣传教育培训力度，采取多种形式向经营商户和群众宣传防火、灭火及逃生自救常识，定期开展灭火救援和疏散逃生演练，全面提升消防安全素质。加大对消防控制室值班人员的培训力度和实战化演练，提高员工消防安全"四个能力"水平，重视微型消防站、专职消防队、区域联防等工作，按标准配齐相关装备器材，定期开展防、灭火业务知识培训和灭火救援业务训练，积极开展防火巡查、消防宣传教育，着力提高市场自查自纠、自防自救能力，实现有效处置初期火灾目标。

参考文献

[1] 中国火灾统计年鉴 [M]. 中国人事出版社，2018.

[2] 田立涛. 浅谈小商品市场重大火灾隐患现状及整治策略 [J]. 北京：消防科技与工程学术会议论文集，2017: 698-700.

浅谈高层民用建筑火灾防控工作现状及建议

宋慧丽

（天津市东丽区消防救援支队，天津）

摘　要　本文从火灾案例入手对高层民用建筑的外墙保温材料、消防设施、疏散通道、电动自行车违规停放充电、违章作业等起火原因进行了深入剖析，并延伸到消防安全隐患方面，对高层民用建筑的火灾防控工作从消防安全职责、消防设施管理、消防网格化功能、强化消防安全管理、电动自行车管理、生命通道、消防安全意识、强化初起火灾处置方面对高层建筑使用者、管理者、消防监管部门、街道、网格员给出了工作建议。

关键词　高层民用建筑　原因分析　消防安全隐患　火灾防控　工作建议

1 引言

随着社会的快速发展，城市化建设速度显著提升，高层民用建筑数量日益多，高层建筑是城市繁荣的标志，但也给公共消防安全带来了新的、更大的挑战。高层建筑体量大、功能复杂、人员密集，与之相伴的是消防安全隐患多、人员疏散救援难度大，情况错综复杂，使得高层建筑消防隐患和火险危机更加突出，关乎群众的生命财产安全，因此做好高层民用建筑火灾防控工作意义重大。

2 高层民用建筑起火原因分析

2.1 易燃可燃外墙保温材料使火灾蔓延迅速

近年来，冷库、室内冰雪活动场所因大量采用的易燃可燃内保温材料，多次引发大火。一些早期建设的高层建筑采用了易燃可燃外墙保温材料，时隔多年已出现包覆材料破损、开裂、脱落等现象，极易引发火灾。我国推行建筑节能政策主要措施之一是在外墙增加保温层，大多采用聚苯乙烯泡沫板或聚氨酯硬质泡沫等易燃可燃材料，这些材料极易被引燃且蔓延迅速，燃烧后产生大量有毒烟气，火灾危险性极大。

2.2 建筑消防设施维护不到位

大多数高层民用建筑消防联动系统不能正常运行的原因有：首先，在安装施工环节，消防联动设备质量不过关，交付使用时系统功能就已缺失，验收工作流于形式；其次，物业服务企业没有按照设施设备保养要求及时处理点位故障或损坏情况，导致消防联动控制系统瘫痪；再次，消防联动系统每年的维修保养费用较高，物业服务企业考虑经营负担而减少或不投入费用，导致设备不能及时维修保养，造成系统瘫痪，一旦发生火灾，消防联动设备不能及时发现和有效处置现场火情，从而导致更大的人身和财产损失。

2.3 疏散楼梯疏于管理让生命通道成为夺命的死亡通道

2015年的武汉市紫荆嘉苑小区33层住宅楼电缆竖井发

生火灾，造成7人死亡，12人受伤。虽然此起火灾只发生在电缆竖井内，过火面积不大，但防火门未保持常闭，使有毒烟气蔓延至楼梯间。逃生的生命通道瞬间变成死亡通道。有的高层民用建筑防火门长期使用过程中损坏或者不能保持常闭状态，失去防火防烟作用，有些居民把废旧家具等可燃杂物放在楼梯间，或在楼道停放电动自行车充电，增加火灾荷载，堵塞疏散通道，既容易引发火灾，又影响人员疏散，发生火灾后，生命通道成为了夺命的死亡通道。

2.4 电动自行车违规停放充电问题

天津市电动自行车保有量已达460万辆，保有数量庞大、使用人群众多，违规停放充电问题屡禁不止，引发火灾甚至亡人时有发生，暴露出老旧小区全链条监管不落实、充电设施建设进度慢、充电桩数量不足、充电优惠政策难落实等问题。

2.5 违章作业引起火灾

河南安阳“11·21”火灾、吉林长春“9·28”火灾、河北沧县“3·27”火灾、北京丰台“4·18”火灾，起火原因均为作业人员未取得电焊工特种作业操作证违规进行电焊作业，未办理动火作业证和安全措施未落实。高层民用建筑经常存在装修、电气焊等作业情况，明火作业现场，电焊熔融的金属火花会导出飞溅，违规作业及操作不慎极易引发火灾事故。

3 高层民用建筑消防安全隐患

3.1 消防设施维护保养不到位

有的单位建筑消防设施损坏、故障，一是屋顶消防水箱间稳压泵压力表和电接点压力表设置不正确、消防水泵不能启动、报警系统主机故障等，一旦发生火灾，消防设施不能及时响应；二是消防设施被停用，例如火灾自动报警系统因经常误报而被业主关掉；三是消防水箱设置在高层住宅楼顶，进水声音影响居民休息而被关掉；四是为方便使用而常开防火门、常闭排烟窗，这些都会影响人员逃生。

3.2 高层民用建筑使用者消防安全意识不强

高层民用建筑的功能多样化，业态分布多，用途广泛，人员进出频繁，成分复杂，素质参差不齐，难于集中宣传培训，消防安全意识不强，例如有的住户为了自己方便，在楼道内放置杂物、鞋柜等；有的将电动自行车停放在楼梯间、楼道内，占消防通道为己用；有的商户将柜子等杂物摆放在疏散通道内，堵塞安全出口、疏散通道，无视公共消防安全。

3.3 电动自行车进楼屡禁不止

目前高层小区电动自行车充电设施缺量严重，现有数量远远满足不了现实需要。即使有的小区建了电动自行车充电设施，但是缺乏管理，加之充电价格偏高于家庭用电价格，导致部分居民仍会将电动自行车推上楼，停放在楼道或者家中充电。受车辆使用年限、电池质量、充电习惯等因素影响，电动自行车家中充电发生火灾导致人员伤亡的风险增大。

3.4 还迁房普遍难于管理

随着城市化进程发展，出现了大量的还迁房，由于还迁房的特殊性，存在着消防安全管理制度缺失、消防基础设施不足、居民难于管理等难题，检查过程中发现消火栓无水、消防控制无双人值守、高位消防水箱数量不足等现象，造成这种现象是由于很多业主从消火栓内无节制用水，灭火器等消防设施频繁丢失现象发生，物业公司不得已关闭水源。消防设施的维修，需要大量资金，物业的维修基金启用，流程繁琐，通过率低，造成消防设施不能及时更换维修。

3.5 消防安全管理责任不清，制度形同虚设

大多数高层民用建筑属于多产权，内部功能复杂，使用单位多，物业单位和业主单位之间消防安全管理责任缺失，经常出现互相推诿的现象，造成日常检查巡查不到位，消防设施维护保养不到位等问题，一些老旧高层民用建筑没有物业管理单位，火灾隐患更是无人管理，极易引起火灾事故。楼梯间、疏散走道、管道井内堆放杂物等动态隐患大量存在，这些隐患一直处于“治理、反弹、再治理、再反弹”的怪圈。

4 高层建筑火灾防控工作建议

4.1 明确消防安全职责

结合高层民用建筑的发展趋势，明确高层建筑主要负责人为消防工作第一责任人，分管消防安全的负责人为主要责任人，明确消防安全领导责任，承担消防安全管理工作的机构建立消防安全组织，制定和完善消防安全制度，将消防工作纳入基层综治、社区、网格等信息化管理平台。明确产权、物业管理、属地监管的职责内容，明确消防设施器材使用、维保、人员管理等工作的归口，确保今后的隐患问题能及时发现，及时上报、及时解决。

4.2 加强消防设施的日常管理与维护

高层民用建筑基础设施日常管理时要注重消防设备的管理与维护，确保火灾发生时消防设备能够良好运行，尽可能的减少火灾损失。消防设施损坏的高层民用建筑要委托有资质的专业施工单位对各项消防设施进行维修更换。维修完成后，委托专业维保单位定期进行维护检测，确保设施器材配置合理，系统正常运行。

4.3 充分发挥消防网格化功能

属地政府要将消防安全网格化管理纳入社会治理网格化管理内容，将消防安全检查和消防宣传纳入网格员日常工作。网格员要结合日常工作主动向居民宣讲消防安全知识，督促居民开展家庭火灾隐患自查自改，主动清理楼道、楼梯间、疏散走道杂物，电动自行车不进楼不入户，不损坏公共消防设施，自觉维护公共消防安全。

4.4 强化消防安全管理

督促指导单位健全消防归口管理部门，明确相关人员责任，结合本单位消防安全风险，逐项完善各项管理制度，制定操作性强的灭火和应急预案，细化巡查检查、火灾扑救等消防安全制度和操作规程，坚决杜绝消防安全制度照搬照抄、弄虚作假。

4.5 加强电动自行车规范治理

对已建成电动自行车充电设施的高层小区，物业管理单位要明确专人，实行统一管理，采取增配灭火器、增加摄像头等手段，做好车棚的防盗、防火管理。没有电动自行车充电设施的小区，属地政府要联合物业管理单位，在小区适当位置合理规划、新建停车棚和充电装置，满足居民停放充电需要。此外，还要鼓励物业管理单位在电梯内安装“梯控”装置，杜绝电动自行车上楼入户。

4.6 通"生命通道"

高层民用建筑新建、改建、扩建时，应首先考虑消防道路规划建设问题，确保发生火灾时消防车能够顺利通行。消防通道的宽度不应小于4m，道路拐角处应预留空间，便于消防车通过，建议在消防车通道上安装智能监控装置，对车道实行动态管理，确保生命通道畅通。针对目前常见的占用消防通道现象要进行积极地宣传引导，明确公安、街道、消防机构在各自职权范围内开展消防车道整治工作，对拒不改正或者多次违法停车造成严重影响的单位和个人，将其违法信息纳入消防安全领域信用信息管理系统，记入企业信用档案和个人诚信记录，实施联合惩戒。

4.7 强消防安全意识

对于不同受众群体，要采取媒体播发、短信推送、入户宣传等有针对性、可接收到的方式，及时发布火灾风险预警，广泛宣传用火用电、易燃易爆物品管理、电动自行车停放充电等安全知识，突出典型案例警示和消防隐患曝光，教育引导公众增强安全意识、掌握安全常识，要组织群众开展"三清三关"（清理楼道、阳台、厨房可燃杂物，离家关闭电源、火源、气源）活动，清除火灾隐患，另一方面，提升群众的逃生自救和使用消防设施的能力。

4.8 强化初起火灾处置

督促单位按照标准建立微型消防站，定人定岗定责，配备并定期维护消防器材，体量规模较大的单位可根据实际合理扩充、调整微型消防站规模，确保力量器材充足。定期开展微型消防站、志愿消防队等应急救援力量的调度联动演练，分类别、起火点位实际拉动测试，确保发现火情，第一时间到场处置，根据灾害实际，合理使用水枪、灭火器等器材，防止火灾蔓延扩大。

5 小结

综上所述，我们要深刻吸取高层民用建筑火灾事故教训，依法落实高层建筑消防安全管理工作，高层民用建筑消防安全管理任重而道远。高层民用建筑消防安全需要从使用者、管理者、消防监管部门统一协调，共同努力，才能有效提升高层民用建筑的消防安全。

参考文献

[1] 刘欣．高层建筑消防安全监督管理的优化策略探究[J]．中国设备工程，2022，496（08）．

[2] 敖蕾．加强高层建筑消防监督及设备管理研究[J]．中国设备工程，2022，506（18）．

[3] 许禄权．建筑消防设施管理状况及其改进措施[J]．中国住宅设施，2022，228（05）．

[4] 刘超．高层建筑消防隐患与防火监督工作探究[J]．今日消防，2022（002）：007．

浅析高校消防安全管理对策

姜洪尔

（杭州市消防救援支队，浙江 杭州）

摘 要 本文以某在杭高校为研究对象，运用综合分析、调查研究等研究方法，对高校消防安全管理现状、火灾案例特点、消防安全管理难点进行了研究分析，得到了健全消防安全管理制度、完善消防安全管理体系、强化重点部位监督、加强消防安全宣传教育、探索消防安全社会实践、提升微站初战处置能力等六项消防安全管理对策，对如何提高高校消防安全管理水平进行了探索，可以为高校加强消防安全管理、有效预防火灾发生提供相应策略，具有一定的现实指导意义。

关键词 高校 消防 火灾 安全管理 对策

1 引言

随着高等教育事业的蓬勃发展，学校规模的不断扩大，建筑功能日趋复杂、建筑高度不断增加、建筑体量不断加大，同时，高校作为人员密集场所，在校师生人数不断增长，人员密度大，尤其是在自媒体高度发展的今天，社会关注度极高，一旦发生火灾，将会酿成难以挽回后果和极大的社会影响。以浙江省为例，仅2022年，全省共发生高校火灾24起，直接财产损失86万元，其中2022年5月16日宁波理工大学实验室火灾，大量视频在网络上被转发，引起了各级领导和人民群众的广泛关注，给消防工作带来了极大的被动。因此，要不断顺应时代发展的要求，进一步提升高校消防安全管理水平尤为紧迫。

2 在杭高校基本情况

杭州市现有高校44所，其中本科院校11所，专科院校32所，包含1所教育部直属高校，30所省属地方高校，4所市属地方高校，9所民办高校，均被列为消防安全重点单位，由杭州市消防救援支队列管的一级消防安全重点单位1家，由各区县消防救援大队分管的二级消防重点单位43家。经初步统计，在杭高校共计占地约为42000亩，校舍总建筑面积约为1350余万 m^2，在校师生约35万人。本文所研究的院校是一所特色鲜明、在海内外有较大影响的综合型、研究型、创新型大学，学校现有紫金港、玉泉、西溪、华家池、之江、舟山、海宁等7个校区，占地面积6893440m^2。截至2022年底，学校有全日制学生59159人、国际学生8131人、教职工9677人。

3 消防安全管理现状

3.1 建筑安全隐患多

3.1.1 老旧建筑

以该院校玉泉校区为例，该校区始建于20世纪70年代，距今已经有50多年的历史，当时的建设并没有长远考虑市政设施、安全保障等因素。同时，受当时消防技术与标准的限制，绝大多数建筑并不符合现行国家标准，主要有：耐火等级低、防火间距不足、消防车道宽度不足等，且电气线路预埋少，很多电气设备、电器线路老化严重，极易发生火灾事故。经调查研究，发现该校区消防车道宽度不足的问题较为突出，校区内道路上停满了车辆，一旦发生火灾，消防车辆难以第一时间到达现场。

3.1.2 建筑工地

近些年高校扩招力度不断加大，学生人数日益增加，现有建筑已无法满足教学需求，大部分高校都在不断扩容，基本上都有在建项目。以该院校紫金港校区为例，该校区为新建校区，占地面积大，建设工地多，施工现场存在大量电、气焊设备，工地上搭建起大量的临时工棚，电器线路私拉乱接现象严重。例如：2018 年 2 月，该校区一工棚内发生火灾，事后据调查发现，起火的原因是取暖设备电器线路故障。

3.1.3 校办工厂

校办工厂是学校为了承担教学实习和其他实践活动、改善办学条件而设立的，部分工厂年代较远，设施老旧，且由于学校体制原因，消防安全管理责任不明晰，长期处于监管难的状态，消防安全受到严重威胁[1]。例如：2015 年 10 月，江苏某服装设计职业技术学院校办制衣厂发生火灾，造成 2 人死亡，3 人受伤，事后经调查，起火原因为实习学生操作不当，导致印染原料发生火灾。

3.2 消防管理不到位

3.2.1 设施设备维护保养不足

从日常监督检查情况看，高校现有消防设施损坏、故障情况严重，尤其在近些年在杭高校均不停建设新校区、新建筑，对老旧建筑消防设施的维护保养不及时、不到位，导致部分老校区、老建筑消防设施长期处于“带病”状态，存在较大安全隐患[2]。以该院校西溪校区为例，经过现场勘查，发现该校区共有 31 个室外消火栓，其中有 3 个消火栓没水，5 个消火栓出水口生锈打不开，11 个消火栓不同程度上的存在管道压力不足的问题。

3.2.2 日常管理难度大、盲区多

学校为例了便于日常管理，均不同程度的存在安全出口上锁、防火门无法常闭、进门闸机影响疏散等问题，一旦发生火灾，严重影响疏散逃生和灭火救援。日常监管存在空白时段，主要表现在寒暑假及法定节假日时，值班力量不足，部分场所锁闭、巡查无法到达等，且学生离校时，可能存在宿舍电器未及时断电、实验器材未及时关闭、重点场所无人员看管等安全隐患，无法第一时间发现问题，错过最佳处置时间[3]。

3.2.3 学校监管难、权责不明确

高校普遍行政级别较高，以地市级单位为例，一般的高等院校行政级别明确为厅局级，部属院校甚至为副部级，且院校的人事调配一般为省级党委管辖，地市级教育主管部门的行政级别仅为县处级，这就导致属地教育主管部门难以对高校形成有效的监管力度，难以正常行使监督权和制约权，致使高校长期存在日常监督难等问题。高校内部结构部门多，教学管理部门与安全保卫部门存在一定程度上的管理脱节，权责不明确，导致制度落实长期处于空转状态。

3.2.4 消防安全意识弱、能力差

高校消防监管主要依靠校内保卫部门，忽视在校师生这个主体，很多师生对火灾事故心存侥幸，没有意识到隐患可能就在自己身边存在。部分高校师生对消防工作认识上存在局限性，片面的认为消防安全工作由学校专门部门负责，事不关己高高挂起。师生在发生火险火情时惊慌失措，不知如何处理，无法有效扑救初起火灾，使之蔓延成灾。

3.3 消防安全重点部位多

3.3.1 宿舍

高校的学生宿舍房间数量多，人员居住密度大，每幢楼多达上千人，是典型的人员密集场所，且电脑、空调、被褥等可燃物多，火灾体量大，燃烧速度快，释放大量有毒烟气。学生消防安全意识薄弱，宿舍内电线私拉乱接，尤其是冬季，基本上每个宿舍都有“热得快”、“小太阳”等大功率取暖设备，电器线路负荷大，容易因线路故障而发生火灾。例如：2022 年 3 月，清华大学紫荆公寓一学生宿舍发生火灾，导致 5 名学生受伤；2023 年 3 月，浙江科技学院一学生公寓因宿舍内电脑发生故障短路而引发火灾。

3.3.2 食堂

高校食堂设施设备多，大量使用蒸箱、烤箱等大功率设备，燃气灶功率大，火苗高，抽油烟机烟道残油多，容易因火苗窜上烟道而导致起火。食堂内部虽然配备了水枪、灭火器等消防设施，但是工作人员多以保洁人员为主，初期火灾扑救不力容易使小火酿成大灾。并且，食堂建筑面积大，可同时容纳近千人就餐，尤其是就餐时间相对固定，就餐高峰期时，学生大量聚焦，人员疏散困难，极易造成踩踏等事件的发生。例如：2022 年 12 月，江苏淮阴某学校食堂发生火灾，在疏散过程中，有 7 名学生被踩踏而受伤。

3.3.3 实验室

高校的实验室种类多，实验材料多，仪器精密，并储存有乙醇、氢气、活泼金属等大量易燃易爆物品。这些物质化学性质活泼，反应迅速，操作不当极易造成火灾，甚至发生爆炸。例如：2015 年 12 月，清华大学一实验室发生爆炸，造成 1 名学生死亡；2021 年 10 月，南京航空航天大学一实验室发生爆炸，造成 2 名学生死亡，2022 年 4 月，中南大学一实验室发生火灾，导致一名学生身体大面积烧伤。据统计，仅 2022 年，全国共发生高校实验室爆炸及火灾事故 11 起，共造成 7 人死亡，直接经济损失达 900 多万元。

3.3.4 体育场馆

本世纪以来，越来越多的高校配套建有大型体育场馆，以在杭高校为例，全市 44 座高校中，有 31 座建有大型体育场馆，有的甚至可以达到承办国际赛事的建设标准。如：浙大紫金港校区的篮球馆，就按照 2022 年杭州亚运会场馆标准建设，并作为杭州亚运会跆拳道项目的训练场馆使用。这些场馆建筑电器设备多，大规模使用强光照明、空调等大功率电器设备。看台上座位多，间距小，可同时容纳几千人，发生火灾容易因疏散不及时而造成大规模人员伤亡。

3.3.5 电动车充电棚

电动自行车凭借其自身的快速、便捷、经济等优势，受到广大师生多的普遍欢迎，并逐渐成为师生们短途出行的主要代步工具。电动自行车市场准入门槛低，质量参差不齐，极易因充电过载而引起火灾，一旦着火，将迅速猛烈燃烧并产生大量高温有毒烟气，而这些有毒烟气，吸入仅数秒就可使人昏迷，并导致人窒息死亡，极易造成人员伤亡。例如：2022 年 6 月，桂林电子科技学院一电动自行车充电棚发生火灾，火烧连营，经调查统计，该火灾共烧毁电动自行车约 150 余辆，直接经济损失约 20 余万。

3.3.6 其他

高校相对于其他社会单位来说，涉及场所功能多样，有的高校面积庞大，各自工作生活配套一应俱全，宛如一个小型社区。例如：浙大紫金港校区，占地面积 5000 多亩，建筑数量多，功能复杂，分为教学区和生活区，除教学楼、宿舍、食堂等常规建筑外，校区还设有超市、KTV、影院、医院、小区等。部分场所性质特殊，例如图书馆、机房等，存在大量珍贵的数据、文献、资料，这类重点场所一旦发生火灾，会造成无法挽回的损失[4]。

4 对策

4.1 健全消防安全管理制度

坚持贯彻“预防为主、防消结合”的方针，联合教育主管部门，推动建立健全消防安全管理制度，构建消防安全工作网络。打破以往消防安全仅是学校保卫部门职责的错误定位，将消防安全纳入高校年度考核的范畴之内，切实推动消防安全责任落实落地。例如：浙江省教育厅与省消防救援总队于2020年联合下发《浙江省学校消防安全管理办法（试行）》，明确了学校的主要负责人为消防安全的第一责任人，对学校消防安全负总责，并对归口管理职能部门及职责进行了进一步明确，确定了专职消防安全管理人员，并鼓励消防安全管理人员取得消防工程师职业资格。

4.2 完善消防安全管理体系

要做好源头管控，把好建筑新建、改建、扩建、内部装修的源头管理，对于老旧建筑，在其装修时应对其建筑结构、消防设施按照新标准进行改造，使其能够满足现行法律法规的要求；对新上马的建筑，消防救援机构要从源头介入，全程监督指导。要发挥高校自身科技优势，积极探索应用智慧消防校园监管平台，运用消防物联网技术，安装无线联网烟感等智能联网设备，实现早期预警，切实提升消防工作智能化水平，预防和减少火灾事故发生，全面提升学校消防安全管理水平和火灾防控能力[5]。

4.3 强化重点部位监督管理

针对高校火灾事故特点，进一步加强对火灾易发高发部位的监督管理，如宿舍、电动自行车充电棚、实验室等，强化火灾预防措施。以高校实验室为例，要对实验室的管理人员进行针对性消防安全培训，规范实验各环节的安全操作规程，掌握初期事故处置程序。推动实验室责任包干到人，组织对实验室进行专项检查，对实验物品进行起火爆炸风险等级分类，全面检查可能存在的起火爆炸风险隐患，严格落实学生实验时老师全程跟班指导制度，切实降低火灾风险。

4.4 加强消防安全宣传教育

经常性开展警示教育，播放火灾案例警示教育片，切实让学校师生深刻认识到火灾危险性和带来的惨痛教训，提高消防安全意识。进一步强化宣传教育，创新宣传教育形式，例如，消防救援机构可主动选派业务能力强的指战员担任学校的消防安全“校外辅导员”，来校上好“开学第一课”。选择不同形式和内容，有针对性的开展消防安全宣传教育，例如可将懂消防安全知识、会报警、会逃生、会使用灭火器作为学校军训内容开展训练，定期组织火场疏散逃生演练，提升师生自防自救能力。

4.5 探索消防安全社会实践

充分利用大学生社团活动，积极组建大学生消防志愿者队伍，开展多元化消防公益活动，积极构建消防安全社会实践平台，将大学生参与消防安全教育活动纳入暑期校外社会实践内容。消防救援机构用好用活用足消防救援站、消防科普教育基地等资源，开设消防体验课程，联合开展师生体验活动。开设消防安全隐患自查等实用性较强的实践活动，提升师生发现火灾隐患的能力，倡导和鼓励师生使用“火灾隐患随手拍”APP，及时反映学校消防安全问题，共同构建良好的消防安全环境。

4.6 提升微站初战处置能力

强化高校微型消防站力量建设，成立以校园保卫部门力量为主，教职工、学生共同参与的灭火救援初期力量，定期开展培训，有针对性地开展灭火演练和疏散演练，掌握必要的应对各种突发事件的能力。配齐配强相应的灭火救援装备器材，如：小型消防车、巡逻车、水带水枪和个人防护装备等，形成快速反应的机动能力。高校要提请政府在周边建立建强区域性微站，并加强配合演练，合成演练操法，发挥最大战斗能力。消防救援机构要将微站纳入接处警平台进行统一调度指挥，定期对微站进行训练、拉动，提升微站灭早、灭小、灭初期的能力。

5 结束语

高校是社会高素质人才的摇篮，只有建立健全长效管理机制，不断提升消防安全管理能力，才能从高校中培养出具有消防安全意识的社会栋梁，从而减少整个社会面的火灾事故，促进经济社会和谐、稳定发展，确保人民群众的生命财产安全。

参考文献

[1] 易贤文，赵昌礼．浅析高校消防安全工作的问题与对策［J］．成都大学学报（社会科学版），2012（2）：127-129.

[2] 胡阳，王芳渠．新时期高校消防安全管理的现状与对策［J］．区域治理，2020，（5）：191-193.

[3] 于晓东．高校宿舍消防安全管理研究［J］．文存阅刊，2020，（45）：200-201.

[4] 张苏赣．信息化时代高校消防安全管理创新模式探究［J］．科教导刊-电子版（中旬），2020，（9）：72-73.

[5] 高校智慧消防平台的设计与实现［J］．中国新通信，2021（5）：42-42.

关于经济欠发达县组建乡镇专职消防队的思考

范永伟

（安徽省阜阳市颍泉区消防救援大队，安徽　阜阳）

摘　要　乡镇专职消防队担负着保卫广大农村区域经济建设和人民生命财产安全的重要任务，随着城镇化建设的快速推进，乡镇专职消防队生存发展面临着许多新情况、新问题，文章结合经济欠发达县乡镇专职消防队现状和面临的困境，就新形势下推进乡镇专职消防队建设、更好地发挥职能作用做了分析。

关键词　乡镇专职消防队　必要性　现状　剖析　思考

乡镇专职消防队是由乡镇政府牵头组织，招用合同工，每队一般几人到十几人，配置轻型消防车辆或手抬泵浦，实行集中住宿，由当地消防救援机构进行业务培训和指导。笔者认为，乡镇专职消防队是填补县级以下区域消防力量空白的中坚力量。在我国，绝大多数乡镇处于城市消防站保护范围以外，消防力量缺乏，消防工作基本处于不设防状态。乡镇专职消防队近年在经济发达地区有较快的发展，但在经济欠发达地区仍进展缓慢。

1　乡镇人民政府建立专职消防队是法定责任

《消防法》第36条规定："乡镇人民政府应当根据当地经济发展和消防工作的需要，建立专职消防队、志愿消防队，承担火灾扑救工作。"因此，本条从法律上明确了乡镇人民政府要根据当地经济发展和消防工作的需要，结合本地实际建立专职消防队，承担本地区的火灾扑救工作，并加强日常管理和建设，使之不断发展壮大。

2　乡镇人民政府建立专职消防队的必要性

2.1　农村火灾形势严峻

农村人群消防安全意识淡薄，知识匮乏，自防自救能力差；可燃物多，明火使用量大；消防设施欠账严重，交通不便，救火困难；建筑布局不合理，建筑耐火等级低，电气线路敷设不规范；尤其是鳏寡独孤人群生活条件差，容易成为火灾侵害的对象。2000年至2005年，全国农村共发生火灾50万起，造成9688人死亡、11312人受伤，直接财产损失36亿元，烧毁建筑1800万 m^2，火灾起数、死伤人数、直接财产损失占全国城乡火灾总量的60%以上。平均每年有4.4万农户、15万多人受灾，一次烧毁几十户甚至上百户的重特大火灾时有发生，许多农民因火"致贫、返贫"，生产、生活陷于困境，影响了农业经济发展和农村社会稳定。

2.2　国家队人力严重不足

目前全国消防救援人员共有17万余人，承担着全国范围内的消防监督管理和火灾扑救工作。但是，随着城乡建设规模的日益扩大、经济建设的迅速发展，警力不足的矛盾也日益突出，仅靠现役人员去承担日益繁重的消防保卫任务，心有余而力不足。安徽阜阳市颍泉区人口75万，在编消防人员26人，比例为1：28846。按照战斗编程至少出动4部消防车的要求，同时发生两起火灾就面临无人可用的窘境。

2.3　防控力量辐射较小

以安徽省阜阳市颍泉区为例，现有消防中队1个，辖区面积648平方公里，最远的乡镇距离消防中队约50公里，且乡镇道路路面状况差，消防车到场需要1个小时以上，这对农村火灾的扑救极为不利，往往到场时已经是"火烧一把光"，有时群众不理解，意见很大。

2.4　城镇建设进程加快

中共中央、国务院关于乡村振兴的战略提出以来，全国各地小城镇建设日渐升温，其成果也日益明显，成为区域经济新的增长点，是实现农村工业化和农业产业化的载体。但小城镇的规划布局往往主要考虑经济方面的因素，尤其是在经济欠发达地区，经济发展水平不高，消防规划多是空白。同时人口逐渐密集，经济活动总量猛增，火灾风险飙升。

3　发展现状

3.1　组建进度缓慢

以中部地区的安徽为例，全省104个县（市/区），其中相当一部分财政收入不足，长期依靠转移支付，目前完成50%建队任务的只有为数不多的县（市/区）。

3.2　管理难度较大

一是兼职任务多。虽然乡镇专职消防队在人员配备上都能基本到位，但多数队员的主要职能并不在消防执勤训练上，大多精力用在治安、巡逻、警卫方面，造成队员无法24小时满员在位、训练时间不足、战训技能得不到提高。二是人员流动性大。乡镇专职消防队仿照在编消防队伍队伍实行准军事化管理，"养兵千日，用兵千日"的特殊性使队员的休息、休假始终是一个老大难问题，已婚队员照顾不了家，未婚队员谈对象困难，加之处置灾害事故工作的艰苦性和危险性，使队员面对超常的工作压力，思想情绪波动较大，工作积极性不高，离职现象较多。三是制度落实不严。大多队员是本地人员，复杂的社会关系影响正常工作、生活，导致队员平常请假时间多，外出办事多，影响队伍正规管理和灭火救援。

3.3　保障不到位

一是薪酬待遇低。乡镇专职消防队员往往和一般保安待遇等同，出警也没有补贴，甚至没有购买"五险一金"，工作积极性差。二是消耗补充难。据统计，乡镇专职消防队保障经费每年1万元以下的居多，有的甚至零经费，经费的不足导致车辆器材维护、日常训练等工作得不到保证，队伍战斗力得不到提升。

4 剖析原因

4.1 政府财力有限、意识不到位

国家六部委下发了专题文件，要求各省市政府加强多种形式消防队伍建设，各省市政府随即下发了本地区的指导意见，但一些县市区政府只是流于形式的进行了转发，没有出台实施细则或长远规划，队伍发展的制度保障不完善。很多政府领导虽大力支持乡镇专职消防队伍建设，但却以各种经费紧张为由消极建队；少数领导片面认为组建乡镇专职消防队是多此一举。同时，在经济欠发达县，政府财政吃紧，建设乡镇专职消防队的费用全部让县市区政府或乡镇政府来承担，也的确有不现实的一面。

4.2 部门畏难情绪、措施不到位

个别部门领导认为组建乡镇专职消防队是消防部门的职责，与己无关，没有把乡镇专职消防队伍建设摆上工作议程，工作上畏难情绪严重，始终抱有“多一事，不如少一事”的态度，片面强调客观困难，对乡镇专职消防队建设工作思路不清，力度不大，推动较慢。个别消防部门和其他相关政府职能部门沟通协调少，错失国家对经济欠发达地区的很多倾斜政策，目光只盯在县市区政府、乡镇政府和消防部门身上。

4.3 竞争机制不健全、氛围不积极

目前，乡镇专职消防队虽在组建上采取了一些实施有效的推进措施，但还没有建立统一完善的聘用、管理、考核、奖惩、辞退等竞争激励机制。有的队员认为“干多干少一个样、干好干坏一个样”，感受不到优胜劣汰的危机感，自然会滋生出“只求过得去、不求过得硬”的思想，整个队伍就不会出现争先进位、积极向上的氛围。

5 努力方向

2021年中央1号文件《关于全面推进乡村振兴加快农业农村现代化的意见》，明确提出“加强乡镇应急管理和消防安全体系建设”，中央16号文件《关于加强基层治理体系和治理能力现代化建设的意见》明确提出“统筹推进乡镇街道和城乡社区治理，依法赋予乡镇街道行政执法权”。

5.1 明确责任、理清管理

党委政府关心支持是消防工作发展的源动力，消防部门要利用各种机会主动向党委政府汇报，争取支持，推动县级政府将乡镇消防队建设纳入乡镇政府绩效考评，调动乡镇工作积极性。必须让乡镇政府主要负责人意识到消防工作的重要性，意识到建队的益处，不能把乡镇专职消防队当作累赘和摆设。考虑消防安全实行三级管理，乡镇专职消防队的运行机制和消防队伍的准军事化性质，笔者认为，乡镇专职消防队应由乡镇人民政府统一领导，乡镇消防安全委员会负责日常管理。

5.2 典型引路、合理配置

一是明确标准。为防止乡镇消防队建设流于形式，所有建成队必须达到“有固定队址、有4名以上队员、有不少于1部执勤车辆、有必要经费保障”的“四有标准”。在此基础上，根据各乡镇经济发展不平衡的实际情况，制定乡镇消防队车辆装备建设的“二个标准”：即经济发达的乡镇，购置多功能消防水罐车；经济欠发达的乡镇，配备多功能洒水车，具备灭火和执勤的基本条件。二是培育典型。深入研究分析各乡镇每年的财政收入和人口数量，以财政收入中等乡镇为突破口，组建乡镇专职消防队，发挥实际效用，为推动其他乡镇建队树立榜样和典范。三是量力而行。消防车辆装备价格不菲，一般的乡镇很难接受。消防部门要主动提供车辆性能参数，多方联系厂家，带领乡镇政府领导实地查看，提出合理的改装意见，确保购置的消防车性能较好、价格较低、功能较齐。

5.3 沟通协调、巧用工程

建立乡镇专职消防队，不能老盯着政府的钱袋，也不能孤军奋战。要加强同城建、农业、水务等部门的沟通协调。当前，支农惠农的政策很多，拨款也不少，如水利系统的农村饮水工程，是国家于2005年启动的，目的是解决农村人口的饮水问题，可以协调利用建设乡镇市政消火栓和购置消防设备。如住建系统的农村清洁工程，可以协调利用购置消防车辆。

5.4 盘活资源、一队多能

乡镇充分利用多功能消防车的优势，在保证灭火救援工作的同时，还进行冲洗道路、洒水、美化街道等。有效整合消防、应急、治安联防等资源，由乡镇政府干部、安监员、派出所协警和联防队员组成乡镇消防队，实行24小时值班备勤，达到能及时组织开展应急救援行动，能有效控制火灾事故的蔓延，能降低火灾危害损失程度的“三能”目标。经济欠发达的相邻乡镇，一个乡镇难以建队和维持运转的，可局部整合资源建队，其队站建设及人员招聘和日常运行经费由出资乡镇按比例承担，主要担负出资乡镇的灭火救援和消防保卫任务。

5.5 落实保障、激发干劲

一是多元化筹资。经费保障是制约乡镇建队工作的瓶颈性问题，建队和运转经费可以从财政预算、乡镇自筹、企业赞助、个人捐助等方面考虑，不断拓宽经费筹措渠道，建立完善以县政府拨款为重点，乡镇投资为补充的多元化经费保障机制，充分调动乡镇建队的积极性。二是人性化保障。专职消防队岗位属高危岗位，队员待遇在《消防法》第三十九条中有明确规定。建队单位应按照特殊行业补贴标准给予相应补贴。参加灭火救援或消防训练中受伤、致残、牺牲的队员，政府和建队单位应按照有关规定给予生活保障、医疗救助或抚恤待遇。三是制度化竞争。没有激励和淘汰机制的队伍肯定是一潭死水。专职消防队员在灭火救援中表现突出，立功受奖，达到一定年限的人员可纳入地方事业编制或者解决医疗、养老等保障问题；表现一般，无明显成绩的人员则分流到其他岗位或则淘汰。

5.6 常态指导、人文关怀

消防部门要加强对乡镇专职消防队的指导和管理，采取“进城、下乡”两种方式，深入乡镇进行有关消防业务理论、器材装备操作、车辆维护保养、体能技能等项目的培训。通过不间断的培训和演练，提高乡镇消防队灾害事故处置能力。搞好组织和协调，注重推广先进经验，明确对乡镇专职消防队的教育培训、考核考评等制度，每年至少组织开展一次练兵或比武活动，使乡镇专职消防队在比拼中得到提高。

节假日期间走访慰问乡镇专职消防队，邀请队员家属进行座谈、联欢，加深感情和心理认同，化解矛盾，激发工作动力，大力宣扬乡镇专职消防队员为维护社会和谐稳定所作出的积极贡献，增强其社会荣誉感和成就感。与乡镇领导交流沟通，推动乡镇政府进一步加大投入，为乡镇消防队建设

发展创造良好环境。

5.7 联勤联动、彰显作用

对乡镇消防队的通信调度联络手段进行统一规划，由县市区消防大队指挥中心统一调度，真正做到“统一行动，一处有火，四处出动”。在一些大型火灾和事故处置中，果断调度、发挥作用、锤炼队伍、体现价值、营造声势，加深地方党委政府领导和社会各界对乡镇消防队的认识。

社会需要、政府重视、人民满意，是乡镇专职消防队持续发展的动力和基础。只要紧紧抓住当前党委政府高度重视消防工作的契机，以国家消防救援队伍为尖兵，以政府专职消防队为主力，以志愿消防队为补充，转变观念，大胆探索，勇于实践，进一步加强和完善乡镇专职消防队的建、管、训、用、养工作，一定能够推动农村消防工作再上新台阶！

参考文献

[1] 《关于加强多种形式消防队伍建设发展的意见》2006.

[2]《关于深化多种形式消防队伍建设发展的指导意见》2010.

[3]《安徽省“十二五”消防事业发展规划》2012.

[4]《安徽省合同制消防员和文职雇员管理规定》2009.

[5] 《安徽省多种形式消防队伍规范化建设暂行规定》2009.

对消防执法理念转变的理解和思考

周吉引

（河南省新乡市消防救援支队，河南 新乡）

摘 要 思想决定行动，在消防工作中，有什么样的执法理念就会有什么样的执法效果，不可否认，就全国来讲，当前的火灾防控、执法队伍还存在一些问题和不足之处，端正执法理念是我们迫切解决的一个重要问题。公安部副部长亓延军同志在河南工作时曾经提出执法要实现“五个转变”（即：1. 从大包大揽向单位主责转变；2. 从矛盾对立向协同防控转变；3. 从重在治标向标本兼治转变；4. 从被动担责向主动履责转变；5. 从虚浮棚架向务实重干转变。）提得非常好，现在结合这“五个转变”谈谈我对消防执法观念转变的理解和思考。

关键词 执法理念 转变

1 从大包大揽向单位主责转变是一次脱胎换骨的思想变革

1.1 解放思想不断适应新常态

解放思想、实事求是、与时俱进是我们适应新常态完成新任务的根本思想武器，任何时候，任何情况下，思想不解放就不能推动社会的变革和经济发展，防火工作也是如此，前几年，个别防火干部确实存在大包大揽的思想，片面认为防火工作是消防部门的事，为了迎接上级检查，个别单位想了不少“土办法”，该社会单位做的基础工作和一些文字档案，消防部门帮其做好，或者让消防人员穿上便装化装成单位的工作人员应付差事，一提问什么都懂，什么都会，这样以来，个别检查者满意，被检查单位也高兴，社会防火存在一定的形式主义和工作棚架现象，诸多弊端显现，一些单位的火灾隐患久拖不改，火灾防控压力空前加大。社会单位那么多，防火工作人员有限，社会单位不重视消防工作，火灾依然不断发生，可谓防不胜防现。现在全国上下整治“四风”，我们要有政治意识、大局意识、核心意识和看齐意识。所以，执法人员必须转变执法理念，让社会单位切实履行主体责任。《消防法》规定“消防工作贯彻预防为主、防消结合的方针，按照政府统一领导、部门依法监管、单位全面负责、公民积极参与的原则，实行消防安全责任制，建立健全全社会化的消防工作网络”，做好消防工作不是消防部门一家的事，必须把政府、部门、单位、公民的主体责任履行好，才能真正做好全社会的消防工作，消防社会单位是消防工作的主体，本单位的火灾隐患必须由本单位去整改，作为我们执法人员，要督促社会单位落实消防主体责任，只有社会单位重视消防工作了，单位的火灾隐患才能消除。

1.2 督促社会单位主责明晰

消防安全责任人和消防安全管理人对消防工作的重视程度以及员工的消防安全意识直接影响本单位的火灾防控，党中央提出依法治国，任何单位任何人都要遵守执行消防法律、法规，切实履行好消防主体责任，对消防工作单位如何主责，是一个思想、态度和管理的问题，如果思想不重视，态度不端正、管理不规范，都容易导致消防工作瘫痪，所以，作为消防单位责任人和管理人，一定要履职尽责，提高认识，加强领导和管理，建立健全消防安全管理制度，落实消防安全措施，提高员工的消防安全意识，组织人员逃生演练和消防安全“四个能力”建设，加强“户籍化”管理，建立消防安全“户籍化”管理档案，实行消防安全管理人员报告、消防设施维护保养和消防安全自我评估报告备案制度，通过明晰主体责任，消除火灾隐患。

2 从矛盾对立向协同防控转变是执法工作的一个“突破口”

2.1 靠前服务，加强沟通，当好参谋

矛盾是对立的统一体，矛盾的双方相互对立，又相互依存。消防工作是一个系统工程，管理者与被管理者始终是一个矛盾关系，作为执法人员，如何解决矛盾，如何正确处理对立与同一的关系非常重要。作为执法人员必须放下架子，靠前服务，加强沟通协调，当好参谋。执法为民是我们加强消防队伍建设的基本出发点，也是消防部队执法思想的核心，严格执法和热情服务根本目的就是要满足人民群众的新

期待。要一次执法一堂课，一个窗口一片情，要全面推行热情咨询制、承诺服务制等诚信服务制度，以满腔热情为群众服务，群众来办事，无论能不能办，该不该办，首先要有一个正确的态度，使群众感到温馨，要以优质高效的工作质量服务群众，该办的要立即办，不拖；能办的要立即办，不等；牵扯到其他部门的要主动协调，不靠。所有业务工作一律按法律期限和程序办理，任何单位和个人不得以任何理由拖延时间。要进一步改进执法人员消防执法的方式、方法，正确处理执法为民与热情服务的关系，一要牢固树立以人为本、执法为民的执法理念；二要使执法人员的思维方式、执法观念、执法方式、执法模式、不断与消防法律法规相适用，通过热情服务，积极协调，发挥参谋作用，促使“政府”、“部门”、“单位”、“公民”这四个消防安全责任主体自觉学法、真正懂法、模范守法，正确用法。

2.2 贯彻消防法律法规、多策并举，加强防

作为公安消防部队，一定要认真的贯彻落实《消防法》，紧密结合我国消防法制建设的实际，深刻认识我国经济发展给公安消防工作带来的新要求、新挑战，进一步健全执法制度、完善执法机制、强化执法监督，确保执法人员始终做到严格公正文明执法，切实维护和促进社会和谐稳定。通过消防法律法规的贯彻施行，切实解决制约消防工作发展的一些“瓶颈性”问题，要按照“政府统一领导、部门依法监管、单位全面负责、公民积极参与”的消防工作原则，大力提升消防工作社会化水平，过建立消防安全责任制，强力推进消防工作社会化；通过贯彻施行消防法律法规，全面推进依法治火进程；通过建立多种形式消防队伍，不断创新消防力量增长方式；通过实施科技强警，大力提升防灭火能力。

3 从重在治标向标本兼治转变是解决制约消防“瓶颈”的一副“良药”

“标本兼治”是一个中医词语，“标”就是表面特征，“本”就是根本原因，就像病毒性感冒一样，发烧、咳嗽是“标”，引起感冒的病毒是“本”，要想痊愈，必须标本兼治，消防工作也是如此，做好消防工作，不光治“标”更重要的是治“本”，要对症下药，标本兼治。

就执法队伍中存在问题的“标”与“本”来说，一是个别消防执法人员的思维方式与消防法律法规不相适应，必须改变消防监督表面化、形式化、权力化、个人化等长期固定的思维模式；二是个别消防执法人员的执法行为有时还不够规范，在执法过程中执法行为简单粗暴、吃拿卡要、滥用职权、由裁量权的现象时有发生。消防执法人员必须改变固有的执法思想、执法观念，跟上时代改革的步伐，适应《消防法》的新变革。三是个别消防执法人员的执法方式与消防法律法规不相适应。消防执法人员在执法方式上已经形成了固定的模式，《消防法》在监督检查、审核范围、执法力度等又都有了新的规定，有利于规范执法、预防和减少消防违法行为的发生。这势必促使现有消防监督模式发生一些质的改变，对执法人员多年来形成或执行的模式、方式形成一定的冲击，执法人员就要顺应形势所需，彻底改变多年形成的固有的执法模式，需要脱胎换骨的新思维，新变革，需要不断改变、创新工作方式，更新工作思路，创新工作措施，转变执法观念，四是个别消防执法人员的整体素质与消防法律法规要求不相适应。少数基层消防执法人员不善于学习，满足于一知半解，对消防法律法规学习不深不透，执法素质偏低，驾驭本职工作能力不高，工作中不能做到理论与实际有机结合，以至于造成许多工作“盲点”，导致抓不住消防执法工作的主要矛盾和矛盾的主要方面。必须加强执法人员的素质教育，牢固树立以人为本、执法为民观念，增强消防执法工作主动性和创造性，并以主人翁的态度去认识消防，参与消防，狠抓消防。执法人员要解决根本问题，必须以科学发展观为统领，以学习消防法律法规，坚持以人为本、不断更新观念，进一步打牢执法为民的思想基础；进一步转变思维方式，规范执法方式和执法行为，建立有关制度，采取有效措施，固本强基，大力提升消防工作法制化水平，要加强执法廉政建设，牢固树立消防部队良好的执法形象。作为消防执法人员，要进一步更新工作思路，创新工作措施，转变执法观念，健全工作机制，为加强和改进社会消防工作，促进社会平安和谐，推进社会消防安全管理法制建设、落实社会消防安全责任、有效预防火灾和减少火灾危害、保障和改善民生作出积极的贡献。

就消防社会防控问题的“标”与“本”来说，一些地方消防工作还比较滞后，消防基础设施薄弱，消防制度和消防规划不落实，地方政府消防欠账较多，防控火灾的能力比较低，火灾隐患多，群众的消防安全意识淡薄，消防法律不遵守，消防主体责任不落实等等，所有这些表象，根本原因就是针对消防工作，消防安全责任主体思想上不重视，行为上不落实，有法不依，执法不严、违法不究，防火措施不力，防控工作不实，没有采取必要的强制措施，社会单位只顾眼前利益不顾群众安危，只讲发展不讲安全，只讲经济效益不讲隐患危害，最终导致火灾事故频繁发生。要想改变现状，必须标本兼治，坚持依法治火，大力提升消防工作法制化水平，积极推动消防执法规范化建设，进一步完善消防法规体系，切实加大消防执法力度，对重点单位和要害部位实施有效监督，采取必要措施，督促单位履行消防主体责任落实，努力提高服务经济社会发展的能力，完善消防执法监督制约机制，进一步规范消防执法行为。各级地方党委政府和职能部门切实履行责任，加大消防经费投入，落实消防规划，加强消防基础设施建设，完善机制，固本强基，加强消防宣传教育“七进”工作，提高全民消防安全素质，增强全社会抗御火灾的能力。

4 从被动担责转向主动履责转变是火灾防控的一个“法宝”

纵观国内多起有影响的重特大火灾事故，从地方职能部门到公安民警，从地方主要主管领导到消防部门主管干部都受到了不同程度的处理，有的因失职渎职甚至锒铛入狱，为此，有些执法人员开始担心害怕，认为干的多不如干的少，检查的单位越多，被处理的风险越大，片面认为只要不发生火灾事故就不会被追究责任，干与不干一个样，所以不愿执法检查；有的执法干部认为只要不管不问、不办证就没有责任，导致执法不作为、慢作为；一些执法干部抱有临时思想，认为只要在任期内不发生火灾就行，对历史遗留问题和现实执法难题等硬骨头，不积极想办法解决，遇到难题绕道走或视而不见，这也是执法不作为。如果发生火灾，即使调走了、转业了，也要追究责任，所以说与其被动担责不如主动履责，执法人员要牢固树立“四个意识”，切实增强责任感和使命感，认真履行法律职责，确保自己学法、懂法、会用法、不违法。

《消防法》从四个方面规定了消防责任主体的义务和责任。一是进一步明确了地方人民政府在火灾预防、灭火救援等方面的职责；二是进一步明确了政府有关部门、团体在消防安全教育、消防安全检查等方面的职责；三是赋予公安派出所消防管理职责；四是进一步强化了社会组织在保障消防安全方面的具体义务。消防责任主体要有居安思危、如临薄冰的危机意识，要提高认识，健全组织，加强领导，认真履

行消防工作职责，采取措施，加强专项治理、消防宣传和火灾防控，加强消防安全网格化管理，全面推行消防安全“网格化”排查、行业系统“标准化”建设、重点单位“户籍化”管理，坚持常态监管和专项整治相结合，建立政府挂牌督办、部门联合执法、兵团集中作战、媒体跟踪曝光、专题约谈督办等火灾隐患整治长效机制，组织人员消防培训和逃生自救演练，提升“四个能力”建设水平，积极推进火灾隐患整改，确保全社会火灾形势稳定，确保不发生火灾或者发生火灾经济损失降为最小，只有这样才能少担责或不担责，我们才能无后顾之忧。

5 从虚浮棚架向务实重干转变是改进工作作风的一个落脚点

“虚浮”含义就是浮而不实，“棚架”比喻行动落实不到位，作为执法干部，一定要务实重干，克服“棚架”现象，戒虚怯浮抓落实。虚浮棚架是形式主义，务实重干是执法人员工作作风的必然要求，任何火灾的发生都不是偶然的，任何一次偶然都有必然的结果，执法人员虚浮会导致工作不力，主体单位虚浮会导致火灾隐患久拖不改，任何工作都怕认真二字，只要务实重干，社会火灾防控能力才能持续提升。

作为执法人员，一定要坚持实事求是，依法办事，决不能弄虚作假，欺上瞒下，该检查的一定要去检查，不能没有检查说查，该下发的文书一定要制作下发，不能在网上虚录法律文书，更不能当“甩手掌柜”，把制作文书和文书网上走程序全部交给文员去做，导致工作层层衰减，要转变作风，执法人员要亲力亲为，主管领导要亲自抓，分管领导要协同抓，部门领导要具体抓，通过一级抓一级，层层抓落实，积极回应群众呼声，从群众最期待的地方做起，端正工作和服务态度，提高工作效率。同时执法人员要执法懂法，不断学习消防业务知识，以提升消防监督员素质能力核心，全面提高消防监督人员“三懂、四会”能力（懂方针政策、懂法律法规、懂业务知识；会监督执法、会管理服务、会宣传培训、会群众工作）当好消防安全监督员、消防安全“四个能力”建设辅导员、消防安全网格化管理指导员和消防安全知识宣传员。建立落实首席消防监督员制度，落实好首席消防监督员职责，对社会单位进行消防家督指导和消防培训教育，促使社会单位绷紧消防安全这根弦，完成好本单位的消防安全工作。上级部门要加强督促基层加大消防执法力度，坚决杜绝消防执法弄虚作假虚浮棚架等问题，发现弄虚作假者严肃处理并追究相关人员责任。

主体单位要一手抓排查整治，一手抓源头防控，要认真的落实消防法律法规，实事求是的整改火灾隐患，不懂就问，要做“事前诸葛”，不做“荆州刘备”，更不能当“南郭处士”，时刻抓安全，早打预防针，把一切火灾隐患消灭在萌芽状态。要戒虚求实，认真履行主体责任，一手抓火灾防范、一手抓消防基层基础工作，全力预防和减少火灾事故，有效遏制较大以上亡人火灾事故，坚决杜绝重特大尤其是群死群伤火灾事故，切实维护和会火灾形势持续稳定。

6 小结

通过“5个转变”，进一步提升消防执法人员的执法素质和工作能力，改进工作作风，勇于担当责任，提高执法水平，确保消防执法规范化建设跨越式发展。

浅谈消防安全领域信用管理在消防监管中的实践应用

李雅巍

（天津市河西区消防救援支队，天津）

摘　要　本文简要介绍了消防安全领域信用体系建设的现状及其重要意义，并结合笔者自身工作实际案例，阐述分析了消防安全领域信用管理在消防监管工作中的具体实践应用，对促进消防管理社会化发展，加快消防工作社会化进程具有一定的借鉴意义。

关键词　消防安全　信用管理　消防监管　实践应用

1 引言

消防信用监管是消防执法改革的重要内容，是消防救援机构实现治理体系和治理能力的现代化的重要手段，也是最具时代性和创新性的举措。通过近几年收到的反馈可以看出，各级消防救援机构越来越重视消防安全领域信用监管工作，将其融入诚信宣传、双随机检查、信用信息公示、分级分类监管等工作之中，推动指导社会单位将诚信建设作为消防安全工作的重要组成部分，通过加强信用监管，可以促使单位更加自觉地履行主体责任，将消防安全纳入到日常管理中，提升单位的消防安全意识和能力。

2 消防安全信用体系建设的现状

消防安全领域信用体系是指建立在消防安全领域内的信用评价体系，主要目的是通过对企业、个人所表现出的消防意识进行量化评价，针对薄弱环节进行消防安全意识的针对性提升，促进消防安全工作的开展。消防安全领域信用体系建设的核心是建立一套有效的消防安全信用信息归集、记录、公示、评价、综合管理和综合运用机制，通过对依法履行消防职责的企业和个人进行褒奖，可以激励和引导更多的社会力量参与到消防安全工作中来。这不仅可以增强消防安全的全民意识和责任感，更能够促进消防安全事业的快速发展。同时，还能实现对违反消防法律法规，存有火灾隐患等失信行为的企业、个人联合奖惩。建立和运用消防安全信用体系不仅可以有效推进消防安全管理工作的落实，也可以为保障人民群众的生命财产安全作出积极的贡献，信用评价可以有效地推动企业和个人的消防安全行为，促进消防安全工作的顺利开展。通过对企业和个人的消防安全行为进行评价，可以建立起一套完整的消防安全信用评价体系，这样可以帮助消防安全机制尽快落实。

本篇文章在写作过程中将天津作为具体案例。为了进一步推动全市范围内消防安全体系的落实，自 2021 年后，天津市先后制定出台了《天津市大型商业综合体经营企业消防安全领域信用评价暂行管理办法》、《消防安全领域信用评价规范》等多个标准文件，力求通过多层面、多角度的方式推进社会信用体系的建设，保证工作的快速展开、顺利进行。

3 消防安全信用体系建设的重要意义

3.1 积极推进消防安全主体责任落实

建立消防安全信用体系的重要性在于，它可以促进消防安全管理的规范化和现代化。通过对社会单位的消防安全行为进行评价和监管，可以激励其自觉履行消防安全职责，提高消防安全管理的科学化和精细化水平。

3.2 助力消防执法改革事中、事后监管

目前，我国的消防救援机构仍处于执法改革阶段，建立、完善、加快促成国家安全领域范围内的消防信息建设，并将其积极纳入社会信用信息体系，可以更加全面、准确地评估企业、个人在消防安全方面的表现，让社会公众、企业和政府有一个更清晰、更客观的了解。此外，信用体系的建立也能够激发企业和个人在消防安全方面的积极性，提高他们的自我管理意识和能力。

3.3 提高消防监督执法的效能

通过对消防安全责任的落实情况进行监管，可以加强对涉火单位的日常监督管理，加快建立责任追究机制，从而推动依法履行消防责任，提升整个社会的火灾防范能力。同时，信用体系的建立还可以突出执法惩戒效果，对于深化执法改革、提高消防执法效能有着积极的促进作用，因此，在实际操作过程中，更应该加大监管力度，从而实现对社会单位分级分类监管的精准化监督执法。

3.4 全面发挥联合惩戒作用

建立消防安全信用体系，实施消防信用监管，对存在严重失信行为的社会单位在依进行法律制裁的同时，按照相关规定向银行、金融、发改委、教委、财政、人社、市场监管等涉及部门推送、共享信用信息，通过提高违法成本，减少其交易机会，让其感受到违法行为给自己带来的巨大损失，从而起到震慑作用，减少类似违法行为的发生，真正发挥部门联合惩戒作用。

4 消防安全领域信用管理具体应用

2022年4月，在天津市消防救援机构开展消防救援日常检查工作过程中，执法人员发现某家餐饮场所在未经许可的情况下违法使用、营业，相关行为已经触犯了我国法律规定的要求。因此，执法人员迅速责令其停业，并判处罚金人民币肆万元整。这起事件体现了执法机关对于消防法律法规的严格执行，以及对于违法单位的严肃处理态度。通过此次案例的曝光，能够引起广大社会单位的警醒，提高其对于消防安全重要性的认识，自觉履行消防安全职责，遵守相关法律法规和规范标准。依据《天津市消防安全领域信用管理办法》，该违法行为属于消防安全领域严重失信行为，支队需要严格按照程序要求对存在严重失信行为的该企业进行严加抽查监督。

此次案例不仅是对于违法单位的警示，也是对于全社会的提醒，要不断加强消防安全工作，严格落实主体责任，不断完善消防安全监管体系，保障人民群众的生命财产安全。同时，在相关法律的要求下，该单位存在的严重失信行为将进一步报送市消防救援总队进行核准，总队核准后将其作为消防安全领域严重失信主体向天津市信用信息共享平台进行了信息推送上报。此后，信月中国（天津）网站还将其列为天津市消防安全领域严重失信主体，在网站失信惩戒模块中将其进行了公示，修复期为6个月。信用中国（天津）网站对该企业公共信用综合评价调整为C级（企业经营稳定性一般，履约能力一般，存在一定的信用风险）。

在进行信用信息公示的同时，支队第一时间启动约谈程序，对其主要负责人进行了专题约谈，并对信息修复工作进行了专项讲解，督促其立即纠正失信行为。对于行政处罚事项的执行，要求其积极履行法定义务，按要求停止营业并尽快整改隐患问题，消除不良影响。同时，支队加大诚信宣传、指导力度，针对该公司在消防安全检查行政许可申请过程中存在的隐患整改及材料准备等问题进行了现场技术帮扶、指导，提高其对消防安全诚信监管的认识和重视。

作为商会成员单位，该公司因受到行政处罚停止营业，被列为天津市消防安全领域严重失信主体，企业公共信用综合评价下调，经济效益下滑，经营状况每况愈下，信用监管联合惩戒让该公司充分认识到了信用公示、失信惩戒对企业长远发展的约束力和惩治力，积极着手开始隐患整改及失信行为修复工作。6月份，该公司及时停止了非法营业行为，并对于自身存在的安全隐患进行了及时整改。2023年4月，该公司向支队申请信用修复指导帮助，称其在满足信用修复条件后多次提交信用修复申请均未审核通过。支队积极联系总队及市、区诚信建设领导小组，协调、指导企业完成资料整理、上传及信用修复工作。

本案是一起典型的涉及信息公开、成功修复的具体案例，凸显了信用信息公开和失信惩戒在营造企业责任清晰、体系完善、整治彻底的消防安全管理体系过程中起到的积极促进作用。对于失信企业，信用信息的公开将会起到很好的社会监督作用，同时，此次案例也充分证明了执法机关在消防安全领域的监管作用，以及严格执行的执法力度。对于违法单位，执法机关将依法予以处罚，并采取限制经营、提高违法成本等措施，以期产生震慑作用，遏制类似违法行为的发生。

5 小结

综上所述，消防安全领域信用管理体系的建立，需要依靠各级政府、企业和社会各方的共同努力。政府应该加强对消防安全领域信用管理体系的管理和监督，加强对消防安全行为的监管和查处力度，这可以有效地遏制消防安全事故的发生，减少人员伤亡和财产损失。同时，企业也应该积极参与消防安全信用评价，将消防安全作为企业的重要管理内容，不断提升消防安全管理水平，增强消防安全意识和责任意识，从而有效地降低企业的消防安全风险。

参考文献

[1] 刘安营，管崇然，季龙．消防信用建设提升消防管理水平 [J]．中国消防，2014，18：34-35.

[2] 吴中彬．消防安全信用体系建设与实践应用 [J]．消防科学与技术，2016，8：1163-1165.

[3] 崔来超．消防安全信用体系建设与应用 [J]．今日消防，2021，6：22-23.

[4] 薄建伟．从几个基本概念谈对消防监督管理机制模式改革的一些认识 [J]．中国消防，2020，6：60-61.

[5] 刘汉明．新形势下消防行政执法工作分析 [J]．法制与社会，2010，3：156-158.

关于做好新时代队伍教育管理工作的尝试与探索

杨宏国[1]　严　霖[2]

（1. 湖北省随州市消防救援支队，湖北　随州；2. 湖北省武汉市消防救援支队，湖北　武汉）

摘　要　队伍教育管理是消防救援队伍建设与发展的永恒课题，是队伍始终保持正确政治方向、旺盛战斗力和良好作风形象的一项基础性、全局性、长期性的重要工作。本文通过实地调研、座谈了解、问卷调查等方式，分析改革转制四年来遇到的新情况新问题，研究谋划措施办法。

关键词　新时代　教育管理　运行模式

1　引言

武汉是中部地区中心城市，经济社会发展迅速，各类火灾事故易发多发，灭火救援和消防监督任务十分繁重。随着改革整合深入推进、使命任务不断拓展，队伍分布“动”在日常、“散”在各处，人员思想“活”、掌控“难”成为常态，队伍教育管理正面临许多新情况新变化新问题。如何顺应时代发展、坚持问题导向，扭住关键要害、找准方法路径，在解决问题中求突破，在顺应变局中开新局，走出新时代队伍教育管理改革创新“破冰之旅”，是摆在我们面前的一道现实而又紧迫的课题。下面，以武汉市消防救援支队为例，就做好新时代队伍教育管理工作作一些探析。

2　新时代队伍教育管理工作面临的难点问题和现实困境

当前，队伍正处于改革整合关键期、转型升级加速期、履职履责考验期，教育管理工作老问题有了新表现、新情况老问题交织叠加，通过调研思考，主要有以下几个方面：

2.1　从职能特点看，队伍面临“动散抓建”新难题

近年来，党和国家高度重视消防工作和基础设施建设，据统计，2018年底武汉支队有消防站47个，截止目前共有消防站130个（其中86个消防站投入执勤，其他消防站已派员进驻暂未投入执勤），队伍点多、线长、面广，而新体制新编制员额未增加，存在“有站无兵、人岗不适”的现实困境。另外，近4年来支队年均接处警3.6万余起，以2021年为例，年出警量超1000起的消防站占15%，最多的消防站达1700余起，55.8%的队站年出警量超过400起，繁重的任务无形中对政治教育、管理制度落实造成了影响。改制转隶以来，队伍先后经历军运安保、疫情防控、防汛救灾、庆祝建党百年大会等大战大考，参与郑州、黄梅、随州等地跨区域增援，且勤务保卫、实战演练、比武考核任务多，队伍“小集中、异建制、大分散、多点位”特征更加明显，存在掌控队伍难、管理统一难、制度坚持难、安全保证难等实际问题，给教育管理工作预见性、针对性、实效性带来挑战。

2.2　从时代背景看，队伍面临“铸魂育人”新要求

随着信息网络飞速发展，“网生代”群体占比越来越多，指战员价值观念和行为方式发生了深刻变化，思想状况总体呈现隐蔽性强难发现、差异性明显难把握、网络化突出难捕捉“三难”现象。问卷座谈中，71.5%的指战员表示入职前每天上网时间在3小时以上，86.7%的获取信息主渠道是手机网络，59.5%的上网主要是玩游戏、看直播、刷抖音、点外卖，青年指战员真实想法一般不轻易向人吐露，遇到烦心事时不是第一时间或首先找组织、找领导，习惯通过网络向战友、朋友、亲属诉说。反观当前队伍政治教育，教育方式普遍满足于念稿、抄笔记，有的干部不会讲，习惯于空洞的价值观说教，强塞硬灌、听之无味；有的不敢讲，对政策调整、成长进步、公平竞争、婚恋休假、后路出路、福利待遇、身体疾病等关心关切的问题，既不理直气壮地讲大局、讲正气、讲措施，又不旗帜鲜明地批评和反驳歪理邪说；有的不善讲，不善于运用时政资讯、正反案例、鲜活故事以及网络手段来娓娓道来、答疑释惑。以往八小时外、营区外是教育管理工作的薄弱环节，现在不出营区就可以理财购物、聊天交友，也给管理教育工作提出了新要求。

2.3　从成分结构看，队伍面临“融合整合”新挑战

支队目前已招录了四批新消防员，本地人员多、年龄跨度大、婚恋比例高、社会经历多，入队动机、价值取向、行为方式差异巨大，整体呈现了对消防职业的憧憬和对管理标准的不适并存、属地招录的归属感与执勤模式的焦虑感并存、职业奉献的认同度与个人利益的聚焦度并存、干事创业的活力足与服从命令的意识弱并存、清晰的职业规划与有偏差的自我评判并存等问题。支队现有政府专职消防员3200余人，占队伍总人数66.7%，虽然都承担消防救援工作，但是在政治待遇、身份属性、来源渠道、管理模式等方面仍然有差异，多数专职队员和消防文员将消防职业作为谋生的工作，讲待遇多于讲奉献、讲自由多于讲纪律、讲理想多于讲奋斗、讲个人利益多于讲集体利益的思维认知活跃，缺乏对消防职业的认同感、归属感，不同程度面临“招不到、留不住、不好管”的困境。消防员本地化和已婚消防员在驻地有亲情关系、社会关系，这对落实“两严两准”和纪律部队建设标准也是一个现实挑战。

2.4　从工作落实看，队伍面临“担当作为”新课题

当前，干部队伍职业认同感较强，但受晋升空间、流动变慢等影响，不同程度出现安于现状、精神懈怠、动力不足等问题，容易导致队伍中的苗头隐患不能被及时发现和消除。超过60%的干部认为当前主要压力来源为“个人成长进步的愿望难以实现”，主城区干部不愿到远城区工作，远城区干部想到主城区工作愿望强烈；有的认为“船到桥头车到站”，不思进取、得过且过，甚至“躺平”“佛系”。从前期调研、督导情况看，当前队伍层级管理存在“断层”现象，有的大队主官习惯当“甩手掌柜”“二传手”，对人员思想状况、车辆装备、执勤实力等心中无数，对上级要求听之任之、对问题隐患视而不见；有的基层干部存在“小官僚”习气，把文书当秘书用，遇到工作不思考谋划、不检查落实，个别单位甚至出现违法违纪事件。

2.5 从转型升级看，队伍面临“提质强能”新任务

做好新时代队伍教育管理工作，对各级管理骨干特别是领导干部思维观念、履职能力、执行能力和综合素质提出了更高的要求。当前队伍内部“重业务、轻管教”、“重硬件、轻软件”、“重基层、轻机关”等惯性思维仍然存在，有的认为教育管理工作是政治机关、政治主官和政治干部的事，其他人员可以少参与或不参与。有些基层干部忙于事务性工作，很少了解消防员所思所想所虑所盼，往往是出现问题后才“亡羊补牢”。通过调研，大队队管办“机关化”、两级六小员“空心化”较为普遍，且基层管理骨干大都是“半路出家”，能力素质偏弱，普遍存在“想干好、却不会干”情况，各类业务培训虽然每年都在办，但还缺乏系统性、专业性和实践性。有的对教育管理工作主动钻研不够，静不下心、沉不住气，遇到问题矛盾存在畏难情绪，不愿意下慢功夫、实功夫、长功夫。

2.6 从发展大势看，队伍面临“自我革命”新考验

改革转制四年来，有的指战员仍然保有旧的思维和行为惯性，对人员出现的新思想、新问题、新风险预判不足，队伍管理松懈、作风松散、纪律松弛“三松”现象仍然存在，在涉赌涉贷排查、从严管酒治酒、移动终端管理、网络舆情管控、重点人员筛查等方面仍存在问题隐忧。有的基层党委和领导干部处理问题不敢较真碰硬、不敢坚持原则，奉行好人主义、搞下不为例。有的知敬畏、存戒惧、守底线的意识不够强，还没有自觉习惯在受监督环境中工作生活，消防执法腐败“减存量、去增量”任重道远。

3 近年武汉支队队伍教育管理工作的探索实践

近年来，武汉支队党委聚焦主责主业、紧贴形势任务，始终把教育管理工作摆在重要位置，坚持抓思想、强组织、严管理、正风气，确保了队伍“三个稳定”。

3.1 紧跟改革形势统思想、抓教育

针对队伍指战员结构趋于年轻化、获取信息便捷化、思想认识多元化，对队伍改革战略考量、职能使命任务认识不够全面、准确、深刻的实际，把学习习近平新时代中国特色社会主义思想和重要训词精神作为坚定理想信念的“根”和“本”，抓实“不忘初心、牢记使命”、“坚持五个不动摇”、党史学习教育、“牢记领袖训词、永做忠诚卫士”等主题教育，制定政治教育年、月清单，组织基层主官每月备课示教，适时举办授课评比；在三定落编、政策调整等关键时期，通过各级领导宣讲、干部骨干授课、指战员讨论等方式，跟进开展政策宣贯，第一时间统一思想、纠偏正向；在重要时段、庆典时节以及队伍思想活跃期，通过邀请驻地高校、军队、党校教授辅导大课，公安、法院、检察院、纪委专家讲授案例、全体指战员讨论交流等方式，筑牢正确“三观”；联合华中师范大学编写《消防指战员政治教育读本》《政府专职消防员政治教育读本》，规范教育内容和形式，支队党史教育工作做法被《湖北日报》2个整版推介。

3.2 紧扣两严两准抓规范、严管理

针对少数单位和个人原因仍存在去军事化、纯职业化的不良倾向，抓好《队列条令》《内务条令》《基层建设纲要》《思想政治教育大纲》等法规政策文件宣贯，编制《正规化建设VI图册》，统型基层队站41类“标配”、13类“选配”库室建设标准，100余类营房库室VI标识，统一营房外观、内务设置、标识标牌等设置标准，对生活用品、衣物鞋袜等定格定物、定点定位，实现了营区设置整洁统一、美观大方。实体化运行21个大队队管办，组建“六小员”骨干队伍，规范层级管理，狠抓末端落实。充分发挥机关示范引领作用，落实每周集合点名、队列训练、内务评比等措施，推动作风转变。持续推进安全“九无”三年创建，实体化运行支、大队两级安全工作组织，常态化开展涉赌涉贷、涉黄涉舆、涉酒问题等排查整治，连续两年评选安全工作先进单位。扎实开展正规化建设攻关，修订出台涵盖党的建设、队伍管理、组织教育、绩效考评等6大类34项制度规定，初步形成一套科学、规范、缜密的管理制度体系，确保机关按纲指导、基层按纲建队、人员按纲履职，支队“四统四性”正规化建设经验做法全省推广、通过消防救援局验收。

3.3 紧贴使命任务塑精神、树形象

习近平总书记指出：“一个有希望的民族不能没有英雄，一个有前途的国家不能没有先锋”，支队党委始终把加强职业精神培育摆在重要位置，凝结提炼“忠诚、无畏、同心、严明、为民”汉消精神内核，指导各级打造一个文化主题、五个文化样板、五个功能库室品牌，在全省率先成立支队文联组织，规范文学、演讲等5个协会运行，“汉消读书会”先后开展机关第一届篮球赛、乒羽争霸赛，组织篮球、足球俱乐部参加省直机关篮球联赛和市职工杯足球赛，蝉联总队篮球比赛“五连冠”、代表总队参加省直机关篮球联赛获冠军、获武汉市职工杯足球赛亚军。同时，积极争取党委政府重视支持，建立22人的先进典型储备库，加大队伍形象宣传力度，通过强化社会尊崇激发指战员职业荣誉感。三年来，8人次受习近平总书记亲切接见，1个单位、4人次获得党中央、国务院、中央军委表彰，2人次获得中组部、全国妇联表彰，取得历史性突破；陈建、李长春被应急管理部确立为重大先进典型，参加建党百年庆祝大会、中宣部中外记者见面会，参与央视《中国骄傲》节目录制；13个单位、37个人获得省部级表彰，30个单位、45人获市（区）级表彰；2个单位记集体二等功、4个单位记集体三等功；7人记个人二等功、220人记个人三等功、1782人记嘉奖。

3.4 紧抓发展机遇建机制、办实事

抢抓党委政府高度重视消防工作的难得机遇，科学编制10个三年建设规划，提请市政府出台《武汉市消防救援队伍职业保障措施》《消防救援职业工种纳入武汉市落户指标》等利好政策，并发文明确政府专职消防员保障经费不低于12.16万元，落实预备消防士优待金260余万元。注重破解政府专职队伍“招不来、留不住”难题，建立了一套“招、管、训、用、保”科学管理机制，量身订做政府专职消防员8项管理制度、8类专职管理岗位、5种休假模式，常态开展入职、任职、晋级和骨干“四类培训”，137名骨干走上基层队站管理岗位，享有与消防指战员同等的职业荣誉和优先优待保障政策。落实“为基层、为群众办实事”项目26个、办成实事536件，协调解决指战员转改落户、子女入学、配偶随调、家属随迁等基层关心事忧心事，完成1409人工资套改和新工资发放，为102人办理子女中考优录加分、入园入学手续，慰问家庭变故、困难指战员280余人次。支、大队18个工会组织规范化运行，落实会员福利发放政策，定期开展婚恋联谊、文化共建、志愿服务等活动。

4 做好新时代队伍教育管理工作几点思考

新时代呈现新特点，新使命带来新变化。新时代教育管理工作要以党的二十大会议精神为指引，深入学习习近平新时代中国特色社会主义思想和重要训词精神，紧扣“靠得

住、打得赢、活力足、形象好”目标要求，紧盯队伍活思想，树起从严管导向，始终用真理说服人、用真情感染人、用真实打动人，推动队伍教育管理因时而进、因事而化、因势而新，确保教育管理工作在强基固本中回归本真、在对标看齐中把正方向、在创新实践中彰显威信威力，凝聚队伍集中统一和团结稳定的磅礴力量。

4.1 在因时而进“领”上下真功，着力提升教育管理政治性

我们要聚焦队伍“活思想”、矛盾困惑等突出问题，全员上阵、全程跟进、全域发力，教育引导指战员想学、愿学、主动学，充分发挥政治教育的理论武装和政治引领功能。一是及时官宣占领。旗帜鲜明占领主阵地，第一时间宣贯上级决策部署、命令指示以及队伍活思想，消防站主官每月至少备课示教1次，大队教导员每季度至少备课示教1次，大队长每半年至少备课示教1次。在重大改革政策出台、重要会议召开后，适时邀请专家学者来队作政策理论、道德法纪宣讲，答疑释惑、统一思想；将社会组织、知名人士、优秀退出人员等纳入荣誉教员库，构建多元供给大教育格局。二是与时跟进引领。利用“消防救援网院”“荆楚政线”“钉钉政治教育系统”等线上教育平台，建立教育教案、课件、视频等云资源库；抓实道德法纪、性质宗旨、战斗精神、职能使命等基础教育，配好教育“营养餐”，分层分类精准施教，打造“线上与线下”融合教育模式。以大队为单位开展“每周一课”，组织主官、干部轮流授课，整合施教资源，破解工学矛盾。适时开办“汉消小讲堂”“时事小辩论”“文体小比赛”“形势小研讨”，通过提问、设问、辩论和讲述等方式，变“一言堂”为“群言堂”，廓清思想迷雾，拉直疑虑问号。三是全时典型率领。层层建立典型培树对象库，与市（区）委宣传、团委、退役局等部门建立沟通协作、共建共育机制，开办“典型座谈会”“事迹报告会”“体会分享会”等，适时组织老领导、老战士来队讲述昔日“旧况”，组织新入职人员畅谈今日新貌，探索开展“轮岗体验”活动，引导指战员强化职业认同、情感认同。四是即时教育占领。针对队伍普遍关心关注的热点、焦点、疑点问题，及时讲清重要意义、讲清利害得失、讲清拥护措施，确保队伍令行禁止、步调一致。健全完善遂行政治工作机制和预案，各级政治干部熟练掌握随机动员、仪式激励、心理疏导、文体解压等操作流程；加强与心理服务机构协作，抓好定期巡诊、综合测询、危机干预等措施，确保指战员身心健康。五是适时感召带领。发掘驻地“土菜”、家乡“本味”资源，建立红色实践体验路线，开展观红影、读红书、唱红歌、品红史、看红馆等“五红”活动，高标准建设荣誉室、初心园、党建园等阵地，在重要节日、重要时机讲好入职“第一课”，发挥党史、国史、队史培根铸魂作用。进一步提升红门影院、消防员之家、图书室使用率，拓展家庭、社会、单位“三位一体”教育模式，采取邀请家属参加晋职晋衔、记功授奖、节日团圆、送奖到家等仪式，提升队伍职业荣誉感、使命感。

4.2 在因事而化“塑”上下实功，着力提升教育管理规范性

我们要紧扣“两严两准”建队标准，坚持按纲要建、依条令管、按制度办，确保兵味浓一些、人情味重一些，战味浓一些、家庭味重一些，血性味浓一些、汗水味重一些，传统味浓一些、科技味重一些，职业味浓一些、骨干味重一些，着力构建“日常养成、安全管控、文化涵养、信息技术、骨干培育”五位一体的队伍管理新模式。一是日常养成塑形。常态开展“条令纲要学习”和“学法规、用法规、守法规”活动，扎实学习贯彻《内务条令》《队列条令》《处分条令》《基层建设纲要（试行）》。支队每月、大队每半月、消防救援站每周至少开展一次队容风纪、内务检查、队列训练，定期举办队列会操、知识竞赛、本表册评比，做到“年有条令月、月有条令周、周有条令日”。持续深化队伍正规化建设达标创建活动，推进单编执勤模式改革，抓好软件硬件统型规范，持续规范“四个秩序”。二是安全管控塑稳。持续开展安全“九无”三年创建及“基层安全万里行”活动，各级每月至少开展1次安全教育、1次安全分析和1次安全检查，常态开展安全警示提示，形成安全文化，构建人防、物防、技防相结合的严密防范体系。采取线上与线下、常态与动态、随机与集中等形式开展饮酒抽查，加强敏感时间段、重点人员酒精测试的频次和力度，坚决杜绝发生涉酒问题。三是管理文化塑魂。加强“小散远、人车酒、网舆秘、黄赌毒”等重点部位、重点环节的监督管理，注重对探亲休假、调休轮休、退出安置、病假事假等人员的行为跟踪管理，构建按制度管人、按制度办事格局。各级干部自觉做到“三前三后”（即灭火救援、抢险救灾干部冲在前，消防员在后；就餐、洗漱消防员在前，干部在后；表彰奖励、调休休假消防员在前，干部在后），各级主官要当好“师长、家长、兄长”，时刻把指战员冷暖、疾苦和成长进步放在心上，努力协调解决“操心事”“烦心事”“揪心事”；基层干部要当好敢死队长、施工队长、宣教队长，各级消防员要当好家庭成员、攻坚队员、参谋助理员，构建新型指战员关系。四是信息科技塑行。开发人力资源信息化管理系统，深度推进队伍管理各项流程移动化、无纸化，鼓励实行电子记录，让“数据多跑路，指战员少跑腿”。大力推进“智慧营区”建设，开发智能会议、智慧党建、政治教育等子系统，实现各类工作记录自动生成，发挥信息技术辅助管理功能，构建全要素规范、全流程管理、全时域监督的队伍管理新格局。五是骨干队伍塑身。持续做好政治轮训、入职培训、岗前培训、晋级（职）培训及岗位适训，配强基层主官和骨干队伍，强化干部、骨干履职能力。鼓励指战员参加与履职岗位相适的学历教育或职业资格认证、职业技能鉴定等，强化人才储备及作用发挥。建立健全分片包干、谈心谈话、汇报讲评、形势研判等工作制度，各大队每月至少对所属消防站、小型站、执勤点及培训点的覆盖督查1次，每半年开展1轮征信及涉赌涉贷问题排查。

4.3 在因势而新“动”上下硬功，着力提升教育管理实效性

天下大势，浩浩汤汤。要提升队伍教育管理效果，只有因势而新动起来，坚持严管厚爱的原则理念，建组织、强队伍、抓合力，做到管理上严格、政治上激励、工作上支持、生活上关怀，不断提高队伍教育管理工作的时代性、感召力。一是党建引领带动。认真落实民主集中制和党委统一的集体领导下的首长分工负责制，严格执行党委“七议”、双重组织生活、书记述职评议等制度，加强各级书记队伍建设，开展大队党委秘书、基层党支部书记集中轮训，着力推进“四强”党支部和“四型”机关创建，“七一”前集中表彰“两优一先”先进典型，年内开展优秀领导班子和“一对好主官”评选。进一步规范群团组织建设，发挥工会职能作用，切实把联建结对、文艺共建、走访慰问等关爱举措落到实处。二是职业文化联动。强化队地文化交流融合，健全完善文联组织，规范文学、演讲等协会运行，指导各级建立曲艺、厨艺、摄影、书画、瑜伽、歌舞等兴趣小组，定期举办群众性文体竞技活动，定期举办文艺汇演、集体婚礼、青

年联谊、亲子团建等活动，每个大队至少保有1-2个文艺节目，强化职业认同和情感认同。三是能力素质推动。推动建立党务政工、作战指挥、装备管理、队伍管理等学术委员会，完善“师傅带徒弟”制度，组织优秀干部参加地方党校、高校培训，分级分层开展干部履职能力测试。出台学历教育管理规定，支持开展在职教育、学历提升和技能培训，建立人才管理大数据库，完善绩效考核、晋升调配机制，最大限度调动指战员工作主动性和积极性。四是优待关怀感动。持续抓好办实事项目，推进消防员优待金、家属随调、养老等优待政策落地。落实消防员积分调动政策要求，研究制定老干部服务管理办法，严格执行指战员调休轮休制度，定期看望慰问烈士、因公牺牲指战员遗属以及生活困难党员，落实人性化的“婚丧嫁娶”关怀模式，不断增强指战员的安全感、获得感和幸福感。五是督导帮扶促动。实体化运行两级队管办和基层“六小员”骨干队伍，开展群众性谈心和“三互”、“三帮一带”活动，落实“双四一”工作措施，压实末端管理责任。坚持“严”的主基调，精准运用“四种形态”，加大日常督查、政治巡察、审计反馈发现问题线索处置力度，对违法违纪问题绝不手软、顶格追责，涵养正气充沛、干事创业的政治生态。

从消防监督的角度浅谈医院火灾防范工作

陈　曦

（廊坊经济技术开发区消防救援大队，河北　廊坊）

摘　要　“十四五”时期公立医院高质量发展的八项具体行动中提到要提升医院安全秩序管理法治化、专业化、智能化水平。文章通过对医院火灾特点分析，找出工作中的重点和难点问题，结合日常监督实际，从健全和落实监管部门职责、重视和完善消防管理架构、巩固和加强主动被动措施、普及和加强消防培训演练、提倡和建立智慧消防系统等四个方面提出医院消防安全防范对策。

关键词　消防监督　医院防火　火灾预防　医院消防管理

1　引言

2018年8月13日，台湾省新北市台北医院发生火灾，导致13死亡，火灾原因是医院大楼7层床铺电源线起火；2022年1月8日，湖南省衡阳市石鼓区衡阳来雁医院发生火灾，造成6人死亡，事故直接原因为第三层属于违章建筑，顶棚违规使用泡沫夹芯彩钢板搭建，吊顶内电气线路故障引燃绝缘层、木龙骨等可燃物；2023年4月18日，北京长峰医院住院部东楼发生火灾，造成29人死亡，据初步调查，事故系医院住院部内部改造施工作业过程中产生的火花引燃现场可燃涂料的挥发物所致。

触目惊心的数字暴露出了医院在消防安全管理方面存在诸多问题，为防止悲剧重演，必须举一反三，加强医院消防安全防范措施和应急处突能力，保障人民群众生命财产安全。

2　医院火灾的特点

2.1　火灾荷载大

随着医院综合性功能愈加完善，科室多、设备多、药剂多，比如：乙醇、甲醇等易燃化学试剂，稍有不慎就会引发火灾；住院楼用电较多，热水间和微波炉常见[1]；UPS电源系统；贯穿全院的氧气管道；纱布、绷带等各类医疗消耗品；床垫、座椅、被服等易燃物[2]；中草药库内的中草药等。一旦发生火灾，极易引发严重后果。

2.2　蔓延速度快

为方便患者就医的需求，医院建筑擅自将门诊楼和病房楼通过楼梯、连廊相连，一旦一栋建筑发生火灾，增加了烟气向各方向发展的可能性，极易造成火势蔓延。部分医院还设置通风、空气调节系统管道、中央空调，增加了火势蔓延途径，加快了火势蔓延速度，增大了造成人员伤亡的机率。

2.3　疏散难度大

医院病房楼、门诊楼等单体建筑越来越高，火灾后的疏散难度明显增大；医院内大多数都是身体不适、行动不变的患者，骨折病人、重症病人这类人群自救能力差，在疏散时完全借助于他人，无论心理、生理还是行动力的特殊性，都加大疏散难度；病房楼在楼道内加床占用疏散走道的现象屡见不鲜；以上因素都给疏散带来极其不利的影响。

2.4　火灾损失重

医院的功能逐渐朝着多元化的方向迈进，将门诊、医疗、教学、实验等功能逐步融合为一体，体系日趋完善。各种配套的贵重医疗设备数量随之增加，电气线路愈发复杂[3]。同时，医院档案室留存有住院患者的纸质病史资料，且保存期限不低于30年，病例对于患者报销、伤情鉴定和继续治疗等十分重要，一旦发生火灾，必然会带来无法弥补的后果。

2.5　扑救难度大

医院内每层楼或者每个科室几乎都配置精密的检查仪器，像高压氧舱、消毒锅等仪器自身就比较危险，一般来说都不宜用水扑救。档案室的纸质病例、化验室的样本、药房的贵重药物，一般也不宜用水扑救。同时，综合性医院门诊、手术、住院、后勤等建筑结构相连，如果遇到火灾，建筑功能多样、扑救方式不同，也会对灭火救援工作的顺利展开带来不小的困难。

3　医院消防安全的重点和难点

3.1　管理方面

通过日常的监督检查不难发现，消防安全责任不明确、责任人和管理人责任不落实、灭火应急疏散预案不实际、防火检查巡查不规范、控制室值班人员未双人 24 小时持证在岗、建筑消防设施未保持完好有效等问题较为突出，这些隐患体现出从医院顶层就不重视消防管理。核磁、CT 室用电负荷大，在夜间或节假日只是安排少数医生、护士值班，不易做到火灾早发现、早处理[2]。同时，由于医院全天候工作，且不能停电，卫健委、消防监督等行业部门无法全面测试自动设施联动情况，如果隐患达到临时查封的标准，势必造成严重负面影响，实施难度大。

3.2 人员方面

3.2.1 医务工作人员

医务工作人员通常来说，包括医生、护士、行政人员等。部分人对消防安全的认知还不到位，认为医院的消防安全是安全部门的事，不会主动去做好消防安全工作，不了解工作人员在火灾发生时要引导在场人员疏散，更不会去主动学习室内消火栓、灭火器等灭火设施器材的使用，医务工作人员的消防安全素质有待提升。

3.2.2 非医务工作人员

非医务工作人员，包括患者、患者家属、临时施工人员、医药代表等利益相关人员。人群构成相当复杂，存在诸多消防安全隐患[4]。在建筑施工过程中，施工人员不会使用灭火器材、不会扑救初期火灾也是常事，一旦发生火灾，不能第一时间控制，造成火势扩大蔓延。医院患者和陪同家属多，人员素质参差不齐，加之建筑空间有限，易发生随地扔烟头、占用疏散通道、设施误操作、故意破坏消防设施等行为。有研究表明[5]：在同等密度条件下，医院内人员的步行速度比一般建筑物内的步行速度慢 10%左右，同时疏散过程中存在从众心理、惯性思维，容易在同一安全出口处造成拥挤，影响安全疏散。

3.3 物品方面

医院内部可燃物多，管理不当易引发火灾事故：大功率医疗设备更新换代快，设备负载逐渐增加，线路长时间超负荷运转，加之线路老化没有及时更换，易引发电气火灾事；制剂室、药房内储存有各类放射性物品，物品性质各异，处理困难；放射机房内可能存在电路故障、部件损坏等问题；检验科存放有丙酮等化学试剂，操作不慎易导致灼烧等事故。同时，医院产生的医疗废弃物在储存、转运、处理等一系列过程中，如不按照操作程序，也易发生火灾[5]。此外，消防设施及疏散标志也属于物品因素的一部分，未按标准设置、配置并保持完好有效，就很容易在防灭火工作中出现问题。

3.4 环境方面

3.4.1 建筑环境

大部分医院为便于在门诊检查和住院部之间运送患者，在原有建筑满足防火间距的基础上，擅自增设楼梯封闭通道走廊。任一区域发生火灾，都会使火势迅速蔓延至其他区域。部分医院，在门诊楼建设中庭，未设置自动消防设施和防火分隔措施，一旦发生火灾，热烟气沿上下连通空间迅速上升，产生“烟囱效应”，火势蔓延到各楼层区域[2]，对消防救援人员灭火也带来了挑战。改建、扩建工程未办理手续，建筑是否达到相应耐火等级、总平面布置、建筑消防设施是否满足要求等问题，不容乐观。此外，审验合格的建筑虽满足疏散通道的数量、宽度等要求，但因考虑病患缴费、防盗等安全因素常将安全出口关闭，并堆放大量杂物，造成“生命通道”不通。

3.4.2 室内环境

部分综合性医院为营造优质就医环境，对内部进行豪华装修，并采用易燃材料或者燃烧产生有毒物质的材料进行硬包或者软包，极大增加了火灾荷载和火灾危险性。同时，为便于患者和家属休息，医院走廊内增设座椅，为收治病人在走廊内加设床位，用来缓解紧张医疗环境。如果发生火灾，占用疏散通道的座椅、床位和杂物就减少走道的有效疏散宽度，延长了人员安全疏散的有效时间。

4 医院消防安全防范对策

4.1 健全和落实监管部门职责

《国务院办公厅关于改革完善医疗卫生行业综合监管制度的指导意见》[6]第二十三条要求：落实部门责任。卫生健康行政部门是医疗卫生行业综合监管的主要负责部门，发展改革、教育、公安、民政、司法行政、财政等部门依法承担相应监管职责。根据指导意见的要求，务必厘清各自监管职责，强化各相关职能部门的责任落实，强化履职担当，确保工作开展到位。

4.2 重视和完善消防管理架构

医院的消防安全责任人和管理人要要牢固树立“安全是发展的前提”、“隐患险于明火，防范胜于救灾，责任重于泰山”意识。一是要结合实际建立和完善消防安全管理架构、灭火和应急疏散预案、消防设施维护保养等制度，并确保落地生效；二是细化网格化管理，将医院以科室为单位，每个部位责任到人、岗位到人、任务到人，畅通信息渠道，加强问题协同合作解决，实现消防安全监管全覆盖、无死角。三是引进人才，优先聘用有实际消防工作经验的人员从事相关岗位。目前，一级注册消防工程师人数不断增加，可引进专业人才，更好地促进医院消防安全工作。

4.3 巩固和加强主动被动措施

要严格确保建筑主动防火和被动防火设施的完整好用。建议有条件的医院在行动极其不便的病房楼增设就地避难的设施，可参照高层病房楼避难间，在二层及以上住院楼层进行如下设置：患者病房靠近楼梯间，并采用耐火极限不低于 2.00h 的防火隔墙和甲级防火门与其他部位分隔；设置消防应急广播；设置直接对外的可开启窗口或独立的机械防烟设施，外窗应采用乙级防火窗；为防止病房外的火灾蔓延至病房内，病房内可增加移动式灭火装置，第一时间扑灭明火等。

对于医院新建和改扩建工程，要经过消防验收合格后才能投入使用，医院内部施工动火要严格落实动火审批手续，配齐现场监护人员，配备灭火器材，严格操作规程，确保现场安全。内部装修材料不得违规使用易燃、可燃材料。消防设施定期进行维护保养并确保完好有效，加强住院部、胶片室、手术室等重点部位的管理，提高火灾防范能力。

4.4 普及和加强消防培训演练

要定期对不同人群开展消防常识培训，可将消防安全注意事项制作成卡片或者海报，张贴在病房内的明显位置，让患者和家属对消防安全知识入眼、入脑、入心。通过加强引导和宣传，做到消防控制室人员熟练操作控制设备，医院人员包括实习医生、进修医生等熟练掌握并实践消防安全四个能力，患者及家属对日常消防安全常识熟记于心，通过演练增强院内不同人群对所有出口的熟知度。同时，关键的一个环节是要对医院工作人员处置火灾突发情况进行强化训练，尤其是引导协助患者及家属进行安全疏散方面和使用消防设施器材等方面的使用培训和实战演习[7]，有效提高整体应急疏散水平。

对危重等患者，要结合实际制定切实可行的应急疏散预案[2]。一是ICU病房内的重症患者。可将病房设置在低楼层，或者增设便携式呼吸机、可拆卸式病床等方便设施，同时加强夜间等重要时间的医护数量，以便出现明火能第一时间发现。二是婴幼儿科室。大多数幼儿患者有家长陪同，无陪同的要增加医护人员数量，有条件的要设置独立的疏散楼梯，便于疏散。婴儿方便被成人抱举，可在室内增加方便逃生的绳索，借助成人进行逃生。

4.5 提倡和建立智慧消防系统

国家卫健委关于医疗机构消防安全管理九项规定中，要求加大投入推进“智慧消防”的建设，医院智慧消防将传统消防向智慧消防的管理模式进行转换，无论是从网格化管理，还是从消防设施器材数字化管理来说，都能大大提升医院消防智能水平，加强消除火灾隐患的能力。优化自动消防设施联动系统，建立消防设施巡检信息、火警信息、自动消防设施故障信息、安全管理信息数据库，能够实时查看现场视频、实时监控处理警情，日常维护操作简便，全面满足消防安全的需求。通过监控强化火灾事故的预防和早期处置，为灭火救援和疏散逃生争取最佳时间，时限闭环管理，保障医院安全运行。

5 结语

“十四五”时期公立医院高质量发展的八项具体行动中提到要实施医院管理提升行动，要“加强医院安防系统建设，提升医院安全秩序管理法治化、专业化、智能化水平。”在深化医疗改革取得重大进步的同时，消防工作任务任重道远，只有将硬件安全和软件安全两者很好地结合，才能创造出一个良好的医院消防安全环境。

参考文献

[1] 王艳兵，郭金燕．浅谈医院高层病房楼火灾的扑救[J]．武警学院学报，2016，32（06）：31-33.

[2] 薛岗，张晋，刘芳，等．大型综合医院火灾防御体系探讨[J]．消防科学与技术，2007（01）：57-59.

[3] 孙金华．大型医院消防安全管理对策[J]．城市建设理论研究（电子版），2020（04）：63-64.

[4] 王琪．北京市综合医院应急能力评估研究[D]．北京交通大学，2017.

[5] 姜泽民．大型医院火灾状况下安全疏散的研究[D]．东北大学，2011.

[6] 国务院办公厅关于改革完善医疗卫生行业综合监管制度的指导意见[J]．中华人民共和国国务院公报，2018（23）：26-34.

[7] 桂朝伟，牛军浩，邓春雷，等．基于物联网的医院消防安全管理[J]．中国医院建筑与装备，2020，21（01）：26-28.

浅谈居住场所电动自行车消防安全问题及对策

——以天津市河东区为例

施云献

（天津市河东区消防救援支队，天津市 河东区）

摘 要 电动自行车是一种比较轻便、快捷的交通工具，还具有环保等优势，在人们的日常生活中扮演着重要角色，广受大家的青睐。但是随着电动自行车需求的不断增加，电动自行车生产行业追求利润，出现对电动自行车质量把控不到位等问题，因此，安全性得不到保障，特别是在居住场所，电动自行车充电过程中车身自燃的事故频发，危害极大，给人们的生活安全性带来困扰。本文以天津市河东区为例，分析近年来电动自行车火灾情况，探讨河东区电动自行车消防安全存在的主要问题，提出居住场所电动自行车消防安全的对策，希望能够帮助河东区以及其他地区有效解决居住场所电动自行车消防安全问题。

关键词 居住场所 电动自行车 消防安全问题 对策

1 引言

现今，随着社会的发展和技术的进步，电动自行车应运而生，方便了人们的交通出行。电动自行车具有价格较低，行驶技术要求不高，省时省力等优势。然而在电动自行车使用过程中，尤其是充电过程中火灾事故经常发生，造成人员伤亡和财产损失。本文以天津市河东区为例，研究居住场所电动自行车消防安全问题及对策，主要包括三部分内容：第一部分是近年来河东区电动自行车火灾情况；第二部分分析了河东区电动自行车消防安全存在的主要问题；第四部分提出了居住场所电动自行车消防安全治理的有效对策。

2 近年来河东区电动自行车火灾情况

2.1 2022年电动自行车电池火灾情况及分析

2022年河东区共发生电动自行车及电动自行车电池单体火灾37起，直接财产损失12.9万元，未造成人员伤亡。

室内放置电动自行车电池发生火灾21起，直接财产损失11.4万元，占总损失的88.4%，室外电动自行车电池火灾16起，直接财产损失1.51万元，占总损失的11.6%，见图1。

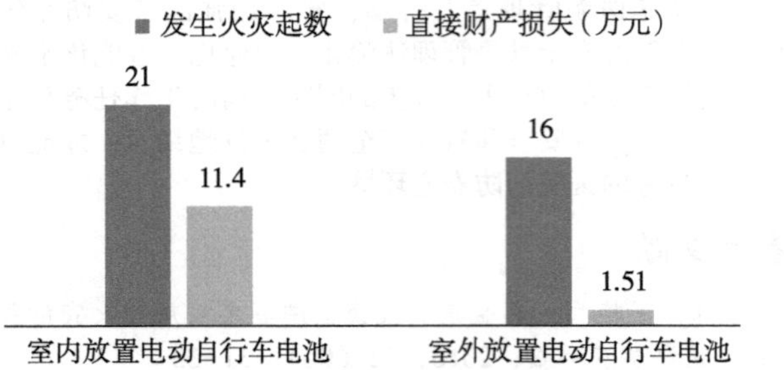

图 1　2022 年河东区室内外电动自行车电池火灾发生起数及直接财产损失

综合以上数据可知，室内外电动自行车电池火灾分布较平均，但在室内充电或放置电动自行车电池引发火灾造成的损失远高于室外放置的电动自行车引发火灾所造成的损失。鼓励使用智能充电桩为电动自行车电池充电，或使用电池换电服务可有效减少火灾对居民住户造成的财产损失。

2.2　近年来电动自行车典型火灾案例

2019 年 12 月 2 日 3 时 52 分，天津市河东区东新街万新村倚虹中里 10 号楼北侧存车棚发生火灾，造成车棚内房间门窗烧损、房间内物品烟熏烧损，房间东侧车棚内烧损严重，局部塌陷，房间西侧车棚内烟熏严重，烧损较轻；造成存车棚内 100 余辆电动自行车或自行车及其配件等物品烟熏、烧损，1 名 52 岁女性受伤，1 名 54 岁男性死亡，直接财产损失 188450 元。起火原因为电动车电瓶电气故障引发火灾。

2021 年 1 月 30 日 20 时 45 分许，天津市河东区唐家口街道新开路与南横街交口欣荣馨苑 3 号楼 1206 室发生火灾，造成 1206 室客厅物品被烧毁，卧室及厨房物品烧损，火灾造成直接财产损失 118000 元。起火原因为电动自行车电池内部发生电气故障引发火灾。

2021 年 2 月 8 日 1 时 05 分许，天津市河东区向阳楼街道临池里 14 号楼 1 门 206 室发生火灾，造成 2 名男性受伤，一辆电动自行车烧毁，客厅单人床被烧塌落，入户门部分过火，206 室客厅、厨房、餐厅、卫生间、次卧被烟熏，部分物品被烟气炙烤变形，直接财产损失 118623 元。起火原因为电动自行车电池在充电过程中发生故障引发火灾。

2021 年 8 月 2 日 1 时 10 分左右，天津市河东区中山门街四号路物业小区存车处发生火灾，火灾造成存车处一间房屋被烧损，电动自行车、自行车、电动三轮车共计 53 辆不同程度被烧毁损，未造成人员伤亡，直接财产损失 117144 元。起火原因为电动自行车电池发生电气故障引发火灾。

3　河东区电动自行车消防安全存在的主要问题

3.1　现有充电车棚数量不足

因场地、资金等条件制约，全区近一半的居民住宅小区尚未修建电动自行车集中停放场所，特别是高层住宅小区，“进楼入户”、“人车同屋”的现象较为普遍。据各街道上报数据统计，全区 575 个小区有 301 个小区设有电动自行车棚，占比 52.3%，高层住宅小区 149 个，其中仅有 82 个小区设有电动自行车棚，占比 55%。经调研，小区未修建电动自行车集中停放场所的主要原因为：一是在小区规划设计阶段，没有专门规划出车棚场地，如果后期补建，涉及退绿、占用机动车停车位等问题。二是小区原先设有车棚，后期改做他用。三是建设初期有规划，但后期因资金、管理等问题，未按计划建设。

3.2　街道执法力量薄弱

目前，街道执法队人员数量较少，工作内容繁杂，有些专业性很强，大多数执法队员目前主要聚焦城市管理和市容环境方面的行政执法，对于消防领域的行政执法涉足较少。另外，新修订的《天津市消防条例》实施后，一部分消防执法工作划到街道，街道的消防安全工作由公共安全办公室负责，但科室不具备相关执法条件，这就务必要依托街道综合执法大队来进行相关执法工作，两个部门之间存在一定沟通协调问题。

3.3　高科技措施尚未推广使用

目前，一些高科技安全防范技术措施尚未在全区推广使用，如火灾自动报警系统、电动自行车智能阻止系统等。火灾自动报警系统能探测火灾初期的火焰、烟雾、热量，并发出警报，在每个电动车集中充电车棚内安装至少一个火灾报警探测器，有利于帮助人们及时发现初期火灾。电动自行车智能阻止系统能够自动识别电动车，保持电梯门开启并作出语音警报，直到电动车推出电梯后，电梯才能恢复运行，很大程度上避免了电动车入户的问题，该项技术已在全国多地推广应用。

3.4　电动车产品质量及维修改装问题

个别生产厂家为节省成本，偷工减料、假冒伪劣、以次充好，不按规定进行出厂检测，导致其出厂电动车不符合技术规范要求，电气安全、防火性能和阻燃性能达不到要求。有些企业在生产电动自行车蓄电池过程中，不按照要求选用合适的线径线路，缺少防潮功能。部分人在使用过程中对电动车私自改装，对线路随意进行更改，没有保护措施，再加上不合理的装配工艺，使得电路受损，从而引发火灾。另外，废旧电池回收销售现象更是屡禁不止，部分商家为满足用户提升续航里程，提高行驶速度以及节省使用成本等特殊需求，违规进行电池拆改、电池回收等业务，擅自更换大容量电池，售卖回收废旧电池以次充好。如今，电动自行车的需求量越来越大，而相应的电动自行车专业维修人员却很少，电动自行车方面的维修技术比较容易上手，一些没有电动自行车专业维修知识的人从事维修行业，为了保障自身的维修利润，采购一些质量不好的零配件，维修时无法与电动自行车线路进行无缝对接，使得维修后的电动自行车存在安全隐患。

3.5　电动自行车的充电问题

在日常生活中，人们对电动自行车充电一般在晚上，而电动自行车充满电量只需要 6~7h，而人们在夜间连通电源后，通常是第二天才将充电器拔下来，这就使得电动自行车的实际充电时间远远大于需要的充电时间，因而电动自行车配备的充电器需要自行断电，保证安全性。但是一些不合格的充电器，没有这种功能，无法自主断电，使电动自行车在满电状态下仍然充电，造成电池温度过高，引发爆炸或者火灾。还有的电动自行车车主为了省钱，在蓄电池达到使用年限后不及时更换，从而导致自燃。

4　居住场所电动自行车消防安全的有效对策

4.1　强化流通销售环节执法查处

严格电动自行车市场监管工作，组织对电动自行车销售网点、修理店铺等场所逐一开展检查，督促其加强电动车产品消防安全源头管控。严格加强销售环节的执法检查，对无照经营销售电动自行车及蓄电池、充电器等配件的行为严厉查处。对于电动自行车非法改装的销售行为加大整治力度，对违规擅自改装关键性组件的行为也要加大查处力度。

4.2 规范末端使用环节安全管理

在老旧小区改造过程中，设置电动自行车充电设施。在新建社区设置非机动车停车棚、充电桩等设施，使其满足自然排烟要求。在具备条件的居住场所建设电动自行车集中停放和充电场所，并要做好消防安全管理工作。同时，在缺少固定停放场所、没有电源条件、场地紧张的居住场所，结合路旁停车及电源条件，寻找社区周边有条件的公共场所，按照“充（换）电柜为主、充电桩为辅”的原则试点建设公用供电设施。各街道也要积极推动指导社区居委会、物业服务企业及业务委员会，在条件允许的地方尽快修建电动自行车集中停放场所及充电桩。

4.3 加强电动车违法违规停放充电行为查处力度

有关部门要聚焦高层小区、老旧小区等重点区域开展消防安全联合执法活动，对电动自行车进楼入户、飞线充电或者占用疏散通道、安全出口充电的行为严肃查处。积极推进电梯加装电动自行车智能阻止系统，指导并督促电动自行车充电设施建立，加强后期充电设施安全检测和维护。同时，严格用好法律手段，按照《天津市消防条例》、《天津市文明行为促进条例》、《高层民用建筑消防安全管理规定》，对电动自行车在建筑内的公共走道、楼梯间、安全出口处等公共区域违规停放、充电的行为予以处罚。

4.4 强化宣传警示教育

消防支队和各街道要利用好新闻媒体等传播渠道，宣传电动自行车火灾防范知识及典型火灾案例，增强群众的消防安全意识，并倡导群众在电动自行车集中充电桩进行充电，不可将电动自行车搬进电梯。结合消防宣传“五进”工作，深入居民住宅区，组织居民群众，面对面讲解电动自行车违规存放、充电的火灾危险性，普及消防安全常识，将禁止“进楼入户”“飞线充电”等行为纳入居民防火公约。要指导居委会和物业服务企业、居民小区管理单位，每季度组织消防培训、每半年开展应急演练，提升群众消防安全意识和逃生自救能力。

4.5 提高整体安全性

电动自行车在生产过程中，企业要重视研发技术，加强设计研究，对电动自行车车内电气线路进行合理布局。在此过程中尽量避免过于弯曲，尤其是在发热源附近要采取相应的保护措施。固定电气线路时，根据电动自行车的实际使用情况进行捆扎，避免由于震动颠簸而损坏线路，导致自燃以及火灾。同时，在电动自行车的主线路部分，设置短路保护桩，且要选择电动自行车专用的空气开关，在电动自行车发生故障时能够迅速切断电路，起到保护作用，电动自行车的充电设备也要设置短路保护措施。

5 小结

通过本文的研究，笔者对居住场所电动自行车消防安全问题更加清晰，也提出了居住场所关于电动自行车消防安全的有效对策。总而言之，在日常生活中，要重视电动自行车的消防安全问题，多了解一些关于电动自行车火灾预防的知识，及时排除安全隐患，例如在电量充满时及时拔下充电器，远离可燃物等。有关部门要强化流通销售环节执法查处，规范末端使用环节安全管理，加强对电动车违法违规停放、充电行为查处力度，提高整体安全性。街道和消防执法人员也要肩负起自身的责任，强化宣传警示教育，向居民传播消防安全知识，进而使电动自行车消防安全问题得到发酵，让所有居民都能够了解到问题的中心，最终降低电动自行车火灾发生率，也能让电动自行车消防安全得到保证。

参考文献

[1] 涂发贵，黄华．电动自行车消防安全综合治理工作的思考探索[J]．江西化工，2020，148（02）：225-226.

[2] 王董会．喀什地区电动车存在的消防安全管理问题及其对策[J]．消防界：电子版，2020（8）：53-55.

[3] 高晓嵘．住宅小区电动自行车消防安全隐患的预防与对策[J]．科技与创新，2020（13）：90.

[4] 宋帅．电动自行车消防安全综合治理工作的几点思考[J]．今日消防，2021，6（04）：128-129.

关于消防执法规范化建设的思考

李 莉

（天津市河西区消防救援支队，天津）

摘 要 随着习近平法治思想的提出和确立，全面依法治国的理念不断深化，法治国家、法治政府、法治社会一体建设不断推进，全社会的法制思维和安全意识不断提升，在消防安全领域对消防执法工作的质量和效能提出了新的更高的要求，对消防监督执法工作提出了新的更高的要求。本文以深化消防执法规范化建设为切入点，立足当前消防监督执法工作现状以及火灾防控工作要求，分析消防监督执法工作在规范化建设方面存在的问题，并就如何加强消防执法规范化建设提出了具体的建议。

关键词 消防 监督执法 规范化 建议

1 引言

近年来，随着习近平法治思想的提出和确立，全面依法治国的理念不断深入人心，全社会的法制思维和安全意识不断提升，在消防安全领域对消防执法工作的质量和效能提出了新的更高的要求，消防监督执法工作规范化受到越来越多的重视和关注。如何加强消防执法规范化建设，提高消防监督执法工作的公信力，有效打击消防安全违法行为，树立消防工作公平公正的良好形象，是摆在各级消防监督机构面前的一项长期任务。

2 加强消防执法规范化建设的重要意义

2.1 贯彻落实习近平法治思想的具体体现

2020年11月召开的中央全面依法治国工作会议正式提出“习近平法治思想”，并确定了其在全面依法治国、建设法治中国中的指导地位。习近平法治思想回答了进入新时代的中国，如何依法治国的重大问题。坚持好、实践好、发展好习近平法治思想，对建设社会主义法治国家、法治政府和法治社会具有十分深远和重大意义。[1]加强消防执法规范化建设是是消防工作坚持人民主体地位，贯彻党的群众路线，坚持以人民为中心，充分发扬社会主义民主的重要举措，是消防工作贯彻落实习近平法治思想的具体体现。

2.2 深化消防执法改革的重要举措

加强消防执法规范化建设是贯彻消防工作从社会反映强烈的突出问题抓起的工作基调的重要措施，体现消防管理坚持问题导向、源头治理的工作思想，有利于从源头上堵塞制度漏洞、防范化解风险，推动深化消防执法改革，有助于构建科学合理、规范高效、公正公开的消防监督管理体系，增强全社会火灾防控能力，确保消防安全形势持续稳定向好，为经济社会高质量发展提供安全保障。

2.3 有利于防范化解重大安全风险

加强消防执法规范化建设，是消防工作坚持为人民服务宗旨的根本保障。建立健全消防工作“有权必有责、用权受监督、侵权要赔偿、违法要追究”的法治思维，确保消防执法在法律的制约下行使行政职权，时刻坚守法律“红线”，防止权力滥用，确保群众的合法权益不受侵害，有利于在全社会构建人人关注消防、重视消防的法治氛围，对于及时发现和整治消防安全违法行为，从根本上消除火灾隐患，防范化解重大消防安全风险，保护人民生命财产安全具有重要作用。

3 消防执法规范化存在的突出问题

3.1 消防法律法规的宣贯解释工作有待加强

随着消防执法改革工作的深入推进，我国消防法治建设取得了阶段性的成果，消防立法进程不断加快，消防法律法规体系基本形成。全国人大常委会2018年出台《消防救援衔条例》，2019年、2021年两次修改《中华人民共和国消防法》，各地区、各有关部门加快《消防法》配套法规制度建设，先后制修订了71部地方法规52部政府规章、10部部门规章、460个国家和行业技术标准，为消防工作提供了坚实的法治保障。[2]但在实践运用工作中还存在一定问题，特别是在应用领域的解释方面，缺乏详实的条文解释、应用指引以及指导案例。新的法律法规出台后，一般仅作发布宣贯，在周期性、持续性的宣贯工作方面明显后劲不足，难以有效助力长期的消防执法工作。

3.2 对于打击违法与消除隐患存在认识偏差

通过消防执法工作打击消防安全违法行为是消防救援机构的重要职责。打击消防安全违法行为的前提在于有效识别消防安全违法行为，目的在于消除严重隐患问题，降低火灾风险。法律具有一定的嗣后性，并基于保持谦抑性的需要，消防安全违法行为属于相对狭义的概念。而火灾隐患是一个更加广泛的概念。在消防监督执法工作中，应正确处理消防安全违法行为和火灾隐患的关系，严格按照法律法规的明文规定，对消防安全违法行为进行判别，以法律为准绳，对消防安全违法行为进行相应的处罚。

3.3 不能善于处理打击违法与规范执法的关系

火灾防控工作要求大力打击消防安全违法行为，维护人民生命和财产安全。在基层实践中，如何处理好打击违法与规范执法的关系，是我们面临的重要课题。一方面，要严格打击消防安全违法行为，及时消除严重火灾隐患问题；另一方面，作为行政执法单位，应当严格落实依法执法、文明执法、公正执法、高效执法，履行好相关的告知、听取意见、听证等程序。正确处理好二者的关系，才能树立好消防监督执法的权威性，带动全社会共同做好消防安全工作。

3.4 执法人员的法治素质有待于提高

《行政处罚法》第四十二条明确要求：行政处罚应当由具有行政执法资格的执法人员实施。[3]改革转隶后，消防部门执法人员的行政执法资格的考核和认证工作基本处于停滞状态，部分新从事消防执法工作的人员未取得相关资格。从教育背景来看，大部分实际从事消防监督执法工作的人员学历专业为理工科，未接受过系统性的法律教育培训。此外，个别执法人员对当前社会发展与消防执法改革的形势认识不足，法律意识淡薄，在工作中存在重执法轻规范、重实体轻程序，致使部分执法案件过程简单粗暴，自由裁量随意性较大。

4 对策建议

加强消防执法规范化建设关系到消防工作开展和队伍建设。因此，要紧紧抓住执法规范化建设这一有效载体，坚持阳光执法、精准服务，全力推动消防执法改革，严格落实“放管服”政策，依法依规开展消防执法工作。

4.1 完善工作制度，构建规范执法长效机制

2019年，应急管理部消防救援局先后制定下发了《消防执法公示公开规定》、《消防执法全过程记录制度》和《消防救援机构法制审核、审批和集体议案工作规范》、《关于对部分消防安全违法行为实施行政处罚的裁量指导意见》等一系列制度规定，这就要求各级消防救援机构要严格遵照执行，通过建立和完善规范执法行为的长效机制，进一步明确执法程序标准、执法证据标准、法律适用标准、自由裁量标准及文书档案标准，不断规范消防执法行为，确保消防执法为民落实到实处。

4.2 创新管理方式，夯实社会火灾防控基础

一是积极推进消防监督执法“双随机、一公开”监管模式，避免出现重复检查、任性检查、随意检查的问题，建少对社会单位正常工作的干扰，为社会单位创造良好的生存环境。二是积极运用大数据、云计算、人工智能等技术，完善智慧消防建设，及时研判分析消防安全风险，为消防执法工作提供指引。三是强化消防安全领域诚信管理，通过执行政处罚、行政许可信息“双公示”推动落实阳光执法。同时推动诚信联合惩戒，督促社会单位、个人自觉遵守消防安全法律法规，强化主体责任意识，夯实消防本质安全底盘。

4.3 筑牢为民思想根基，着力提升执法人员业务素质

坚持以人民为中心，加强全心全意为人民服务的宗旨教

育，促进消防监督执法人员业务能力和法治素养的全面提高。深化法治能力素质教育，以习近平法治思想为指导，切实抓好执法人员的法制培训，教育引导消防执法人员进一步坚定理想信念，牢固树立严格依法履行行政职责、法律面前人人平等、尊重和保障人权的观念，提升运用法治思维和法治方式解决消防监督管理难题的能力水平。

4.4 强化各类监督机制，确保执法内外监督制约到位

一是保障行政相对人的知情权。按照办案时限开展消防行政执法工作，及时告知行政性对人消防行政处罚的事实、理由、依据以及救济途径。二是强化纪检监督工作。纪检督察部门定期开展执法回访，把执法质量作为一项重点内容，对于发现的苗头倾斜向性问题，及时督促改正。三是接收舆论监督。向社会公布举报电话，接收社会和广大群众的意见建议。聘请人大、政协代表、社会单位有关人员作为廉政监督员，定期开展座谈，倾听群众呼声。四是规范执法考评。规范考评制度，开展自查互查，及时纠错，促进提高执法质量。

参考文献

[1] 江必新，黄明慧．习近平法治思想研究之研究[J]．法学评论，2022，2：1-12.

[2] 王晋．消防法制与执法规范化建设研究［J］．消防科学与技术，2022，9：1307-1310.

[3] 行政处罚法［S］.

新形势下如何推动做好公安派出所消防监督管理工作

翟　东

（锡林郭勒盟消防救援支队，内蒙古　锡林郭勒盟）

摘　要　按照《中华人民共和国消防法》规定，公安派出所可以负责日常消防监督检查、开展消防宣传教育[1]。但随着我国消防体制改革，消防救援机构整建制由公安系统划归应急管理部门，使原本全部归口公安系统的消防监管体系被划分为两个部门分别进行监管。因此，新形势下推动做好公安派出所的消防监督管理工作不仅仅是做好消防监督管理工作的刚需，更是防范基层末端火灾风险、遏制“小火亡人”火灾事故的重要举措。

关键词　消防　推动做好　公安派出所　监督管理

1 引言

全国人大十三届一次会议审议通过了《深化党和国家机构改革方案》，方案中明确了原属于公安序列，负责火灾扑救和消防监管的公安机关消防机构整建制划归应急管理部。随着体制改革、隶属关系的转变，使得原本同属于一个管理部门的消防监管职能和消防部门、公安派出所自上而下分级统一监管的职能，转变成为了分别由应急管理部门和公安部门两个各自独立的部门分别独立承担。改革五年以来，受种种因素影响，各地公安派出所消防监管职能普遍弱化，这就直接导致了公安派出所监管的广大“九小场所”成为了火灾的高发和易发区，甚至造成“小火亡人”的亡人火灾事故频频发生。仅刚刚改制的2018年，由公安派出所负责监管的住宅物业服务企业的住宅类火灾就达到了9.7384万起，导致1069人死亡[2]，同比其他场所发生火灾起数和亡人数均为最多。因此，做好新形势下的公安派出所的监督管理工作意义重大，同时也是维护人民群众生命财产安全的必然要求。

2 当前公安派出所消防监督管理工作面临的问题和挑战

2.1 新的消防分级监管体系仍未有效建立

消防体制改制之前，我国的消防监管体系分别由消防机构负责监管一级和二级消防安全重点单位，公安派出所负责监管三级消防安全重点单位。随着体制的改革，原有的分级统一管理不再存在，消防监督管理职能分别由两个不同的部门进行负责。新的消防监管体系虽经不懈努力构建，但就目前情况来看仍未完全形成。消防救援机构和公安派出所各自独立运转，原有的两个部门之间的沟通协调逐渐弱化、虚化，甚至不复存在，直接导致了各自为战的状态长期无法得到有效解决。消防监管之间的“缝隙”逐步呈扩大化的趋势，因此新的消防分级监管体系问题亟待加以解决。

2.2 公安派出所消防监管制度依据尚未出台

按照《中华人民共和国消防法》的有关规定，公安派出所开展常消防监督检查和消防宣传教育，具体办法由国务院公安部门规定。但就目前来看，全国范围内统一的公安派出所的消防监督具体办法尚未出台。且国家消防救援局已启动对《消防监督检查规定》（公安部第120号令）的修订工作，受体制和编制的影响，征求意见稿中已将公安派出所开展消防监管工作的具体规定予以删除。就目前情况来看，若新的《消防监督检查规定》出台，但国务院公安部门又没有制定新的相关规定，那么公安派出所消防监管工作将完全处于无据可依的“真空”状态，因此公安派出所的消防监管制度政策亟待制定出台。

2.3 公安派出所民警专业性不强，消防监管工作长期得不到重视

公安派出所在日常不仅要开展消防监管工作，更多的是要开展维护社会治安、户籍管理、办理各类案件等多种职能，导致公安派出所开展消防监管工作往往是工作人员有限、工作精力有限、业务水平有限。公安派出所的民警和相关工作人员大多数又没有接受过消防安全监管的系统学习和培训，导致其开展消防监管工作赋予表面，不会检查、查不出问题、无法有效指导整改隐患的问题经常发生。加之工作量大、人员相对偏少，消防监管工作职能逐步弱化和边缘化，消防监管工作在自觉和不自觉间便成了可有可无的存在。

2.4 公安派出所消防行政执法权有限，执法权威性受到影响

按照现行消防法律法规，消防行政执法权的主体尤其是行政处罚和行政强制权，主要集中在消防救援机构和住房和城乡建设部门。公安派出所只有监督检查和宣传教育的职能，并没有相应配套的诸如临时查封、大额行政处罚和行政强制等消防行政执法的处罚权。如若公安派出所在发现较为严重的消防安全违法行为，只能将其移交至相应的执法主体，从而使公安派出所执法检查的权威性受到一定程度的影响，执法的威慑力度下降。

2.5 公安派出所同消防救援机构之间的联络协调机制尚未建立

就目前情况来看，公安派出所和消防救援机构在消防监管上的联络协调机制尚未建立，各自开展执法工作缺少相应的沟通和联系，两个部门之间的联络协调机制尚未建立完善。改革转隶后，公安部门同消防救援机构之间也仅在火灾调查上建立了沟通联络机制；而在消防监督检查、行政执法、线索移交、联合办案、教育培训上尚未出台国家层面的协同配合机制，导致双方在执法过程中各自执法，一定程度上造成了执法中的“空白点”和“盲区”，甚至造成发生火灾事故之后，在责任追究和划分上双方互相推诿扯皮情况的发生，长此以往不利于消防工作形成整体合力。

3 公安派出所做好消防监管工作的几点思考

3.1 尽快建立新的消防分级监管体系

结合当前消防工作面临的新情况和新问题，要加快建立新的消防监管体系和模式，合理界定消防救援机构和公安派出所的监管范围和权限。2023 年 3 月，国家消防救援局印发了《关于调整消防安全重点单位界定标准的通知》，要求各省级消防救援机构根据经济社会发展的新形势和新问题，制定出台各地消防安全重点单位的新标准和新范围。可以以此次界定标准调整为重要契机，国务院应急管理部门和国务院公安部门联合制定出台新的消防监管分级标准，明确哪些社会单位和场所由消防救援机构监管，哪些由公安派出所负责。逐步消除双方在监管上的壁垒，确保消防监管不留死角和盲区。

3.2 国务院公安部门要尽快出台公安派出所消防监管的制度规范

国务院公安部门要依据《中华人民共和国消防法》和相应的法律法规，研究制定出台《公安派出所消防监督检查规定》等政策文件，做好“顶层设计”。同时明确让各省级公安机关可以根据本省的实际情况，依据国家规定制定出各省自己的政策文件，给各地在行政执法上以自主权。尤其要高度关注待消防救援机构新的《消防监督检查规定》出台后，公安部 120 号令不再予以执行后，公安派出所消防监督执法的政策支撑问题，避免出现公安派出所在监督执法规定上的盲区和空白，更不能出现在执法上“无法可依”、“无据可查”情况的发生。

3.3 大力提升公安派出所民警的消防业务能力素质

各地公安部门要在着力提升公安派出所民警的消防业务能力素质上下狠功夫，依托于中国人民警察大学的消防类专业学科，培养消防专业人才，鼓励其毕业后考入公安系统供职。同时各地公安部门在招录新民警时，可以向消防专业的毕业生予以一定的倾斜。逐步完善消防监督执法的人员结构，逐步提升消防专业技术人才在一线基层民警中的比重，也可以定期邀请消防救援机构的指战员上门开展“面对面”的交流和培训，使公安派出所在消防监督执法领域更加专业和高效。

3.4 赋予公安派出所更多的执法权限或开展授权委托执法

建议在新出台的《公安派出所消防监督检查规定》中提高公安派出所的执法权限，尤其是提高行政处罚权的标准和权限，例如可以增加临时查封权限，适当提高其在消防行政执法领域行政处罚的权限，使其在执法过程中可以形成更大的威慑力和震慑力，从根本上改变消防民警在执法上“走一走”、“看一看”的低水平层次。同时，可以探索采取授权和委托执法的形式，推动赋予公安派出所在监督检查中有更多、更大的执法权限；探索开展消防救援机构同公安派出所的联合执法办案、线索移交、人员挂职等体制机制，切实提升公安派出所消防执法中的地位和打击消防安全违法行为的力度，推动形成整体工作合力。

3.5 建立公安派出所同消防救援机构的联络协调机制

公安派出所和消防救援机构作为日常消防行政执法和监管的两大主体，虽然当前不再同属于一个部门，但有必要和必须建立联络协调机制。建议建立以下协同机制，一是联席会议机制。双方定期组织召开联席会议，会商研判各自监管领域中发现的火灾隐患或消防安全违法行为，综合分析辖区内面临的消防安全新形势和新问题，联合开展专项行动；二是线索交办机制。针对于双方在检查中发现的相关火灾隐患，根据监管权限和问题严重性双方予以交办，按照各自权限督促办理和隐患的整改；三是联合办案机制。针对于双方在各自范围内检查出的消防安全违法行为，视问题具体情况，双方协同配合办理案件，确保执法工作形成合力；四是联合宣传培训机制。鼓励公安派出所在人民警察节等宣传契机增加消防宣传元素，同时消防救援机构邀请公安派出所的消防民警积极参与“119”消防宣传等活动，使双方在宣传上各自增添新的亮点和特色，形成宣传合力。

4 结束语

本文通过对新形势下如何推动做好公安派出所消防监督管理工作进行分析和思考，提出了几点不成熟的意见和建议，以期为新形势下推动做好公安派出所消防监督管理工作，提升消防治理体系和治理能力现代化贡献自己的绵薄之力。

参考文献

［1］中国法制出版社．中华人民共和国消防法［M］．北京：中国法制出版社，2021.

［2］应急管理部消防救援局．中国消防救援年鉴 2018 年卷［M］．北京：应急管理出版社，2020：199.

网红地标的火灾隐患和自主管理探讨

康柳青

（上海市浦东新区消防救援支队陆家嘴大队，上海）

摘　要　上海是一座海纳百川的城市，古老与摩登共存。现如今，有很多网红地标是由早期的老厂房改建而成，其本身并没有做太多型上的改变，而是化腐朽为神奇让“历史”延续，并赋予它新生命，同时守住情怀。此类建筑大多层高较高、有足够的大空间可供设计师发挥创造，但也因其特点具有特殊的火灾危险性，需要认真分析研究。

关键词　老厂房改建　未履职责　管理制度缺失　第三方服务机构　落实个人责任制　奖惩激励制度

1　引言

上海中心城区，某网红地标综合体，23m，7层，16800m²，外观正方体，工业改商业。室内规划了大面积的公共活动空间，主打以儿童为主的客户群，配套延伸针对儿童培训、摄影、餐饮等综合建筑，建筑被重新包装，华丽转身，成为这块区域的新地标。在追求美和经济效益的同时，由于单位消防安全责任人对自身消防责任认知的缺乏，大量消防管理问题、消防安全隐患问题也产生了。

2　网红的背后

2.1　“瘫痪”消防供水

喷淋泵、消防泵大楼共用，目前楼层管网漏水，无法正常测试。消防泵房临时挖坑位于地下一层面积不足十平方，不能正常测试，无排水，地面积水，喷淋管压力为零。

2.2　“佛性”防烟排烟

工作人员无法指认排烟风机具体位置。大楼仅设置公区排烟，商铺内均无排烟。由于走道上的格栅吊顶，目测无法识别排烟口位置，排烟口手动开启装置均在吊顶内，平常无法测试。室内楼梯间无外窗，无正压送风。

2.3　“任性”消防电源

建筑目前市政有两路供电。但消防和生活均接在同一路供电上，也未做配电区分。第一层、第二层的配电间通过楼板互通，开口巨大，无任何封堵措施。桥架都没有按要求设置盖板，房间内无火灾报警探测器及自动灭火设施，地面简易铺设木板。变压室出来配电间的配电柜用电标注不明。应急照明线路有两种，一日常照明间应急照明，二是独立的应急照明，目前接线状况混乱，线路用插座连接，且未穿管到位。

2.4　“随意”占用搭建

建筑为7层，擅自增加第八层，变为高层。擅自搭建夹层，室外通道、平台堆放大量集装箱作为用户租赁场地。

2.5　“漏风”盒子建筑

建筑外观是个四方盒子，中庭和公区造型布置众多，其楼梯间、楼板、隔墙等防火分隔处空洞、缝隙封堵处理不到位，整个建筑处处漏风。

2.6　“自由”个性装修

公区疏散走道，吊顶，墙面、地面采用等可燃装修做整体或局部造型，经营区占用公区走道等，特殊场所易燃装修，租户打通楼板，设置室内楼梯等。

2.7　“无为”安全管理

建筑不管有无吊顶均安装隐蔽式喷头，存在喷头装饰面板丢、被喷涂等情况。安全出口被租赁商铺圈占，杂物堆放占用楼梯间、安全出口等。

3　成因的分析

3.1　消防安全责任人、消防安全管理人未履行其职责

单位法人专注于经营，对客户群的定位很准确。但他本人法律意识淡薄，对其本身作为单位法定代表人是消防安全责任人的职责不了解，只安排一名运营经理作为消防安全管理人对接相关消防工作。因他们不具备相关消防常识、知识，本身没有意识到消防工作对一个单位的重要性，这项工作一直是边缘化的存在。最初的定位决定了消防工作低起点，人力配备低要求、消防设施设备低投入、消防管理低标准。规划建设选材施工的方方面把关不严，致使留下先天消防安全隐患，日常运营一段时间后出现大量问题，陷入管理没有头绪的状态。

3.2　消防设施维保单位不履职未履行其职责

单位本着为经济效益服务的原则，消防设施维保单位由低价竞标产生。其支付金额与享受服务成正比。其消防设施维保单位没有工作计划、重点工作任务，检查没有记录。平时未能指出单位存在的众多火灾隐患和消防违法行为，同时督促其整改。其消防技术服务机构不能落实其主体责任，有不规范从业的行为和降低服务质量情况。

3.3　消防安全管理制度缺失

单位部门岗位消防安全职责、消防安全教育培训、火灾隐患的整改、消防安全工作考评奖惩等基本制度缺失，管理存在空白。员工对于自身分工不明确，缺乏消防常识，工作人员对自身所处的环境错误判断为是安全的，不能够主动的自发的参与消防安全知识的学习与实践。对每日消防巡查这样的日常工作流于形式，仅仅是打卡记录，从未体现其应有价值。管理者一味追求效益，在员工培训方面的花费很少，员工没有经过系统的培训便上岗，素质普遍较差，员工很多都不知道如何使用消火栓、灭火器。对火灾发生后的逃生知识技能甚至一无所知。

3.4　租户入驻门槛低

当前复杂多变的疫情期间，留住或引进租户是商家的头

等大事，对其提出的种种要求，尽力满足。因综合体业主方不能把自身消防安全素质提高到应有水平。消防安全管理中出现的问题都是个体利益驱动下实施的，看似利己实为害人害己的违反消防安全法律法规或相关规定的行为。导致最终租户使用公区营业、圈占安全出口、装修遮挡消防设施等，造成一系列消防违法行为和火灾隐患。

4 自主管理探讨

4.1 抓主体责任落实

《中华人民共和国消防法》第二条规定，消防工作贯彻预防为主，防消结合的方针，按照政府统一领导部门，依法监管单位，全面负责公民积极参与的原则，实行消防安全责任制，建立健全社会化消防工作网络。第十六条第二款规定单位的主要责任人是本单位的消防安全责任人。消防问题涵盖面广，也包括小小的安全死角，因此消防安全管理必须做到全员出动，定岗定责。从源头抓消防安全责任人和管理人的责任落实尤为重要，让其接受消防学校的专业培训，有利于日常消防工作开展的方向和重点，也便于对自身员工和第三方服务机构履职情况的管控。

4.2 抓第三方服务机构

《中华人民共和国消防法》第三十四条规定，消防技术服务机构和执业人员应当依法获得相应的资质资格，依照法律，行政法规，国家标准，行业标准和职业标准，接受委托，提供消防技术服务，并对服务质量负责。委托具有资质的第三方消防设施维保单位是当务之急，找专业的人做专业的事，是尽快让单位步入正规安全环境的保障。对前期的消防欠账，单位业主方也应承担其后果。对之前的第三方消防设施维保单位不履职并造成严重后果的，相关部门可进行罚款和责令停止执业或者吊销相应的资质证书。一定程度上，监管部门的作为会起到很好的震摄作用。

4.3 抓全员分工责任落实

消防管理落实个人责任制，除专职消防工作人员，其他员工除了完成本职工作还需承担一部分的消防安全责任，以不同的责任人共同配合完成单位整体的消防安全管理。明确责任人的消防工作要点，与实际救灾流程，必要时对消防设施需承担一定的经济约束和看管责任，全方位的降低消防安全管理空间地区内的安全隐患与漏洞。一旦出现灾情，如果因其未履职到位，也要对火灾的发生担负一定的责任等。考虑到全员分工有利于消防安全管理措施的细致化推进，使消防安全管理不再拘泥于常规化的管理模式，而是人人都是消防安全保卫者。

4.4 抓消防知识宣传培训

消防知识宣传培训工作，是将消防安全知识传播给所有员工，它不见得立竿见影，但一定会渐入佳境。不仅有利于提升员工的责任心，加强他们发现火灾隐患与扑灭初期火灾技能。同时强化安全意识，降低了安全隐患和漏洞的存在，极大保障了场所的消防安全。从初期的消防常识入手，火灾案例的教训，到优秀经验的借鉴学习，再到本职消防工作的方法交流。当楼梯间的防火门应常闭，这样的常识观念，和出门顺手倒垃圾一样成为举手之劳。如果防火的概念从知识，变成常识，变成本能。单位的火灾防控才能确实得以保障。

4.5 抓工作奖惩激励制度

工作中不仅要动员全员做消防保护者，提高消防安全意识，还要配以奖惩制度，保障消防安全工作的有效落实。提高员工的积极性、主动性，扩展晋升空间及薪资待遇。才能鼓励员工发挥作用，在日常消防管理工作中实现自身价值与公司安全共同成长的目标。如果“从星星之火可以燎原”的角度看，作为企业单位利用小小的奖金或者其他激励措施，最终得到自身安全的经营环境。这就是商人平时一直考量的经济效益及其经济效益本身重要保障。

参考文献

［1］中华人民共和国消防法

［2］社会消防技术服务管理规定（应急管理部令第7号）.

［3］丁润．高层民用建筑消防安全管理探讨，2014.8，vol. 33 消防科学与技术增刊.

［4］刘明．浅谈如何做好信心是下社区消防宣传工作，2015 消防科技与工程学术会议论文集.

［5］许昌华．社区消防管理工作探讨，消防科学与技术增刊 2014.8.

对乡镇消防安全管理的探讨

张　涛

（河北省邯郸市消防救援支队，河北　邯郸）

摘　要　本文通过对某县22个乡镇和1个工业园区年度消防工作考核，对其消防工作责任体系建设、农村微型消防站建设、火灾预防工作、消防宣传培训、应急救援体系建设进行了量化打分，找出了乡镇消防工作的薄弱点，并对建立乡镇消防工作机构，完善组织体系、社会治安综合治理信息系统建设、消防安全专项整治、夯实消防基础工作、乡镇专职消防队伍建设和农村消防宣传教育六方面提出了合理化建议。

关键词　乡镇　消防管理　年度考核　存在问题　建议

乡镇消防工作是乡镇经济和社会发展的重要组成部分，是乡镇经济持续、健康、稳定、协调发展的重要保障。本文以某年度消防工作考核为契机，分析、研判了乡镇消防工作的薄弱点，并提出了合理化建议，还请消防行业同行门批评指正。

1 乡镇消防工作总体情况和存在的不足

本次共对22个乡镇和1个工业园区2022年全年消防工

作落实情况进行督导，从督导情况看，大部分乡镇（工业园区）对消防安全工作高度重视，做到分管领导具体抓，其他领导分别抓，切实履行属地监管责任。

1.1 是持续强化责任体系建设建设

各乡镇均按照市政府要求如期成立乡镇消防安全委员会，明确了消防安全委员会主任、副主任，推动落实消防安全责任，建立消防安全组织体系；挂牌成立了消防工作站，健全机制和工作制度，做到分工明确，制度上墙；各乡镇主持召开辖区消防工作专题会议，安排部署消防重点工作，有会议纪要、签到表、会议简报、影像资料等佐证材料。并结合辖区实际，采取针对性措施，推进农村自建房、电气火灾、电动车火灾、燃气火灾等、“小火亡人”消防安全工作有效进展。

存在不足：按照市政“安排必要的资金，用于公共消防设施建设和业务经费支出的”工作要求，各乡镇均未通过提供会议纪要、财务报表等佐证材料体现该项工作的开展。除徘徊镇以外，其他乡镇均未将消防安全纳入镇总体规划、乡规划，并严格组织实施。社会治安综治平台数据录入方面，8个乡镇的社会治安综治平台数据录入良好，其他乡镇均不同程度存在未将辖区范围内符合要求的全部场所（1500平方米以下的超市、商场，储存非易燃易爆危险品的专用仓库、居民住宅小区、沿街商铺、生产经营租住村（居）民自建房）录入河北省社会治安综合治理信息平台“消防检查模块”，未实时动态调整信息数据库，未明确1名专职录入人员将排查隐患、日常管理等情况及时规范录入综合治理信息平台，未建立纸质台账，未按照每月系统内排查单位不低于25家要求录入。

1.2 是火灾预防工作稳步提升

按照上级有关会议精神和文件要求，各乡镇对消防工作重视程度空前提高，就消防安全专项整治三年行动、自建房、电气等专项档案，12个乡镇对消防安全专项治理的治理方案、会议部署、阶段调度、联合检查、“两个清单”（隐患清单、责任清单）、隐患追踪整改等相关资料进行收集归档，各专项档案独立建立，设置专门的文件夹。

存在不足：10个乡镇、一个工业园区开展专项治理工作，需进一步完善相关档案资料。1个乡镇各行政村均不同程度存在设置限高限宽的牌坊，1个乡镇某行政村路口设置限高架，未将所有影响通行的石墩子全部挪走，未安排专人值班值守，不能确保紧急情况下消防车能够进入。

1.3 农村微型消防站建设

22个乡镇中仅有2个乡镇辖区所有行政村均按照《河北省微型消防站建设指导意见（试行）》（冀消委〔2016〕22号）要求建设了微型消防站，配备必要的消防器材。抽查9个乡镇辖区两个行政村，均建成防冻消防水池并常年储水。

存在不足：其他乡镇辖区行政村微型消防站建设数量不足，人员配备、站房器材达不到标准的50%要求，不能满足日常值守、巡查和扑救初期火灾的基本要求。其中8个乡镇尚未建设农村微型消防站，存在扑救初起火灾防控力量空白。按照“每个农村建成至少一处不小于100立方米的防冻消防水池并常年储水”要求，各乡镇均不同程度存在消防水池建设数量不足、容积不够、未采取防冻措施等问题。

1.4 消防宣传培训

所有乡镇均在重大节假日期间、农村收获季节及火灾多发季节，有效开展有针对性的宣传教育；积极开展消防宣传“五进”工作，结合消防宣传“五进”工作，全面开展农村自建房、电气火灾、电动车火灾、燃气火灾、“小火亡人”等专项消防宣传；农村消防安全宣传“五有”（即有组织体系、有展示窗口、有宣传资料、有广播设施、有活动载体）

存在不足：10个乡镇消防宣传“五进”工作开展未做到“全覆盖”；7个乡镇农村消防安全宣传“五有”活动未扎实开展，未打造农村消防安全示范村；2个乡镇年内未组织村“两委”成员至少开展一次灭火疏散逃生演练；2个乡镇未在农村主要道路或村民集体活动场所设置固定消防宣传栏（橱窗）；1个乡镇未针对家庭作坊业主，鳏寡孤独、老弱病残等人群居住场所进行“敲门入户”重点看护，开展针对性消防常识宣传培训；按照消防宣传有有活动载体工作要求，2个乡镇未建立大喇叭广播制度，无播放台账；2个乡镇消防宣传教育场所未配备常用消防器材和消防图书11个乡镇和工业园区管理委员会未建设以墙体宣传漫画为主的消防宣传一条街。

1.5 应急救援体系建设

22个乡镇中仅5个乡镇建设了乡镇专职消防队，并配有消防车，其他乡镇均未按照国家标准《乡镇消防队》（GB/T 35547-2017）推进乡镇专职消防队建设。其中5个乡镇依托辖区企业消防队进行火灾防控，未按标准建设乡镇专职消防队。

2 工作建议

各乡镇（工业园区）要严格落实《消防安全责任制实施办法》（国办发〔2017〕87号），充分认识到抓好消防安全工作的长期性和紧迫性，着重抓好以下几方面：

2.1 建立乡镇消防工作机构，完善组织体系

自2018年《河北省消防安全责任制》实施，距今已五年有余，各级政府和行业部门相关领导因为换届或其他原因对该文件的掌握有所弱化。所以，各乡镇、工业园区管委会要持续深入学习贯彻国务院《消防安全责任制实施办法》，健全落实党政同责、一岗双责、齐抓共管、失职追责的消防安全责任制度。要将消防工作纳入重要议事日程和日常检查、政务督查的重要内容，定期召开会议研究部署，严格兑现奖惩措施，对履职不力、发生火灾的约谈督办。乡镇消安办要实体化运行，充分发挥议事协调机构作用，建立落实通报、警示、约谈、挂牌、考核等工作机制，全面推动消防安全责任落实。

乡镇消防工作站建设方面，各乡镇、工业园区管委会要认真贯彻落实省市政府和全国基层消防力量建设现场会精神，立足基层火灾防控现实短板需求，周密谋划、守正创新，以最高规格、最大力度、最实举措，建好乡镇一级消安委这个“神经末梢”，做好乡镇消防工作站建设工作：

一是明晰责任建强组织，明确“四方”责任、建立“四个”消防工作组织体系。“四方”责任，即明确乡镇党政主要负责人为辖区消防工作第一责任人，统筹协调消防工作重要事宜；明确乡镇分管消防安全负责人为辖区消防工作主要责任人，综合协调和督促落实辖区消防工作；明确乡镇班子其他成员对分管范围内的消防工作负领导责任；明确村（居）民委员会明确一名委员作为消防安全管理人，开展日常群众性消防工作。

“四个”消防工作组织体系，即建立日常工作组织落实体系，由消防工作站或应急管理办公室承担乡镇街职责规定中消防工作职责，并至少确定2名在编人员专职负责；建立

消防安全委员会议事协调体系，研究部署本乡镇火灾防控、消防设施建设等消防工作重大事项，乡镇政府主要负责人担任委员会主任，1名副主任由消防部门人员担任，加强组织协调；建立消防安全网格化体系，融入基层治理和平安建设网格化服务管理平台和消防网格化工作机制，组织发动刑侦村“两委”成员、网格员等基层力量对辖区内村（居）民自建房、群租房、“九小场所”等各类风险点开展排查，督促其落实消防安全主体责任；建立应急力量体系，加强乡镇专职消防队、志愿消防队、微型消防站等多种形式消防队伍建设。

二是健全机制强化保障，明确“六项”职责、“六项”保障措施。“六项”职责，即乡镇落实政府对辖区消防安全危险源分析研判，发布预警提示，推进消防基础设施和力量建设；推动消防规划编制实施、社会治安综治平台检查数据录入等基层社会综合治理；开展消防安全日常检查；强化专项治理，对辖区人员密集场所、九小场所等薄弱区域，以及用火、用电、用气等消防安全隐患开展重点治理；开展多种形式宣传教育培训，提高全民消防安全意识，做好农村消防宣传“五进”和“五有”工作；推进“智慧消防”建设，强化现代化、数字化、信息化手段运用。

“六项”措施保障，即依据2019年1月31日中共中央办公厅、国务院办公厅印发的《关于推进基层整合审批服务执法力量的实施意见》，明确将占用、堵塞、封闭消防车通道的处罚，个人在疏散通道、安全出口、楼梯间停放电动自行车的处罚等易于识别判定、程序简便易行的执法事项，赋予乡镇政府综合行政执法办公室行使；明确消防救援大队对乡镇从事消防工作人员提升能力素质方面应做的工作；明确区和乡镇两级应安排资金用于保障消防工作开展；明确乡镇按照“一岗多责、多责多酬”原则，合理确定从事消防工作人员工资待遇水平；明确各县（市、区）政府结合平安建设考核应当建立健全乡镇消防工作考核评价体系，并加强结果运用；明确相关部门应落实好消防工作责任追究、表彰奖励等多种奖惩措施，确保政府、行业部门、社会单位三个层面的基层消防工作责任压实。

2.2 开展好社会治安综合治理信息系统建设

扎实推进社会治安综合治理信息系统录入工作，及时将辖区内所符合标准单位基本信息录入系统，确保系统内数据准确、真实、有效。明确专人对消防安全相关资料进行收集归档，各专项档案独立建立，设置专门的文件夹（盒），做到摆放有序，一目了然，并确保资料的完整性、真实性、规范性。

2.3 开展人员密集场所消防安全专项整治

按照地方消防安全委员会办公室向各乡镇政府、工业园区管委会和相关行业部门印发的《全市人员密集场所消防安全专项治理工作方案》、《预防和遏制“小火亡人”事故若干措施》、《关于切实加强物流仓储等场所消防安全工作的通知》等消防安全专项治理工作要求，各乡镇政府、工业园区管委会要联合相关行业部门，集中排查整治居民住宅、群租房、自建房、商住场所、医院、养老院、寄宿制学校、密室逃脱、室内冰雪场所等场所违规用火用电、用油用气、安全疏散、防火分隔不达标以及电动自行车违规停放充电等突出隐患，列出整改责任、整改措施“两个清单”，摸清“不放心”单位场所底数，指导制定火灾防范措施。

同时要强化重点人群帮扶，摸排辖区失能独居、智障残障人员及赤贫家庭等重点人群，并登记造册；发动网格员、志愿者等建立“邻里守望”制度，明确一名村干部或党员开展“一对一”帮扶，每季度至少开展一次上门宣传消防知识、开展一次提醒提示、帮助排查整改一次火灾隐患。

2.4 进一步夯实消防基础工作

2020年，中共中央办公厅、国务院办公厅印发了《农村人居环境整治提升五年行动方案（2021—2025年）》。《方案》明确提出，健全村庄应急管理体系，合理布局应急避难场所和防汛、消防等救灾设施设备，畅通安全通道。同时，《农村防火规范》（GB 50039—2010）也对农村消防规划、建筑物防火和消防设施提出了明确要求。各乡镇政府、工业园区管委会要充分认识消防工作的重要性，制定乡镇建设的消防规划，安排专项资金用于公共消防建设和业务经费支出，抓好农村消防微型消防站、消防水池建设的工作，逐步解决部分行政村消防水池容积不达标、未建设农村微型消防站等方面的问题，确保每个行政村不少于2处取水平台（点）的建设任务，逐步改善农村消防安全条件，增强农村综合抗御火灾的能力；住宅小区物业服务企业要按照《物业消防安全管理办法》要求，确保住宅小区消防车通道畅通；交警、城管执法、住建、消防等相关行业部门扎实推进打通“生命通道”专项整治行动；各级政府宣传部门、广播电视台、消防微信平台等媒体结合典型案例以案说法，剖析占用、堵塞消防车通道的危害性，保障生命通道保持畅通。

2.5 加强乡镇专职消防队伍建设工作

乡镇消防队承担着本地区初起火灾扑救、消防安全管理、隐患排查、宣传教育培训等职能，是乡镇农村地区综合应急救援的重要力量。乡镇政府、工业园区管委会要以深入贯彻实施国家标准《乡镇消防队》（GB/T 35547—2017）为载体，坚持“全面覆盖、标准适当”的原则，因地制宜、注重实效、分类推进乡镇专职消防队建设（建队范围：国重点镇；省级重点镇、中心镇；易燃易爆危险品生产、经营单位或劳动密集型企业集中的其他乡镇；中国历史文化名镇；建成区面积2km^{2}以上或者建成区内常住人口10000人以上的乡镇，根据标准建立一级、二级乡镇消防队。）确保人员、车辆、器材、个人防护装备、办公场所、软件台账资料齐全，队伍建设进一步加强。对于因特殊困难一时无法建设起乡镇专职消防队的地区，可暂时依托辖区若干企业消防队，分片包干，提升辖区火灾防控能力。

2.6 加大消防宣传教育力度

乡镇政府每年组织村“两委”成员至少进行一次消防安全教育培训、观看一次“小火亡人”火灾案例警示片、开展一次灭火疏散逃生演练，并结合实际制定《村民防火公约》和《村民消防安全知识手册》，广泛张贴、发放；加强村（社区）“两委”成员、网格员、物业管理人员以及群租房业主、人员密集场所负责人消防基本技能实操实训，提高消防安全能力素质；在春节、元宵、清明、中元、农村收获季节等时间节点，研究制定有针对性的消防安全举措，开展防火巡查和检查；利用广播、手机自媒体等多种媒介渠道，开展消防安全宣传、提示、警示，提高乡村群众消防安全意识；按照消防宣传“五进”要求，因时因地制宜，采取各种形式进行宣传教育，提高消防安全意识；并按照农村“五有”标准挂牌成立1~2个消防安全示范村。

3 结束语

各乡镇政府要严格落实国务院《消防安全责任制实施办法》，强化消防工作组织领导、加强消防规划编制实施、建立常态化隐患排查整治机制、组织开展消防教育培训、加强消防力量建设、组织领导灭火救援工作，有效破解基层消防力量薄弱难题，夯实街道乡镇火灾防控责任体系，有力提升基层火灾防控水平。

参考文献

[1] GB/T 38315—2019，社会单位灭火和应急疏散预案编制及实施导则 [S].

[2] GB/T 35547—2017. 乡镇消防队 [S].

[3]《消防安全责任制实施办法》(国办发〔2017〕87号).

浅谈消防行政执法中自由裁量权的控制

李　宏

（宝鸡市消防救援支队防火监督科，陕西　宝鸡）

摘　要　随着社会经济和科技的不断发展，政府规范社会生活的功能和权限范围不断扩大，导致行政机关享有的自由裁量权也逐渐增加。自由裁量权能够帮助行政机关更加审时度势、处理问题更加灵活机动，从而提高行政效率。然而，自由裁量权的行使过程中往往存在主观性、任意性等问题，容易造成行政权的滥用与失控。

关键词　行政自由裁量权　依法行政　合理性原则　有效控制

自由裁量权的定义存在理论争议，学术界对其定义存在差异。霍尔斯伯爵认为自由裁量权是在当局的自由裁量权范围内行使职权，而非个人意愿行事。这意味着当局可以根据自身判断和决定来行使职权，而不受个人意愿的束缚。然而，自由裁量权应当是法定且受限制的，不能是独断、模糊或幻想的。[1]《布莱尔法律词典》将自由裁量权定义为在特定情况下以适当和公正的方式行使职权的权力。这表明自由裁量权的行使应当在法定的范围内，以确保权力的合理行使，并遵循适用的规则和原则。自由裁量权的概念源于西方法律文化，指法律赋予国家机关在法定权限内根据管理实际需要和具体情况自由行使权力。这意味着自由裁量权的行使应当符合法律规定，并且在处理具体情况时考虑实际需要和合理性。自由裁量权的存在旨在使国家机关能够灵活地应对不同情况和变化的管理需求，同时确保权力行使的合法性和公正性。

自由裁量权最早可在王珉灿主编的《行政法概要》中找到[2]。这表明自由裁量权作为一个概念和原则在行政法领域的讨论和研究中具有重要地位。自由裁量权是指在法律未明确规定的情况下，行政机关可以根据自身判断采取适当的行政措施来处理具体事件。这意味着行政机关可以根据具体情况和实际需要，灵活地行使权力，并且在法律规定范围内决定适当的措施[3]。消防行政执法的自由裁量权指的是消防救援机构在实施行政处罚时，在法律规定的处罚范围内，综合考虑违法行为的性质、后果、情节和改正措施等因素，根据立法目的和处罚原则来决定是否以及如何对违法行为进行处罚。这意味着消防救援机构在行使自由裁量权时必须考虑多个因素，以确保处罚的公正性和合理性。自由裁量权存在滥用的可能性。滥用自由裁量权可能导致执法腐败，损害合法权益，破坏社会公正。因此，正确行使消防行政处罚的自由裁量权对于防止执法腐败、保护合法权益和促进依法治国至关重要。消防机构应当在法律规定的范围内合理使用自由裁量权，遵循法定程序和法律原则，确保执法决策的公正性和合法性。

综上所述，了解自由裁量权的不同定义和理解，正确行使消防行政执法的自由裁量权，并防止其滥用，是维护执法公正和保护合法权益的重要措施。同时，加强监督和规范管理，提高执法人员的职业道德和法律意识，也是确保自由裁量权正确行使的关键。

1　消防行政执法自由裁量权存在的必然性

自由裁量权在现代行政中是核心内容之一，也是行政合理性的体现。它允许行政机关在法律未明确规定的情况下根据自身判断采取适当的行政措施。自由裁量权的行使需要遵循合理、公正和适当的原则，以确保行政决策的合理性和合法性。

在消防行政管理中，自由裁量权弥补法律不足，适应新情况和问题的出现。由于消防工作的复杂性和多样性，法律无法对每个具体环节和突发情况做出详尽规范。因此，消防监督执法人员需要行使自由裁量权，根据具体情况和专业判断采取合理、适当的行动，以维护公共安全和消防工作的有效进行。

消防监督执法人员的自由裁量权是其主观能动性的关键表现，因为法律无法对每个环节和突发情况做出详尽规范。消防执法工作中会遇到各种复杂情况和紧急情况，需要执法人员根据自身专业知识和经验，灵活运用自由裁量权，做出符合法律精神和实际情况的决策。

自由裁量权在消防行政管理中起着重要作用，提供灵活性、提高行政服务效率，并推动便民利民措施的制定。通过行使自由裁量权，消防机构可以根据具体情况和实际需求，提供更加灵活、高效的行政服务，解决突发事件和问题，推动便民利民工作的开展。

自由裁量权对于提高行政效能至关重要，消防法律和法规应给予充分的重视和发挥作用。通过明确法律规定、制定相应的行政程序和规范，以及加强对自由裁量权的培训和监督，消防行政管理可以更好地发挥自由裁量权的作用，提高行政效能，为公众提供更好的服务和保障。

2　消防行政执法中行使自由裁量权存在的问题及负面效应

自由裁量权是行政执法的一部分，它赋予行政机关在法律未明确规定的情况下根据自身判断采取适当行动的权力。自由裁量权具有积极和消极两面效应，既能够提高行政执法的效率和灵活性，又可能导致问题和负面影响。

2.1 存在的问题

在消防行政执法中，自由裁量权的行使存在一些问题和负面效应。首先，由于自由裁量权的广泛性，可能导致职权行使过于随意，缺乏一定的约束和规范，给执法决策带来不确定性。其次，部分执法人员的执法动机可能存在偏颇，导致不公正的执法行为。此外，行政处罚的过程中可能存在公正失衡，造成相对人权益受损。

为解决这些问题，消防救援机构需要采取一系列措施。首先，加强职权行使的客观性，确保执法决策基于事实和法律规定，避免主观偏见的干扰。其次，维护法律公正和社会利益，执法人员应当以公正、公平和法律精神为准则，权衡各种利益，确保执法行为符合法律原则和目的。此外，消防机构还应加强对执法人员的职业道德和法律意识的培养和教育，提高其执法素质和法律水平。最后，在合理的情况下行使自由裁量权，维护相对人的权益和消防安全，避免滥用权力和损害公众利益。

综上所述，解决自由裁量权在消防行政执法中存在的问题需要综合多方面的努力。加强职权行使的客观性、维护法律公正和社会利益、提高执法人员的职业道德和法律意识，以及在合理情况下行使自由裁量权维护相对人权益和消防安全，这些措施有助于提高行政执法的质量和公信力，实现有效的消防管理和安全维护。

2.2 负面效应

自由裁量权的滥用会违背法律目的和意愿，破坏法制秩序，产生严重的危害和负面效应。当行政机关滥用自由裁量权时，其行为可能超越法律规定的界限，以个人意愿为准则，从而背离了法律的目的和原意。这种滥用行为对公众和社会造成严重的危害，破坏了法制秩序和公信力。

滥用自由裁量权会败坏政府部门形象，损害行政相对人的权益，需要加强规范和监督，避免滥用。当行政机关滥用自由裁量权时，其行为可能被视为不公正、不合理，导致公众对政府部门的不信任和怀疑。同时，滥用自由裁量权也可能损害行政相对人的权益，使其遭受不当的执法行为。因此，需要通过加强规范和监督，确保自由裁量权的合理行使，避免滥用现象的发生。

滥用自由裁量权不利于社会秩序稳定，可能引起不公平对待、怀疑和不满，影响执法监督的有效性，甚至导致违法行为增多，需要加强规范化和监督管理。当自由裁量权被滥用时，可能导致行政决策的不公平和不一致，引发社会不满和怀疑。这种情况下，公众对执法的监督和有效性也会受到影响，可能导致违法行为的增多，对社会秩序产生不利影响。因此，加强规范化和监督管理，确保自由裁量权的合理行使，是维护社会秩序稳定的重要举措。

滥用自由裁量权导致行政效率低下，以个人私利为目标，浪费资源，影响目标的实现，需要提高行政效率。当自由裁量权被滥用时，行政机关可能以个人私利为目标，忽视公共利益，导致行政效率低下。滥用行为可能浪费宝贵的资源，阻碍目标的实现和工作的顺利进行。因此，提高行政效率，确保自由裁量权的合理行使，是提升行政管理质量和效果的重要方面。

自由裁量权滥用容易滋生执法腐败，可能被用于掩盖非法勾当，需要防范腐败问题的产生。当自由裁量权被滥用并与腐败问题相结合时，可能导致执法腐败的发生。滥用行为可能被用于掩盖非法勾当、谋取私利，破坏法治原则和公正执法。因此，需要加强防范措施，提高执法机关的廉洁意识和职业道德，确保自由裁量权的合理行使，防止腐败问题的产生。

3 消防行政执法自由裁量权的保障机制

3.1 强化行政立法监督

为了控制自由裁量权的滥用、减少主观随意性，并防止腐败的发生，需要强化行政立法监督。这包括加强对行政程序立法的完善，确保程序规范和透明，以及制定明确的规定来限制和引导自由裁量权的行使。通过建立健全的立法监督机制，可以提高行政行为的合法性和合理性。

3.2 加强制度体系建设

制度体系建设也是防止自由裁量权滥用的重要举措。其中包括建立公开公示制度，将行政执法过程公开，增加透明度；采用合议制度，引入多人决策，避免个人意愿主导；设立告知和听证制度，确保行政相对人的知情权和陈述权；建立案件审核制度，对行政决策进行内部审核和评估；并完善行政侵权赔偿制度，保护行政相对人的合法权益。这些制度的建立可以提高行政执法的公正性、透明度和办案质量。

3.3 完善监督制约机制

监督制约机制的完善也是必要的。它包括内部监督和外部监督相结合。内部监督可以通过综合自查、专项抽查、定期和不定期检查等方式来加强，确保执法行为的合法性和合规性。外部监督可以通过上级机关的监督、公众的监督以及舆论的监督来实现。这样可以增加行政执法的透明度和合法性，有效遏制自由裁量权的滥用。

3.4 提高监督人员素质

提高监督人员的素质也是至关重要的。通过加强政治思想教育，培养监督人员的法治意识和职业道德，使其能够正确行使监督职责。进行全方位的培训，提高监督人员的法律知识和执法能力。举办执法竞赛，激发监督人员的积极性和责任感。通过这些举措，可以确保监督人员在行使监督职责时具备足够的素质，促使行政自由裁量的合理性和公正性得到保障。

参考文献

[1] 威廉．韦德．行政法［M］. 中国大百科全书出版社，1997：63.

[2] Henry Campbell Black's Law Dictionary，6th edition，St Paul，Minn. West Publishing Co.，1990，p. 467

[3] 王珉灿．行政法概要［M］. 法律出版社，1983：113.

[4] 孟德斯鸠．论法的精神．张雁深译，商务印书馆，1963：154.

高层住宅小区监督检查策略研究

娄蒙蒙

（中国消防救援学院消防工程系，北京　昌平）

摘　要　高层住宅是当前消防安全工作的重点，本文分析了高层住宅所存在的消防安全隐患，阐述其存在消防设施不到位、缺乏统一消防协调组织、建筑多采用易燃外保温材料等问题，针对这些问题，就如何做好高层住宅防火需采用从严管理消防建筑设施、发挥消防安全管理主体责任、严格落实新规范等措施进行了介绍。

关键词　高层住宅　消防　防火

1　引言

当前，随着我国社会经济的高速发展以及城市现代化水平的不断提高，高层住宅建筑在各地拔地而起，尤其在北京、上海、广州、深圳等一线大城市，更是十分普遍的现象。

根据《住宅设计规范》GB 50096—1999 规定：十层及以上住宅为高层住宅。由于高层住宅建筑高度高，扑救难度大，消防安全管理不规范等因素，存在着较大的火灾危险性。根据应急管理部统计表明，我国的城市社区火灾逐年呈明显上升趋势，其中，高层住宅火灾占有相当的比例，见表 1。

表 1　近年来个别高层住宅火灾事故统计表

时间	地点	事故单位	火灾损失
2010. 11. 15	上海	胶州路教师公寓	58 人死亡，71 人受伤，直接经济损失 1. 58 亿元
2010. 02. 03	辽宁沈阳	皇朝万鑫国际大厦	B 座公寓楼基本完全烧光
2015. 07. 11	湖北武汉	汉阳区嘉苑小区	造成 7 人死亡，12 人受伤
2020. 01. 01	重庆	渝北区加州花园	造成 2 至 30 层外阳台不同程度烧毁

因此要做好高层住宅建筑的消防安全措施，不断提高建筑自身的防火、抗火能力，尽可能地降低火灾隐患，确保人民群众生命财产安全。

2　高层住宅存在的安全隐患

2. 1　消防设施不健全，存在安全隐患

高层住宅由于受到其高度和内部空间的影响，消防设施的维修保养会产生比较大的成本。在建设高层住宅时，设计和施工单位一般会考虑到消防设施的问题，但是在后续的维护保养中，一些物业管理存在漏洞，致使部分消防设施往往无法发挥其作用，此外还存在消防通道堵塞，应急指示灯和逃生标识不亮灯等情况。一些高层住宅小区由于业主与物业管理单位之间存在合同矛盾，产生消防设施维护费用牵扯不清等情况，导致出现“小洞没钱补、不补变大洞”的怪现象。

2. 2　住宅布局不合理，缺乏统一协调组织

住宅建筑人员多以家庭为单位居住，家庭之间没有一个统一协调的组织机构，居民之间组织开展消防安全演习等活动将较为困难。一旦遇到火灾、地震等危险情况，将会出现较为混乱的局面。

物业管理单位作为高层住宅小区的主要消防安全管理责任单位，是一个很好的统一协调组织，但是部分物业管理单位消防安全意识淡薄，甚至存在消防安全管理人员没有持证上岗的违规现象，造成了高层住宅小区消防安全管理的混乱。

此外，当前的高层住宅越建越高，其垂直距离长，一旦发生火灾，在电梯停用的情况下，人们只能通过疏散楼梯进行撤离。由于其内部人口密度高，又缺乏一个统一协调组织，一旦发生火灾，人们将会蜂拥在楼梯间，在逃跑中容易发生踩踏等事件。

2. 3　外墙保温材料不符合规范，火灾烟气蔓延快

现代家庭的消费水平都比较高，居民家中的用电器也越来越多，并且内部装修既复杂又豪华，各类可燃装修材料的使用大大增加了建筑内的火灾荷载。一旦稍有大意用火不慎，很容易发生火灾事故，这些装修材料和家具就会燃烧产生大量有毒烟气。根据消防救援机构统计，火灾造成的人员死亡因素中，烟气致死占有相当大的比例，一般能达到 40%～50%。

在 2009 年公安部、住房和城乡建设部联合下发的《民用建筑外保温系统及外墙装饰防火暂行规定》中允许建筑高度大于 2m 不大于 100m 的高层住宅建筑的外墙保温材料采用 B2 级，即可燃材料。因此，出于成本考虑，在 2015 年新版《建筑设计防火规范》实施以前，我国的许多高层住宅建筑在建造或改造时，其保温材料绝大部分都是采用 EP5、XPS 这类高分子有机发泡保温板。它们一旦遇到火星便会立刻引燃，形成“烟囱效应”，迅速沿外墙垂直蔓延。由相关数据得知，剧烈燃烧阶段，火焰在竖向空间内的蔓延速度可达 3～4m/s，而 100m 以上的高层建筑其蔓延速度可达 25～35m/s。

3　监管部门日常监督检查策略

3. 1　定期维护消防设施

通过对高层住宅建筑的消防管理、建筑材料性能与布置、消防设施设备、建筑灭火疏散四个方面建立事故树模型进行评估，发现高层住宅建筑的火灾自动报警系统和自动灭火系统是否完善是防控高层住宅建筑火灾发生的关键因素，如图 1 所示。

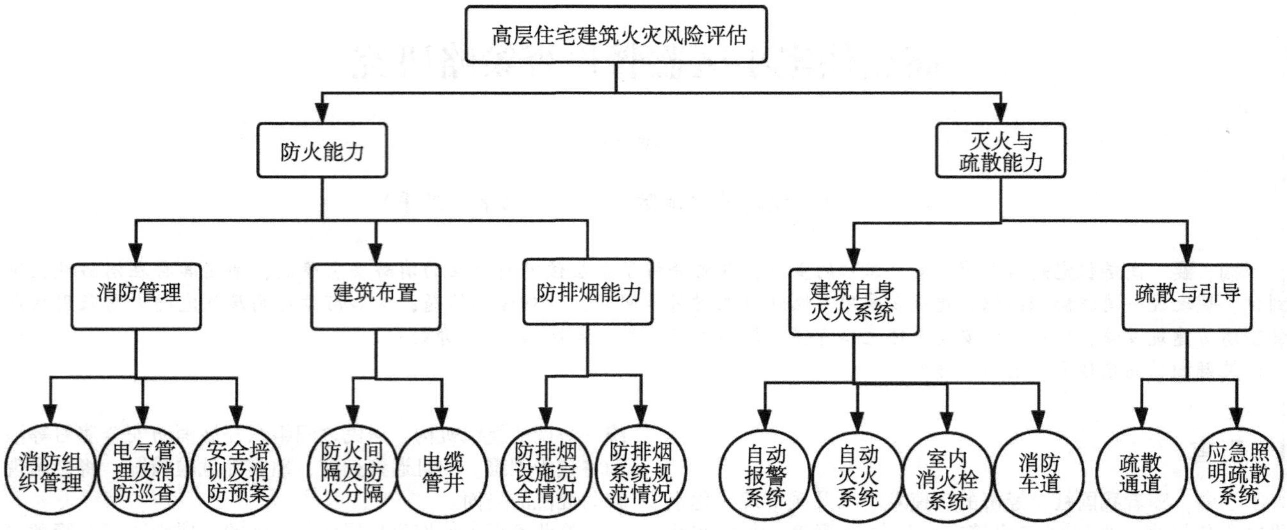

图 1　高层住宅建筑火灾风险评估事故树

因此，物业管理单位要定期联系具有资质的消防技术服务机构对消防设施进行一个细致全面的检查和维护保养；对于一些消防设施不到位、疏散楼梯数量不足等情况，应当要按照现行的消防技术标准进行改建或者扩建；对于老旧的高层住宅，存在消防设施不达标的，应当要及时安装自动化消防报警灭火系统，提高老旧高层住宅应对火灾的能力，如图 2 所示。

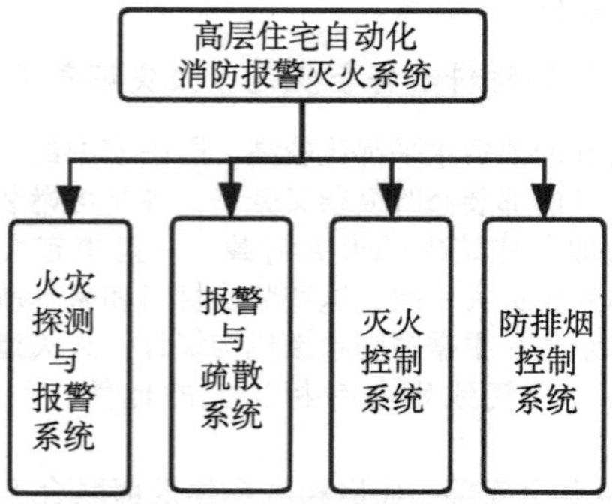

图 2　高层住宅自动化消防报警灭火系统

此外，还可以引进物联网技术在高层住宅消防安全管理中的应用，依托大数据、物联网、云计算等现代科技手段构建起一个立体的防火数据库，可为消防安全管理人员和消防救援机构提供整个楼层可视化的消防系统信息，从而实现高层住宅火灾早防控、早预警、早处置的能力。

3.2　发挥消防安全管理主体责任

针对高层住单元散乱，缺乏统一协调组织的情况。可以通过在住户间选举产生消防楼长，进而监督楼层及小区的消防安全管理工作。消防楼长要落实防火巡查检查、消防宣传教育、外保温系统防火管理等职责，督促物业管理单位，定期检查喷淋泵和消火栓泵等设施是否能够使用，同时对湿式报警阀进行检测，检查水流指示器、水力警铃、消防控制柜等反馈信号及消防水泵运行的情况。住户们应当协调购置救生锤、逃生绳、灭火器、一次性呼吸面罩等消防装备，以备不时之需。

此外，消防救援机构应当要通过发动物业管理单位、住户和消防楼长等人员，进行入户消防宣传，宣传正确的家庭生活用火方式和电器使用安全管理等知识，提高其消防安全意识。

3.3　严格落实新规范要求

2018 年 10 月 1 日起开始实施的新版《建筑设计防火规范》对高层住宅建筑有了更严格的要求。从 2009 年的中央电视台大火、2010 年的上海胶州路大火到 2017 年的伦敦公寓大火，高层住宅建筑的外保温材料防火性能问题，始终是个十分引起重视的问题。在新版的建规中，就对外保温材料作出了更严格的要求。由《建筑设计防火规范》6.7.5 可知，对于高层住宅建筑，其保温材料的燃烧性能不应低于 B1 级。

做好高层住宅住宅的日常监管工作，归根到底要从源头上把控，从技术上采取措施。2017 年，公安部发文针对高层建筑易燃外保温材料进行了综合治理行动，并对高层建筑的防火措施作出了进一步要求。在现阶段，要严格落实新版《建筑设计防火规范》等相关规范的要求，通过采用提高建筑物耐火等级、内装修采用不燃化材料、设计符合要求的防排烟系统，设计符合规范的防火分区、防火间距和防烟分区等措施来增强高层住宅的防火能力。

4　结语

高层住宅建筑是城市现代化发展的趋势，尤其是在经济水平发达的上海，高层住宅建筑更是林立。人们在享受高层建筑带来便利的同时，也需要认识到高层住宅建筑潜在的消防安全问题。因此，无论是建筑工程师、物业管理单位、住户还是消防救援机构等，都应当把关好各个环节，做好技防、物防措施，以此提升高层住宅建筑的整体消防安全性。

参考文献

[1] 张禹．高层住宅防火安全存在的误区及预防措施 [J]．低温建筑技术，2014，36（3）：137-138.

[2] 李彦军．对高层住宅消防设计中几个问题的探讨 [J]．消防技术与产品信息，2005（06）：9-12.

[3] 张秀娟．高层住宅防火问题探讨 [J]．消防技术与产品信息，2010.

[4] 李炜．铜陵市高层住宅消防管理中存在的问题及对策分析 [J]．安徽电子信息职业技术学院学报，2011.

[5] 张鑫．高层住宅消防安全风险及防控策略 [J]．中国住宅设施，2020，207（08）：111-112.

对消防宣传工作的几点思考

周吉引
（河南省新乡市消防救援支队，河南 新乡）

摘 要 本文以习近平新时代中国特色社会主义理论为指导，以“四句话”方针为统领，结合《消防安全责任制实施办法》和消防工作实际，对消防宣传提出了新思路、新举措。

关键词 消防宣传 工作举措

消防工作是一个系统工程，涉及到社会的方方面面，如何提高公民的消防安全意识，认真落实消防安全责任制，促进消防安全形势平稳，杜绝火灾的发生，做好消防宣传工作尤为重要，本人结合工作实际，谈几点粗浅的看法。

1 提高认识，充分认清消防宣传的重要性和必要性

消防宣传是中心工作也是重心工作，在火灾预防和逃生自救方面发挥着非常重要的作用。它是开展消防工作的重要组成部分，是解决消防瓶颈的一个重要载体；是提高人民消防安全意识的必要途径；是公民了解消防法律法规、普及消防安全知识、提高消防安全知识知晓率和逃生自救一个重要平台。伴随着社会经济的快速发展，消防工作滞后于经济发展的现象比较明显，一些地方的消防工作还比较滞后，消防设施建设和装备建设还比较薄弱，防控火灾的能力比较低，公民的消防安全意识还比较淡薄，消防安全布局不合理、消防安全责任制不落实的现象还不同程度的存在，许多社会单位的消防安全责任人和管理人抱有侥幸心理，对火灾隐患没有采取有力措施加以防范，没有深刻认识到消防工作在经济发展中的重要作用，个别单位重经济轻安全的现象依然存在，靶心问题得不到及时有效的解决，一旦发生火灾，后果不堪设想。如何改变这一系列问题，消防宣传发挥着不可替代的重要作用，只有通过消防宣传，促使地方政府、部门和单位重视消防工作。纵观国内外每年发生的火灾案例，总结一个个惨痛的火灾教训，都有因有果，哪一个单位比较重视消防工作，这个单位就不会发生火灾，因为任何一次偶然的火灾都是必然的结果。通过消防宣传，加强消防安全管理工作，落实消防安全主体责任，提高公民的消防安全意识是预防和减少火灾的前提和保障，只有把消防宣传做到位，督促每一个单位，每一个家庭，每一个责任主体都能认识到消防工作的重要性，按照消防法和消防安全责任制实施办法，切实履行各自消防安全职责，抓好火灾隐患整改。如果不进行消防宣传，或者消防宣传工作存在盲点盲区，消防工作必然会出现棚架现象，火灾发生的几率就会很大，要做到防患于未然，消除一切火灾隐患，就要通过多种形式消防宣传，提高公民的防范措施和“四个能力”，开展网格化排查，采取必要措施消除火灾隐患，通过消防宣传，让地方各级人民政府和部门和机关、团体、企业、事业等单位认真履行消防安全职责，让公民全面了解更多消防知识，提高人民的逃生自救能力，关注消防安全，积极传播消防安全正能量，确保公民消防安全知识知晓率显著上升。

2 加强领导、部门协同，强力部署推进消防宣传全覆盖

做好消防宣传工作，离不开地方各级政府和有关部门的大力支持和协同配合，地方各级人民政府要加强对消防宣传工作的领导，定期召开办公会和协调会，促使消防宣传工作落地生根，消防宣传工作要延伸到社会的方方面面，要认真宣贯落实《消防安全责任制实施办法》，按照“党政同责、一岗双责、齐抓共管和失职追责”的要求，进一步健全消防安全责任制，提高公共消防安全水平。各总队、支队要积极协调党委宣传、综治、教育、民政、文化、安监新闻出版与广播电视等部门和工会、共青团、妇联等团体，利用一些优势和资源，积极开展消防宣传活动。各级地方政府要加强消防宣传经费保障，成立消防宣传领导组织，广泛宣传普及消防常识，多渠道，全方位、无盲区，全面提升消防安全意识。《消防安全责任制实施办法》把消防宣传工作作为政府和部门一项职责，从法律层面给予界定，组织开展经常性的消防宣传工作、加强消防宣传教育培训是县级以上地方各级人民政府和部门的一项消防工作职责，办法强调要坚持权责一致，依法履职，失职追责，各级各部门要以开展消防宣传月活动为契机，明确各自的职责，想尽一切办法，采取一切措施，确保消防宣传工作顺利开展，按照地方政府和防火安全委员会的统一部署，进一步拓展工作领域，扩大宣传覆盖面，按照网格化管理模式，层层动员，狠抓落实。

3 内容丰富，形式多样、确保消防宣传活动效果明显

3.1 扎实开展消防宣传“七进”活动

开展消防宣传“五进”活动要加强组织领导，具体指导跟踪“五进”活动的开展情况，消防宣传进机关，就要在机关开展消防安全培训，讲解剖析火灾案例，传授预防火灾和逃生自救常识；消防宣传进社区，就要要充分利用网格化管理的模式，组织培训或发放消防宣传彩页、公告和消防安全提示，督促指导街道、派出所、社区、居委会物业管理部门认真落实消防宣传有关责任和措施；消防宣传进企业，就要重点提醒企业落实消防安全责任制，督促消防安全责任人和管理人切实履行职责，认真遵守消防法律法规，督促企业对自身存在的火灾隐患立即进行彻底整改；消防宣传进学校，就要在学校开展消防安全进知识课堂，举办逃生演练，消防教育要从娃娃抓起，重点要抓住学校这一消防宣传新群体，依靠学生将消防知识带入各自的家庭。通过一个学生，带动一个家庭，通过一个家庭，影响一个楼院和社区，消防宣传进家庭，就要提醒家庭出门前务必做到“三清三关”（清厨房、清阳台、清楼道、关燃气、关电源、关门窗），学习家庭火灾的预防，如何使用灭火器和扑救措施，掌握逃生自救方法；消防宣传进农村，就要通过发放消防安全村民公约，定期组织专场消防演出、散发消防传单、消防宣传图片展览等形式，成立消防安全组织和义务消防宣传员，在农村建立企

业专职消防队、志愿消防队、义务消防队、村民多户联防等多种形式的消防力量，把农村群众消防安全意识作为工作重点，积极拓展消防宣传平台，增强消防宣传的实效性和普及性，积极寻找适合农村宣传特点的新载体，进一步构筑农村消防安全宣传网络。消防宣传进网络，就要积极搭建网络平台，通过各种网站，发布消防宣传内容，确保消防工作落到实处。

3.2 充分发挥媒体作用，夯实全社会火灾防控基础

要扩大消防宣传覆盖面，就要充分发挥媒体的喉舌作用。利用广播电视、报纸、微博、微信、手机短信、楼宇电视、出租车 LED 屏、车载视频等传播平台，大力普及消防安全知识和技能，开展系列消防“微互动”活动，进行消防工作提示，宣传消防法律法规，讲解灭火器材的使用方法，曝光重大火灾隐患，提醒社会单位和家庭采取防火措施，提高“四个能力”建设水平，健全消防宣传组织，邀请专家参与，制作优秀的消防类广播节目，创作一系列消防宣传的相声、小品、快板、数来宝、戏曲等喜闻乐见的艺术形式，通过媒体进行播放和转载，进行针对性消防宣传，组织各级党政领导接受专题访谈，组织行业部门、大型企业负责人走进直播间与听众分享消防安全工作体会，借助“全民消防我代言”和支队长、大队长上电视讲消防等形式，营造消防宣传氛围。

3.3 拓宽宣传渠道，提高消防宣传教育效果

为了推动社会各界进一步关注消防、学习消防、参与消防，提升全民消防安全素质，夯实火灾防控基础，维护消防安全形势稳定，地方各级人民政府和公安部门要拓宽消防宣传渠道、搭建消防宣传平台，营造消防宣传氛围。各地市要因地制宜建设消防主题公园，开放消防队站和消防科普教育基地，组织消防运动会和消防文艺演出，组织消防绘画和知识竞赛和消防知识讲座，悬挂消防宣传标语，进行消防安全提示，组织建立“消防宣传妈妈团”和消防义务宣传小分队，组织网格员、志愿者深入不放心区域场所开展警示性知识宣传，加强对群租房、“三合一”、“多合一”场所生产生活人群的宣传教育，推动自查自改安全隐患通，过走市场宣传的方式，与人交流，发放印有消防宣传的彩页、购物袋、鼠标垫等举措，深入社区、楼院进行消防宣传；发挥快递业和美团外卖传播优势，在快递包裹和餐具饭盒上张贴消防安全提示，争取每一个“快递哥”和“外卖哥”都是一个消防提示员；建立消防宣传橱窗和护外消防公益广告，在农村运用大喇叭宣讲消防安全知识，提高消防安全意识，在旅游景点、公众聚集场所设置消防宣传点，在大型文艺晚会举办时利用主持人进行几分钟时间的消防安全提示，在宾馆饭店、歌舞娱乐场所电视前开机要有消防安全宣传内容；消防各大队要利用消防宣传车，走街串巷，播放消防安全知识和逃生自救方法，结合“全民消防我代言”活动，在车站、地铁出入口投放代言人消防海报，借助电视、广播等媒体和视屏媒介，持续播放代言人消防公益片、推出代言人消防宣传公交专线，利用电视、报纸、电台等主流新闻媒体和官方微信微博编发代言行动信息，出一期“代言人与消防故事”，在影院、车载视频、室外大屏全面播放代言人海报和公益宣传视频；借助城市高层建筑开辟楼体宣传阵地，启动代言标语灯光秀；通过网络迅速广泛传播，最大化增强活动辐射面、影响力，形成铺天盖地的宣传声势。

4 结语

通过多种形式宣传，让广大民众全面了解到更多消防知识，大力提升人民的消防安全意识和逃生自救能力，这样才能有效减少民众生命财产的损失。

参考文献

[1] 王荷兰，朱江．关于中国消防宣传教育工作的建议[C]//中国科普研究所，江苏省科学技术协会．中国科普理论与实践探索—第二十三界全国科普理论研讨会论文集，2016.

[2] 傅祥荣，张进良，中国消防协会科普教育工作委员会向北京奥运工程建设指挥部赠送“消防宣传百宝箱”[J]. 消防技术与产品信息，2005（07）：1.

行政公益诉讼制度研究

钱美君　赵　蔚

（杭州市消防救援支队，浙江　杭州）

摘　要　《行政诉讼法》中增添了有关公益诉讼的条款，标志着我国建立行政公益的诉讼制度，2021 年修正的《安全生产法》中确定了公益诉讼制度适用于安全生产领域，行政公益诉讼的目标是监督促进相关的行政机关进行依法行政，“保护公民权，控制行政权”作为最核心价值。试从行政公益诉讼制度具体内容着手，从涉消行政公益诉讼案件分析“不依法履行职责”的判断、行政公益诉讼案件特点和现状，针对对策进行研究改进，积极主动应对行政公益诉讼，以此来提升消防执法水平规范化。

关键词　消防　行政公益诉讼　执法规范化　研究

《行政诉讼法》中增添了有关公益诉讼的条款，而后行政公益诉讼制度出台，《安全生产法》（2021 年修正）明确行政公益诉讼制度适用于安全生产领域，行政公益诉讼制度强化对行政权力的制约和监督，以及通过法律保证建设“良法善治”的法治政府。近些年来，消防救援机构的相关行政公益诉讼案件出现，从中暴露出消防执法中存在执法程序不规范、行政处罚执行不到位、火灾隐患整改未闭环等不依法履行职责的情况。因此，在行政公益诉讼制度入手，行政公益诉讼的法律研究不仅具有理论意义，更具有实践方面的意义。

1 行政公益诉讼的具体内容

自行政公益诉讼制度确立以来，检察机关基于最高检要求和实践探索，积极推进《行政诉讼法》规定领域“等外”的安全生产等领域的公益诉讼，《安全生产法》（2021 年修正）第 74 条确定了安全生产领域的公益诉讼制度，消防安全牵涉到公共利益，将消防安全收入公益诉讼范围势在必行。

1.1 行政公益诉讼的法律规定

《行政诉讼法》中第25条第4款规定：“人民检察院在履行职能过程中发现生态环境和资源保护、食品药品安全、国有财产保护、国有土地使用权出让等领域负有监督管理职责的行政机关违法行使职权或者不作为的问题，导致国家或者社会公共利益受到侵害的，应当向行政机关提出检察建议，督促其依法履行职责。行政机关不依法履行职责的，人民检察院依法向人民法院提起诉讼。”标志着我国行政公益诉讼制度在我国开始建立，对检察机关在行政公益诉讼前的阶段和诉讼中的阶段进行明确，履职都以监督促进有关的行政机关进行依法行政为目的。《安全生产法》（2021年修正）第74条第2款规定：“由于安全生产违法行为导致重大事故隐患或者重大事故出现，以致国家或社会公共利益受到危害的，人民检察院可

以依据民事诉讼法、行政诉讼法的有关规定提起公益诉讼。”这标志公益诉讼制度对安全生产领域适用[2]。

1.2 行政公益诉讼的目的

行政公益诉讼的含义指的是检察院、公民及社会组织认为行政主体行使职权的行为不合法，对公共利益造成了损害或有侵害之虞时，虽然与自己没有直接利害关系，但为了维护公共利益，而向特定机关提出了起诉请求，并由特定机关依法向人民法院提起的行政诉讼。行政诉讼法》于2017年修正后颁布的《两高解释》第二十一条明确指出，无论是在诉前或诉中，检察机关均应以监督有关部门依法行政为主要目标。第22条要求，检察机关在提出民事公益诉讼时，必须提供其所要求的证据，以说明其曾经要求有关部门按照法律的要求进行执法，而有关部门又拒不改正其违法行为或者不作为。第24条对检察机关在案件审理过程中撤销起诉的条件是，有关机关对不合法的行为或者不作为进行了改正，从而使得检察机关的要求得到了充分的满足。这更深入表明检察机关提起行政公益诉讼的职责目标是进一步监督促进相关行政机关依法行政。

1.3 行政公益诉讼范围

“全链条式”监督作为普遍的行政公益诉讼理念，检察机关和法院以履行法定职责看作一系列具有连续性的监管行为，行政公益诉讼中描述的“不依法履行职责”都由行政机关在任何环节的失职构成。《关于案例指导工作的规定》是各级人民法院审理同类案件的重要依据，是最高人民法院颁布的具有指导性的案例。在2017年发布的行政公益诉讼指导性案例中，2个案例的起因是，行政机关未完全履行后续督促执行和申请法院强制执行职能，检察机关以此提起行政公益诉讼，并全面获得法院判决的支持。这无不充分表明行政公益诉讼范围包含着行政处罚的执行生效，针对未按时履行保障行政决定内容全面实现的相关法定职责的情况，检察机关以及法院都以为这个情况构成了在行政公益诉讼中描述的“不依法履行职责”。

2 涉消行政公益诉讼案件分析

近年来出现的涉消行政公益诉讼案件主要暴露出生效行政处罚的执行不到位，火灾隐患整改未闭环等问题。部分在检察建议阶段及时督促整改，部分还引发了行政公益诉讼。

2.1 行政公益诉讼案件特点

根据《行政诉讼法》规定，在诉前阶段，提出检察建议作为提起行政公益诉讼的必要程序。不论是提出诉前检察建议，又或是提起行政公益诉讼，皆是检察机关履行法律监督管理职能的形式。检察建议是一种非诉讼监督方式，其力度不如诉讼性的强。在有关行政机关的违法或不作为导致了国家和社会的利益受到损害的情况下，检察机关要最先选择采取检察建议而不是诉讼监督方式，以督促有关行政机关纠正违法或不作为行为。在非诉讼监督不能达到其监督目标的情况下，检察机关以行政公益诉讼的方式，向法院提出了对有关部门的监督，从而使有关部门能够依法履行职责。

2.2 行政公益诉讼案件分析

2.2.1 涉消行政公益诉讼案例

2020年，某省一区人民检察院在履行公益监督职能的过程中，结果发现，从2008年开始，某综合楼的疏散通道就被关闭了。于是，对辖区的应急管理局和消防救援大队，分别提出了检察建议，要求它们按照法律的规定，对此，应急管理局并没有做出答复，该消防救援大队复函称已制发责令改正通知书、作出罚款肆万元的行政处罚、并向住建局、城市管理执法局发出关于该综合楼存在违法建筑的函[4]。该检察院在现场检查后，发现该楼疏散通道仍然是关闭的，并认为由于二被告未依法履行其法律义务，从而导致社会公共利益不断受到侵害，从而向人民法院提出了行政公益诉讼。2020年8月28日，有管辖权的人民法院依照《行政诉讼法》判决二被告依法对非法关闭综合建筑消防通道进行监管。经审理，法院认为，根据相关法规，应急管理局对其所管辖区域的消防工作负有监管职责，而消防救援大队负有监管职责。二被告人没有按照法律规定，对其进行充分的监督，如果在出现了火灾等突发事件的时候，非法关闭了逃生通道，会对人们的撤离造成不利的影响，有可能威胁到人民群众的生命财产安全。二被告人收到建议后没有及时采取相应的补救措施，导致涉案建筑的逃生口一直被关闭，造成了公众的利益不断受到损害。因此认定二被告人没有做到履行法定职责，其职责应依法履行。

2.2.2 “不依法履行职责”的判断标准

针对“不依法履行职责”，在指导性案例137号裁判要点中，最高人民法院提出明晰内容：审查行政机关履行法定职责应以相对人的违法行为是否被有效制止，行政机关是否切实及时地采取法律规定的监督管理措施，以及国家、社会公共利益是否被有效保护来作为标准。本案例中法院认定“该消防救援大队制发责令改正通知书、作出罚款肆万元的行政处罚、并向住建局、城市管理执法局发出关于该综合楼存在违法建筑的函”履行了一定职责，而不能依法采取切实的措施，充分履行监督管理责任，《消防法》第60条第3款在审理中被引用，占据，阻塞，封闭撤离和逃生通道，或其他阻碍安全疏散的行为，在被要求纠正之后仍不纠正的，可以对其进行强制纠正，所需要的费用由违法者负担。案例中消防救援大队在收到建议后，没有及时采取相应的补救措施，致使涉案建筑的逃生口一直被关闭，导致公众利益不断受到侵犯。综上所述，在行政公益诉讼地司法实践中，检察机关主要是在行政机关的法定职责、措施手段、条件以及程序等方面对行政机关是否全面充分有效履行法定职责进行判断。

2.3 涉消行政公益诉讼现状分析

2.3.1 火灾隐患整改未闭环

从上述判例可以看出，在行政公益诉讼中，“依法履行责任”是指依法采取有效的措施，对其进行充分的监督。消防监督检查类诉讼案件，火灾隐患整改未闭环问题是聚焦点。消防救援机构能提供证据证明已采取发现隐患及时制发法律文书责令改正、依法实施行政处罚、约谈相关责任人、

函告相关部门等措施，但因客观条件的制约，从其主动承担法律责任到完全排除公众利益的损害，是一个渐进的过程。但如未督促火灾隐患整改到位，仍存在被认定为未依法采取有效措施全面履行监管职责的败诉风险。

2.3.2 执法程序不到位

通过对指导案例的分析，可以看出，我国行政诉讼的范围主要是对已生效的行政处罚的实施。在对消防行政处分的诉讼中，主要集中在对已生效的行政处罚决定的未执行到位上。针对实施责令停止营业、使用行政处罚单位的执行情况存在动态变化、不可控的问题，部分消防执法人员以对单位的口头承诺、自行停业的信任代替持续监督，未严格落实执法回访机制，未进行依法处理，导致责令停业（停用），并处以罚金的行政处罚决定只交纳罚款，该停业的未停业，到期未执行的未跟进强制执行措施等，存在被认定为未依法采取有效措施全面履行监管职责的败诉风险。

3 积极应对行政公益诉讼

论消防安全行政公益诉讼制度的构建与完善，对消防救援机构在依法行政、依法履职、规范执法行为、提高社会治理能力等方面提出了更高要求。

3.1 依法履行职责

3.1.1 增强依法行政

坚持依法治国、执政以及行政共同推进，一致推进法治国家、政府和社会建设。学习宪法法律法规，牢固树立依法行政的法治意识，培育法律思维，推进消防执法、消防社会管理工作的法治进程。

3.1.2 提升执法能力

消防执法人员是消防执法行为的重要实施主体，法律素质以及业务能力是消防执法工作的基础内容。提升执法能力重点是实行导师制、强化学习培训、注重岗位练兵、评选典型案例等。

3.1.3 做好诉讼法务

聘请法律顾问、培养公职律师，加强法制队伍建设，从应对诉讼角度对消防救援机构执法规范化建设进行业务指导，通过行政诉讼应诉工作的参与，切实有效地提升依法履职能力。

3.2 规范执法行为

3.2.1 严格执法程序

严格执行法律程序，是规范法律行为、提升法律效力的有力保证，重点是制定执法流程，实行网上执法，实施全过程记录，规范执法公示公开等内容，落实超期预警和通报制度，健全执法程序闭环机制。

3.2.2 落实隐患闭环机制

建立完善火灾隐患暗访交办督办整改闭环机制，为解决消防安全整治反复查、反复整的问题提供强有力的制度保障，通过暗访、揭秘交办、挂牌整治、督促检验、传达问责等环节，实行全过程追踪，以结果为导向，以闭环方式进行监督和执行。

3.2.3 加强执法监督

执法监督就是要牢牢把握在执法过程中，容易出现滥用权力、滋长腐败的重要环节，加强监管措施，健全监督机制，实现对执法工作的常态化监督。主要是要严格执行法制审核制度、集体表决制度，对执法质量进行评估，对执法检查进行严格检查，对执法人员进行问责等。

3.3 积极应对行政公益诉讼

3.3.1 重视检察建议

在行政公益诉讼中，检察建议是一个必要的程序，当消防救援机构接到检察机关制发的检察建议时，一定要引起足够的重视，并做出积极的反应。当采取措施积极履行法定职责到彻底消除社会公共利益受侵害状态有阻碍时，可以提请检察机关召集相关责任部门、单位进行磋商座谈，形成火灾隐患整改合力，在诉前阶段督促火灾隐患整改，避免转入行政公益诉讼阶段。

3.3.2 应对行政公益诉讼

行政公益诉讼阶段，消防救援机构也要积极作为，采取有效措施达到依法履职、消除公共利益受侵害状态的目的，从两高解释的角度考虑，结合检察机关的职能定位，可以认为，在行政机关已经改正了违法行为或者不作为的情况下，在案件审理过程中检察机关可以撤销诉讼。

3.3.3 推进社会综合治理

借鉴各地涉消行政公益诉讼判例，分析消防执法工作的薄弱环节，突出当前社会关注度高的消防车通道整治，推动全社会形成消防安全共识，建立长效机制，提升消防工作的社会综合治理能力。

参考文献

[1]《中华人民共和国行政诉讼法》（2017 年修正）

[2]《中华人民共和国安全生产法》（2021 年修正）

[3] 两高关于检察公益诉讼案件适用法律若干问题的解释

[4] 行政公益诉讼案例（2020 吉 0802 行初 11 号）

夜间经济街区消防安全管理初探

施云献

（天津市河东区消防救援支队，天津市　河东区）

摘　要　近些年，夜市经济蓬勃发展，天津市政府着力打造“夜间经济街区”以规范市场管理，促进市场繁荣。夜间经济街区是在特定时段和地段经营的场所，以特色餐饮、购物、休闲、娱乐等为主要经营业态，具有人流密集、可燃物多等特点。由于夜间经济街区消防安全环境复杂，消防设施器材配备不到位，存在较大火灾隐患；且工作人员普遍文化水平较低，消防安全意识不足，日常防火管理混乱，一旦着火，极易引发群死群伤火灾事故。笔者结合目前“夜间经济街区”的消防安全现状，通过分析目前存在的火灾危险性，系统阐述了消防安全治理对策。

关键词　夜间经济街区　消防安全现状　火灾危险性　治理对策

0 引言

随着社会经济的迅速发展，“夜间经济”频频出现在百姓视野中。2018年11月，天津市人民政府办公厅以打造夜间经济示范街区、促进夜间市场繁荣、推进消费升级、激发城市活力为重点，印发了《天津市人民政府办公厅关于加快推进夜间经济发展的实施意见》。夜间经济街区，是指以特色餐饮、购物、休闲、娱乐等为主要业态，在市区特定地段、夜间特定时段经营的场所，具有业态种类丰富、人流密集、可燃物多等特点。随着夜间经济街区不断蓬勃发展，其潜藏的消防安全隐患问题也不容忽视。如何规范夜间经济街区消防安全管理工作，最大限度降低火灾风险，成为当前亟待解决的问题。笔者结合夜间经济街区的消防安全现状，通过分析当前夜间经济街区存在的火灾危险性，阐述几点关于夜间经济街区的消防安全治理对策。

1 夜间经济街区消防安全现状

2020年，天津市商务局出台《天津市发展夜间经济十大工程（2020—2022年）》，要求充分发挥夜间消费活动“黄金时间”的优势，进一步刺激消费活力，促进经济增长，在做好常态化疫情防控的前提下，科学推动夜间经济街区复商复市。目前全市已建成五大道、津湾广场、时代奥城、意式风情街、人民公园、运河新天地等6个市级夜间经济示范街区，以及古文化街、南市食品街、鼓楼商业街、爱琴海老门口夜市、棉三创意街区等20多个区级示范街区，累计经营面积达60万m^2，商户2400余家，市级夜间经济示范街区日均客流量4万人次。

由于夜间经济街区消防安全环境复杂，易燃可燃物多，人员密集，消防设施器材配备不到位，存在较大火灾隐患；且工作人员普遍文化水平较低，消防安全意识不足，日常防火管理混乱，一旦着火，极易引发群死群伤火灾事故。因此，夜间经济街区消防安全防范工作面临着严峻挑战。2012年12月9日，柬埔寨暹粒夜市发生火灾事故，造成8人遇难、2人重伤；2015年3月12日，湖南省株洲市东湖公园夜市街发生火灾事故，烧毁门面房7间，直接经济损失30万元；2019年1月18日，西安市鄠邑区丰京路夜市发生火灾事故，烧毁店铺6间；2019年6月3日，台湾花莲东大门夜市发生火灾事故，烧毁摊位44个，火灾教训十分惨痛。

2 夜间经济街区的火灾危险性分析

2.1 消防安全管理体系不健全，消防主体责任未落实

一是消防安全管理责任不明确。一些夜间经济街区属于多产权、多业态经营模式，场地租赁方、夜市管理方以及商户之间缺少明确和严格的责任划分，消防安全管理职责不明确，未能建立统一的消防安全管理工作机制[1]。二是消防安全职责落实不到位。一些夜间经济街区只注重市场繁荣、追求经济效益，而对消防安全管理工作置若罔闻。经营单位对自身消防安全职责认识不到位，消防安全管理流于形式，没有明确消防安全责任人。三是从业人员自我防范救护能力差。夜间经济街区管理人员少，文化水平低，责任意识差，缺乏定期消防安全培训，部分商户不了解灭火器的正确使用方法，在火灾发生初期不能及时疏散在场群众，使夜间经济街区的消防安全得不到保障。

2.2 场地布局不符合消防规范要求，存在较多先天性火灾隐患

一些夜间经济街区通过对原有建筑进行改造或利用街道、道路进行扩建而成，普遍存在防火间距不足、耐火等级低等问题，一旦发生火灾极易造成火烧连营难以控制的局面。一些经营业主在摊位上空搭设可燃材料制作的顶棚及广告栏等，在建筑物附近私搭乱建、私自圈占土地，导致消防通道宽度和高度无法满足要求。加之管理混乱，商户随意占用消防通道摆摊设点，经营业主、顾客及行人车辆乱停乱放，占用防火间距和堵塞消防车通道的问题突出。

2.3 消防设施器材配备不足，维护保养不到位

个别夜间经济街区主管单位忽视消防安全管理，在消防设施、器材的经费上投入不足，消防设施、器材配备不全，消防安全管理工作不到位；一些设有自动消防设施的室内夜间经济街区，在运营一段时间后，为了节省水电开支擅自停用、关闭消防设施，或因维护保养不当等，造成自动消防设施失效甚至瘫痪；有的商户为了经营美观和便利，擅自埋压、遮挡、拆除消火栓，使消防设施失去了应有的保护作用；有的商户灭火器材选型不当，摆放位置不符合规定，这些实际情况都严重影响了消防设施器材初控火灾的效果和能力，极易造成火势蔓延扩大。

2.4 违规用火用电用气，致灾因素高发

一是私拉乱接电器线路。夜间经济街区内部分商户采用外接电线照明方式，有的商户从附近商铺中接线，有的从远处居民楼内接线。接通的电线悬挂在树枝上，或散落于地面被人流踩在脚底，甚至还存在电线陈旧、接口裸露在外等火灾隐患。二是违规使用大功率电器设备。为了招揽顾客，一些经营商户常常使用音响、空调、强照明灯、装饰灯等大功率电器，长时间超负荷运转，电线容易过热导致漏电打火，进而将周围可燃物引燃。三是违规吸烟及使用明火。夜间经济街区内经营美食摊位的商户，在烹饪时使用烧烤炉、木炭等，易产生飞散火星；还有一些商户使用煤气罐、液化石油气罐作为燃料，随意将罐体放置在四周，与其他摊点无任何保护措施，甚至使用不达标的气瓶；一些顾客往往忽视公共场所内禁止吸烟的规定，随手乱扔烟头，存在较大火灾隐患。

2.5 人员密集、客流量大，发生火灾难以疏散

作为人们夜间娱乐、购物、休闲的重要场所，夜间经济街区特别是在夏季和节假日期间，已成为人群最为密集、流动性最强的公共场所之一。顾客聚集、人流如织，人流量远超市场承受能力；同时，一些夜间经济街区内，除顾客、商户外，还有其他从中间穿过的人流、非机动车等，这些人群往往消防安全意识不足，对周边环境不了解，很难及时发现潜在的消防安全隐患，很少主动了解疏散通道和消防器材的主要位置，遇到突发火灾，人流拥挤，群众疏散难度较大。

2.6 易燃可燃物较多，火灾蔓延迅速

夜间经济街区商户经营使用的商品多为易燃或可燃物品，如香水、精油、指甲油、食用油、面粉、酒精等易燃物品，服饰鞋帽、纺织布品、纸张文具、美术工艺、皮箱包袋等可燃物品。个别商户为了方便经营，使用尼龙、竹竿、塑料等简易可燃材料搭建摊位。虽然有的商户使用的是不燃材料，如铝合金、角钢架、网架等，但无法达到防火分隔的作用。大量易燃可燃物导致高热能，起火后蔓延速度加快，产生大量CO、硫化物等有毒烟雾，易导致人员中毒窒息死亡。

3 加强夜间经济街区消防安全治理对策

3.1 建立健全消防安全责任制度，严格落实主体责任

夜间经济街区要以法人代表为消防安全责任人，成立消防安全管理机构，按照《中华人民共和国消防法》《机关、团体、企业、事业单位消防安全管理规定》（公安部令第61号）《天津市消防条例》等法律法规的规定，建立健全消防安全管理责任制度，确定消防安全管理人，依照职责开展各项消防安全管理工作。当夜间经济街区实行租赁、承包或委托管理时，应明确各方的消防安全职责[2]。同时，逐级签订《消防安全管理工作责任承诺书》，逐步形成“隐患自我清除、责任自己承担”的良性管理格局，建立健全各级各岗位消防安全管理责任制度

3.2 政府职能部门协调联动，完善源头治理机制

政府各相关职能部门要通力协作，共同做好夜间经济街区消防安全监督检查工作。落实属地政府领导责任，牵头联合整治，强化部门联合执法，消防、商务、公安、城管、市场监管等部门要严格按照消防法律法规要求，针对火灾隐患和消防违法行为，充分发挥各自职能作用，坚决依法严惩。针对堵塞疏散通道、私拉乱接电线等现象，采取行政处罚及临时查封等措施督促整改。

3.3 严格落实建筑设防等级，消除先天性火灾隐患

夜间经济街区要根据经营业态和火灾危险性，划分若干区域，区域之间保持相应距离的安全疏散通道。室内夜间经济街区搭建前应对场所每个区域最大容纳人数、疏散宽度、疏散距离及消防设施器材的设置进行综合消防安全评估，严禁超员经营，严禁人员住宿，严禁占用楼梯间、走道、建筑中庭设置摊位，确保疏散通道和安全出口畅通[3]。室外夜间经济街区的消防车通道不得被堵塞占用，且不能影响公共消防设施的使用。夜间经济街区内商户装修材料的燃烧性能应符合国家相关技术标准要求，严禁使用燃烧性能B1级以下的材料。摊位严禁储存油类、白酒等易燃可燃物。应设置临时专用库房存放货物，库房设置应符合国家相关消防技术标准要求，并安排专人监管。

3.4 加强消防设施器材维护和保养，为消防安全夯实基础

由于夜间经济街区摊点密集，尤其是节假日期间人流量大，夜间经济街区管理机构要加大消防设施经费的投入力度，严格按照消防技术标准配齐消防设施和器材。夜间经济街区内要配备基本的消防通讯、报警装置，确保一旦发生火情能做到第一时间报警。严禁擅自拆除、停用、遮挡消防设施及灭火器材，每个摊点和临时库房应配备不少于2具4公斤ABC灭火器[4]。应当将公共消防设施、器材布置在明显且方便取用的地点，员工应会操作使用，且由专人负责管理。对营业面积达到《建筑设计防火规范》规定的防火分区的夜间经济街区要设置自动喷淋装置，设置区域防火分区，建立并落实定期检测、维修、保养消防设施及灭火器材的制度，确保其完好有效。

3.5 规范用火用电管理制度，严防火灾事故发生

夜间经济街区内应选择有资质的施工队伍进行电气设备和线路的安装施工，必须满足安全用火用电的要求，所有电气线路应由专业电工进行敷设并穿管（难燃塑料管或金属管等）保护，严禁乱拉乱接电气线路。如需使用明火必须要有专人看守，严禁使用电水壶、电炉等大功率加热设备，停止营业后，除了必要的照明用电外，其他用电应一律切断[5]。夜间经济街区要加强对电气设备的管理，尤其是吊顶内的埋藏灯、霓虹灯等，要防止其高温引起火灾，对因接触不良、负荷过大等原因造成的发热点，必要时可通过红外测温等电器检测手段，对电器线路进行一次全面检查。

3.6 加大消防安全宣传培训力度，提高自防自救能力

社会单位应加强“四个能力”建设，根据自身实际情况，制定合理的灭火和应急疏散演练方案，定期开展消防安全技能培训和灭火应急疏散演练，使每个员工都能掌握一定的消防安全知识，做到“会报警、会使用消防设施、灭火器材、会组织群众疏散和扑救初期火灾”。要依法依规对广大市民进行消防安全知识宣传教育，利用广播、电视、媒体和标语等多种形式，增强经营者和群众的防火意识，提高火灾预防、扑救和逃生自救能力。

4 小结

综上所述，夜间经济街区具有消防安全管理不到位、火灾隐患多、消防设施不完善、人流密集疏散难度大等火灾风险，单位消防安全责任人需要落实消防安全主体责任，严格落实建筑设防等级，加强消防设施的维护保养，规范用火用电管理。政府职能部门要加强协调联动，采取相应执法手段督促火灾隐患整改，同时加大消防宣传的力度，尽最大限度避免此类场所火灾事故的发生。

参考文献

[1] 史玉良．商场集贸市场的火灾危险性及预防对策分析［J］．今日消防，2022，7（09）：56-58.

[2] 钟文．浅谈农贸市场存在的消防安全隐患及防火对策［J］．新型工业化，2021，11（05）：54-55.

[3] 李融．集贸市场存在的消防安全问题及整治措施［J］．消防技术与产品信息，2016（03）：58-59.

[4] 朱亮．大型群众性活动消防监督工作模式的探讨［J］．消防技术与产品信息，2016（02）：51-52.

[5] 陈家波，马晶晶．集贸市场火患的破解之路［J］．中国消防，2017（13）：52-53.

大型商业综合体消防监督检查中常见问题及加强消防监督管理方法探析

安　翠

（潍坊市消防救援支队，山东　潍坊）

摘　要　大型商业综合体的消防监督管理是一项复杂性很高、系统性很强的工作，本文结合近年来大型商业综合体消防安全治理工作，分析了在日常消防监督检查中常见的、但容易被忽视的问题，尤其是对因店铺装修、改造或者局部业态调整导致的防火分区被改变、防火分隔不到位、消防设施被遮挡等问题进行了深入分析，提出了加强和改进大型商业综合体消防监督管理的方法。

关键词　商业综合体　消防监督　问题　加强　管理

1　引言

近年来，随着经济社会的快速发展，大型商业综合体建筑不断涌现，其体量越来越大，功能也越来越复杂。其为社会群众提供了便捷的生活服务的同时，也给消防工作带来了很多问题和挑战。这些商业综合体有的是集购物、餐饮、娱乐、展览等两种或两种以上功能于一体的单体建筑，也有的是通过地下车库、地下商业空间、下沉式广场等方式连接的多栋商业建筑组合体[1]。这类建筑物体量庞大、结构复杂，人流、物流高度汇集，火灾荷载非常大，一旦发生火灾，损失大、伤亡大、影响大，灭火救援困难[2]。笔者结合近年来对大型商业综合体消防监督检查发现的常见问题，着重分析大型商业综合体消防安全管理中容易被忽视的问题，并提出加强和改进消防安全管理的措施。

2　大型商业综合体的特点

2.1　建筑体量大

大型商业综合体为汇集多种不同功能于一体的集约式建筑综合体，比一般商业建筑体量大的多，空间功能多变，可燃物种类繁杂，火灾危险性大[1]。例如：山东省内超过5万m^2的商业综合体共130余个，潍坊市超过5万m^2的商业综合体有17个，其中，世纪泰华（泰华城、假日广场）总建筑面积达到27万m^2，是通过地下连片车库和连廊连接的多栋商业建筑组合体，建筑体量巨大，内部结构复杂，集商业、餐饮、娱乐为一体，火灾危险性大。

2.2　火灾荷载大

大型商业综合体内部常常使用大量的铝扣板、木材、软包等可燃装修材料[2]，例如：商场、超市在节假日为了渲染节日气氛，经常悬挂塑料绿植、宣传画等易燃可燃装饰物；电影院、KTV等休闲娱乐场所的座位都采用软包，这些都使建筑内的火灾荷载增大。

2.3　内部空间复杂

大型商业综合体建筑内部空间复杂多变，货架摆放不再在是传统的背墙设置，而是采用纵横排列的方式，布置形式多种多样，顾客进入商场后如同进入迷宫[3]。有的大型商业建筑每日客流量超过十万人次，顾客进入商场后很难短时间内熟悉安全出口的位置，在火灾等紧急情况下，易产生恐慌情绪，无法在短时间内快速疏散至室外安全区域。

2.4　店铺装修调整频繁

大型商业综合体建设前均要进行严格的消防设计，有的商业综合体采用特殊消防设计，因超出国家标准要求，采取专家评审方式通过消防设计审查。但在综合体投入使用后，由于商户的流动性，综合体内部店铺常常需要进行业态调整和装修、改造，有的商户未向住建（或行政审批）、消防等部门备案就擅自进行变更、施工，极易破坏原有消防设计的整体性[1]。

3　大型商业综合体消防监督检查常见问题探讨

3.1　店铺未经审批擅自装修改造

大型商业综合体内很多店铺为国内或省内连锁，对店铺的装修风格都有统一的要求，商场内店铺二次装修、改造频繁。根据当前“放管服”改革措施，对于建筑面积小于300m^2或投资小于30万元的建设工程免于办理施工许可、消防设计审查、验收备案等审批手续。因此，对于综合体内建筑面积小于300m^2的商铺，商户错误地认为其属于免于办理消防审批手续的情形。而商户和装修单位并不了解建筑物的平面布局，装修改造随意性大，容易导致防火分区被改变、消防喷淋头被遮挡、安全通道被阻断、消防卷帘被拆、排烟口或送风口被装修材料覆盖等问题，使建筑的整体消防设计遭到破坏[2]。例如：有的商铺吊顶采用了格栅式的吊顶，《自动喷水灭火系统设计规范》仅规定了采用纵向布置的格栅式吊顶时喷头的布置要求[4]，但是现实中有很多不同形式的格栅式吊顶，这些格栅式吊顶的布置将严重削弱喷头的动作性能、布水性能和灭火效能。

3.2　局部业态调整导致防火分隔不到位

根据《建筑设计防火规范》规定，多种功能场所设置在同一建筑内时，应在不同功能场所之间进行防火分隔[5]。大型商业综合体的经营者在后期招商过程中，往往忽略了原有的消防设计，将不同使用功能的场所设置在同一楼层而未进行防火分隔。例如：某商业综合体一层原为经营服饰的店铺，但因业态调整，局部变更为餐饮店铺。餐饮和服装经营是两种不同使用功能的场所，且餐饮场所一般设有厨房，因此，根据规范要求，不同使用功能场所之间应进行防火分隔。

3.3　楼梯间设置形式不符合要求

在监督检查中发现，为减少楼梯间占用面积，部分商业综合体采用的是剪刀楼梯间。根据《建筑设计防火规范》规定，只有高层公共建筑、高层住宅建筑在符合一定条件时，才可以采用剪刀楼梯间[5]。因为剪刀楼梯梯段之间设置的防火隔墙耐火极限不低于1.0h，而耐火等级为二级的建筑内楼梯间的墙耐火极限不低于2.0h[5]。由此可见，剪刀楼梯间的可靠性相对较差，在多层商业建筑中采用剪刀楼梯间不符合要求。

3.4 外立面装修导致自然排烟口被遮挡

商业综合体中，靠外墙的楼梯间一般采用自然防烟方式，靠外墙的防火分区一般采用自然排烟方式。但有的综合体在后期投入使用后，为了美观，采用铝塑板等材料对外立面进行了装饰，在外立面装饰材料和墙体之间留出空间，这部分空间在楼顶与外界大气相联通用于自然排烟。但是一旦发生火灾，烟气从自然排烟窗口排出，进入外立面装饰板与墙体之间的有限空间，并不是直接排向室外，必然会影响通风和排烟效果。因此，这样的设置形式不符合自然排烟的要求。

3.5 错时经营场所安全出口数量不足

大型商业综合体内的电影院、网吧等场所一般会错时经营到凌晨，甚至是通宵营业。根据《建筑设计防火规范》，电影院至少应设置1个独立的安全出口和疏散楼梯[5]，KTV、网吧等虽然规范没有规定需要设置1个独立的安全出口，但一般会设置1个夜间疏散通道。但是在监督检查中发现，有的错时经营场所在夜间营业时，仅保留了这1个单独使用的安全出口，而通向商场其他区域的第二安全出口常常被锁闭，一旦夜间通道附近发生火灾，人员没有第二安全出口进行疏散，极易造成人员伤亡[6]。

3.6 建筑消防设施损坏率高

根据《建筑设计防火规范》，城市大型商业综合体均需设置相应的建筑自动消防设施，以达到可以快速报警、快速扑灭初起火灾的目的。但由于商场消防安全管理不到位，常常存在自动消防设施发生故障等问题[7]。一旦发生火灾，消防设施不能有效地发挥作用，无法及时报警和扑救初起火灾，极易由小火酿成大灾，增大火灾扑救难度和人员伤亡的可能性。

4 加强大型商业综合体消防监督管理的措施

4.1 严格落实消防行政许可

自2019年《消防法》修正后，建设工程消防审验职能由消防部门移交至行政审批和住建部门。据调研，有些地方的住建部门对未依法取得施工许可的内部装修、改造项目不予办理消防验收。这就使得商业综合体内部装修、改造项目，尤其是建筑面积小于300m^{2}的店铺在进行装修、改造时，不主动申报消防审查、验收，这就大大增加了消防部门后期监管的难度。因此，住建部门应尽快明确未依法取得施工许可的内装修、改造项目消防验收手续办理流程，在项目改建、扩建及装修等各环节提前介入，对照商业综合体的整体设计方案，对设计、施工、验收等环节严格把关，尤其要重点审查内部装修、改造是否影响原来的平面布局、防火分区划分，业态调整后是否采取了合理的防火分隔措施，采用的装修、装饰材料是否遮挡消防设施，是否影响火灾探测器和喷头发挥作用[2]。

4.2 强化“事中、事后”监管

目前，公众聚集场所投入使用、营业前消防安全检查实行告知承诺制。因此，大型商业综合体中业态调整、店铺装修等在作出场所符合消防技术标准和管理规定的承诺，并提交规定的材料后即可营业，消防部门由“事前”检查改为“事后”核查。这就要求消防部门进一步加大核查力度，重点检查店铺改造、装修是否会影响到消防平面布局、疏散通道、自动消防设施等，对检查发现的违法行为，要依法依规从严查处，加大“事中、事后”监管力度[7]。

4.3 创新“互联网+消防监管”模式

目前，全国消防救援机构中从事防火监督的干部仅有2万人左右，但其管理对象覆盖各行各业的社会单位，由于防火监督部门人员严重短缺，导致监管工作精细化程度较低，这就需要创新“智慧”监管模式[8]。例如：潍坊市消防救援支队利用“防消一体化”实战应用平台加强消防监督管理，利用平台对单位安全状况、自我管理与行业管理情况、中介评估结果等信息进行智能化分析并赋分，根据得分情况由好到差分三个等级，系统评估结论作为单位消防监督抽查概率的重要依据，进而实现对单位进行差异化管理。同时，要利用“社会消防技术服务信息系统”加强对中介服务机构执业质量和执业人员的监管，抽查社会单位必须依法检查消防技术服务机构执业质量，依法严厉查处消防技术服务机构违法执业行为，形成长效工作机制，切实解决社会单位建筑消防设施维护保养不力、带故障运行甚至停用等问题，促进消防监督工作转型升级。

4.4 构建消防信用监管机制与体系

要大力改革管理模式，建立更加科学合理的管理制度，让监管模式由管理式向服务式转变，促进社会消防工作的良性发展[7]。要建立消防信用评价体系，构建消防信用管理系统，通过“智慧消防”信息平台、维保监督管理系统等，实现对社会单位、消防技术服务机构，以及消防从业人员的信用信息采集，通过消防信用自动评价模型，实现消防信用信息审核、信用评分与分级、信用信息共享与公布、信用等级调整、信用信息应用以及实施奖惩等全过程的自动管理，有效发挥消防信用信息数据的社会激励和警示作用，促进行业单位依法依规诚信经营，推动社会防御火灾整体能力提升。

4.5 拓展多种形式规范商业综合体消防安全管理

消防部门对大型商业综合体的日常消防监督检查主要以抽查为主，无法对建筑物整体进行全覆盖式的检查。可通过政府购买服务的方式，组织专家对大型商业综合体实施“体检式”评估检查，帮助单位及时发现和整改火灾隐患。同时，加强商业综合体消防安全管理示范创建工作，将其打造为消防安全规范化管理的典型示范，指导其经营者建强管理团队，明晰综合体整体火灾风险和检查方法，用好单位微型消防站，落实消防安全“自查、自知、自改”和公示承诺制度，不断提升大型商业综合体消防安全治理能力水平，努力从根本上消除事故隐患。

5 结语

综上所述，大型商业综合体的消防监督管理是一项系统性很强、复杂程度较高的工作，综合体内的装修、改造项目需要引起特别重视。消防设计审查、验收业务主管部门应严格进行行政审批，防止形成先天性火灾隐患。消防管理部门，需要结合日常监督检查，探究、总结其消防监督管理的重点与难点问题，通过创新“智慧”监管模式、构建消防信用监管体系等方式，进一步强化“事中、事后”监管；通过开展大型商业综合体专家评估、示范创建活动等多种形式，排除各类风险隐患，进一步夯实大型商业综合体的消防安全基础。

参考文献

[1] 郑小晶．大型商业综合体的消防安全隐患及监管对策［J］．法制与社会，2021，2（中）：149-150.

[2] 张辉．大型商业综合体消防安全管理问题探讨［J］．消防科学与技术，2019，38（7）：1027-1030.

[3] 舒冬梅．关于大型商业综合体消防安全疏散问题的分析［J］．消防安全与防雷减灾，2020，11（22）：112-113.

[4] GB 50084—2014．自动喷水灭火系统设计规范［S］．

[5] GB 50016—2014．建筑设计防火规范［S］．

[6] 曲军莹．大型商业综合体消防安全疏散问题分析及对策［J］．建筑工程技术与设计，2017（24）：2367-2367.

[7] 苗伯彦．大型商业综合体消防监督管理难点及对策［J］．价值工程，2019，（14）：22-25.

[8] 赵凡．防火监督中的智慧消防应用分析［J］．今日消防，2021（6）：91-93.

完善基层消防执法体制机制的几点思考

张跃蕾

（江苏省连云港市消防救援支队云台山风景名胜区大队，江苏　连云港）

摘　要　随着经济社会的快速发展，我国社会面火灾防控风险愈加增大，行业监管责任亟需落实。加强基层消防力量建设，是贯彻党中央关于加强基层治理决策部署的重要举措，也是提升城乡消防安全治理水平的治本之策。消防救援机构应推进各级消委办实体化运行，在基层消防治理上持续用力，全面落实基层执法保障措施，进一步完善基层消防执法体制机制。

关键词　基层消防力量　基层消防执法体系　基层消防执法体制机制　网格化管理

近年来，随着工业化、城镇化进程持续推进，物流仓库、快递行业、电动车、储能电站、私人影院、密室逃脱、“直播带货”“居家开店”“以店代库”等新业态日益涌现，新业态消防安全规范标准相对滞后，消防监管对象量多面广，影响消防安全的因素不断增多。各类火灾事故频发发生，火灾总量大，存量难减、增量较多的问题仍然存在，基层消防安全监管薄弱问题日益凸显，消防安全监管工作面临着严峻的挑战。为认真贯彻落实党的二十大精神和习近平总书记关于安全生产和消防安全的重要论述，坚持“人民至上、生命至上”[1]，统筹发展与安全，深入推进基层消防安全治理，提高乡镇（街道）消防安全治理能力和水平，针对如何完善基层消防执法体制机制，我省通过加强基层消防力量建设，探索建立符合基层实际的基层消防行政执法机制，着力解决基层消防安全管理权责不一、力度薄弱等问题。

1　加强基层消防力量建设的重要意义

1.1　加强基层消防力量建设，是贯彻党中央关于加强基层治理决策部署的重要举措

2021年中央1号文件《关于全面推进乡村振兴加快农业农村现代化的意见》中明确提出“加强县乡村应急管理和消防安全体系建设”[2]，中央16号文件《关于加强基层治理体系和治理能力现代化建设的意见》明确提出“统筹推进乡镇街道和城乡社区治理，依法赋予乡镇街道行政执法权”[3]。国务院安委会“十四五”消防工作规划明确要求“有条件的地方可统筹将事业编制专职用于乡镇街道消防工作”[4]。基层消防治理工作和消防力量建设已经引起了党中央、国务院的高度关注，当下大力推进开展基层消防安全力量建设工作，正当其时，正逢其势。

1.2　加强基层消防力量建设，是应对当前复杂严峻火灾形势的迫切需要

目前，社会经济高速、高质发展的同时，各类风险隐患仍然大量存在，事故总量仍然高位运行。基层消防监管的缺失致使自建房、居民住宅、小作坊和小场所“失控漏管”问题突出，直接威胁人民群众生命财产安全和社会安全稳定。屡屡发生的“小场所大火灾”反复给我们敲响了警钟，暴露出基层消防工作责任不实、机制不全、力量薄弱等突出问题，迫切要求全面加强基层消防力量建设，健全完善基层消防管理机制，从根本上解决失控漏管问题[5]。

1.3　加强基层消防力量建设，是提升城乡消防安全治理水平的治本之策

乡镇街道没有消防工作机构，消防监管“末端触角”乏力，基层消防工作“无人抓、无人管”的问题日趋突显。一些经济发达的全国重点镇，经济总量、人口数量、企业规模等已经远超欠发达地区的市县，但因没有专门的消防机构，火灾风险居高不下。长期的火灾防控和应急救援实践表明，消防工作的重心和薄弱点都在基层，建设乡镇街道消防力量，事关消防工作发展宏观大局和长远前景，是全面提升城乡治理水平、直接服务保障民生的有力举措。

2　基层消防执法体系面临的困难和挑战

结合在市消防安全委员会办公室负责考核巡查的工作实际，分析基层消防执法面临的困难和挑战主要有以下几个方面：

2.1　社会面火灾防控风险大，存在监管盲区

江苏全省有各类市场主体1371.6万余家，高层建筑7.1万余栋，地铁线路总长908.12公里、站点563个，大型城市商业综合体约700个，化工园区（集中区）29家，电动自行车保有量近4000万辆，“三合一”小场所（单位）约10万余处、各类群租房约14万余处，单位数量大、致灾因素多、火灾风险高，防范难度大。乡镇农村地区火灾防控“洼地”现象愈加明显，部分地区农民自建房以及违章建筑改变使用性质，变成“小工厂”“小旅馆”“小超市”等生

产经营场所，相应的监管很难及时跟上，这些小场所（单位）消防安全条件堪忧，成为发生“小火亡人”火灾事故的主要区域。

2.2 监管基础存在薄弱环节，需进一步夯实

虽然全省大部分地区建立了消防监管机构，但基层监管工作的运行仍存在薄弱环节。一方面是执法人员配置不足。镇街普遍人少事多，基层干部大多身兼数职，要承担多个职能部门繁杂的工作任务以及相应的履职风险，基层的机关机构难以安排足够的专职执法人员开展消防监管工作。另一方面是执法业务能力有限。镇街取得相应执法资格的人数较少，履行消防监督执法职责的时间较短，对消防安全隐患排查整治工作不熟悉、不掌握，容易出现畏难情绪，从而造成火灾隐患“查不出、不会查、督促整改不到位”等问题。

2.3 行业监管存在制约瓶颈，有待落实责任

一些地区依然存在落实消防安全工作责任不到位的问题。机构改革后，各级消防安全委员会成员单位进行了相应调整，对各行业部门各自的消防监管职责重新进行了梳理，但部分领域仍存在责任不清的现象，部分基层政府、行业部门对推动落实主体责任的办法还不多、措施还不够有力。有的只是将履行消防安全职责停留在方案上、落实在文件中，在落实“三管三必须”要求方面还存在“搞形式、走过场、打折扣”的现象，齐抓共管格局有待进一步完善。此外，部分基层干部、企业生产经营单位负责人思想上还没有引起足够重视，有应付检查的思想，在实际工作中片面地认为消防工作应由消防救援部门负责，存在职责履行不到位的现象。

3 完善基层消防执法体制机制的几点建议

3.1 扎实推进基层消防力量建设

在全国基层消防力量建设视频会议上，应急部消防救援局琼色局长要求各地认真学习借鉴河南等地经验，围绕“务实、管用、能解决问题”原则，对照“有生命力、有战斗力”标准，全面推开基层消防力量建设，把消防安全责任落实到基础和末端。我省各地市政府、部门应结合本地实际，扎实推进层消防力量建设，推动基层乡镇（街道）单独设立或挂牌消防所（工作站），确保基层消防力量与当地经济社会发展水平、消防监管需要相匹配，推动提升基层消防安全网格化管理水平，夯实火灾防范的基础，打通基层消防监管执法“最后一公里”，全力加大基层消防治理力度，为全省消防安全工作提供坚实保障。

3.2 推进各级消委办实体化运行

争取地方政府拿出编制，采取抽调基层人员、招录消防文员等方式，充实到各级消委办岗位，并加强专业技能培训，推动实现实体化运行。为基层监督执法做好“六有”保障，即“有机构、有人员、有牌子、有印章、有专门办公场所、有保障经费”。明确经费保障标准、建立考核奖惩制度，正向激励各级消委办高效运行。同时，在消防法等法律法规未作出修改调整前，利用消防委员会平台，继续推动公安派出所严格履行消防监督管理职责，形成基层消防安全监管合力。

3.3 在基层消防治理上持续用力

一是要进一步压实责任，将消防工作纳入乡镇（街道）经济社会发展全局，按照“管行业必须管安全”的原则，强化消防安全行业共治，构建齐抓共管的工作机制。二是发挥乡镇（街道）消防监管机构立足基层、贴近基层、熟悉基层的优势，加强排查整治，做到火灾隐患“早发现、早查处、早整改”，切实增强群众安全感、获得感、幸福感。三是继续推进乡镇（街道）消委办的实体化运行，发挥综合协调作用，推动落实社区、村居、物业和网格员消防工作责任，为基层党委政府提供坚实的工作支撑。

3.4 积极探索基层委托执法方式

中央关于加强基层治理体系和治理能力现代化建设的意见，明确提出了要加强基层政权治理能力建设，依法赋予乡镇街道行政执法权。全省各市、县也在探索出台意见办法和清单目录，分级分类推进执法权限下放。要积极探索通过省级政府决定、制修订地方性法规等方式，将违法行为易于确定、与群众生活密切相关、由乡镇街道实行更加便捷有效的消防行政处罚权，授权或委托乡镇街道行使，切实加强基层火灾隐患查处力度，解决好“查得到、管不着、改不了”的突出问题。目前，连云港市消防救援支队已在全省率先印发《乡镇（街道）消防委托执法工作的指导意见（试行）》，着力破解基层末端监管难题，填补基层消防执法盲区短板，实现消防监督执法关口前移。当然，决不能“一放了之”“放而不管”，要看得准、放得稳，确保基层接得住、用得好、见实效。

3.5 全面落实基层执法保障措施

一是要明确财政预算保障，督促各地将基层监管（执法）日常办公、执法办案经费纳入同级财政预算予以保障。工作人员基本养老、工伤、失业等社会保险和住房公积金按照规定办理，人身意外保险和大病医疗保险可参照国家综合性消防救援队伍保障标准执行[6]。二是建议采取镇街主要领导推荐、县级司法部门审核形式，选拔熟悉消防法律法规、有执法能力的干部充实到基层执法岗位上去，且每个基层监管机构至少配置2名具有执法资格的专职执法人员。三是在宣传层面有针对性地报道基层消防监管工作，通过官方权威渠道提升社会认知度。采取宣传、表彰的形式，鼓励广大基层工作者投身基层消防监督执法事业。

总而言之，加强基层消防力量建设，完善基层消防执法体制机制，直接服务当地经济社会发展，有利于全面提升基层火灾风险防御能力，切实提高基层消防安全治理效能，确保消防安全形势平稳向好。

参考文献

[1]《江苏省“十四五”社会消防救援事业发展规划》，2021.

[2] 中央1号文件《关于全面推进乡村振兴加快农业农村现代化的意见》，2021.

[3] 中央16号文件《关于加强基层治理体系和治理能力现代化建设的意见》，2021.

[4]《“十四五”国家消防工作规划》，2022.

[5] 林喜芳，王西川．创新探索　提升基层消防治理能力　福建省推广基层消防治理经验［J］．安全与健康，2022（09）：15-17.

[6] 嵇增源．赤峰将基层消防安全治理体系建设根植大地［J］．中国消防，2022（06）：26-27.

浅谈韧性城市视角下应急救援体系建设

彭海洋

（上海市宝山区吴淞消防救援站，上海）

摘　要　随着城镇化进程的加快，城市消防安全越来被人们重视。韧性城市聚焦脆弱性和恢复能力两个方面，为城市应急救援体系建设提供了参考。本文从韧性城市理论入手，通过文献分析提出韧性城市下应急救援体系建设的原则和重点，并以上海为例，分析各类灾害的区域特点和风险等级大小，从时间和空间两个维度对应急救援体系建设提出了具体构想。

关键词　韧性城市　应急救援体系　安全治理　灾害应对

近年来，快速城镇化使城乡关系在政策、制度层面发生结构性变革，随着城市建设，城市治理蕴含的巨大内生性风险和公共安全问题日益明显，如何提升城市公共安全治理的质量和水平是人类社会可持续发展面临的重大议题。在此背景下，韧性城市理念的兴起和理论的日趋成熟为优化城市公共安全治理提供了新的方向和路径。

1　引言

对于灾害治理，韧性城市聚焦城市脆弱性，提倡在灾害中学习，不断适应灾害，与传统防灾的理念不同，其目的在于降低城市脆弱性，综合物理、社区、经济、组织、自然等不同系统韧性组合，在适应灾害的过程中，通过对城市指标的频繁测试和评估建立反馈机制，不断增强城市韧性[1]，见表1。

表1　韧性理论与传统理论的比较

主要差异	韧性城市	传统理论
核心理念	适应灾害，与灾害共存	全面防控，防止灾害发生
方式方法	主动出击，重视过程	被动防御，注重结果
指导思想	多维考虑，综合评估	救灾为主，防灾结合

针对韧性城市建设，周利敏[2]提出了多样性、冗余性、自治性等8个原则，笔者以此为基础提出韧性城市视角下应急救援体系构建的重点。

2　韧性城市下应急救援体系构建的重点

2.1　完备多种形式应急救援力量

韧性理论中多样性原则最初来自于生物多样性，一个生态系统受到外界干扰时，内部物种越丰富，系统整体重组、恢复能力越强。目前，我国消防救援体系主要以国家综合性消防救援队伍为主，以民间社会团体为辅，在推进建强水域、地震、防化等专业队的同时，不能忽略民间社会团体力量，如今的蓝天救援队、企业消防队等在抗洪救灾和大型厂库房火灾中发挥了紧急救援和初期灭火的重要作用，但是能力水平参差不齐，大灾情况下无法协同作战，消防救援装备配备不统一，社会救援不托底责任追究困难。大应急背景下，城市应急救援体系应整合有关应急力量，一方面，严格准入条件，优化保障体系，建立共训共练、救援合作机制等方式，充分发挥长尾效应。同时，要加快推进航空应急救援力量建设，做好顶层设计、完善指挥体制、打造航空救援国家队、建立人才支撑体系、促进产业化发展和制定科研培育计划[3,4]。利用好消防志愿者队伍，坚持源头治理，加大防火宣传力度。

2.2　建立多维度实力冗余

Wildavsky[5]提出了冗余度的概念，所谓冗余就是人为增加系统中的重复，确保某一组件或层次受损，城市系统仍然能够通过冗余替代继续运行，以应对未知风险。近些年发生洪涝灾害时，消防救援力量跨区域增援，但由于主要道路被水淹没影响了增援时间，我们应从中要吸取教训，应对灾害最有效的还是内部化解，外部寻求力量增援只是辅助。所以，还应完善城市消防救援力量建设。宋波[6]发现传统消防站在规划布局上仅考虑了到场时间和既有建筑布局的影响，而没有从辖区火灾隐患规律、经济发展程度多方面考虑实际情况，因此城市消防站的布局选址还有进一步优化的空间。建标152-2017《城市消防站建设标准》中规定了辖区的范围是5分钟内接警出动后可到达的最远距离。5分钟的黄金救援时间容易受交通高峰、交通事故的影响可能无法保证，尤其是北京、上海、广州、深圳这些超大型城市，通过增配相应级别的消防站来实现现有城市消防站布局优化十分重要[7]。消防站的选址要结合地区建筑特点、灾害事故类型、火灾空间分布规律、城市轨道交通网络等多种因素。在保证区域全覆盖后，还应根据区域火灾密集程度、建筑使用年限等因素视情设置小型消防站以增强高风险地区响应力量。

除了人员配备上保证实力可靠外，还应保证装备器材的可靠度。孟媛媛[8]总结近两年我国洪涝灾害处置经验，认为在实战中尚存在着战勤保障调度规模大小不统一，缺少定量的灾害事故应援力量调配标准，不同地域装备配置不同，装备无法配合协同作战等问题，在响应时间和供给质量上都还有提升的空间。

原先的战勤保障模式是根据地区地理特点集中设置向外辐射，虽然管理上相对集中，但是战时的调运往往耗费时间较多。探索从“一点式”向“区域多点式”发展，小至基层消防救援站自我保障，大到国家级战勤保障物资储备中心，通过分层级的保障建立车辆装备冗余，提升可靠度。从人、装、车、器多维度建立系统冗余。

2.3　搭建多尺度协同作战网络

当遇到突发性灾害时，韧性城市内部的连接性决定了响应是否及时，系统内部的强连接和高流动性调动资源越快，能够迅速将人员、车辆、器材和装备等需求调配到最需要的地方，快速反应，限制灾害升级。这个连接性不仅包括空间上的物质连接，而且包括人际和群体的协作沟通、实时反馈。

当前，在城市消防应急联勤、协同作战方面主要存在以下问题：一是大应急平台的整合不够深入。各地市区政府已经将消防安全工作纳入常务会议，虽然定期研商社会面火灾形势的工作机制已经建立，但是聚焦灭大火救大灾的风险防范措施仍有不足，针对短期问题“开药方”多，针对大型灾害“治未病”少。二是消防战勤保障大多还是单打独斗[9]，保障体系基本靠消防救援队伍一方建立，社会化的联勤保障标准不高，服务水平参差不齐，全天候的保障要求较难满足，保障效能受单位人事变动、人员交接影响大，缺乏有效约束手段。三是现代化指挥体系有待完善。大数据中心、智能接处警系统有待落地，不同部门存在数据壁垒。无人机、5G网络等技术通信标准不一，战场可视化建设有待推进。

从协同与连接的角度出发，现代化协同作战网络应从组织架构、联勤保障、人装结合三方面建立：在组织上加强应急管理各部门协调联动，畅通道路交通、地理信息、气象水文、社会单位、安保任务，灾害风险等各类数据信息，整理内部逻辑，统一数据标准，建立一网统管信息平台，积极融入智慧城市运行保障，自下而上分级构建指挥体系，建设应急救援智能调度指挥实战平台，实现基层队站灭火救援可视化，支队决策分析科学化，数据平台资源共享纵深化；积极协调社会联勤保障，签订战时医疗、饮食、住宿、物资运输等各方面生活保障服务协议，将社会单位联勤保障纳入消防演练，夯实基础，提前做好战时准备；强化人装结合，在侦检、排爆、救援、排烟、灭火多方面综合运用无人机、消防机器人等现代科技设备，减少指战员高危场所暴露风险，进一步优化通信保障能力，配齐北斗有源终端、无人机、超轻型卫星便携站等组网设备，组建“轻骑兵”前突小队，为“抢大灾、救大险、打硬仗”做好充分准备。

3 上海市应急救援体系建设构想

面对“五个中心”的城市发展定位，安全是根本保证，城市发展转型进程迅速，其中基础设施老化、资源环境恶化、人民安全意识低等问题不容忽视，笔者从时间和空间两个维度考虑，试提出上海市应急救援体系建设构想。

上海地处我国东部海岸中段，属亚热带海洋性季风气候，温和湿润，四季分明。主要自然灾害来源包括台风、暴雨、洪涝、地震、火灾等，见表2。

表2 上海市灾害风险类别和易发区域

灾害风险类别	易发区域
暴雨内涝	黄浦区、浦东新区滨江沿岸
道路积水	黄浦江以北地区和嘉定区南部
火灾风险	中心城、郊区新城以及大型化工区
地震	郊区

上海市城市规划设计研究院2016年发布的《上海市城市总体规划（2016—2040年）》草案[10]中分析了全市风水灾害的空间分布，发现沿海沿江区域的暴雨内涝灾害最为严重，位于中心城区黄浦区和浦东新区要重点防御。高强度的城市开发带来地面沉降和地面下透水能力不足的问题，内河调蓄能力不足导致防汛压力大，出现积水风险，主要出现在黄浦江以北地区和嘉定区南部。通过分析近年火灾地址发现中心城郊区新城以及大型化工区火灾风险等级高。从城市建筑抗震性能来看，抗震性能较差的建筑主要分布于郊区。钱少华[11]等人认为上海的自然灾害风险地区主要位于滨江沿海地区、集中城市化地区以及河流水系发达地区。

4 城市应急救援体系建设途径

从时间维度看，应急救援体系建设可分为灾前灾中灾后三部分。灾前是加强城市的风险应对能力的至关重要阶段，应鼓励社会各界参与城市安全建设，参与预案的制定，从最不利情况入手，建立区域性城市周边、行政区及街镇的应急预案，掌握城市应急资源底数，了解处置能力大小，针对需求细化逃生、物资保障、应急救援的方案。开展消防演练应从最底层入手，逐级夯实固化处置程序，明确各部门、各单位责任和义务。

灾中处置应注重作战协同、科学指挥。目前，国家综合性消防救援队伍中基层指挥员火场经历少，缺乏大型救援现场和火场的历练。不论灾害类别，不论警情级别大小，持续加强指挥能力建设始终是应急救援体系建设的重点，应从途中收集信息，态势研判，技战术选择，火灾战评等每个环节入手，综合考量、整体施策，探索提升指挥能力的方法。

灾后恢复应注重信息反馈，总结经验教训，根据作战结果修改预案水源等战备基础工作，更新调整力量部署和作战信息卡，定期评估城市韧性水平，提升灾害应对能力。

从空间维度出发，应急救援体系建设主要有人、器、环、管四个方面。人即应急救援力量，依托社区生活圈和城运中心建设社区防灾宣传管理和应急救援小分队，将居委、中学生纳入群体，建立消防安全科普和火灾隐患排查机制，以点带面引导全社会树立消防安全意识，提高自救能力。充实抢险救灾专业队伍，建立社区安全管理人消防救援站实训与消防队员蹲点派出机制，社区安全管理人定期到消防站培训，掌握了解消防设施器材使用。消防队员定期前往社区开展消防安全宣传和防火监督检查。器即装备器材保障，结合上海城市脆弱性分析，在浦东新区及滨江沿岸等城市内涝和道路积水易发区域应多点设置水域救援专业队，在火灾高风险区域除建强辖区内消防站力量外，从装备冗余角度，还应增强微型消防站装备配备，在一些高风险区域的微型消防救援站不能仅配备水枪水带等简单灭火器材，还应考虑配备应急发电机、移动手抬泵等装备以充实一线力量，保证第一出动力量可取、可用、可靠。环即环境，统筹调研防灾工程设施、应急保障基础设施和应急服务设施基本信息，优化设置应急避难场所，增强应急物资、救援通道、疏散通道的多路径设计，保障应急时逃生和救援的可达性。管即管理，推出消防安全责任制办法，明确社会各界消防安全共治责任，以制度约束，以法律为底线，将政府主导的单向管控模式转变为上下互动的公众参与模式，培育可持续的安全文化。常态运行应急管理大平台，汇总城市高风险地区、重点防御对象各类数据，实时跟踪监测，及时研判分析，结合季节和天气特点制定优化防御措施。在灾害发生的第一时间发布灾害精准位置、监测受灾现场情况、协调管理部门制定救援计划、提供最佳救援路径等信息，最大程度降低伤亡。定期开展灭火救援、医疗救助、心理疏导、紧急避难大型全要素综合演练，加强公众安全意识和防范知识教育，强化公共场所等人员密集场所的应急管理和应急演练。

5 小结

韧性城市理论为城市抵御大型自然灾害提供了解决方法，笔者从韧性城市建设的指导原则中总结提炼，提出了韧性城市下应急救援体系建设的重点包括完备多种形式应急救援力量、建立多维度实力冗余、搭建多尺度协同作战网络三个方面，结合上海市自然灾害特点，在时间维度和空间维度两个方向给出了应急救援体系建设意见。

参考文献

［1］Jabareen Y. The Risk City Resilience Trajectory ［J］." The Series Lecture Notes in Energy：The Risk City. 29：137－

59; 161-77. Springer Netherlands, 2015.
[2] 周利敏，原伟麒. 迈向韧性城市的灾害治理——基于多案例研究 [J]. 2021 (2017-5): 22-33.
[3] 闫鹏，杨帅. 航空应急救援专业化力量建设的战略性思考 [J]. 中国应急管理，2019 (1): 4.
[4] 李艳华，李冉. 我国航空应急救援标准体系构建研究 [J]. 中国安全科学学报，2019，29 (8): 7.
[5] Wildavsky A B. Searching for Safety (Vol. 10) [M]. Transaction Publishers, 1988.
[6] 宋波，刘文晓，孙亚光. 基于大数据+GIS技术的消防站布局规划——以洛阳市涧西区为例 [J]. 中国应急救援，2020 (3): 6.
[7] 陈鸿. 城市消防站空间布局优化研究 [D]. 同济大学，2007.
[8] 孟媛媛，姜连瑞. 跨区域抗洪救援中消防应急战勤保障能力研究 [J]. 武警学院学报，2019，035 (010): 34-38.
[9] 程锦. 消防战勤保障体系建设的思考 [J]. 今日消防，2021，6 (8): 3.
[10] 李茜.《上海市城市总体规划 (2016—2040年)》草案公示 [J]. 城市轨道交通研究，2016，19 (9): 1.
[11] 钱少华，徐国强，沈阳等. 关于上海建设韧性城市的路径探索 [J]. 城市规划学刊，2017 (A01): 10.

工业企业火灾成因分析及防范措施

施云献

(天津市河东区消防救援支队，天津市　河东区)

摘　要　近年来，我国经济快速发展，工业化进程加快，一些工业企业为了追逐利润，更是忽略了对火灾的预防，以至于工业企业的火灾事故不断增加。工业企业火灾的危害性是不容小视的，不仅会造成工业企业的经济损失，危害生命安全，还会污染生态环境，造成不良的社会影响。可见，目前工业企业在火灾防范方面还存在一些弊端，基于此，本文通过对工业企业火灾事故直接原因和成因的分析，提出工业企业火灾防范措施，以供工业企业参考，提高工业企业的消防安全管理水平，避免或减少火灾的发生。

关键词　工业企业　火灾　成因　防范措施

1　引言

改革开放以来，随着国民经济的快速发展，不同规模、不同类型、不同管理体制和经营模式的工业企业迅速崛起。但伴随而来的是消防安全管理方面出现了很多不适应或脱钩情况，特别是工业企业火灾爆炸事故明显上升。因此，关于工业企业火灾成因及防范措施的研究十分有必要。

2　工业企业火灾的危害性

2.1　造成工业企业的经济损失

火灾造成的财产损失惨重，一旦工业企业发生火灾，火灾所造成的的经济损失不可估量。主要包括火灾所烧毁的建筑物内财物、生产设备等；高温引起建筑结构的破坏甚至倒塌；干粉、泡沫灭火剂等灭火剂的使用；火灾后的修复重建、人员善后安置、停业等都会带来巨大损失。

2.2　危害生命安全

火灾对人的生命安全造成严重威胁，一场火灾甚至能够导致几百人失去生命。在发生火灾时，对人的威胁主要体现在三方面：一是高温会灼烧人的皮肤，造成烧伤、休克或者死亡；二是燃烧过程中所释放的有毒气体会使人恶心、头痛、呼吸困难，威胁人的生命安全；三是高温导致建筑物承重构件的变性或损害，建筑物坍塌，从而造成人员的伤亡。

2.3　污染生态环境

火灾的危害性不仅体现在造成经济损失、危害生命安全上，还会污染生态环境。火灾燃烧产生的污染物直接排到空气中，就会造成空气污染，特别是在有风的环境下，污染物就会肆意扩散，后果更加严重。

2.4　产生不良的社会影响

火灾所产生的烟气具有毒害性、减光性以及爆炸性。毒害性是指燃烧物在燃烧时产生一些有毒有害的气体或者微粒；减光性是指在比较封闭的空间内，火灾产生的烟气不容易散出去，导致疏散指示器的照明作用降低，有的还会彻底失去指示功能；爆炸性是指烟气中所包含的不完全燃烧物，容易与空气形成爆炸性的混合气体，产生二次爆炸。这些都会加剧火灾的影响，对人产生威胁，并给人带来恐慌，产生不良的社会政治影响。

3　工业企业火灾事故直接原因

3.1　静电火花

静电火花所造成的火灾通常是因为工作人员操作失误引起的，危害性较高，主要发生在液体流动、设备运转以及气体运输等过程中，所产生的静电在满足放电的条件下，就会引起周围爆炸性物体的爆炸，从而发生火灾。

3.2　电气故障

电气故障也是工业企业火灾事故的重要因素。这是因为工业企业生产的特殊性，需要用到较大用电负荷和较长铺设线路的电气设备，存在很多的潜在风险。主要包括：一是所选择的电缆线路、电气设备型号不对；二是产品本身存在质量问题；三是检修和维护不到位，这些因素就会导致电路的接触不良，机器超负荷运行、漏电等危险，引发工业企业火灾事故。除此之外，温度、湿度、灰尘等也是电气设备运行中存在的危险因素，容易造成线路或者电气设备的腐蚀而发生火灾。

3.3 生产作业操作不当

随着技术的发展，工业企业的自动化程度也不断提高，因而生产操作不当所造成的火灾事故也随之频发，很多企业的生产加工在工艺程序上还比较复杂，设备操控点也比较多，泄露的风险就会增加。再加上工业企业生产操作的工作人员职业道德素质普遍较低，安全意识不高，容易出现违规操作、操作失误等情况，这些也会导致火灾事故的发生。

3.4 电气焊动火违章作业

在由于生产操作不当引起火灾的原因中，电气焊动火违章作业占有较大比重。这主要是因为工业企业在生产中经常面临检修或者维修设备的问题，而时常用到电焊或者气焊，对操作人员的专业水平要求又比较高，不仅要持证操作，还要配备相关的灭火器材，在专人的监护下开展工作[1]。在开展焊接作业前，还要清除或者隔离周围易燃易爆的物品。但在实际检修和维修设备时，往往会因为图方便或者赶工期等因素不能严格按照上述要求排除隐患，就会导致在焊接时焊渣的喷溅以及漏电火花、高温等情况，引燃周围易燃易爆物品。

4 工业企业火灾成因分析

4.1 企业主体责任落实不到位

和企业消防安全相比，工业企业更加注重利润，有些工业企业并没有成立专门的消防安全管理部门，有些虽然成立了，但管理上却存在工作人员能力不强、责任心不足等因素，不能及时掌握企业的消防安全情况。工业企业的管理人员消防安全意识也比较欠缺，甚至照抄照搬管理制度，不能从企业自身的实际需求出发去制定。再加上为了追逐利润，重视新工艺以及先进设备的引进，而不重视引进与工业企业相关的消防安全技术，无法形成一整套有效的消防安全管理体系，工业企业的火灾事故防控能力远落后于企业的发展。

4.2 消防安全制度不符合企业实际情况

有些企业在制定消防安全管理规定过程中，缺乏对企业进行认真的调研，没有结合企业的具体实际情况，如生产经营性质、岗位、工种等，不仅缺少具体的执行部门，还没有安排相关的人员进行落实，奖惩措施也不到位，不能及时结合企业的实际生产经营和违规行为进行修订，已有的安全规章制度也多是为了应付相关部门的检查，如同虚设。

4.3 消防安全教育培训不重视

很多工业企业对消防安全教育的培训根本不重视，所进行的消防安全教育培训也是走过场，在岗前培训和专业培训上所达到的效果比较差，导致员工的专业素质和消防安全意识不足，对突发事故处理、火灾逃生方法、安全操作、风险预防等方面不熟悉，相关知识也掌握的比较少，很多员工仅仅知道防火灭火的基本原理，但却对岗位火灾风险不清楚，摸不清在自身岗位应该防什么，怎么防，缺乏排查并发现自身岗位火灾隐患的能力。大多数企业都有专用的员工上下班通道，但员工并不熟悉工业企业厂区内的安全出口和疏散通道，因而在发生火灾时不能准确、快速地找到逃生路线。

4.4 安全操作规程执行不严格

虽然工业企业都有详细的安全操作规程以及安全管理制度，但缺乏有效的管控，执行和实施起来比较难。消防安全管理人员在工作上多流于形式，为了节约成本、提高效率，在操作上随意更改工艺流程，违规施工。消防安全管理人员对这些违规操作也不能及时进行纠正，日常监督检查也不到位，以至于使这些违规操作成为员工的习惯，这也是工业企业发生火灾的重要因素。

4.5 工业企业专职消防员业务素质较弱

一些企业会按照规定设立专职消防队伍，配备消防车辆等装备，虽然表面上看比较专业，但实际上专职消防员的业务素质普遍较弱，专职消防员花费大多数时间用来处理违章检查，在消防应急演练上也只是针对设定的目标，对单位所存在的火灾风险、灭火救援难题没有认真分析[2]。虽然配备了一定的装备，但是消防员对装备的性能指标了解不深，对企业消防水池的容量、补水情况，消防水枪以及水炮的流量和射程也掌握不足，在企业突发火灾时，应急处置能力较差。

4.6 事故应急预案不具有针对性

工业企业制定的应急预案没有针对企业自身、各岗位的特点来制定，存在应急预案千篇一律的现象。对待不同的装置、不同的灾情也没有区别对待，不具有针对性，在应对实际火灾时指导作用不大。应急预案的演练也存在形式化，大多是为了迎合监管部门的检查，而不是真正从提高企业应急处置能力的角度出发组织演练。工业企业应急处置队伍的战斗力还比较薄弱，在处置重大火灾方面更是无能为力，无法有效控制或成功处置突发火灾事故，从而失去处理火灾事故的最佳时期。

5 工业企业火灾防范措施

5.1 企业自身层面

5.1.1 严格落实企业消防安全主体责任

工业企业要严格落实消防安全主体责任，主动担负起企业自身的消防安全管理职责，明确消防安全职能管理部门、消防安全主体责任人以及管理人员，并配备消防安全管理专职人员，根据企业实际情况，制定相应的消防安全管理规章制度，并严格落实，定期或者不定期地进行消防安全检查，认真排查存在的火灾风险点，找到薄弱环节或者火灾预防短板，采取相应的预防措施，并落实到每位员工的工作中，有效进行火灾风险控制，减少工业企业火灾的发生。

5.1.2 严格实行消防安全操作规程

工业企业要针对动火作业，制定严格的审批流程，明确消防安全管理人员，并且只有在消防安全管理人员在场的情况下才能开展作业，严格落实消防安全生产操作规程。通过专业的消防安全管理人员对作业过程进行监督，及时发现和纠正不良操作行为，排除火灾隐患[3]。同时，企业还要制定严格的奖惩制度，成立专门的检查小组，定期、不定期地进行消防安全生产操作规程检查，对所存在的不规范及违章操作行为实施严厉的处罚，还可进行正面、积极的消防安全生产操作比赛，对员工进行评分，并对前几名实行奖励，一方面能够促使员工严格按照消防安全生产操作规程进行作业，又能够促进操作规程的改进，杜绝违章作业行为的发生。

5.1.3 大力培养消防安全管理人员

企业要加强培训工作，特别是对消防安全责任人及管理人员的培训，邀请专家定期对其培训，通过培训，使其明白自身职业所在以及具体的工作内容，提高消防安全意识，增加火灾防控技能，提升管理水平。同时，还要重视宣传教育，例如防火灭火常识、火灾逃生知识等等，并且要根据工业企业的不同区域、不同岗位以及不同季节，及时调整消防安全教育的内容，加强针对性，收集不同情况下的火灾数据，充分挖掘火灾发生的根源所在，提前做好重点部位、重点区域内的火灾防范工作，制定和明确相应的工作标准，实现工业企业消防安全管理人员专业素质的提升。

5.1.4 制定针对性的火灾应急处置机制

工业企业要坚持明确责任，细化方案，不断健全火灾应急处置机制，注重针对性，根据工业企业的性质、不同岗位的情况等，制定相对应的应急处置机制，按照“横向到边、纵向到底”的原则，完善火灾应急处置机制，并多多开展火灾实战演练，提高工作人员和消防安全人员应对火灾的实战能力，建立科学、高效、统一的决策指挥制度以及各方协作的应急处置机制。对可能发生的火灾事故，开展前期处置，采取有效措施控制火灾的发展，最大程度度地将危害和影响降到最低，防止事态的严重化。

5.1.5 加强火灾预测预警系统建设

预防的目的就是要降低火灾的发生率，减少火灾带来的损失，这是最安全的应对方法，也是最有效的方法。工业企业要经常性地开展火灾风险调查，客观分析可能存在的火灾隐患，关口前移，消除火灾隐患，避免或者减少火灾的发生。制定24小时值班制度，并严格执行，特别是在节假日期间，绝不能松懈，坚持预防为主，实行动态化管理，对火灾隐患进行早发现、早控制、早处置，加强火灾预测预警系统建设，改变原来被动的工作状态，进行源头管理，减少工业企业火灾事故的发生[4]。

5.2 工业企业员工层面

5.2.1 立足岗位，树立火灾风险意识

工业企业员工要立足岗位，遵循企业规章制度，树立牢固的火灾风险意识，明确可能存在的火灾隐患，明白哪些行为是能做的，哪些行为是不能做的，不逾越，并时刻提醒自己，在工作中更要严格要求自身行为，杜绝一切可能引发火灾的行为，谨小慎微。同时，还要及时汇报所发现的火灾隐患，通过专人进行处理，快速排除火灾隐患，既能够保护自身及他人的生命安全，又能够为企业避免火灾所带来的损失。

5.2.2 加强学习，提高应对火灾的能力

工业企业员工还要加强关于消防安全方面知识的学习，例如火灾逃生知识、扑救火灾知识等，通过积极主动地学习不断提高自身应对火灾的能力。同时，还要积极参加工业企业组织的消防安全培训，积极参加火灾应急演练等，增加应对火灾的本领。这样才能在发生火灾时，临危不乱，保持清醒，迅速找到逃生路线，帮助自己及同事迅速撤离，保护自己及他人的生命安全。

5.2.3 严守规程，提升自身操作水平

工业企业都会有严格的安全生产操作规程，作为工作人员，一定要严格遵守工业企业的规程制度，按照正确、标准的流程开展作业，在消防安全管理人员发现错误时，更要加强重视，积极对待、加以改正，而不是放任自己。为了提高自身操作水平，除了对自己有着严格的要求外，还可以多向经验丰富的老员工、先进员工请教和学习，提高自己的操作标准，督促自己不断进度。

5.2.4 强化责任，对待工作认真负责

工业企业员工还要具有强烈的责任感，一个有强烈责任感的人，工作态度也会积极主动，工作作风深入扎实，对待工作认真负责。员工要将自己视为企业中不可缺少的一份子，加强自身责任感，身处在任何一个岗位都要认真做好工作，都有为企业排除火灾隐患、保障工业企业安全运行的责任，这也是对自身工作负责的积极体现。

6 小结

在经济发展的同时，我们也应该看到所存在的消防安全隐患，特别是工业企业火灾事故的增加，那些只注重利润而忽略消防安全生产的企业最终酿成大祸。因此，工业企业的发展必须与安全相挂钩，这就需要工业企业严格落实企业消防安全主体责任，严格实行安全生产操作规程，大力培养消防安全管理人员，制定针对性的火灾应急处置机制，加强火灾预测预警系统建设。同时，工业企业员工要立足岗位，树立火灾风险意识，提高应对火灾的能力，提升自身操作水平，对待工作认真负责，在工业企业和员工的共同努力下，有效消除火灾隐患，促进企业的健康、持续发展。

参考文献

[1] 孙金杰．工业企业火灾成因分析及对策探讨［J］．消防科学与技术，2017，36（11）．

[2] 黄郑华．反应失控型火灾爆炸事故预测［J］．火灾科学，2001，10（3）：163．

[3] 刘鑫．化工企业火灾危险性分析及防火安全对策［J］．山东工业技术，2015（15）：19．

[4] 周兴涛．施工现场火灾事故原因分析及思考［J］．原因分析及思考［J］．现代商贸工业，2015（12）：193-194．

关于乡镇街道基层消防监管能力建设转型升级的思考探索

王成成

（沧州市消防救援支队，河北　沧州）

摘　要　街道乡镇消防监管工作是社会火灾防控体系的基础，直接关系到整体火灾形势稳定。长期以来，各地实行市、县两级消防机构和乡镇、街道公安派出所“三级”消防监管模式，形成了覆盖城乡、责任明晰、无死角盲区的消防监管格局，特别是公安派出所充分发挥点多面广、贴近群众、综合执法的优势，承担着海量的“九小场所”和社区、农村日常消防监管任务，为稳定火灾形势发挥了至关重要的作用。消防机构改革后，由于体制、机制的变化，基层消防工作逐步出现虚化、弱化现象。为解决基层消防工作面临的突出问题，笔者通过广泛调研走访、多次研究研讨、反复征求意见，以河北

省沧州市为例，从当前基层消防监管工作现状、加强基层消防监督人才力量建设的现实意义、加强基层消防人才力量建设的工作建议和结语等方面，详细阐述了基层消防监管人才力量建设的重要性和现实意义，结合当前我国“各方面工作更加注重向农村、基层、欠发达地区倾斜”和消防机构改革现状，提出了探索性建议，以供参考。

关键词 消防安全 基层 监管 改革

习近平总书记在中央政治局第二十七次集体学习时强调，“要自觉主动解决地区差距、城乡差距、收入差距等问题，各方面工作更加注重向农村、基层、欠发达地区倾斜，向困难群众倾斜”。2021 年 4 月，中共中央国务院下发《关于加强基层治理体系和治理能力现代化建设的意见》，专门对“增强乡镇（街道）应急管理能力”方面，提出“赋予乡镇（街道）应急处置权”“建立统一指挥的应急管理队伍”等一系列新要求。2022 年，党的二十大报告中提出了“完善国家应急管理体系”和“提高防灾减灾救灾和急难险重突发公共事件处置保障能力”，为构建完善与现代化相适应的中国特色大国应急救援体系，更加精准防范化解重大安全风险，更加有效应对处置各类灾害事故指明了方向。

针对乡镇应急（消防）人才力量建设发展实际，笔者开展大量踏访调研，以河北省沧州市为例，掌握基层现状，找准问题短板，提出对策措施，结合我国现行消防监管模式的分析与思考[1]，切实摸清基层消防监管人才力量现状，着力破解基层消防监管人才力量不足难题，促进城乡消防工作均衡发展，谈几点体会和思考：

1 当前基层消防监管工作现状

1.1 基层消防监督人才力量严重不足

以沧州市为例，全市现有基层防火监督干部 83 人，防火岗位文员 80 人，受编制限制，各县（市、区）消防救援大队编配消防监督干部平均不足 4 人，即使加上消防文员各大队的消防监督人才力量平均也不足 10 人。全市人口 742.42 万人，平均大约 9 万人中只有 1 名从事火灾防控工作的干部和 1 名消防文员，消防救援机构人才力量不足、镇街消防工作无专门的消防工作组织机构和人员编制、基层乡镇街道的消防管理工作开展无力，仅靠网格化管理完成乡镇消防监督工作远远不够，基层消防多元监管工作亟需推进[2-3]。

1.2 乡镇街道消防监管不到位

基层消防监管体系不健全，火灾风险“管不到、管不住”的问题较为突出，多数乡镇还未设置专门的消防职能机构，基层消防监管“短腿”“无腿”的问题突出，末端防控无法形成闭环。

1.3 公安派出所消防监管职能弱化

《消防法》第 53 条规定：“公安派出所可以负责日常消防监督检查、开展消防宣传教育，具体办法由国务院公安部门规定。”但截至目前，公安部仍未出台相关的规定办法，导致实践中各地公安派出所对于是否继续开展消防执法工作出现了分歧。调研中各地普遍反映，自消防体制改革以来，公安派出所虽仍配合消防救援机构开展基层日常消防监督检查和消防宣传教育工作，特别是仍主动配合针对“九小场所”的消防执法检查，但消防监督检查量和行政处罚量在不断下降，表明公安派出所的消防监督执法职能有所弱化。近期，在市政府的统一领导下，市公安局发动各基层派出所开展了“九小场所”火灾隐患排查整治工作，取得了一定成效，但从全市来看，仍亟需解决全市公安派出所监督职责不清、监管边界不明、执法衔接不畅等瓶颈性问题。

1.4 基层消防监管人员专业水平较低

调研发现，乡镇、街道一级缺乏专门的消防工作组织机构和人员编制，普遍没有确定专职消防安全管理人员。有的地方主要依托应急办、执法大队或企业办等人员作为兼职消防执法人员，但由于消防执法工作具有较强专业性，这些兼职人员对消防法律法规和行业标准掌握不到位，工作业务水平较低，加之其有本职工作，无法定人定责，又不具备消防执法权限，导致消防监督检查工作开展成效不高，造成消防管理工作“不想管”“不敢管”“不会管”。

1.5 农村地区和居住场所火灾多发

随着消防安全网格化管理工作的不断深化，基层组织缺少长效保障机制的问题也很快暴露，出现了消防工作为完成任务而完成任务，教条执行文件应付差事，一定程度上表现为基层末端管控不到位，加之农村地区火灾防控基础相对薄弱，村民火灾防范意识不强，自防自救能力弱，导致农村火灾在火灾总起数中均占较高比重。2022 年，全市共发生农村火灾 3333 起，死亡 10 人（含 1 起刑事案件），受伤 3 人，直接财产损失 3482.81 万元，分别占火灾总数的 72.22%、76.92%、75%和 73.6%。

2 加强基层消防监督人才建设的现实意义

2.1 基层治理体系和治理能力现代化建设的需要

党的二十大报告中提出了“完善国家应急管理体系”和“提高防灾减灾救灾和急难险重突发公共事件处置保障能力”，为构建完善与现代化相适应的中国特色大国应急救援体系，更加精准防范化解重大安全风险，更加有效应对处置各类灾害事故指明了方向。近年来，围绕贯彻总书记重要指示精神，党中央、国务院密集出台政策部署基层治理体系和治理能力建设工作。应急管理部消防救援局和河北省消防救援总队在年度工作要点中，均对加强基层消防人才力量建设、深化基层消防治理提出明确要求，基层消防治理作为基层治理的重要组成部分，必须同步推进、不断深化。

2.2 我市火灾防控任务的需要

当前，基层消防工作仍存在一定程度上的责任不实、机制不全、人才力量薄弱等问题，迫切需要进一步加强基层消防治理工作。各级亟需进一步理顺工作流程，完善工作程序，提升工作效率，形成闭环管理，让实体化更“实”。

2.3 深化消防执法改革的需要

基层消防治理工作是预防居民火灾事故发生，遏制“小火亡人”事故关键所在，只能加强不能削弱，对增强消防综合监管人才力量具有十分重要的意义，既是落实党中央、国务院关于消防工作决策部署，进一步加强消防监管工作的政治要求，也是应对当前复杂繁重的综合监管形势任务，进一步加强统筹协调，推动消防责任制真正落实，形成全社会齐抓共管、群防群治工作合力的必然要求[4]。

3 加强基层消防人才力量建设的工作建议

3.1 组建“消防工作所”

建议各地党委政府督促乡镇（街道）消防安全委员会突出抓好消防安全办公室实体化运行，在消防工作所挂牌成立方面，各地选取1-2个乡镇（街道）成立不少于3人的消防工作所，同时承担消防安全委员会办公室职责，由乡镇提供办公场所和办公经费。具备条件的乡镇（街道），可单独挂牌成立消防工作所，或依托乡镇（街道）相关机构、政府专职消防队挂牌成立；不具条件的，暂时依法委托乡镇（街道）综合行政执法队伍承担消防行政执法事项，严禁只追求挂牌，忽视实体化运行，出现“挂空壳”现象。

3.2 确定人员组成

人是消防工作所“实体化”运行最核心、最关键的因素，在推进工作中，必须正视基层人力资源有限的实际问题。建议各地党委政府站在社会综合治理的大局中去思考办法、解决问题，采取多种渠道配备人员，最大限度地整合人力资源、节约行政成本。在专职人员配备方面，建议党委政府协调编办等部门，争取新增事业编制；确因增编限制、经济基础薄弱等原因无法新增的，积极通过新征招消防文员，培训合格派驻等形式，充分发挥业务条线统筹协调优势，发展配备专职消防网格员，作为乡镇（街道）消防工作所的重要运转人才力量。

3.3 明确领导体制

乡镇（街道）消防工作所接受县级消防救援大队和乡镇党委政府双重领导，消防工作所所长由乡镇党委成员兼任，负责日常工作统筹，副所长及工作人员由消防大队派驻，主要由县级消防救援大队领导，发挥垂直管理优势，强化上级工作落实，细化工作职责，力求精准施策，做到“专人、专班、专职”，在工作职责方面，消防工作所负责拟定消防工作计划，指导社区（村组）落实法定消防工作责任，具备条件的地区，通过依法委托方式，明确乡镇（街道）消防工作所承担部分消防行政执法事项，建立完善基层火灾隐患查处、移送、督办、整改等机制，实现“闭环”管理。同时，深入农村、社区开展“面对面”宣传、火灾案例警示、灭火疏散演练等群众性宣传教育活动。

3.4 建立长效机制

各地要以中共中央、国务院《关于加强基层治理体系和治理能力现代化建设的意见》为指导思想，抓住全国开展安全生产大检查以及各级高度重视安全生产工作的有利机遇，将乡镇（街道）消防所建设作为贯彻落实国务院安委会“十五条硬措施”的重要举措，经济总量、人口数量、企业规模较大的全国重点镇和街乡作为首批建成点，开展专项规划、场站建设、机制完善、考核考评，不断探索基层消防监管人才力量的实践经验，打开工作突破口。建议各地根据辖区实际，出台基层消防所建设实施意见，明确指导思想、建设目标、工作职责、具体步骤和时间节点，确保完成建设任务。

3.5 与公安派出所紧密协作

各地公安机关结合工作实际，进一步规范和完善本辖区派出所消防监督管理和消防宣传教育工作机制，促进公安派出所消防工作的规范化建设，定期组织基层公安民警开展消防宣传教育工作培训，确保消防宣传教育有深度、有力度。乡镇（街道）消防工作所要与公安派出所相互配合，建立隐患移交工作协作机制。在《消防法》等法律法规未作出修改调整前，以法理学视角浅析消防执法改革[5]，要继续推动公安派出所严格履行消防监督管理职责，和乡镇（街道）消防工作所形成消防监管合力。

3.6 建强村（居）消防工作组织

建议各地党委政府指导乡镇（街道）加强对辖区村（居）委消防工作的支持和帮助力度，推动制定村（居）委消防安全工作任务，明确消防安全管理人，实行网格员包干到户，建立志愿消防队或微型消防站，开展消防安全检查、消防宣传教育和应急疏散演练，并给予必要的人员、经费、物资等支持。

3.7 深化宣传警示，全面提高社会防范意识

建议各地深入推进消防宣传“五进”（进社区、进学校、进企业、进农村、进家庭），结合疫情防控实际，持续开展高层建筑、文物建筑、村（居）民自建房以及城镇燃气、电动自行车、电气火灾防范、预防“小火亡人”等专项宣传活动。节日期间，加大对购物、娱乐、节庆、旅游等场所的消防宣传力度，深化公众聚集场所消防安全“三提示”活动。督促重点单位开展一次全员消防安全培训和灭火疏散演练，尤其是对辖区重点单位的消防安全管理人、消防设施操作员、微型消防站队员以及水电工等关键岗位人员全部培训一遍。利用各类媒体集中播放一批典型火灾案例，集中曝光一批消防安全违法行为，警示提醒企业单位，切实提升群众消防安全意识和自防自救能力。

4 结语

4.1 转型升级是发展的必然结果

农业农村现代化是全面建设社会主义现代化国家的重大任务，解决发展不平衡不充分问题的必然要求；加强乡镇应急（消防）人才力量建设，是推进应急体系和能力现代化建设的重要一环。压实工作责任、完善组织体系、健全工作机制、强化工作保障、落实督导考评奖惩措施等要抓实落实好，特别是在明晰“三管三必须”责任、明确消防工作组织机构、加强街道乡镇街道消防所、健全基层消防执法保障、强化督导考评等方面进行实质性突破，为推动基层消防工作提供了有力抓手和强力引擎。

4.2 探索“新路子”需要向源头延伸

以习近平新时代中国特色社会主义思想为引领，针对“大应急”特点和转型升级需要，从破解基层应急体系布局和应急人才力量“最后一公里”建设入手，大力探索乡镇消防队伍建设新机制，推动风险防范向源头延伸、向乡镇（社区）延伸、向危险源延伸。

4.3 差异化抓建、功能性达标

针对各地区位差异大，探索“新路子”需要“百花齐放”等实际情况，我们鼓励各地实施“差异化抓建、功能性达标”的建队方略。如何发挥“大应急”的制度优势、履行好“防抗救”一体职能，关键要在勤务模式上有突破，使政府、应急和消防等各方资源人才力量，在乡镇消防所这个“点”上释放。

4.4 打通“最后一公里”

笔者认为，工作关键在于落实，建议各地应急管理部门

积极向属地党委政府广泛宣传、向街道乡镇深入解读上级文件精神，结合实际提出工作建议，提请各级政府研究贯彻落实意见，指导街道乡镇建章立制、细化措施，切实打通政策落地“最后一公里”，争取相关措施早日落地见效。

参考文献

［1］苗程宾．我国现行消防监管模式的分析与思考［J］．中国人民警察大学学报，2022，38（08）：70-74.

［2］王晓峰，王佾庭．大安全时代下基层消防多元监管的部门职责边界［J］．消防科学技术，2020，39（12）：1773-1775.

［3］王超．基层消防安全网格化管理存在的问题及解决对策［J］．消防界，2022，14（08）：83-85.

［4］刘伟．消防监督执法工作改革探讨［J］．消防科学与技术，2018，37（6）：839-841.

［5］姜颖，程可寒．以法理学视角浅析消防执法改革的现实意义［J］．武警学院学报，2019，35（12）：33-37.

关于社会救助警情分流处置机制建设的思考与实践

王龙灿

（福建省消防救援总队，福建　福州）

摘　要　长期以来，消防救援队伍在承担灭火救援任务的同时，也承担着处置社会救助警情的任务。随着社会救助警情数量日益增加，已经影响到部分消防救援队伍灭火救援主责主业开展。为进一步缓解基层部分队站执勤压力和方便群众求助，本文深入分析研究了社会救助警情的分流设想和具体实践，旨在逐步推动完善全省社会救助警情分流处置机制建设。

关键词　消防　社会救助　警情分流　机制建设

1　引言

据统计，2019年至2021年，全省消防救援队伍每年接报社会救助警情呈逐年递增趋势，大量的社会救助警情占用了基层队站的执勤精力，导致基层部分队站执勤压力繁重，探索警情分流处置机制建设工作势在必行。

2　社会救助警情的概念及法学分析

消防社会救助是指消防机构对于公民、法人或者其他组织的人身、财产安全符合某种承诺情形时给予必要救助的行为。该承诺可追溯至1998年，成都市消防支队在全国率先向社会做出“有警必出、有灾必救、有险必抢、热情服务”的庄严承诺；2002年8月，全国抢险救援工作会议在四川成都召开，会后消防社会救助的概念得到进一步推广[1]。

在法学上，可以从两个维度对社会救助工作属性进行分析：一是从法律规定来看，消防社会救助不是消防机构的法定职责。根据《消防法》的有关规定，火灾预防、火灾扑救和应急救援是消防机构的三大法定职责。二是从法理角度来看，社会救助是消防机构对社会的一种承诺，即“当群众遇到险情或确需消防处置的紧急情况时，及时拨打119报警，消防救援队伍将充分发挥自身装备优势，为人民群众提供帮助”。

3　社会救助警情分流的必要性分析

从全国层面看，据应急管理部消防救援局通报，2019年至2021年，全国消防救援队伍共接报处置各类警情分别为127.6万起、128.4万起、195.6万起，其中社会救助分别为36.6万起、39.5万起、54.9万起，占比分别为28.7%、30.8%、28.1%，见图1。

从福建省层面看，据火灾与警情统计系统显示，2019年至2021年，全省消防救援队伍共接报处置各类警情分别为54559起、48490起、63007起，其中社会救助分别为12876起、11880起、17642起，占比分别为23.6%、24.5%、28.0%，见图2。

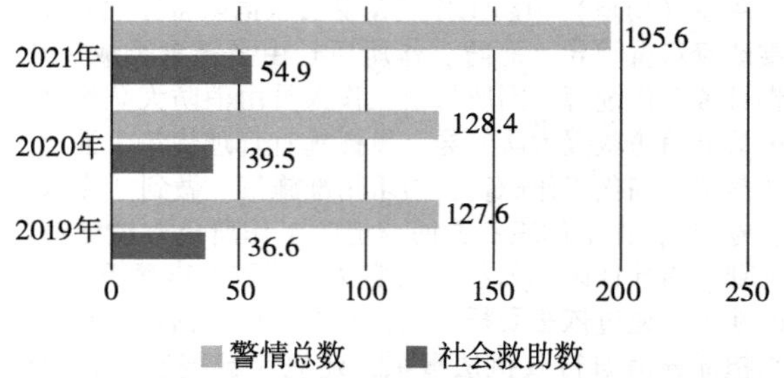

图1　全国近三年社会救助警情数量占比（单位：万起）

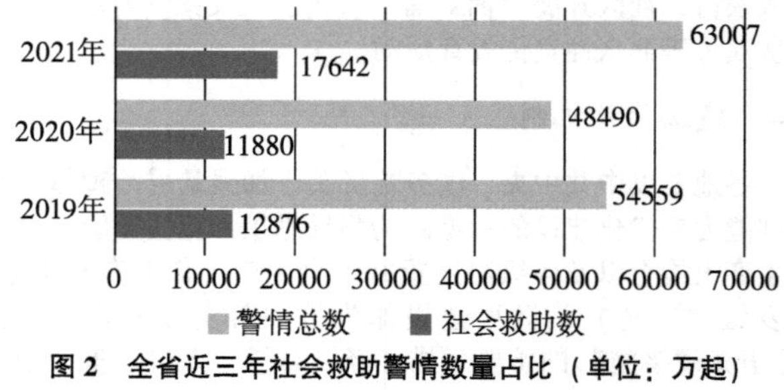

图2　全省近三年社会救助警情数量占比（单位：万起）

改制转隶后，消防救援队伍的职责任务从“单一灾种”向“全灾种”转变，这就需要不断提升队伍的灭火救援水平，但从上述数据统计看，虽然社会救助警情处置时间不长，但数量较大，处置工作占用了有限消防资源。

4　社会救助警情分流的难点分析

4.1　社会救助警情分流缺乏规章制度支撑

近年来，公安部门也在积极探索非警务事项分流工作。2016年11月，公安部在湖南省岳阳市召开全国公安机关规范基层警务工作暨110接处警工作会议。2022年4月，国务院办公厅出台《国务院办公厅关于推动12345政务服务便民热线与110报警服务台高效对接联动的意见》（国办发〔2022〕12号）。相比于公安部门非警务事项分流工作，可以说消防社会救助警情分流仅处于萌芽阶段，缺乏法律、规章等制度层面支撑[2]。

4.2 与消防部门协作机构能力有待提升

各地为实现某一类警情协同处置，普遍采取协议形式进行合作，联动层次未能上升到政府层面，存在因管理漏洞导致消防机构面临舆论甚至法律诉讼风险。比如，有些社会联动机构未落实员工意外保险措施，存在安全保障风险；有些职责定位不清、处置标准不一，与群众交流简单直接，容易产生负面影响[3]。

4.3 社会宣传忽视了对消防救援职责的引导

在过去的社会面消防宣传中，为提升消防救援的知名度，经常对一些社会救助警情进行报道，但未同时就消防救援的职责范围进行宣传引导，导致群众依旧习惯性通过拨打119的方式解决。此外，部分联动单位因群众知晓率低、有偿救助等原因，群众接受意愿不高。

5 社会救助警情分流的实践成效

2022年，福建总队针对近三年来全省开门开锁、电梯救援、摘除蜂窝、蛇虫处置等社会救助警情占比高、基层负担重等问题，外搭平台、内部调节，从顶层设计出发，制定下发《关于进一步加强社会救助警情分流处置机制建设的通知》，着力构建任务明确、运行规范的工作领导体制和运行机制。

5.1 统筹规划设计，切实增强警情分流处置工作的实效性和可操作性

5.1.1 明确分流范围，确保分的出去

通过分析近三年全省的社会救助警情和群众需求，按照“机制先行先试、类别逐渐扩大、系统稳步对接”的推进原则，将开门开锁、电梯救援、摘除蜂窝、蛇虫处置（捕蛇为主）等4类非紧急救助警情（以下简称“试点分流项目”）列为试点分流项目。截至2022年12月31日，全省消防救援队伍试点分流项目的分流率分别达68.11%、71.98%、36.46%、30.50%，见图3。

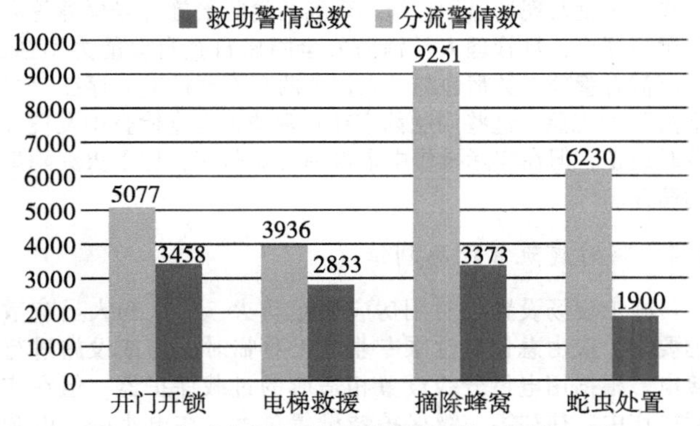

图3 全省试点分流项目分流数量对比（单位：起）

5.1.2 明确资质标准，确保分的精准

各地积极走访公安、应急、林业、市场监督及蓝天、曙光等联动力量，认真了解其专业队伍的运行机制、队伍建设、专业特长、器材配备等情况。结合各地实际，分类制定资质评定标准，对有意向共建联动的力量，从救援能力、装备配备、值班值守等环节进行评估，确保协议单位有能力、有条件参与。

5.1.3 明确处置规范，确保分的到位

制定警情分流处置流程，设定直接分流、间接分流和共同处置三类情形。直接分流指的是经过建立分流机制后，群众直接拨打协议单位电话，单独出动，119未接报未出动；间接分流指的是经119接报后转由协议单位单独出动且消防未出动；共同处置指的是经119接报后由消防和协议单位共同处置。

截至2022年12月31日，全省试点分流项目中，无需消防到场的分流形式（即直接分流和间接分流总和）占分流总数之比分别为94.77%、41.93%、98.40%、85.00%。南平支队实现4类警情100%分流；漳州、莆田支队实现电梯救援类警情100%分流，开门开锁类警情90%以上分流；宁德支队实现电梯救援、摘除蜂窝、蛇虫处置3类警情90%以上分流；厦门、龙岩支队分别实现蛇虫处置、电梯救援类警情90%以上分流。

5.2 建强救援分队，大力推动警情分流处置机制建设多元协同发展

各地根据辖区队站分布，按照区域联合、辖区协同的模式，明确在对外分流的同时，进一步调节分流。

5.2.1 完善分流工作保底工程

针对部分地区因社会力量缺乏、群众不愿接受有偿服务等因素导致警情对外分流受阻的情况，福建总队从内部调节分流着手，指导各地挑选出警量较少的国家队站或专职队伍，组建不少于3支站级救援分队，辐射社会救助任务重的地区。

5.2.2 严格救援分队建设标准

对各地制定的救援分队建设实施方案逐一论证，指导规范队站选取、人员选拔、编组制定、岗位职责、装备配备、训练培训等建设环节。目前，全省累计组建站级救援分队120支，组建支队级救援分队3支，承担标准制定和示范示教任务。

5.2.3 不断提升履职能力

坚持“专业人干专业事”，制定试点分流项目处置流程，设置7个共同训练科目，确保处置规范。建立社会救助专业培养机制，采取“走出去、请进来”的方式，与96196电梯应急救援指挥中心、特种设备厂家、民间救援队等共搭学习交流平台，不断提高专业化水平。

5.3 完善制度体系，进一步防范警情分流后的风险隐患

5.3.1 签订协议建章立制

各地秉承“平等自愿、协同发展”的原则，通过政府发文、联合会签、单位发函、签订协议等形式，与通过评估的协议单位共建警情分流工作机制，明确双方的职责义务，细化分流范围、响应方式、处置机制和处置时限，确保群众求助及时解决。工作开展以来，各地共通过政府发文1份，联合会签文件6份，签订协议61份。

5.3.2 强化法律层面保障

各类联动救援等协议需由法律顾问审核，从法律层面提高对协议双方履行合约的约束力。指导提供有偿救援的协议单位根据物价部门指导意见合理定价，并进行价格公示。各级指挥中心严格落实警情回访跟踪、兜底救援等长效机制，全力规避在处置社会救助警情时出现人身安全风险、民众纠纷和舆情风险。

5.3.3 强化作战安全制度保障

严格社会救助行动安全处置程序，制定完善社会救助类

型预案和作战训练安全提示，定期与协议单位共同开展安全教育学习培训。指挥中心通过实地检查、协同出动等方式，检查协议单位分流服务、现场防护、安全教育等工作落实情况，确保救援行动安全。

6 小结

经过近一年的思考与实践，全省消防救援队伍社会救助警情分流工作取得一些成效。下一步，我们将从提升协议单位服务质效、健全相关保障机制、加强社会宣传引导等方面着手，争取群众的理解和支持，逐步形成社会共识，同步提升服务群众的能力和水平，促进社会救助警情分流工作的可持续发展。

参考文献

[1] 李斐．试论消防社会救助及其法律规制原则［J］．学理论，2010（28）：124-125.

[2] 董凡超．深化改革思路探索科学有效分流警情［N］．法治日报，2022-09-22（006）.

[3] 裴培华．综合性消防救援队伍与多种形式消防队伍联勤联动研究［J］．消防界（电子版），2021，7（02）：50-51.

浅析天津轨道交通建设消防安全管理的问题及对策

姜清悦

（天津市消防救援总队轨道交通支队，天津）

摘　要　轨道交通作为现代城市不可或缺的交通工具，在市民的生活中发挥着越来越重要的作用，其建设工地分布面广、施工单位多、职工宿舍多、社会关注度高，为火灾防控工作增添不小的压力。本文结合当前天津市轨道交通建设快速发展的实际，深入剖析了当前轨道交通建设消防安全管理的薄弱环节及其本质原因，并提出相应的防范措施及对策，从固化安全发展理念、建立逐级责任制、强化现场源头管理、优化培训教育、增强预案实践性、建设智慧工地等几个方面全面提升轨道交通建设消防安全管理水平，为护航天津市的轨道交通建设发展奠定基础。

关键词　轨道交通建设　消防管理　薄弱环节　提升对策

轨道交通建设事关市民出行的便利程度，近年来，天津市轨道交通建设进入了提速发展的快车道。当前天津市地铁4号线北段、7、8、11号线一期工程，以及8号线延伸线工程、11号线延伸线工程、B1、Z2、Z4线等多条地铁同步建设，预计到“十四五”末，天津市轨道交通通车里程将突破500km[1]。在造福广大市民便利出行的同时，由于地铁施工难度大，周期长，交叉施工多，人员流动快，对做好消防工作也提出了严峻的挑战。

1　轨道交通建设消防管理薄弱环节

1.1　各方管理责任不落实

施工现场涉及主体施工、盾构、设备安装、装修、信号、机电等众多专业，各队伍之间不同程度存在交叉作业、界限模糊、职责不清的现象，消防安全管理责任未细化分解落实到每个岗位、每名员工，导致在责任落实上无法打通最后一公里。特别是工程进入后期，总包施工任务基本完成，内装、设备安装、线路敷设等多支队伍交叉作业，公共区域管理混乱现象更为突出。总包负责人对自身应承担的消防安全责任不清楚，未与分包单位、承租单位签订消防安全责任，未对责任区域进行有效管理，且各级管理人员对火灾隐患问题责任意识不强、思想麻痹、管理松懈是安全事故最大的隐患。

1.2　应急处置程序不规范

轨道交通建设工地按照规定要求制定了火灾应急预案，建立了微型消防站，设置了相应的消防设施，预案中也明确火灾发生后，要按照一员五组的要求，建立组织、明确分工，开展自救。但是实际中，值班值守、培训演练等制度落实不到位，微型消防站人员未固定、职责不明确，同时站内装备器材无人维护，空气呼吸器、高压细水雾等灭火器材普遍存在缺压现象，甚至部分器材装备配备后未拆包装，微型消防站设置流于形式。此外，施工现场未根据施工进度及时设置临时消防用水、临时消防设施损坏等问题比较普遍，一旦发生火灾将无水可用。

1.3　防火检查流于形式

管理部门虽然制定了防火巡查检查、动火审批监护等消防安全制度，但制度落实多限于纸面。实际工作中防火管理漏洞较多，生活用电安全、电动车充电、施工区域吸烟、动火作业审批及现场监护、施工现场的消防设施巡查保养等问题亟需规范，且管理人员消防安全隐患自查自改能力不强，更有甚者管理人员宿舍与工人宿舍两套管理标准，存在“灯下黑”的现象。这些问题都应在日常防火巡查检查中发现并及时纠正，但在实际操作中未得到有效落实，埋下火灾隐患的萌芽。

1.4　临时建筑管理不到位

施工现场设置临时用房应满足防火、灭火和人员疏散的要求，应由总包单位派专业电工对临时用房或设施进行接电，根据用电量分级设置相适应的过载保护器。但在实际操作中，往往第一级保护器设置过大，在电水壶、电暖气等家用电器发生问题时不能起到保护作用。还有部分单位未将消防设施的应急电源设置在总断路器上端，且应急处置人员在断电时未综合考虑应急处置需要，致使其在断电时将所有电源一并切断，在火灾处置中无法保持将照明、消防泵、排烟机等电源的不间断供电，将造成更加恶劣的后果。

2 提升轨道交通建设工程消防安全管理对策

2.1 重塑安全发展理念，切实提高对消防工作的重视程度

生产安全与发展的摆位问题，在注重工期与效率的建设施工企业往往出现摇摆，正因如此更需要牢固树立“安全是最大的效益”的理念。火灾事故因其对人身和财产的高度危害性和易于传播性，其影响和危害往往大于其他生产安全事故。上海胶州路高层火灾、中央电视台新址火灾等在建工程火灾，造成了巨大的财产损失，既严重影响了企业的持续发展，也导致诸多个人，建设、施工、监理等多个单位和相关人员被追究刑事和行政法律责任。建设项目参与各方特别是施工单位应当高度重视火灾防控工作，切实提高对消防安全的重视程度。

2.2 建立符合施工现场特点的逐级消防责任制和岗位消防责任制

施工现场不同于建成投用建筑，不可以照搬一般单位消防管理的责任体系。一是应根据地铁施工的临时性、封闭性、流动性、复杂性等特点，建立健全总包、分包、施工队（组）逐级消防安全责任制和各岗位人员消防安全责任制[2]。二要明确逐级隐患排查机制。结合施工现场特点，分层级、分内容、分日常与专项，明确隐患巡查排查的重点部位、关键环节、排查制度。三是要强化责任的落实。注重责在目标的考评和考核的结果运用。四是要加强险情和事故管理，凡是发生险情和事故的，一律倒查责任，追根溯源、分析原因，查找制度的漏洞和缺陷，总结经验教训，制定针对性的整改和弥补措施。

2.3 加强施工现场建构筑物源头管理和重点管理

一是加强进场前现场设计的管理，从施工现场总平面布局、防火分隔、消防车道、安全疏散、临时水源、临时消防设施等方面、结合施工现场的特点和工程进度变化对现场的影响，统筹考虑防火和灭火的需要，避免先天隐患的出现。二是加强对火源、电源、危品源的“三源”管理。严格落实特殊工种持证上岗、动火作业审批监护等制度、三是科学设立吸烟区、设置烟头自熄烟缸（水槽），疏堵结合，有效控制吸烟致灾风险。四是加强对临时消防设施和消防器材的维护和管理、应随着施工进度的发展，及时调整现场的临时消防设施，保证消防器材和设施完好有效，一旦发生火灾争取灭早灭小。五是加强氧气瓶和乙炔气瓶的源头管理，从合格的供应商到合格的钢瓶，以及运输、存放和使用等环节，应严格按照制度落实管控，并培训相关人员，杜绝安全隐患。

2.4 优化教育培训内容和形式，提高防控火灾的能力和水平

一线工人是抵御火灾的第一道防线，轨道交通建设单位应从实战出发，对各岗位员工进行消防技能培训，从实战出发，强化对一线工人应急预案熟悉、消防设施操作、火灾应急处置、火患排查整改等能力教育，提高第一时间处置能力。一是针对各层级人员的特点，分层级、分岗位、分工种开展警示性和体验式教育培训[3]。二是针对农民工理论化讲述效果差的实际，多开展情景教学和体验式实操训练，切实提高全员火灾预防、隐患识别、应急处置、逃生自救的能力和水平。三要针对工程施工难以全员集中培训的情况，对不能参加培训的现场作业人员、值班人员要建立补训机制。四是通过开展“无预案演练”检验培训效果。

2.5 提高应急预案的系统性、针对性和可操作性

一是制定预案前要自行开展风险评估，由一线施工人员和管理人员共同参与风险评估、识别风险源。二是结合施工现场人员情况、场地特点、消防设施器材情况制定现场“第一响应”应急预案，不求大而全，只求有效有用。三是要加强预案演练工作，争取分期分批全员参加，通过演练提高反应能力和应急技能。四是开展演练评估，总结问题和经验、实现预案动态管理。

2.6 人防与技防相结合，探索智慧安全工地建设

一是试行“保消合一”，将现场保安人员、专（兼）职消防员、其他住场人员整合组成日常和夜间值守力量，结合微型消防站的运行要求，明确防火巡查和应急处置职责，建立 24h 在位在线的“防消一体”机制。二是在无人值守、无人在岗的火灾危险场所安装无线火灾报警探测器，在容易出现电气故障的用电设备上端闸箱安装电气过载过流监控报警器等，采取技防手段实行早期预警，最大限度地发现早期火灾险情。三是整合现有和新安装火灾报警、电气预警、视频监控等设施设备，建立统一监控平台（手机 APP），并将平台监控职责赋予门岗（值班室）等 24h 在位人员和相应管理人，避免漏监漏控。四是借鉴施工单位已有安全管理的先进有效经验和技术及产品，探索“保消合一”，“治安、消防、安全合一”模式，探索建设安全智慧工地管理系统。

3 结束语

城市轨道建设关乎经济发展与民生，其施工现场分布面广、施工单位多、职工宿舍多、社会关注度高等特点，增添了火灾防控的压力。本文结合我市轨道交通建设工地现状，剖析当前的消防安全管理的薄弱环节并对症下药提出相应防范措施，为护航我市轨道交通建设的健康快速发展奠定基础。

参考文献

[1] 天津市人民政府. 新理念带来新思维　新思维激活新模式-天津地铁建设“加速快跑”［EB/OL］. https://www.tj.gov.cn/sy/tjxw/202211/t20221127_6043922.html, 2022-11-27.

[2] 天津市人民政府关于切实做好 2022 年市政府重点工作的通知 2022-11-27.

[3] 张朝晖. 基于层次分析法的医院消防安全评估［J］. 消防科学与技术，2014（33）：954-957.

[4] 冯皓婷. 浅析仓储物流场所防火设计与消防监督管理［J］. 科技与创新，2017（16）：122-123.

浅谈纺织类企业的消防安全检查要点和管理对策

王保朕

（山东省消防救援总队聊城支队，山东　聊城）

摘　要　从我国纺织类企业发展的时代背景，分析当前纺织业消防安全现状和火灾危险特点，并从消防安全技术标准入手逐条逐项开展消防安全监督检查，全面发现消防安全隐患，有效的消防监督管理模式既要从规划、公共消防设施建设和手续审批等源头上进行防范管控，又要从政府、部门、企业和个人着手，坚决落实消防安全责任制，做到疏堵结合、齐抓共管。

关键词　纺织企业　消防安全　监督检查　隐患治理

1　引言

近些年来，我国一直是世界上最大的纺织品生产国，纺织品产业的安全发展对我国多方面发展至关重要：保证我国外汇储备、国际收支平衡、人民币汇率稳定、解决社会就业等。纺织生产企业是涉及棉纺、麻纺、毛纺、丝绸加工以及化纤相关作业生产的企业。纺织生产的原料为天然或化学纤维，天然纤维主要有棉、丝、麻、毛，各种纤维细小，与空气接触表面积大，极易燃烧。棉、麻等原料等还有阴燃和自燃的特性。在加工过程中，不仅生产工序多，机械设备极其复杂，会排放大量的粉尘，而且作业过程中会产生电气火花或者摩擦静电起火，在一定条件下会发生纤维粉尘爆炸。并且纺织业在我国还是劳动密集程度较高的一种产业，一旦发生火灾，非常容易造成人员重大伤亡和财产损失。本文就纺织类企业消防安全检查要点进行分析总结，对此类企业的消防监督管理有指导意义。

2　纺织类企业的消防安全现状

2.1　总平面布局不合理

受历史原因，部分纺织类企业使用的厂房未经过统一的规划，没有合理的消防安全布局。数量庞大位于乡镇一级的中小型纺织类企业，大多数厂房与仓库及周边建筑之间没有保持合理的防火间距，一旦发生火灾非常容易造成重大的财产损失和人员伤亡。

2.2　先天性火灾隐患多

企业片面追求经营利润导致厂房的建筑构件普遍存在燃烧性能和耐火等级不达标，部分企业厂房采用彩钢板搭建，防火间距不足、消防给水和消防设施设置严重短缺、安全出口数量不足、工艺区域之间无有效防火分隔、长期经营未对电气线路进行有效检查都是较为常见的火灾隐患。还有一部分企业设备陈旧、故障频发，总体安全系数长期处于较低水平。

2.3　消防安全管理不到位

企业负责人疏于消防安全管理，未能落实消防安全责任制，即使有消防安全制度也流于形式，为节约经营成本，不能有效开展防火检查、巡查。大部分的从业人员没有经过系统的消防安全知识培训就上岗，消防安全基础不牢，整体消防安全意识淡薄。

3　纺织类企业的消防安全检查要点

纺织类企业按照《建筑防火通用规范》和《建筑设计防火规范》等规范要求一般以丙类厂房、库房为主，本文以丙类厂房、库房的消防要求要点为例进行分析。

3.1　总平面布局

3.1.1　消防车道

丙类厂房、库房的消防车道需满足相关规定，占地面积大于 $3000m^2$ 的单层和多层丙类厂房、占地面积大于 $1500m^2$ 的丙类仓库，建筑的两条长边应至少可保证消防车通行。通行消防车的道路应满足下列条件：车道的净空高度和净宽度应保证消防车安全和快速通行；转弯半径应保证车辆转弯的要求；道路应能承受消防车满载时的压力；道路坡度应保证消防车满载时可正常通行，同时不应大于10%；尽头式消防车通道大于40m时应设置回转场地。

3.1.2　防火间距

除特殊规定外，丙类厂房（仓库）的防火间距应满足表1和表2的要求，防火间距放宽的情况参照规范中的相关注释。因纺织类企业内设置甲类仓库的情形较少，丙类厂房（仓库）与甲类仓库的防火间距应符合规范相关规定。总体来看，丙类库房的火灾危险性大于厂房的火灾危险性，相同耐火等级的库房防火间距较厂房设计要求更严格。

表1　丙类厂房之间及与其他仓库和民用建筑等的防火间距　m

名称			甲类厂房	乙类厂房（仓库）			丙、丁、戊类厂房（仓库）				民用建筑				
			单、多层	单、多层		高层	单、多层			高层	裙房，单、多层			高层	
			一、二级	一、二级	二级	一、二级	一、二级	三级	四级	一、二级	一、二级	三级	四级	一类	二类
丙类厂房	单、多层	一、二级	12	10	12	13	10	12	14	13	10	12	14	20	15
		三级	14	12	14	15	12	14	16	15	12	14	16	25	20
		四级	16	14	16	17	14	16	18	17	14	16	18		
	高层	一、二级	13	13	15	13	13	15	17	13	13	15	17	20	15

表 2　丙类仓库与其他建筑的防火间距　m

名称			丙类仓库			
			单、多层			高层
			一、二级	三级	四级	一、二级
乙、丙、丁、戊类仓库	单、多层	一、二级	10	12	14	13
		三级	12	14	16	15
		四级	14	16	18	17
	高层	一、二级	13	15	17	13
民用建筑	裙房，单、多层	一、二级	10	12	14	13
		三级	12	14	16	15
		四级	14	16	18	17
	高层	一类	20	25	25	20
		二类	15	20	20	15

3.2　建筑耐火等级和防火分区

丙类厂房、库房的建筑层数和防火分区最大允许建筑面积如表 3、表 4 所示。

表 3　丙类厂房的层数和每个防火分区的最大允许建筑面积

生产的火灾危险性类别	厂房的耐火等级	最多允许层数	每个防火分区的最大允许建筑面积（m^2）			
			单层厂房	多层厂房	高层厂房	地下或半地下厂房（包括地下或半地下室）
丙	一级 二级 三级	不限 不限 2	不限 8000 3000	6000 4000 2000	3000 2000 —	500 500 —

表 4　丙 2 类仓库的层数和面积

储存物品的火灾危险性类别		危库的耐火等级	最多允许层数	每座仓库的最大允许占地面积和每个防火分区的最大允许建筑面积（m^2）						
				每座仓库	防火分区	每座仓库	防火分区	每座仓库	防火分区	地下或半地下仓库（包括地下或半地下室）
丙	1 项	一、二级 三级	5 1	4000 1200	1000 400	2800 —	700 —	— —	— —	150 —
	2 项	一、二级 三级	不限 3	6000 2100	1500 700	4800 1200	1200 400	4000 —	1000 —	300 —

3.3　安全疏散

丙类厂房的安全疏散的基本要求见表 5。

表 5　厂房内任一点至最近安全出口的直线距离　m

生产的火灾危险性类别	耐火等级	单层厂房	多层厂房	高层厂房	地下或半下厂房
丙	一级、二级	80	60	40	30
	三级	60	40	—	

3.4　消防设施的设置

3.4.1　灭火器

厂房和仓库内应配置灭火器，纺织类厂房和仓库危险等级为中危险级，类型选择应首选磷酸铵盐干粉灭火器或者水型灭火器，还可选择泡沫灭火器或卤代烷灭火器，手提式灭火器最大保护距离不应超过 20m，具体配置应经计算确定。

3.4.2　室外消火栓

厂区内应设置室外消火栓系统，并宜沿建筑周围均匀布置，设置数量应根据设计流量和保护半径确定，保护半径不应大于 150 米。

3.4.3　室内消火栓

建筑占地面积大于 3 百 m^2 的丙类厂房和仓库应设置室内消火栓；室内消火栓应采用公称直径 65mm 的室内消火栓，并应配置公称直径 65mm 的有内衬里的消防水带，水带长度不宜超过 25m；建筑内各层均应设置消火栓；室内消火栓的布置间距不应大于 30m，且应满足同一平面区域任一部位有 2 支消防水枪的 2 股充实的水柱同时达到；室内消火栓栓口动压力不应大于 0. 50MPε，且不应小于 0. 25MPa，消防水枪充实水柱应按 10m 计算；除特殊情况外，室内消火栓系统管网应布置成环状，且竖管管径应根据最低流量经计算确定，但不应小于公称直径 100mm。

3.4.4　自动喷水灭火系统

下列丙类厂房（仓库）应设置自动喷水灭火系统：高层丙类厂房和仓库；棉纺厂内不小于 5 万纱锭的开包和清花车间；每座占地大于 1 千 m^2 的棉、毛、毛皮、麻、化纤、丝及其制品仓库（单层且占地面积不大于 2 千 m^2 的棉花库房可不设置）；建筑面积大于 5 百 m^2 的地下或半地下丙类厂房和仓库。

3.4.5　火灾自动报警系统

每座占地大于 1 千 m^2 的棉、毛、毛皮、麻、化纤、丝及其制品仓库；设置机械排烟系统等需与火灾自动报警系统联锁启动的场所或部位。

3.4.6　排烟设施

丙类厂房或仓库内应采取排烟措施的场所或部位：建筑面积大于 $300m^2$ 的地上丙类生产场所；建筑面积大于 $100m^2$ 的地下、半地下丙类车间；建筑面积大于 $300m^2$ 的地上丙类仓库；长度大于 40m 的疏散走道，但当建筑高度大于 32m 时的长度大于 20m 的疏散走道。可燃物较多或经常有人停留且无直接对外的可开启窗户的房间或区域应采取更严格的排烟措施要求。

3.5　应急灯及疏散标志

丙类厂房、仓库的楼梯间、前室和疏散走道应设置疏散照明灯和指示标志，疏散标志间距及照度应满足要求。可燃材料仓库内不可使用卤钨灯等产生高温的照明灯具，尽量使用低温照明灯具，且应对灯具的发热部件等部位采取隔热等防火的措施，电器配电箱及其开关应在仓库外设置。

4 纺织类企业的消防监督管理对策

4.1 科学制定消防规划，完善公共消防设施建设

将消防工作纳入城乡整体工作规划实施势在必行，同时将消防安全布局、消防站、消防供水、消防车通道、消防装备等内容的消防规划纳入总体规划体系，制定消防专项规划，同步规划公共消防设施的建设，从而提高火灾防范处置能力。补齐乡镇级和工业园区消防供水系统建设工作，使供水管网能到达全部纺织企业厂区。加强乡镇政府专职消防队的建设，按照要求配足消防车和消防队员，并做好正常的执勤训练工作。对于新建的纺织企业的建设工程，相应的住建部门也要从源头上抓起，必须严格按照国家有关消防法律法规的要求，严把相关消防审批手续，坚决杜绝企业先天性隐患。

4.2 加强监督检查力度，丰富排查治理手段

消防救援机构应当对现有纺织企业的消防安全状况进行调研，根据实际情况制定具体的治理方案，对企业该补手续的督促补齐手续，该搬迁的督促进行搬迁，该整改的督促立刻开展整改，该关停的按要求进行关停。要充分发挥部门联动机制，对存在隐患的纺织企业开展联合执法，要利用一切措施对拒不整改的企业进行制裁和曝光，全力营造清剿火灾隐患的强力态势，让企业负责人充分认识到隐患必须要整改，蒙混不能过关。重大火灾隐患单位的治理可由政府或政府指定的牵头部门对存在消防安全隐患的企业督促落实整改，并将整改责任落实到个人，确保按期整改到位。

4.3 落实消防安全责任制，加大惩治消防违法行为力度

消防安全责任重于泰山，全面推行逐级消防安全责任制是做好消防工作的基础措施，层层签订消防安全责任书，责任到人，使企业消防工作有人做、有人管、有人问，时时刻刻提高警惕。各企业的负责人要树立消防安全出效益、花钱买平安的安全意识，在企业发展的同时，拿出专项资金来整改火灾隐患，完善消防设施。

消防救援机构要全方位的做好纺织企业的消防监督管理工作，将较大规模的纺织企业确定为消防安全重点单位，引导企业走上隐患自除、责任自负的消防管理轨道，严格落实消防安全检查日制度。同时要勤检查、常督促，对违法行为实行“零容忍”，逐项督促整改，决不姑息，决不手软。

4.4 规范用火用电制度，严格动火审批手续

从纺织企业发生的火灾原因来看，因用火用电、设备线路老化短路引起火灾事故的起数明显上升。所以要着重管理好火源、电源，对老化的电器线路及时进行整修。严格履行动火审批手续，因局部施工需要动火时，施工单位和使用单位必须共同采取措施，落实现场监护人和安全员，将施工区和使用区采取防火分隔措施，清除动火区域的易燃、可燃物，配置灭火器材，保证施工和使用范围内的消防安全。

4.5 加大社会宣传，指导企业开展消防培训教育

要因地制宜地利用各种新闻媒介强化对纺织企业消防安全知识宣传，引起社会各界对此类场所的关注，要强化对纺织企业从业人员的消防安全培训教育，提高员工扑救初期火灾的能力，从源头上提高纺织企业的消防安全质量。各企业也要通过设置固定或移动式宣传栏、举办消防安全知识讲座、开展防灭火救灾演练等方式，广泛开展消防安全宣传教育培训工作。

5 小结

纺织类企业消防安全管理是一项较为复杂的系统工程，要坚持疏堵结合，即从源头上加强监管防控，又要避免对已存在的消防安全隐患进行脱离具体实际的“一刀切”治理，要灵活把握法律法规的要点和特殊情况，做到地方经济发展和消防安全管理的双提升。

参考文献

[1] GB 50016—2014，建筑设计防火规范 [S].
[2] GB 50974—2014，消防给水及消火栓系统技术规范 [S].
[3] GB 51251—2017，建筑防烟排烟系统技术标准 [S].
[4] GB 55037—2022，建筑防火通用规范 [S].

天津市东丽区社区消防安全网格化管理存在问题和对策研究

刘云龙

（天津市东丽区消防救援支队，天津）

摘　要　党的二十大报告在“完善社会治理体系”中明确提出完善网格化管理。做好社区消防安全网格化管理工作，关乎着人民生命和财产安全，因此，完善和改进社区消防安全网格化管理，显得尤为重要。本文以天津市东丽区为研究对象，探究社区消防安全网格化管理存在的问题，分析产生问题的原因，并尝试提出相应的治理对策，提供可借鉴的经验。

关键词　社区　消防安全　网格化管理　对策

1 引言

天津市东丽区自2019年开始积极实施社区消防安全网格化管理模式，目前已取得较大成效。选取天津市东丽区为研究对象，对研究社区消防安全网格化管理具有一定的代表性和典型性。通过介绍其管理现状、查找存在问题，进而提出实用政策建议。

2 天津市东丽区社区消防安全网格化管理现状

东丽区消防安全网格化管理分为“大、中、小”三级，

下面介绍各网格管理现状。

2.1 大网格（东丽区各街道办事处）消防安全管理现状

大网格是指以街道为基本单位划分的消防安全管理单元。在东丽区，街道办事处会定期部署消防安全整治工作，组织开展消防安全检查，督促整改火灾隐患。在中网格的管理上，街道办事处会指导居委会开展群众性的消防工作，确定消防安全管理人，制定防火安全公约，根据需要建立志愿消防队或者微型消防站。街道网格化管理中心将消防安全管理纳入网格化管理平台，承担消防安全管理问题的受理、转办等职责。通过该平台，处于小网格内的网格员可以将发现的消防隐患上报并处置。

2.2 中网格（居民委员会）消防安全管理现状

中网格是以社区两委为基本单位划分的消防安全管理单元。在东丽区，社区居民委员会积极落实消防安全网格化管理要求，以社区 300 至 400 户为定量原则，在全区划分约 1147 个网格，实行一格一员，专职配备，建立了稳定的专职网格员队伍。居委会在落实大网格消防工作要求的基础上，定期组织对居民住宅进行防火安全检查，督促整改火灾隐患，发现不能立即消除的火灾隐患，及时向街道办事处报告。在对小网格的指导上，居委会负责明确消防网格员的具体职责和监管范围，做到社区监管无死角。

2.3 小网格（社区网格员）消防安全管理现状

社区网格员主要承担以下工作：一是开展消防安全巡查和安全检查，排查社区内的火灾隐患，并督促整改落实。二是针对网格内的居民等宣传教育；三是建立和管理辖区内基本信息台账。在社区消防安全网格化管理中，网格员工作事项主要分为三类，一是人口信息采集，二是隐患排查处置。网格员主要针对 6 大类事项 10 小类事项进行检查。消防隐患排查处置事项清单如表 1 所示。

表 1　消防隐患排查处置事项清单

序号	隐患排查类别	事项大类	事项小类	立案条件	结案条件	完成时限
1	城市管理问题巡查	公用设施	消防设施	无法正常使用	修复	5 个小时
2	公共安全问题巡查	消防器材	灭火器	灭火器未配备或被遮挡	整改完毕	3 个工作日
3			消火栓	埋压、圈占或遮挡消火栓	整改完毕	3 个工作日
4			手动报警器	损坏、圈占或遮挡的	整改完毕	3 个工作日
5		消防车道	消防车道	占用、堵塞消防车道	整改完毕	3 个工作日
6		疏散	疏散通道	遮挡、堵塞疏散通道	整改完毕	3 个工作日
7			安全出口	安全出口上锁、封堵	整改完毕	3 个工作日
8		火灾隐患排查	电动车违规充电	违规停放、充电，以及线路私拉乱接的	违规停放、充电线路私拉乱接清理完毕	3 个工作日
9		危险因素	“三合一”现象	建筑存在集生产、储存、经营与住宿为一体的“三合一”现象	整改完毕	3 个工作日
10			用火用电	违规用火用电	整改完毕	3 个工作日

3 天津市东丽区社区消防安全网格化管理存在的问题

天津市东丽区的网格化管理做法实现了网格化服务管理全覆盖，形成了“人在网格走、事在网格办、问题在网格化解、工作在网格落实”的基层治理新局面。笔者发现天津市东丽区社区消防安全网格化管理存在一些不容忽视的问题，主要如下：

3.1 政府构建管理网络不完善

网格员的工作为社区消防安全管理带来了便捷，但这种单一的管控主体，不能够将多方力量参与进来，这导致社区中的业主、物业服务企业、微型消防站人员等难以参与到网格化管理之中。各部门的主动性没有积极调动起来，网格化功能尚未有效发挥，沟通协调机制还需进一步完善。

3.2 社区投入管理力量不充足

社区投入管理力量不充足，主要体现在两方面。一是已有的社区网格员管理能力有待提升。二是除网格员外的其他管理主体人员数量偏少，网格员承担了绝大部分的管理工作。

3.3 消防宣传培训体系不健全

3.3.1 消防宣传教育在时间上的缺失

消防宣传是一项长期工作，需要循序渐进，点滴积累，而在当前东丽区消防安全网格化管理中，消防宣传教育缺乏经常性、连贯性，加之网格员数量有限，平时还要担负其他工作任务，消防宣传教育在时间上难以保证。

3.3.2 消防宣传培训在空间上的缺失

目前，东丽区街道、社区电子屏幕、宣传栏多见创文创卫工作宣传，消防安全的常态化普及宣传在空间上还存在一定的缺失。社区的消防宣传基本是靠网格员入户时完成，社区基本上没有消防宣传培训的固定阵地。

3.4 居民参与治理意愿不强烈

部分社区居民认为社区消防安全网格化管理应由政府和社区居委会来承担，居民只需要服从领导和安排就可以，居民参与消防安全网格化管理的积极性不高，也不了解参与管理的途径。

4 存在问题的原因分析

天津市东丽区消防安全网格化管理存在的问题原因是多方面的，主要表现为四个方面。

4.1 政府落实责任不全面

在社区消防安全网格化管理过程中，《天津市消防安全责任制规定》规定了区级人民政府和街道办事处等机关的消防工作责任[1]。然而在实际工作中，政府落实消防安全责任制不全面，体现在缺乏完善的责任监督考核机制。涉及天津市东丽区的消防安全责任制考核主要是天津市消防安全委员会对各区政府和区行业部门进行年度消防工作考核。考核形式是由各区政府自行上报考核自评报告和佐证材料，缺乏实地的查看和检查。

4.2 部门联动协同不到位

消防安全网格化管理过程纵向上是层级管理，横向上是按照各治理主体职责管理。由于职能部门、多元主体权力界限没有明晰，在社会消防安全网格化管理过程中往往出现各自为政的现象，彼此缺乏有效沟通和协助[2]。各区属部门、街道统筹推动消防安全网格化管理的合力不足，主动性不强。在责任分配上，职责的交叉使得分工不明确。例如，公安、消防部门、街道办事处都有针对社区消防宣传的职责，这种职责边界的交叉往往使得“人人应该管理”变成了“人人都不管理”。

4.3 社区培训机制不健全

社区网格员尽管接受过社区统一组织的培训，但仅限于基本的消防知识，缺少差异性。不同的社区本身存在不同的消防安全隐患，例如小区本身车位不足，则存在堵塞消防车道的现象较多；没有公共充电装置的小区往往存在电动自行车在楼道充电的现象，这些都需要对网格员进行有针对性的培训。

4.4 居民自治渠道不畅通

居民自治渠道不畅通的原因是在完善居民参与保障机制上存在不足。在天津市东丽区网格化管理过程中，沟通机制仅限于由上到下，并没有涵盖普通居民，而且社区并没有明确居民参与网格化管理的权力、时间、义务，这导致，上级部门很难将消防安全管理信息传递到居民之中，居民也无法反馈给上级部门，导致难以掌握和了解社区的实际情况。

5 加强社区消防安全网格化管理的对策

针对上述问题，笔者提出四方面政策建议，为提升管理水平提供思路。

5.1 完善消防治理多元共治网络

5.1.1 主体上多元共治

社区消防安全网格化管理的主体不能仅限于某一方成员，还需多方参与。建议由街道社区党支部委员会和社区居委会牵头召集多元治理力量，使其有效融入社区消防安全网格化管理的格局之中。多元共治是政府还政于民的过程，在这个过程中，社区激发了除政府外的自治力量，实现政府治理和社会自我调节、居民自治良性互动，激发居民动力，形成社区活力，有利于消防安全的长久发展[3]。

5.1.2 职能上细化责任

主体上多元共治必然要求明确各个治理主体的职能。各个治理主体对自身应当履行的消防安全职责和要求清晰明确，各司其责，权责对等。政府作为社会治理的核心之一，要做好政策引导和财政支持。相关部门则要对消防宣传和消防隐患排查提供专业指导意见。街道、居委会则要发挥属地管理作用，组织物业服务企业、社区网格员、消防志愿队伍、社区微型消防站等多方力量开展消防安全管理工作。

5.1.3 治理上构建网络

社会治理本身是政府与各治理主体互动的过程。在消防安全网格化管理中，这种互动过程的基础就是需要建立对社区消防安全管理的共同目标[4]。街道要召集各治理主体，建立以政府领导下的社区消防安全网格化管理格局，统筹协调各治理主体的消防安全网格化管理工作，重点加强各主体对于加强消防安全网格化管理的共同筹划和责任认领，从而带动本社区消防安全网格化管理的开展和落实。

5.2 提升消防安全社会治理能力

5.2.1 完善沟通协调机制

目前，天津市东丽区消防安全联席会议作为沟通协调机制，但参会的单位主要是政府各部门，缺少社区居委会这一层级的参与。因此，社区要建立和完善消防网格化管理联席会议机制。特别是要召集居民委员会、社区网格员、社区的物业服务企业、业主等参与，实体化运行联席会议，共同解决消防安全问题。

5.2.2 壮大消防志愿队伍

东丽区社区的居委会要发动热心居民、老党员等建立消防志愿服务队，结合创文工作走街入户，发动消防志愿队伍开展火灾隐患排查活动，筑牢横向到边、纵向到底的“群防群控”新格局[5]。志愿队伍可以弥补政府资源不足[6]，政府对消防志愿队伍的建设给予政策和财政方面给予支持，更好地让志愿服务队发挥自治的作用。

5.2.3 强化管理人员培训

社区以消防救援站、消防科普教育基地为平台，组织辖区网格员、物业服务企业以及业主进行消防大培训，特别是要根据不同类型的社区消防安全管理人员和所在辖区不同的火灾风险隐患，分别制定培训计划和培训重点，培养一支适应基层治理现代化要求的高素质网格员队伍。此外，还可以采用购买社会服务的方式，对社区网格员、物业管理人员进行消防设施操作员和消防安全检查员的培训[7]。

5.3 构建消防宣传创新特色模式

5.3.1 开展常态社区消防宣传

社区要将消防安全教育融入到各项社区活动之中，实现消防宣传与创文创卫工作同步对等推动，彻底解决社区只见创文创卫宣传，不见消防宣传的尴尬局面。同时，社区要制定宣传计划[8]，联合公安、消防等部门共同举办消防宣传讲座，组织开展疏散演练。

5.3.2 建立固定消防宣传阵地

建立固定消防宣传阵地的目的就以社区居民为中心，在社区居民身边开展消防宣传。

笔者建议建立消防文化主题社区或社区消防教育室，打造具有示范意义的固定消防宣传阵地。同时在社区设立消防宣传专栏，利用党群服务中心、保健站等场地开展“搭车教育”，普及消防安全知识。

5.3.3 强化宣传责任监督考核

建议将消防安全宣传工作活动、频次、覆盖率等内容纳入区属部门、街道、领导干部安全生产考核指标体系，适当加大分值占比，并将消防宣传内容纳入创建综治、文明社区、创文创卫等专项活动考评范畴，利用现有活动体系，加大消防宣传内容占比。

5.4 健全完善社区居民自治渠道

5.4.1 搭建居民自治渠道

社区要积极搭建居民参与社区消防安全网格化管理的渠道，目的就是鼓励社区的业主以及其他群众性组织积极参与到社区消防安全网格化的决策之中，解决居民“参与无门”的困境。社区要为社会力量参与消防安全网格化管理创造良好的制度环境[9]。这种渠道可以是居民代表会议，也可以是议事会。

5.4.2 提升居民自治意识

社区要引导居民强化自身参与社区消防安全网格化管理的意识[10]，要让社区居民真正感受到参与到管理之中能真正惠及自身，意识到社区消防安全关系着每一个社区居民的利益。网格员要积极宣传引导社区居民自治，扭转居民陈旧观念，倡导人人关注社区消防安全的理念，吸引社区居民参与到社区消防安全管理之中，着力解决社区居民反映强烈的消防安全隐患问题，提升居民对于良好社区消防安全水平的认同感，进而提升参与社区消防安全管理的热情[11]。

5.4.3 拓宽居民自治空间

居民参与自治一方面是由于自身主观原因诸如意愿等因素影响，另一方面，受自身参与能力和时间所限。社区要培养居民参与消防安全管理的能力，以便增加社区居民参与的“深度”[12]。通过建立微信群、QQ 群等增加网络参与渠道，扩展居民自治的平台，保证居民随时提出意见，社区也可以随时发布消防安全管理方面信息，打造实时共享的社区消防安全管理交流平台，破解了居民没有时间参与的难题，为基层消防管理提供更多渠道[13]。

总之，社区消防安全网格化管理是当前我国城市社区普遍的消防安全管理模式，着力解决消防安全网格化管理面临的现实问题，才能满足人民群众在消防安全方面日益增长的需求，提升社会治理水平。

参考文献

[1] 天津市消防安全责任制规定 [N]. 天津日报，2020-11-10 (007).

[2] 杨宗辉，田野. 网格化管理的再思考 [J]. 暨南学报，2017 (12): 27-32.

[3] 姜晓萍. 国家治理现代化进程中的社会治理体制创新 [J]. 中国行政管理，2014 (02): 24-28.

[4] 蒲新微，衡元元. 还权、赋能、归位：群众制度化参与社区治理之路 [J]. 南京社会科学，2021 (02): 68-73.

[5] 魏礼群. 创新社会治理案例选 (2017) [M]. 北京：中国言实出版社，2017.

[6] 罗峰等著. 社会的力量 城市社区治理中的志愿组织 [M]. 上海：上海人民出版社，2016.

[7] 唐皇凤. 新时代网格化管理的核心逻辑 [J]. 人民论坛，2020 (20): 17-19.

[8] 靳晓华，李晓艳. 如何健全城市消防安全的防控机制 [J]. 人民论坛，2018 (20): 100-101.

[9] 柳建文. 基层治理网格化的创新完善与未来走向 [J]. 国家治理，2020 (29): 16-21.

[10] 汪善翔. “网格化管理、组团式服务”模式的现实困境与深化路径——基于舟山市的调查分析 [J]. 地方治理研究，2016 (04): 11-20.

[11] 关玲永. 我国城市治理中公民参与研究 [M]. 长春：吉林大学出版社，2009.

[12] 人民论坛. 大国治理：国家治理体系和治理能力现代化 [M]. 北京：中国经济出版社，2014.

[13] 张平，吴子靖，李卓谦. 城市社区居民自治参与样态与引导策略研究 [J]. 辽宁大学学报（哲学社会科学版），2018，46 (04): 14-21.

关于建设基层消防治理体系的探索与思考

傅亮亮

（杭州市余杭区消防救援大队，浙江 杭州）

摘 要 乡镇（街道）消防安全治理是消防治理体系和治理能力现代化建设的重要组成部分，是提高人民群众消防安全幸福感、安全感的坚实保障。本文试着从基层消防治理现状着手，分析基层消防治理体系的薄弱环节，提出加强管理层面建设、消除社会面隐患、扩大基层力量、加大宣传力度等一系列有针对性的应对措施，探索建设基层消防治理体系。

关键词 消防 建设 基层治理体系 探索

党的二十大报告指出，要坚持以人民安全为宗旨，完善公共安全体系，推动公共安全治理模式向事前预防转型。乡镇（街道）消防安全治理是消防治理体系和治理能力现代化建设的重要组成部分，是提高人民群众消防安全幸福感、安全感的坚实保障。消防安全一直是公共安全中备受关注的板块，而作为消防安全板块之一的基层消防管理却是火灾防控工作的重心。因此，在试从某街道现状分析着手，提出街道基层消防治理的薄弱环节，提出针对性的应对措施，探索建设基层消防治理体系不仅具有理论意义，更具有实践方面的意义。

1 基层消防治理现状

作为构成杭州余杭区板块之一的某街道，位于杭州主城北部，余杭区东部，区域面积 110.2km^2，现有 20 个村、25 个社区，下辖 45 个村社、102 个住宅小区、4 个工业园区、496 家工业企业以及 1 个大型农副产品物流中心，户籍人口 15 余万，实有人口 50 余万。近年来，随着城市化进程不断加快，城市框架不断拉大，该街道已成为要素高度集聚、多元复杂交汇的系统，存量风险和新增风险不断冲击城市运行安全。根据现状可知该街道的基层防火点多线长面宽，结合现有的乡镇消防力量、消防监管执法宣传力度远远不够，因此需要客观分析该街道的消防安全基层力量，打开消防安全治理“第一步”，为健全消防治理体系、补齐火灾防控短板打下坚实基础，并在此基础上就基层消防安全综合治理体系的建设进行探索与思考。

2 基层消防治理薄弱环节分析

2.1 组织管理层面

一是管理体制有待完善。一方面因为部分街道分管领导身兼疫情防控、安全生产等多项职务，工作重心无法有效放在消防工作上；另一方面是基层消防与领导层面无法实现较好联动的问题。二是消防责任落实不够。近年来街道领导已大幅提高消防安全工作的重视程度，加强消防经费投入、组织、制度等多个环节的建设，但基层消防责任仍有待提高，尤其针对村社这类基层组织。其在安全检查、消防监督及群防群治等方面均有待提高。其中村社的部分人员存在未重视消防安全问题，未将消防安全责任落到实处，未能起到实质性作用。

2.2 动态及历史遗留隐患层面

近年来，火灾事故频发，其中不乏具有影响力的火灾事故，各级政府不断吸取经验教训，统筹火灾防控工作，采取常态化治理和专项整治相结合的方式，开展隐患治理，其中也取得了显著成效。但是对于历史遗留隐患以及隐患整治再反弹的现象难以破解。这些现象主要集中在老旧小区、村民自建房、工业企业及高层建筑。一是老旧小区隐患问题。对于建成时间久、使用时间长的老旧小区，普遍会存在消防设施陈旧、缺失，电气线路老化，登高场地缺失等问题，这些问题极其容易引起电气火灾，又大大增大扑救难度。二是村民自建房隐患问题。对于既自住又出租、人员密集的村民自建房，电动自行车违规充电停放，门窗上安装防盗窗的现象较为普遍，这都会对疏散造成影响。三是工业企业隐患问题。对于工业企业，“厂中厂”中租赁双方消防安全责任不明确，消防安全管理混乱，违章搭建、占用消防车道和防火间距的现象较多，此外部分企业货物存量大，大大增加了火灾负荷。四是高层建筑隐患问题。对于基数高达716幢的高层建筑，大部分会存在消控室无人值班、物业管理缺位、疏散通道占用等问题。

2.3 基层力量层面

目前各镇街普遍存在基层力量不足或者基层力量不专不强的问题。从而导致仅凭街道及村社的工作人员不能更好更全面地展开消防安全工作，因此2022年该街道共计投入资金3000余万元，建设了5个区域站及43个微型站，以此加强基层消防力量。然而组建了专职消防队，却会存在人员招不来、留不住、管不好，甚至还兼职其他工作，训练时间难以保证，队伍战斗力弱等问题。这都导致镇街不能更好的组建基层力量队伍，并将其百分百纳入到消防工作中。

2.4 消防宣传层面

长久以来，大家都将消防的重心放在了执法上，忽略了宣传的重要性，从而导致各镇街均会存在消防宣传力度不够且消防安全培训及宣传难以做到全面覆盖的问题。这些问题在一定程度上会导致群众消防安全意识淡薄，用电用火安全意识淡薄，不重视私拉乱接、乱堆烟头带来的潜在危险，不在意日常生活中可能引发火灾的易燃物的存放。对宣传的忽视也使得宣传的力量薄弱，无论是人员还是经费都存在很多不足。虽然各地群众消防意识均不高，但三类人群的消防安全意识尤为薄弱，主要为动火作业人员、独居老人以及外来务工人员。此外针对部分特殊场所也需加强消防安全宣传力度，例如老旧小区、沿街商铺、“九小场所”、出租屋、群租房、偏远农村等场所。宣传培训也不能仅针对于普通人民群众，也需要加强消防工作者的消防意识。

3 基层消防治理体系建设对策

3.1 不断加强管理层面建设

针对组织管理层面问题，街道需要不断加强管理层面的建设。一是可按照“1+2+X”架构的要求，成立由党工委、办事处主要领导任双组长，由政法副书记任常务副组长，各分管领导任副组长的应急消防管理体系，同时可结合街道实际情况，增设专职副组长，由分管消防的党工委委员协助街道副书记专职抓好消防安全工作，有效弥补街道领导事务繁杂的不足。二是在进行基层消防安全排查与治理时充分利用村社这一群体的力量，增强这一部分人员消防安全的重视程度，并利用这一力量深入检查，弥补检查人员难以深入村社进行细致监督检查的漏洞。三是将消防安全工作纳入对村社的考评，从“完善村社网格员队伍”、“开展消防安全大检查大整治”、“完善预警发布”、“提升应急处突能力”等多个方面进行量化赋分，每月考核晾晒，形成比学赶超良好氛围，并切实将基层工作落于实处，不断完善基层消防治理管理体系。同时街道也需要在此基础上认真总结经验，不断优化组织层面的工作机制，及时调整充实每个村社每个人的职责范围，加强对村社的督导和考核，切实发挥好管理层面在消防工作中的领导性作用。

3.2 不断消除社会面隐患

街道可以通过多重手段增强对动态及历史遗留隐患的关注度及投入度。一是开展且持续开展聘请第三方消防机构进行全面排查工作。据悉某街道在2022年投入资金共计139万元，用于聘请第三方服务机构对工业企业、住宅小区、物流市场等存在的消防安全隐患的场所进行全面排查。二是用铁腕手段进行隐患整治，集中力量消除隐患。三是充分发挥区域站队员的力量，不断对各种场所进行排摸整改。据悉某街道区域站自2022年10月份成立以来，共检查单位场所5915家，发现安全隐患6167条、违规动火78起、电动车违规充电336起。四是加强数字化防控措施，应用科技化手段进行统一化管理及防控，并不断推广“隐患随手拍”和消防自主管理平台，形成群防群治的良好氛围。

3.3 不断扩大基层力量

健全和完善基层消防组织，扩大基层力量，是增强基层治理体系和治理能力现代化的重要组成部分。街道需要不断扩大基层力量，并使其更好地进行消防工作。一是街道可健全区域消防站的日常训练、检查、宣传、灭火救援等工作机制，并适当与消防中队开展联勤联战联训，加强区域站队员专业素养与救援能力，切实提升战斗力，最大限度发挥区域消防站的作用。二是完善“网格化”管理，定期开展训练、培训和拉动，增强这一群体的应急处理、消防隐患的发现和初期火灾扑救等方面的能力，充分发挥其作用。三是强联动和执法，融合派出所、消防大队等多股力量，每周开展联合日常检查，整治沿街店铺“三合一”、出租私房、足浴店、KTV等场所的消防安全隐患。

3.4 不断加大宣传力度

针对消防宣传力度不够的问题，街道需要建立多样化的宣传机制，增强宣传的趣味性，落实宣传防范的主体职责，在重要的节假日等进行有针对性的宣传。一是街道可将消防宣传短片植入所有高层电梯的广告显示屏内，不间断地循环播放宣传短片；二是开展体验式宣传，定期组织开展电动车充电起火灭火实验、消防逃生演习等活动，让每名群众都能够切实感受火灾的危险性。三是充分发挥区域消防站专职人员的作用，以一个区域站每月宣传 80 至 100 户的目标推进此项宣传工作，争取早日实现全覆盖。四是街道除了需要加大消防宣传力度外，也需要特别针对动火作业人员、独居老人以及外来务工人员等进行宣传。当然破解消防宣传力度不够的难题并不是一蹴而就的，不仅需要从细小处不断渗透，在潜移默化中提高群众的自救能力以及消防安全意识；还需要增强宣传可视性，利用各类有代表性的火灾事故案例，制作警示教育片和火灾情况复盘演示动画，以案警示。

4 小结

消防工作是一个社会化集体性的工作，不能一蹴而就，也不是仅靠一个部门或者一群人的力量就能做好，不仅需要我们警钟长鸣、常抓不懈，时刻保持头脑清醒；也需要政府统一领导、部门依法监管、公民积极参与，不断整合社会资源，从多方面多角度入手，不断提升基层消防治理体系和治理能力，建立健全基层消防治理体系。

参考文献

[1] 王三明．“关于基层消防安全综合治理体系建设的探索与思考”．今日消防 8.01（2023）：52-54+66.

[2] 朱陵权．“基层消防治理体系和治理能力现状与优化改进探析——以镇江市润州区为例”．中国应急救援 .03（2022）：66-69.

浅谈对“双随机、一公开”消防监管工作的几点认识

赵文陈

（聊城市茌平区消防救援大队，山东 聊城）

摘　要　随着社会发展的进步，社会各界逐渐意识到消防安全的重要性，而“双随机、一公开”消防监管的应用，是消防监管模式的重大创新。同时，不断展开消防监管模式的应用探究，对于加强新形势下消防安全治理具有重要的作用。本文从“双随机、一公开”消防监管模式存在的问题及产生问题的原因展开分析，尝试提出进一步完善加强消防监管的建议。

关键词　消防监督　执法机制　双随机、一公开

1 引言

党的十八大以来，全国各级消防部门认真贯彻安全发展理念，不管完善消防安全治理体系，为保护人民生命财产安全，维护社会稳定发挥了重要作用。根据中共中央办公厅、国务院办公厅《关于深化消防执法改革的意见》（以下简称《意见》），全国消防救援机构自 2019 年 10 月起全面施行“双随机、一公开”消防监督管理工作。从当前来看，“双随机、一公开”监督管理模式在全国范围内得到了全面的实施，取得了良好的效果，但在实施过程中也暴露出一些问题。

2 “双随机、一公开”消防监管的意义

2.1 “双随机、一公开”监管是深化执法改革的重要内容

党中央、国务院高度重视消防工作，做出一系列重大决策部署，推动消防工作取得显著进步。特别是《意见》的出台，明确了消防在加强事中事后监管方面，实行“双随机、一公开”监管，有力地推动消防执法理念、制度、作风全方位深层次变革，对于构建科学合理、规范高效、公正公开的消防监督管理体系具有非常重要的意义。因此，实行“双随机、一公开”监管是深化消防执法改革的重要内容。

2.2 “双随机、一公开”监管是执法正规化建设的重要抓手

加强消防监督执法规范化建设是践行习近平总书记法治思想的重要举措，也是做好新形势下消防工作的迫切需要。当前人民群众的法治意识不断提高，维权意识不断增强，特别是执法方面的问题一直是人们关注的重点。“双随机、一公开”消防监管模式的实行，让执法对象、执法部门和执法人员处于随机的待定和变换状态当中，在一定程度上，切实解决之前传统执法存在的“选择性执法”和“随意执法”的问题，对规范消防监督执法行为具有重要意义。

2.3 “双随机、一公开”监管是消防监管模式的重要创新

多年来，消防监督执法已经形成了划片执法的监管理念，执法人员同辖区内的社会单位不可避免地会成为“熟人”，使得选择性执法、人情执法的发生系数加大，不利于执法的公正公平，同时在一定程度上影响了消防救援队伍的廉政形象。“双随机、一公开”监管是消防监管理念和监管模式的重大创新，有利于解决执法对象和执法人员之间的矛盾问题，营造良好的营商环境。也有利于保障基层执法人员依法履职尽责，尽职照单免责。同时加强事中事后监管，对社会单位形成威慑，也促使社会单位全面落实消防安全主体责任，更好地提升消防管理效能。

3 “双随机、一公开”监管存在的问题

3.1 检查对象名录库匮乏及信息不准确

经调研，大部分基层执法大队“双随机、一公开”消防监督系统的检查对象名录库内单位信息多则几千条，少则仅有几百条，数量同辖区内的单位体量差距较大。这些数据主要是从原消防监督管理系统直接同步过来的，加之部分单位由市场监督管理部门提供的工商营业执照注册单位信息，还有就是由公安派出所或者是乡镇（街道）政府排查上报来的企业信息数据。这些数据总体存在覆盖面较少、数据更新不及时、单位信息错误等问题。随着社会经济的快速发展，新

旧单位更替变化太快，特别近两年来疫情原因，关停单位较多，消防救援机构因人员及精力有限也无法对单位情况逐一进行核实，从而导致无法正常开展检查的情况较多，检查工作较为被动，严重影响了抽查的质效。

3.2 监督抽查比例、频次设置存在漏洞

根据相关文件要求，"双随机、一公开"消防监督抽查任务设置，各地可以根据辖区的社会单位情况、执法人员情况，结合监管重点、风险点、行业领域特点，制定本辖区监督抽查计划，这样就会存在各地设定抽查比例、频次不同。同时抽查比例要求，对属于人员密集场所的消防安全重点单位每年抽查率为100%，其余单位是支队、大队自行设定抽查比例。这样就会存在抽查比例安排不合理、重点单位的抽查设计不科学等多方面的问题，导致在具体抽查工作开展中有抽查漏洞的存在。按照消防监督员每人每月分配任务数量10家单位来算，每个大队每个月抽查数量也就是几十家，很多单位可能就会存在多年内都不被抽查到的情况。同时，从发生火灾情况来看，重点单位发生火灾的起数较低，反倒是一些城乡结合部、住宅小区及"九小场所"亡人事故频发，加之抽查中的"真空"现象存在，导致抽查效果不能有效地实现。

3.3 同部门联合"双随机、一公开"监管抽查存在重复检查的情况

根据山东省政府《关于在市场监管领域全面推行部门联合"双随机、一公开"监管的实施意见》要求，自2020年起，消防也正式纳入山东省部门联合"双随机、一公开"监管抽查计划，因此消防部门现有两个随机执法系统平台。当前消防监督系统是消防救援机构内部独立运行的一个执法系统，同市场监管领域的"双随机、一公开"监管系统没有任何联系，同时在实际检查过程中，各部门之间也没有建立相应信息共享机制，从而导致同一个单位被重复检查的情况经常出现，未能有效体现放管服的服务理念。

3.4 随机抽取单位分布不合理，影响执法效率

"双随机、一公开"监管系统实现了执法人员、社会单位的随机选择、随机搭配，那么被抽到的社会单位就会存在相距较远、分布较为分散的问题。因此，就会出现同一地点的几家单位分别由不同的消防监督员抽中，或者是同一消防监督员抽到的社会单位相距较远的情况。特别是针对部分行政区域跨度较大的地区，路途时间较长，执法工作效率受影响。

3.5 基层监督执法力量薄弱

基层监督执法队伍作为消防执法工作开展的一线，执法队伍建设情况是做好消防监督工作的基础。一方面，基层消防救援大队缺少充足的执法力量已是一个普遍性的问题，大部分的大队有3名左右的监督执法干部，一些偏远大队除去大队主官甚至只有1名执法人员，这样人员随机选派就没有太大的意义；另一方面，执法人员的综合执法水平也是保障良好的执法效果的基础。目前从事消防监督执法的人员很多都是从事灭火岗位的干部调整而来，参与监督执法时间较短，加上缺少系统化的业务培训学习，执法水平主要是通过长期执法经验的积累，造成执法人员业务素质参差不齐，发现违法行为能力、监督检查能力有待进一步提升。

4 加强消防监督的几点建议

4.1 实现部门数据共享，完善检查对象名录库

在应用"双随机、一公开"消防监督模式的过程中，只有不断扩大双随机单位库，才能有效增强监管的力度，实现消防监督工作的目标。应该推进双随机的单位系统库同市场监管、行政审批、公安、民政、卫健、教育等各相关行业主管部门的单位库进行对接，实现各行业主管部门单位信息库与"双随机、一公开"单位信息库之间的数据共享和同步更新。打通各部门之间的数据壁垒，依托部门联合双随机一公开系统，构建统一的数据格式，进一步优化消防监督管理系统内的单位信息，特别是将地理坐标、地理情况、固定资产、单位传真等无用信息进行删除，使消防救援部门对检查对象名录单位掌握更加全面和精准。

4.2 规范随机任务生成，推动同专项行动相结合

要结合辖区内的风险点、行业领域等特点确定监管重点，制定抽查计划，合理确定抽查比例，既要保证必要的抽查覆盖面，也要避免出现重复检查的情况。适时调整或者是取消消防安全重点单位的界定标准，逐步减少、取消仅依靠检查单位数设定抽查计划的情况，有效发挥系统内"红、黄、绿"风险预警作用，针对不同风险程度，合理确定、动态调整抽查比例和检查对象被抽查概率。同时，针对火灾多发频发的行业和领域，适时开展集中专项整治，对消防隐患突出、风险较高的单位，实施重点监管，将有限的消防监督执法力量精准投放到火灾发生概率最大的单位中去。

4.3 加强信息公示公开，增强信用监管作用

"双随机、一公开"里面的"一公开"，是指消防救援机构向社会公开监督抽查信息，包括抽取单位的范围、比例、数量及具体单位名称、检查与查处结果。消防救援机构应该通过多种方式的数据信息平台，将每次监督检查之前及监督检查后的结果和查处情况等全面及时主动地公开。建立多渠道公示结果查询途径，使受众群体能够及时掌握相关信息。同时加强检查结果的运用，将检查结果同信用平台进行对接，纳入多部门联合惩戒的范围，建立信用联合惩戒的实施、响应和反馈协同机制，进一步强化信用联合惩戒力度，增加消防违法的成本，真正实现"一处失信，处处受限"的目标，这样才能更好地起到良好的震慑、警示作用，达到社会单位主动落实消防安全主体责任的目的。

4.4 完善人才培养机制，提升执法人员的综合能力

执法人员的综合执法能力，直接影响"双随机、一公开"抽查的效能，同时一定程度上也影响消防救援队伍的良好形象。想要稳步提升消防监督执法人员的工作水平和效率，一是要提高执法人员的理论水平，建立学习机制，每周至少确定半天时间组织人员进行理论学习，同时定期开展理论考试，将考试成绩纳入消防监督员绩效考评。二是提高执法人员的实操能力，针对大型综合体、化工企业、人员密集场所等分类别适时组织消防监督员开展消防监督检查实操学习培训，切实提高消防监督员的检查能力。三是要深化岗位大练兵活动，定期组织开展监督执法比武活动，在队伍内部形成比学赶帮超的学习氛围。

4.5 拓宽消防宣传渠道，提升公众认可程度

消防监督执法是一项系统工作，离不开良好的执法氛围和社会环境。加强消防宣传工作，提升人民群众对消防工作的认识程度尤为重要。要提请政府、司法、党校等部门将消防法律法规纳入普法及党政培训的重要内容，提高公共消防管理水平。同时将消防宣传作为监督执法的一部分，边执法边宣传，让社会单位明确自身应该履行的消防安全责任，清楚违反消防法律法规应付出的代价。要广泛运用网络、微信

等宣传媒介，提高人民群众的消防安全素质。切实通过宣传提高责任意识，通过宣传促进隐患整改，通过宣传引导自觉守法，努力营造良好的消防执法氛围。

4.6 积极探索委托执法，拓宽监管模式

近年来，全国各地大力推进基层消防力量建设，积极破解镇街火灾防控短板取得了一定的成效。特别是山东省消防救援总队联合10部门印发了《关于加强基层消防力量建设和火灾防控工作的实施意见》，推动全省所有镇街全部建立消防安全委员会，聊城市消防救援支队在全市所有乡镇均挂牌成立了消防所，构建基层火灾防控治理新模式。在此基础上，可以探索将部分消防监督执法权委托给乡镇街道政府的消防所，这样不仅能够让基层政府整治消防安全违法行为有了抓手，同时也有效解决了基层消防救援大队执法人员不足的问题。推广专家查隐患的政府购买服务的监管模式，发挥各领域专家作用，使消防技术服务机构参与社会消防监督管理，切实理清单位存在的消防安全隐患，也能提升监督执法工作的质量和效果。

5 小结

消防救援机构作为与人们生活息息相关的重要执法部门，不断提升消防执法的质效，对于维护社会的稳定具有非常重要的意义。为了加强消防监督的效果，“双随机、一公开”消防监管模式应运而生，但是在具体应用的过程中还存在一些问题，需要进一步的研究完善，以致发挥最大的作用。

参考文献

[1] 李京，雷晓燕．“双随机、一公开”消防监管模式面临的困境及对策［J］．武警学院学报，2020，36（4）：21-24.

[2] 杨军伟．浅谈当前“双随机、一公开”新监管模式下如何理解和抓好消防安全专项治理工作［J］．今日消防，2019，4（10）：54-55、60.

[3] 范辉．“互联网+”消防技术服务监管模式研究与应用［J］．今日消防，2020，5（2）：11-13.

[4] 汪大光．浅议如何做好“双随机、一公开”监管模式下的消防监督管理和执法服务［J］．建材发展导向（下），2021，19（3）：134-135.

[5] 房芳．对加强新形势下“双随机、一公开”消防监管工作有关问题的思考［J］．消防界，2021，(01)：79-80.

[6] 王燚．关于“双随机、一公开”消防监督管理模式的探讨［J］．消防界，2022，(04)：91-92.

[7] 陈伟．大数据背景下的“双随机、一公开”消防精准监管新模式［J］．今日消防，2020，(11)：68-069.

消防救援机构公职律师制度的探索与思考

窦中阳[1]　杜卫果[2]

（1. 中国救援河北机动专业支队　石家庄；2. 河北省消防救援总队　石家庄）

摘　要　随着国家机构改革的持续推进，消防救援机构改革转制的进程随之加快。当前，消防救援机构对法律工作的需求凸显，法律事务不仅涉及行政执法、应诉等环节，更是渗透到合同的审查、争议处理、廉政监察、应急救援等多个领域。在消防救援机构内设立公职律师，在日常管理中提供全方位、全过程法律支持，有利于推进消防治理体系和治理能力现代化。

关键词　消防救援机构　公职律师　法律顾问　公职律师制度

1 推行消防救援机构公职律师制度的大背景

1.1 国家相关政策

2016年6月，中共中央办公厅、国务院办公厅印发《关于推行法律顾问制度和公职律师、公司律师制度的意见》，要求：在中央和国家机关各部委，县级以上地方各级党政机关全面设立公职律师、法律顾问，到2020年全面形成与经济社会发展和法律服务需求相适应的中国特色公职律师制度体系。2018年12月，司法部第三十九次部长办公会议审议通过并颁布了《公职律师管理办法》自2019年1月1日施行，为规范公职律师制度建设提供了法定依据。2021年，中共中央印发《法治中国建设规划（2020—2025年）》，明确要求加强公职律师队伍在重大行政决策中的作用。截止2022年底，公职律师工作在各地各部门普遍开展，中国证监会、公安部、交通运输部等单位已经形成了数量近9.4万人的业务精良且素质过硬的公职律师队伍。

根据《公职律师管理办法》等相关规定，公职律师具有以下特征：一是具备双重身份，公职律师应当在所供职单位与普通公职人员同等享受国家公务员待遇，其薪酬福利应严格按照政府财政标准发放，受《公务员法》的约束，因为其特殊身份，同时应接受《律师法》的调整和规范。二是要遵守《公职律师管理办法》，不得在供职机关单位以外的法律机构兼职，不能参与办理有偿性法律业务。三是要接受所在机关单位及司法行政机关的双重监管，同时作为律师协会会员，公职律师还应当履行律师行业自律组织的日常职责，会同多方管理主体完成业务考评及培训工作。

1.2 消防改革转制

2018年10月，根据中共中央《深化党和国家机构改革方案》，公安消防部队（武警消防部队）、武警森林部队退出现役，成建制划归应急管理部，组建国家综合性消防救援队伍，现役编制全部转为行政编制，承担灭火救援和其他应急救援工作。消防救援队伍由原来的现役体制向更加专业化、职业化、现代化的综合应急救援主力军和国家队方向发展，以满足各种复杂的特殊灾害救援需要，这是我国消防救援事业发展与国际接轨的总趋势。对标应急救援主力军和国家队职能定位，着眼“全灾种、大应急”任务需要，消防救援机构的

法律事务不仅涉及行政执法、应诉等环节，更是渗透到合同的审查、争议处理、廉政监察、应急救援等多个领域，加之消防救援人员不再拥有“现役军人”的光环，工作中存在的法律风险不断增加。改制后，各级消防救援机构拥有独立的组织机构代码，属于一级行政主体，按照《公职律师管理办法》规定，已通过“国家统一法律职业资格考试”，符合申请条件的消防救援人员可以申请担任本单位的公职律师。

2 消防救援机构法律事务管理现状与问题分析

目前，消防救援机构法律事务管理以消防救援机构法制工作人员承担为主，聘请法律顾问提供咨询服务等为辅。

2.1 聘请律师作为法律顾问提供法律咨询和诉讼服务

这种模式的主要优点在于受聘成为法律顾问的社会律师法律专业能力较强、实践经验较丰富，对行政诉讼、合同审查等工作可以较好地完成。但这种模式也有很多缺点：一是法律顾问的服务具有强烈的外部性，律师接触消防机构救援体制内部行政事项少，做不到像消防救援人员一样全程参与机构内部管理，对于一些涉密内容的业务更是难以参与，导致很难及时发现消防救援工作日常运行中产生的法律风险。二是法律顾问的任期都具有时效，一个律师可能受雇于多家单位，参与消防救援机构法律事务时间有限，仅是依照合同约定处理特定事项，工作阶段性特征突出，无法在较长时间持续为消防救援机构提供全方位的系统性服务。三是法律顾问的介入多是在问题产生之后，重在解决处理已发生的问题，难以实现法律在消防救援机构工作中的指引、预测和教育作用。四是社会律师一般不具有消防从业经历，消防专业知识欠缺，面对专业性很强的应急救援、社会救助、火灾调查、消防监督等问题，难以准确客观地做出准确评价，处理工作具有很大的局限性。四是法律顾问道德参差不齐，其中不乏有些道德低下者为了多赚取消防救援机构的代理费，而故意煽动诱导各类诉讼的发生，不利于消防救援机构与行政相对人和谐关系的构建。

2.2 消防救援机构法制工作人员承担本单位法律事务

消防救援机构的法制工作是一项基础性、综合性、全局性的工作，需有一支强有力的法制队伍去实施和推进。由于体制、编制等诸多因素，消防法制队伍建设仍存在很多问题，法制岗位编制不足、人员素质不高等问题已成为制约当前消防法制工作发展的瓶颈。

2.2.1 法制岗位编制数量不足

改革转隶后，法工部门所承担的工作职责由原来单纯的法制岗位职责，拓展到了目前的消防技术服务机构管理、消防事业规划及城乡消防专项规划编制、消防立法、执法考评、执法监督等内容。在职责大幅增加的同时，岗位编制却缩减不少。如，河北消防救援总队，目前全省专职法制人员仅有 21 人。在承担法制与社会消防工作职责任务的同时，法制人员还要承担大量事务性日常工作，实际工作中经常出现法制本职工作时间被挤占的问题，人少事多矛盾凸显。

2.2.2 法制人员业务素质不高

法制工作是一项专业性、综合性很强的工作，法制人员需具有较强的法学素养、丰富的实践经验、出色的协调能力。一个合格的法制人员，既需要一定的法律专业知识、良好的法治思维方式，更需要扎实的基层执法实践经验和出色的综合协调能力。现实工作中，大部分的专兼职法制人员任职前没有经过系统的法律培训，甚至没有经过严格的岗前消防业务培训，任职后自主学习意识不强、被动学习效果不佳，导致法制业务水平提高非常有限，不能很好的胜任本职工作。

2.2.3 法制岗位储备人才不足

一方面，由于消防救援队伍干部来源的广泛性和特殊性，当前干部中具有法律专业学历或者学位的人员数量较少，通过国家法律职业资格考试的干部数量就更少。另一方面，一些即使通过国家法律职业资格考试的干部，由于任职经历、岗位设置等原因，未能在法制岗位工作，导致不能够人尽其才、充分发挥专业优势。第三，因消防改制等原因，现阶段各岗位人员调整速度较快，法制队伍新老交替出现空档、整体稳定性较差，一些新上任的专兼职法制员法制工作的经验不足、业务能力不高。

3 推行消防救援机构公职律师制度的意义

3.1 改革转制的必然要求，依法行政的重要保障

转隶后，消防救援机构成为政府的职能部门，已经成为建设法治政府大军中的一员。建设法治政府的关键是依法行政，而依法行政要求政府各项事务都受法律约束，政府工作人员依照法律办事。然而，要求熟谙我国庞大繁杂的法律规章体系，对于每一位消防救援人员而言无疑是一个巨大的挑战。虽然目前市级以上消防救援机构都聘请了社会律师提供法律服务，但是面对转制后涌现的大量复杂法律事务，已然无法满足实际需求。推行消防救援机构公职律师制度，让符合条件的消防救援人员出任公职律师，可以发挥其专业优势，规范消防救援机构依法行使职权，促进消防救援事业发展。

3.2 严格规范的准入机制，降低职业的法律风险

公职律师任职条件首先是应当具有合法律师资格或法律职业资格。消防救援人员只有通过了“国家统一法律职业资格考试”，才能担任公职律师，由于具有消防业务知识和法律法规知识双重教育背景，以公职律师身份负责审核内部重要的法律文书、协议，参与信访接待、矛盾调处、仲裁、涉法涉诉案件化解、突发事件处置、政府信息公开、国家赔偿等工作，有助于保障决策法制化和推动廉洁服务型队伍建设。由公职律师参与法制宣传与普法教育工作，更能有效建立起消防救援机构与行政相对人的沟通桥梁，有利于消防救援机构保障公民权利，充分了解行政相对人对消防行政管理的意见，便于改进和完善行使职权模式，降低法律风险。

3.3 享有律师的相关权利，利于法制队伍的稳定发展

消防救援机构公职律师具有双重身份，既是内部工作人员，也是对外法律事务代表。首先，公职律师在执业中享有依法调查取证、查阅案件材料等执业权利，可以方便相关工作的开展；其次，公职律师接受司法行政机关的业务和执业监督，加入律师协会后也受律师协会的业务和执业监督，享有会员权利，满足职业培训、业务指导等需求；最后，公职律师通过代表消防救援机构参与行政诉讼过程，合理解释行政行为，亦是积极接受司法机关监督的重要体现。这些权利带来的责任感和荣誉感，有利于消防法制人员队伍稳定和长远的发展。

4 加快构建消防救援机构公职律师制度

根据《公职律师管理办法》等相关规定，笔者提出了加快构建消防救援机构公职律师制度的初步设想，消防救援机构公职律师制度应当包含公职律师的概念、任职资格、权利义务、职责范围、管理体制等内容。

4.1 概念和任职资格

消防救援机构公职律师是指具备公务员和消防救援机构公职律师双重身份，受到《公务员法》《消防救援衔条例》

约束，同时接受《律师法》的调整和规范的消防救援人员。依据《公职律师管理办法》，已通过“国家统一法律职业资格考试”的在编消防救援人员，从事消防救援机构兼职法制工作两年以上，拥护宪法、品行良好，经支队级以上消防救援机构同意后，依法向当地司法部门申请公职律师执业，通过后即成为所在消防救援机构的公职律师。

4.2 权利义务和职责范围

消防救援机构公职律师，应在其职责范围内为所在消防救援机构办理诉讼和非诉讼业务，维护消防救援机构的合法权利，依法享有会见、阅卷、调查取证和发问、质证、辩论、辩护等权利，有权获得与履行职责相关的信息、文件、资料和其他必须的工作职权、条件。消防救援机构公职律师应当接受所在单位的管理、监督，根据委托或者指派办理法律事务，不得从事有偿法律服务，不得在律师事务所等法律服务机构兼职，不得以律师身份办理所在消防救援机构外的非诉讼或诉讼法律事务。

第一类非诉讼业务包括：参与对合作项目洽谈、外招标、政府采购等事务；负责消防救援法律法规的培训和社会面的普法宣传工作；参与各类消防救援、消防监督、火灾调查信访接待、矛盾调处、突发事件处置、政府信息公开、国家赔偿等工作；参与消防救援类行政处罚审核、行政裁决、行政复议等工作；参与消防救援机构的抽象行政行为，起草、修改、审核重要的法律文书或者合同、协议；尤其是关于消防救援机构参与的重大事项决策，公职律师应运用专业知识，把法律上的纰漏消除在萌芽状态。第二类诉讼业务包括：办理民事案件的诉讼和调解、仲裁等法律事务，如装备采购、营房建设、人事聘用等民事争议处理；参与行政处罚审核、行政裁决、行政复议、行政诉讼等工作，如救援失利、信息公开、行政审批、火灾调查等行政涉诉争议处理。

4.3 管理体制

根据《律师法》，所有律师应接受司法行政机关与律师自律性组织双重监管。《公职律师管理办法》规定，公职律师由所在单位会同司法行政机关与律师自律性组织形成三方监管体制管理，明确了政党机关或人民团体在公职律师管理上的主导权。消防救援机构的公职律师应接受所在消防救援机构及司法行政机关的监管，作为律师协会会员，也应当履行律师行业自律组织的日常职责，完成业务考评及培训工作。其档案仍应存在在消防救援机构，由消防救援机构人事部门负责，一般应有长期从事法制工作的专兼职法制员担任，其薪资应当与普通消防救援人员一样纳入消防救援机构财政预算，与工作量并无直接关系。

笔者建议由国家消防救援局出台全国性的消防救援机构公职律师管理办法，各省级消防救援机构结合本地实际出台本地区的公职律师管理规定，确立消防救援机构公职律师人员管理制度、办案经费保障制度和考核问责制度。在具体内容上：一是明确公职律师应由通过“国家统一法律职业资格考试”并由长期从事法制工作的专兼职法制员担任，因符合出任公职律师条件的消防救援人员基数有限，建议其申请执业、业务考评等工作由省级消防救援机构统一管理，并由省级消防救援机构法工部门负责与司法行政机关、律师协会的协调沟通，便于本地区专业人才资源的统一调配和公职律师队伍整体建设。二是给予公职律师办案经费一定保障。公职律师应当依照其职责妥善完成各类非诉业务，办理工作职责范围内的非诉业务不在另增加经费；而诉讼案件具有更强的涉外性，涉及出庭应诉、调查取证等具体事项，建议根据案件具体情况酌情增加公职律师办案经费，并给予一定的补助，增强其工作热情和工作积极性。建立起考核问责机制。三是明确公职律师年度考核制度。把每一项业务操作的程序以及责任追究机制都落实成实施细则，对年度考核不合格的公职律师直接撤销其职业资格，强化主体责任；同时对出任公职律师的消防救援人员给予一定的政策倾斜，助力消防救援机构公职律师管理体制的良好运行。

参考文献

[1] 梁健．公职律师制度研究［D］．广州大学，2019.

[2] 季运达．我国公职律师制度建设研究［D］．中国政法大学，2019.

[3] 殷琦．设立公立医疗机构公职律师助力精细化管理［J］．现代医院管理，2019，17（5）：14-15.

消防智能化调度指挥体系建设的问题探讨

崔文涛

（淄博消防救援支队，山东　淄博）

摘　要　随着大数据、5G、AI 智能等技术逐步成熟，社会正进入万物互联的物联网时代，消防救援指挥中心也逐渐进入以信息化、智能化、多元化建设为主的建设发展时期，在应急救援中发挥着重要的作用。智能化调度指挥体系可促进消防灭火救援工作质效的提升，解决指挥调度中的瓶颈问题。本文结合当前消防救援指挥中心现状，对进入物联网时代的指挥调度体系提出建议。

关键词　消防　智能　调度　指挥

1　新时期接处警工作面临的形势与任务

1.1　职责使命的新要求

自转制至今，消防救援队伍的主要任务从原有的“单个灾种”发展为更加全面的“全灾种”，其救灾范围不仅仅局限于地震、水灾、旱灾、泥石流、危险化学品和核事故等灾害事件，还包括其他各类紧急情况的处置。接处警工作是灭火救援的重要组成部分，为了确保“国家队、主力军”标准的落实，我们必须不断提升指挥调度体系的精准性、智能性和高效性，以适应“全灾种、大应急”形势下的救灾指挥需求，这一点至关重要。

1.2 作战模式的新变化

近年来，消防队伍的多样化发展为火灾事故初期控制带来了巨大提升，许多地区早已完成了乡村灭火能力的全覆盖面，使得火灾防控更加有效、可靠。随着“智慧城市”的迅猛发展，对于火灾灭早灭小、重大灾害事故第一时间实现精准调度、指挥大兵团协同作战等方面都有着重要的意义。因此，怎样利用信息化手段提高接处警能力水平，就是当前我们必须深入研究的重要课题。

1.3 人民群众的新期盼

接处警有求必应、快速反应受到人民群众的好评。随着经济社会的不断发展，社会及群众需求变得多样化与多元化，群众的民权意识逐渐强化。数据显示，接处警数量每年都呈递增的态势，其中包括灭火救援、抢险救援、社会救助等救援任务数量逐年增长，大量无效报警及非警务警情也逐年增多，人民群众对消防救援队伍期盼越来越高，也对接处警接警员如何处置好各类警情提出了更高要求。[1]

2 当前指挥体系存在的不足

2.1 实战经验不充足

随着时代的发展，我国消防队伍正在大力推进作战指挥体系的建设，并在政策上给予了极大的支持，为消防队伍提供了更多的便利条件。尽管消防队伍正在努力探索现代化的事物、课题、系统建设、资源配置、指挥系统等，但仍有许多挑战需要克服，需要付出更多的努力和投入。尽管在实战中尚未形成完善的经验，但我们仍然可以依靠现场指挥和远程应变处置来提高效率。

2.2 现场指挥不到位

在灭火救援现场，由于参战力量众多，缺乏统一的指挥方式，以及缺乏合作经验，使得消防队伍在扑救火灾和抢险救援的行动中，指挥不到位的情况时有发生，尽管相关规定已经明确，并且在实施过程中也能够及时落实，但仍存在多头指挥的问题。[2]

2.3 人员配备不完善

因现阶段还未设置接警员编制，接警员长期处于借调状态，业务培训、工作交流的机会不多，人才储备不足。尤其是三、四类支队指挥中心、信息通信等处室，除了要执行各类灾害的应急通信任务外，还同时进行指挥中心接警处置、会议保障、机关网络运维等任务，遇有重大警情无法满足遂行出动条件，已经严重影响应指挥中心职能作用的发挥和队伍的长期发展。

2.4 多平台联通共建困难

随着信息化高速发展，和 5G、大数据、区块链等技术的成熟与应用，如何紧跟趋势利用先进信息技术，依托辖区灾害事故特点的数据积累和地区特性，实现“全领域”平台互通，信息共享，提高分析研判的精准度，从而完善消防指挥调度工作，有效指导消防救援队伍有针对性的调整人员力量编成和车辆器材装备配备，做好灭火救援准备工作，提高指挥调度工作科学性成为重要课题。但目前，各部门仅仅围绕自身工作需要开发应用平台，多行业部门之间各有业务平台，缺乏统筹，难以实现平台间互联互通。[3]

3 现代化智能调度指挥体系构建的几点意见

3.1 完善智能化平台

（1）强化智能指挥系统应用。通过整合消防内部业务数据和外部联动数据，当前应用的智能指挥系统可以实现对警情的全面掌控，并能够进行多维度分析和“一张图”资源展示，从而提升警情处置效率。平台部署了不能当成摆设，要常练常用，在灭火救援过程中，要加强作战标绘功能应用，绘制作战态势图，详细标绘力量部署情况，通过作战指挥圈上报共享，提高力量部署调整效率。同时，注重根据警情信息提取事故单位灭火救援预案，精准匹配火灾事故特点、安全提醒和相关典型案例，供前方指挥人员决策参考，提高辅助决策的科学性、精准性和高效性。

（2）强化智能接处警系统建设。要加快智能接处警系统建设，全面实现智能派警、一键录入、一键调派等功能，提升警情受理效率。通过利用基站定位和 GPS 信息技术，我们可以快速准确地匹配警情地址，并且应用语音识别信息技术，进行警情要素的手动获取，从而大大提高接警和出动的效率。要结合作战编成试点工作，建立侦察搜救、内攻灭火、抢险救援、供水保障等 8 大类作战单元库，将城市消防与森林消防作战编成统一纳入指挥中心调度体系，实现“按编成调派、按单元出动”。

（3）强化实战应用效能。要注重实战平台与智能接处警系统融合互通，实时自动检测警情信息，清晰展示警情等级、发生地市、警情类型、警情状态及接警时间、系统地图资源。指挥中心综合运用群呼通报、短信通报、移动端 APP 等多种手段，及时推送事故单位平面图、处置预案、安全注意事项等，并畅通全勤指挥部、专家组成员远程会商等渠道，全流程、全方位辅助指挥作战。

3.2 提升专业化水平

（1）加强指挥型人才队伍建设。落实“专业人干专业事”的要求，坚持专业对口、梯次配备的原则，打造一支懂指挥、会打仗的专业辅助决策、实战指导团队，带动指战员能力素质实现整体提升。

（2）加强技术型人才队伍建设。应对当今大数据时代的挑战，我们应该加快建设一支拥有先进的消防信息化专业知识的团队，他们不仅要掌握最新的大数据技术，还要具备良好的数据分析、整合和应用能力，以便更好地支持和应对各类灾难。

（3）加强专家型人才队伍建设。针对重大安全风险和灾害事件，我们要按照职责使命，结合不同领域、不同专业、不同方向，进行系统性的研究，以期望能够更好地预防和控制这些灾害。

（4）加强复合型人才队伍建设。在应对复杂的灾害和紧急情况时，我们不仅要注重专业技能和实战经验，还要培养综合协调和应急处置的基本能力，加强统筹协调、调度指挥和应急处置的综合性，以便更好地完成各项调度指挥任务。

3.3 加强人才队伍建设

（1）为了更好满足人才队伍的需求，应该大幅度增加和调整指挥中心的人员和专业技术人员的编制，并且在指挥中心内部配备适当的信息通讯专业人才，以此来彻底解决建设与应用之间的脱节，并且提升指挥中心的管理层级和人员编制的数量，使信息通讯处（科）成为指挥中心的重要组成部分。

（2）要根据指挥中心职责和工作需要，培养复合型指挥管理人才、信息化专家型人才、信息系统维护与管理的保障型人才。从消防队伍内部挖掘人才，提高准入门槛，让那些拥有灭火、指挥、调度、信息通讯等方面的专业知识、对指挥中心的使命感以及对解决问题的兴趣的人加盟。重视建立多层次的人力资源体系，通过精心挑选、严格考核、及时沟通等方式，为专业技术人员提供更多的职业发展空间，并且开辟多样化的培训途径，使其能够在多个领域得到充分的提升。

（3）为了更有效地促进指挥中心的发展，我们应该加强相关的政策和法规的执行，建立一个有效的、充满活力的人才激励体系，给予有抱负的、有价值的人才更多的关注和肯定，以及更多的支持和帮助，以建立一个充满尊重和理解的社会，让每一位有潜力的人都有机会展示自己的才华。为了更好地发展指挥中心的人才，我们将制订更多的优惠措施，包括提供更多的支持，如优先录用、提供更高的薪酬待遇、改善工作环境、提供更多的机会参与到日常的培训活动当中，并且为那些做出杰出成就的人士提供实际的报酬，从而消除他们的担忧，最终形成一支拥有优秀的专业能力、良好的工作氛围的指挥中心人才团队。[4]

4 结语

随着科技的进步，智慧城市的建设也在不断推进，其中智慧化消防体系的建立尤其重要，它既要满足技术上的要求，也要求持续不断的努力，以便最终实现预期的效果。为了进一步提升我国消防安全水平，消防人员应当努力探索并实施智能化消防技术，以便更有效地实施科学、智能的消防管理，确保安全生产。

参考文献

[1] 王姝清．新形势下现代化指挥中心的建设和思考[J]．电信快报，2022，616（10）：27-30.

[2] 朱国营．谈消防部队作战指挥体系建设［J］．消防技术与产品信息，2013，305（05）：16-17.

[3] 崔晓昆，浅析消防救援指挥中心现状和物联网时代下的建设发展方向．消防科学与技术，2021，40（5）：4.

[4] 丁兆领，郭良记．浅谈如何加强消防指挥中心人才队伍建设［J］．消防技术与产品信息，2014，316（04）：79-80.

高层住宅建筑套内消防设施监督管理探析

臧海胆

（海南天乙消防工程有限公司，海南　海口）

摘　要　近年来，高层住宅建筑火灾事故不断攀升，严重威胁人们的生命财产安全。如何保证高层住宅建筑套内消防设施的完好并使其发挥有效作用，确实做好高层住宅建筑套内消防设施监督管理工作刻不容缓。本文先对高层住宅建筑套内消防设施的现状进行分析，提出了要落实和完善高层住宅建筑套内消防设施监管的相关法律法规，加大消防安全宣传教育力度，提高业主消防安全意识，加强日常消防监督管理，强化消防设施的维护保养等相关对策和建议，以期更好地预防和减少高层住宅建筑火灾事故的发生。

关键词　高层住宅建筑　套内　消防设施　监督管理　对策

1 引言

依据《建筑设计防火规范》（GB 50016—2014，2018年版）规定，建筑高度大于54m但不大于100m的住宅建筑，套内宜设置火灾探测器。建筑高度大于100m的住宅建筑，应设置火灾自动报警系统，应设置自动灭火系统，并宜采用自动喷水灭火系统。本文主要探讨的是针对套内设有消防设施的一类高层住宅建筑，即建筑高度大于54m的住宅建筑。

全国高层住宅建筑的数量暂没有相关统计数据，但据2020年9月23日贝壳研究院发布的《“超高层住宅”画像》报告中，统计的一线、新一线19城住宅小区楼层超过30层的就有近1.5万个。在一类高层住宅建筑中，尤其是建筑高度超过100m的高层住宅建筑，消防车云梯伸长无法达到的建筑高度，一旦发生火灾，消防救援人员将难以到达相关楼层并进行施救，火灾扑救难度巨大，在外部救援力量展开受限的情况下，基本上只能依靠自救。

2021年全国共接报高层建筑火灾4057起、造成168人死亡，死亡人数比上年增加了22.6%，且主要集中于居住场所，其中，发生高层住宅火灾3438起、死亡155人，分占高层建筑火灾的84.7%和92.3%[1]。可见，高层住宅建筑的火灾发生率和导致的死亡率相当高。因此，在高层住宅建筑中，套内消防设施的作用就显得极为重要，对高层住宅建筑套内消防设施的监督管理问题进行深入研究探讨，为推动确保套内消防设施的完好、有效性，以及保障人们的生命和财产安全都有着举足轻重的作用。

2 高层住宅建筑套内消防设施现状分析

2.1 高层住宅建筑套内消防设施疏于管理

业主对建筑物内的住宅专有部分享有所有权，对其建筑物专有部分享有占有、使用等权利[2]。由于住宅建筑套内产权使用权属于业主专有，业主、使用人拒不配合入户消防监督管理工作是常有之事，配合的部分业主白天居家和夜晚归期的时间也都不固定，不统一。所以，住宅建筑套内消防设施管理起来比较困难，导致消防相关监管职能部门及物业服务企业对高层住宅建筑套内消防设施不能很好地履行监督管理职责，甚至长期处于无人监管的状态，给火灾事故留下了滋生空间。

2.2 高层住宅建筑套内消防设施缺失破坏严重

高层住宅建筑业主、使用人消防法律认知偏差，擅自拆改套内消防设施。在建设工程竣工验收合格并交付使用后，一些房屋使用者（业主或承租方）就开始对套内进行装修或改造，擅自喷涂、拆除或改动原有消防设施，致使消防设备设施损毁、丢失或不能发挥应有的作用，存在巨大消防安全隐患。还有一些住户在居住期间，发现消防报警设备运行异常时，未经上报或被允许就私自关停、拆除搁置，甚至有的直接将衣物、灯具、吊扇等挂在消防喷淋头上，当火灾发生时，套内消防设施将无法发挥有效的作用，造成火灾防控失败。

2.3 高层住宅建筑套内消防设施监管和运维困难

高层住宅建筑业主、使用人配合不到位，是当前高层住宅建筑套内消防监督管理工作中面临的最大困难。因住宅建筑套内使用权属于业主专有，部分业主、使用人的消防安全意识淡薄，不能很好的理解和接受套内消防监督检查。当套内消防设施出现异常时，也不积极主动配合开门入户检修，存在问题得不到及时处理。还有维保人员入户对套内消防设施开展维护工作时，经常会遇到因维修污染、维修垃圾以及维修时段时长等问题而与业主之间发生冲突。由于受到入户问题的限制，套内消防设施的运维管理工作不能正常开展，给高层住宅建筑埋下了诸多不可预见的消防安全隐患。

3 高层住宅建筑套内消防设施监督管理对策

3.1 落实和完善住宅建筑套内消防设施监管相关法律法规

认真落实和完善住宅建筑相关消防法律法规是做好住宅建筑套内消防设施监督管理工作的保障。高层住宅区的物业服务企业是小区的直接管理者，应当依法依规履行监管职责。消防法第十八条规定：住宅区的物业服务企业应当对管理区域内的共用消防设施进行维护管理，提供消防安全防范服务。《物业管理条例》中规定“建筑物的基础、承重结构、外墙、屋顶等基本结构部分，通道、楼梯、大堂等公共通行部分，消防、公共照明等附属设施、设备，避难层、设备层或者设备间等结构部分”应当认定为民法典第二编第六章所称的共有部分[3]。住宅建筑套内的消防设施作为建筑物的附属设施，为前述中的共有设施，但是住宅套内属于私人隐蔽空间，使用权归业主所有。那么，物业服务企业该如何管理住宅建筑套内的消防设施，几乎没有具体的办法可循。鉴于住宅建筑套内消防设施的监管困难这一现状，且目前尚没有相关的法律法规明释，消防监管部门（包括物业服务企业）对入户管理套内消防设施的管理权限范围，以及业主、使用人该怎样配合监管工作等，需要制定完善的有针对性的法律法规来阐述住宅建筑套内消防设施的管理权限和管理办法，以便消防相关监管部门及物业服务企业能更好的去履行消防监管职责，同时避免因入户监督检查和维护管理消防设施而与业主、使用人产生不必要的矛盾。

建立健全高层住宅建筑套内消防设施全生命周期的管理机制，有利于更好地落实套内消防安全管理责任。目前，住房和城乡建设主管部门在建设工程竣工验收交付使用后，基本上就退出了对建筑消防设施的日常监督管理。消防法第五十三条规定：消防救援机构应当对机关、团体、企业、事业等单位遵守消防法律、法规的情况依法进行监督检查。公安派出所可以负责日常消防监督检查、开展消防宣传教育，具体办法由国务院公安部门规定[4]。因此，可建立健全由消防救援部门主导、公安派出所消防专干巡查、街道办（社区、村）消防专员协助、物业服务企业协同、业主（使用人）配合的多方联防联管的消防监督管理长效机制，定期对高层住宅建筑套内消防设施进行检查、评估，有助于将火灾消除在萌芽状态。

3.2 加大消防安全宣传教育力度

全面普及消防相关法律法规，加深高层住宅建筑业主及物业服务企业对消防安全责任和义务认知。消防救援机构、公安派出所、街道办（社区、村）等部门除了通过“119消防宣传日”对高层住宅建筑居民进行普法宣教外，还应当在国家重大节假日前或火灾高发期时开展消防安全法制宣传教育活动。可以通过微信小程序，设置消防知识趣味抢答并定期评出“我是消防员”网络荣誉称号，或开发出以游戏的方式进行消防安全知识宣传的手机必装软件。大力加强消防安全法制的宣教活动，掀起全民消防热潮，以达到高层住宅建筑业主、使用人和物业服务企业更加明白应当履行的消防安全职责和义务的宣教目的。

高层住宅小区物业服务企业应当在显著位置设置消防安全宣传栏，在单元入口处或电梯厅设置消防知识电子播放屏等，通过板报、语音、影像的方式时刻提示业主保护套内消防设施的重要性、私拆毁坏消防设施危害性、配合消防监督检查的必要性、消防安全责任和义务等消防常识。有条件的高层住宅建筑小区还可以适时组织小区业主、使用人集中观看有关高层住宅建筑典型火灾案例的影视，警示广大业主、使用人并加深他们对高层住宅建筑火灾危害性的认识。物业服务企业还要按照《高层民用建筑消防安全管理规定》的要求定期组织消防演练，增加高层住宅建筑业主、使用人的消防安全意识。大力宣传“人人重视消防、人人参与消防”，让高层住宅建筑消防安全隐患从套内被杜绝。

3.3 加强高层住宅建筑套内日常消防监督管理工作

物业服务企业是高层住宅建筑套内消防设施的直接管理者，要自觉加强日常消防监督管理，当业主对建筑套内进行装修改造时，务必严格把关装修改造中对原有消防设施保全，对个别确有需要改动原有消防设施的情况实行申报备案审批流程，并让业主针对装修情况签定书面承诺，确保高层住宅建筑套内消防设施的完好有效。

消防救援机构、公安派出所、街道办（社区、村）等部门应当依法履行消防监督管理职责，加强对高层住宅建筑消防设施的日常监督检查，适当的将检查重点由公共区域向住宅套内倾斜。同时，各监管部门之间应建立互连互通的信息共享平台，做到监管全过程留痕，所查区域不留空白，所发现的问题、隐患即时传输上报，问题整改专人跟进，整改复查影像留底，杜绝走过场的监督管理方式。

加快现代化信息技术在消防监督管理中的应用，提高高层住宅建筑消防设施的预警功能。在高层住宅消防监督管理工作中，要改变仅仅依靠人员巡查的传统单一监管模式，充分利用物联网、人工智能等现代化技术，提高消防监督管理工作的实效性。随着智慧消防建设的不断发展，全面推广应用物联网、智能化技术等手段，对高层住宅建筑套内用电用气消防安全和消防设施的运行状况进行实时监控、感知预警及智能研判，将住户内消防设施运行异常信息及时传递给业主、使用人、物业、街道办、公安派出所或消防救援部门，有助于早发现、快处理各种火灾及隐患，将高层住宅建筑的火灾风险降到最低。

3.4 强化高层住宅建筑套内消防设施的维护管理

强化高层住宅建筑套内消防设施的维护管理，有助消防设施发挥积极性作用。当发现消防设施存在故障、损毁时，应立即通知维护人员进行维修更换，因设备采购无法短时到货或维修过程需要停用消防设施时，应严格按照相关审批流程进行。特殊情况确需超过规定时限停用消防系统的应及时上报消防救援部门批准并做好防范措施后方可实施。在进行消防设施维护保养时，应当告知小区业主、使用人等，并按规定在明显部位设置维修提示牌，以防不测。

认真做好消防设施维修保养费用的预算工作，严格落实专款专用，保障高层住宅建筑套内消防设施维护管理工作的顺利进行。

随着消防技术服务机构从业条件的政策放宽，鼓励有条件有能力的高层住宅建筑业主、使用人或者物业服务企业自主维护保养管理区域内的消防设施，有利于发现问题及时处理，提高消防设施维护管理的时效性。

4 小结

综上所述，高层住宅建筑套内消防设施的管理工作是每个监管人（包括业主、使用人）应当履行的责任和义务，要想管理和维护好高层住宅建筑套内消防设施，离不开完善的管理法制、规范的监管制度以及业主、使用人强烈的消防安全责任感和积极主动的配合管理意识。在高层住宅建筑火灾事故频发，消防安全问题日渐凸出的情况下，高层住宅建筑套内消防设施的监督管理问题应当引起社会高度重视。

参考文献

[1] 国家消防救援局网站．中国消防，2022-01-20.
[2] 中华人民共和国民法典 [Z]. 法律出版社，2020.
[3] 物业管理条例 [Z]. 中国法制出版社，2022.
[4] 中华人民共和国消防法 [Z]. 法律出版社，2021.

建筑工程消防产品质量检测的效益思索

郭伟波
（天津市宁河区消防救援支队，天津　宁河）

摘　要　对于建筑工程来说，消防产品质量检测的意义十分重大。建筑消防产品自身的检测效果对于当前建筑的消防安全有着非常大的影响。本文主要探索建筑消防产品的检测意义，并且分析了产品质量检测和效益之间的关键联系，希望能够促进消防产品质量检测的更进一步提升和强化。

关键词　消防　建筑　消防产品　效益

近 10 年随着我们国家城市化进程的不断提升以及城市人口数量的扩展，建筑工程的密度也呈现出不断扩展的趋势。对于建筑工程管理来说，其中最重要的一项就是针对消防产品进行相关的质量检测管理。我们需要对建筑消防产品自身的质量以及相关检测的可靠度进行更进一步强化重视，确保消防产品可以正常的发挥相关的作用，并从中获取相关的效益。

1 建筑消防产品质量检测和经济效益之间的关系

建筑消防产品的检测和经济效益之间有着密切的关系。从正面意义上讲，加强消防产品质量检测可以在更大程度上确保当前的消防产品在正确的位置发挥其主要的作用，降低建筑出现火灾的各种可能性，或是在建筑出现意外情况的时候进行第一时间的紧急救援，遏制火势蔓延的势头，从而可以更进一步的提升建筑本身的安全质量和相关的防护屏障能力，提升建筑的防火安全性，尽最大可能降低建筑的财产损失和人员伤亡。而从反面意义上讲，进行建筑消防产品质量检测本身也会产生一笔支出。因为消防产品质量检测属于一项专业技能，需要有专业人士进行全程操作，因此相关费用的产生是不可避免的。在进行产品质量检测过程中，检测人员需要使用专业的仪器进行全面的处理和支撑，而购置相关的设备进行使用也需要支付大量的成本，因此在进行消防产品质量检测的时候，我们需要平衡经济效益和检测效果之间的收益，在保障检测效果的前提之下尽可能降低支出。

但总的来说，尽管进行消防产品的相关检测需要支付高昂的成本，但这种高成本所换取的就是建筑在未来出现特殊情况时可以尽最大可能降低人员伤亡和财产的损失。对两个数据进行对比就会发现，火灾造成的相关损失远远大于检测成本的支出。除此之外，从社会效益的角度来讲，建筑一旦发生巨大的火灾，会给社会造成相当负面的影响，而完善的消防设备可以有效地规避这一种情况的出现。所以从这个角度来说，我们可以明确，建筑消防检测可以给建筑带来非常明显的正向收益。

2 建筑消防检测和社会效益之间的关系

消防产品是建筑安全最为关键的屏障之一。而高质量的消防产品可以有效降低建筑遭遇火灾以及造成更大损失的可能性。在这种情况下，高质量的消防设施可以帮助建筑更有效地保护人民的财产安全和生命安全，提高社会价值。如果我们针对建筑的消防产品进行全面检测，就可以有效提升建筑消防产品自身的质量。通过各类专业数据以及专业设备，我们可以准确的判断出当前的建筑消防产品当中有多少是处于设备老化、灵敏度不足或者直接损坏等情况下的。在这种情况下，我们可以更进一步的对消防产品进行针对维修或者更换，从而保证在发生意外情况的时候，相关的消防产品可以对建筑的保护起到关键性的作用，并在第一时间对于可能造成人身损害或财产损失的火灾进行全面的遏制。而从社会效益的角度来说，这样做可以尽全力降低火灾对于社会的安全和破坏程度。因此。如果我们可以通过针对建筑消防设备进行全面检测而保证降低火灾发生的几率，那么建筑消防设施的检测在某种程度上就可以提升社会的安全感，帮助社会进行更进一步的发展，从这个角度来说，高质量的消防设备检测可以对我们国家的社会安全和社会稳定起到更加积极和更加有效的效益展现。

3 建筑工程消防产品质量检测和环境效益之间的紧密联系

建筑工程相关产品的检测和环境之间有着隐藏的关系。因为火灾损害和环境的破坏是有着直接正相关的联系的，一旦建筑工程出现了火灾情况，则正在燃烧的房屋必然会产生大量有毒有害气体，并且造成大量的可燃垃圾四散飞扬。同时由于火灾自身的不可确定性和高流动性，燃烧的建筑很有可能通过燃气管道或其他媒介向周围扩散，引爆建筑当中的危险物品，比如细化石油气或者天然气等，进而按照多米诺骨牌效应对周边的环境造成直接的巨大破坏。

因此我们只有对建筑本身的消防产品建设进行更进一步的强化和处理，才可以确保当前建筑消防产品自身的完好运行状态，在出现火灾危机的时候利用这些设备控制火势蔓延的可能性。即使是出现造成建筑被大面积点燃火灾大出现，消防人员也可以利用检验合格的消防产品进行直接控制和救援，从而降低火灾本身的蔓延程度，在控制燃烧建筑财产损失降到最低的前提下，还对建筑周围的环境进行了间接的保护。

因此不管是从哪一个角度来探讨降低建筑遭遇火灾时的危害程度思路，建筑内部消防产品的检验质量的提升都是对周边环境保护的一种直接措施。从一个长远的角度来看建筑工程本身的消防产品质量检测，也可以产生极其有效和明显的环境效益。从某种意义上来说，进行消防产品的高质量检验就等于保护了环境。

4 建筑消防产品质量检测过程中的经济效益与社会效益之间的关系

经济效益和社会效益之间的关系是互利互惠、优势互补的。两者缺一不可，有着紧密的联系。但同时从某种角度上来说，社会效益和经济效益也是相互冲突的，在特定场合下，两种效益之间也会产生。一些矛盾，甚至是相悖的情况出现。

在进行针对性的消防产品质量检测过程中，社会效益和经济效益具有了一定的相斥性。这两者的主要冲突点就在于不同的负责机构在当前的市场环境下针对同一块利益的争夺。尽管消防产品质量检测是国家所规定的强制标准，并根据当前的具体情况进行了相关规范的制定；企业必须在国家所规定的范围之内进行相关的产品质量检测并保证消防产品的质量，但是在实际操作的过程中，为了降低成本，提升自己的收益率，很多企业会努力的降低成本，提高经济效益，而这就从社会效益的角度出现偷工减料降低质量的问题，损害了公共安全。因此在进行针对性的消防安全检查过程中，检测人员很容易发现一些企业所经手的消防安全器材其具体的使用功能存在着一些问题，如设备老化，安全检测不达标甚至是无法使用的情况。

从另一个角度说，对于消防安全检验机构而言，他们的本职工作就是对当前所存在问题的设备进行全面的检测，但是在当前市场竞争日益白热化的条件下，如果想要在当前的市场范围内获得更多的利润以及更多的客户，就需要对客户的基本要求进行全面的满足的同时，降低自身检测的成本。因此检测机构从某种意义上也存在着降低检测标准。降低自己的成本，提升更多利润的情况。同时由于检测机构并不具有独占性，而是也同时需要参加市场竞争的。因此在这样的市场环境下，为了获得更多的市场配额，检测机构在更多的时候会更加重视经济效益的追求。而对自己进行检测工作过程中所产生的社会效益进行了降低。在这种情况下，消防检验机构不但无法保证自己检测的质量，从全面的角度来看我们国家的消防检测的发展也会受到相应的冲击。除此之外消防检测设备遵循市场价值规律，高质量的设备代表高价检验的结果也必然更加准确。但检测机构往往由于预算的考虑而不会考虑选择质量最好的设备，而是使用价格相对低廉的劣质设备进行相关检验。在这种情况下，检验报告的水分相对较大，检验失误的可能性也相对较高，最终造成检验失败的可能性。

因此在进行针对性的消防检测过程中，社会效益和经济效益之间的矛盾相对较大。无论是从哪一个层面上，我们都需要深刻的认识到，国家需要从这个角度出发推动社会效益作为消防安全设备检测的关键力量。企业需要明白自身的定位，只有通过高质量的检验帮助客户查漏补缺找到隐藏的危险源，才能够提升自己的社会价值和品牌价值，提升自己的影响力。因此如果企业想要获得更大的利益，就需要在检测的过程中提升自己的质量。通过优质的服务和降本增效来对检验的结果进行更进一步的质量提升为客户提供的服务，而不是通过单纯的节约成本操作获取利益。检验机构只有不断的增强自身的实力，才可以创造出更大的经济价值。

5 结论

对于当前建筑的质量管理来说，消防设备的检验管理是其中很重要的一个部分。一旦建筑消防设备检验管理的内容有所缺失，就会对整个工程的质量造成巨大的影响。建筑消防设施属于建筑最重要的质量保障，一旦在这个环节出现了问题，就会导致安全事故的发生，并且造成重大的不良影响。本文主要探索了消防产品检验过程中的相关效益对比。我们只有更好的进行消防设施的检测，才可以维护各方的实际效益，提升社会效益和经济效益。

参考文献

[1] 胡丽芳．建筑消防设施检测中存在的问题及对策[J]．工程技术研究，2022，7（11）：212-215.

[2] 黄岚．建筑消防设施监督检查要点与方法探讨[J]．冶金管理，2022（07）：178-180.

[3] 周振华．解析建筑消防设施检测结果影响因素[J]．中国建筑金属结构，2022（02）：142-143.

潮州古城消防安全治理现状调研与对策分析*

周培桂[1] 陈梓怡[2,3] 徐思程[1]

（1. 中国消防救援学院，北京；2. 潮州市消防救援支队，广东 潮州；3. 暨南大学应急管理学院，广东 广州）

摘 要 潮州古城历史悠久，整体规划具备“防洪-防火-防风-防震”布局。审视潮州古城消防安全治理新范式，发掘古城电气火灾风险凸出、老旧建筑物存在较大隐患、消防基础设施及装备滞后、居民和游客消防意识淡薄等制约因素，进而提出推进完成古城区电气改造、提高古城建筑耐火等级、完善古城消防设施配置和创新古城消防宣传方式等治理策略，希冀提升古城消防安全治理整体水平。

关键词 消防安全 潮州古城 形势分析 举措创新

1 引言

潮州地处粤东地区，为历代郡、州、路、府的治所，是潮汕地区政治、经济、文化中心[1]，素有“海滨邹鲁”“岭海名邦”美誉。2020年10月12日，习近平总书记到潮州市考察调研，谈及“潮州是一座有着悠久历史的文化名城，潮汕文化是岭南文化的重要组成部分，是中华文化的重要支脉，弥足珍贵，实属难得”[2]。潮州古城位于潮州市湘桥区，具有一千五百余年历史，是1986年国务院公布的第二批38座国家历史文化名城之一，古城地方特色显著，较好保留街道、街坊与建筑物的样式，完整保留明清城市“厅井空间”布局，综合考虑人文、实用及宗教礼制等因素，整体规划具备“防洪-防火-防风-防震”的布局[3]。近年来，潮州市政府积极招商引资，实施城市更新计划，改善人文居住环境，加快民宿、美食等旅游业发展，较好带动了古城区发展建设。广东省统计局数据显示，2015年至2020年，潮州市累计接待旅游总人数超过8000万人次，其中作为旅游热门地点的古城区占据九成以上[4]，由此带来了较大的消防安全治理压力。笔者结合实地调研、深度访谈、查阅政策文献等方法，审视潮州古城消防安全治理现状及制约因素，提出几点对策建议，希冀对提升国内古城消防安全治理水平有所裨益。

2 潮州古城消防安全治理新范式

截至2023年3月1日，潮州市相继修订《潮州市古城区消防安全管理办法》、实施《潮州市消防“十四五”规划》《潮州古城提升行动计划（2020-2025年）》，古城管理体制高效运作，潮州古城提升任务完成过半，古城“食住行游购娱”业态提升建设成效显现，潮州文化影响力显著提升，消防安全治理水平效能得到较好提升。

2.1 古城区基础消防建设工程

潮州市消防救援支队湘桥大队古城区消防救援站（环城西路）于2021年底建设完成，配备小型、轻便、高效、灵活机动的消防车辆和装备器材，执勤战备运行较为良好。一方面，截至2023年年底在潮州古城内将建设7个消防值班点，各值班点配备车辆器材，人员不少于6人，分班编组实行24h值守。另一方面，积极将消防规划纳入城市规划之中，在韩江、西湖合适区域设置消防取水平台，完成纳入全国文物消防安全百项工程的153个消火栓建设任务，古城区规划到2025年新增市政消火栓370个。

2.2 古城区安全管理提升工程

安全管理提升工程重视风险评估与日常巡查，其一，计划于2023年前完成对潮州古城内重要建筑（文物建筑、民宿客栈等）及整体区域开展消防安全评估。其二，依托古城消防站、7个消防值班点和社区联防队，结合治安巡查同步开展常态化消防巡查，发动社区微型消防站每日早中晚开展巡查，发现火灾隐患立即督促整改。其三，开展潮州古城“三查行动”：针对火源因素，开展查火源电源、查违章动火用电、查电动车入楼入户行动；针对可燃物，开展查存储易燃物、查夹心泡沫彩钢板行动；针对造成火灾亡人因素，开展查安全疏散通道、消防车通道、查违规住人工作。

2.3 古城区科技消防提升工程

潮州古城坚持智慧消防理念，重点实施科技消防提升工程，第一，建立3DGIS实景三维预案指挥平台，树立古城消防平面图警示牌。基于3D地图实现古城区消防数据（包括消防水源，重点单位，辖区力量，联动力量等图层）一张图。将消防元素有机融入文广旅体部门提供的古城旅游图，在古城添加消防平面图警示牌。第二，建立古城火情预警管理系统在古城建立街区、高空热成像监测系统，实现在一个画面对潮州古城全貌进行覆盖和大场景范围内的异常火源温度探测。第三，建立智能评估感知模型，将古城各类场所建立的消火栓系统、火灾自动报警远程监控等设施进行风险实时感知，实现防火一张图。建立智能预警处置模型，精准定位火情；探索打造“高点瞭望”，实现一次定位；接入“平安潮州”“雪亮工程”高清视频，实现二次定位，总体实现灭火一张网。

3 潮州古城消防安全治理的制约因素

3.1 古城电气火灾风险凸出

近年来，潮州市电气火灾占火灾总数18.5%，夏季电气线路超负荷使用等问题较多，电线私拉乱接、用电不规范等现象仍旧存在。由于古城建筑的电气线路老旧，容易出现短路、漏电等问题，且由于房屋结构比较狭窄，电线敷设混乱，容易诱发电火灾。伴随古城内民宿、商铺、剧本场所、娱乐场所数量的不断增加，古城内建筑又缺乏统一的电源供电系统，导致许多商家的进户线路超负荷运行，甚至出现私

---

* 基金项目：中国消防救援学院2023年本科教育教学改革立项资助一般项目“基于实践能力培养的消防本科专业法学课程体系改革研究”（2023KCJS05）阶段性成果。

拉乱接的情况。个别商家甚至将电器线路直接铺设在易燃材料上，而没有采取阻燃管保护措施，严重影响了古城的安全性和稳定性。

3.2 老旧建筑物存在较大隐患

潮州古城内部分文化古迹建筑采用桥市、石牌坊、五星脊和石雕、泥塑、木刻等建筑材料，结实程度较低低，加上天然的风干作用，火灾隐患较大。其一，古城部分老旧建筑内部多以燃烧性极强的装饰材料，如窗帘、地毯等，由于其构造特殊，烟气和热能难以扩散，火灾事故浓烟易使人窒息，不仅增加了消防救援人员在施救和撤离时的风险和难度，且木制构件随时随地都有倒塌的风险，使得救援工作变得更加困难。其二，古城街道、巷道宽度各不相同，多数都比较狭窄，不符合《建筑工程设计防火规范》第6.0.8条要求“灭火巷道的净宽不应低于4m”基本要求，防火间距不足，人流量密集，微型灭火车辆也较难抵近火场开展作业，扑救难度较大。其三，除面向游客开放游览的景点建筑和新建的建筑外，古城中大多数仍为老旧建筑为当地居民生活使用，存在建筑违章情况，多数用于遮风挡雨，从而缩减了建筑扩大空间，个别居民日常积攒较多废品，致使弄堂、路口、过道空间狭窄，安全风险系数高。

3.3 消防基础设施及装备滞后

消防基础设施及装备是消防安全治理的重要保障。笔者经调研发现：第一，市政消防供水和消火栓数量仍有欠账，附近江河湖泊取水点位设置少，消防栓配置点位间距较大，基础设施维护保养存在缺陷，较难满足消防救援开展条件。第二，潮州古城内同时个别民宿客栈、餐馆、酒店及商铺缺乏必要的消防设施，个别设施设备存在老化瑕疵，较难满足初期火势扑救需求。第三，现有的古城消防救援站人员编制不足、执勤装备数量有限，初始灭火能力受限，外加受台风、暴雨等气候影响，救援现场秩序维护、车辆与人员引导难度较大，整体效能亟待提升。

3.4 居民和游客消防意识淡薄

经走访，潮州古城内常住居民和游客数量多，多数人消防知识大多停留于“微懂知识不懂操作”层面，用电用火意识差，参与消防演练和主动参与古城消防教育培训的积极性不高，存在侥幸心理。部分民宿、酒吧、客栈、餐厅人员仍旧使用液化石油气，安全操作规范和防火措施不到位。部分游客在公共场合和非公共场合抽烟现象仍旧存在。古城区个别“三合一”场所、出租屋、群租房、商业综合体人员将电动自行车和三轮车入户充电。居民私宅居住对象多以老人居多，出现明火煮饭、烧火行为，火灾隐患盲点仍旧存在。

4 提升潮州古城消防安全治理水平的对策

4.1 推进完成古城区电气改造

笔者建议，关于电气改造方面，古城主管单位应科学合理增加供配电枢纽建筑物，进一步提高用电保证力量，改造古城内老旧住宅，打开逃生窗，解决“三线缠绕”问题，分期投资建设古城智能配电管网，加快推进古城的技防改造、“电改”、“气改”等工作。其一，在古城内建筑物、构筑物内推广安装无线组网独立式火灾自动报警系统、独立式可燃气体探测器、故障电弧探测装置和独立式感烟探测器等新型报警装置。其二，结合老旧住宅电网改造，由供电部门尽快完成表前电线改造，动员住户做好表后电线整改。其三，结合“燃气一张网”建设，逐步完成古城用户天然气入户工程。其四，建立智能评估感知模型，将古城各类场所建立的电气火灾监控系统进行“数据集成”，应用物联网、远程监控等设施进行风险实时感知，实现防火一张图。

4.2 提高古城建筑耐火等级

以“标本兼治”为原则，研究制定古城区域性火灾隐患针对性整改措施，将消防安全布局纳入重要议事日程，由古城负责单位牵头制定详细的消防安全方案。第一，调整古城内不合理的使用结构，强化对火灾源头的控制，减少消防安全隐患，合理布置煤气店（站）、商铺、民宿、仓库、作坊、娱乐设施等，严格审批和管理，以确保安全。第二，应按《古建筑消防管理规则》规定，逐步对古城建筑物内部结构和建筑材料做出相应的防火处理，尽可能降低火灾荷载，同时保持原有风貌，以确保建筑的安全性和可靠性。第三，按国家标准规划城市消防车道建设，加强源头管控，应着重把好建设工程审核验收关，推动建设、设计、施工等单位严格做好消防车通道、登高操作场地、消防救援口的标识设计、施工工作。

4.3 完善古城消防设施配置

建议树立规划先行理念，科学规划消防站、消防供水、消防通信、消防车道、消防装备、消防训练基地和消防力量等内容，合理构建潮州古城消防安全布局。

其一，通过每年制定年度落实计划，逐年明确古城消防站、市政消火栓等公共消防设施建设任务、完成时限，同时加强对消防专项规划编制实施的监督管理。其二，不断加大资金投入，持续推进消防基础设施升级，消防供水能力持续改善，智慧防控水平不断提升，电气火灾防控日益精准，利用5G技术实时汇集应急现场各类信息资源；根据收集的各类信息资源，预置模拟灾情处置数据和行动方案库[5]。其三，根据《城市消防站建设标准》，结合潮州发展实际和消防专项规划，落实消防站用地指标和规模，提高消防站覆盖密度，优化站点功能和安全布局，实现城市消防站“接到出动指令后5分钟内消防队可以到达辖区边缘”的要求。参照《社区微型消防站建设标准》和《消防安全重点单位微型消防站建设标准》，按不低于6人的标准，以村（社区）为单位建立微型消防站。此外，100%的消防安全重点单位建成微型消防站，并建立联勤联动机制。

4.4 创新古城消防宣传方式

笔者建议，创新宣传是古城全民消防战略落地的重要手段，建议推行以下举措：第一，建立古城消防安全宣传培训专项经费，常态化开展消防宣传活动打造古城消防安全宣传培训品牌。在古城各社区选取100平方米左右场所建设包括VR体验、消防培训、逃生训练、器材训练等内容在内的消防沉浸式体验馆。第二，编印包括综合减灾知识、灾害防御指引、风险地图、疏散路径图、应急电话等内容的《防灾减灾手册》，发放到每家每户，利用图书室、学校、村务公开栏等设置防灾减灾救灾宣传栏。第三，利用“全民消防安全学习云平台”发动古城100%经营场所工作人员、居民完成线上学习，古城全部市场主体在“粤商通”平台开展消防安全线上大承诺活动。由古城各居委分片区组织经营性场所人员、居民代表、游客代表开展消防疏散演练活动。

5 结论

古城是世界人类文化瑰宝，而其中古建筑火灾事故致因复杂，涉及因素众多，需要在系统学视域下多方位、多层次地开展分析和评价[6]。以潮州古城为调研对象，多维分析消防安全治理现状与发展困境，提出推进完成古城区电气改造、提高古城建筑耐火等级、完善古城消防设施配置和创新古城消防宣传方式的治理策略，利于新时期防灭火初始效能提升，形成古城公共消防安全治理新生态。

参考文献

[1] 李桂蓉，张照宏．关于发展潮州古城文化旅游的几点思考［J］．韩山师范学院学报，2017（5）：39-45.

[2] 央广网．习近平广东行丨千年古城　以文铸魂——首站来到潮州古城［EB/OL］．http：//news.cnr.cn/native/gd/20201012/t20201012_525293347.shtml，2023-04-20访问．

[3] 沈亚虹．潮州古城规划的传统性、科学性、地方性［J］．城市规划，1987（01）：36-42.

[4] 广东统计信息网．潮州旅游人数统计［EB/OL］．http：//stats.gd.gov.cn/，2023-04-20访问．

[5] 吴园园，黄健．传统村落智慧消防的架构研究［J］．安全，2022（7）：69-73.

[6] 张葭伊，吕淑然，张宇栋．基于WSR-熵权物元可拓模型的古建筑火灾风险等级评价［J］．安全与环境工程，2020，27（02）：126-131.

新时代消防救援职业荣誉体系建设举措探析*

白水森[1]　周培桂[1]　周吉祥[2]

（1. 中国消防救援学院，北京；2. 盐城市消防救援支队，江苏　盐城）

摘　要　消防救援荣誉体系是国家综合性消防救援队伍围绕消防救援队伍待遇保障体系、宣传引导体系、政策制度体系内容所构建的规范化荣誉体系，是增强消防救援指战员荣誉感、提高队伍凝聚力、加强队伍战斗力的重要催化剂。审视我国现行消防救援荣誉体系存在待遇保障体系有待加强、消防救援宣传引导体系不健全、荣誉制度体系机制不完善等现实问题，进而提出构建匹配新时代消防职业特点的待遇保障体系、构建厚植全社会认同的宣传引导体系、构建消防职业特点的政策制度体系等举措建议，以期多角度、体系化设计符合新时代消防救援队伍职业特色的荣誉体系。

关键词　消防救援　荣誉体系　待遇保障　宣传引导　政策制度

1　引言

自2018年消防改革转隶以来，消防救援工作量不断攀升，各级组织呼吁建立消防职业荣誉体系，提升消防救援人员整体社会地位，激发消防指战员的荣誉感和使命感，提高其战斗力水平。基于该现实背景，笔者立足队伍实际，系统查阅相关文献资料，深入了解基层队站荣誉体系建设的实际情况，把握荣誉体系建设中存在的问题，从强化顶层设计、完善保障制度、强化宣传引导和抓好贯彻落实的整体思路入手，尝试提出制度完善、保障有力的消防职业荣誉体系雏形，以期对新时代消防职业化发展有所裨益。

2　新时代消防救援荣誉体系建设的必要性

2.1　体现队伍政治属性，矢志不渝践行“对党忠诚”这一建队之魂

2018年11月9日，习近平总书记向国家综合性消防救援队伍授旗并致训词“对党忠诚、纪律严明、赴汤蹈火、竭诚为民”，其中“对党忠诚”位列训词精神首位，深刻体现了政治属性依旧是新时代消防救援工作开展所必须把握的基本属性，属性基本要求便是坚持党对消防救援工作的绝对领导，而消防救援队伍荣誉体系建设工作作为消防救援队伍政治工作的重要组成部分，荣誉体系的建设发展有效展现了队伍的政治属性，矢志不渝践行“对党忠诚”这一建队之魂，切实有效地进一步加强党对消防救援队伍的领导。

2.2　提升队伍正规化建设，从严从实践行“纪律严明”这一治队之基

正规化建设是贯彻执行习总书记“纪律部队”建队要求的重要举措，利于队伍长远建设发展。而荣誉体系建设作为消防救援队伍正规化建设的重要组成部分，在任何一支纪律严明、正规化建设完备的队伍中，都必然存有一套严谨周密的荣誉激励体系，各级指战员只有正确把握好荣誉体系建设与队伍正规化建设的表里关系，通过新时代荣誉体系的建设从而有力推动队伍正规化建设的发展，从严从实践行“纪律严明”这一治队之基。

2.3　增强队伍战斗力水平，时刻准备践行“赴汤蹈火”这一强队之要

消防救援队伍全心全意为人民服务的核心职能能否充分有效发挥，取决于消防救援队伍指战员是否有强大的凝聚力和战斗力，取决于消防救援队伍是否具备与其履行有关职责的专业能力，取决于队伍内部是否拥有积极健康的队站文化与良好的内部氛围。新时代消防救援任务内容极大拓展，如何提升指战员战斗力以适应新时代的任务需求，荣誉体系的建立将会起到至关重要的作用。通过在消防救援队伍建立新时代的荣誉体系，深入挖掘指战员的战斗潜力，帮助指战员自主提升相关专业救援能力，努力在基层队站营造“见第一就争、见红旗就扛”的良好氛围，不断加强消防救援队伍的凝聚力与战斗力，更好地适应新时代的任务需求，时刻准备践行“赴汤蹈火”这一强队之要。

---

* 基金项目：中国消防救援学院2023年本科教育教学改革立项资助一般项目“基于实践能力培养的消防本科专业法学课程体系改革研究”（2023KCJS05）阶段性成果。

2.4 牢记队伍初心使命、全心全意践行“竭诚为民”这一立队之本

消防救援队伍作为一支养兵千日、用兵千日的队伍，特别是在改革转制以来，成功应对了江苏响水“3·21”爆炸、四川木里“3·30”森林火灾、“利奇马”超强台风等重特大灾害事故，成功完成了新中国成立70周年大庆、中国共产党成立100周年大庆等重大安保任务。在各类灾害救援事故前，消防救援队伍始终牢记队伍的初心与使命，时刻将人民群众的生命财产安全与社会稳定放在了一切工作的出发点和落脚点，用实际行动践行了党全心全意为人民服务的宗旨。在“血与火、生与死”的一系列灾害事故考验面前，荣誉是对广大指战员最有效、最直接的激励方式，通过不断完善健全新时代消防救援荣誉体系，使荣誉体系更好地发挥好激励作用，激励全体指战员始终践行“竭诚为民”这一立队之本。

3 新时代现行消防救援荣誉体系存在的不足

3.1 待遇保障体系有待加强

改革转制后，消防救援队伍面临着任务量大、工作时间长、工作强度大等实际问题。然而，基层消防指战员的基本工资待遇与当前工作量、工作时间、工作强度不相匹配（表1），导致其工作热情受到影响，激发战斗潜力和化解尖锐矛盾的效果不佳。此外，虽然有关部门制定了消防救援人员的社会福利待遇政策，包括子女教育、家属医疗、交通出行等方面的优待政策，但社会上的认可度较低，部分政策在执行时存在落实不到位、打折扣等现象，难以有效保障消防救援指战员的切身权益。在退出安排机制方面，尽管制定了消防员的退出安排机制，但对于消防救援指挥员以及部分政府专职消防员的退出、年满退休的相关具体政策仍不明朗，退出人员待遇安排机制不健全，无法有效调动积极性。

表1 北京高校本科毕业生从业人员信息比较

序号		基本工资待遇（单位：万元/年）	工作时长	工作强度（较低、适中、高）
1	企事业单位负责人	3.84~26.19	8	适中
2	工程技术人员	3.57~15.94	9	适中
3	农业技术人员	2.38~9.23	7	较低
4	卫生专业技术人员	2.88~12.00	11	适中
5	经济和金融专业人员	3.57~17.42	8	较低
6	数学人员	2.42~10.41	7	较低
7	文学艺术、体育专业人员	3.02~13.82	8	较低
8	新闻出版、文化专业人员	3.43~15.59	14	适中
9	其他专业技术人员	3.58~15.64	9	较低
10	办事人员	3.12~13.07	10	适中
11	安全和消防人员		24小时执勤奋战	高
12	其他办事人员和有关人员	3.24~13.72	13	适中
13	批发与零售服务人员	2.71~10.31	9	高
14	交通运输、仓储和邮政业服务人员	3.00~10.13	8	较低
15	住宿和餐饮服务人员	2.52~7.41	13	适中
16	信息传输、软件和信息技术服务人员	3.48~17.34	14	适中
17	金融服务人员	4.83~23.90	8	高
18	房地产服务人员	2.73~9.80	8	较低
19	租赁和商务服务人员	2.45~8.12	10	适中
20	技术辅助服务人员	3.11~11.38	7	较低
21	水利、环境和公共设施管理服务人员	2.23~6.33	9	较低
22	居民服务人员	2.40~7.47	11	适中
23	电力、燃气及水供应服务人员	3.09~13.24	9	较低
24	修理及制作服务人员	3.26~10.53	10	适中

续表

序号		基本工资待遇（单位：万元/年）	工作时长	工作强度（较低、适中、高）
25	文化、体育和娱乐服务人员	2.50~9.49	7	较低
26	健康服务人员	2.50~8.50	12	高
27	农业生产人员	2.10~5.76	9	较低
28	林业生产人员	2.14~6.91	13	高
29	畜牧业生产人员	2.46~7.11	8	较低
30	农、林、牧、渔业生产辅助人员	2.24~7.00	11	适中

3.2 消防救援宣传引导体系不健全

改革转隶后，部分消防救援人员伴随现役身份的转变，自身军人荣誉感逐渐褪去，部分同志奉献意识不强，将消防救援单纯地看作是一个工作，只关注个人利益，荣誉感沦为待遇感。同时，消防救援队伍新的荣誉价值体系并未完全建立，过渡期间内相关法律并未得到较好的完善，致使部分民众对“火焰蓝”还比较陌生，一定程度上影响了广大消防救援人员的荣誉感与价值感。

3.3 荣誉制度体系机制不完善

当前现行的荣誉制度体系过于僵化，不适应消防救援队伍职业化的发展趋势。荣誉表彰制度的具体奖励规定不够精细化，无法适应全灾种、大应急的任务需求，而且荣誉表彰只局限于队伍内部人员，针对队伍外部的社会面群众的荣誉表彰体系尚未明确建立。荣誉表彰全流程机制缺乏紧密性，缺乏规范高效有序的流程机制，并且在申报、评审等关键流程中存在程序不清、申报混乱、评审不科学等现象。此外，消防救援队伍缺乏全过程的荣誉监督机制，只对部分关键环节进行监督，一旦薄弱环节出现问题，将对整个荣誉流程造成不公平后果和恶劣影响。因此，亟待建立一个全面的荣誉表彰政策体系和全流程机制。

4 新时代消防救援荣誉体系建设策略探析

4.1 构建匹配新时代消防职业特点的待遇保障体系

消防救援队伍在应急救援中担任着重要角色，职责范围增大、任务量提升，而各类灾害救援事故的危险性与救援的复杂性也骤然提升。因此，为了充分提升消防职业的荣誉感与认同感，需要提高消防指战员的职业待遇和社会地位。具体而言，需要提高消防指战员的基本工资待遇，并根据不同的岗位发放岗位补贴、地处艰苦边远地区的指战员发放补助、极端恶劣自然环境下的指战员发放补助。同时，应不断完善消防指战员的社会福利待遇，如子女入学、亲属就医、交通出行等方面的社会优待政策，争取更多的专项资金补贴，提高指战员年终绩效、备勤补助等各项补助待遇水平，形成一套兼具合理化与体系化的待遇保障体系。

4.2 构建厚植全社会认同的宣传引导体系

改革转隶以来，党和国家高度重视消防队伍的宣传，设计了特色鲜明的队旗、队徽、队服等，使消防救援队伍的形象逐渐深入人心，为消防安全宣传奠定了良好基础。但由于脱离军队现役体制时间较短，其宣传体系仍有待完善，特别是对外宣传方面需要转变思路、拓展发展模式。因此，建议构建一套对内宣传与对外宣传双轨运行的消防宣传引导体系，加强指战员对消防队伍的认可，切实增强消防救援职业在全社会的认同感，吸引更多高素质人才加入消防救援队伍。对内宣传方面，需要明确宣传对象和荣誉共享方式，拓展宣传渠道和改善宣传方法；对外宣传方面，需要持续宣传火灾防控、培树先进典型、广泛开展消防宣传等，营造浓厚的消防氛围，拓宽宣传渠道并结合现代和传统宣传方式，加强消防职业宣传。

4.3 构建消防职业特点的政策制度体系

建议建立符合消防职业特点的荣誉表彰体系和建立健全的消防救援荣誉项目全流程体制（图1)。其一，在现行荣誉表彰体系的基础上，建议完善国家级荣誉表彰体系，增设国家级消防救援勋章，与消防忠诚卫士共同构建国家级荣誉表彰体系。其二，建议建立针对各类具体灾害救援事故的专项奖章体系，并对消防救援人员的荣誉体系进行科学划分等级，以实现更加便捷的申报和评审流程。建议将新时代消防救援队伍荣誉表彰的对象扩大到整个社会民众，并建立消防救援人员和社会民众荣誉表彰的双轨运行的表彰体系，包括授予“消防救援见义勇为奖章”“消防救援智囊团奖章”“消防救援宣传大使奖章”等荣誉表彰。其三，建立消防救援荣誉表彰体系时，应设立消防救援荣誉评审委员会，分别对不同级别、类别的荣誉项目进行评审授奖。申报流程应严格按照分类分级标准进行，消防救援队伍各级业务主官通过会议研究讨论确定授奖候选人，并上报上级单位的消防救援荣誉评审委员会进行评审授奖。评选候选人应坚持把握三方面原则：授予消防救援人员；纳入政府专职消防救援人员；按照贡献大小划分不同级别的荣誉称号。通过这些完善，可以让消防救援队伍的荣誉体系更加完备，提高荣誉表彰的科学化、系统化和精细化水平，更好地激励消防救援人员的奋斗精神和工作热情。其四，建立消防救援荣誉表彰体系时，需要建立监督机制，以确保评选过程公开透明、公正权威。首先，建议设立消防救援荣誉表彰投诉举报渠道，接受社会各界的监督和举报，保证表彰工作的公开透明。其次，可以通过建立专门的荣誉评审机构，对荣誉表彰的过程和结果进行监督，保证评选的公正性和权威性。最后，可以加强对各级消防救援机构和个人的考核和监督，以确保消防救援荣誉表彰工作的顺利开展和有效落实。通过这些监督措施，可以确保消防救援荣誉表彰的公正性和权威性，更好地发挥荣誉表彰的激励作用。

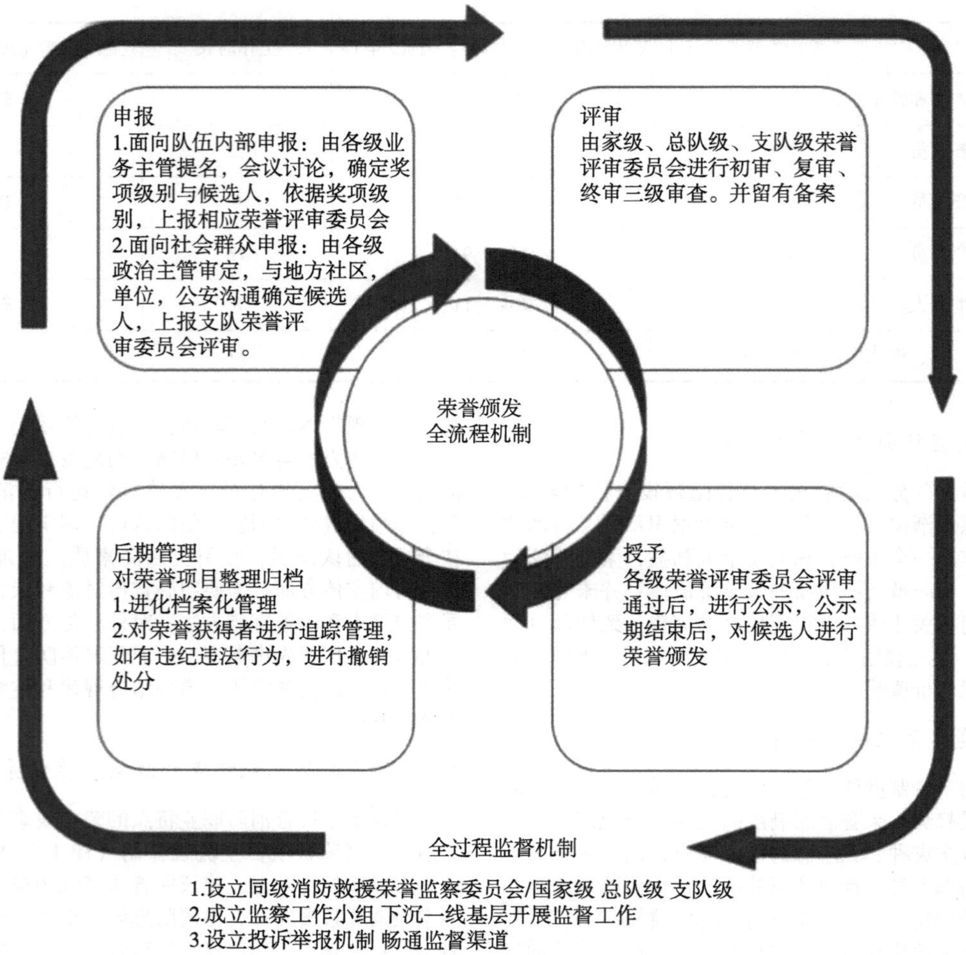

图 1　荣誉颁发全流程机制

参考文献

[1] 周培桂．我国消防救援荣誉制度设计初探 [J]．武警学院学报．2019 (06)：52-56.

[2] 朱晓红，伊强．行政荣誉的内涵解析 [J]．求实．2004 (11)：66-68.

[3] 王霞．论我国法官荣誉制度的建构进路 [J]．江汉论坛．2017 (12)：126-128.

[4] 王理万．国家荣誉制度及其宪法建构 [J]．现代法学，2015，37 (04)：77-88.

[5] 柳原，刘劲松，李飞．关于监狱人民警察荣誉体系建设的思考 [J]．犯罪与改造研究，2019 (06)：26-30.

[6] 游庆涛．论习近平新时代军人荣誉体系的回顾、价值与前瞻 [J]．祖国，2019 (18)：151-152.

[7] 崔金静，高荆梅．建构科学完备的军人荣誉制度框架对策 [J]．办公室业务，2019 (10)：42-43.

[8] 张丽娜．新时代军人荣誉感培育研究 [D]．昆明理工大学，2019.

[9] 安强，刘培江，曹义，徐新文．西点军校的学员荣誉体系介绍及思考 [J]．科技信息，2012 (17)：165-167.

[10] 王宁，刘培江，安强．构建军校学员荣誉体系的初步设想 [J]．科技视界，2012 (22)：103-104.

浅谈如何提升基层街镇消防安全治理能力

田　林

（宝坻区消防救援支队，天津）

摘　要　近年来，由于经济持续快速发展，城市化进程不断加快，至 2021 年末，全国常住人口城镇化率已达到 64.72%。这种超常规的城市发展模式，不仅使人口、经济、产业高度聚集，更使一般“城市病”聚合演变为火灾风险，为此防控城市火灾风险，夯实基层消防安全基础势在必行。创新街镇消防管理模式，完善基层消防工作机制，落实消防安全责任为提升基层街镇消防安全治理能力具有重要意义。

关键词　基层　街镇　治理　责任　消防安全

1 引言

当前，基层消防力量相对薄弱，乡镇街道的职能部门和村（居）委会等群众性自治组织的作用发挥不充分，基层消防安全委员会实体性运作的效果还有待进一步增强，占堵消防车道、堵塞安全出口等违法违规行为尚有存在。因此增强乡镇属地责任和相应职权，提升基层街镇消防安全治理能力十分重要，确立消防安全委员会办公室在基层消防工作中的枢纽地位，建立完善工作例会、业务培训、考核奖惩等工作机制，抓好消防安全重点风险隐患治理。充分调动基层网格力量，强化基层末端治理，贯通拧紧消防安全防范责任链条[1]。结合前期走访调研情况和当前基层消防管理体系，现就基层街镇消防安全治理存在问题及对策措施浅谈如下：

2 当前火灾形势特点

随着经济社会的高速发展，致灾因素不断增多，火灾危险系数不断加大。分析近年来的火灾情况，主要特点有：一是火灾数量持续多发高发。虽然重大火灾事故发生的几率较小，但大量低等级火灾导致的人员伤亡和财产损失依然较多，社会面临的消防安全形势依然严峻，火灾多发高发的态势没有得到根本改变。二是从发生火灾的直接原因来看，电气和人为因素是主要原因，尤其是农村地区建筑老旧，电气线路没有进行安全防护，年久失修，容易导致起火。部分群众卧床吸烟、乱扔烟头等行为也易引发火灾重要因素。三是从起火场所来看，乡镇民宅及用于生产经营的自建房耐火等级低、防火分隔不到位、缺乏必要的消防设施，是火灾多发场所。

3 当前基层消防治理工作中存在的问题

3.1 消防主体责任落实不到位

基层消防管理工作职责上主体意识淡薄，基层消防工作弱化、日常消防失控漏管、社会化末端治理边际效应锐减等现象仍存[2]。单位消防安全主体责任落实不力，对消防安全的漠视导致了大量从业人员不掌握消防法律法规、自救逃生常识和扑救初期火灾技能方面的知识，加剧了消防安全形势的不稳定。

3.2 基层消防安全监管力量不足

基层消防管理人员配比不平衡，虽然全区各街镇均已挂牌成立基层消防安全委员会，但从实际运行情况看，受人员编制、办公条件、一岗多职等方面限制，致使部分镇街工作还浮于表面，基层消安委运行“空转”，消防监管“末端触角”乏力，街镇消防监管工作陷入无人组织、无人牵头的“困局”[3]。

3.3 公共消防基础设施建设滞后

近年来，各街镇已加大了消防经费投入力度，解决了大量的困难和问题。但由于受到多方面的影响，消防经费投入总量较小，装备建设仍然达不到标准，公共消防设施建设滞后现状未能得到根本扭转，且大部分村落未建立义务消防队，消防水池、消防泵、水带、水枪等基础设施缺乏。

3.4 基层群众消防安全意识淡薄

部分经营场所对消防工作重视不够，缺乏自主开展消防安全工作的主动性，不愿意投入时间、精力、资金进行整改，各类风险隐患大量存在，事故总量仍然高位运行。部分居民家庭使用大量易燃可燃物进行室内装修，电气线路、设备、选型、安装不合规范，增加了家庭火灾荷载量。

3.5 街镇统筹协调作用发挥不充分

街镇对村（居）委员会履行消防工作职责督促指导不到位，对网格员、两委工作人员及公安民警等多种力量开展隐患排查整治没有很好的统筹形成合力，致使多种力量各自为战，难以形成优势力量消除隐患。在面对较为严重的隐患时，部分街镇执法人员甚至存在畏难情绪，不愿意花时间和精力去推动整改，实施消防监督执法还处于“推推动动、不推不动”的状态，导致执法工作开展不均衡。

4 加强基层消防治理对策及实施建议

4.1 全方位考核，狠抓责任落实

按照“党政同责、一岗双责、齐抓共管”和“管行业必须管安全、管业务必须管安全、管生产经营必须管安全”的要求，进一步强化责任意识、安全意识、红线意识，压实工作责任，明确基层消防站所责任清单，实体化运行消防安全委员会，并建立与基层消防安全综合治理工作相匹配的抽查、督查、检查等闭环绩效考核制度，将基层执法工作成效纳入政府年度目标责任考评、政务督察、社会管理综合治理、网格化管理等检查考核和相关工作人员绩效考评内容，实现工作职责清晰、分工明确、协作高效。同时，要健全完善会商研判、问题督办、警示约谈等制度，推动落实街镇消防安全管理责任，确保基层消防工作真正落地见效。

4.2 加大指导服务，提升业务能力

将街镇消防力量建设积极融入辖区基层治理发展体系，根据辖区经济发展、行业特点、人口布局等情况，合理编配各类基层消防工作人员数量，通过增加调配编制、增配专职人员、第三方购买服务等方式，充实配齐人员队伍、落实专人专岗、解决办公场所，保障日常工作需求，并充分发挥街镇网格员、公安派出所民警情况熟、距离近的优势，大力构建农村消防安全管理“监管网络”。同时，推行基层执法培训制度，明确消防监督人员下沉蹲点，采取跟班作业、集中学习等方式进行面对面、一对一帮扶，并建立执法信息闭环互通反馈机制，及时传达上级指示精神，积极部署要点事项，快速反馈工作难题，真正把消防安全管理工作拓展延伸到防控“最末端”。

4.3 加快基础建设，提升保障能力

遵循“政府负责，落实规划，不欠新账，快补旧账，健全设施，加强管理”的指导思想，推动公共消防设施建设。要紧紧抓住社会主义新农村建设，统筹协调发改、农业、扶贫、电力等部门把基层消防安全纳入规划，推进农村寨改、房改、灶改、水改、电改、路改等“六改”工程。加快安装消火栓、修建消防水池和天然水源取水设施，增设独立式烟感报警器安装范围，确保公共消防设施建设与城镇建设同步实施，立足于处置火灾和抢险救援任务的需要。同时，要增强基层初期火灾扑救力量，建立以消防支队为主体、以企事业专职消防队为辅助、以志愿消防队和相关专业力量为补充的覆盖城乡的灭火救援力量体系，采取强有力的措施加快推进灭火救援力量网络体系建设。

4.4 坚持靶向发力，整治隐患顽疾

推动落实镇街、社区、村庄和物业、网格消防责任，并针对辖区不同产业特点、建筑特点和风险特点，有的放矢组织集中整治，对经济开发区、工业园区，要严格准入审批，

提高安全防范等级；对老旧高层住宅、沿街店铺、“三合一”场所、村（居）民自建房、小型生产加工企业、群租房、养老院等场所，要坚持分类施策、分类管控；对违规使用易燃可燃彩钢板、电动车违规停放充电、违规住宿、违规封堵逃生窗口等突出问题，要集中攻坚、精确打击。针对屡查屡有、屡罚屡犯、隐患突出、要钱不要命的单位，要严格按照“四铁”“六必”要求，该查封的查封、该关停的关停、该移送的移送，让违法者付出代价、寸步难行。

4.5 严格基层防控，遏制亡人火灾

针对农村社区“小火亡人”火灾多发情况，各街镇、公安派出所要指导村（居）委会切实履行消防管理职责，建立“实名制”消防责任体系，贯彻农村（社区）防火公约。组织镇街、社区（村）居委会、网格员排查辖区单位居民特别是弱势群体情况，建立邻里帮扶机制，划分若干片区，成立互助组织，落实保障措施，并按照“周提示、月检查”要求，上门宣传消防知识、查找火灾隐患，落实紧急情况时的救助方案和人员。同时，要继续加大科技研发力度，研发更具操作性、实用性的新型装备，推进消防成果实战应用。推动安装经济适用的独立式火灾探测报警装置和简易喷淋系统，引导使用阻燃床单被罩等物防措施，着力破解“小火亡人”难题。

4.6 强化宣传教育，培养防灾意识

全区要深入推进消防安全宣传“五进”工作，落实好街镇和行业部门消防安全教育职责，推动将消防安全宣传教育纳入文明村镇创建、社会治安综合治理和普法教育、科普推广内容，广泛普及消防知识。充分利用全民消防安全学习平台、各类媒体平台和宣传栏、标语海报、演出活动等，开展贴近基层实际的经常性消防宣传活动。加强村（社区）“两委”成员、网格员、物业管理人员以及群租房业主、人员密集场所负责人消防培训，提高消防安全能力素质。督促乡镇企业单位建立常态化全员消防培训制度，落实入职必训、定期培训、转岗轮训等要求，提升火灾防范意识。

参考文献

[1] 焦清太．分析网格化在消防安全管理中的重要作用[J]．消防界（电子版），2020，6（20）：85-87.

[2] 陈全．基层消防监督检查的现状及发展探究[J]．消防技术与产品信息，2015（05）：61-63.

[3] 李梅颂．加强新时期乡镇地区消防安全监管的几点思考[J]．武警学院学报，2017，33（06）：85-88.

以全国现代化指挥中心建设试点为牵引探索构建一体化实体化实战化值班值守体系

刘嘉 兰臻 吴林森

（四川省消防救援总队成都支队，四川 成都）

摘 要 全勤指挥部是灭火救援体系的中枢指挥单元，是作战指挥调度的第一响应团队。全勤指挥部实体化运转，对于加强战备值班建设、整合指挥处置能力、提供科学决策支持等具有重要实战意义，为了深入贯彻落实部局和总队“一体化”战备值班值守工作要求，构建反应灵敏、职责明确、运转高效的常态值守体系，提升指挥调度和应急响应能力水平，成都支队以全国现代化指挥中心建设试点为牵引，因地制宜探索落实“一体化”战备值班值守制度，确保指挥中心和全勤指挥部实体化实战化高效运行。

关键词 消防 火灾扑救 指挥中心 值守

1 引言

成都市作为实际管理人口超2000万的超大城市，因特殊地理位置和季节特点，常年处于“冬春防火、夏季防汛、四季防灾、全年防震”的状态，各类警情任务较重，成都消防常年年接处警任务量超4万起，居同类城市前列。建设现代化指挥中心，是实现“一体化”战备值班值守的前提和基础，是筑牢省会城市超大城市消防安全最后一道屏障的内在要求和客观保证。

2 把握“一体化”战备值班值守工作的重要意义

2.1 坚持政治导向

立足使命职责和岗位职能，在顺应大势方面深化认识找准定位。新时期全市消防救援队伍有效履行主力军国家队职能使命、适应全灾种大应急任务要求。落实“一体化”值班值守，必须高度重视全勤指挥部能力建设和作用发挥，着力扭转把值班常态化等同于工作平常化、把值班岗位主责主业等同于次要工作兼职副业的观念偏差，增强“警情就是命令、席位就是阵地、值班就是战斗”的战备意识，从思想上认识上行动上切实担当履职。

2.2 坚持问题导向

立足地域特点和警情规律，在服务大局方面深化认识找准目标。改革转隶特别是全国智能接处警及智能指挥系统推广建设视频部署会以来，成都支队按照局党委对加强和规范指挥中心建设，建设现代化指挥中心的系列决策部署，瞄准“全国一流，示范引领”的建设标准，以实现“五个一流”（一流指挥理念、一流指挥环境、一流指挥体系、一流指挥机制、一流指挥能力）建设为目标，全面提升数据研判、精准受理、科学调派、智能辅助能力，切实将指挥中心建成信息中心、调度中心和决策中心，构建横向对接有序、纵向指挥顺畅、前后协同有力的调度指挥体系。

2.3 坚持务实导向

主动与市发改、应急、财政等部门对接协调，推动将项目建设纳入市政府《应急救援能力提升行动实施方案

(2020-2022年)》落实资金保障，并同步纳入《成都市“十四五”消防规划》分解任务跟踪推进落地。抢抓省“两项改革”机构改革机遇，推动将指挥体系建设纳入《成都市提升基层应急管理能力工作方案》，将基层“一主两辅”队伍纳入“一体化”战备值班值守指挥调度体系，打通了值班值守触角向下覆盖延伸的“最后一公里”。抢抓“智慧城市”科技发展机遇，考察南京、济南、南宁、苏州、上海、北京等发达城市消防指挥中心建设管理先进经验，学习武汉、杭州支队等指挥中心先发建设单位加强业务交流，借鉴成都市网络理政、城市运行、轨交运营、机场运营、110指挥中心、120指挥中心以及中国电科十所、二十九所等单位的先进技术理念和管理模式，加强与华为、腾讯、新华等大型科技公司的技术交流、引进和转化，从更高层次、更广视角科学部署推进“一体化”战备值班值守工作。

3 提升“一体化”战备值班值守工作的能力水平

3.1 出台“一体化”值班值守的制度规范

规范明确工作标准。定岗定时定责。出台支队《值班管理规定》，明确“一体化”值班值守内容，明确要求当日全勤指挥部值班岗位人员应24小时在营区内值班。其中，指挥长、调度助理、通信助理和行政助理于9：00-11：30、14：30-17：30和18：30-20：00在11楼指挥大厅固定席位坐班值守，分别做好组织协调、接警调度、通信保障和信息处理工作。其他岗位人员按照指挥长工作安排和任务要求，随时到指挥中心开展工作。闻警快速响应。当日值班岗位人员须随时携带800M手持电台并值守“消防指挥组”频道，同时保持电话畅通。接到指令后，应在1分钟内（夜间3分钟内）到达指挥大厅参与指挥调度，或应在3分钟内完成集结登车出动。全勤指挥部遂行出动时，通信保障模块要随警出动，保障指挥通讯，回传实时画面。加强请示报告。视警情等级或事件敏感程度，值班指挥长应及时向总指挥、带班首长请示报告情况、提出工作建议，并按照总指挥、值班首长指令，组织各值班岗位人员、协调有关处室共同抓好工作落实。行政助理应及时编写书面情况，逐级报请值班领导审阅，并按领导要求做好信息上报工作。严格值班管理。值班指挥长要对支队全勤指挥部值班值守、交班接班、签到签退等管理秩序加强监督落实，并组织对大队、队站值班情况进行不定时随机视频抽查点名，掌握战备状态。

3.2 探索“一体化”值班值守的配套机制

丰富拓展工作内涵。探索实战化指挥专席机制。指挥大厅接处警席位从指挥调度、辅助决策、信息处理、安全管控、系统维护等等方面进行专业化分工，并根据灾害类型、警情等级和发展阶段（事前事中事后）等实战需求，灵活采用不同的分组方式，通过“首席”带“专席”协同作业的模式，创新接、调、处全流程专业化指挥编组作业操法。探索网格化片区指挥机制。围绕省委“一主两辅”力量建设核心任务，结合成都实际，拓展提出构建“一主两辅N协同”基层应急力量体系，加快推进完成中心消防站、镇街应急队、村社应急分队、微型消防站及其装备、人员达标建设，做实做细建设标准、职责任务、训练演练、管理保障、考核奖惩“五张清单”，理顺联训、联战、联调、联勤、联防“五联机制”。以大队级指挥中心正规化建设为载体，完善片区指挥长轮值机制，将成都全市分为中心（机动）、东、南、西、北、成灌6个片区，平时由片区内大队值班领导轮流担任片区指挥长，特殊时段升级为支队分管领导担任片区指挥长、各大队值班领导担任本片区子分区指挥长，统筹调度本片区各网格的“一主两辅N协同”力量，形成“市—区（市县）—镇（街）—村（社）”四级力量调度体系，打通灭火救援指挥体系的“最后一公里”。探索一体化空地询情机制。利用多种手段，探索实现灭火救援现场的全维信息感知功能，为辅助决策指挥提供态势情报支撑。空中，探索组建无人机、直升机前出侦察小分队，综合运用空中机载平台、高点监控探头等设备，在出警力量到达前，对现场灾情实施远程侦察、图像分析、先期研判。地面，借助多种车载、单兵侦检仪器和物联传感设备，到场后第一时间进行现场环境检测分析，并对现场环境和人员、装备等状态数据进行全程实时监测预警，为现场救援方案制定和安全管理提供科学依据。

3.3 做强“一体化”值班值守的科技支撑

赋能革新工作模式。多模态接警。采用微信、APP、技防等接报警方式，进一步拓宽了接警渠道。充分运用智能化技术和多种定位手段，实现语义提取、自动填单、关键词提醒、警情定位，切实提升警情录入效率和警情定位成功率和准确率。预警性提示。一旦通过语音识别灾情地点、灾情类型，系统自动向分析出的最优队站发送出警预警信息，提升执勤队站快速响应能力。一键式调派。分灾种、分等级建立智能调派模型，提供就近调派、模块调派、预案调派、圈层调派、梯次调派等多种选项，“一键式”智能派单，并同步推送处置要点和安全提示，持续迭代优化算法，为调度指挥减负、提质、增效。智能化研判。自动判定警情等级，对周边力量、资源、防护目标、风险隐患、避难场所等进行决策分析，自动生成救援报告和专题图等。自动匹配专家、联动单位等，自动生成最新灾情简报、统计各类灾情数据报表。探索多途径接入航空航线、客运班线、高铁路线等数据，智能规划救援力量运载方式和行进路线。在统建标准基础上，新增超高层、轨道交通、大型综合体、危化品等专项研判的功能模块。可视化协同。在通信指挥车、虚拟数字沙盘、互动投影终端等多终端跨平台场景，积极开发协同标绘、可视部署、融合分析等应用。在全国消防“一张图”标准建设基础上，新增本地地图数据建设，并引入大数据分析技术和社会单位实时地图数据，为实战运用提供最新鲜活的数据；基于三维可视化技术创新作战指挥模式，在传统二维地图应用基础上推进三维地图应用，推进空间化救援作战部署的实战应用。全天候通讯。探索在公网通讯瘫痪等极端情况下，采取共享无人机平台数据、租用社会单位无人机设备、及部分设备自行建设相结合的方式，为区域性救援提供应急通信保障。

4 保障“一体化”战备值班值守工作的高效运转

4.1 建强人员团队

形成人才梯队，储备人力资源。优化配强指挥团队。将灭火救援业务理论扎实、实战经验丰富、指挥能力突出的机关干部配备到战斗值班岗位（指挥长、调度助理、通讯助理、侦察助理、供水助理、安全助理），由女干部担任行政助理，科学分工协作，提高专业指挥、联合指挥水平。加强专业知识学习。灭火救援指挥部牵头，每月至少组织一次业务理论集中学习。各值班岗位人员也要围绕本岗位任务需求，主动加强对相关岗位职责、业务理论、工作制度、实战案例、装备使用等专业知识的学习和研究。定期开展熟悉拉练。灭火救援指挥部牵头，每月至少组织一次辖区情况实地熟悉，每周至少组织一次遂行出动响应拉练，并做好总结讲评。可将真实出警行动作为拉动训练情景，以战促练。

4.2 落实专业装备

强化专情关怀，提供专职保障。为“一体化”集中坐班部署专用指挥设备和系统，准备咖啡茶水和点心，营造正规化、人性化的值守环境。办公室和勤务站每日安排1辆应急牌照002指挥车、1辆应急牌照备勤指挥车及各1名驾驶员进行随长出动备勤，以及安排落实指挥车、通信车及其驾驶员进行遂行出动保障。后勤装备处落实全勤指挥部出动着装及照明、防护等各类装备器材保障。信息通信处落实全勤指挥部值守和出动所需的各类个人通讯装备器材保障。

4.3 严明纪律规矩

严格奖惩实施，严肃问责问效。全勤指挥部各值班岗位人员应严格按照支队《值班管理规定》的岗位职责分工和值班制度要求全面履行值班职责。值班期间，违反值班管理规定，造成工作失误和负面后果的，可按有关规定和程序，对相关人员作出约谈检讨、通报批评、扣发值班补贴等处理，情节严重的可研究给予纪律处分。

5 结论

立足时代机遇和发展任务，在成就大事方面深化认识找准支撑。解放思想观念，深刻认识把握“一体化”战备值班值守工作的重要意义，抢抓“十四五”发展改革机遇，将“一体化”战备值班值守工作纳入现代化中心建设的重要内容，创新工作举措，扎实推进提升“一体化”战备值班值守工作的能力水平，创新工作举措，全面服务保障“一体化”战备值班值守工作的高效运转。

参考文献

［1］李林壁，周清宇．浅议消防作战指挥中心扁平化指挥体系建设［J］．科技风，2013．

［2］徐娟．扁平化指挥在消防指挥中心建设中的应用探讨［J］．科技创新与应用，2015．

［3］王林．灭火救援指挥扁平化探析［J］．武警学院学报，2012．

［4］侯忠辉．消防灭火救援移动指挥系统设计［J］．计算机安全，2014．

对基层消防监督管理力量建设的思考

——以石家庄市为例

牛玉婵

（石家庄市消防救援支队，河北　石家庄）

摘　要　基层消防监督管理力量的建设，对推进乡村（街道）消防工作、构建全方位消防监督体系具有重大意义。本文结合石家庄市基层消防监督管理力量建设工作实际情况，对该市基层消防监督管理力量建设的背景、存在薄弱环节进行分析，在总结该市基层消防监督管理力量建设经验做法的基础上，提出优化机制、增派人员、法制支撑、防消结合等基层消防监督管理力量建设方面的建议，以期为推动基层消防监督管理力量建设全面提升提供启发。

关键词　消防监督管理　基层力量　实践

1 基层消防监督管理力量的定义

在现有文献资料与实践工作的基础上，本文对基层消防监督管理力量作定义如下：在乡镇（街道）建立消防救援所（站）等专门机构，配备专兼职消防工作人员，承接社会面火灾防控和专职消防队伍管理的职能，明确承担的消防行政执法事项，全面统筹乡镇（街道）消防工作。

2 我国基层消防监督管理力量建设概述

近年来，“小火亡人”事故在全国范围内接二连三发生，不少地区面临着不同程度的消防安全治理疲软无力、基层消防救援力量薄弱、防灭火质效不高等现实问题。党中央、国务院全面开展基层治理体系和治理能力现代化建设，发布实施《“十四五”国家消防工作规划》[1]，统筹推进城乡消防安全治理，增强基层乡镇（街道）消防工作能力，提升防范抗御火灾水平，实现基层消防管理和消防力量全覆盖，筑牢社会火灾防控人民战线。2021年11月，应急管理部消防救援局印发《关于加强基层消防力量建设和火灾防控工作的指导意见》以来，全国已挂牌成立1.4万余个乡镇（街道）消防站（所），配备6.3万余名专职工作人员。[2]河南省以“一队一中心”构建基层消防治理新格局，山东日照、德州市通过增设事业编人员充实基层消防救援力量，江西赣州市、福建三明市、江苏宿迁市、湖北鄂州市、浙江绍兴市、天津北辰区、贵州六盘水市、广东汕尾市等地创新突破，在乡镇（街道）设立消防所（站）等专门机构，委托或授权基层开展消防执法，探索出了适合本地增强消防末端治理的现实路径，建设成效较为显著。

3 石家庄市推进基层消防监督管理力量建设的背景

石家庄市共有220个乡镇、60个街道办事处，820个社区居委会、4116个行政村。总面积为1.45万km^2、常住人口为1120.47万人。主城区面积2206km^2、主城区常住人口326.24万人。主要产业结构为农业、工业和服务业，2022年全市生产总值7100.6亿元，比上年增长6.4%。2018年至今，石家庄市共发生火灾一万九千余起，造成64人死亡，49人受伤，直接财产损失约三亿一千万元。电气仍然是该市引发火灾的主要原因，占总数的36.4%；居住场所的火灾起数与亡人数居高不下，占总数的30.5%与84.4%；农村火灾占总数的47.8%，城市市区占总数的27.8%。近年来，在该市居民家中、自建房、“三合一”“多合一”等场所发生的火灾事故较多，社会影响较大，“小火亡人”是影响该市消防安全稳定的难题之一。

2021年12月，河北省消防救援总队印发《加强基层消防力量建设和火灾防控工作任务分解表》，在全省范围内部署相关工作。2022年6月印发《关于进一步推进基层消防监管力量建设的通知》，从用好高位平台、明确重点任务、全力攻坚推进、健全长效机制四个方面提出了要求。实践证明，加强基层消防力量建设是应对“小火亡人”的重要举措。针对该市火灾防控重点难点，结合经济发展与基层治理体系，推动基层消防监督管理力量建设势在必行。

4 石家庄市基层消防监督管理工作存在的薄弱环节

随着经济与社会的发展，新业态风险的不断增加与基层消防工作的持续空转，逐渐形成影响该市火灾形势稳定的叠加效应。

4.1 行业部门消防安全监管责任落实不到位

《消防法》明确规定，要实行消防安全责任制，建立健全社会化的消防工作网络。社会面火灾防控的重点已经从传统的“管事”向新阶段的“管人”模式转变，对社会单位的“保姆式”服务与监管已不再适应现实需求。近年来，该市社会面火灾防控工作的思路已改变之前消防救援机构“单打独斗”的局面，但消防安全责任与工作压力传递不畅，乡镇（街道）消防站区域协作意识不强，行业部门监管职责边界不清，对监管责任认识不到位，部门消防安全管理制度和消防安全标准化工作不健全等问题仍然存在，尚未形成全面有效的消防安全监督管理局面。

4.2 单位消防安全主体责任落实不到位

2017年10月29日，国务院办公厅印发《消防安全责任制实施办法》，提纲挈领地明确了消防安全责任。石家庄市于2018年出台《石家庄市消防安全责任制规定》，2019年出台《石家庄市物业消防安全管理办法》，对消防安全主体责任作了细化与补充。但实践中，单位主体责任意识普遍不强，对消防工作的重要性认识不到位，囿于专业知识的缺失，对身边的消防安全隐患视而不见、置若罔闻；在消防救援机构指出存在的消防安全隐患后，整改速度也较慢，没有正确树立消防安全“主人翁”意识。

4.3 基层消防安全网格化治理水平不高

部分乡镇（街道）虽有消防组织架构，但网格组织形同虚设，日常消防安全排查整治和宣传教育等工作尚未有机融入网格化综治管理体系。消防宣传教育与应急演练浮于表面、流于形式，群众了解消防知识的渠道较少，既缺乏必需的消防常识，又缺少应有的安全意识。石家庄市社会治安综合治理信息系统“消防”模块使用频率较低，基层消防安全治理“最后一公里”有待完全打通。

4.4 农村地区火灾防控力量薄弱

农村地区消防基础设施缺失较多，部分农村缺少消防水源，道路狭窄且限高，消防车通行困难，容易贻误最佳救援时机。自建房、“多合一”场所众多，公共消防设施不足，维护管理不到位。微型消防站建设进展缓慢，队员业务素质较低，自防自救能力不足，不能满足对于微型消防站人员素质、出动速度的要求，易造成财产损失与人员伤亡。

5 石家庄市推进基层消防监督管理力量建设实践探索

5.1 推动消防安全委员会实体化运行

为改变消防安全委员会消防救援机构“一肩挑”问题，履行好消防安全综合监管职能，推动消防安全责任制落实，2022年10月17日，石家庄市消防安全委员会印发《落实省消防安全委员会办公室实体化运行机制的办法》，明确要求市、县、乡三级消安委办公室实体化运行，实现专人专职、专岗专责、专事专管，全面规范工作流程、职责任务，发挥消防工作“主推手”作用，提升消防安全综合监督管理质效。

5.2 规范乡镇（街道）消防工作站运行

2022年7月8日，石家庄市消防救援支队印发《关于进一步推进基层消防监管力量建设工作方案》，分三个阶段规范消防工作站运行，要求各县（市、区）依托乡镇街道社会治理和应急管理办公室挂牌成立消防工作站，夯实基层消防工作基础。8月24日，市消安办印发《关于规范乡镇街道消防工作站运行工作的通知》，明确了乡镇（街道）消防工作站消防检查、工作例会、请示报告、学习培训、消防宣传教育、工作指导、执法移交、工作奖惩、档案管理九项工作制度。9月6日印发《关于规范乡镇街道消防工作站运行工作的补充通知》，完善了乡镇（街道）消防工作站法律文书与相关档案。截至目前，该市280个乡镇（街道）已全部挂牌成立消防工作站，授权或委托43个消防所（站）承担消防行政执法事项，调剂有编制的防火力量318人，配备专职消防网格员1748人。

5.3 研讨委托执法事项

2022年7月19日，石家庄市消防救援支队邀请省消防救援总队、市中级人民法院、市司法局等部门工作人员、高校法学教授、知名律师等召开乡镇（街道）委托消防行政执法工作座谈研讨会。结合国家政策方针、该市地域特点和乡镇（街道）消防执法现状，从立法途径、法律依据、执法程序、执法监督、执法保障等方面提出建议，为该市基层消防监督管理力量工作提供了法律指引和政策支撑。

5.4 分类进行试点建设

该市经过调研，以经济总量大、人口数量多、企业规模大为标准，选取裕华区裕东街道办事处和辛集镇人民政府作为先行推动基层消防执法力量建设试点。裕东街道办事处辖区常住人口10万人，辖区面积7km^2，主要产业结构是楼宇经济、特色品牌街区，下设20个社区。区政府牵头，相关部门配合，裕东街道办事处依托应急管理办公室挂牌成立了消防工作站，分管消防工作的副职领导兼任消防工作站站长，明确1名事业编工作人员专职负责消防工作。辛集镇实际居住人口22.68万人，耕地5.5万亩，地域面积75平方公里，辖34个街村、24个社区。挂牌成立消防工作站，配备2名专职人员、5名兼职人员开展消防执法及消防宣传培训工作，采取租车形式满足执法需求，统一消防监督检查服装。2022年8月3日出台《辛集市消防行政执法委托执法实施细则》，明确了乡镇实施消防行政执法委托执法的事项、管辖范围、执法程序等事宜。

6 推进基层消防监督管理力量建设的建议

笔者认为，该市基层消防监督管理力量建设可从优化机制、增派人员、法制支撑与防消结合等方面入手，从而构建起消防“事事有人抓、有人管、有措施、有手段”的基层消防安全治理体系。

6.1 充实基层消防监督管理力量

囿于编制紧张等客观原因，该市目前基层消防监督管理力量较为薄弱。消防救援机构下一步可积极争取市政府和有关部门的支持，对接协调市委编办等部门，出台符合该市实际的推进方案；可借鉴公安部门招聘辅警、公益岗位人员等形式，或采取购买社会服务形式，探索实行“事业编人员辅助执法、消防文员骨干包联帮扶、网格员固定服务、消防救援站共同参与”的工作模式，解决基层“短腿”问题。

6.2 加强基层消防网格化建设

着力推动基层消防安全网格管理良性循环发展，在街道以社区为单元，在乡镇以行政村为单元，以网格化压实公安派出所及行业部门监管责任，形成火灾隐患排查、移交、督办、整改等全环节全链条监督管理机制。推动各乡镇（街道）将消防工作纳入综治平台，实施综合治理，运用基层网格管理信息化系统，提高火灾防控科技化水平，全面推行居民住宅消防安全“楼长”制，将消防安全管理的触角延伸到基层最末端。

6.3 推动防消结合

《消防法》明确，消防工作要贯彻预防为主、防消结合方针。结合辖区消防队站建设，将乡镇消防工作站与乡镇专职消防队相融合，进行有效统一，实现智能报警与消防救援的联动，最大限度地减少接出警时间，做到发现火灾、及时处置，积极打造融“消防工作站、消防救援站、消防宣传站、智能监控站”于一体的全新运行模式，实现网格一体化、救援实战化、宣传常态化、监控智能化，进一步提升基层消防监管效能。

6.4 明确消防委托执法

目前，该市乡镇（街道）消防委托执法缺少相关法律与法规的支撑，行使消防行政执法尚无统一明确的依据，导致该市乡镇（街道）消防工作内容主要为辅助监督检查与消防宣传教育，在一定程度上制约了工作的有效开展，亟需全市范围内进行统一与规范。可考虑协调市人大立法委、市司法局等部门，对《石家庄市消防安全责任制实施办法》予以修订，明确执法主体、执法事项、执法程序等在内的消防救援机构委托执法事项，赋予乡镇街道一定的消防执法权，破解基层消防治理权责不对等问题。

参考文献

［1］张高潮，楚志勇．构建新时期中国特色消防救援力量体系的探索与思考［J］．中国消防，2020（05）：20-22.

［2］彭景晖．消防救援力量在基层［N］．光明日报，2022-11-9（12）.

［3］袁利锋．强化基层消防力量建设的初探——以河南省“一队一中心”工作为例［J］．消防界，2022（05）：76-83.

“大兴调查研究”背景下对消防事业发展“十四五”规划中期评估工作的思考

时颖倩

（唐山市消防救援支队，河北 唐山）

摘 要 中期评估是规划实施的重要监测途径和推动规划有效落地的重要手段，笔者从中期评估对促进目标落地的重要性、评估工作思路、难点、方法和指标体系的构建等方面，对当前在全国范围内开展的消防事业发展“十四五”中期评估工作进行探讨，认为要在充分调查研究的基础上，结合发展形势建立科学评估机制，促进规划指标有效实施。

关键词 消防“十四五”规划 中期评估

1 引言

2018年11月，中共中央、国务院发布《关于统一规划体系更好发挥国家发展规划战略导向作用的意见》，《意见》指出，规划编制部门要组织开展规划实施年度监测分析、中期评估和总结评估，鼓励开展第三方评估，强化监测评估结果应用。2021年3月，《中华人民共和国国民经济和社会发展第十四个五年规划和2035远景目标纲要》进一步明确了规划实施机制和系统部署，其中把“加强规划实施监测评估”作为规划实施机制的重要内容，加强了规划实施评估的顶层设计和指导。2月28日，“十四五”规划实施中期评估工作启动会在国家发展改革委召开，随即，包括消防事业发展专项规划在内的各专项规划也有序启动中期评估工作。

针对消防规划的现有研究，多关注于城乡消防专项规划，重点在于消防站部局、消防水源、救援装备和消防通信建设等方面，有相关的技术标准作为依据。但对于覆盖全领域的消防事业发展规划的编制和评估，研究文献很少[1]，对于绝大多数基层消防救援机构工作人员来说，还属于较为陌生的探索性前进领域。消防事业发展五年规划的评估工作，需要树立系统思维，加强消防救援事业前瞻性思考、全局性谋划、战略性布局、整体性推进。坚持消防工作与城市建设同步发展，自觉把消防工作融入城市发展战略。笔者作为基层消防机构从事此项工作的人员之一，在当前“大兴调查研究”的背景下，结合调研和自身工作体会，对中期评估工作的重要意义、评估思路和方法、指标体系构建、评估难点进行探讨。

2 消防事业发展“十四五”规划中期评估的重要意义

2023年是全面贯彻落实党的二十大精神的开局之年，是国家综合性消防救援队伍整合改革的关键之年，也是消防事业发展“十四五”规划实施承前启后的关键之年。“规划即法、执法如山”，中期评估是规划全周期实施推进不可或缺的一步，是考量、监测规划实施的主要手段，也是修正、完善规划编制和规划管理的重要依据。

消防事业发展“十四五”规划是重要专项规划之一，同样需要通过中期评估，对过去两年多工作开展情况进行有效监测，把脉发展动向，总结工作经验、找准问题不足，进而靶向调整和改进工作思路和方法。一是系统总结两年多来的工作成效，系统梳理总结各类规划目标指标、主要任务和重大工程实施情况；二是找寻问题短板，通过数据分析、调研走访等多种途径，找到影响规划目标工作推进的壁垒，分析原因提出对策；三是研判“十四五”中后期国民经济总体发展形势以及消防事业发展环境，对下一步工作目标进行调整和完善。此外，消防事业发展“十四五”规划，首次涉及未来十五年远景规划目标，更需要定期对系统性、阶段性发展进行评估预判，以完成五年规划目标之间的有效衔接和连续。

3 中期评估的方法及指标体系的建立

3.1 自评与第三方评估相结合

消防事业发展专项规划评估，需要一定的专业性，即需要有“消防”的专业性，也需要有“评估”的专业性。需要消防救援机构与第三方评估机构有机融合，消防救援机构提供评估的内容、重点和目标，把准评估方向，由评估机构从第三方的角度进行统计分析和评价，尤其更有利于从群众的角度评价消防工作，保证结果的公正和客观。

3.2 点与面相结合

既要聚焦核心指标、主要任务、重大工程等重点事项，也要兼顾消防安全责任体系构建、公共消防设施建设、重大消防安全风险防控、综合应急救援能力提升等重点领域。

3.3 定量与定性相结合

消防事业发展“十四五”规划，制定了约束性和预期性核心数据指标，可以通过数据统计进行定量分析，比如10万人口火灾死亡率、10万人拥有消防救援站比例、市政消火栓建设提升数等，通过数据分析结果的角度，来体现全社会防范化解消防安全风险和应对处置各类灾害事故的能力的变化和提升。但是，并不是所有工作都可以用数字来直观地展现，比如消防安全责任体系构建方面，需要通过实地走访、调查问卷等形式，对各级政府、相关部门的职责落实效能，社会单位落实主体责任效能以及全民消防安全责任意识等多个方面进行调研，将调研资料通过理论分析法、对比分析法进行评价。

3.4 科学制定评估体系架构

评估需要将评估的目标内容进行细化分解，形成可统计指标体系，探索构建符合规划评估特点、具有较强针对性的评估指标体系，制作基础资料清单；根据清单内容不同，通过统计、函调、走访、问卷等多种途径收集相关资料；对利用定量、定性等多种方法分析研判，图1为规划评估流程图。影响评估结果最关键的一步，是将评估目标转化为评估指标体系的过程。通常，可使用层次分析法，建立层级指标分析架构，图2是以某地消防事业发展规划中期评估为例，根据规划目标内容建立的评估体系架构。

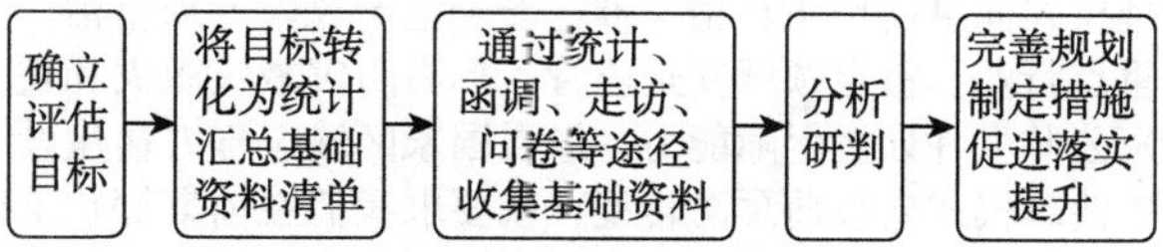

图1 规划评估流程图

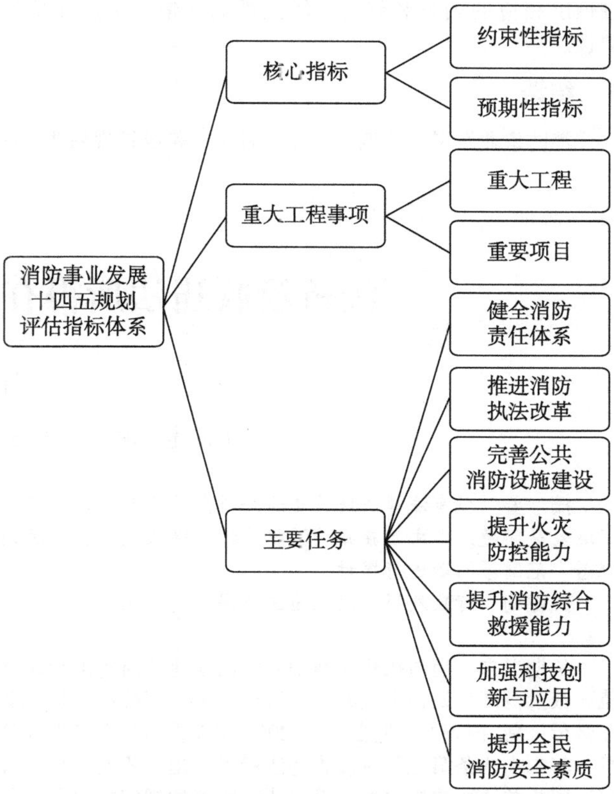

图2 某地消防事业发展“十四五”规划中期评估指标体系

4 评估工作的难点和瓶颈

消防事业发展“十四五”规划，其编制和评估工作都是由消防救援机构牵头，然而规划的实施和落地需要各级政府、部门和社会成员的多方努力和参与，评估过程也同样需要各级政府和相关部门的配合。在同一时期，多个不同项目的中期评估同时进行，专业人才缺乏、部门间数据不能及时互通、各级统计数据不一致等问题是制约有规划评估高效、准确进行的最大障碍。因此，需要政府各部门高度重视、相互配合，给予充分的统计时间，在广泛调查研究工作的基础上，多方分析数据偏差原因，得到准确的统计资料，进而得到高质量的评估结果。

5 有效应用评估结果提出工作对策

在评估指标结果分析的基础上，融合对社会发展形势的科学研判，判断哪些指标可以提前完成，哪些指标受到客观因素的影响工作滞后，哪些指标设定过高无法实现预期目标。进而将未来工作重心向工作相对滞后的方面偏移，重点突破、目标攻坚。

在消防事业发展“十四五”规划实施的两年多里，难以预料的不确定性因素贯穿始终。如三年“疫情”导致整个社会整体情境因素发生重大变化，影响制约规划目标的实现。另外，新政策、新理念的出台，同样对未来消防事业发展起到很大的影响。如党的二十大胜利召开，提出了新的理念和思想，党的二十大报告中提出："坚持安全第一、预防为主，建立大安全大应急框架，完善公共安全体系，推动公共安全治理模式向事前预防转型。推进安全生产风险专项整治，加强重点行业、重点领域安全监管。提高防灾减灾救灾和重大突发公共事件处置保障能力，加强国家区域应急力量建设。"其中治理模式向事前预防转型，就要求我们在前期深化消防执法改革的基础上，进一步将工作重心向事前预防前移。消防救援队伍整合改革，同样要求我们要对下一阶段的规划实施做出相应的调整和修订，增强规划评估指标应用的顺势性。[2]

6 结语

消防事业发展"十四五"中期评估，是维护规划严肃性和权威性的有效监督手段，要准确确定评估目标，科学建立指标体系，总结成效、查找短板，提出对策，强化结果应用，推动规划各项目标任务落实落细。

参考文献

[1] 刘婧．中西部地区县域消防事业发展"十四五"规划编制研究［J］．消防科学与技术，2020，39（10）：1473-1475.

[2] 张兴，王春磊，李亚茜．新发展阶段发展规划实施评估指标体系的构建［J］．自然资源情报，2023（01）：1-7.

[3] 符人宏，姚斌，邬元豪．城市消防规划实施评估技术研究与案例应用［J］．今日消防，2022，7（10）：8-12.

浅析没收违法所得在消防执法工作中的运用

许　雨

（福建省福州市消防救援支队　福建　福州）

摘　要　现有法律法规关于违法所得的认定和处置不甚明晰，涉及到具体消防行政执法过程中便会带来标准不一、适用混乱等问题。本文旨在归纳没收违法所得认定、程序适用的诸多争议以及有关适用规范、实务观点等，对没收违法所得概念、范围等问题进行探讨。

关键词　行政处罚　没收违法所得　消防执法

长期以来，消防执法实践中有关没收违法所得的执法规范、裁量范围、处罚衔接的争议层出不穷，明确统一标准势在必行。新《行政处罚法》于 2021 年 7 月 15 日起正式施行，其二十八条第二款对没收违法所得作出了规定，也对理解适用相关法律法规中有关没收违法所得的规定提出了新的要求。研究《消防法》第六十九条关于没收违法所得问题，进一步规范执法行为、统一执法标准、明确裁量幅度，对于消防执法人员正确理解没收违法所得制度、提升监督检查能力、加强消防技术服务机构的管理，营造执业依法依规、服务优质高效的社会消防技术服务市场环境具有重大意义。

1 没收违法所得的理解争议

由于没收违法所得所属的法律部门存在交叉、法条规定简略、适用情形广泛等原因，理论和实务中对于没收违法所得都存在不同的争议，梳理这些争议并结合实务经验作出厘清，是正确理解没收违法所得制度的重要一步。

1.1 没收违法所得的性质争议

没收违法所得在学理界被认为是"没收"的一种，即具有处罚执法权的行政主体依法将违法行为人从事非法经营所获得的利益收归国有的行政行为①。虽然学理界对于没收违法所得的定义大同小异，但对于没收违法所得是否属于行政处罚，仍存在着许多争议，而定性的争议客观上也影响了没收违法所得的实施。

1.1.1 行政处罚说

这一学说观点在如今实务界中可谓主流，无论新旧的行政处罚法都将没收违法所得纳入行政处罚的财产罚部分，这也是行政处罚说的有力支持。除此之外，没收违法所得定性为行政处罚极具合理性：首先，违法所得本身来源于当事人违反了行政管理秩序规范，行政机关相应地以没收违法所得的方式作出惩罚，符合行为-处罚相一致的逻辑。其次，没收违法所得符合行政处罚制裁性的要求："所谓制裁，乃指对违反法规规定之人，宣告并执行对其不利之法效果"②，而将其在违法中所得的利益没收，便是对相对人不法利益进行惩戒的体现，符合行政处罚的定性。

1.1.2 新行政行为说

这一学说观点对于没收违法所得的处罚性提出了质疑，我国目前关于行政处罚制裁性还有另一观点，即认为使利益状态在违法行为前恶化的才是制裁，而没收违法所得并未使利益状态在违法行为前恶化，因此不属于制裁。而没收违法所得本身是将行为人由于违法行为的收益收归国有，从行为人的角度而言，只是失去了本就不应归属其所有的不法财产，没收行为并不会致使其自身利益状态比之前更加恶化，也就不存在制裁。由于没收违法所得具有负担性、剥夺非法利益、使国家取得非法收益所有权的特征，与行政处罚、行政强制、行政征收等行政行为均有较大差异之处，所以更应当把它认知成一种新的具体行政行为③。

综上，虽学说上存在两种不同观点，但本文立足于通说观点，即"行政处罚说"这一观点，以此展开后续论述。

1.2 没收违法所得的范围争议

关于没收违法所得针对的"违法所得"范围，在学理上存在"总额说"和"净额说"两种学说的争议。

① 姜明安．行政法与行政诉讼法，北京：北京大学出版社，2019：265.

② 林锡尧．行政处罚法．中国台湾：元照出版有限公司，2006：21.

③ 王青斌．行政法中的没收违法所得［J］．法学评论，2019（6）：160.

1.2.1　总额说

总额说，亦称总额原则，此种观点认为对于应将违法行为人从违法行为中所获得的全部销售报酬及劳务报酬全部予以追缴，并且不应当减除其成本。现行《行政处罚法》也认可这种说法——《行政处罚法》第二十八条规定："违法所得是指实施违法行为所取得的款项"。这种认定方式明显采用的是"总额说"，将全部违法所得没收，不必考虑成本扣除问题，这一观点在实践中为执法人员的执法提供了极大的便利。

1.2.2　净额说

净额说，亦称净额原则，认为就违规行为所获得的"违法所得"应当减除其取得成本的费用。如此理解下的没收违法所得行政处罚的性质被进一步削弱，行为人不会因为被没收违法所得而受到相比于行为前更多的不利益。人不应该因为自己的不法行为而获利，而如果仅仅是把这种获利剥夺而没有对行为人施加进一步的不利益，那也算不上是一种惩罚，也就不宜被认为是行政处罚。

1.3　没收违法所得程序与退赔程序的衔接不明确

在适用《消防法》第六十九条规定的"没收违法所得"时，应当注意到《行政处罚法》第二十八条第二款中关于退赔款的规定："当时有违法所得的，除依法应当退赔的外，应当予以没收。"但没收违法所得与退赔程序的衔接，仍然不甚明晰：如何退赔？退赔金额多少？二者的适用先后顺序如何？亟待法律法规的进一步明晰。

2　正确把握没收违法所得的有关概念

2.1　没收违法所得的定性

虽然学理界关于没收违法所得这类具体行政行为的性质有所争议，但《行政处罚法》将其纳入其中，无疑是对行政处罚说的有力支撑，而《行政处罚法》同时规定收缴的是全部违法所得，即不扣除成本，这也在一定程度上确保了没收违法所得的惩戒性。在实务中，具体的行政行为实施均需要有所授权，如若将没收违法所得认定为其他具体行政行为，则很可能让一些执法主体陷入无权执法的尴尬境地。

将没收违法所得作为一种行政处罚，有利于提高行政执法效率、维护相对人的救济权利、最大程度发挥行政行为的社会效益。

2.1.1　以总额说为原则，以净额说为例外

《行政处罚法》第二十八条规定，"违法所得是指实施违法行为所取得的款项。法律、行政法规、部门规章对违法所得的计算另有规定的，从其规定。"基本可以确定我国司法实务采用的是以总额说为原则，但并不否定法律、行政法规、部门规章采用"净额说"等其他计算方式。

有关"净额说"的规定，主要是国家市场监督管理总局2021年12月6日向社会公开发布的《市场监督管理行政处罚案件违法所得认定办法（征求意见稿）》（以下简称《认定办法》），第五条、第六条，其将违法行为中购入原材料或者商品的款项，若违法行为人有相应凭证的，则视为必要支出。而对于必要支出，《认定办法》认为属于可抵扣、扣减的成本，应在执行认定中予以扣除。同时第六条还以列举的形式列举了部分不应扣减的特殊情况。

但应注意的是，目前《消防法》对于没收违法所得适用"总额说"还是"净额说"并未有明确规定，应当认为应适用《行政处罚法》的相关原则标准，适用"总额说"。

2.1.2　违法所得的款项范围

一般而言，计算违法所得的款项主要包括现金、银行存款以及其他视同现金和银行存款的货币资金。但需要明确的是，款项范围还应当包括追缴的款项。虽然《消防法》和《行政处罚法》，都未说明挥霍、转移到第三人手中部分的款项是否需要予以追缴，纳入违法所得款项范围内。但就没收违法所得的定义以及《认定办法》的相关立法精神来看，只要违法行为人通过违法行为获得收益，并且该收益具体、明确，与其他通过合法途径获得的收益可以进行区分，那就适用没收违法所得。因此挥霍、转移的部分款项仍然属于违法所得，执法人员在认定违法所得时应当将这部分纳入考量，但应注意，挥霍、转移部分除恶意转移违法所得外，其他部分财产不应向受让、接受财产方进行追讨，而应由违法行为人补足。

2.2　违法所得的金额认定

2.2.1　违法所得金额认定的调查取证

在违法所得金额认定的调查取证中，应当坚持"全面深入、问题导向、客观公正"的原则。在收集与违法所得有关的证据时，应当注意认真听取相对人的意见和陈述，对一切有关证据进行查证，属实之后方能作为定案根据。对会计账簿、经营台帐、银行流水等信息应当仔细收集、整理并留档、记录在册，作为认定违法所得金额的依据，必要时可委托会计师事务所、审计师事务所配合查账，以此确保对于款项性质认定的准确性，执法行为的客观、公正性。

2.2.2　计算方式

计算违法所得的基本方式：以当事人因实施违法行为所取得的全部款项。因《消防法》中没有关于计算方式的特殊规定，所以可认为是将实施违法行为取得的全部款项认定为违法所得。此外，可以类推适用《认定办法》第十条、第十一条的规定，对于已经经过法院、仲裁机构生效文书确认的数据、金额，可以予以直接认定。对于经第三方审计机构审计确认的金额、以及统计部门公开发布的统计数据等信息，可经综合判定后认定违法所得。若违法所得难以准确计算的，应当将违法所得作为确定具体罚款数额时的考虑因素。

3　正确适用没收违法所得程序

3.1　一般执法程序

根据《行政处罚法》第七十四条规定"罚款、没收的违法所得或者没收非法财物拍卖的款项，必须全部上缴国库，任何行政机关或者个人不得以任何形式截留、私分或者变相私分。"在实施消防技术服务机构监督检查中，对涉及《消防法》第六十九条需要对相关责任单位和人员处没收违法所得行政处罚的，应按以下方式进行处理：

（1）对于执法人员确认，有充分证据证明并非违法所得，而是属于相对人或第三人的合法财产的，应予退赔；

（2）对于有充分证据证明其不属于被侵害人或者第三人的财物的，则应认定属于违法所得，由执法人员登记造册，并按照规定上缴国库或者依法变卖或者拍卖后，将所得款项上缴国库；

（3）对于违法所得中的，违禁品、无价值的物品，或者价值轻微，无法变卖或者拍卖的物品，统一登记造册后予以销毁；

（4）对于违法所得中的危险物品，由公安机关主管部门组织销毁或者交有关厂家回收。

没收违法所得并非独立的行政处罚，应当在责令改正及罚款的行政处罚基础上，在查证存在违法所得的情况下作出，不可单独仅作出没收违法所得行政处罚而不就其违法行为责令改正并处罚款。

3.2 与退赔程序的衔接

根据《行政处罚法》第二十八条第二款的规定，在原则上没收违法所得应当在退赔财产之后。此处的退赔应按民事法律关系来理解，涵盖退还不当得利与赔偿损失等情形。这种处罚顺序的设置是为了确保违法行为人不从其违法行为获得利益，并且保障受侵害人及善意第三人的合法权益。对于行政机关认可的法律关系简单、数额清楚、没有争议的退赔金额，行政机关可以先行退赔后再没收违法所得；若短时间内退赔结难以明确，行政机关可以先没收违法所得再予以退赔，待经司法程序确认退赔金额后，再行退赔。退赔后若经消防执法人员判断或经审计机构审计确认不存在违法所得的，则无需再作出没收违法所得的处罚。

3.3 关于没收违法所得的强制执行

根据《行政强制法》第四十六条规定“行政机关依照本法第四十五条规定实施加处罚款或者滞纳金超过三十日，经催告当事人仍不履行的，具有行政强制执行权的行政机关可以强制执行。没有行政强制执行权的行政机关应当申请人民法院强制执行。”对于罚款及没收违法所得的行政处罚，消防救援机构并无强制执行权，应依据行政强制相关规定及程序，申请法院强制执行。在这个过程中，执法人员应当着眼于认定违法所得具体金额、提供相应的证明凭证并作出没收违法所得的处罚决定，就全部未履行违法所得款向法院申请强制执行，做到与强制执行的妥善衔接。

综上，没收违法所得作为《行政处罚法》及《消防法》规定的行政处罚的一种，虽然目前在实践过程中仍存在一定的难度，但消防执法人员应当对其有充分、全面的认识，积极践行使用，才能发挥没收违法所得的制度功效，不致违法行为人从违法行为中获益，真正实现法律效果与社会效果的统一。

参考文献

[1] 郑琳．行政处罚上违法所得的认定和处置研究[J]．财经法学，2022（03）．

[2] 黄锴．论没收违法所得设定权的分配与收回——基于行政处罚法相关条文的展开［J］．法治现代化研究，2022，6（01）：72-85.

[3] 冯文杰．论没收违法所得财物的计算规则［J］．北京社会科学，2021（10）．

[4] 陈乾．人民法院没收违法所得程序研究［D］．辽宁大学，2018.

[5] 冷枫．没收违法所得的性质及可没收的违法成本[J]．三峡大学学报（人文社会科学版），2017，39（S2）：100-103.

加强高层居民小区消防管理水平对策分析

张 超

（天津市河西区消防救援支队，天津）

摘 要 随着社会经济建设的迅速发展和城市化进程的不断推进，高层建筑层出不穷，与此同时，消防设施的老化、汽车和电动自行车保有量不断增加的矛盾日益凸显，本文将主要从消防设施、消防车道、电动自行车充电等三个高层居民小区当前管理上面临的主要困境开展分析，旨在结合工作实践经验探讨可行性工作方法，持续筑牢居民小区火灾防控根基，为居民群众创造良好的消防安全环境。

关键词 高层居民小区 消防车道 电动自行车 消防设施 消防管理

随着我国经济社会的不断发展，越来越多的高层建筑林立在城市各个角落，我国现有高层建筑 62 余万幢，居世界第一。根据数据统计，每天我国最少会发生 20 起火灾事故，事故不仅对群众的生命财产安全造成了威胁，而且影响了社会的正常运行秩序[1]。近五年，天津市共发生高层建筑火灾 600 余起，直接财产损失 1300 万余元。笔者此次对策分析以天津市河西区某行政街道为模型进行分析，对该区域高层小区消防设施维护、消防车治理和电动自行车管理难题进行探究。该行政街辖区面积 2.6km^2，下辖 10 个社区，24 个居民住宅小区（22 个小区存在高层建筑），高层公共建筑 6 栋（3 栋为超高层建筑），高层居民住宅建筑 201 栋。

1 消防设施的存在隐患问题及解决对策

高层住宅建筑层数、户数多，尤其部分拆迁安置房多作为群租、合租使用，建筑人口密度较大。数据表明：假设普通住宅逃生时间为 30s，那高层住宅的人群因为各种原因限制，逃生时间会被缩短至 10s[2]。除此之外，在疏散过程中，人们还可能受心理因素影响，造成踩踏事故，增加救援难度[3]。此次引用行政街道的小区建成时间主要集中在 2002 年、2005 年左右，均面临消防设施服役 20 年的情况，虽有物业维护，但长期存在消防设施“不敢碰、不敢试”的情形，一旦发生火情消防设施的工作状态，无法掌控。

河西区消防委员会按照“社会单位自主查、服务机构重点查、专家团队集中查”的工作模式，由消防救援支队牵头，组织河西区住建委、公安河西分局、各街道等部门和社会单位逐栋建筑排查检查，建立建筑底数台账和问题隐患清单。排查过程中，服务机构到场，逐栋小区进行水系统静压、动压及其他消防设施测试，发现 10 个小区 78 栋居民建筑分别存在水箱漏水、消防泵无法启动、管网存在漏点、消防主机瘫痪和消防控制室值班人员操作不熟练等隐患问题。对暴露出来的隐患问题，支队主要分三个板块进行推动：一是物业单位自行维修。针对隐患问题较小且容易修复的问题，物业应积极主动落实主体责任，根据《天津市物业管理条例》的相关要求，物业应对其管理的共用部位、公用设施设备进行维护、维修。二是启动专项维修资金和应急资金进行维修。河西区物业办指导业主委员会或委托的物业服务企业在征得社区党组织同意后，通过申请专项维修资金、应急解危专项资金及时维修，保障建筑消防本质安全。三是政府买单进行维修。借助天津市“远年小区改造工程”，对没有维修基金的小区，支队及街道向区政府递交报告，争取纳入改造计划由政府买单，投入资金聘请第三方进行消防设施改造。

为夯实巩固改造成果，河西区消委会开展高层建筑整修后消防设施运行情况、物业服务企业消防管理情况等进行专项检查，组织高层建筑业主或管理单位对照突出风险情形开展自查自改，督促指导高层建筑业主或管理单位建立微型消防站，督促超高层建筑业主或管理单位按照有关规定建立专职消防队、志愿消防队等消防组织，督促物业公开作出消防安全承诺，确保已整修的建筑消防设施能够保持完好有效，发挥应有作用。

2 消防车道存在的隐患问题及解决对策

据公安部统计，2022年全国机动车保有量达4.17亿辆，其中汽车3.19亿辆，机动车驾驶人达5.02亿人，其中汽车驾驶人4.64亿人。随着经济的不断持续发展，人民生活水平的不断提升和消费观念的转变，居民汽车保有量逐年在增加，但居民小区内消防车停车位并没有随之增加，甚至部分小区因为绿化等工作，停车位在减少，诸多原因导致居民小区“停车难、乱停车”的违规现象不断发生，“乱停车”的现象占用了小区内消防通道，阻碍消防车的正常通行，严重危害到居民小区的消防公共安全，留下诸多安全隐患[4]。而消防车道不畅通既有建筑设计不合理的原因，也有管理不当的后果，概括分析可以归纳为以下几个方面：一是消防车道不明确；二是消防安全意识淡薄；三是物业管理不到位；四是停车位不足的问题突出。

针对以上现实隐患问题，我单位在实际工作中，采取了以下措施提升管理水平。一是按照相关标准在小区消防车道、扑救面处明确划线，便于对群众的警示提醒和网格员、物业人员进行管理，同时消防支队定期以河西区消委会办公室的名义对各街道下发《关于河西区高层住宅区消防车通道划线工作完成情况的通报》，对各街道划线情况进行晾晒，督促各街道抓紧时间完成划线工作。二是加强法律法规宣传，向居民逐户发放《致社区居民的一封信》，支队在河西区有线电视台和室外大屏幕不定时循环播放相关法律法规要求，提高群众关注度和知晓率；向目标人群发送消防安全提示短信，扩大宣传覆盖，指导各个街道办事处、居民社区和物业服务企业在居民小区主要出口、显著位置悬挂宣传条幅、张贴消防车道治理通告。三是夯实法律责任，层层落实消防安全工作，以《天津市消防条例》和《天津市高层建筑消防安全管理规定》为抓手，督促居民委员会、村民委员会、物业服务企业或者其他管理人履行相应职责，在高层建筑使用、施工阶段均做出了明确消防安全规定，同时，督促物业配备移车器，一旦发生紧急情况，能及时将占用消防通道车辆清除。四是加强政策引领，支队联合河西区交警支队、河西区住建委和河西区城管委制定了《河西区消防车通道治理联合执法机制》，推动区城管委将消防车通道治理工作纳入政府规划中，对老旧小区内部进行车位施划线工作；协调河西区大型商场物业对周边居民小区错时停车提供月租优惠停车位，交管部门制定居民区周边道路限时停车措施（晚7时至翌日早7时允许停车），大大减轻小区内部车辆停放压力。

3 电动自行车管理存在的隐患问题及解决对策

电动自行车是以车载蓄电池作为辅助能源，具有脚踏骑行能力，能实现电助动和电驱动功能的两轮自行车[5]。近年来，电动自行车由于其方便快捷、性价比高，已成为居民百姓最常见的交通工具之一，其全国保有量也已经超过3亿辆，然而由电动自行车引发的火灾案例层出不穷，给居民百姓生活带来了极大的消防隐患，自然而然的也成为了社会关注的热点问题。支队针对电动自行车的管理难题，我单位有以下几点先进工作经验，以供参考。

3.1 加强本质安全，提升监督员业务能力

蓄电池是电动自行车的核心部件，用于提供能量，电机用来驱动电动自行车的轮胎旋转进而驱动整车行驶，因此蓄电池与控制装置的匹配性是评价电动自行车安全性的关键因素[6]。天津市消防总队联合应急管理部天津消防科研所、爱玛科技集团股份有限公司等单位组建科研团队，针对电动自行车产品本身存在的火灾风险点，按照“抓源头、治根本”思路，开展课题攻关，大胆革新，勇于突破，在产品工艺、电气部件、检验方法、阻燃材料等4个关键环节上提升产品防火安全性能，从源头上全面遏制火灾的发生。天津消防总队防火监督处组织见学班带领各区级支队骨干监督员参观天津一汽丰田新能源汽车项目，让基层监督员更直观的了解电池的技术原理。与此同时，天津总队积极沟通市司法局相关处室就《天津市高层建筑消防安全管理规定》重点内容进行解读宣贯，天津市应急局、市卫健卫、市教委、市住建委、市商务委、市民政局、市公安局、市规自局、市城管委、市文旅局和基层街道等部门有关人员参加，会上尤其对电动自行车管理问题进行强调部署。

3.2 各部门齐上手，形成高压管理之势

消防支队联合河西区物业服务管理中心协力合作，对区内商品房物业项目开展全面摸底调查，就商品房物业项目电动自行车集中充电设施建设条件进行梳理并建立充电设施管理台账，全面掌握河西区商品房物业项目电动自行车集中充电设施建设底数。通过调研，河西区已建立9家各具优势的充电桩安装企业库供辖区物业服务企业根据项目实际情况自行选择，为项目电动自行车充电设施建设提供便利条件。物业服务管理中心安排房屋维修资金专职工作人员多次与项目物业企业、社区居委会及业主委员会进行沟通，讲解项目建设资金投入及场地规划等政策与程序，说明电动自行车违规充电及停放的利害关系，引导项目建设电动自行车集中充电设施，同时，推进老旧小区智能充电柜建设，解决居民电动自行车充电难问题，楼内存放电动车的情况大大减少，有效消除项目安全隐患。下一步将形成智能“梯控系统”+人性化“停放充电”机制。针对电动自行车火灾频发，支队结合火灾调查情况，及时与区市场监督管理局取得联系，就电动自行车质量问题进行延伸调查，联动发力，从源头上加强管控，检查电动自行车专卖店的进货单位、流向渠道、销售凭证等，确保产品质量合格，工作前移，从流通领域开始检查。

3.3 占领宣传阵地，充分发挥新闻媒体的宣传引导和舆论监督作用

河西区消防支队广泛宣传电动自行车“飞线充电”、“人车同屋”和违规改装、违规停放、违规充电的危险性、危害性，多点覆盖。河西区有线电视台、商业综合体户外大屏幕、写字楼楼宇视频等连续播放电动车消防安全隐患的教育宣传片，张贴消防宣传海报，鼓励市民对电动车占用禁停区域、私搭乱接电线等违规情况进行举报，营造浓厚的电动车消防安全宣传氛围。我支队指导成立了“河西大姨”消防志愿者服务队，这是一个成员都是60岁左右的大姨的民间组织。她们采用“楼门包片、邻里互助”的形式，走进街道社区、沿街商户、居民家中，融入生活、接地气，把劝导消防违法行为、排查火灾隐患、开展防火宣传等志愿服务送到社区的每个角落，加强宣传末梢力量，让常态化防火宣传、

常态化排查火患成为可能。

4 结语

综上所述，随着建筑功能的扩展，各个城市的高层建筑数量越来越多，高层建筑带动城市现代化发展的同时也产生了许多消防安全问题[7]，随着各项消防规定和地方标准政策的出台，高层建筑的各项管理要求和监管单位也越加清晰起来。针对高层住宅小区目前存在的一些突出问题，本文结合工作实际经验探索了一些实践效果比较良好的解决方法，以供大家研讨，共同努力打好“火灾防控仗”。

参考文献

[1] 胡晓光．高层住宅消防隐患及防火监督探析［J］．消防界，2022（19）：138-140.

[2] 鞠洪杰．高层建筑消防隐患及防火监督问题的研究［J］．今日消防，2020（5）：65-66.

[3] 王韵清，张瑄．智慧消防的发展与前景——广东建筑消防设施检测中心董事长蔡南贤、总经理蔡德伦访谈录［J］．新经济，2021（11）：25-30.

[4] 贾顺宁．居民小区消防通道治理的思考与解决对策研究［J］．今日消防，2020（12）：106-107.

[5] GB 17761—2018，电动自行车安全技术规范［S］.

[6] 谢宇豪．电动自行车火灾特点及扑救措施分析［J］．今日消防，2023（1）：46-48.

[7] 毛军超，陈东海．基于网格化的高层住宅消防管理模式［J］．今日消防，2022（8）：93-95.

新业态下消防监督管理难点分析

娄蒙蒙

（中国消防救援学院消防工程系，北京　昌平）

摘　要　体制转改后，消防监督管理工作面临着新形势下的挑战，经过几年时间的过渡调整，部分情况有所改善，但仍存在着监管责任划分不清，消防宣传力度不足，信息化技术水平不足等问题，针对性地对以上问题进行分析解决对提高消防监督管理工作地质量有深远意义。

关键词　消防监督管理　体制改革　管理体系

1 引言

消防部队体制转改以来，经过几年时间的过渡调整，各项工作逐步进入正轨。当前的消防监督管理基本延续了以往的监管模式，存在着消防部门“大包大揽”、单位主体责任未严格落实；相关体制机制不完善等固有问题[1]，消防执法改革后，随着部门监管职能移交，给消防监督管理带来了一些新的挑战，延伸出一些新的问题，这不利于进一步推动消防事业的稳定发展，维护经济社会的健康稳定。因而对当前监管中存在的问题进行仔细分析具有十分重要的意义。

2 当前消防监督管理存在的主要问题

2.1 消防工作责任体系不健全

消防工作是一项社会性很强的工作，做好消防工作，离不开全社会的共同努力和积极参与。目前，在消防工作责任体系构建上，国务院办公厅出台了《消防安全责任制实施办法》，各省、自治区结合实际细化了各级政府、行业部门和社会单位的消防安全工作职责，对建立健全和落实消防安全责任制作出了系统、全面、具体规定。通过分析近几年来的火灾事故，都暴露出消防安全责任制不落实、职能部门法定职责履职不到位的问题。究其原因，主要是由于现行消防法律法规和政策规范性文件对消防安全责任的规定不够具体，执行的操作性不强，地方各级政府、部门的消防安全职责还不够明晰，社会单位消防安全主体责任落实不到位[2]。

在政府领导消防工作层面，缺乏对消防安全责任制落实的主动性。新《消防法》明确了地方各级人民政府应当将消防安全布局、消防站、消防供水、消防通信、消防车通道、消防装备等内容纳入城乡消防规划并统一组织实施，作为城市基础设施的一部分，应当根据城市发展进程进行统一规划建设，但在实际工作中，往往需要消防部门的推动协调才能完成，没有形成一种良性的运行机制。在社会面火灾防控中，消防安全工作的考评虽然纳入安全生产的考评范畴，但各级政府参与率较低，各级职能部门重视不够，消防部门虽然是行业的主管部门，但消防工作属于社会性工作，在各项检查、督导、考评中，本该属于各级政府和行业部门履职范畴的，最后往往演变为上级消防部门对下级消防部门的检查考评。而且下级消防部门为取得好的成绩，无限制的包揽行业部门和各级政府的消防工作责任，甚至为取悦本级政府，报喜不报忧，千方百计规避问题，导致一些长期影响消防工作的体制机制和突出火灾风险隐患问题得不到解决。

在行业部门监管工作层面，缺乏对消防安全责任制落实的自觉性。按照《安全生产法》“三管三必须”的要求，行业部门应担负起包括消防安全等方面的监管工作职责。但在实际工作中，一些行业部门“不愿管、不会管、不敢管”现象比较突出，监管职责不清晰、内容不明确、机制不健全、协作不到位等问题普遍存在，直接影响了消防安全监管的实效性。《消防法》明确了 19 个部门（团体）的 10 项消防工作职责，《贵州省消防安全责任制实施办法》也确定了 28 家行业部门消防工作职责，但这些职责仅涉及单项具体工作，消防工作的行业监管属性未形成体系，导致部分行业部门片面地认为消防安全监管是消防部门一家的事。在共同治理消防安全隐患和突出问题方面，行业部门协同配合不够，各地虽然成立了消防安全委员会议事机构，但在推动消防安全综合治理方面仍然存在各自为政现象，难以形成合力。

在单位主体责任落实层面，缺乏对消防安全责任制落实的积极性。目前，社会单位在落实消防安全主体责任方面呈现两极分化现象，一些连锁企业有专门的消防管理机构，按照消防法律法规定期开展本系统的消防安全检查考评督导，主体责任落实较好；一些企业或场所普遍存在单位消防安全责任人消防安全认识不足、重视不够，消防安全管理制度不健全、落实不力等问题。由于受到经济下行和疫情的影响，加之本身对消防安全主体责任范围不清楚，不能保障消防管理工作必要的人员、技术、资金，导致本单位消防安全风险居高不下。

2.2 消防监管责任划分不清晰

新《消防法》修订后，消防监管的职权发生了变化，上位法明确消防救援机构、住房和城乡建设部门、市场监管、公安机关等单位的行政执法权力，但配套规章制度还需进一步明确，监管和职能交叉、监管权和执法权分离容易出现监管的真空。目前，消防部门主要推行以“双随机、一公开”监管为基本手段、重点监管为补充、信用监管为基础、“互联网+监管”为支撑、事故倒查追责为保障的“五位一体”安全监管执法模式，消防“双随机一公开”作为监管的基本手段，但未从法律法规的层面明确监管范围，消防部门大包大揽，消防监管部门、公安派出所和建筑业主、社会单位的消防责任划分不明，权力、义务边界不清。这些问题的长期存在，导致本应由建筑业主、社会单位承担的消防安全主体责任无法得到有效落实，火灾隐患整改工作因此常常陷入困境。

2.3 消防宣传价值引导不到位

当前，消防宣传力度不够，宣传渠道和方式单一，消防知识宣传覆盖面小，消防安全形势不容乐观，增加了消防监管工作的难度。具体体现在：一是社会消防宣传内容重心有待调整。大量的消防宣传工作着眼于灭火救援战斗上，希望通过弘扬消防救援队伍的奉献精神和无畏品格来引起公众对于消防的重视，但往往缺少对公众消防安全知识的普及，未能使公众充分认识到消防安全知识的重要性，消防安全知识欠缺，用火、防火意识淡薄，火灾扑救和自救技能不强；有些社会单位不熟悉消防规律法规，消防安全责任意识偏低，影响了消防监督管理质量。二是消防安全宣传主体和渠道单一，内容趋向于同质化。当前，消防安全宣传工作过多地依赖消防部门，社会参与力量不足，各企业单位只是被动配合，参与积极性不高，消防部门陷入了“唱独角戏”的局面。同时，随着自媒体的不断发展，各地消防部门也开始在各类短视频平台等新兴平台上进行宣传，宣传方式的革新本是一件好事，但目前的一些短视频作品出现的同质化，庸俗化、表演性质的宣传，很难真正引起公众的共鸣。同时大量同质化的视频内容有时对公众产生了错误引导，如大量消防员悬垂营救跳楼轻生者的视频一定程度上使得公众产生类似情况都应如此施救的刻板印象，对实际的灭火救援战斗造成了一定负面影响。

2.4 消防监管信息化水平不够

一方面新形势下消防监督管理工作面临的环境更为复杂，消防监督规模不断扩大，需要加强信息化体系建设才能更好地提升监管的全面性和有效性，但是目前在信息化技术探索方面不够深入，信息化建设进程滞后，消防监督管理部门在信息化硬件软件设施配置等方面力量有限，虽然设置了相关的数据库，开展一些电子业务，但是总体上看没有往纵深拓展，满足于开展常规的数据采集和传输，没有充分发挥消防监督信息化功能。另一方面在消防执法监督队伍建设方面不够重视，由于受传统管理模式的制约，我国消防监督管理工作在人才培养方面普遍存在短板，人才队伍建设滞后，严重影响消防工作的发展[3]。对消防队伍的培训手段滞后，形式单一，仍然局限于外出进修和讲座这些传统的培训形式，人才接受再教育的机会少、效率低，人才培训也很难达到理想的效果。同时消防监督管理人员稳定性不足，经验和技能均需要积累和提升，工作还需要加强。

3 加强体制转改后消防监督管理工作的措施

3.1 构建消防工作责任体系

健全消防工作责任体系是抓好社会面火灾防控的基础，也是推进消防工作社会化进程最重要的环节，要确保消防安全责任制落实落地，应当抓好以下三个方面：

一是完善消防安全责任体系。以新《消防法》颁布施行为契机，在《消防安全责任制实施办法》的大框架下，制定出台本级消防安全责任制实施方案，明确省、市、县、乡四级地府和行业部门消防安全工作职责，健全基层消防工作组织机构，成立各级消防安全议事机构，建立行业部门工作协作机制，实体化运行消防安全委员会，确保消防工作有规划引领、组织领导、职责落实、经费保障、督导推动。

二是完善消防工作考评体系。在构建消防安全责任体系的基础上，结合各级政府和行业部门工作职责，建立长效的消防工作考评体系。明确考评重点，科学设置考评标准，将消防安全责任制体系建设、落实消防管理措施、消防基础设施建设、消防队伍能力建设、消防事业科学发展长效机制、火灾隐患整治工作等内容纳入考评范畴。树立正确的考评导向和目标导向，强化考评结果运用，推动消防安全责任制、消防规划、火灾高危单位管理、消防经费投入、车辆器材装备建设、多种形式消防队伍建设、消防宣传教育培训工作落实落地。

三是推行社会单位标准化管理。根据各类场所火灾防控风险，分类编制社会单位火灾风险指南，以消防安全“四个能力”建设为抓手，突出单位消防安全主体责任，落实日常消防安全管理、消防设施维护保养、消防宣传教育责任。指导社会单位知晓风险辨识和隐患自查的方法要点。全面推行单位风险隐患“自知、自查、自改”和公示承诺制度，培养单位消防安全管理“明白人”，健全消防安全自主管理机制。

3.2 完善消防监管检查机制。

加强事中、事后监管，明确消防部门、住房和城乡建设部门、公安派出所消防监管范围，按照现行消防法律法规要求，结合本地实际，科学编制随机抽查实施办法，明确抽查机制的适用原则、适用范围、实施标准以及问责体系，对抽查发现的消防安全违法违规行为，依法依规加大惩处力度，形成有效震慑，切实提高消防监管效能。

3.3 健全消防宣教服务机制

充分借助互联网、电子显示屏、户外视频、微博、微信、抖音等新兴媒介，积极宣传防火、灭火常识；依托公园、科技馆、文化馆、游乐园、商市场、医院等场所，有针对性地推进消防科普教育，开展消防安全知识宣传讲座，提高全民消防安全意识，加大消防监督力度，实现全民消防。同时，要特别注重对重点单位负责人的宣传教育，提高其消防安全主体责任意识，自觉落实主体责任，减轻被动监管的工作压力。

3.4 加强消防监督的信息化建设

要做好消防监督管理工作，必须与时俱进，注重科技支撑，充分利用大数据、云计算、物联网、人工智能等现代技术，建立网上消防监督信息化工作平台，完善消防监督管理信息系统，推动科技信息化与消防工作深度融合。

一是要注意建立集中统一的消防基础数据库，加强消防信息数据的统一管理，注意在终端计算机内将本单位的各类防火档案、消防监督检查、反馈、火灾隐患整改情况等信息录入网络系统内，为消防监督管理工作以及各级领导决策提供重要依据。要注意开发消防安全重点单位网络监管软件，以便及时了解管辖区重点单位消防设施运行、火灾隐患整改以及专项治理等情况，提高消防监督和火灾防控能力。要完善火灾隐患网上追踪系统，及时掌握消防普查、监管和安全治理工作进展，及时发现和消除火灾隐患，提高消防监督管理工作效率[4]。

3.5 加强消防队伍素质能力建设

过硬的队伍是做好消防监督管理工作的根本保障。聚焦队伍建设，建设一支具备专业能力素质的高水平人才队伍是体制转改后的必要一环。一是要开展经常性消防培训工作，培训内容应聚焦实际工作中的重点难点，提高监督管理人员工作的专业性。引导消防监督人员学会在研究状态下工作，善于总结经验、把握火灾规律，不断增强工作前瞻性、针对性、实效性，着力破解消防难题、化解安全风险。努力把每名防火监督人员培养成“业务综合能手”。要鼓励广大防火监督人员参加文化学习、教育和技能培训，不断更新知识结构，积极适应不断变化发展的消防工作需要。

4 结语

消防监管是消防安全管理工作中的重要一环，体制改革后其重要性更加得到凸显。面对时代浪潮，广大消防监管人员必须及时转变思想观念，切实厘清思路，坚持责任牵引，积极适应体制转改，积极探索建立消防监督管理新体系、新模式，改进消防监管工作措施，加大消防监督力度，从而提高消防监管质量，营造良好环境，确保经济和社会平稳运行。

参考文献

[1] 孙洋．“对标体制”转改，积极构建消防监督管理新体系与模式［J］．江西化工．

[2] 刘朝生，李国栋，田东望．消防安全责任制落实存在的问题和建议［期刊论文］．现代经济信息，2015．

[3] 刘铮，鲁萌．加强新时期消防监督管理工作质效的分析思考［J］．中小企业管理与科技（上旬刊）．

[4] 朱声球．新形势下消防监管新体系构建——基于“双随机、一公开”机制来谈［J］．今日消防．

火灾调查技术

论网管数据在火灾事故调查中的应用

左晓峰

（山东省烟台市消防救援支队招远大队，山东　烟台）

摘　要　网络技术的发展给人民的生活带了巨大的便利，尤其是近几年移动通信技术的迅猛发展及广泛应用，在社会生产和人民生活中扮演着越来越重要的角色。网络数据具有时效性强、准确性高、便于存储的优点，同时又具有保存周期受限、表现形式多样的特点，作为新时代的一名火灾调查人员，应学会与时俱进，接触和掌握新兴技术，从中找到能为火灾事故调查工作服务的有利方面，以进一步提升火灾事故调查的准确性和高效性。本文是笔者在实际工作中遇到的一起涉及多家网络通信设备发生火灾的案例，因上述设备在同一建筑物内，在火灾事故调查过程中，查明火灾蔓延方向、通信设备过火的先后顺序成为调查的关键。本文结合该起火灾事故原因的调查经过，通过将多方网管数据调取并对比进而对起火时间、起火部位的判断进行了分析，阐明了的网管数据在火灾事故调查过程中的具体应用方法。

关键词　火灾事故调查　网管数据　通信

1　引言

近年来，随着网络通讯技术的迅猛发展，网络管理平台的数据也逐渐变的多样化和系统化，社会生产及人民生活的方方面面都与网络存在着或多或少的联系。作为一名火灾事故调查人员，也要逐步学会将网络平台数据与火灾调查工作结合起来，让网络大数据为火灾调查工作服务。本文是作者在实际工作中遇到的一起较为典型的通过网管数据认定起火时间、推断火灾发展蔓延过程的案例，希望对实际工作有一定的借鉴作用。

2　火灾基本情况

2020 日 2 月 10 日 13 时 8 分，某市消防救援大队“119”接警室接到报警，××铁塔股份有限公司一通信基站发生火灾。经调查认定，过火面积约 $2000m^2$，火灾烧毁通信基站下方彩钢板板房一间、开关电源、蓄电池组、网络传输设备、空调及变压器电力设施等物品一宗，无人员伤亡。消防救援机构统计火灾损失为 459887.67 元。

发生火灾的通信基站位于为××市××街道××村村南空地。空地南北长约 80m，东西宽约 40m。东侧为一条宽约 5m 的南北向土路。南侧为一条宽约 4m 的东西向土路，西侧为一厂区及砖混围墙，北侧为农田。空地表面多为杂草覆盖，空地南侧堆放有部分生活垃圾。空地东北角为××铁塔股份有限公司设置于该村的通信基站。基站正下方为一彩钢板搭建的房屋，见图 1。

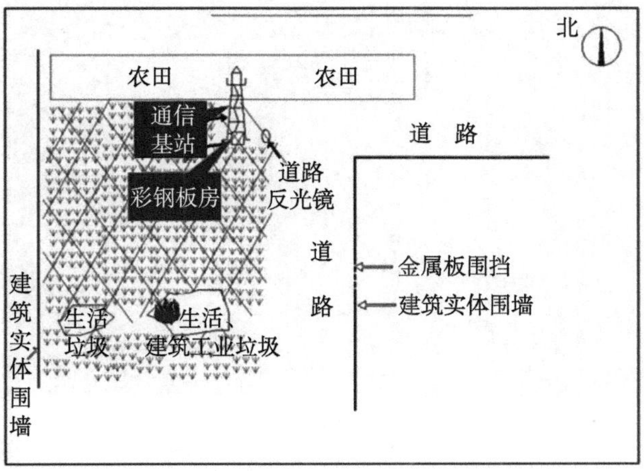

图 1

3　火灾事故调查过程情况

3.1　起火时间的认定

2020 日 2 月 10 日 13 时 08 分许，孙某涛（第一发现人）自北向南途径××村南空地东侧道路时发现空地上杂草起火，孙×涛拨打了 119 电话报警。通过询问，孙×涛发现起火时，通信站南侧空地处大部分荒草已烧尽，通信基站下方板房内仍有明火。通过调取××铁塔股份有限公司运维系统检测告警记录显示，系统最先收到烟雾告警时间为 2020 年 2 月 10 日 12 时 57 分（经与北京时间校准），结合火灾发展规律，认定起火时间为 2020 年 2 月 10 日 12 时 50 分许。

3.2　起火部位的认定

经现场勘验及调查询问，认定起火部位位于××铁塔股份有限公司××市分公司××村通信基站南侧空地中部南端堆放垃圾处，认定依据如下：

（1）根据对报警人孙×涛的调查询问，他发现起火时看到通信基站下方的板房内仍有明火，板房向南侧的 20m 范围内空地上的杂草均已过火。

（2）通过调取辖区消防中队出警视频，消防车赶到现场时，通信基站南侧空地上的杂草大部分已过火，通信基站下方板房处仍有浓烟冒出。

（3）现场勘验发现，空地中部偏南堆放的建筑垃圾、生产垃圾及生活垃圾内的废弃衣物、塑料制品等可燃类物品大部分过火、烧损，东侧垃圾堆内可燃类垃圾整体烧损情况略重于西侧垃圾堆。

（4）现场勘验发现，空地中部、垃圾堆垛区域北侧空地地表处有部分草本及木本植物秸秆，秸秆下端靠近地面处部分表面轻微过火、烟熏，烟熏情况南侧重于北侧。由垃圾堆垛处向北侧的空地地表处的杂草等可燃物燃烧残留灰烬有可见的、沿地面延续至通信基站下方板房处的蔓延痕迹。

（5）通信基站板房东南侧约 10m 位置处设置有一交通反光镜，反光镜镜面朝向东南向。镜面中心破裂，镜面下半部分大部分过火、烧损，西侧部分烧损情况最为严重，上半部分镜面保存略晚好、未过火。烧损的镜面材料未脱落，残留部分呈褶皱状，颜色呈黄褐色。反光镜背面塑料壳体西半部分下边缘过火、受热、熔化并滴落，见图 2。

图 2

（6）通信基站板房四个拐角外包覆有淡蓝色金属板，金属板均过火，均为上半部分变色，南侧墙体两拐角处金属板过火、变色区域长度较北侧墙体两拐角处的金属板变色区域长度大，见图 3。

图 3

（7）通过调取通信基站下方板房内相关监控设备数据，经与北京时间校准，××铁塔股份有限公司运维系统检测告警记录显示最先收到烟雾告警时间为 2020 年 2 月 10 日 12 时 57 分 54 秒，见图 4；X 联网络通信有限公司网管告警显示单板探测点温度异常时间为 2020 年 2 月 10 日 12 时 59 分 36 秒、信号丢失时间为 2020 年 2 月 10 日 13 时 01 分 06 秒，见图 5；X 信股份有限公司网管告警时间为 2020 年 2 月 10 日 13 时 00 分 34 秒，见图 6、图 7。

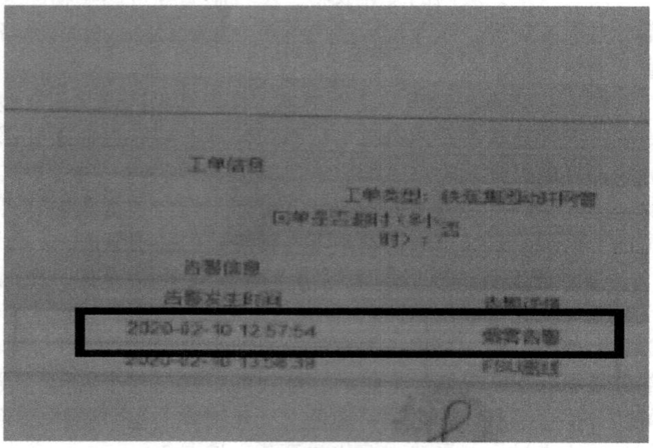

工单信息

告警信息

告警发生时间	
2020-02-10 12:57:54	烟雾告警
2020-02-10 13:58:38	FSU断站

图 4

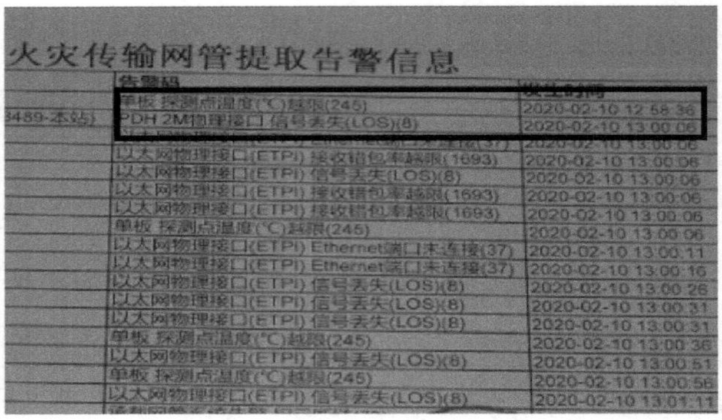

火灾传输网管提取告警信息

	告警码	发生时间
	单板 探测点温度(°C)越限(245)	2020-02-10 12:58:36
3489-本站)	PDH 2M物理接口 信号丢失(LOS)(8)	2020-02-10 13:00:06
	以太网物理接口(ETPI) Ethernet端口未连接(37)	2020-02-10 13:00:06
	以太网物理接口(ETPI) 接收错包率越限(1693)	2020-02-10 13:00:06
	以太网物理接口(ETPI) 信号丢失(LOS)(8)	2020-02-10 13:00:06
	以太网物理接口(ETPI) 接收错包率越限(1693)	2020-02-10 13:00:06
	以太网物理接口(ETPI) 接收错包率越限(1693)	2020-02-10 13:00:06
	单板 探测点温度(°C)越限(245)	2020-02-10 13:00:06
	以太网物理接口(ETPI) Ethernet端口未连接(37)	2020-02-10 13:00:11
	以太网物理接口(ETPI) Ethernet端口未连接(37)	2020-02-10 13:00:16
	以太网物理接口(ETPI) 信号丢失(LOS)(8)	2020-02-10 13:00:26
	以太网物理接口(ETPI) 信号丢失(LOS)(8)	2020-02-10 13:00:31
	以太网物理接口(ETPI) 信号丢失(LOS)(8)	2020-02-10 13:00:31
	单板 探测点温度(°C)越限(245)	2020-02-10 13:00:36
	以太网物理接口(ETPI) 信号丢失(LOS)(8)	2020-02-10 13:00:51
	单板 探测点温度(°C)越限(245)	2020-02-10 13:00:56
	以太网物理接口(ETPI) 信号丢失(LOS)(8)	2020-02-10 13:01:11

图 5

1411-LZlinjiaguanzhuang|多板卡脱位
(Underlying Resource Unavailable)|
2020-02-10 13:00:34|
网管告警时间：2020-02-10 13:00:34|
2020-02-10 21:03:00|
工单流水号：20200210007219

障碍单 20200210007219 [redacted]-林家官庄-1411-LZlinjiaguanzhuang-多板卡脱位(Underlying Resource Unavailable) 告警已经恢复，系统自动回单！

图 6

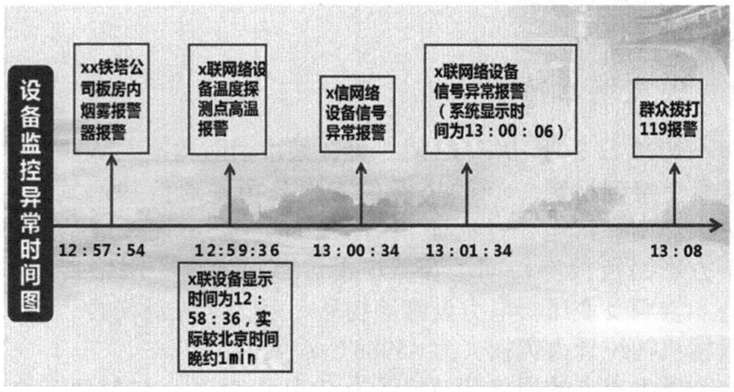

图 7

（8）通过调取当天气象记录，风向为南风，风力为 2~3 级，见图 8。

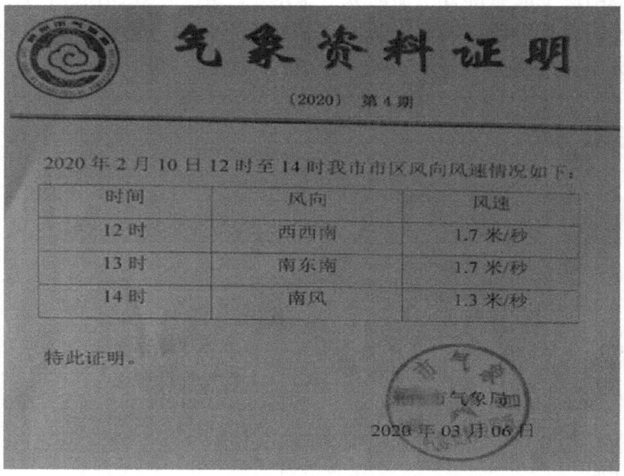

气象资料证明

（2020） 第 4 期

2020 年 2 月 10 日 12 时至 14 时我市市区风向风速情况如下：

时间	风向	风速
12 时	西西南	1.7 米/秒
13 时	南东南	1.7 米/秒
14 时	南风	1.3 米/秒

特此证明。

2020 年 03 月 06 日

图 8

3.3 起火原因的认定

起火原因可排除可排除放火、生活用火不慎、烟囱飞火引发火灾的可能，不能排除通信基站南侧空地中部南端堆放垃圾处遗留火种引燃周围可燃物引发火灾的可能。依据如下：

（1）经调查询问，报警人孙×涛发现起火时，板房东侧及南侧墙面均完好。经现场勘验，板房东侧的防盗门完好，门锁未发现破拆、撬损痕迹。板房其他墙面未发现人为破坏、撬损及攀爬痕迹，板房内未发现外来引火物等可疑物品。

（2）经现场勘验，通信基站周围及南侧空地处无生活用火设施设备。

（3）经现场勘验，现场周围无生产、生活用烟囱等产生飞火的设施。

（4）通信基站南侧空地中部偏南的垃圾堆放处为开放区域，建筑垃圾、生产垃圾及生活垃圾各类垃圾混存，且垃圾新旧程度不一，大部分垃圾堆内的废旧衣物、塑料制品等可燃物品材料过火。

4 工作启示

在该起火灾原因认定过程中存在以下几方面潜在风险，一是火灾发现较晚，第一发现人看到时，火灾已发展蔓延开来。二是火灾损失大，牵扯利益方众多，一旦认定工作出现失误或证据获取不充分，极易引起复核。在该起火灾事故调查工作，有以下几点值得借鉴：

（1）出警迅速，掌握先手资料。火灾发生后，调查人员应迅速到达现场，在第一时间掌握第一手资料、保护好第一现场，第一时间询问知情人，使火灾事故调查处于主动地位，多方面掌握一手资料。要重点从火灾第一发现人、参与救援人员等群体挖掘有用的线索。

（2）与时俱进，全面展开调查。火场勘验过程中，火灾事故调查人员要将全面、细致的工作要求要贯穿始终，同时，也要与时俱进，多掌握现代科学技术手段，使之为火调工作所用。尤其是随着网络通讯技术的发展，各种网络监控设施（如网络监控、通信基站监控等）种类繁多、功能强大，在辅助火灾现场调查中，火调人员可充分利用其网络时间（需要与北京时间校准）、网络数据、甚至图像、声音、视频等作为火灾事故认定的证据。

参考文献

［1］应急管理部消防救援局．火灾调查与处理（中级篇）［M］．北京：新华出版社，2021.

［2］胡建国．火灾物证技术鉴定［M］．北京：中国人民公安大学出版社，2007.

对揭阳市一起亡人火灾事故的调查与思考

黄晓东

（广东省揭阳市消防救援支队综合指导科，广东 揭阳）

摘 要 火灾事故调查是法律赋予消防救援机构的的重要职责，是维护社会稳定、公平正义的天平。火灾事故调查是消防工作的前沿阵地，火灾事故调查直接关系着人民群众的切身利益，只有在火灾事故调查中不断总结发生火灾的教训，并不断提高火灾防治的水平，才能全面地提高消防工作，才能使之更好地为改革开放和经济建设发挥作用。笔者结合基层一起亡人火灾事故的调查，做了思考提出了一些切实可行的措施建议，供大家共同交流研讨。

关键词 亡人 火灾事故调查 思考 防范措施

1 火灾基本情况

2021年11月30日1时33分，揭阳市消防救援支队指挥中心接到报警称：榕城区某街道某村一村民自建房起火，立即调派揭阳大道特勤站、蓝城大道消防救援站和东阳街道专职消防队共7辆消防车、35名消防员赶赴现场。1时45分，三个队相继到达现场实施破拆和灭火，搜救小组突破高温浓烟搜救出3名被困人员交给医护人员救治，02时30分，明火被扑灭。

1.1 起火建筑基本情况

起火建筑位于揭阳市榕城区某街道某村新城路南20号。建筑主体为三层钢筋混凝土结构，坐南朝北，东西宽7.5m，南北长11.7m。建筑主体北面搭建了一个单层砖墙铁皮屋顶的附属建筑，东西宽7.5m，南北长9.15m。建筑东、西面毗临自建房，北面为新城路，南面为巷道，见图1。

各层使用功能为：首层附属建筑为仓库，用于堆放货物；主体部分首层中部为楼梯和大厅，东侧为厨房，西侧为杂物区和休息区。第二层为客厅和2间空置房间；第三层为客厅和3间房间。天面为露台和2间杂物房。

1.2 火灾直接财产损失及人员伤亡情况

依据《火灾损失统计方法》（GA 185—2014）规定，经当事人申报，消防救援部门统计，火灾直接财产损失为63803元。

该起火灾共造成3人死亡，分别是：苏某某，男，44520219781023××××；林某某，女，44522119800315××××；苏某某，男，44520220110612××××。

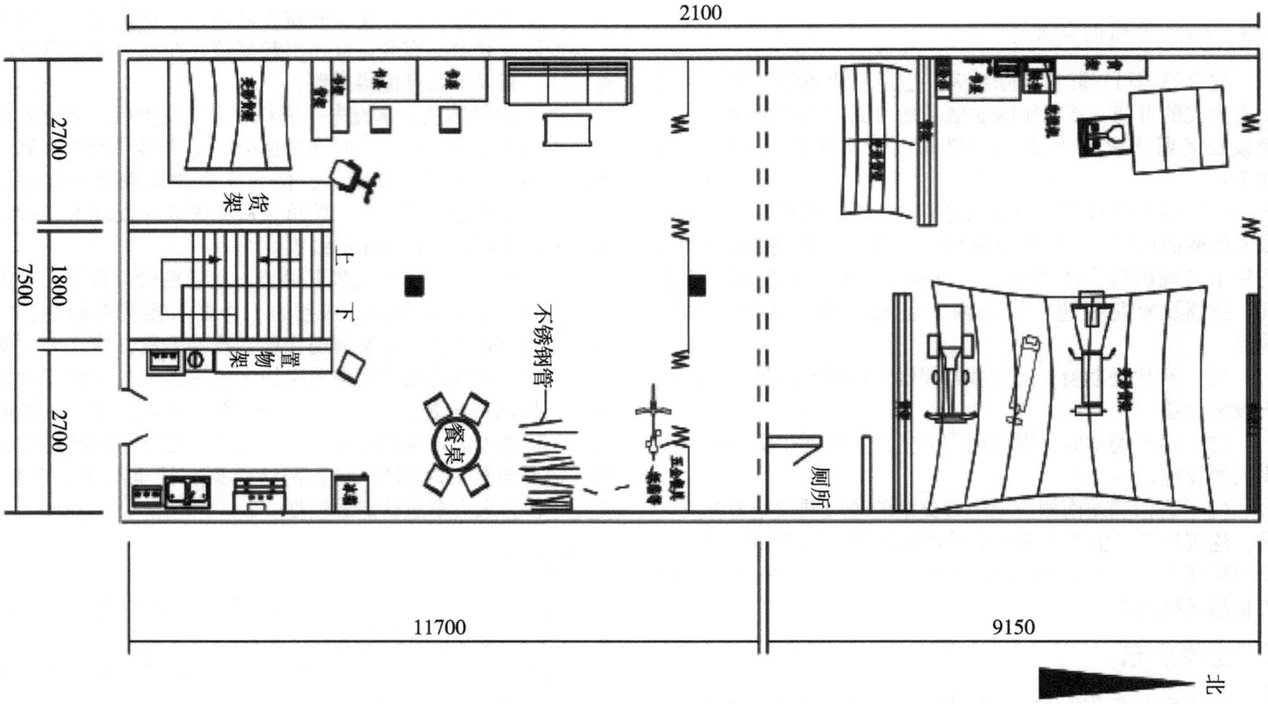

图 1　起火建筑首层平面图

2　起火原因调查情况

2.1　起火时间的认定

起火时间为 2021 年 11 月 30 日 01 时 30 分许。主要依据如下：

（1）根据通话记录，2021 年 11 月 30 日 01 时 32 分，村民苏恒帆拨通电话告知户主苏某某起火一事。

（2）根据视频监控和证人证言，起火时从冒白烟到猛烈燃烧时间短，同时伴有打火和爆炸现象，火势蔓延迅速。

（3）揭阳市消防救援支队指挥中心接警记录显示，该起火灾最早报警的时间为 2021 年 11 月 30 日 01 时 33 分 50 秒。

2.2　起火部位、起火点的认定

经调查，认定起火部位位于该建筑首层附属建筑西北侧的电动三轮车前端（距北墙 3.5～3.0m、距西墙 1.3～2.0m 范围内），依据如下：

建筑过火和烟熏情况为：首层北侧附属建筑全部过火，主体局部过火，楼梯间整体烟熏程度重，第 2 层客厅及房间未见烟熏、过火迹象，且门板烟熏痕迹不连续，第 3 层客厅及房间表面烟熏程度重，天面杂物房烟熏程度重，通向露台的铁门内部有烟熏，外部完好，铁门中部救火时被破拆，总过火面积约 70m^2。综上，最先起火的楼层为建筑首层。

主体建筑首层东侧是厨房、餐具和餐桌，餐椅上部烟熏，餐桌旁冰箱门面经炙烤出现变形迹象；楼梯西侧是货架、木橱柜、书柜及家具，货架上方货物部分过火燃烧，中间支撑铁柱出现凹陷，木橱柜上方部分过火燃烧脱落，四层书架上方两层烟熏痕迹明显，下面两层则未见明显的烟熏痕迹，北侧木质桌椅外形完好，表面呈烟熏炭黑现象。综上，主体建筑首层主要受热辐射作用起火燃烧。

对建筑首层附属建筑进行勘验。北侧外门东面为卷帘门，呈关闭状态，中间部分有一切割洞口，卷帘门表面锈蚀变色程度重，西面为推拉门，呈打开状态，表面油漆脱落呈现“斑驳”和“烧白”迹象且内部重于外部，最西侧门体变形程度最重。大门上沿的角钢西侧过火烧白程度最重，向东减轻。与北门相邻的西侧墙面脱落重于东墙，呈墙皮——墙皮脱落烟熏——墙皮脱落烟熏烧白层次，烧白部分呈倒“V”字型。东侧墙面下层局部表皮脱落呈斑驳状，其他部位较完好。铁皮屋顶过火变色，西北侧最重。建筑主体首层屋檐的横梁瓷砖脱落情况：东侧全部脱落，西侧有残留；该处天花板烧损情况为东重西轻，中间柱子瓷砖烧损脱落程度东侧重于西侧。该柱子东西两侧灭火器烧损情况，东侧的灭火器金属红色表面被烧呈橙黄色，而西侧灭火器外形基本完好。综上，火灾由该建筑首层附属建筑西北侧向四周蔓延。

对首层西北侧进行勘验。该处南侧放置一货架，货架上货物基本烧毁，向东倾斜。货架以北分别放置有：保险柜、电脑主机、双开门铁柜、电动车以及充电桩等，墙面下部墙皮部分残存。电动车整体烧损情况前轮重于后轮，前轮胎橡胶烧毁且变形，后轮仍有橡胶残留且变形不大，车头上方挡风玻璃过火融化脱落，金属框架变形呈西重东轻；座椅等表面非金属材料全部烧毁。双开门铁柜变形变色呈北重南轻。电动车电池仓西侧烧损程度重于东侧。对地面进行清洗，电动车车轮及以南对应地面呈现大面积凹坑。综上，起火部位为该建筑首层附属建筑西北侧的电动三轮车前端。起火点位于该电动三轮车的电池仓内，见图 2、图 3。

图 2　起火部位和起火点（自东向西拍照）

图 3　地面清洗痕迹（自东向西拍照）

2.3　调查询问和视频监控情况

经查，该民宅内常居住有苏某某一家 4 人，分别为苏某某、林某某、苏某某（儿子）、苏某某（女儿）。苏某某在 2012 年 4 月 13 日办理了“揭阳市东山区东阳优嘉五金电器厂”个体工商户，经营范围为：加工、销售：五金制品；小家用电器销售；网络贸易代理、网络商务咨询服务、营销推广。大约在 2016 年开始兼职经营“农村淘宝”，零散收发淘宝快递，在 2020 年挂牌“菜鸟驿站（新苏店）”兼职经营快递末端网点，近期到一家塑料鞋厂兼职打工。林某某，41 岁，锡场镇人，在迈得盛金属制品有限公司做财会工作。苏某某（儿子），10 岁，榕城某小学学生；苏某某（女儿），15 岁，揭阳市某中学学生，平时在学校寄宿，火灾发生时不在现场。苏某某、林某某夫妻感情和睦。

据目击者和视频监控反映，房屋西侧门口上沿门缝处先冒烟，后看到起火且有爆炸声。从冒烟至起火过程中，未见死者与他人发生矛盾冲突，未见异常人员活动。

上述调查询问、视频监控和现场勘验相互对应印证，认定起火部位为该建筑首层附属建筑西北侧的电动三轮车前端。起火点位于该电动三轮车的电池仓内。

2.4　起火原因的认定

经调查，认定起火原因是电动三轮车的电池仓内电气故障起火引燃周围可燃物蔓延成灾。依据如下：

（1）经现场勘验，认定起火点位于该电动三轮车的电池仓内（距北墙 3.42m、距西墙 1.62m，0.5m×0.5m 范围内）。对起火点提取的带熔痕的电气线路和熔珠进行送检，根据《广东震华痕迹司法鉴定所鉴定意见书》（粤震司法鉴定所〔2021〕痕鉴字第 619 号），样品 6-1、6-5、6-6 熔珠为一次短路喷溅作用形成，符合现场明火引燃的燃烧特征，见图 4。

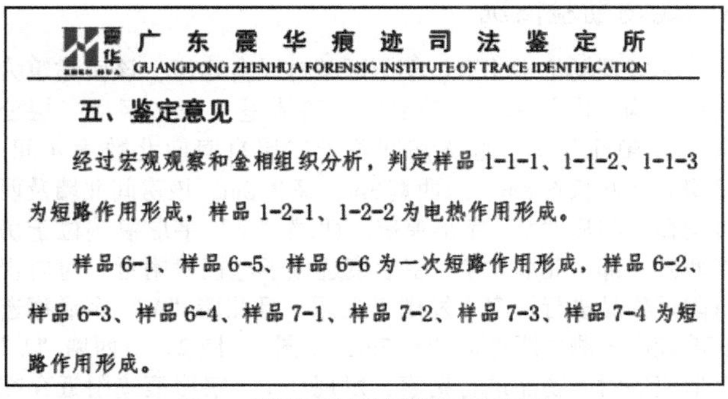

广 东 震 华 痕 迹 司 法 鉴 定 所
GUANGDONG ZHENHUA FORENSIC INSTITUTE OF TRACE IDENTIFICATION

五、鉴定意见

经过宏观观察和金相组织分析，判定样品 1-1-1、1-1-2、1-1-3 为短路作用形成，样品 1-2-1、1-2-2 为电热作用形成。

样品 6-1、样品 6-5、样品 6-6 为一次短路作用形成，样品 6-2、样品 6-3、样品 6-4、样品 7-1、样品 7-2、样品 7-3、样品 7-4 为短路作用形成。

图 4　痕迹司法鉴定所鉴定意见书

（2）根据调查走访和现场勘验，起火部位排除生活用火不慎、吸烟、遗留火种、自燃等引起火灾的因素。

综上所述，起火部位的认定、检验鉴定结论、视频监控、调查走访情况互相印证，认定揭阳市榕城区某街道某村新城路南 20 号苏某某的自建房“11·30”较大火灾的起火原因是电动三轮车的电池仓内电气故障起火引燃周围可燃物蔓延成灾。

3　灾害成因分析

该起火灾之所以造成 3 人死亡，其主要的灾害成因有：

（1）电动车故障起火是造成火灾的直接原因。经查，该电动车系户主苏某某通过淘宝购买裸车后私自改装使用，电动车的安全性能难以保障，且该电动车在使用过程中不符合要求，违规停放在室内，起火后引燃周围大量可燃物造成火势迅速蔓延扩大。

（2）违规住人是造成人员伤亡的直接原因。该建筑中部仅有一条敞开疏散楼梯，经营场所和居住场所未采取防火分隔措施。火灾发生后，高温有毒烟气大部分通过楼梯向上扩散形成“烟囱”效应，高温有毒烟气进入人员被困的房间，造成房间内两人窒息死亡。

（3）建筑内火灾荷载大。该建筑首层堆放的物品较多，大部分属于易燃可燃物品，受热辐射引燃后迅速蔓延，加之顶棚采用泡沫彩钢板搭建，起火后彩钢板滴落物加速火势扩散，产生大量高温有毒烟气，直接威胁人员的生命安全。

（4）被困者逃生自救意识差。起火后附近邻居第一时间通知户主苏某某逃生，但其并未带着妻儿立即通过屋顶逃生，而是选择单独下楼查看火情，延误了逃生的最佳时机。苏某某妻儿在逃生通道被浓烟封堵而逃生受阻的情况下，未采取避烟避火等有效避险措施，未及时把房门关闭造成浓烟进入房间以致母子二人窒息死亡。

（5）存在违章搭建现象。该建筑为村民苏某某的宅基地，附属建筑属于违章建设，且违规用于个人经营活动，当地政府失控漏管使之形成先天性火灾隐患。

4　事故防范措施和建议

“11·30”火灾的发生，充分说明我市“三合一”场所消防安全排查整治工作不彻底，整治的痛点堵点未能打通。“三合一”场所火灾隐患存量量大面广，特别是家庭式档口遍布全市各镇街、村居，已成为最大的亡人火灾风险点。为防止类似事故再次发生，建议做好以下工作：

（1）增强做好消防工作的责任感和紧迫感。各地各部门要切实提高政治站位，坚决贯彻落实好习近平总书记“始终把人民生命安全放在首位”重要指示精神，进一步压紧压实党政领导责任、部门监管责任和企业主体责任，坚持问题导向，聚焦关键环节，着力从根本上消除事故隐患、从根本上解决问题，确保全市消防安全形势稳定。

（2）深入开展排查整治活动。地方各级政府应结合当前火灾形势，根据消防安全“敲门行动”工作方案、降低火灾风险“四加一”（落实防盗网开设逃生口、落实防火分隔、推广安装物联网系统、配齐消防防毒面罩、开展消防宣传教育）措施实施方案等文件要求，充分发动派出所民警、网格员深入开展消防安全隐患排查整治工作，切实消除火灾隐患。各地要全面部署开展“三合一”场所消防安全排查整治活动，对发现“三合一”场所实施“列表造册、定位挂图、挂牌公示、建群宣传”措施，切实摸清“三合一”场所底数情况。建立落实调度指挥机制，开展数据统计和情况分析，定期对专项行动开展调度指挥，确保排查整治工作落实到位。

（3）进一步强化排查措施。发动各部门、各镇街、各村居各类力量开展排查工作，对所有小场所逐家开展筛查，结合“三合一”排查整治工作实际，统一制定“三合一”场所排查整治台账，全面规范排查整治工作。在排查时，同步开展宣传培训。群众违章用火、用电、用气而造成火灾事故时有发生，群众重防盗轻防火，防盗网已成灭火救援的一大障碍，部分人为封堵逃生出口现象严重，群众基本的初期火灾扑救和逃生自救能力欠缺缺乏。各地应结合当前防疫实际，借助微博、微信、抖音和快手等宣传平台传递消防安全常识。同时聚焦住宅用火用电、酒精消毒等重点环节，通过村广播、发放提示单、微信群、公众号、走马提示字幕等形式，密集开展针对性宣传活动，加大宣传力度，提示火灾风险，普及消防安全常识，提高群众火灾防范意识。

（4）进一步强化整治措施。各地要推动“三合一”场所逐家实施降低火灾风险“四加一”措施，重点落实“拆窗砌墙”和电动自行车违规停放充电集中清理行动。实施“四色”预警管理，对排查出的“三合一”场所实施挂牌公示，明确镇、村两级责任人负责监管。

（5）科技赋能强化“三合一”整治。结合排查整治工作实际，全面升级揭阳市“反三合一中心”小程序版本，开发运用排查登记、整治登记、分析统计等功能，推动各地结合排查整治工作推广和应用，实现“三合一”场所定位和“一张图”功能，推动基层治理体系信息化，利用科技手段完善长效监管机制。

（6）地方政府应完善村（居）微型消防站建设，配齐配强人员和器材装备，确保微型消防站队员 24 小时值班值守；各村（居）微型消防站应加强联动运行和巡逻检查，一旦发生火情，能够第一时间到场扑救，做到灭早灭小，最大限度减少人员伤亡和财产损失。同时，各地应结合疫情防控工作，全面发动各级网管员加强巡查排查，织密火灾防控网。

（7）建立逐级督查工作机制。建立实施县、镇两级班子成员挂点督查、县区领导交叉督查、市领导分片督查“三查”机制，督促各地切实落实工作责任。同步建立督办机制机制，对工作落后、排查整治弄虚作假的通报政府督查室和纪委，倒逼各项工作落实。

参考文献

［1］中华人民共和国消防法 . 2022.

［2］火灾事故调查规定 . 2012.

以一起电动车电瓶引发的室内火灾为例浅谈调查询问的查证方法

王小帅　孙阳阳

（朝阳消防救援支队，北京）

摘　要　火灾发展瞬息万变，调查询问可清晰便捷地还原起火前后过程，但面对灾后人员伤亡、财产损失的严重后果，相关当事人、责任者主观上都存在趋利避害心理，往往从保护自身利益的角度向调查人员反映所了解的“事实”，这些询问笔录中或多或少地存在谎言。本论文以一起电动车火灾为例，在缺少现场监控情况下，通过现场勘验、调查询问、现场还原、逃生模拟等方法，将当事人询问中所述谎言一一指出，通过排除法最终认定起火原因为电动车电瓶热失控引燃周边可燃物所致。调查结果可为类似火灾调查提供参考。

关键词　火灾调查　调查询问　查证　电动车电瓶　伤者病历

1　询问笔录特性

询问笔录属于言词证据。言词证据的优势在于能通过人的陈述较为全面、动态、直接证明火灾事故发生、发展过程以及造成后果的事实，也能了解火灾背后的诱因以及火灾肇事行为人的动机和目的等。言词证据的劣势在于人的言辞容易受各种感知、记忆、表达能力以及个人感情、厉害关系等主观、客观因素的影响，经常出现片面、失真、甚至虚假陈述。所以言词证据收集范围要广，内容尽量全面。审查言词证据要发挥此类证据的优势，要与物证等其他证据形成证据链相互印证，揭示火灾事实真相，同时要注意审查言词证据合法性和真实性，审查影响陈述人如实陈述的主客观因素。本论文以一起居民电动车火灾为例，简要介绍此起火灾调查中涉及的询问技巧及查证方法。

2　火灾基本情况

202×年×月×日 14 时 05 分（接警时间），位于北京市朝阳区某村民自建房发生火灾，总队调集火场周边 4 个消防站灭火救援力量，14 车 76 人赶赴现场处置。14 时 12 分中队到场，14 时 23 分现场火已熄灭，14 时 31 分，中队返回。现场燃烧物为自建房出租屋内杂物，现场 1 人受伤（伤者为租户女儿，该女孩左侧腿部、左侧躯干、左侧肩膀部分烧伤），无人员被困。支队大队两级火调人员随即赶赴现场开展工作，经现场勘查，火灾造成自建房二层某出租屋局部过火，自建房二层部分房间受烟熏水渍损失，受损户 7 户，直接经济损失约 10 万元，经走访起火建筑内部及周边均无摄像头。

3　现场勘验情况

火灾现场位于北京市朝阳区某村民自建房，该座建筑为砖混结构，内部用轻体砖隔断，整体呈“一”字型二层公寓，共 50 个房间，起火房间位于二层自南向北数第 4 间。该房间南北长 6.8m，东西宽 3m，高 2.8m，该房间北墙及西墙均存在明显“V”字形痕迹。西墙“V”字形痕迹位于房屋西侧中部，北墙“V”字形痕迹位于电视机附近，对电视机附近物品进行勘察未发现点火源，且北墙“V”字形痕迹底部较高经测量距地面约 0.7m，见图 1、图 2。对西墙“V”字形痕迹附近物品进行勘察，发现“V”字形痕迹附近存在一烧损电瓶，该电瓶外壳基本烧失，内部金属部件裸露，电池底部与地面粘连。该电瓶距离西墙约为 0.4m，电瓶内部电池部件散落变形，“鞭炮”形电池部件内部金属内芯散落在底座四周。电瓶西侧木质矮柜过火严重，整体呈现由电瓶向四周蔓延痕迹。

图 1　电视机附近物品过火照片（北墙“v”字形痕迹）

图 2　电瓶西侧物品过火照片（西墙“v”字形痕迹）

4　现场走访及笔录询问情况

经现场走访，起火时女租户在床上睡觉女儿在房间内椅子上看电视，女租户发现起火后，当即离开房间去一层拉电闸，等回来后发现女儿身体已被烫伤，回来时有一老大爷帮忙灭火，房东回来较晚未直接参与灭火。

该起火灾调查人员针对女租户、帮忙灭火人员（老大爷）、房东夫妇 4 人提取询问笔录 4 份。其中女租户表示醒后发现起火部位位于电视柜附近，当时地上都是烟，她感觉是电出了问题就跑到一层去拉电闸了。帮忙灭火的老大爷表示自己当时在楼下乘凉，看到女租户一边从楼上往下跑，一边高喊着火了，等女租户拉完电闸就同女租户一同返回二层起火房间泼水灭火，灭火时发现门口附近地面处杂物已经着火，往屋子里泼了两盆水后，房间火势变大，就同女租户一起下楼逃生。房东夫妇表示该自建房建于 2018 年，每个房间都有独立的电表，独立电闸，在装修时怕线路引发火灾，找专业电工施工，选用大线径电线布线。在日常管理中也会提示租户严禁使用大功率用电设备，严禁电动车电池入户充电，房东夫妇均表示应该是租户使用的插线板（位于电视柜附近）或者电视出问题引发的火灾。

5　对本案中涉及的证人证言进行审查

5.1　对证人与当事人之间的利害关系进行审查

这种利害关系包括亲属关系、朋友关系以及存在的恩怨对立关系等。存在此类关系，可能会影响证人证言的客观真实性，并削弱该证言的证明力。经审查提取笔录的四人中，房东夫妇与租户均为当事人，参与灭火的老大爷为居住在火灾现场周边的邻居，与当事人均无利害关系。

5.2　对影响证人证言主观因素

审查内容应包括证人的感知能力、记忆能力和表述能力等，判断是否可能影响其客观地提供证言。审查证人的主观因素（恐惧、紧张、激动、惊慌）对证言的客观真实性的影响，弄清有无妨碍其如实提供证言的因素和是否具备作证的能力。经走访四人均可正常感知表达现场情况，其中女租户经历火灾发展火场逃生及火灾初期扑救，在火灾调查中仍然表现较为平静，帮忙灭火的老大爷在办案人员询问时表现的较为兴奋。

5.3　对影响证人证言客观因素的审查

应充分考虑影响证人证言的客观因素，对可能影响证言真实性的因素，要认真鉴别，判断其在当时情况下，能否正确地感知与火灾有关的某种情况。对四人笔录进行比对汇总得到案件发展时间轴具体见表 1。

表 1　（时间轴）四人笔录中看到与听到的火场情况均基于以上时间轴自身所处的位置

人物	女租户女儿	女租户	帮忙灭火老大爷	房东夫妻
时间事件	在椅子上看电视	在床上发现家中起火		
		去楼下拉电闸断电	发现女子跑下来拉电闸	
	女儿逃出，被火焰灼伤	返回家中救火	与女子去起火房间救火	
		火势变大后选择逃生	往往房间里泼两盆水后火势变大，随后与女子先后下楼逃生	
				听到家中起火后返回家中

6　对证言来源的审查

主要弄清证人所提供的证言是自己目睹的，还是听别人传说的。如果是证人直接听到或看到的，还应弄清其感知这些情况时的主客观条件。如果是听他人传说的，则应尽可能地向直接感知案件情况的人调查、核对，以判断有无失实的可能。

经笔录提取可得：

（1）女租户均认为起火部位位于电视机附近，起火原因应与电气相关，从女租户处提取笔录均为女租户自己听到或看到的。

（2）参与灭火的老大爷表示起火部位位于门口附近。从老大爷处提取笔录均为老大爷自己听到或看到的。

（3）房东夫妇认为起火部位位于电视机附近，同时怀疑租户家的插线板或末端用电设备电气故障引发火灾。从房东夫妇处提取笔录为房东夫妇听女租户叙述起火部位，结合自己看到火灾现场自己推测的。

7 对证言与其他证据关系的审查

证言如果是真实的，其他证据也是真实的，它们应该具有一致性、统一性，不应存在矛盾。如果发现有矛盾，应分析出现矛盾的原因。如果排除了其他证据的不真实性，就可以肯定证言的不真实性。证言有部分不真实的，也有全部不真实的，应作具体分析。

7.1 结合现场勘验，对比调查询问进行查证

该案件调查询问中女租户开始强调起火部位在电视机附近，经查电视机附近插线板呈现由外向内烘烤变形痕迹，电视机柜附近并无其他可疑引火源，电视机柜附近物品呈现由北向南蔓延痕迹（电视机柜附近物品并未呈现由电视机柜向四周蔓延痕迹），女租户询问笔录反应起火部位与现场勘验明显不符，经追问女租户反应，当时自己在睡觉，醒来看到屋内地面和电视柜附近都是烟，并不确定起火部位在电视机附近。

7.2 邀请火灾人证，现场指认火灾情况

邀请参与灭火老人现场指认，老人表示：在灭火时，看到起火部位就在入户门右手杂物处，当时杂物起火离门较近（在女孩逃生落线必经之处），故只能在门口往里泼水。救火过程中并未发现房间东北侧电视机柜附近物品（女租户描述起火物品）起火，老人指认起火部位与周边物品烧损缺失痕迹相符，在指认过程中，老大爷回想起在女租户下来拉闸前期听到了连续响声（疑似锂电池爆炸），见图2。

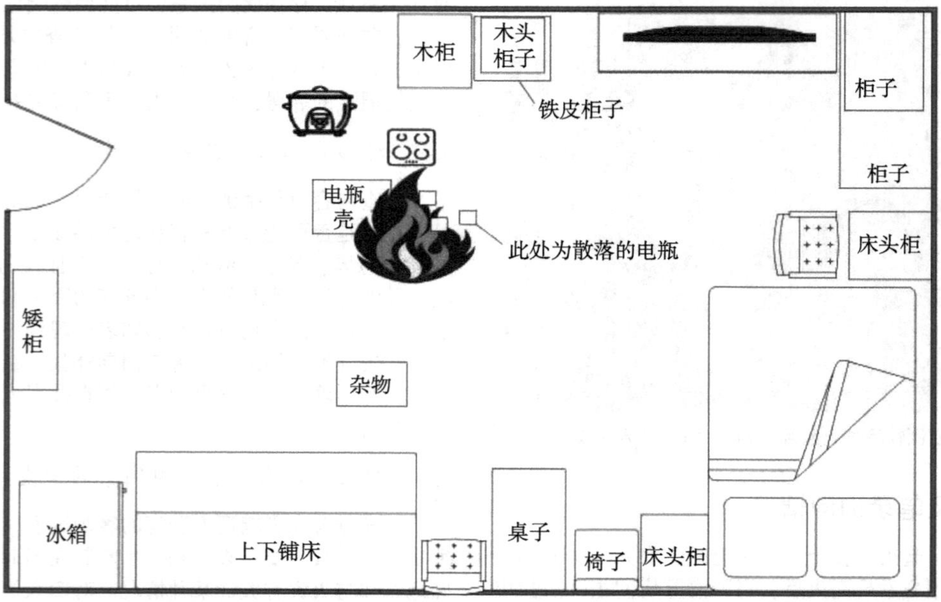

图2　据灭火老人反应灭火时现场起火点位置

7.3 模拟逃生实验，验证人员受伤情况

依据女户主描述，起火时12岁女儿，正在东侧椅子上看电视，火灾发生后，自己去楼下拉电闸，等自己返回室内救火时，女儿已经逃出，并且受伤，随即送医救治。调查人员现场模拟逃生实验，当起火点在电视机附近时，女孩可以安全逃生，依据电视机附近火点较高这一勘验事实，即使女孩对电视机进行扑救受伤，受伤部位也应在腰部以上。当起火点在电瓶附近时，电瓶位置较低，且在女孩逃生必经之路上，可以造成女孩左侧腿部、躯干及肩部不同程度受伤。女孩伤情符合初始起火部位位于西墙电瓶位置处，见图3。

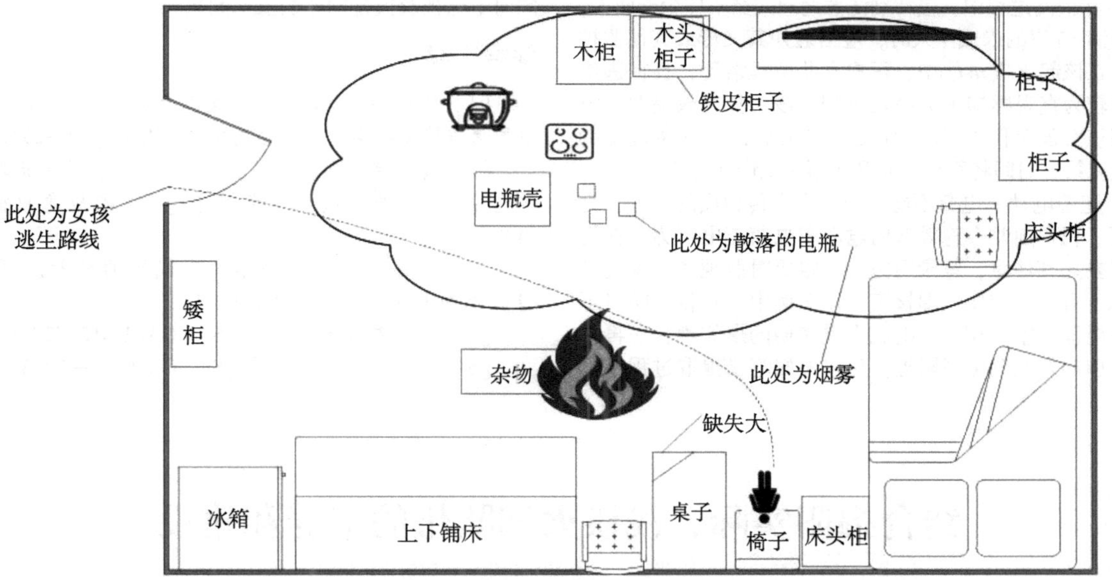

图 3　模拟租户女儿逃生路线图

7.4　关注微反应，印证被询问人员是否说谎

在火灾事故调查询问中，"说谎"是被询问人对抗调查的主要方式。而说谎会使人产生焦虑、紧张、恐惧等情绪，在此种情绪作用下，声带肌群收缩程度会与正常说话产生差异，与此同时不同的情绪还会反应在不同的肢体动作及细微面部表情上。以此案女租户为例，在自由陈述期间，该女子在指认现场起火点的过程中眼神明显存在躲闪，在该女子指认起火部位附近未找到点火源的情况下，该女子回答现场询问时开始支支吾吾，并辩称起火时自己在睡觉，否认此前指认的起火点，证词开始反复。

8　综合分析

结合询问笔录、现场勘验、及模拟逃生实验，确定起火部位位于西墙电瓶位置处。

该现场起火时女租户及租户女儿在室内休息，可排除遗留火种引发火灾的因素。

该现场起火时，门窗皆关闭，可排除外来火源引发火灾的因素。

该现场起火时，室内人员未进行做饭烧水等动火行为，可排除用火不慎引发火灾的因素。

该现场起火时，天气晴，可排除雷击引发火灾的因素。

该区域无装修电线经过，可排除装修电线电气线路故障引发火灾的因素。

该区域电瓶附近用电设备均呈现由外部向内过火痕迹，可排除电瓶外用电设备故障引发火灾的因素。

该现场起火时，楼下老人听到疑似锂电池爆炸声，女租户承认锂电池放置于家中时处于有电状态，勘验中火灾现场符合由锂电池电瓶向四周蔓延痕迹，且锂电池已处于热失控状态。

综上所述，认定该起火灾起火原因为锂电池热失控引燃周边可燃物所致。

9　对本案事件的一些思考

（1）火灾事故现场千差万别，调查询问工作也非一成不变。火灾调查中应对所有知情人开展全面询问，但调查警力有限，同时为避免关键知情人说谎、串供，在进行火灾询问前应第一时间划定被访问对象，及时提取笔录。一般要选择发生火灾时在火灾现场、离火场较近或清楚火场基本情况的人，作为首选被询问对象，以便尽快掌握火场的基本情况。在该起案件调查中调查人员迅速走访租户、房东、及参与灭火周边群众，了解火灾发生后的人员活动情况，在询问前，针对不同询问对象草拟出询问提纲。调查询问中要始终以查明火灾原因为中心。

（2）调查访问中要时刻体现以人为本的思想，在火灾原因查明之前，每一位被调查对象都是以证人的身份出现的，调查人员要端正心态切勿将被调查对象以违法行为人或犯罪嫌疑人对待。初次询问应采取自由陈述法，即让被询问对象充分发挥，不被打断，自由详细的叙述。以此案为例，女租户描述起火过程明显与现场勘验不符，但询问人员仍应耐心听取询问人陈述，同时将询问证据材料固定。待到后期再通过其他证据进行查证。在询问过程中不要过多过早追查被询问对象应承担的责任，以免加重被询问人的心理负担，造成被询问人不配合询问甚至直接对抗调查，使调查询问工作陷入僵局。在调查询问中针对不同性别、年龄、职业的被询问人，应采取不同的方式方法。以本案为例，针对于帮忙灭火的老大爷，调查询问中要尽量和蔼、亲切，老大爷参与灭火很激动，在被询问时很亢奋，也很配合，自由陈述时讲的主要是灭火感受，此时就需要调查询问人员及时引导，从如何发现火灾，如何扑救，现场起火部位进行广泛性提问，帮助老大爷回忆现场情况，对老大爷记忆模糊、模棱两可的问题，要留给被调查对象一定的思考时间，并适时采用联想刺激法帮助被调查对象回忆。此案中老大爷在询问人员的帮助下回忆起先听到爆炸声，随后看到一个妇女从二楼下拉闸，为后期调查提供了重要线索。

（3）调查访问要全面细致彻底。调查访问人员要耐心细致，对任何可能的火灾原因，都要一一甄别，不留死角。这就要求我们在火灾原因调查中，耐心地同被询问对象进行深入交流，对各种可能的原因，一一通过被询问对象证明或者排除，并详细记录在案。如起火时，被询问对象是否在火灾现场，是否听到异常声音等，初期起火部位在哪里等。在调查访问时，一般还要了解当事人所在单位或家庭中的工作生活情况。例如本案中，女租户为一家三口，起火时女租户及12 岁女儿在家，男租户上班未在出租房内女租户清晰记得起火点位于电视机附近，当时屋子里地上都是烟雾（可以证明起火点位置较低）。女租户是家政行业，有一定安全常识，日常靠电动车出行（与室内发现电动自行车相互印证）。

（4）在询问过程中，应特别注意询问人员不应少于两人，且询问未满16岁的未成年人时，应当通知其父母或其他监护人到场，在该起火灾事故中，租户女儿全程清醒，且在逃出火场前可较为直观感知火灾蔓延过程，该女孩笔录提取价值最高，但该女孩年仅12岁，且受火烤烟熏，不方便接受询问。因此未第一时间将租户女儿列入第一批询问对象。

（5）随着电动车电瓶不能入户充电宣传力度的加大，为逃避责任，租户通常会隐瞒室内电动车电瓶充电行为，在提取笔录时要尤其注意，笔录问完后一定要对照现场，发现笔录与现场不符，一定要立即核实。该案例中，女租户闭口不提电动车电池在室内充电及电瓶火灾初期的爆炸声，一再把起火部位引向东北侧电视附近。房东夫妇笔录提取过程中也倾向于电视及插排问题引发此起火灾。

参考文献

［1］宋一兵．电动车火灾案例分析及预防［C］．//2016中国消防协会科学技术年会论文集．2016：290-291.

［2］翁文斌，张旭阳．浅谈电瓶车火灾隐患治理及预防措施——以绍兴市越城区为例［J］．中国应急救援，2021（1）：63-66.

［3］陈伟．浅析电动车火灾成因的分析及预防对策［J］．科技与企业，2015（21）：47.

［4］火灾原因调查指南［S］．GA/T 812—2008.

［5］火灾原因认定规则［S］．GA 1301—2016.

结合揭阳实际，浅谈火调队伍的培养和建设

黄晓东

（广东省揭阳市消防救援支队综合指导科，广东　揭阳）

摘　要　当前火调工作正面临新形势和新任务，总体向科技化、专业化和创新性转变，火灾事故调查是日常消防工作的核心重点工作，基层火灾事故调查工作水平的好坏和广大群众的自身利益息息相关，我们只有切实提高消防救援机构的火灾事故调查专业技术水平，给出准确火灾原因认定结论，才能获得广大人民群众的信任和认可，才能使火灾调查工作真正为社会经济建设发挥作用。笔者结合揭阳基层实际和我国目前的现状，做了思考提出了一些切实可行的措施建议，供大家共同交流研讨。

关键词　基层队伍　火灾调查　培养人才　装备建设

1　基层火灾事故调查工作中存在的不足

1.1　基层火调人员数量严重不足，业务技能有待进一步提高

目前，我国消防救援机构火调执法人员数量十分不足，全国消防救援人员约占全国人口总数的万分之一左右，广东省约为万分之零点九，揭阳市约为万分之零点五，和发达国家通常达到万分之六相比差距很远。从事火灾事故调查工作的执法人员非常缺乏，目前，广东省县（市、区）级消防救援大队一般配备3~5名消防监督执法人员，基本上都没有配备专职的火灾调查人员，常常是一名基层消防执法人员身兼数职，既干日常社会面防火监督工作，又干日常火灾事故调查工作。火灾事故调查工作是一项对相关专业知识、技术性要求很高的消防执法工作，调查过程中一般涉及到的火灾原因种类多，情况十分复杂，需要运用到十分广泛各类专业知识，而目前大部分的火灾事故调查执法人员是中途从事这项工作，没有系统、全面的学习和培训过火灾事故调查相关的专业技术知识。目前，我省接受过正规大学火灾调查专业教育毕业的执法人员不过数十人，要承担每年几十万起的火灾调查执法任务显然是力不从心的。主要表现为：一是单位消防责任认定方面，存在着“违法不究”的行为，部分火调执法人员存在着同情当事者“老好人”和怕麻烦的思想，对符合涉火“两罪”刑事案件查办条件的火灾事故案件，相关执法人员，执法不严，能不立案就不立案。二是火灾现场勘查方面，不能科学准确地找准火灾事故现场的起火重点部位和起火点，不能熟练、正确使用火灾现场勘查设备，不能快速、准确地提取火灾现场痕迹物证，同时，保护火灾现场思想意识不强，有关的现场保护措施未落实到位。三是火灾现场询问调查方面，不能抓住火灾现场胡关键询问对象，对知道早期火起火位置、火势发展过程、起火原因、火灾财产损失等详细情况的当事人，存在有漏问、问不详细的现象。

1.2　火调工作保障机制欠缺，相关器材设施严重缺乏

我们应该坚持向科学技术要战斗力，目前全国火灾事故调查的基础设施、火调材（设备）缺口非常大，必要的火调器材、仪器严重不足。特别是去年全国各地多次召开火灾事故调查大比武，目前火灾调查工作正由以前的经验认定向装备技术认定转变的新时期。目前，火灾事故常用侦查、检验技术手段有：热分析法、视频色谱分析法、气相色谱分析法、监控声音音频分析法、火灾物证化学分析、监控视频微变分析法、分子光谱、原子光谱分析法、质谱法、金相分析法、核磁共振法等。这些技术分析手段都要求具备相应的火灾调查技术设备，火灾现场勘验还需要专门火灾现场勘验工具及高质量的照相、摄像器材等设施。目前火灾痕迹物证分析鉴定仪器和火灾现场勘查工具严重缺乏，已经严重影响了火灾事故调查工作的严肃性、科学性、准确性和权威性。通常火灾发生后，由于经过扑救火灾时的水流冲击、现场可燃物火烧、可燃物倒塌等情形，火灾现场通常遭到严重的破坏，给火灾事故调查人员提取火灾现场痕迹物证、统计火灾财产损失以及准确认定火灾原因带来了非常大的难度，目前大部分火灾事故调查执法人员在调查火灾时只能凭自己的火场经验、凭主观意愿办事，火灾原因没办法找准、相关的责任没办法分清，导致火灾事故处理长期不能顺利结案，火灾事故责任者得不到应有的责任追究，影响了消防救援机构的良好形象。由于火灾痕迹物证分析鉴定仪器的严重缺乏，有的火灾现场痕迹物证无法在火灾勘查现场进行有效的分析鉴定，拖延了火灾调查时间，错过了火灾事故调查的最佳时

机。由于火灾现场痕迹物证鉴定经费无法保障，现场痕迹物证无法送鉴定机构鉴定，导致火灾事故调查案件由于证据不足，不得不中断，或者无法给出正确的认定结论。同时，火调干部多数长期就职于防火口，因装备采购程序繁复，与后勤部门统筹协调慢滞不前，基本无自主申请购入，全由上级文件提出硬性要求或政策支持纳入财政支出。

1.3 重“大火”轻“小火”，导致火灾事故调查经验得不到有效锻炼

目前，较大以上火灾事故经常引起社会的高度重视，而一般性的火灾则不会。认为一般火灾事故原因调查不重要，不重视，是我们对火灾事故调查工作的一大错误认识。一是较大以上火灾事故不可能经常发生，以揭阳为例，5 年内才发生 2 起较大以上火灾事故，而一般性的火灾事故每年都有 2000 多起，在例如揭阳普宁市，每年一般性火灾事故就 700 多起；二是火灾事故现场无论大小，真正的火灾事故起火原因只有一个，较大以上火灾事故的起火原因也不一定就复杂，同样的一般性火灾事故的起火原因也不一定就十分简单，如果我们火调人员一味等待通过参与调查较大以上火灾事故来学习或丰富火调经验，那就真正荒废了火灾事故调查的业务，无法学习提高真正的火调技能；三是现在很多一般性火灾事故，当事方都牵涉到保险理赔的相关事宜，如果在我们处理这类一般性火灾事故调查工作中不够细致、不够认真，导致火灾现场勘查范围错误、提取火场痕迹物证不科学，程序不符合法律相关要求，火灾事故调查主责承办人和协办人甚至主要领导都要因此承担相关的法律责任。因此，我们万万不可不重视一般性火灾事故的调查工作，反而应十分重视。

（1）专业骨干少，储备力量薄弱。综合性消防救援队伍改制完成后，支队岗位人员调换，火调队伍人员分散，且专业火调干部极少，多数骨干火调技能由日常工作经验累积，基础薄弱。针对火调技能的培训由于日常工作任务繁重和人员分散，常滞于计划阶段进展缓慢，且缺乏专业指导和研究讨论，懂而不精功夫粗浅，实际运用不灵活效益甚微。

（2）科技创新水平不高，火调装备落后。珠三角发达地区在火调装备科技创新水平位于全国前沿，已深入研发，科技水平质量高，运用广泛。我支队虽在总队消防刑侦火灾调查及新闻宣传比武中已配备多套火调装备，但装备运用均来自学习珠三角地区经验，无自主创新，且由于财政投入有限装备简易落后，科技水平含量低，仅仅满足火调工作基本要求，无法深入渗透。

（3）应急调动参与量不高，各辖区联动少。支队火调应急处置小组的成立推动了火调协作机制进一步发展。发生较大影响的火灾事故时，由支队调动火灾发生地临近辖区大队火调骨干参与调查任务，由于火灾高发地集中，边缘地区火调人员参与量不高勘验经验少。加上调动集合耗费大量人力物力，通常在发生较大火灾事故时才出动应急小组，各辖区联动次数少，相互配合默契度不高，仍在摸索当中。

2 完善火灾事故调查监督机制，提高火调执法水平的对策

2.1 要全面强化火灾事故调查工作的领导

各级消防救援机构的主要领导和分管领导要充分认识到火灾事故调查工作的重要性和在日常工作的主导地位。我们要实行火灾调查主要领导负责制，单位的主要领导和分管领导要亲自抓，亲自过问，并在单位火调执法办案中心的人员配备数量、人才培养和日常经费投入上给予大力支持和倾斜。尤其是基层消防救援大队的主要领导，更是要亲自挂帅，领导、组织参与辖区范围内火灾事故调查工作，竭尽全力地把火灾调查工作做扎实。同时基层单位对于在火灾调查工作中成绩突出的执法人员单位要给予充分的表扬和奖励，消防救援队伍的各级政治部门也可考虑设置火灾事故调查专项奖励办法，用立功、评优评先的正面激励方法来提高基层火灾事故调查员工作的积极性、主动性和自我价值的认同感，从而进一步激发基层火灾调查人员爱岗敬业、钻研业务的激情和热情。

2.2 要切实想办法解决火调技术业务骨干力量严重不足

一是要积极大胆探索火调人员的机构编制改革，从根本上解决制约火调发展的瓶颈性问题，从组织架构上高度重视火灾事故调查工作，将火灾事故调查放在日常工作的重要位置，基层消防救援机构按照管辖范围分片划区，按照三分三定，每个片区设定主管人员和协管人员负责该片区的火灾事故调查工作。二是要想方设法保持火灾事故调查人员的相对稳定。火调执法人员的相对稳定能有力促进火灾事故调查事业的健康发展。在体制上，我们应适当放宽，考虑以干部为主体，消防文员为辅，同时努力向当地政府争取，争取增设地方事业编制，同时逐步提高中、高级火灾事故调查技术职务人员的比例。同时，我们可充分发挥普通大学火灾调查专业毕业生的优势，多多招收这方面的人才，将其充实到基层火灾事故调查工作岗位上，从而逐步提高基层火灾事故调查人员的学历档次和专业技术能力水平。同时，我们要出台更多关心基层火灾事故调查人员的日常工作、学习和生活的制度，充分发挥他们的作用，对成绩突出的技术骨干应给予大力表扬和奖励，提高他们的干火调工作的主动性和积极性。

2.3 要大力构建火灾事故调查保障制度

一是要及时大力购买火灾事故调查工作必要的火调装备和设施。我们在取得地方政府经费保障的基础上，要及时购买火灾事故调查工作所必需的监控视频分析设备、电子物证存储设备、痕迹物证提取、人员个人防护用品等火调装备，在装备和设施上加大经费投入确保日常火灾事故调查工作能够正常开展。二是要争取加大消防救援部门财政经费的预算。当辖区内发生有影响的火灾事故时，我们要抓住机遇，及时向当地党委政府作专题火灾事故情况汇报，讲清楚开展火灾事故调查工作的紧迫性和重要性，确保当地党委政府将火灾事故调查经费纳入消防救援部门每年消防经费预算，保证火灾事故调查的业务经费（包括装备经费和日常办案经费等）能纳入当地财政预算。同时建议在全国层面上加强火灾调查后勤教学保障。学习国外专业机构和战训部门的先进经验，加强经费投入和保障，建立火灾调查实战化培训和基地，固定相应的师资力量和设备器材保障，是提高基层调查水平、保障人才队伍的重要方式。我们要积极探索、整合全国优秀教学资源，为基层在职火调人员提供更多、更好的学习资源、服务实战。三是加强火调工作激励。对火调一线人员要从政治上关心、精神上鼓励、待遇上倾斜。对于作用突出、成绩显著的个人，及时报请实施专项奖励，在安排疗养、休假、晋职晋衔和晋升提拔使用等方面予以优先考虑；重视火调人员职业健康，定期安排体检和开展有针对性的职业疾病筛查；定期开展能力水平培训和考核工作，研究制定给予相应福利待遇。加强火调工作激励，最大限度激发火调人员工作热情和战斗力。

2.4 采取多种措施，提高基层火灾事故调查业务水平

主要有以下几个方面：第一，抓好火调执法人员的火调

业务培训工作。可建立火灾事故调查知识定期专项业务培训班制度，定期分类培训消防监督员的火灾事故调查技能，同时对消防救援部门相对不熟悉的火灾事故调查业务，如放火嫌疑案件、失火罪案和消防责任事故罪案件等，可组织全体火调执法人员到公安刑事侦查部门进行相关专业知识的学习培训。建议在全国层面上，考虑依托科研机构或者相关大学火灾调查专业教研室，充分发挥优质教学资源建立这种长期定向培训的机制，让每一名专兼职火调同志能够接触了解火灾调查的最高科研和水平，帮助不同岗位干部开阔视野、增长见识，提高工作能力和业务水平。第二，发挥消防救援部门准军事化管理的优势。一是火灾现场调查与扑救火灾过程中的火情侦察紧密联系起来，让基层消防救援站人员在扑救过程中尽量保护火灾现场的起火部位、起火点、痕迹物证、物品原始位置等重要物证及部位，让基层火灾事故调查人员充分了解扑救破拆及火灾现场内部的火势蔓延发展过程等基本情况，为火灾原因的认定提供有利的原始火场；二是针对较大以上火灾和疑难火灾事故调查工作量大、时间紧、要求高、工作任务重的特点，可以抽调业务能力强、责任心强的火调执法人员组成火灾事故调查工作组，分组牵头负责现场勘查、询问、视频分析、现场制图、现场建模、现场拍照等方面的工作，确保火灾现场调查工作能快速、高效、有序地开展，确保高质量完成火灾调查任务。第三，成立火灾事故原因调查专家组。为了提高火灾事故原因认定的科学性和准确性，可以采取“请进来”的方式，邀请电信、电力、刑侦、化工、汽车等相关部门技术骨干专业人员加入火灾调查专家组。第四，建立与政府相关部门的联动机制与刑侦、网监、技侦等部门调查工作联动协作机制。改变消防部门单打独斗的调查模式，建立与应急、燃气、电力、市场等政府相关部门的联动机制。与刑侦、网监、技侦、派出所等部门建立大协作工作对接协作机制，与各院校实验室、研究院、行业协会建立密切合作关系，设立专家人才库模式。加强信息及时沟通共享，进一步明确各协作部门在火灾调查中的任务、各部门明确职责分工，加强协作，密切配合，充分发挥主动性和创造性，构建强大的战斗堡垒成作战机制并发挥作用。

3 小结

拓展火灾调查工作，任重而道远。火调队伍培养和建设所需时间长、涉及范围广且质量要求高，为推进火灾事故调查逐步规范化建设和发展，进一步提高火灾事故调查工作成效，在火灾调查工作开展过程中仍需常做分析总结，同步优化经验做法，逐步加强和改进火灾调查工作。随着国家改革发展不断深入，我国公民的法制意识也在不断增强，火灾事故调查工作在社会活动中的地位和作用也越来越重要，消防救援部门只有不断建立和完善各项火灾事故调查机制，不断提高火调执法专业技术能力水平，才能不断推动火灾事故调查事业向前发展。我相信，火灾调查工作将越来越会受到各级领导的重视和关心，火调人员也一定会爱岗敬业，不断提高自身素质和业务水平，敢冲敢闯攻破火灾查处中的重重难关，把的火调工作推向一个崭新的局面。

参考文献

[1] 中华人民共和国消防法 . 2022.
[2] 火灾事故调查规定 . 2012.

火灾调查中物证损坏防范措施研究

王瀚哲[1] 周广英[2] 刘伟杰[3] 黄跃鹏[4]

（1. 齐齐哈尔市消防救援支队，黑龙江 齐齐哈尔；2. 大庆市消防救援支队，黑龙江 大庆；
3. 大兴安岭地区消防救援支队，黑龙江 大兴安岭；4. 七台河市消防救援支队，黑龙江 七台河）

摘 要 在火灾调查中火灾证物的作用极其重要，通过火灾证物的取证可以分析起火原因和起火时间，并且帮助消防救援队伍制订防火计划。我国每年发生的多起火灾在现场救灾的过程中会导致物证受到损坏，加大火灾调查难度，进而降低火灾调查的工作效率，消防火灾调查部门也将预防火灾物证损坏作为重要的课题。本文从火灾调查重要性入手，讨论火灾调查中物证损坏现象的成因，阐述火灾调查提取物证的方法，最后分析如何防范火灾调查中物证损坏，希望对相关研究带来帮助。

关键词 火灾调查 物证损坏 防范 措施

火灾调查可以有效指导防火工作并改进灭火工作，可以为完善和健全法律法规体系提供基础数据，为依法追究火灾责任者的责任提供证据。火灾物证调查是火灾调查中的重要一环，物证调查可以为火灾调查提供有力证据，为起火时间、起火部位、起火点、起火原因的认定提供支持。

1 火灾调查重要性

火灾调查主要是分析火灾形成原因和火灾现场发展的理论依据，一般是借助火灾现场残留的物品、火源和痕迹推理，之后结合火灾造成的财产损失以及国家法律法规严肃处理火灾肇事者，并且结合火灾调查结果为火灾预防工作提供支持。所以在起火后需要采取保护措施，进而避免损坏现场物证。一般火灾调查人员会询问查访证人或受害者，然后检测、研究火灾物证。物证是证据体系中通过科学技术发现、提取、检验和鉴定的重要证据，而火灾事故中的物证可用于证明火灾发生原因、时间、经过的物品，体现现场原有物品在火灾中的变动，也是最具说服力的火灾证据。从消防及公安部门的工作需求讲，借助物证可以认定事故责任，进维护受灾群众和单位的权益[1]。

2 火灾调查中物证损坏现象的成因

2.1 报警不及时导致调查时间延迟

在火灾发生后需要调查人员及时在火灾现场开展工作，其中包括封锁现场，并且对物证保护，进而为火灾调查工作提供保障。不过在火灾发生后群众一般存在严重的恐慌情绪，比如没有及时拨打报警电话寻求帮助，由此导致延迟了火灾调查时间，现场的物证被大火烧坏或者烧毁，降低了火灾事故的调查质量与效率。

2.2 灭火救援行动对物证的破坏

消防员在灭火救援行动中会尽自己所能的保护公民的人身和财产安全，所以在灭火时会用大量的灭火剂来扑救火灾。受水压、水渍和各种灭火剂的影响，火场中的物品可能会被冲离原有位置，也有可能被浸湿从而失去证明作用。

2.3 火场勘验工作不彻底

在现场调查的过程中需要进行全面和深入的分析，不过部分火灾调查人员仅粗略的调查，没有严格遵守火灾调查现场勘验流程，对火灾现场及周边环境没有仔细勘验，因此疏忽、损坏火灾物证。再如部分调查人员在调查时没有遵循相关规范，造成重要的证物遗失，影响调查结果的准确性。火灾调查工作的专业性很强，需要具有缜密的思维与耐性，需要耐心、专心、细心、潜心，严格按照相关流程操作，并且对取证信息详细记录，为更深入的探索提供支持[2]。

2.4 火灾证物送检过程不规范

完成火灾现场勘验工作后需要将物证与信息详细记录，之后保管物证，不得出现随意处置和丢弃的问题。在火灾现场环境时刻都会发生变化，并且室内与室外的温度差异较大，空气中飘散粉尘与有害物质，都会不同程度的损坏火灾证物，因此，调查人员在采集信息的过程中需要使用专用的器皿、证物自封袋，之后妥善摆放保管，让整个送检过程安全。此外，在火灾发生的过程中现场环境较为混乱，而现场取证时很多的痕迹都被损坏，如果调查期间操作不规范会再次损毁，及时使用先进仪器也不能复原。

2.5 火灾物证保管方式不到位

在火灾发生后现场将留下物品和痕迹，不过很多的物品已经不完整，并且这些证物较为脆弱，容易受到外界环境影响被再次破坏，比如空气中的温度、湿度与粉尘破坏证物的完整性，再如金属物质被氧化。此外，部分调查人员没有合理采取技术措施，在勘查与调查现场环境后需要将证物运输与保管，这一过程中需要结合证物的类型与特征选择运输方式，否则证物运输的过程中由于颠簸、速度的变化破坏证物[3]。

2.6 火灾调查提取物证的方法

从物证类型上来看，主要类型包括气态、液态和固态，并且不同类型的证物差异较大。现场残留的易燃性气体、液体蒸气、固体蒸气和可燃物都会在受热分解后产生气态产物，在散失后加大了提取位置选择难度，所以一般不作为物证提取重点。再如液态物证一般分析煤油、汽油、乙醇等有机物液体或溶有燃烧产物、可燃液体的水样，不过以上物质都有易挥发性，取证的难度较大，综合考虑在现场可以选择固态物证，比如残存烟痕、渗有液体的泥土、可燃物容器残体、金属熔珠，调查人员可以结合状态、颜色、性质、组分分析是由于自然因素还是人为因素导致的火灾事故，在火灾事故调查中具有重要作用[4]。

3 如何防范火灾调查中物证损坏

3.1 加强火灾现场保护

在灭火救援时，消防员应尽量减少水压、水渍和各种灭火剂对物证的破坏。在火灾调查时火调人员需要保护好现场，明确取证的流程，比如取证前拍照，进而呈现现场的真实情况，也为后续的物证复查提供依据，帮助调查人员辨识现场的物证，取证后调查人员进行物证的保管，进而避免被损坏。具体说来：其一，火灾发生后调查人员要及时到现场，严格按照相关规定封闭火灾现场，拉警戒线，张贴封闭火灾现场公告，避免无关人员出入破坏现场，并且安排专门人员对室内与室外保护，其中在大型火灾现场中需要划分成核心保护区、次级保护区和总体保护区，在多层保护措施下避免关键证据损毁；其二，现场调查期间围绕起火点对核心保护区加以强化，比如某个区域出现火灾后会因意外因素导致其他位置起火，再如出现多个起火点时发现起火点间无火势蔓延痕迹可能为人为纵火。所以要针对起火点所在区域重点保护，对现场进行彻底勘查，分析烟熏痕迹。此外，公安机关人员到达现场后也要协助消防保护现场，最大限度地保持现场原貌，进而降低分析难度，为采集的证物及时送检带来帮助[5]。

3.2 改善物证保护措施

在物证保护过程中需要完善相关措施，进而约束调查人员的行为。火灾调查具有综合性强特点，涉及诸多学科内容。当前我国还未完善相关法律规范和技术标准，由此导致实际操作中缺乏规范性，加大了物证取证难度，因此要根据物证保护需要出台技术规范，涵盖证物采集、包装、运输等环节，由此为人员作业提供指导，之后要制定科学的宣传措施，避免现场取证期间出现随意损毁物证的问题，如果发现操作不规范或者违规操作行为需要依照相关规范处罚。再如物证保管过程中同样要避免污染、破损等问题，能够结合物证的类型与性质出台管理规定，尤其是纸张类物证存放时要避免折叠或者堆压，将其科学存放于信封当中，再如阻燃剂需要存放于密闭性好的玻璃瓶当中，由此避免出现挥发问题，而炭化物质要求使用松软物质包裹，然后存放于硬质容器，之后贴好标签。此外，物证出示前必须长期存放于保管室，安排专门人员管理，做好出入登记，由此确保物证的存放状态，其中重点物证更要采取重点保护措施，次要物证可采取分类管理的方法，之后结合属性、体积、形状统一存放，最后在物证调取过程中能够结合管理流程，明确操作规范，进行记录和备份。

3.3 引进先进技术手段

由于火灾物证提取和保管具有专业性，为了避免物证受损不仅要求制定科学的管理规范、加强妥善保管，还需要引进技术手段，比如现场勘验过程中应用各种仪器分析烧毁痕迹，再如通过信息技术进行样本物质提取。所以相关部门要加大资金投入，引进相关设备，由此提升专业技术水平，进而为核心保护区以及证物快速锁定带来支持，比如阻燃剂燃烧期间取证燃烧烟尘难度较大，新时期可应用色谱-质谱联用技术，一般在50h之内可完成取证，进而避免烟尘、成分挥发而影响勘查效率；再如应用计算机软件模拟分析火灾现场环境，由此确定燃烧烟尘的沉积以及吸附情况，为判断证物的提取位置带来支持。而重大火灾中所留下的物质成分复杂，判断难度较大，可应用高效液相色谱法、紫外光谱法、红外光谱法，帮助提取和鉴别证物。需要说明的是，由于证物类型较多，要分开存放保管。此外，基层消防单位也要主动了解前沿技术，结合火灾调查工作的开展需求进行仪器与设备的配置，能够熟练应用相关技术，由此在起火之后及时勘查和提取证物分析起火原因，为科学制定火灾预防方案带来帮助[6]。

（四）提高调查和取证人员素质

在火灾调查的过程中对技术要求很高，需要调查人员掌握多方面知识，涉及社会学、科学、法律学、政治学、经济学、犯罪学等方面，消防部门和公安机关也需要提升调查人员的专业能力，培养社会责任感，掌握科学的处理技术。对调查人员也需要加强教育，在现场勘验与取证过程中保证工作效率，进而确保证物的安全性。具体说来：其一，在现场的勘查过程中需要分析导致火灾发生的因素，在反复分析中找出短路熔痕、喷溅熔珠等细微物证；其二，遵守规范流程，在物证提取的过程中合理选择提取方法，比如通过拍照、录像等手段取证可以呈现全貌并且有特写，可以减少差错，为后续的推断提供支持。在实际操作中需要使用一次性手套，并且在物证外包装上应做好标记，说明提取位置、时间。此外，在实际工作中需要积累经验，比如室内火灾调查中会发现未燃烧完全的纸张与容器残骸，需要进行全面搜集，对其中的阻燃物质进行检查，而提取液态物证时根据易燃液体的流动性、渗透性等特性，进而发现燃烧痕迹。

4 结束语

综上所述，在火灾调查中必须做好物证保护与损坏防范工作，将工作重点放在物证提取、物证传送等方面，并且需要引进先进技术手段，提高调查和取证人员素质。当前我国对火灾防范的宣传工作高度重视，其中企事业单位、社区等都定期开展防火宣传工作，不仅可以减少火灾发生，还让人们进一步了解火灾发生的因素与忽视火灾防范的危害，尽可能地保持火灾形势的平稳。

参考文献

[1] 巩晓凯．试论火灾调查中物证损坏原因与防范措施[J]．中国住宅设施，2022，11（8）：136-138.

[2] 杨林．火灾事故的物证损毁现象与调查防范措施探讨[J]．警戒线，2022，13（21）：30-33.

[3] 次仁罗布．火灾现场保护和物证损坏相关问题的研究[J]．城镇建设，2022，14（9）：355-357.

[4] 刘盛，徐晗．浅谈火灾调查中物证损坏原因及防范措施探讨[J]．中外交流，2021，28（5）：930-931.

[5] 张迥翔．火灾事故调查中痕迹物证损坏原因及防范措施探讨[J]．大科技，2021，22（15）：321-322.

[6] 廖俊华．探讨火灾事故调查中物证损坏原因及防范[J]．低碳世界，2020，10（5）：213，224.

视频分析技术在一起放火案侦破中的应用

李　泽

（天津市消防救援总队，天津）

摘　要　本文介绍了某菜市场放火嫌疑案件的调查认定过程，在没有现场目击证人和现场勘验困难的情况下，通过走访大量周边商户和居民，对可用监控摄像头进行逐一排查，利用视频分析技术，获取有价值线索，准确认定了火灾事故性质，顺利向公安机关移送了放火嫌疑案件，最终成功破案。

关键词　视频监控　放火　视频分析　调查认定与体会

随着视频监控系统在城市安防中的作用越来越明显，除政府、企业等传统部门应用外，越来越多的个体经营者也在商铺内安装了视频监控系统。现如今，视频监控厂商用数字高清数字信号代替原有的模拟视频信号，使监控画面的清晰度得到了质的飞跃，有的甚至还加入音频采集和红外补光功能，从而使得视频监控以其清晰、及时和信息内容丰富等特点，被广泛应用于各种场合。近年来，在全国各地的火灾事故调查中，视频监控影像资料凭借记录火灾发生、发展、蔓延过程的直观性，为火灾事故调查处理，锁定放火嫌疑迹象，提供了强有力的证据材料，有力地推动了火灾事故调查技术的发展进步。

1 火灾基本情况

2021 年 9 月 12 日 1 时 48 分（报警时间），位于天津市和平区万全道 171 号万全道菜市场发生火灾，总队指挥中心立即调派 7 个消防救援站到场灭火，火灾造成直接财产损失 190 余万元。因为万全道菜市场位于市中心，又紧邻医科大学附属医院，地理位置较为特殊，见图 1。火灾发生后，市长做出重要批示，要求尽快查明起火原因。

图 1

2 火灾调查情况及存在的问题

由于火灾发生时正值午夜，街上来往行人较少，周边商户也均已关门，导致现场没有目击证人，无法得知起火前后相关情况。在火灾扑救过程中，菜市场局部顶棚和部分商户私自搭建的夹层坍塌，支撑钢梁变形，整体结构受到破坏，有倒塌的潜在风险。总体来说，现场环境复杂，勘验工作难以开展，线索较少，调查难度比较大。

2.1 现场勘验和调查询问初步结论

现场人员分成两个组，同时开展现场勘验和调查询问工作。

现场勘验组人员在充分评估现场环境，确保暂时无倒塌危险的情况下，按照勘验步骤，依次确定了以下内容：

（1）确定起火场所。菜市场耐火等级较低，部分商户存在私自搭建夹层现象，堆放货物品种繁多，可燃易燃物多，火灾荷载较大。从整体烧损情况和顶棚塌落方向，初步确定起火场所在菜市场A区18号。

（2）起火部位难以确定。火场整体的烧损程度呈现内重外轻，下重上轻，西重东轻的局面。在对菜市A区18号进行勘验时，勘验人员发现该商铺西南侧货物烧损严重，且货架和局部夹层楼板也向西南侧塌落，见图2。由于该区域主体结构不稳定，随时有倒塌的可能，见图3，勘验人员第一时间撤离，并未开展更进一步细致勘验工作。

图2

图3

（3）发现可疑烟熏痕迹。勘验人员在菜市场西侧外墙面（A区18号）上，发现窗户下方有部分烟熏痕迹，呈“U”字形，在烟熏痕迹下方存在倒“U”字形的清洁燃烧痕迹，见图4、图5。随后，勘验人员对菜市场四周外墙进行排查，未发其他燃烧或烟熏痕迹。

图4

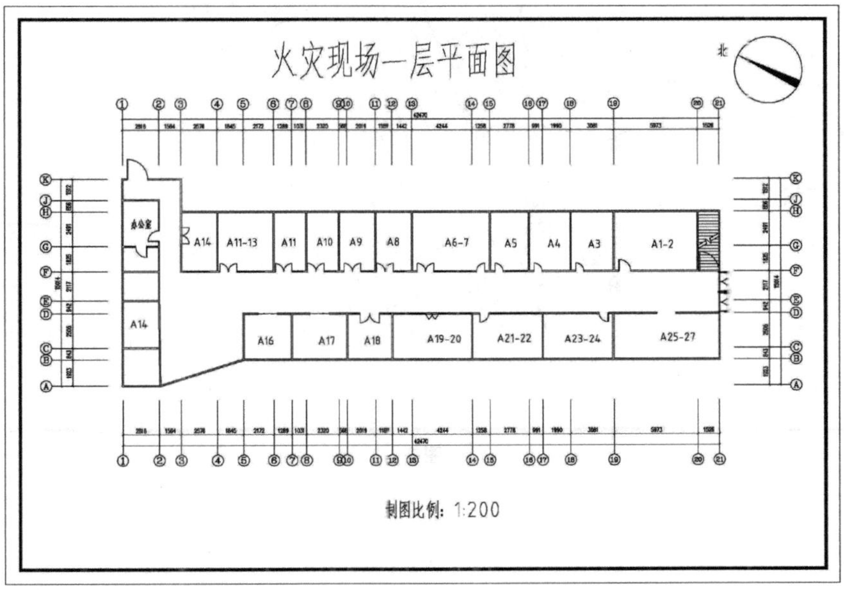

图5

2.2 调查询问情况

通过调查询问，商户业主均表示关门时均会断电拉闸，市场业主方称去年刚进行装修，并且对线路进行了更换。从调查询问中，调查人员并未发现任何可疑情况。

当调查陷入困境时，调查人员在与一名围观大爷闲聊过程中，得知早在2个多月前，有一名男孩曾在这里放过火，但被路人及时制止，派出所和居委会都知道这件事。调查人员立即向派出所和居委求证此事，得到了肯定答复。

3 视频监控分析情况

调查组在得知勘验和询问组发现有放火嫌疑的情况后，决定按照“逐一排查，轨迹索引，时间排序”的要求，对菜市场内和附近周边视频监控进行地毯式摸排、搜集。

调查人员发现在菜市场西侧按摩店门外有一摄像头，对其进行北京时间校准后，调阅到一段重要的监控视频，在菜市场西侧外墙附近出现地面流淌火燃烧和轰然现象，并有可疑人影窜动，见图6，不符合火灾正常发展规律，存在放火嫌疑。

3.1 围绕已发现的可疑人影，刻画嫌疑人员行动轨迹

针对2个月前男孩放火未遂和视频监控画面中所提供的信息，调查人员根据放火人员的心理特征，断定男孩极有可能再次作案，于是立即调整调查方向，锁定男孩为主要嫌疑人，扩大搜索范围，刻画嫌疑人行动轨迹。

图6

在菜市场内和周边区域，调查人员共发现8个视频监控（图7），其中菜市场内2个视频监控已被烧毁，数据无法恢复。调查人员在校对北京时间后，利用火察软件对6个视频监控进行反复调阅、甄别，并开展一次现场实验，确认嫌疑人为一男孩，初步确定男孩身高约为150cm左右。

按照时间刻画嫌疑人行动轨迹（图8），9月12日1时41分09秒，男孩拎水瓶骑滑板车去往滑板方向（图9），过去大概2min后，监控画面中出现火光，1时43分54秒，男孩原路返回时，手中已无水瓶（图10），并且男孩离开现场后2min内，火灾现场和小区出入口无其他人经过。

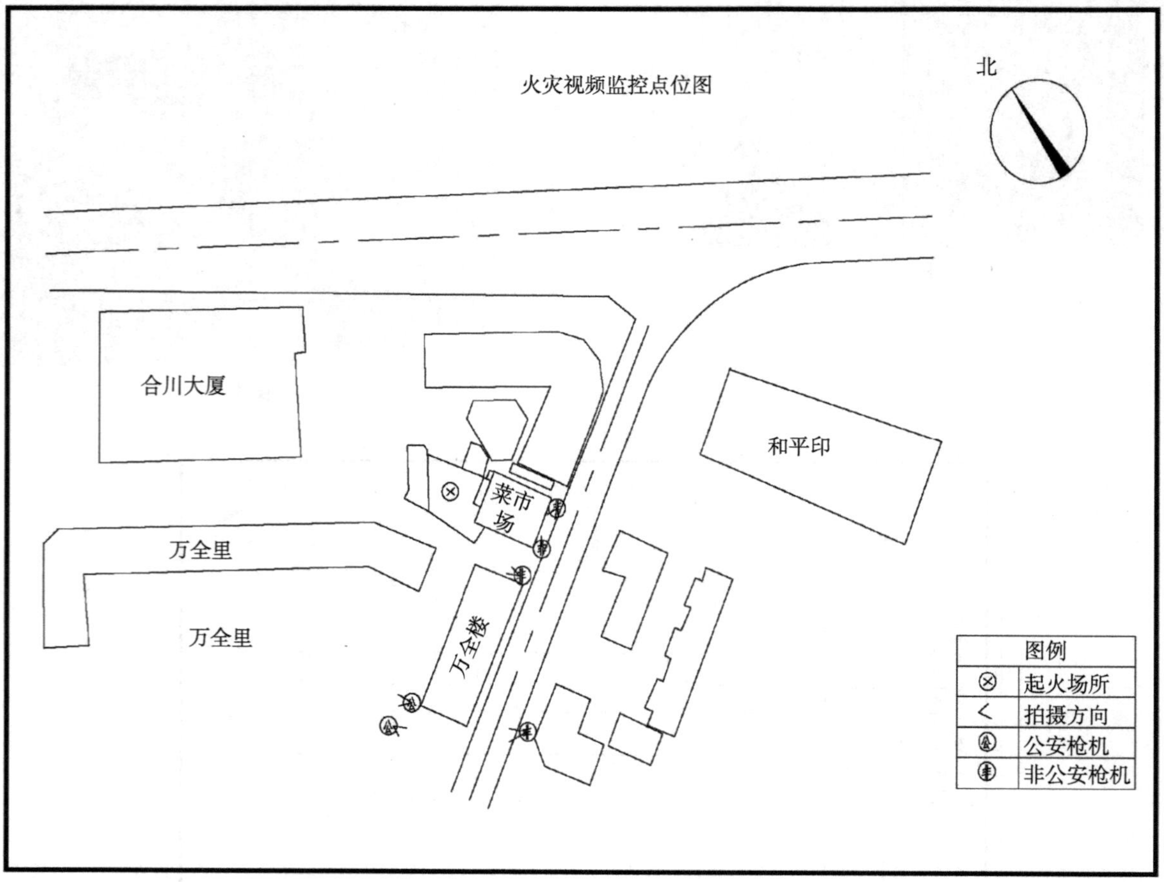

图7

图 8

图 9

图 10

3.2 视频分析工作取得成效，成功破获放火案件

通过现场勘验和视频分析，调查组确定了该起案件性质为放火，调查人员将手中相关证据材料及时整理，梳理成完整的证据资料，第一时间移送公安机关。在监护人的陪同下，刑侦部门对男孩进行了审讯，男孩在大量证据面前如实交代了放火行为。

4 火灾调查的体会

（1）树立摸排意识，及时调取视频监控资料。如今，除了我们常在街边看到的公安部门摄像头外，有的摄像头还在商铺、住户家中，甚至是车内的行车记录仪。调查人员在对火灾事故现场勘验的过程中，要有意识搜寻周边的监控设备，不要仅局限于火灾现场，例如该起火灾，调查人员是在市场外发现一摄像头，并成功从中调取重要监控资料，为案件的后续侦破提供了重要线索。此外，视频监控系统为 24h 连续录制，其监控资料储存于监控主机硬盘或摄像头 SD 卡内，受制于储存限制，市面上的监控系统存储期限一般为 7~30 天，过期后，系统就会自动覆盖。因此在事故现场，调查人员务必在最短时间内提取视频监控资料。

（2）依法依规提取视频监控资料。根据中国现行法律规定，视频监控属于视听资料，是法定的证据种类之一。视频监控作为证据应当来源合法，不能剪辑、增加、删改。调查人员应按照《现场勘查电子物证提取技术规范》严格操作，填写提取清单、拍照、制作镜像、记录提取数据的哈希值等步骤。同时，在提取视频监控资料时，调查人员不能仅关注火灾发生的时间，还应提取火灾前后、光照条件充足的视频资料，便于后期开展视频分析、比对、现场实验等工作。

（3）工欲善其事，必先利其器。目前，各总队、支队、大队均已经配发了火察视频分析软件。根据，多次在现场进行视频提取分析经验，个人认为除火察软件以外，针对视频内影像模糊、光线暗淡、格式转码等问题，调查人员应安装并熟练使用 Photoshop、Lightroom、SmartDeblur 和格式工厂等软件。除以上软件外，结合市面琳琅满目的视频监控主机和摄像头，调查人员还应准备不同规格的螺丝刀、三合一读卡器、硬盘拷贝机、移动存储介质等工具，做到在现场第一时间能成功进行提取。

参考文献

［1］李建林．放火案件调查与研究［C］//火灾调查技术，2016.

［2］GA/T 1564—2019. 法庭科学　现场勘查电子物证提取技术规范［S］.

［3］金河龙．火灾痕迹物证与原因认定［M］. 吉林：吉林科学技术出版社，2005.

被询问人不同表现状态等级下火灾调查询问理论的探索

郭佳智

（内蒙古自治区鄂尔多斯市鄂托克旗消防救援大队，内蒙古　鄂尔多斯）

摘　要　针对目前火灾调查询问笔录质量不高的情况，本文通过分析火灾事故中被询问人存在的问题，采用赵术学高工提出的“三因理论”中的起火原因和起火诱因，把被询问人划分为五个表现状态等级，分析不同表现状态等级的特点，提出被询问人的突破方式，总结直接认定和间接认定形式下的调查询问模式，探索调查询问的下一步发展方向。

关键词　调查询问　存在问题　突破方式　调查询问模式

近年来火灾事故越来越复杂，群众的维权和法制意识在逐步提升，查明火灾原因的重要性已不言而喻，而查明火灾原因不是一项单独的任务工作，是结合现场勘验、调查询问、物证鉴定和现场实验等一系列火灾调查工作基础上的一项综合性工作。其中，调查询问对调查人员来说是一项易做难精的工作，大多数被询问人在面对调查询问时由于火灾的影响会造成极大的心理压力，出现片面和虚假等陈述的情况，导致笔录证据质量不高，影响火灾事故的调查进度。因此，本文通过分析火灾事故调查询问存在的问题，把被询问人划分为五个表现状态等级，分析不同表现状态等级的特点，提出被询问人的突破方式，总结直接认定和间接认定形式下的调查询问模式，以提高调查人员的调查询问能力，保证火灾调查工作的顺利开展。

1　被询问人存在的问题

1.1　被询问人的证言获取难

调查询问的目的是信息交换，而调查人员与被询问人的直面交流是调查询问的主要环节。被询问人在面对陌生的询问人员和不熟悉的法律条文时，现代社会的法言法语都会造成被询问人的抵触和抗拒，从而造成调查询问工作的困境。同时在突发性的大火、巨大的财产损失甚至存在人员伤亡的情况下，面对公安、消防和地方各级相关主管单位的层层询问，火灾形成的强大外在压力对于任何一名被询问人造成的心理压力都是不可估量的。而遇到巨大的心理压力，一般人往往会选择沉默和不知道，所以火灾发生后，从被询问人的证言中得到有利的线索和证据是极其困难的。

1.2　被询问人的证言不够准确、翔实

询问笔录是火灾调查工作中极其重要的言词证据，通过人的陈述较为全面地直接证明火灾事故发生、发展过程以及造成后果的事实，也能了解火灾发生背后的诱因以及火灾肇事行为人的动机和目的等，在火灾事故调查的证据体系中占有很大的比重。但是，火灾询问笔录等言词证据的劣势在于人的言词较容易受各种感知、记忆、表达能力以及个人感情、利害关系等主观、客观因素的影响，面对调查人员的询问，被询问人由于心理压力、受教育程度等情况的限制，会出现片面、表述不清、失真甚至虚假的陈述，从而导致证言不够准确、翔实。

2　被询问人的等级表现状态

2.1　表现状态的划分等级

关于被询问人的表现状态等级划分，引用了赵术学高工提出的“三因理论”，“三因理论”中将火灾原因分为起火原因、灾害成因和起火诱因。起火原因是引起可燃物燃烧的原因，起火诱因是指起火因素具备的系列条件，即诱发起火的条件总和[1]。

与起火诱因相对的有另一个概念，叫做起火隐患，是指具备起火条件的不安全因素。而起火诱因与起火隐患的概念是不同的，区别是：起火诱因具有唯一性，是造成起火原因前身的唯一存在因素；起火隐患是指所有具备起火条件的不安全因素，包含起火诱因。

综上所述，本文采用“三因理论”中的二因（起火原因和起火诱因）将火灾后的被询问人划分为1级~5级五个表现状态等级：

（1）对起火原因和起火诱因都不知道。

（2）主动坦白起火原因和起火诱因。

（3）不知道起火原因，但是坦白起火诱因。

（4）不知道起火原因且不坦白起火诱因。

（5）拒不坦白起火原因和起火诱因。

2.2　表现状态等级划分的必要性

在火灾调查询问中，被询问人的表现状态等级并不是一成不变的，由于受各种感知、记忆、表达能力以及个人感情、利害关系等主观、客观因素的影响，被询问人可能会通过自身的伪装改变自己的表现状态。例如，为了逃避法律的处罚，不坦白起火原因和起火诱因的被询问人伪装表现成对起火原因和起火诱因都不知道的被询问人，隐瞒火灾的事实和真相，造成调查人员方向偏离，极大地浪费了调查时间和精力。

所以，本文在起火原因的基础上，加入起火诱因来划分被询问人的表现状态，从理论上细化被询问人的询问内容。火灾起火不只是询问起火原因，更要找到起火诱因，探究造成起火的本质因素。从起火的本质因素去重新审视火灾调查询问这一过程，以细节和逻辑去进行每一句询问，严格推理笔录的关键细节材料，通过后续不断完善的火灾证据和线索，对被询问人进行心理压迫，打破其伪装的表现状态，再结合证据验证属实后，从而锁定得到真实的笔录证据。

2.3　不同表现状态等级的表现特点

2.3.1　对起火原因和起火诱因都不知道

对起火原因和起火诱因都不知道的人员一般是由于其他原因滞留在火灾现场的旁观人员，当然也可能是其他等级的人员故意隐藏自己，表现成对起火原因和起火诱因都不知道的无关人员。所以，随着后续调查的深入，注意随时改变被询问人员的表现状态等级，保证关键证人不遗漏。

2.3.2　主动坦白起火原因和起火诱因

主动坦白起火原因和起火诱因的人员大多是简易火灾的

当事人或见证人。由于没有人员伤亡和损失纠纷等问题，主动向调查人员说明起火原因，配合调查。但是在重大火灾中，对于主动坦白人员，更要结合火灾现场对询问笔录进行严密的审查，防止因为利益纠葛出现替罪顶罪等规避法律制裁的现象出现。

2.3.3 不知道起火原因，但是坦白起火诱因

不知道起火原因，但是坦白起火诱因的人员一般是配合调查的当事人。为了解决经济损失或火灾事故带来的影响，会主动说明火灾现场的情况，积极配合调查人员查明火灾原因，处理火灾造成的问题。

2.3.4 不知道起火原因且不坦白起火诱因

不知道起火原因且不坦白起火诱因的人员一般是利益和责任相关者，在亡人或损失较大的火灾中是调查询问中最难以突破的人员。大部分人都不会老实交代，都需要多次询问，结合多种线索和现场勘验情况逐步突破，这些人在火灾发生后都要做好长久询问突破的准备。

2.3.5 拒不坦白起火原因和起火诱因

拒不坦白起火原因和起火诱因的人员是在已经有视频证据或者言词证据发现有纵火嫌疑的情况下，仍然拒不坦白起火原因和起火诱因的涉嫌纵火人员，要通过多种询问突破方式打破僵局，确定事实真相，形成符合事实和逻辑的询问笔录。

3 对被询问人的突破方式

3.1 把握最佳询问时机

发生火灾后，火焰、呼救声、围观群众和消防救援人员和带有警报声的消防车，对于在场的火灾当事人和见证人来说，会对心理造成极大的冲击。如果没有极高的心理素质，这个时候一般不会冷静思考个人利益得失而隐瞒事实真相，同样这个时间也是我们获取关键信息的黄金时间，在场佩戴执法记录仪的指挥员就可以迅速向在场当事人提出很关键的问题：①哪里最先着火的？②着火的地方有什么？③怎么着火的？如果报警当事人知道或者没有故意隐瞒的情况下，这个时候是获取到起火原因的最佳时机。

3.2 通过手机内容突破

在关键案件中可以与公安人员配合，申请对被询问人的手机进行侦查突破，获取其通话记录和微信信息内容。了解着火后被询问人的心理状态，是否有故意隐藏证据和串通口供的嫌疑。在调查询问过程中，主动向被询问人提起已经对其手机进行侦查突破的话题，同时用关键信息向被询问人施压，向其说明串通口供和故意隐瞒证据是妨碍司法的行为，可能会涉及更多的罪名，以此来突破被询问人的心理防线，进而完成调查询问，得到真实的询问笔录。

3.3 通过测谎仪突破

《中华人民共和国刑事诉讼法》第四十八条规定了八类法定证据，不包括测谎结论。所以，测谎仪的结果不能当作火灾证据，而仅作为侦查线索使用。但是测谎仪的使用相比于侦查线索价值，更重要的是它起到的心理压迫作用。每个人的心理素质都是有极限的，大多数人一辈子都没有见过测谎仪，所以他们在第一次面对测谎仪时，会产生更多的恐慌情绪，以此我们结合关键信息进行心理压迫，可以用来突破被询问人的心理防线，完成调查询问。

3.4 通过说服沟通突破

向被询问人说明火灾事故调查进度和过去的火灾事故案例的处罚结果，引发当事人的心理波动，说服沟通被询问人，向被询问人说明抵抗调查询问对他是没有好处的，只有说出起火隐患因素，主动配合调查人员查明起火原因才是他的唯一出路。

4 调查询问模式

起火原因是引起可燃物燃烧的原因，而认定起火原因有两种认定方式，分为直接认定和间接认定。直接认定是通过视频证据和言词证据，证实起火诱因的形成，记录可燃物被火源点燃发展的过程。间接认定是通过现场勘验、调查询问、物证鉴定和现场实验等一系列调查工作的基础上，依据所获取的各种证据和线索进行科学的分析，合理推断出起火诱因，进而确定起火原因结论的过程[2]。

所以，本文将调查询问模式分为直接认定下调查询问模式和间接认定下调查询问模式。

4.1 直接认定下的调查询问模式

直接认定下的调查询问，有着直接证实起火原因和起火诱因的视频证据或言词证据，具有确定性。这种情况下的调查询问主要起完善证据链的辅助作用，和其他相关证据叠加在一起，为直接证据提供辅助性信息，证明火灾案件发生的经过。所以，无论被询问人在线索证据面前是否主动配合，都不影响起火原因的认定，这种火灾事故的调查询问是一种相对简单的调查询问模式。

4.2 间接认定下的调查询问模式

间接认定是在一系列调查工作的基础上，依据所获取的各种证据和线索进行科学的分析，合理推断出起火诱因，进而确定起火原因结论的过程。从本质上间接认定是具有排除性和逻辑推断性，与直接认定的确定性不同，间接认定更要有起火诱因发展成起火原因的事实逻辑支撑。同时由于没有关键的视频证据或言词证据，通过被询问人得到和起火诱因相关的言词证据就显得极为重要。因此，将间接认定调查询问模式分为以下四个步骤：

4.2.1 划分被询问人的表现状态等级

在火灾事故发生后，事故调查人员要和公安人员立刻确定着火现场的当事人及相关责任人名单，对关键人员控制后，根据所了解的信息，迅速划分被询问人员等级，结合火灾实际情况对不同等级的被询问人员开始调查询问，即使是无关人员也要最好在一段时间内不要离开火灾发生地，随时配合调查询问。同时随着火灾证据的收集，调整被询问人员的表现状态等级，确保关键人员不遗漏，错过重要证据的收集。

4.2.2 细节性画面引导询问

调查询问，绝不是简单列信息的“问”与“答”，而是要考虑建立信任、交流信息的话术模板。首先在了解大致情况后，充分让当事人陈述现场情况，不管他说的是真话还是假话，尽可能让被询问人阐述更多的信息，逐渐减轻被询问人对询问人员的戒备。如果在现场第一时间没有得到起火原因等具体信息和被询问人在不配合的情况下，这个时候不要再追问起火原因等尖锐问题，而是以发现火灾时间点为中间节点，向前和向后进行细节性画面引导询问。

细节性画面引导询问就是以构建的画面推进起火前后的当事人的活动轨迹，记录与起火现场相关的关键信息：时间、人物、地点、火势状态和被询问者的行为活动等。尤其对于经验不够丰富老练的询问人员，画面感的层层递进式询问就是方法，同时注意过程中的目的性和逻辑性，形成被询问人活动轨迹的完整叙述。

4.2.3 结合证据推进细节锁定

在询问过程中，火灾、经济损失、人员伤亡和利害关系都会对大多数被询问人的心理造成了极大的压力，询问过程中被询问人都怀有尽快结束的心理状态。所以，询问人员要忘记时间的影响，沉下心来，细细询问，调查询问就像一场持久性的战争，要投入时间和精力，细节决定成败，与被询问者的不断拉扯交谈火灾发展过程中的细节信息，没有事实的支撑，被询问人再完美的谎言终究会有细节性错误。

同时在现场勘验和电子数据调取有进展后，迅速开始第二次、第三次等询问，以火场勘验结果和电子数据提取的数据为基础，得到场所起火范围或起火点附近的起火隐患因素信息，进而对被询问人进行细节逼问，肯定关键信息的价值，对存在疑点的信息，逐步压缩被询问人的撒谎空间，得到被隐瞒的起火隐患因素。

询问经验缺乏的人员，一定要紧扣法律规定进行询问和提问，力求真实客观，注意避免“诱供”嫌疑，关键字句不要出现在“问句”之中，对原因认定和责任认定有决定作用的话语要详细记载，在被询问人的陈述加以重复和强调，并与被询问人反复确认[3]。

4.2.4 形成证据链式调查询问

从起火隐患因素中确定起火诱因是火灾调查间接认定环节中最难的一步，尤其在当事人极度不配合的情况下，每一步调查都是极难的。因此，这种情况下的调查询问，一定要与火灾现场提取关键物证、物证鉴定和现场模拟实验等同步跟进，形成完整的证据链式环节，肯定正确的起火逻辑，排除其他起火隐患因素，得到完备的起火诱因条件，进而确定起火原因。

综上所述，无论是什么表现状态等级的被询问人，在间接认定调查询问模式下都要经过以上4个步骤的调查询问。当然，不同等级的侧重点是不一样。

1~3表现状态等级的被询问人在间接认定调查询问模式下以第二步骤和第三步骤为重点，意在了解更多的现场信息，形成对火灾发生地的全面了解。

4、5表现状态等级的被询问人在间接认定调查询问模式下以第三步骤和第四步骤为重点，意在细节突破和形成证据链式调查询问，锁定关键信息，得到有利的证据和线索。

5 调查询问的下一步发展方向

5.1 公开身份的非正式询问

目前，怕麻烦是当今时代所有人存在的共性问题，存在很多知道现场情况的人员由于调查询问的烦琐性选择对火灾事故的情况表示沉默。针对以上这种情况，我们可以采用公开身份的非正式询问。调查人员无需告知法律义务、无需制作笔录、无需严格遵照调查访问程序，在经得被询问者的同意，启用执法记录仪或者录像设备后，直接开始社交行为式的询问交谈[4]。通过采用这种方式，可以有限减轻受询问者的心理压力，了解火灾发生经过，有利于得出事件的全貌。如果得到有价值的线索，之后通过正式的调查询问将证据进行固定；如果没有询问价值，这样也可以极大地减轻询问人员和被询问人员的负担，缩小调查范围，节省调查时间，向其他调查方向进行突破。

5.2 网络信息线索收集和相关人员的询问

现在是强大的自媒体时代，“遇事不要慌，先发个朋友圈”是互联网网友中的绝大多数人的心态。所以向当时着火时可能在现场的网友征求线索，是目前缺失的重要一环。火灾事故报告和处理结果是我们全社会共同关注的事情，在火灾之后，创建对外工作的火灾事故调查组媒体账号，收集网友手中和火灾有关的视频和线索，及时将有利的线索进行询问固定，应该是下一步调查询问的发展方向。

参考文献

[1] 赵术学，张金专，彭盛铖．火灾原因“三因”理论的构建［J］．火事杂谈，2023.

[2] 汪继学．火灾调查中直接证据与间接证据的运用研究［J］．消防界（电子版），2021，7（21）：44-45.

[3] 王小勇．浅析如何提高火灾事故调查中的笔录质量［J］．广西民族大学学报（自然科学版），2006，（S1）：30-31+36.

[4] 高希纪．乡土社会视角下农村黑恶势力犯罪案件的侦查询问研究［J］．警学研究，2022，（02）：85-92.

某医养机构火灾事故的延伸调查与思考

廖　奇

（湖南省消防救援总队，湖南　长沙）

摘　要　2022年1月7日，湖南省某医养结合服务机构（以下简称医养机构）发生火灾，共造成6人死亡、8人受伤，引发社会高度关注。本文从这起火灾的延伸调查情况入手，结合医养机构发展现状调研情况，深刻分析了医养机构消防监管在监管机制、监管力量、监管措施等方面存在的突出问题，从完善监管法规标准、加强部门监管协作、压实基层末端管理、创新监管手段策略等方面，提出加强和改进医养机构消防监管的工作对策。

关键词　医养机构　火灾事故延伸调查　消防监管　问题　对策

第七次人口普查数据表明，我国60岁以上老年人口已达2.64亿，占总人口的18.7%，其中65周岁以上老年人口超过1.9亿，占总人口的13.5%[1]，远远高于世界平均水平9.3%[2]，且高龄老年人口的数量和比例进一步提高。以往研究表明人口老龄化与失能化往往同时发生[3]。随着人口老龄化的进程加快，失能失智老人的数量大幅增加，老年人生活照护和医疗卫生服务双需求同步扩张，应运而生的医养机构迅速涌现。医养机构中入住的多数是生活不能自理或失能、失智老人、病人，有的甚至是临终关怀对象，因此一旦发生火灾，就极易造成群死群伤。2022年1月7日，湖南省某医养机构发生的较大火灾事故就是这样一个实例，医养机构的消防监管不得不引起高度重视。

1 某医养机构火灾事故延伸调查情况

1.1 起火原因调查情况

该起火建筑共地上3层，地下1层，负一楼为办公场所，一楼为医院门诊，二楼为住院部，三楼为医院康养部。经调查，此次火灾过火面积约300m²，直接经济损失约779.5万元。起火部位（点）位于建筑三楼康养部7号房间吊顶上方，起火原因系吊顶内电气线路故障引燃绝缘层、木龙骨等可燃物。经现场勘查，三楼康养部电气线路敷设不规范，断路器选型不正确，吊顶内电气线路直接敷设于木龙骨、木板、木架等可燃物上，电气线路发生短路后，断路器未起到保护作用，导致线路故障持续存在，继而引发火灾。

1.2 灾害成因调查情况

1.2.1 火灾发现晚、蔓延快

起火建筑第三层属于违章建筑，未经过规划审批、消防设计及消防验收备案，未办理产权手续。三楼作为医院的康养部未按要求设置火灾自动报警系统、自动喷水灭火系统，顶棚违规使用泡沫夹芯彩钢板搭建且吊顶空间整体贯通，滴落的燃烧物质引燃床铺衣物等，导致火灾发现晚、蔓延速度快、燃烧产生大量有毒烟气。

1.2.2 人员逃生自救能力受限

三楼康养部住宿人员多为失能老人和病人（起火当晚共17人），部分人员长期卧床，部分人员为了防止跌落被束缚在床上，甚至有些人员依赖插管维持生命，几乎没有逃生自救能力。

1.2.3 疏散和救援不及时

起火时三楼应急照明设备未通电工作，仅有1个直通室外的疏散楼梯间，夜间值班的仅1名管理人员、3名护理人员，且护理人员年龄偏大，紧急情况下扑救初期火灾、组织疏散逃生能力弱，初期火灾扑救和人员疏散逃生不及时。另外，起火当晚一楼进入医院大门被锁闭，延缓了消防救援人员进场营救。

1.3 责任落实调查及追责情况

根据火灾事故调查情况，本起火灾共有27人被建议追责问责。

1.3.1 单位主体责任不落实

起火的三楼康养部系医院违章建设，顶棚违规使用泡沫夹芯彩钢板搭建，未办理规划审批、消防设计及消防验收备案手续。三楼康养部电气线路敷设及维护不规范，施工人员不具备相应资质，消防设施设置不符合要求。单位日常消防安全管理混乱，未制定针对性的应急疏散预案并开展演练，未对员工开展消防安全教育培训，安全出口上锁且无人值守。单位法人代表及相关责任人员等6人，因消防安全主体责任不落实，涉嫌消防责任事故罪被依法采取刑事强制措施。

1.3.2 行业监管不力

区民政部门对起火的医养机构备案申请把关不严，未发现申请备案的资料与现场明显不符情况。在核查过程中没有对该场所办理消防验收手续情况进行核准。该场所2020年10月份投入使用，直到2021年11月份才到民政部门备案，期间一年多处于失控漏管。区民政局局长、分管养老服务的副局长、养老服务股股长等3人因履行监管职责不到位，被建议追责；区城市管理和综合执法局综合执法大队“控违拆违”工作不认真、不细致，未及时发现医院存在新增违法违章建筑的问题负责，其综合执法大队大队长1人因工作失职失责，被建议追责；区自然资源局动态巡查和执法流于形式，开展违法建设防控查处不到位，区卫健委对医院消防工作监督不力，两个部门均未及时发现和制止该医院违章改扩建的违法行为。区自然资源局局长、副局长及执法大队大队长，卫健局原局长、副局长、安全生产专员等6人因监管不力，被建议追责；市住房城乡建设局未及时组建专门机构监督执法，未对该单位未依法办理消防验收备案擅自投入使用的违法行为进行查处，鉴于原局长前期因违纪违法已双开，免于追究党纪政纪责任。

1.3.3 属地监管不严

辖区街道办事处、公安派出所属地管理不严，未对起火单位认真开展消防安全检查，未及时发现和督促整改消防安全隐患，街道办事处党工委书记、主任、社区书记等4人，辖区公安派出所所长和社区民警2人，被建议追责。辖区消防救援大队2021年对公安派出所开展了1次消防培训、2次现场指导，培训指导不到位，消防救援大队大队长、联点消防监督员，被建议追责。区政府履行“打非治违”工作职责不力，对自然资源、民政、卫健等部门履行行业监管职责指导不到位，3名分管民政、卫健、规划、消防的副区长，被建议追究领导责任。

2 医养机构发展现状

本文对我国医养结合政策的主要进展与脉络进行了梳理，结合实地走访调研，对医养机构的发展现状进行了分析。

2.1 国家大力支持医养机构发展

2013年，国务院办公厅印发《关于加快发展养老服务业的若干意见》[4]，提出将“积极推进医疗卫生与养老服务相结合”作为养老服务业发展的六大主要任务之一。2015年，国务院印发《全国医疗卫生服务体系规划纲要（2015－2020年）》[5]，明确提出医养结合概念，对推进医养结合服务发展提出明确要求。同年，国家卫生计生委等8个部门联合发布《关于推进医疗卫生与养老服务相结合的指导意见》[6]，落实医养结合的相关要求。2016年，国家卫生计生委和民政部联合印发《关于遴选国家级医养结合试点单位的通知》[7]，启动国家级医养结合试点工作。同年，还联合印发了《关于做好医养结合服务机构许可工作的通知》[8]，简化机构审批流程。2017年，国家卫生计生委印发了《关于养老机构内部设置医疗机构取消行政审批实行备案管理的通知》[9]，对部分养老机构设置医疗机构取消行政审批，实行备案管理。2019年，国家12部委联合印发《关于深入推进医养结合发展的若干意见》[10]，提出了推进医养机构“放管服”改革、加大政府支持力度减轻税费负担、优化保障政策等，进一步加大了政策支持力度，极大地促进医养机构的发展。2020年，国家卫生健康委等部门联合印发《关于印发医养机构管理指南（试行）的通知》[11]，对养老服务管理、医疗服务管理、医养服务衔接管理、运营管理、安全管理等进行进一步规范。

2.2 市场需求促进医养机构快速增长

以湖南省为例，截至2021年12月，全省共有60岁以上的人口1265.2万人，占人口总数的19.1%，超过国家平均值。人口老龄化和失能化往往相辅相成，随着政策支持力度持续加大，市场需求持续升温，各地医养机构快速增长，目前经营模式主要包括社区嵌入型、机构融合型、农村两院合作型、智慧健康型等医养结合模式。据统计，截至2021年底，湖南省省医养机构总数达250家，其中“两证”（医疗机构执业许可证、养老机构备案证）齐全的医养机构共208家，其中设立医疗机构（综合医院、专科医院、康复医院等）的养老机构82家，开展养老服务（日间照料等）的医疗机构126家，养老机构和医疗机构在合作形式上呈现多样化，但《医养机构管理指南（试行）》对消防安全管理的规定与现实不相适应的矛盾也愈发突出。

3 医养机构消防监管存在的不足

从上述湖南某医养机构火灾事故延伸调查，结合对其他医养机构的走访了解情况看，医养机构消防安全监管主要存在以下不足：

3.1 监管机制不健全

3.1.1 法规标准不完善

目前国家出台与医养结合的相关政策文件20余项，湖南省也出台了10余项政策文件，但是无论是国家还是地方，针对医养机构制定的相关政策文件，主要集中在加快养老体系建设、推进医养服务发展以及完善医养机构许可等方面，却没有相关政策法规明确医养机构的监管职责和标准。《医养机构服务指南》指出，医养机构参照医疗机构和养老机构管理，但对医疗机构和养老机构监管标准和规定不一致的地方，未明确监管要求。

3.1.2 消防监管合力不强

对于医养机构消防监管而言，涉及面广、内容繁杂，在建设过程中，医养机构需要通过自然资源、住房城乡建设的审批许可；在日常运行过程中，需要接受民政、卫健、公安、消防等多部门的监管。政府部门职能碎片化导致多头监管，行业部门监管不力极易导致失控漏管。以起火的该医养机构为例，自然资源和住建部门对单位违规改扩建、未经消防验收备案擅自投入使用等违法行为未及时查处并督促改正。与此同时，受制度、行政职能等因素的影响，民政、卫健等监管部门之间存在一定的行业壁垒，容易出现多龙治水、相互推诿的现象。

3.1.3 基层末端管理不到位

以湖南省为例，尽管省政府将乡镇街道履行消防监督检查职责纳入了《湖南省乡镇权力清单和责任清单》，大部分乡镇也成立了综合执法队，但由于基层人少事多，末端管理不到位，加之乡镇街道无消防监督执法权，无法对监督检查发现的问题进行有效处理。近年来，公安派出所对监管单位的监督检查力度明显下降，以起火医养机构为例，辖区派出所近三年来仅对起火单位开展1次监督检查。县级消防救援机构力量薄弱、事务繁杂，无法承接大量移交的问题隐患和对基层力量的全面培训指导。

3.2 监管服务力量不足

3.2.1 消防监管专业力量极度短缺

以湖南省消防救援机构为例，目前消防监督执法人员800余人，仅监管的消防安全重点单位近3万余家，除对上述重点单位进行监督检查外，还承担了大量的非重点单位抽查、举报投诉核查、火灾调查处理等工作。此次起火的医养机构已纳入消防救援机构“双随机、一公开”单位库，截至起火未被抽中。基层消防监督员同时身兼数职，在完成消防监督执法工作的同时，还有繁杂的行政工作需要处理。对于民政、卫健等部门而言，由于缺乏专门的监督执法队伍，难以保障监管效果和监管效率。

3.2.2 基层消防末端管理力量严重不足

“上头千条线，基层一根针”。基层工作人员数量有限，工作任务繁杂，以起火的医养机构所在的辖区街道办事处为例，该街道下辖6个社区和一个行政村，人口超过3.3万人，辖区民营、个体户、外资企业超过2000家，街道办事处负责安全生产工作的仅3人，随着社会经济快速发展，辖区人口和单位数量高速增长，人少事多的矛盾愈发突出，基层消防末端监管难以全面覆盖。

3.3 监管手段策略单一

对医养机构在监管过程中，受监管手段和策略的限制，不同程度出现了监管的激励性、差异性、多样性不足的问题。

3.3.1 激励性监管成效不明显

民政部门尝试采用对养老服务机构进行评估结果与运营补贴挂钩，在一定程度上激发了机构自我监管的积极性。但是，这种评估以养老服务相关指标为准，未涵盖医疗服务、安全生产等相关指标，加之评估结果的运用具有一定的局限性，降低了激励效果。

3.3.2 差异化监管针对性不强

差异化监管强调监管者根据被监管者的具体表现来选择相应的监管手段和策略，但目前多数部门对医养机构的监管手段和策略单纯统一，并没有根据被监管者的表现有所区分，不利于差异化监管效能的进一步提升。特别是对医养机构夜间值守人员少、节假日休假人员多等实际情况，采取错时检查的等方式进行差异化监管的力度不够。

3.3.3 监管手段多样化略显不足

目前对医养机构的监管主要还是参照一般养老机构或医疗机构进行传统的人力监管，数字监管、信用监管等手段应用较少。主要原因是受限于信息化手段的应用，加之各部门之间仍存在数字和平台壁垒，很难实现部门间数据共享融合。当前的信用监管缺乏整体性、统一性，各部门信用监管标准不一，不利于信用惩戒的有效应用。

4 加强和改进医养机构消防监管的对策

推动医养结合服务发展，已成为新形势下我国积极应对老龄化加速的重要举措，加强和改进对医养机构监管服务是贯彻落实推进医养结合发展的必然要求。

4.1 完善监管法规标准

医养机构兼具医院和养老机构的双重特性，针对医疗机构和养老机构在消防安全技术标准规范方面不一致的地方，在制定医养机构消防安全技术标准规范时，应就高不就低，在标准规范适用时也应从严。医养机构监管部门众多，立法部门应加快构建医养机构监管的法律体系，从法律层面明确监管主体、监管事项、监管程序、监管执行等问题，做到权责分明，又要避免因政府部门的职能碎片化造成监管不闭环。在监管实践中，相关部门应加强协作，制定统一的监管标准和规范，对医养机构准入退出、日常管理等方面进行规范化监管。

4.2 加强多部门监管协作

4.2.1 加强医养机构的源头管理

从起火的医养机构看，违章建设和未经消防竣工验收擅自投入使用是致灾的重要因素，自然资源、住房城乡部门应加大对违法建设、未经消防设计审核和竣工验收等违法行为的查处力度，加强医养机构源头管控。

4.2.2 加强事中事后监管

民政、卫健、公安、消防等部门要建立多部门联动协作机制，加强部门之间的监管信息共享和服务的有效融合，不断完善监管衔接机制，持续加大监督执法力度，提升消防监管的连续性和权威性。

4.2.3 配齐配强专业监管力量

针对行业监管力量短缺的实际，属地政府应结合实际增设监管岗位，并督促相关行业部门按要求配齐配强监管力量。特别是设有执法机构的部门要配齐执法人员和执法装备，严格依法开展监督执法工作，确保工作实效。对没有设置执法机构的部门，要加强与相关执法部门的协作，联合开展执法检查，切实形成高压严管态势。

4.3 压实基层消防末端管理

针对基层力量不足、末端管理不到位的实际，建议制定出台乡镇街道消防安全组织机构建设、人员编制、经费保障等方面政策，为基层消防安全治理提供制度支撑。结合国家关于乡镇（街道）开展综合行政执法体制改革工作部署，将消防监督检查权、消防行政处罚权依法赋予乡镇街道综合行政执法机构，提升乡镇街道消防监督执法覆盖面和推进隐患整改实效。加大对乡镇（街道）、村组（社区）消防工作考核力度和火灾追责力度，将火灾事故纳入安全生产、平安建设、绩效等考评内容，把责任压到乡镇、村组一级，让真正在一线工作的人员急起来、动起来。

4.4 创新监管手段和策略

为加强正向激励，强化差异化监管，建议将消防安全要素纳入医养机构的评估范围。监管部门可根据评估情况，调整抽查频次，并适时开展错时检查。建议在传统的人力监管基础上，在医养机构大力推广“互联网+”智慧监管，加强各相关职能部门监管数据的融合，形成监管一体化平台，充分发挥多监管主体优势形成监管合力，让监管的智能化、精细化、全程化成为新常态。随着社会诚信水平的发展，信用监管应用越来越广泛。失信惩戒涉及机构运营和个人生活的方方面面，违法成本高，建议通过进一步完善医养结合服务机构的信用监管，将机构、个体存在的违法违规行为上传至公共平台实现信息共享，达到“一处失信，多处知悉，处处受限”的信用约束效果，对医养机构形成有效震慑。

参考文献

［1］中华人民共和国民政部. 2020年民政事业发展统计公报.（2021-09-10）［2021-09-12］. http：//images3.mca.gov.cn/www2017/file/202109/1631265147970.pdf.

［2］国家统计局. 国务院第七次全国人口普查领导小组办公室负责人接受中新社专访.（2021-05-13）［2021-07-19］. http：//www.stats.gov.cn/ztjc/zdtjgz/zgrkpc/dqcrkpc/ggl/202105/t20210519_1817705.html.

［3］谷应雯，尚越. 中国失能老人照护模式选择及其影响因素分析—基于非正式照护与正式照护的关系［J］. 卫生经济研究，2021（1）：4.

［4］国务院. 关于加快发展养老服务业的若干意见.（2013-09-06）［2021-07-19］. http：//www.gov.cu/xxgk/pub/govpublic/mrlm/201309/t20130913663A9.html.

［5］国务院办公厅. 关于印发全国医疗卫生服务体系规划纲要（2015—2020年）的通知.（2015-03-30）［2021-08-15］. http：//www.gov.cn/zhengce/content/2015-03/30/content_9560.htm.

［6］国务院办公厅. 关于推进医疗卫生与养老服务相结合的指导意见.（2015-11-20）［2021-08-27］. http：//www.gov.cn/xinwen/2015/11/20/content5014881.htm.

［7］民政部，国家卫计委. 关于做好医养结合服务机构许可工作的通知.（2016-04-08）［2021-08-27］. http：//www.gov.cn/zhengce/2016/05/22/content_5075667.htm.

［8］国家卫生计生委办公厅. 关于养老机构内部设置医疗机构取消行政审批实行备案管理的通知.（2017-11-08）［2021-08-27］. http：//www.nhc.gov.cn/yzygj/s3577/201711/ebcef4630a134efab8ec80e56ec95f1a.shtml.

［9］国家卫生计生委办公厅，民政部办公厅. 关于遴选国家级医养结合试点单位的通知.（2016-05-17）［2021-08-27］. http：//www.nhc.gov.cn/jtfzs/pqt/201605/85c96731fcbc43e2bb093c982581a5fl.shtml.

［10］国家卫生健康委，民政部，国家发展改革委等. 关于深入推进医养结合发展的若干意见.（2019-10-26）［2021-08-27］. http：//www.gov.cn/xinwen/2019/10/26/content_5445271.htm.

［11］国家卫生健康委办公厅，民政部办公厅等. 关于印发医养结合机构管理指南（试行）的通知.（2020-09-27）［2022-03-22］. http：//www.nhc.gov.cn/lljks/zcwj2/202010/5ef52256dd284034ba72cfeec0fd5aa4.shtml.

火灾调查犬的训练与使用研究

方绍勤[1] 王宏渊[2] 汪 雁[3]

（1. 公安部昆明警犬基地，云南 昆明；2. 中国救援云南搜救犬机动专业支队，云南 昆明；3. 中国消防救援学院，北京）

摘 要 结合目前火灾调查工作困境和工作犬发展进程，从火灾调查的任务与目的出发，通过火灾试验，对火灾中燃烧残留物的气味特征进行定性分析和精准筛选，建立火灾调查犬嗅源资源气味库，利用犬优异的嗅觉能力，通过创新火灾调查犬培训路径，培养火灾调查犬对嗅源气味的牢固记忆和嗅觉拓展，在火灾现场中通过气味识别重现，实现精准锁定现场燃烧残留物、准确判定火灾起火点的功能，为查明火灾原因和确定火灾性质提供依据。

关键词 火灾调查犬 定性分析 燃烧残留物 气味特征 嗅源气味库

1 火灾调查犬研究背景

近年来，我国工作犬技术已进入全面纵深发展阶段，公安、司法、军队和消防等系统都进行了结合自身工作特点、实战需求的深入研究和广泛应用。

1.1 训练研究与使用现状

在公安政法系统，针对刑事案件现场的有物证搜索犬、血迹搜索犬、城市追踪犬专项技术研究，也有涵盖案件现场整体，集刑事追踪、物证搜索、血迹搜索、抓捕于一身的刑侦综合犬技术研究；针对爆炸案件现场的有汽油搜索犬、公共交通工具爆炸物搜索犬等专项技术研究。在气味识别领域，已引入相关设备开展分子级别的定量研究，为工作犬的训练和使用研究奠定了科学基础。截至目前，全国共有警犬技术专业人员 1.4 万人，警用工作犬 24000 余头，警犬数量比 2012 年增长了 81%。省级公安机关刑侦部门内设警犬工作管理机构或单独建有警犬基地，全国 358 个地市级和 987 个区县级公安机关建设有警犬训练基地或工作点，半数以上地区的警察人数与警犬数量超过 50∶1。

在应急救援系统，由最初的地震救援犬逐渐拓展到涉及山川救援、水域救援、火灾救援等多领域的立体搜救犬体系。经过 20 余年的发展，全国应急救援队伍建有搜救犬专业队 124 支，专业训导员 1071 人，搜救犬 1251 只，承担着防范化解重大安全风险、应对处置各类灾害事故的重要职责，消防搜救犬已成长为应急救援队伍中的特殊装备和重要技术力量，例如在汶川地震抢险救援中，参与救援的 67 头搜救犬发现了 70%的地震幸存者，填补了人力和设备的缺陷与不足，发挥了极其重要的作用。

1.2 火灾调查犬技术研究的可行性

随着犬嗅觉基因、细胞层面的持续研究，对工作犬嗅觉能力的不断挖掘和开发，工作犬在各种场景中工作能力的培养等各个维度的学科纵深发展和实战应用推广，也在理论和实践层面为犬在火灾调查工作中快速、准确搜索相关物证提供了理论支撑和现实依据，研究和建立相对应的火灾调查犬训练技术符合当前我国火灾调查工作现状的内在需求。

在火灾调查领域，国外发展较早。美国消防部门运用火灾调查犬搜寻放火犯罪嫌疑人的作案证据，英国消防部门采用火灾调查犬协助查缉放火案件，德国柏林市警察局也启用火灾调查犬在助燃剂搜索方面的特殊运用。据报道，以一个过火面积 $160m^2$ 的火灾现场为例，电子仪器需要 4h 左右再能完成搜索，而火灾调查犬 10min 左右就可将该区域全部搜查一次，并找出助燃剂。碳氢化合物探测仪器在火灾调查中能起到一定的作用，但操作复杂并易损坏，加之价格昂贵，许多地区因资金等原因又无法普及这些设备，相比而言，火灾调查犬在经济有效、搜索速度、搜索灵活性、气味识别准确性等方面优势更加明显。

2 火灾调查工作的现实困境

火灾在燃烧过程中本身具有很强烈的破坏性，秉承“生命第一”的救火操作难免会对火灾事故现场造成二次破坏，如果是纵火现场，犯罪嫌疑人对现场进行伪造或者变动，火灾现场的破坏性、复杂性会更加突出。

2.1 火灾调查的复杂性

火灾现场的复杂性决定了火灾调查的复杂性。

从火灾性质而言，可能源于自然事故、管理事故，也可能源于人为纵火，因果关系的判断呈现出不同特点；从火灾主体对象而言，可能有机械、化工、冶金等不同的生产企业，其火灾特点也不尽相同；从火灾现场勘验阶段而言，对环境有初步勘验、细项勘验和专项勘验等；从火灾痕迹物证而言，现场勘验的方法也各具特点。

2.2 火灾调查的任务与目的

火灾调查的任务和目的在于，锁定火灾起火点、搜集燃烧残留物、发现燃烧痕迹，形成具有唯一性和排他性闭环证据链，相互佐证。

2.2.1 搜索火灾引火源，锁定火灾起火点

通常情况下，引火源所在位置便是起火点，所以在火灾调查中，先行搜索火灾引火源，通常能直接锁定火灾起火点。只有在搜索到引火源，锁定了起火点之后，才能更好地展开火灾原因的顺序分析。但火情存在蔓延性，会从 A 地逐步蔓延到 B 地，因此，在实际调查工作中，火灾调查对现场需要有全局意识和侦查意识，详细取证，全面探究，才能提升调查的准确性。

2.2.2 搜索燃烧残留物，查明火灾原因

在火灾调查工作之中，燃烧残留物的搜集是关键环节，从法律层面而言，燃烧残留物极有可能是火灾物证，对起火原因的确定具有至关重要的作用。燃烧残留物主体可能是引火源或起火物，位置可能在起火点，也可能存在于燃烧过程中。

通过获取燃烧残留物，分析其与现场的关联，得出引起火灾发生的客观结论，从而进行现场重建，为查明火灾原因奠定基础。

建立从起火点的锁定、燃烧残留物的搜索、起火原因的推定的三者逻辑关系，形成完整的闭环证据链，为火灾定性提供依据。但因火灾调查中起因难找准、责任难厘清，技术手段单一、分析仪器不足，相关科学研究的广度和深度不够等原因，严重影响了火灾调查工作的正常开展。

3 创新火灾调查犬训练技术路径

火灾调查犬的工作任务是搜索可燃物、引火源的燃烧残留物，包括具备气味特征的燃烧痕迹。训练技术包括火灾调查犬训练技术的理论支撑、燃烧残留物的气味分析、建立嗅源资源库和科学规范的训练流程。

3.1 火灾调查犬训练技术的理论支撑

3.1.1 犬的嗅觉能力

犬具有灵敏的嗅觉功能和精确的气味识别能力。研究发现，犬的嗅觉细胞约有 2 亿 2 千万个，占其鼻腔面积 $150cm^2$，其嗅觉能力是人的十万倍。犬的嗅觉感受体蛋白质属于大蛋白质家族，就其大部分结构而言，可认为这些蛋白质是同等的，一种感受体蛋白质仅仅有很小的区域能专一地感受某一特殊类别的气味分子，即每一种蛋白质识别各种不同类的气味分子，并能构成上万种分辨率。因此至少有 100~200 种基因族存在于犬鼻腔的嗅上皮细胞中，这种基因族使蛋白质按要求对嗅觉刺激进行编码，目前已分离出 18 种基因族。在常温常压条件下，犬的嗅觉能达到分子水平，能感受到约 200 万种物质不同浓度的气味，而且犬的嗅觉能够不间断工作，平均每秒钟能完成嗅探 5 次。据研究报道，犬能嗅认出融化在 4.5 万立方米的泳池里的一滴特殊液体。

3.1.2 建立火灾调查犬嗅源资源库

可燃物、引火源都是燃烧残留物的可能源头。

将最为常见的可燃物、引火源进行分类物理分类和化学分类。物理分类主要从形态入手，可分为固态、液态和气态三种燃烧残留物；化学分类主要从成分入手，分为燃油、塑料、织物、玻璃、金属、导线等基质。分别进行火灾试验，对具备物理外形的燃烧残留物进行整体提取，对不具备物理外形的燃烧痕迹进行擦拭提取。

嗅源是否准确是火灾调查犬能否发挥作用的核心因素。利用相应设备对提取的大量燃烧残留物和燃烧痕迹进行关键质子气味分析，包括浓度变化和气味特征等，通过对嗅源的定性分析和筛选分类，建立火灾调查犬嗅源资源库，以此为依据对火灾调查犬进行针对性训练。

3.2 创新火灾调查犬训练方式

消防救援犬领域的训练主要源于公安警犬的训练方法和体系，就火灾调查犬的训练而言，应建立具有消防特色的火灾调查犬训练方法和体系，解决目前训练方法中的弊端和与实战的相脱节的情况。

3.2.1 嗅源气味联系训练模式的创新

嗅源气味联系是定向搜索犬对搜索对象形成牢固气味记忆的过程。目前嗅源气味联系的训练方式以混合气味联系为主，即是利用犬对物品的占有欲望进行培养，具体程序和操作步骤是：a. 利用物品对犬进行调引，激发犬对物品的占有欲望；b. 将物品和嗅源（真实的毒品/爆炸物/枪弹等）放置在搜索形式中，指挥犬进行搜索，当犬搜索到物品时，取出搜索形式中的物品对犬进行直接奖励；c. 当犬每次都能准确搜索到该物品时，将物品撤除，使犬将搜索目标转化到嗅源，以此建立犬对嗅源气味的牢固记忆。

本项目组通过定性研究和定量分析发现，利用犬对食物的原始欲望进行嗅源气味联系培养，犬对会在嗅源的气味记忆更为准确，排除干扰物效率更高。具体程序和步骤是：a. 犬喂至三分饱，将食物放置于嗅源罐内，利用犬的食物本能，诱导犬对罐内食物进行嗅认，而后抛食对犬进行间接奖励；b. 当犬能主动将鼻子伸入嗅源罐内嗅认后，将食物换为嗅源气味，犬进行嗅闻，便立即抛食奖励，以此建立犬对嗅源气味的牢固记忆。项目组将这种训练方式称为单一气味联系方式。

混合气味联系训练方式的核心理念是利用犬最喜欢的物品作为媒介，在犬通过嗅觉寻找此物品时，必然也会同时感受到嗅源的气味，从而逐渐将犬的气味记忆转化到嗅源本身，再逐渐去除物品，只留下嗅源气味，整体步骤是从混合到单一的过程，是通过间接方式使犬对火灾嗅源进行记忆，而单一气味联系训练方式的核心理念是利用犬的食物本能，诱导犬对嗅源气味形成牢固的气味记忆，整体步骤是从单一到单一的过程，是通过直接方式使犬对火灾嗅源进行记忆。两种训练方式的理念差异带来了工作模式形式的变化，混合气味联系训练方式中犬却无可避免地会受到多种气味的干扰，我们难以确认哪一些气味会对犬造成更大的神经兴奋；单一气味联系训练方式采用嗅源罐放置嗅源，能有效降低气味干扰，犬只需牢牢记住该气味便可得到奖励。

为对比两种训练方式的差异（表1），课题组随机选取20头犬进行训练试验，两种训练方式各10头犬，通过6周的训练，分别测试火灾嗅源点无干扰物和有干扰物情况的首次准确率（正向指标）、错误示警率（反向指标）和搜索速度，测试次数为20次。

表1 两种训练方式的差异

	记忆方式	嗅源气味特征	训练结果
混合气味联系训练方式	间接记忆	气味混合→难以确认犬记忆的气味类别	错反应、乱反应概率高
单一气味联系训练方式	直接记忆	气味单一→易于确认犬记忆的气味类别	错反应、乱反应概率低

无干扰物状态：1000m² 场地有一火灾嗅源点，无隐藏干扰物；有干扰物状态：1000m² 场地有一火灾嗅源点，有10处隐藏干扰物，两种训练方式的首次准确率和错误示警率如图10所示。

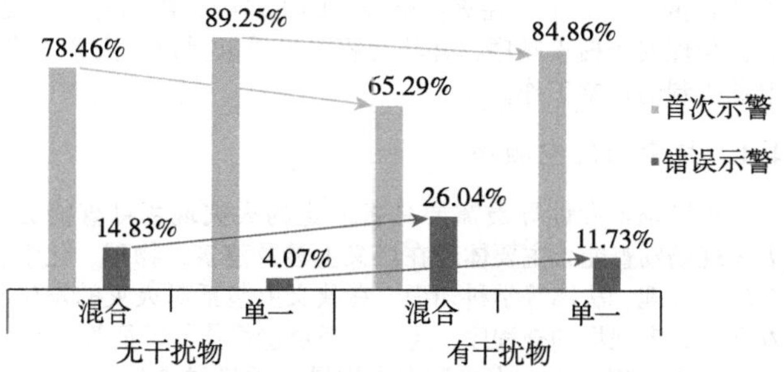

图1 无干扰物状态和有干扰物状态下两种训练方式的首次准确率和错误示警率

从图1可以看出：

a. 在无干扰物状态下，混合气味联系与单一气味联系两种训练方式的首次准确率和错误示警率存在较大差异，单一气味联系训练方式优于混合气味联系训练方式。

b. 在有干扰物状态下，混合气味联系与单一气味联系两种训练方式的首次准确率和错误示警率依然存在较大差异，单一气味联系训练方式优于混合气味联系训练方式。

c. 混合气味联系训练方式相较单一气味联系训练方式在有无干扰物状态下的首次准确率和错误示警率变化剧烈，表明在训练场景中加入干扰物是检验两种训练方式最大的变量因素。

3.2.2 训练奖励方式的变换

在工作犬的训练中，奖励方式主要有食物和物品奖励两种类型。通常采取物品奖励的方式，食物的奖励是对犬原始本能的奖励，是对行为的深度强化，对犬对出的正确反应给予食物强化，不会破坏犬的持续行为；物品奖励是对犬外显行为的奖励，无关原始本能，为了训练的持续，训导员需将物品从犬口中取出，一部分犬的动机会转移到物品本身，弱化行为与物品的联结，从而发生错反应。食物奖励是对犬内在动机的奖励，犬会将食物直接吞食，奖励的流程不被破坏，其意义远远大于物品奖励。两种奖励方式的差异见表2。

表2 两种奖励方式的差异

	奖励方式	奖励目标
物品奖励方式	直接奖励/间接奖励	外显行为
食物奖励方式	间接奖励	内在动机

3.2.3 通过战训合一的训练思路拓展嗅源记忆宽度

火灾现场异常复杂，弥漫着大量烟雾、现场处置火情的人员和在燃烧中发生位移的物品等等，都会给火灾调查犬作业带来很大的作业难度。这就要求在日常训练中，经常性设计各种具有实战意义的训练场景，逐渐积累犬作业的经历和经验，形成较强的环境适应能力。

火灾试验不可能穷尽所有的可燃物、引火源，也不可能完全重现火灾现场的物质和能量变化，所以，在火灾调查犬对各种嗅源气味形成牢固记忆和具备较强的环境适应能力后，需将其带入真实火灾中进行实战训练，边用边训，战训合一，以此拓展火灾调查犬的嗅源记忆宽度，这样才能构建科学、客观、规范的火灾调查犬训练体系，为实战使用奠定坚实基础。

4 火灾调查犬搜索流程及注意事项

火灾调查犬的工作机制是利用犬的嗅觉记忆能力对燃烧残留物形成牢固的气味记忆，在火灾现场中通过准确的气味识别和重现，精准锁定现场燃烧残留物，并以固定的示警方式“告诉”训导员。在火灾调查犬的工作中，需结合火灾现场，合理安排搜索顺序，并注意相关事项以保持火灾调查犬嗅觉机制的正常工作。

4.1 搜索的时空顺序

火灾调查犬训导员需要具备一定的火灾现场勘查能力。火灾现场勘查能力主要体现在广义上涉及建筑、物理、化学、气象、心理、法律等学科知识，在狭义上包括对火灾的发生、发展、火灾现场勘查程序、重点、燃烧遗留物的特征等。

在火灾现场中，火灾调查犬训导员须经过走访、摸排和现场查验后，确定使用火灾调查犬的时间、空间，为犬创设使用的适宜环境以及使用方案，从外围现场呈螺旋状往内逐步搜索，对重点部位重点确认。

只要燃烧，必定会留下物证，可能是实体物证，也可能是痕迹物证。从外围的燃烧痕迹开始搜索，逐步到起火物最终到引火源，这与燃烧的正常顺序刚好相反，是逐步反推的过程，能与火灾调查犬训导员的勘查思路形成印证，提升整体工作效能。

4.2 嗅觉钝化后的恢复

火灾现场大量弥漫的烟气和长时间的工作勤务，会对火灾调查犬造成嗅觉钝化，影响正常工作，这需要从两个维度进行恢复。

其一，在具体的火灾勤务中，每工作 30min，需要将火灾调查犬带离火灾现场至空气清新的地方，释放犬的嗅觉混沌状态，消除嗅觉钝化，再行回到现场继续工作；其二，经过一年的工作后，需要给犬一个月的空隙期，期间，只给犬提供火灾嗅源资源库中各种嗅源气味，不停地强化犬的嗅源气味记忆，提高工作的持续性。

参考文献

［1］方绍勤，方绍波，许明清．缉毒犬在禁毒工作中的作用［J］．云南警官学院学报，2007，(02)：36.

［2］王宁．我国火灾事故调查改革研究［D］．重庆：重庆大学，2005.

［3］KokocińskaKusiak Agata，Woszczyło Martyna，Zybala Mikołaj et al. Canine Olfaction：Physiology，Behavior，and Possibilities for Practical Applications［J］．*Animals*，2021，11（8）

［4］刘斌．火灾痕迹在火灾事故调查中的应用研究［J］．今日消防，2020，5（09）：125-126.

［5］吴钢．火场调查实验在火灾认定中的重要性探讨［J］．消防科学与技术，2021，(8)：1263-1265.

［6］任乾军．论火灾调查工作现状及改进措施［J］．建材发展导向，2018，16（02）：88-89.

［7］玉明照．基层消防部队火灾事故调查工作的现状及对策分析［C］．中国消防协会，2019，(13)：24-25.

［8］金南江，刘玲，卢婷，李阳．助燃剂鉴定数据分析及干扰性研究综述［J］．消防科学与技术，2019，（12）：1667-1667.

［9］杜航伟．着力推动警犬工作实现跨越式发展［J］．中国工作犬业，2019（01）：7-9.

“体、面、圈、点”火灾现场勘验方法研究

鲁 旭

（安徽省淮南市消防救援支队，安徽 淮南）

摘 要 “体、面、圈、点”火灾现场勘验法是一种全新的火灾现场勘验方法，主要用于建筑火灾事故调查。本文主要研究“体、面、圈、点”火灾现场勘验法的基础理论和原理，包括各层级勘验方法的构建、勘验要点以及对火灾原因和灾害成因的分析与验证。基础排除法对火灾事故调查中的起火点和起火原因这两个关键要素进行分析，进而更加快速科学调查火灾。

关键词 建筑火灾 火灾调查 现场勘验 排除法

1 引言

建筑火灾是最常见的一类火灾，建筑火灾是对人们危害最严重、最直接的火灾。火灾调查人员经常会遇到此类火灾的调查。建筑火灾同露天火灾相比燃烧时受限的，由于火势的发展蔓延受到建筑物墙壁和顶棚等建筑构件的阻碍作用，往往会产生更为复杂的燃烧现象。这些燃烧现象与建筑性质、建筑结构以及建筑材料等有密切关系，火灾现场勘验的任务就是根据这些燃烧现象确定起火点和起火原因。

因此，在建筑火灾现场勘验中，建筑性质、结构以及材料[1]等因素对现场勘验有不可忽略的影响，以往的现场勘验方法并没有注重这一点。“体、面、圈、点”火灾现场勘验法是针对建筑火灾提出的全新勘验方法，充分考虑了建筑物的立体结构特点[2]，将勘验分为不同的四个层级，即“体”层级、“面”层级、“圈”层级、“点”层级。针对不同层级有不同的勘验方法，本着层层递进的原则，基于排除法逐步缩小勘验范围直至确定起火点和起火原因，并为灾害成因进行分析提供依据。

2 新型勘验方法构建

2.1 “体”层级勘验方法构建

“体”层级勘验方法的勘验对象是起火建筑物的建筑系统以及着火层位置，表 1 中的 9 个要素就是“体”层级勘验应当重点勘验的内容，主要为查明火灾原因和分析灾害成因提供依据，据此对这 9 个要素进行分类。

表1 "体"层级勘验内容分类表

查明火灾原因类	灾害成因分析类
建筑基本参数	建筑使用性质
开口	建筑装修材料
楼梯管道井	防火分区
着火层确定	建筑消防设施

由表1可知，对建筑基本参数、开口、楼梯和管道井的勘验以及着火层确定主要为查明火灾原因提供依据，而对建筑使用性质、建筑装修材料、防火分区和建筑消防设施主要为灾害成因分析提供依据。

在"体"层级勘验中需要注意的是在确定最先着火楼层是，不能仅依靠烧损程度来判断最先着火楼层的位置，要综合考虑其他因素的影响。如果各楼层火灾荷载分布大致相同，那么烧损最严重的楼层往往是最先着火楼层。如果火灾荷载分布不均匀，那么依靠烧损的严重程度来判断最先着火楼层就有可能出现错误。因为可能存在比最先起火楼层火灾荷载更大的楼层，在火势发展蔓延过程中该楼层可燃物被引燃且有足够的燃烧时间，这样就会呈现出烧损十分严重的景象，从而对勘验人员的判断产生干扰。

2.2 "面"层级勘验方法构建

"面"层级勘验方法针对的是起火建筑物的具体着火层，相对于"体"层级勘验方法，勘验范围有所缩小。这里的"面"并不是传统意义上的平面，本着立体勘验的思想赋予"面"更加丰富的定义，在考虑建筑火灾普遍特点的基础上将"面"定义为痕迹面，痕迹面包括：墙面；天花板；地面；电气线路面；其他痕迹面。"面"层级勘验的目的是对着火层有全面的了解，包括着火层墙面和地面破坏情况，电气线路敷设和破坏情况以及各类可燃物烧损的情况和不燃物的破坏情况，对这些关键信息进行详细记录和初步分析，确定起火部位，为之后的勘验缩小范围。

综合来看，"面"层级勘验为查明火灾原因提供依据，这一点主要体现在上述5类痕迹面在一定程度上指明了火灾在着火层的发展蔓延方向，基本可以确定起火部位所在位置，将起火部位进行圈定，这对下一步确定起火点起到至关重要的作用。

2.3 "圈"层级勘验方法构建

"圈"层级勘验是在完成"面"层级勘验基础上进行的。"圈"层级勘验的核心在于"圈"，这里的"圈"有两个词性，第一个是作为动词，是指勘验人员在着火层进行画圈，画圈的方式有两种：一是以引火源发生体进行画圈；二是以可燃物进行画圈。第二个是作为名词，是指引火源发生体或可燃物所在位置的大致范围。"圈"层级勘验的主要内容就是画圈，并结合起火部位对相关圈进行排除，选择可能性最大的圈。

2.3.1 以引火源发生体画圈

以引火源发生体画圈是普通的画圈方式。圈定所有可能的引火源发生体的位置。引火源发生体包括着火层自身存在的引火源发生体以及外部环境的引火源发生体。对于来自外部环境的引火源发生体，勘验人员需要圈定的不是引火源发生体所在位置，而是引火源发生体产生的引火源在着火楼层可能的着落点。

（1）确定引火源发生体的类型。常见引火源发生体可以分为两类，第一类是未分离型，其特征是是产生的引火源并未脱离发生体，例如生产生活用火、蚊香、烟头和高温管道等；第二类分离型，其特征是产生的引火源脱离了发生体，例如短路故障点、电焊、烟囱和云层放电等。建筑火灾中常见的引火源主要有电弧、电火花、高温短路熔珠、电焊渣、生产生活用火、飞火、蚊香、烟头、雷击、静电以及高温表面等。

（2）圈出引火源发生体位置。勘验中，需要注意引火源发生体可能来自建筑物内，也有可能来自外部环境；引火源发生体在火灾过程中可能会完全烧失，但是消失并不表示不存在，要根据火灾前建筑物内的设置情况进行甄别。圈定引火源发生体位置要严格依照着火三角形进行，一起火灾的发生必须由引火源、可燃物和助燃物。对于着火层自身存在引火源发生体，勘验人员要通过现场勘验和对相关人员的询问情况综合判断其所在的大致位置。如果在火灾中该物体完全烧失，那么勘验人员要根据现场各类痕迹的指向以及物体初始状态所在位置适当扩大所画圈的范围。来自外部环境的引火源，如雷击和飞火等，产生此类引火源的物体并不在着火层房间内部。

2.3.2 以可燃物画圈

以可燃物画圈是特殊的画圈方式，对于以引火源发生体画圈方式很难奏效的火灾现场，就需要以可燃物画圈。用可燃物画圈的火灾现场主要包括三类：

（1）自燃火灾。对于自燃火灾来说，引火源发生体和可燃物同属一种物质。勘验这类火灾现场，重点应当关注现场是否存放自燃类物质，是否具备引发自燃的环境条件以及周围是否具有火势发展蔓延的条件。

（2）弱火源火灾。对于弱火源火灾来说，如蚊香、火星和烟头等引发的火灾，引火源发生体在火灾中很容易烧失，给勘验带来极大难度。勘验这类火灾现场，重点应当关注现场是否有可能遗留此类弱火源，是否存在能被这类引火源引燃的物质以及现场是否具有火势发展蔓延的条件。

（3）雷击火灾。对于雷击火灾来说，引火源发生体并不在火灾现场。勘验这类火灾时需要注意现场是否有雷击现象发生，是否存放能被雷击产生的效应引燃的物质以及是否有火势发展蔓延的条件。

2.4 "点"层级勘验方法构建

"点"层级勘验是整个勘验过程中的最后一步，也是关键的一步。这里的"点"有两层含义：起火点；引火源和起火物之间的作用关系，即起火原因。勘验人员需根据"圈"层级勘验所圈定的位置进行合理地假设，找出各个可能引发火灾的圈内的起火点以及起火原因，深入分析引火源是否能够引燃周围的可燃物。本着合理假设思想与合理排除思想，科学地确定最终的起火点和起火原因。当剩余两个无法排除的"点"时，应当详细给出两个"点"具有导致火灾发生的可能性。

2.4.1 起火点的确定

（1）如果"圈"层级勘验中只保留了一个圈，那么勘验人员只需对这一个圈进行细致的勘验即可。这里需要分两种情况分析。首先，如果勘验人员面对的引火源是本位引火源，那么"圈"层级勘验所确定的引火源发生体位置就应当包含起火点。勘验人员需在该物体位置处进行更加详细的勘验，如果产生引火源的物体在火灾中没有完全烧失，那么勘验人员在确定该物体在灭火过程中没有发生位置变化后就可以认为当前物体所在位置即为起火点。如果该物体在火灾中完全烧失，那么勘验人员需根据该物体火灾前所在位置并结合周围的痕迹物证的指向推断出起火点所在位置的大致范围。其次，如果勘验人员面对的引火源是变位引火源，那么"圈"层级勘验所确定的引火源发生体位置就不一定是起火点所在位置。勘验人员要根据该引火源的具体特点进行分析，对其有可能着落的位置进行逐个勘验。

（2）如果“圈”层级勘验保留了多个圈，那么勘验人员需要对各个圈进行逐个分析。勘验人员首先要对各个圈中的引火源发生体进行勘验，确定其在火灾中的破坏情况，从而确定其引发火灾的可能性大小并进行排序，尽可能排除可能性较小的圈。对于剩余无法排除的圈进行细致勘验，确定其中可能的起火点，在确定起火原因的过程中进一步排除。

2.4.2 起火原因的确定

起火原因的确定是在起火点确定的基础上完成的。起火原因是指引火源与起火物之间的作用关系，即引火源是怎样将可燃物变成起火物并引发火灾的。勘验时需要对起火方式进行判定。勘验人员在确定起火点后应当考虑引火源是否具有一定的温度和足够能量以及引火源周围是否存在足够数量的可燃物能够被其引燃并维持燃烧。首先，要确定引火源的温度和能量与可燃物燃点之间的关系。引火源可以分为高温低能和低温高能两种类型，二者能够引燃的可燃物是不同的。勘验人员要充分尊重科学事实，不能主观臆断，必要的时候可以进行现场实验加以验证。其次要确定周围可燃物的数量是否足以维持燃烧的进行。燃烧的持续进行必须以充足的可燃物为依托。

3 火灾原因验证分析

完成上述“体、面、圈、点”四个层级勘验后，勘验人员基本确定了起火点和起火原因。为验证勘验的准确性，需要逆着勘验层级的顺序对火灾发展蔓延过程进行分析，即火灾是如何由起火点向起火部位蔓延的，由起火部位向着火层蔓延的，由着火层向立体空间蔓延的。

具体分析步骤如下：

（1）“点”层级勘验和已经确定具体的起火点和起火原因，调查人员结合起火原因和具体起火点位置分析火灾初步发展蔓延区域，以及发展蔓延的方式。

（2）“面”层级勘验已经确定了着火层起火部位的具体位置，调查人员需要分析火灾是如何由起火部位向整个着火层蔓延的。

（3）“体”层级勘验已经确定了整个建筑系统情况以及着火层位置，调查人员需要结合各个痕迹面的燃烧情况分析火灾是如何在着火层及其上下层蔓延的，注意建筑内部构造和设施对火灾发展蔓延的影响。

（4）如果在分析中出现起火点、起火原因与火灾现场燃烧规律不相符的现象，那么勘验人员就需要回到“圈”层级勘验，对各个圈进行重新筛选，选择合理的圈重新进行“点”层级勘验，勘验结束后继续这项流程。因为可能存在选择了错误的圈，这会直接导致起火点和起火原因认定错误。具体流程见图1。

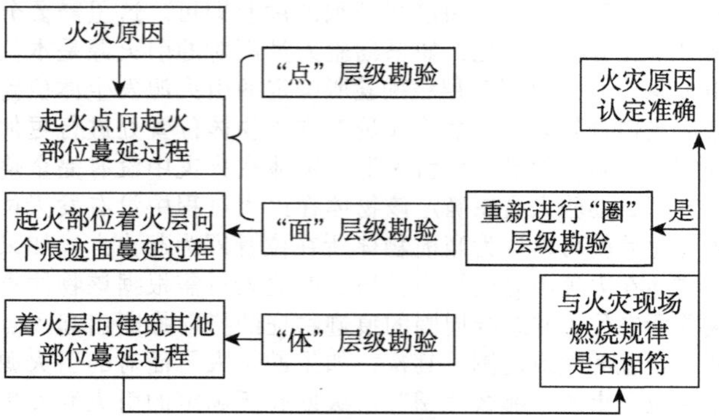

图1 火灾原因验证分析流程图

4 灾害成因分析

“体”勘验包含9个勘验内容，“面”层级勘验包含5个勘验内容，“圈”层级勘验包含2个勘验内容，“点”层级勘验包含2个勘验内容。分析这四个层级的勘验内容发现，“体”层级勘验和“点”层级勘验在一定程度上为灾害成因分析提供了依据。将所有勘验内容按照对查明火灾原因和分析灾害成因的作用进行分类，如表2所示。

表2 “体、面、圈、点”层级勘验内容分类表

查明火灾原因类	灾害成因分析类
建筑基本参数	建筑使用性质
开口	建筑装修材料
管道井	防火分区
着火层确定	建筑消防设施
墙面	楼梯
天花板	管道井
地面	起火点的确定
电气线路面	起火原因的确定
其他痕迹面	
以引火源发生体画圈	
以可燃物画圈	

具体分析上述8个内容对灾害成因分析的作用如下：

（1）确定建筑使用性质可以获取如下信息：建筑物内存放物品的种类和性质（尤其是燃烧性能），建筑物内是否有易燃、易爆等危险品存在，建筑物内停留人员的数量及特点以及发生火灾时建筑物的状态（主要指营业性场所是否处于正常营业状态）。

（2）勘验建筑装修材料可以获取如下信息：建筑内、外装修材料是否符合国家标准的相关规定以及装修材料在火灾中是否发生燃烧并释放有毒烟气。

（3）确定建筑的防火分区划分情况可以获取如下信息：建筑内部防火分区的划分是否符合国家标准的相关规定，防火分区的划分是否在火灾中起到了抑制火势蔓延的作用以及用于防火分隔的构件是否按规定时间发挥作用。

（4）勘验建筑消防设施情况可以获取如下信息：建筑内部是否按照要求设置了相关消防设施，自动消防设施在火灾时的动作情况以及现场人员是否利用相关灭火设施对初期火灾进行扑救。

（5）勘验楼梯可以获取如下信息：楼梯的类型、数量是否符合国家标准的相关要求，楼梯的日常使用状态是否符合国家标准的相关要求，发生火灾时是否利用楼梯进行人员疏散以及热烟气是否通过楼梯在立体空间内蔓延。

（6）勘验管道井可以获取如下信息：管道井的设置是否符合国家标准的相关规定，管道井是否按照要求进行封堵以及火灾中管道井是否为火势在立体空间蔓延的渠道。

（7）起火点是火灾中最先发出明火的位置，确定了起火点也就确定了灾害最先开始的位置。

（8）起火原因是导致灾害发生的直接原因，明确了起火原因也就确定了是什么样的引火源在什么样的环境条件下引燃了什么样的可燃物，最终导致灾害的发生。

5 结论

综上所述，“体、面、圈、点”火灾现场勘验方法具有以下优势：

（1）不断排除，全面筛选。“体、面、圈、点”火灾现场勘验法在每一个层级中都引入了排除法，将勘验范围不断缩小。尤其在“圈”层级和“点”层级勘验过程中，充分

考虑火灾现场所有可能的引火发生体，通过以“大圈”筛“小圈”的方式选择可能性最大的引火源发生体，通过引火源与起火物的关系进一步对“小圈”进行筛选，选择最合理的结论。

（2）层层递进，相互验证。下一层级的勘验内容以上一层级的勘验结果为依据，同时下一层级的勘验结果验证了上一层级勘验结果的正确与否。如果上一层级出现偏差，那么下一层级的勘验可以迅速发现并做出调整。

（3）正反结合，查漏补缺。“正”是指运用四个层级的勘验方法对火灾现场进行勘验，确定起火点和起火原因；“反”是指在逆着四个层级的顺序对火灾发展蔓延过程进行验证分析。两者结合，可以将勘验过程中遗漏的引火源发生体找出，避免勘验过程中出现失误。

（4）寻根溯源，吸取教训。“体、面、圈、点”火灾现场勘验法不仅能够查明火灾原因，而且对灾害成因进行分析。在正确分析灾害成因的基础上吸取火灾教训，从源头上防止火灾的发生。

参考文献

[1] 范文昭．建筑材料［M］．北京：中国建筑工业出版社，2004.

[2] 屈立军．建筑结构［M］．北京：中国人民公安大学出版社，2006.

某市商品物流批发市场火灾后检测鉴定

郑世夺[1]　李金柱[2]　张立伟[3]

（1. 河北省建筑工程质量检测中心有限公司，河北　石家庄；2. 大厂回族自治县建设局，河北　廊坊；3. 中国人民警察大学防火工程学院，河北　廊坊）

摘　要　本文从某市的一栋商品物流批发市场火灾案例入手，通过对建筑物主要受力构件过火后烧灼损伤的现状调查，板（梁）、柱构件混凝土抗压强度检测，梁、板、柱纵向受力钢筋配置及钢筋保护层厚度检测，过火后构件中性化深度检测，及对过火区域混凝土构件进行火灾后鉴定评级，采用结构设计软件对建筑物承载力进行验算，最后对建筑物过火后的混凝土构件安全性做出综合鉴定，并提出合理性建议。

关键词　火灾　批发市场　检测　鉴定

1　工程概况

该批发市场B座楼位于某市主要大道交叉口东南角，该楼建于2003年，二层钢筋混凝土框架结构，屋面为金属面夹芯板、C型钢檩条，柱下独立混凝土基础，总建筑面积约为18568m^2（149.7m×63m）。该楼于2020年4月9日凌晨5点左右起火，截至4月10日5点左右，大火扑灭，大火共燃烧了约24h，起火点为B座一层东侧，燃烧物一层为生活用品、文具等，二层为家具，过火面积约为13500m^2，该楼的耐火等级为二级。为查明火灾对建筑结构的影响程度，并为后续的加固及安全使用提供依据。

2　检测项目、数量、方法和结果

2.1　构件混凝土强度检测

对该建筑物一层抽取梁、板、柱各20个混凝土构件，二层抽取梁、柱各20个混凝土构件，采用回弹法[1]检测构件混凝土强度，并根据《钻芯法检测混凝土强度技术规程》（CECS03：2007）[2]每层梁、板、柱混凝土构件各钻取6个芯样对回弹结果进行修正，修正量见表1。梁、板、柱混凝土强度设计等级为C30。

表1　各构件对应钻芯修正量汇总表

检测位置	一层梁	一层板	一层柱	二层梁	二层柱
总体修正量/MPa	-1.25	0.15	-3.43	-1.00	-0.8

修正后检测结果见表2。

表2　各构件对应钻芯推定值汇总表

检测位置	一层梁	一层板	一层柱	二层梁	二层柱
推定值/MPa	25.3~45.1	17.3~30.5	30.8~43.0	23.3~33.4	20.3~47.6

2.2　钢筋情况检测

现场截取2组钢筋试样加工后委托实验室做力学性能试验，试验结果表明所检钢筋抗拉强度、屈服强度、延伸率及弯曲试验均符合国家标准《钢筋混凝土用钢　第2部分：热轧带肋钢筋》（GB/T 1499.2—2018）[3]的要求。

2.3　钢筋保护层厚度检测

每层随机抽取梁、板各7个混凝土构件，检测（仪器：DJGW-2A钢筋测定仪）其钢筋保护层厚度[4]，结果如下：

所检梁的钢筋保护层厚度合格点率为100%、板的钢筋保护层厚度合格点率为98%，梁、板检测结果均满足《混凝土结构工程施工质量验收规范》（GB 50204—2015）[5]允许偏差的要求。

2.4　混凝土中性化深度检测

对该建筑物一层抽取受损严重的20颗柱、20榀梁、20块现浇板，二层抽取受损严重的20颗柱、20榀梁，采用酚酞酒精溶液及游标卡尺检测混凝土中性化深度。

所检一层梁构件最大中性化深度为24.5mm，平均中性化深度为12.7mm；一层板构件最大中性化深度为22.5mm，平均中性化深度为10.6mm；一层柱构件最大中性化深度为22.3mm，平均中性化深度为10.1mm；二层梁构件最大中性化深度为 17.5mm，平均中性化深度为 9.8mm；二层柱构件最大中性化深度为 15.8mm，平均中性化深度为 8.4mm。

3 鉴定项目和结果

3.1 现状普查

经调查发现该楼填充墙结构存在裂缝、面层空鼓、面层脱落等现象，调查结果见表 3；现场调查火灾对该楼混凝土板、梁、柱构件的影响、破坏程度，具体情况见表 4～表 9，见图 1、图 2。

表 3 火灾后填充墙调查结果表

调查位置	调查结果
16×N～T	一层外围填充墙面层开裂、空鼓，门口西侧墙体局部熏黑
	二层外围填充墙面层开裂、空鼓，门口西侧墙体局部熏黑
16×H～N	一层门口上雨篷两侧墙体熏黑，面层龟裂，局部空鼓
16×C～H	一层局部熏黑，面层龟裂，局部空鼓
	二层局部熏黑，面层龟裂，局部空鼓
16×B～C	一层墙体面层熏黑、龟裂
	二层面层大面积开裂，局部空鼓
16×B～C	一层墙体面层熏黑、龟裂
	二层面层大面积开裂，局部空鼓
9×1/K～T	一层墙体大面积开裂、局部空鼓
	二层墙体大面积开裂、局部空鼓
9×B～T	一层墙体面层局部开裂，大面积熏黑
	二层墙体面层局部开裂，大面积熏黑
9～10×T	一层墙体大面积开裂、脱落、空鼓
	二层墙体局部开裂、脱落、空鼓
10～12×T	一层墙体与框架梁接茬部位存在横向裂缝
	二层墙体与框架梁接茬部位存在横向裂缝
12～13×T	一层雨篷熏黑
13～14×T	一层框架梁与墙体接茬部位开裂空鼓
14～16×T	框架梁与墙体接茬部位存在横向裂缝
9～12×K	墙体损坏严重无法正常使用
9～16×1/K	墙体出现不同程度的裂缝，局部面层脱落，大面积空鼓
12～15×K	墙体出现不同程度的裂缝，局部面层脱落，大面积空鼓

注：其他部位填充墙未见明显开裂、空鼓、脱落等现象。

照片 1 B 座楼 10～11×L～N 轴板底露筋

照片 2 B 座楼火灾现场

调查发现一、二层过火区域门窗框严重变形，门窗玻璃破碎，消防、通风、给排水管道弯曲变形，大面积坠落，屋顶 C 型钢檩条普遍存在漆膜脱落、扭曲变形现象，屋顶金属面夹芯板存在不同程度烧伤。二层屋面为轻钢结构，评定结果见表 10。

对该楼一层大部分混凝土构件火灾后鉴定评级为Ⅲ级，少数构件评定为Ⅱa 级和Ⅳ级，对二层过火区域混凝土构件评定为Ⅲ级，未过火区域评定为Ⅱa 级[6]。

对一层随机抽取 5 个混凝土构件，二层随机抽取 5 个混凝土构件，钻取芯样，检测混凝土烧伤深度，采用目测颜色变化并尺量深度的检测方法，检测结果见表 11。

表 4 现浇板底严重缺陷调查

缺陷位置	缺陷情况
一层 1/13～2/13×2/K～J 轴板	板底约 0.5m×0.6m 混凝土脱落，且钢筋裸露
一层 10～1/10×2/L～M 轴板	板底约 1.5m×3.0m 混凝土脱落，且钢筋裸露
一层 10～1/10×M～1/M 轴板	板底约 3.0m×3.0m 混凝土脱落，且钢筋裸露
一层 10～1/10×1/M～2/M 轴板	板底约 3.0m×3.0m 混凝土脱落，且钢筋裸露
一层 10～1/10×2/M～N 轴板	板底约 1.0m×2.0m 混凝土脱落，且钢筋裸露
一层 10～1/10×2/N～P 轴板	板底约 2.5m×3.0m 混凝土脱落，且钢筋裸露
一层 2/10～11×1/N～2/N 轴板	板底约 3.0m×3.0m 混凝土脱落，且钢筋裸露
一层 9～1/9×P～1/P 轴板	板底约 1.6m×1.2m 混凝土脱落，且钢筋裸露

表 5　火灾后一层混凝土柱鉴定评级结果

调查位置	调查结果	鉴定评级
一层 9～16×B～T 轴区域	部分柱为微黄色，部分柱为灰色，所有柱表面均存在细微裂缝，混凝土表面锤击声音闷，混凝土表面留下痕迹，未见柱混凝土有明显脱落现象，未见柱有露筋现象，未发现结构有明显变形现象	Ⅲ
一层 9～16×A～B 轴区域	未过火	Ⅱa

表 6　火灾后二层混凝土柱鉴定评级结果

调查位置	调查结果	鉴定评级
二层 9～14×B～D 轴、14～16×B～G 轴、9～16×S～T 轴、15～16×B～K 轴、13～16×1/K～T 轴区域	未过火	Ⅱa
二层 9～14×D～G 轴、9～15×G～K 轴、9～13×1/K～S 轴区域	部分柱为微黄色，部分柱为灰色，所有柱表面均存在细微裂缝，锤击声音较闷，混凝土表面留下痕迹，未见结构有明显变形现象	Ⅲ

表 7　火灾后一层混凝土梁鉴定评级结果

调查位置	调查结果	鉴定评级
9～16×B-C 轴、9～12×C～F 轴、14～16×1/K～M 轴、12～16×R～T 轴区域	部分梁微黄色，部分梁灰白色，所有梁表面均存在细微裂缝，锤击声音为较闷或闷，混凝土表面留下痕迹，未发现混凝土脱落、露筋、结构变形等现象	Ⅲ
一层 12～16×C～F 轴、9～16×F～K 轴、9～14×1/K～M 轴、9～16×M-R 轴、9～12×R～T 轴区域	部分梁为黄色，部分梁为灰白色，所有梁表面均存在细微裂缝，锤击声音为较闷或闷，混凝土表面留下痕迹，未发现有结构变形现象	Ⅲ
9～16×A～B 轴、	未过火	Ⅱa

表 8　火灾后二层混凝土梁鉴定评级结果

调查位置	调查结果	鉴定评级
二层 9～14×B～D 轴、14～16×B～G 轴、9～16×S～T 轴、15～16×B～K 轴、13～16×1/K～T 轴区域	未过火	Ⅱa
二层 9～14×D～G 轴区域	部分梁灰白色，所有梁表面均存在细微裂缝，锤击声音为较闷或闷，混凝土表面留下痕迹，未发现混凝土脱落、露筋、结构变形等现象	Ⅲ
二层 9～15×G～K 轴、9～13×1/K～S 轴区域	部分梁微黄色，部分梁为灰白色，锤击声音为较闷或闷，混凝土表面留下痕迹，所有梁表面均存在细微裂缝，未见有混凝土脱落、露筋、结构变形等现象	Ⅲ

表 9　火灾后混凝土板鉴定评级结果

调查位置	调查结果	鉴定评级
9～16×B-C 轴、9～12×C～F 轴、14～16×1/K～M 轴、12～16×R～T 轴区域	部分板微黄色，部分板为灰白色，所有板表面均存在细微裂缝，混凝土表面锤击声音为较闷或闷，未见有混凝土脱落、露筋、结构变形等现象	Ⅲ
一层 12～16×C～F 轴、9～16×F～K 轴、9～14×1/K～M 轴、9～16×M-R 轴、9～12×R～T 轴区域	部分板为黄色，部分板为灰白色，所有板表面均存在细微裂缝，混凝土表面锤击声音为较闷或闷，有 7 处存在混凝土脱落、露筋现象，最大脱落、露筋面积为 3.0m×3.0m（具体位置见表 3），未发现明显变形现象	Ⅲ、部分为Ⅳ
9～16×A～B 轴、	未过火	Ⅱa

表 10　火灾后钢结构鉴定评级结果

调查项目	调查位置	调查结果	鉴定评级
彩钢屋面板	二层过火区域	部分塌落，结构严重烧灼损坏，严重变形，无法正常使用	Ⅳ
C 型钢檩条	二层过火区域	部分塌落，结构严重烧灼损坏，严重变形，无法正常使用	Ⅳ

表 11　混凝土构件烧伤深度检测结果

检测部位		烧伤深度/mm	平均烧伤深度/mm	最大烧伤深度/mm
一层	14-15×G-H 板	20	20	24
	12×L 柱	24		
	12-13×P 梁	20		
	12-13×R 梁	19		
	12-13×J 梁	20		
	12-13×Q 梁	18		
二层	10×F 柱	18	19	25
	9-10×G 梁	15		
	9-10×L 梁	15		
	9-10×F 梁	25		

3.2　承载力验算

依据检测结果及国家相关规范标准，利用结构设计软件对建筑物承载力进行验算，抗震设防烈度为 7 度，设计基本地震加速度值为 0.10g，设计地震分组为第二组。

一层梁混凝土抗压强度取值为 25.0MPa，一层板混凝土抗压强度取值为 17.0MPa，一层柱混凝土抗压强度取值为 30.0MPa；二层梁混凝土抗压强度取值为 23.0MPa，二层柱混凝土抗压强度取值为 20.0MPa。

梁、柱钢筋按照施工图取值，板钢筋采用 HPB235 级钢筋。

按照实测混凝土强度计算，一层、二层所有梁、板、柱构件的承载能力满足规范[8]要求。

3.3　火灾室内燃烧温度推断

经调查发现该楼填充墙结构存在裂缝、面层空鼓、面层脱落等现象；火灾对该楼混凝土板、梁、柱构件存在不同程度的影响与破坏；调查发现一、二层过火区域门窗框严重变形，门窗玻璃破碎，消防、通风、给排水管道弯曲变形，大面积坠落；屋顶钢檩条普遍存在漆膜脱落、扭曲变形现象；屋顶金属面夹芯板存在不同程度烧伤；所检一层混凝土构件最大烧伤深度为 24mm，二层混凝土构件最大烧伤深度为 25mm。根据现场情况，依据《火灾后工程结构鉴定标准》（T/CECS 252：2019）对火场温度进行推定，推定结果见表 12。

表 12　室内燃烧温度推断表

调查位置	轴线区域	调查结果
一层	9～16×A～B 轴	<200℃
	9～16×B-C 轴、9～12×C～F 轴、14～16×1/K～M 轴、12～16×R～T 轴	300～500℃
	12～16×C～F 轴、9～16×F～K 轴、9～14×1/K～M 轴、9～16×M-R 轴、9～12×R～T 轴	500～800℃
	9～10×P～Q 轴、10～11×L～P 轴、	800～1000℃
二层	9～14×B～D 轴、14～16×B～G 轴、9～16×S～T 轴、15～16×B～K 轴、13～16×1/K～T 轴	<200℃
	9～14×D～G 轴	300～500℃
	9～15×G～K 轴、9～13×1/K～S 轴	500～800℃

3.4　结构安全性鉴定

该楼部分外围填充墙存在开裂、空鼓等现象，过火区域内的柱、梁、板构件表面大部分存在细微裂缝，大部分屋顶钢构件存在扭曲、变形等现象，一、二层部分梁、板混凝土抗压强度不满足设计要求，一、二层所有柱、梁、板构件的承载能力满足规范要求。

根据以上检测数据、鉴定结果、承载力验算结果，依据《民用建筑可靠性鉴定标准》（GB 50292—2015）[9]对该楼进行安全性鉴定，鉴定结果见表 13。

表 13　安全性鉴定结果表

子单元类别	组合项目名称		构件或项目评级		子单元评级	鉴定单元评级
			a_u-d_u		A_u-D_u	A_{su}-D_{su}
上部承重结构	梁	承载能力	b_u	c_u	C_u	C_{su}
		不适宜继续承载的变形、裂缝	b_u			
		构造	c_u			
	现浇板	承载能力	b_u	c_u		
		不适宜继续承载的变形、裂缝	b_u			
		构造	c_u			
	柱	承载能力	b_u	c_u		
		不适宜继续承载的变形、裂缝	b_u			
		构造	c_u			
	屋顶钢结构	承载能力	b_u	c_u		
		不适宜继续承载的变形、裂缝	b_u			
		构造	c_u			

建筑物安全性鉴定综合考虑主要承重构件的承载能力、不适宜继续承载的变形、裂缝和构造，该楼安全性鉴定评级为 C_{su}级。

4 结论

根据以上该建筑物的检测数据和鉴定结果，该楼安全性鉴定评级为 C_{su}级，应对混凝土构件鉴定评级均为Ⅱb 级的区域的混凝土构件进行表面修复处理，应对混凝土构件鉴定评级均为Ⅲ级的区域采取加固处理措施或局部更换措施，对混凝土构件鉴定评级均为Ⅳ级的区域的混凝土构件进行更换。对所有屋顶钢檩条、屋面彩钢板进行更换，对 A 座、B 座之间通道已经扭曲变形的钢构件进行更换。对室内所有吊顶、消防管道、暖通管道、给排水管道、电气线路进行更换。

参考文献

[1] JGJ/T 23—2011，回弹法检测混凝土抗压强度技术规程 [S].
[2] CECS03：2007，钻芯法检测混凝土强度技术规程 [S].
[3] GB/T 1499.2—2018，钢筋混凝土用钢　第 2 部分：热轧带肋钢筋 [S].
[4] JGJ/T 152—2019，混凝土中钢筋检测技术规程 [S].
[5] GB 50204—2015，混凝土结构工程施工质量验收规范 [S].
[6] T/CECS 252：2019，火灾后工程结构鉴定标准 [S].
[7] GB 50009—2012，建筑结构荷载规范 [S].
[8] GB 50010—2010，混凝土结构设计规范 [S].
[9] GB 50292—2015，民用建筑可靠性鉴定标准 [S].

火灾延伸调查中消防产品质量责任追究的探讨

李　晗
（湖北省宜昌市消防救援支队，湖北　宜昌）

摘　要　火灾事故频发，对广大群众的生命财产安全造成严重危害，为有效阻止火灾的发展，消防产品的质量优劣起到至关重要的作用。本文通过评价与火灾发生、蔓延扩大、人员伤亡相关消防产品的作用发挥情况，厘清影响火灾发生前后，各类消防产品不能实施有效防火灭火的因素，从生产、销售、使用、维修等四个环节提出火灾延伸性排查思路。并对将来消防产品质量在火灾事故延伸调查中的应用提出建议。可为火灾排查手段和范围的扩大、增强提供技术支撑。

关键词　延伸调查　火灾调查情况　消防产品　责任追究

1 引言

对于火灾事故调查来说，对火灾原因进行调查、对火灾损失进行统计，以及根据法律法规处理火灾事故并对火灾教训进行总结，是关键性的任务所在。对于火灾延伸调查来说，关键是对火灾原因进行查明的前提之下，围绕着火灾产生的因素等等进行进一步分析，分析查找火灾危险性、消防安全管理漏洞和薄弱环节，有针对性地提出改进意见和措施，推动相关部门、行业、单位查找整改问题，追究责任[1,2]。

按照有关法规和标准，对与火灾现场有关的场所、部位设置的消防产品进行调查，调查其是否存在质量问题，以及火灾发生时未能有效发挥作用的原因和影响因素，是火灾延伸性调查工作的重要内容之一。

就消防产品来说，是专门用于对火灾进行预防和救援等等一系列的产品，涵盖消防车和灭火器、逃生避难装置、建筑耐火构造、防火材料及制品、消防通讯器材、探爆抑爆产品等[3]。科学评价与火灾现场有关的场所、部位设置的消防产品的质量和有效性，能够为明确生产、销售、使用、维护等各环节的主体责任，为消防产品监管工作的提高提供相应的技术方面的支持。

2 火灾延伸性排查工作现状

虽然《火灾事故技术调查工作规则》（GA/T 1270—2015）明确了调查火灾发生和发展过程中消防产品质量的情况，外加消防救援局《开展火灾延伸调查强化追责整改的指导意见》（应急消〔2019〕266 号）中对依法调查消防产品质量责任进行了阐述，但从全国各地消防救援机构火灾调查与延伸调查实践来看，很少或没有对消防产品在火灾中是否有效发挥作用进行深度调查，导致人们在客观上形成了消防产品质量与火灾事故无关，不需要倒查责任的不利观点，继而没有办法有效界定火灾事故现场设置的消防产品引发火灾事故责任方面的范畴[4,5]。

3 消防产品质量责任划分

通过实地走访调研和收集、分析消防产品质量在火灾事故中发挥的作用，归纳总结了产品的生产者、销售者、使用者、维修者等四方责任，并具体解析了消防产品质量和有效性背后的原因。

3.1 生产者方面

产品生产者责任对消防产品质量的影响因素主要表现在市场准入、产品本身质量以及产品伪造等方面。

（1）生产厂家对国家颁发条令淘汰的消防产品进行生产。从 2020 年开始对《产业结构调整指导目录（2019 年本）》（以下简要称作《目录》）进行实施，其把包含 1211 灭火剂在内的 17 个消防产品归纳到淘汰的名录之中，《目录》实施后生产者继续生产国家明令淘汰的上述消防产品，造成无法进行灭火或对环境造成污染[6]。

（2）生产者未按照市场准入条件进行生产。对于那些对消防产品进行生产的生产人员来说，没有获得包含技术鉴定证书等等在内的有关文件，如此生产出来的产品，是没有办法达到合格的要求的。比如，他们会对火灾报警产品和灭火器等等设备进行生产，而这些设备在没有获得强制性产品认证证书的前提之下，可能导致无法有效预防和扑救火灾，无法使人员安全逃生或避难。

（3）消防产品本身质量不合格或掺杂掺假。对于消防产品质量来说，应当根据相关的法规标准进行生产，经型式检验和出厂检验合格，如果消防产品设计不合理、存在质量缺陷、功能设置错误、掺杂、掺杂掺假等，将造成无法挽回的火灾损失。如燃气灭火系统集流管在设计上不能使其在规定时间内将灭火剂全部输送到防护区，部分火灾事故现场也存在由于集流管局部憋气导致管路解体的现象[7,8]。

（4）生产者伪造消防产品信息和认证标志。生产者对消防产品的生产地域进行伪造，对其他生产者的生产地址和质量标准等等进行仿造或是冒用，使得生产出来的产品不容易追查最终的来源。

3.2 销售者方面

产品销售者责任对消防产品质量的影响因素主要体现在进货验收、产品质量的保持和合格产品的销售两个方面。

（1）销售者没有对进货验收制度进行落实。销售者进货时未验明消防产品相关证书、合格证明等合格标识，未进行消防产品质量验收，在消防产品流通过程中不确定消防产品质量状况，使得销售的消防产品的质量未获得相应的保障，生产者和销售者之间的责任没有办法被梳理清楚，当出现问题的时候不容易，对此进行明确。

（2）销售者没有对销售产品的质量进行维系。销售者自购买后至将产品销售给使用者之前的一段时间内，未按照消防产品的性质和特点采取必要的措施，使得销售者在进货的时候，消防产品的质量是满足规定的，可是在进行销售的时候，产品却有着一定的问题存在，那么销售者就应当对此进行责任的承担。

（3）对质量未达到标准的产品进行出售。对于销售者而言，最关键性的一大义务是使得销售的消防产品同规定的质量标准相互匹配，拒绝去对失去效用和不满足国家规定的消防产品进行销售，绝对不能够为了经济利益，以次充好，以不合格消防产品冒充合格产品进行销售，导致发生火灾前后不能有效防火灭火，造成人员伤亡和财产损失的，要严肃追究销售者的责任。

3.3 使用者方面

使用方影响消防产品质量的因素主要有检查、维护、人为等几个方面。

（1）使用者没有对消防产品进行检验。使用者在购买消防产品时未向生产者或销售者索取和查验消防产品的相关证书、合格证明和产品身份信息标识，使得购买的消防产品被列为不合格的范畴之中，这为之后的火灾爆发留下了非常严重的隐患。

（2）没有定期维护和保养消防产品。使用单位没有根据有关法律法规的实际规定，自行定期维护保养消防产品，或是对有着相应的资质的消防技术服务机构进行委托，让他们对产品进行定期维护保养，致使配置的消防产品未按规定报持完好有效或者达到报废标准、报废年限等规定要求更换消防产品。

（3）人为导致产品不能保持完好有效。在日常使用消防产品过程中，常存在人为的疏忽、失职、故意或违规操作等因素造成的消防产品失效。常见情况：①因磕碰、撞击等导致消防产品的损坏；②因失职等导致未及时更换消防机构检查发现的不合格消防产品；③为达到使用者的某种目的，而故意停用或违规操作消防设施、器材，或改变消防产品使用环境等，比如出现了错误对消防设施和器材进行停止等等动作，抑或是违反相应的规定，把系统的自动控制变成了手动控制这样的状态，为方便人员进出将常闭式防火门长期处于开启状态，为美观吊顶使用装饰物遮挡火灾探测器和洒水喷头等。

3.4 维修者方面

维修人员方面影响消防产品质量的因素主要有维修条件，技术规程，配件材料，维修质量，维修标志等几个方面[9]。

（1）维修者不符合从业条件执业。消防产品维修者不具备国家和各省规定的维修从业条件和技术条件，或冒名从事维修活动，导致维修的消防产品质量不能得到保证。

（2）维修者不按照技术规程维修。维修者未按照国家和各省的消防产品维修技术规程，进行维修前检查、拆卸、回收处理、试验、更换零件、组装、测试等维修过程，或维修条件不达标，导致维修的消防产品存在缺陷。

（3）维修配件和材料不符合标准。维修者使用不符合国家标准、行业标准要求的配件和材料进行消防产品维修，导致维修的消防产品在火灾预防、扑救或避难逃生时不能发挥有效性。

（4）维修质量不能达到国标行标。维修之后的消防产品同国家以及行业等等有关标准上的质量规定不相匹配，不能够使得现场安全生产方面的实际所需获得满足。如维修时将气体灭火系统的驱动气体管路单向阀方向装反，造成系统无法启动。

（5）无维修过程记录及维修标识。维修者未对维修的消防产品进行编号，未记录型号、生产连续序号、更换零部件名称、维修检验项目、检验记录和判定结果等内容，维修人员、检验人员和项目负责人未签名和标注维修日期，导致维修后的消防产品不具有可追朔行。维修者未在维修后的消防产品上加贴维修合格证等区分正常消防产品的标识，导致使用者不能区分消防产品是否经过维修，或维修质量是否达标。

4 火灾延伸调查的思考和建议

为了使得消防产品质量责任延伸调查操作获得提升，提出下面所说的这些建议：

（1）为推动我国火灾延伸调查工作的开展，需要培养消防产品质量责任调查方面的专门人才。目前，全国从事火调工作的人才较多，但真正从事火灾延伸调查工作的人员屈指可数，而对消防产品质量工作比较熟悉的人才更是少之又少，基层干部有这方面的需求，因此，可以有计划地进行这方面的培训、培养，促进火灾延伸调查工作的开展。

（2）加速发展消防产品应用安全可靠性评价研究，为火灾延伸性调查工作提供技术保障。目前仅开展了气体灭火系统安全可靠性评价研究课题，但仍需加大消防产品应用推广力度，其他防火灭火系统产品的安全可靠性评价研究也应加快进度，研究成果可作为火灾延伸调查的技术调查手段。

（3）制定火灾延伸调查关于消防产品质量倒查的规定和标准。为确保我国火灾延伸调查工作的标准化、规范化，支持消防产品质量责任延伸调查工作的现场物证提取、工况考核标准亟待制定

参考文献

［1］余威，王鹏翔．我国消防产品质量监督管理对策研究［J］．消防科学与技术，2012，31（6）：640-643.

［2］吴钢．论基层火灾延伸调查现状及对策［J］．消防

科学与技术，2022，41（9）：1300-1303.
［3］肖方．应急管理部消防救援局要求 加强和规范使用领域消防产品监督管理［J］．中国消防，2020，（3）：12-13.
［4］XF/T 1270—2015，火灾事故技术调查工作规则［S］.
［5］开展火灾延伸调查强化追责整改的指导意见［Z］．北京：中华人民共和国应急管理部，2019.
［6］产业结构调整指导目录（2019年本）［Z］．北京：中华人民共和国国家发展和改革委员会，2019.
［7］石文林，张立业，申雪晓．消防产品质量监督中存在的问题及对策［J］．消防科学与技术，2016，35（7）：1026-1028.
［8］李倩．深化消防执法改革后消防产品监督管理新模式探讨［J］．消防科学与技术，2021，（10）：1551-1554.
［9］陈诚．关于我国消防器材装备维修现状及改进方向的综合探讨［J］．今日消防，2023，8（1）：25-27.

消防射水对火灾痕迹的影响研究

蒋 刚

（山西省太原市消防救援支队，山西 太原）

摘 要 火灾调查人员可根据火灾痕迹，分析和证明火灾的发生发展过程。而消防射水由于其特性，可能会对火灾现场中常见的各种火灾痕迹造成影响，从而干扰火灾调查工作。本文分析研究了消防射水对木材炭化、混凝土受热、导线熔痕金相组织、玻璃破坏等火灾痕迹产生的影响，为以后火灾调查工作排除消防射水干扰并且顺利进行提供了方向。

关键词 消防射水 火灾痕迹 火灾调查 木材炭化 混凝土受热 导线熔痕金相组织

1 引言

火灾痕迹，是指在发生火灾和火灾发展的过程中，留下的一些痕迹，而这些痕迹是由火的作用或者人为因素而留下的。人们可以根据这些印迹，分析和证明火灾的发生发展过程。而消防射水由于其特性，可能会对火灾现场中常见的各种火灾痕迹造成影响，从而干扰火灾调查工作。消防射水可能会破坏痕迹，使之失去原有证明作用，甚至误导火灾调查人员判断。所以消防射水对火灾调查有着极大的影响，正确认识消防射水的影响作用对于我们今后准确开展火灾调查工作尤为重要。

任松发开展实验研究了消防射水残留木炭的导电能力，说明当温度的提升和受热时间的增加时导电能力也会提高。丁玮对在消防射水条件下导线二次短路熔痕所受到的影响进行了探究，对于在设定情况下得到的二次短路熔珠的金相组织进行探究，得到二次短路熔珠随形成条件不同金相结构不同的结论。张金专等对喷水冷却后导线火烧熔痕金相组织所受到的影响进行了探究，得到铜导线火烧熔痕在不同温度下喷水冷却后，会得到与一次短路及二次短路熔痕相似金相组织。刘义祥等研究了受火后玻璃喷水冷却破裂的痕迹，得到玻璃在受火作用时的温度越高，受火作用时间越长，玻璃宽度越大，在消防射水作用下产生的裂纹数量越多的结论。吕显超等研究了消防射水对几类火灾痕迹物证证明作用的影响，并列出了一些减小消防射水对火灾痕迹物证影响作用的方法[1]。Erlandsson R，Strand G. 对一次短路和二次短路的物理特征进行了研究，并得到影响物理特征的影响因素[2]。Saad M，Abo-EI-Enein S A 等对于热量对于混凝土的结构特性影响进行了研究，得到了随着热量的增加，混凝土结构变化规律的结论[3]。通过对以上研究分析得知，国内外专家对于单个种类火灾痕迹的形成与影响因素进行了研究，但是缺少关于消防射水对各类火灾痕迹影响系统性的研究及归纳总结。

2 消防射水对于木材炭化痕迹的影响

火灾之后，可能留存大量木材炭化痕迹。木材炭化痕迹为经过火的作用之后的木材，在形状方面、形态方面发生变化之后而形成的痕迹。现场勘验人员通过研究这些印迹，能够判断火势是如何发展的，从而判定起火部位以及起火点。消防射水之后对于此类印迹的证明作用影响主要表现在三个方面：

（1）当利用炭化痕迹证明火势的蔓延速度时。当火势蔓延速度较快时，火流通过的速度也很快，所以木材炭化时间较短，炭化层会较薄；而火势蔓延速度比较缓慢的情况下，木材则会形成比较厚的炭化层[4]。于是，在勘验现场中，比较不同部位的同一种木材炭化层厚薄可以证明火势大小以及蔓延速度。在消防射水作用时，炭化层厚度会比在自然冷却时薄，在同一火场中，比较不同部位的同一种木材炭化层厚度以及外部特征来证明火的强度和火势蔓延速率就会不一定正确。

（2）当利用炭化痕迹证明蔓延方向时。通常情况下，随着火势蔓延，木材过火之后，烧毁程度发生从重至轻变化。但是在消防射水条件，木材的残留程度会增大，可能离起火部位较近的木材在消防射水的作用之下反而烧损程度较离起火点远的部位要轻，因此在消防射水的作用之后，通过木材燃烧痕迹来判断火势蔓延方向可能是不准确的。

（3）当利用炭化痕迹推断燃烧时间及受热温度时。木材的燃烧时间和受热温度相异，其炭化深度以及裂纹形态也有所差别。在火灾调查过程中，可使用木材炭化深度以及裂纹形态来分析燃烧时间和受热温度，并根据实际场景来确定最先着火的部位。

在消防射水条件下，木材的裂纹形态的判断会受到影响。受到水的作用时，木炭的冷却速度要比在未经射水条件下冷却速度要大，使木材表皮结构骤然温度下降，快速收缩，因此得到大量长度较短，数量较多的细小裂纹（图1和图2），和未经射水冷却（图3）有着很大的不同，所以在消防射水作用后的火场利用炭化裂纹形态进行的火灾调查，会对受热温度的判断产生误差。消防射水还会对木材的炭化深度造成影响，所以如果利用消防射水作用之后的木炭炭化深度测定受热时间以及受热温度也会造成误差。

图 1　直流射水条件下木炭痕迹

图 2　开花射水条件下木炭痕迹

图 3　木炭自然冷却条件下痕迹

3　消防射水对于混凝土受热痕迹的影响

在现场勘验中，根据混凝土特征的改变情况，可以判断混凝土受热过程，根据受热情况判断火是如何发展的，从而可以判断起火部位以及起火点。

（1）当根据混凝土颜色的改变情况证明起火情况时。比较混凝土不同部位的颜色变化，可以判断在各个部位受热温度、受热时间的不同，可以推断出受热温度最高以及受热时间最长的位置，进而判断其是否为最先着火的部位。在消防射水作用后，混凝土的痕迹颜色会发生改变（图 4 和图 5），所以利用消防射水作用后的混凝土痕迹来观测颜色变化进行火灾调查会产生误差，并不十分准确。

图 4　自然冷却条件下混凝土痕迹

图 5　射水条件下混凝土痕迹

（2）当根据混凝土外观改变情况证明起火情况时。在受火作用情况下，混凝土不同位置受到火的温度并不相同，混凝土不同位置的强度改变情况也会不同，所以会造成裂开、露筋、变形、断裂等特征。根据混凝土受到火焰温度的不同而产生外观改变的差别，可以分析得到起火部位以及起火点的位置。构件破坏的程度，应综合破坏位置及面积大小来评估。在火调过程中，应当辨别混凝土破坏是否为此次火灾形成。而消防射水的冲击作用可能会对混凝土剥落范围和大小产生影响。

（3）当依据混凝土强度、成分等改变证明起火情况时。有时混凝土受到火的作用后外观的改变并不明显，可以通过检测其强度的改变情况、成分的改变情况等方法，从而可以得到不同部位的受火作用的差异，进而可以得出起火部位以及起火点的位置[5]。①在混凝土组成成分中，有着大量的氢氧化钙晶体。混凝土受火作用的温度达到 570℃，混凝土中氢氧化钙会发生反应得到氧化钙和水。氢氧化钙由碱性转化为中性。通过测量中性化的深度，能够判断不同位置受热温度和时间。但是，如果混凝土在灭火时遇水，氧化钙和水反应能够生成氢氧化钙，这样会破坏在正常条件下氢氧化钙和混凝土路氧化钙的比例，在对混凝土的分解程度进行判定时会产生误差。②由于混凝土在受到火作用时会失去水，并在高温条件混凝土中的碳酸钙会产生二氧化碳，重量降低，测定混凝土在火灾后重量减少量，并且推导混凝土受热温度和重量减少量的关系，再将受火作用之后的混凝土代入回归关系方程可以推断其处的位置[6]。若混凝土在消防射水作用后，会含有大量水分，代入的重量减少量并不准确，推导获得受热温度存在较大偏差。所以，在消防射水之后利用混凝土的烧失量测量法得到的受热温度并不准确，利用此方法进行的火灾调查会受到影响。③超声波检测法通常用来评价混凝土的内部结构情况，从而判断强度变化，进而得到其在火灾中的损伤状况。对受火作用的混凝土进行超声波检测，得到混凝土在受火作用后的损伤状态，得到混凝土的受热温度以及受热时间，得到烧损程度，并得到其是如何受火作用的[7]。但是若受到消防射水作用，内部会有一些水分，水在混凝土中会加速超声波在混凝土的传递，同时水分的存在也会对混凝土有一定的修复作用。因此，在火灾调查中，利用超声波检测法对消防射水之后的混凝土进行损伤情况的评估，也会产生较大的误差。

4 消防射水对于其他痕迹的影响

消防射水除了对于以上的痕迹物证产生一定的干扰作用外，对于其他的一些痕迹物证也会产生较大的影响。比如导线熔痕金相组织、玻璃破坏痕迹等。

4.1 消防射水对于导线熔痕金相组织的影响

火灾发生后，特别是电气火灾，通电时的电气线路受到外部火源或者短路电弧，形成熔痕。在现场勘验中，能够利用铜导线及铝导线上的火烧熔珠以及短路熔珠有着差异的结构特点，可以判定导线为何熔化以及火是如何发展蔓延。然而在实际火灾调查中，导线往往会受到消防射水的作用，喷水作用会改变导线的冷却过程，从而影响金相特征[8]。

经试验得到，冷却温度改变时，火烧熔珠的金相组织也存在一定不同特征。4mm^2 铜导线在 900℃ 以上条件下、3mm^2 铜导线在 800℃ 以上条件下，火烧熔痕的金相组织会在喷水冷却条件下受到很大作用，其金相组织与一次短路以及二次短路熔痕相似，特点为细小柱状晶、粗大柱状晶，并有孔洞，而在其他条件相同的情况下，对应的火场温度低于 900℃、800℃时，火烧熔痕的金相组织不会受到火场温度的影响。而对于二次短路，当过冷度和冷却速度变化时，其显微结构也会变化[9]。在火灾扑救中，水有着冷却作用。在水的作用下，二次短路熔珠形成时的过冷度以及冷却速度增大，二次短路熔痕的金相组织就存在可能和一次短路熔珠的类似。所以当进行物证鉴定，提取到的短路熔珠的金相组织经过观察，与一次短路的较为相似，不可以直接认定为一次短路。此时，应当合理考虑消防射水产生的作用，是否对于熔珠的形成过程产生了影响。

4.2 消防射水对于玻璃破坏痕迹的影响

玻璃容易被破坏，所以在火灾现场中有多种原因可能导致其破碎。建筑物的门窗多用玻璃，而玻璃在消防射水下极易发生破坏，从而干扰火灾调查工作。

可根据玻璃的炸裂程度判定燃烧速度或受火作用大小。当玻璃发生炸裂时，炸裂得较为分散、细小，可证明燃烧较快，火势越大；玻璃仅仅破裂，没有掉落，可以得到火势及燃烧速度中等程度；如果仅是发生软化，可以判定燃烧及火势发展较慢[10]。火势猛烈程度指的是同一火场不同部位的火势比较。所以能够通过玻璃热炸裂痕迹推断发生燃烧比较剧烈的部位。但是当玻璃还没有受热炸裂时，水喷射在玻璃，此时玻璃冷却方式发生变化，外侧温度下降速度很快，会与内表面产生巨大温度差，产生较大热应力，很可能发生玻璃热炸裂的情况，玻璃热炸裂痕迹难以推断周围存在燃烧猛烈的位置以及存在较快温度上升的情况。而且消防射水具有较大冲击作用，对玻璃具有较大作用力，易导致玻璃热炸裂情况的发生，所以仅仅根据玻璃的炸裂程度推断火灾燃烧速率或火灾大小并不可行。

因此，了解消防射水对于玻璃炸裂的影响机理十分重要，可排除其在火灾调查中产生的干扰。通过试验理论可得，玻璃外部和内部温度大小有 300℃ 以上差值时，玻璃会在热应力作用下发生显著的破裂。而且射水冷却方式的不同对于玻璃炸裂也具有较大影响。当使用直流水冲击，在一定的时间内受火作用的玻璃与水的温度相差是一定的，由此而产生的热应力的大小是一定的，发生炸裂较为猛烈；在喷雾水作用下，大量水滴与玻璃之间发生接触作用，水滴在冲击到温度较高的玻璃时会蒸发，并且会吸收一定的热，此部位的玻璃温度会降低，使玻璃和射到玻璃表面水的温度大小差值减小，热应力变小，玻璃在发生炸裂时并没有直流水冷却那么猛烈。直流水作用在玻璃上的压强较大，而喷雾水冷却时的压强却小，因此裂纹没有直流射水时明显。直流水水滴冷却位置集中，玻璃受到较大的力，促进裂纹的产生扩大并且更深；但是在喷雾水作用下，水滴与玻璃发生热量传递，水滴会发生沸腾，此时可能形成圆形并不是很深的裂纹。随着温度大小相差越大，表面会有更多裂纹。随着玻璃受到火作用的温度增高，在射水冷却后得到的裂纹会更加多；在其他条件相同的条件下，在火的作用下越久，在射水冷却下得到的裂纹会更加多；玻璃宽度越大，在射水作用后得到的裂纹会更加多。

所以，在火灾现场勘验时，得到玻璃破坏痕迹时需要认真判断破坏原因以及所能起到的证明作用，并运用玻璃的相关知识，分析痕迹形成机理以及火灾形成发展过程，避免因为忽略消防射水作用而得到错误判断。

另外，在使用高压水枪灭火时，水力冲击作用较大，会使物品发生位移，火灾发生之时的位置会发生改变。消防射水还会将墙壁以及物品表面的烟熏痕迹冲刷掉，失去烟熏痕迹原有证明作用，从而影响火灾调查工作。

5 结论

针对消防射水会对各类火灾痕迹产生影响的情况，本文深入研究了消防射水对木材炭化、混凝土受热、导线熔痕金相组织、玻璃破坏等火灾痕迹产生的影响，并提出了在实际火灾调查中应当正确提取痕迹物证，消除消防射水对各类火灾痕迹影响的方法及注意事项，为广大火灾调查人员顺利完成火灾调查工作提供了思路。

参考文献

[1] 吕显超，张金专．消防射水对火灾痕迹物证证明作用的影响［J］．湖北警官学院学报，2015，7（166）：142-144.

[2] Erlandsson R，Strand G. An investigation of physical characteristics indicating primary or secondary electrical damage［J］. Fire Safety J，1984，（8）：97-103.

[3] Saad M，Abo-EI-Enein S A. Effect of temperature on physical and mechanical proper ties of concrete containing silica fume［J］. Cement and Concrete Research，1996，26（5）：669-675.

[4] 任松发，覃志强，任汉信．炭的导电性能与其受热温度和受热时间关系的研究［J］．消防科学与技术，2000，（1）：60-62.

[5] 张泽江，王珍，祝杰．消防射水对火灾后高性能混凝土剩余抗压强度的影响［J］．防灾减灾工程学报，2010，30（4）：414-418.

[6] Hammer TA. High Strength Concrete Phase3. SP6：Fire Resistance Report 6. 1 Compressive Strength and E-Modulus at Elevated Temperatures［J］. Structures and Concrete，1995，

28（2）：20-22.

［7］刘义祥．混凝土受热痕迹的超声波检验方法研究［J］．消防科学与技术，2009，（2）：141-143.

［8］张金专．消防射水对导线火烧熔痕金相组织的影响［J］．火灾科学，2007，16（2）：105-110.

［9］丁玮．消防射水对导线二次短路熔痕的影响［J］．消防科学与技术，2007，26（3）：335-338.

［10］刘义祥．火灾现场中高温窗玻璃遇水炸裂痕迹研究［J］．火灾科学与技术，2009，28（12）：896-898.

火灾监控视频图像预处理方法研究

梁晓良

（北京消防总队海淀支队，北京）

摘　要　火灾视频的预处理是开展视频分析的重要环节，为提取和分析火焰、烟气特征奠定了基础。针对火灾视频的预处理流程还尚不清晰等问题，本文利用油盘火和木材火模拟室内火灾，布置普通彩色 CCD 监控摄像头收集火灾视频，随后对火灾视频开展了一系列灰度化、中值滤波、形态学处理等预处理过程，总结了针对实际火灾监控视频的预处理流程。检查结果显示：开展火灾监控视频预处理，首先要对重点视频进行抽帧处理，其次进行图像灰度化处理，其次进行中间值滤波去噪处理，再次进行二值化处理，最后再进行边界提取、孔洞填充、最大通道区域提取等形态学处理，对火灾监控视频的预处理工作进行研究提出了火灾视频预处理的基本流程，可为火灾特征分析及事故调查提供支撑。

关键词　火灾　监控视频　预处理　图像分析

1　引言

随着我国“平安中国”战略的实施，社会安全愈加得到重视。社区、学校、医院等众多单位都安装了大量的监控摄像头，其不仅起到震慑犯罪的作用，对消防救援部门来说，更是火灾现场的“眼睛”，能记录、回放火灾发生、发展、蔓延、扑救全过程。利用监控视频系统提取火灾中火焰特征，对消防灭火作战和火灾调查意义重大，近年来也得到了国内外众多研究者的不断重视[1,2]。我国消防救援部门也日益重视应用视频分析技术开展事故调查工作，解决了天津“8·12”特别重大火灾爆炸事故调查工作，以视频分析技术为辅助，对火灾现场火焰、烟气特征分析[3-5]、火焰定位[6]等难点问题进行了顺利开展。

火灾视频的预处理是指从视频监控系统提取到火灾视频后，基于图形学和图像学原理进行处理，便于后续开展特征分析。针对火灾视频的预处理方法，现在还研究较少。本文设计实验提取了火焰视频，研究了视频的预处理方法，可以较为系统地实现火灾视频的预处理，为更加精确地提取火焰特征提供了技术和方法支撑。

2　材料和方法

2.1　实验材料和设备

实验装置：彩色 CCD 摄像机 1080P 智能无线监控；三足鼎立之势；手提电脑；36cm×10cm 油盘。

实验材料：92#汽油 50L；木材。

2.2　实验环境及现场布置

油盘火焰模拟室小火是根据 ISO9705 标准设计的。如图 1 所示，在实验室中央处分别布置 36cm×36cm×10cm 尺寸油盘，在燃烧实验室布置普通彩色 CCD 监控摄像头，使其面向油盘方向。在油盘中布置汽油或者木材引燃后，利用监控视频系统采集油盘火的火焰视频。

图 1　监控摄像头中的一帧火焰画面

3　火灾视频预处理方法

视频采集系统由彩色 CCD 摄像机、电脑和无线路由器各 1 台、监控服务器和计算处理中心等组成，如图 2 所示的视频采集、预处理和提取火焰特征的结构框架。远程监控端收集到火灾视频后，通过视频传输线路传输至电脑端，电脑端收集到火灾视频后进行预处理，预处理后的火灾视频用于特征提取等分析。

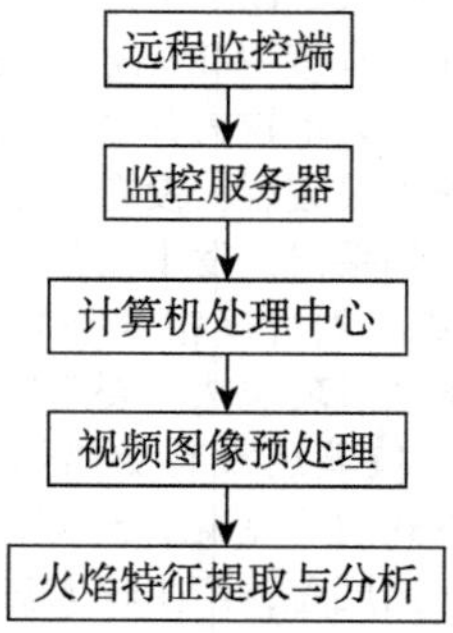

图 2　火灾视频图像的处理流程

3.1 灰度化处理

图像从彩色转变成灰度的过程，称为图像灰度（magnetization）。灰度是指取值范围为0至255、白色为255、黑色为0的黑白图像中点的颜色深度，所以黑白图像就是灰度图像。灰度图因其自身特点，广泛用于图像识别。常见的图像灰度化处理方法主要有：分量法、最大值法、平均值法和加权平均值法等。对油盘内火焰图像分别采用分量法、最大值法、加权平均值法等方法进行灰度处理。灰度法处理结果如图3所示。不同计算方法得到灰度图中火焰轮廓清晰程度明显不同，其中R分量灰度图及最大值法灰度图得到的火焰轮廓较为明显。

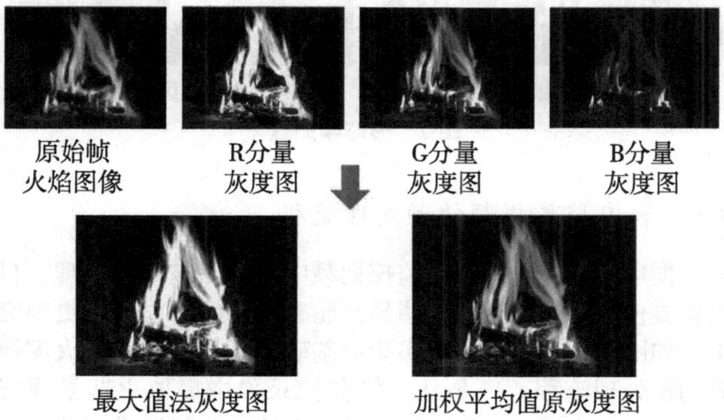

图3 灰度化处理

3.2 直方图均衡化

分析灰度图，用灰度值作为坐标轴的横坐标，把这个灰度值下的象素个数作为纵坐标，把灰度和象素个数的关系画成一条曲线，这条曲线就是图的灰度直方图。直方图体现的是画面的清晰度，在直方图均匀分布的情况下是最清晰的。直方图均衡化的目的是为了改变原图的像素灰度，使图中灰度的概率密度均匀分布，然后使灰度等级均匀分布，使图中的对比度提高，同时也使图中灰度的动态范围增大。如图4所示，经过灰度处理的火焰影像经过直方均衡化处理，可以明显看出画面对比明显加强，灰度层次上的影像分布也比较均匀。

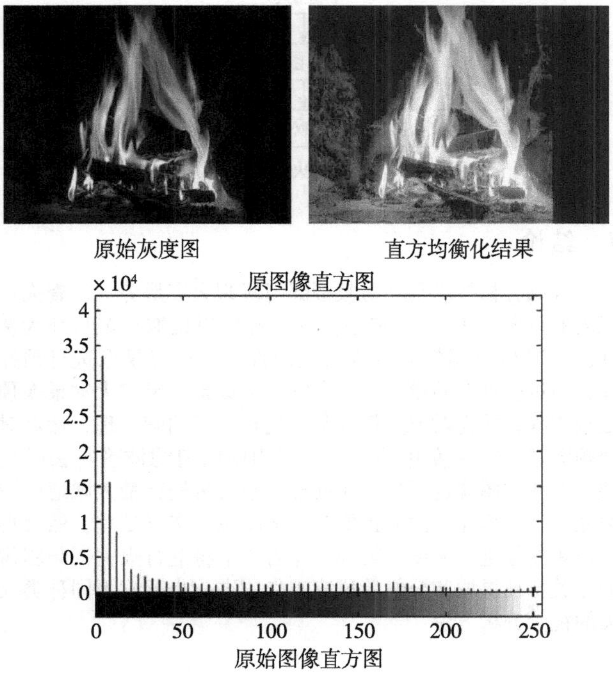

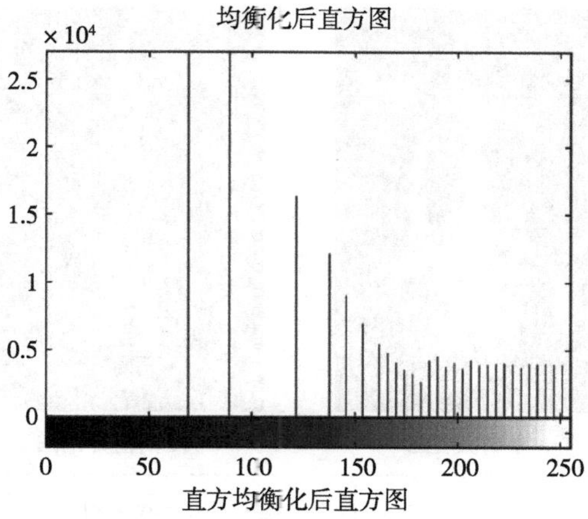

图4 直方均衡化处理

3.3 二值化处理

影像的二值化是将影像上的像素点灰度值设定为0或255，让影像转换后变成黑白影像。本文设置门槛，将火焰与背景分离，使图像转变为反映图像火焰前景和背景的二值图像，使火焰图像变得简单，使火焰的形貌特征大大突出，火焰图像中往往既有火焰图像，又有背景、噪声等干扰。

将所有灰度值大于或等于阈值的像素点判定为火焰前景，将其灰度值设为255，其他像素点灰度值为0，用来表示火焰背景的像素点灰度值为255。如图5所示，本文对其中一帧火焰的灰度图进行二值化处理，使得火焰的形貌和轮廓特征更加突出。因此对消防救援人员来说，为了更好突出分析火焰的形貌特征，可以利用二值化对视频画面进行处理。

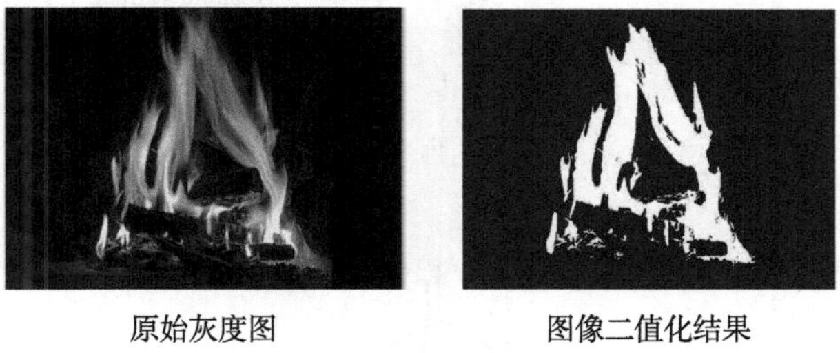

图5 二值化处理

3.4 图像分割处理

火灾场景主要因火灾发生时间、空间位置的不同而愈加复杂，有些场景光线昏暗、光照分布不均匀，对获得的图像进行增强处理后，可能还得不到火焰前景的图像特征，图像中还具有大量的背景信息数据，所以必须对其进行图像分割才能进行后续的火灾特征提取、检测和定位。对火焰图像来说，火焰为图像前景区域，而其他为背景区域。

图像分割是将图像中的目标区域和背景区域根据图像的信息特征加以区分，其中的每一个区域都符合特定区域的均匀性或一致性，并且，这些区域之间没有任何交集。图像分割目前使用的方法有很多，大致按分割算法本身分为阈值分割、基于边缘检测分割、基于区域特性分割、基于形态学分水岭分割特征空间聚类分割、基于区域特征空间聚类分割等。其中，阈值分割法是最常用也是最经典的图像分割方法，因为它实现简单，计算量小。所以这篇文章用了一个门槛分割法来达到画面的分割。如图6所示，经过OSTU阈值分割后，火焰灰度图很好地区分了火焰的前景和背景，这也为后续更精确地进行提取和分析火焰特征提供了可能。

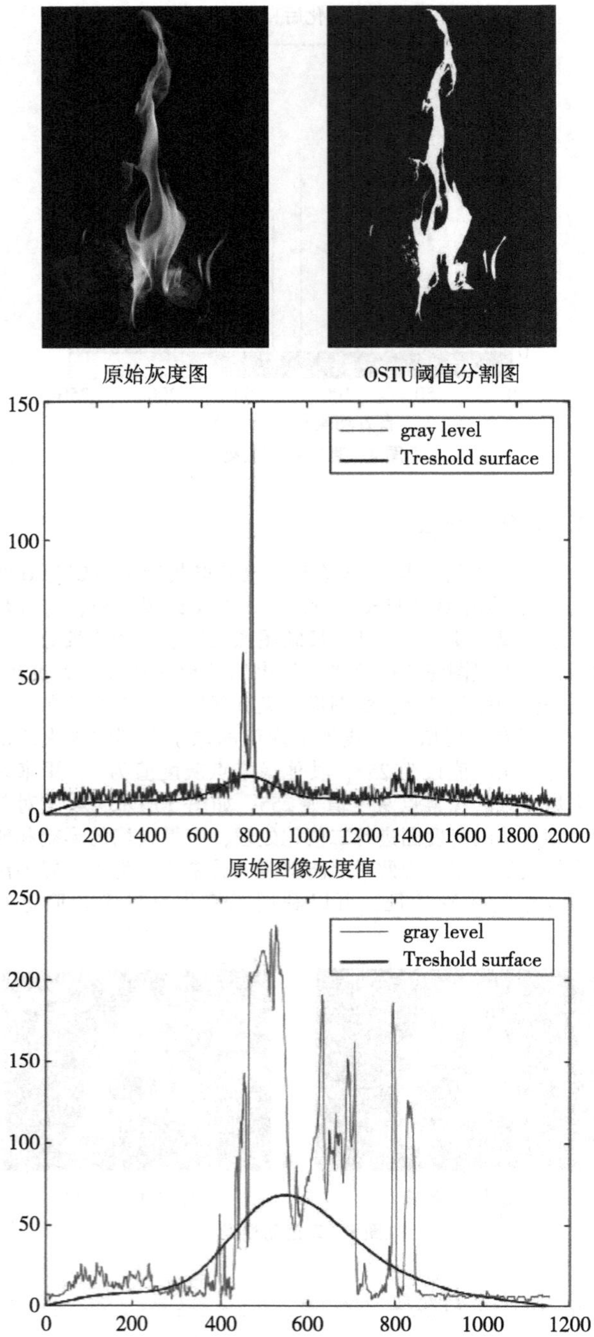

图 6　图像分割处理

3.5　形态学处理

数学形态学（MathematicPhysics）是以格论和拓扑为基础的图像分析学科，是数学形态学图像处理的基础理论。数学的形态学基本运算有：膨胀、腐蚀、开启、闭合、骨架抽取和流域变换等，数学的形态学基本运算有：膨胀、腐蚀、开启、闭合、骨架抽取、流域变换等。本文主要通过提取原图边界的腐蚀算法。有时在对火焰图片二值化处理之后，火焰图像中会出现孔洞，为了使得火焰的识别与分析更加简便，可以对二值化图像进行填充处理。如图 8 所示，本文分别对油盘火原始图像进行了边界提取、孔洞联通和最大联通区域提取，分别得到了火焰的边缘轮廓特征、面积变化特征及最大联通的区域特征，使得火焰特征更加明显，轮廓更加清晰，前景更为突出，为后续进行火焰特征分析和处理提供了数据支撑。

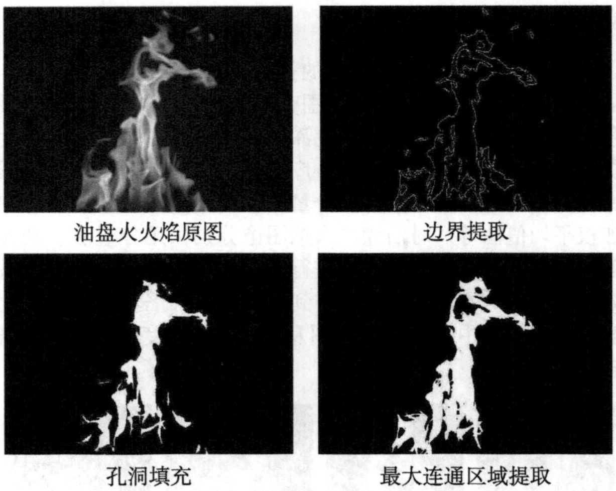

图 7　形态学处理

3.6　火灾监控视频的预处理流程

据以上研究可知，对监控视频中的火焰进行预处理，目的就要使得火焰特征更加明显，轮廓更加清晰，前景更为突出。如图 8 所示，本文在实验的基础上，总结归纳了火灾视频的预处理流程。一是从火场监控录像中提取火苗录像资料，对发生火情、发展火情、蔓延火情的时间段进行拉网式定格；其次，对起火视频画面进行灰度处理，并对视频画面进行中值滤波消音处理，对视频画面进行消音处理；接着是二值化加工，将圣火的形态信息更加精确地凸现出来；最后进行形态学处理，如边界抽取，填充孔洞，最大区域抽取等。以上预处理过程为进一步开展火焰特征提取、分析和定位提供了支撑。

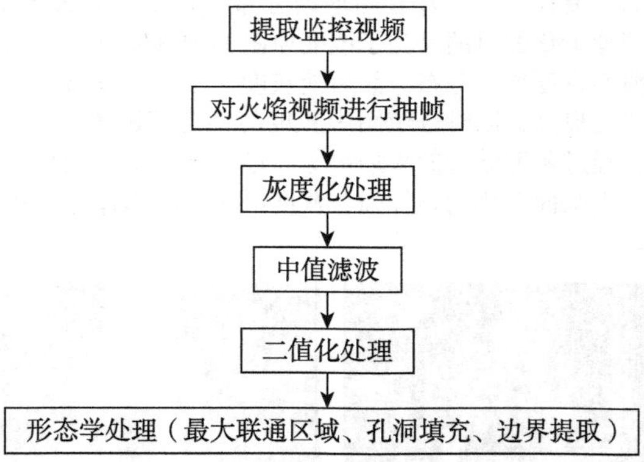

图 8　预处理火灾录像过程

4　结论

视频分析技术是消防救援部门研判火灾形势、调查火灾原因的重要方法。《火灾录像预处理》以提取火焰特征为基础，采用 CCD 摄像机采集火灾录像，对火灾录像进行预处理，通过设计实验模拟实景火灾发生场景，形成火灾录像预处理流程。首先对感兴趣的起火视频进行抽帧处理，然后对视频图像进行灰度化处理，再利用中间值滤波进行去噪处理，对滤波图像进行二值化处理，最后再进行最大联通区域填充、孔洞填充、边界提取等火焰图像形态学处理，然后再对视频图像进行灰度化处理，作者未来将进行火灾视频图像的相关特征提取和分析等研究工作，进一步探索不同种类火灾的视频分析方法。

参考文献

[1] National Fire Association (2017) NFPA 921: Guide for Fire and Explosion Investigations 2017 Edition. National Fire Protection Association. 921-17.

[2] 刘兴华. 视频分析技术在火灾调查中的应用 [J]. 武警学院学报, 2016, 32 (4): 85-88.

[3] 贾骏. 一起火灾事故调查中视频分析与现场实验 [J]. 消防科学与技术, 2022, 41 (03): 431-434.

[4] 胡燕, 马宗方, 温浩. 强光下多尺度图像增强和蚁群算法的火焰分割 [J]. 消防科学与技术, 2022, 41 (04): 435-439.

[5] 徐龙飞, 张得胜, 赵晓阳, 等. 汽车整车火灾试验视频监控系统的设计应用 [J]. 消防科学与技术, 2021, 40 (05): 722-725.

[6] 王冠宁, 陈涛, 米文忠, 等. 监控完全遮挡场景下火灾调查方法 [J]. 清华大学学报 (自然科学版), 2021, 61 (2): 128-134.

[7] Liu Z, Sun Y, Xu L, et al. Explosion Scene Forensic Image Interpretation [J]. Journal of Forensic Sciences, 2019, 64 (4): 1221-1229.

一起综合制剂车间楼顶 VOC 洗涤塔火灾的调查与分析

孟令伟

(朝阳消防救援支队, 北京)

摘　要　本文介绍了 VOC 洗涤塔火灾保温设施的调查方法, 通过提取证人证言、监控视频、痕迹物证等证据, 重点阐述了起火原因的认定过程, 为类似设备火灾调查提供了参考, 并结合火灾中暴露出的设备工艺问题, 向设备厂家提出优化建议, 获得厂家的认可和采纳。

关键词　火灾调查　VOC 洗涤塔　工作原理　改进

1　基本情况

1.1　火灾基本情况

2023 年 1 月 4 日 6 时 14 分北京市朝阳区黑庄户乡双桥东路 2 号华润双鹤药业股份有限公司综合制剂车间楼顶 VOC 洗涤塔发生火灾, 过火面积 5m^2, 火灾中未造成人员伤亡。华润双鹤药业股份有限公司位于朝阳区黑庄户乡双桥东路 2 号, 2004 年初投产运行, 总建筑面积为 10.59 万 m^2, 分为南区和北区。其中, 南区为生产区, 总建筑面积为 10.16 万 m^2; 北区为办公和生活区, 建筑面积为 0.43 万 m^2。园区现有 5 个生产车间, 分别为注射剂车间、软袋车间、固体车间、综合制剂车间、冻干车间。此次发生火灾事故的车间为综合制剂车间, 占地面积 4311m^2, 东西长约 82m, 南北长约 60m, 高度约 22m, 三层框架结构, 屋内墙面及顶棚为防火钢板 (外侧钢板内侧防火岩棉), 地面为自流平和 PVC, 主要用于各种药物品种的生产加工。图 1 为华润药业整体俯视图。

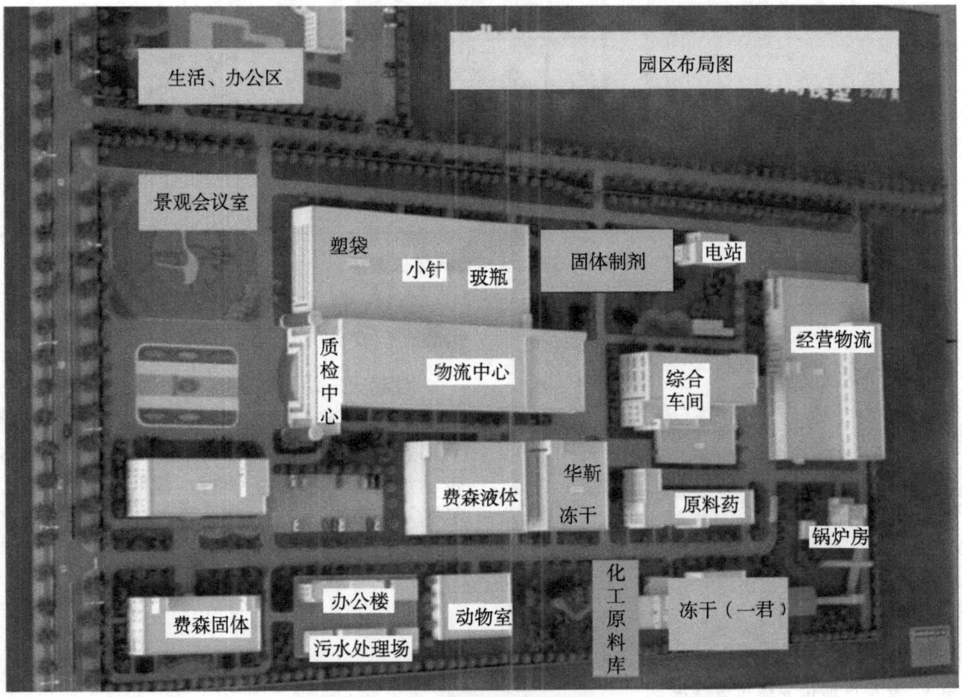

图 1　华润药业整体俯视图

1.2 VOC 洗涤塔工作原理

VOC 处理设备全名为填料-旋流复合高效洗涤塔，主要作用是去除气体中的的水溶性气体分子，降低非甲烷总烃浓度及颗粒物，保障废气排放达标。工作原理为通过洗涤塔内旋流板和填料使设备作用，使气体与洗涤液逆流充分接触，通过剪切、离心等作用，将非甲烷总烃和颗粒物溶于洗涤液中，使废气分子由气相转为液相，从而去除非甲烷总烃和颗粒物。本次着火设备用于综合制剂车间生产过程产生的 VOC 及粉尘的排放处理，设备由北京中时环保工程有限公司于 2021 年安装，2021 年下半年投入使用。火灾发生后，朝阳消防救援支队调集支队、大队两级机关 8 名火调骨干分别成立询问、视频分析、勘验 3 个小组，立即组织开展调查工作。

2 调查询问情况

询问组针对设备厂家，药厂安保主管、第一报警人分别固定笔录 3 份，走访药厂技术人员及车间管理人员等 10 人，其中第一报警人张某明确表示起火部位位于洗涤塔 a 塔东侧，洗涤塔厂家负责人刘某表示该套设备在挑选、安装保温材料时并未考虑防火性能。

3 现场勘验情况

调查人员在火灾现场进行了勘验，并组织华润双鹤药业股份有限公司、北京中时环保工程有限公司技术人员共同对综合制剂车间楼顶 VOC 洗涤塔火损设备开展科学性解体，查找事故原因，为最终的原因认定提供了重要依据。

3.1 环境勘验

起火区域位于朝阳区黑庄户乡双桥东路 2 号华润双鹤药业股份有限公司综合车间一层平台。该区域约 $200m^2$，仅北侧与二层综合车间相连。仅综合车间二层西北侧一个出口可到达该平台，该区域仅综合车间二层室内出口处有摄像头一个。该区域安装废气治理设备一套，该套设备分为臭氧发生设备、a 塔、b 塔、光氧设备、风机五部分，起火区域位于 a 塔，见图 2、图 3。

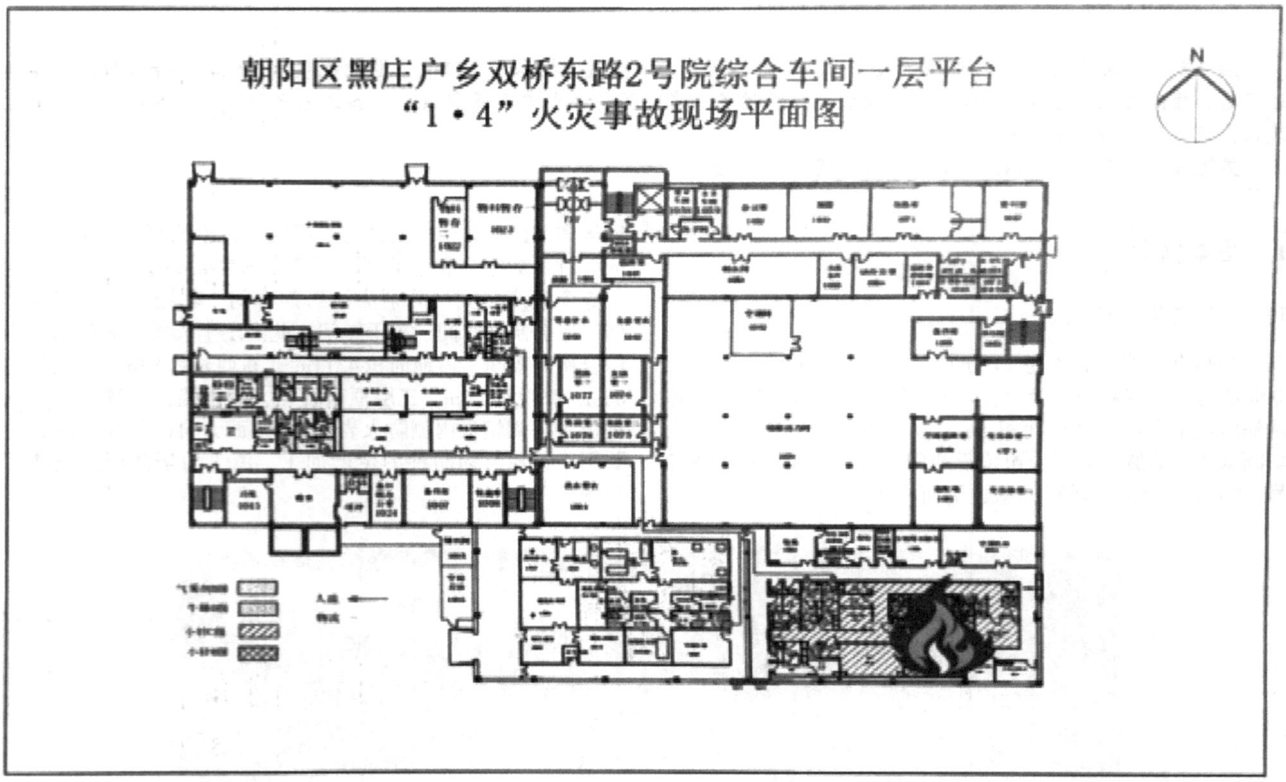

图 2 起火区域位 a 塔位置图

图 3 起火区域位 a 塔过火情况

3.2 初步勘验

对起火 a 塔进行勘验，a 塔西侧为 b 塔，b 塔与 a 塔材质及施工工艺一致。对 b 塔进行拆解。洗涤塔上部为 4 个 VOC 洗涤仓，下部为水箱，水箱外壳缠绕 3 层电伴热加热带，加热带外敷设挤塑板、橡胶板、铝箔纸 3 层保温材料，见图 4、图 5。a 塔上部 4 个 VOC 洗涤仓全部烧融化仅剩底部水箱，水箱四周 3 层保温材料均烧失，见图 6。

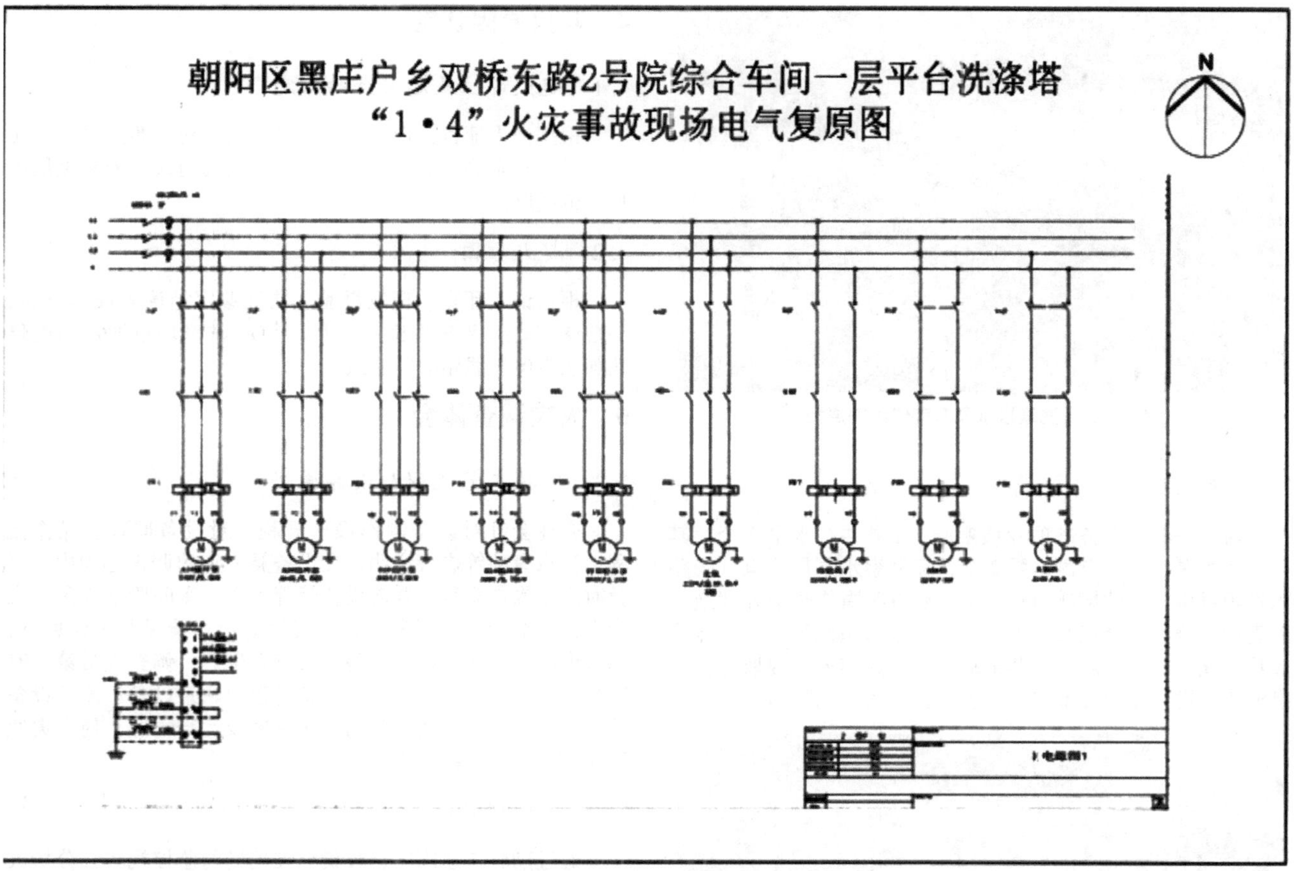

图 4　起火现场电气复原图

图 5　b 塔水箱外拆解情况

图 6　a 塔洗涤仓及水箱外保温过火情况

3.3　细项勘验

对 a 塔底部水箱进行细项勘验，起火 VOC 洗涤塔过滤水箱外围包裹防冻保温材质全部烧失，底部西侧 2 角 pp 材料残留较多，底座西侧及北侧均有电机，电机附近电线绝缘皮烧失金属线芯裸露。底座水箱缠绕 3 层伴热带，伴热带外部绝缘外壳均已烧失，见图 7、图 8。

图 7　a 塔洗涤塔水泵东南侧线路烧损

图 8　a 塔洗涤塔水泵东南侧线路烧损

3.4　专项勘验

对 a 塔电气设备进项专项勘验，a 塔共有水泵 3 个，其中西侧水泵 1 个，东侧水泵 2 个，经勘察水泵周边电气线路未发现可供鉴定的熔融痕迹，a 塔水箱四周伴热带外部绝缘外壳均已烧失，金属线芯裸漏，其中水箱东侧第一层电伴热加热带线芯断裂，断裂线芯末端存在熔融痕迹，提取存在熔融痕迹，送天津物证鉴定中心鉴定，见图 9、图 10。

图 9　电线绝缘皮烧失裸露的金属线芯

图 10　电线绝缘皮烧失裸露的金属线芯熔痕情况

经应急管理部天津火灾物证鉴定中心对送检的电线进行电气熔痕鉴定分析，结论为电热熔痕。

4　起火原因认定

4.1　起火部位及起火点的认定

根据证人证言，现场勘验情况，认定起火部位位于 VOC 洗涤塔水箱东侧，起火点为沿地面铺设的南北方向最上层电伴热带线路。

4.2　起火原因

根据证人证言、现场勘验、物证鉴定结论等证据材料，综合认定此起火灾的起火原因为 VOC 洗涤塔过滤水箱电伴热加热带电气线路故障所致。

5　火灾调查体会

5.1　掌握工艺流程及设备原理

企业会针对设备制作操作规程，对设备原理、操作流程、注意事项等进行说明。在设备类火灾的调查过程中，要及时固定操作规程，并向设备管理人员、车间管理人员、安全巡视人员和设备厂家了解核实设备运行情况及工作原理，调查询问厂家快速核实设备。火灾发生后，调查人员第一时间封闭火灾现场进行勘验，勘验过程中联系设备厂家及设备操作、管理人员核实设备的工作原理及运行情况，使火灾原因快速查清有了技术支撑。

5.2　重视视频证据分析

通过勘验快速固定、收集火灾现场的监控视频，分析火灾发生前、起火后设备运行及人员活动情况。该起火灾中在通向设备所在屋顶平台处仅有一个出入口，通过对该处监控视频进行查看分析，未发现可疑人员进入，结合设备运行记录可以排除人为放火。

5.3　推进设备工艺改进

根据该起火灾调查中暴露出的问题，为了降低同类设备火灾风险，调查人员向厂家提出了三项工艺改进建议：一是在 VOC 洗涤塔水箱转角处增加电伴热带固定保护角，减少电伴热带弯折，杜绝因弯折、挤压降低线路可靠性，进而增加故障风险；二是升级 VOC 洗涤塔水箱保温材料，将原有可燃保温材料升级为不燃保温材料，减少火灾的发生；三是增加电伴热控制监控模块，实时监测温度、电流、电阻等参数。目前，该设备厂家正在对以上建议进行设计优化，并对北京及周边地区已安装使用的 VOC 洗涤塔水箱保温材料采取了紧急升级措施，拆除了电伴热带，并将原挤塑板更换为加厚防火阻燃的橡塑海绵保温棉，采用 PP 板密封，以提高保温性能。

参考文献

[1] 公安部令第 121 号．火灾事故调查规定 [Z]. 2012.
[2] GA/T 812—2008. 火灾原因调查指南 [S].
[3] GA 839—2009. 火灾现场勘验规则 [S].
[4] 金河龙，火灾痕迹物证与原因认定 [M]. 长春：吉林科学出版社，2006.

一起危化品运输车静电火灾的调查与研究

井会根

（四川省巴中市消防救援支队，四川　巴中）

摘　要　本文利用现场勘验和视频分析技术，成功确定了一起危化品运输车静电火灾的起火时间和起火点。通过采用现场残留物分析、模拟实验和最小点火能量实验等多种技术手段，详细还原了静电火灾中静电产生、电荷积累和电弧放电引燃周围可燃气体的过程。本文模拟实验方法量化分析了火灾中运输的工业酒精和二氯甲烷在移动过程中所产生的电位和放电能量，为做出静电引起火灾的结论提供了有效支撑。这些研究成果将对类似事故的防范和控制提供重要参考依据和技术支持。

关键词　静电火灾　视频分析　起火原因分析　模拟实验

1　案例介绍

1.1　基本情况

2021 年 7 月 12 日，S2 成巴高速巴中段一货车发生火灾，该货车主要用于化工原料的运输。火灾过火面积 $23m^2$，直接财产损失 16.88 万元，无人员伤亡。起火的货车整车过火，后侧货斗烧损严重，起火前后途经一隧道，隧道前后设有 3 个视频监控。货车后侧货舱载有 37 个原料桶，分为塑料桶和金属铜，共计装有 8 吨原材料，整个货斗使用篷布封闭，如图 1 所示。

图 1　货车后侧货舱示意图

1.2　视频分析认定起火部位

经过对隧道前后 3 个视频监控的提取和查阅，发现货车出现在视频监控中，并正常行驶。此时，左侧轮胎驶过地面留下了液体痕迹，引起了疑似存在液体泄漏的问题。而在 9 时 54 分 08 秒，隧道内视频监控捕捉到起火货车，仍然处于正常行驶状态，而左侧轮胎驶过地面的情况也未有改变。值得注意的是，当货车驶离隧道时（9 时 54 分 51 秒），货舱篷布的左侧与顶部出现了“V”字型的烧损痕迹，但并未出现明显的火焰。

根据通过使用视频分析软件进行的微变分析结果（图 1），我们可以看到货车进入隧道前后，左侧轮胎驶过地面的情况发生了明显的变化，而右侧轮胎则无明显变化。因此，结合微变分析结果及隧道内视频监控画面，可以推断货车已经在隧道中发生了火灾，且起火位置位于货斗中部。此外，还可确定火灾发生前货车左侧存在液体泄漏的情况。

2　引燃后的蔓延情况

经现场提取货斗残留液本并进行了检验鉴定后，发现送检的混合溶液样品中含有二氯甲烷和乙醇成分，其中二氯甲烷含量为 0.9mg/kg，乙醇含量为 3.5%。通过询问当事人，证实运输的原材料为工业酒精和二氯甲烷。工业酒精是纯度为 99.99%的乙醇溶剂，装载在塑料桶中；而二氯甲烷则装载在金属铜容器中。需要注意的是，二氯甲烷遇到明火或高温可燃，而乙醇易挥发、易燃烧。图 2 为货车现场起火视频。

图 2　货车现场起火视频

2.1　主要溶剂的分子量

二氯甲烷的分子量为 84.933，乙醇的分子量为 46.07。这两种溶剂的分子量均大于空气的分子量（29），因此其密度均比空气大。如果这些物质在车厢内发生汽化，它们将聚集在密闭的货斗上部。

2.2　主要溶剂的闪点

二氯甲烷在常温常压下没有闪点，而乙醇的闭杯闪点为

14℃，开杯闪点为 21.1℃。当天起火时的温度为 26.5℃，达到了乙醇的闪点。

2.3 主要溶剂的爆炸极限

二氯甲烷的爆炸极限为 14%~22%，乙醇的爆炸极限为 3.3%~19%，乙醇的爆炸下限较低，与空气形成的预混气体更容易被点燃。

2.4 主要溶剂的最小点火能量

乙醇的最小点火能量为 0.63mJ，而二氯甲烷的最小点火能量为 0.2mJ。但需要指出，乙醇溶剂的最小点火能量会因其浓度不同而有所不同。在本次实验中，我们使用工业酒精进行了测定。实验时，电压为 5kV，电容为 0.01μF，通过静电点燃乙醇与空气混合气体，得到了最小点火能量为 2.25mJ 的结果。需要强调的是，实验与理论的最小点火能量都相对较小。

2.5 火焰蔓延特征

起火初期，视频监控不能捕捉明火火焰。

3 起火原因分析

3.1 非静电起火可能分析

3.1.1 烟头的可能性分析

根据询问所得信息，货车司机会抽烟，并将烟头放在车内烟灰缸内熄灭。为进一步研究烟头对乙醇蒸气的点燃情况，进行了模拟实验。具体实验方法如图 3 所示，将烟头放在加热的乙醇溶剂上方以及放入乙醇溶液中，观察烟头是否能够点燃乙醇蒸气。实验结果显示，最高温度为 113℃，无法达到乙醇的自燃点 211℃，因此，烟头无法点燃乙醇蒸气。

图 3 烟头引燃模拟实验

3.1.2 溶剂混触自燃的分析

将乙醇和二氯甲烷各 300mL 等比例混合，并使用热成像仪测量温度。在 1h 内，每隔 5min 记录一次温度变化。图 4 展示了温度变化曲线，混合后的温度出现波动，最高温度为 30.9℃，之后温度逐渐降至室温。从实验结果可以看出，混合后的乙醇和二氯甲烷温度未达到两者的自燃点，因此无法引起燃烧反应。

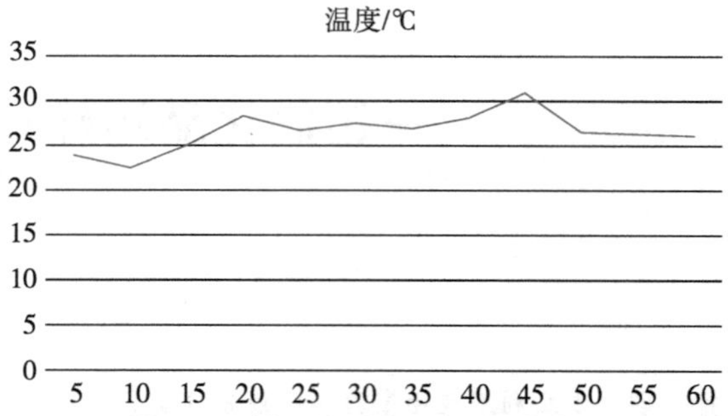

图 4 乙醇与二氯甲烷混合后温度变化

3.1.3 摩擦生热起火的分析

由于货车在运动中，轮胎与地面的摩擦会产生高温，而这种高温可能通过金属元件传递到货斗。因此，调查人员进行了模拟实验，以探究炽热表面是否会引燃乙醇蒸气。在实验中，点燃木炭并使其温度保持在 100℃以上，将炽热的木炭放在乙醇溶液上方，观察炽热表面是否能够点燃乙醇蒸气。经过反复实验，得出结论：炽热表面不能点燃乙醇蒸气。图 5 展示了实验结果。

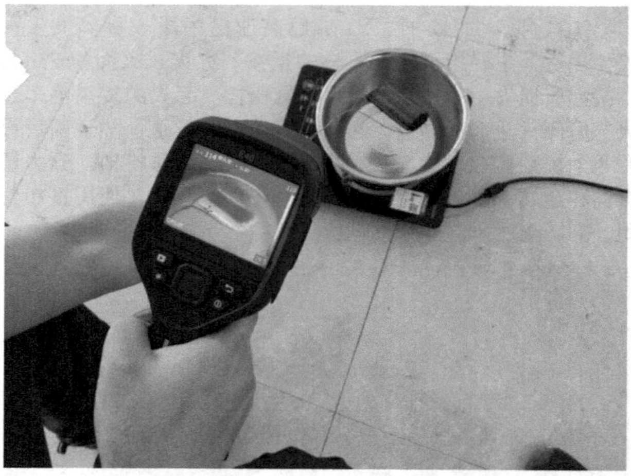

图 5 乙醇蒸气引燃实验

3.2 静电引起火灾的可能性分析

3.2.1 静电产生与积累原因分析

该案发生在液体储罐的运输过程中。据调查，在这一过程中，负责人未对塑料桶和金属桶进行固定，导致乙醇液体晃动和冲击会在塑料桶上产生静电现象。在货斗下铺设了绝缘材料，无法通过金属货斗转移静电，因此静电积累在塑料桶表面，并具有一定的静电电位。

3.2.2 静电能量与放电条件分析

发生起火点的塑料桶周围是装载有二氯甲烷的金属桶。在运输过程中，由于塑料桶不断晃动，与周围金属物品之间存在放电间隙。当这些放电间隙达到临界距离时，塑料桶上积累的静电电位就会对金属桶进行放电，产生放电火花，从而引发起火。图 6 为现场塑料桶燃烧残留物。

图6　现场塑料桶燃烧残留物

3.2.3　放电点周围存在的预混气体分析

经过视频分析和实地勘察，发现货车左侧轮胎泄漏的液体为乙醇溶剂。在运输途中，装载乙醇溶剂的塑料桶出现了溢出现象。这些溢出的乙醇蒸气与空气形成可燃预混气体，在一定点火能量下就可以发生预混燃烧。该预混燃烧现象的发生可引起燃烧反应，导致事故的发生。

3.2.4　放电能量能否引燃预混气体分析

进行了乙醇蒸汽的最小点火能量模拟实验，将乙醇蒸发气体浓度设置在3.3%~19%之间，并调节放电距离来保证能够产生静电火花的前提下，使得放电距离尽可能增大，从而增加其与爆炸性混合气体解除的可能。在实验过程中，打开高压电源、调节电压，并按下起爆按钮，观察静电火花是否能够引燃混合气体。同时，记录了实验现象和实验数据。具体实验数据如表1所示。

表1　不同工况条件下的点火能

序号	电压	电容	点火能	能否被引燃
1	6kV	0.01μF	180mJ	可以引燃
2	5kV	0.01μF	125mJ	可以引燃
3	4kV	0.01μF	80mJ	可以引燃
4	3kV	0.01μF	45mJ	可以引燃
5	2kV	0.01μF	20mJ	可以引燃
6	1kV	0.01μF	5mJ	可以引燃
7	6kV	500pF	9mJ	可以引燃
8	5kV	500pF	6.25mJ	可以引燃
9	4kV	500pF	4mJ	可以引燃
10	3kV	500pF	2.25mJ	可以引燃
11	2kV	500pF	1mJ	不能引燃

在实验室条件下，能够引燃3.3%~19%乙醇与空气形成混合气体的最小点火能为2.25mJ，因此，塑料桶对金属桶的放电能量可以引燃乙醇蒸汽与空气的可燃混合气体。

4　结束语

在进行静电火灾的调查时，为了确定静电是否为引火源，调查人员需要对周围环境的证据进行发现和分析。同时结合监控视频与模拟实验来排除其他火源，进一步分析调查。调查人员需满足以下五个条件，即：①必须存在一种产生静电的有效途径；②必须存在一种积累充足的电荷和维持电势电荷的途径；③必须产生一种能量充足的静电放电现场；④必须存在混合比例合适的可燃物，最小点火能量低于静电电弧能量；⑤静电电弧和可燃物必须在同一地点，同时发生。由于静电的产生和积累不能通过直接观察发现，因此需要借助模拟实验来进行辅助分析。因此，模拟实验是调查静电火灾的主要方法之一。

参考文献

[1] 过利兵. 静电火灾产生机理与防护路径 [J]. 今日消防, 2021, 6 (09): 37-39.

[2] 李洁滨, 任超. 一起静电火灾调查和模拟实验还原分析 [J]. 消防界 (电子版), 2021, 7 (11): 52-54. DOI: 10.16859/j.cnki.cn12-9204/tu.2021.11.025.

[3] 陈艳波, 王博, 李阳. 一起静电火灾事故的调查与视频分析 [J]. 武警学院学报, 2020, 36 (08): 42-46.

[4] 王海江. 对石油储运静电火灾的原因及预防分析 [J]. 化工管理, 2015 (23): 267.

[5] 柏俊鹤. 化工生产过程中静电火灾的预防 [J]. 消防技术与产品信息, 2012 (S1): 46-47.

[6] 申立新, 管洁, 王亮. 一起石化企业静电闪爆事故调查与启示 [J]. 消防科学与技术, 2022, 41 (03): 428-430.

[7] 徐东旭. 石油储运静电火灾产生的原因及预防 [J]. 化工管理, 2017, 462 (28): 100.

一起汽车火灾复核案件的调查与体会

张志刚

(安徽省阜阳消防救援支队, 安徽　阜阳)

摘　要　近些年，随着视频监控的普及与应用，提升了火灾调查工作的效率和成功率，但也出现了依赖性过强的现象。"抢视频，做鉴定，下结论"，逐渐成为当下部分火调人员的"三板斧"，忽视了一般火灾调查相关基础证据的搜集和验证分析工作，导致火因认定证据不扎实。本文介绍了一起刚购置的某品牌燃油汽车由于停放在未燃尽烟花残骸上引起火灾的复核案件。在当事人提出前期现场勘验简单、视频监控分析结果有异议的情况下，复核人员通过现场补充勘验等方式完善相关证据，通过视频分析的验证辅助作用，从而维持原认定机构结论的调查过程，并就加强当前车辆火灾调查工作提出自己的意见。

关键词　汽车火灾　调查　加强　意见

1 引言

汽车作为重要的现代化交通工具，2022 年安徽省阜阳市机动车保有量 141.02 万辆，驾驶人 173.9 万人，随着汽车的种类型号、保有量和使用人的大幅度增加，汽车火灾呈快速增长趋势，由此引发的社会矛盾也越来越突出，而解决上述矛盾、纠纷的关键就是火灾原因的正确认定[1]。安徽省阜阳市消防救援支队 2023 年 1 季度共调查汽车火灾 61 起，部分火灾原因未予直接认定；受理汽车火灾复核 2 起，另有部分复核申请人非当事人未予受理，车辆火灾调查逐渐成为了当下部分火调人员的“软肋”。下面，作者通过介绍一起某品牌汽车火灾的复核认定过程，分析调查难点，查找工作不足，并就车辆火灾调查工作提出意见。

2 原火灾调查认定情况简介

2023 年 1 月 18 日 20 时 18 分，安徽省阜阳市某县消防救援大队接到报警，辖区一汽车发生火灾。火灾发生后，大队火调员迅速到场进行了现场勘验，调取了院内房屋外墙设置的监控视频（图 1），并对第一发现人车主孙某及妻子裴某进行了询问。

图 1

2.1 调查询问

车主孙某证实：火灾前自己开车送人后回到自家院内，路上没有碰到刮擦，仪表盘正常，车上无人抽烟。停车时，通过倒车影像看到后面有个纸箱，来回试了几次才停车熄火，后来知道汽车停到小孩燃放过的烟花盒上面了。汽车停好上完厕所准备休息关窗帘时，发现汽车火已经烧大了，就赶快报警了。

裴某证实：车主孙某平时不抽烟，车辆右侧雷达曾出现过异响，火灾发生前小孩曾在院内燃放了一个底座为三角形烟花，放完后烟花盒仍在原地。听到老公喊着火后，出门发现车辆中部左侧火大。

2.2 视频监控

视频显示，火灾当天 19 时 10 分 21 秒，车主两个孩子在院内开始燃放烟花；19 时 12 分 03 秒烟花燃放结束，地面留有一个三角形烟花盒；19 时 58 分 49 秒，车主外出回来将车停到院内火灾位置；20 时 11 分 53 秒，汽车下方及地面出现光，透过车窗车内无明显光；20 时 15 分 27 秒，车主出现在院内，车辆火势已发展到猛烈阶段。

2.3 现场勘验

对着火车辆进行了一个半小时的现场勘验，通过轮胎、车身、座椅等烧损、变色、变形等火灾蔓延痕迹的分析，发现车辆中部燃烧最重，但未将车辆抬高勘验车辆底盘及下方地面（图 2）。

图 2

综合以上证据，该县消防救援大队下发了《火灾事故认定书》，认定起火时间为 2023 年 1 月 18 日 20 时 11 分许，起火部位为车辆中部，起火点位于中部底盘下方，火灾原因为车辆停放在未燃尽的烟花爆竹上引起。

3 当事人火灾复核诉求

当事人委托律师向支队提出复核审请，认为原认定机构出具的《火灾事故认定书》起火原因认定错误，应依法予以撤销，做出重新认定。主要依据如下：

（1）缺乏依据，不符合逻辑。视频显示，火灾现场虽留有烟花，但燃放约 50min 之后汽车停放其上面，停了 10 多分钟后着火；从烟花放完到汽车着火长达一个多小时，期间烟花盒没有任何燃烧迹象，且烟花盒位于车辆停放位置的后部，而非中部，与认定的起火点不一致，所以烟花残骸引燃汽车不符合逻辑。

（2）程序违法，事实不清楚。火调人员既未对车辆进行详细勘验及拆解，也未委托具有鉴定资质的机构对起火点及起火原因进行鉴定，便直接认定火灾与烟花有关，无证据支持。

4 支队火灾复核认定情况

针对当事人提起的火灾复核，支队调取了该县消防救援大队的火灾卷宗，针对当事人提出的诉求及依据进行了进行了审查，并确定了下一步工作方向。

（1）针对当事人提出的烟花盒位于汽车停放位置的后部问题，支队发现如当事人仅根据视频火灾前车辆图像定位，那么反映情况属实。结合群众反映现场勘验不细致的问题，支队准备再次对火灾现场进行补充勘验，强化专项和细项勘验，验证起火点，查找烟花残骸，排除车辆自身故障引发火灾的可能。

（2）针对当事人反映的烟花残骸在 1h 后能否造成汽车着火的问题，支队找到了现场燃放的同款烟花，准备通过模拟实验，分析烟花残骸的阴燃时间；通过视频声像分析，根据产生的烟、光等现象及相关时间节点，结合现场烟花盒残骸的位置，证明起火点与引火源的一致性，从而验证火灾原因认定的真实性和准确性。

由于车主及亲属外出工作，无法对烟花购买、小孩燃放以及火灾当时发生、发现、蔓延的相关细节进行询问了解。

4.1 现场补充勘验

4.1.1 细项勘验（一）

车厢内金属座椅变色锈蚀痕迹由前后两排之间左后部分

向其余部分减轻（图3、图4）；该部分铺地材料残骸朝向底盘面比朝向车厢内烧损严重，且车厢内地面金属锈蚀变色严重（图5）。

图3

图4

图5

车辆底盘下方地面，对应车辆中部区域水泥地面烧损裂开，其余地面完好；底盘金属变色锈蚀痕迹整体重于车厢内金属构件。底盘中部靠左侧区域铝箔隔热层全部烧损，车辆中部靠右侧及车辆后部铝箔隔热层残留较多（图6），该区域底盘烟熏痕迹与洁净燃烧痕迹并存，且烟熏、火烧痕迹向车辆左侧前、后两门向外蔓延（图7）。另外，全车仅左后车窗平板玻璃整体呈软化变形脱落于车门下部，且玻璃内外两侧均无烟熏痕迹[2]（图8）。

通过痕迹分析，起火点位于车辆中部靠左侧下方。

图6

图7

图8

4.1.2 细项勘验（二）

通过起火点的电气线路仅绝缘层火烧无残留外，金属导线无任何熔断等短路痕迹，油管无任何破损。起火点下方地面距车尾1.25m，距左侧车门边0.62m处发现三角形底座烟花盒燃烧残留物，该烟花盒残留物横向距离车辆排气管约0.3m，提取后地面无任何烟熏痕迹（图9）。

对比同款未改装车辆，烟花盒残骸对应上方车辆底盘区域有可燃物构件。

图 9

4.2 视频分析

火调人员通过视侦通对视频监控进行分析，并对燃放过的烟花盒烟气变化的重要时间节点进行逐帧比对。发现烟花在 19 时 12 分 03 秒燃放结束后，烟花盒断断续续有烟气产生，特别是在 19 时 57 分 45 秒车辆倒回院内尾灯照射时较为明显（图 10）。另外，汽车在院内倒车停车时，将烟花盒位置移动，但不能确定移动到什么位置。

图 10

4.3 模拟实验

火调人员找到小孩当天燃放的同款烟花，发现燃放过的烟花盒能够自身阴燃起火。由于无法确定当时院内的准确风速条件，根据了解的气象风速大小范围，设定不同数值，从燃放结束到出现明火时间区间大概为 27min 到 52min。

最终，支队火调人员通过现场补充勘验，确定了起火点的范围，并在起火点内排除了电气故障、油品泄漏、进排气因素等汽车本身原因引发火灾的可能。在起火点提取到了原始状态的烟花盒残骸，比对了烟花盒残骸对应的同款车辆底盘下方的可燃物构件，通过视频分析和模拟实验的验证、辅助作用，最终维持了该起火灾原认定机构的认定结论。

5 汽车火灾调查的几点意见

5.1 提高认识，依法火调

汽车火灾引起的纠纷涉及到车主、驾驶员、生产厂家、销售商、保险公司、物业等多方群体，产生的民事诉讼越来越多。火因认定作为司法机关划分民事责任的主要依据之一，火调卷宗被调取的频次越来越高。针对火因认定合法性和专业性的特点，消防救援机构依法履职、程序合法往往成为代理律师希望取得突破的主要方向。针对当前火调工作实际，上述问题主要体现在：人少事多造成的部分调查人员为非在编执法人员、“分身执法”等；现场勘验不及时，多次勘验记录不规范，勘验期间无当事人或者见证人到场；痕迹物证、视频监控等证据提取不及时、不规范；询问笔录签名不规范，被询问未成年人无监护人到场、不识字人员未念与当事人听；文字改动部分相关人员未能全部按手印确认；法律文书送达方式错误、时间超期等等。这就要求我们要尽快调整充实一线火调队伍，加强法制队伍建设，严格落实法核制度，学法、懂法，更要去用法；针对敏感火灾，要一次性调集足够力量，分析可能产生的矛盾纠纷，在调查过程中予以提前考虑；最后还是要严把卷宗关，查缺补漏，及时归档，坚决杜绝物证、材料破损或者遗失。

5.2 善于借鉴，更要履职

受当下火调人员编制不足、人员新老交替、业务参差不齐等因素影响，部分汽车火灾被委托给了第三方车辆鉴定机构调查，而鉴定机构往往会出具一份具有一定火因结论的鉴定意见书。当然，多元化的司法鉴定机构可为消防救援机构车辆火灾事故调查提供一定的技术支持，规避一定的法律风险，发挥双方在认定思路和方法上的互补性，满足当事人对认定结果的独立性和中立性的要求。但部分火调人员似乎忘记了负责火灾原因调查是《中华人民共和国消防法》等法律法规赋予的消防救援机构的法定职责，对车辆检验、分析过程、鉴定结论等作为认定依据审查不足，甚至直接引用其勘验和鉴定结论，引起社会的误解，包括本起火灾复核申请人都认为第三方鉴定为火灾调查的必备程序。司法部门已对第三方鉴定意见的合法性、准确性提出质疑，火调人员一旦缺乏自身的证据体系支持，很容易成为各方质疑的焦点，进一步影响到消防救援机构火灾认定的合法性和权威性。

5.3 强化学习，新老结合

汽车火灾原因较多，除了人为放火、遗留火种、外来飞火和物品自燃等外部原因外，电气故障、油品泄漏、机械故障、进排气因素和操作不当起火等汽车本身相关原因也很多。针对视频监控、电子数据分析等新兴技术、设备能够具备为火灾调查提供较为直观、多元化的证据优势，我们要树立积极的态度去学习、去研究，吸收精华，为我所用；另一方面，也出现了调查询问、现场勘验等传统方法学习运用不足，一旦缺乏新技术、新设备的支持，就不能顺利开展工作的现象。本起车辆火灾，虽然视频监控对火灾调查提供了一定的技术支持，但对于起火点和起火原因的认定，还是通过对火灾现场的补充勘验，充分考虑室外火灾蔓延痕迹受风向和风速的影响，确定了起火点，找到了引火源烟花盒的最终位置；通过对比同款车辆构造和烟花，在起火点内排除电气故障、油品泄漏等原因，最终构建较为完整的证据体系，验证了原认定机构火灾原因认定结论的准确性。所以作为一名汽车火灾调查员，不仅要善于学习、运用新技术，还要了解一般火灾发生的机理和现象，更要熟悉汽车的构造和工作原理等基本知识，掌握汽车火灾发生的机理，这样才能面对复杂多样的汽车火灾原因调查工作。

5.4 敢于动手，善于沟通

相当部分汽车火灾发生在室外乃至道路上，造成此类火灾现场具有非唯一性、易破坏性等特点，这就要求火调人员要闻警而动，第一时间赶赴火灾现场，敢于动手，争取在最短的时间完成第一现场的勘验，提取相关物证，并为下一步详细勘验打基础、做准备。要考虑火灾扑救对现场的破坏作用，物证的发现和提取才能及时、准确；要考虑风向、雨雪等气候因素对火势发展、蔓延的影响，现场勘验才能少走弯路；要考虑相关利益群体经济诉求对相关线索收集的影响，调查询问才能顺利进行。最后，火调人员还要提升表达、沟通能力，针对不同群体，采用其能听得懂、听明白的表达方式，将“专业”转化为“通俗”，力争火灾相关当事人明明白白的接受事故认定，避免出现“原因查清，问题来了”，为火灾后期处理打下基础。

参考文献

[1] 刘振刚. 汽车火灾原因调查 [M] 天津：天津科学技术出版社，2008.

[2] 应急管理部消防救援局. 火灾调查与处理. 中级篇. 北京：新华出版社，2020.

火场指纹研究现状

叶耀东

（中国人民警察大学，河北　廊坊）

摘　要　在各种涉火案件和各种火灾事故中，指纹都是针对纵火嫌疑人或死者进行身份统一认定的重要证据，为了了解火场指纹在各种火灾现场的显现方法和残留情况，本文对国内外火灾指纹的影响因素和显现方法研究现状进行了梳理，指出国内外研究现状的不足和缺陷，为火场指纹今后的发展进行了探讨。

关键词　火场指纹　显现方法　残留情况　研究现状

火场指纹指的是人类手指末端指腹上由凹凸的皮肤所形成的纹路由各种外源性物质和内源性物质所组成的中介物质与各类承痕客体接触后所留下的痕迹，并经过火场各种影响因素影响后的指纹残留物。火灾现场所具备的高温、烟尘沉积、电磁辐射和消防射水的水压力等破坏性大的影响，所以指纹在火场难以保存完好，甚至会受到毁灭性的破坏，这种情况导致指纹在涉火案件中的证明力下降。而近些年来，我国的火灾案件显著增多，对火场指纹的显现方法和残留情况的研究更加迫切，所以本文将近些年来国内外对火场指纹显现方法和残留情况的相关研究进行了梳理总结，为火场指纹进一步的发展做了探讨。

对普通指纹所用到的主流显现方法在火场指纹上应用的可能性进行探讨，针对不同中介物质的火场指纹的显现方法进行了总结分析，对火场指纹承载物质的特性的不同对火场指纹残留情况进行了分析探讨，最后总结了影响火场指纹显现效果和残留情况的重要因素进行了总结。

1　火场指纹的组成成分

指纹指的是人手指的乳突花纹通过中介物质在承痕客体上施加作用力后留下的痕迹。指纹的中介物质分为外源性物质和内源性物质两种[1]，外源性物质通常指的是除内源性物质外的所有物质，主要为灰尘、药物和化妆品等来自环境的污染，而内源性物质通常指的是由汗腺以及皮脂腺产生的无机化合物和有机化合物。一个人的生活作息可以通过指纹的中介物质检验出来，在长期吸烟人的指印中能检测到尼古丁成分。通过中介物质的不同，我们可以将指纹分为汗液指纹、灰尘指纹、油脂指纹和血指纹等。

与普通指纹相比，火场指纹的中介物质会有所不同，主要原因是源于指纹经过火场高温、烟熏以及消防射水等因素的影响导致中介物质会出现大量炭颗粒或灭火剂成分。相对比普通指纹而言，火场指纹的中介物质会出现“脱水现象”，源于内源性物质中的成分水在温度达到 100℃ 时就会蒸发，更高的温度会使中介物质中的不饱和脂质和挥发性脂质加快速度挥发。对于烟熏痕迹重的火场，火场指纹表面会覆盖厚厚一层烟熏层，对火场指纹的发现、显现、提取等工作进行更加困难。

2　火灾现场因素对火场指纹的影响

2.1　火场温度影响

国外已有的相关研究深刻阐明，火场温度是对火场指纹影响最大的一个因素。William W. Harper[2] 1938 年通过一系列针对潜在指纹的实验，发现某些承痕客体表面的指纹痕迹能够承受 100~200℃ 的温度，这表明在火场指纹遭受轻微火灾损害时，火场指纹仍然存在能够被显现提取。

Deans[3] 通过多组大尺寸实验还原真实火场对指纹的影响，通过实验发现火场温度对火场指纹的存留情况影响比较大，火场温度达到 500℃ 温度时，大部分火场指纹都已经被破坏消失，但是也有个别火场指纹在经过 800℃ 高温后仍然存在，其中原因还有待分析。

Dominick[4] 等人指出，温度和暴露时间对玻璃和陶瓷等无孔表面类型的承痕客体上的火场指纹有显著影响，火场指纹直接暴露在热和热空气流动条件下，是不能在 350℃ 以上的温度下存活。

Sarah Jane Gardner[5] 等人通过针对印刷品上的指纹在火场中存留情况的实验发现，在 450℃ 的火场温度下，火场当中的印刷品不复存在，在印刷品表面的火场指纹痕迹随着印刷品一并烧毁，而在 300℃ 以下的印刷品及其表面的火场指纹仍然存在，并且可以通过处理后显现指纹。

邓文丽[6] 提出火场指纹的中介物质会受温度的影响，油脂指纹在加热到 500℃ 后，其表面发生焦化，其纹理清晰可见，而指纹中的氨基酸等物质源于升温导致自身结构发生变化，火灾后无法对其进行显现。

何明骏[7] 提出由于火场温度升高导致承痕客体自身温度上升，进而对其表面上的火场指纹产生影响，渗透性客体只有在至少远离火源 1m 的位置才能保存火场指纹，对非渗透性客体来说，就算经过高温环境后仍能形成高质量火场指纹。

综上所述高温对火场指纹影响较大，大多数情况下火场指纹经过火场高温作用后都会遭受损害，指纹的乳突花纹源于中介物质遭受破坏而变得难以辨认，阻碍火场指纹的发现、显现和提取工作。

2.2 火场烟气影响

火场燃烧会出现大量烟气，火灾烟气是一种由可燃物燃烧产生的未燃气体、水蒸气、二氧化碳、一氧化碳及多种有害气体和空气以及多种微小的固体颗粒和液滴组成打的混合物，其成分复杂。火场烟气因自身温度降低导致烟气颗粒沉降和固体表面的吸附作用等因素会附着在火场指纹表面，会对火场指纹的中介物质进行破坏，大量烟气会掩盖火场指纹。

Olsen 和 Lee[8]等人研究发现煤烟附着在火场指纹表面是对火场指纹起到保护作用，避免火焰直接作用到火场指纹表面进而破坏火场指纹。

William W. Harper[2]研究发现当烟气覆盖火场指纹之前，火场指纹中介物质受高温影响破坏会导致火场指纹表面永久性破坏，指纹一般无法显现。

邓文丽[6]指出不同可燃物产生的烟气具有不同的特性，会对火场指纹的显现造成很大的影响。

何明骏[7]指出烟气对火场指纹的覆盖会影响火场指纹显现效果，在大多数情况下需要先去除火场指纹表面所覆盖打的烟尘，之后再运用各种显现方法对火场指纹进行显现提取。

2.3 灭火行为的影响

消防灭火人员在对火场进行扑救的过程中，会采取一切措施抑制火场火势发展，尽可能扑灭火灾。在这个过程中，消防员所采用的各种灭火剂、救援战术等都会对火场指纹造成影响。

J. Deans[9]等人研究了不同类型的灭火剂对火场指纹的破坏和影响，提出了灭火剂的种类会直接影响火场指纹的显现方法的选择，并且会破坏火场指纹的完整性和化学结构。

邓文丽[6]指出火场湿度会对指纹的显现造成影响，湿度过大会稀释指纹中介物质的各种化学组成含量，会影响各种指纹显现方法的使用效果。

3 火场指纹预处理方法

火场指纹源于经过火场烟气的影响，会导致火场指纹表面附着一层烟尘，在对火场指纹进行显现之前，需要先火场指纹进行预处理，去除其表面所附着的烟尘或阻燃剂等物质。

Larkin T[10]等人提出使用油漆喷雾器将液态乳胶喷涂在烟熏部位表面上，当胶乳干后，将其剥离后可以去除很多烟尘，同时保持物体表面完整，以便进行指纹分析。Susan Wright Clutter[11]通过实验印证了液态乳胶对指纹表面烟尘除去的可能性，多组实验均证明是可行的。

KM Stow 和 J McGurry[12]提出利用 1%到 2%氢氧化钠溶液、超声波清洗和真空抽吸的方法去除指纹表面烟灰，通过多组实验可以得出 1%到 2%氢氧化钠溶液适用于多种指纹表面烟灰的去除，简单有效，可以运用到涉火案件对获取火场指纹预处理当中。

4 火场指纹显现方法

普通指纹显现方法可分为：粉末显现法、熏染法、硝酸银显现法、茚三酮显现法、茚三酮-硝酸银混合显现法、硝酸亚汞显现法、502 胶熏显法、激光致荧光显现法、小颗粒悬浮液法、物理显影液显现法、DFO 显现法等。但是由于火场指纹的特殊性，许多指纹显现方法都无法正常显现火场指纹。火场指纹的显现方法有以下四种主流方法：

4.1 硝酸银显现法

硝酸银显现法能够显现高温火场指纹，这是源于火场指纹中介物质成分中的氯化盐能耐 1350℃高温，硝酸银显现法是利用与硝酸银反应形成氯化银，通过短波紫外线照射后变成单质银从而显现指纹。

Chae-Won Kim[13]通过研究 DFO 显现法、硝酸银显现法和茚三酮显现法对高温纸张上的火场指纹显现情况得出，硝酸银显现法是三个方法中最有效的，适用高温火场的火场指纹显现。

4.2 DFO 显现法

DFO 显现法适用于渗透性客体表面的火场指纹显现，可以与火场指纹中介物质中的氨基酸发生反应显现指纹。

Ainsley J. Dominick[14]等人通过研究 DFO 显现法、物理显影液显现法和茚三酮显现法对高温纸张上的火场指纹显现情况得出：DFO 显现法适合显现 100℃温度下，干燥的火场指纹；物理显影液显现法适合显现 100~200℃下，消防员救火过程造成指纹表面湿润的火场指纹；茚三酮显现法不适合火场指纹的显现。

Bleay[15]和 Sarah Jane Gardner[5]等人提出当温度超过 200℃时，粉末和粉末悬浮法的有效性就会下降（可能是由于目标化合物在升高的温度下分解），

4.3 小颗粒悬浮液法

小颗粒悬浮液法主要用于无孔表面显现潜在指纹的一种方法，一般的小颗粒悬浮液法对火场指纹的显现是无法做到的，主要原因是小颗粒悬浮液法主要是利用小颗粒悬浮液与指纹中介物质中油脂分子直接的范德华力吸附显现，而火场指纹源于经过高温环境，其自身的油脂会蒸发无法吸附小颗粒悬浮液。

Jasmine Kaur Dhall[16]研究了一种基于碳酸锌的新型荧光小颗粒悬浮液法，经过多组对照实验发现，适用于消防员救火过程造成指纹表面湿润的火场指纹，在 500~700℃火场温度条件下的火场指纹都能显现。

4.4 502 胶熏显法

502 胶熏显法是利用 502 胶中的 α-氰基丙烯酸乙酯遇到火场指纹中介物质中的水和氨基酸发生聚合反应从而显现指纹，适合 300℃火场温度条件下的火场指纹显现。

车强[17]通过多组实验研究了 502 胶熏显法在不同火场温度和不同载体上的火场指纹的显现情况，发现 502 胶熏显法通过加湿处理后对火场汗液指纹的显现效果更好，适合显现非吸湿表面承痕客体上的汗液手印，但是不适合消防员救火过程造成指纹表面湿润的火场手印。

5 总结

国内外对火场指纹的开展的相关的研究，但是总体研究进展不深，仅是对影响火场指纹的一些火灾现场因素做了探讨，并没有定性定量的分析影响。国内从事火场指纹相关领域的研究很少，该领域还有许多问题需要解决。

国内外对火场影响火场指纹因素的实验过于简单，火灾现场是一个复杂、充满变化和时间不一的一个复杂的研究对象，每种条件都会对火场指纹的存留、显现和提取造成影响，应当针对具体实验条件，通过控制变量的方法进行对比实验，定性定量的分析影响因素对火场指纹的影响程度。

火场指纹的显现方法的研究陷入瓶颈，没有人针对火场指纹这一特殊类型的指纹显现方法进行研究，对于火场指纹的预处理、显现方法和提取方法都需要更加简单、便捷和有效的方法。

本文对火场指纹影响因素和显现方法研究现状进行了梳理总结，指出来国内外研究现状的存在的问题和未来的发展方向，推动火场指纹在火灾调查方向和涉火涉爆犯罪侦查技

术方向的发展。

参考文献

[1] 杜秋瑶，董林沛，吴小军，等．指纹中生活特征成分检验方法研究进展 [J]. 化学研究与应用，2020，32 (1)：8.

[2] William W. Harper. Latent Fingerprints at High Temperatures [J]. American Journal of Police Science，1938，580

[3] J. Deans，Recovery of fingerprints from fire scenes and associated evidence，Sci. Justice 46 (3) (2006) 153-168.

[4] A. J. Dominick，Daeid N. Nic，S. M. Bleay. The recoverability of fingerprints on nonporous surfaces exposed to elevated temperatures，J. Forensic Identif. 61 (5) (2011) 520-536.

[5] Gardner S J，Cordingley T H，Francis S C，An investigation into effective methodologies for latent fingerprint enhancement on items recovered from fire [J]. Science & Justice，2016：241-246.

[6] 邓文丽，沈冲，张倩．火场环境对指纹显现的影响因素 [C] //2006 中国科协年会．2006.

[7] 何明骏、金静、邓亮、李阳、张金专．火场指纹显现技术研究进展 [J]. 消防科学与技术，2020，39 (9)：4.

[8] Olsen RD，Lee HC. Identification of Latent Prints. In：Lee HC and Gaensslen RE，ed. Advances in Fingerprint Technology. USA：CRC Press，2001.

[9] J. Deans，M. Cox and S. Bleay，"The Effect of Different Types of Fire Extinguisher on the Recovery of Fingerprints"，Fingerprint Whorld，Vol. 33，No. 128，pp. 164-179 (2006).

[10] Larkin T，Marsh N，Larrigan P. Using liquid latex to remove soot to facilitate fingerprint and bloodstain examinations：a case study. J Forensic Identification 2008；58 (5)：540-50.

[11] Clutter S W，Bailey R，Everly J C，et al. The Use of Liquid Latex for Soot Removal from Fire Scenes and Attempted Fingerprint Development with Ninhydrin * [J]. Journal of Forensic Sciences，2010，54 (6)：1332-1335.

[12] Stow K M，Mcgurry J. The recovery of finger marks from soot-covered glass fire debris [J]. Science & Justice，2006，46 (1)：3-14.

[13] KIM C W，KIM Y J，SEO Y H，et al. Development of fingerprints deposited on papers found at a fire scene [J]. Fire Sci. Eng，2018，32 (3)：88-94.

[14] Ainsley J. Dominick，Ainsley J. Dominick，Stephen M. Bleay，et al. The recover ability of fingerprints on paper exposed to elevated temperatures：Part 1-comparison of enhancement techniques [J]. Journal of Forensic Identification，2010，59 (3)：325-339.

[15] S. Bleay，G. Bradshaw，J. Moore，Fingerprint development and imaging newsletter：special edition，26，Home Office Scientific Development Branch — Investigation，Enforcement and Protection Sector，2006 1-32.

[16] Dhall J K，Sodhi G S，Kapoor A K. A novel method for the development of latent fingerprints recovered from arson simulation [J]. Egyptian Journal of Forensic Sciences，2013，3 (4)：99-103.

[17] 车强．"502" 胶熏显法显现火灾现场环境下指纹 [J]. 消防科学与技术，2001 (4)：2.

火灾事故调查工作现状及解决对策

黄　圣

（郑州市消防救援支队，郑州）

摘　要　随着社会的发展，火灾事故频繁发生，已经严重威胁人员的人身安全和财产安全。在火灾发生后，要对其开展有效、快速的原因分析，预防此类火灾事故再次发生。火灾调查对于确保公共安全、保护财产和预防火灾事故具有重要的作用。本文将探讨火灾调查的现状，包括火灾调查的目的、重要性、挑战和改进方向等方面。最后提出解决对策，减少火灾事故。

关键词　火灾调查　火灾事故　火灾预防　优化措施

1　引言

火灾是一种常见的自然灾害，对人民生命财产造成了巨大的损失。为了防止火灾的发生和减少火灾损失，火灾事故调查工作显得尤为重要[1-2]。火灾事故调查工作是通过调查、分析、鉴定火灾事故的起因、发展过程和后果，找出火灾事故的责任方，并提出相应的防范措施，以保障人民生命和财产安全[3]。本文将针对当前火灾事故调查工作存在的问题和瓶颈，提出相应的解决对策，以期提高火灾事故调查工作的效率和质量。火灾调查工作面临着技术、制度和管理上的多方面问题。要解决这些问题，需要政府、企业和社会各方面共同努力，加强火灾调查管理和标准化操作规程的建设，加大资金和人力投入，提高调查人员的技能和经验，加强对火灾调查工作的监督和管理，确保火灾调查工作的规范化、科学化和有效性[4-6]。只有这样，才能有效地减少火灾事故的发生，保护人民群众的生命和财产安全。

2　火灾事故调查工作现状

2.1　火灾事故调查工作面临的问题

2.1.1　缺乏专业人才和技术手段

火灾事故调查需要调查人员具备较高的专业知识和技术手段，但目前国内的火灾事故调查人员相对较少，这也是影响火灾事故调查的一个主要因素[7]。另外，由于火灾事故调查需要运用一些先进的技术手段，例如火灾事故现场分析、灾害情况分析、火源定位、火灾痕迹分析等等，然而这些技术手段在国内的普及率还很低，大多数火灾事故调查人员的专业水平和技术水平都比较低，难以满足实际的调查需要[8]。

2.1.2　调查难度大

火灾事故现场常常存在复杂的情况，如火势猛烈、烟雾弥漫、结构复杂等，这给火灾事故调查带来了很大的困难。特别是在高层建筑或者工厂企业内部发生火灾时，火势往往会非常迅速地蔓延，火灾现场往往受到较大的损坏，残留的火灾痕迹也很难被保留下来，这都给火灾事故调查工作带来了一定的困难。

2.1.3　缺乏统一标准和规范

火灾事故调查需要遵循一定的标准和规范，但是目前国内还没有制定出一套完整、科学、规范的火灾事故调查标准，各地调查机构往往缺乏统一的操作流程和标准，导致调查结果的科学性和可信度难以保证。同时，由于缺乏统一的标准和规范，不同的调查人员会有不同的调查方法和结论，这也会引起调查结果的差异和争议。

2.1.4　火灾责任

火灾事故调查往往会涉及到利益关系，例如火灾责任的认定、保险赔偿等问题，这些问题会导致调查过程中出现各种争议和纠纷，给火灾事故调查工作带来困难。例如，一些企业和个人可能会通过各种手段来掩盖火灾事故的真相，或者利用调查结果来获得不当的利益，这都会对调查工作产生影响。

另外，还有一些技术问题，比如火灾现场的勘查和证据收集等。这需要专业的技术人员和设备来完成。然而，在某些情况下，由于调查人员缺乏必要的技能和经验，导致证据的收集和保护不当。另外，火灾现场的勘查需要对场地进行详细测量和绘制平面图，以及对物证进行详细记录。但是，在一些地区，缺乏必要的测绘设备和技术人员，从而导致勘查和记录不够准确。此外，在火灾现场勘查的过程中，可能会出现缺乏必要的个人保护装备、缺少通风设备或不当使用化学品等安全问题，增加了调查工作的难度和风险。

除了技术问题，火灾调查工作还面临着一些制度和管理上的问题。一些地方缺乏完善的火灾调查管理体系和标准化操作规程，导致调查工作缺乏统一性和规范性。此外，一些地方对火灾调查的重视程度不够，对火灾调查的资金和人力投入也相对较少。这导致调查人员在工作中面临着工作压力、时间紧迫、资金不足等问题，影响了调查工作的质量和效率。此外，还存在一些地方政府和企业对火灾调查结果的干预和篡改问题，这也给调查工作带来了一定的压力和困难。

2.2　火灾事故调查工作存在的瓶颈

目前火灾调查事故受到多方面因素的影响，分为以下几点：

2.2.1　数据收集难度大

火灾事故调查工作需要收集大量的数据，包括火灾现场的勘察记录、现场视频、照片、调查问卷、相关人员的证言等，但这些数据的获取难度较大，有时需要耗费大量的时间和人力物力。在许多地区，火灾调查工作的人力资源不足。由于缺乏足够的人手，火灾事故调查工作通常需要很长时间才能完成，这会导致火灾事故的证据被损坏或丢失。此外，由于缺乏经验丰富的调查人员，有时会出现对证据的错误解释和处理，从而影响调查结果的准确性。

2.2.2　数据处理不规范

火灾事故调查涉及到大量的数据处理工作，但当前的数据处理方式缺乏规范，容易导致数据的丢失或不完整，这对后续的分析和研究造成了很大的困难。

2.2.3　调查人员危险性高

火灾事故调查工作需要在火灾现场进行，这往往意味着调查人员需要面对高温、烟雾等极端环境，存在较高的安全风险。如果没有充分的安全措施和装备保障，调查人员可能会受到严重的伤害或生命危险，从而影响调查工作的进行。

2.2.4　资金投入不足

火灾事故调查工作需要大量的资金支持，包括购买必要的设备和技术、支付专业人员的薪水和保险等。然而，在许多地区，政府和企业往往忽视了这方面的支出，导致调查工作的效率和质量受到影响。

3　火灾调查工作的优化措施

3.1　加强专业技能培训

加强专业技能培训是提高火灾事故调查工作水平的关键。需要建立健全的专业技能培训机制，定期组织专业技能培训，加强对调查人员的培训和教育，提高其专业技能水平。同时，需要制定相应的教材和课程体系，加强调查人员的实践经验积累，形成相应的案例分析和研究成果，不断提高调查工作的水平。加强火灾事故调查人员的专业技能培训，提高他们的理论水平和实践能力，为火灾事故调查工作的开展提供有力的人才保障。因此，需要加强对调查人员的培训和教育，提高其专业技能水平。具体措施包括：

（1）组织专业技能培训，建立健全的专业技能培训机制，定期组织专业技能培训，加强对调查人员的培训和教育，提高其专业技能水平。

（2）制定教材和课程体系，根据火灾事故调查工作的需求，制定相应的教材和课程体系，提高调查人员的专业知识和技能水平。

（3）实践经验积累，加强调查人员的实践经验积累，建立起经验库，形成相应的案例分析和研究成果，不断提高调查工作的水平。

3.2　建立统一的数据处理标准

建立统一的数据处理标准是提高火灾事故调查工作效率和准确性的重要保障。需要制定数据采集标准和操作规程，规范调查人员的数据采集行为，保证数据的准确性和有效性。同时，需要建立相应的数据处理流程和标准，包括数据预处理、数据清洗、数据分析等环节，保证数据的准确性和有效性。此外，建立数据共享机制，加强数据的共享和交流，提高调查工作的效率和准确性。火灾事故调查工作需要大量的数据支撑，需要对数据进行处理和分析，提取有用信息，为调查工作提供有力的支持。因此，需要建立统一的数据处理标准，保证数据的准确性和有效性。具体措施包括：第一，制定数据采集标准和操作规程，规范调查人员的数据采集行为，保证数据的准确性和有效性。第二，建立相应的数据处理流程和标准，包括数据预处理、数据清洗、数据分析等环节，保证数据的准确性和有效性。第三，建立起数据共享机制，加强数据的共享和交流，提高调查工作的效率和准确性。

3.3　加强制度管理和监督

制度管理和监督是火灾事故调查工作的重要保障，必须建立健全的管理制度和监督机制，以保证调查工作的规范性和有效性。需要明确调查人员的职责和权力，规范调查工作的程序和流程，加强对调查工作的监督和管理，提高调查工作的效率和准确性。同时，还需要加强与相关部门的协作和配合，建立起统一的信息共享和协调机制，以便更好地保障公共安全和社会稳定。

3.4　提高现代科技手段的应用

随着科技的发展，现代科技手段已经成为火灾事故调查工作的重要工具之一，例如无人机、三维重建、热成像等技术已经在火灾事故调查工作中得到广泛应用。这些科技手段不仅可以提高调查工作的效率和准确性，还可以保证调查人员的安全和有效性。因此，需要在火灾事故调查工作中加强现代科技手段的应用，推广并完善相关技术，并将其纳入到火灾事故调查工作的常规操作中。

3.5 加强舆情管理和应急处置能力

火灾事故不仅会造成人员伤亡和财产损失，还会引起舆情的关注和社会的恐慌，因此需要加强舆情管理和应急处置能力。应当建立健全舆情管理和应急处置机制，及时、准确地发布事故信息，科学、公正地回应社会关切，提高公众对火灾事故调查工作的信任和支持。同时，还需要加强与相关部门的协作和配合，提高应急处置能力，及时有效地控制事故的扩散和影响，减少人员伤亡和财产损失。

3.6 完善法律法规和制度体系

法律法规和制度体系是保障火灾事故调查工作规范化和有效化的基础。需要完善和健全相关的法律法规和制度体系，明确调查工作的程序和流程，规范调查工作的职责和权力，加强对调查工作的监督和管理，提高调查工作的效率和准确性。同时，还需要加强对火灾事故的预防和管理，完善消防设施和设备，加强对火灾事故的监测和预警，从源头上控制火灾事故的发生。

4 结论

综上所述，火灾事故调查工作是保障人民生命财产安全的重要工作之一，但目前在火灾事故调查工作中还存在一系列问题和挑战，需要采取一系列措施来加以解决。加强专业技能培训、建立统一的数据处理标准、制定科学的评价标准和体系、加强国际化交流与合作、完善法律法规、推广火灾预警技术等是有效的解决对策。通过各方面的共同努力，可以提高火灾事故调查工作的水平和效率，为保障人民群众的生命财产安全做出积极贡献。

参考文献

[1] 西尔扎提·阿迪力．火灾调查的难点及相关对策探究［J］．今日消防，2023，8（03）：109-111．

[2] 吴钢．论基层火灾延伸调查现状及对策［J］．消防科学与技术，2022，41（09）：1300-1303．

[3] 李振杰．火灾调查工作的现状及解决对策［J］．消防界（电子版），2021，7（19）：114-115．

[4] 潘锦凯，赖思颖．基层火灾事故调查工作现状及对策［J］．建设科技，2017，No.343（17）：104-105．

[5] 钱卫荣．基层火灾事故调查工作现状及对策［J］．消防技术与产品信息，2017，No.352（04）：40-42．

[6] 黄啸．浅析火灾调查工作现状及解决对策［J］．消防界（电子版），2016，No.11（07）：25．

[7] 赵秋野．改进火灾调查工作现状的对策分析［J］．科技创新与应用，2014，No.107（31）：292．

[8] 夏采绕．火灾事故调查工作的现状分析及对策［J］．消防界（电子版），2018，4（06）：87-88．

一起热传导火灾事故的调查

苏　理[1]　陈　晗[2]

（1. 温州市龙湾区消防救援大队，浙江　温州；2. 温州市瓯海区消防救援大队，浙江　温州）

摘　要　该起火灾发生时段为下班后，火灾发生过程中厂房内无相关目击证人，火灾发现较晚，建筑天井内搭建的钢结构坍塌，火灾燃烧蔓延痕迹灭失，厂区内的监控设备无法第一时间分辨起火部位，在起火点附近无常见的起火源给调查人员造成了一定的困扰。通过视频分析、用电数据分析、物证鉴定、现场勘验等多项证据材料相互关联印证，综合分析最终确定了火灾原因。为今后同类型火灾的事故调查提供了调查思路。

关键词　火灾调查　热传导　视频分析　时间校准　检验鉴定

1 火灾概况

1.1 火灾基本情况

2022年6月9日22时12分，温州市消防救援支队指挥中心接到报警，位于温州经济技术开发区海城街道王山路7号的厂房发生火灾，过火面积约1500m²，室内产品与设备烧毁，无人员伤亡。

1.2 起火建筑基本情况

起火建筑位于温州经济技术开发区海城街道王山路7号，为砖混结构厂房。建筑坐北朝南，东侧为王山路，西侧为民房和俞氏宗祠，北侧为小路，南侧为员工宿舍。火灾现场方位图见图1。

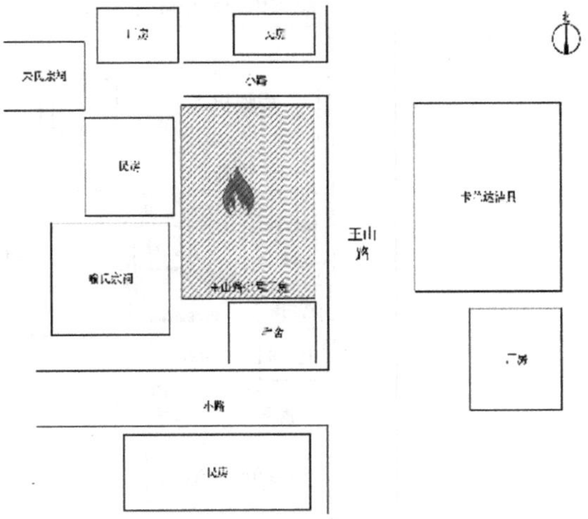

图1　火灾现场方位图

起火建筑为回字形，中部设有天井，建筑为地上 5 层局部 6 层，天井处每一层采用钢结构框架和铁板进行横向分隔，1 至 5 层均为厂房，6 层顶层为宗祠，建筑高度约 20m，总面积约 4720m^2。建筑内设置 4 部室内楼梯，分别布置在建筑四个角。起火厂房位于该建筑 5 层。火灾现场平面图见图 2。

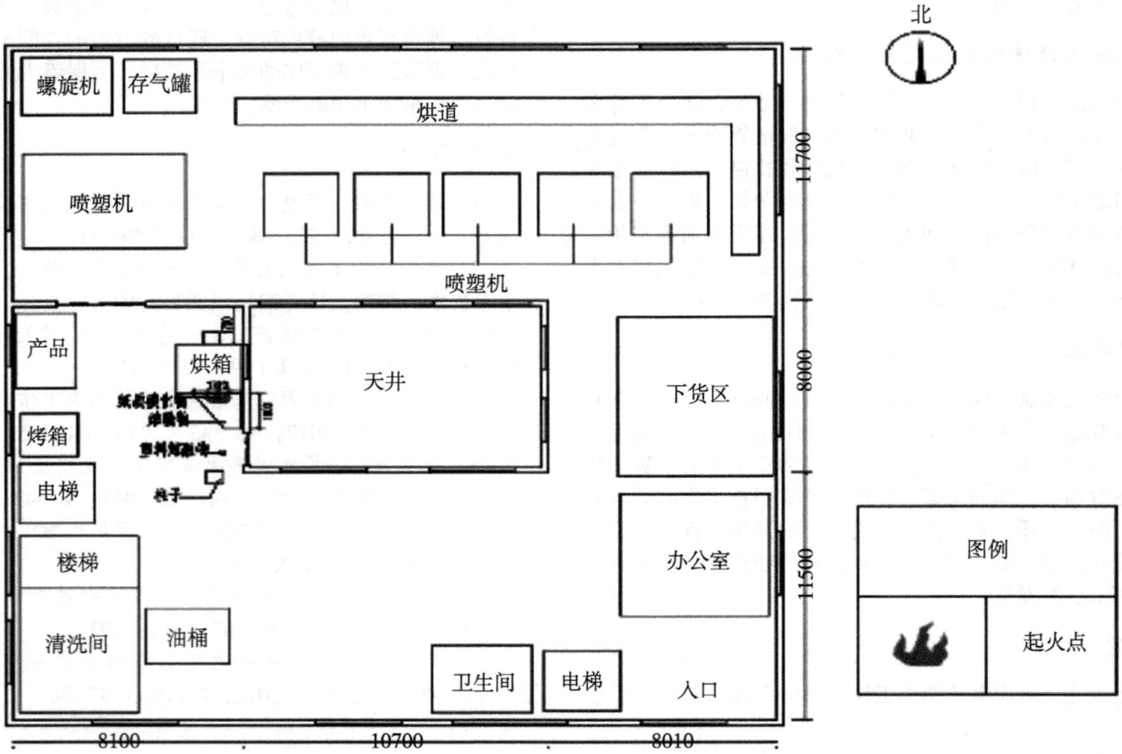

图 2　五层平面图

1.3　救援经过

2022 年 6 月 9 日 22 时 27 分，海城专职队到达现场，火势处于猛烈燃烧阶段；22 时 29 分，星海消防站到达现场；22 时 49 分，滨海消防站到达现场；22 时 52 分，大队值班领导到场指挥，23 时 15 分，永兴消防站到达现场。6 月 10 日 0 时 13 分，天井内钢架结构发生坍塌，1 时 10 分，火势得到控制，1 时 42 分，火势被扑灭。

2　调查认定

2.1　起火时间认定

起火时间为 2022 年 6 月 9 日 20 时 21 分许，主要依据有：

2.1.1　视频分析情况

（1）五层厂房内安装由 4 个监控摄像头，所有监控摄像头均连接至同一监控主机。经时间校准，监控主机时间较北京时间快 8 分 06 秒。监控点位图见图 3。

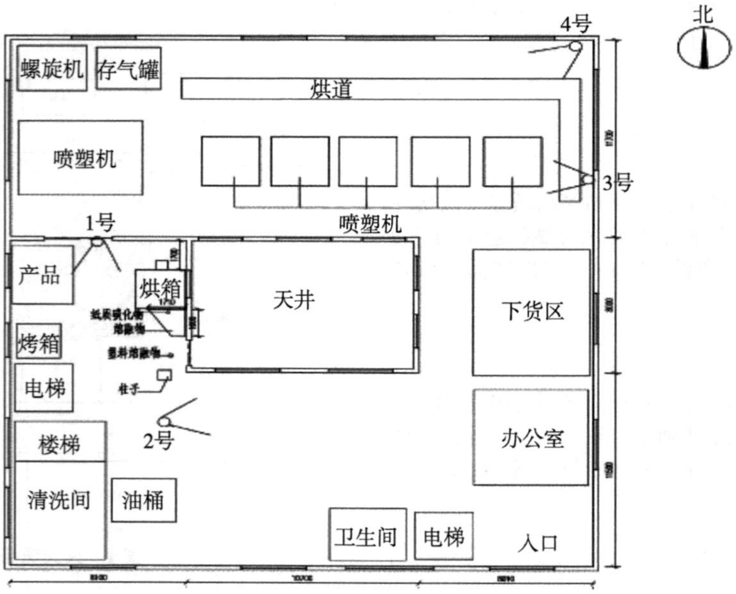

图 3　监控点位图

（2）由于建筑天井内搭建的钢结构彩钢棚全部塌落，天井内物品过火燃烧痕迹已无法辨别，而监控主机内显示最早出现光亮反应的为 3 号监控，出现光亮反应的时间为 2022 年 6 月 9 日 20 时 25 分 07 秒，亮光的位置位于天井内靠西侧位置。

（3）1、2、4 号监控断电时间显示为 20 时 35 分 42 秒，3 号监控断电时间显示为 20 时 27 分 14 秒。3 号监控断电时间较其他监控慢 08 分 28 秒。证人证言反映 3 号监控为后期加装的监控，电源线与其他监控不在同一回路。

（4）选取与 3 号监控拍摄位置有重合区域的 4 号监控进行比对分析，起火当天晚上下班员工关灯时间 4 号监控显示的时间为 18 时 06 分 37 秒（见图 4，图 5），3 号监控显示的时间为 17 时 58 分 33 秒（见图 6，图 7）。3 号监控时间较 4 号监控时间慢 08 分 04 秒。而 4 号监控与 1、2 号监控显示的时间一致，因此 3 号监控较其他监控时间慢 08 分 04 秒。

图 4　下班关灯前 4 号监控画面

图 5　下班关灯后 4 号监控画面

图 6　下班关灯前 3 号监控画面

图 7　下班关灯后 3 号监控画面

（4）通过比对 3 号监控出现光亮反应的时间和 1 号监控出现光亮反应的时间，3 号监控出现光亮反应的时间为 20 时 25 分 07 秒（北京时间 20 时 25 分 05 秒），见图 8，1 号监控出现光亮反应的时间为 20 时 30 分 03 秒（北京时间 20 时 21 分 57 秒），见图 9。综上所述，1 号监控出现火光的时间最早。

图 8　3 号监控出现光亮反应画面

图 9　1 号监控出现光亮反应画面

2.1.2　断电情况

（1）五楼厂房断电时间介于 20 时 15 分至 20 时 30 分之间。

（2）监控断电时间为 20 时 35 分 42 秒（北京时间 20 时 27 分 36 秒）。

2.2　起火部位认定

起火部位为温州经济技术开发区海城街道王山路 7 号厂房第五层西北角烘箱南侧区域，主要依据有：

2.2.1　现场痕迹

（1）四层物品烧损情况上重下轻，且围绕天井区域向四周逐渐减轻。四层物品烧损情况见图 10。

（2）六层物品表面有轻微的烟熏痕迹，无明显过火痕迹。六层物品烧损情况见图 11。

图 10　四层物品烧损情况

图 11　六层物品烧损情况

（3）五层物品烧损严重，烧损炭化和变形痕迹由天井西侧烘箱处向四周逐渐减轻。天井北侧喷塑工段局部烧损，烧损痕迹南重北轻、上重下轻。天井东侧物品烧损痕迹西重东轻。天井南侧物品烧损情况上重下轻、西重东轻。

2.2.2　视频分析情况

四层厂房天井顶棚出现火光滴落的时间为 2022 年 6 月 9 日 21 时 29 分 55 秒（北京时间 21 时 29 分 10 秒）较五层监控出现火灾时间 2022 年 6 月 9 日 20 时 30 分 03 秒（北京时间 20 时 21 分 57 秒）慢 1 小时 7 分 13 秒。

五层厂房 1 号监控显示厂房第五层西北角烘箱南侧区域最先出现火光。

2.3　起火点认定

2.3.1　现场痕迹

厂房五楼烘箱紧靠天井西墙，距北侧隔墙 1.7m。烘箱北侧设有鼓风机、燃烧机和储油箱，储油箱通过管道与燃烧机相连接。烘箱西侧顶上的排烟罩过火变色，变色痕迹南重北轻。烘箱北侧箱体外侧上部烧损严重变色呈蓝黑色，变色痕迹上重下轻呈“V”形，见图 12。

烘箱内部变色整体呈棕褐色，顶部箱体有明显的烟熏痕迹，北侧箱体上部烧损变色，变色痕迹上重下轻呈“V”形，南侧箱体东侧金属隔板整体烧损变色，变色痕迹下重上轻，见图 13。

烘箱内南侧箱体金属隔板内部隔热层下侧缺失，金属隔板下侧锈蚀破损，见图 14。

烘箱内南侧箱体金属隔板下侧破损处黏连有铝质五金件熔融物，见图 15。

图 12　烘箱北侧箱体烧损情况

图 13　烘箱内部烧损情况

图 14　隔热层和金属隔板破损情况

图 15　破损处黏连有铝质五金件熔融物

烘箱东侧天井隔墙，墙面有浓密的烟熏痕迹，靠烘箱一侧墙面抹灰层脱落，并形成清洁燃烧痕迹，见图 16。

烘箱南侧箱体外部金属隔板东侧过火严重变色呈蓝黑色，变色痕迹下重上轻、东重西轻紧靠箱体外侧摆放的铝质五金件受热熔融由南向北倾倒，见图 17。

靠烘箱南侧摆放的铝质五金件在地面形成东西长 1.7m，南北长 1.6m 的一个不规则的梯形熔融结块，见图 18。

熔融结块底部有纸质炭化物和塑料熔融物，下方水泥地面烧损开裂，水泥地面上存在纸质炭化物和塑料的熔融物，见图19。

图16　烘箱东侧隔墙烧损情况

图17　烘箱南侧箱体外部烧损情况

图18　烘箱南侧不规则的铝质熔融物

图19　熔融物下方地面炸裂

2.3.2　视频分析情况

1号监控显示起火部位位于五层厂房西北角烘箱南侧区域，起火数秒后火光在地面形成一个细长的光影，在南侧立柱上出现明显的光亮，根据光的传播原理，明确起火的部位位于天井外的烘箱南侧，且靠近地面位置[1]，见图20。

图20　1号监控火光情况

2.4　起火原因的认定

起火原因为烘箱南侧箱体底部破损导致隔热失效，外溢热量引燃周边可燃物。主要依据有：

2.4.1　证人证言

（1）厂房员工反映，现场的铝质构件烘箱为负责自制组装的燃油烘箱，火灾发生前烘箱底部和烘箱南侧箱体铁板损坏，老板将底边坏掉的部件换掉了，但是侧边的铁板没换，烘箱的温度达不到产品烘烤加热的效果。6月9日下班前烘箱内装满了货物。

（2）厂房负责人反映，天井西北方向外有一个烘箱，这个烘箱工作时烘箱内部温度有150℃。

（3）起火当天厂房内货物较多，靠烘箱南侧摆放了大量货物，且为了便于通行员工将货物紧靠烘箱南侧堆放，货物分别使用塑料框和金属框存放，货物下方地面垫有纸塑复合袋。

（4）员工和负责人均在笔录中回避烘箱使用情况，均表示下班后烘箱未使用，平时烘箱由厂房负责人操作。证言内容与事实不相符。

2.4.2　视频分析情况

（1）火灾发生前监控视频内未出现电气线路故障产生的白色强光。

（2）火灾发生前起火点附近无人员活动。

（3）查看5层厂房2022年5月31日至6月9日烘箱日常使用情况，除6月3日和6月4日休息未上班外，该厂每日早上6时0分至6时10分有工人专门打开烘箱进行散热，下午17时30分至18时0分之间关闭烘箱进行烘干作业。

（4）查看5层厂房2022年6月9日生产情况，下午下班前员工靠烘箱摆放了大量货物，且为了通行方便将货物向烘箱推移，使货物与烘箱更加贴近，起火后监控内看到光影在地面形成一条细线，说明货物与烘箱贴的很近。

2.4.3　烘箱工作原理分析

（1）火灾现场的烘箱为燃油烘箱，烘箱的加热温度为室温至250℃，见图21。

（2）烘箱工作原理为燃烧机先将加热室内的空气加热，通过鼓风机把加热后的空气吹入烘箱内，热空气通过风道从烘箱北侧箱体底部的进气口进入，见图22。

经过烘箱底部金属构件分隔的不同区域吹至底部南侧隔板，再通过底部覆盖的导流板上的孔洞向上流动对烘箱内的铝质产品进行烘干，见图23。

热风经过内部铝质产品后，由烘箱顶部中央的出风口进入加热室进行循环加热。内部产生的水蒸气由烘箱内侧东北角的排气孔通过外部的排气管排到排烟罩中，再由抽风机抽出。

图 21　烘箱燃烧机

图 22　烘箱底部进气孔

图 23　底部导流板和导流孔

（3）烘箱内温度由烘箱内侧顶部测温探针控制，温度达到预设温度并持续一段时间后自动停止加热。因烘箱破损热风能量外溢，起火当天烘箱内堆满烘烤的铝质产品，烘箱内部升温速度较慢，燃烧机需长时间持续加热并将热空气吹入烘箱内。

2.4.4　用电数据分析

（1）起火时厂房内还未断电，断电时间介于 20 时 15 分至 20 时 30 分之间。

（2）用电量会在每天 20 时 0 分至 20 时 30 分有一个明显的变化。说明每日此时段会有一个大功率用电设备停止使用，见图 24。

结合调查走访情况、用电使用记录和监控视频情况，综合判定五层厂房的烘箱在下班后 18 时至 20 时处于工作状态。

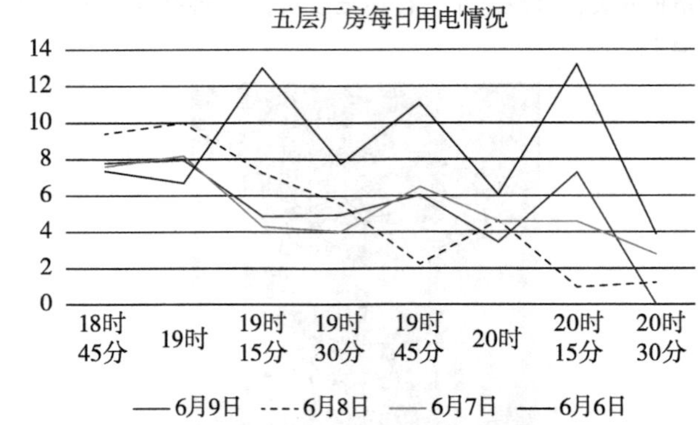

图 24　五层厂房 6 月 6 日至 6 月 9 日用电情况

2.5　物证鉴定

对铝质熔融结块下方炭化物同类型的纸塑复合袋和蓝色塑料框进行物质热稳定性鉴定。

（1）烘箱南侧纸塑复合袋中白色塑料层部分熔融温度为 160℃，分解放热温度为 194℃；黄色纸张层部分引燃温度为 286℃。进行恒温实验（设定温度为 200℃，实验时间 4500min），检材（2.4498mg）从 2050min 开始明显放热，持续到 3850min，且实验后观察到白色塑料层已挥发，黄色纸张层发生碳化阴燃，见图 25。

（2）蓝色塑料箱熔融温度为 131℃，分解放热温度为 190℃。进行恒温实验（设定温度为 200℃，实验时间 4500min），检材（2.6372mg）经过 4200min 后质量损失了 29.14%，且实验后观察到已发生碳化阴燃，见图 26。

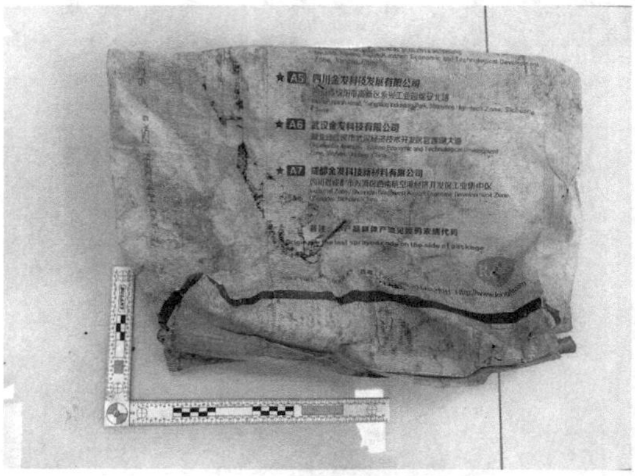

图 25　纸塑复合袋

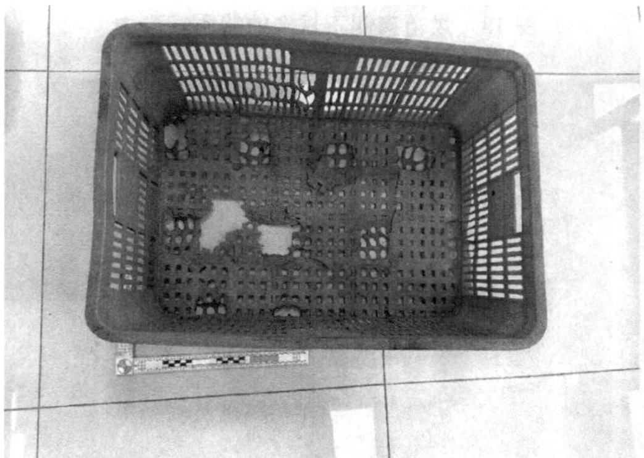

图 26　蓝色塑料箱

2.6　原因分析

根据调查访问、视频分析、用电量数据分析，确定了厂房内每日下班后会将烘箱开启对产品进行烘干，烘箱南侧箱体底部破损的位置位于烘箱热风的集中位置，该区域热量外溢最终引燃紧靠在烘箱上的塑料箱和纸塑复合袋引发火灾。

3 调查体会

3.1 监控时间校准的关键作用

监控视频的时间校准不能只简单校准监控主机时间，还要对所有连接至主机的监控探头进行校准，监控视频因设备调试安装等原因可能会存在时间差异，没有准确校准时间会导致火灾原因认定出现偏差。此次火灾调查，通过两个监控探头拍摄的相同区域内出现的光影变化准确校准了同个主机不同摄像头之间的时间差，同时结合火灾发生蔓延的规律，准确认定了起火时间、起火点和起火原因。

3.2 监控视频调取的范围应尽量扩大

视频监控的调取和分析不能仅局限于发生火灾的时段。该起火灾调查过程中通过监控视频观察分析场内工作人员的工作习惯，结合每日用电数据的变化情况准确固定了厂房内烘箱每日下班后的使用情况，为准确认定火灾事故原因提供了有力证据支撑。

3.3 调查询问要与视频监控内容相结合

火灾当事人为规避自身责任往往会在调查过程中隐瞒一些关键信息和火灾事故事实，应当将现场勘查、电子数据信息、调查询问、主观判断等与监控视频信息进行有机结合[2]。该起火灾事故调查过程中，厂房的员工和负责人对烘箱的使用情况进行了刻意隐瞒，最终通过视频分析获得的重要线索进行突破，相关人员供述了烘箱的使用情况和破损情况。

3.4 热传导火灾事故的认定需要对各项因素进行综合分析形成完整证据链

热传导导致的火灾常常因为火灾发生时无人员在场，监控视频未直接拍到起火点起火时的相关情况，会给认定起火原因造成一定的困难，在认定过程中需要充分排除其他起火的干扰因素[3]。该起火灾通过深入分析烘箱的工作原理，比对同类型烘箱的工作参数确定了其工作时所能达的引燃能量的问题，再通过对现场存在的塑料框和地面垫的纸塑复合袋进行物质热稳定性鉴定，最终确定了烘箱燃烧机产生的热空气能够加热烘箱的隔板从而引燃紧靠在烘箱上的塑料框和纸塑复合袋而引发火灾的事实。

参考文献

[1] 应急管理部消防救援局．火灾调查与处理（高级篇）[M]．北京：新华出版社，2021：125-169.

[2] 王鑫，梁国福．视频分析技术在火灾事故调查中的应用 [J]．消防科学与技术，2019，03：452-454.

[3] 牛小林．视频分析技术在火灾事故调查中的应用实践 [J]．科技与创新，2022，11：171—177.

关于一起乙醇蒸气爆炸火灾事故的调查及调查主体的探讨

姜　韬

（湖南省消防救援总队益阳支队，湖南　益阳）

摘　要　针对一起乙醇蒸气引发的爆炸火灾事故，根据现场调查得出先爆炸引发火灾的结论，依据相关规定，此类事故的调查主体并非消防部门

关键词　乙醇　火灾　爆炸　管辖

1 引言

2019年，笔者所在地某药品生产企业发生爆炸火灾事故，笔者作为技术调查组成员全程参与了调查，根据调查情况，就类似的事故管辖问题做一些探讨，希望对能够对此类事故调查提供一些帮助。

2 事故调查基本情况

2.1 事故基本情况

2019年7月某日，当地消防部门报警称：事故公司酊剂车间（藿香正气水）发生火灾事故，造成人员伤亡，请求救援，辖区消防救援大队接到报警后火速赶赴现场，进行了灭火，第一时间抢救了伤员。

经调查，2019年7月某日，酊剂车间操作工夏某按照正常程序对藿香正气水进行清洗干燥工作，上午10时多，夏某打电话给维修班，反映自已所使用的安瓿灭菌柜的柜门无法打开。钟某某接到电话后，安排电工魏某和陈某某到现场对灭菌柜进行修理。魏某和陈某某一同往厂房的C区清洗干燥间，期间陈某某去了厕所，魏某直接来到夏某的操作间。陈某某到达现场后，发现魏某已经将灭菌柜的门修好，夏某将门操作了一下，柜门能够正常打开。随后陈某某和魏某往外走，当两人走到包装间门口的走廊时，听到背后“呼”的一声响，两人回头，只看到一团很多的红色火焰迅速扑面而来。据魏某讲述，他到清洗干燥间后，询问夏某情况，夏某反映柜门只能打开一半，魏某将灭菌柜的电源断开，重新打开电源开关，柜门就打开了。陈某某和魏某均在事故中受伤。

2.2 事故车间生产工艺

藿香正气水灌装（装瓶）后，人工装盘（每盘300瓶，每车78盘，每瓶约含10mL藿香正气，其乙醇浓度45%），用灭菌推车送至安瓿灭菌柜，先用水洗涤，然后再用蒸汽在70℃、汽源压力0.3~0.5MPa、内室压力不超过0.06MPa的条件下清洗干燥；安瓿灭菌柜机动门在清洗干燥过程中封闭很好，为有限空间和压力容器。清洗干燥完后操作人员按程序打开灭菌柜柜门，由于场地狭小只能将装有藿香正气水的推车拉出柜后向自身的左边摆，使小推车与柜门形成一个角度，尔后卸车放置在中转车上进行冷却晾干，再送去灯检。

藿香正气水工艺流程见图 1。

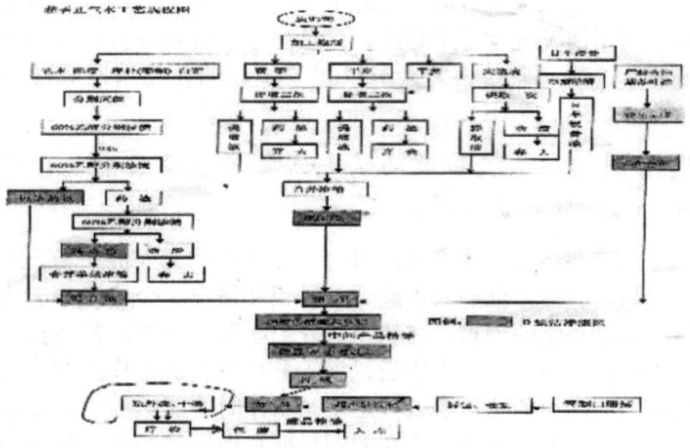

图 1　藿香正气水工艺流程

2.3　现场勘验情况

事故厂房一楼未过火，二楼酊剂车间灌装车间内未过火，内部设施完好，烟熏严重，

吊顶塌落；清洗车间整体过火，四周隔断烧损、变形严重，上部吊顶全部塌落，风管塌落、变形严重；灯检车间内物品较完好，烟熏严重，吊顶塌落；包装车间物品较完好，烟熏严重，吊顶塌落；清洗车间南侧过道吊顶塌落严重，上部风管变色，未塌落；西侧过道吊顶塌落严重。对清洗车间进行勘验，柜内地面掉落有呈粉碎性破碎的藿香正气水玻璃瓶，消毒柜柜门处于敞开状态，推车在柜门口，车上不锈钢钢架（正方体）竖向结构向外凸出；钢架底部掉落有托盘，托盘内藿香正气水玻璃瓶粉碎性破碎严重，托盘一端插板冲出，两侧向外变形呈放射性。见图 2~图 5。

图 2　车间内烧损情况（一）

图 3　车间内烧损情况（二）

图 4　推车整体向外凸出

图 5　推车内托盘向外侧变形

2.4　事故的定性

此次事故为一起乙醇蒸气爆炸引发火灾的一般生产安全事故。证据一：通过调查现场目击证人，均证实先听到爆炸声，随后高温气体及火焰扑面而来。证据二：对从受伤人员伤情来看，所受伤害均为瞬间灼伤，符合爆炸火灾致伤的特点。证据三：不锈钢钢架（正方体）竖向结构向外凸出、变形，整体呈现椭球形，符合爆炸引导致金属变形特性。证据四：钢架底部掉落有托盘，托盘内藿香正气水玻璃瓶粉碎性破碎严重，托盘一端插板冲出，两侧向外变形呈放射性，符合爆炸导致金属变形特性。证据五：事故车间内墙壁、管道外表面烟熏严重，符合气体爆炸特征。

3　本次事故调查管辖

根据《中华人民共和国消防法》第五十一条：消防救援机构有权根据需要封闭火灾现场，负责调查火灾原因，统计火灾损失。即依据此规定，消防救援机构负责火灾的调查，并对火灾事故进行认定。

依据《消防词汇　第 1 部分：通用术语》（GB/T 5907.1—2014），火灾是在时间或空间上失去控制的的燃烧（词条 2.3）；燃烧是可燃物与氧化剂作用发生的放热反应，通常伴有火焰、发光和（或）烟气的现象（词条 2.21）；同时该标准对爆炸也有定义，爆炸是在周围介质中瞬间形成高压的化学反应或状态变化，通常伴有强烈放热、发光和声响（词条 2.38）。由上述定义可以看出，在消防词汇中，火灾和爆炸是两个并列并且有区别的两个概念。

根据《企业职工伤亡事故分类标准》（GB 6441—86），事故类被共分为物体打击、车辆伤害、机械伤害、起重伤害、触电、淹溺、灼烫、火灾、高处坠落、坍塌、冒顶片帮、透水、放炮、火药爆炸、瓦斯爆炸、锅炉爆炸、容器爆炸、其他爆炸、中毒和窒息、其他伤害等20类事故。

根据《国务院安委会办公室关于实行生产安全事故统计联网直报的紧急通知》《生产安全事故统计调查制度》及应急管理部（原安全生产总局）安全生产综合统计直报系统（2016版），火灾与火药爆炸、瓦斯爆炸、容器爆炸、其他爆炸（例如煤气、液化石油气、乙炔气、粉尘、汽油蒸气与空气形成的爆炸性混合物等发生的爆炸均属于此类）等作为生产安全事故并列统计。

根据以上可知，火灾和爆炸的定义不一样，同时在安全生产事故分类中，火灾与爆炸为两类不同的是同类型。据《中华人民共和国消防法》第五十一条，消防机构只负责火灾事故的管辖，不负责爆炸事故的管辖。此起事故为爆炸引发火灾的一般生产安全事故，故按照《生产安全事故报告和调查处理条例》（国务院令第493号）的规定，由县级人民政府组织事故调查组进行调查。事故调查组由有关人民政府、安全生产监督管理部门、负有安全生产监督管理职责的有关部门、监察机关、公安机关以及工会派人组成，并应当邀请人民检察院派人参加。

4 此起事故的调查程序

当地消防部门通过两天的现场勘验及外围调查，最终确定此次事故为一起乙醇蒸汽爆炸引发火灾的一般生产安全事故。当地人民政府成立以应急管理部门牵头，消防、质监、公安、工会等多部门参与的联合调查组，消防部门作为联合调查组中技术调查组组长单位牵头开展技术调查，负责认定事故发生的直接原因。经过一个多月的调查、取证，技术调查组向联合调查组递交了《××公司酊剂车间爆炸火灾事故技术调查报告》，联合调查组向当地人民政府提交了《××公司“7.×”一般生产安全事故调查报告》，作为处理该起事故的依据，当地消防部门未出具《火灾事故认定书》。后续的事故追责中，属地乡镇政府、质监部门、应急管理部门均应履职不到位而被追责，消防部门无失职渎职情形。

5 一些启发

实际工作中，基层消防部门经常遇到类似事故，例如液化石油气泄漏爆炸引发火灾、管道天然气泄露爆炸引发火灾、粉尘爆炸引发火灾，属地政府、行业部门、事故单位想当然的以为只要是以火灾呈现出的事故就应该是消防部门管辖，该认识将直接影响到后期的责任追究。所以我们在实践工作中务必搞清楚几件事情，一是该爆炸起火物的定性是什么，到底是什么物质，其主管部门是谁，消防部门有没有管辖权；二是先起火还是先爆炸，务必通过现场勘验、调查询问、人员受伤特征等查清楚，三是要根据事故情况及法律法规，理直气壮的向属地和上级政府讲清楚行业监管情况及事故调查管辖区，为政府当好参谋助手；四是要充分发挥消防部门火灾事故调查的专业优势，积极配合相关部门开展事故调查工作。

参考文献

[1] 中华人民共和国消防法

[2] 中华人民共和国安全生产法

[3] GB/T 5907.1—2014，消防词汇 第1部分：通用术语［S］.

[4]《生产安全事故报告和调查处理条例》（国务院令第493号）

[5]《危险化学品目录》（2015版）

[6] GB/T 12474—2008，空气中可燃气体爆炸极限测定方法［S］.

[7] GB 6441—86，企业职工伤亡事故分类标准［S］.

[8] 生产安全事故统计调查制度

我国火灾调查工作现状分析

卜冠杰[1] 吴冠霖[2]

（1. 黑龙江省大庆市油田消防支队，黑龙江 大庆；2. 广东司法警官职业学院应急管理系，广东 广州）

摘 要 火灾调查工作是基层消防救援的重要工作，但对于火灾调查工作的开展，尤其是针对现存的火灾调查队伍的建设与装备配备情况来看，还有着一定的不足。当消防救援人员在进行消防灭火救援工作时，消防指挥员必须了解火情，并根据实际情况制定对策，从而更好更安全的开展灭火救援工作，消防救援人员需要专业的知识与装备来开展工作，保护群众的生命财产安全。本文对当前基层消防的火灾调查工作进行了分析研究，并针对其不足之处提出了相应的对策分析，旨在促进基层消防救援工作中火灾调查工作的开展。

关键词 火灾调查 消防救援 灭火救援 对策分析

1 引言

火灾调查工作是涉及了建筑、物理和化学等多门学科的综合性学科体系[1]。法律则是赋予了火灾调查工作的职责和义务，它主要负责调查火灾的起火原因，统计生命财产损失，并且对火灾造成的事故依照法律做出责任划分并进行处理，最后总结火灾原因，防止下次火灾的发生。火灾调查是涉及到多个领域的综合性学科，对工作人员有着较高的专业技术性的要求，如开展火灾调查工作时需要科学谨慎，对于火灾诱因要及时查清，针对起火原因开展相对应的整改措施，对火灾发生进行责任划分并依法对违法行为做出处罚。但在现实开展工作时，火灾调查工作所进行的案件数量多而杂，人手不足，并且在开展工作时，又会受到多重因素的干扰：调查人员的经验，配备的装备精良程度，技术水平等，这都是造成火灾调查工作质量不高的原因[2]。

2 火灾调查工作现存的问题

2.1 任务重、人员经验少

根据相关的法律法规，消防人员针对每场火灾需要调查清楚其起火原因和火灾损失情况，相应的火灾调查是一项细致而又繁重的工作，针对每个步骤需要耗费大量的人力物力，要准确的判断起火部位，起火原因，划分火灾责任，维护好社会的稳定，守护好社会的公平正义。有部分地区的消防救援机构为了减轻火灾调查人员的任务量，针对部分的轻微火灾规定，消防救援人员只对其进行登记而不再展开调查工作，但是并没有通过正式的法律进行规定，所以对于火灾调查的工作人员来说并没有减轻相应的工作压力[3]。

随着新一代年轻人加入到火灾调查队伍中，大大缓解了我国火灾调查工作人员的压力，但是相对来说，年轻干部接触的相关火灾事故调查较少，没有形成对火灾调查工作的整体经验，并且在思想上对其重要性的认识不足，一旦在现实火灾调查中，遇到复杂棘手的案件时，就会很容易造成问题，形成了工作被动，甚至会出现事故[4]。目前由于多种因素，火灾调查人员的调整与任命较为频繁，所以火灾调查的队伍不够稳定，一旦进行岗位调整，又要重新认识学习，没有办法形成稳定的队伍力量，造成了火灾调查水平的停滞。

2.2 专业性不高

当火调人员到达火灾现场时，现场环境极为复杂，现场情况无序，人员声音杂乱，此时火灾调查人员易受到影响，进而会对火灾认定和火场评估造成一定的影响，甚至会做出错误的判断。并且存在少数消防救援指挥人员在指挥灭火工作时，没能意识到某些部位对于起火原因和火灾蔓延方式调查的重要性，所以火场中的关键痕迹很难得到较好地保留。

在进行火灾调查工作时，火灾调查人员到达现场后首先要根据现场的实际情况进行安排和部署工作，分工明确，提高火灾调查的工作效率，从而更好的确定起火原因和责任划分。因此，在火灾调查工作中，一个合格的现场指挥员对火灾调查工作有着决定性的作用，所以更应该提高现场指挥人员的专业素质和专业知识[5]。但在实际火场调查中，尤其是在面对较为复杂的环境下，起火原因和责任划分不好确定，则需要有着丰富经验的火灾调查人员来担任指挥的工作。但是现在基层消防队伍的人才紧缺，部分指挥员的经验不够丰富，制定的措施不够完善，不足以完成相对应的火灾调查工作。

2.3 装备有待更新

火灾调查工作在进行现场勘验检查时，需要借助专业的仪器设备来进行工作，并对相应的关键物证进行分析检查，进而确定起火原因和起火部位，从而得到一个专业性强的火灾调查结论。但是纵观基层消防救援队伍，不少基层队伍的装备老旧，甚至由于维护不当有些已经损坏；有的基层队伍甚至没有相对应的装备。所以当火灾调查人员到达火场时，只能依靠较为原始的手段进行现场勘验，不仅其结果可能存在偏差，还有可能对火灾调查人员的人身安全造成损害。

3 火调人员的工作改进对策

3.1 加强团队协作

多措并举地提升火调人员的专业素养。完善火灾调查人员的队伍，并通过加大培训的力度来提高火灾调查人员的经验技能。利用多种形式开展培训，通过理论学习和实战实训提高火灾调查人员的素养和业务水平能力[6]。一方面，对火灾调查人员进行理论知识的培训学习，要有着扎实的基础，完善法制教育，提高法制意识，重视本职工作；另一方面，开展实战实训课程，在场地模拟各类火灾，通过实战实训来提高火灾调查人员的应急应变能力。火调人员在进行学习培训后，通过组建学习小组对不同类型的火灾调查技巧进行经验分享，拓宽火调人员的知识面与应急应变能力，提高火灾调查水平。在基层火灾调查部门可以选拔业务骨干，通过对业务骨干进行培训，提高基层火调的整体水平，组成火灾调查应急组，开展复杂的火灾调查工作。

3.2 加强人员装备

完善火灾调查人员的装备配备。完善火灾调查工作的物质保障，配齐开展工作的必要装备，不断提升相应的火灾调查技术型设备，形成“人才+装备”共同发展的队伍建设。尤其是基层消防部门要加大资金投入，完善火灾调查人员的装备，与时俱进，不断更新调查手段，并加大对新型装备的开发力度，充分利用高科技装备，对火灾现场进行勘验检查，提高勘验检查工作的科技含量，增大火灾调查工作的信服力，促使火灾调查向现代化、智能化的方向发展，让火灾调查人员更好地开展工作，服务群众。

3.3 加强宣传效果

加大消防宣传教育和预防火灾小知识的工作。预防火灾是消防部门的重要工作之一，火灾调查人员首先对火灾现场进行勘验检查，确定起火原因。对于不同的起火原因进行归纳总结，形成文字标语以及视频图片的形式，以中队为单位进行宣传消防工作。一方面，通过拉横幅、开展消防安全知识问答等形式，让更多人知道并参与到活动中来；另一方面，通过直播、电视广播等形式，开展防火知识的宣传活动。让全社会都能够充分地认识到火灾的严重后果，明白预防火灾的重要性，提高防火的思想认识，从根本上杜绝火灾的再次发生。

3.4 增强自身素养

积极学习，不断增强自身业务素质和专业技能。火灾调查人员应该有着自主学习的意识，不断地提高自己的工作能力，在进行火灾调查工作时，能够依法进行调查取证，并通过专业设备和知识进行工作，在工作中应该依照客观的数据为依托，进行信息化的处理，最后通过各方面的数据和结果的比对分析，将现场火灾发生时的起火原因、起火点、火灾蔓延方向等进行记录，以达到火场火灾的明确责任、客观公正、科学可靠的效果[7]。所以火灾调查人员应该树立终身学习的理念，对于专业知识应主动去学习，并不断学习相关的书籍和火灾事故，在未来面对火灾时能够更好的进行火灾调查工作。

3.5 加强实战训练

火调人员应利用信息化知识，提高火灾调查工作的新方法，加强实战训练，从而提高火灾调查能力。针对火灾调查工作，梳理每次工作中的经验总结，在总结中进行反思，查看疏漏之处，并及时在日后进行改进。通过每周或者每次火灾调查工作结束后进行经验例会，会中人员可畅所欲言，对于队友的长处要进行讲解，不足之处也要及时指出，并及时进行改正，避免再次出错。在一次次工作和总结中，使理论和实践相结合，有效地提升火灾调查能力和应变能力。

4 小结

随着人们生活方式和生活水平的不断提高，越来越多的电气设备被应用到生活中，相应的社会火灾事故尤其是电气火灾发生的案件数也正在不断提升，人民群众的生命财产安全正在面临着严重的威胁，火灾调查中消防救援人员的伤亡人数居高不下，如果面对此类情况，我们不能够控制火情，调查清楚火灾起因，很容易造成社会恐慌以及形成火灾规模，引起更加严重的后果。在上述背景下，火灾起因、蔓延路径、责任划分等直接关系到群众的利益，广受群众关注，所以火灾调查工作显得极为重要，火灾调查的工作水平急需提高。因此，我们应该补齐短板，继续提升火灾调查人员的专业知识和调查经验，完善火灾调查队伍的建设体制机制，提升调查火灾起因和财产损失等方面入手，完善火灾调查的工作机制，提高火灾调查人员的能力。

参考文献

[1] 闫力纲．信息技术在火灾调查中的实施对策［J］．今日消防，2021，6（04）：14-15.

[2] 张金仓．火灾事故调查工作中存在问题及解决策略［J］．今日消防，2021，6（04）：124-125.

[3] 何昌金．当前消防火灾调查工作存在的问题与对策探析［J］．消防界（电子版），2021，7（07）：83+85.

[4] 张健．新时期基层火灾调查存在的问题及解决对策［J］．消防界（电子版），2021，7（07）：87-88.

[5] 杨黎明．火灾事故调查工作中存在的问题及对策分析［J］．消防界（电子版），2021，7（06）：68+70.

[6] 孙振文，石屹，张冠男，彭斯璐，乔婷，王萍，解鹏达，王明直．火灾调查中的关键要素演变及逆向推演［J/OL］．刑事技术：1-7［2021-05-14］．https：//doi.org/10.16467/j.1008-3650.2021.0057.

[7] 连德桂．浅谈火灾调查理论框架建立探讨［J］．中国建材科技，2014，23（04）：211-212.

[8] 裴楠，陈艳军．消防刑侦协作在一起火灾调查中的应用［J］．消防科学与技术，2014，33（07）：844-846.

[9] 高云鹏．论火灾调查工作现状及改进措施［J］．中国科技纵横，2016，000（017）：178-178.

监控视频在火灾事故调查中的应用和注意事项

史立辉

（石家庄市消防救援支队，河北　石家庄）

摘　要　随着科技的发展，越来越多的电子数据应用到火灾事故认定当中，尤其是监控视频提取和分析为快速准确认定起火原因提供了有力支持。本文通过实际案例着手，分析监控视频在火灾调查过程中的案例应用及注意事项。

关键词　监控视频　火灾事故调查　应用　注意事项

本文作者专职从事火灾调查工作十余年，经历了从最初仅靠调查询问和现场勘验确定起火原因到现在综合利用电子数据、物证鉴定、视频影像等多种手段的过程。根据自身调查火灾的体会着重论述监控视频在调查火灾事故中的作用，并根据具体案例提出需要注意的事项。

1　视频监控在火灾调查中起着关键性作用

视频监控在火灾发生过程中对有关影像的记录，可以动态还原整个火灾事实，为调查人员查明火灾原因提供有力证据。它具有以下优点：第一，动态性。监控视频可以动态的反映整个火灾事故的发生状况，给火调人员一种身临其境的感受，有利于调查人员对火灾现场有清晰的认识，做出准确的判断。第二，客观性。与传统的火灾调查手段相比，视频资料具有真实性和准确性，大大克服了主观因素的影响，能够客观的反映案件发生情况。第三，连续性。与图片资料相比，视频资料可以完整的、详细的反映现场信息，调查人员可以利用视频资料，详细了解整个案发过程，不放过任何细节。

火灾调查人员通过调取起火场所内外视频监控，能够还原火灾前后现场的有关情况，直接为认定原因提供有力的证据支持。通过查询视频影像不仅可以直接确定起火时间和原因，也可以通过光线的角度、强弱测算出起火部位，还可以根据视频画面确定人员活动轨迹、复原火灾前现场布置，对火灾事故调查具有十分重要意义。因此，“救人、灭火、抢视频”成为现在消防救援人员在火场中的主要任务。

2　在火灾现场周围查找有效的监控点

火灾调查人员到达火灾现场后，迅速勘验现场，及时到火灾现场周围进行走访，寻找有效的监控设施。距离火灾现场越近的监控越能详细记录火灾发生的情形，调查人员可以从视频中认定火灾的起火点、分析火焰的颜色变化和火势的运动方向以及火灾现场进出人员的体貌特征，然后综合证人的证言等相关资料，就可以基本还原整个案情的发生始末。如果调查人员未能及时调取现场监控录像或者调取监控的位置不正确，就丧失了最直接有力的证据。

在调查某仓库火灾时，经现场勘验可以确定起火点，但是在起火点处放置有纸箱，纸箱北部紧贴北墙的部位全部烧失炭化，炭化层最下面的铝质电缆全部熔化，纸箱中部保留有未燃烧的部分，纸箱南部同样炭化严重（图1）。库房内无视频监控，且发现着火的时间距人员离开库房的时间约4h，因此依据北侧的铝质电缆无法确认电气故障引发火灾的可能，根据时间推断亦无法排除遗留火种引发火灾的可能。

图1

因该库房地处村外，不但仓库内无视频监控，周围企业也没有照向该方向的摄像头。在调查陷入僵局的时候，调查人员发现火场远处的高压输电塔上安装有摄像头，调取高压输电塔的电子数据，该摄像头每 10min 自动拍照一次，在 4 时 20 分的照片显示火场方向无烟气，4 时 30 分的照片显示火场方向有浓烟冒出（图 2）。

图 2　高压输电塔拍摄照片

根据高压输电塔上拍摄到的照片可以确定着火前期无长期阴燃的现象，可以排除遗留火种引发火灾的可能，最终认定起火原因为电气故障引发火灾。

3　提取监控视频后要及时校对时间

火灾发生后不仅要第一时间寻找并提取现场或周边视频，防止因各种原因造成视频丢失，而且要及时校对系统时间，防止因未校对时间认定错误，或几天后再校对时间造成少许偏差影响事故的认定。尤其是提取到不同单位的视频主机后，更要同北京时间进行校对，避免因系统时间误差造成事故定性错误。

某民营企业发生火灾，过火面积 1500m^2，烧毁仓库和部分厂房及设备。通过调取仓库内的监控录像，显示凌晨 5 时 44 分火是从仓库南侧货物与顶棚处着起（图 3），与报警职工描述的情况一致。现场钢屋架变形程度塌落方向也指向该处，符合最先起火的基本特征。

图 3

经现场勘查，该仓库顶棚处设有照明线路和灯具，虽经调查，起火点位置的灯具已坏，监控录像上也没发现该处有灯光，但分析认为，该灯具开关地处人行通道上，很有可能有人触碰过，即使灯具不亮，也有可能火零线接错，因此并不排除线路上带电。火调人员对此线路进行勘验，在与起火点对应的钢屋架上，提取了该灯具线路上一段带电熔痕特征的铜导线（图 4），因此初步认定起火原因为照明线路故障引发火灾。

图 4

调查过程中，火调人员注意到仓库墙外的架空线路，怀疑因其引发的火灾，故调取了隔壁企业的监控视频，监控画面显示架空线路于 6 时 05 分 44 秒的确在仓库顶棚发生了短路（图 5），但短路发生的时间比仓库起火的时间晚了 20min，结论还是指向仓库内。

图 5

但是，重新调取了两个监控录进行仔细的比对，终于有重大突破。发现两个监控的系统时间与北京时间均有差异，经过校对后，仓库外的监控时间快了 3min，仓库内部的监控时间慢了 19min（图 6），经核对仓库内起火为北京时间 6：03 分，仓库外线路短路的时间为 6：02 分，其结论是仓库外短路时间先于仓库内起火时间，起火原因为外部架空电线短路引发火灾。

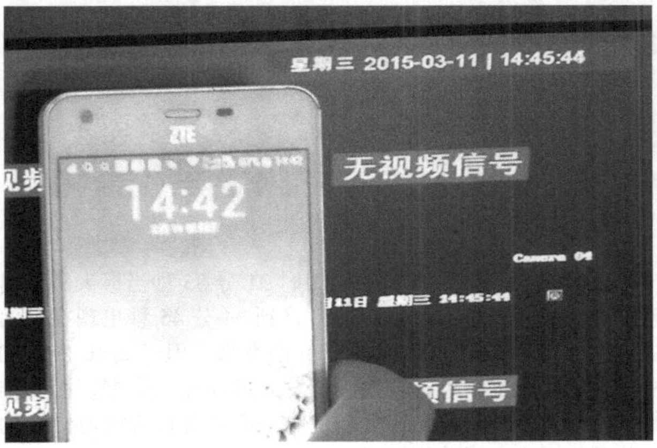

图 6

4 尽可能获取并查看完整的视频监控

当今社会，不但公安、交警、环保、电力等政府部门设置有监控设备，企业、商户及个人为了安全也安装了视频监控，火调人员获得监控视频比较容易，在收集视频资料时尽可能获得完整信息。在火灾发生过程中，有些火灾发展的比较慢，前后要持续几个小时，调查人员如果只截取一段视频，就无法还原整个火灾发生过程。在查询监控视频时，不但要查看着火时及着火后的视频，还要查询着火前的视频，必要时可以查看着火前几天的视频，有时可以找到火灾相关的蛛丝马迹。

某灯具仓库发生火灾。该火灾不但造成仓库内存放的灯具全部烧毁，还蔓延到周围存放轮胎、乳胶垫等物品的仓库，过火面积 600 余平方米，直接经济损失上百万元。

在火场中提取到视频主机一台，因受到热烟气的影响无法启动，所幸监控主机硬盘外观无损伤，送到电子城恢复出视频数据，画面颜色有些失真，但基本能够看清。经查看，2022 年 5 月 7 日 11 时 36 分 20 秒（系统时间，下同），在库房门口西南侧十米左右的位置出现火苗，并逐渐变大蔓延（图 7）。再先前追溯，11 时 30 分 40 秒仓库有一人扛着灯具进入，并于 11 时 34 分 50 秒离开库房（图 8）。

图 7

图 8

火调人员利用视频分析软件一帧一帧的播放，反复查看，尤其是仓库人员 11 时 30 分 40 秒进入到仓库后的视频。31 分 30 秒当事人放下灯具后有蹲下的动作，因有纸箱遮挡人影消失，31 分 36 秒当事人蹲下的地方附近纸箱上有两下闪光的现象（图 9），此后因有纸箱遮挡仅有两次在画面中露出头部，直至 11：34：45 在画面中出现并走出库房。在出现在画面之前的 34 分 37 秒时在起火点附近还有一个异常的闪光出现（图 10）。

图 9

图 10

火调人员根据视频推断，11 时 31 分 35 秒当事人蹲下出现闪光，应为当事人将烟点着，直到 34 分 45 秒出现在画面中，3 分 10 秒的时间可以抽完一根香烟，但是离开 1 分 30 秒后就起明火了，不符合烟头引发火灾的理论依据。因此推断 34 分 37 秒时的闪光有可能是他手里拿着打火机习惯性的打着玩，不小心引着纸箱了。

这些推断的前提是怀疑当事人吸烟，但是该人员出现在视频的画面都是戴着口罩的，也没见有明显脱戴口罩的动作。为验证当事人是否有在仓库吸烟的习惯，调查人员调取了着火前一天的视频，发现 5 月 6 日 10 时 28 分 40 秒后，画面中有两人（其中一人为着火当天当事人）在库房通道南头疯狂的点地上的杨絮，持续了两分多钟（图 11）。根据前一天的视频就解释了着火前当事人蹲下动作以及闪光的现象了。

图 11

5 加强视频监控的分析对比

火调人员收集和查看火场周围的监控视频时，经常发现一些监控分辨率低，无法得到清晰的影像信息。特别是晚上光线不足，视频模糊，通过观看视频无法准确判断起火点、烟气位置等重要信息。调查人员可以采取视频资料对比的方式，将案发前后的视频画面进行对比，既提高了效率，也可以帮助调查人员了解一些不易察觉的信息。视频对比时，可以对比同一个监控不同时段的画面，也可以针对不同的摄像头画面进行对比，还可以将监控视频与其他电子数据进行对比。

在调查某仓库火灾过程中，当事人怀疑是仓库内充电的电动汽车引发的火灾，火调人员提取了电动汽车后台数据和仓库外视频监控，但是监控主机未校对时间，造成无法判断仓库外有火光映出时间和电动车断电时间的先后顺序。调查人员最初根据着火前的当天下午电动汽车充电的视频画面与后台数据进行对比，监控画面显示 19 时 24 分 20 秒电动汽车司机将充电枪插入汽车开始充电，而后台数据为 19 时 26 分 34 秒电动汽车开始充电，两者相差 2 分 15 秒左右，即视频监控比电动车后台时间慢 2 分 15 秒（图 12）。

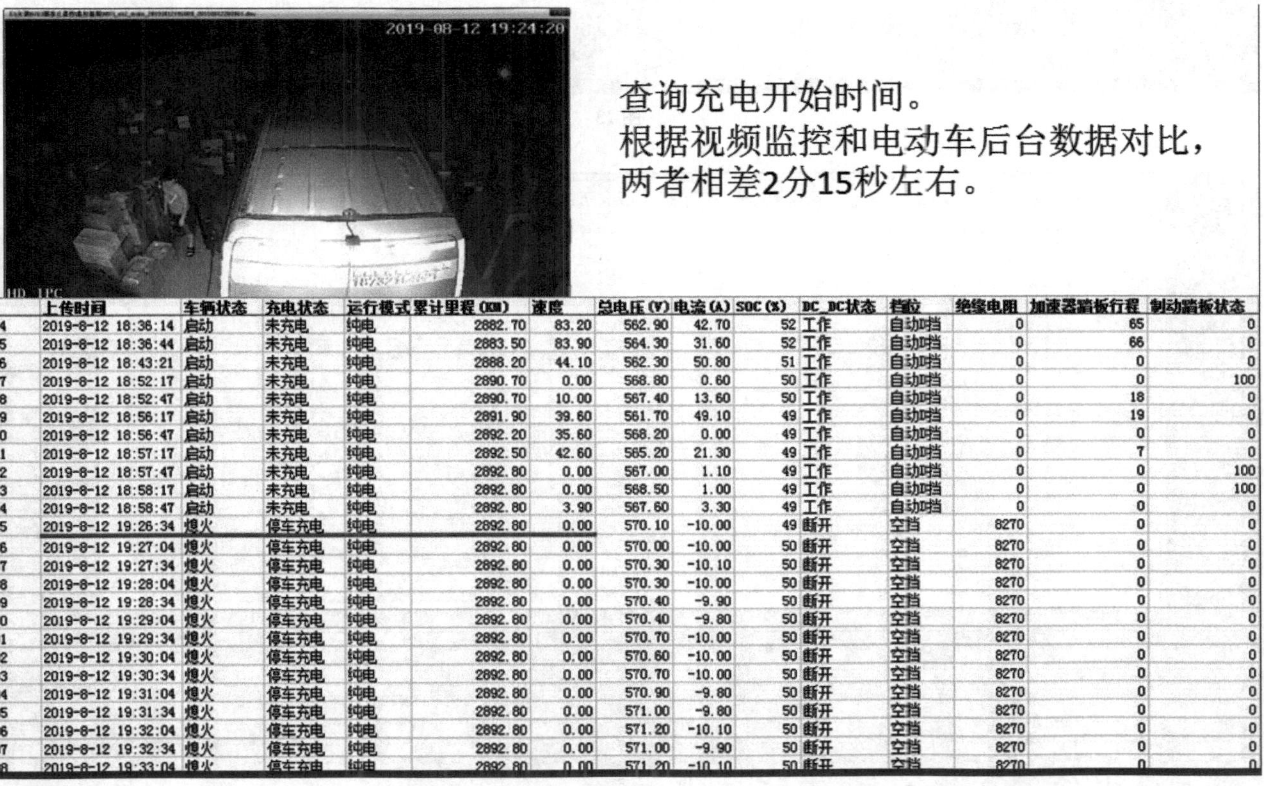

	上传时间	车辆状态	充电状态	运行模式	累计里程 (KM)	速度	总电压 (V)	电流 (A)	SOC (%)	DC_DC状态	档位	绝缘电阻	加速器踏板行程	制动踏板状态
5984	2019-8-12 18:36:14	启动	未充电	纯电	2882.70	83.20	562.90	42.70	52	工作	自动D挡	0	65	0
5985	2019-8-12 18:36:44	启动	未充电	纯电	2883.50	83.90	564.30	31.60	52	工作	自动D挡	0	66	0
5986	2019-8-12 18:43:21	启动	未充电	纯电	2888.20	44.10	562.30	50.80	51	工作	自动D挡	0	0	0
5987	2019-8-12 18:52:17	启动	未充电	纯电	2890.70	0.00	568.80	0.60	50	工作	自动D挡	0	0	100
5988	2019-8-12 18:52:47	启动	未充电	纯电	2890.70	10.00	567.40	13.60	50	工作	自动D挡	0	18	0
5989	2019-8-12 18:56:17	启动	未充电	纯电	2891.90	39.60	561.70	49.10	49	工作	自动D挡	0	19	0
5990	2019-8-12 18:56:47	启动	未充电	纯电	2892.20	35.60	568.20	0.00	49	工作	自动D挡	0	0	0
5991	2019-8-12 18:57:17	启动	未充电	纯电	2892.50	42.60	565.20	21.30	49	工作	自动D挡	0	7	0
5992	2019-8-12 18:57:47	启动	未充电	纯电	2892.80	0.00	567.00	1.10	49	工作	自动D挡	0	0	100
5993	2019-8-12 18:58:17	启动	未充电	纯电	2892.80	0.00	568.50	1.00	49	工作	自动D挡	0	0	100
5994	2019-8-12 18:58:47	启动	未充电	纯电	2892.80	3.90	567.60	3.30	49	工作	自动D挡	0	0	0
5995	2019-8-12 19:26:34	熄火	停车充电	纯电	2892.80	0.00	570.10	-10.00	49	断开	空挡	8270	0	0
5996	2019-8-12 19:27:04	熄火	停车充电	纯电	2892.80	0.00	570.00	-10.00	50	断开	空挡	8270	0	0
5997	2019-8-12 19:27:34	熄火	停车充电	纯电	2892.80	0.00	570.30	-10.10	50	断开	空挡	8270	0	0
5998	2019-8-12 19:28:04	熄火	停车充电	纯电	2892.80	0.00	570.30	-10.00	50	断开	空挡	8270	0	0
5999	2019-8-12 19:28:34	熄火	停车充电	纯电	2892.80	0.00	570.40	-9.90	50	断开	空挡	8270	0	0
6000	2019-8-12 19:29:04	熄火	停车充电	纯电	2892.80	0.00	570.40	-9.80	50	断开	空挡	8270	0	0
6001	2019-8-12 19:29:34	熄火	停车充电	纯电	2892.80	0.00	570.70	-10.00	50	断开	空挡	8270	0	0
6002	2019-8-12 19:30:04	熄火	停车充电	纯电	2892.80	0.00	570.60	-10.00	50	断开	空挡	8270	0	0
6003	2019-8-12 19:30:34	熄火	停车充电	纯电	2892.80	0.00	570.70	-10.00	50	断开	空挡	8270	0	0
6004	2019-8-12 19:31:04	熄火	停车充电	纯电	2892.80	0.00	570.90	-9.80	50	断开	空挡	8270	0	0
6005	2019-8-12 19:31:34	熄火	停车充电	纯电	2892.80	0.00	571.00	-9.80	50	断开	空挡	8270	0	0
6006	2019-8-12 19:32:04	熄火	停车充电	纯电	2892.80	0.00	571.20	-10.10	50	断开	空挡	8270	0	0
6007	2019-8-12 19:32:34	熄火	停车充电	纯电	2892.80	0.00	571.00	-9.90	50	断开	空挡	8270	0	0
6008	2019-8-12 19:33:04	熄火	停车充电	纯电	2892.80	0.00	571.20	-10.10	50	断开	空挡	8270	0	0

图 12

但是，在后期对电动汽车进入仓库前的视频进行仔细分析时发现异常。查看视频监控发现 18：57：47 时，该电动汽车停于大门口等待开门进车，对比电动汽车后台数据显示 18：57：47 时汽车启动但无速度（图 13）；视频监控 18：58：17 时，该电动汽车停在院门口准备开门进入，电动汽车后台数据 18：58：17 时再次显示汽车启动但无速度（图 14）；视频监控 18：58：47 时，该电动汽车低速驶入院内准备进入仓库，电动汽车后台数据显示 18：58：47 时汽车启动低速度（图 15）。根据这三个时间点的对比，电动汽车后台数据与视频监控画面分秒不差、无时间差，经实验证实，充电枪插入后电动汽车后台数据有一段时间延迟。那么前期调查认定的依据两系统相差 2 分 15 秒不成立，依此作出的事故认定也完全错误。

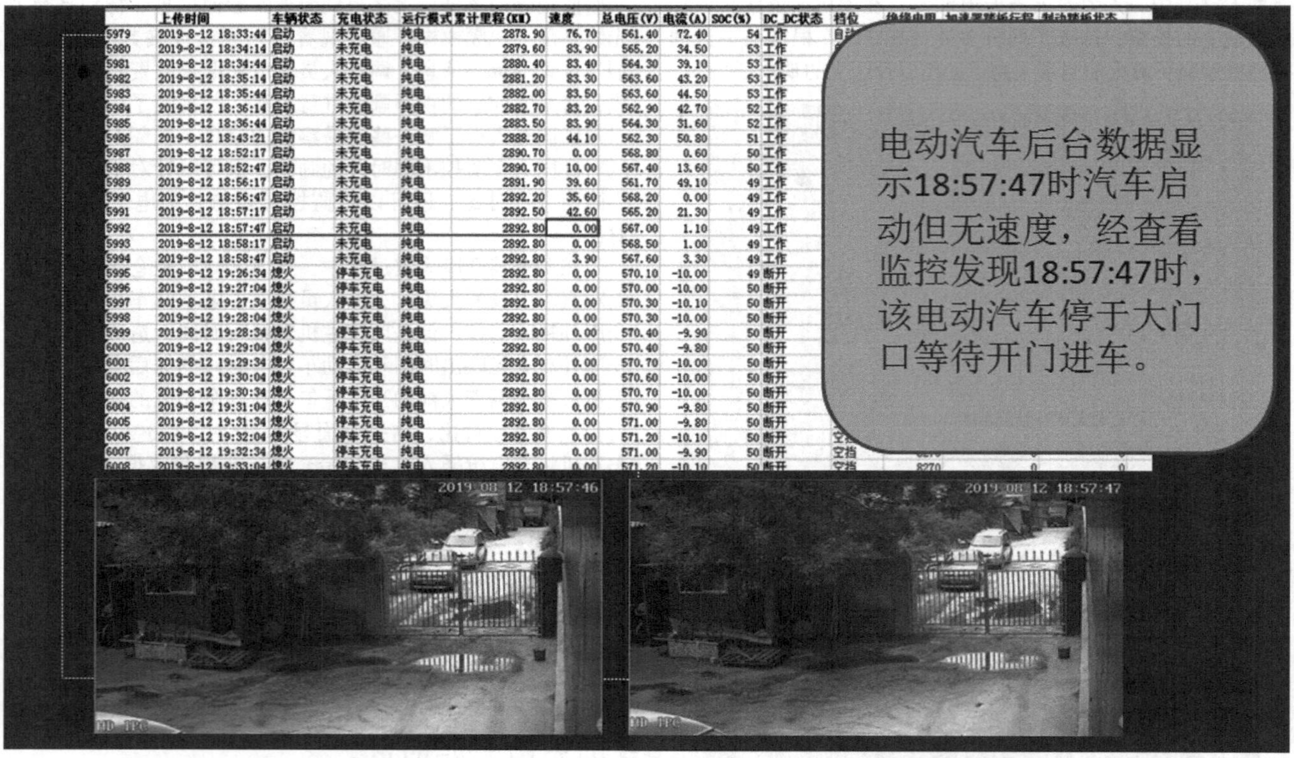
电动汽车后台数据显示18:57:47时汽车启动但无速度，经查看监控发现18:57:47时，该电动汽车停于大门口等待开门进车。
2019-08-12 18:57:46
2019-08-12 18:57:47

图 13

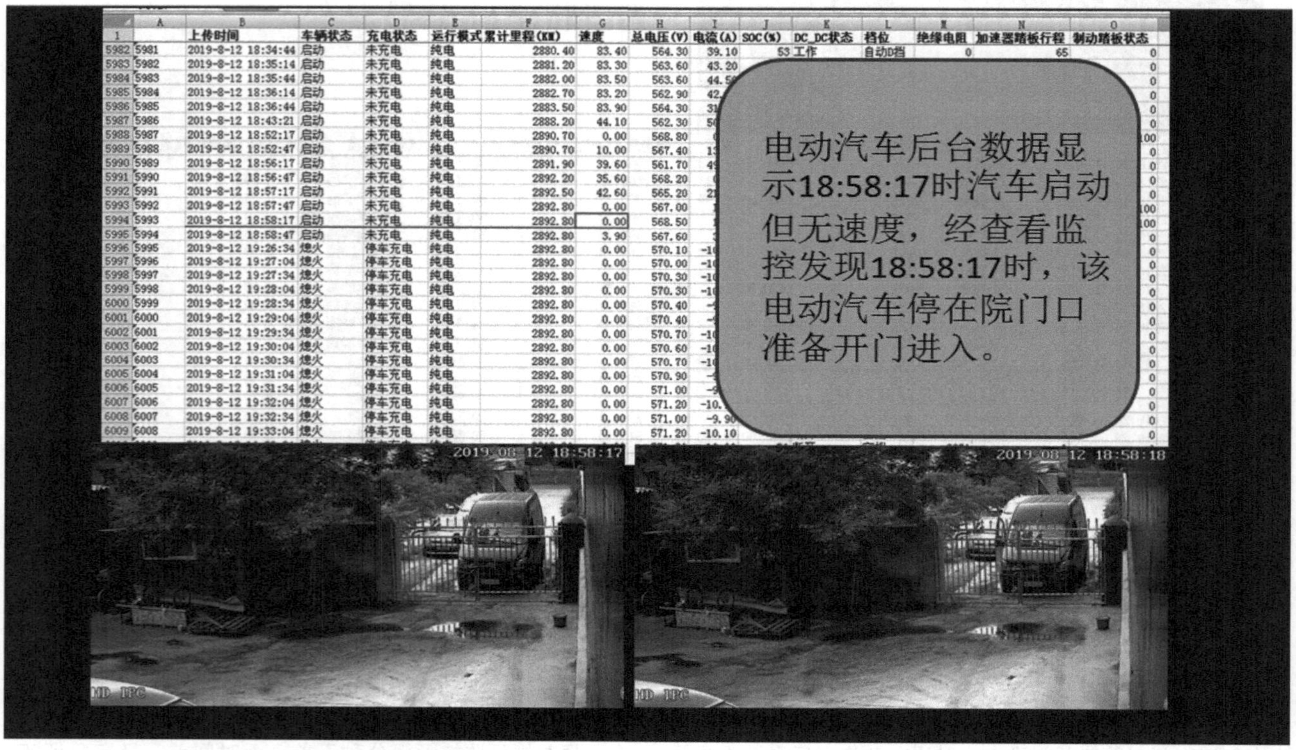
电动汽车后台数据显示18:58:17时汽车启动但无速度，经查看监控发现18:58:17时，该电动汽车停在院门口准备开门进入。
2019-08-12 18:58:17
2019-08-12 18:58:18

图 14

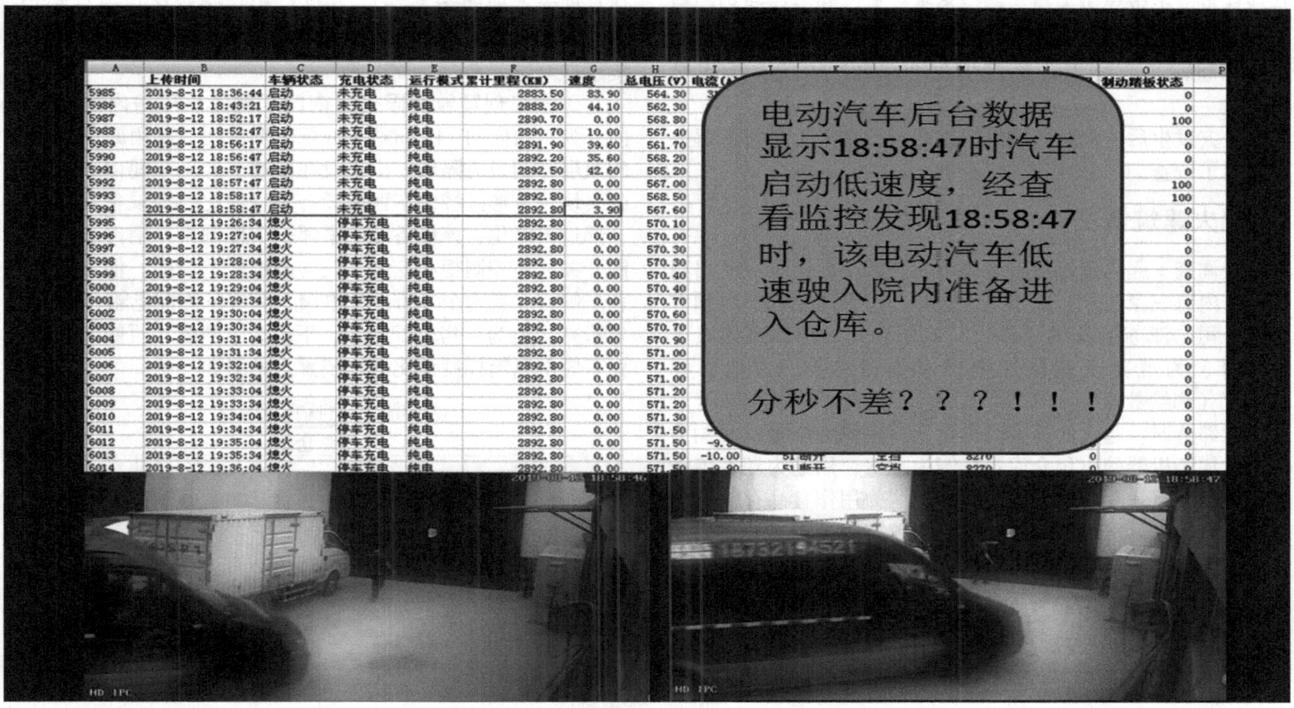

图15

调查人员一般需要查看大量的视频，难免产生视觉疲劳，容易错过一些关键信息。因此查看视频要仔细全面，不仅仅是查看人员活动、物品摆放、着火冒烟等情节，还要注意人员面部表情、微小动作等其他的细节，如在某仓库亡人火灾调查中，调查人员提取到起火前当天下午门口的监控视频，在查看当天下午房地产开发公司人员和房东在仓库门口吵架的画面时，火调人员未能注意到死者拍照前解锁手机的细节，致使破解死者手机耽误大量时间。

6 结语

随着我国科学技术的不断发展，高科技的调查技术广泛地应用于日常生活中，同时也应用于火灾事故调查过程中，这极大地提高火灾事故调查的准确率。视频监控是较为常用的科学调查火灾手段之一。当今的城市里视频探头点位越来越密，在治安、火灾的防范及案件调查中发挥着越来越重要的作用，视频监控录像作为火灾事故调查中相关证据中的一个的重要证据。但是我们也要认识到监控视频是一种调查手段，不可能完全代替传统的火灾调查手段，也不是唯一的火灾调查方法，只有通过调查人员准确的分析判断、现场细致的勘验以及科学严谨的技术鉴定结论，多种调查技术相结合并经综合分析后才能得出正确的认定结论。因此火调人员要加强现场勘验这项基本功，避免出现火灾现场没有视频监控就不会火灾调查的现象。

参考文献

[1] 王天瑞．火灾调查实战技能——全国比武团体科目解析［M］．北京：新华出版社．2022：370-390.

[2] 王鑫，梁国福．视频分析技术在火灾事故调查中的应用．［J］．消防科学与技术，2019，38（03）：452-454.

[3] 刘义祥．火灾调查［M］．北京：机械工业出版社，2012.

[4] 黄奕贤、林英健．浅析视频在火灾调查中的重要性与应用［J］．电子世界，2014，18：440-442.

从一起厂房火灾探讨如何应对证据之间的矛盾冲突

刘学屹

（滨海新区消防救援支队，天津　滨海新区）

摘　要　本文从一起厂房火灾事故原因的调查认定过程入手，就如何应对火灾调查过程中证据之间出现矛盾冲突，合理排除疑点，认定火灾原因进行了探讨。

关键词　火灾调查　现场勘验　证人证言

1 火灾基本情况

2021年2月27日17时06分，天津市消防救援总队作战指挥中心接到报警：北辰区小淀镇圣美时出租院内的翔宇绝缘塑料厂发生火灾。总队立即调派74辆消防车、370名指战员到场开展灭火救援，火灾于2021年2月27日21时30

分被扑灭。火灾造成天津市翔宇绝缘材料厂和天津津创塑料题粒有限公司内生产设备、原料、成品等物品烧毁，过火面积约 5000m²，直接财产经济损失 8887702.18 元，无人员伤亡。

火灾发生后，消防救援机构立即组织精干力量对该起火灾开展了调查。

2 起火建筑情况

经调查，起火建筑位于天津市北辰区小淀镇圣美时出租院内，内有三家租户：翔宇绝缘塑料厂、天津津创塑料颗粒有限公司、江苏明佳供应链管理有限公司。该建筑建成于 2014 年，为混凝土基座加钢梁彩钢板结构，占地面积 3492m²（测绘数据）。

毗邻情况：起火的圣美时出租仓库南侧为空地；北侧为储存机加工机器的出租仓库；东侧为平房，用途为翔宇绝缘塑料厂职工宿舍及个体加工车间；西侧为用作食品存储的出租仓库。起火厂房西侧为津创塑料颗粒有限公司，其主要业务范围为生产塑料颗粒，东侧为天津市翔宇绝缘塑料厂，主要业务范围为生产绝缘材料，东侧为江苏明佳供应链管理有限公司，业务范围为皮革材料存储。三家厂房相互之间分隔均为彩钢单板，见图 1。

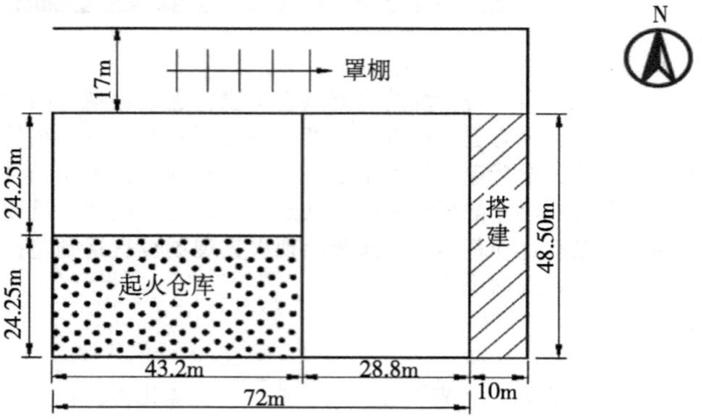

图 1 总平面图

起火建筑内部西南侧为天津津创塑料颗粒有限公司，设有生产线、成品堆垛、原料堆垛、半成品料仓、集装箱办公室等，在西墙和南墙设有两个安全出口，与翔宇绝缘塑料厂和江苏佳明供应链管理有限公司采用未到屋顶的彩钢单板相分隔，租用面积 1048m²；起火建筑北侧为江苏佳明供应链管理有限公司，主要功能为仓储，用于储存皮革制品，设置一个安全出口位于西墙，南侧与天津津创塑料颗粒有限公司以未到顶彩钢板分隔、东侧为建筑外墙，墙外为翔宇绝缘塑料厂车辆停放区，上有罩棚，租用面积 1410.6m²；起火建筑东侧为翔宇绝缘塑料厂，内设有原料库、成品库、生产车间、办公室、停车区等，设有安全出口两个，分别位于南墙和东墙，租用面积约 2088m²。

3 现场调查情况

天津津创塑料颗粒有限公司位于起火仓库的西南角，与其他两个相邻厂房采用双层彩钢板分隔（原色为白色），厂房呈东西向布置，主出口开在西墙中央部位。该厂房西南角外墙有一配电箱，基本未受损，同时厂房西南角内墙有一配电箱，内有一个漏电保护开关和空气开关。天津津创塑料颗粒有限公司厂房内西墙中央的卷帘门出口宽约 4m，厂房内西北角为编织袋包装的聚苯乙烯塑料颗粒的成品堆垛占地约为 8m×6m，西门出口南侧靠墙为一个集装箱简易房，集装箱简易房东侧同样为编织袋包装的聚苯乙烯塑料颗粒的成品堆垛占地约为 8m×6m。该厂房房顶整体已全面坍塌，另外西墙北墙东墙均已倒塌，仅剩南墙及连接的部分屋顶铁皮还在原位。

天津津创颗粒有限公司南门东侧为该厂房内的加工车间，为东西向的 14.4m×7.2m 长方形房间，采用原色为白色的双层彩钢板为隔墙，出口设在西墙。加工车间内，西南角的一块长方形区域内东西向设有一组催化燃烧设备，外观已全部过火氧化；该设备北侧紧邻一个控制柜，柜内有一个控制开关，该控制柜和控制开关均已被严重烧损。催化燃烧设备东侧墙上有两个并排的配电箱，其中东侧配电箱（设备配电箱）上游为厂房总配电箱，下游为生产线，西侧配电箱经由东侧配电箱控制催化燃烧装置。见图 2。

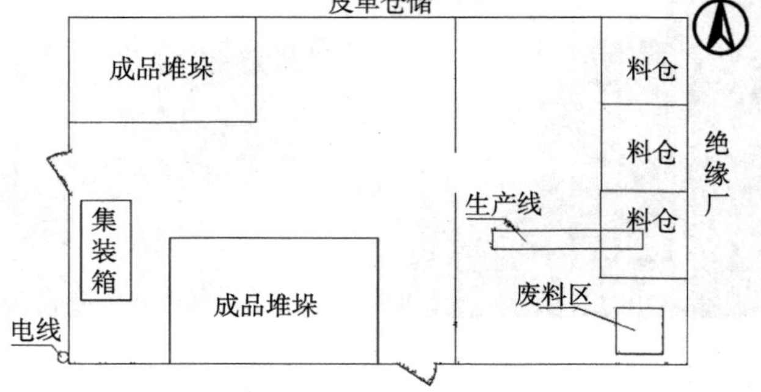

图 2 塑料颗粒厂平面图

3.1 起火点的认定

3.1.1 询问情况

具起火单位在场人员陈津津陈述，最先起火的部位位于成产线最东侧，但火是从东侧翔宇绝缘塑料厂蔓延而来，且坚称起火时厂区内未实施生产行为，生产线处于停车状态，不具备着火条件。

具起火时翔宇绝缘塑料厂在场人员安海霞、孔祥林陈述起火当时两人均同时在场，发现或是从隔壁天津津创塑料颗粒有限公司通过彩钢墙壁缝隙蔓延而来。

此时，虽然通过询问得知了起火的大概位置位于两家厂房的交界部位，但涉及的两家单位在场人员均认为是对方厂房先着火蔓延而来，且厂区内的监控设施均已损坏。

3.1.2 现场勘验情况

在对起火厂房进行逐层清理和拆除的过程中，发现两家厂房分隔处的彩钢隔断两侧受热变色较均匀，且由于灭火过程中大型机械的介入已无法辨认火灾时受热后的形态。使现场勘验只能根据现场设备烧损情况逐步清理和勘验。

在对天津津创塑料颗粒有限公司进行勘验的过程中，发现厂房内生产线部位设备烧损变色痕迹较明显。在对加工车间区域内进行清理过程中发现了进行塑料颗粒加工所使用的生产线一套（图 3），在接近东侧墙壁处自东向西依次为上部进料口的减速机、一道过滤机、二道过滤机、塑形机、冷却水槽（内部仍残留有生产残留的丝状物）、切割机、装料仓；在生产线的北侧为总控制台，总控制台有一路电气线路连接设备配电箱，总控制台下游引出电气线路连接生产线各设备，在总控制台南侧有一个控制柜，位于冷却水槽北侧。上述生产线的机器设备均已过火，其中减速机、一道过滤机金属外壳氧化较严重，外壳的蜕皮氧化现象严重。在厂房西墙大门附近发现监控摄像头一个，呈局部变形状态。

图 3　厂房中清理出的生产线

3.1.3　视频分析情况

在发现天津津创塑料颗粒有限公司大门内侧的监控摄像头时，调查人员第一时间通过补充询问确认了摄像头的朝向是面向生产线的，在拆解摄像头时发现内部的 SD 卡尚能读取。在通过电脑观看内部存储视频时，直接确认了最先起火的部位位于该厂生产线部位减速机所处的隔间内，也直接观察到了起火时陈津津和其姐夫贾霏、父亲陈修友发现火灾时的行为轨迹和惊慌状态，以及起火前半小时左右陈津津在厂房内叫喊着要赶紧开车进行生产的声音。

基于上述现场勘验和视频分析情况，调查人员再次对厂房实际控制人陈津津进行询问，此时陈已是百口莫辩，交代了起火点位于天津津创塑料颗粒有限公司生产线的事实，还从手机中获取到了微信中保存的订货信息、交易转账记录等电子物证。

至此，确认了起火点位于天津津创塑料颗粒有限公司生产线处。

3.2　起火原因的认定

在前期开展大量工作的基础上，目前的调查中心便指向了天津津创塑料颗粒有限公司内的生产线上。

(1) 在对生产线进行勘验、拆解前，火灾调查人员从陈津津以及附近村民处详细了解了该生产线的生产工艺：在进行生产作业前，①首先应启动生产线进行预热，即启动减速机使加热带对进料口进行加热至 200℃以上；②通过进料口将各类回收的废旧塑料添加进去，由于减速机已经过充分预热，一般这些塑料进入减速机便会熔化变成糊状并搅拌均匀；③搅拌均匀的糊状物经过一道过滤机、二道过滤机完成过滤；④经过过滤，塑料糊状物在塑形机内被拉成丝状，进入到装有自来水的冷却水槽内冷却、定型；⑤冷却后的丝状塑料经传送带进入切割机，经切割后即变成了米粒大小，颜色均匀的塑料颗粒进入装料仓装袋。

此工艺虽然看似比较简单，但是在对回收的塑料进行热熔的过程中会分解出一些有毒的可燃气体，当地的应急和环保部门均已责令该公司停业整顿。

(2) 对塑料颗粒生产线减速机和一道过滤机的电动机进行拆解勘验，发现两个电机的开关内部有较重的烟熏，导线为连接状态；两个发电机内部线圈内导线绝缘均已炭化，导线形状未见异常，未发现熔痕，发电机内的转子、轴承上有均匀地烟熏痕迹，其中减速机的发电机转子上部有局部氧化变色痕迹，见图 4、图 5。由此，排除了上述两台电机故障引发的可能。

图 4　经拆解后的电机 1

图 5　经拆解后的电机 2

(3) 对减速机进行勘验发现，该机器进料口和机器内部留有红色残留物，机器下方的支架上也有红色残留物附着，对红色残留物进行了提取辨认为融化后又凝固的回收塑料原料。对减速机加热带处连接导线进行勘验，发现 3 条加热带的 6 条导线仅有 2 条连接，对减速机下方地面散落导线进行勘验，发现散落在地上的导线附有熔珠，同时连接在总控制台的 4 条导线亦发现了疑似熔珠。对总控制台南侧的控制柜进行勘验，内有 1 个控制开关，受损严重，在控制柜内发现了疑似熔珠，并进行了提取，见图 6。经送检，均确认了上述电气线路故障点均为火烧熔痕或二次短路熔痕。同时由于这些故障点周围并不存在一些比表面积较大的易燃材料，由此可排除上述部位电气线路故障引发火灾的可能。

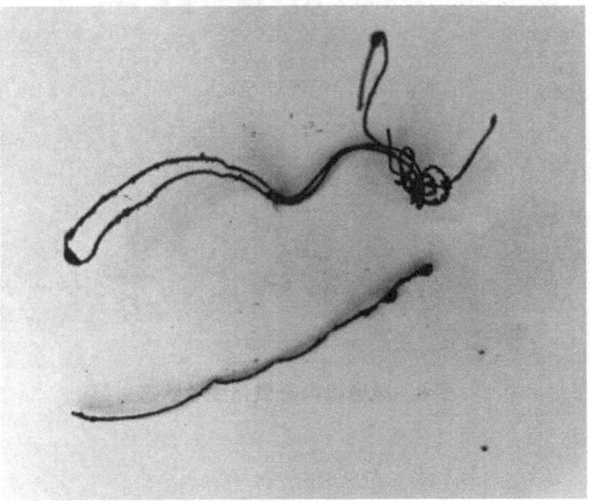

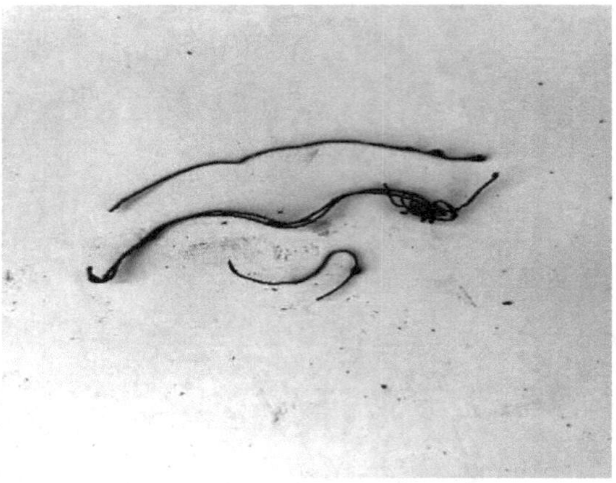

图 6　部分提取到的电气线路熔痕

（4）对减速机进行拆解发现：减速机进料口正下方金属仓内侧金属构件氧化变色较其他位置严重；减速机内位于进料口下方部位的螺旋搅拌装置较其他部位氧化变色更加严重；同时对减速机料仓下方外壁进行观察发现外侧较内侧的金属氧化痕迹较轻。对冷却水槽内上游出料管道拆解工程中由于使用的是气焊切割方法，发现管道内的残留物立即发生了起火燃烧，火焰颜色为红色并伴有浓烟，见图 7～图 9。

图 7　减速机外观近景

图 8　减速机内壁氧化变色状态

图 9　减速机内搅拌构件氧化变色状态

在将现场勘验中的发现与了解到的生产工艺结合起来进行分析的基础上，最终认定了起火原因为天津津创塑料颗粒有限公司生产线减速机持续过热，致使进料口处的塑料原料受热自然，引发火灾。

4　经验与体会

该起火灾在调查过程中，有矛盾、有冲突、也有未曾涉猎的工艺，但这些困难终究被火灾调查人员一一解决。

4.1　沉着冷静，广泛收集证据

调查过程中陷入矛盾、出现疑点是常态，火灾调查人员切不可在这种情况下畏首畏尾、掉进死胡同，要在充分掌握证据的情况下通盘考虑，理性分析合理假设，排除疑点。必要时更要充分借助相关领域专家或技术人员的支持，提升办案人员的理论水平。

4.2　深入分析研究，发现个中疑点

重证据，不轻信证人证言是证据收集必须遵守的原则，因相关责任人为推卸责任，逃避处罚，造成证言失实的例子数不胜数，所以证人证言必须结合其他证据加以验证，本案中陈津津正是担心自己的行为会招致应急、环保等部门的处理，所以在询问过程故意隐瞒了开展生产活动的的事实，有意将调查人员的工作重点引导至相邻厂房，后经现场勘查和监控视频才将事实确认，也使陈津津不得不承认之前证言的不真实，最终为准确认定起火原因奠定了基础。由此可见．在收集证据过程中，必须依靠各类证据的相互印证。

4.3　熟悉生产工艺，指导现场调查

凡涉及到一些不了解、不熟悉的设施、设备、机械，一定要在充分了解其工作原理、生产工艺、近期使用情况、火灾风险点等危险性的基础上，再开展调查询问、现场勘验等工作，可有效避免被相关责任人引导调查方向、因不了解结构、工艺、原理等原因导致动态勘验对造成关键物证或痕迹的灭失。

4.4　充分发挥监控视频等其他电子物证的作用

该火灾能够在证人证言出现矛盾冲突的情况下得以顺利化解，关键点在于现场发现了一个具备录音功能的网络摄像头，以及陈津津手机中保存的交易信息。这些证据再次提醒了火灾调查人员在工作中要广泛寻找监控摄像头等一些电子物证存储载体的必要性、重要性，对于有效避开错误调查方向、解释证据中出现的矛盾、认定起火点起火原因具有重要的作用，是今后开展原因调查、延伸调查需要经常注意的内容。

火灾事故调查中被询问对象的心理研究

关 洋

(河南省消防救援总队信阳支队，河南 信阳)

摘 要 为了适应新形势下的火灾调查工作，火灾调查人员必须在法律许可范围内，灵活借助各种方法和手段，达到查清火灾原因的目的。我国火灾调查心理学的实践运用，尚处于起步阶段，值得全国火调工作者进一步学习研究。掌握火灾调查心理学，能够增强调查人员的心理素质，提升被询问对象的了解与感知，为火灾调查业务能力的提升奠定扎实的基础。本文旨在探讨当前火灾事故调查询问中所面临的挑战，并结合实际情况，探讨如何利用心理学原理，灵活运用多种询问策略，以提升现代火调的效率，并有助于更好地查明火灾的真正原因。

关键词 火灾 事故调查 心理学 调查询问

1 前言

火事故调查作为一项重大的法律责任，不仅可以为保障公民生命安全、改善社会秩序提供有力的支持，而且还可以为企业提供有效的政策指导，以确保企业的正常运营。然而，由于当今信息时代的发展，以及对技术、材料的普及，以及对火、电、油、气等多种能源的需求量不断攀升，使得火势的识别显得更为困难。随着人们意识到维护公共安全的重要性，并且通过互联网获取更多的信息，人们希望能够更好地了解并维护他们的合法权益。由于人们希望能够快速、精确地找到火灾事故的真正原因，所以在进行火灾事故调查方面，这个问题显得尤为重要。但是，在火灾事故中，火灾现场的破坏性和某些物证自身的特殊理化性质，一些能证明火灾事实的直接痕迹因受到严重破坏而无法辨识，那么取得证词证据则显得愈发重要。加强心理学方法在调查询问中的研究和应用，能够为调查询问策略和方法提供心理依据，为甄别相关人员陈述是否属实提供帮助，确保调查人员始终掌握调查询问的主动权。

2 火灾调查心理学的概念及作用

火灾调查心理学旨在深入探究火灾调查过程中涉及的嫌疑人、受害者、证人等参与者的心理状态，以及他们的行为背后的心理原因、心理特征以及可能的规律，以期更好地了解火灾事件的发展趋势。由于火灾现场的严重破坏性决定了取得证词证据则显得愈发重要。巧妙运用火灾调查心理学，可以为调查询问策略和方法提供心理依据，同时能够有效为甄别相关人员陈述是否属实提供帮助。

随着社会的发展，对于调查询问方法的研究和认知发生了很大的改变，特别是消防救援队伍改制转隶后，火灾调查中原有的一些强制手段被取消。因此，进一步应用火灾调查生理、心理、测试技术甄别相关人员的陈述是否属实，为火灾调查提供依据具有实践意义。

3 运用心理学开展火灾调查询问工作的目的

火灾现场调查是一项复杂的工作，它涉及到对火灾现场的详细勘验、记录等多个方面，旨在收集有关证据，以便更好地了解火灾原因，并为火灾预防和控制提供依据。这些调查结果将为火灾预防工作提供重要的参考依据，从而确保火灾预防工作的顺利进行。它可以帮助我们更加准确地验证现场痕迹，从而发现火灾的根源，并且能够更加精准地查明火灾的原因。特别是那些难以找到的，比如烟头、蚊香等。在火灾调查过程中，我们经常会发现肇事者和证人由于主观和客观原因，不愿意透露真相，甚至会做出虚假的证词。为了解决这个问题，火灾调查人员必须正确地运用心理分析，了解被询问者的心理特征和性格，并熟练掌握询问技巧，以便引导或迫使他们说出事实真相。

4 当前火灾事故调查询问工作存在问题

4.1 询问取证不及时

非单方火灾事故，利益各方或涉事人员容易串供而订立攻守同盟；甚至单方火灾事故在冷静之后也会想法转移调查人员注意力，以洗脱自身责任等。

4.2 询问内容不深入不全面

询问只是浮皮潦草走过场，未就核心问题和要害关键进行询问，未就被询问人员的答复进行询问中考察印证，而在后续调查中进行二次询问等。

4.3 未对事故各方关系进行梳理

对于被询问人员与事故各方的关系、与当事人（亲属、雇佣、合作等）关系，涉事各方有无利益或亲属关系等进行了解等。

5 火灾调查询问准备工作

5.1 确定询问对象

为了更加精准地探究火灾事故，我们需要首先清楚地知道需要采取哪些措施。这就需要根据我们自己的知识，选择合适的人物。通常，我们会将那些知道事故细节、熟悉事故现场、并且可以协助我们找出事故根源的人。

5.2 制定询问内容

不同的询问对象应有不同的询问内容，如：

对于发现起火的围观者：①火灾发生前后的情况，以及是否存在可疑的情况；②就火灾的相关问题进行讨论；③当事人的家庭、社会以及邻里的关系状况；④围观者的情绪，是悲伤的、愤怒的还是欢乐的；⑤以往是否曾经经历过类似的火灾或其他异常情况。

对于火灾受害人：①用火、用电、用气、用油及操作使用的详细过程；②火灾发生前起火部位的情况；③起火过程及扑救情况；④火灾中受伤的身体部位及受伤原因，火灾中被烧损物品的名称、数量、烧损程度等，本人的人身和财产是否投保；⑤受害人与外围其他人之间的人际关系，有无矛盾纠纷。

6 不同询问对象的心理特征分析

6.1 火灾调查中询问对象的心理生理发展原理

（1）根据生理心理相互作用的原则。人的思维、情感和其他心理活动都会对身体产生影响，从而产生生理反应。

（2）生理反应直接可检测原理。可见的面色发红、出汗等明显的生理反应和通过仪器进行检测的细微生理反应，如血压心率变化等。

（3）根据心理学的间接可知性原理。人的心理活动会影响身体的反应，而这些反应又可以通过精确的检测来获得。

（4）通过心理定向原理。我们可以帮助被测者更好地理解我们要探索的问题，并利用语言提出有效的问题，从而引发特定的心理和生理反应。

（5）根据正比例原理。当一个问题对被测者来说既是一个刺激，又是一个威胁时，威胁的程度会随着刺激的增加而增加，从而导致反应的加剧，因此，威胁和反应之间存在着一定的正相关性。

（6）威胁比较权衡原理。当一个人面临多个威胁时，他们会进行权衡，以确定哪些威胁最有可能对其造成危害。

6.2 不同对象的心理分析

（1）火灾肇事者的心态可以通过深入的思考来进行分析。因为他们经历了火灾，并且希望通过提供有效的帮助来弥补自己的损失。因此，在面临被控犯罪的风险时，他们会百般推脱或极力否认知情，讲假话、编故事欺骗火灾调查人员。研究表明，三种主要的心理状态导致了侦察活动的困难。首先，侥幸心理会导致对火灾的错误判断，侥幸心理越强，抗拒性越大。其次是依赖心理，即相信“后台”“关系”可以解决一切问题，因此在调查中表现出漫不经心、左右言他，并试图利用所谓的关系和后台来暗示调查人员不必过于认真地进行调查。最后是事后的恐惧心理。恐惧心理是畏罪心理的延伸，肇事者因为畏惧后果，使其在主观上会联想到一旦处罚就可能带来的种种场景，这些场景会使其对未来充满恐惧，客观上加重其抗拒谈话的动机。

（2）对证人的心理分析。火灾现场的证人的证词是查明火灾原因的基础，但是，由于各种原因，这些证词很难准确反映真相，这种反映的原因包括：①主观原因，即证人的偏见，如相信自身的判断会导致一些有利的后果，也包括被肇事者的诱惑和威胁，这些都会导致证词的准确性的下降。②受到客观环境的限制，证人的言论往往无法反映事件的本来面目，也无法满足当事者的期望。

7 火灾调查询问策略

火灾调查询问工作是一项需要极高的专业技能和敏锐度的工作，它需要根据火灾发生的地点和环境，采取多种多样的询问方式，以便更好地了解火灾情况，并且要根据不同的受访者的需求，灵活运用各种方法，以达到最佳的调查效果。

7.1 框架式询问

用正确的话题展开访问只是一个开始，不能保证一定能获得有用的信息。诸多因素可以影响证人的反应，但是我们要提醒调查人员注意询问时问题的框架结构。同一话题下的大部分问题应该设计成“开放性”的问题，进而引出证人的描述性回答。提出开放性问题，同时避免提出诱导性问题，调查人员才更有可能获取细节信息，而证人或者被访问者可能不知道这些细节信息的重要性。

7.2 综合运用方法

在火灾事故的调查询问形式方面，目前采用比较多的方式包括自由陈述、一问一答、反复论证、刨根问底等，在具体的选择和运用的过程当中应该综合进行选择，以其达到提高询问的效果。

7.3 情景再现模式

在进行调查和询问时，我们可以通过让受访者回忆起相关情境来帮助他们更好地理解问题。我们通过事情的经过和细节，不断的刺激和帮助来让他们更好地记住问题。或者为证人提供建筑物的草图或者示意图，用来记录他们观察到的结果，并且协助他们在头脑中再现现场情形。

7.4 善于察言观色

当火调工作人员面临着与受访者交谈的挑战时，必须仔细审视他们的语气、动作、神态，特别关心他们的内心世界。还必须仔细分析受访者的面部及肢体特征。因此，在进行详尽的走访或者询问时，工作人员需要密切观察并抓住每个细微的变化，从而更好地发掘出信息的真正含义，并达到最佳的询问结果。

8 识别“伪证”的措施及对策

人们的心理状态各异，因此在调查询问中，他们的配合态度也会有所不同。因此，调查人员应该保持耐心、礼貌，并以尊重、开放的态度与受访者沟通。要求自己保持冷静、细致、谨慎，聆听他人的话语，观察他人的行为，并且积极开展思想教育和法律教育，纠正消极情绪，促使转变。同时，要做好被询问人所描述话语的真伪性审查和验证工作。

8.1 审查和验证询问内容的必要性

虽然证人的证词不一定能够完全揭示火灾事件的真相，但是只有经过精心挑选的、与实际情况相符的证词，才能够成为判断火灾发生的原因以及分析火灾的依据。在现实中，证人在接受一个事实时，会考虑到多种因素，包括身体状况、心理状态、现场情况以及外部环境。在分析证人的证词时，我们可能会发现他们有一些认知偏差，这种偏差可以通过“抛锚固定式”和“采樱桃式——择优而取”来表现出来。抛锚固定式意味着，过度依赖一些证人证言。这类现象是认知偏见中一种常见的形式。“采樱桃式”是选择性地挑选信息片段，旨在选择支持假设的信息而忽视其他证明该假设为伪的证人证言。为确保火灾调查工作合法、公平、公正，需在火灾现场勘查结束之后，开展对证人证言和相关言辞类信息的分析。

8.2 察言观色，及时发现“伪证”

（1）通过对被询问者的年龄、性别、职业或身份进行详细调查，以评估他们对问题的理解和分析能力。

（2）确认被询问者在何时发现了火灾，并记录下当时的位置和行动。

（3）在进行调查时，应当仔细考虑受访者的意识状态，并仔细研究当时的周围环境，包括与着火点的距离、当时的天气状态、可见的光照、可见的任何阻挡视线的东西，以及受访者的心理状态。

（4）通过对被询问者的身体健康状况进行评估，以确定他们的记忆力和理解能力。

（5）确认被询问者的信息来源，是否为亲身经历或所见。

（6）重新审视被询问者与火灾事故的关联，探究他们与火灾责任者或嫌疑人的联系，并观察他们的一贯行为。

（7）仔细检查证词中的内容和细节，确保它们与客观事实相一致。

（8）仔细检查被询问者的证词，并确保它们与其他证据没有冲突。

9 结语

火灾的危害无所不在，它不仅危害着我们的生活，也危害着我们的人身安全。因此，亟待提高火灾调查工作人员的专业水平和紧急处置才能，使其能够有效应对各种突发性事件，确保公众的人身安全。在调查研究流程中灾调查工作人员可以通过细心设计的调查方法，结合心理学原理，进行全面、深入的研究，为消防火灾防控工作提供有力的技术支持，有助于建立一支可信的消防技术队伍，有助于确保被害人的合法权益，有助于促进社会的和谐与安宁。

参考文献

［1］邰锋．火灾事故调查工作现状及策略［J］．今日消防，2022，10：121-123.

［2］廖建伟．犯罪心理学在火灾调查工作中的应用［J］．武警学院学报，2020，12-0054-05.

［3］赵凡．试论火灾事故调查询问环节中被询问人心理分析及其调控策略［J］．法制与社会，2015，23（09）：112-113.

［4］邓亮．火灾调查询问证人场所选择研究［J］．武警学院学报，2015，31（12）：85-87.

［5］刘建刚．新时期基层公安机关消防机构火灾事故调查工作的问题分析及对策［J］．科技与企业，2013，15（08）：123-124.

［6］徐启明，陈欣．论侦查讯问中的环境因素［J］．山东警察学院学报，2012（2）：96-102.

［7］毕学智．论侦查讯问中的说服模型［J］．广州市公安管理干部学院学报，2011（2）：19-21.

北京通州区“5·9”较大火灾事故调查与启示

孙佳奇

（唐山市消防救援支队，河北 唐山）

摘 要 本文通过介绍北京通州区“5.9”较大火灾事故调查情况，分析冷库火灾的主要特点，总结事故调查中视频分析、无人机应用、鉴定试验等技术方式的运用情况，对火灾调查有关的内容进行了思考，得出了相应的启示，对调查相似的火灾事故具有一定的参考作用。

关键词 冷库 聚氨酯 火灾调查 思考 启示

1 事故情况简介

2021年5月9日13时45分许，位于北京市通州区张家湾镇的北京隆昊肉类食品有限公司（以下简称“隆昊公司”）库房内发生火灾，过火面积3000余平方米，事故造成3人死亡，火灾直接财产损失309.07万元。

火灾发生后，依据《中华人民共和国突发事件应对法》、《中华人民共和国消防法》，参照《生产安全事故报告和调查处理条例》等有关法律法规，北京市政府成立由市应急局、市消防救援总队、市公安局、市人力资源社会保障局、市总工会和通州区政府组成的火灾事故调查组，并邀请市纪市监委同步参与事故调查，全面开展事故调查处理工作。

2 事发建筑基本情况

事发建筑位于北京市通州区张家湾镇西定福庄村、通州区水产养殖场（以下简称通州水产养殖场）西南角、隆昊公司西院库房内。隆昊公司占地面积约18亩，事发的库房建筑总高度约为5.9m，建筑面积约3100m²；该库房南墙长约98m，北墙长约99m，东墙宽约39m，西墙宽约24m，建筑主体是钢结构，使用工字钢柱作为支撑，外墙为岩棉夹芯彩钢板，单层建筑，内部无吊顶和隔断。

事故发生前，此库房正在进行改建，拟将库房内部分隔为东、中、西三个冷库，冷库高约4.5m，冷库的顶板与建筑顶部之间形成夹层，仅在西库的北侧顶板留有一个通往夹层进行施工的出入口，供升降机进行输送人员和施工工具，其他部位与夹层不连通；在建的冷库使用聚氨酯保温库板作为墙面、隔断和顶板材料，冷库顶板与工字钢柱有约10cm左右间隙，库房地面铺设挤塑板。火灾发生时，冷库东库由南向北约三分之二地面已铺设挤塑板，其余部分尚未开始铺装。

3 事故调查情况

事故调查组按照“科学严谨、依法依规、实事求是、注重实效”和“四不放过”的原则，开展调查工作。

3.1 事故发生经过

2021年5月9日上午，施工承包人陈某购买一台永恒牌315电焊机，并安排李某、黄某、刘某、高某在冷库上方夹层内作业；5月9日13时42分许，工人苑某运送挤塑板进入冷库后发现东侧冷库地面起火；5月9日13时44分，在室外工作的3名工人携带灭火器进入冷库，未控制火情。调取周边监控视频：5月9日13时44分09秒至13时45分20秒，大量烟雾从中、西冷库门喷出，大约5分钟左右，火势自东向西蔓延至整体建筑。期间，先后有6人跑出冷库。

3.2 事故应急救援情况

2021年5月9日13时45分，北京市消防救援总队119作战指挥中心接到火灾报警后，迅速调派总队、支队两级全勤指挥部及11个消防救援站、32部消防车、129名指战员赶赴现场进行处置，同步联动公安、应急、园林、京环公司等部门单位和10辆洒水车，并使用4台大型挖掘机到场协同处置，破拆清理事故现场；14时35分，明火被扑灭，过火面积3000余平方米。大型挖掘机清理事故现场后，在事发库房西侧现场陆续找到被建筑埋压的3名失联人员（李某、黄某、刘某），经120确认死亡。

3.3 火灾财产损失统计情况

火灾发生后，构依据《火灾事故调查规定》、《火灾损失统计方法》等程序要求开展损失统计工作，根据当事人直接财产损失申报情况，统计本起火灾直接财产损失为309.07万元。

4 事故直接原因

事故发生后，调查组依法调取了有关资质文件、事故相关书证及物证；对火灾现场进行了勘验，开展了相关试验和检验鉴定，并对事故涉及的相关人员进行了调查询问，查明了火灾事故原因，认定了事故性质。

4.1 现场勘验情况

灭火救援时，因搜救被困人员使用了大型机械拆除库房，导致现场部分证据灭失。经现场勘验，在事发冷库东库西南侧地面处发现一台被烧的电焊机、大量焊条以及带有火烧熔痕的电线，火势呈现由东向西蔓延，且东库顶部燃烧程度重于其他部位。

4.2 询问情况

经调查，事发冷库改造项目未制定施工方案，均由陈某安排人员实施作业；在库房夹层和冷库地面等位置，曾进行焊接作业，并在事发库房内存放有液化石油气气瓶和氧气瓶；现场所用电线和照明碘钨灯均由陈某临时拉设，并在库房的夹层处设有电闸箱。

4.3 鉴定试验情况

对冷库改建所用挤塑板和聚氨酯保温库板送至国家建筑工程质量监督检验中心检验，均未达到B2（E）级的要求，属于易燃材料。通过模拟试验，电焊掉落焊渣能快速引燃挤塑板和聚氨酯保温库板夹芯；同时，现场电线短路和碘钨灯长时间炙烤也具备引燃挤塑板的可能性。

公安机关综合调查询问、现场勘验和视频分析等情况，排除了人为故意纵火引起火灾的嫌疑。

事故调查组经过现场勘验、查阅资料、视频分析和鉴定试验，并委托技术鉴定机构对事故现场提取的相关物证开展取样分析和技术鉴定，认定此起火灾事故的起火部位位于隆昊公司西院东侧冷库中南部地面处；结合现场实验和检验鉴定情况，认定起火原因系施工作业引燃保温材料所致。

5 冷库火灾特点

冷库听起来是“冷冰冰、硬邦邦”的，乍看起来不易着火，可是一旦发生火灾，其危险程度远远超乎想象。

5.1 燃烧猛烈，易形成立体火灾

冷库通常具有大空间和大跨度，储存的物品多、保温材料也多，发生火灾时促进了火势的迅速蔓延。虽然冷库储存的货物大部分为难燃和不燃，但货物的包装基本上是可燃或易燃材料；况且冷库的四周墙壁垂直，有烟囱式的夹墙，保温层中有聚氨酯泡沫等可燃物，一旦起火，在横竖方向的蔓延速度非常快。

5.2 燃烧隐蔽不易找到起火点

火灾初起时，阴燃火焰在冷库的夹墙内向上或水平方向隐蔽蔓延，从外部发现很难；而在火势扩大后，电器系统制冷剂和制冷机械在火灾下会发生泄露、爆炸等情况；冷库内由于货物、货架较多，在进行火情侦察时很难在第一时间快速、准确找到起火点，火势发展到猛烈燃烧阶段后，在大跨度、大空间或多层的作业面实施灭火内攻的难度大，外攻由于进攻线路受限，往往会发生“打得住火焰、打不住火点”的情况。

5.3 烟雾大，温度高，灭火行动不便

冷库与外界的出入口少，库门及多层冷库的楼梯间都易被火焰封堵，浓烟下消防员向冷库内或向上进攻存在困难。

5.4 危害性有毒气体多，存在爆炸危险

通常冷库起火后，空气（氧气）不足，燃烧不够充分、一氧化碳含量较高；用聚氨酯作保温材料的，燃烧后会放出大量有毒；还有如果管内氨气大量喷出，浓度达到15.7～27.4%时，遇明火还会发生爆炸。

6 调查事故技术方式的应用

6.1 视频分析技术的应用

在事故调查中，现场勘验组多次深入现场进行勘验，根据事故现场监控视频的分布情况，提取了多组监控视频。按照相关程序，调查人员对大量的监控视频资料进行整理、分析和汇总，面对视频量大、跳帧等困难，采用恢复主机密码、校对主机时间、比对事件校对时间等方式，同时使用视侦通等视频软件、图像处理技术等技术，重点对起火前冷库进出人员、烟气冒出等进行了关键帧分析，确定了关键环节。

6.2 无人机等技术的应用

现场经火灾的燃烧、搜救人员进行的破拆，破坏严重、过火面积大，情况复杂，通过传统的人工尺量、笔算的方法来进行全方位现场拍照和测量难度很大。此次事故调查中，调查组第一时间利用无人机对火灾现场进行航拍，并利用航拍图和灭火救援时图片等进行图像比对，分析现场相关残存物品位置，测量面积，对事故调查起到了重要作用。

6.3 调查实验的应用

根据此次火灾事故的特点，针对起火部位和火源的引燃能力分析，结合事故现场实际情况，研究实验内容和程序，使用摄像机、照相机和测温仪等设备开展了实验；对冷库的挤塑板和聚氨酯保温库板夹芯进行实验，观察测量引燃和燃烧特征，实验结果为此次事故原因的分析认定提供了支撑。

7 思考与启示

7.1 建立高效的调查组织

此次事故发生突然、社会影响大、关注度高。市政府府立即成立调查组，调派有关人员，聘请相关专家，分工有序，明确任务，快速高效、综合协调，为事故准确定性，事故原因认定、吸取事故教训等提供了强有力的组织保障。迅速启动区域调查协作机制，第一时间调派力量赶赴现场开展事故调查工作；事故发生后，在政府统一领导下及时成立政府事故调查组，组织行业专家参加调查，为调查工作提供专

业支撑，是准确、高效查清事故原因的前提和基础。参考此次模式，进一步完善和加强事故调查组建设，对应对相似的突发火灾事故，具有很好的指导借鉴作用。

7.2 完善与应急管理体系相适应的火灾调查法律体系

近些年来，随着新业态的不断出现，新的的安全风险也随之出现，呈现出各类事故隐患交织叠加、多发易发的趋势，事故调查的任务也在增加。而火灾事故又与各类事故交叉，部门与部门之间存在交叉，火灾事故调查的边界模糊，不利于相关部门的事故调查，也不利于事故责任追究，甚至可能出现推诿的情况。然而目前，国家层面上并没有关于政府组织火灾事故调查处理的法规制度，这就急需加快构建适应应急管理体制的消防法律法规和标准体系，明确转制后消防救援机构的职责权力，修订相关应急管理法律法规、修改消防法和火灾事故调查规定时，应当从法律法规上，具体明确火灾事故调查的定位和调查的边界，分清交叉事故定性的处置程序，参与事故调查的范围，做到权责法定、依法应急。

7.3 重视现场勘验人员的个人防护

此次事故单位为冷库，聚氨酯泡沫燃烧后生成大量有毒物质，冷库燃烧后的产物也较为复杂；而通常冷库燃烧后的产物会长时间存在现场室内的空气中，进入冷库火灾现场易对人体造成慢性伤害。考虑到事故现场的危险性，为了保证勘验人员的安全，在火灾扑灭后的勘验初期，建议调查人员身穿防护服等全套个人防护装备，实行缩短勘验时间、分多次进入现场勘验的方法。当然希望以后研发的防化服种类里，有针对冷库等室内现场勘验的轻便的防护服，这样可以减轻现场勘验人员负重，提高事故现场的勘验工作的质量和效率。

7.4 细化消防救援机构与公安机关的调查协作

消防救援机构具有丰富的火灾现场勘验经验，可以运用燃烧基础理论、火灾现场痕迹等专业知识，而公安机关在调查询问、控制人员、分析作案动机、取证等方面拥有特有不可替代的优势；两部门从不同的角度或思维方式进行调查取证，使得出的结论更全面、更客观。改制转隶后，由于工作上不同的程序和要求，消防救援机构与公安机关在涉火案件上的调查协作存在沟通不畅、协作效率不高的问题。虽然应急管理部与公安部联合下发了《消防救援机构与公安机关火灾调查协作规定》，解决了当下的部分问题，但是消防救援机构和公安机关在现场保护、人员查找、调查询问、证据转换、信息共享、案件移送和异议处置等方面协作的不够良好顺畅的问题任然存在，这就需要在国家层面上出台相关的细则或者解释，促使调查协作更加完善，提高事故调查的效率。

7.5 明确省级及省以下应急管理部门、消防救援机构的关系

此次事故调查中，省级（直辖市）及省（直辖市）以下应急管理部门、消防救援机构各有分工、各有侧重开展事故调查工作，为查清事故原因打下了基础，但是之间的关系仍不明确。国务院《“十四五”国家应急体系规划》中明确提出要完善统一领导、分级指挥的领导体制，建立中央地方分级指挥和队伍专业指挥相结合的指挥机制；所以，按照《消防法》和“建立大安全大应急框架”、“全灾种、大应急”的要求，为了更好地开展好应急、消防工作，省级（直辖市）及省（直辖市）以下应急管理部门与消防救援机构的具体关系、相关职责急需进一步明确细化。

7.6 科学关注现场处置调查人员的身心健康

冷库火灾通常燃烧后产生等大量有毒物质，尤其是作为冷库保温材料聚氨酯的分解产物主要是氰化氢、一氧化碳、甲醛、氨气、多元醇等易燃、有毒的气体；尤其是现场燃烧后的残留物，本身所含有的未知成分，以及尸体、污物等挥发出的异味，也会不知不觉的对身体带来危害，甚至给身体留下潜在的长期危害。还有就是参与人员的心理健康，在勘验现场、尸表检查时，会接触到火灾中的尸体残骸，这些对处置调查人员的心里上的冲击是巨大的，也很易出现心理问题。因此，应当长期关注这些处置调查人员的身心健康，可利用职业健康中心，建立健康档案并长期进行跟踪，定期分析相关数据，针对性的构建健康防护体系，降低职业危害风险，提升队伍健康水平；也要加强与其他科研机构合作力度，大力开展消防健康管理的重大课题研究，推动适合消防健康保障技术项目的实践成果应用，提升健康保障工作的科学性，推动消防救援事业长远健康发展。

7.7 加强火灾调查的科技化

此次事故调查中，应用科技手段在一定程度上来说破解了难题，解决了很多困难。消防救援队伍作为“竭诚为民”的国家队主力军，更要以科技的眼光看今天、展望明天，促进科技能力整体提升。尤其当前人工智能、5G等新技术在各行业广泛的应用，而：“智慧城市”“智慧警务”“天网工程”等逐渐成熟，火灾调查也要进一步吸收新理念、创新新模式、运用新方法，要在以往“一把毛刷、一个铲子”的基础上，将火灾调查手段科技化、专家经验数据化、调查研判智能化，在痕迹物证等证据的分析上，既实现定性，也要争取科学的定量；以传统的调查和科学的证据作为火灾调查的支撑，充分发挥科技的驱动和引领作用，为火灾调查工作的创新发展带来新的变革。

7.8 树立火灾调查文化

抽丝剥茧，寻找火灾元凶；不惧艰险，探寻事故真相。火灾调查人员的工作地点是在现场，“冬天一身冰、夏天一身汗”是日常；当硝烟还未完全散尽，水还在从楼上往下淋，烟还在冒，高温还未褪尽，火灾调查人员就已经带上勘验工具开展火灾调查；而目前，消防文化大多注重对灭火救援英勇事迹和防火的宣传，我们要更新观念，要树立“文化也是战斗力”的理念，加强对火调文化重要性的认识，加强感染力和凝聚力，发掘火灾调查特有的魅力。当然，对于改制后消防救援队伍，我们要尊重体制编制的特殊性，不能总借口认为是组织和领导不重视火灾调查工作，而是自己有没有“有为”和“用心”的问题；我们要不惧干扰，面对各种压力、挑战和困难，迎难而上，做到“不屈不挠、不卑不亢、不偏不倚、不真不求”；我们要切实培养法治思维、提高证据意识，进一步提高提升火灾调查水平，建设一支高素质的火灾调查人才队伍。

参考文献

［1］北京市应急管理局．通州区“5·9”较大火灾事故调查报告［R］.

［2］崔蔚．江苏响水“3·21”特别重大爆炸事故调查与启示［J］．消防科学与技术，2020，39（4）：570-575.

［3］孙佳奇．河北张家口“11.28”重大爆燃事故调查及启示［J］．消防科学与技术，2022，41（8）（S）：319-323.

［4］徐晓燕．加快构建消防员职业健康保障体系［J］.

工作研究，2021，（10）：54-57.
[5] 公安部令第121号．火灾事故调查规定［S].
[6] XF 770—2008，消防员化学防护服装［S]
[7] XF 1301—2016，火灾原因认定规则［S].
[8] XF/T 1464—2018，火灾调查职业危害安全防护规程［S].
[9] 国务院．关于印发“十四五”国家应急体系规划的通知：国发〔2012〕36号［Z]. 2022.
[10] 应急管理部．关于印发“十四五”应急管理标准化发展计划的通知：应急〔2022〕34号［Z]. 2022.

对一起违规租赁房火灾调查的几点思考

许　峰

（上海市浦东新区外高桥消防救援大队，上海）

摘　要　随着社会经济的不断发展，人员活动流动加快，房屋租赁成为完善全社会不同阶层人员住房需求客观需求。但是出于经济因素考虑，违规租赁不断出现，主要表现为租客的人员数量超出法规规定。违规租赁房消防安全管理情况混乱，尤其发生火灾后，存在出租方、租赁方责任边界不清晰，损失赔偿互相扯皮等问题。火灾原因调查认定成为各方关注的焦点，对消防部门的工作提出了较高的要求。同时，违规租赁房的消防安全管理更成为我们城市安全管理的重点方面，本文通道陆家嘴区域一起违规租赁房火灾的调查及思考，对发生在此类违规租赁房火灾的调查和此类情况的日常消防管理提供个人的一些建议。

关键词　违规租赁房　火灾　调查　思考

1　火灾基本情况

2021年12月29日17时21分许，位于浦东新区浦东南路某号20楼一户高层居民家中发生火灾，火灾造成该室西侧卧室全面过火，并造成房东房客以及楼上楼下近20户居民家中不同程度受损，火灾扑救过程中被困居民数量多，疏散压力较大。且事发地在陆家嘴核心区附近，临近元旦、春节，对居民生活影响较大，引起了较大的社会关注。

（1）起火建筑基本情况：该高层居民建筑位于陆家嘴区域，建造于1989年，两梯8户，共25层，建筑高度72.7m，起火为2003室，两室户朝南，建筑面积70m²，进门后左侧依次为厨房和卫生间，南侧为东西两个卧室。起火房间位于该室户西侧卧室内，全面过火。

（2）该出租房租赁基本情况：该是户主为王某，于2021年12月1日将房屋租赁给金某（二房东），金某将两间卧室每间卧室设置4张高低铺后，在租金的基础上加价4000元，于12月中旬转租给周某（三房东），存在转租情况，且床铺数量超过上海市出租房有关租住人数的规定。周某为某超市公司物流小组长，该公司位于陆家嘴，公司招聘员工流动性较大，且公司承诺提供住宿，周某按每月1000元的床位租赁给该公司本人小组内的员工，赚取差价，员工基本上互相不认识，且流动性较大。

（3）该建筑消防设施情况：该建筑采用剪刀梯的形式进行疏散，该大楼在2019年进行过消防设施的增配，公共区域增设了自动喷水灭火系统，火灾自动报警系统，应急广播以及更新了防火门。火灾发生时，2003室门口处喷淋头高温爆裂，对阻止火势蔓延起到了关键作用，但是该大楼消防设施维护保养不到位，火灾报警系统主机关闭，致使火灾时大楼消防应急广播未启动，居民楼门卫值班人员不会操作消防设施，延误了居民疏散。

（4）火灾调查的基本情况：火灾发生时，2003室房间内南侧两个卧室，东侧卧室内没有人员，且房间门上锁。西侧卧室共有4张高低铺，火灾当天居住3人，都是周某小组外卖人员。火灾发生前1小时西侧卧室内有2名租赁人员周某某和程某某活动，其中程某某在火灾发生前半小时离开，屋内只有周某某一人活动，周某某一人在卫生间洗澡时闻到烟味，开门发现居住房间发生火灾，烟雾较大，且火势发展较快，周某某发现着火后直接逃离现场并在初步进行火灾扑救未果之后利用隔壁邻居手机于17时28分进行报警。

2　该起火灾调查的特点

（1）火灾发生的时间和地点敏感。该起火灾发生12月29日，临近元旦佳节，事发时正值下班高峰，地点在陆家嘴区域，造成交通阻塞和社会关注，来往群众都利用微信朋友圈等自媒体进行传播，社会影响和关注度较大。

（2）该起火灾涉及房东业主、二房东、三房东以及租客和楼上楼下近20户不同程度受灾，牵扯较多的受灾户，且居民要求尽快调查火灾原因，恢复正常生活和经济赔偿，给火灾调查工作带来一定的压力。

（3）老旧小区消防设施作用发生不明显，报警联动未发挥应有作用，应急广播未启动，楼内居民未在第一时间了解火灾发生情况，疏散不及时，群众意见反映较大。

3　火灾原因认定及此类出租房火灾调查注意事项

3.1　火灾原因认定方面

（1）起火时间认定：周某某发现火灾逃出现场后扑救初期火灾未有效果，之后利用隔壁邻居手机报警，时间为17时28分。周某某一个人在房间内利用手机娱乐后，直接去洗澡，在洗澡过程中发现起火，同时在浦东南路正常行走的路人报警时间为第一报警时间，为17时21分许，结合火灾前离开的程某某询问笔录及小区门口程某某外出视频监控以及火灾发生蔓延的规律，综合判定该起火灾起火时间约为2021年12月29日17时15分许。在此次火灾调查过中，结合小区出入口监控对于房屋租赁人员的进出标出时间轴，互相验证笔录的真实性，同时对起火时间现场人员的数量进行固定。

（2）起火部位认定：现场勘验未发现有价值的电气线路残骸短路融痕，该起火灾导致西侧卧室全面过火，且房间内家具、衣物较多，火灾荷载大，全面燃烧时间过长，初步勘验现场燃烧蔓延痕迹不明显。但是通过对参与火灾扑救消防员和当事人周某某的询问，经过二房东和三房东对西侧房屋内4张高低位置的描述，对4个位置的木质高低铺进行木材燃烧炭化痕迹的判断对比，由于木质高低铺有横向及竖向的连续木质结构，明火燃烧连续碳化痕迹规律较为明显清晰，尤其在燃烧残骸地面处对木质高低铺残骸的勘验指向了起火部位位于西侧高低铺下铺。

（3）起火原因认定：根据当事人笔录及公安部门的介入调查，租客之间互相不认识，且刚刚先后入住2天，之间没有纠纷及利益冲突。根据现场当事人陈述、火灾发展规律及现场燃烧残骸和天气状况，现场勘验未发现液体流淌痕迹，同时对起火部位的周围勘验，部分导线残骸较多，且该起火部位西侧墙面有墙插，并有拖线板连接充电设备使用，结合询问笔录固定用电设备位置与起火部位位置符合，综合判定不排除电气线路故障引燃周围可燃物引发火灾。

3.2 此类火灾调查的注意事项

（1）租客之间关系排查，违规租赁类火灾租客之间的关系排查非常关键，尤其对此类流动性大，身份情况多且复杂的火灾调查更因做到全面细致。此类火灾其实当事人及居民对于善后的处理的关心程度远远大于对火灾原因的关注度。虽然消防部门不涉及各方在火灾中的权益和责任的鉴定。但是，第一时间详实准确的笔录有助于各方对火灾中各自权利义务的清醒认识。比如，在此次火灾中，公安机关和消防部门对二房东和三房东的笔录在询问火灾原因相关问题后，固定的两人的违法事实并进行了政策宣贯，为后续火灾事故的善后打下了基础。

（2）对房东房客各自的职业和社会关系应摸清关系。此次火灾二房东金某明显存在利用设置群租房转租获取利益的情况，以此为职业的人员不可能只有这一处点位进行牟利，我们有理由相信，其他地方肯定还有，在对其采取必要的措施后，其承认其同时在其他小区有类似转租谋取利益的情况，并提供了2处群租房的地点，且不在该街道社区，我们火灾调查组立即通知相关部门予以取缔。

4 此类火灾发生的社会原因分析及在今后消防管理的思考

目前陆家嘴区域部分房屋租赁现状：陆家嘴区域由于经济发展快，商业发展迅速，竞争压力大，部分微小企业在招聘员工时，承诺提供住宿，导致该区域内房屋租赁市场异常火爆，房租租赁价格高居不下。在疫情和经营压力的驱使下，少租一套房用于员工住宿，一年的成本就可降低十万左右，对于员工人数较多的小微企业诱惑是显而易见的。违规租赁尤其是在居民小区内的群租，往往成为部分商家的选择，这也是整治难度较大的主要原因。而一直以来对沿街商铺“三合一”的高压整治以及较高的房屋租赁价格是该区域“群租”不断出现的直接原因。对于此类消防安全隐患的的管理，提出几点思考：

（1）建立信息互通机制及提高整治效能。部分房东将房屋出租后，不清楚该房屋作为二房东转租谋取利益，存在二房东的往往涉及违规租赁和群租，居委及物业应加强与房东和业主的信息沟通。因为对于业主而言，其收益是固定的，如果存在违规转租则安全风险会大大提高。因此原则上一般不会同意存在违规转租的情况。此次火灾调查中，就出现了这种业主不知情的情况。同时，物业和居委对于出租房的排查管控应进一步加强。《上海市居住房屋租赁管理办法》将群租的界定标准定义为，每个房间的居住人数不得超过2人（有法定赡养、抚养、扶养义务关系的除外），且居住使用人的人均居住面积不得低于5m²。这一条明显操作性不强，物业居委判断鉴定租赁人之间的关系明显工作难度太大。本人认为，对于存在高低铺的出租房就可以直接判定为违规租赁（除非主动提供法定赡养、抚养、扶养义务关系），并由物业居委上报相关街镇职能部门进行整治。从近几年来本单位发生的火灾案件来看，群租房火灾中房间内高低铺出现的概率几乎达到百分之百。

（2）加大小区尤其是老式居民楼物业值班人员的消防安全培训。该起火灾中起火大楼建造年限较长，而小区居民住宅物业费长时间没有上浮，小区由某物业公司托底管理。而在陆家嘴区域，此类老旧小区还有不少，大多建造于2000年前的小区，基本由几个大的物业公司托底管理，消防安全管理水平不容乐观，物业公司由于经费紧张，未配备有资质的值班人员进行值班，消防设施未保持完好有效，导致发生火灾后初期小区自救措施不及时到位。

老旧小区火灾伤亡损失一直占比较高，针对此类情况，应加大物业、居委等值班人员的分类、分级消防培训力度。此类小区物业值班人员普遍年龄和文化水平不高，且流动性大，不少还有退休人员担任。但是基本的消防安全管理能力和水平必须掌握，主要包括日常的消防安全管理，火灾隐患的排查和上报，以及初期火灾的报警和扑救处置等，可纳入街镇每年的消防实事项目进行培训。

（3）利用公安派出所人口登记手段以及日常监督检查工作倒查“九小场所”等单位工作人员居住情况。与辖区公安派出所形成机制或者借用兄弟单位的工作系统权限，在日常检查过程中，对提供住宿的单位，在日常检查消防检查过程中，如果涉及到由单位提供住宿并在居民小区内的，可以利用公安智综平台系统和人口管理系统，倒查员工小区住宿房间号，核查该房屋租赁情况，发现疑似群租情况，同时由小区居委会、物业工作人员核查并按照职责分工进行整治。

（4）加大有针对性的消防安全宣传和处罚力度，自觉提高全民消防意识。通道多种媒体宣传方式对重点区域（老旧小区）进行消防宣传，通过身边的火灾案例进行生动的宣传往往会取得良好的效果。对于组织违规租赁的人员，按照违法程度及后果纳入个人和单位征信不良记录措施，加大处罚力度。

总之，通过身边的火灾案例加大宣传力度，使全社会充分认识违规租赁房带来的消防安全隐患问题，并通过加强检查、整治、处置力度，降低此类火灾发生的风险，提高社会面的消防安全稳定工作。

参考文献

[1] 李惠菁，火灾事故调查实用手册．上海：上海科学技术出版社，2018：101-103.

浅谈电动车失火原因及防火系统设计

潘照祥[①]

（北京经济技术开发区消防救援支队，北京）

摘 要 随着现代科技水平的提高，人们也越来越重视自己的生活质量和生活的环境。绿色节能环保的生活方式提上了日程，人们的出行也逐渐变得绿色快捷。对于电动车的使用也出现在人们的生活中，快捷便利绿色的种种优势都让电动车成为了人们在路上骑行的好伙伴。而随着电动车的普及，它可能出现的失火问题也有待人们研究与解决。便于未来电动车的发展，将它可能失火的原因罗列分析出来，并设计加入一些防火系统是至关重要的。

关键词 消防 电动车 失火原因 防火系统 系统设计

随着时代的进步，科技创新的不断发展，电动车以它自有的轻便快捷、绿色环保、不耗费体力等等诸多优点已经真真实实的融入到我们的实际生活中，成为马路上必不可少的交通工具。不像一些机动车，需要加入天价的石油才能前进，耗费着额外的金钱还污染着环境，更多消费者已经倾向于对电动车的选择。而与之而来的一些电动车失火问题也逐渐显露出来，如何避免和消除急需解决。本篇文章就结合实际问题来分析电动车失火的原因和相对应的设计出一些防火系统来帮助解决这一问题。希望这篇文章能够对以后我国电动车失火和防火系统的设计等有帮助。

1 电动车目前在国内的具体状况

电动车目前是我国工薪阶层最受欢迎的一种交通工具。有一定的有效速度，不需要加油，只考虑好充足电便可以在马路上任意驰骋。从成本上来讲，电动车的成本较低，即便真有什么问题报废了也不会太心疼。而且电动车的构造原理简单，随之建造的工厂也多，批量生产也让它有了更大的销售空间。现如今几乎家家户户都有一辆电动车，由于便于拆卸和组装的原因，也得到了许多人的青睐。

但随之而来也出现了很多问题，由于电动车属于一种新时代新科技的产物，也并不属于马路上的机动车等，所以说与电动车相关行驶的条令少之又少，这也成为了一个危险的元素。但即使这样，在许多生活节奏快的大都市里还是少不了电动车的身影，在马路上堵车不能前进时，电动车可以灵敏小巧的穿过，比自行车省力，还比自行车迅速，这快捷、便利、绿色环保等等诸多的优点都使电动车成为了交通工具行业的一匹黑马。

2 电动车会失火的主要原因

第一，生产时使用的高分子材料成为失火的主要原因。每辆电动车都是为舒适消费者而生产的，所以，在每辆电动车的生产中，舒适的坐垫是必不可少的。然而坐垫的原料是一种高分子材料，特别容易失火。当电动车处于高温日晒或者明火之下，就容易触发高分子材料失火，出现危险问题。

第二，内部线路出现故障造成电动车失火。电动车是靠电力来驱动前进的，有一块蓄电池存储电量供前进时使用。所以说，每辆电动车的内部有千条万缕的导线连接。如果说因为电路板上的搭错线或者导线传输电流到达极限就会发热，发热到一定程度就会起火，线路内部的故障也是一个很大的问题，需要专业对待。

第三，维修的不到位从而引起电动车失火。就比如说我们都知道自行车的构造原理，当它掉链子或者出现问题我们自己就会进行修理。电动车也一样，因为它的构造原理也比较简单，所以说，当出现一些问题时大多数人都会选择自行修理。这也为电动车的安全问题埋下隐患。因为电车对每一根导线的要求都很高，一不小心就会造成电动车内部的线路问题。

第四，部分生产厂家的疏忽造成电动车失火。电动车的构造原理简单，稍微学过电学的就明白，它是通过蓄电池存储电量在使用驱动的过程。所以说，就有很多生产厂家利用电动车生产原理简单而随意进行生产，等到验收检验时工作并不到位，让许多不合格车辆鱼目混珠，导致了电动车的失火等危险问题的出现。

第五，存放环境也使电动车造成失火。电动车自身的材料就不属于耐高温。而且电动车的成本相比较机动车属于成本低的，人们也不会为了它而专门放在车间。所以一般来说，电动车都会被主人可怜的放在门外，任由大风吹，太阳晒，这也是造成电动车经常失火的一个原因。即便放在楼道里，也会有来来往往的人，吸烟时，电动车就会遇见明火，这也为电动车的失火造成问题。

3 一些切实可行的防火系统设计

由上边的几点我们就可以看出如今的电动车的失火问题日益严重，需要解决。所以说为保证更多人的人身安全，我们需要设计一些防火系统并加入电动车的具体生产中才是解决问题最根本的方法。

3.1 使用耐热性构造材料

目前电动车的高分子材料是造成失火的重要原因。我们找到问题的本质，加以应对就可以解决。材料是一个很大的问题，我们不仅要满足电动车的性能问题，还要考虑到它的耐热性，尽量使用一些阻燃的材料，那样即便有问题出现也不至于失火。

对于材料的选取。也可以使用一些非金属材料，那样它的防火性和阻燃性能都比之前的好很多，能够在一定程度上防止电动车失火。而新材料的开发就需要更多时间去研制和探索，这也是以后我们对电动车研究的一大方向。

3.2 提高内部导线的综合质量

电动车的发动就是靠内部的各种导线相连接，如果说导线的安全质量过不去一定会导致大批电动车失火。所以说，在每一辆电动车的设计和组装过程中，一定要对每一根导线

① 潘照祥，男，大学本科，一级指挥员，从事消防行业。

的安全质量把好关。一根虽小，但组装起来确实是电动车的全部。

而且在实际生产中，对于每一根导线的排列布线都要有仔细的设计。如果说因为布线不当，导致某一根导线过度弯曲或者说致使两个导线搭在一起摩擦发热而起火，都会产生很大的安全隐患。要提高好电动车内部每一根导线的综合质量才可以在一定程度上避免电动车经常失火问题的发生。

3.3 加强对电气线路的安全保护

有了一定安全的导线质量还不够，我们还应该在可能发生状况的线路周围设计一些安全保护。我们应该给电动车的主线路、分线路还有蓄电池充电器的输入和输出都安装上短线时的安全保护，限制大电流出现时危险状况的发生。相当于给我们电动车的内部来一个二次保护，这样我们也会更放心。

3.4 提高电气系统电接触件的可靠性

在电动车生产时，我们应当挑选一些安全可靠性高、质量好的电接触件。要经过严密的加工，确保电动车电气系统电接触件的安全和可靠，确保电器在充放电和连接过程中的安全。而且对于每一家生产电动车的厂家来说，每一辆电动车最后的质量验收一定要过关，不能让不合格产品出现在马路上，要对电动车的电气系统加以测量与检验，确保电动车的质量安全。

3.5 设计详细的电动车修理说明书

为防止由于维修不到位而造成的失火问题再度发生，生产厂家配套一本详细的电动车修理说明书也是至关重要的。这样以来，就不会再有电路发烧友因为大意一不小心而造成失火故障了。在修理说明书中，可以把相应的故障分析出来，并给出解决的方案和合适范围内的更换材料和导线。帮助人们真实的解决生活中的问题，方便快捷还很贴心认真。

结束语

电动车是这个时代的作品，是科技研发创新的产物。它天然绿色，不需要燃烧石油仅靠蓄电池充放电就得以前进。它是马路上新杀出来的黑马，是工薪家庭最热衷的交通工具，以后还会有更多的人来使用。所以说它现存的失火问题急待人们解决，而相关的防火系统的设计也十分重要。电动车以后的发展也会越来越好，我们要在最开始的时候把危险问题都解决好，为广大的人们群众提供一份便利，为我们以后的生活提供一份保障。

参考文献

[1] 崔劲松．规范电动车管理刻不容缓 [N]．光华时报．2012-12-11 (002).

[2] 沈烈初．我国电动车发展历史的启示 [N]．中国工业报．2014-10-24 (A04).

[3] 忡憬．谨防电动车“发火”酿灾 [N]．西藏日报（汉）．2016-05-06 (007).

[4] 孙海波．我市召开电动车火灾防范集中约谈会 [N]．商丘日报．2015-11-06 (A03).

[5] 周开平．国家放开电动车资质：谁将站上“风口”? [N]．21世纪经济报道．2014-12-03 (021).

[6] 胡辉，费宏，李维和．这会是电动车火灾的“镇痛之方”吗? [N]．杭州日报．2016-04-07 (A04).

其 他

核事故中公众洗消方案的研究

庄　洋

（江苏省连云港市消防救援支队，江苏　连云港）

摘　要　连云港市消防救援支队作为本地处置放射性核事故的力量之一，其主要任务就是对受污染公众进行彻底洗消。本文以某地发生放射性核事故为背景，提出了消防救援队伍在公众洗消作业中的准备方案，包括人员准备、器材物资准备、场地准备，详细论述了洗消过程中的人员监测流程和人体洗消流程，以及车辆和消防人員自身的洗消，此方案的提出对放射性核事故中的公众洗消具体一定指导意义。

关键词　放射性　公众　洗消　监测

1　准备方案

公众洗消的前期准备是关系现场洗消作业成败的一个重要因素，必须在平时对可能发生的事故有比较科学的估计，做好一般性、程序性的准备。事故发生时，结合事故规模，按照预案估算人员、物资等出动规模及数量。准备阶段主要包括以下三方面的内容：

1.1　人员准备

所有参与洗消的人员都要依据预案，平时进行演练，具有相关的化学、生理、紧急救护知识及器材操作技能等，熟悉洗消方案的基本流程战时方能各负其责，准确有效的开展工作。同时也要动员和组织社会力量参与洗消行动。

洗消作业专业性非常强，指挥员要根据需要对辐射监测、人体洗消、车辆洗消、污水收集等进行任务分工，同时洗消人员要做好个人防护。个人防护所需器材有，防毒面具、核沾染防护服、铅服，穿戴核沾染防护服需由三名人员操作，一名穿戴人员，两名辅助人员，穿着核沾染防护服要由下自上，拉链、拉扣等部件都要粘贴牢固，不留缝隙，尽可能降低核沾染颗粒物的可能性，佩戴两层手套，第一层为医用手套，第二层为无尘手套，佩戴防毒面具，将面罩贴合面部，调整视野收紧眉部、面颊部等，佩戴防护服连体帽，一定要把防毒面具边缘及面罩带完全包裹住，对穿戴人员进行面窗视野测试，确保我们进入事故现场后有一个开阔的视野和良好的操作环境。佩戴个人辐射计量仪后开始穿着铅服，通过跑、跳、取物等不同运动状态来进行适应性训练。洗消人员的防护根据现场实际决定，如果不涉及伽马、X射线，可以着防沾染服，反之，需要在防沾染服的基础上加着铅服。

1.2　器材物资准备

洗消装备器材种类多、数量大，洗消剂的用量也相对较大，准备工作必须充分到位。消防部门负责制式的洗消装备器材，如洗消车、洗消帐篷、洗消药剂的准备，环保、医疗等单位负责相应的器材准备，如环境检测仪器、洒水车、喷雾器、救护车等，各个成员单位应各负其责，按计划准备和保障洗消作业所需的装备器材物资。

1.3　场地准备

洗消站应具备为受到放射性污染的人员去污的功能，达到防止放射性污染扩散的目的。场地选址应从气象条件、场地大小、交通、距离、水源、能源等方面进行评价。为了避免距离事故发生地过近导致被污染的情况，保守考虑洗消站应设置在烟羽应急计划区10公里之外。同时，为了保障人员在撤离时尽快洗消去污，洗消站也不宜过远。洗消站布置主要涉及区域划分、设施布置、污水收集三个方面。

1.3.1　区域划分

洗消站应根据风向划分为3个区域。清洁区位于上风方向，同时也是洗消站的出口。沾染区位于下风方向，是撤离人员到达的位置，是洗消站的入口。过渡区位于两个区域的中间，是开展洗消去污工作的区域，撤离人员从到达到离开洗消站需要一次经过三个区域，并进行辐射剂量监测、洗消去污、医疗救治等[1]。洗消区域划分示意图如图1所示。

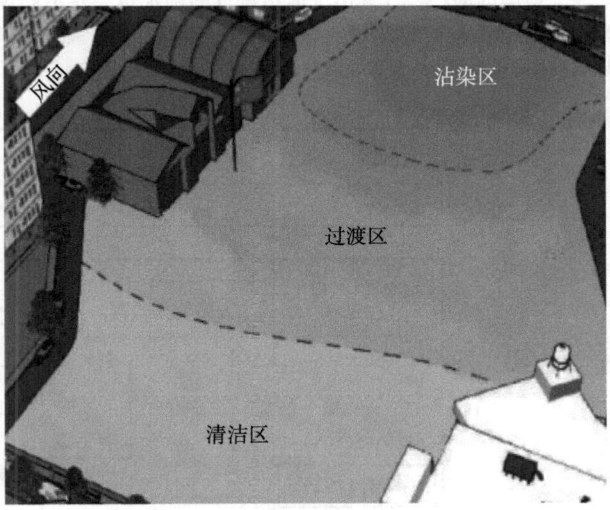

图1　洗消区域划分示意图

1.3.2　设施布置

沾染区是撤离人员和车辆到达的区域，位于下风方位。该区域需划分人员与车辆通道，以保障应急情况下人员和车辆的秩序；需设置放射性监测区，进行撤离人员洗消前的筛选工作；需设置污染物暂存区，以收集被放射性物质沾污的废弃物。

过渡区是洗消去污开展的主要区域，分为人员洗消区和车辆洗消区。人员洗消主要使用洗消帐篷进行，也可由消防车临时组成的大规模洗消通道进行。人员洗消区需要保留足够的建筑或帐篷作为人员洗消和检测后观察区，同时满足人员洗消后的保暖需求。车辆洗消区需布置洗消车和停车区，需规划车辆的进出路线和通道。此外，过渡区还需要建设污水收集地沟，将收集的污水集中处置。

清洁区是人员和车辆洗消去污完成后进入的区域，位于上风方位。该区域主要设置医疗点和人员安置点，需要注意该区域对放射性的隔离。洗消站各区域设施布置如图2所示。

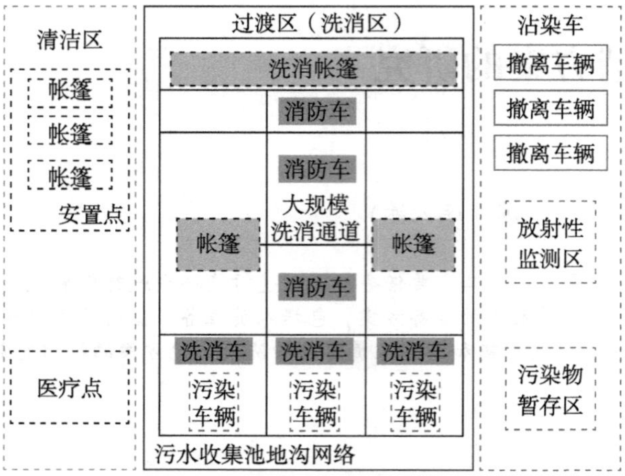

图2　洗消站各区域设施布置

1.3.3　污水收集

洗消站产生的污水可能含有放射性，不能直接向环境排放，应急条件下难以处理，目前比较可行的办法是收集暂存后集中处置。人员洗消用水量为40L/人次，冲洗用水约为5至10L/m^{2}冲洗一次[2]，不同情况，分别计算每日用水量，其中冲洗用水量取上限值10L/m^2，表面包括车辆、设备、地面等。假设每天需洗消的人员数分别为3000、5000、10000、20000、24000，并对应不同情况下需要洗消的设备、车辆、地面的面积，计算出洗消站每日的用水量，对不同规模洗消站的建设提供参考。洗消能力与产生污水量如表1所示。

表1　洗消能力与产生污水量

人员数/人	表面积/m^2	人员洗消用水量/t	冲洗用水量/t	污水总量/t
3000	200	120	2	122
5000	200	200	2	202
10000	500	400	5	405
20000	1000	800	10	810
24000	2000	960	20	980

2　人员监测流程

撤离人员到达洗消站，有序进入放射性检测区，进行撤离人员洗消前的筛选工作。

检测人员对撤离人员开展放射性检测并登记。

使用保鲜膜包裹表面污染检测仪的探头，避免探测器受到放射性沾染。

使用表面污染检测仪对人体表面进行扫描，距离人体表面越近越好，移动速度不超过10cm/s。从头部开始检测，在身体的一侧向下移动探头，经过颈部、肩部、手臂、手腕、手臂下部、腋窝、身体外侧、腿部、裤边、大腿内侧及身体的另一侧进行同样的测量，并对身体的前面和后面进行测量。对于脚底、臀部、肘部、手部要予以重点测量。有条件的单位可采用立柱式核辐射检测仪提高检测效率。

如果探测器报警，则将人员分流至洗消组做进一步处理；如果探测器不报警，则表明人体表面无放射性沾染。洗消帐篷布置如图3所示。

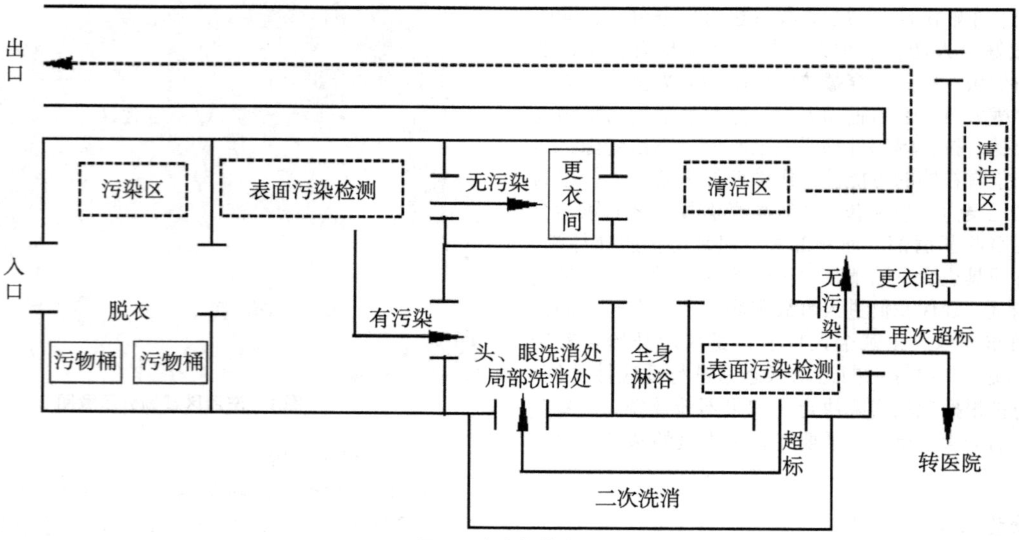

图3　洗消帐篷布置

沾污人员进入洗消帐篷后，自行或在救援队员帮助下，除去全身衣物，并将衣物放入污物桶。

沾污人员开展表面污染检测，检测人员使用保鲜膜包裹的表面污染检测仪对人体表面进行扫描，如果探测器不报警，则证明第一次探测到的表面污染仅存在于受测人员的衣物表面，人员进入更衣间更衣、登记之后转移至清洁区安置点；如果探测器报警，则降低移动速度，找到污染剂量率最高的部位用记号笔做好标记，使用表面污染检测仪对污染部位重新测量，如果无α计数或有无铝制盖板条件下β或γ计数基本一致，则证明人体污染存在于体内，沾污人员转至后方医疗机构做进一步医学处置；如果表面污染检测仪有计数，沾污人员则按照洗消流程的要求，对人体表放射性污染进行洗消。

人员完成洗消后，使用表面污染检测仪对标记的沾染部位进行检测，无计数则证明洗消干净，人员更衣、登记后转移至清洁区安置点；有计数则重新洗消，如果经过再次洗消仍有计数，则作为牢固性放射性沾染记录并到后方医疗机构做进一步医学处置。

3　人体洗消流程

根据人体洗消部位，人体洗消流程又详细地分成局部污染洗消流程和全身污染洗消流程。

3.1 局部污染洗消流程

3.1.1 头部污染洗消流程

取半卧位洗消；用温水冲洗头皮2遍，而后涂抹洗消液，揉洗头皮2遍；若洗消不再有成效应剃除头发重复上述步骤；用温水冲洗干净洗消液；擦干头皮。

3.1.2 眼睛污染的洗消流程

取干棉球，塞入两侧耳内；下巴上抬，下喷式洗眼器头后仰位，或上喷式洗眼器低头，温水缓慢冲洗眼部；用低于40℃温水缓慢反复冲洗眼部2遍，用干棉签拭去眼部水滴，滴入生理盐水3滴，再用干棉签擦拭眼部水滴。

3.1.3 鼻腔污染的洗消流程

取下巴上抬、头后仰位；取生理盐水浸湿的棉签2支，分别擦拭两侧鼻孔，而后剃除鼻毛；用沾有洗消液的棉签再分别擦拭两侧鼻孔；用沾有生理盐水的湿棉签再分别擦拭两侧鼻孔。

3.1.4 耳部污染的洗消流程

取半侧卧位；先用毛刷对外耳廓由内向外刷2遍；再用生理盐水湿棉签顺时针旋转内、外耳道2遍；用沾有洗消液的湿棉签分别顺时针旋转外耳道和耳廓1遍；用沾有生理盐水的湿棉签分别顺时针旋转外耳道和耳廓2遍。

3.1.5 上肢局部污染的洗消流程

取上肢自然下垂位，或水平位；用温水沾湿的纱布轻轻擦拭，针对钝挫伤病人用温水冲洗；用软毛刷将洗消液均匀地涂抹于污染处，轻轻揉洗2遍；用温水冲洗，再用干纱布擦拭干。

3.2 全身污染洗消流程

头部后仰洗头发。头发有污染者，若洗消不再有效则应先剃除头发。温水冲洗头发，而后将全身用温水冲洗一遍。

用洗消液或肥皂按照以下顺序，均匀快速涂抹头皮、面部、耳后、颈部、上肢、腋窝、手臂、上身躯干，借助柔软搓澡巾或长条纱布涂抹后背、会阴、臀部、下肢、再用温水直立位快速冲洗干净；每次洗消过程应控制在3min左右。

从头到足底顺序擦拭皮肤[3]。

4 大规模洗消通道的搭建

人员洗消主要依靠搭建洗消帐篷完成，在人员数量多、洗消帐篷不足的情况下，也可尝试通过消防车搭建大规模洗消通道，由2辆以上消防车组成通道洗消系统，将消防车平行以间距6m停放，将喷头摆放形成环绕喷淋空间，水压设置为345至414KPa，去污人员脱下衣服后，人员在通道中短暂停留30s至3min，通过时要注意保留足够的间距，以避免二次污染。

5 车辆洗消

一是利用水罐消防车、高喷消防车、多功能水枪设置阵地对车辆表面进行洗消，铺设水幕水带、水带护桥对车辆底盘进行洗消。二是接触面擦拭，对车辆的门把手、方向盘、坐垫等经常性人员接触部位用肥皂水或专用洗消药剂进行全方位的擦拭。三是通风晾晒，洗消结束后，将车辆开出洗消区域，在阳光或通风的室外晾晒超过30min。四是废水收集，废水不能任意排出，应集中收集后统一处理。

6 消防人员自身洗消

公众洗消完成后，消防人员要注意做好自身的洗消，对穿着手部、脚部防护装备等重点部位进行喷洒洗消，在洗消帐篷门口，脱去最外层铅服，撕去密封胶带，在保障不污染内部衣物操作下，从上到下脱去核沾染服，脱去内层胶皮手套，最后脱去防毒过滤式面罩及最后一层胶皮手套，待洗消人员将个人防护服脱下统一回收至放射性废物回收桶进行处理后，再脱下内衣物进行淋浴，撤离现场前，应当清点人员装备，向有关部门移交现场。

参考文献

[1] 孙宇，徐守军，魏晓青等．核化生恐怖袭击现场救援中洗消技术研究进展［J］．人民军医，2010，53（10）：740-741.

[2] 国家质量监督检验检疫总局．人民防空地下室设计规范：GB50038-2005［S］．北京：中国计划出版社，2005.

[3] 徐孝华，秦宏冉，核与辐射突发事件放射性体表污染的去污洗消流程及场所［J］．辐射防护通讯，2020，40（4，5）：43-46.

提升基层队伍初战控火能力的分析与研究

王晋喆

（天津市天津港保税区消防救援支队，天津）

摘 要 初起火灾扑救，在灭火救援中发挥着决定致胜、承前启后的重要作用，关系到整个事故处置的成败。随着火灾形势越来越严峻，小火酿大灾的情况越来越多，提高基层指战员初战控火的能力是当前急需解决的关键问题。本文通过分析初战控火中存在的不足，归纳总结初战控火要点、提炼解决关键问题的途径和方法，供广大消防指战员借鉴和参考。

关键词 消防工作 灭火救援 初战控火 应急决策

1 引言

目前，随着社会和经济的发展，导致消防安全形势日趋复杂，亡人火灾和较大影响的火灾急剧增多，给消防救援队伍灭火救援工作提出了严峻考验和艰巨挑战。纵观整体灭火救援行动，初期火灾的扑救在行动中发挥着决定致胜、承前启后的重要作用，关系到整个灭火救援行动的成败，为后续作战行动的顺利展开奠定坚实基础。下面，本人结合基层消防救援队伍现状和灭火救援工作经验，就提升基层队伍初战控火能力如何提升谈一谈自己的几点看法。

2 提升初战控火能力的重要意义

灭早、灭小、灭初期一直是我们处置火灾的战略目标，初战控火得当与否对战斗成败能起到“四两拨千斤”的作用。“初战”特指初起火灾，一般是指发生火灾初期15分钟之内的火灾。该阶段火场烟雾大、可燃物质燃烧面积小、火焰高度低、辐射热强度弱，处于火灾从无到有、火势由小到大的发展阶段，是灭火救援战斗的最佳有利时机。发生火灾后，辖区消防救援站到达现场后，指挥员通常面对的是错综复杂、瞬息万变的火灾形势，能否快速判断火灾形势，合理布置人员分工，正确选择战术，是否为后续战斗争取宝贵时间、赢得有力战机、奠定坚实基础。如果战术运用得当，就可以最大限度降低大火造成的伤亡，反之初战控火一旦不力，将有可能导致火势蔓延、灾情扩大，人员和财产损失成倍增多，造成灭火救援作战的被动和不利局面。所以，提升初战控火能力尤为重要，是摆在全体消防救援人员面前的一个重要课题。多年来，无数的实战经验告诉我们，凡是失败的灭火救援行动，在行动中均存在初期失利、中期失控、晚期失策等问题。因此，初战能否打赢、控制是否有效、处置是否科学，在灭火战斗中有着举足轻重的地位和作用。

3 初战控火现状及原因分析

3.1 准备不充足

“快”是初战控火的灵魂。只有知己知彼，下好先手棋，才能掌握灭火救援行动的主动权。因此，承担初战任务的辖区消防救援站责任重大。但在实际中，多数消防救援站指战员缺乏全局意识，准备不充分，导致到场后出现指挥混乱，错过初战控火的最佳时机。究其原因有三点，一是存在基层人手不足现象。目前，消防救援队伍已完成“三定”落岗定编，灭火救援职能更加明确，但是受人员编制影响，基层消防救援站部分岗位一人多兼，人手不足现象凸显。以辖区一消防站为例，站内共有执勤车辆4部，通讯员仅有1至2名。在灭火救援行动中，通讯员通常负责联系报警人、地址导航等任务。如遇稍大现场，通讯员还需负责联系两级指挥中心、架设视频图传、操控无人机、甚至是现场安全员等任务，极易出现纰漏，导致初期火灾现场扑救过程中指令不通、联系不畅。二是非执勤性任务过多。占据消防救援站人员大量精力，体能与灭火救援技战术等专项训练时间无法得到有效保证。三是实战演练浮于皮毛。未将缺少现场报警信息、群众多人被困、水源匮乏等极端特殊情况纳入实战演练中，致使指战员在面对各类突发情况时缺乏正确的判断处置能力，加之指挥员无法准确掌握起火场所结构布局等情况，从而严重影响了初战控火。

3.2 能力有欠缺

2018年11月9日，中共中央总书记、国家主席、中央军委主席习近平亲自向国家综合性消防救援队伍授旗并致训词，标志着消防救援事业迈向新时代发展。对标“全灾种、大应急”职能定位，以及面临越来越复杂的火灾现场，消防救援人员的能力还尚有不足，存在较大差距。一是战训骨干人才匮乏。转隶后部分基层干部、班长骨干因复转退而流失，极大地造成了原有人才流失，出现人才断层。二是新鲜血液经验较少。目前基层消防站有许多新人，有的来源于地方，有的来源于队伍内部考学，虽然经过短暂培训或4年院校培养，学习了一些基础业务知识，但实战经验匮乏，初期到场明显会有信心不足、惊慌失措等问题。

3.3 调派指挥不科学

实战证明，灭火救援初战的成功与否，很大程度取决于参与灭火救援的指挥员调派指挥的能力强弱。因此科学合理的调派力量，是保证初战控火成功的重要保障。目前，各总队都根据火灾和灾害事故等级建立了相应的应急响应调派机制，但在实际中往往需要调派人员凭借经验对灾情等级进行判别，力量调派偏差较大。初期到场时，部分指挥员因经验缺乏，心理素质不过硬，面对错综复杂、瞬息万变的火场形势，通常出现未组织火情侦察，见火就打；发现不了燃烧的发展趋势，忽略火灾蔓延主要方向；不能科学判断内攻进战时机，错失控火最佳时期。另一方面，有的初战中后方供水不及时，个别指挥员存在“重前方、轻后方”的心理，大部分精力放在前方灭火作战上，忽视了后方供水的重要性。辖区有的单位地处水源稀缺地区，或是周边缺少天然水源，或是市政管网压力不足，或是过多依赖等待远程供水，也将直接影响了不间断供水，不仅贻误战机，而且有可能会给前方人员造成危险。

4 提升基层队伍初战控火能力的建议

4.1 打牢基础，强化基层指战员队伍业务素质

习近平总书记指出，要加强应急救援队伍建设，建设一支专常兼备、反应灵敏、作风过硬、本领高强的应急救援队伍。实战证明，灭火初战的成败，很大程度取决于基层指战员的指挥灭火能力。因此，提升消防救援站实战业务水平至关重要。一是科学开展业务技能培训。古人云“他山之石，可以攻玉”，我们应从职业化角度合理规划业务技能培训。开展消防救援人员基地轮训时，坚持全员沉浸式训练，重点开展真烟真火、班组配合、紧急避险、实战操法等科目，夯实消防救援人员业务能力基础。邀请专家教授常态化举办“典型战例研讨”“战训业务讲堂”，汇编整理各类灾害事故处置程序、典型战例等资料，分级组织开展各级指挥员岗位能力以及不同灾害事故类型的组织指挥能力培训，真正培养一批懂业务、懂灭火的行家里手。二是要开展战术体能训练。体能是消防救援人员在灾害现场完成各项技战术操作的基础。针对现在灭火救援中，消防救援人员“负重大、高强度”的运动特点，引入战术体能训练模式。该模式中，改变了以往体能训练中以有氧运动为主的训练模式，利用器械重点对指战员爆发力、肌肉耐力、核心力量的训练，让其适应现代灭火救援的实际需要。三是要定期组织战例复盘。有针对地收集整理全国近年来发生的典型火灾战例，集中组织指战员进行战例研讨，模拟现场复盘，认真对待每一次灭火救援作战行动，坚持“每战必评”，大战大评、小站小评、即战即评，组织专家进行点评，从战例中汲取经验和教训，强化初战灭火指挥能力积累。四是建立灭火救援奖惩机制。总队、支队经常性的考核基层队伍指战员的体能及灭火救援业务，考核结果定期公式，对成绩优异的指战员进行表彰，对业务水平欠缺的人员进行帮扶。实行灭火救援问责机制，对因指挥不力，产生不良后果，造成了社会影响和舆论的行为，应追究相关人员的责任。

4.2 训战一致，提升初战消防救援站科学处置能力

面对情况复杂多样的事故现场，根据灾情类型、特征、形式和等级，科学运用技术战法，高效展开初战处置，才能成功控制火势蔓延。一是要全面掌握灭火预案。建立辖区“作战信息一张图”，精简灭火预案内容要素，利用无人机制作单位全景图像，在图片上利用不同颜色标注重点部位、消

防水源等与灭火救援相关的关键信息，从最不利点制作作战力量部署图，以便在出警过程中快速掌握单位情况，打有准备之仗。充分利用演练日、演练周等时间，定期组织“防消一体化”熟悉演练，预案内容实时动态更新。二是强化技战法运用。火场组织指挥中能否正确运用技战术方法，是有效控制火灾的基础，是成功解决战斗的关键。面对不同的火场态势，需要采取的战术方法和措施也不一样，这就需要指挥员沉着冷静判断。例如，强攻近战是消防队几十年来灭火作战的经验总结，是队伍传承下来的宝贵财富。现在灭火装备先进了，进攻手段现代化了，指挥员要科学研判火灾形势，要及时抓住强攻近战的有利时机。三是要准确把握关键部位。由于灾情不同，现场极易出现高温浓烟、高噪有毒等危险情况，甚至发生爆炸、轰然、建筑物倒塌等突发状况，这就要求，初战指挥员现场审时度势，客观分析权衡，明确现有的灭火力量和外部条件，科学取舍火场保护对象和部位，准确把握关键部位的火势发展，采取有效措施扑灭或加以控制。

4.3 多方协作，打造多元化社会联勤联动调派体系

初战控火并不只是消防救援站一家之事，更是需要指挥中心、政工、后勤、防火部门和社会各界多方协作，共同为灭火救援战斗提供坚强保障和有力支持。要探索建立多部门会商研判、预警响应机制，构建顺畅高效的指挥体系。一是要切实搞好统筹结合。以“工作互联、信息互通、效能互增”为原则，着力深化火灾防控与灭火救援工作的有机结合，同时做好思训一体化、战保一体化、切实将防火、政工、后勤等部门与灭火救援工作形成合力，强化遂行初起作战能力，提供强有力的各项保障。二是要加强与联动单位沟通，增强增强大型综合体火灾扑救的“合力”。全勤指挥部指挥员要根据现场需要，调集公安、供水、供电、供气、医疗等联动力量以及大型工程机械、建筑结构专家等力量到场配合处置，根据火灾情况，使用大型工程机械破拆排烟，使用市政洒水车辆供水，协调交通部门疏导交通，公安部门统计人员物资，做到“全民皆兵”，借助媒体力量，适时发布情况，弘扬新时代火焰蓝新风貌，切实增强火灾扑救的合力。特别是针对居民住宅社区，及时督促物业打通“生命通道”，确保消防设施完整好用，为初战控火奠定坚实的基础。三是要建立城市灭火救援联动体系。以行政区划为依托，实现各类灾害事故信息的识别、传输、反馈和快速反应，确保迅速传递灾情、快速调集警力、及时处置现场。整合区域资源，划分社会应急救援联动区域，实现各类灾害事故应急救援的区域联动和联合作战，提高救援的社会综合效益。

5 小结

本文通过对当前消防救援队伍初战控火存在的准备不充足、能力有欠缺、指挥不科学等现状进行了客观分析，结合基层一线消防队伍现状和灭火救援工作经验，归纳总结了提升基层队伍初战控火能力的建议，需要通过扎实开展演练熟悉、不断加强学习、精准剖析战例、系统全面组织业务培训、构建多部门会商研判、预警响应机制等措施，提高基层指挥员初战控火能力，助推基层消防队伍灭火救援工作的高效开展。

参考文献

[1] 王志新．基层消防指挥员初战指挥能力提升探讨[J]．消防技术与产品信息，2018（10）：20-22.

[2] 李树．灭火战术基础［M］．北京：机械工业出版社，2014.

[3] 刘光宇．战斗编成训练在灭火救援实战中的实施对策［J］．灭火救援，2021（4）：79-80.

[4] 周辉．基层指挥员灭火救援初战指挥能力提高浅议[J]．江西化工，2016（2）：183-184.

[5] 吕特宁．提高基层指挥员救援现场初战指挥能力的研究［J］．传播力研究，2017（10）：229+231.

[6] 刘贺．试论灭火救援初战指挥员决策要素与运用[J]．今日消防，2020，5（2）：28-29.

[7] 宋斌，李建华．灭火救援第一出动指挥员决策要素及应用探讨［J］．消防科学与技术，2008（4）：277-280.

[8] 廖曙江．对火场蔓延趋势的初步研究［J］．消防科学与技术，2012，31（7）：670-673.

[9] Richard Olawoyin. Nanotechnology: The future of fire safety［J］. Safety Science, 2018（14）：110-115.

锂电池汽车火灾初战处置探讨

何 锋 李梓航

（乌鲁木齐市消防救援支队，新疆 乌鲁木齐）

摘 要 由于信息技术的飞速发展以及新能源技术使用领域的拓展，中国清洁能源汽车行业得到了迅速发展，清洁能源车辆的品种与规模也日益扩大。电动汽车的构造有别于传统汽车，消防救援力量在处置过程中也不能按传统燃油汽车的处置经验进行处理，处置不当极易造成电解液漏电以及燃烧、爆炸等事故发生，给一线灭火救援力量的安全带来极大隐患。本文通过分析电动汽车火灾案例及事故危险性，提出了电动汽车火灾事故初战处置的扑救措施，为类似事故的处置提供一定的参考。

关键词 新能源汽车 火灾 救援

根据消防救援局通报，2021年我国共有784万辆新能源汽车，全国共发生3000余起新能源汽车火灾；2022年第一季度共发生新能源汽车火灾事故640余起。

1 锂电池汽车火灾案例介绍

近两年的新能源汽车市场风头正盛，大有赶超和进一步占有燃油车份额的态势。而与市场热度形成强烈对比的是屡见不鲜的新能源汽车起火事件，这类电池起火速度快、燃烧

温度高、持续时间长、扑救困难、极易复燃，并伴随着爆炸和触电危险。笔者收集了部分国内外新能源电动车（储能场所）典型火灾事故案例，见表1，便于分析锂电池火灾扑救难点以及处置措施。

表1 新能源电动车（储能场所）典型火灾事故案例

时间	地点	火灾起因	伤亡情况	经济损失情况
2021.4.16	北京丰台区	储能电站施工调试过程中引发火灾	2名消防员死亡、1名消防员重伤、1名员工死亡	造成直接经济损失1660余万元
2021.4.17	广东增城区	因车辆撞击，发生起火燃烧	1人死亡	车辆严重受损
2021.1.19	上海闵行区	停放地下车库内由于电池短路引发燃烧并爆炸	无人员伤亡	造成多辆车辆受损
2020.8.20	福建三明市	充电过程中突发冒烟并迅速引发燃烧爆炸	无人员伤亡	车辆严重受损
2020.10.5	福建邵武市	动力电池异常析锂，在路边停靠起火自燃	无人员伤亡	车辆严重受损
2020.10.13	福建邵武市	充电过程中动力电池异常析锂起火自燃	无人员伤亡	车辆严重受损
2020.10.27	北京中科院内	动力电池异常析锂，引发起火爆炸	无人员伤亡	车辆严重受损
2019.4.21	上海徐汇区	停放地下车库无故发生火灾	无人员伤亡	造成多辆车辆受损
2019.5.21	湖北武汉市	行驶过程中发生起火自燃	2人受伤	车辆严重受损
2021.4.3	美国	行驶过程中失控撞击路旁护栏并引发火灾	2人死亡	车辆严重受损
2021.4.16	法国	行驶过程中撞击引发火灾	2人死亡，三人受伤	车辆严重受损
2021.4.17	美国德克萨斯州	行驶期间撞树并引发火灾	2人死亡	车辆严重受损

2 锂电池汽车火灾扑救难点

新能源汽车火灾具有危险性、突变性和复杂性，与普通车辆火灾事故处置程序有较大的差异。新能源汽车为了保证车体牢固并降低碰撞危害，有针对性的增加了对汽车电池仓部件的保护，并通过在实际使用过程中对车身B柱和底部侧裙部分增加了防撞钢板，以避免在各方向撞击时所造成的弯曲变形，从而减少了电池组件遭受挤压的质量损失。但因为现场情况的复杂与多变，当事故发生后，仍会出现机身剧烈扭曲，电池芯被挤压析出电解液而产生反应放电的现象。具体事故过程主要表现为：

2.1 爆炸风险

锂电池包通常是由合金材料或复合材料所构成的密封外壳，通常有较高的硬度。而在内部电池发生问题后，也非常容易造成火灾事故的发生。当电池发热失控后，将会在密闭壳体内析出电解液，从而形成大量的爆炸混合物，它们容易撕裂壳体的薄弱处发生爆炸，并有可能形成抛射性的爆炸伤害。如2020年8月20日，福建三明一辆正在充电的新能源车因电池故障发生自燃，整车车体迅速被大火吞噬。在辖区消防救援站初战力量到场时，突发撕裂爆炸，所幸消防救援人员正于掩体后方观察火情，未造成人员伤亡。

2.2 触电风险

新能源汽车的驱动电流一般很高，一般输出电压都在三百八十伏特以上，而也有输出电压达到五百伏特以上的大型商用汽车，也可能因为驱动电池组件在不同的情况下出现不同的型号。在事故发生后，由于新能源汽车的高压导线或由于强大的撞击而导致断裂，或由于大量散落的车体接地，因此产生了车体带电作业或在事故现场形成了特定范围内的高压或跨步直流电压，但如果在事故现场缺乏适当的保护措施处理高压导线，那么在救援人员中将极有可能发生因触电事故而造成的重大伤亡。在某地新能源电动车火灾事故现场，救援人员在扑灭明火后，电池继续发出“嘶嘶”声和“砰砰”声，直到工程师赶赴现场，开始取出暴露在外的电池，才结束此次救援行动，至此该路段已被关闭了6个小时。

2.3 有毒烟气风险

新能源车的镍氢电池组在热失控后产生高温电爆炸，会生成氟化氢、氰化氢等毒性化合物，如果不能做好个人的安全保护，会对事故现场处置工作人员自身带来很大危险。2019年12月24日，一储存大量锂离子电池的居民楼改建的储存间发生火灾，消防救援人员在抵达现场后未发现明火，经管理员引导前往3楼起火户才发现有浓烟冒出但尚无高温，因此人员未戴手套。消防救援人员立即从室内消火栓部署水枪阵地准备进入仓库进行灭火搜救，但在到达仓库门口2m处发生第1次爆炸，导致1名消防救援人员灼伤送医；随后在门内3m处，消防员遭遇第2次爆炸，造成4人灼伤、1人扭伤；又因撤退不及，1人遭受第3次爆炸伤害。随后的火灾扑救过程中，因迷失方向，导致1人气瓶耗尽吸入有毒气体后送医。在对10楼以上的楼层进行搜救作业时，因没有他救面罩，消防人员将空呼面罩供民众使用导致2名人员吸入有毒气体呛伤送医。本次事故共造成10名消防人员受伤。

2.4 高温燃烧风险

在新能源车的锂电池中进行燃烧后，会分解并生成巨大的可燃混合物，电池内压强迅速增加，安全泄压系统如果破裂，将可能造成爆炸喷射情况，喷溅直径甚至能够超过五米。另外电解液泄漏还可造成锂电池组件短路，并在短时间内放出巨大能量，对事故现场的安全产生十分巨大的危害。如2019年3月，一辆新能源电动车撞上了分隔高速公路与出口匝道的混凝土中间地带。猛烈的撞击撕裂了车身的前端，重达544kg、400V的锂离子电池散落在道路上，受损严重的电池向空中喷射出1.5m高的火焰。

2.5 电池复燃风险

当明火熄灭时，锂电池的热反应并不会停止，而且随时可能升温复燃和发热失控。为避免锂离子电池复燃，应由辖区消防站及时组织力量值守进行冷却减温。特斯拉的电动车应急手册中表示，由于锂电池着火后需 24h 方可彻底扑灭，而继续冒烟意味着电池一直都在发热。且锂离子脱嵌后电池也非常容易复燃，所以监测时间应该维持在电池停止冒烟后最少一小时。而事故现场的安全人员也一定要继续使用侦检仪器对现场状况进行不间断地的监测，如果发现有不良状况时，应立即提醒救援人员暂停作业，同时用大量的水流快速地冷却电池。

2.6 高压电路及设备禁水和破拆

纯电动乘用车高压设备多，总结就是三大电、多小电，前者指的是电池、电控、电机，后者指的是空调压缩机、加热设备、高压配电盒、多合一控制器、车载充电器等，这些部位不得盲目打水和破拆。

3 锂电池汽车火灾初战对策

3.1 选用合适的灭火剂

清洁燃料电池汽车火灾事故主要指电池内的高温和高压空气喷射时，把里面的高温小粒子引燃造成事故，属 C 级气体火灾事故。通过试验可以证明：干粉、二氧化碳灭火剂等都可以熄灭此类火灾的明火，但在灭火后也有可能产生复燃情况。而当前主要消防药剂有泡沫、干粉、水等，而在具体的扑救行动中，水也是最经济实用的灭火剂。

3.2 安全防护方面

火灾现场既有一般汽车着火的高温特性，而且也面临着触电和爆炸的危险。火灾扑救队员在处置新能源车起火后，需要注意的以下几点：

（1）根据事故现场地形和车道行驶的方向，严格按照作战规程选择车辆停靠位置和车头朝向，确保能及时撤离危险区域。

（2）在事故作战地段实行区域控制，全程监控事故车辆的情况以及事故现场易燃、有毒气体含量，依据事故现场状况调整预警区域，禁止无关车辆进入预警范围。

（3）断电稳固的人员要使用电绝缘载具，防止触电对救援人员造成伤害。

（4）当锂电池组电解液发生泄漏时，作业人员应当佩戴空气呼吸器，禁止现场出现明火，防控电解液起火燃烧。

（5）安全人员一旦观察到车辆的温度骤然上升甚至有浓烟出现，此时存在电池爆裂的可能，应立即进行应急疏散，水枪手利用雾状射流进行保护。

3.3 汽车锂电池火灾扑救的作战原则

扑救新能源汽车火灾首先要通过大量灭火剂的冷却，降低着火汽车的温度，同时喷射雾状水降低火灾现场的可燃物浓度，直至确认无复燃风险。着火车辆内一旦有被困人员，要严格遵循救援规程，并及时对被困人员进行抢救措施，之后才能对车辆进行破拆救助，在破拆过程中应远离车辆电池组件和高压动力线路，以防止被困群众与作业人员之间发生无谓的伤亡事故。

3.4 关于汽车锂电池火灾扑救的主要操作程序

首先，作好安全预防事故准备。处置工作人员到事件发生地，必须穿戴好整套的个人保护设备，并安装电绝缘保护设施，以防止触电。第二，开展侦查工作。救援工作人员必须查清事故汽车的类型、情况及其电池数量，并经过询问从生产厂家中掌握到该类车辆锂电池的电压、体积、情况，及其隔离断电的方式等关键灭火资料。同时也要了解被困车辆状况，以及事件所在地的道路、地势、水源等状况。第三，作好现场预警工作。由于新能源车辆着火极有可能导致电池自爆，必须通过侦查情况测算其引爆半径，安排警戒力量观察事故现场状况，以防止爆炸波威胁周围的民众生命安全。第四，采取断电稳固。消防救援队伍在处理车辆锂电池组起火情况，必须在第一时间关闭汽车启动开关，并切断对车辆的供电。同时按照汽车的实际情况，对汽车内部加以稳固，创造条件救出被困人员。第五，对起火汽车实施火势控制。当车辆内的镍氢电池组损坏后，应使用消防毯对电池箱加以遮盖。如果汽车内部高温骤然上升，应立即对内部高温区域进行持续的冷却降温，以免引起自燃爆炸。内部出现明显异响和电解液突然泄漏后，要开启窗户和后备厢通风，以避免有毒、易燃的气体聚积。同时按照事故现场状况，采取排烟机等器材设备对汽车自燃形成的烟尘等有毒气体排放加以驱散。

4 结语

消防救援队伍对于电动汽车交通事故的现有的试行处置规程的仍需完善，对于具体的交通事故类型如漏电、燃烧、电解液喷溅、爆炸燃烧等的个人防护措施和应急救援处置方法仍不能做到十分明晰。作战能力与安全水平是消防救援行动的关键，而根据电动汽车事故调查以及进一步完善电动汽车事故的应对与处理流程，我们需要在确保灭火救援人员安全的情况下，进一步提升电动汽车事故的应对效率与水平。

参考文献

[1] 刘海峰．新能源汽车火灾原因分析及处置对策研究[J]．科技资讯，2020，18（21）：81-83.

[2] 中华人民共和国公安部．新能源汽车灭火救援规程和锂电池生产仓储使用场所火灾扑救安全要点的通知（公消[2016] 413 号）[Z]．2016-12-26.

[3] 樊明明，郑伟．新能源汽车火灾原因分析及对策研究[J]．消防技术与产品信息，2017（11）：77-78.

[4] 吴志强，廖承林，李勇．新能源电动汽车消防安全现状与思考[J]．消防科学与技术，2019，38（1）：148-150.

[5] 柯锦城，杨旻，谢宁波，等．锂电池电动汽车灭火救援技术探讨[J]．消防科学与技术，2017，36（12）：1725-1727.

证据说视角下火灾事故认定行为法理分析

马　欣

（聊城市消防救援支队，山东　聊城）

摘　要　本文通过整合行政法学的基本理论和火灾事故调查与认定的实践，分析了火灾事故调查过程中发生的行政诉讼案件，并进一步研究其火灾事故鉴定行为的法律性质。本文力图从证据的角度进行识别法律结构的实施，改善火灾事故认定行为的权利和利益补救机制。

关键词　行政法学　消防　行政诉讼　火灾事故认定

1　从一起火灾事故诉讼案例说起

2022年6月27日上午，笔者所在地市的某县汽车饰品有限公司院内发生火灾，将原告的厂房烧毁。县消防救援大队于2022年9月21日作出火灾原因认定书，认定不排除原告车间工人电焊引发火灾的可能。原告不服上述认定，向上一级消防救援机构提出重新认定的申请，上一级消防救援机构接到申请后做出重新认定，维持了县消防救援大队的认定结论。原告认为，县消防救援大队作出的火灾事故认定结果，事实不清，证据不足，违反程序，遂依法向县人民法院提起行政诉讼。法院最终以原告的起诉不符合行政诉讼的受案范围，依法应不予受理。裁定驳回原告的起诉。该法院认为依据《中华人民共和国消防法》第五十一条第三款规定，认为火灾事故认定仅是作为火灾事故的证据，不属于行政机关的行政管理行为，不具有可诉性。行政诉讼案件是否可以针对火灾事故认定行为提起一直是行政法理论界重点讨论的问题之一，事实上，不同法院对不同案例的裁决也各不相同。

2　火灾事故认定行为的性质分析

2.1　行政确认行为说

行政确认行为是行政管理者选择、确认、批准、证明并且予以宣布行政相对人的法律地位、法律关系或相关法律事实的一种被具体分类化的行政行为。事实和法律是行政确认的主要内容，并以确认、批准、验证、注册或标鉴定作为主要的确认形式。信奉行政确认观点的学者认为与火灾当事方的权利和义务息息相关的火灾事故的确定是作为技术确认结论而出现的行政确认行为。作为合法授权的行政机构（或内置机构），消防机构根据法律程序和《火灾事故调查规则》规定的权限，明确地确定具体火灾事件的起因与后果之间的因果关系，这是一种特定的行政行为。

2.2　行政事实行为说

行政机关在执行行政管理和执行服务职能的过程中所执行的行政行为称为行政事实行为，并非旨在建立、改变或破坏行政法律关系。与某些行政行为理论相比，行政事实行为理论认为，确定火灾事故的行为并不直接构成火灾各方的权利和义务的影响。法律依据是《消防法》第51条第3款“消防机构根据火灾现场勘验、调查情况和有关的检验、鉴定意见，及时制作火灾事故认定书，作为处理火灾事故的证据。”由于处理火灾事故的证据是火灾事故证明书，因此，火灾事故认定行为也就不拥有立即定义、更改或消灭当事人权利、义务的法律效力。

2.3　两种观点评析

2.3.1　从理论层面

行政确认说观点的学者显然没有看到火灾事故认定的本质。火灾调查人员根据现场调查，走访、检查和评估做出的推理是主观的，不被认为是事实的确认。火灾事故责任的划分不是消防机构的职责，并不直接对当事人的权利产生影响。而行政事实说观点认为火灾事故认定行为属于证据，理由是火灾事故认定行为可以作为重要的事实依据，在法庭上可以证明火灾产生的原因以及相关具体情况，作为证据链条中的一环。作者同意第二种观点，即消防部门并不旨在表达机关的意思，只是对火灾事实的技术认定。而且其认定结论是不受任何特定法律关系的直接制约，只是对火灾当事人进行观念表示。

2.3.2　从司法实践层面

笔者从中国裁判文书网检索与火灾事故认定行政诉讼相关的案件41起，其中包括最高人民法院（1起）和各省高级人民法院（40起）的行政判决书中均引用《中华人民共和国消防法》第五十一条第三款规定，认为火灾事故认定书是对火灾事故发生原因的技术认定和客观描述，属于证据的范畴，因而不是可诉的行政行为。虽然有个别法院对火灾事故诉讼予以受理，但最终都以二审或者再审程序予以驳回。可以看出，很难将消防决策行为定义为满足司法实践要求的行政确认行为。同时，如果采用了行政确认说的观点，使其具有可诉性，但法院仅仅对其合法性和存在重大不合理的情况进行审查。法院在行政诉讼中审理的客体主要是行政机关的决定，而不是公民、法人或其他组织采取行动的事实。就查明起火原因的行政诉讼而言，人民法院审理的对象，应为消防机构对发生火灾的认定行为的合法性，而不是火灾的事实。当火灾事故认定结论存在瑕疵时，导致当事人无真正司法救济，看似是对当事人合法权益的保护，实际上恰恰损害了当事人的权益。

3　证据说视角下火灾事故认定行为的思考

《消防法》中五十一条已明确赋予行政事实行为说中有关证据说的按照诉讼的规则确定案件事实的立法依据。当事人证可以在法庭上以火灾事故认定行为作为重要的事据，认定火灾的原因、发展等情况完全满足证据的定灾调查人员必须依照相关规则在现场调查搜集证据，证据的获取。火灾调查人员根据自身的专业知识，将现场证据组合分析得出结论可以构成法庭中证据链环，所以完全可以将火灾事故认定行为的结论认定为证据。现实之所以产生很多火灾事故认定纠纷，其根本原因在于在立法上关于将火灾事故认定作为证据的表述过于模糊，并缺少火灾证据收集的程序性规定。笔者结合实际特提出如下思考。

3.1 完善立法依据

理论和实践中关于火灾事故点调查行为可诉与否，之所以存在多种解释方法。主要是因为《消防法》没有界定火灾事故认定行为的性质。因此应当在《消防法》中对火灾事故认定行为予以明确。首先，明确火灾事故的调查是消防机构的职责，但是消防机关的火灾事故现场调查行为属于取证行为不属于行政行为，从而排除现在的普遍持有的行政确认说。其次，明确消防机构制作的火灾事故认定书是火灾调查人员根据现场情况结合专业知识推导出的结论，这种结论可以作为证据适用，属于证据种类中的证人证言的书面表述。

3.2 建立救济机制

（1）在民事诉讼中对火灾事故认定进行充分质证。《最高人民法院关于适用〈中华人民共和国保险法〉若干问题的解释（二）》（法释［2013］14号）第十八条规定，行政管理部门依据法律规定制定的交通事故认定书、火灾事故认定书等，人民法院应当依法审查并确认其相应的证明力，但有相反证据能够推翻的除外。根据以上规定，火灾事故认定及复核决定是消防机构对火灾起火原因等有关事实进行的技术分析与专业判断，仅作为处理火灾事故的证据。既然定性为证据，就可以在民事诉讼中通过合法性、真实性和关联性三个方面进行质证。法官将基于对火灾事故识别结论的相互审查，并最终根据火灾事故识别判断的结论决定是否采用火灾事故认定结论。在证据说视角下，虽然火灾事故认定行为不可诉，但是当事人可以对其是否存在瑕疵、是否合理、是否合法提出异议，并得到火灾事故调查人员的解释说明，更加充分的保障了当事人的权益。

（2）充分运用部门规章赋予当事人的查阅、复制、摘录火灾事故调查案卷的权利。《火灾事故调查规定》（公安部令第121号）第三十四条：消防机构作出火灾事故认定后，当事人可以申请查阅、复制、摘录火灾事故认定书、现场勘验笔录和检验、鉴定意见，消防机构应当自接到申请之日起七日内提供，但涉及国家秘密、商业秘密、个人隐私或者移交公安机关其他部门处理的依法不予提供，并说明理由。

（3）建立不出庭作证说明机制。火灾事故认定既然作为证据的一种，也可以适用证据的诉讼规则，火灾调查人员无正当理由拒绝对火灾事故认定结论作出解释应当不能单独认定案件事实。同时为防止火灾事故调查人员拒绝出庭作证，督促其出庭作证，应当建立消防机构火灾调查人员不出庭作证的惩罚制度。法院可以强制其出庭，也就是采用拘传的强制措施。完善的不出庭作证惩罚制度可以监督火灾调查人员重视火灾事故认定的结果，提高火灾事故认定书的质量，保障当事人的合法权益。

4 结语

火灾事故调查工作一直是引发信访的热点问题，但从理论基础和司法实践来看，坚持对作出《火灾事故认定书》的消防救援机构提起行政诉讼确属浪费司法资源。从证据说视角下，完善火灾事故认定行为的立法依据以及当事人的救济机制，既可以节约司法资源可以更好地保障当事人的权益不受侵害。

参考文献

［1］孙超，张泽．浅议火灾事故认定行为的可诉性．法制与经济旬刊，2009（31）：96-97.

［2］彭大伟，李永和，陈雷．一起高层住宅火灾事故的调查与认定．消防科学与技术．2017，36（1）：135-138.

［3］陈晓艳．论火灾事故调查行为的性质探析．建筑与文化：学术版，2013.

［4］李伟，李福秋．火灾事故认定的“可诉性”．沈阳师范大学学报（社会科学版），2017，41（1）：82-85.

［5］金辉，廖定根，王晓，等．一起亡人火灾事故调查认定与分析．消防科学与技术，2017（10）：1476-1479.

［6］车运达，许晨雪，王小丽．证据说视角下的火灾事故认定行为．消防科技与工程，2018（8）：311-313.

消防救援专业队伍能力提升对策研究

李 栋

（陕西省宝鸡市消防救援支队，陕西 宝鸡）

摘 要 改革转制以来，消防救援专业队伍建设快速发展，全灾种专业力量布局初具规模，但面对“全灾种、大应急”救援任务，专业队伍的实战能力还存在一定差距，专业救援能力还需进一步提升。在分析消防救援专业队伍建设现状的基础上，剖析了当前专业队伍建设中存在的短板不足，针对专业队伍多而不精、能力不足等问题，从队伍建设、训演体系、综合保障、评价标准等方面探讨提升专业队伍救援能力的对策建议，为提高队伍专业化、实战化能力水平提供参考。

关键词 消防 专业队伍 救援能力 提升对策

1 引言

2018年消防队伍改革转制后，我国初步构建起以国家综合性消防救援队伍为主力、以专业救援队伍为协同、以军队应急力量为突击、以社会力量为辅助的中国特色应急救援力量体系[1]。消防救援队伍作为应急救援的“主力军、国家队”，专业队伍建设也实现了快速发展，成功处置了各类灾害事故。但当前消防救援专业队伍建设处于起步阶段，专业救援水平存在差异，专业队伍建设尚不完全满足“全灾种、大应急”任务需求，在大灾巨难中核心作用发挥不明显，专业化救援能力亟需提升。

2 消防救援专业队伍建设现状

2.1 职能任务不断拓展

2018年应急管理部组建后，消防救援队伍的职能任务大幅拓展，从“单灾种”向“全灾种、大应急”任务转变，职能任务涉及到地震、水域、雨雪冰冻、山岳、森林草原、危险化学品、核事故等各类灾害事故，还要具备跨境、跨国救援的能力和水平[2]。同时，新技术、新产业、新材料不断涌现，灭火救援更加复杂，仓储物流、储能电站、新型园区等新业态也带来新风险和新挑战。

2.2 力量体系不断完善

消防救援专业队伍加速转型升级，在全国布点组建了8个机动专业支队，建成中国救援队和高层建筑、地下建筑、大型综合体、石化化工，以及地震、水域、空勤和雨雪冰冻等专业救援队3500余支，建设“10+2”森林消防综合应急救援拳头力量。各类应急救援专业力量也在壮大，已建成地震、矿山、危险化学品、航空救援等国家级应急救援队伍近100支2万余人，发展社会应急救援力量62万余人。探索将地方政府专职队、企事业专职消防队和社会救援力量等统一纳入国家消防救援调度指挥体系，力量体系不断完善。

2.3 体制机制不断健全

体制改革上，2023年1月6日，消防救援局和森林消防局合并为国家消防救援局，整合组建消防救援机动总队、航空救援总队及6个区域应急救援中心，救援体制更加完善，专业队伍职能配置和力量布局更加优化。在机制建立上，与各部门单位建立了联勤联动联调联战机制，与防汛抗旱、森林防火等专业救援队伍和社会应急力量建立共训共练、救援合作等机制。在队伍建设标准上，相继制定了“高低大化”、地震、水域、核生化等专业队伍建设标准，队伍建设日趋完善。

2.4 实战能力不断增强

改革转制以来，消防救援队伍承担了各类综合救援任务，成功应对处置了江苏响水“3·21”爆炸、郑州特大暴雨灾害、重庆山火、东航坠机、湖南长沙自建房倒塌、“山竹”“利奇马”“黑格比”等台风、华北西北低温冰冻灾害等多起重大灾害事故救援[3]，检验了专业队伍的建设成效。针对泰国洞穴探险失踪人员、印尼地震及海啸、土耳其7.8级地震，启动跨国救援响应机制，派出专业救援队跨国增援，成功展示了大国作为。

3 消防救援专业队伍存在不足

3.1 队伍建设任务较重

当前消防救援专业队伍建设涉及“高低大化”等传统火灾事故以及地震、水域、山岳、森林、雨雪冰冻等特种灾害事故，建设种类多、任务重。从全国范围看，各省市消防救援专业队伍建设普遍依托特勤站建市级专业队、普通站建站级专业队，一个消防站需不同程度承担多种专业队伍建设任务，一队多用、多而不精的现象普遍存在。同时，现有队站人员编制难以满足整建制专业队伍建设要求，遇到紧急救援任务时，只能临时整合力量组成专业队，导致专业队伍建设普遍存在有名无实的现象。

3.2 专业能力有待提升

一是人员素质不够强，目前救援队伍出警数量、灾情复杂程度、灾情危险性等均大幅提高，对专业队人员的能力和素质要求高。消防救援队伍不少救援人员需要身兼数职，使得消防人员无法深入专业系统学习当中，在针对难度较大的灾害处理过程中，水平和能力方面略显不足[4]。二是训练不够系统，在训练内容方面，缺乏理论、战术、技能等综合训练，水域、地震、山岳等训练受限于场地及各项执勤任务，专业训练时间不能保障[5]，训练科目、训练形式上缺乏系统性、针对性。三是培训体系尚不健全，一方面当前队伍专业持证上岗率不高，各专业技能培训的科目、课时、考核、复训等培训标准不一，导致培训效果不同；另一方面各类培训大多依托社会商业化组织，培训机构和师资力量资质未经过制度化认证，队员所持资格证五花八门，个人专业救援能力有待验证。

3.3 训练保障不够完善

一方面，救援装备保障投入不足，专业队伍的装备多以灭火、抢险救援等装备为主，针对特种灾害事故救援的装备配备还存在较大缺口，无法实现模块化运输的实际需求[6]，没有形成专业能力和专业特色，与建设专业队、攻坚组标准仍有一定差距。另一方面，训练设施建设滞后于全灾种救援任务，针对建筑火灾烟热训练、水域、地震、山岳等各类特殊事故的训练设施还不完善，基地化训练、实战化训练得不到有效保障。

3.4 能力评估缺少标准

一是消防救援专业队伍的发展定位偏向宏观[7]，队伍建设的标准与意见仅明确人员、装备等基本要素，各专业队处于“边组建、边发展”的过程中，专业队特色和战斗力形成较慢。二是训练考核体系不健全，各类专业队伍的训练考核评价目前尚未制定统一标准[8]，队伍日常训练成效得不到检验，无法在队伍内部形成良好的竞争氛围。三是缺少能力评估标准，对于各类专业队伍的能力测评体系尚未建立，缺少对救援能力和实战水平等方面的测评标准和要求，专业队伍救援能力等级划分缺少测评标准，导致专业队伍发展参差不齐。

4 消防救援专业队伍能力提升对策

4.1 优化建队模式

打破以往整建制建队或临时组合的模式，根据专业队结构和特点，打造多元化的专业队伍建设体系。一是小而精班组建队模式，对于绳索救援、车辆事故、雨雪冰冻等专业队，相应的作战单元或者攻坚班组即为一支专业队或专业编队的前突力量。二是单元合成建队模式，对于“高低大化”、森林火灾等专业队，涉及人员、车辆、装备数量较多、处置难度较大、救援时间较长，可采取多单元灵活机动组合建立专业队，以特勤站为主体承担灭火冷却等核心作战单元，以其他消防救援站为辅助承担供水供液、排烟照明等作战单元，各作战单元平时分散执勤训练、战时集中发挥“组合拳”协同作战优势。三是多元化建队模式，对于地震灾害救援、水域救援等专业队，涉及面广、专业性强，可根据实际情况灵活建队方式：单独依托总队机动支队、特勤支队等单位整建制组建专业队；以特勤站为主体承担核心模块职能，全勤指挥部、战勤保障站和其他多个消防救援站为辅，按照不同功能模块联合编队；以队伍内部为主体，与社会医疗单位、工程机械队伍等行业救援力量联合建队。

4.2 完善训演体系

4.2.1 完善训练体系

一是专业化分级训练。针对不同的训练对象，分为初级、中级、高级等不同等级开展相应训练，规定不同级别队伍和队员全年训练时间、演练次数及训练场地要求等[9]，做到训练内容定制化、训练标准分级化、训练方式多样化。二是科学化系统训练。制定各类专业救援队伍专业化训练、考核等指导手册，科学制定训练计划，按照训练内容系统开展专项技术训练，形成闭环式训练。三是实战化合成训练。按照专业队单元模块，从指挥、搜索、救援、保障、战术程序等方面，定期组织开展合成训练，提高协同配合能力。

4.2.2 加强实战演练

通过开展实战演练，倒逼各级各类专业队伍提升专业技术水平。定期组织各专业队开展各类灾害事故跨区域、大兵团实战拉动演练，通过专家导调、预案推演、想定作业等方式，开展全要素的实地实景实装实操演习，提高编成调度、协同作战、自我保障等能力。推动政府和行业部门制定出台《多种形式救援力量共训共练规定》，对外开放共享训练基地、训练设施等，从制度层面规范训练的主体、内容、考核等，强化国家队与其他各类救援力量共训共练，不断提升协同救援能力。

4.2.3 完善培训机制

一是明确培训方向，立足辖区灾害事故特点因地实训，在应急救援任务最重、最迫切的专业能力培养上发力，在此基础上立足周边地区增援任务需求，逐年开展相关领域培训，做到术业专攻、突出特色。二是制定培训标准，统一培训大纲，制定培训科目、形式和考核标准，建立职业化、专业化的救援技术训练与考核体系。三是深化资质认证，明确培训资质、培训级别，持续开展各类专业培训，进行分级资格认证，提升指战员持证上岗率，从根本上提升专业队应急救援能力。

4.3 强化综合保障

4.3.1 强化师资储备

对内着力培养专业教员团队，选拔一批优秀的指战员分领域、分层级进行系统培训，按照“请进来、走出去”的培养理念，进入国内外高等院校和一流培训机构交流学习和系统深造，在各个灾害事故领域培养素质过硬的师资力量。对外加强应急救援专家队伍建设，建立健全应急管理及消防救援专家人才遴选制度，进一步细化专家分布领域，协助解决各类灾害事故救援重大难题和关键瓶颈。

4.3.2 强化装备保障

一是坚持装备集约建设，当前各类专业队装备缺口量仍然很大，坚持区域互补和经济性原则，以“低成本、高效率”方式统筹配置装备。例如地震、山岳、车辆事故等专业队在救援装备上有交叉应用部分，应避免重复配备。二是坚持装备统型建设，加强各类救援装备的更新换代，制定标准统一的消防员防护装备配备和车辆装备建设标准。三是坚持装备分级建设，结合装备用途和使用频率，建立“必配、适配、选配”三级装备配备标准，不同区域、不同级别专业队参照不同标准配备装备，提升装备配备和实用效能。

4.3.3 加强基地建设

围绕大应急，建设层次化培训基地，建成集各类灾害现场模拟设施、实战演练、技战术培训等功能于一体的消防救援训练基地，按照不同规模形成“综合普训、专业特训”的层级化训练基地。围绕大培训，开展等级化培训能力评估，基于师资力量、训练设施等软硬件基础条件，对各基地的培训能力进行评估，赋予各个基地相应类别救援技术岗位的培训和资格认证的权力，明确基地培训的承训级别，对社会各类应急救援力量开展等级培训和能力认证，形成“辐射强、师资精”的教学培养基地。

4.4 完善测评标准

一是完善训练考核标准，考核方式上采用分类和分级考核，考核内容应侧重考核救援知识和技能的掌握程度，针对训练内容制定评分标准和细则，以量化的方式对受训人员进行考核。二是完善个人能力认证，借鉴“应急救援员”、“消防设施操作员”等应急救援领域国家职业技能鉴定证书，推动政府部门建立更多社会单位认可的资质证书。三是完善队伍能力评估标准，分类分级制定专业队建设标准，从队伍规模、功能模块、关键岗位配置、持续作业时间、救援装备建设等方面设定标准，明确不同等级队伍需具备的救援能力以及相应的救援资质等，通过专项考核、实战演练等方式评估队伍行动能力。

5 结语

提升消防救援专业队伍救援能力，是适应“全灾种、大应急”救援职能任务的迫切需求和现实需要。通过深入剖析了专业队伍建设多而不精、能力素质不够过硬、训练保障不够完善、能力评估缺少标准等问题短板，提出三种优化建队模式，从训练、演练培训机制等方面完善训演体系，从师资储备、装备配备、基地建设等方面强化综合保障，完善训练考核、个人能力认证和队伍能力评估等标准，实现专业队伍建设、训演、保障和测评等方面的改变和提升，加快队伍转型升级和能力提升。

参考文献

[1] 汪永明．对构建中国特色应急救援行动体系的思考[J]．消防科学与技术，2019，38（09）：1296-1299.

[2] 魏捍东，杨千红．新时代国家综合性消防救援队伍新使命和新挑战［J］．消防科学与技术，2019，38（1）：4-6.

[3] 吴昊．浅谈如何提高消防救援专业队伍建设水平带动实战能力全面发展［C］．中国消防协会灭火救援技术专业委员会.2022年度灭火与应急救援技术学术研讨会论文集．化学工业出版社：2022，278-280.

[4] 于鹏程．应急管理视角下N市应急救援队伍建设研究［D］．中国矿业大学，2021.

[5] 翁史松．新时期消防救援队伍应急救援能力建设研究［J］．今日消防，2022，7（09）：121-123.

[6] 曹海峰．新时期加快推进我国消防救援队伍体系建设的思考［J］．行政管理改革，2019（08）：72-80.

[7] 李卫利．现代消防救援专业化队伍建设研究［J］．今日消防，2023，8（02）：121-123.

[8] 国家山岳救援昆明大队课题调研组．综合性消防救援队伍专业力量建设路径初探［J］．中国应急管理，2019（11）：38-39.

[9] 邓雅支．公共安全视角下消防救援队伍应急救援能力建设研究［D］．济南大学，2019.

我国森林防火机构的历史演变及展望

王奕川　贾世鑫　王鸿静
（中国人民警察大学，河北　廊坊）

摘　要　森林是非常重要的自然资源，一旦发生火灾，不仅对生态环境、社会经济造成巨大的损失，也可能会对我国人民的生命财产造成威胁和损害。我们党和政府历来重视森林防火，而森林防火的关键一步就是要建立专职的森林防火机构，健全森林防火的管理体制。本文以森林防火机构的历史演变为研究对象，以完善森林防火机构为研究目标，着重研究森林防火管理机构的改革，提出了几点完善森林防火机构的建议，并展望森林防火机构改革的未来方向，为进一步提升我国森林防火工作的效能提供有益借鉴。

关键词　森林防火　机构　发展历史　展望

党的二十大报告提出要优化政府职责体系和组织结构，完善国家应急管理体系。森林防火工作，作为应急管理体系的重要组成部分，对于经济社会的发展具有重要的保障作用。而近期湖南芷江县、广东平远县等地森林火灾的发生，说明我国的森林防火体系的建设亟待加强。本文通过研究我国森林防火机构的历史演变，并找出现行森林防火机构存在的问题，提出对策和展望。

1　我国的森林资源和防火现状

森林资源是我国较为稀缺的资源，根据《第三次全国国土调查主要数据公报》：我国林地面积28412.59万公顷（426188.82万亩）。其中，乔木林地19735.16万公顷（296027.43万亩），占69.46%；竹林地701.97万公顷（10529.53万亩），占2.47%；灌木林地5862.61万公顷（87939.19万亩），占20.63%；其他林地2112.84万公顷（31692.67万亩），占7.44%①。中国森林面积虽然与其他各国相比较多，但是，由于我国人口众多，导致我国的人均排名较为靠后，在世界上排名中下游。所以说，我国生态环境的现状及其脆弱，一旦遭遇破坏，不仅难以修复，影响社会经济和生态环境，更为重要的是，可能会给我国人民的生命财产安全带来极大的威胁。

对于我国预防处理火灾方面，我国投入了巨大的人力物力财力，也取得了一定的成效。2022年国家林业局发布数据显示，2021年全国发生的森林火灾有616起，火灾起数为新中国成立以来最低，且未发生重大以上火灾②。这体现了我国近年来在应急管理体制上取得了一定的成功；但是我们同样应该认识到，除了体制上的完善，疫情引发的人类活动的减少也是森林火灾起数减少的重要因素之一。因此，对我国森林防火机构的继续深入研究，仍具有重要意义。

2　森林防火机构的概念

2.1　森林防火机构的概念界定

森林防火机构，是森林防火体系中的一种。说到森林防火体系，我们就首先需要明白什么是体系，只有明白体系的内涵和意义，我们才能更加容易的理解森林防火体系的概念和意义，以便更好的理解森林防火机构。体系是一个科学术语，汉语词典上释义为许多个有关的事物或者思想意识互相联系而构成的一个整体。森林防火也是一门体系，指的是所有相关森林防火的系统性的方法；森林防火体系的建立可以让我们更好地预防或应对森林火灾的发生。

森林防火机构是森林防火体系的一种。机构具有多层含义，在这里我们只指机关、团体。这样来讲森林防火机构就是关于森林防火的专职机关团体，是森林防火体系中的重中之重。所以本文着重研究我国森林防火管理机构的发展演变，根据其历史变革所产生的影响，带来的意义，推导分析我国现存森林防火机构的问题，并提出相关建议，以及展望未来我国森林防火机构的发展。

2.2　完善森林防火机构的意义

保护森林资源，森林资源能够促进经济发展，还可以加强生态环境的建设，优化附近环境，提高生态系统的稳定性。一旦发生森林火灾，不仅对于森林资源造成极大的破坏，影响生态稳定性，危害生态环境。而且如果出现火灾情况严重，波及范围广，会引起周围居人群的担忧心理，也需要巨大的人力和物力的投入，消耗许多资源。虽然我国在森林防火工作上取得了很大的成效，但近年来还是有不少重大火灾的发生，如2020年四川省凉山市发生的“3·30”重大森林火灾、2022年的湖南省新田县发生的“10·17”重大森林火灾。它们都给我国造成的巨大损失和恐慌。由于现在世界上缺少应对重特大森林火灾的有效方法，所以，我们只能从源头抓起，从防火抓起，贯彻落实“打早、打小、打了”的方针政策。加大力度做好森林的防火工作，完善森林防火体系，从而保护森林资源、改善生态环境、促进社会和谐和经济可持续发展。

3　我国森林防火管理机构的变革

3.1　我国森林防火机构的演变

早在新中国成立前夕，中华人民政治协商会议制定的《共同纲领》第34条中，就定下了“保护森林，并有计划的发展林业”的基调。1951年1月，在林业部成立的护林防火办公室打响了森林防火机构建设的第一枪，它出现的主要目的是主管全国的森林防火工作。期间，国家发布了一系列的指示来指导我国的森林防火工作。1963年5月27日，国务院发布了《森林保护条例》，这是建国来我国制定的第一部较为系统的保护森林的行政法规，它极大地推动了森林消防工作，同时，对人民群众的合法权益给予充分肯定，对林业的保护和发展起到了重要作用。

---

① https：//www. mnr. gov. cn/dt/ywbb/202108/t20210826_2678340. html

② http：//www. forestry. gov. cn/main/51/20220413/091043953820964. html

1987年发生“5·6”大火之后，国务院成立了“中央森林防火总指挥部”及其办事机构，第二年更名为了“国家森林防火总指挥部”。森林防火总指挥部的成立引起了各级政府的极大重视，全国所有省（市、区）也都成立了森林防火指挥部，实行了行政一把手责任管理，上上下下严管严惩。1993年，在国家机构改革中撤销了森林防火总指挥部，其办公室编入了林业部内设机构序列。国家防火总指挥部的撤销产生了较大的负面影响，防火效率出现了下降的趋势，但在1994年8月国家及时召开了全国森林防火大会，建立了国家森林防火部联合会议制度。及时发现问题，重新统一认识、明确目标，构成了全面加强管理向科学治理方向转机的新局面[1]。1979年全国人大常委会通过并颁布了《森林法（试行）》；经过五年的实践总结，1984年9月24日，第六届全国人大常委第七次会议通过了《中华人民共和国森林法》。这是我国林业建设的一件大事，它为保护森林、振兴林业提供了强有力的法律保证。1987年大兴安岭特大森林火灾爆发后，国家更加重视森林消防工作，国务院于1988年元月16日，发布了《森林防火条例》，这是一部专门关于森林消防的行政法规，从此依法治林有了法律准绳。

第十三届全国人大一次会议第四次全体会议后，应急管理部的成立开启了我国森林防火管理机构的新篇章。由于以前的森林防火的管理机构就责任而言划分不清晰，造成了“你中有我，我中有你”的尴尬局面，不利于我国的森林防火工作。所以我国改革了森林防火工作的组织管理机构，取消了林业局的森林防火救灾职责，转由应急管理部承担。森林消防武警按照“军是军，警是警，民是民”的原则，进行划分，森林防火部队归入应急管理部的管理范围之内。虽然这次的改革跨度很大，涉及的领域众多，如地震局的抗震救灾工作，但是应急管理部的出现，明确了我国森林防火的具体职责，加强了我国森林防火机构建设，使我国森林防火体系迈出了巨大的一步。

3.2 完善森林防火机构的意义

一个专职管理森林防火的机构可以使我国的森林防火工作得到改善，森林防火机构的建立有助于划清责任界限。在以往的体制中，由于森林公安局和现役森林消防武警在职能有冲突的一面，所以在发生森林火灾的时候，难免可能会出现任务相互推诿、责任相互推卸的情况。而应急管理部的成立，解决了这一问题，将职能冲突的双方划归到一个机构中来，既有利于在发生火灾的时候迅速反应、快速出击、及时应对，也有利于责任的划分和落实。

4 我国现行森林防火机构的问题

4.1 地方机构改革落实不到位

我国幅员辽阔，有些地方森林防火机构建设情况错综复杂，存在的机构不规范，没有统一设置的制度标准[2]。虽然国家在总体上已经向下发了改革的措施，但是想要一步到位难度很大。许多地方机构的问题积难重返，很难快速的落实国家规定的机构改革情况。

4.2 森林防火机构缺乏专业人员

森林生态具有普通生态系统没有的无法修复性，所以森林的防火工作有区别于其他的防范性工作，需要人员的专业性。但是，我国的森林防火机构的组成人员专业性不足，影响了我国森林防火工作的进行。此外，我国对森林防火工作人员的技术培训投入也不足，没有对基层人员没有进行系统化、针对性的培训，致使基层人员的专业知识和技能匮乏，且有些林区注重技能培训，缺乏理论知识的学习应用，人员无法将新的理论与技能结合起来[3]。一旦遭遇森林火灾的发生，他们往往不能有效地遏制森林火灾，甚至会将自身暴露于森林火灾的威胁之下。而且林区基层人员的工作一般较艰苦，人员轮岗情况严重，无法保障稳定的防火队伍，难以留下精英人才。

4.3 森林防火机构的法律地位尚不清晰

森林防火机构在执法的各个环节必须具有的权力、程序、目的和条件等加以详尽、明确地规定，这是依法治国的基本要求。时至今日，我国仅有一部《森林防火条例》作为指导森林火灾防治的规范性文件，并没有完整的正式法律对森林防火机构法律地位进行明确。然而，《森林防火条例》自颁布至今已过去了十几年，随着我国国情的变化、现代应急管理的发展、我国应急管理部的成立，内外部环境已经发生了很大的改变，但《森林防火条例》却未修缮过，该法的适用性存在疑问。这也就导致主要参与森林火灾预防与处置的森林公安机关以及消防部门的法律地位并不明确，森林防火机构的的权威性也就大打折扣，甚至出现执法权力的“真空”。

5 完善我国森林防火机构的建议

5.1 提升地方基础森林防火机构属地管理能力

基础森林防火机构的健全，在发现预防森林火灾的过程中起着举足轻重的作用，行政首长不可能在第一时间发现一些偏远地区森林火灾的发生，这就需要基层森林防火机构层层传递信息，让行政首长做出反应。所以应当提升地方基础森林防火机构属地管理能力，使其树立一定的自主意识。各地方的行政首长要切实负起责任来，监督检查地方森林防护机构的建设和改革，响应我国家应急管理的改革路线，尤其注意偏远地区的森林防火机构建设，配置专业人员[4]，这有利于在消灭森林火灾的黄金时间快速反应、快速处理、把问题解决在苗头。同时，地方应当提升森林火灾应对的反应速率。基层人员也应该认识到自身工作的重要性，在发现火情的第一时间报告上级。基层领导要加强防范、快速反应，这对不仅是在为行政首长分忧，更是为广大人民群众解难。最后，地方森林防火机构应当将任务与责任层层细化。划分各自独立又相互联系统一的细小属地，落实属地责任，形成“事事有人管，人人有专责”的局面。

5.2 建设专业化队伍

建设专业化队伍，应该从两方面开展：一方面是从入职之前的森林防火教育开展，另一方面是从入职后的培养专业技能开展；两手抓，两手都要硬。

对于入职前的教育，我国的森林防火机构要明晰自身人才需求量，做好调查，在得出结论之后与设置有森林消防专业的高校签订协议，打造出入学教育专业化，毕业定向化的格局，让学生学有所用、学有所成。对于就职人员来说，要加强自身素质能力。森林防火机构可以开展培训活动，提高机构内从业人员的专业能力，更好的在自身的岗位上发光发热[5]。

5.3 明确森林防火机构的法律地位

在当今依法治国和国家机构改革的大背景下，整体性治理的实现首先需要明确的是各自的权力、责任以及确保责任实现的制度体系，尤其需要法律的保障。首先，我国应当加强森林防火法制的动态化建设。在《森林防火条例》的基础上，推进制定《森林防火法》。使得森林防火法制能够满足森林防火全过程的要求，适应应急管理发展的要求，推动我国森林防火应急管理能力的进一步发展。其次，应当加强森林防火法制的权威性建设。明确我国森林防火机构的的法定职能，使得机构权力来源合法化，森林防火应急管理活动有法可依，职权法定。最后，我国森林防火法制建设应当关注森林防火机构进行执法的全过程，在现有基础上进行细化，明确各主体应急响应行动步骤以及应急规划要素，火灾后依法对责任主体进行追责或奖励。

参考文献

[1] 张崇波．森林防火法治体系论［J］．森林公安，2018（04）：36-38.

[2] 尹立军．对巴里坤县森林防火工作的思考［J］．甘肃林业，2012（05）：31-33.

[3] 刘平．新常态下森林防火预防工作探讨［J］．绿色科技，2017（09）：170-171.

[4] 王艳慧．浅谈白山市如何强化森林防火综合管控体系建设［J］．农业开发与装备，2018（02）：37+51.

[5] 李美平．探究森林防火工作中的不足和改善措施［J］．中国农业文摘-农业工程，2018，30（03）：39-40+68.

东北林区草塘火灭火战法研究

张　勇

（中国消防救援学院，北京）

摘　要　我国东北林区面积广阔，地形以低矮丘陵伴有宽大草塘为主，草塘是引发森林火灾的策源地，如何有效地控制和扑灭草塘火是预防重特大森林火灾的关键。在多年灭火实战中，驻东北林区的森林消防队伍针对草塘火燃烧的规律和特点，结合现有装备对草塘火扑救进行了有益的探索和尝试，总结出了扑救草塘火的基本战法，对指导今后东北林区森林火灾扑救具有重要意义。

关键词　消防　东北林区　草塘火　战法

东北林区的草塘一般是夹在两山中间较为宽阔的草地，多呈“鸡爪”型分布，可燃物组成多为轻型、易燃、传导系数大的细小草本植物，具有可燃物载量大、结构松散、通风性好、易干燥、燃点低等特点。草塘内一旦发生火情，杂草受热后迅速干燥，加之受地形影响，往往会产生爆炸式燃烧，蔓延速度极快。尤其在气温高、风力大等不利天气条件下，要比林内火成几倍或十几倍的速度向前发展，且极易从草塘两侧上山烧入林内，引发其他类型的山火，造成更大的损失。

1　东北林区火灾特点

1.1　火灾发生地域特点

东北林区地势呈东北—西南走向，东陡西缓，构成山地丘陵地形，林区地势起伏不大，海拔高度一般在400~1500m之间。植被以落叶松为主，气候属寒温带大陆性气候，年平均气温零下2℃至零下3℃，无霜期80至100天，平均降水约350mm，多集中在7、8月间占70%，风向主要为西北风。由于地势平缓，山势浑圆，山间有较宽的沟谷，形成大面积的沟塘草甸，是林区最易燃烧的地段，亦是发生林火的策源地。由于动植物和矿藏丰富，林内频繁采集山产品和木材生产活动，是造成人为火灾的主要原因。

1.2　火灾发生时间特点

火灾多发生在春秋两季，春多秋少，东南部林区以次生林为主，火灾多发生在3月中旬至5月上旬，多为地表火，白天发生林火时，气温较高，速度较快，夜间气温低，湿度大，燃烧速度慢，火强度小，4月下旬至6月上旬，昼夜温差小，林火燃烧速度快，夜间林火燃烧速度相对较慢，林火强度小。由于植被成水平和垂直分布，发生林火时易形成地表火、地下火、树冠火立体燃烧，燃烧速度快，林火强度大，扑救困难。

1.3　火灾昼夜变化特点

林火燃烧在春秋两季昼夜变化可分为：2~7时，林火强度最弱，燃烧速度慢，是扑救的最佳时机；7~10时，气温转暖，风力逐渐增强，可燃物逐渐干燥，林火处于逐渐向强度发展阶段，可把握时机扑救；10~17时，林火强度最大，风力最强，是昼夜温度最高时期，扑救极为困难；17~2时，林火强度逐渐减弱，有利于扑救。

1.4　气候变化的特点。

春旱秋短、干旱风大，以落叶松为主体的地带性植被丰厚，极易形成火灾。由于受全球大环境的影响，林区连续十几年出现暖冬，打破了林区历史上原有的林火发生、发展规律。春旱、大风日数增多，火灾发生的时间提前，防火期结束的时间推后，发生火灾燃烧速度快，扑救难度大。加上森林消防队伍特殊的任务和作用，往往参战时所扑救的火灾大多是燃烧了几天，已经形成了重特大火灾，这就给扑救和在扑救中保证人员安全带来了相当大的难度。

2　扑救草塘火的主要战法

2.1　利用轻型灭火机具，及早控制火势

在扑救低中强度草塘火时，通常利用直升机运载扑火队员携带风力灭火机、高压细水雾灭火器、二号工具等轻型灭火机具进行快速机降布兵，达到及早控制火势，实现“打早、打小、打了”的目标。利用轻型机具扑火中，当火线高度在0.5m以下的低强度地表火时，通常利用灭火机、水枪、二号工具进行直接扑打。当火线高度在1.5m以下的中低强度地表火时，通常利用灭火机、高压细水雾灭火器、水枪、二号工具等机具采取“超越递进”战术实施快速扑救。扑打时集中2~3台灭火机、水枪编成战斗小组，突入火线后，

二、三个战斗小组以上为一个灭火单元向一侧火线扑打，第一组扑灭一段火线后，第二组超越第一组距离 5~10m 处向前扑打，第一组继续超越第二组 5~10m 向前扑打，如此反复，做到速战速决。当扑救火线高度在 1.5~2.5m 的中强度地表火时，集中 3~4 支高压细水雾灭火器和 2~3 台灭火机配合扑救，先由高压细水雾灭火器顺火线射水，当火焰高度和火强度明显降低时，灭火机手抓住有利战机采取“强攻推进”的战术迅速扑打。当火强度再次增大，火焰高度增高时，高压细水雾灭火器手再次接近火线射水，降低火强度和火焰高度，如此轮番扑打，达到降低火势，最终灭火目的。由于使用轻型灭火机具具有携带方便、机动性强、战术运用灵活等特点，因此，在山火初发阶段往往能够使火灾及时得到控制。

利用飞机输送扑火队员具有不受地形限制，行动迅速，调动扑救力量及时，布兵准确的特点，是当前森林火灾扑救中最常用的机动方式。在输送扑火队员时，机降点通常选择在顺风条件下距火线 700~800m 左右，侧风条件下距火线 400~500m 左右，逆风条件下距火线 200~300m 左右。机降时一般以两个班为单位，最佳的机降点间距为 3000~5000m。在风力、地形、可燃物等不利的条件下，机降点间距可适当缩短为 2000~3000m。如遇风向突变，火头迅猛发展而人力无法追赶时，空中指挥员可根据风力、火势蔓延速度综合计算火头的推进时间，及时调整扑救力量，把战斗力强、灭火经验丰富的分队部署在火头前方一定距离，抓住有利战机，突入火线，兵分两路扑打，与火头两翼最前面的分队汇合，实现拦截火头，迅速扑灭明火的目的。在东北林区春秋两防的紧要期，经常实施飞机载人巡护，由于能够及早发现火情，飞机运载的扑救力量就能将火情控制在初发阶段，收到较好效果。

2.2 发挥特种装备优势，创造灭火最佳效益

在扑救 3m 以上高强度地表火时，通常利用全道路、531、804 和 SXD09 等森林消防车，它具有机动性强、减少体力消耗、安全高效等特点。利用特种车辆灭火通常是两个班的扑救力量配备一台特种车，特种车辆在前面辗压火线、以水灭火、拦截火头、扑灭明火，两个班的扑救力量随后跟进清理，确保火线不复燃。火线高度在 1.5m 以下时，可直接利用全道路、531、804、SXD09 森林消防车辗压火线，扑火队员沿辗压的火线清理余火。当火线高度在 2.5~3m 左右，扑火队员无法靠近直接扑打时，通常采取森林消防车载水直接灭火，主要是利用全道路、531、804、SXD09 森林消防车配备的水枪直接对火线实施射水灭火，灭火时特种车在火线外侧 2~3m 处，边行驶边射水，1 支水枪向车的侧前方火线射水，1 支向车的侧面火线射水，扑火队员随后扑打余火、清理火线。如果火势较弱，也可使用单枪头进行射水灭火。通常 1 箱水可扑灭低、中强度火线 2000~3000m。当火焰高度超过 3m 以上，风力大、火强度高，车辆无法实施直接灭火时，可采取森林消防车开设阻火隔离带，起到有效拦截火头的作用。

2010 年 5 月 27 日，大兴安岭满归林业局附近发生火情，2m 多高的火头沿着沟塘向东北迅速发展，如进入主河套将无法控制，前指在派出一个中队的扑救力量拦截火头仍无效的情况下，果断派出多台森林消防车载水拦截火头，森林消防车进入东、西两线实施以水灭火、辗压火线，同时，派出扑火队员跟进清理，经过 40min 的扑打，局部火场明火被快速扑灭。

2.3 发挥空中灭火优势，有效降低林火蔓延速度

在扑救 3m 以上高强度地表火，扑火队员无法实施直接灭火时，可充分利用灭火飞机进行化学灭火、吊桶洒水灭火等方法实施间接灭火，从而达到降低火强度，减缓火头蔓延速度的目的。在利用灭火飞机间接灭火时，尽量选择距火场较近的湖泊、河流取水，可以减少飞行时间，增加喷洒次数。利用飞机化学灭火、吊桶洒水灭火过程中，首先要根据火头蔓延的方向选择最佳喷洒路线，一般情况下，实施喷洒灭火时，飞机应选择火头侧翼提前 50m，距火头最佳飞行真高 10~15m，最高不能超过 30m 实施喷洒作业，保证喷洒的有效性。如火场能见度较低，也可选择在火头前方的一定距离实施喷洒作业，开辟阻火带，减缓火头蔓延速度，降低火头温度，抓住有利时机迅速组织扑火队员持轻型灭火机具乘势进行扑救。

2006 年 5 月 16 日，大兴安岭红花尔基林业局发生火情，正当扑火队员奋力扑救之际，一股火头顺风向附近农场扑去，这时装载化学灭火剂的飞机及时赶到，对火头及前方实施喷洒一群次灭火剂，有效地降低了林火的强度和蔓延速度，随后扑火队员一举将明火全部扑灭。

2.4 依据特殊林火行为，实施以火攻火

在森林火灾扑救中，当火势特别凶猛，人力无法控制或严重威胁重点目标时，通常采取以火攻火、打烧结合的战术。以火攻火是一种间接的灭火手段，就是在火头推进的前方点放迎面火，达到灭火的目的。在实施以火攻火、打烧结合战术时，首先要选择好可供利用的依托，如公路、河流、田地、湖泊和可燃物稀疏地带等，如果没有可供利用的自然依托，可采用人工开设依托的方法。通常使用锹、镐等工具或推土机等机械开设生土隔离带，有条件的也可利用 531、804、SXD09 森林消防车在火头前方的一定距离反复横向辗压可燃物，使被压倒可燃物的宽度在 4~6m 以上，并向可燃物射水，创造出简易依托后，在被辗压可燃物的内侧边缘点放迎面火，扑灭外侧火线，实现以火攻火或开设防火隔离带的目的。

在使用以火攻火战术的具体过程中，首先要将掌握点放技术的人员编成点放、清理、观察小组，通常 3~7 人为 1 个小组。点放组的任务是沿依托按规程迅速点放迎面火；清理组的任务是扑灭隔离带外侧明火，使内线火向火场方向燃烧；观察组的任务是观察火场的发展态势，同时防止点放的迎面火反烧突破隔离带。在火场空气对流的作用下，点放的迎面火与火头相遇后，使火势减弱，扑火队员随后跟进扑打，从而达到控制火场的目的。2010 年 6 月 28 日，内蒙古自治区阿里河林业局发生山火，3 米多高的火头借助 5~6 级大风向林业局千亩樟子松人工林逼近，如突破塔列吐河，将严重威胁樟子松人工林安全，形势万分危急。火场前指根据林火发展态势，果断决定以塔列吐河为依托，采取以火攻火、打烧结合灭火战术。28 日 19 时，扑火队员分成三个战斗梯队，沿塔列吐河实施点放迎面火，两股火头相遇后火势迅速减弱，队伍乘胜出击，仅用 2 个小时就将大火控制在塔列吐河以南。

3 提高战法效能应把握的关键

3.1 夯实基础训练

基础训练是队伍指战员熟悉和熟练掌握新装备的过程，是实现人与装备最佳结合的重要环节。抓队伍训练必须首先把基础训练打牢，立足装备学理论。特种装备技术含量高，涉及机械原理学、工程力学、动力学等诸多学科领域，必须立足队伍现有装备的技术需要，涉猎诸学科的理论知识，通过理论灌输、观摩见学、厂家指导、翻译装备使用说明、观看装备性能介绍等途径，把装备原理、结构、操作规程等基

本理论学懂，这样才能保证战法的有效运用。

3.2 强化难题研练

队伍执行灭火任务时，需要经过快速到位、迅速展开、实施灭火、清理火场、组织撤收等很多环节，在每一个环节上都有其相应的技术难题。比如，快速到位中涉及到的铁路装（卸）载、复杂路面驾驶、车辆快速维修，水泵作业涉及勘察选取水源、山林地管带铺设、远距离多泵接力，火场扑救中扑救力量的部署、灭火方法的选择、各种战法的灵活运用等等，这就要求必须注重在实战中及时发现难点，在训练中及时加以解决。

3.3 注重综合演练

综合演练是分队战术训练的最高阶段，也是检验和提高分队综合扑救能力的有效途径。实践证明，要充分发挥人装结合的扑救效能，就必须强化近似实战环境下的综合演练，使新装备能够成建制、成系统地在实战环境中快速形成整体战斗力。通过紧急出动、摩托化开进、组织扑救、实施避险、野外救护、野外宿营等内容的演练，全面检验基础训练和分队战术训练质量，为扑火实战奠定坚实基础。

《孙子兵法》中有这样的论述："战势不过奇正，奇正之变，不可胜穷也。"。火场情况错综复杂，火情千变万化，在同一火场中，由于局部地形、天气和可燃物类型的不同，林火行为也不同。因此，在森林火灾扑救中没有固定的思维和模式，这就要求指挥员在扑火战斗中全面掌握天气、可燃物、地形条件和林火行为等自然因素的特点及规律，做到因时、因地、因势灵活运用各种灭火战术，巧妙用兵，加快灭火进度，达到事半功倍的效果。

参考文献

[1] 闫鹏，赵彦飞．我国森林火灾消防防控对策［J］．中国应急管理，2020（5）：38-39.

[2] 徐毅．我国森林火灾的特点及原因分析［J］．森林防火，2016（1）：36-38.

[3] 舒立福，田晓瑞，吴鹏超．厄尔尼诺现象对森林火灾的影响研究［J］．森林防火，2000（4）：27-28.

[4] 李德全．浅谈我国森林火灾发生的特点［J］．林业科技情报，2011，43（1）：4-5.

[5] 庞俊伟．新形势下森林防火对策浅析［J］．南方农业，2020，14（27）：66-67.

基于模块化编成作战视角下浅谈物流仓库火灾特点及扑救措施

王天昊

（湖北省消防救援总队武汉支队，湖北　武汉）

摘　要　近年来，随着我国数字经济的迅猛发展，极大推动了物流产业的发展壮大和效率提升，应运而生的便是跨度更广、空间更大、运行更智能的大型物流园区仓库拔地而起，物流仓库火灾的严重性日益凸显。根据近年来国内外发生的典型案例分析，大型物流仓库一旦发生火灾，往往具有火灾荷载大，燃烧迅速易形成立体火灾，参战力量多，战斗时间长，现场指挥难，安全风险多等特点[1]。在"全灾种、大应急"的大背景下，如何做好此类建筑灭火处置工作，提升力量调派精准性，作战效能最大化，笔者以武汉市阳逻经济开发区京东亚洲一号大型物流园区为研究对象，结合"模块化编成"的调度指挥作战理念，依据火灾发展的不同阶段和态势，全方位研究此类建筑的火灾扑救对策，以供研究探讨。

关键词　物流仓库　模块化　调度指挥　火灾扑救

1　引言

仓储物流（Warehousing Logistics），就是利用自建或租赁仓库、场地，用以储存、保管、装卸及配送货物。现代"仓储"不是传统意义上单纯的"仓库"或"仓库管理"，而是在经济全球化与供应链一体化背景下的仓储，应运而生的便是体量庞大的实体仓库建筑[2]。这无疑给火灾防控和处置工作提出了全新的挑战。从本市近几年的警情数据分析来看，仓库火灾偶有发生，造成了一定的经济财产损失。武汉阳逻经济开发区京东亚洲一号是当前亚洲范围内 B2C 行业内建筑规模最大、自动化程度最高的现代化运营中心，集商品暂存、订单处理、分拣配送功能于一体的电子商务运营中心的大型仓库，其（一期）总占地面积约 13 万 m^2，共有 6 个仓库，包括货到人系统、自动化立体仓库系统、交叉带分拣机系统、自动引导小车系统、输送系统等。建筑为单层（部分带夹层）钢框架结构仓库，长度大多在 150m 以上，建筑物的宽度（纵深）一般都在 40~50m，高度为 22m 左右，单个仓库建筑面积基本为上万平方米。基于此类建筑发生火灾后具备的特点，结合近几年国内外发生的厂房仓库火灾典型案例，为切实做好灭火救援准备，笔者认为应充分运用模块化调度、指挥、作战理念，平时垒好、训好模块，战时调准、用对模块，发挥模块调度扁平化、清晰化、精准化的最大优势，转化为真正的作战效能和效率，真正能够应对好此类建筑的火灾扑救工作。

2　物流仓库发生火灾的特点及扑救难点

2.1　建筑跨度长，空间大，初期火灾难发现易蔓延

物流仓库内部采取了无障碍，通透性大空间设计方式，设置了较少的墙体将空间进行分隔，内部易形成大型的流动空间。且建筑内部纵深长，内置货架间距小，高度高，通透性差，易造成初期火灾难发现，且易蔓延扩大。京东亚洲一号二期 1、2、3 号仓库全自动化运行，无人员值守，若仓库内部相关工作人员防火巡查制度落实不到位，园区专职消防队员配备能力不足，主客观原因的叠加，极易错失初期火灾发现及扑救[3]。

2.2　可燃物数量多，密度大，易形成立体燃烧

武汉京东亚洲一号（一期）6 个仓库均为丙二类仓库，内部存储的绝大多数物品为生活日用品，快消品，即可燃固

体。为满足货物配送及流转需求，配置了大量的木质托盘，使用纸壳包装箱。货架间距较小，物品摆放密集，加之机器人、自动装卸臂的流转作业，极易造成火势迅速蔓延，形成大面积立体火灾。辖管队站首战到场，往往面对的已经是熊熊大火，面对火场任务多，心态紧张焦急，现场指挥员容易出现火场主要方面把握不准，作战效能发挥不出，作战任务落实不到班组，作战班组东拼西凑，安全管控难度较大等诸多火场秩序混乱问题，易造成火势的进一步蔓延和作战安全风险增加等现实情况。

2.3 机械自动化程度高，用电器件多，内部易形成浓烟

武汉京东亚洲一号物流仓库具备高度机械化、自动化货运工作线，大量用电器件易发生电气火灾。建筑内多以堆垛形式存放着大量纸壳、电子产品、塑料制品等燃烧易产生大量有毒浓烟物质，且建筑开口数量少、开口位置相对高，破拆难度大，火场排烟难度较大，必须完全依托机械排烟系统。仓库内设货架间距小，加之叉车取运货物的运行轨迹基本覆盖了货架间有限空间，人员进入困难，阵地设置困难，内攻难度大，安全风险高。

2.4 地理位置偏僻，消防水源缺乏

物流仓库类建筑受自身占地面积较大，一般建造于城郊的物流工业园区。而此类地段的设计规划往往起步缓慢，配套消防设施不完善，消防水源匮乏。武汉京东亚洲一号园区地处武汉市新洲区阳逻开放区邱栗村，园区外室外消防栓资源较为匮乏，而内部均为地下室外消火栓，给快速取水、供水无疑增加了难度。

3 模块化调度指挥作战理念与应用方式

立足“平时垒好模块，战时应用模块”的训战原则，规范作战模块统型，搭建模块化编成，明确模块化调度规则，促进模块化训练。以火灾发展阶段和态势为牵引，以火场主要方面为抓手，以规范火场秩序，提升作战效能，精准调派力量，安全管控现场，完成火场攻坚任务为目的，将人、车、装以模块形式组合固定，形成以灭火、搜救、侦查、供剂、排烟、登高、高喷、照明、供气等为主的各类作战功能模块，明确各模块组成的车辆类型，号员分工，装备配备及基本任务。表1为以二级火警为例，传统队站按班为单元进行力量划分与模块的贴合程度；表2为各功能属性模块人员、车辆组成模式。

表1 传统队站力量划分与模块力量相衔接

二级火警调度				
辖管消防站	灭火模块	灭火救援一班	6人	城市主站车
		灭火救援二班	6人	中型水罐车
	搜救模块	特勤班	7人	抢险救援车
	供给模块	灭火救援三班	5人	大型水罐车
		供水班	5人	高喷消防车
	登高模块	灭火救援四班	3人	登高平台车
临近第一消防站	灭火模块			
	搜救模块			
	高喷模块			
临近第二消防站	供给模块			

表2 各功能模块人员车辆组合模式

作战模块		车辆数量	车辆类型	作战人数
灭火模块		2	城市主战车	6
			水罐消防车	6
高喷模块		2	举高喷射消防车	3
			重型水罐车	4
登高模块		1	登高平台车	4
供剂模块		2	重型水罐消防车	5
			重型水罐泡沫车	5
照明模块		1	照明消防车	4
排烟模块		1	排烟消防车	4
洗消模块		2	防化消防车	4
			水罐消防车	3
供气模块		1	供气消防车	4
救援模块	侦检模块	1	抢险救援车	7
	侦查模块	1	抢险救援车	7
	破拆模块	1	抢险救援车	7
	照明模块	1	抢险救援车	7
	搜救模块	1	抢险救援车	7
	排烟模块	1	抢险救援车	7
	警戒模块	1	抢险救援车	7

4 根据火灾发展的不同阶段采取的扑救措施

4.1 集中优势兵力，强攻近战，迅速准确直击火点

当着火建筑外部窗户完好，从外部观察未见火光，有烟雾涌出时，判断火势可能处于初起或发展阶段，此时按二级火警调度辖管大队所属消防站（1~3个）灭火、搜救、高喷、供剂和登高等模块，共计8个。辖管队站以灭火、搜救和高喷模块为主。若内部有人员被困，应将火场的主要方面放在搜救疏散、排烟降温、掩护内攻。搜救模块应掌握起火建筑内外部基本情况，人员大致被困位置，内部火灾发展态势和燃烧区域，由于京东亚洲一号物流仓库内设采光排烟窗数量少，位置高，难以完成破拆自然排烟，应及时选择机械排烟方式，降低温度和热辐射对内攻及被困人员危害[5]。搜救模块、登高模块应在灭火模块和供剂模块的水枪掩护下，选择距离被困人员最短路劲逐步推进。在推进过程中，灭火模块1应分为2个掩护单元，交替掩护，多以水枪开花喷雾状态不断稀释烟雾，改善救援路劲环境，为搜救和被困人员提供最大保护。灭火模块2应分为2个内攻单元，梯次掩护，依托仓库外窗或承重柱设施水枪阵地，便于进攻与撤退，向着火区域推进，直击火点[5]。待被困人员救出，两个灭火模块应立刻合围火点，争取短时间内控制并消灭火势。若着火建筑内无人员被困，搜救模块的主要任务为火场稀释排烟，启动固定消防设施，关闭相关区域的防火卷帘，并可根据火场任务需要，转化为灭火模块或供剂模块，以保障火场主要方面任务的更好完成。2个灭火模块应迅速内攻，形成三至四支水枪，交替掩护，向火点推。因主要方面侧重于内攻灭火，因此增援力量以供剂模块为主，选择供水方式时

应考虑最便捷途径，如占据就近消火栓吸水供水，或利用现有消防车形成串联供水，确保一定时间内供水不间断。

4.2　划分重点区域，分割控制，适时科学深入内攻

当着火建筑可视明火面积较大，且烟雾较浓时，判断火势处于发展阶段，并随时向完全燃烧阶段发展，此时应按三级火警调度辖管及邻近大队所属消防站（3~5个）灭火、搜救、高喷、供剂、登高、侦查和排烟等模块，共计不少于13个。此类情况，火场的主要方面仍然是搜救人员和内攻灭火，必须把握火势还未发展为猛烈燃烧阶段的有力时机，果断选择掩护救人，内攻灭火。首战队站到场后，侦查模块要准确获取建筑内部人员被困位置，燃烧范围和蔓延趋势，充分采取外部侦查、询问知情人、消控室侦查和内部侦查，采取内部侦查时，应在灭火模块配合下完成。在基本获取火场信息后，搜救模块应在灭火模块掩护下，寻找最优路劲，迅速开展被困人员疏散和搜救。在有人员被困的前提下，由于首战队站力量相对单一，应以人员疏散和搜救为主要任务，供剂模块和侦查模块做好充分的保障。增援队站到场后，应以内攻灭火、堵截控火和火场供水任务为主。灭火模块选择上风方向或火势弱侧的出入口设置进攻点，或是从有防火门的疏散通道、楼梯间等部位作为内攻起点，充分利用防火分隔措施设置阵地，灵活使用防火卷帘的垂降高度，适时铺设水幕水带或架设带架水枪、移动炮，以大面积半开花喷雾状保护防火分区分割处区域和战斗人员。若受主客观因素影响，无法第一时间扑灭火点，也应尽全力将火势控制在固定防火分区内，避免蔓延扩大。应果断补齐进攻相对一侧的力量设防，并寻找其他进攻点，策应火场重点区域的进攻，适时采取分割区域措施，逐步将火点控制在每一个相对固定区域内，并逐一消灭。考虑物流仓库为钢框架结构，且仓库内设置大量货架，受火势发展的阶段和时间，存在局部或整体坍塌风险。因此在模块设计过程中，基本设置了安全员，以保证火场各方面安全工作。

4.3　调集充足兵力，合围打击，谨慎选择内攻灭火

当火势处于猛烈发展阶段或呈现大范围蔓延态势，火势发展趋于失控、被困人员分布广时，判断火势处于猛烈燃烧阶段，此时应按四级（5~7个消防站）或五级（7~9个消防站）火警调度灭火、高喷、登高、供剂、照明、排烟、供气、侦查、破拆、搜救、排烟、警戒和机器人等模块，共计不少于27个。此情况，火场的主要方面应为堵截蔓延、供水可靠，寻找有利机会总攻灭火。首批到场力量（辖管大队及邻近大队）应以侦查、警戒、搜救、灭火、高喷和供剂模块为主，设置安全合理的阵地，采取固移结合方式，充分利用仓库自动喷水灭火系统、机械排烟系统等，尽可能削弱、延缓高温、强热辐射对建筑本体的影响以及火势发展速度。灭火模块应利用移动摇摆炮，带架水枪等安全灭火方式，高喷模块应选择不受火势威胁区域，有效控制火势蔓延，降低火场内部温度，防止建筑发生坍塌，保护毗邻防火分区或建筑。供水模块迅速形成多条可靠供水干线，采取吸水、双干线，大功率远程供水等方式，保证前方各进攻阵地供水不间断。增援力量应以高喷、供剂、照明、机器人等模块为主，模块嵌入式补位火场堵截、供水、照明、通信、安全、后勤等需求。随着火场态势逐步控制与变化，应及时调整各模块的属性和任务，找准有利时机，发起总攻，彻底消灭火灾。应充分调集应急联动力量，如公安、医疗、交通、电力、城管及大型机械车辆，以辅助火场各方面需要。

5　小结

大型物流仓库的火灾灭火救援行动是当前“全灾种，大应急”背景下的一个典型缩影，要求消防救援队伍必须通过不断的训战改革予以更好应对。而专业队伍的建设，模块化编成、调度、指挥、作战也是符合当前形式的一个良好解决办法。要结合物流仓库的建筑内部结构、实际使用特性，火灾发展规律等，充分在日常工作中，垒好相应模块，开展专业训练，提高协同配合，做到灵活机动，切实让各功能属性模块都能在火场上发挥最大效能，都能在火场上具备强大的灵活性、兼容性、补位性，切实形成强大的单兵和团队作战能力。

参考文献

[1] 李晓哲．物流仓库消防安全对策研究［J］．哈尔滨商业大学学报（自然科学版），2011，27（3）：373-376.

[2] GB 50045—2005，高层民用建筑设计防火规范［S］．

[3] 孙勇锋．物流仓库消防安全的研究现状［J］．火灾科学．2017，3（48）：64-66

[4] 付沛松．工厂仓库火灾扑救训练模式探究［J］．山东化工，2022，51（2）：174-176+178.

[5] 李驰原．基于PyroSim模拟的大跨度、大空间仓库火灾扑救技战术研究［J］．武汉理工大学学报（信息与管理工程版），2018，40（1）：1-5.

化学合成蛋氨酸工艺及消防安全对策

王　磊

（四川省乐山市消防救援支队，四川　乐山）

摘　要　蛋氨酸是一种重要的氨基酸品种，是动物饲料里一种必不可少的添加剂，与欧美等发达国家相比，我国蛋氨酸行业起步较晚，目前行业产能仍不能满足国内市场需求，我国蛋氨酸仍依赖进口。五通桥5万吨蛋氨酸生产装置产品辐射我国西南地区，但是蛋氨酸生产中涉及多种原料为危险化学品，存在易燃、易爆、有毒、腐蚀、恶臭等危险性，危险物料相对集中，生产工艺过程存在较大的安全风险。本文从蛋氨酸的生产工艺、火灾和爆炸危险性、可能发生的事故、应急处置及消防监管对策等方面进行分析，为相关监管部门的安全监管及应急处置工作提供了有效的参考。

关键词　蛋氨酸　生产工艺　火灾和爆炸危险性　应急处置　消防监管对策

1 前言

1.1 蛋氨酸的发现及作用

蛋氨酸又名甲硫氨酸，是人体构成的必需氨基酸其中一项，直接参与合成蛋白质。人体内不能自主生成，必须由外部生成。蛋氨酸的含量在天然饲料中大多不足，所以饲料中就应另外添加合成的蛋氨酸产品。

因为甲硫氨酸大量存在于卵白蛋白中，所以称为“蛋氨酸”。1922年缪勒（MUELLER）在酪蛋白水解形成的产物中发现了一种溶血性链球菌繁殖所必不可少的氨基酸，1928年巴杰第一次人工完成合成工序，才明确了结构，是甲硫基丁氨酸，也就是蛋氨酸。1948年德国DECUSSATE公司第一次利用工业方法制成DL蛋氨酸，从此进入商品化制造。生产初期主要采用发酵法，后期主要采用化学合成法。

1.2 蛋氨酸的常见形式

常见的蛋氨酸产品有以下几种形式：

1.2.1 L-蛋氨酸（L-Met）

蛋氨酸分子中碳原子的不对称性，将其分为D型（右旋体）和L型（左旋体），L-蛋氨酸是动物和植物蛋白质中蛋氨酸的生物活性形式。可以纯化D，L-型蛋氨酸生产，也可化学合成与发酵工艺结合制造。目前，大部分L-蛋氨酸的生产是化学合成含硫部分，再发酵产生碳链，最终获得浓度高达99%的L-蛋氨酸。

1.2.2 D，L-蛋氨酸（DL-Met）

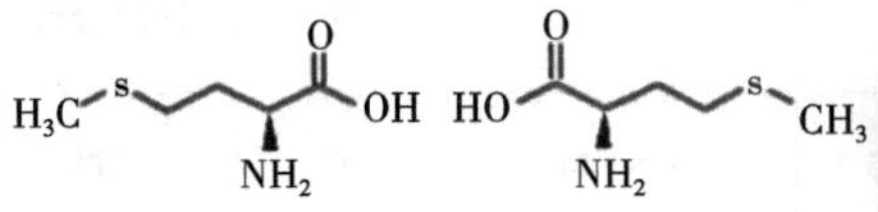

L-蛋氨酸　D-蛋氨酸

D，L-蛋氨酸是由一半的D-蛋氨酸和一半的的L-蛋氨酸组成的外消旋混合物。也是化学合成，主要用作饲料添加剂。

1.2.3 D，L-羟基蛋氨酸（DL-HMTBA）

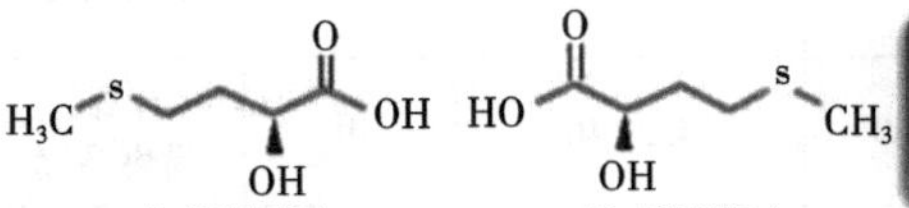

L-HMTBA　D-HMTBA

D，L-羟基蛋氨酸是液体蛋氨酸，作为蛋氨酸的前体物，是一种羟基酸、酸性。

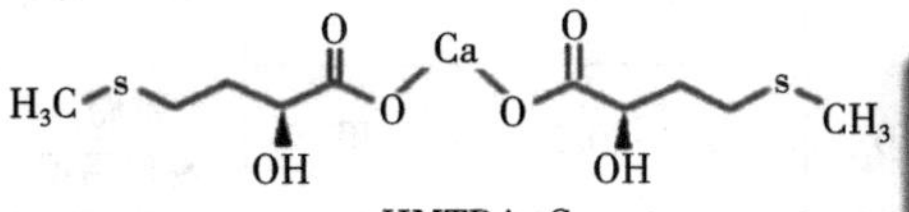
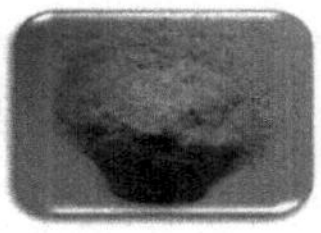

HMTBA-Ca

2 蛋氨酸的生产工艺

D，L-蛋氨酸和D，L-羟基蛋氨酸，都利用化学合成。蛋氨酸生产需要高较高的制造技术和相应的生产经验。以下是蛋氨酸合成的简易流程见图1。

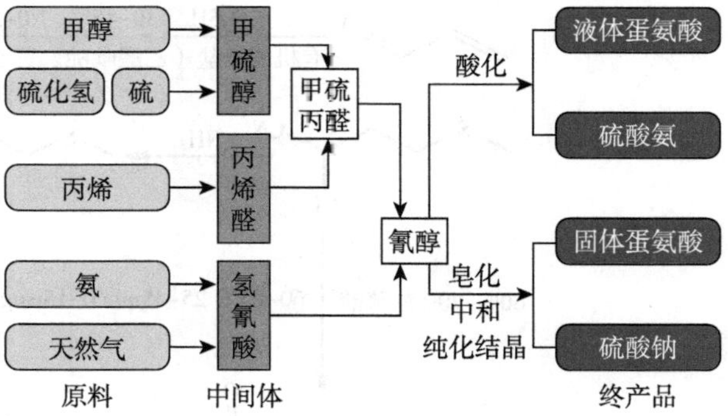

图1

可以看出，不同工艺往往都采用一种相同的关键中间体——3-甲硫基-丙醛（MTPA）。纯化的MTPA和氢氰酸（HCN）都是石化原料合成，两者进一步反应形成氰醇。对氰醇进行酸化可得D，L-羟基蛋氨酸，副产物是硫酸铵；如果对氰醇进行皂化、中和、结晶可得D，L-蛋氨酸，副产物为硫酸钠。将液态的羟基蛋氨酸与氢氧化钙或氧化钙反应，可得羟基蛋氨酸钙盐。

目前蛋氨酸的生产方法包括：提取法、蛋白质水解法、微生物法和化学合成法。其中化学合成法又包括：丙烯醛法（海因法和氰醇法）、氨基内酯法、丙酮酸法、丙二酸酯法和固液相转移催化法。考虑到生产成本、产出效率、规模化等因素，目前商业化生产的合成工艺主要采用海因法和氰醇法。丙烯醛、甲硫醇和氢氰酸是当前工业界最常用的合成蛋氨酸的原料，按反应中间体的不同又可分为氰醇法和海因法。这两种生产工艺的原料线路基本相同，原材料及辅助原材料均为丙烯、甲醇、天然气、液氨、醋酸、硫磺、次氯酸钠、柠檬酸、烧碱等；前几步生产甲硫醇、丙烯醛、甲硫基代丙醛的工艺也是一样的，只是在最终生产蛋氨酸时采用了不同的缩合水和水解工艺线路。

3 四川和邦生物科技股份有限公司营养剂分公司蛋氨酸制造项目调研情况

四川和邦生物科技股份有限公司营养剂分公司蛋氨酸制造项目建设包括：1.5万吨/年硫化氢装置、1.8万吨/年甲硫醇装置、2.5万吨/年丙烯醛装置、3.8万吨/年3-甲硫基丙醛（3mmp）装置、1.3万吨/年氢氰酸装置、6.7万吨/年氰醇装置、5万吨/年蛋氨酸装置。装置以丙烯、甲醇、液氨、硫磺、天然气等为主要原材料，2020年12月完工开始竣工进入试生产工作，产品有：液体蛋氨酸、硫铵等。采用的为氰醇法生产工艺。

氰醇法生产工艺氰醇法生产工艺包括以下程序：①氨，天然气和空气通过催化，反应生成氰化氢；②甲硫基代丙醛与氰化氢催化形成氰醇；③氰醇利用硫酸水解形成蛋氨酸羟基类似物；④氰醇在低温下进行水和反应，用硫酸作催化剂，氰醇与水反应转化成相应的酰胺（HMTBM）；而后在更高的温度下进行水解反应，酰胺与水、硫酸反应生成蛋氨酸和硫酸铵；⑤上述反应后的水溶液进行澄析，分离成富含蛋氨酸的有机相和富含硫酸铵的水相，有机相溶液提浓后生成蛋氨酸，水相用于生产副产品硫酸铵。具体步骤如图2所示。

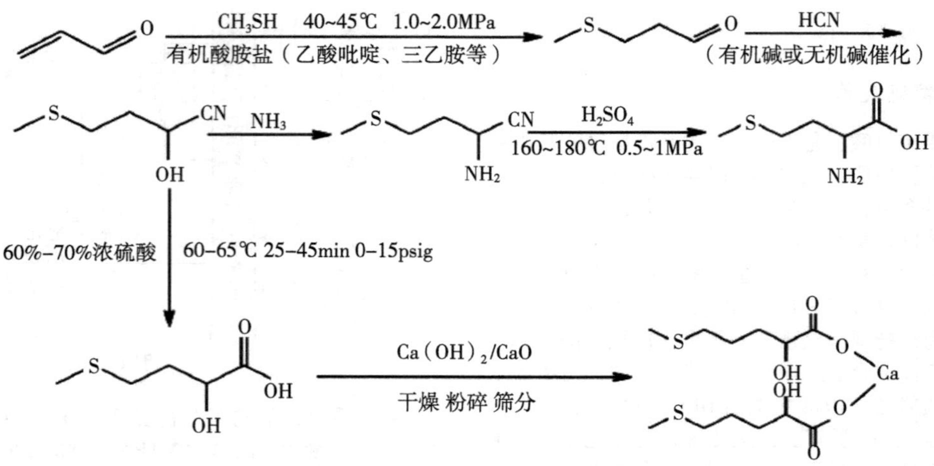

图 2 氰醇法工艺生产蛋氨酸流程图

3.1 物料的火灾和爆炸危险性

化学合成法制取蛋氨酸涉及的危险化学品包括：丙烯、甲烷、硫化氢、氨、氰化氢、甲醇、丙烯、丙烯醛、甲硫醇、浓硫酸、盐酸、氢氧化钠、硫磺、硫酸铵、硫铵等，这些物品的危险特性如表 1 所示。

表 1 主要物料危险特性

物料名称	危险化学品分类	相态	相对密度	沸点/℃	熔点/℃	闪点/℃	燃点/℃	爆炸极限（体积分数）/%	火灾危险性分类	危害特性
丙烯醛（UN1092）	第 3.1 类低闪点易燃液体	液	0.84	52.5	-87.7	-26	220	2.8-31.0	甲	易燃、高毒
盐酸（UN1789）	第 8.1 类酸性腐蚀品	液	1.20	108.6（20%）	-114.8（纯）				戊	强腐蚀性
甲醇（UN1230）	第 3.2 类中闪点易燃液体	液	0.79	64.8	-97.8	11	385	5.5-44	甲	易燃
硫酸（UN1830）	第 8.1 类酸性腐蚀品	液	1.83	330.0	10.5				戊	强腐蚀性
氢氧化钠（UN1823）	第 8.2 类碱性腐蚀品	固	2.12	1390	318.4				戊	强腐蚀性
甲烷（UN1971）	第 2.1 类易燃气体类危险品	气	0.717	-161.5	-182.5	15.7-27.4	537	4.9-15	甲	易燃易爆
硫化氢（UN1053）	第 2.1 类易燃气体类危险品	气	1.189	-60.4	-85.5		260	4.3-46	甲	有毒，易燃易爆
氨（UN1219）	第 2.3 类毒性气体	气	0.771	-33.5	-77.75	11	651	15.7-27.4	乙	可燃、易爆、有害
氰化氢（UN1051）	第 6.1 类易燃气体	气	0.69	26	-13.4	-17.8		5.6-40	甲	剧毒、易燃
丙烯（UN1077）	第 2.1 类易燃气体	气	1.914	-47.7	-185	-108	460	2.4-10.3	甲	致癌、易燃易爆
甲硫醇（UN1064）	第 2.1 类易燃气体	气		6	-123		325	3.9-21.8	甲	有毒、易燃易爆、恶臭
硫磺（UN1350）	第 4.1 类易燃固体	固	2.0	444.6	119	207			乙	易燃
氮（UN1066）	第 2.2 类不燃气体	液	0.81（-196℃）	-195.6	-209.8				戊	

3.2 生产过程中可能发生的事故

3.2.1 中毒和窒息

本项目生产过程中使用和形成的多种物料对人体存在毒害作用。例如天然气脱硫过程中产生的硫化氨；原料中的硫化氨、液氨、甲醇；中间产物氯化氯、丙帰醇都可以使人中毒，如果中毒严重可直接导致死亡。系统中循环使用的液氨蒸发后会形成氨气，人一旦大量吸入将导致肺水肿，情况严重也可导致死亡。液氨、硫化氨、甲醇的储量较大，一旦储罐出现泄漏的情况，将会使有毒气体弥漫于整个生产装置及周围的设施附近，引起人员大面积中毒。

3.2.2 火灾

本项目生产过程中存在多种易燃物质，如天然气、甲醇、硫化氨、丙稀、HCN、氨等，假如生产过程出现泄漏，遇点火源极易发生火灾。

3.2.3 化学爆炸

本项目生产过程中使用和产生了多种易燃、易爆物质，如天然气、甲醇、丙稀、硫化氨、氯化氨、氨气、丙巧醇、甲硫醇等，由于水封不严密、系统串气、采用负压操作或失效，装置中串入空气，产生爆炸性混合物，从而引发化学爆炸。此外，因为安装检修不到位、失误操作、密封装置失效、设备管道腐蚀、磨损等原因，可燃气体从设备、装置、管道内泄漏蔓延，达到爆炸极限，遇明火或高温将发生爆炸。

3.2.4 容器爆炸

本项目在生产中涉及到压力容器、压力管道。化工容器及设备因为低温、材料缺陷或设计、生产的作用，使得器壁的平均应力超过材料的屈服点或强度极限，导致应力腐蚀破裂和脆性疲劳可能引发物理爆炸，也可能因为受热膨胀、安全泄放装置失效、液化气过量充装等引发物理爆炸。

3.2.5 锅炉爆炸

该项目涉及供热锅炉，锅炉可能因为安全附件失灵及设计、生产等原因发生锅炉爆炸。假如锅炉长期处于闲置状态，没有按照相应规定进行检测，也可能发生锅炉爆炸事故。

4 消防应急处置

《中华人民共和国消防法》第三十九条规定，生产、储存易燃易爆危险品的大型企业应当建立单位专职消防队，承担本单位的火灾扑救工作。该企业建有专职消防队，按照《专职队建设标准》，该专职队配置消防车5辆，配备专职消防员18人，该消防队宜位于生产区全年最小频率风向的下风侧，宜避开工厂主要人流道路，消防站的服务范围应按行车路程计，行车路程不宜大于2.5km，目前可以满足接警后5min内到达企业边缘的要求。

《机关、团体、企业、事业单位消防安全管理规定》第四十条规定，消防安全重点单位应当按照灭火和应急疏散预案，至少每半年进行一次演练，并结合实际，不断完善预案。

根据《危险化学品安全管理条例》的规定，该项目应配备应急救援人员和必要的应急救援器材、设备，见表2。

表2 事故状态下的应急救援器材一览表

危险化学品	相应的应急救援器材及消防处置方法
丙烯醛 （UN1092）	1. 可能接触其蒸气时，必须佩戴自吸过滤式防毒面具（全面罩）。穿着防静电工作服，佩戴橡胶耐油手套。 2. 消防处置方法：迅速将泄漏污染区人员撤离至安全区，立即进行隔离，泄漏规模较小时隔离150m，发生大规模泄漏时隔离300m，严格限制人员出入。立即切断火源。消防人员须戴好防毒面具，在安全距离以外，选择上风向灭火。严禁直接接触泄漏物。尽可能切断泄漏源。防止流入下水道、排洪沟等限制性空间。泄漏规模较小：用活性炭或其他惰性材料吸收。或用大量水冲洗，稀释后排入废水系统。泄漏规模较大：构筑围堤或挖坑收容，迅速利用泡沫覆盖，降低蒸气带来的危害。采用雾状水冷却和稀释蒸汽、保护现场人员、把泄漏物稀释成不燃物。利用防爆泵转移至槽车或专用收集器内，回收或运至废物处理场所处置。 3. 灭火剂：抗溶性泡沫、二氧化碳、干粉、砂土。 注意：用水灭火是无效的。
盐酸 （UN1789）	1. 选用合适的呼吸器，戴护目镜，着防酸防护服，戴防酸手套。生产现场配置应急淋浴设施和眼药水。 2. 灭火方法：用碱性物质如碳酸氢钠、碳酸钠、消石灰等中和。也可用大量水扑救。
甲醇 （UN1230）	1. 可能接触其蒸气时，应该佩戴过滤式防毒面具（半面罩）。紧急事态抢救或撤离时，应当佩戴空气呼吸器，戴化学安全防护眼镜，内着防静电工作服，戴橡胶手套。 2. 甲醇火场处置措施：由于甲醇具有挥发性和毒性，应当选择正确的进攻方向。将上风方向作为进攻方向，首先确保灭火人员自身安全，是保证免受毒害和流淌火威胁的最佳方法。强化对着火储罐邻近罐的冷却保护，科学选用灭火药剂，用抗溶性泡沫进行灭火，该项目设置了泡沫灭火系统，消防员可利用现场的泡沫消火栓灭火及冷却。
硫酸 （UN1830）	正确的泄漏处置方法：迅速撤离危险区域，应急处理人员戴正压式空气呼吸器，着化学防护服；迅速切断泄漏源，防止进入下水道。可将泄漏液收集在可密闭容器中或用沙土、干燥石灰混合后回收，安全处置回收物，加入片碱消石灰溶液中和；若泄漏规模较大，应构筑围堤或挖坑收集，用泵转移至槽车内，残余物回收运至废物处理场所安全处置。 消防处置方法：禁止用水，使用干粉、二氧化碳、砂土。
氢氧化钠 （UN1823）	1. 应急处理人员戴正压式空气呼吸器，着化学防护服，戴护目镜，戴防碱手套。生产现场设置安全淋浴、眼药水和洗眼器。 2. 灭火药剂采用：雾状水、砂土。
氮 （UN10066）	当作业场所空气中氧气浓度低于18%时，必须佩戴空气呼吸器。
硫化氢 （UN1053）	1. 迅速引导泄漏污染区人员撤离至上风处，立即隔离，泄漏规模较小时隔离150m，泄漏规模较大时隔离300m，严格限制人员出入，切断火源。应急处理人员戴正压式空气呼吸器，着化学防护服。从上风处进入现场，尽可能切断泄漏源。合理通风，扩散加速。采用雾状水稀释、溶解。构筑围堤或挖坑收容产生的大量废水。如有可能，将残余气或漏出气用事故排风机送至水洗塔或与塔相连的通风橱内。或者使其通过三氯化铁水溶液，管路安装止回装置以防溶液吸回。妥善处理发生泄漏的容器，检修合格后方可使用。 2. 灭火方法：消防人员必须穿戴重型化学防护服，立即切断气源。若不能立即切断气源，则不允许熄灭正在燃烧的气体，出水冷却容器。 灭火药剂应采用：雾状水、泡沫、二氧化碳、干粉。

续表

危险化学品	相应的应急救援器材及消防处置方法
氨（UN1219）	1. 氨浓度超标时，戴全面罩过滤式防毒面具；氨浓度严重超标时，戴自吸式呼吸器。戴护目镜，穿防护服。生产现场设安全淋浴、眼药水和洗眼器。 2. 消防处置方法：迅速转移遇险人员到安全区域，形成500m左右的警戒区，将主要通向事故现场的道路实施交通管制，迅速撤离无关人员，禁止无关人员进入。消防人员进入火场前，应穿着防化服，佩戴正压式呼吸器。氨易溶于水，并易穿透衣物，消防人员必须加强对人体排汗量大的部位，如重要器官、腋下等部位的防护。火势小时用干粉或CO_2灭火器，火势较大时利用水幕、雾状水或常规泡沫灭火控火。储罐发生火灾时，首先采用远距离灭火、使用遥控水枪或水炮控火。切勿直接对泄漏口或安全阀门喷水，防止产生冻结。安全阀发出声响或变色时必须尽快撤离，严禁在储罐两端停留。
氰化氢（UN1051）	1. 可能接触毒物时，应该佩戴隔离式呼吸器。紧急事态抢救或撤离时，必须佩戴氧气呼吸器。应着连衣式胶布防毒衣，戴橡胶手套。 2. 灭火方法：首先立即切断泄漏源。如果不能切断泄漏源，则不能熄灭泄漏处的火焰。消防人员必须穿戴全身专用防护服，佩戴氧气呼吸器，在安全距离以外或有防护措施处操作。灭火药剂采用：干粉、抗溶性泡沫和二氧化碳。注意：用水灭火无效，但需用水对火场容器实施冷却，采用雾状水驱散蒸气。 3. 泄漏应急处置：消除所有点火源。根据气体的辐射扩散区域划定警戒区，将无关人员从侧风、上风向迅速撤离至安全地带。应急处理人员戴正压自给式空气呼吸器，着防毒、防静电服。保证作业时使用的所有设备接地保护。禁止接触或跨越泄漏物，尽可能切断泄漏源。采用雾状水抑制蒸气或改变蒸气云流向，避免水流接触泄漏物。禁止用水直接冲击泄漏物或泄漏源。防止气体通过下水道、通风系统和密闭性空间扩散。隔离泄漏区直至气体散尽。
丙烯（UN1077）	1. 佩戴自吸过滤式防毒面具（半面罩）。高浓度接触时应戴化学安全防护眼镜，内着防静电防护服，戴一般作业防护手套。 2. 灭火方法：切断泄漏源。假设不能切断泄漏源，则不能熄灭泄漏处的火焰。灭火药剂采用：二氧化碳、雾状水、泡沫和干粉。
甲硫醇（UN1064）	1. 空气中的浓度超标的时候，佩戴过滤式防毒面具（全面罩）或自给式呼吸器。紧急事态抢救或撤离时，应佩戴空气呼吸器，着防静电工作服。戴防化学品手套。 2. 灭火方法：立即切断气源。若不能切断气源，则不能熄灭泄漏处的火焰，出水冷却容器。灭火药剂采用：雾状水、抗溶性泡沫、干粉和二氧化碳。 3. 泄漏应急处理：迅速将泄漏污染区人员引导至上风处，并隔离150m，严格限制人员出入，立即切断火源。应急处理人员戴自给正压式呼吸器，着防静电工作服。尽可能切断泄漏源。用工业覆盖层或吸附/吸收剂盖住泄漏点附近的下水道等地方，防止气体进入。合理通风，扩散加速。如有可能，将漏出气用排风机送至空旷地方或装设适当喷头烧掉。妥善处理泄漏容器，检修合格后方可使用。

5 消防安全控制及监管措施

蛋氨酸的生产工艺中，原材料及中间产品使用了大量的易燃易爆化学危险品，工艺火灾危险性大，要根据生产工艺特点采取防火防爆措施。

（1）应正确选址，合理布置各生产单元。在选址定点时应将这种厂区设置在城市的郊区，生产区布置在当地全年最小频率风向的上风侧；散发有害物和产生有害因素的车间，位于相邻车间全年最小频率风向的上风侧。严禁设置在人口密集的城市和乡镇，总平面布置根据工艺生产流程、交通运输、环境保护、防火、安全、卫生、节能及发展等要求，结合本地自然条件统一布置。全厂性办公楼、中央控制室、中央化验室、总变电所等重要设施应布置在相对高处。

（2）生产装置、储运设施、配套及辅助设施之间的防火间距应满足《石油化工企业设计防火标准》（GB 50160—2018）及《建筑设计防火规范》（GB 50016—2014）（2018年版）的相关规定要求。事故水池和雨水监测池宜布置在厂区边缘的较低处，可与污水处理场集中布置。项目选址地边缘距离蜗江70m，距离涌斯江50m。项目距蜗江航运中也线850m，符合《石油化工企业设计防火标准》中规定的最小防火间距不应小于25m的要求。

（3）装置的可燃气体、液化烃和可燃液体设备采用多层构架布置时，除工艺要求外，其构架不宜超过四层。顶部最高操作压力大于0.03MPa的蒸馏塔、蒸发塔和汽提塔应设安全阀。有可燃液体设备的多层建筑物的楼板应采取措施防止可燃液体泄漏至下层，且应有效收集和排放泄漏的可燃液体。

（4）可燃液体贮罐等均设置氮封、阻火呼吸阀，防止物料无组织挥发形成爆炸性气体。甲基吗啉、醋酸、羟基乙腈等储罐区设置的防火堤高度不应小于1m，储罐外壁与防火堤内脚线的距离不应小于储罐高度的一半。

（5）消防监管时，应重点检查硫化氢装置的硫磺中间仓库，硫磺属于乙类，该中间仓库应靠外墙设置，其储量不宜超过1昼夜的需要量，应采用防火墙和耐火极限不低于1.50h的不燃性楼板与其他部位分隔。

（6）该项目中，甲醇罐组单罐直径大于20m，容积大于500m^3，且为水溶性可燃液体，应设置固定式泡沫灭火系统。选用泡沫液时，必须选用抗溶水成膜、抗溶氟蛋白或低粘度抗溶氟蛋白泡沫液。水溶性甲类液体固定顶储罐，应选用液上喷射系统。消防监管中，应着重检查该储罐区配置的辅助泡沫枪不少于2支，每支辅助泡沫枪的泡沫混合液流量不少于240L/min，同时具备半固定式系统功能，自泡沫消防水泵启动至泡沫混合液或泡沫输送到保护对象的时间不大于5min，泡沫产生器数量不少于2个。该项目选用的泡沫比例混合装置为囊式压力比例混合装置，应注意检查泡沫液储罐的单罐容积不应大于5m^3，内囊应由适宜所储存泡沫液的橡胶制成，且应标明使用寿命。消防监管部门在检查消防技术服务机构的维保记录时，应重点检查是否定期开展泡沫性能检验、每季度检查水泵的流量压力和保养各种阀门、每半年冲洗管道清除锈渣、每两年开展喷水和喷泡沫试验。

（7）该项目中，氢氰酸车间等甲类有爆炸危险的生产厂房，宜采用敞开或半敞开式结构，有爆炸危险的厂房或厂房内有爆炸危险的部位应设置泄压设施。对氢氰酸车间来说，泄压面积不应小于：$A=10\times0.11\times(33\times25\times9.7)\ 2/3=45m^2$。消防监管时应重点检查：有爆炸危险区域内的楼梯间、室外楼梯或有爆炸危险的区域与相邻区域连通处，应设置门斗等防护措施。门斗的隔墙应为耐火极限不应低于2.00h的防火隔墙，门应采用甲级防火门并应与楼梯间的门错位设置。装饰部分采用不发火花的楼地面，并采用防静电措施，爆炸危险区域内设置等电位连接，所有裸露装置的外部可导电部分均接入等电位系统。

（8）在生产装置设置固定式可燃气体检测报警器和有毒气体检测报警器，安装在可能产生可燃有毒气体泄漏处，其检测信号进入检测报警控制器显示，再通信到DCS监控系统，在计算机显示屏显示各点可燃有毒气体含量并能超限声光报警，实现操作人员对整个生产区域的监控。

（9）本项目氰化氢生产、丙烯醛生产、甲硫醇生产工艺中甲类物质、剧毒、高毒物质种类多，使用量大，且存在高温，工艺过程存在较大危险性，应设置DCS自动控制系统和安全联锁装置。

6 小结

因此，蛋氨酸生产企业的消防监管应针对企业的特点，通过加强工艺控制，DCS自动联锁操控等技术措施，加强生产装置及储运设施的消防安全，定期开展应急处置演练，才能保证企业的生产安全，取得经济效益和社会效益的双丰收。

参考文献

[1] 赵莉莉．石化企业火灾危险性分析及安全对策构架[J]．科学与财富．2016.

[2] GB 50016—2014（2018年版），建筑设计防火规范[S].

[3] GB 50160—2008（2018年版），石油化工企业设计防火标准[S].

[4] GB 50151—2021，泡沫灭火系统技术标准[S].

城市火灾应急交通组织研究

周万顺

（中国人民警察大学　研究生部，河北　廊坊）

摘　要　当城市或区域遭遇如火灾、洪水等突发事件后，直接或间接地会对城市道路交通系统产生一定影响，灾害带来的人员伤亡、财产损失、道路拥堵、恐慌情绪蔓延等问题，需要应急部门在较短时间采取科学的交通组织方法，对核心区域开展高效的人员救援和社会车辆疏散，本文以S市突发性火灾为例，针对抢险救援车辆与社会车辆产生的交通冲突问题，依照事故影响程度采取应急交通组织措施，优化城市消防救援方案。

关键词　城市火灾　应急交通组织　最优路径　范围确定

1 引言

我国从21世纪以来，伴随经济和科技的飞速发展，我国路网覆盖率已达到90%以上，机动车保有量也大幅增加，但同时各类突发事件频发，城市火灾发生场所建筑物功能多样、火灾环境复杂、火势蔓延快、人员车辆集中、火灾救援疏散困难等，处理不当，将造成短时间内造成大量人员伤亡和社会恐慌，据2020年应急管理部统计数据显示，全国火灾25.2万起，其中城市火灾占比43.2%。相较于高速发展的经济，城市防范化解重大事故的“软实力”发展较为滞后。2022年交通运输部印发了《关于加强交通运输应急管理体系和能力建设的指导意见》[1]，明确了“一个体系、三个能力”的应急能力建设总构架以全面提升突发事件应急处置和综合交通运输经济保障能力。城市遭遇突发事件时，城市道路受到严重影响，路网结构、出行需求发生改变，核心区域内交通需求剧增，以应急车辆快速达到现场、受影响车辆、人员迅速疏散为目标，以现代化信息平台为辅，寻求到一种科学、高效的的交通组织方案，是提高救援效率、减少交通拥堵、降低二次事故的有效手段，国内外针对应急交通组织方法的研究主要有：Cova[2]等人提出交叉口优化方案，减少或消除冲突区域、减少变更车道从而达到最优疏散路径的确定，Wolshon[3]等研究发现反向交通组织是在飓风来临时使用最多且最有效率的一种组织方法；任刚[4]等运用反向车道等交通组织措施，在应急疏散路径选择等方面展开较深入的研究和探讨，杨孝宽[5]等以我国奥运会为基础，研究大型活动应急疏散策略，国内外对于突发事件交通组织偏重于物资调配、道路疏散保畅、应急救援中心力量配备等宏观交通管理方面，而对于城市突发事件特别是火灾事故研究较少，本文基于S市火灾事故引发的道路交通异常为基础，在分析城市火灾交通特征基础上，采用GIS几何网络分析寻求最短路径，并综合运用交通管制措施最大限度利用道路交通资源。

2 城市火灾对交通影响的分析

当城市发生火灾时，由于其具有强破坏性和随机性，且影响范围较大，短时间内人流、车流聚集或拥堵，一定程度上会对一条或多条临近道路产生不良影响，对事故抢先救援车辆与人员造成阻碍，延误救援时间，火灾对城市路网的影响主要包括对出行时间的影响、对交通需求的影响、对交通路线的影响。

2.1 出行时间方面

行程时间作为交通流量和通行能力的函数，目前理论和实践经验成熟，能够较好的体现道路的实际情况，美国德州交通研究所[6]TTI最早被提出，即计算一定统计周期内各路段实际行驶时间与畅通情况下行驶时间的比值，国内高德、滴滴等公司已广泛使用。已广泛用来评价城市路网可靠性的评价指标，可表示为：

$$TTI=\frac{T_A}{T_f} \tag{1}$$

式中，TTI表示行程时间指数；T_A为实际行程时间，

min；T_f 为自由流动状态时间，min。

当城市发生火灾时，应急管理部门启动相应的应急预案，城市路网的连通性随着应急管控措施的落实会发生改变，随之影响行进方向和路径长短，同时由于火灾新增的交通出行需求短时间内增加，道路拥挤程度发生变化，车速降低，从而致使实际行程时间增加，*TTI* 值增大。

2.2 交通需求方面

城市火灾会因为事件的严重程度，使得疏散群体产生恐慌，焦虑的心理，事故影响范围内人流、车流基于安全性和快速性，会不断聚集于一条或多条道路，对应急救援和疏散带来较大压力，在较短时间内，事故核心区域交通需求集中，目的性较强，车流向事故核心区域外行进，疏散方向需求增多，道路交通压力增大，车辆间距、速度减小，当达到道路通行能力时，便会发生交通拥堵，而救援方向车辆赶往事故现场时，往往会被迫参与排队，造成抢险救援时间延误。

2.3 通行路线方面

根据应急管理工作以人为本、快速反应、信息公开的原则，事件发生后，公安、消防救援力量第一时间集结赶赴现场处置，医疗卫生部门抢救伤员离开现场，抢险救援车辆较于其他车辆疏散车辆具有优先通行权，选择最短路径是争取应急时间，抢救伤员财产的关键，另一方面，疏散人人员、车辆会根据新闻、广播、报纸、网络对事件信息的发布，根据自身经验判断，更倾向于选择最短路径离开事故区域，当原有的交通平衡被打破，区域路网被影响，救援车辆和疏散车辆势必会产生交通冲突，采取综合的交通组织措施如信号配置、限行、单向交通等方式，合理的引导疏散路径和高效的利用道路交通资源是缩短救援时间、减少事件造成的影响的方法。

3 应急交通范围和路径的确定

3.1 范围的确定

应急交通组织采取交通组织措施的前提，首要一点是确定灾害影响范围，并划定交通管制范围，一般以火灾现场为圆心，依靠公安道路监测平台、GPS 系统等信息化平台查看车辆聚集路段，根据车辆聚集程度不同，划定不同管制范围，但在实际救援过程中，同时还应考虑现场实际交通情况与火灾救援特殊需求灵活应对。

3.1.1 基于道路拥挤指数的确定

根据 2020 年 6 月 2 日公安部技术监督委员会批准了推荐性行标《道路交通拥堵度评价方法》（GA/T 115—2020）[7] 的评价方法，通过道路平均行程速度表示，即：

$$V_{平均} = \frac{nL}{\sum_{i=1}^{n} t_i} \tag{2}$$

式中，$V_{平均}$ 为路段平均行程速度，km/h；n 表示车辆数；L 表示路段长度；t_i 第 i 辆车通过路段时间，h。

城市路网平均行驶速度与交通拥堵程度的对应关系如表 1 所示。

表 1

拥堵程度	平均行程速度		
	限速 60km/h	限速 50km/h	限速 40km/h
严重拥堵	[0，20)	[0，15)	[0，15)
中度拥堵	[20，30)	[15，25)	[15，20)
轻度拥堵	[30，35)	[25，30)	[20，25)
畅通	≥35	≥30	≥25

道路拥堵指数（*RCI*）[8] 指一定统计期内拥堵路段占路段总长度的比值。根据不同的道路等级，可以进行加权计算，综合判断道路拥堵状态，根据道路拥堵的严重程度分为Ⅰ、Ⅱ、Ⅲ、Ⅳ四个控制级别，见图 1，具体分类见表 2，RCI 表示如下：

$$RCI = \frac{L_n}{L}\alpha \times 100\% \tag{3}$$

式中，L_n 表示拥堵路段；L 表示路段总长度；α 表示道路权重，通常取值范围［0.1，1］。

表 2 基于 *RCI* 的交通管控等级

RCI	*RCI*≤20%	20%<*RCI*≤50%	50%<*RCI*≤100%	100%≤*RCI*
交通管控	Ⅳ	Ⅲ	Ⅱ	Ⅰ

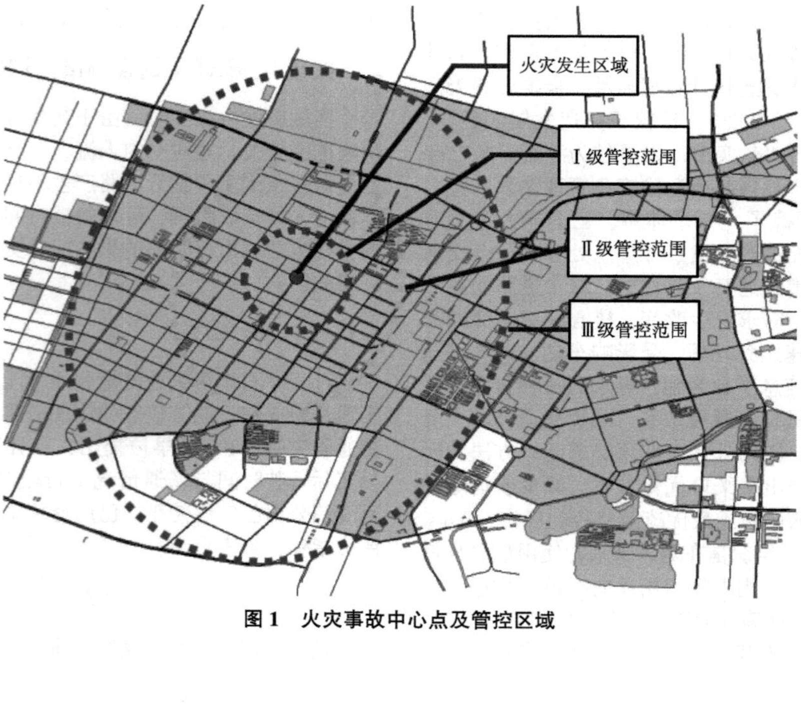

图 1 火灾事故中心点及管控区域

3.1.2 基于行程时间的确定

行程时间的确定依靠于交通监测系统数据的完善、精确，交通数据采集器通常可以常年采集交通量、车速、车头时距等基础信息，检测系统取决于城市信息化建设，在有城市交通数据库的情况下，依靠事故路段交通监测器，行驶时间可用于确定拥堵路段，D 表示事故发生后行驶时间与事故前行驶时间之差即为车辆延误时间，车辆拥堵区域由车辆延误率决定到正常时间，即有：

$$D = \frac{T_A - T}{T} \times 100\% \tag{4}$$

式中，D 表示延误比，T_A 表示事后拥堵指数，T 表示事前拥堵指数，当事前道路成自由流状态时为 T_f，根据 D 的取值来评价事件对道路交通系统的影响程度，具体分类见表4。

表3 基于行程时间的交通管控等级

D	$D \leq 20\%$	$20\% < D \leq 50\%$	$50\% < D \leq 100\%$	$100\% \leq D$
交通管控	IV	III	II	I

3.2 救援最短路径的确定

基于GIS的区域交通网络进行网络分析[9][10]，网络分析包括了路径分析、道路连通性分析、服务区域分析等，其解决最基本的问题是在纵横交错的城市道路网中选择最短路径，最短路径一般指基于实际坐标上的路径选择，还可以引申到包括最短时间、最低油耗、避开施工区域的畅通路线等，当S市发生火灾时，公安、消防、医疗救援力量具有优先通行权利，在派出应急救援车辆赶赴现场前，选择最短路径进入现场，是保证延误时间最短，救援任务顺利完成的重要因素之一，假设S市某路口发生火灾，需要该区应急处置力量前往区域进行处置，现对道路以交叉点进行分割形成道路路段，该区网络以交叉点与路段组成，该区的火灾中心点、应急救援力量点位分布如图标识位置，各点到事故中心的最短路径如图2所示。

图2 救援力量距离事故核心区域最短路径

应急指挥中心通过现场信息研判后，指派离事故现场最近的救援力量赶往现场处置，将事故损失降到了最低。考虑时候中应急救援车辆优先通行权后，S市应急管理部门常态化做好各点位的救援物资、车辆、专业人员信息储存，根据城市道路信息监测平台实时数据，提前掌握道路通行情况，做好突发事件应急预案和常态化防范突发事件措施，当城市火灾发生时，通过预估路网状态和最近应急处置资源，选择以最快的出行时间为目标的选择最短路径处置。

4 突发应急交通组织的措施

突发交通组织的目的是在一定时间内，采取合理高效的措施，将尽可能多的人员、车辆安全、短时、有序疏转到相对安全的区域，尽管应急救援车辆存在优先通行的权利，但在接近事故中心时。若存在拥堵，也会被迫参与车辆排队，产生延误，所以为事故受影响区域内需要疏散的人员提供疏散路径是保障应急救援的基础，在城市道路交通突发事件条件下，要通过选择适宜的交通疏散路径，采取适当的路段和交叉口应急交通组织方式[11]，能有效减少社会车辆和应急救援车辆交通冲突、最大限度利用道路交通资源、提高疏散与救援的效率。城市道路应急交通组织有以下方法：

4.1 封闭道路

事故核心区域应根据现场火势情况，合理采取封闭道路措施，一是为了提高火灾救援效率，排除救援现场的干扰，有利于救援力量开展各项救援工作，其次是有利开展勘察事发痕迹、物证提取等事后工作；二是为了防止二次事故的发生，如在抢险过程中发生爆炸、火势蔓延等情况，若此时道路未完全封闭，便会受到二次事故的影响，会带来更大的人员伤亡和财产损失事故，设置封闭区域应综合考虑现场受灾情况、火势大小、交通情况而定。

4.2 反向交通

反向交通是利用对向车道快速疏散事故方向的车流，可以通过现场的交通警察指挥、设置锥形桶、指示标志、LED显示器指示等，通过利用城市交叉口、车辆掉头路口实施反向交通，利用道路疏散能力，降低灾害带来的损失，反向交通组织如图3、图4所示。

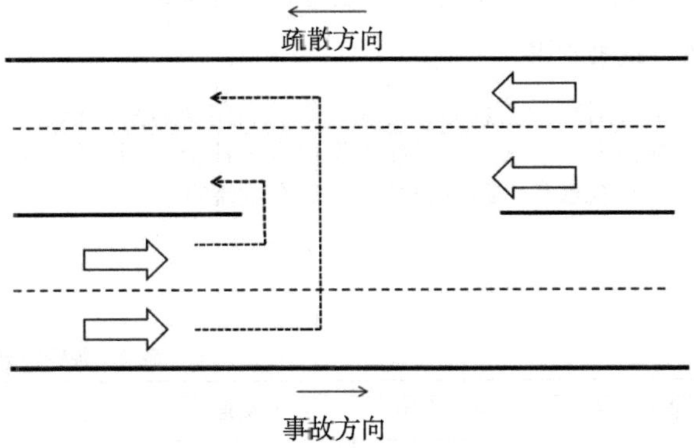

图3 道路反向交通组织

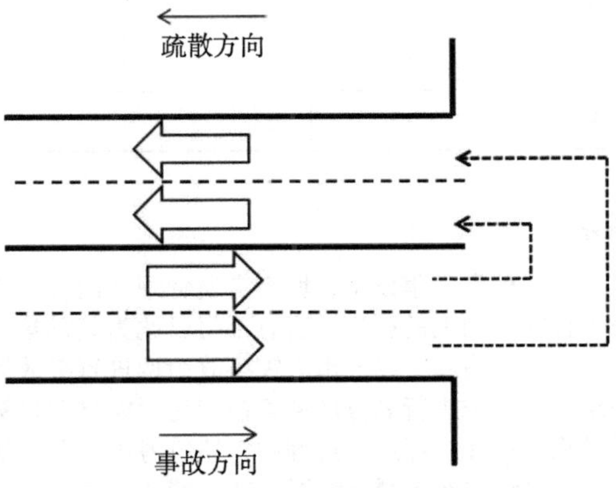

图4 交叉口反向交通组织

4.3 单向交通

单向交通具可以快速疏散单向交通流，在事故发生后，该措施能够有效解决交通流方向分布不均匀的问题，通过与应急车道相结合，救援车辆能够快速到达受灾区域展开救援，非救援车辆向事故影响范围外快速撤离，大大提高救援疏散效率，对受影响路段实施单向通行措施，利用护栏或交警现场指挥等设施，将应急车道和疏散车道分开，减少不同疏散救援方向车辆之间的相互干扰，见图5。

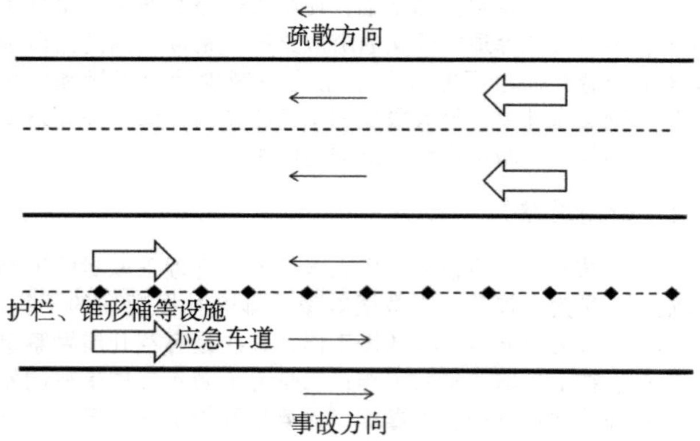

图5 单向交通

4.4 转向限制

在交叉口实施非疏散方向的禁止左转措施能够保证通过交叉口的救援和疏散车辆在行进过程中不受左转车辆的干扰，提升了通行效率，减少了交通延误。当交叉口通过人为引导后，路口直行车道数量增加，此时交叉口允许直行和右转，直行和右转车头时距小于左转车辆车头时距，增大了交叉口通行率，同时交叉口信号相位减少，左转干扰消失，使得直行和右转相位车辆得到了跟多的通行时间。

4.5 疏散引导

通过对事故信息的分析和计算，利用交通指示标志、广播、应急电话、媒体、导航等渠道告知社会车辆事件影响区域，通过疏散点、疏散路径等提醒车辆绕行。

5 案例分析

某日S市道路交叉口发生一起火灾，发现的受伤人员20人，S市应急指挥中心立即启动应急预案，公安、消防部门依靠信息化管理平台，调度了最近的警力和消防力量赶往现场处置，出动26辆消防车、114名消防指战员赶赴现场，同时公安、应急等有关部门共309辆各类救援车辆、1002名救援人员、8名各类专家参与救援。根据救援部署，第一时间建立应急救援体系，成立现场指挥部和事故调查组，迅速开展处置工作，根据交警部门道路监测平台对现场交通的监测，采取了以道路拥堵指数*RCI*迅速划定了影响严重、中度、轻度区域，对不同影响程度的区域（图1），分别采取区域管控（图6）、单向交通、反向交通、转向限制等交通管理措施（表4），这些措施临时性抢险救灾措施，当救援车辆完成救援任务后应由交警部门解除并发布车道畅通信息。

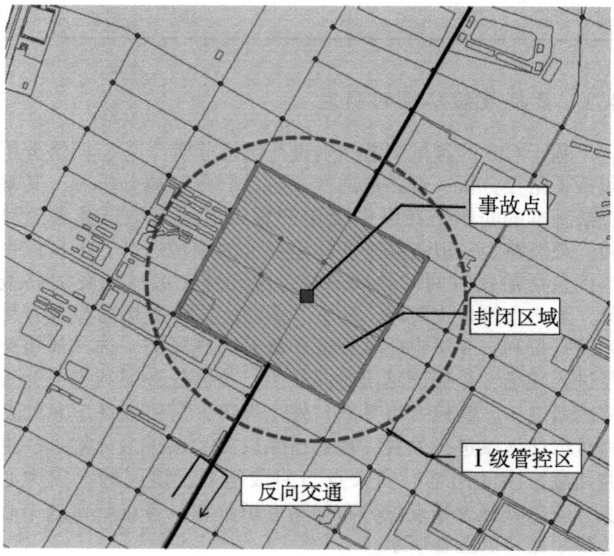

图6 事故核心区域交通组织示意图

表4 各管控条件下交通组织措施选择

管控等级	疏散引导	反向交通	单向交通	公交车道、自行车道、并用为应急车道	封闭道路	转向限制
Ⅰ	√	√	√	√	√	√
Ⅱ	√		√	√		√
Ⅲ	√			√		
Ⅳ	√			√		

6 结语

基于交通信息采集设备，城市交通管理部门可以研究各类突发事件在路网上的影响，应急部门以此为基础建立健全相关应急机制与措施，以S市火灾事故为例进行事故周围应急交通组织，与未进行划分区域管控相比，能够明显提升交通疏导效果，但在实际运行过程中，还应考虑道路车辆种类占比，是否划设停车区域等情况，在处置事故时，应根据不同的交通影响范围和实际道路情况综合采用各种应急交通组织措施。

参考文献

［1］交通运输应急强化“三个能力”建设［J］. 交通企业管理，2022.

［2］COVA T J，JOHNSONJP. A network flow model for lane-based evacuation routing［J］. Transportation Research Part A，2003.

［3］Elba Urbina，Brian Wolshon. National review of hurricane evacuation plans and polices：a comparison and contrast of state practices［J］. Transportation Research. 2003，Part A37：264-286.

［4］任刚，华璟怡，张志云，姚梦佳，吴建波. 基于反向车道与冲突消除的疏散网络优化设计［J］. 中国公路学报，2015.

［5］杨孝宽，宫建，曹静. 奥运会突发事件疏散路径动态路段行程时间［J］. 北京工业大学学报，2007（07）：702-706.

［6］Boarnet M，Kim E，Parkany E. Measuring traffic con-

gestion [J]. Transportation Research Record, 1998 (1512): 93-99.
[7] GA/T 115—2020, 道路交通拥堵度评价方法 [S].
[8] 刘梦涵. 面向特大城市的分层次交通拥堵评价模型及算法 [D]. 北京交通大学, 2009.
[9] 韩俊卿. 基于 GIS 的城市道路网最短路径分析 [J]. 科技传播, 2010.
[10] 钟江荣, 张令心, 赵振东, 范开洪. 基于 GIS 的城市地震建筑物次生火灾蔓延模型 [J]. 自然灾害学报, 2011.
[11] 贾富强. 城市道路交通突发事件应急疏散策略研究 [D]. 兰州交通大学, 2015.

基于消防员殉职调查报告的轰燃应对研究

柯锦城

(厦门市消防救援支队, 福建 厦门)

摘 要 通过对美国国家职业安全与健康研究所、国家标准与技术研究院和消防安全研究所等机构公布的消防员殉职调查报告、FDS 火灾动力学模拟或实验技术报告分析整理, 提出预防和应对轰燃的措施, 对于加强消防救援队伍灭火救援专业能力建设和训战安全工作, 提出一种切实可行的思路。

关键词 消防 灭火救援 火灾动力学 轰燃 通风战术

火灾动力学知识的缺乏可能导致消防员伤亡的重蹈覆辙。对轰燃理论研究和实战应用的缺失, 在一定程度上降低了消防救援队伍作战训练的科学性。从消防员伤亡调查报告及相关的火灾动力学计算机模拟、全尺寸实验技术报告总结提炼灭火救援作战智慧, 将有利于进一步完善我国消防救援队伍的灭火救援理论体系、战训考评体系, 对于夯实有中国特色的消防救援队伍建设新路子大有裨益。

1 什么是轰燃

1.1 轰燃的定义

百度百科对轰燃的定义是: 火在建筑内部突发性的引起全面燃烧的现象。ISO 国际标准对轰燃的定义是: 室内所有可燃物的表面都开始燃烧的瞬间过渡状态。对于研究火灾的科学家而言, 轰燃是指房间内或分割区内所有燃料扩张、辐射和点燃的过程[1]。

1.2 轰燃的判据

发生轰燃的临界判据主要包括: 地面受到的热辐射通量大于 20kW/m^2; 室内上部烟气层的温度高于 600℃; 火焰从开口处涌出[2]。

1.3 轰燃的特例

一是开间轰燃。1985 年 5 月, 英格兰约克郡布拉德福德市郊 "山谷阅兵场" 足球场火灾造成 66 人死亡、100 多人受伤, 虽然有一个房间三面敞开, 但由于火势较猛仍然发生了轰燃。二是二次轰燃。1999 年 12 月 22 日, 爱荷华州一栋二楼顶棚以上共用的独立住宅发生火灾, 餐厅发生轰燃导致客厅发生二次轰燃, 三名消防员殉职、三名儿童死亡[3]。三是局部轰燃。美国保险商实验室在俄亥俄州天桥购物广场开展真火实验, 分析水平和垂直通风对通风受限火灾的影响。实验四水平通风项目中, 从与 A 面垂直的位置 (从 AB 象限射向 BC 象限) 射水时, 房间的 AD 象限达到轰燃条件[4]。

2 轰燃的表现及危害

当室内所有物体达到其燃点时发生轰燃, 房间从地面到顶棚全面过火, 火场温度超过 538℃, 能见度降低, 发生轰燃房间的安全逃生临界点仅距出口 1.5m, 轰燃发生意味着被困房间内人员的死亡或严重烧伤[5]。

2.1 全面燃烧

一旦轰燃发生, 房间内所有的燃料都会卷入燃烧, 火焰产生的巨大湍流使房间内充满热烟气, 火焰穿越房间热烟气层喷薄而出、迅速扩张。2010 年 3 月 30 日伊利诺伊州民房火灾扑救中消防员一死一伤。受伤消防员的描述是 "浓厚的黑烟滚到地板上, 然后房间和里面的所有东西都着火了[6]。" 经历过轰燃的消防员有惊无险事故中有这样的描述, "沉重的火焰落到地上, 烟变淡了, 上层烟气在燃烧。我退到建筑外时, 火正从前门喷薄而出[7]。"

2.2 极端高温

发生轰燃的房间或走廊, 600℃以上的高温远远超过着全套个人防护装备的消防员伤害阈值温度 300℃。2008 年 3 月 7 日北卡罗来纳州木制品工厂地下室火灾扑救中, 消防员两死一重伤, 快速干预小组在营救被困消防员时两次因温度过高无法进入, 他们发现仓库地板上积聚的水接近沸腾[8]。2014 年 1 月 26 日, 俄亥俄州一栋带附属车库的两层公寓楼发生火灾, 两名职业消防员在搜救租户时死于轰燃。高温迫使试图进入火场营救被困消防员的安全官退出着火建筑, 安全官的装备在极端高温下变成红橙色[9]。

2.3 异常声响

除了轰燃发生前火场可能出现异常声响, 轰燃发生时火场也可能出现异常声响。2007 年 7 月 21 日加利福尼亚州单层牧场式房屋火灾扑救中, 两名消防员殉职。轰燃发生时, 现场消防员看到前卧室窗户喷出大量火, 持续约 15s, 并听到类似轮胎爆炸的声音[10]。

3 轰燃的形成

房间大小、隔热性、可燃物数量、空气供给等条件结合起来, 才能决定一个空间发生轰燃的可能性。根据常见的四种形成原因, 可将轰燃分为四种类型。

3.1 热量积聚型轰燃

顶棚下方聚集形成的热烟气层产生辐射热反馈加热其他

可燃物，这些物质热解释放出可燃烟气。随着热烟气全面燃烧，火灾进入全面发展阶段。一般情况下，热烟气层降至离地面 1.5m 以下，是即将发生轰燃的重要征兆。

3.2 通风诱导型轰燃

无论是主动打开或破拆门窗等洞口，或是门窗被火烧毁失效的被动通风都能形成新的通风口。火灾消耗了室内可用氧气后变得缺氧，通风补入新鲜空气，火场温度可在极短时间内迅速上升到 600℃以上。消防员灭火时要注意控制通风口，阻断烟火的流动路径，特别是现场风速大于 4.44m/s[11]。2007 年 6 月 18 日南卡罗来纳州查尔斯顿沙发超级商店发生火灾，不当通风后发生轰燃，九名消防员殉职[12]。

3.3 烟囱效应型轰燃

楼梯间、电梯井、管道井、中庭等竖向筒状结构在火灾烟气浮力作用下，会产生向上的抽拔力，造成空气对流增强。如果竖向筒状结构内原本就积聚大量可燃且未燃的烟气，自然风或正压通风往缺氧环境内输送氧气，就可能在结构内发生轰燃。2000 年 3 月 31 日犹他州一住宅车库发生火灾，前门与屋顶冷凝器通风口在烟囱效应作用下形成烟火流动路径，造成消防员一死三伤。事发前，前门使用风机实施正压送风[13]。

3.4 空气夹带型轰燃

不正确的射流形式往缺氧火场内输送氧气，同样有造成轰燃的危险。比起开花射流，直流水可夹带更少的空气进入火场。如果原本火场缺氧，采用何种射流就显得至关重要。美国保险商实验室 2017 年发布的技术报告《利用内部和外部空气的火灾攻击对消防员安全和居住者生存的影响：空气夹带》，通过实验证明了不同射流形式对火灾行为的影响。射流张角 30°的雾状射流，喷嘴以圆圈轨迹运动时夹带空气量最大，可用于火场排烟。实施门控和室外过渡性攻击不希望射流夹带过多空气进火场，则要注意把握直流射流、喷嘴陡峭角度、不晃动喷嘴、水流打吊顶等四个要点。

4 轰燃的征兆

预判轰燃的关键是观察烟气和判断火势的增长。需要考虑着火房间的面积和隔热性、顶棚高度、烟雾的四要素（烟色、烟量、密度和烟速）、是否出现滚燃等因素，谨记在轰燃环境中的生存率几乎为零，避免轰燃伤亡重在预防。

4.1 烟层快速下降

通风受到限制的火灾温度缓慢上升，比通风不受限制的火灾产生更多烟气。作为温度驱动的轰燃，聚集在顶棚下的烟层提供了主要的热辐射源。包含大量未充分燃烧可燃物的黑烟无法及时排出室外，体积受到限制，蓄集在顶棚下方，并向地板方向堆积。当中性面下降至离地面高 1.5m 时，是轰燃即将发生的征兆。

4.2 温度迅速提高

在氧气足够支持燃烧的情况下，火场温度持续升高，即使消防员穿戴完整的个人防护装备，也能感受到令人难以忍受的高温，严重影响消防员的思考与行动。这种高温会迫使消防员蹲下，双手并膝盖。要注意商场、仓库等顶棚较高建筑（约 6m 高）能见度高的迷惑性。烟气和热量上升至顶棚下时，这些建筑内的能见度依然很好，下部区域热感不强。但顶棚下聚集的热量可能引发轰燃，高热迅速传播，远超消防员的逃生速度[5]。

4.3 顶棚出现滚燃

室内火灾发展过程中，加热的火灾气体（热解产物）上升到顶棚，热解且未燃烧的气体可燃物积聚在顶棚下达到或超过燃烧下限，烟气层发生翻滚状燃烧，像火焰在顶棚处“滚动”。顶棚火焰传播时，上部热烟气层温度超过 600℃，烟气层的辐射热在热传递中占主导地位[2]。1998 年 11 月 3 日北卡罗来纳州汽车回收仓库火灾扑救中，两名消防员殉职。调查报告对轰燃发生前的情形有这样的描述：厚重的黑烟在吊顶下聚集，小火苗缓慢淌过顶棚上的天窗[14]。

4.4 表面析出白烟

在顶棚火焰的辐射作用下，未过火区域的可燃物表面析出白色烟气。当温度达到或超过这种可燃烟气的燃点，燃烧便同时发生。这种白烟在未施水的实验中清晰可见，容易与现实火场中因灭火射水产生的水蒸汽混淆，应加强辨识训练。2002 年 7 月 30 日，佛罗里达州真火训练中发生轰燃，两名消防员死亡，轰燃发生前，着火房间地面散发出白烟或蒸汽。

4.5 出现异常声响

轰燃发生前，火场可能出现吊顶内“噼啪”的烧火声、高压气流急速通过门窗缝隙时发出的啸叫声等异常声响。2009 年 4 月 12 日，两名消防员在扑救德克萨斯州一栋单层牧场风格住宅火灾时殉职，消防员拆除局部天花板后火场温度迅速上升，被迫倒地的消防员听到“呼啸或咆哮的声音[15]。”

5 轰燃的应对

5.1 防止轰燃发生

针对温度驱动的轰燃，最关键的预防措施是实施正确的通风战术和冷却顶棚热烟气。一是正确通风。国际消防培训协会发布的《灭火要领》指出，正确通风是通风口靠近火源且通风不使火蔓延到其他区域的通风，通风口离火源位置较远且可能会加剧火势蔓延的通风是错误通风[16]。防止出现通风诱导型、烟囱效应型轰燃，重点是阻止氧气进入原本缺氧的火场内，及时阻断烟火的流动路径。二是冷却烟气。针对热量积聚型轰燃，在实施门控的前提下，通过快速冷却顶棚下方烟气温度可防止轰燃发生。为预防走廊轰燃，采用室外过渡性攻击战术时，应避免水枪射流将过多的空气带入火场，出现空气夹带型轰燃。

5.2 轰燃火场逃生

房间发生轰燃后，距出口 1.5 米是安全逃生的临界点[5]。预判轰燃即将发生时，应确保不超过这个临界点。消防员殉职调查报告中的经验和教训，提供了开展逃生训练的新思路。2008 年 3 月 7 日北卡罗来纳州木制品工厂地下室火灾轰燃，两名消防员殉职，中队长躺在漏水的水带上降温得以逃生[8]。经测试，水带被烧毁泄漏的平均温度是 248℃[17]。当前要加强零能见度、佩戴灭火手套条件下，通过开展触摸水带接头的训练，确定通往入口的方向。另外，消防员逃生时关闭身后门以阻断烟火流路，可大大提高生还率。2018 年 9 月 3 日乔治亚州一民房火灾扑救中，轰燃发生时一名消防员躲到浴室后关门得以逃生；2000 年 3 月 3 日密歇根州公寓楼火灾扑救中，遇轰燃两名消防员撤至未着火的浴室，但未关浴室门，一死一重伤。

5.3 避免真火训练伤亡

利用真火训练设施开展适应性训练，可使消防员在近乎真实火场的环境中提高实战能力，为各地消防救援队伍所推崇。设施建设前和使用中要明确，真正的轰燃场景无法复制，受燃料限制的“火场”可能给消防员带来虚假的安全感。同时，还应深刻吸取以往真火训练造成消防员伤亡的教训。2002 年 7 月 30 日，佛罗里达州两名消防员在真火训练中遇轰燃死亡。包括聚氨酯泡沫双人床垫和填料、地毯、木质模塑、木托盘、干草等在内的燃料用量失控，烟火路径封堵了唯一出口，通风与灭火不协调，导致两名正在室内进行模拟搜索救援的消防员遇轰燃丧生[18]。2003 年 10 月 17 日，缅因州消防局利用移动轰燃训练模拟器开展真火训练过程中，未遵循制造商推荐的通风程序，导致一氧化碳和其他燃烧产物积累，遇火后发生爆炸，五名消防员受伤[19]。

5.4 实施有效的紧急救援

要完善火灾与应急救援力量等级调度制度，遇商业建筑火灾或初到场指挥员报告火势蔓延的情况下，第一时间调派专门的紧急救援小组到场待命。到场后，紧急救援小组两人以上共同完成火场环绕侦察，针对每个可能的逃生口制定救援方案，持续做好无线电台监听，准备相应的器材装备和独立的水带线路，随时准备控制通风口。各级应制定并实施紧急救援小组火场生存训练计划，加强小组团队意识培养，对小组实施专门的考核办法。以此带动指挥员、安全员两支队伍专业化发展，为消防救援队伍专业能力提高注入新动能。

随着高分子材料越来越广泛的应用，现代火灾发生轰燃的时间，从以往传统火灾的二十分钟左右缩短到现在的四至五分钟，消防员灭火救援遇通风受限火灾成为常态。作为火灾发展过程中的一个事件，不当通风或风驱火使消防员遭遇轰燃的概率呈现出“非特殊”的普遍性趋势。加强对火灾动力学理论和通风战术的研究，客观公开地开展消防员伤亡原因调查，必将成为队伍避免消防员伤亡的有力抓手。

参考文献

[1] 约翰 D·德汉，柯克火灾调查（原著第五版）[M]. 陈爱平，徐晓楠，主译. 北京：化学工业出版社安全科学与工程出版中心，2006.

[2] 应急管理部消防救援局，火灾调查与处理·高级篇[M]. 北京：新华出版社，2021：15-18.

[3] NationalInstitute for Occupational Safety and Health. Structure Fire Claims the Lives of Three Career Fire Fighters and Three Children-Iowa [EB/OL]. (2001-04-11). https://www.cdc.gov/niosh/fire/reports/face200004.html.

[4] Fire Safety Research Institute. Exploratory Analysis of the Impact of Ventilation on Strip Mall Fires [EB/OL]. (2020-04-17). https://d1gi3fvbl0xj2a.cloudfront.net/public/2021-07/Coord_Tactics_Strip_Malls.pdf.

[5] 詹姆斯·安格，迈克尔·加拉等，灭火策略与战术（原著第三版）[M]. 吴立志，辛晶，等译. 北京：化学工业出版社，2020.

[6] NationalInstitute for Occupational Safety and Health. One Career Fire Fighter/Paramedic Dies and a Part-time Fire Fighter/Paramedic is Injured When Caught in a Residential Structure Flashover-Illinois. (2010-11-17). https://www.cdc.gov/niosh/fire/reports/face201010.html.

[7] Underwrites Laboratories. Exploratory Analysis of the Impact of Ventilation on Strip Mall Fires [EB/OL]. (2020-04-17). https://d1gi3fvbl0xj2a.cloudfront.net/public/2021-07/DHS_2008_Grant_Report_Final.pdf.

[8] NationalInstitute for Occupational Safety and Health. Two Career Fire Fighters Die and Captain is Burned When Trapped during Fire Suppression Operations at a Millwork Facility-North Carolina. (2009-08-17). https://www.cdc.gov/niosh/fire/reports/face200807.html.

[9] NationalInstitute for Occupational Safety and Health. Two Career Fire Fighters Die in a Rapid Fire Progression While Searching for Tenants-Ohio. [EB/OL]. (2015-04-14). https://www.cdc.gov/niosh/fire/reports/face201402.html.

[10] NationalInstitute for Occupational Safety and Health. A Career Captain and an Engineer Die While Conducting a Primary Search at a Residential Structure Fire-California. (2009-03-30). https://www.cdc.gov/niosh/fire/reports/face200728.html.

[11] National Institute of Standards and Technology. Fire Fighting Tactics Under Wind Driven Conditions: Laboratory Experiments [EB/OL]. (2009-04-12). https://tsapps.nist.gov/publication/get_pdf.cfm? pub_id=901104.

[12] NationalInstitute for Occupational Safety and Health. Nine Career Fire Fighters Die in Rapid Fire Progression at Commercial Furniture Showroom-South Carolina. (2009-02-11). https://www.cdc.gov/niosh/fire/reports/face200718.html.

[13] NationalInstitute for Occupational Safety and Health. Career Fire Fighter Dies and Three Are Injured In a Residential Garage Fire-Utah. (2000-07-28). https://www.cdc.gov/niosh/fire/reports/face200023.html.

[14] NationalInstitute for Occupational Safety and Health. Two Volunteer Fire Fighters Were Killed and One Fire Fighter and One Civilian Were Injured During an Interior Fire Attack in an Auto Salvage Storage Building-North Carolina. (1999-05-18). https://www.cdc.gov/niosh/fire/reports/face9832.html.

[15] National Institute of Standards and Technology. Simulation of the Dynamics of a Wind-Driven Fire in a Ranch-Style House-Texas [EB/OL]. (2017-01-06). http://www.nist.gov/customcf/get_pdf.cfm? pub_id=909779.

[16] National Institute of Standards and Technology. Full-Scale Evaluation of Positive Pressure Ventilation In a Fire Fighter Training Building [EB/OL]. (2021-06-03). https://doi.org/10.6028/NIST.IR.7065.

[17] Underwrites Laboratories. Four Firefighters Burned in Residential House Fire-Georgia [EB/OL]. (2018-09-03). https://fsri.org/research-update/report-four-firefighters-burned-residential-structure-fire-lagrange-georgia.

[18] NationalInstitute for Occupational Safety and Health. Career Lieutenant and Fire Fighter Die in a Flashover During a Live-Fire Training Evolution-Florida [EB/OL]. (2003-06-16). https://www.cdc.gov/niosh/fire/reports/face200234.html.

[19] NationalInstitute for Occupational Safety and Health. Live-Fire Exercise in Mobile Flashover Training Simulator Injures Five Career Fire Fighters-Maine [EB/OL]. (2004-12-13). https://www.cdc.gov/niosh/fire/reports/face200341.html.

初战指挥员灭火救援行动的组织与指挥

白晓鲁

（河北省承德市消防救援支队，河北　承德）

摘　要　每起灭火救援事故都有其独特性，要考虑事故的类型、位置，伤者的人数和情况，以及外部危险等变量因素所带来的影响。消防救援站指挥员初战到场组织与指挥的灭火救援行动占到灭火救援整体行动的大多数，所以，我们可以这样认为，大部分灭火救援行动都是由消防救援站指挥员单独完成指挥处置的，消防救援站指挥员的指挥能力影响着灭火救援的全过程，影响着重特大灭火救援的前期阶段。灭火救援应始终以伤者为中心，这是初战指挥员灭火救援行动组织与指挥需要清醒认识到的理念。因此提升站级指挥员的初战指挥能力、组织协调能力和现场安全管控能力显得尤为重要。

关键词　消防　初战指挥员　灭火救援行动　组织与指挥

1　引言

所有的事故现场本质上是一个危险的环境，指挥员应当始终确保将自己、队友、受困人员和现场围观群众的安全放在第一位，同时要考虑到情景和经历对救援人员的心理伤害。指挥员负责现场所有的行动，其首要任务是保证现场的安全。指挥员负责识别危险，制定并传达任务的优先顺序，监督灭火救援过程中的所有工作，而且只有在出现关键安全问题时才主动参与救援。指挥员不必事无巨细地指导工作，班组应当能够在未被告知具体细节的情况下执行并按标准完成指挥员的命令。

2　指挥员灭火救援组织指挥的基本要求

2.1　行动迅速

指挥员要快速准确获取现场信息，查明现场情况，并进而做出判断。包括根据指挥中心接警基础信息，所调派车辆的类型数量，出动人员的数量；途中确认事故的地点，必要的情况可以添加微信，让报警人发送定位和现场视频，查看灾害事故现场的四周毗邻建筑情况、天气情况，有无敏感或危险源；同时根据途中再次确认后的信息，对目前调派力量实力进行评估，必要的可以请示调派增援力量和部门社会联动力量（如面积较大的县郊，有乡镇森林扑火队力量的，可以联动提前到场进行人员的疏散和前期的基础处置）；到场后侦察再次确认是否有其他联动资源需求。

指挥员要明确一点，信息收集不是增加额外任务，而是可能会改变严重影响结果的基本操作原则。要拿捏好风险与灭火救援的度，这是我们指挥专业性的基本体现。要十分清晰的掌握灭火现场、危化品现场救援现场等不同事故类型、地点潜在的危险和风险（如高速上的救援、存在工艺坑井的厂房、危化品以及不常处置类型的警情），敏感警情要按照最危险、最复杂，第一时间调集足够的装备、人员、车辆到场处置。

能否快速准确抓住现场主要方面，对灭火救援现场进行安全风险评估，进而合理使用到场的消防力量，这是科学制定灭火救援方案的根本。初战指挥员要努力做到小火能够快速控制，大火能够选准堵截控制的主要途径。有效实施疏散和救人，为增援队伍到来创造有利的灭火作战形势，并能够简明、准确的向上级指挥员报告现场情况，提出下步作战想法和意见。

2.2　判断正确

正确的作战决策，是指挥员需要解决的首要问题。指挥员应在全面掌握火场、救援现场情况、作战力量的基础上具有创造力、预测力和判断力。

创造力是创造工具和救援通道的能力，灭火救援现场复杂多样，环境、位置各异，有时候可能随车携带的器材因为空间和需求无法使用，这就需要我们创造性的改造或制作小工具；有时候救援人员无法进入或使用工具，这就需要我们拓展思维，创造空间，使用不同的救援方法打开救援通道。

预测力是指指挥员对现场作战形势的把控，比如水带铺设位置和方法不会对后续车辆进出造成影响，如何控制火势对四周毗邻的影响和蔓延，救援人员目前所处的战位随着时间的推移可能受到火场潜在的危险，现场是否有易燃易爆、断电、达到耐火极限等潜在风险等。不同的现场情况需要不同的装备、不同的措施来实施处置。火场指挥员能对火势发展变化的程度和趋势，以及对所要采取的对策，将会产生什么样的效用，具有预见性。预测力是业务理论水平、作战实践经验、综合素质和作战指挥能力的一种体现。就是说，指挥员在火场上经过侦察就能知道火场发生了什么，就能针对火势发展的规律，根据现场情况作出相应决策。

判断力是指指挥员对灭火救援现场作战经验的反应，如半夜的火警应该想到是否会有人员被困以及被发现起火的时间，根据灭火救援情况所需要的车辆和人员、行车的时间阶段和路况或高速的方向路口、长时间救援被困人员的补给和救援人员的轮换等。进入烟火区域搜救人员，特别是遭遇过烟雾、高温，但火势已弱的环境，不要认为已经没有火了，就不出水枪进入室内救人，而一定要深入救人的同时，出喷雾水枪驱烟降温（降低轰燃、回燃、开门的风险）。因为被困人员受烟雾熏烤多时，有的几近窒息、有的呼吸器官受伤，已经一息尚存、处于生死边缘。当水雾喷向被救者时，能改变被救者的生存环境，以增加活命的概率[1]。

消防救援站指挥员到达火灾现场，实施灭火组织指挥行动，一定要时刻提醒自己，我现在做的事儿是否是徒劳的，要在诸多情况中，分清哪些是最主要的，哪些是应该成为我们分析全局的一部分，哪些是我们做出决定的依据？倘若没有恰当准确的灾情判断，灭火作战行动就可能成为盲目的行动，这个后果是严重的。因此要有责任的对火灾现场做出判断，这个判断是火灾现场的各种情况，不论是积极的还是消极的因素，都要做出迅速和连续的思考判断。有的指挥员可能刚毕业或灭火救援经验不足，一定要认真听取随警出动经验丰富消防员、专职队员骨干的意见或虚心求教，及时判断、调整现场作战力量和战术意图，成为合格的指挥员需要很长的一段路要走。

2.3 方案可行

在即将进行的任何一项灭火、救人、疏散物资等任务时，需要考虑在某一段时间内能否达到目的。这就要求整个作战行动，协调统一、行动迅速。包括接警出动提前做出的预判情况；现场侦察情况，是否充分使用现有的器材装备，如热成像、有毒可燃气体检测仪、生命探测仪等，提前对理化性质检索掌握；制定作战方案，不要忽视固定灭火设施的使用；实施战斗展开，按照作战编成或途中任务下达，由各个作战小组负责完成各自的职能。

要明确责任人、明确任务、明确作战目标，指挥前方水枪阵地的作用和效果，但不要盲目展开、不要盲目内攻；疏散救人的方法、措施以及方向、方式、阵地设置的位置；进攻与撤离的路线；后方供水情况，确保持续不间断、不浪费，还要避免造成二次灾害或扩大损失。

因此我们初战指挥员要加强对各类灾害事故处置的研究，学习类型战例；总结扑救典型战例的经验，及时对器材装备进行配备、创新改造或随车位置进行调整；要学习处置各类灾害事故的方法，提高自身组织指挥能力；要日常开展协同训练，解决训战不一、为了考核而练兵的误区；要开展重点岗位的培训复训，如驾驶员、安全员、班长、装备技师、紧急救助小组等，培训的内容和目的就是加强岗位沟通和业务能力，互相学习取长补短，提升传帮带的效率。

3 指挥员灭火救援组织指挥的主要做法

3.1 科学研判火场情况

提前谋划、制定初期处置对策，提示注意事项。对起火时间、结构耐火极限、起火点、起火物质、火势大小、有无人员伤亡被困及数量、有无爆炸及垮塌危险等进行核实。

如果有条件，稍大警情初战指挥要科学配置 1+X 名指挥员，既能保证前方作战，又能保障后方以及组织协调、指挥。一线作业应当组成精干作业组，一般 3 人以上，这就要求指挥员了解掌握每一名消防救援人员的身体素质、技能特长和业务能力。

现场环境突变，直接威胁参战人员的生命安全时，现场指挥员应当果断迅速组织参战人员撤离到安全地带并立即清点人数。

3.2 正确制定作战方案

3.2.1 基本情况

发生火灾的时间，发生灾害的地点（建筑物类型、堆垛等）；火灾对象的性质；被困人员情况；受威胁的物质；涉及的建筑物（周边毗邻）情况；火灾的大小和位置；天气情况等。

3.2.2 危险性

被困人员生命危险情况；火灾规模灾情扩大的可能性；火势蔓延方向的判断；爆炸坍塌；天气变化；可以预防的损失。

3.2.3 己方情况

包括自己的力量和受你控制的力量，已经到场的人员、车辆、装备等作战能力情况；可以得到的增援力量、周边水源情况、受灾单位的消防力量及固定消防设施情况、受灾单位已经采取的行动。

要明晰我有什么？火灾现场是个什么样子？火势蔓延到什么地方或正在向什么方向蔓延？火势蔓延途中有什么物体或人（危险性）……

尽其所能收集各种情况并进行综合判断，作出的决定才可能是正确的，我们还要清醒的知道，涉及到安全问题，一定要亲自确定；涉及到重要问题以及交接，一定要留存音视频、签字文字资料。

4 指挥员灭火救援指挥行动的思维逻辑

4.1 战术方法

就是实现战略目标和战术措施的做法。“先控制、再消灭”的战术目标局部执行正确的战略目的，并相互协调。火场指挥员负责决定火场战斗行动的模式，采取堵截、突破、夹攻、合击、分割、围歼、排烟、破拆、封堵、监护等。单独或综合运用这些战术方法的依据是对火场状况即形势的分析和对有无应付局势的足够力量的判断，在没有做出分析判断之前，指挥员不能盲目进行力量部署下达作战命令。当然，指挥员对现场局势的分析判断是连续的，指挥员就是在不断分析判断局势的过程中，根据需要调整战术措施和方法及力量部署，实现合理、科学、高效扑救火灾的目的。

4.2 快速收集信息、迅速判断作答

迅速查明火场基本情况，分析判断火场形势，确定火场主要方面，现场有利、不利因素，综合判断战术方法和措施，灭火喷射器具的选择，指挥位置及任务分工，对现场如何进行安全管控。

4.3 先侦查、后展开

站级指挥员到达火场后，现场内、外情况不清楚，火势的各种迹象不明显，火场的主要方面无法确定，指挥员要首先侦察火场情况，抓住火场主要方面，才能下达战斗展开命令。

4.4 边展开、边侦察

站级指挥员到达火场后，虽然对火灾现场内外部情况不十分清楚，但是有人员被困、已知大体方位或能明显看到、或能判断火势蔓延主要方向。可以边仔细了解侦察火场情况，边下达战斗展开命令，实施突破救人或堵控火势，要明确现场环境现有条件，救人与灭火是否能同步进行，还是先救人先控制再灭火？以及建构筑物安全性如何？待情况了解清楚后，适情调整力量部署。

消防队伍到达火场时，起火建筑燃烧层以上的开口部位往往是浓烟翻滚、喷涌而出。如果消防指挥员命令强力水炮、水枪向冒烟的开口部位喷水，那么大量高温浓烟就无法排泄出去而向楼内倒灌，这种情形非常可怕，后果是导致被困人员雪上加霜，搜救人员寸步难行。

如果窗户没有开启、玻璃没有破碎而烟气难以排放时，应架设消防梯、或使用举高车破拆或开启上层窗户，甚至用水枪射水破碎玻璃（切记下风方向或提前排除轰燃、回燃的可能性），促进上层窗户排烟。

遇有冒烟的窗口、阳台有人员呼救时，应设置水枪向有人待救的部位射水保护，减轻高温烟气对待救人员的侵袭。一旦待救人员被成功获救或转移，要立即停止射水，恢复畅通的排烟状态[2]。

4.5 边行进、边下令展开

站级指挥员平时六熟悉到位，对着火对象情况十分清楚。在向火场开进途中根据火灾对象的性质、周边环境、道路水源、灭火计划等情况，可在行进过程中通过对讲机下达到场战斗展开命令，但必须要明确注意事项，或需要警示的问题。灭火救援现场一定要发挥呼救器、对讲机的作用，做

好警戒（可以限制围观群众、减少现场作业干扰、保障自身和群众的安全）。

5 小结

作为一名合格的指挥员，应该思考救援现场多人被困，力量有限应该如何组织指挥？灭火救援现场面临群众的压力和不明危险情况，应该如何组织指挥？火势不断扩大，灭火剂有限，如何组织指挥……作为一名优秀的指挥员，要潜心研究种类火灾特点、规律和应对处置的有效措施，遵循灭火组织指挥的基本要求、主要方法和作战原则，运用逻辑思维能力，强化战略谋划、战术运用和战术方法的落实，紧紧抓住灭火救援组织指挥中事关重要问题、事关影响全局、事关作战成败的关键环节，精确指挥、安全施救，不断提高作战指挥的质量和效能。

参考文献

[1] 伍和员．消防指挥员灭火指挥要诀［M］．上海：上海交通大学出版社，2012：1-14.

[2] 李建华．灭火战术［M］．北京：中国人民公安大学出版社，2014：107-121.

基于地震应急救援的特勤队伍体系建设探索

耿保卫[1]　李　洋[2]

（1. 天津市消防救援总队北辰区消防救援支队，天津；
2. 天津消防救援总队北辰区消防救援支队丹江消防救援站，天津）

摘　要　本文从地震救援实际出发，结合当前消防救援队伍的职能定位、任务需求，从国内地震救援发展现状和趋势，制约地震救援队伍发展的因素，地震应急救援队伍的建设思路，以及队伍发展方向四个方面分析了如何将地震救援与消防特勤队伍相结合，加快消防救援队伍转型升级，提升基层队伍地震救援水平。

关键词　地震救援　特勤队伍　发展现状　建设思路

1 引言

我国是世界上自然灾害种类最多、灾害发生频率最高且灾害破坏最严重的国家之一。随着经济社会快速发展，城镇化进程加速，各种致灾因素增多，具有现代特点的城市灾害、危险化学品泄漏、火灾、爆炸、空难、水上及陆上交通事故、建筑物倒塌及公共卫生事件等不断发生，对人类的生产生活和生命安全影响也越来越大。消防救援队伍改革转隶后，消防救援队伍作为应急救援的“国家队、主力军”，要全面承担和参与各类灾害和事故的应对处置，其职能逐步由之前的应对单一灾种向应对多灾种转变，由应对“本地救援”向“异地救援”转变，由“灾后救援”向“灾情布防”转变，在灾害事故处置中的作用更加凸显，承担的任务也更加繁重，各级领导、各界人士的期盼和要求也越来越高。消防救援队伍除完成火灾扑救和日常一般抢险救援外，还需要承担棘手复杂、多样的特种灾害事故救援，地震救援就是其中一项使命艰巨的任务。地震救援的专业性和技术性很强，构建专业的救援力量是提高救援效率和伤者生还几率的重要保证。而特勤消防队伍是一支人员精干、装备精良、具有快速反应能力和较高战术技术素质，能够有效处置特种灾害事故以及在扑救特殊火灾中发挥重要作用的有战斗力“尖刀”队伍[1]，战斗力凌驾于一般消防救援队伍之上。笔者结合中国国情和消防救援队伍现状，根据地震救援实际需要，积极吸纳借鉴国内外先进理念和有益做法，探索如何将“地震救援”与“特勤消防队伍”相结合，打造出一支“功能完备、反应迅速、专业高效”的专门开展地震灾害、建筑倒塌事故等特种灾害救援的地震救援特勤队伍。

2 国内外地震应急救援能力发展现状与趋势

2.1 国外地震应急救援能力现状

联合国国际搜救咨询小组（INSARAG）发布的《国际搜救指南和方法》为地震救援队的救援能力、类型和装备提供了最低限度的依据。这是联合国规定的国际地震救队的最低技术能力要求。在国际救援领域，将重、中、轻救援队按照队伍管理、搜索、救援、医疗和后勤保障能力进行分类[2]。

对于装备的分类目前没有国际统一的标准，大多数国家的地震救援队伍在装备分类上存在不用之处，主要源自于各个国家自身灾害和队伍发展的特点。如新加坡救援队对一些专业性较强的救援技术装备进行单独的分类，如绳索救援、危险化学品处置，所有用来完成绳索救援、危险化学品处置的装备都被单独分类，集中管理。美国各级救援队（FEMA）都有统一的救援装备分类制度，包括大规模杀伤性武器检查测量、计划和准备设备、水处理设备、医疗设备、搜救装备、后勤设备、通信设备和技术设备等八大类[3]。上述2个国家的地震救援队伍基本都是由各自的消防队伍和民间组织构成，在物资、装备等运输领域，均采用航空和车载的投送方式，近距离采用车载运输，远距离采用航空运输，能够保证在灾情发生的第一时间将人力、物力投送到灾区。

2.2 国内地震应急救援能力现状与趋势

在六十年代初，河北邢台相继发生了6.8级和7.2级强地震，造成严重的伤亡损失，周恩来总理亲自主持救援工作，提出了“自力更生，奋发图强，发展生产，重建家园”的抗震救灾十六字方针[4]。尽管当时能力有限，救援难免失误，但邢台地震对于我国地震应急救援的发展历程具有里程碑意义：一是建立了以预防为主的救灾体制；二是确定了以行政区域为主的组织指挥格局；三是充分发挥了军队、民兵和群众的自救互救作用。在1976年的唐山大地震中，党中央、国务院第一时间召开唐山地震紧急会议，会议决定：一是成立各级指挥部；二是组织以解放军为主体的救援队伍；三是按专业性质对口救援；四是建立现场与后方相结合的救援体制。从唐山地震救援的部署来看，使用的仍然是人海战术。但由于邢台地震救援的经验，一些军队储备了一定数量的民用救援装备（主要是铲子、锤子、钢材、镐等）。需要说明的是，当时的建筑主要以砖木、砖混结构的平房为主，对救援设备的性能要求不高。唐山大地震救援的经验让我们深刻体会到，未雨绸缪在有序调动救援物资和救援队伍方面起着非常重要的作用，唐山大地震灾害处置促进了我国应急预案概念的形成和发展。2008年汶川地震是此次地震救援难度最大、范围最广、救援人员最成功、灾民流离失所最多、救援资源投入最多的一次地震。这也是中国第一次采用现代救援理念和救援技术，为我们抗击地震灾害积累了宝贵经验。

我国地震应急救援事业在2008年汶川大地震以后得到蓬勃发展，主要集中于救援力量的进一步扩大，训练设施得到较好的完善，国家层面建成了“1+8”专业应急救援培训结构体系，法律法规及标准建设得到加强。综上所述，“政府领导、分级管理、分级负责、属地为主、条块结合、军地结合、部门协调、部门联动、社会参与、科学应对”地震灾害事件的应急管理工作格局逐步形成和完善[4]。

3 制约地震应急救援特勤队伍专业化发展的因素

3.1 人员素质尚不适应地震应急救援需要

在国外，对消防救援人员要求很高，比如韩国、日本，消防员必须是大学理工科专科以上学历，而我国当前的消防救援队伍，招录对象主要为退役士兵、社会青年，很多为高中、中专、非全日制大专学历，以此学历水平难以在短时间内掌握系统、体系化的理论知识与专业技能，对先进器材装备的操作、维护和保养技术跟不上，针对性、技术性训练也欠缺，更难以谈上“守正创新”。再加上很多经验丰富的老队长、老班长，由于各方面因素的影响未留在基层队伍，导致许多好的经验、做法、管理没有传承下来。基层消防队伍在地震应急救援方面还处于“低循环”的层次，除了部分经过系统培训的人员掌握一些理论知识和技术外，多数人掌握的较少。

3.2 训练手段滞后于科学技术发展

很多基层消防站，包括消防特勤队伍，还依托于现配发的装备、器材开展与实际相差较大的科目训练，比如利用混凝土板、水泥柱等单一物体，练习破拆、顶撑等科目。以我总队训练设施现状来说，目前还缺少系统化、标准化的基地式地震救援训练设施，难以系统地进行评估、考核。还缺乏利用人工智能、仿真设施等科学技术手段进行实战模拟化训练，许多训练科目难以高度还原灾害现场，训练效果与实战应用存在一定的差距；同时，对于新战术、新技术的研究性、示范性作业也受条件限制难以完美呈现，实战训练也难以经常展开。

3.3 “多专多能”影响专精队伍建设

受队伍规模、人才培养、装备等因素影响，特勤专业救援队大多依赖于各支队、大队和所属特勤消防救援站，一些特勤单位通常需要承担多个专业救援队的日常建设任务。消防特勤队伍除了承担特殊的灾害处置任务外，还需要承担大量区域内的日常消防救援任务。由于执勤人员数量和精力相对有限，人员长期处于高强度、高负荷状态，队伍“多专业”而非“多能力”，实际培训效果无法得到有效保证。

4 地震应急救援特勤队伍体系建设思路

4.1 岗位设置

INSARAG指南要求地震应急救援队伍应由管理、搜索、营救、医疗和后勤5个模块构成[5]。考虑到消防救援队伍实际情况以及地震应急救援需求，一个能够独立作战的队伍应包含以上5个模块，但可减少每个模块的人员数量以及类别，仅保留必需的岗位。以45人编的队伍来说，管理模块只包含队长、分队长、结构专家、通信官四个岗位，结构专家兼任安全员；搜索模块划分2个搜索组，每组5人，1名组长，1名副组长，3名组员；营救模块通划分2个营救组，每组6人，1名组长，1名副组长，4名组员；医疗模块3人（必须受过医疗培训）；后勤模块10人，划分为装备运输组和饮食保障组，装备运输组6人，饮食保障组4人，留有几名机动人员。

4.2 队伍规模

建立地震应急救援特勤队伍最关键的步骤之一是确定队伍所需的人员数量。一般情况下，要满足所确定的指挥管理岗位的人员要求，确定各救援模块的人员数量，满足高效、安全执行技术任务所需的最低人员要求[6]。考虑到消防救援队伍实际情况以及地震应急救援需求，建议地震应急救援特勤队人员编制35~45人，重型地震救援队伍依托支队、大队辖区其他消防站力量，人员编制50~65人。根据不同的灾情状况，划分相应的响应等级，确定出动规模。

考虑到实际需求，车辆方面应至少配备1辆指挥车、1辆抢险救援车、1辆地震模块车、1辆器材运输车，2辆运兵车，1辆饮食保障车、1辆宿营车，以确保人员运输、装备运输、战勤保障工作有条不紊展开。

根据救援的环境和性质，地震救援装备需要满足轻便、便于携带，易于操作和维护，具有可靠的安全性，良好的兼容性和适用性等几个特点。装备配备包含但不满足于管理、搜索、营救、医疗和后勤5个模块，应涵盖指挥、通信、探测、警戒、破拆、救生、医疗器械、医疗药品、个人防护和物资、照明、保障等11类。

4.3 训练内容

古诗云：“纸上得来终觉浅，绝知此事要躬行”，从课堂、书本上学到的知识还不够完善，想要更深入的理解、掌握，就必须要实践。结合地震救援实际需求以及相关规范、指南，笔者罗列了以下几个训练科目，尚未完善，仍需继续探索、研究。

单人科目：热成像仪搜索操、巷道救生操、危机救生操、单人绳索救援操、激光位移检测仪安全监控操、现场警戒操、安全员预警信号操。

班组科目：一字搜索操、环形搜索操、雷达生命探测仪搜索操、音视频生命探测仪搜索操、单“T”型支撑操、双“T”型支撑操、“口”型门窗支撑操、障碍物气垫顶撑操、障碍物杠杆移除操、障碍物液压扩张器移除操、横向破拆操、向下安全破拆操、向下快速破拆操、向上破拆操、狭小空间破拆操、“V”型绳索转运操、“T”型绳索转运操。

4.4 交流培训

进一步细化地震救援技术培训内容，如环境侦检、人员搜索、结构评估、顶撑支护、狭小空间救援、绳索救援、医疗救护等技能，并进行资质认证，持证上岗。在具体实施过程中，可以借鉴国外救援队的培训模式，采取外部引进与内部培训相结合的方式，聘请国内外专业机构和专家指导培训，增加选派人员到国外或国家层面成立的基地培训的比例，拓宽队员视野，学习国内外前沿理论和先进经验，并注重培训交流成果的转化应用。

4.5 考核测评

联合国国际搜救队能力分类（IEC）是救援队整体能力

的综合反映，是救援队开展跨境国际人道主义救援行动的重要参考和依据。通过评估后，资格有效期为5年，到期后应重新测试（IER）。目前，全球有34支救援队通过了联合国国际重型救援队考核，19支救援队通过了联合国国际中型救援队考核[2]。因此，地震应急救援特种服务考核标准可参照INSARAG分级评价/再评价（IEC/IER）和国家认证计划（IRNAP）等，建立合理的分级评价体系，组织专业评价认证，进一步规范地震特种服务队伍建设，提高地震救援能力水平。

5 地震应急救援特勤队伍发展方向

5.1 加强装备模块化建设，提高快速远程投送能力

应将救援设备按照功能、类型、数量、重量、尺寸的不同加以区分，统一装入专用车辆改装箱内，装备的存放要符合人体工程学和力学原理。并按功能、型号、重量、配套进行包装，将颜色、分类、编码、危险品的标签粘贴在箱体外，便于快速分拣、准确识别、有序使用；同时车辆加装自牵引设备、吊装灯、发电机、卫星通信系统等设备，为增加专业救援车辆功能性，车辆以及箱体的长宽高应参照大型运输机的装载要求，具备一定的越野能力，以及满足海运的投送标准，还要符合航空运输要求。

5.2 加快卫星通信能力建设，提升偏远距离通讯保障能力

消防救援队伍的通信设备大多依靠公共通信网来实现队伍的通信指挥。地震等重大灾害发生时，会对灾区基础设施造成严重破坏，大部分甚至全部道路、交通和通讯设施将被破坏和中断。在公共通信网中断的情况下，救灾现场、行动基地和后方指挥部之间必须在不依赖公共通信网的情况下使用不同的通信手段。配备近距离无线通信、移动通信、卫星终端、手持卫星终端和短波无线电台，是保证在偏远地区地震救援队保持内外通信、指挥和信息获取的重要手段。

5.3 依托科学技术手段，提高搜索定位能力

在进行地震救援时，救援人员需要各种恶劣的环境中进行搜索被困人员，现如今主要依托人力、犬、生命探测仪寻找幸存者。随着科学技术手段的发展，可以利用遥感技术通过使用相应的设备，获得救援环境信息的特征，生成遥感图像，准确定位受灾区域，明确地震造成的破坏程度；利用探测装置辅助搜索工作，可及时发现救援区域内是否有被困人员，明确被困人员是否存在生命迹象。实际应用表明，该探测装置能在550米范围内探测到有生命迹象的被困人员[7]。

5.4 利用人工智能和大数据，发展机器人救援

当今世界人工智能和大数据盛行，如ChatGPT，人工智能技术驱动的自然语言处理工具，它能够通过学习和理解人类的语言来进行对话，甚至能完成撰写邮件、视频脚本、文案、翻译、代码等任务。与开发人工智能的公司合作，研制适合于地震救援的智能机器人，在存在安全隐患的区域或人不容易到达的区域，使用智能机器人传递信息、投送物资，甚至进行破拆、顶撑、移除、救生的任务。

6 结论

地震灾害救援需要一支高水平的专业救援队伍，是提高救援有效性的重要保证。当前地震救援隶属于应急救援职责范围，而消防特勤队伍是消防救援队伍的“排头兵、尖刀队”，建设专精于地震救援的消防特勤队伍是大势所趋、民心所向。而如何提高特勤队伍地震救援的专业化水平和专业化救援能力，更好地履行地震灾害事故救援职责，最大限度地降低地震灾害造成的人员伤亡和财产损失还需要付出更多的努力去探索、研究。

参考文献

［1］刘建国，魏捍东．特勤队中国消防的尖兵——中国消防特勤队伍的建设及展望［J］．中国消防．2007（4）：12-14.

［2］王学瀚．基于城市搜救任务的消防救援专业队伍能力建设探索［J］．中国应急救援．2022（6）：42-44.

［3］何肇瑜．消防救援队伍水域救援技术［J］．消防科学与技术，2021，40（9）：1401-1404.

［4］贾群林，陈莉．中国地震应急救援事业的发展与展望［J］．城市与减灾．2021（4）：51-53.

［5］陈虹，宁宝坤，李蕊，郭萌．联合国国际城市搜救队（USAR）能力分级测评现状与发展［J］．中国应急救援．2014（05）：4-7.

［6］王建平，李亦纲，张涛，高杨，赵保宗，刘旋．提升综合性消防救援队伍地震专业救援能力的思考与初探［J］．中国应急救援．2022（06）：42-44.

［7］褚鑫杰．关于利用虚拟技术建立“地震救援技术虚拟训练系统”的几点思考［J］．中国应急救援，2018（04）：12-15.

火灾直接财产损失统计在消防救援机构和司法机关认定上的差异研究

刘云龙

（天津市东丽区消防救援支队，天津）

摘 要 火灾直接财产损失统计是消防救援机构开展火灾调查的重要内容之一，也是司法机关定罪量刑和确定赔偿的依据。本文指出火灾直接财产损失统计在消防救援机构和司法机关认定上的三点差异，分析产生差异的重要原因并提出具体工作建议，进而减少这种差异对火灾当事人合法利益的影响，以期达到维护法律法规与火灾调查实践统一的目的。

关键词 火灾调查 直接财产损失 火灾统计 司法鉴定

1 引言

火灾直接财产损失统计是消防救援机构火灾调查人员进行火灾原因认定的重要工作之一。其统计结果既是消防救援机构出具法律文书的内容之一，也作为司法机关认定火灾责任事故的依据。而火灾直接财产损失统计在消防救援机构和司法机关认定上有一定的差异，这种差异往往直接影响当事人的合法权益。笔者通过分析具体差异的表现和产生差异的重要原因，进而提出工作建议。

2 火灾直接财产损失统计在消防救援机构和司法机关认定上的具体差异

火灾当事人会承担涉及民事、行政、刑事方面的法律责任。火灾直接财产损失认定数额的大小是认定行为人犯失火罪（刑事犯罪）还是过失引起火灾行为（行政违法）的重要依据，也是区分失火罪情节轻重的重要标准。此外，损失金额也作为民事赔偿的参考。因此，不同的火灾直接财产损失导致的法律结果完全不同，认定的法律情节也不同。火灾直接财产损失统计在消防救援机构和司法机关认定上有三点差异，消防救援机构关于火灾直接财产损失的统计结果，司法机关在实践中未必采纳[1]。

2.1 认定目的不同导致的差异

消防救援机构对火灾损失的统计是出于国家指导和决策的需要而作出的宏观统计行为，换而言之，火灾直接财产损失统计并不等同于火灾实际损失，而司法机关则需要根据实际损失情况进行详细分析，并根据相关法律法规进行计算，以确定是否达到定罪标准和赔偿金额。尽管消防救援机构是按照法定程序和统一的规范标准对火灾损失进行统计，具有较高的可信度，除有相反证据足以推翻外应当采信。但火灾直接财产损失统计并不当然作为火灾损失的定案根据。在司法实践中，所有的证据都应当经人民法院审核后才可以作为定案的根据。在同时具有鉴定意见、消防救援机构损失统计等证据情况下，需要人民法院依据证据审核规则确定损失的判定根据，比如有的采信鉴定意见、有的对二者进行折中等。

2.2 认定标准不同导致的差异

例如，在消防机构认定灾直接财产损失的方法中，烧损物品的残值是被予以认可的，《火灾损失统计方法 XF185-2014》中规定的重置价值法[2]在火灾调查实践中经常被使用，其中，烧损率就意味着认可物品的残余价值。而在司法实践中，火灾直接财产损失对烧损物品的残值不予认可，例如山东省青岛市中级人民法院作出的《陈某失火二审刑事判决书》(2020) 鲁 02 刑终 651 号，该案中法院认为烧损物品已无法维修使用，即使变卖也只是财产所有人的减损行为，该院认定的火灾直接财产损失总额并没有减去物品的残余价值。

2.3 认定程序不同导致的差异

在实践中，因火灾现场受到高温的作用基本剩余残渣，往往由受损失方单方陈述或者举证受损物品清单，消防救援机构据此确定并统计火灾损失，这是统计的结果无须达到司法机关作为案件证据的严苛程度。司法机关统计火灾直接财产损失时，统计结果因可能作为涉及刑事犯罪的证据，司法机关的态度也更加严苛，不仅需要对非法证据进行去除，还需要在认定时排除一切合理疑问，才能作为刑事中的定罪依据。参考运用火灾直接财产损失统计作为定案根据通常还需要结合其他证据，比如当事人提供的财产损失依据、证明材料的真实性等。

3 火灾直接财产损失统计在消防救援机构和司法机关认定上差异产生的重要原因

火灾直接财产损失统计在消防救援机构和司法机关认定上差异产生的重要原因是火灾直接财产损失涉及的司法鉴定尚未形成针对性的标准化的司法技术规范。标准化的司法技术规范设立的目的是为了在火灾直接财产损失的认定中，司法机关可以使用同一标准，取得相同的认定结果[3]。《火灾损失统计方法》(GA 185—2014) 作为司法鉴定的技术标准依据之一，还有需要完善的地方，比如烧损率的判断取决于鉴定人员的主观判断，又如上述重置价值法对于残值的认定在司法实践中有些法院并不予以采纳。这些问题归结起来，就是火灾直接财产损失在专门的司法鉴定技术规范上处于缺失状态。当前主要采用的技术标准是《火灾损失统计方法》(GA 185—2014)。而这部技术标准是主要是从消防救援机构角度出于火灾损失统计的目的而编制的[4]。

4 针对火灾直接财产损失统计的工作建议

4.1 提高火灾直接财产损失统计方法的科学性

统计方法不同，会导致统计的结果不同，正如上述所述的认定标准不同导致的差异存在，消除这种差异的方法需要进一步提升火灾直接财产损失统计工作，使其更具科学性。一是要建立统一、科学、完善的火灾直接财产损失统计方法，明确火灾直接损失统计的对象和范围、内容和方法，以确保统计数据科学、严谨。二是要严格执行统计标准和程序。消防救援机构和司法机关要严格执行制定的统一的火灾直接财产损失统计的标准和程序，确保数据来源的准确性、精确性和一致性。三是要提高数据的真实性和可靠性。消防救援机构和司法机关都要严格把关，加强火灾直接财产损失统计工作的监督，以保证数据的真实性和可靠性。

4.2 提高火灾直接财产损失统计人员的专业性

在火灾直接财产损失统计中，例如烧损率，市场询价等方面与统计人员的主观意志有很大关联，不同人员认定的结果很可能不一致，此外，不同理论和实践水平的人员做出的认定结果也不尽相同[5]。这就要求要进一步提高火灾直接财产损失统计人员的专业性。一是在理论学习方面，针对火灾直接财产损失统计人员，邀请专家学者为其开展专业培训，同时培训后要开展考核，使其掌握火灾直接财产损失统计的理论知识。二是在实践方面，通过在具体火灾现场中讲解授课，跟班作业等方式，提高相关人员进行火灾直接财产损失统计工作的专业素质和能力。三是在内容方面，无论是理论知识还是实践方面，都需要扩大知识的广度，例如，消防救援机构的人员要学习司法鉴定的知识，而参与司法鉴定的人员也要学习火灾知识，这样才能进一步推动鉴定结果的一致性。

4.3 推动火灾直接财产损失统计结果在消防救援机构和司法机关之间的互认

消防救援机构作为行政机关，其出具的《火灾事故认定书》中对火灾损失的统计本身是具有权威性和专业性，要进一步推动行政机关和司法机关在统计结果上的互认，这样可以节约大量司法资源和不必要的纠纷。一是要加强协作机制。建立消防救援机构和司法机关之间的有效协作机制，建立火灾直接财产损失认定信息共享平台，加强信息沟通和对火灾事故认定书和司法鉴定文书的交流。二是要完善法律法规。要在法律法规中明确火灾直接财产损失结论的法律地位和作用，出台针对火灾直接财产损失鉴定的司法技术规范。在司法实践中，这样的规范可以有效解决涉案损失的范围及数额应当以评估鉴定机构作出的《评估鉴定报告》为准，还是以消防救援机构作出的《火灾事故认定书》中对火灾损失的统计为准的问题。

5 结语

总之，认定目的、标准、程序的不同，会使得火灾直接财产损失统计在消防救援机构和司法机关认定上的差异在一定时期内存在，通过提高火灾直接财产损失统计方法的科学性、提高火灾直接财产损失统计人员的专业性以及推动火灾直接财产损失统计结果互认可以有效维护火灾当事人的合法利益。相信随着消防事业的发展和统计方法的进步，参与火灾直接财产损失统计的人员专业素质的提升以及相关法律法规的规范，火灾直接财产损失统计会朝着科学、规范、完善的道路上不断前进。

参考文献

[1] 惠宏伟．当前火灾损失统计的法律探讨［A］．中国消防协会．2019 中国消防协会科学技术年会论文集［C］．2019：241-243.

[2] 张雨薇．火灾损失统计中的重置价值法和修复价值法［J］．消防科学与技术．2019（6）：900-902.

[3] 霍宪丹．司法鉴定学［M］．北京：北京大学出版社，2014.

[4] 蒋家宁，赖应良．法制经纬［J］．2019（03）：52-54.

[5] 杨斌．现行火灾调查制度及改革研究［J］．今日消防．2023（02）：109-111.

山地城市轨道交通消防救援系统研究*

丁雪琴[1]　马庆禄[1]　李　君[2]

（1. 重庆交通大学交通运输学院，重庆；2. 重庆消防救援总队轨道交通支队，重庆）

摘　要　随着城市轨道交通的快速发展，城市轨道交通系统由于电器设备众多、结构构造特殊，极易发生火灾等事故，消防救援成为保障轨道安全运营的一个关键且必要的环节。分析了轨道救援工作存在的薄弱环节，以解决问题为导向，主要从沿线多元化力量推动建设、专勤多功能配备强化、社会联动救援调度、信息实时通畅传输四个方面提出了对轨道消防救援体系建设的思考。

关键词　城市轨道交通　消防救援　消防应急处置

1 引言

近几年，重庆市成为长江上游地区的经济、金融和科技创新中心，重庆市轨道和地铁建设也步入了快速发展阶段，根据《重庆市城市轨道交通建设“十四五”规划（2021-2025 年）》，截至 2023 年，重庆市轨道交通通车里程已达到 492 公里。重庆作为典型的山地城市，其城市轨道交通体系在提高山地城市交通运输效率方面发挥了举足轻重的作用，然而由于山地城市的轨道交通线路众多、组成结构复杂，并且包含大量电器设备，容易发生火灾事故且灭火救援难度较高，人员不易快速疏散，造成大量伤亡。因此，需要探索适合山地城市轨道交通的消防救援系统，保障城市轨道系统的平稳运行和居民出行安全。

2 重庆轨道交通救援存在的薄弱环节

2.1 轨道救援力量专业性不强

一是消防救援队伍处置经验不足。地下事故现场高温、高湿的环境会对救援人员的身体造成严重负担，而地下救援特有的浓烟、毒气、低照度的环境会对救援人员的心理造成压迫[1]。抢险救援人员缺乏轨道交通消防救援的经验，大多没有建设轨道专业训练基地，对轨道救援事故进行针对性的训练。技战术水平还停留在日常训练和演练上。因此在实际作战中对复杂情况的应对、心理的调节都存在挑战，发生事故后不能完全默契配合，高效有序进行消防救援处理，普通消防站离轨道专业攻坚队还存在较大差距。二是专业救援装备缺乏。当前国内外针对轨道运输、楼梯运送等轨道应急救援专业装备的研发较少。属地消防站应对深埋地下车站及区间事故救援的夜视侦察头盔、单兵定位器、电动排烟机、大功率排烟车、高强度破拆工具等专业装备配备率不高。

2.2 救援设备装配不合理

一是专业研发能力缺乏。目前在我国尚未成立专业的轨道救援车研发团队，不能够根据我国的实际国情研发设计自己的救援车和救援设备，导致许多装备只能从国外引进。当事故发生后无法快速有效的组织救援，耽误最佳救援时间。也无法快速有效的将人员与救援设备运送至事故地点，导致救援效率低下。二是消防车搭载系统设计单一。国外针对轨道救援下不同的事故情况做出特定的救援车样式，以满足救援要求。在应多种救援事故的时候能够提高救援的效率。但是在其设计之初

考虑环境单一，无法满足重庆地区山地轨道交通特性。三是专业装备配置缺乏针对性。目前救援车辆的装备建设并未根据实际情况，进行有针对性的装配，许多便于携带、方便高效救援的高、精、尖装备并没有发挥到实质性的作用，在事故现场实际的救援过程中，装备的利用率不高，发挥的效能也不大。沉重老旧的设备不仅搬运十分困难，在使用的过程中受地形环境影响较大，在实际作业中的使用效果并不理想。

* 基金项目：宁夏交投科技计划项目（NJGF20200301-1）“长大隧道运营风险智能监测与安全防控技术示范”课题科研及技术咨询。

2.3 地下事故现场情况复杂

现如今使用最多的城市轨道交通为高架运行的轻轨系统和地下运行的地铁系统[2]，与普通地上救援不同，轻轨和地铁救援情况非常复杂，尤其是地铁救援，由于轨道系统电器设备众多，一旦发生事故，通常都会有火灾发生，这导致事故现场一般都会充斥着浓烟、毒气，而隧道通常是封闭空间，其内部结构极易形成烟囱效应，非常不利于排烟和散热，严重威胁被困人员和救援人员的生命安全[3]。虽然隧道通常会有排烟系统，通常采用机械排烟，但是机械排烟效率不高，局限性强，而且事故极易导致排烟系统出现故障，无法工作。同时由于隧道内无自然光，事故发生通常伴随电力系统的损坏，在浓烟条件下可见度低，缺乏照明条件，被困人员在黑暗中容易情绪失控，造成踩踏事件等二次伤害，同时救援人员无法准确定位被困人员，分析现场情况，导致搜救困难。

2.4 人员疏散压力大

城市轨道交通客运量大、人员密集，一旦发生事故，容易造成大量的人员伤亡。相比于数量众多的乘客，地铁上极少的工作人员在事故发生时根本没有条件对大量的乘客进行有效的安抚和组织乘客及时疏散，在这种情况下，大部分乘客会产生恐慌情绪，导致现场出现混乱[4]。地铁大多深埋于地下，乘客主要是通过步梯和电梯进入，事故发生时由于电梯危险性较高故乘客只能选择步梯逃生，而受困人员向地面逃生的过程中不仅耗时长，而且大量受困人员都通过狭窄的步梯进行逃生，极易发生踩踏事件，进一步加重事故的严重性[5]。同时还要考虑到老人、儿童以及行动不便的伤员怎样及时进行疏散和救治，特别是无法坚持到医院再进行救治的重伤员，必须在事故现场及时进行初步治疗处理，而恶劣的现场环境如何临时打造一个较为安全的空间也是一个难题。

2.5 信息传输能力有限

一是应急自组网存在通信盲区。随着网络通信技术的迅速发展，消防信息化应用已成为应急救援战斗力生成的重要一环。在设备区、部分拐角处、埋深较长轨行区仍然存在通信盲区，同时联合开展少，存在“互不干涉”的现象。二是数据建设能力薄弱。传统的救援车在轨道交通与轨道消防之间数据连通性薄弱，无法完全高效实现轨道火灾信息及轨道救援车预警信息传到轨道交通消防数据汇聚平台。三是信息资源共享能力有限。救援部门掌握轨道站内信息及日常运行信息，应急预案的储备能力不足，在开展消防救援时，无法精准全面掌握轨道交通消防设施在应急状态下的情况。在救援前由于不能准确判断事故程度、状况，无法对整体的消防事故进行判断，导致救援人员在制定救援计划过程中只能靠预测。救援人员在地下进行救援时，不能及时与地面上的指挥系统联系，同时指挥系统对事故现场的情况了解也不够有效、及时，影响对整个救援行动的部署，导致救援效率低下，产生更大的损失。

3 解决方案的思考与实践

3.1 沿线多元化力量推动建设

一是加强消防救援设施建设。遵循“反应快速、协同配合”的原则，对救援组织与协调进行强化，提高轨道交通工作人员在应急情况初期消防处理方面的能力和水平，使队伍的攻坚作战能力即使是在恶劣的条件下也能保持水平，能积极应对各种复杂情况。二是加强轨道专业救援队伍建设。进一步强化专业化队伍建设，配备更多优秀的指挥人员，依据每次救援情况的特点对装备和设备进行针对性配置，加强专业训练，真正将轨道交通救援队建成处置轨道交通消防救援的中坚力量。同时，将轨道交通灾难性事故处理融入到地铁攻坚队伍中，提高综合灾难性事故处理能力。三是推动沿线专业力量建设。以轨道沿线的消防救援站为基础，对轨道交通灾害事件处置的基本专业作战单元进行加强，对指挥员的专业能力进行培训，对基础的专业装备器材进行配置，建立起一个合理的专业力量格局，专业培训要与实战契合，利用模拟训练设备进行高温、浓烟、缺氧、黑暗、狭小空间的高难度训练。

3.2 专勤多功能配备强化

一是强化救援车装置。在重大火灾事故中，消防车的种类和响应时间对事故救援的及时性有着至关重要的作用[6]。轨道救援车要能够满足现场救援的各项基本需求，配备各种救护器材，使救援人员能够高效率的进行现场搜救，同时可以为现场提供足够的能量和补给，为救援器材提供动力，为伤员和救援队提供补给，保障救援工作的正常进行，还要能够对人员进行转移和疏散。轨道消防救援车的整体设计，需要综合考虑多方面因素，包含灭火及排烟模块、牵引及照明模块、医疗及应急发电模块、通信系统模块的救援车可通过替换、升级、选择、重组等方式来形成新产品、实现新功能，以适应市场和环境的需求。二是加快救援装备的研究革新。目前重庆轨道对于发生事故后的救援例如火灾、爆炸、撞击脱轨等尚无具有综合性能较强的轨道救援车辆，而在铁路事故的应急救援中，装备的质量是影响到救援力量的重要因素[7]。应该加大救援设备的研究力度，加快专勤装备的革新，同时强化装备的性能测试和应用评估。三是加大对救援设备的投入。最为基础和重要的就是将救援人员和设施运送至事故发生处，需要一个能够运送大体积、大重量的设施，需保证其动力的充足和功率的匹配。

3.3 社会联动救援调度

一是救援人员协调分工。轨道车辆因故无法运行时，司机可申请救援，信号楼值班员或行车调度员立即组织救援。轨道消防救援车按照《轨道工程车一次出乘作业标准》内相关规定对救援轨道工程车进行检查，确保救援轨道工程车状态，同时组织检修员安装相对应的过渡车钩。已申请救援的轨道车辆严禁动车，被救援司机应打开朝向救援列车来车方向的前照灯作为防护信号。二是组织确认救援车辆状态。轨道救援车驾驶员应与被救援电客车司机积极联系，确认停车位置及车辆状态。轨道消防救援车负责人应按照调度命令开展有关救援作业，与信号楼值班员或行车调度员进行车机联控。针对于地下轨道和封闭路段的救援，救援连挂完成后，由救援轨道工程车驾驶员与被救援车司机确认被救援车全列制动已缓解或已撤除防溜措施。三是加强应急建设的全面性。为推进轨道消防救援专业训练，积极推动轨道消防救援整体建设，旨在建立一个集防灾减灾知识和轨道救援车的学习培训、沿线轨道救援车技术训练、轨道交通消防救援难点的研究、专业救援车的测试，从而提升全面、系统、专业的防救能力。同时城市消防应急部门要对辖区内地铁车站的进行“六熟悉”调研，对地铁的位置、布局、周边水源情况等充分掌握[8]。

3.4 信息实时通畅传输

地铁是城市轨道交通的重要组成部分，具有埋深大、地隧长的特点，而地下的通行网络信号微弱，为此，救援队伍必须保障地铁内信号畅通。传统的无线通讯方式，是当前在地铁等复杂环境中使用最多的一种通讯方式。另外，集群无线通信系统、消防卫星通信系统、全球卫星移动通信系统、无线自组织网络通信系统和移动通信系统也可根据具体情况进行选择。让地上指挥人员和地下救援人员之间的通信畅通无阻，将火场中受困人员位置、数量、有无伤亡以及火势、是否存在易燃易爆物、地铁隧道是否存在坍塌风险、烟气情况、明火蔓延方向以及速度等关键信息传递到指挥人员手中，为制定消防应急救援行动方案提供准确的依据。

4 结语

综上所述，城市轨道交通作为城市公共交通的重要组成部分，探索符合山地城市轨道交通特色的事故预防与处置对策，降低灾害对人民生命财产带来的损失是轨道交通安全运营的首要责任。以解决问题为导向，针对轨道救援力量专业性不强、救援设备装配不合理、地下事故现场情况复杂、人员疏散压力大、信息传输能力有限等轨道交通救援存在的问题，主要从沿线多元化力量推动建设、专勤多功能配备强化、社会联动救援调度、信息实时通畅传输四个方面提出了对山地城市轨道交通消防救援系统的思考。

参考文献

[1] 李鹏．灭火救援工作对消防救援人员心理影响的研究［J］．今日消防，2023，8（03）：139-141.

[2] 汤立旺．城市轨道交通灭火救援要点分析［J］．今日消防，2022，7（08）：136-138.

[3] 喻开拓．城市轨道交通灭火救援要点解析［J］．安全与健康，2018，445（01）：38-40.

[4] 黄玫玫．城市轨道交通的灭火救援问题及对策研究［J］．消防界（电子版），2022，8（12）：64-66.

[5] 蒋壮．地铁隧道火灾消防救援问题研究［J］．消防界（电子版），2022，8（16）：32-34.

[6] LIU H，SOLEIMANIANIRI S，LI X，et al. Joint location and assignment optimization of multi－type fire vehicles［J］．Computer－Aided Civil and Infrastructure Engineering，2022，37（8）：976-990.

[7] 杨晨，李晓宇，白付维，等．重载铁路应急救援能力评估体系研究［J］．中国铁路，2022（01）：85-90.

[8] 张舍郁．地铁火灾特点及灭火救援对策探讨［J］．消防界（电子版），2020，06（02）：58-60.

城市地铁火灾扑救初战战术探讨

刘　嘉　吴林森

（四川省消防救援总队成都支队，四川　成都）

摘　要　根据成都市未来城市发展目标，伴随着成都市城市现代化建设的快速发展，成都市地铁工程正处于高速建设阶段。为解决城市拥堵，释放城市发展动力，地铁建设发展迎来了新一轮高峰。但是，地铁消防安全隐患仍然不容忽视，一旦发生火灾，依旧极易造成重大人员伤亡及恶劣社会影响。本文通过对成都市地铁工程现状的研究和分析地铁火灾的特点：烟气扩散迅速；人员疏散困难；火灾扑救难度大。重点以消防第一出动力量的初战为根本出发点，结合实际探讨了地铁灭火救援的处置程序。

关键词　消防　火灾扑救　初战　地铁

1 引言

成都作为中国中西部地区第一座开工建设并运营地铁的城市，1、2号线已分别于2010年、2012年开通运营，现总运营里程接近70公里。根据国家批准的成都市轨道交通规划和项目审批情况，在2015年前将完成地铁1号线、2号线全线及3号线、4号线、7号线、R0线、R1线一期工程，总运营里程达到147公里。作为城市建设发展的新生事物，成都市地铁工程存在着消防责任主体不明确、电气线路构成复杂维护管理难度较大、从业人员自防自救能力相对薄弱、沿线各商业综体地下层建筑与地铁随意联通、消防安全隐患多等消防安全隐患，尽管支队地铁路轨两用消防站将于2014年建成备战，但是处理好地铁火灾事故，地铁沿线辖区中队初战更为重要。为了避免消防第一出动力量到场后处置的盲目性，现以中队首战为根本出发点，研讨地铁火灾扑救的处置程序。

2 接警出动

2.1 启动预案

中队接警后迅速出动，在行驶途中应立即根据出警单翻阅已制定的辖区各站点熟悉卡，查阅事故地铁站的相关情况，例如：通道、水源、出入口等。

2.2 收集信息

在行车途中，要进一步与指挥中心和报警人联系，不断观察事故方向的烟雾情况，并通过手机或电台与指挥中心和报警人联系，进一步了解相关信息，供中队指挥对事故地铁站进行初步的灾情判断。

2.3 战斗准备

根据掌握的信息，确定初步行动方案，向各车辆部署战斗任务，并要求各车辆战斗员做好个人防护，明确现场组织指挥，严禁擅自行动，要求各车辆指挥员将电台统一调至地铁专用频道，并进行呼叫测试。

3 到达现场

3.1 初步侦察

初步侦察主要是外部侦察。到场后，中队指挥应该迅速对事故地铁站出入口的逃生人流和烟雾情况进行观察，并迅速对相关人员（逃生人员，地铁工作人员）询情，进一步了解火灾类型、火场内部情况，火源大概位置、燃烧物质、燃烧的范围、火势蔓延的主要方向、有无人员被困，初步判断和确定被困人员的位置、数量，并根据外部烟雾流动方向和被困人员逃生途径，观察选择进攻通道，建立和巩固前沿阵地，正确地实施指挥。

3.2 报告消息

待了解相关情况后，中队指挥员必须及时向支队指挥中心汇报先期了解的情况，以及中队下一步的作战意图，并视情申请增援力量。

4 战斗准备

4.1 明确任务

在初步侦查的基础上，确定首要战斗任务，明确车辆停靠位置安排战斗任务，确定主攻方向，进一步侦察的任务，快速控制处置灾情，疏散救助人员，明确预备队及安全防护措施。

以首战中队三台水罐车为例，一班车停靠主要进攻通道附近水源，设立分水阵地，展开进攻，二班车选择另一进攻通道，根据情况，随时待命，三班车协同配合一班车。各小组呈梯队式进攻时，救人组以疏散救人、铺设发光导向绳为主要任务，内攻组以寻找火点，启用墙式消火栓和寻找被困人员为主要任务，后援组以掩护进攻、破拆疏散为主要任务，保障组以保障供水，外围警戒，设安全哨为主要任务，三部车辆协同配合，互为支持。

4.2 组建梯队

牢固树立梯队进攻，层次推进的战术意识，到场后，第一行动梯队依据预案和初步掌握的信息实施预先展开，以侦察、疏散救人、快速处置为第一要务。第二梯队结合现场实际情况，全面做好战斗准备，随时配合、支援第一梯队实施全面展开任务。第三梯队作为预备队，先期担任警戒、安全行动监查和接力疏散任务，一旦发生紧急情况随时强攻救援。

4.3 进攻途径

根据现场灾情发展阶段、进攻难易程度、燃烧部位，选定进攻通道，作为到场的初战力量通常可供选择的进攻通道有站厅出入口和消防专用通道。为确保进攻的有效性，应注重通道选择的多重性，即在进攻上，不能从单一通道进入。进攻途径的选择要把握以下三个原则：首要选择便于撤退的出入口；优先选择便于进攻的上风口；尽可能选择离火点最近的通道口。

4.4 做好防护

必须在火场安全员的监督下，做好以个人防护为主体的全方位安全措施，主要做到四个确保：一是确保器材准备到位：空气呼吸器、生命呼救器完备好用，进出时间有专人登记，侦察导向绳、发光导向绳、强光灯、各类接头、水带、热成像仪等相关器材准备到位；二是确保通讯联络方式的可靠性，至始至终保持前后方的联络不间断；三是确保进攻用水的不间断，提高内攻人员的安全系数；四是做好梯队人员准备，实施进攻轮换制，后方人员要随时准备梯队调整，避免因体力透支和器材消耗、意外伤害等原因造成救援迟缓和进攻不利。

5 战斗展开

5.1 组织掩护

掩护进攻主要指做好对侦察、救人、灭火人员的水枪掩护。在梯队进攻中，及时跟进，做好出水准备，充分利用射流的形式，有效保护内攻组人员，并根据现场火势情况，增加供水线路，同时也要掩护好被困群众的疏散和撤离，为迅速营救人员和扑灭火灾提供安全保证。此外，加强火场照明的强度，利用车载固定和移动照明工具实施外部和内部照明，为疏散人员和打开进攻通道提供强有力的支持。

5.2 内部侦察

内部侦察包括监控室侦察和深入侦察。进攻小组进入地铁站后，首先应立即进入监控室，通过监控室视频及询问内部工作人员，对火源的具体位置、火势的发展态势、发展方向、人员被困情况、站内风机启动和内部消防设施运行情况，列车停靠位置，站内自救情况进行了解；同时要积极深入内部进行侦察，对火势情况、人员被困情况进行深入了解，并及时向指挥中心进行汇报。

5.3 人员搜救

从搜救方式上可分为：线式搜救，地毯式搜救和定点式搜救。如现场任务重，环境险恶，搜救力量有限，那么在搜索过程中，主要以地铁站各出入口为起点，至站台进行线式搜救，同时开辟救生通道；如现场救援任务单一，救援力量充裕，那么在搜索过程中，则要抓住有利时机，合理安排人员，通过地毯式推进，进行不留死角全方位的搜救；当确定某部位有人员被困时，初期到场人员要及时对该部位进行定点搜索，争取第一时间搜救出被困人员。

同时要把握好以下三个方面：一是要水枪驱烟，掩护救人；其次是被困人员"先重后轻"，梯队接力抢救伤员；最后是火灾中后期通过热成像仪等救援设备寻找避难人员。而外部人员必须使用心肺复苏等手段抢救伤员，引导伤员撤离。

5.4 强攻灭火

灭火过程中，首战中队要把握"内攻近战"原则，内攻近战是扑救地铁火灾的基本要求，地铁火灾必须强调内攻近战的原则，战斗人员应尽量使用有限的防护装备深入地铁内部，利用地铁内部消防设施或自身携带的灭火器材，敢于逼近火势，发扬勇敢顽强作风，在最佳射程内扑灭初期火灾，或对发展的火势进行堵截，防止其蔓延，切忌在出入口迂回或见烟不见火时盲目出水。

其次要遵循"固移结合"的原则，地铁设计安装有较为先进、合理的消防设施，在火灾扑救中应坚持"固移结合"的原则，内攻人员应携带接头、支线水带等器材，充分利用地铁内部墙式消火栓快速出水，才能争取时间、减少体力消耗，以取得事半功倍的效果。

5.5 注意事项

始终坚持救人第一的原则，积极贯彻救人组、内攻组、后援组、保障组四位一体的行动方针，三至四人为一组，梯队进攻，攻防并举，把握好火场的主要方面。一是要加强与地铁部门、社会力量的协调，任何行动方案尽可能得到地铁技术人员的配合，加强与社会力量的协同；二是加强安全行动意识，内攻力量防护要到位，对高温烟热、高压带电要有清醒的思想认识；三是注意现场照明，照明分外部照明和内部照明，通过车载照明和移动照明为人员疏散和内攻提供有效帮助。

6 结论

在城市地铁火灾扑救的初战方面，主要围绕着接警出动，到达现场，战斗准备、战斗展开这四个方面进行论述，提出启动预案、组建梯队、强攻灭火等措施，以确保战斗行动的快速安全开展，初战指挥不出错，提高消防救援队伍扑救城市地铁火灾能力，最大限度地控制城市地铁火灾的范围，保障人民生命财产安全。

参考文献

［1］林骥，兰威．成都地铁车站文化特色调研［J］．中国包装工业，2014，(8X)：1.

［2］邱法军．成都市“公交优先”实施策略研究［D］．西南交通大学，2012.

［3］李国辉，曾依权，李悦，王强安．藏传佛教寺庙火灾扑救策略探讨［J］．消防技术与产品信息，2014（9）：3.

［4］徐鹏．青海塔尔寺火灾预防及扑救对策［J］．消防科学与技术，2013，32（4）：3.

［5］许凯凯．浅谈大型商场火灾扑救对策［J］．今日消防，2021，6（9）：88-90.

基于四川省森林火灾形势的火灾扑救效能发挥研究

罗艺鑫[1]　姜连瑞[2]　李卓煜[2]

（1. 四川省乐山市消防救援支队，四川　乐山；2. 中国消防救援学院消防指挥系，北京）

摘　要　为了加强森林火灾扑救的救援效能发挥，本文以四川省为例，从四川省的森林火灾形势入手分析了四川省的森林火灾风险等级和森林火灾发生的情况，探究了四川省森林火灾扑救的力量构成，对比了各力量在森林火灾扑救中运用的装备和作战方式，最后就森林火灾扑救效能的提高和发挥提出了以下三点措施：一是加强灭火力量协同配合，二是加强单兵灭火能力，三是加强先进灭火装备的应用。

关键词　消防　森林火灾　四川　灭火救援　作战效能

1　引言

森林火灾有着燃烧范围广、持续时间长、扑救困难等特点，常常会严重破坏森林资源、造成自然环境损坏，并且威胁到人民群众生命财产安全[1]。近年来，随着气候变化和人为影响因素，我国乃至世界范围内森林火灾都持续呈高发态势[2]。例如 2019 年 3 月 30 日，四川省凉山州发生森林火灾，此次火灾过火面积超过 3000 公顷，31 人遇难[3]。2022 年 10 月 17 日湖南省新田县发生森林火灾，超过 4000 名扑火人员参与此次灭火，2 名消防员牺牲。2022 年 8 月 21 日，重庆市北碚区发生森林火灾，参与此次火灾扑救的各类救援人员超过 1.4 万余人。

2018 年，消防部队改革转隶，成立国家综合性消防救援队伍，我国消防队伍的职能进一步扩展。2023 年，我国消防救援局和森林消防局整合成立中国国家消防救援局，标志着我国消防队伍的建设迈入新的里程。在将来，面对各类城市火灾和森林草原火灾扑救的任务，两支队伍将实现优势互补，更多地在火灾扑救中协同作战[4]。在前人的研究中，白夜[5]等人探究了脉冲气压喷雾集成技术在森林灭火中的应用，可以快速高效实现现场火场温度从近千度降低至十几度；石宽[6]等人通过实验和理论分析，研究了航空以水灭火、水泵灭火及水罐车灭火 3 种以水灭火手段的灭火能力；穆绍禹等人[7]探究了无人机集群方式在森林火灾扑救中的应用。而四川森林广阔，山地众多，伴随着极大的森林火灾风险，并且在森林火灾扑救中难度较大。要针对四川的森林火灾形势和火灾特点提出具有针对性的森林火灾扑救方法还需要研究提出。本文通过分析四川省森林火灾形势，结合四川省森林火灾扑救现状，提出了具有针对性的火灾扑救措施，可以为相关领域的研究和消防队伍实战提供参考。

2　四川省森林火灾形势

2.1　火灾风险等级

四川地处我国西南腹地，是我国第二大天然林区，截止 2021 年，四川省森林面积 1955 万公顷，森林资源覆盖率达到 40.23%[8]。四川拥有大量的针叶林、阔叶林，并且竹林、灌木林地面积巨大，四川省森林资源示意图如图 1 所示。拥有丰富的森林资源的同时，四川也面临着极高的森林火灾风险，见图 2。

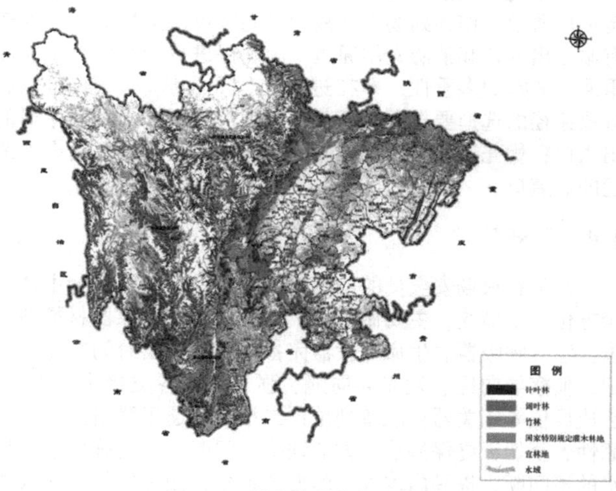

图 1　四川省森林资源示意图

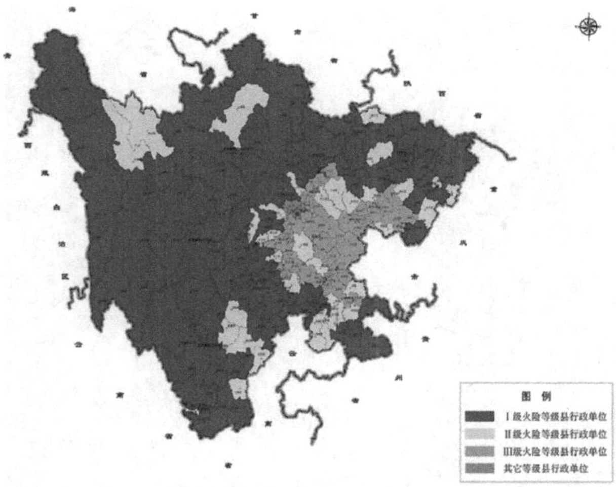

图 2　四川省森林火灾风险示意图

在四川省质量技术监督局发布的《森林火险区划等级》DB51/T 2127—2016 中，除去成都市个别区（县），四川省根据森林资源分布和森林火灾情况将全省 175 个县（市、区）划分为森林火灾极高风险区、高风险区、中风险区和低风险区四类。其中，极高风险区有 55 个县（市、区），占全省 31. 4%；高风险区有 79 个县（市、区），占全省 45. 1%；中风险区有 31 个县（市、区），占全省 17. 7%；低风险区占全省 10 个县（市、区），占全省 5. 8%。可以看出，全省高风险区及以上就有 134 个县（市、区），占全省 76. 5%。

2.2　森林火灾发生情况

2010-2020 年四川森林火灾情况统计如表 1 所示。可以看出四川省近年来森林火灾起数整体呈下降趋势，但 2017 年之后，重大森林火灾时有发生，甚至 2019 年发生了特别重大火灾。四川省森林火灾面积与火灾起数全国占比如图 3 所示。可以看出四川省森林火灾面积在波动中持续向好，但火灾起数占比一直波动变化，常年都处于比较高的位置。在 2017 年及以后的时间，四川省森林火灾占比保持在了 10% 以下，但 2020 年火灾起数占比依旧有 9. 63%，说明四川省森林火灾形势依旧严峻。

表 1　2010 年-2020 年四川省森林火灾情况统计

时间	一般森林火灾/起	较大森林火灾/起	重大森林火灾/起	特别重大森林火灾/起
2010 年	301	58	2	0
2011 年	245	64	0	0
2012 年	394	92	0	0
2013 年	370	77	0	0
2014 年	365	77	0	0
2015 年	183	37	0	0
2016 年	230	33	0	0
2017 年	152	18	1	0
2018 年	201	26	2	0
2019 年	105	31	1	1
2020 年	88	20	3	0
总计	2634	533	9	1

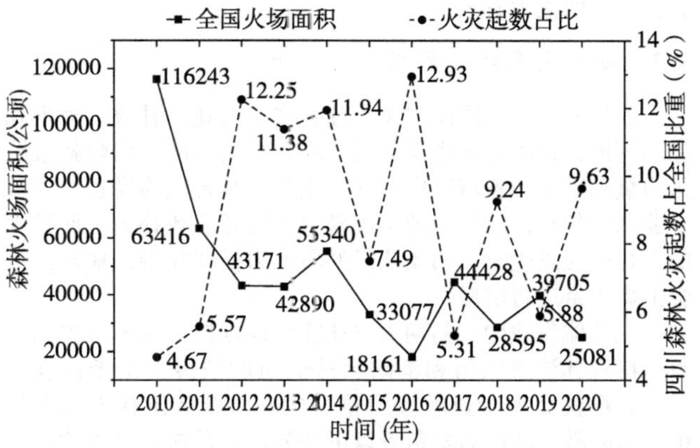

图 3　四川省森林火灾面积与火灾起数全国占比

3　四川省森林火灾救援能力分析

3.1　森林火灾救援力量分析

尽管近年来四川省森林火灾数量有所控制，但火灾形势依旧严峻。在四川省的森林火灾防控与扑救工作中，现有的森林火灾扑救力量构成如图 4 所示。四川省火灾扑救力量主要分为森林消防总队、消防救援总队和地方扑火力量三大块。其中，森林消防总队是专业化的队伍，承担森林和草原火灾扑救以及抢险救援等综合性应急性救援任务，下辖攀枝花、甘孜、阿坝、凉山 4 个支队，14 个大队及驻重庆分队。消防救援总队主要承担城乡综合性消防救援工作，下辖 21 个消防救援支队及 1 个训练与战勤保障支队。这两支队伍是面对森林火灾开展灭火救援的主要战斗力量。地方扑火力量包括各地组织建立的火灾防控机构、扑火专业队及群众义务扑火队。四川省森林消防队伍和消防救援队伍的国家队人数有限，分布也较广。地方扑火队人数较多，截至 2021 年，四川省已建有扑火专业队近 200 支 6000 人，群众义务扑救队 1. 2 万支 30 余万人[9]。

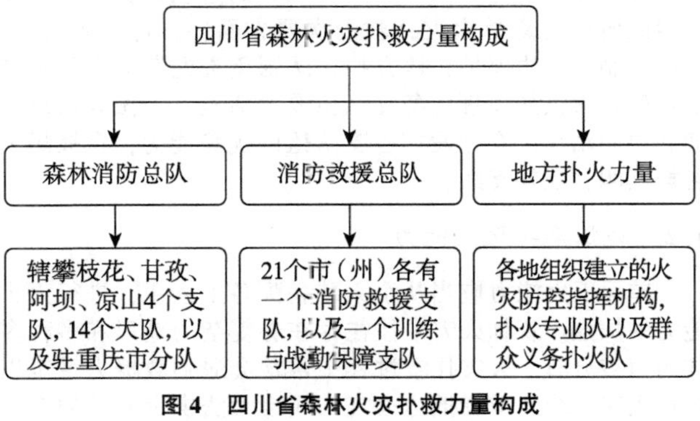

图 4　四川省森林火灾扑救力量构成

3.2　森林火灾救援装备分析

在应对森林火灾中，三支力量的灭火救援装备特点各不相同。地方扑火队的装备主要侧重于先期火灾扑救，装备的专业化程度低，主要以水泵、水枪、水带、风机和二号工具组为主，不具备独立应对大型森林火灾的能力。森林消防队伍主要配备个人携带的风机、切割机、二号工具组等装备，以及山地消防车、航空灭火装备，个人灭火装备主要突出“小”而“精”的特点，适应林区较远距离的携行。而消防救援队伍的装备主要针对城乡火灾扑救，其单兵灭火装备体积和质量相对较大，有些装备不适宜远距离携行，甚至需要多人共同携行；其消防车辆也主要用于公路上行驶，在山地林区行驶的能力有限。

3.3 森林火灾救援作战方式分析

四川省森林消防队主要伍驻扎在攀枝花、甘孜、阿坝和凉山等地，这些地区也是火灾风险极高的地区。消防救援队伍力量则是布于各城市中。这两支队伍装备较为完备，人员专业水准较高，能对属地小规模火灾展开有效扑救。而较大的森林火灾发生时，两支队伍的属地力量往往难以应对，常会汇集力量进行增援。

在具体作战中，初期火灾往往由地方扑火队进行先期扑救，待森林消防队伍和消防救援队伍的救援力量抵达现场后，火场就交由专业救援力量扑救。两支队伍在灭火作战中，消防救援队伍通常负责以下任务：一是向森林消防队伍供水；二是向当地群众提供生活用水；三是对火场周边进行出水冷却降温，防止火势扩大；四是保护周边群众、建筑、林区安全；五是疏散当地群众。森林消防队伍在灭火过程中则是主要位于作战一线，开展森林火灾的一线扑救。主要的战术方式采用的是水灭火法和航空设备灭火配合进行森林火灾扑救。

4 森林火灾扑救效能发挥

4.1 加强灭火力量配合协同

四川地区森林火灾风险大，森林火灾扑救的任务重，且森林火灾扑救力量构成多样。要加强森林火灾扑救效能，首先应当加强各个灭火力量之间的配合协同。森林火灾往往规模大，需要的救援力量大。扑救森林火灾也应当是地方党委政府统一组织，多个部门、多种力量共同参与协同的联合行动。在救援全局层面，要成立总指挥部，并开设分方向的指挥部，建立起专业、高效的指挥机构，形成扁平化组织链条，防止多头指挥造成混乱。各支灭火力量要在有效的指挥和配合下形成火灾现场的救援合力。专业水平高、装备配置强的国家队应当承担起森林火灾扑救的主要方面，森林消防队伍负责一线火场的进攻与控制，消防救援队伍负责森林火灾扑救的次要方面，进行水源供应、火势控制与周边保护，地方扑火队则负责先期火灾处置和后期残余火灾的清理。各支队伍要灵活机动，做好信息联通和协同动作，充分发挥各支队伍的优势能力，在战场上各司其职，互补互助。

4.2 加强单兵灭火能力

单兵灭火能力应当从个人装备配备上入手，进行灭火能力的加强。森林火灾中往往存在着复杂的地形和多种多样的植被分布，火灾扑救过程中常常会遇到救援力量难以抵达火灾一线，或者抵达火灾一线也无法携带有效的个人灭火装备前去开展有效的扑救。按照现今的消防救援队伍装备配置现状，消防救援队伍并不适宜森林火灾扑救中的班组化作战，地方扑火队面对较大的森林火灾其扑救能力也有限。针对此种情况，应当加强单兵装备的配备，强化单兵灭火能力的发挥。各支队伍可以视情况加强便携水带和水泵的携带，如强化 40 型水带和森林消防泵的配置。40 型水带质量轻，便于背负携带，往往一人携带水带、一人背负水泵，两三人即可形成一个灭火救援力量班组，配备 40 型水带和森林消防泵的灭火班组如图 5 所示。加强单兵灭火能力后，可以由少数 2~3 人形成靠前灭火力量，充分发挥点位灭火能力，实现森林火灾扑救过程中的灭火效能有效提升。

图 5 配备 40 型水带和森林消防泵的灭火班组

4.3 加强先进灭火装备的应用

森林火灾扑救离不开先进灭火装备的应用，要侧重科技化、机械化的灭火战术手段发展。尤其是加强空地协同能力建设，要强化重型无人机群在火灾现场的侦查和指挥应用，强化航空手段参与火灾扑救的应用，大量使用空地一体化的机机联合、人机协同战法，采用航空器具搭在水源进行高空灭火，尽量减少和避免救援力量直接面对森林火灾，尽量减少人员伤亡。同时要探索重型机械化装备在森林火灾扑救中的应用，强化重型机械化装备在森林火灾现场的应急通道、隔离带开辟使用。要发挥灭火作战中的先进装备作用，加大远程灭火、装备灭火的运用，用科技助力灭火救援力量的提档升级，以科技助推灭火作战效能的更高效发挥。

4 结论

四川省森林火灾风险高、火灾形势严峻，面对这种森林火灾现状，四川的森林火灾扑救力量主要由森林消防队伍、消防救援队伍和地方扑火队伍组成。各支队伍在装备配备上各有特点，在灭火作战中各自任务各有侧重。要强化森林火灾扑救的效能发挥，应当加强各支队伍在灭火战斗中的配合协同，加强单兵灭火作战能力，加强先进装备在森林火灾扑救中的应用。这样才能有效提升森林火灾的灭火作战效能发挥，以应对四川省复杂的地形地貌和严峻的火灾形势。

参考文献

[1] 李华，郭皓杰，谢辉，蔺鹏．基于信息熵的森林火灾应急指挥信息传递分析［J］．中国安全科学学报，2023，33（01）：80-87.

[2] 白夜，王博，武英达，刘晓东．2021 年全球森林火灾综述［J］．消防科学与技术，2022，41（05）：705-709.

[3] 李海萍，龙志航，杨滋恒，徐竹青，李杨喆．基于 Logistic 模型的四川凉山州森林火灾风险分析［J］．安全与环境学报，2021，21（02）：498-505.

[4] 张富山，白夜，武英达．消防救援队伍与森林消防队伍协同灭火可行性分析［J］．消防科学与技术，2021，40（09）：1414-1417.

[5] 白夜，武英达，石宽，王博．脉冲气压喷雾集成技

术在森林灭火中的应用［J］. 森林防火，2020（04）：41-43.

［6］石宽，白夜，郭赞权，常宁，高海浪，方昉. 森林火灾以水灭火实战能力探究及分析［J］. 消防科学与技术，2021，40（01）：12-15.

［7］穆绍禹，孙辉. 无人机集群扑救森林火灾应用研究［J］. 林业机械与木工设备，2022，50（09）：34-36+43. DOI：10.13279/j.cnki.fmwe.2022.0141.

［8］四川省统计局，国家统计局四川调查总队. 2022四川统计年鉴. 北京：中国统计出版社，2022.

［9］张鼎杰. 四川省森林火灾防控存在的问题及对策研究［D］. 电子科技大学，2022.

［10］郭克君，张伟，渠聚鑫. 森林防火装备的现状及展望［J］. 林业机械与木工设备，2009，37（07）：7-10.

消防专业毕业生就业需求及前景分析

彭咏蕾　行鹏宇　张福东

（中国人民警察大学救援指挥学院，河北　廊坊）

摘　要　为研究高等院校消防相关专业的就业问题，结合现实背景、国家政策调整及学科发展等因素，简要分析当今消防行业以及消防相关专业学科的发展状况。运用数据统计分析的方法得出了我国消防行业的市场结构情况、消防行业品牌公司地区分布、消防相关专业就业情况以及薪资待遇，并对消防相关专业毕业生的就业需求和前景进行了展望和预测。

关键词　消防　就业　毕业生　需求

1　引言

党的十八大以来，以习近平同志为核心的党中央高度重视消防工作，先后作出一系列重要指示，包括组建国家综合性消防救援队伍、深化落实消防安全责任制等。[1] 随着公众消防安全意识的不断提高，消防行业受到越来越多人们的重视。在各级政府的大力支持下，消防行业得到了快速发展。

继2017年，国家陆续出台《关于全面推进“智慧消防”建设的指导意见》《消防安全责任制实施办法》等一系列消防安全政策法规[2]。2018年应急管理部成立，消防管理体制改革，由“传统消防”平稳过渡到了“现代消防”，标志着消防工作体系进入新时代。

随着人民群众对消防安全保障的需求不断提高，消防产业迎来了蓬勃发展的新时期，消防行业、企业急需大批专业化的消防专业技术人才。鉴于此，笔者拟基于消防行业的发展现状及趋势，结合相关数据统计分析以及消防就业前景的分析，为消防相关专业人才就业趋势进行预测，为各类人才树立自身发展方向提供参考。

2　消防行业发展现状分析

2.1　智慧与安防一体化

《关于全面推进“智慧消防”建设的指导意见》中要求提升政法及公安工作现代化水平的部署要求，加速推进现代科技与消防工作的深度融合，全面提高消防工作科技化、信息化、智能化水平，实现信息化条件下火灾防控和灭火应急救援工作转型升级。根据中国政府采购网数据，2022年全国智慧消防招标项目数量为430条，建设单位涉及应急管理部门、消防救援队伍、学校、医院等。目前，我国大多数省级和地级以上城市均提出了智慧消防建设计划，有数百个城市正在规划和建设智慧消防。在此浪潮下，安防企业也纷纷进军消防市场，或增加消防业务模块。同时，随着消防改革的逐步深入，安防和消防的边界逐渐模糊，消防与安防的融合成为发展的必然趋势。

2.2　现代消防新格局形成

2019年消防管理体制改革，消防行业管理体制打开新格局，市场化程度将大幅度提高。应急管理部消防救援局正式下发《关于全面推行“双随机、一公开”消防监管工作的通知》，意味着消防监管方式实现重大转变：一是监督执法理念的转变。监督管理逐渐弱化，最大程度的减少对市场主体生产经营的干扰；二是消防执法方式的转变。过去消防部门开展消防监督执法随意性大、自主性高，现阶段的消防执法采用全公开、全透明的方式；三是消防监管模式的转变。以前是包揽式的监管模式，现在形成了安全自查、隐患自除、责任自负的机制。

在消防设计审核方面，住房和城乡建设部门接手消防审核验收，工作专业性更强、人才专业性水平更高。消防新格局的形成提高了消防行业的专业化程度，也使得消防行业对于专业人才的需求将会增加，从而为相关专业人才提供更多的就业机会。

2.3　消防教育行业发展变化

2018年3月16日，十九届三中全会宣布组建国家应急管理部，国家层面高度重视应急管理工作，为应急管理和救援技术专业提供了一个很好的契机。2008年暨南大学第一个开办应急管理本科专业。[3] 2011年，中国人民警察大学（原中国人民武装警察部队学院）开设抢险救援指挥与技术本科专业。2019年，河南理工大学开设应急技术与管理本科专业，迄今已有30多家高等院校开办该专业。[4] 中国人民警察大学（原中国人民武装警察部队学院）于1985年在国内最早创办消防工程专业，标志着我国消防工程专业学历教育的正式开始。[5] 目前已有中南大学、中国矿业大学、西南交通大学等20多所院校开办该专业。[6]

随着改革的不断深入，消防指挥和应急救援教育行业已经从原来的比较封闭、保守的状态转变为相对开放和活跃的状态。我国消防工程专业人才教育较为成熟，但应急救援人才培养起步较晚，目前国内开设消防救援和应急救援相关专业院校大致为87所，且多为专科专业。与国外成熟的应急管理人才培养形成了鲜明的对比，说明我国应急救援专业人才培养任重而道远。[7]

3 就业影响因素的统计分析

3.1 应用领域对就业的影响分析

民用消防主要运用于三大应用场所：公共设施、办公及商业场所、住宅。根据公开资料整理绘制出2017-2021年中国民用消防市场规模及细分营业额，如图1所示。从图中可以看出，消防市场的规模正在逐年上涨，而且住宅消防市场占比部分较大。

在就业方面，民用消防相关职业包括消防工程师、消防管理员、灭火救援员等，这些职业都属于国家重点支持的优势行业之一，具有广泛的发展前景和就业机会。住宅消防市场的发展对于消防行业的就业带动作用较大。除了传统的灭火救援员外，还需要生产、销售、安装、维护智能消防设备的技术人员，以及从事市场研究、设计规划、项目管理等方面的专业人才。因此，随着住宅消防市场的不断扩大，消防行业相关从业人员的市场需求也将持续增加。

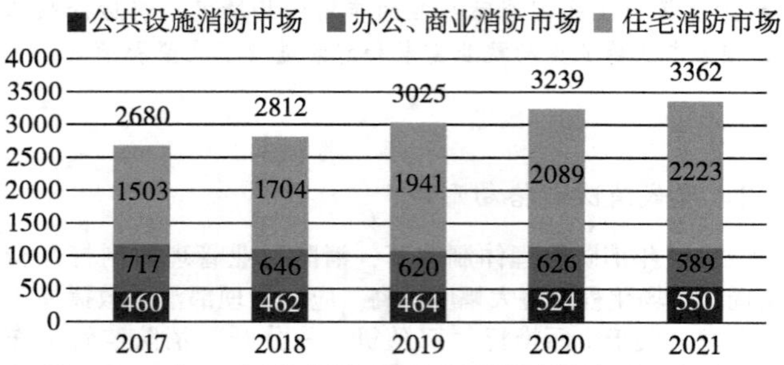

图1 2017年-2021年中国民用消防市场规模及细分（亿元）

3.2 地区因素对就业的影响分析

地区对消防就业的影响主要来自以下几个方面：

一是市场需求量，不同地区的经济环境和人口密度不同，对消防员的需求量也会有所不同。二是政策规定，不同地区的政策会对消防队伍的规模和构成制定不同的政策规定。三是交通和地理条件，地形地貌和路况等交通因素会影响到救援时间和效率。四是技术创新，智能化的消防技术大大改变了消防员实践工作中的效率和风险性。

2022年10月26日，由中国消防协会指导，慧聪消防网、慧聪应急产业网主办的CFIC2022中国消防安全产业大会暨（第十五届）消防行业品牌盛会在广州隆重举行。该会议参与的公司名单如表1所示。

表1 CFIC2022中国消防安全产业大会暨（第十五届）消防行业品牌盛会参会企业

排名	公司名称	地域
1	青鸟消防股份有限公司	山东省青岛市
2	安士缔（中国）电气设备有限公司	上海市普陀区
3	北京市正天齐消防设备有限公司	北京市怀柔区
4	雷士照明	广东省惠州市
5	北京中科知创电器有限公司	北京市海淀区
6	广东赛玛照明科技有限公司	广东省江门区
7	广东盛世名门照明科技有限公司	广东省中山市
8	中山市凯雷德一照明科技有限公司	广东省中山市
9	上海远洲管业科技股份有限公司	上海市青浦区
10	广东永泉阀门科技有限公司	广东省佛山市
11	广东省赢鱼科技有限公司	广东省江门区
12	盈帜科技（常州）有限公司	江苏省常州市
13	营口新山鹰报警设备有限公司	辽宁省营口市
14	广东卓而信照明电器有限公司	广东省中山市
15	武汉华瑞光联科技有限公司	湖北省武汉市
16	中消安盾消防设备有限公司	四川省成都市
17	广东省珩祥安全科技有限公司	广东省深圳市
18	展元电器（广东）有限公司	广东省江门市
19	浙江台谊消防股份有限公司	浙江省杭州市
20	北京四方继保自动化股份有限公司	北京市海淀区
21	江西宝安实业有限公司	江西省新余市
22	营口新山鹰报警设备有限公司	辽宁省营口市
23	浙江爱德智能科技股份有限公司	浙江省温州市
24	尼特智能科技股份有限公司	河北省秦皇岛市
25	新余维肯消防科技有限公司	江西省新余市
26	山东大豪消防安全技术有限公司	山东省青岛市
27	南京中消安全技术有限公司	江苏省南京市
28	柏腾数科（杭州）科技有限公司	浙江省杭州市
29	宁波金盾电子工业股份有限公司	浙江省宁波市
30	四川久远智能消防设备有限责任公司	四川省绵阳市
31	广东井伦照明有限公司	广东省江门市
32	江西清华实业有限公司	江西省新余市
33	中消云（北京）物联网科技研究院有限公司	北京市顺义区
34	广东合广通科技有限公司	广东省佛山市
35	海湾安全技术有限公司	河北省秦皇岛市
36	尼特智能科技股份有限公司	河北省秦皇岛市
37	大连世安科技股份有限公司	辽宁省大连市
38	广东东君照明有限公司	广东省江门市
39	赛特威尔电子股份有限公司	浙江省宁波市
40	无锡皓安安全技术有限公司	江苏省无锡市
41	珠海西默电气股份有限公司	广东省珠海市
42	广东三雄极光照明股份有限公司	广东省广州市
43	湖南特致珈物联科技有限公司	湖南省长沙市
44	深圳市博朗耐技术有限公司	广东省深圳市
45	杭州海康消防科技有限公司	浙江省杭州市
46	湖南警安消防有限公司	湖南省长沙市
47	海湾安全技术有限公司	河北省秦皇岛市
48	苏州市鼎盛安防科技有限公司	江苏省苏州市
49	广东拿斯特（国际）照明有限公司	广东省江门市
50	江门劳士国际电气有限公司	广东省江门市

根据上述表格绘制出饼状图，见图2，统计出消防行业品牌的位置分布大多位于广东、江浙沪地区和京津冀地区。

这些地区经济发展水平高，消防行业发展水平高，上下游产业密集，相对来讲人才的缺口比较大，毕业生们在上述地区寻找就业机会，机会相对较高。

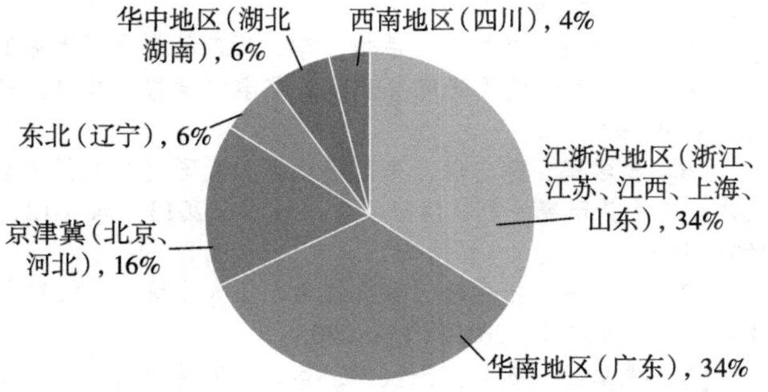

图 2 第十五届消防行业品牌盛会参会企业分地区占比

3.3 性别对就业的影响分析

性别差异对消防就业存在一定的影响。首先，在消防队伍中，男性从业者占大多数，相对来说女性毕业生更难获得就业机会。其次，由于生理差异和身体素质等因素，某些技术性、高风险的消防工作可能更适合男性从事，因此在部分岗位上存在着性别选择问题。

根据西南林业大学教育科学研究项目《基于 PDCA 的本科毕业设计（论文）质量评价系统研究——以消防工程专业为例》，通过对西南林业大学消防工程专业本科生 2018、2019、2020 届毕业生就业统计分析，发现女生择业机会相对男生较少，女生就业相对困难。[8] 根据签订就业协议的数据显示，女生就业质量低于男生，相关度也远低于男生。西南林业大学 2018、2019 届本科生国有企业签约比和 2020 年的消防工程专业本科生男女就业比如图 3、图 4 所示。

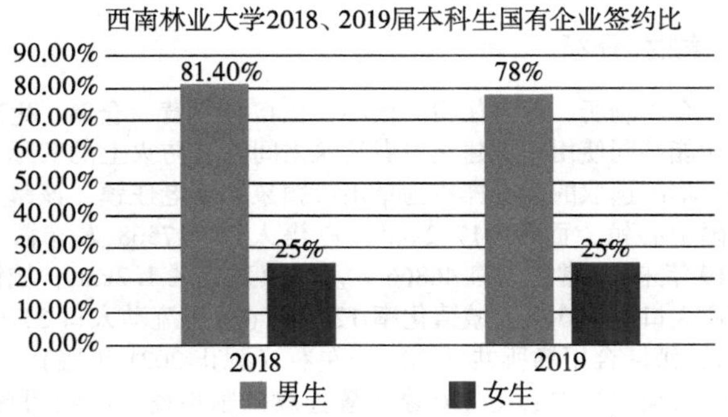

图 3 西南林业大学 2018、2019 届本科生国有企业签约比

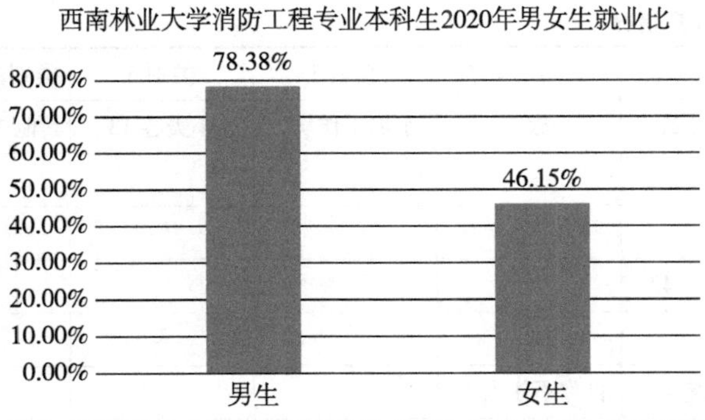

图 4 西南林业大学消防工程专业本科生 2020 年男女生就业比

3.4 工资待遇、技能要求等影响因素分析

根据 2023 毕业季智联招聘网对消防专业毕业生进行招聘的薪资待遇标准，经统计消防行业分地区的工资水平如图 5 所示。其中京津冀地区、珠三角地区和长江三角区的平均月工资分别为 8000 元、7300 元和 6500 元，均高于麦可斯机构（中国首家高等教育管理数据与咨询的专业公司）统计出的 2021 级本科毕业生平均月工资 5833 元。而西部地区和东北地区的平均工资为 5000 元以上。由此可得，消防相关专业的毕业生在薪资待遇上处于相对中上层位置。

在职业要求方面，有 36%的岗位需要持有相关证书，如从事消防培训讲师需要教师资格证，部分消防技术岗位需要注册消防工程师证或计算机二级证书。在学历要求为大专以上的岗位中，90% 以上的岗位均需要两年或以上的工作经验。

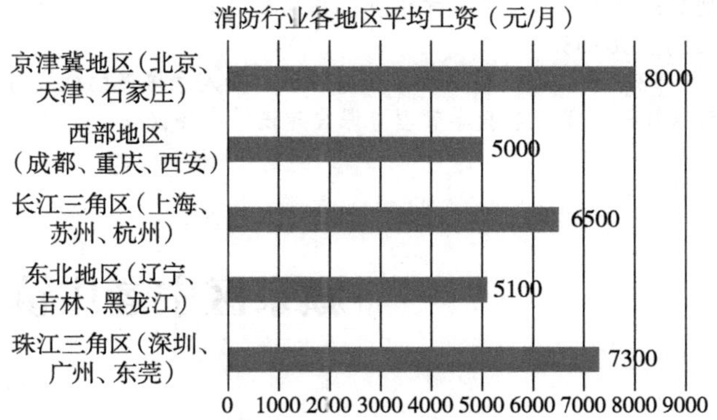

图 5 消防行业各地区平均工资（元/月）

4 消防专业毕业生就业前景分析

4.1 消防救援队伍踏上新征程

2023 年 1 月 6 日，国家消防救援局正式挂牌，进一步提升了整个行业的管理水平和服务能力，同时也需要大量从事相关岗位的人才。但开设应急救援相关专业的院校大多专科学校，本科、研究生专业开设的较少。这说明现阶段乃至未来的一段时间内都会欠缺应急救援相关的高质量人才，特别是专科院校的应急救援相关专业缺乏相应的讲师。因此，给消防相关专业的同学提供了大量的就业机会。

国家消防救援局挂牌成立，同时也有望提高从事该行业人员的待遇。政策扶持力度将会加大，包括工资等奖励和激励措施、职业安全保障、健康管理、培训机制、应急处置配备物资等方面的支持。此外，由于国家对消防救援行业的投入将会越来越多，一些新兴领域和新技术的应用也将逐渐出现，为从事该行业的人员提供更多发展和晋升机会。

4.2 消防行业发展与学生就业

消防行业的发展需要具备相应学历、技能、知识水平的消防人才。但消防相关专业开设的院校并不多，以至于社会单位在人才招聘时很难招到学历高且同时具备消防专业知识的人才。目前，社会单位消防值班人员、消防安全管理人员普遍学历层次比较低，多以经验来界定消防技术水平。消防行业的就业缺口非常大。

在男女生就业上，男性就业的途径较广，如消防设备维护工程师、消防安全监管人员、消防设备工程师等，体能测试合格，满足相关条件的还可以加入各个行业的灭火救援队伍；女性可选择从事教学科研、新闻出版、消防宣传教育和监督管理等行业。

5 结论

总体来讲，消防专业的专业性质强，社会当前对消防专业型人才的需求量大，毕业生的就业率还是较为可观的，且发展前景较好。根据上述分析，提出一些建议：一是学生就业时可多关注广东、江浙沪、京津冀这些消防行业处在前列的地区，二是消防专业的女生要自身寻找多种求职方式，不局限于校园招聘，要增强自身的竞争力，三是学生在校期间多参加相关实习工作，获取工作经验，有条件的化考取相关证书，在寻找工作时会更有优势。

参考文献

［1］陈艺瑄，江润．新时代背景下，国民消防安全意识培育的“n+1+1”模式［J］．公关世界，2020（08）：61-62.

［2］马少华，李斐．新时代“就业导向、工学结合”的建筑消防技术专业人才培养体系构建［J］．科技风，2022（25）：56-58.

［3］卢文刚．暨南大学应急管理专业人才培养的挑战与改革探讨：第三届教学管理与课程建设学术会议［C］．中国湖南湘西土家族苗族自治州，2012.

［4］钱洪伟，王明月，郭晶，等．我国应急技术与管理专业人才培养模式探索与挑战［J］．中国安全科学学报，2022，32（11）：9-13.

［5］毛占利，李思成，吕华，等．新工科背景下消防工程专业人才培养新模式研究［J］．武警学院学报，2021，37（02）：89-92.

［6］姜学鹏，徐志胜，朱国庆，等．我国消防工程专业人才培养质量研究［J］．消防科学与技术，2015，34（12）：1691-1693.

［7］李子彬，张丽珍．救援技术专业人才培养的挑战与探索［J］．科技风，2019（15）：30.

［8］龙腾腾，苏会，王秋华，等．新工科背景下消防工程专业女生就业分析［J］．中国教育技术装备，2020（10）：63-65.

颍泉区宁老庄镇合用场所调查报告

范永伟

（安徽省阜阳市颍泉区消防救援大队，安徽　阜阳）

摘　要　合用场所现阶段普遍存在于安徽北部乃至中国北方地区，小火亡人现象多发于此类场所，分析其形成过程、主要矛盾，以期找出精准解决办法，以“控制增量、减少存量”为两个出发点，通过长期针对性的又不脱离社会发展全局的工作逐步解决这个历史性的问题。

关键词　调查　临街　合用场所　主要矛盾

1　调查的起因和目的

近年安徽北部地区小火亡人现象频发，以阜阳市为例，2021 年发生了 3 起，死亡 9 人伤 1 人。从 2016 年阜阳市部署开展的“三清查三整治”，发展到如今的合用场所专项整治，每次要求都是“横向到边，竖向到底”，摆出的架势均是不达目的誓不罢休，可经过事实检验效果恐怕不能说好。问题是早就已经提出来了，各级组织和领导也都想了很多办法，制定了很多措施，为什么效果一般？笔者认为，还是要本着具体问题具体分析的原则，先认真实际地分析问题，以达到从实践到认识，再去指导实践的目的。

2　样本分析

合用场所，即以住宿为核心，住宿与经营、仓储、生产等功能共同使用一栋建筑或者建筑之间没有防火上的实际分隔。本次选取的调查样本为阜阳市颍泉区宁老庄镇。该镇为全国中心镇，面积 117.2km^2，户籍人口 117568 人（截至 2019 年末），常住人口 46866 人。城镇建成区 1.2km^2，城镇常住人口 13900 人，城镇化率 12.4%（另有流动人口 31794 人），镇区合用场所共计 700 个左右（截止 2021 年底）。选取经营集中的中心街 100 家位置连续的临街商户。经调查，重点统计了如下数据，见表 1。

表 1　100 家临街商户情况

序号	项目	类别 1	类别 2	类别 3	类别 4	类别 5	类别 6	类别 7
1	经营类别	小商店 21	小网吧 2	小餐饮 22	小旅馆 1	小加工作坊 3	小美容 13	其他 38
2	产权	有 36	无 64					
3	房产证	有 16	无 84					
4	租赁/经营时间	0-1 年 8	1-3 年 50	3 年以上 42				
5	建筑结构	砖混 98	钢结构 2					
6	合用模式	夹层 1	前店后宅 18	下店上宅 41	自称不住人 40			
7	有无其他住所及距离	有 58	0-3 公里 29	3 公里以上 29	无 42			
8	最多居住人数	0~3 人 24	3 人以上 36					
9	家庭成员	0~3 人 9	3 人以上 51					
10	做饭工具	煤气灶 52	电磁炉 12	自称不做饭 36				

续表

序号	项目	类别 1	类别 2	类别 3	类别 4	类别 5	类别 6	类别 7
11	灭火器	有 35	无 65					
12	照明灯	有 6	无 94					
13	简易喷淋	有 1	无 99					
14	电路使用时间	0~5 年 87	5 年以上 13					
15	电线裸露	是 86	否 14					
16	电瓶车室内充电	是 14	自称否 86					
17	存放易燃易爆	是 4	否 96					
18	防盗窗	有 36	无 64					
19	广告牌	遮挡 12	无 88					
20	安全绳	有 2	无 98					
21	疏散平台	有 60	无 40					
22	室外楼梯	有 5	无 95					
23	居住原因	仅 1 处房子 23	距离远 2	生活方便 16	看店 14	其他 5		
24	商铺年净收入	0~5 万 72	5~10 万 21	10 万以上 7				
25	存在火灾隐患	认为没有 83	认为一般 17					
26	整改意愿	非常愿意 52	一般 24	不愿意 24				

根据统计发现如下几个问题：

2.1 房屋大部分为无证自建房

建房时间均在改革开放以后，集中在近 20 年，外观样式大部分一致，但内部结构各有不同，临街建筑建设之初均考虑了经营加居住的需求。

2.2 居住情况复杂

自称居住 3 人以上的 36 家，但家庭成员为 3 人以上的 51 家，占 51%。平时家庭成员在外求学、打工等，逢年过节返回居住的可能性极大。危险性较大的下店上宅及夹层 42 家，有 42 家仅有经营处 1 处住宅。

2.3 安全条件较差

64 家在经营处做饭，且大部分没有专门的厨房。电气线路老化比较普遍，私拉乱接电线较多，存在电线裸露的 86 家，部分还有乱丢烟头的情况。几乎家家都有电瓶车，自称电瓶车不在室内充电的 86 家，但没有 1 家室外有固定的充电设施。有防盗窗和广告牌的 48 家，2 层以上的基本上只有 1 部室内楼梯，但因房屋相互毗邻，可以相互利用平台疏散的有 60 家。

2.4 消防设施差异明显

有 35 家配置了灭火器、6 家配置了应急照明灯、1 家配置了简易喷淋、2 家配置了安全绳，95 家没有室外楼梯。商户生活水平相对较低，对安全的要求普遍不高。文化水平普遍较低，以小学、初中文化居多，懂安全的极少，认为自己没有隐患的 83 家。

2.5 经济状况和整改意愿不乐观

商户年收入在 5 万元以内的 72 家，10 万以上的仅 7 家。按“十个一律”[1] 的要求平均 1 家整改费用在 4000 元到 5000 元之间。大部分商户对上门调查隐患均有抵触情绪，对整改明确表态不支持的占 48%。

3 历年较大亡人火灾分析

为了具体分析问题，笔者对 2011-2021 年期间阜阳市共发生的 13 起较大亡人火灾（共死亡 49 人），进行统计分析，见表 2。

表 2 2011-2021 年较大亡人火灾数据

序号	起火时间	起火地点	起火区域	建筑使用性质	起火原因	死亡人数及年龄	文化程度
1	2011/5/15 2：36	安徽省阜阳市临泉县姜寨镇刘华伟杂货店	乡镇、农村地区	合用场所	遗留火种引燃附近可燃物	4 人（1. 女性，34 岁；2. 男性，10 岁；3. 男性，8 岁；4. 女性，12 岁）	1 人为初中学历 3 人为小学学历
2	2011/9/15 0：14	颍东区幸福路卷烟厂北门	城区	商业场所	电气火灾-电气线路故障-短路	3 人（1. 男性，54 岁；2. 男性，38 岁；3. 男性，10 岁）	1 人为小学学历 2 人为初中学历
3	2012/6/8 3：37	安徽省阜阳市颍东区冉庙乡冉庙村前申庄	乡镇、农村地区	住宅	电气火灾-电气线路故障-短路	3 人（1. 女性，35 岁；2. 女性，5 岁；3. 女性，1 岁）	3 人未受教育

续表

序号	起火时间	起火地点	起火区域	建筑使用性质	起火原因	死亡人数及年龄	文化程度
4	2013/7/27 0：42	阜南县经济开发区六里和谐新区7号楼五单元503室	城区	住宅	电气火灾－电气线路故障	3人（1. 女性，52岁；2. 女性，在学儿童；3. 女性，在学儿童）	1人为初中学历 2人为小学学历
5	2014/1/1 0：10	阜阳市颍州区颍州中路96号MAN男装精品店	城区	合用场所	生活用火不慎－敬神祭祖	3人（1. 男性，30岁；2. 女性，27岁；3. 男性，6岁）	1人为幼儿园学历 1人为高中学历 1人为专科学历
6	2014/12/26 3：15	阜阳市颍州区王店镇十二里庙村张奎家具加工点	乡镇、农村地区	生产建筑	不能排除烟头引发火灾的可能	5人（1. 男性，28岁；2. 女性，28岁；3. 女性，4岁；4. 男性，19岁；5. 男性，24岁）	4人为初中学历 1人未受教育
7	2016/3/28 17：09	太和县关集路口西侧团结路社区曹园小小区李亚住宅	乡镇、农村地区	住宅	吸烟－烟头引燃纸箱	6人（1. 女性，32岁；2. 女性，31岁；3. 男性，28岁；4. 男性，24岁；5. 女性，26岁；6. 女性，47岁）	1人未受教育 5人为初中学历
8	2016/6/12 1：33	阜南县赵集路成都冒菜馆	乡镇、农村地区	合用场所	电气火灾－电气线路故障－短路	3人（1. 男性，6岁；2. 男性，6岁；3. 女性，56岁）	1人为初中学历 2人未受教育
9	2016/7/2 23：02	安徽省阜阳市临泉县鲖城镇街上一水暖配件店铺	乡镇、农村地区	合用场所	电气火灾－电气线路故障－短路	3人（1. 男性，34岁；2. 女性，11岁；3. 男性，7岁）	1人为小学学历 2人为初中学历
10	2018/2/2 5：33	安徽省阜阳市临泉县高塘镇新街北头	乡镇、农村地区	合用场所	电气火灾－电气线路故障－其他	4人（1. 女性，26岁；2. 男性，3岁；3. 男性，22岁；4. 女性，25岁）	1人未受教育 1人为高中学历 2人为初中学历
11	2020/3/23 22：38	颍上县慎城镇江心洲小区	乡镇、农村地区	合用场所	电气火灾－电气线路故障－短路	5人（1. 男性，56岁；2. 男性，35岁；3. 女性，32岁；4. 女性，8岁；5. 女性，3岁）	1人未受教育 1人为小学学历 3人为初中学历
12	2021/6/22 0：00	阜阳市颍州区三塔镇张寨村前冯21号	乡镇、农村地区	合用场所	遗留火种引发火灾	4人（1. 女性，55岁；2. 女性，10岁；3. 女性，9岁；4. 男性，7岁）	1人未受教育 3人为小学学历
13	2021/8/10 1：54	阜南县柴集镇刘老家村后竹园庄44号	乡镇、农村地区	合用场所	不排除遗留火种引起火灾的可能	3人（1. 女性，49岁；2. 女性，12岁；3. 女性，4岁）	1人为幼儿园学历 1人为小学学历 1人未受教育
						注：1、2、3、4、5、6数字代表每起火灾死亡人员编号	

统计分析发现问题如下：

（1）从起火地域看，乡镇农村地区10起，占总数的77%，城区3起，占总数的23%，乡镇农村较大亡人火灾较多。

（2）从伤亡人员情况看，49人中老人、妇女、儿童共37人，占总数的76%。老人、妇女、儿童死亡人数占比较高。初中及以下学历共46人，占94%，高中及以上学历共3人，占6%。阜阳市是外出务工大市，很多家庭仅剩下老人、妇女与儿童共同生活。死伤人员受教育程度低，对起码的安全知识全然不懂或还没有来得及学。

（3）从起火原因看，电气引发火灾7起，占总数的54%；遗留火种（含烟头）引发火灾5起，占总数的38%；生活用火不慎引发火灾1起，占总数的8%。电气火灾较多（乡镇农村地区占6起，城区占1起）。

（4）从建筑使用性质看，实际上13起中居民住宅火灾仅2起，其他均符合合用场所特点，共11起。

（5）从逃生条件看，13起火灾中，无防盗窗的5起，有防盗窗或广告牌的8起，但是8起中有4起存在直通屋顶的楼梯或者阳台。防盗窗影响逃生的4起中有3个设置了夹层。

（6）从起火时间看，发生在夜间22时至凌晨6时火灾12起，占总数的92%；发生在6时至22时火灾1起，占总数的8%，夜间火灾占绝对多数。

4 具体问题具体分析

首先我们要承认合用场所在安徽乃至全国是一个普遍存在的现象。以阜阳地区为例，前期经济基础差导致居住条件差，近年富裕起来的群众都翻盖房屋。可是房子怎么盖，盖多大，是否合理安全，一直处于自发状态。近年国家在农村提出了一户一宅，在原宅基地上翻盖房屋才有了一定的要求和程序，面积有了限制，但并没有涉及到建筑内部结构和形式。城市现有2层以上的临街商铺很不合理，一共2层或者3层，1部室内楼梯，下层经营，其他层往往就住人。有的只有1层，可是层高能达到6米甚至更高，谁有这样的房子都会搞个夹层来使用。

在这种情况之下，我们一方面想尽各种措施去解决“存量”，另一方面又产生很多“增量”，怎么能解决的好呢？解决隐患一个基本的原则是：控制增量，消灭存量。不把住源头关，存量越来越大，或者曲线式增长，集中整治时候下降一点，稍一松懈就反弹，问题是永远解决不了的。

5 抓住主要矛盾

小火亡人这个问题的发生是伴随着国家四十年的改革开放而来，是和经济社会的发展，和人民群众住房情况的变化直接相关的。所以不能用狭窄的眼光看问题，认为它是住建或消防等哪个部门工作不力造成的，期望用短暂的运动肃清所有问题是唯心的。

结合调查样本分析，在合用场所存在众多的矛盾：窗户安装防盗窗或广告牌和逃生的矛盾；只有 1 部楼梯和逃生的矛盾；没有灭火器、逃生绳之类辅助灭火逃生工具和逃生、灭火之间的矛盾；经营场所用电用火频繁、火灾荷载高和人员安全之间的矛盾；群众安全、逃生意识不强和安全之间的矛盾；经营盈利和居住之间的矛盾；建筑结构和人员安全之间的矛盾。

具体分析之后，发现合用场所居然是一个如此复杂的问题，怎么办？笔者认为，根据矛盾论的观点，要抓主要矛盾，抓矛盾的主要方面。笔者认为：主要矛盾是建筑结构与居住和生产经营合用所造成的人员安全之间的矛盾，矛盾的主要方面是建筑结构问题。

6 左倾和右倾都不行

历年来的文件，大都是在已发生亡人火灾的情况下，经研究提出的解决策略。规定的时限从 3 个月到 1 年不等，阶段差不多就是 3 个或 4 个，一般是先立即动员部署，再排查摸底，再落实整改等。每个文件内容基本都面面俱到，比如三清查，六个一，十个一等，但事情并没有根本好转，所以便有几个疑问：

一是如果前面的文件真正落到实处，后面又何必再发文件？二是如果前面的几个“一”但凡落实一部分，后面又何必措施越提越多？三是反复发文，无外乎要求更严厉，责任要么分解到各部门，要么更压到基层，这种责任分解和层层加压科学不科学？四是行动时限往往几个月不等，最长不到 1 年，想毕其功于一役，有没有完成的可能？五是很多措施都是需要花钱的，钱从哪里来，又怎么花才合理合法？

文件的落实首先要依靠文件本身的科学性、可行性，依靠对事物规律的正确掌握和落实策略的精准谋划，依靠对工作困难的充分估计和适当保障，一个文件十几个“推动”，十几个“提请”、“联合”，能干的完吗？制发文件的单位能否做一点“顶层设计”？

7 实事求是解决问题

通过以上对合用场所的调查样本、火灾数据统计、已发文件等方面的分析，可以得到如下结论：

首要问题是“控制增量”。即控制不合理的建筑持续地出现。要在一个区县、一个市、甚至一个省内，从源头上彻底解决新建建筑结构的问题。一方面，在城市区域，停止规划临街两层商铺，改为临街单层商铺，且控制层高（不超过 3m）。如果规划两层临街商铺，二层必须单独设置楼梯；另一方面，农村区域在乡镇一级成立由规划、国土、住建、消防等部门参与的房屋建设审查中心，对新建房屋联合审查，倡导经济、安全的农村建筑新结构。必须在设计时就分开居住和经营功能。解决这个问题还有一个辅助的方面，就是移风易俗，解决群众观念问题，教育群众不要攀比浪费，实现既居住舒适、生活便利，又兼顾安全的目的。

其次消除存量的问题比较复杂。大致分为两方面。一是劝说搬离。像调查样本中反映的除使用的经营场所外还有其他住所的，有的距离还比较近，只是因图方便之类的原因才在此居住，需要讲清危害，做好思想工作，搬离合用场所。这个工作需要基层乡镇和社区（村）逐步进行落实。

消除存量的另一个方面是进行改造。重点针对只有使用的经营场所 1 处住所的。需要改造的内容很多，有独立烟感探测器、逃生设施、防火门、防火墙等。进行改造面临很多问题：一是整改资金来源。如果政府负担，资金压力大，很多地方政府无力负担。而且政府出资会带来严重的后期维护保养包袱。如果让商户自己出，抵触情绪大；二是改造差别大。每户的建筑各有特点，有的需要安装 5 樘防火门，有的 1 樘也不需要，有的逃生软梯需要 20m 长，有的需要 5m 长。逐户明确整改的项目和数量，需要非常专业的人员进行大量的调查统计。基层地方政府没有这个专业人员，行业部门也很难提供；三是后期使用和维护复杂。调查中经营时间在 3 年以内的有 58 户，说明商户流动性非常大。一旦商铺转手，对原有建筑往往进行装修，已改造好的设施有被拆除或废弃的可能。烟感等设施需经常维护更换，如后期维保不到位，就发挥不了作用。

改造的过程怎么推进？还是要分清重点和实现可能性，顺序推进。

7.1 可以实现的第一层次

（1）首先解决防盗窗问题。火灾情况下人员的逃生通道是万分必要的。北方地区临街商铺历史上因防盗、生活习惯等均设置防盗窗，现阶段社会治安形势有了根本好转，且家庭财产的储存形式也有了很大变化。这些都给防盗窗问题解决创造了有利的时代条件。可以政府购买服务一次改造到位，可以限定时间让商户自己开，法律上也有明确依据。

（2）安装独立感烟探测器。根据起火时间分析，13 起较大亡人火灾发生在夜间 22 时至凌晨 6 时的 12 起，占总数的 92%。夜间报警最有可能依靠的就是独立感烟探测器，且造价便宜，安装方便，维护简单，是最实用的火灾报警设施。历史上政府曾经大规模采购，几年后普遍损坏，政府集中采购后期维护带来很大的包袱。应采用业主自助安装，政府可以采用奖补进行鼓励。同时引进第三方，鼓励第三方上门培训、安装、维护。

7.2 难度较大的第二层次

（1）电气线路改造。从起火原因和起火地域看，电气引发火灾 7 起，占总数的 54%；乡镇农村地区 10 起，占总数的 77%。原因很简单，城区的建筑更新更规范，电气线路问题较少，农村条件落后，问题较多。

电气线路安全，属于本质安全的范畴。如果电气路线能改造合格，火灾总量肯定有大幅下降，但难度也是很大的。一方面是资金来源问题，另一方面是电气线路改造必须专业的电工方能实施，还要业主配合。所以，电气线路改造是急不得的事情，需要乡镇和供电部门配合，结合乡村振兴的国家大战略，利用可能的资金或以奖代补，逐年推进。

（2）逃生楼梯和防火分隔。这两项也属于本质安全范畴。临建商铺多为自建房，因临街地面经济价值较高，建筑基本是墙挨墙，大多没有位置设置逃生楼梯。或者采取破墙等对原建筑结构和用途影响较大的措施改造，难度大阻力大。防火分隔难度亦大，很多建筑室内是敞开的，需要沿建筑剖面的一边砌墙，甚至从一楼到四、五楼每层都要砌墙。

改造代价、时间和对业主经营的影响不言自明，业主普遍抗拒整改。

（3）灭火器、逃生软梯、应急照明灯、手电筒。这四项属于被动安全的范畴。只要有钱，立即可以办好。如前所述，资金从哪里出，政府还是业主出。政府即使有财力集中采购，后期安装、维护、使用等怎么办？如果没能在火灾中正常发挥作用怎么办？建议还是采用用户自助安装，政府可以采用奖补的政策鼓励业主安装。同时引进第三方，鼓励第三方上门培训、安装、维护。

7.3 长期谋划的第三层次

（1）逃生演练、教育培训。从火灾数据中看出，受灾人员学历往往较低，接收知识和技能的效果往往很差。即使是上门进行宣传培训，人员是不是在家，在家愿不愿意听，听了是否懂，懂了是否做，是很复杂的问题。远远不是上门搞一次两次宣传培训就能解决的。而且，合用场所的存量较大，宣传培训需要的人力非常巨大，乡镇和部门没有人手和时间专门处理这个事情。要改变让某个行业部门去单独搞宣传培训的思路，而是要纳入整体的国民素质提升计划，以教育部门为主力，形成学校教育、职业教育、社会教育和行业部门宣传培训的多层次结合，在国民素质的整体提高中实现安全素质的根本提升。

（2）电动车问题。这个问题从来只盯着使用领域，而不知不盯着生产领域。反复要求电动车不能上楼入户，要按规定位置停放，安装专用充电设施。目前上楼入户难以杜绝主要的原因是一方面场地限制，充电设施数量有限，无法满足要求；另一方面充电设施为第三方安装，从充电费用的收取上获得盈利，群众为了省钱还是选择推到自己家里充电。在农村地区，普遍是推到家中充电。

电动车为什么会引起火灾？主要的原因一个是电池，一个是充电器。如果从生产领域着手，实现电池和充电器的本质安全，那还怕它在哪里充电吗？不是更省力气吗？需要国家层面修改电动车质量技术标准，要让电动车推到被窝里充电都不会起火！

8 要有强制手段做保障

合用场所隐患整治会影响业主利益，甚至严重影响，只靠劝说，没有强制手段垫底，整治到何年何月？所有文件几乎都提到了要各个部门严格执法，但是都没有说明几个问题：一是执法依据是什么？是消防法还是环保法还是其他什么法，合用场所是有危险性，但是它到底违反了什么法律法规呢？目前除了消防法对合用场所有一些明确要求外，其他法律法规基本没有提及，没有法律依据又怎么要求住建、公安、教育等部门也去执法呢？时至今日，还真没有见到其他部门去针对合用场所执法，也只有基层乡镇政府上门反复要求劝说而已。二是谁来执法？谁来执法首先是法律法规规定的，法治社会，没有法律授权谁敢执法？我们需要认真梳理一下到底哪些法律规定了合用场所是违法的。三是怎么执法？针对不愿意整改的业主，应该怎么执法？如果法律允许，罚款、停产停业、断水断电、查封等手段应该用哪一个？调查发现有42户只有1处住宅，这样的怎么办？合用场所的存量如此之大，怎么做到执法的平衡？实际工作中经常出现对一户强制执法，业主直接举报一条街。执法者面对这种情况怎么办？建议将部门的执法权下放到乡镇，在乡镇组建综合执法队伍，发挥乡镇底数清、情况明、距离近的优势，通过政府统一授权，来破解乡镇执法的难题，这应是当前基层社会治理创新的一个方向。

总之，从辩证和历史的观点出发，任何事物产生和发展都是需要一定条件的，任何事物的消亡也是需要一定条件的。合用场所亦是如此。所以，我们一定要脚踏实地实事求是分析问题，既不冒进求成，又不推诿观望。不能孤立地看问题，应结合社会经济发展的大环境考虑工作开展的方式、步骤、进程。2022年的中央1号文件提出全面推进乡村振兴，包含乡村基础设施建设、人居环境整治、应急管理与乡村治理等内容，这是我们需要依托和凭借的大势，乘风才能行远，趁势方能有为，希望奋战在基层防火一线的同志们能把握形势，攻坚克难，为国家第二个百年奋斗目标的实现贡献自己的力量。

参考文献

［1］《阜阳市人民政府办公室关于印发阜阳市家庭式商铺消防安全“三清查三落实”专项整治行动实施方案的通知》（阜政办网传〔2016〕81号）

［2］《关于印发阜阳市住宿与生产储存经营合用场所消防安全专项整治行动方案的通知》（阜安〔2018〕14号）

［3］《阜阳市人民政府办公室关于印发〈阜阳市合用场所、自建房消防安全专项集中排查整治行动方案〉的通知》（阜政办传〔2021〕53号）

［4］《安徽省人民政府关于赋予乡镇街道部分县级审批执法权限的决定》（皖政〔2022〕112号）

关于新形势下加强消防文员辅助执法工作的思考

潘婷婷

（天津市南开区消防救援支队，天津　南开　300110）

摘　要　本文立足当前消防执法改革的新形势，对消防文员参与辅助执法工作的现状进行分析，从工作机制、经费保障、管理制度等方面分析存在的问题和面临的困境，并指出问题产生的原因和背景，最后对加强消防文员辅助执法工作提出对策措施和工作建议，为新形势下解决消防文员辅助执法的困境、推动文员队伍职业化发展提供理论参考。

关键词　消防文员　辅助执法　工作现状　对策

1 引言

随着社会城镇化进程快速发展，消防监督执法工作日益繁重。改革转制后，面对新形势、新使命、新任务，各地区“国家队”消防执法力量不足的问题日益凸显。为此，越来越多的地区选择安排消防文员参与辅助执法，消防文员队伍已是各级消防救援机构执法工作中不可或缺的重要力量。如何建设好消防文员队伍，提高队伍执法水平，是新形势下整个消防救援队伍值得思考和解决的问题。

2 目前消防文员辅助执法工作现状

2.1 对外招录

绝大多数消防救援机构都是参照地方公务员和事业单位人员招考模式，采取发布招聘启示、对报考人员进行审查、测试、择优录取、签订劳动合同、统一备案的流程。招录形式主要有自行招录和劳务派遣两种。

2.2 培训学习

新入职的消防文员通常会进行相关岗位技能的培训。其中，参与辅助执法的文员通常会着重主要消防法律法规、执法档案管理、防火监督应知应会等方面的内容，通过结业考试或取得相应岗位资格证书后，方可参与辅助执法。实际从事辅助执法工作后，也需通过定期开展学习、定期测试等形式不断巩固提升其任职本领。

2.3 职业保障

各地消防文员基本实现了“五险一金”的缴纳购买，有的单位还为参与辅助执法的文员增设了岗位津贴、绩效奖励及加班补助等。在晋升、转退方面，个别单位已初步探索建立了消防文员向政府事业编制人员转型的路径方法，大大提高了消防文员的职业预期。

3 消防文员辅助执法存在的主要问题

3.1 执法身份不明确

消防文员因身份限制，并不具备独立执法的资格，一些地区安排文员从事辅助执法，仅仅是缓解各级消防救援机构执法力量匮乏的一种手段。同时，现行消防法律法规和中央层面没有从立法和政策措施等方面，明确消防文员的辅助执法资格，导致社会大众对消防文员参与辅助执法产生怀疑，时常与消防文员产生纠纷，甚至拒绝配合相关工作，给基层消防执法带来很大困扰，个别文员也因此拒绝参与辅助执法工作，转而选择其他岗位。

3.2 经费保障不到位

目前各地普遍采取向当地政府部门汇报协调的方式争取经费，加上各地财政收入不均衡，消防文员的工资标准和福利待遇不尽相同。而参与辅助执法的消防文员业务水平要求相对较高，更应当成为消防救援队伍需要留住的人才。但多地消防文员工资标准和福利待遇仅参照当地“临聘人员”生活收入标准来发放，并且增幅较少甚至常年无增幅，也导致消防文员的工资待遇增幅徘徊在较低水平。长此以往，具备辅助执法能力的消防文员流失严重，业务能力得不到保证，开展执法工作自然困难重重。

3.3 管理制度不健全

辅助执法岗位的消防文员工作任务相对较重，加班时间较多，但是大多数消防救援机构采取单一的管理模式和笼统模糊的考评制度，没有根据岗位实际制定具体的评价体系，导致消防文员“多干少干一个样、干好干坏没差别”，导致部分从事辅助执法工作的文员责任心和进取心不足，甚至不愿意愿意通过长期学习来提升自身业务水平，使得这支队伍素质良莠不齐，消防执法质量得不到保障。在实际工作中，从事辅助执法的消防文员往往还会承担档案管理、消防宣传、材料撰写等工作，身兼数职的问题使得部分消防文员在辅助监督员完成日常消防执法任务的同时，仍需分散部分精力完成其他工作，执法工作质量得不到保证。

3.4 培训制度不成熟

因消防文员学历层次不一，招录专业与工作内容不对口的情况普遍存在，且新招录的消防文员往往现招现用，或边上岗边学习，一定程度上导致消防文员进入角色慢、工作效率低，工作失误频频发生。另一方面，各地消防文员普遍未参加过系统规范的岗位和业务培训，以岗代训的现象较为普遍，致使消防文员业务素质参差不齐，辅助执法的作用发挥不强。

4 加强消防文员辅助执法工作的对策建议

4.1 构建职业标准体系

当前，短期内要从国家层面制定出台统一的消防文员队伍职业标准并不实际，应积极推动属地层面出台相应的指导意见。具体内容不仅要针对参与辅助执法的消防文员，还应对整个消防文员队伍通盘考虑。建议借鉴公安机关辅警队伍建设管理的成熟经验，协调人社、财政、编委等部门，从政府层面明晰消防文员身份定位、岗位编配、薪酬待遇、社会保障等方面的内容。对于参与辅助执法的消防文员，更应从文件上明确其辅助执法地位、工作内容、权限等，才能避免在实际工作中产生不必要的麻烦。

4.2 提高职业保障水平

应向属地政府积极争取消防文员抚恤优待政策和提高消防文员的经费预算，建立工资待遇逐年增长制度，使其工资待遇与当地经济水平同步甚至高于当地经济水平。一是推动实现消防文员“五险一金”缴纳全覆盖，同时在医疗、休假等事项上与在编消防救援人员享受同等优待。对于辅助执法的文员，还应设置岗位津贴或相关补助，鼓励文员通过相关考试取得辅助执法岗位资格。二是探索在优秀的辅助执法消防文员中招考培养消防救援干部，以充实基层执法力量，并建立在政府公务员、事业编制人员招考中优先录取等工作机制。三是对于有离岗意愿的文员，可推荐取得相应职业资格证书的部分人员到社会单位从事消防管理工作。四是鼓励消防文员加入同级消防救援机构的工会组织，参与工会的各项活动，并享受相应的福利。

4.3 制定合理管理制度

职业素养是消防文员在从业活动中必须遵守的，具有行业工作性质特点的行为准则，职业素养是抽象内涵，个体行为是外化表现，良好的职业素养必须要有与之相匹配的管理约束机制，通过奖勤罚懒、奖优罚劣来规范个体行为。一是探索建立由政府统筹编配，人社部门统一招聘，消防救援机构统一管理，财政部门统一保障的运行模式，按照“谁使用、谁管理、谁负责”的基本准则实行责任捆绑，深化“列编、管理、使用，培训、指导、考评”相互衔接、相互配套、相互促进的制度机制。二是制定岗位和职位层级晋升机制，设定以工作年限为主，引入晋升系数，参照学历、专业以及消防特有工种岗位职业技能评定、消防监督执法岗位资格考试、注册消防工程师考试情况等制定积分制岗位层级晋升办法，使其从试用期满转正后，只要积分达到层级标准，就可以在规定期限内逐级晋升；在支队、大队设立文员主任、副主任或一级二级助理等岗位，将工作表现优异、能力突出的消防文员选拔上文员领导岗位，并配套相应的荣誉机制和层级补贴，引进企业的竞争机制和“人、岗、薪”匹配制度，摒弃无差别聘任，积极发挥层级待遇和按劳分配的激励作用，提高其职业认同感和使命感。三是探索消防文员队伍在市级层面的统一培训、统一交流、统一考核新机制，在将消防文员队伍纳入消防救援队伍常态化监管督察体系的基础上，探索开展消防文员的等次评定，主要内容包括政治思想、业务实绩、遵章守纪等方面，每个等次对应相应的绩效奖励工资或层级补贴，考评等次末位的视情进行约谈告诫、岗位调整或推迟岗位职位晋升，严重甚至屡教屡犯者可下降等级、“回炉”学习甚至予以辞退开除。

4.4 建立成熟培训机制

在严格规范准入机制的基础上，探索建立一整套可持续的培训交流机制，不断改进教育培训模式，坚持“少而精、特色化”的建队思路，将文员等级达标训练和消防从业人员职业技能鉴定有机结合，建立职业化人才培养使用机制。一方面，将消防文员培训分为新进岗前培训和在职集中轮训两种形式，可采取支队集中组训、协作区支队联训和总队统一轮训，以及与地方高等院校、科研院所、消防救援学院共建的形式规范实施，其中集中轮训的内容应涵盖队魂队史、法律法规、保密知识、党风廉政、防火监督应知应会等理论学习，以及固定消防设施、监督检查装备、办公系统软件、摄影摄像器材的实操训练等，训练考核结果与层级评定相挂钩。另一方面，构建不同文员岗位间的转岗交流机制，根据消防文员的现实表现、履职能力等情况，将其选拔到不同岗位进行培养锻炼，有利于提升文员综合业务素质和优化岗位资源配置，其中可通过适当提高辅助执法类消防文员的编配数额、晋职晋岗比例和薪酬待遇，突出辅助监督执法在文员队伍中的主业地位，鼓励引导其他岗位的消防文员向辅助执法类转移。